兴数育人 引智筑建

2023全国建筑院系建筑数字技术教学与研究学术研讨会论文集

余翰武　金　熙　吴杨杰　主编

华中科技大学出版社
http://press.hust.edu.cn
中国·武汉

图书在版编目（CIP）数据

兴数育人　引智筑建:2023全国建筑院系建筑数字技术教学与研究学术研讨会论文集/余翰武,金熙,吴杨杰主编.—武汉：华中科技大学出版社,2024.1
ISBN 978-7-5772-0106-1

Ⅰ.①兴…　Ⅱ.①余…　②金…　③吴…　Ⅲ.①数字技术-应用-建筑设计-学术会议-文集　Ⅳ.①TU201.4-53

中国国家版本馆 CIP 数据核字(2023)第 194660 号

兴数育人　引智筑建:2023全国建筑院系建筑数字技术
教学与研究学术研讨会论文集　　　　　　　　　　余翰武　金　熙　吴杨杰　主编
Xingshu Yuren　Yinzhi Zhujian:2023 Quanguo Jianzhu Yuanxi Jianzhu Shuzi Jishu
Jiaoxue yu Yanjiu Xueshu Yantaohui Lunwenji

责任编辑：王一洁
封面设计：张　靖
责任校对：刘　竣
责任监印：朱　玢
出版发行：华中科技大学出版社(中国·武汉)　　　电话：(027)81321913
　　　　　武汉市东湖新技术开发区华工科技园　　　邮编：430223
录　　排：华中科技大学惠友文印中心
印　　刷：湖北新华印务有限公司
开　　本：889mm×1194mm　1/16
印　　张：33.75
字　　数：1191千字
版　　次：2024年1月第1版第1次印刷
定　　价：198.00元

本书编委会

（副主任、编委按姓氏笔画排序）

顾　问：王建国

主　任：肖毅强

副主任：孔黎明　吉国华　许蓁　孙澄　李飚　袁烽　黄蔚欣　曾旭东

编　委：王杰　王振　王朔　王津红　孙洪涛　李建成　邹越　宋靖华

　　　　范悦　胡骉　宣湟　谭良斌　熊璐　薛佳薇

主　编：余翰武　金熙　吴杨杰

副主编：郭宁　姜力

前　言

党的二十大报告明确提出"推进教育数字化"。如何开展以信息化、数字化、数智化为主要特征的教学、科研与行业创新,已然成为新时代的命题。近年来,人工智能技术飞速发展,数字技术应用迅速成为社会热点议题,又叠加建筑行业困境,使得建筑数字技术成为建筑学专业广大师生关注的焦点。建筑学人才培养面临着前所未有的新挑战,我们需要固本清源、守正创新,更需要拥抱数字时代的全面来临、拥抱建筑数字技术的发展。

全国高等学校建筑类专业教学指导委员会建筑学专业教学指导分委员会建筑数字技术教学工作委员会(简称数工委)于 2005 年成立,2006 年召开第一次年会。数工委作为负责我国建筑数字技术教学指导的工作机构,每年举办一次学术研讨会,旨在推动建筑数字技术在教学、研究上的发展,以及相关高校、企业间的学术交流。2023 年在湖南科技大学举办的全国建筑院系建筑数字技术教学与研究学术研讨会以"兴数育人,引智筑建"为主题,探讨数智化如何驱动建筑教育应对当前的行业转型,以及建筑数字技术教学与研究如何应对教育变革及产业升级带来的机遇和挑战。

本次会议论文征集得到了全国建筑院系师生的广泛响应,共收到摘要投稿 236 篇,经过专家评审,最终录用完整稿件 113 篇,涵盖 11 个议题,即:走向计算性建筑设计的建筑学专业教育;数字化建筑设计理论与方法;低碳目标下绿色建筑设计的数字技术;参数化设计、生成设计与算法研究;建筑信息模型的应用与发展;计算性建筑设计实践;数字化建造与机器人;数字化建筑遗产保护更新;智慧城市与建成环境的仿真分析;人工智能、大数据在建筑设计中的应用;VR、AR 和交互式可视化。

湖南科技大学建筑与艺术设计学院、华中科技大学出版社两家单位对本书的出版给予了大力支持,在此表示衷心的感谢!

由于时间仓促及编者水平有限,本书不当之处在所难免,敬请读者批评指正。

本书编委会
2023 年 9 月

目　　录

I　走向计算性建筑设计的建筑学专业教育

基于三维数字技术的历史建筑测绘保护研究与教学实践 ……………………… 罗明　聂瑶　郭阳军　赵明桥 2

基于数字化技术的老旧住宅节能改造在教学上的探索

　　——以重庆市某住宅改造为例 ……………………………………………… 曾旭东　张晓雪　杨韵仪 7

数字化分析方法在高校建筑设计教学中的应用 ………………………………………………… 曾旭东　王若曦 12

基于形态发生理论的单一空间生成与建造研究——一年级空间建造教学实践 … 李丹阳　吕健梅　高一迪 16

数智化背景下湖南大学建筑媒介实验室教学角色与协同机制研究 ……… 许昊皓　邱士博　卢健松　吕潇洋 20

基于 VR 技术的绿色学校建筑环境教育隐性课程 ……………………………………………………… 许珑还 25

双碳背景下建筑美学理论在建筑材料教学中的应用探索 ……………… 陈忱　胡红梅　石峰　李立新　薛昕 29

城市更新视角下"绿色及数字技术渗透"的建筑设计教学实践探索 ……………………………… 胡颖荭　金熙 33

基于深度学习的城镇老龄化住区积极空间识别的教学实践 …………………………………………… 郭斯凡 38

探索计算性建筑设计在建筑学专业教育中的应用与发展 …………………… 王映昀　谷雨　姜北荣 42

基于"地理信息分析+参数化设计"的建筑学课程改革探索

　　——以沈阳城市学院"建筑数字技术"课程为例 ……………………………… 杨琳　曾辉　李仍 46

BIM 与行人仿真技术在建筑流线设计中的教学实践

　　——以某地铁站优化设计为例 …………………………………… 李娴　卢峰　曾旭东　赵子意 50

II　数字化建筑设计理论与方法

基于多目标优化的长租公寓立面生成式算法 ………………………………………………… 李煦　王靖婷 58

基于 CiteSpace 的 AR 技术在建筑中应用的演化及发展趋势分析 ………………………… 曾旭东　韩运宽 62

动物之家

　　——面向生物行为的建筑智能设计方法探索…… 王瑞姝　彭宇菲　连国梁　许心慧　高天轶　闫超　袁烽 69

基于多目标优化的传统街巷空间形态优化研究——以宜兴月城街历史文化街区为例 ………… 王哲　周颖 74

基于人因工效学和主客观评价的生活性街道改造策略研究 ……………………………………… 张磊　周颖 78

基于空间句法的视障者行走步速与空间特征相关性研究 ……………………………………… 邹心怡　周颖 83

基于精细化 Kano 模型的老年人社区服务设施需求研究 ……………………………………… 宋越居　周颖 88

基于 Omniverse 的演进式数字设计方法

　　——以新加坡某装饰工程数字化设计为例 ………… 支敬涛　邹贻权　左颂玟　黄姝颖　董星瑶　汤宇尘 96

历史文化街区空间环境要素与游客停驻行为相关性研究

　　——以南京老门东历史文化街区为例 …………………………………… 闻健　唐芃　刘扬　李力 100

基于空间句法与图像分割的大李文创村街道空间活力度评价方法研究 …………… 邹涵　张国良　邹贻权 105

浅析数字化建筑设计的思潮嬗变 ……………………………………………………………… 黄正杰　胡骉 109

Ⅲ 低碳目标下绿色建筑设计的数字技术

湿热环境下生土砌筑建筑墙体热湿性能研究 ·········· 吕瑶 蔡家瑞 肖毅强 116

基于BIM技术的建筑低碳优化设计在教学上的探索 ·········· 曾旭东 黄洁 120

基于深度神经网络预测框架下的建筑系统可持续设计研究 ·········· 张军学 王荷池 125

基于风热环境优化的开敞空间围合关系研究 ·········· 刘乐遥 王桂芹 129

基于建筑热性能模拟的老旧小区光伏系统低碳化设计研究

　　——以寒冷地区济南典型老旧小区为例 ·········· 郑斐 秦浩之 王月涛 陶然 134

面向湿热气候适应性设计的装配式超低能耗建筑热湿模拟研究 ··· 李觊 詹峤圣 肖毅强 林瀚坤 高培 139

亚热带高层公寓被动式设计适应气候变化的有效性及优化策略 ·········· 雷震 房玥 143

形状记忆合金驱动的动态建筑表皮：应用研究与采光性能优化 ·········· 纪硕 王一粟 冯刚 149

湿热地区光伏绿化复合屋面系统减碳效益评估方法研究 ·········· 马钰婵 詹峤圣 肖毅强 154

实验·实践——非线性空间曲面竹建造 ·········· 宣欣玥 胡悦 王祥 邓丰 159

双碳目标下数字技术助推社区建筑更新研究 ·········· 彭舟浩 柴凝 163

低碳导向下老旧住区微气候响应式改造方法研究 ·········· 王月涛 朱瑞东 郑斐 杨策 168

基于BIM技术的重庆老旧住宅窗口采光与能耗协同优化 ·········· 黄海静 张缤月 孙玥 夏青 172

Ⅳ 参数化设计、生成设计与算法研究

参数化视角下国内外建筑表皮研究综述 ·········· 曾旭东 杨锐 项星玮 180

基于MADRL以天光为导向的高密度露天教室剖面探索 ·········· 刘宇波 陈恺凡 邓巧明 185

基于聚类算法的城市住宅小区分布规律及特征研究——以南京、苏州、无锡为例 ·········· 徐铭声 周颖 189

从房间配置到空间布局的数字运算方法——以中小学校建筑为例 ·········· 史季 李飚 194

三维点云扩散模型启发下的找形实验

　　——以太湖石元素在建筑空间中的转译为例 ·········· 李晗 刘宇波 邓巧明 胡凯 199

高密度城市街区尺度室外风环境快速预测方法综述研究 ·········· 林涛 殷实 肖毅强 204

基于遗传算法的高校教室自然采光优化设计研究——以西安地区为例 ·········· 张露 刘启波 209

基于NSGA-Ⅱ算法的太阳能—空气源热泵供热系统多目标优化——以武汉住区建筑为例 ·········· 吕晨茜 王振 213

基于Revit的传统建筑大木作参数化生成研究——以宋式单层殿阁式建筑为例 ·········· 李嘉熹 王嘉城 唐芃 217

基于规则的体育馆观众席动态生成方法初探 ·········· 王炎钰 李飚 221

基于叶子生物变形仿生的建筑数字化生成与建造方法 ·········· 章周宇 李力 刘一歌 225

功能拓扑关系定义下的平面功能布局动态生成的方法研究 ·········· 张超 李飚 229

基于回归算法的川西城镇太阳能建筑关键设计参数优化

·········· 刘晓俊 崔灿一辰 林依洁 赵兵 杨茜如 张埕 234

Ⅴ 建筑信息模型的应用与发展

基于Revit二次开发的中国传统建筑大木作研究

　　——宋营造法式标准斗拱的数字化生成 ·········· 张皓雷 王嘉城 唐芃 240

基于BIM-IoT的室内物理环境辅助设计方法研究 ·········· 赵光颖 孟庆林 245

基于BIM技术的山地旅馆建筑公共空间生成研究——以"织苑"旅馆设计为例 ·········· 陈慧琳 郭俊明 周红 249

装配式竹结构BIM建模与分类编码研究 ·········· 张司懿 邓广 黄青 254

VI 计算性建筑设计实践

基于可重构体系的应县木塔现代演绎——以碳达峰指标塔设计为例 ········· 黄昱钧 柴华 周鑫杰 袁烽 260

基于空间句法的行为性能化城市微更新设计方法研究——以同济绿园 22 号楼为例 ·········· 杨学舟 袁烽 264

基于人因工程学的国内老年人互助型养老社区适老化改造设计的研究 ········· 张依柔 周颖 268

基于全年动态模拟的幼儿园班单元天然光环境设计 ········· 唐源 郭俊明 陈金瓯 张燕 275

基于遗传算法的建筑屋面光伏表皮优化设计策略研究 ········· 魏大森 吕嘉怡 刘伟 280

基于风环境模拟的旧工业厂房立面窗洞优化改造设计研究 ········· 李弘颖 于汉学 284

三维环境下建筑结构一体化仿真设计工作模式探索
——以悦来设计公园创新基地 7♯楼项目为例 ········· 成功 叶俊良 李友波 曾旭东 289

VII 数字化建造与机器人

单壳分叉曲面的机器人非平面 3D 打印路径规划 ········· 尹佳文 华好 296

有限在地条件下的数字化木构建造研究 ········· 黄思然 周文清 邓丰 王祥 300

基于链式构造的可编程曲率木构研究
——以三维可展曲面木构的数字化设计建造为例 ········· 薛子涵 狄一卓 王祥 304

Webone:3D 打印模板现浇骨架状钢筋混凝土楼盖 ········· 邹雨菲 蔡杰鹏 华好 308

景观构筑物的晶格空间打印建造及其路径优化 ········· 马嘉 孔黎明 王东 313

基于数控泡沫切割机的建造几何学形态研究 ········· 张帆 刘小凯 段滨 317

机械臂 3D 打印与互动灯光:创新大尺度装置的艺术交融 ········· 陆毅涵 尹佳文 华好 李力 321

3D 打印技术在文创型乡村公共空间中的应用
········· 汤宇尘 邹贻权 严兆翌 贾雪莺 马在林 李纵苇 支敬涛 325

VIII 数字化建筑遗产保护更新

数字技术在侗族营造技艺传承与保护中的应用研究 ········· 郭宁 李雨薇 金熙 王泽林 330

绿色智能理念下传统村落智慧民居营建技术研究 ········· 刘志宏 334

基于数字化病害管理的建筑遗产预防性保护研究
········· 王荷池 陈鑫鑫 黄月 黄琳发 陈俐超 葛建伟 胡占芳 张军学 339

基于历史文化名村保护的 CIM 构建技术研究 ········· 姚凌涵 张智敏 343

基于 HBIM 技术的闽南传统大厝门窗构件库建设研究 ········· 刘许纯 张家浩 朱威廉 肖琪 347

基于空间网络模型的乡土聚落医疗韧性研究——以荣成市乡土聚落为例 ··· 王月涛 田昭源 郑斐 任莹 351

建筑彩画遗产信息的识别、记录与整合 ········· 潘梦瑶 谢江涛 郭华瑜 355

基于 Dynamo 的中国古建筑参数化建模——以清式廊庑为例 ········· 王津红 王子蔚 康梦慧 吴丁萌 359

黑龙江流域鄂伦春族非物质文化遗产数字技术还原路径研究 ········· 朱莹 李心怡 刘洋 363

基于参数化设计的湖南侗族鼓楼数字化传承保护研究 ········· 韩晓娟 谢珉 陈萌 唐航 368

基于深度学习的建筑遗产虚拟修复原则探讨——以三线建设时期工人俱乐部为例 ········· 浦孟辉 谭刚毅 372

IX 智慧城市与建成环境的仿真分析

新消费时期城市商业设施空间布局演变特征及驱动机制研究
——以天津市中心城区为例 ········· 肖奕均 范思楠 378

基于"智慧城市"的老工业区更新设计——以沈阳市大东区沈海热力厂更新设计为例 ····· 李宇彤 孙洪涛 382

基于数字技术的城市形态雨洪韧性分析与优化策略研究 ········· 张巧昀 孙洪涛 李家茜 文姝 386

基于人因工程学的传统村落公共空间要素量化评价 ········ 郭雅萱　冷嘉伟　周颖　邢寓　刘宇轩 390

主观评价与生理记录相结合的传统村落路径认知偏好研究 ········ 钱治业　冷嘉伟　周颖　邢寓　刘宇轩 394

基于 MassMotion 行人仿真模拟的乡村公共空间营造研究
　　——以浙江桐庐放语空乡村文创项目为例 ·················· 梁婉莹　姜力　徐赞 399

新型智慧城市理念下基于 Arc GIS 的城市绿地生态风险评价研究
　　——以武汉市主城区为例 ······················ 卢静怡　毛艳　黄靖淇 404

Ⅹ　人工智能、大数据在建筑设计中的应用

基于概率扩散模型的蚁穴仿生建筑形态的潜在空间生成与优化 ········· 刘宇波　徐珈璐　邓巧明　胡凯 410

手绘草图的"跃迁"——基于 CLIP 引导点云扩散模型的
　　单视角建筑透视草图生成可编辑的三维模型的探索 ········· 刘宇波　宋昊明　邓巧明　胡凯 414

人工智能介入建筑设计的应用模式研究 ················· 郑斐　张象龙　王月涛 419

生成式人工智能工具辅助建筑设计中的提示词撰写方法研究
　　——以城市露营地设计为例 ·········· 刘函宁　吴昊　谢星杰　袁梦豪　袁烽 424

基于卷积神经网络的厦门地区城市边缘带的快速判断 ·················· 黄支晟　吴楠 428

基于 FUGenerator 平台的 AI 启发式建筑生成设计流程探索
　　·········· 顾思佳　王日新　武雨菲　许心慧　闫超　高天轶　袁烽 432

AI-aided Architectural Design Workflows: A Case Study of Undergraduate Projects
　　·········· Zheng Huangyan　Fan Haojie　Sun Lujie　Lin Dandan　Chen Zexin　Wang Sining 436

基于自编码器机器学习的村镇空间肌理分析与生成 ····················· 史珈溪　华好 440

基于 AI 绘制建筑效果图数字模型训练的建筑类型文本库研究 ········· 王泽林　郭宁　李雨薇　王顶 444

基于人工智能的建筑分析与建模 ···························· 郁康博　解明静 448

基于等时圈的北京市朝阳区院前急救设施可达性测度分析 ·················· 赵源　周颖 452

突破建筑学本体边界——人工智能在校园候车站设计中的应用 ········· 刘小凯　张帆　赵冬梅 457

多元数据下的历史街区活态化保护更新策略——以宜兴市月城街为例 ··················· 刘圣品 461

人机共生:基于"BIM＋AI"的数字建造框架体系研究 ········· 贺晓旭　韩猛　邓洁　孙明宇 465

基于 AI 辅助建筑设计技术的乡村小型建筑设计的讨论与探索
　　——以 Stable Diffusion 为例 ·········· 李嘉颖　赵虹云　吴佳昱　戴舒怡　许昊皓 469

基于多源数据的历史文化街区优化策略研究
　　——以长沙市潮宗街为例 ·········· 吴泽宏　何川　张时雨　梁佑旺　宋炯锋 473

自然语言驱动的三维布局和模型生成方法 ···················· 支敬涛　邹贻权 477

Ⅺ　VR、AR 和交互式可视化

情境复现——东北渔猎民族非物质文化遗产的空间复原路径研究 ········· 朱莹　唐伟　刘洋 482

色彩植入对空间认知的影响——以新加坡国立大学校园建筑组团寻路研究为例 ·················
　　·········· 曹倩　李舒阳　李静怡　梁维怡　沈墨瑄　卢开宇 486

混合现实技术介入下的建筑全生命周期创新发展潜力研究 ····· 沈彦廷　孔维康　陈熙隆　费凡　姚佳伟 491

基于多智能体系统的大型互动装置设计 ········· 夏之翔　邱淑冰　陆毅涵　李力　华好 495

基于 Arduino 的互动展厅设计 ···················· 金艺丹　包彦琨　冯钰　李力 498

数字化背景下陶瓷博物馆的展示设计研究 ········· 张燕　郭俊明　唐源　谢松竹 503

湖南博物院中新媒体交互技术展陈应用空间效能研究 ………………………………………………………
…………………………………………… 曾馨仪　谢菲　耿铭婕　王馨梓　胡思可　王一凝 507

基于点云数据的芋头侗寨鼓楼三维重建与交互设计研究 ……………………… 潘钦銎　解明镜 512

基于便携式 AR 技术的大遗址可视化传播研究
　　——以长城全线数字化成果 AR 展陈为例 ……………………………… 范思楠　穆南硕 516

基于体感——视觉交互机制的建筑动态表皮设计初探 ………………………… 张俊杰　胡骉 521

Ⅰ 走向计算性建筑设计的建筑学专业教育

罗明¹ 聂瑶¹ 郭阳军¹ 赵明桥¹

1. 中南大学建筑与艺术学院；717257508@qq.com

Luo Ming¹ Nie Yao¹ Guo Yangjun¹

1. School of Architecture and Art, Central South University；717257508@qq.com

2022 年第二批教育部产学研育人项目(221002251120158)；中国高等教育学会 2022 年度高等教育科学研究规划课题(22SJ0403)；
2020 年湖南省"十四五"教育规划课题(XJK20BGD039)；2020 年中南大学教育教学改革项目(2020jy103)

基于三维数字技术的历史建筑测绘保护研究与教学实践
Research and Teaching Practice of Surveying and Mapping Protection of Historic Buildings Based on 3D Digital Technology

摘　要：历史建筑是珍贵的人类文化遗产。历史建筑测绘在历史建筑研究的前期阶段具有非常重要的作用。随着三维数字技术的出现，历史建筑测绘也迎来了革命性的创新。本文介绍了三维数字技术的概况，总结了三维数字技术在历史建筑测绘保护研究与教学上的优势，并以中国共产党长沙历史馆陈列楼为例，展示了基于三维扫描技术的历史建筑测绘保护研究与实践教学过程，旨在为历史建筑数字化测绘研究和教学提供新的思路和方法。

关键词：三维数字技术；激光扫描技术；历史建筑；测绘保护；教学实践

Abstract：Historical buildings are precious cultural heritage of mankind. The study and research of historical buildings can fully cultivate students'architectural literacy. With the emergence of three-dimensional digital technology, the surveying and mapping of historical buildings, as an important part of the study of historical buildings, ushered in a revolutionary innovation. This paper introduces the general situation of 3D digital technology, summarizes the advantages of 3D digital technology in the research and teaching of historical building surveying and mapping protection, and takes the exhibition building of Changsha History Museum of the Communist Party of China as an example to show the research and practical teaching process of historical building surveying and mapping protection based on 3D scanning technology, aiming to provide new ideas and methods for the teaching of digital surveying and mapping of historical buildings.

Keywords：Three-dimensional Digital Technology；Laser Scanning Technology；Historical Buildings；Mapping and Protection；Teaching Practice

历史建筑作为承载文化遗产的重要载体，其独特的建筑风格、历史背景和文化价值对于其研究和保护具有重要意义。随着数字时代的到来，三维数字技术的引入为历史建筑测绘研究提供了前所未有的机遇，也使历史建筑测绘进入了新的阶段。通过采用三维数字技术，研究人员能够更加快速、精确、全面地记录历史建筑的几何信息，从而更深入地探索其结构、构造和演变过程，为历史建筑研究提供更全面、精准的数据基础，有助于更好地理解和传承历史建筑的文化价值。中南大学以教育部产学研基地——基于数字化技术的历史建筑遗产保护实践基地为平台，以历史建筑测绘实践课为突破口，基于"教学出题，科研求解"的思路，应用三维数字技术，以科研支撑教学，以教学促进科研，实现了历史建筑测绘教学、科研一体化。

1 三维数字技术概况分析

1.1 三维数字技术的原理

三维数字技术是一种场景或目标的三维信息以数字化方式表示和处理的技术，其实现主要基于三维激光扫描技术和计算机图像处理技术。三维激光扫描技术又被称为实景复制技术，运用激光测距的原理来获取目标几何形状表面的三维信息。三维激光扫描系统向被测对象发射大量激光信号，信号在接触被测对象表面后发生反射，接收端收到反射或折射的信号后，对信号进行采集与整理,生成点云数据[1]。三维激光扫描技术测量原理如图1所示,图中关系如式(1)所示。

$$\begin{cases} x = s\cos\theta\cos\alpha \\ y = s\cos\theta\sin\alpha \\ z = s\sin\theta \end{cases} \quad (1)$$

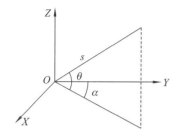

图1　三维激光扫描技术测量原理

(图片来源:参考文献[1])

在此基础上,通过计算机图像处理技术,运用配套软件,将数据通过不同的测站进行配准与自动拼接,将拼接后的线、面进行重构,实现建筑结构实体模型构建。与传统的历史建筑测绘方式相比,三维数字技术成像快、精度高,在历史建筑测绘的科研和教学中有着里程碑式的地位[2]。

1.2　三维数字技术的应用流程

使用三维数字技术测绘的基本流程包括数据采集、数据处理和构建三维立体模型[3]。三维激光扫描仪得到的点云数据只提供几何信息,需要搭载无人机进行影像数据的收集以获取建筑的材质、颜色和纹理信息,从而重建真实、精确的三维立体模型。下面以FJ DYNAMICS(丰疆智能)Trion S1手持式三维激光扫描仪和大疆精灵4 RTK无人机为例,对三维数字技术测绘的基本流程进行介绍。

1.2.1　数据采集

点云采集设备FJD Trion S1是丰疆智能在测绘领域推出的首款手持三维激光扫描仪产品,用于在现场采集数据。设备为多线激光雷达扫描仪,搭载同步定位与地图创建(Simultaneous Localization and Mapping,SLAM)算法,可实现点云数据成果的实时解算。

大疆精灵4 RTK是一款高精度的无人机,在测绘中主要用于影像采集,其拍摄范围广、精度高、成像清晰。由于高空航拍的优势,无人机的拍摄范围能轻松覆盖大面积的历史建筑,并凭借其灵活的机身可拍摄激光扫描仪扫不到的死角,以获得全局视角的影像数据,对三维扫描仪的点云数据进行补充[4]。

1.2.2　数据处理

可实现手机等移动设备的实时点云可视化的FJD Trion Scan软件主要用于数据实时调整与处理。该软件可查看实时轨迹、点云预览,并显示扫描的项目文件、存储容量和电池工作时间,也可同时管理及下载项目文件。FJD Trion Model作为配套的数据处理软件,可去除多余噪点,并实现点云分割、抽稀、测量、分类等,还可进行点云拼接、坐标转换、平面自动拟合以及剖面分析等,以帮助对数据进行预处理。

1.2.3　构建三维立体模型

通过FJD Trion Model完成数据的预处理后,可得到准确的点云模型(图2、图3),还可通过该软件的自动生成平面图、堆体计量等应用模块得到模型的进一步信息。由于软件本身不具备将点云数据与影像数据融合的功能,因此在重建三维立体模型阶段,需要将点云数据导入3DS Max、Revit等平台,并结合无人机采集的影像数据,来快速、准确地构建模型。还可构建BIM模型,以供进一步的研究和处理。

图2　FJD Trion Model点云平面模型界面

(图片来源:丰疆智能深圳有限公司提供)

图3　FJD Trion Model点云模型预览界面

(图片来源:丰疆智能深圳有限公司提供)

2　三维数字技术在历史建筑测绘保护研究与教学上的优势

三维数字技术在历史建筑测绘保护研究与教学方面的优势主要体现在测量精度高、测量效率高、非接触式测量过程以及测绘成果多元化这四个方面。本文以FJD Trion S1、Trimble X7三维激光扫描仪测绘方式和传统测绘方式为例进行比较(表1),以体现三维数字技术在历史建筑测绘上的优势。

表1 两种三维激光扫描仪测绘方式与传统测绘方式的对比

对比项目	FJD Trion S1 扫描仪测绘方式	Trimble X7 扫描仪测绘方式	传统测绘方式
测量精度	2厘米	2毫米	数十厘米
测量效率	高	较高	低
数据处理软件	FJD Trion Model	Trimble RealWorks	无
测绘结果	点云数据可生成三维模型	点云数据可生成三维模型	手动建立三维模型

(来源:作者自绘)

2.1 测量精度

在将普通钢尺以及红外测距仪作为工具的传统手工测绘方式中,测量误差往往会达到数十厘米。而三维数字技术可将测量误差控制在厘米甚至毫米以内,例如 FJD Trion S1 便携式三维激光扫描仪测量误差为2厘米,Trimble X7 三维激光扫描仪测量误差为2毫米,可实现测绘结构的高精度化。

2.2 测量效率

在过去的历史建筑测绘中,碰到体量较大的历史建筑或历史建筑群时,往往需要多人花费数小时甚至数天的时间完成测绘。而三维数字技术的应用,相比于传统的定点式静态扫描作业效率要快得多,大幅度减少了数据采集阶段的人力成本和时间成本,实现了测绘的高效化。

2.3 测量过程

三维数字技术可以实现非接触式的测量,不会出现传统测绘时工作人员与建筑物的频繁接触现象,因此不会对建筑物造成不必要的损伤,可充分保护历史建筑的完整性。三维数字技术能够高精度地记录历史建筑的当前状态,可清晰地记录有历史价值的细节,如雕刻、壁画等,从而为后续的修复工作提供参考,确保修复结果的准确性,同时,还可捕捉细微的损害和变形情况,为保护工作提供及时、精准的数据基础。

2.4 测绘成果

通过三维激光扫描仪获取的点云数据在经过处理后与无人机的 DOM 影像结合,可实现对历史建筑的全面记录与分析。例如在软件 FJD Trion Model 中,可实现模型切片,并直接导出平、立、剖面图以及剖透视图至CAD,以实现快速绘制技术图纸(图4~图7)。后续也可将点云数据直接导入 Revit,以借助 BIM 技术补充更全面的信息(图8)。还可借助这些数据复原已消失的建筑部分,从而呈现建筑在不同历史时期的不同风貌。

图4 软件生成的平面图
(图片来源:丰疆智能深圳有限公司提供)

图5 软件生成的剖透视图
(图片来源:丰疆智能深圳有限公司提供)

图6 导入CAD的剖面图
(图片来源:丰疆智能深圳有限公司提供)

图7 在CAD中快速绘制的图纸
(图片来源:丰疆智能深圳有限公司提供)

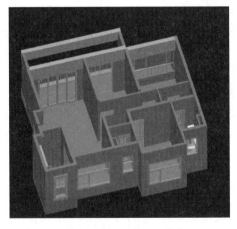

图8 Revit中的BIM模型
(图片来源:作者自绘)

3 基于三维扫描技术的历史建筑测绘保护研究与教学实践

本教学团队以教育部产学研基地——基于数字化技术的历史建筑遗产保护实践基地为平台,以历史建筑测绘实践课为突破口,着重于历史建筑测绘教学、科研一体化。下面以市级文物保护单位中国共产党长沙历史馆(图9)为例[5],具体分析其测绘保护研究与教学实践的过程和成果。

图9　中国共产党长沙历史馆
(图片来源:作者自摄)

3.1　教学阶段

历史建筑测绘是建筑学专业教学中综合性的实践教学环节。基于三维数字技术的历史建筑测绘教学增加了设备的学习阶段,包括测绘前的基本原理和方法的讲授、测量过程中对数字化测绘设备的实际操作,以及测量后对数据的处理教学三个阶段[6]。

3.2　数据采集阶段

在测绘过程中,学生们首先详细规划了测绘区域的划分以及设备的选择与设置。因为三维激光扫描仪与无人机在数据采集上各有优势(表2),因此最终确定以FJD Trion S1三维激光扫描仪测绘建筑主体、大疆精灵4 RTK无人机补充全面影像资料的测绘方案。

表2　三维激光扫描仪与无人机数据采集优势对比

对比项目	FJD Trion S1 三维激光扫描仪	大疆精灵4 RTK无人机
测绘数据类型	点云数据	影像数据/点云数据
测绘效率	高	高
测绘范围	有死角	无死角

(来源:作者自绘)

在使用FJD Trion S1三维激光扫描仪采集数据时,首先需要根据设备要求设置参数并进行校准。在校准后,方可使用FJD Trion S1三维激光扫描仪对历史建筑的细节部分进行扫描(图10),扫描过程中须保证对所采集区域的完整覆盖。其次,可通过FJD Trion Scan软件在手机上实时查看采集到的点云数据(图11),以便及时检查和调整。最后,扫描完成后,数据会自动保存在设备中供后续处理。

在使用大疆精灵4 RTK无人机进行数据采集时,应在无人机起飞前进行设备的校准,并合理规划飞行

图10　学生持仪器进行扫描　图11　采集实时数据
(图片来源:作者自摄)　　　　(图片来源:作者自摄)

路径以确保航拍区域完全覆盖建筑。无人机起飞后,将自动进行航拍,并同时记录GPS信息。为确保影像数据的完整收集,后续应根据需要进行多次航拍和手动补拍[7]。

在每次数据采集完成后,都应对采集到的数据进行整理,删除冗余数据并对数据进行初步质量检查,从而为后续的数据处理和模型重建做准备。

3.3　数据处理与模型重建阶段

在数据采集完成后,就可以来处理数据并重建模型。这一环节是将采集到的点云数据和影像数据进行处理和优化,最终生成高质量的历史建筑三维模型[8]。

FJD Trion S1三维激光扫描仪的特点之一就是数据处理简便,不需要对点云数据进行配准,大大减少了数据处理的时间。因此在后期,只需在配套的点云处理软件FJD Trion Model中裁剪掉多余的点云数据,并进行简单的测量与修改以确定数据的准确性,软件即可自动生成点云模型(图12)。但缺点是软件无法将点云数据与影像数据进行融合,需要借助Revit等软件进行建筑颜色、材质与纹理的处理(表3)。

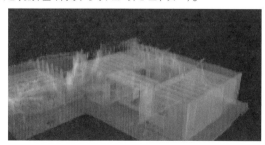

图12　自动生成的点云模型
(图片来源:丰疆智能深圳有限公司提供)

5

表3 三维激光扫描仪与无人机数据处理软件优势对比

对比项目	FJD Trion S1 三维激光扫描仪	大疆精灵4 RTK 无人机
数据处理软件	FJD Trion Model	DJI Teera
处理数据效率	高	较低
是否需要其他 软件辅助	是	否

(来源:作者自绘)

在完成点云数据的初步处理后,可利用软件快速提取点云轮廓线生成二维平面图纸导入CAD使用(图13),也可直接将点云数据导入 3DS Max、Revit 等平台,生成高质量的历史建筑三维模型(图14)。最后,须对生成的三维模型进行验证与评估,并与原始数据对比,检查模型的准确性和完整性,同时对可能存在的误差和问题进行改进。

图13 利用点云数据在CAD中画出的平面图
(图片来源:作者自绘)

图14 三维模型
(图片来源:作者自绘)

数据处理与模型重建是整个历史建筑测绘教学中的核心步骤。通过对采集的数据进行分析和处理,可得到真实还原的历史建筑三维模型。

通过学习三维数字技术,学生能够深入理解历史建筑从外部到内部的结构和逻辑,对后续的学习和研究具有重要意义。随着技术的不断发展,三维数字技术以其高效率、高精度、高弹性的特点,成为保护和传承历史建筑文化的重要工具之一。相信在不久的将来,三维数字技术将继续推动历史建筑领域的创新与进步,为学生提供更丰富的学习体验,为历史建筑的保护和传承做出积极贡献。

参考文献

[1] 卢其堡.三维激光扫描技术在古建筑测绘中的应用[J]北京测绘,2020,34(5):623-627.

[2] 古春晓.无人机贴近摄影的古建筑精细三维建模[D].淄博:山东理工大学,2021.

[3] 赵武,周波,王立.基于BIM技术的古建筑测绘保护研究与实践教学[J].新课程研究,2021(15):10-11.

[4] 刘建国.基于大疆无人机测绘产品制作方法的研究[J].智能城市,2019,5(18):72-73.

[5] 盛强.大数据空间分析与建筑学教学体系改革[C]//教育部高等学校建筑学专业教学指导分委员会,中国矿业大学.2022中国高等学校建筑教育学术研讨会论文集.北京:中国建筑工业出版社,2023:415-418.

[6] 刘颖喆,朱柯桢,杨哲.基于三维数字技术的传统村落建筑遗产保护与更新策略研究——以贵州省雷山县崔鸟村为例[C]//全国高等学校建筑类专业教学指导委员会,建筑学专业教学指导分委员会,建筑数字技术教学工作委员会.数智赋能:2022全国建筑院系建筑数字技术教学与研究学术研讨会论文集.武汉:华中科技大学出版社,2022:565-569.

[7] 张广媚.基于虚拟现实技术的建筑学专业实践教学体系改革研究[J].城市建筑,2022,19(17):107-110.

[8] 刘伟,张京峰,言攀.长沙党史纪念馆——一座承载红色基因的经典建筑[J].中外建筑,2021(6):16-21.

曾旭东[1,2]　张晓雪[1]　杨韵仪[1]

1. 重庆大学建筑城规学院；zengxudong@126.com
2. 山地城镇建设与新技术教育部重点实验室

Zeng Xudong[1,2]　Zhang Xiaoxue[1]　Yang Yunyi[1]

1. College of Architecture and Urban Planning，Chongqing University；zengxudong@126.com
2. Key Laboratory of Urban Construction and New Technology in Mountain Areas，Ministry of Education

重庆市高等教育教学改革研究项目(234003)；重庆大学第三批专业学位教学案例项目(20210325)

基于数字化技术的老旧住宅节能改造在教学上的探索
——以重庆市某住宅改造为例

Exploration of Teaching and Learning of Energy-saving Renovation of Old Houses Based on Digital Technology：Taking the Renovation of a Residential Building in Chongqing as an Example

摘　要：截至 2022 年底，重庆市城镇老旧小区改造面积达 9227 万 m²。本文利用数字化技术，依据建筑现状和居民改造意愿，从建筑外围护结构出发，总结重庆地区老旧建筑外围护结构节能改造常用的措施，选取外墙增设不同厚度的保温层、外窗更换节能型窗户及平屋顶改为坡屋顶的改造方法，并模拟分析其对建筑能耗的影响，结合改造成本得出经济节能的改造方案。研究发现，优化后的建筑能耗减少了 11%。在这个过程中学生也充分认识到数字化技术在节能改造中的重要性。

关键词：BIM 技术；老旧建筑改造；外围护结构；节能改造

Abstract：By the end of 2022, the renovation area of old urban residential areas in Chongqing has reached 92.27 million square meters. Based on the current situation of buildings and residents' willingness to renovate, this paper summarizes the common measures for energy-saving renovation of the external envelope of old buildings in Chongqing, and selects the methods of adding insulation layers with different thicknesses to the external walls, replacing energy-saving windows with flat roofs and changing sloping roofs to simulate and analyze their impact on building energy consumption. Combined with the reconstruction cost, the economic and energy-saving reconstruction scheme is obtained. It is found that the optimized building energy consumption is reduced by 11%. Students also fully realize the importance of digital technology in energy-saving reconstruction in this process.

Keywords：BIM Technology；Renovation of Old Buildings；Perimeter Structures；Energy-saving Transformation

2020 年 7 月，我国出台了《关于全面推进城镇老旧小区改造工作的指导意见》，其中指出城镇老旧小区改造跟民生息息相关，要求全面推进城镇老旧小区的改造工作[1]。重庆市城镇老旧小区占比大，建筑年代久远且失修失养，部分建筑已不能满足当地居民的使用要求，因此重庆市城镇老旧小区亟须改造。截至 2022 年底，重庆市已完成改造的小区为 3993 个，2023 年预计改造 2069 个老旧小区，涉及面积达 4507 万 m²。老旧建筑改造较复杂，而 BIM 技术的数据集成度很高，可以为老旧小区改造提供必要的技术支持[2]。因此本文基于数字化技术，构建老旧建筑三维信息模型，从建筑能耗的角度出发对建筑外围护结构进行优化改造并仿真模拟建筑全年能耗，以期提升建筑的节能率，降低建筑能耗。

1　基于数字化技术的老旧建筑节能改造

老旧建筑改造要充分考虑建筑现状和小区居民的意愿，经实地考察建筑现状，问卷调查小区居民居住的舒适性和改造意愿,调研建筑所属地理和气候环境、周边绿化情况、建筑单体空间信息、材料构造及制冷制热系统等信息,构建BIM模型,计算建筑能耗,比较分析后提出合理的改造措施。

1.1 前期调研

沙坪坝区作为重庆主城都市区之一,其住宅区的建成时间较早,存在失养、失修、失管的问题,本文选取沙坪坝建工东村作为典型案例进行改造分析。建工东村位于重庆大学B区北面,占地面积达0.4 km²,其内部住宅多于二十世纪八九十年代建成,以砖混结构为主,总共有35栋建筑,包括低层、多层、中高层及高层建筑。建工东村地形复杂,地面坡度由南到北逐步升高,南北高差较大。

笔者对建工东村小区内的居民进行了现场访谈并发放问卷,分别针对家庭基本状况、住宅环境评价、冬季采暖、夏季防热、改造意愿5个方面进行问卷调查。本次问卷随机发放,问卷的调查对象中教职工占56%,退休教职工占28%,其他人占16%。针对是否愿意进行改造的问题,问卷中有77%的居民表示愿意进行改造,这其中有83%的居民认为改造需要控制成本,如图1(a)所示。

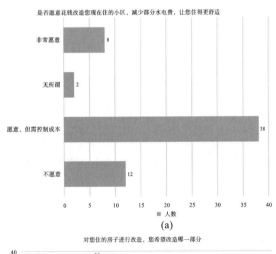

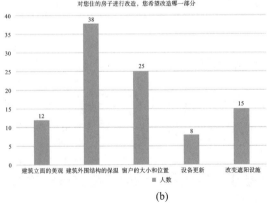

图1 问卷调查表情况统计
(a)改造意愿;(b)改造意见

建工东村的住宅普遍存在夏季室内温度过高、闷热,冬季室内阴冷、缺少阳光的问题。问卷调查显示有56%的居民认为夏季室内很热,已经影响到工作和生活了,63%的居民想对建筑外立面的保温性能进行改造,42%的居民想对外立面窗户进行改造,如图1(b)所示。

1.2 研究对象

以小区内111♯建筑为例,该建筑建于1980年,是小区内建筑的典型代表。该建筑共6层,建筑面积约为1596 m²,建筑采用砖混结构,一梯两户,体型系数为0.32。从图2中可以看出该建筑外立面整体呈现出较为杂乱的状态。经调查,建筑外窗采用单层透明玻璃,部分窗框已由原本的木质更换为铝合金材质,外墙构造为20 mm水泥砂浆+240 mm普通黏土砖+20 mm水泥砂浆,但建筑外墙已经出现粉刷层脱落的现象,导致其保温隔热性能发生改变,屋顶漏水现象严重,已经影响到顶层居民的居住。

(a)　　　　　　　　(b)

图2 111♯建筑现状
(a)建筑立面;(b)外饰面脱落

2 老旧建筑改造措施及模拟优化

2.1 老旧住宅节能改造方案

笔者根据《夏热冬冷地区居住建筑节能设计标准》(JGJ134—2010)和相关研究论文整理出重庆市居住建筑有关节能改造的外围护结构常用改造措施和传热系数限值,如表1所示。

表1 常用的外围护结构改造措施及传热系数限值

部位	改造措施	传热系数限值 $K/[W/(m^2 \cdot K)]$	
外墙	增设保温层 变更建筑材料	体型系数≤0.42	1.0~1.5
		体型系数>0.42	0.8~1.3
外窗	增加窗户气密性 更换节能型窗户 改变遮阳设施	体型系数≤0.40	2.5~4.7
		体型系数>0.40	2.3~4.0

部位	改造措施	传热系数限值 $K/[\mathrm{W/(m^2 \cdot K)}]$	
屋顶	增加保温隔热层 喷反射隔热涂料 平改坡 增加坡屋顶 增加屋顶绿化	体型系数≤0.42	0.8~1.0
		体型系数>0.42	0.6~0.8

本文出于经济性和改造的难易程度考虑,对111#建筑进行改造的措施为建筑外墙增设保温层,材料采用聚苯乙烯泡沫塑料板、岩棉板及 B1 型挤塑聚苯板,具体参数如表 2 所示。

表 2　外墙保温层取值

材料	导热系数 /(W/m·K)	厚度 /mm	对应传热系数总值 /[W/(m²·K)](≤1.5)
EPS	0.041	10,30,50, 70,90	0.68,0.52,0.40, 0.34,0.29
岩棉板	0.040	10,30,50, 70,90	0.68,0.51,0.41, 0.34,0.29
XPS	0.028	10,30,50, 70,90	0.63,0.45,0.33, 0.27,0.23

外窗使用节能型窗户,窗框采用隔热金属型材,玻璃分别选取双玻中空玻璃、双玻单 Low-E 中空玻璃(氩气)以及热反射玻璃进行分析,具体参数如表 3 所示。屋顶改造采用在平屋顶上增加坡屋顶的方式,达到防水的目的。

表 3　外窗材料的热工性能参数

节能型玻璃	传热系数 /[W/(m²·K)]	玻璃的太阳 得热系数	太阳能 总投的 透射比
6透明+12空气 +6透明	3.4	2.67	0.75
6高透光 Low-E+ 12氩气+6透明	2.4	1.50	0.47
6中透光 热反射玻璃	5.5	0.43	0.43

2.2　建筑能耗动态模拟

建工东村位于重庆市沙坪坝区,在 EcoDesigner 中加载的环境经纬度为(29°32′28″N,106°27′29″E),建筑朝向为正北方向。沙坪坝区的历年平均气温为20.25 ℃,最高温度为 37.70 ℃,最低温度为 2.79 ℃。建筑周边为硬质铺地,地面反射比为 30%。在能耗模拟软件中将111#建筑空间划分成 6 个区域,分别是卧室、起居室、卫生间、厨房、餐厅、阳台以及走道,分别加载各自的建筑系统及运营配置文件。经调研,建筑中只有起居室和卧室加载了制冷制热系统,在运营配置文件中卧室设定的内部温度为 20~26℃,采用 LED 灯照明,其功率为 0.5 W/m²。本文将三种不同厚度的外墙构造方式、三种外窗构造方式及一种屋顶构造方式进行单独模拟和组合模拟,其模拟结果主要包括关键值、项目能量平衡数据、6 个区域的能源绩效评估及建筑总体能源绩效评估。

2.3　模拟结果分析

Ecodesigner 能耗模拟软件可直接将优化后的建筑与基准建筑相比较,得到各建筑能量耗费的具体值和能耗节约的百分比值,并用图表的形式表现。本文采用控制变量法,模拟分析单项改造措施和组合改造措施对能耗的影响。

2.3.1　外墙改造措施分析

建筑围护结构是影响室内居住环境的关键因素[3]。外墙改造采用增设保温层的形式既不会影响居民生活和原有装修,也有利于保护主体结构。不同厚度的保温层对建筑能耗的影响如图 3 所示。

从图 3 中可以看出,随着保温层厚度的增加,节能率逐渐增加,但是增加的趋势不同,采用聚苯乙烯泡沫塑料时,厚度在 30 mm 处出现拐点,此时建筑能耗节约了 8%。当建筑外墙采用岩棉板和 B1 型挤塑聚苯板时,厚度都在 50 mm 处出现拐点,建筑能耗节约值分别为 9% 和 10%,建筑每年消耗的能量分别达到 34.53 kW·h/m² 和 34.34 kW·h/m²。

2.3.2　外窗改造措施分析

建筑外窗采用隔热金属型材的窗框,在控制窗框不变的情况下,采用三种不同节能窗户的能耗和节能率如图 4 所示。

由图 4 可知,更换外窗对建筑能耗的影响较小,当外窗使用 6 高透光 Low-E+12 氩气+6透明玻璃时,建筑年度使用能量节约 0.25%。

2.3.3　屋顶改造措施分析

将建筑平屋顶改为坡屋顶可以有效解决老旧建筑屋顶漏水的问题,由于老旧建筑承载力受限,因此坡屋顶采用钢屋顶,其建筑能量平衡值如图 5 所示。

从图 5 中可以发现,该建筑每年散失81948.2 kW·h的能量。模拟结果发现,建筑年度使用能量节约了 0.16%,对比基准建筑每年仅节约 33.7 kW·h 的能量,由此可见,平屋顶改为坡屋顶对建筑能耗的影响不大。

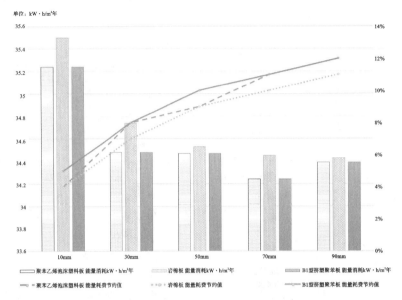

单位：kW·h/m²年

图3 不同厚度保温层能耗值

图例：
□ 聚苯乙烯泡沫塑料板 能量消耗kW·h/m²年
□ 岩棉板 能量消耗kW·h/m²年
■ B1型挤塑聚苯板 能量消耗kW·h/m²年
⎯ 聚苯乙烯泡沫塑料板 能量耗费节约值
··· 岩棉板 能量耗费节约值
⎯ B1型挤塑聚苯板 能量耗费节约值

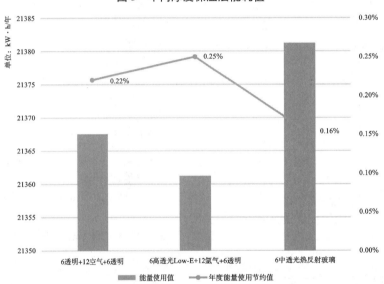

单位：kW·h/年

6透明+12空气+6透明　　6高透光Low-E+12氩气+6透明　　6中透光热反射玻璃
■ 能量使用值　⎯ 年度能量使用节约值

图4 不同节能型窗户的能量使用值和节约值

项目能量平衡

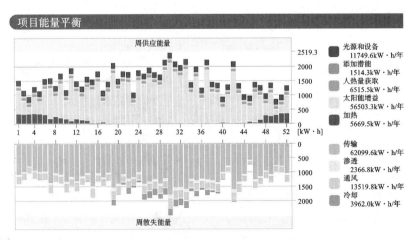

周供应能量

光源和设备　11749.6kW·h/年
添加潜能　1514.3kW·h/年
人热量获取　6515.5kW·h/年
太阳能增益　56503.3kW·h/年
加热　5669.5kW·h/年

传输　62099.6kW·h/年
渗透　2366.8kW·h/年
通风　13519.8kW·h/年
冷却　3962.0kW·h/年

周散失能量

图5 屋顶增加坡屋顶的建筑能量平衡值

2.3.4 组合模拟分析

组合模拟分析将外墙、外窗和屋顶的改造措施交叉组合，共形成9种方案。从模拟结果中可以发现，组合模拟的节能率并不是单纯的单项因素节能率叠加，而是各部分相互影响下的综合值。图6中显示了建筑年度使用能量值和节能率。从图中可以看出，9种方案节能率保持在7%~11%，外墙保温层采用挤塑聚苯板的组合方案比使用其他保温层的组合方案更加节能，其中方案一、方案四和方案六的节能率分别达到了10%、11%和10%，方案六每年消耗19933.72 kW·h的能量。

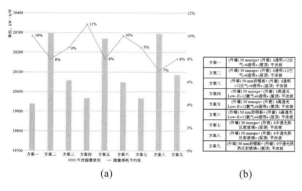

图6　组合方案及能耗情况

(a)组合方案能耗；(b)组合方案

3　节能方案经济性分析

老旧建筑的改造需控制成本，改造成本跟市场价格息息相关，改造成本的计算公式如式(1)所示。

$$I_0 = \sum_{i=n}^{k}(P_n + C_n)S_n \tag{1}$$

式中，I_0代表改造的成本费用；P_n表示建筑材料的单位面积价格；C_n表示单位施工成本；S_n为材料总体数量。

本次改造建筑的外表面积为783.83 m²，其中外窗总面积为203.45 m²，中空玻璃的价格为160元/m²，Low-E玻璃的价格为130元/m²；挤塑聚苯板的价格为16元/m²，岩棉板价格为15.616元/m²；钢结构坡屋顶造价为300元/m²，重庆市人工施工成本一般为90元/m²。经计算可知，方案一的改造成本为14.35万元，方案四的改造成本为13.74万元，方案六的改造成本为13.72万元，组合方案(外墙)50 mm B1型挤塑聚苯板+(外窗)6高透光Low-E+12氩气+6透明+(屋顶)平改坡的改造成本最低，其能耗减少最多。

4　结语

重庆市城镇老旧小区的改造工作正在不断推进，本文实地调查老旧建筑现状及小区居民的改造意见，依据建筑现状和反馈意见，选取建工东村111#建筑作为研究对象，基于数字化技术，对建筑外墙、外窗和屋顶进行节能改造，通过模拟得出不同厚度的外保温材料、不同类型节能窗户及平改坡的单项改造措施和组合改造措施对建筑能耗的影响，分析节能率最高的三种组合方案的改造成本，综合得出经济节能的组合方案。教学中将数字化技术与建筑节能改造相结合，从前期调研到提出节能改造措施的过程培养了学生利用数字化技术解决问题的思维，做到了学以致用，提高了教学质量。

参考文献

[1]　刘旭晔,张靖媛,张家豪.城市更新背景下老旧小区改造实施措施探究[J].建设科技,2022(14):11-15.

[2]　梁博,苏晓春.BIM技术在老旧小区改造中的应用策略[J].四川水泥,2022(1):78-79.

[3]　李彬,许晓坤,李翔.建筑围护结构节能改造技术及能耗研究[J].能源与节能,2022(9):53-55.

曾旭东[1]　王若曦[1]

1. 重庆大学建筑城规学院；rororoxyw@163.com

Zeng Xudong[1]　Wang Ruoxi[1]

1. School of Architecture and Urban Planning, Chongqing University；rororoxyw@163.com

重庆市高等教育教学改革研究项目(234003)；重庆大学第三批专业学位教学案例项目(20210325)

数字化分析方法在高校建筑设计教学中的应用
The Application of Digital Analysis Method in the Teaching of Architectural Design in Universities

摘　要：为适应数字化设计技术的发展，我们在高年级建筑设计教学课程中引入了数字化分析手段，通过Grasshopper、Phonecis等软件进行气候模拟，结合实际环境，确定场地要素和设计参数，优化建筑形态和结构。通过Rhino、ArchiCAD等建模平台和Grasshopper、EcoDesigner等插件辅助进行建筑表达和设计优化。本文探讨如何将数字化分析方法融入高校建筑设计教学中，为学生提供更全面、先进的教育资源，使学生更直观地了解建筑空间，掌握建筑设计的原理和方法，提高设计的创造力和效率。

关键词：数字化分析；建筑设计；计算机辅助设计；建筑设计教学

Abstract：To adapt to the development of digital design technology, we introduced digital analysis methods in the senior architectural design course. We used software such as Grasshopper and phonecis to perform climate simulation, combined with the actual environment, to determine the site elements and design parameters, and optimize the architectural form and structure. We used modeling platforms such as Rhino and ArchiCAD and plugins such as Grasshopper and EcoDesigner to assist in architectural expression and design optimization. This paper explores how to integrate digital analysis methods into architectural design teaching in universities, to provide students with more comprehensive and advanced educational resources, to enable students to understand architectural space more intuitively, to master the principles and methods of architectural design, and to improve the creativity and efficiency of design.

Keywords：Digital Analysis；Architectural Design；Computer-aided Design；Architectural Design Education

1　引言

随着经济的飞速发展和技术的持续创新，建筑业正发生着巨大的变化，培养具有创新精神和综合素质的人才也成为建筑教育的重中之重。建筑学是一门综合性极强的学科，它要求学生具备非常广泛的知识和很强的实践能力。同时，它也要求学生能够综合运用各类学科知识，并将其应用到建筑设计中。数字化设计技术是当代建筑设计的重要手段，它可以帮助建筑师进行更加精确、高效、创新的设计。然而，目前高校建筑设计教学中，学生对数字化分析方法的了解和掌握还不够充分。为了改善这一现状，我们尝试将数字化分析手段引入高年级建筑设计教学课程中，使同学们了解数字化分析方法的基本概念和特点。

2　数字化分析方法的现状及发展

随着第四次工业革命蓬勃兴起，新一代信息技术在制造业迅速扩张并带来颠覆性变革，其引发的产业转型升级正逐渐影响传统建筑行业[1]。建筑业作为国民经济的重要组成部分，长期面临着生产效率不高、资源消耗过大、专业协同不顺畅等困境。面对新一代信息技术对传统建筑行业产生的颠覆性变革，数字建筑成为促进建筑行业转型升级的核心要素。在这一过程中，数字化分析方法是实现数字建筑目标和价值的关键技术之一。

2.1　数字化分析方法的概念与特点

数字化分析方法是指运用数字化技术和工具，对不同来源和类型的数据进行收集、整合、分析和可视化,从而提升分析的效率、质量和价值。数字化分析方法具备创新性强、渗透性广、覆盖性全等特征,能够服务于多个领域和层面,为经济社会发展提供数据支撑和智能决策。

我们可以利用计算机技术和数学模型,对建筑设计中的问题进行定量或定性的分析和评价,以提高设计的质量和效率。数字化分析方法涵盖结构分析、能耗分析、环境模拟、光照分析、风环境分析、声学分析等方面,能够帮助建筑师和工程师在设计阶段综合考虑建筑物的功能性、安全性、舒适性、美观性和可持续性,避免后期的修改和返工,节约成本和时间,提高客户满意度。同时,数字化分析方法也能为建筑物的施工和运维提供数据支持和优化建议,实现建筑物的全寿命周期管理。数字化分析方法还能推动全链条数字化协同、全周期集成化管理、全要素智能化升级等,为建筑业转型发展和数字建筑新业态提供技术支撑。

2.2　数字化分析方法的现状和发展趋势

在国内,数字化分析方法在建筑设计中的应用正

处于快速发展的阶段并已取得一定的成果,但仍有很大的发展空间和潜力。一方面,政策层面给予了数字建筑鼓励和指导(表1)。例如,2022年,住房和城乡建设部发布《“十四五”建筑业发展规划》,提出夯实标准化和数字化基础,包括推进BIM技术在工程全寿命期的集成应用,强化设计、生产、施工各环节数字化协同,推动工程建设全过程数字化成果交付和应用等。另一方面,技术层面涌现出了多种创新和应用。例如,北京环球影城度假区项目大量使用了BIM技术,实现了灯光、音响设备的精准安装;广东博智林机器人有限公司研制的建筑机器人已有近50款,可以实现地坪研磨、墙面油漆喷涂、地砖铺贴等作业;杭州品茗科技有限公司研发的塔机安全监控管理系统可以实现塔吊过载、风速过大、倾角异常等情况的自动化、智能化监控。

未来,随着数字技术的不断进步和应用的不断拓展,数字化分析方法将为建筑设计带来更多的优势和价值,为建筑业转型升级和数字建筑新业态培育提供技术支撑。

表1　近三年有关建筑业数字化转型的政策文件(部分)

政策文件	发布机构	发布时间
《关于推动智能建造与建筑工业化协同发展的指导意见》	住房和城乡建设部	2020年7月
《“十四五”建筑业发展规划》	住房和城乡建设部	2022年1月
《数字建筑发展白皮书》	中国信息通信研究院	2022年3月

3　数字化分析方法课程教学实践探索

在建筑学专业教学中,与数字化建筑设计相关的课程已经成为建筑学专业的必修课[2]。本次我们尝试将数字化分析方法融入高校建筑设计教学中,为学生提供更全面、先进的教育资源,使学生更直观地了解建筑空间,掌握建筑设计的原理和方法,提高设计的创造力和效率。

3.1　数字化分析方法协助分析场地基础环境

为了保证建筑设计的质量和适应性,学生需要对建筑所在场地进行充分的调研和分析,了解场地的自然条件、社会环境、历史文化等方面的特征和设计需求,通过实地勘测、数据收集、文献综述等方式,获取场地的基本信息,如地形、地貌、水文、植被、气候、交通、人口、功能等,并根据建筑设计的目标和要求,对这些信息进行筛选和比较,确定建筑设计所需的基础场地要素,如朝向、视线、风向、日照等。为了更准确地评估这些要素对建筑设计的影响,须利用Grasshopper、

Phonecis等软件对场地进行气候模拟,模拟不同季节和时间的温度、湿度、风速、风压、太阳辐射等参数,分析建筑设计需要考虑的气候因素和适应性措施。通过这样的过程,为建筑设计提供一些科学的依据和参考。

本文以数字建筑设计课程中的某项目为例,利用数字化分析手段对某建筑进行优化设计。首先,以网络调研的方式收集前期资料,并依据CAD图纸构建环境模型;然后,将模型导入Rhino,使用Grasshopper插件对所在区位的风向、湿度、日照等气候要素进行分析(图1),完善了设计前期资料,并为后续的设计优化奠定了基础。

3.2　数字化分析方法协助优化建筑设计

数字化分析方法协助优化建筑设计是指利用计算机软件和算法对建筑设计中的各种参数和要素进行模拟、评估和调整,以提高建筑的性能、效率和美感。数字化分析方法可以应用于建筑设计的各个阶段,包括概念设计、方案设计、深化设计和施工图设计阶段。它可以帮助建筑师解决复杂的设计问题,创造出更加符合

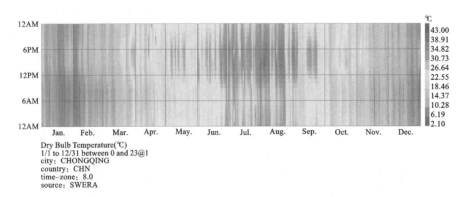

图 1　场地气候模拟

人的需求和环境条件的建筑作品。

　　完成初步建筑设计图纸之后,可使用 ArchiCAD 软件进行建模,如图 2 所示。ArchiCAD 可以灵活地调整建筑的外形、结构、材质等参数,让同学们的设计想法得到精确和生动的呈现。可使用 ArchiCAD 自带的 EcoDesigner 插件,将建筑信息模型(BIM)转化成多热区的建筑能耗模型(BEM),如图 3 所示。还可用标准模拟引擎和报告功能,详细评估能源性能;根据气候或地点,选择适应性方案;模拟建筑的热区和热桥,根据模拟结果替换合适的材质,优化建筑的隔热性能;调整供暖、通风、空调、照明等专业系统,在满足舒适度的前提下控制成本。

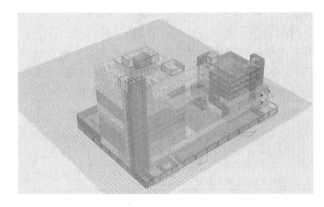

图 3　BIM 模型转化为 BEM 模型

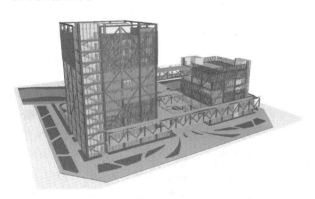

图 2　ArchiCAD 软件建模

　　此外,也可以协同其他 BIM 软件进行进一步分析,将 ArchiCAD 建筑模型导入 Rhino 中,使用 Grasshopper 插件对建筑及周围环境的日照时长(图 4)和辐射量进行分析;评估建筑的采光效率和节能性能,同时考虑周边建筑的遮挡、反射、热岛效应等对建筑的影响,从而对建筑的朝向、形态、开窗的参数进行调整,优化设计。

3.3　数字化协同分析,促进多学科有机融合

　　数字化协同分析能够充分体现团队合作的效果,通过建立多个专业在设计过程中的信息反馈机制,提高沟通效率。协同分析为后期室内净高的控制、立管穿墙、预留孔洞等提供了现实依据,避免了很多后期不

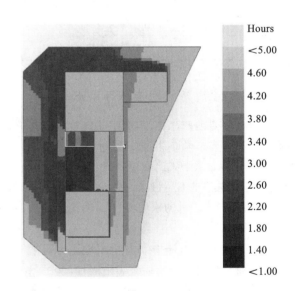

图 4　Grasshopper 日照分析

必要的方案冲突,大大减少了现场的设计变更及工程返工,在工程质量和效益上都有较大提升[3]。

　　以数字建筑设计课程中某建筑项目为例,同学们从低碳建筑的角度出发,利用 ArchiCAD 自带的 EcoDesigner 插件分析建筑性能(图 5),并结合建筑设计相关规范优化方案,以达到节能减排的目的。

　　此外,在数字建筑设计课程中利用数字化协同分

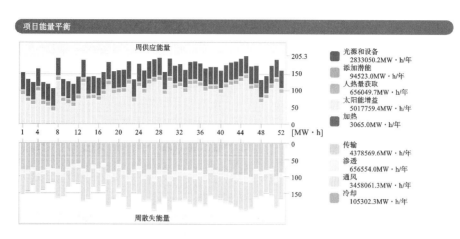

项目能量平衡

周供应能量

■	光源和设备	2833050.2MW·h/年
▨	添加潜能	94523.0MW·h/年
▨	人热量获取	656049.7MW·h/年
▨	太阳能增益	5017759.4MW·h/年
■	加热	3065.0MW·h/年
▨	传输	4378569.6MW·h/年
▨	渗透	656554.0MW·h/年
▨	通风	3458061.3MW·h/年
■	冷却	105302.3MW·h/年

周散失能量

图5 数字化能耗分析

析可实现学科交叉设计,增强建筑、结构、水电暖等环节之间的协调性。特别是建筑、结构与管线(图6)之间的碰撞,无论是在设计阶段还是在施工阶段都是容易出现问题的地方。在课程中,小组成员可利用软件模拟三者之间的碰撞并查看相应的位置,解决后期施工中存在的隐患。

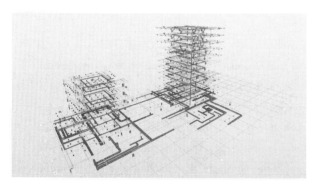

图6 BIM管线综合设计

4 结语

本文基于数字化分析方法在高年级建筑设计教学中的应用和实践,探讨了数字化分析方法在场地分析、设计优化、协同设计等方面的作用和价值。通过数字化分析方法,同学们可以更加科学、高效、创新地进行建筑设计,同时也增强了多学科交叉的能力和意识。未来,随着数字技术的不断进步和应用的不断拓展,数字化分析方法将为建筑设计带来更多的优势和价值,为建筑业转型升级和数字建筑新业态培育提供技术支撑。我们将继续努力探索数字化分析方法在建筑设计教学中的更多可能性和创新性,为高校教育贡献一份微薄之力。

参考文献

[1] 中国信息通讯研究院.数字建筑发展白皮书[EB/OL].[2023-08-01].http://www.caict.ac.cn/kxyj/qwfb/bps/202203/P020220330512284345397.pdf

[2] 陈瑾羲,刘泽洋.国外建筑院校本科教学重点探析——以苏高工、巴特莱特、康奈尔等6所院校为例[J].建筑学报,2017(6):94-100.

[3] 曾旭东,龙倩.基于BIMcloud云平台的建筑协同设计——以某医院设计项目为例[C]//全国高等学校建筑学专业教育指导分委员会建筑数字技术教学工作委员会.共享·协同——2019全国建筑院系建筑数字技术教学与研究学术研讨会论文集.北京:中国建筑工业出版社,2019.

李丹阳[1]　吕健梅[1]　高一迪[1]
1.沈阳建筑大学建筑与规划学院；lee_dy@126.com
Li Danyang[1]　Lü Jianmei[1]　Gao Yidi[1]
1. School of Architecture and Planning，Shenyang Jianzhu University；lee_dy@126.com

2023 年沈阳建筑大学大学生创新创业训练计划项目（D202305092116108845）

基于形态发生理论的单一空间生成与建造研究
——一年级空间建造教学实践

A Study of Single Space Generation and Construction Based on Morphogenetic Theory：The Teaching Practices of Space Construction in Lower Grades

摘　要：建造实践本质是探讨不同的材料使用方式、挑战结构稳定性，以及创造新的构造逻辑。在这个过程中会出现新的构思方法及新的建筑形态。与传统自上而下的设计方法不同，形态发生理论为形态生成提供了科学逻辑，也提供了积聚、变形、涌现等空间形态操作方式，使当代建筑形态更加理性而丰富。数字技术作为有效的研究和表现手段，拓展了对复杂形态的认知，实现了复杂形态的虚拟建造。本次教学中一些作品运用简单的数字技术完成了复杂形态的研究，并进行实体搭建，也总结了一些经验和不足。

关键词：形态发生学；建造教学；数字技术

Abstract：The essence of construction practice is to explore different ways of using materials, to challenge structural stability, and to create new construction logic. In this process, new methods of conceptualization and new architectural forms emerge. Different from the traditional top-down design method, morphogenesis theory provides scientific logic for the generation of form, as well as spatial form operation methods such as accumulation, deformation, and emergence, which make contemporary architectural form more rational and rich. Digital technology, as an effective means of research and expression, expands the cognition of complex forms and realizes the virtual construction of complex forms. Some works in this teaching use simple digital technology to complete the research of complex forms and physical construction, and also summarize some experiences and shortcomings.

Keywords：Morphogenesis；Construction Instruction；Digital Technology

1　引言

　　建造是建筑设计基础课程的实践环节，课程对象为大学一年级新生。建筑学专业涵盖内容繁杂，涉及的知识面广，对于习惯逻辑思维的高中理科生而言，比较难适应设计过程中比较灵活的判断标准。因此，让学生直接进行真实的建造活动，激发学生的兴趣，发挥其主观能动性，是一年级建造教学的关键[1]。

　　建造教学主要通过对材料的简单加工和组织，使学生认识简单结构和构造。国内外许多建筑学院的设计教育中一直保留建造实践环节。国内的同济大学不仅在一年级开展以木材为主的建造课，还连续多年举办了国际建造节，对纸板、中空板分别进行探索；哈尔滨工业大学以木材与中空板为主材举办建造竞赛，同时对冰雪建造进行了探索。这些建造活动突破简单几何形态，探索材料的可能性，在结构稳定的前提下尝试通过拓扑变形、积聚、涌现等操作产生新的复杂形态，已经成为建造课的新趋势。国外高校则重视数字技术的应用，苏黎世联邦工业大学建筑学院、斯图加特大学建筑学院等运用数字化技术对木材进行精确加工和装配，实现了空间的非线性化设计和建造。建造教学提供了尝试新技术和创造新形态的机会。

传统建造教学沿用"平面构思图"进行设计[2]。设计者对于建造方案的描述往往依靠脑海中想象的空间造型进行图纸和手工模型表达。在数字化设计和非线性形式快速发展的今天，面对复杂的拓扑空间、曲面，设计师脑海中无法进行完整呈现。同时，二维平面图无法完成对非线性空间的描述，需要借助数字技术在虚拟空间进行复杂形态模拟。这也是形态发生学在参数化设计领域被引用和研究的重要原因。形态发生理论为形态生成提供路径，数字技术则修正、呈现理想形式结果，二者共同促使学生建立整体思维。

2 形态发生理论对设计的启示

形态发生理论揭示了自然规则如何创造出复杂多变且具有设计美学的形式语言。生物体是细胞、组织、遗传物质等共同建立的生命系统，生物形态则是生物体演变过程中由内而外、自下而上呈现出的整体形态系统。传统设计过程中，设计师对于形态的把握一般属于一种预先设定，或以上帝视角对形态进行强制操作。形态发生理论给予设计师们新的启迪，对于设计对象可以从全新的视角，自下而上地思考形态发生的过程，选择稳定合理的结构和最优化的数学模型，从而获得理想的形态。

建造教学中，以下几种形态发生理论会影响设计转译，同时可利用数字技术进行虚拟建造，在建造教学中带来材料使用方面的新意、结构稳定性的挑战，以及构造逻辑的创新[3]。

2.1 涌现理论

生物体的细胞构成组织，组织构成器官，器官构成生物体。有层级的生物系统，即由简单的细胞经由少数规则和规律就能产生复杂系统[4]。不同生物形态生成逻辑符合进化论逻辑，并且能够依靠参数化的算法逻辑进行形态生成操作。建造过程中结合数字雕刻、3D打印技术、机器人装配等手段进行操作能够使建造作品得到更准确、精致的呈现(图1)。

2.2 褶子理论

不同于欧氏几何的封闭、规则，无限折叠、生长的生物体本身不存在内外，能够形成流动的空间形态[5]。建造过程中，单元体不同方向的翻折组织所产生的空间、体量与单一方向的叠加所产生的形态完全不同。这种形态尤其适合采用参数化技术进行辅助设计。利用极小曲面的原理进行设计，其造型表面是一个连续的曲率为零的曲面，不同曲面间需要进行精确加工并连接。极小曲面的空间拓扑关系如同褶子一样，内外空间互相延伸，从而形成一个复杂动感的空间形态(图2)。

图1 沈阳建筑大学建造课程作业
(图片来源:作者自摄)

图2 2017年中建海峡杯建构大赛湖南大学作品
(图片来源:作者自摄)

3 教学过程

本次建造教学主题为"童趣"，运用的材料以木材为主，辅助材料不超过两种，教学主要目的是对木材进行新的探索。本次教学我们尝试通过观察和分析生物形态的生成逻辑，提取构成元素，认识稳定的结构形态，拓展建筑形态认知及体验复杂形态的建造过程[3]。

3.1 前期概念生成

以往建造教学常会以空间造型为主，根据形态选择适当的结构类型和构造节点完成搭建，经常出现结构形式与形态存在矛盾或互相脱离的情况，造成建造逻辑错误或作品整体概念表达混乱。本次建造教学在整体概念构思阶段，以形态发生理论为设计思想，引导学生对生物形态生成逻辑进行认知和解析，尽量通过简单易行的结构及材料组织方式展现空间形态,拓展空间形态生成方式和生成逻辑。

学生通过图片或实物展示生物形态特征,研究其与欧式几何的区别,基于新的结构单元及构成逻辑发展空间概念,进而形成建造作品。

3.2 中期找形优化

这一阶段通过建筑和建造实例讲解现实生活中的形态转译,要求学生首先根据形态生成理论分析形态生成逻辑,并提取元素、元素组合或结构来进行方案设计,用手工模型和数字化模型进行方案表达。手工模型直接表现方案的结构形态特点,在结构稳定的基础上,加以变形并用于探索适当的组织规则,然后经过变形和衍生重组,形成新的空间和形态。数字化模型主要利用 SU、Grasshopper 两种软件辅助设计,对几何形体进行基本拉伸、扭曲变形、重复组合等操作,形成新的复杂形态,还可进行受力分析。其中 Grasshopper 能更好地表达平滑的非线性空间,进行变形、组合等操作更加容易。此外,数字化模型能提供完整的结构形态、精准的构造尺寸,有助于提高工作效率。

3.3 后期空间建造

不规则形态在建造过程中对构件尺寸和加工精度

要求很高,依靠手工操作很难达到预期效果。数字化设计为复杂形态建造提供了许多工具,如 3D 打印、数控器械、机器人建造等(图 3)。

图 3 2017 年同济大学国际建造节获奖作品,参数化设计
(图片来源:作者自摄)

4 形态生成理论与数字技术的应用探究

本次教学鼓励学生在设计的各个阶段主动发现设计问题,通过案例学习提出合适的解决方法并加以验证。在这个过程中,老师主要起到启发和判断作用(表 1)。

表 1 形态生成理论与数字技术的应用探究

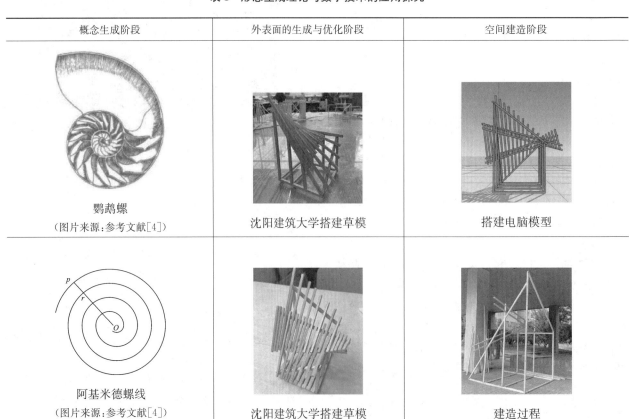

概念生成阶段	外表面的生成与优化阶段	空间建造阶段
鹦鹉螺 (图片来源:参考文献[4])	沈阳建筑大学搭建草模	搭建电脑模型
阿基米德螺线 (图片来源:参考文献[4])	沈阳建筑大学搭建草模	建造过程

概念生成阶段	外表面的生成与优化阶段	空间建造阶段
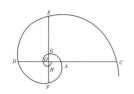 等角螺线 (图片来源:参考文献[4])	 沈阳建筑大学搭建草模	 沈阳建筑大学课程作业

(来源:作者自绘)

概念生成阶段:学生选择鹦鹉螺和蜗牛的壳进行形态研究,发现其形态蕴含明显的数理原理。鹦鹉螺的壳是一个可以进行二次分隔的连续管腔,而蜗牛的壳是复合结构,这些螺线形态是通过连续增长实现的,从一个原点开始一个阶段一个阶段生长。学生提取简单、稳定的结构形态,如三角形、矩形、梯形进行组合,形成空间。

外表面的生成与优化阶段:在以往教学中,作品多以完型状态呈现,外表面与结构共同构成一个整体形态,无法确定结构逻辑是否有效。本次教学引导学生充分利用已有结构进行表皮设计。初始结构形态是稳定的几何形,表面是完整的曲面,视觉上比较单一。通过对结构进行简单调整,并利用结构本身角度渐变形成层次丰富的表皮。

空间建造阶段:本作品虽然没有运用数字化手段进行建造,但学生对木材规格尺寸进行设计,统一每个层次的曲面木材规格,形成规律化的模数系统,可以与电脑控制发生关联。

5 课程总结与反思

在建筑数字化转型的背景下,本次建造课程立足于培养学生对于形态生成的认知、分析能力和对于空间与结构结合的思考能力,使学生通过数字化的技术方法,进行空间形态的创新设计。课程教学中,教师通过对学生进行知识结构及相关数字化软件的教学,帮助学生理解结构原理,结合案例进行研究性设计。由于在低年级进行建造教学,学生没有能力掌握复杂的数字化设计方法,导致模型仅处于形态生成和调整阶段,因此没有进行结构性能分析和参数化设计,实际建造过程中,具体结构形态和维护界面均有较大调整。

本次教学实践尝试在低年级引入了数字化软件的研究性设计教学模式,并总结了现有"数字+建造"训练方法[3],对参数化技术全程参与未来建造教学进行了有益尝试。

参考文献

[1] 夏铸九. 一个批判性回顾与展望——台湾大学建筑与城乡研究所教研实践[J]. 新建筑,2007(6):6-10.

[2] 李欣,宋立文. 建筑设计基础中建造环节的分解与整合——以台湾淡江大学和武汉大学为例[J]. 新建筑,2014(2):116-119.

[3] 李丹阳,吕健梅. 微观结构认知与数字化参与的建造实验教学研究[C]//全国高等学校建筑学专业指导委员会建筑数字技术教学工作委员会·数字·文化——2017全国建筑院系建筑数字技术教学研讨会暨DADA2017数字建筑国际学术研讨会论文集. 北京:中国建筑工业出版社,2017.

[4] 汤普森. 生长和形态[M]. 袁丽琴,译. 上海:上海科学技术出版社,2003.

[5] 德勒兹. 福柯褶子[M]. 于奇智,杨洁,译. 长沙:湖南文艺出版社,2001.

许昊皓[1]　邱士博[1]　卢健松[1]　吕潇洋[1]

1. 湖南大学建筑与规划学院

Xu Haohao[1]　Qiu Shibo[1]　Lu Jiansong[1]　Lü Xiaoyang[1]

1. School of Architecture and Planning，Hunan University

湖南省自然科学基金项目(2020JJ4007)；湖南省社会科学基金项目(XSP22YBC153)

数智化背景下湖南大学建筑媒介实验室教学角色与协同机制研究

A Study on the Educational Effectiveness and Collaborative Mechanisms of Hunan University's Architectural Media Laboratory in the Context of Digitization

摘　要：本文在回顾总结国内高校技术类实验室发展趋势的基础上，以湖南大学建筑媒介实验室的系列教学实践和数字化设计教学平台的建设为例进行深入分析，通过回顾湖南大学建筑媒介实验室的发展历程，分析其"课程教学、科研合作、平台开放"的教学作用，总结其"教学介入渗透化、自身技术延伸化、能力培养多元化"的教学协同方法，探讨高校建筑学专业技术实验室如何通过发挥支点作用与专业培养形成良性协同机制，以应对建筑行业数智化带来的人才培养挑战。

关键词：数智化；湖南大学；建筑媒介实验室；教学作用；教学协同

Abstract：On the basis of reviewing and summarizing the development trend of technology laboratories in domestic colleges and universities, this paper takes the series of teaching practices of the building media laboratory of Hunan University and the construction of the digital design teaching platform as an example to conduct in-depth analysis. By reviewing the development process of the building media laboratory of Hunan University, this paper analyzes its teaching role of "curriculum teaching, scientific research cooperation, and platform opening", summarize its teaching collaboration methods of "infiltration of teaching intervention, extension of self technology, and diversification of ability cultivation", and explore how the technical laboratory of architecture in universities can play a supporting role in forming a positive synergy mechanism with professional cultivation, and respond to the talent cultivation challenges brought by the digitalization of the construction industry.

Keywords：Mathematical Intelligence；Hunan University；Architectural Media Laboratory；Teaching Role；Teaching Collaboration

1　数字时代对建筑教育的影响

我国正在经历新一轮的产业变革和科技革新，这给各行各业带来了新的机遇与挑战，以数字技术为代表的新一轮科学技术正在展现其巨大潜能，并进入建筑行业和建筑学领域，与未来行业的主流发展方向密切相关，使得数字时代成为未来行业发展的宏观主题。

在这样的背景下，建筑学的人才培养和专业教学也必须与时俱进，并对时代带来的问题和挑战进行以下深入的思考和积极的回应：①能力体系逐渐多元——数字时代下相关技术层出不穷，当代建筑师需要不断适应正在更新的设计软件、设计技术和建造工具；②教学视野亟待拓展——技术的发展正在逐步打破学科的壁垒，促进了跨学科的知识交融，使得建筑行业日益复合化和科学化；③教学手段有待更新——设计问题的复杂化、科学化也对行业人才的工作方法、思维高度提出了新要求，传统教学方式与教学手段对新型的设计能力与思维培养要求应接不暇。

数字时代正逐渐推动当代建筑学科的发展,促使建筑学科数字化、网络化、智能化[1],从多维度对学科人才培养产生影响。人与数据交互的能力将成为未来世界发展的关键能力,因此,建筑教育的未来发展也必须紧密关注这一趋势。

2 国内建筑媒介类实验室发展趋势

1965年,计算机图形学的奠基者埃文·萨瑟兰(Ivan E. Sutherland)首次提出了虚拟现实与交互的概念,虚拟现实技术得以起步。20世纪80年代,北卡罗来纳大学已经开始进行建筑仿真的研究。自1986年我国"863高新技术计划"将VR列为关键研究技术以来,国内建筑行业对虚拟现实技术的应用也同期展开。进入21世纪,虚拟现实设备得到进一步的发展。到了2016年前后,虚拟现实技术得到了更广泛的民用普及,在建筑等多个行业产生了广泛的应用需求,依托虚拟现实技术的建筑仿真评价和其他设计方法及技术手段,在数字时代的建筑行业得以广泛应用。

在这样的背景下,国内建筑院校也开始逐渐关注基于建筑媒介的教学研究板块的设立,并结合其学科专长确定了研究方向。例如,同济大学以舒马赫、孙澄宇、何斌等为代表,建立了虚拟现实设计与体验研究板块,聚焦于虚拟城市建筑设计与体验[2];天津大学在2013年成立环境虚拟现实实验室,专攻建成环境空间认知与行为实验研究、建筑遗产保护信息可视化与展陈利用项目开发、传统村落保护历史建筑认知与测绘虚仿教学等方向[3];华南理工大学通过整合数字建筑与城市虚拟仿真实验教学中心相关平台资源,将VR及AR设备有效应用于本科教学中[4]。

对建筑媒介及虚拟仿真技术方向的关注已经成为国内领军型院校的明显趋势,而这些建筑媒介研究板块或实验室作为中国建筑类高校新建的技术实验室的组成部分,正成长为以创新、测试、交流为特征的跨学科合作平台,承担着带领高校教师和学生共同探索新领域的责任[5]。同时,建筑学专业必须充分利用媒介来变得更具社会参与度和文化开放性,与世界进行更深入的连接并发挥带头作用。这两方面的特性足以使数字时代的建筑教育关注以高校实验室为主体力量的教学介入作用,从而回应时代命题下的建筑专业人才培养需求。

3 湖南大学建筑媒介实验室定位与架构

湖南大学建筑媒介实验室创立于2018年,以数字建筑媒介研究为主体,目前形成了包括城市媒介感知、遗产价值传播、策展与公众互动、建筑文化传播、数字建造等前沿专题的多元教学研究方向[6],拥有无人机、

虚拟现实/增强现实眼镜、全景相机、全景足尺体验仿真装置等实验设备,以城市媒介感知、遗产价值传播、建筑文化传播等为研究方向,强调把学习过程融入科学研究与社会实践的教育模式。

3.1 课程教学

湖南大学建筑媒介实验室自成立之初,即在多个维度尝试开展设计教学。2017年起,建筑媒介实验室开展了一系列虚拟交互工作营,通过倾斜摄影、虚拟现实等技术与不同的设计主题相结合,引导学生掌握多维媒介的信息采集、设计与呈现方法(表1)。

表 1 湖南大学虚拟交互类工作营教学内容

时间	工作营名称	教学重点
2017年9月	倾斜摄影 媒介再现	数字化测绘与虚拟空间情景设计
2019年8月	虚拟现实 多维感知	建筑空间虚拟重建与虚拟空间情景设计
2019年9月	遗产空间交互	数字化测绘与虚拟空间情景设计
2020年7月	赛博乌托邦——未来城市应答	虚拟空间情景设计与叙事表达
2020年10月	建筑狂想曲——建筑学习生活空间虚拟设计工作营	虚拟空间情景设计与叙事表达
2021年8月	诗意栖居——空间转译叙事	虚拟空间情景设计与叙事表达
2023年4月	人工智能与材料呈现	人工智能辅助设计

建筑媒介实验室以数字媒介交互技术为切入点,从不同角度参与建筑学专业教学中,自2018年开始便结合三维建模、倾斜摄影技术开展暑期工作营教学,2019年进一步将"虚拟现实技术+建筑设计"作为工作营教学的主线,纳入学院"开放实践"教学环节中。

此外,2021年,建筑媒介实验室开设研究生选修课——建筑新媒介与交互式设计理论,就建筑媒介、人机交互科学、交互式设计等方面展开教学,并指导学生结合校园环境完成交互式方案设计;在本科计算机辅助建筑设计Ⅱ教学中融入建筑遗产保护命题,将长沙传统保护建筑测绘与数字化建模软件教学相结合,增强教学命题现实意义。

3.2 科研合作

在设计教学之外,建筑媒介实验室响应学院推进本科生科研能力提升的计划,开展研究型教学活动。建筑媒介实验室自2020年开始每年招收各年级共20

名左右本科生加入实验室团队,通过日常的技术学习、实验开展和课题研究等方式为本科生提供先行接触、了解科研活动,提高科研能力的机会。建筑媒介实验室主导了教学改革、乡土人居等主题的多项国家省部级课题,如"基于VR虚拟足尺体验评价的建筑设计思维创新课程开发研究""乡村住宅空间仿真场景与足尺体验优化技术研究"等。同时,建筑媒介实验室教师结合湖南大学SIT大学生创新创业项目,以虚拟交互技术结合社会现实问题,指导其他本科生科研小组的选题、研究工作。

3.3 平台开放

建筑媒介实验室利用自身实验设备平台支撑了其

他教学与科研。在教学层面,2019年起建筑媒介实验室联合"光辉城市"公司推动虚拟现实技术在本科三年级设计课的应用,并开放相关设备供学生使用,鼓励学生在传统手工模型之外使用虚拟技术对设计成果进行多维呈现。此外,建筑媒介实验室建立了完善的设备借取制度,将所有数字化设备面向全院师生开放,鼓励学生将无人机、VR、虚拟现实软件等技术工具应用至"调研—概念—方案—建造"的全阶段。在研究层面,建筑媒介实验室为学院其他研究团队提供了技术支持,进一步促进了科研深化与研究生培养(图1)。

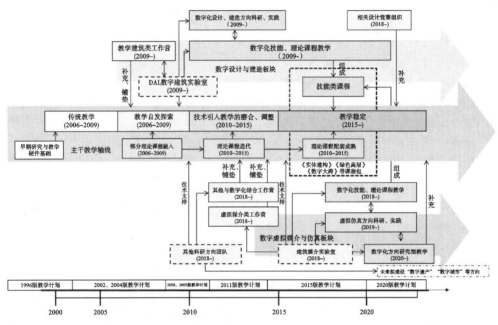

图1 湖南大学建筑教学与技术类实验室协同发展模型

4 湖南大学建筑媒介实验室的教学协同方法

4.1 教学介入渗透化

湖南大学建筑媒介实验室在教学发展过程中,通过以下方式从不同层级介入教学,丰富湖南大学建筑学专业的主干教学内容。①开设专门课程,针对自身虚拟媒介技术和建筑影像的研究方向与硬件设备专长,开设建筑新媒介与交互式设计理论、建筑影像等专项理论课程,对实验室研究方向进行直接教学。②教学介入,以自身技术、设备支持主干教学的不同课程环节,如在本科三年级设计课及"数字大跨"课程的设计成果呈现阶段推动虚拟现实、倾斜摄影等技术的应用,促进技能普及以及与设计教学的协同。③非常规教学,结合技术特点开展多元化的教学模式,增加具有教

学趣味性和普及度的非常规教学方式,如研究课题、科研指导、实践创作等。

4.2 自身技术延伸化

湖南大学建筑媒介实验室通过将自身技术设备向不同维度延伸,实现教学内容的转化。一方面,通过不同层级的教学方式将媒介仿真技术应用于教学计划中的不同课程环节;另一方面,建筑媒介实验室通过自身技术共享,将虚拟现实技术与遗产保护、乡村人居的工作营教学、课题研究相结合,带动了研究的深化,促进相关技能教学及科研方向以设计工作营的形式向教学成果转换,实现了建筑媒介实验室教学平台与其他科研方向的教学科研过渡衔接和技术延伸。

4.3 能力培养多元化

在专业能力培养方面,湖南大学建筑媒介实验室坚持将倾斜摄影、虚拟现实等技术与不同的设计主题

相结合,引导学生掌握多维媒介的信息采集、设计与呈现方法,关注城市环境关系、建筑功能策划、建筑材质与细节设计,从不同层级展开相关能力培养。

首先,通过三维空间信息采集和虚拟现实技术的教学应用,培养学生相关技术能力。①空间仿真:自2017年起"倾斜摄影 媒介再现"工作营开始进行以无人机倾斜摄影为主的数字化测绘技能的教学,完成建筑空间环境的虚拟建立与渲染;2020年起组织学生就历史建筑保护与再利用等不同主题于多个场所组织和策划多元化的虚拟展陈活动,在实践中促进数字仿真技术与教学结合。②虚拟交互:2019年"虚拟现实 多维感知"工作营开始将虚拟现实等技术与不同的设计主题相结合,引导学生掌握利用VR、AR等虚拟技术进行设计与呈现的能力;2021年,开设研究生选修课——建筑新媒介与交互式设计理论,就建筑媒介、人机交互科学、交互式设计等方面展开教学,通过针对性增加虚拟媒介技术方面的直接教学环节,引导学生掌握虚拟媒介及交互技术。

其次,通过多维媒介的信息采集、设计与呈现方法,从不同层级引导学生掌握关注城市环境关系、建筑功能策划、建筑材质与细节设计的设计方法。①足尺模拟:利用现实空间和虚拟空间两种教学主题中的足尺模拟设计方法,结合后续的VR实验、眼动捕捉等技术方法,使学生掌握建筑外部空间形态及建筑材质、细节设计等方面的知识,了解前沿理论与方向,熟悉科学研究的内容、方法和程序。②交互体验:在系列工作营中引导学生完成建筑建成空间环境的虚拟建立与渲染,通过足尺模拟的设计方法完成对城市"建成环境"的交互式体验与交互设计,从不同角度关注城市环境关系、建筑功能策划、建筑材质与细节设计,通过数字工具感知自然界不同信息并进行深化设计。

最后,通过强调调研方法和数据支撑、数据采集和交互引导的设计流程,锻炼学生基于数据交互的设计思维。始终强调从技能、方法层级对建筑空间信息数据进行获取和处理,并坚持以数据为主导进行信息采集、交互设计、成果呈现,将多维媒介获取的信息与足尺模拟、交互式的设计方法相结合,通过数据呈现关注城市、建筑本体,通过虚拟体验加强对空间、材料的感受,通过交互设计丰富设计视野[7]。

5 数智化背景下教学作用与协同机制的思考

湖南大学建筑媒介实验室在以虚拟技术为主导的教学与研究活动中扮演着关键的角色。通过拓展常规课程之外的设计思维培养方式,创新地引入数据采集处理、虚拟交互呈现的技术和设计方法,从而显著增强常规课程体系的教学效果(图2、图3)。这一做法可被视为现代教育模式中一种积极的补充和创新,其教学作用与协同机制主要体现在以下三个方面。

图2 湖南大学建筑媒介实验室的教学内容
(a)设备开发与技术培训;(b)相关工作营教学成果;
(c)SIT科研课题指导;(d)理论课程讲授

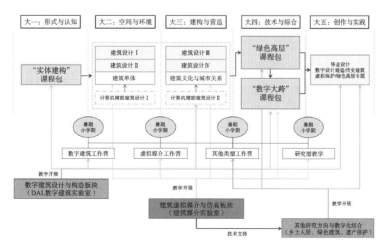

图3 湖南大学建筑媒介实验室的教学协同模式

第一，充当技术支点，在学生中广泛传播数字技术知识和理念。实验室通过主动进行技术普及和引导，使学生对虚拟仿真技术的理解和使用得以进一步深化。这不仅为学生提供了了解和掌握先进科技的机会，更以此来支撑他们在建筑学研究和设计实践中的创新思考。

第二，提供与设计紧密结合的技能教学。实验室的教学注重加强与相关技术厂商、设计院等实践单位的联合，不仅强调技能的传授，更重视如何将技能与设计理论、实践相结合。这对于培养学生的建筑学本体素质，即理论知识、技术技能和设计能力的统一和协调，具有至关重要的作用。

第三，拓宽学生的学术视野。实验室采取多元化的教学手段，如组织学术会议、网络远程授课、现场案例分析等，多角度、全方位地拓展学生的视野，激发他们的创新思维和设计灵感。这不仅有助于培养学生在面临复杂建筑设计问题时独立思考和解决问题的能力，也有助于他们在未来的职业生涯中适应不断变化的技术和设计趋势。

总的来说，湖南大学建筑媒介实验室的教学作用与协同机制是通过多维、有机的设计思维培养方式，为学生提供一个理论与实践相结合的全面学习平台，以此为学生进行建筑学领域的研究和设计实践提供强有力的支持。

参考文献

［1］ 张烨,许蓁,魏力恺. 基于数字技术的建筑学新工科教育［J］. 当代建筑,2020(3):129-133.

［2］ 袁烽,孙童悦. 数字包豪斯同济建筑的建构教育与实践探索［J］. 时代建筑,2022(3):40-49.

［3］ 范思楠,张寒,张翌. VR认知实验在传统村落空间形态研究中的应用［J］. 世界建筑导报,2018(1):49-51.

［4］ 苏平,辛颖. 纵横结合的数字建筑设计教学体系探索——以华南理工大学建筑学院为例［J］. 高等建筑教育,2019,28(1):119-126.

［5］ 王洁琼,鲁安东. 中国建筑类高校前沿技术实验室研究与设计协同机制调研报告［J］. 时代建筑,2022(4):60-65.

［6］ 许昊皓,余燚,于思璐,等. 数字传播互动——湖南大学建筑媒介实验室的教学与研究［J］. 中外建筑,2021(9):58-63.

［7］ 邱士博. 湖南大学当代建筑教育中数字化思维培养［D］. 长沙:湖南大学,2023.

许珑还[1*]

1. 美国密歇根大学安娜堡分校陶布曼建筑与城市规划学院；longhuan@umich.edu

Xu Longhuan[1*]

1. Taubman College of Architecture and Urban Planning, University of Michigan, Ann-Arbor, USA；longhuan@umich.edu

基于 VR 技术的绿色学校建筑环境教育隐性课程
A Hidden Curriculum for Green School Building Environmental Education Based on VR Technology

摘　要：文章围绕绿色学校的隐性环境教育与使用者行为展开。研究以数字技术在绿色学校改造中的应用为引，在虚拟引擎（Unreal Engine）中构建虚拟现实（VR）沉浸式场景，模拟实时交互环境，捕捉并记录 VR 环境下使用者的行动轨迹和眼动数据，依据变色灯光的可视化表达和统计图表，总结不同阶段的绿色功能改造所传达的隐性课程。研究证实绿色学校使用者从行为和感知上接受非主动的环境教育，且辩证地指引设计者利用绿色干预措施的反馈结果整改设计方案。

关键词：绿色学校；环境教育；虚拟现实；反馈导向设计

Abstract：The research paper is focused on the implicit environmental education of green schools and user behaviors. Led by the applications of digital technology in green school renovations, the study creates an immersive virtual reality (VR) scene in Unreal Engine to simulate real-time interactive environments. Also, the study captures and records the users' action trajectories and eye-movement data in the VR environment. Based on the graphical representation of the colored spheres and statistical charts, the hidden curriculum conveyed by different stages of the green feature renovation are concluded. The study demonstrates that green school users receive unsolicited environmental education both behaviorally and perceptually and dialectically informs designers to adapt design solutions using feedback from green interventions.

Keywords：Green Schools；Environmental Education；Virtual Reality；Feedback Guided Design

1　引言

1996 年《全国环境宣传教育行动纲要（1996—2010年）》（简称《纲要》）颁布，"绿色学校"正式进入公众视野。《纲要》提出建立绿色学校应提升师生环境意识及积极开展环境宣传和监督活动等要求。通过开展创建绿色学校工作，环境教育将成为未来教育的重要任务。绿色学校建筑不仅是进行教育、教学活动的专门场所，也是作为使用者的师生接受环境隐性课程的活动基地。隐性课程所传达的信息超出了物理环境的主题内容，它在环境因素和人的作用统一的情况下，等同于绿色建筑教学研究中潜移默化的环境教育。

低碳目标指引下的绿色学校设计将环境教育与体验式教育相结合，重视沉浸式的交互行为和实时反馈的体验，进而利用使用者的直接感官体验和行为积累经验构建理性的学习方式。新兴的 VR 技术搭建了现实世界向虚拟世界迁移的平台，它具备创造高度贴近现实和沉浸式模拟环境的条件，且能够在控制虚拟环境变量的条件下监测并记录使用者行为。后疫情时代设计领域数字化转型的步伐在不断加快，随着虚拟现实（VR）技术的逐渐成熟，绿色建筑设计的综合运用离不开 VR 技术的助力。因此，为了探索绿色学校的使用者行为和环境响应之间的联系，本文提取学校改造项目中普遍存在的绿色干预措施应用，复刻其 VR 场景进行体验的转化，最终依据反映使用者感官意识和感受的行动轨迹和眼动数据，提供绿色学校设计与环境教育相融合的新思路。

2　绿色学校改造的应用思路

绿色数字技术从创建绿色高性能学校、推进低碳循环发展出发，契合环境教育的理念，已成长为学校改造项目中的一种成熟的技术。绿色功能改造被认为和环境教育密不可分。环境教育鼓励师生的个人参与性行为,而设计者通过打造可以直接体验绿色特征的技术应用,有助于增加教育获取途径并促进其效力,同时有助于美化和改善校园环境。

2.1 绿色学校改造项目基本问题及影响

我国现存教育建筑的人均能耗约为普通建筑人均能耗的 4 倍,其中水资源能耗约为普通建筑的 2 倍,而空调系统能耗在学校总能耗中占有重要比重,同时对声环境、通风和热舒适度等因素造成直接影响[1]。《绿色建筑评价标准》(GB/T 50378—2019)针对教育类建筑制定了普遍适用的评价标准,并且依据区域经济和地理条件差异制定当地评估标准。对比英美早先建立的绿色学校评估标准,英国中小学环境评价标准 BREEAM School 更侧重建筑对室外环境的影响[2],而美国的 LEED for School 认证则更重视由采光和声环境等因素决定的室内环境质量,在校园布局和可持续场地等方面关注度较低。我国现存教育建筑还存在一定缺陷,空调系统的普及率和地下空间的场地利用率存在对标差距。我们可以从绿色学校改造实践中总结规律及策略,并在条件允许情况下利用绿色数字技术实施改造,进一步加强绿色建筑评估标准的针对性。

2.2 绿色学校的校园规划

节地与室外环境是绿色建筑评价 7 类指标之一。

绿色学校的校园规划往往不是围绕单栋建筑,而是将建筑群和多样化场地作为对象展开,规划布局应符合日照标准,在场地范围内合理规划绿化用地,且对地下空间的合理开发与利用提出了更高的要求[3]。绿色学校应结合自然条件和交通及服务等社会因素,因地制宜形成总体规划方案。引入围合庭院的合院式布局是绿色教育建筑常见的空间布局。紧凑型布局有利于节约土地资源,并且能够立足当地气候条件,最大化利用自然通风和日照。中庭设计在绿色学校改造项目中的比重逐年增加,它不仅是师生进行交互的活动和展览空间,而且是减少围护结构面积的缓冲过渡空间。中庭的设置有利于优化通风环境,且可在冬日收集太阳辐射热量,达到减少能耗的效果。

2.3 绿色学校的能源利用

建筑生命全周期能耗的 70%～80% 来自建筑的运营过程,提升学校类建筑的能源效率能起到减少学校运营开支的作用,且能通过能耗监测与节能管理系统达成环境教育的目的。教室可以在一天中的大部分时段充分利用自然采光。将室内人工照明与日光传感器相连接,可以在室内光线充足时自动关闭人工照明,控制电量[1]。学校授课时间(周一至周五)的模拟能耗时间表如表 1 所示。其中人员活动、照明及设备使用均集中在 8:30—16:00 这个授课时间区间内[4]。

表 1 学校授课时间(周一至周五)的模拟能耗时间表

时间	教室人员	教室照明	电器设备	时间	教室人员	教室照明	电器设备
1	0	0	0	13	1	0.8	0.8
2	0	0	0	14	1	0.8	0.8
3	0	0	0	15	1	0.8	0.8
4	0	0	0	16	0.8	0.8	0.8
5	0	0	0	17	0.3	0.8	0.5
6	0.2	0.2	0.1	18	0.1	0.3	0.1
7	0.8	0.2	0.3	19	0	0	0
8	1	0.8	0.8	20	0	0	0
9	1	0.8	0.8	21	0	0	0
10	1	0.8	0.8	22	0	0	0
11	1	0.8	0.8	23	0	0	0
12	0.5	0.2	0.2	24	0	0	0

(来源:参考文献[4])

以太阳能、风能和生物质能等驱动的可再生能源技术缓解了大量能源消耗带来的问题。太阳能供给时间和学校的用能峰值的一致性,使得太阳能热水和光伏发电两种常见的太阳能利用策略在学校建筑的利用中占得优势。中小型涡轮机一类小型风力发电装置可安装于学校的活动场地,在环境条件允许的情况下使用生物质能也是经济又适用的举措。

2.4 绿色学校的被动式设计

绿色学校建筑的被动式设计通常体现在提高遮阳、采光、自然通风及围护结构等性能上。学校建筑常采用建筑南向布置教室、设置双侧开窗和高窗以及中庭设计等方式来改善自然采光和自然通风条件，美中不足的是教室的声环境会受到影响。合理控制建筑间距也有助于优化教室内光环境，避免影响使用者的室内视野[1]。围护结构是绿色学校建筑的重要内容，可运用传热系数低的稳定外墙保温材料及外窗种类以提高建筑整体的气密性并减少窗地比。《绿色建筑评价标准》明确指出，围护结构的热工性能超出国家现行有关建筑节能设计标准规定幅度的10%，得10分；优化幅度超出5%，得5分，在评价体系中占比优势明显[3]。

设计者从校园规划、能源利用和被动式设计等绿色数字技术应用策略的综合考虑出发，优先考虑良好的采光和声学效果等因素，关注师生在室内课堂环境下的专注度和参与度，有助于提高环境宣传课程质量。此外，结合许多新建和改造绿色学校案例选取的合院式布局和开敞空间设计，为开展基于场所的体验式学习提供了条件，将师生与学习环境及环境给予的课程相互联结，例如教师可以引导学生在教学课程中根据实时监测仪器的数据，计算和跟踪学校的节能情况。

3 绿色学校虚拟现实(VR)场景构建

3.1 虚拟现实(VR)技术在绿色建筑设计中的应用

VR技术在建筑领域广泛应用于全场景实时预览，辅助设计者进行可视化模拟和漫游测试，方便及时反馈意见和修改方案。VR技术在绿色建筑设计中占据重要优势，它具备模拟和互动的功能性，因此可用于检验和测试模型的实际精度和准确度，并效仿真实物理环境下的能耗测试，给予设计参与者模型反馈，并以反馈为导向引导设计方案的进一步完善。

3.2 绿色学校VR场景建模流程

提取前文"绿色学校改造的应用思路"提出的典型绿色学校设计中的关键因素，参照《中小学校设计规范》(GB50099—2011)，在Rhinoceros软件中预先设定一个地上4层、层高3.40米的教育建筑，合院式布局内有围合庭院，南向设置教室和教师主要办公空间，且融入高窗和天窗设计及外墙围护结构[5]。

Unreal Engine 5是由Epic Games发行的免费虚拟引擎软件，是VR模拟实验常用的软件之一。本文首先在UE5中新建以"参与者"为第一视角的文件，调

整视线、行动步速和步长等。在确认无误后，将Rhinoceros软件中的绿色学校模型分材质图层，逐一以MotionBuilder(.fbx)的格式导出，并统一原点坐标导入UE5的建模界面中。同时为避免VR模式下出现穿透模型的情况，所有墙体、窗户、阶梯、扶手等实体装置应默认设置Collision Meshes，重新附以UE5的内置材质。

3.3 蓝图交互设计设置

为了控制变量及定点捕捉参与者在绿色学校环境中的行动轨迹，以此判断绿色干预措施在绿色学校环境中的敏感度，本文使用VR参与者操控第一人称角色进行行动交互后会更改颜色的灯光来标记行动轨迹。UE5中的变色灯光交互蓝图流程如图1所示。

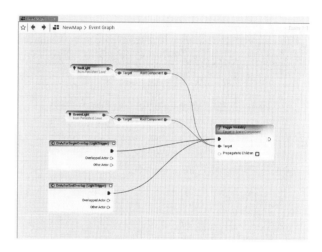

图1 UE5中的变色灯光交互蓝图流程
(图片来源：作者自绘)

4 绿色学校使用者行为分析

数据分析以VR场景的沉浸式预览为基础，发掘VR技术的实验性机遇。利用VR技术可以使实验对象自由移动且具备良好地控制实验变量的特点，人的身体动作与所视影像同步，可及时提供环境刺激并记录反馈信息。将3D模型内的眼动数据可视化当作有力工具，可以更精准和科学地研究身体运动和凝视运动的相互作用。

4.1 基于变色灯光的行动轨迹和眼动跟踪

在UE5中进行VR学校教室环境设置，如图2所示。变色灯光记录的行动轨迹和眼动跟踪如图3所示。

4.2 VR中的绿色学校场景优化策略

为模拟真实学校环境，在Character(角色)中添加"机器人"并通过"AIController"控制其行动轨迹。依据前文中的"学校授课时间的模拟能耗时间表"，可以在

图2　UE5 中的 VR 学校教室环境设置
（图片来源：作者自绘）

图3　变色灯光记录的行动轨迹和眼动跟踪
（图片来源：作者自绘）

南向教室区域内设置相对应的教室人员，并随着时间变化进行学校环境内的自主活动。

5　结语

本文通过归纳绿色功能改造应用特征来构筑典型绿色学校模型，并运用 VR 技术模拟实验环境，捕捉并记录使用者互动行为和直接视觉影像，以此获取有利于绿色学校设计的结论。VR 技术正逐渐从以游戏产业为主导的消费市场，向实验范式的科学研究方向发展，推动新兴数字技术在建筑行业中的广泛应用。在 VR 场景下，设计者不仅是虚拟空间的建造者，更是追踪建筑空间体验的观察者。虚拟现实场景将使用者置身于高度受控的环境，以虚拟引擎软件中的互动行为设置测试其环境响应行为，推演使用者如何凭借自身感知和经验在绿色学校中接受环境教育。在本文研究的主题之外，VR 技术在研究使用者认知和行为与环境的相互关系上存在着巨大的潜力，我们期待其激发未来绿色建筑设计研究的更多可能性。

参考文献

［1］　王崇杰，刘薇薇.中小学绿色校园研究［J］.中外建筑，2013(8)：50-53.

［2］　MURPHY C，THORNE A. Health and Productivity Benefits of Sustainable Schools：A Review［M］.Watford：IHS BRE Press，2010：6-7.

［3］　中国建筑科学研究院.绿色建筑评价标准：GB/T 50378—2014［S］.北京：中国建筑工业出版社，2014.

［4］　范昕杰，吕芳.上海中小学建筑风扇空调联合运行研究分析［J］.建筑热能通风空调，2015(3)：1-4.

［5］　中华人民共和国住房和城乡建设部.中小学校设计规范：GB 50099—2011［S］.北京：中国建筑工业出版社，2011.

陈忱[1,2]　胡红梅[1,2]　石峰[1,2]　李立新[1,3]　薛昕[1,2*]

1. 厦门大学建筑与土木工程学院；chenc@xmu.edu.cn，xuexin@xmu.edu.cn
2. 福建省滨海土木工程数字仿真重点实验室
3. 厦门大学建筑设计研究院有限公司

Chen Chen[1,2]　Hu Hongmei[1,2]　Shi Feng[1,2]　Li Lixin[1,3]　Xue Xin[1,2*]

1. School of Architecture and Civil Engineering, Xiamen University；chenc@xmu.edu.cn，xuexin@xmu.edu.cn
2. Fujian Key Laboratory of Digital Simulations for Coastal Civil Engineering, Xiamen University
3. Xiamen University Architectural Design and Research Institute Co.,Ltd.

中央高校基本科研业务费专项资金项目(20720230032)；国家自然科学基金项目(52078443)

双碳背景下建筑美学理论在建筑材料教学中的应用探索
Exploring Architectural Aesthetics in Low Carbon Building Materials Education

摘　要：建筑材料对建筑美学产生深远影响，且决定了建造阶段的碳排放量。建筑材料课程教学须引入建筑设计相关的美学知识，帮助学生提高设计能力、合理选用低碳材料。通过引入建筑史和美学理念，分析不同材料的特性、用途和美感，结合现代建筑作品案例探讨新型低碳材料的应用和美学价值，学生充分理解建筑材料在建筑美学和绿色建筑中的重要作用，培养审美素养和创新精神，为建筑行业的可持续发展做出贡献。

关键词：建筑材料；建筑美学；双碳目标；教学方法

Abstract：The architectural aesthetics theory is significantly influenced by the selection of building materials, which also directly impacts carbon emissions during the construction phase. Introducing aesthetics knowledge related to architectural design in building materials education enhances students' design capabilities and promotes the rational use of low-carbon materials. By incorporating concepts from architectural history and aesthetics, analyzing diverse material characteristics, applications, and aesthetics, and examining contemporary architectural examples showcasing cutting-edge materials and their aesthetic value, students are guided to fully harness the crucial role of building materials in aesthetics. This fosters their aesthetic literacy and fosters an innovative spirit, thus making valuable contributions to the advancement of the architectural industry.

Keywords：Building Materials；Architectural Aesthetics；Carbon Peaking and Carbon Neutrality Goals；Teaching Methods

1　建筑材料课程特点

1.1　课程要求

建筑材料课程是建筑学专业学生必修的专业基础课之一，与建筑力学、建筑物理等公共基础课以及建筑设计、建筑结构等后续专业课程密切相关，起到承上启下的重要作用。通过学习该课程，学生将了解建筑材料分类、常用材料的性能及发展趋势，重点掌握常用建筑材料的品种、性能、国家标准及合理选用方法。

该课程旨在使学生掌握建筑材料的基本理论和知识，为建筑设计等专业课程的学习奠定材料方面的基础。同时，该课程也旨在培养学生根据不同工程需求，正确、合理选材的科学素养和精神，培养学生作为建筑师以安全、质量为先的责任心和道德水平，继而培养学生对我国建造业的认同感和投身建筑领域的家国情怀，并在建筑材料中响应碳中和、碳达峰等国家重大需求，挖掘本土文化，应用本土特色。

1.2　课程特点

建筑材料课程有两个特点，同时也是课程建设面临的矛盾点。一是实际建筑工程涉及的建筑材料种类繁多，且新型建筑材料发展迅速、层出不穷，但是在有限的学时中，只能以基础性材料的介绍为主；二是课程涉及的概念和内容多,教学内容以叙述性为主,重点不突出,课程应培养学生在建筑设计中合理选材的应用能力。

为此,建筑材料课程建设要注意主次分明,一方面应以常用基础性材料为重点,培养学生能够针对不同工程合理选材,并能与建筑设计等相关课程密切配合,了解材料与设计参数选择的相互关系,从而具备在未来了解、选用新型建筑材料的能力。另一方面应在课堂教学中结合最新的前沿科研动态,尽可能多地将新型建筑材料相关进展介绍给学生[1];结合实际工程案例,分析所选用材料的优劣及选择理由,引导学生运用理论知识于实践中[1]。

然而,建筑学专业学生只有掌握足够的建筑美学知识,才能更好地把基础性、前沿性建筑材料理论应用于建筑设计实践中。建筑美学理论是目前建筑材料等建筑学理论课程相对缺乏[2, 3]、亟须引入的教学内容。

2 建筑史及建筑美学的引入

在课堂上引入建筑史和建筑美学理念,结合具体的建筑材料和建筑作品,可让学生感受建筑材料的美学特点在不同历史时期的演变(表1)。在远古时期,早期的建筑美学主要受到当时可用的自然材料(如石材、木材、黏土等)的影响,人们利用这些材料创造出简单而实用的建筑,主要强调功能性与自然元素的融合。在上古时期、中古时期,建筑美学开始注重对称、比例和几何形态,大理石、花岗岩、砖块等材料的广泛应用,使得建筑更加雄伟壮观,表现出力量与稳定感。在近代,随着工业革命的兴起,新材料(如混凝土、钢铁、玻璃等)开始被广泛应用,建筑设计开始追求功能和结构的创新,建筑美学展现出工业化的特点。而在现代,高

表 1 建筑材料的建筑美学发展史

历史阶段	建筑材料	建筑美学
远古时期	当地可用的自然材料,如石材、木材、黏土等	简单实用,功能与地域性自然元素融合
上古时期 中古时期	大理石、花岗岩、砖块等	注重对称、比例和几何形态,建筑雄伟壮观,表现出力量与稳定感
近代	混凝土、钢铁、玻璃等	工业化特点
现代	高性能混凝土、耐候结构钢、再生材料、可循环材料等	多元化美学表现力

性能混凝土、耐候结构钢、再生材料、可循环材料等兴起,材料呈现出轻质、高强、高耐久、多功能、利废、节能、环保等发展趋势,美学表现力的呈现更为多元。例如,传统混凝土呈现出厚重且坚硬的质感,高性能混凝土可以呈现出柔软而有韧性的质感。

课程进一步结合典型建筑案例,让学生深入理解建筑材料的美学。例如,远古时期的半坡遗址采用木骨泥墙建房,体现出西安的地域性特色;上古时期的古罗马角斗场用数万吨石材建造而成;中古时期的故宫采用了大量木材、烧土制品、石材等,建筑庄严大气;近代的鼓浪屿建筑群除了采用福建传统的清水红砖,也采用了钢筋混凝土进行建造;现代的鸟巢、水立方、哈利法塔等建筑大胆使用钢材、乙烯-四氟乙烯共聚物、高性能混凝土等材料,体现出多元化的建筑美学。

通过引入建筑史及建筑美学,学生将更加全面地认识到建筑材料在建筑美学发展中的关键作用,理解建筑材料如何与设计和文化背景相互交织,塑造着丰富多样的建筑风格和形式,从而激发学生对建筑美学的兴趣,增强他们对建筑材料选择与应用的深刻认知,为日后的建筑设计实践打下坚实基础。

3 常见建筑材料的特点

如表2所示,从建筑材料的美学特点来看,石灰是传统古典的胶凝材料,其制品具有自然光泽和柔和质感,可用于砌筑、粉刷和装饰,营造古典与自然的美感。同为古典风格的石膏制品可用于精美的装饰雕塑和浮雕,呈现出细腻与典雅的美感,营造艺术气息。水泥是现代广泛采用的胶凝材料,其制品可创造出不同形状和结构的构件和建筑物,展现工业美感和现代感。混凝土既是现代用量最大、用途最广的结构材料,也是一种多功能材料,可实现创新和大胆的设计,展现现代建筑的雄伟与稳重。砂浆是连接材料,营造清晰的线条和质朴的美感,可用于墙面装饰和个性表现。墙体材料的不同影响建筑外观,既能呈现古典与稳重,又能体现现代美感。建筑钢材是现代简约风格的代表,具有简洁线条和工业质感,体现建筑的现代与轻盈。

从建筑材料的碳排放因子来看,石灰、水泥、钢材的生产需要经过高温煅烧,碳排放因子较高,为 $700 \sim 2000\ CO_2e/t$,而石膏、混凝土、砂浆、墙体材料的碳排放因子相对较低,为 $2 \sim 400\ CO_2e/t$[4]。

在课堂上可以分析不同建筑材料的特性、用途、外观和质感,并介绍这些材料在建筑设计中的应用,包括建筑材料在建筑中的功能、美学效果、碳排放情况,让学生更好地掌握根据设计需求、美学目标、减碳目标选用的建筑材料方法。

表 2　常见建筑材料的特点

材料	建筑美学特点	碳排放因子[4]
石灰	常用于传统建筑,其光泽和质感营造了古典和自然的美学氛围,可用于砌筑、粉刷、涂料和装饰,使建筑表面呈现柔和的色调和纹理	石灰为 1190 kg CO_2e/t,消石灰为 747 kg CO_2e/t,主要通过石灰石煅烧产生,碳排放量较高
石膏	广泛应用于装饰,可制成精美的装饰雕塑和浮雕,呈现出细腻和典雅的美感,可用于营造建筑内部的复杂线条和装饰,增添艺术气息	天然石膏为 32.8 kg CO_2e/t,主要通过石膏矿石的煅烧和脱水过程产生,碳排放量相对较低
水泥	在现代建筑中应用广泛,其坚实性和多样性允许创造各种建筑形式和结构,可以打造现代简约外观,表现出现代建筑美学的工业美感	普通硅酸盐水泥为 735 kg CO_2e/t,其生产过程中需要对石灰石和黏土进行高温煅烧,碳排放量较高
混凝土	作为结构材料和多功能材料,能够塑造各种形状,展现建筑的创新和大胆性,其坚固性和耐久性使得建筑师能够设计更大跨度和现代化的建筑,体现出现代建筑的雄伟和稳重	C30 混凝土为 295 kg CO_2e/t,C50 混凝土为 385 kg CO_2e/t,混凝土主要是由砂、石等较低碳排放量的原材料组成,碳排放量相对较低
砂浆	是建筑中常用的连接材料,能够衔接砖石等材料,使墙体呈现出清晰的线条和质朴的美感。颜色和纹理可以用于墙面装饰,增添建筑外观的细节和个性	普通硅酸盐水泥为 735 kg CO_2e/t,砂为 2.51 kg CO_2e/t,砂浆的碳排放与混凝土类似,取决于其中所使用的水泥含量
墙体材料	其选择直接影响建筑外观,既能呈现古典与稳重,又能体现现代的美感,颜色、纹理和表面处理都影响建筑的整体视觉效果和风格	混凝土砖、蒸压粉煤灰砖、烧结粉煤灰实心砖、页岩实心砖、页岩空心砖、黏土空心砖、煤矸石心砖、煤矸石空心砖分别为 336、341、134、292、204、250、22.8、16.0 kg CO_2e/t,取决于具体材料的组成
钢材	可用于梁、柱、框架等结构,其简洁的线条和工业质感增添了建筑的现代美学特征,其坚固性和耐久性使得现代建筑可以创造出大跨度和开放式设计,展现建筑的轻盈和现代感	普通碳钢为 2050 kg CO_2e/t,建筑钢材的碳排放量较高,主要是由于钢的生产过程中需要高温冶炼

4　低碳建筑材料的特点

分析现代建筑作品案例,介绍前沿的低碳建筑材料,将有助于学生了解建筑美学的现代趋势,结合我国"双碳"战略目标,培养学生在建筑设计中关注环保、低碳、节能和创新的意识。

国务院印发《2030 年前碳达峰行动方案》,就推动建材行业碳达峰提出:"加强产能置换监管,加快低效产能退出,严禁新增水泥熟料、平板玻璃产能,引导建材行业向轻型化、集约化、制品化转型。推动水泥错峰生产常态化,合理缩短水泥熟料装置运转时间。……鼓励建材企业使用粉煤灰、工业废渣、尾矿渣等作为原料或水泥混合材。加快推进绿色建材产品认证和应用推广,加强新型胶凝材料、低碳混凝土、木竹建材等低碳建材产品研发应用。"[5] "低碳混凝土"等低碳建筑材料概念首次出现在了国务院重要文件中,通过政策解读,可以让学生理解建筑材料的发展趋势。

课程通过广州塔、大兴机场等建筑作品的案例分析,让学生在理解低碳建筑材料特性的同时,了解建筑美学的发展趋势。如图 1 所示,广州塔是一座具有超高层建筑结构的观光塔,高度约 600 m,高性能混凝土为广州塔提供了优异的力学性能和抗震能力,使得塔

楼能够承受巨大的风荷载和地震力,同时,高性能混凝土允许建筑师创造复杂的曲线和结构,实现了广州塔独特的外形设计,还使得塔楼的结构更加精细,减少了结构的厚度和体积,增加了建筑的开放性和轻盈感。

图 2 的北京大兴国际机场航站楼核心区一共使用了 12800 块新型建筑玻璃,采光顶部位共计使用 8232 块双层玻璃,其中有 2342 块采光顶玻璃是内置金属遮阳网的中空节能玻璃,简称顶棚外部铝网玻璃[6],能将 60% 的自然直射光线转换为漫反射光线,让室内的人感受柔和的光线,没有阳光直射的灼热感,起到节能效果。这一设计让楼内 60% 的区域实现天然采光。这一材料的使用使得航站楼的室内空间拥有通透感,提升了建筑的开放性和舒适感,并赋予建筑现代感和时尚性,玻璃穹顶打破了室内外的边界,将航站楼与周围的景观自然融合,提升了建筑的环境适应性和融洽感。除此之外,大兴机场还应用了双银 Low-E + 中空钢化超白玻璃、超高强改性合成纤维混凝土等新型低碳环保材料[7,8],新型低碳环保材料配合光伏发电等技术的应用将使得大兴机场在 2028 年前后实现碳达峰[9]。

此外,木材虽然是传统建筑材料,却因其具有的优良的隐含碳和碳汇能力重新得到重视。近年来,瑞典、英国、芬兰、法国、丹麦等国纷纷制定政策鼓励木材这

图 1　广州塔
（图片来源：广州塔官方微博）

图 2　大兴机场
（图片来源：参考文献[6]）

一低碳材料在建筑中的使用。图 3 的瑞典 Sara Kulturhus 中心、英国剑桥中央清真寺、荷兰生物材料展示厅、美国 Kendeda 大厦等建筑大量使用了木材，在实现低碳设计的同时，体现出了自然质感，营造出自然与人文相融合的美学氛围，并具有很高的可塑性，创造出多样的建筑形式，呈现出多样的建筑风格。

图 3　木材在建筑中的使用
(a)瑞典 Sara Kulturhus 中心；(b)英国剑桥中央清真寺；
(c)荷兰生物材料展示厅；(d)美国 Kendeda 大厦
（图片来源：参考文献[10]）

可见，新型低碳环保建筑材料的合理使用能够在增添建筑的美学价值和吸引力的同时，对环境和可持续发展产生影响。

5　结语

建筑材料种类繁多且发展迅速，建筑教学却只能在有限的建筑材料课程学时中主要介绍基础性材料，且叙述性教学内容难以满足学生在建筑设计中应用能力的培养需求。针对建筑材料课程建设这两个矛盾

点，可以通过引入建筑美学理念，以建筑史为线索，分析不同历史阶段的代表性建筑材料特点及其对应的建筑美学。教学内容一方面涵盖从远古时期到近现代常用的建筑材料，另一方面聚焦现代建筑作品案例涉及的前沿低碳建筑材料，介绍不同建筑材料的功能、美学效果、碳排放情况，让学生更好地掌握根据设计需求、美学目标、减碳目标选用建筑材料的方法，通过对广州塔、大兴机场、瑞典 Sara Kulturhus 中心等案例的分析，提高学生建筑设计的实践应用能力，培养学生在建筑设计中关注环保、低碳、节能和创新的意识，引导学生积极响应国家"双碳"政策，推动建筑行业向环保、低碳方向发展。

参考文献

[1]　胡红梅，程瑶. 大土木背景下"土木工程材料"的角色定位[J]. 合肥工业大学学报(社会科学版)，2006(4):3.

[2]　戴秋思，刘春茂. 对建筑技术美学课程在建筑学相关专业中建设现状的思考[J]. 南方建筑，2011(5):4.

[3]　郭琳琳. 论建筑学专业教育中的美学素质培养[J]. 美术教育研究，2016(24):70-71.

[4]　中华人民共和国住房和城乡建设部，国家市场监督管理总局. 建筑碳排放计算标准：GB/T51366—2019[M]. 北京:中国建筑工业出版社，2019.

[5]　中华人民共和国国务院. 国务院关于印发2030年前碳达峰行动方案的通知:国发〔2021〕23 号[A/OL]. (2021-10-26)[2023-08-01]. https://www.gov.cn/zhengce/content/2021-10/26/content_5644984.htm.

[6]　中国建材信息总网. 北玻"大兴机场玻璃"入藏国家博物馆[EB/OL]. (2019-11-21)[2023-08-01]. http://www.cbminfo.com/BMI/bl/_465922/_469473/6928835/index.html.

[7]　张崴，王飞勇. 北京大兴国际机场航站楼立面围护系统设计[J]. 建筑创作，2021(3):88-105.

[8]　陈望春，韩喆泰，包侃. 超高强改性合成纤维混凝土在北京大兴国际机场的应用研究[J]. 民航学报，2022,6(1):17-21.

[9]　中国新闻网. 回答"双碳"考题 大兴机场做好节能"加减法"[EB/OL]. (2022-04-14)[2023-08-01] https://www.chinanews.com/cj/2022/04-14/9728480.shtml.

[10]　友绿智库. 2021 年全球十大低碳建筑[EB/OL]. (2021-12-24)[2023-08-01]. https://www.163.com/dy/article/GS0H4OHT0535NJ1G.html.

胡颖茬[1]　金熙[2]

1. 长沙理工大学建筑学院;714664436@qq.com
2. 湖南科技大学建筑与艺术设计学院:jinxi_alex@163.com
Hu Yinghong[1]　Jin Xi[2]
1. College of Architecture, Changsha University of Science & Technology; 714664436@qq.com
2. College of Architecture and Art Design, Hunan University of Science and Technology;jinxi_alex@163.com

湖南省教育厅重点教改课题(HNJG-2022-0171)

城市更新视角下"绿色及数字技术渗透"的建筑设计教学实践探索

Exploration of Architectural Design Teaching Practice of "Green and Digital Technology Penetration" from the Perspective of Urban Renewal

摘　要:本文探究了城市更新视角下如何围绕建筑设计教学要素绿色低碳、文化与社会、数字技术,对以空间场所为核心的设计教学进行精心组织;提出建筑设计教学训练内涵应更加关注如何营造氛围感、保留记忆、延续日常、更新活力;应不断改进设计教学手段,增加如空间营造、行为分析、数字模拟及情境式教学等教学内容;教学过程应启发敏感性、创新性思维,促进城市更新视角下"绿色及数字技术渗透"的建筑设计教育内涵多元化发展。

关键词:城市更新;绿色低碳;数字技术;情境式教学

Abstract: This article explores how to carefully organize design teaching centered on spatial spaces from the perspective of urban renewal, focusing on the teaching elements of architectural design: green and low-carbon, culture and society, and digital technology. The training content of architectural design teaching should pay more attention to create a sense of atmosphere, retain memories, continue daily life, and update vitality. The training should continuously improve the design of teaching methods, such as space creation, behavior analysis, digital simulation, and situational teaching. The teaching process should inspire sensitivity and innovative thinking, promote the diversified development of architectural design education of "green and digital technology penetration" from the perspective of urban renewal.

Keywords: Urban Renewal; Green and Low-carbon; Digital Technology; Situational Teaching

　　长期以来建筑业高能耗的问题使得建筑生产过程极具"环境破坏力"。伴随着环境危机,城市发展进入存量时代,数字技术促使建筑业加速向先进制造业方向转变。《"十四五"建筑业发展规划》提到:加快智能建造与新型建筑工业化协同发展,建筑业从追求高速增长转向追求高质量发展。为了适应当下以绿色发展为引领并运用新一代数字技术完善城市更新的教学目的,建筑设计教育应关注如何对已建成城市空间环境进行资源优化和品质提升,思索如何让设计教育引导学生掌握注重精细化和以人为本的城市空间更新方法。

1　城市更新视角下设计教学要素及内涵式发展

1.1　城市更新视角下设计教学要素构成

　　我们在城市更新视角下对建筑设计教学内容进行优化,其要素构成为绿色低碳(材料与构造、主动及被动式建筑节能、海绵城市设计)、文化与社会(行为感知、地方传统、历史文脉)、数字技术(参数化设计、BIM技术、建筑工业化),对以空间场所为核心的设计教学进行精心组织,强化"绿色及数字技术渗透"的建筑设计方法及训练。

　　大学一年级教学内容主要围绕形成空间认知和表

达训练展开。城市更新视角下应注重空间、行为与环境的感知，训练多种材料空间营造，熟悉表达方式的转换，也包含对材料与建构的认识，以团队协作方式开展，如在湘中传统村落具有地域性真实场景中进行1:1竹材搭建。

为达成图面表达向空间实体建构的转化，鼓励运用Rhino(犀牛)建模软件工具，以及使用平面精雕机、3D打印机制作小比例及放大实物模型。

城市更新视角下大学二、三年级设计教学重点：应加强培育尊重文脉的意识，通过发现适用性改造设计与历史定位，训练敏锐的观察及感悟性，寻找与在地建筑环境的联系，发现集体记忆与残存碎片的角色，思索如何让城市记忆融入建筑设计的复杂性与复合性，并养成被动优先的建筑节能意识，培养具有约束力、有节制的设计生态观。技术手段包括运用BIM知识及Rivet软件建模等。

大学四、五年级设计教学锚点：城市更新背景下应加强建筑与城市的联系，设计选题侧重传统文化悠久的历史地段城市设计、老旧街区与历史街区混合场所的公共空间更新改造等，强化对社会性的理解，如引入对业态、空间、人群的多维度分析，强化绿建及数字技术的学习，打破与规划及园林设计的隔阂，技术手段训练包括加深对海绵城市设计的理解、空间句法分析方法的运用等[1]。

1.2 城市更新视角下教育内涵发展

"新工科"背景下，建筑学教育培养模式从"专才""通才"转变为"通专结合"。"通专结合"强调以合作协同、创新能力、设计赋能的多样化人才培养为目标[2]。

本文以获得2020年、2021年、2022年湖南省大学生可持续建筑设计竞赛的获奖作品《伴影——后浪时代的大学空间》《回根——厂房的新生与建筑系馆的扩建》《启·容园》《蕊＋Club——厂房"微住宅"装配式空间演变与新生》《开合——后信息时代网红集市空间整合转型的更新与设计》为例，详述"绿色及数字技术渗透"的建筑设计教学实践过程及成果。

2 城市更新视角下"绿色数字技术渗透"的设计教学实践

2.1 绿色营造与共享空间——设计命题注重真实生活场景的理解与重塑

改造类设计课题的选题，应注重培养学生对真实生活场景的理解与重塑。设计选址为学生熟悉的场所。校内原航道实验厂房及其周边绿地花园，通过厂房改扩建为建筑系馆，让学生从使用者的角度体会服务与被服务的空间设立关系，在设计中充分联系日常学习生活，体会空间类型的多义性，从新老建筑融合出发，感悟延续场所精神。教学手段包括让学生将数字模型三维视角与实地感受尺度的人眼视角相结合，建模推敲构件连接方式与不同肌理材料的表达效果，从建造视角理解空间内涵。

教学重点：学会处理场地关系与空间形体生成的操作手段；理解功能分区与流线组织中多元空间共享的意义；强调城市更新视角下类型多样及可变性的意义；挖掘设计推演的内在逻辑并丰富体验感；运用材料、建构、空间视觉联系让新旧环境产生对话(图1、图2)。

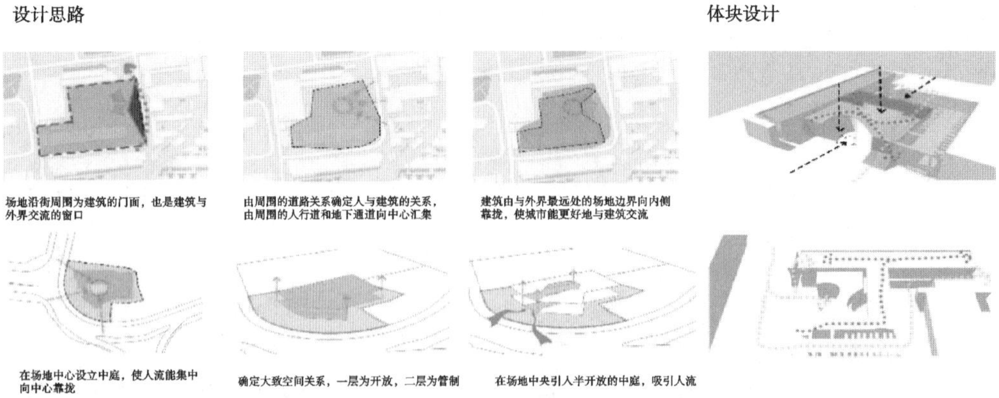

设计思路   体块设计

场地沿街周围为建筑的门面，也是建筑与外界交流的窗口

由周围的道路关系确定人与建筑的关系，由周围的人行道和地下通道向中心汇集

建筑由外界最远处的场地边界向内侧幕拢，使城市能更好地与建筑交流

在场地中心设立中庭，使人流能集中向中心靠拢

确定大致空间关系，一层开放，二层管制

在场地中央引入半开放的中庭，吸引人流

图1 场地与形体设计的逻辑推演

优秀学生作品《伴影——后浪时代的大学空间》的设计是由场地关系出发，采用退让、挤压形体操作手段进行场地设计，形成巨大弧形广场将建筑与道路隔开，扩建部分形体内置弧形庭院，使闹静分区，图底关系虚

实相生。为了使新老建筑产生对话，通过设计连续的内院，两侧采用玻璃材质，直接形成通廊，处处可以实现新旧间的视觉窥视。以延续校园文化，保存环境记忆及激活场地为设计目的，充分考虑了校园周边环境

图2 《伴影——后浪时代的大学空间》设计剖面示意

及人流分布特点,内部空间通过不同尺度及形式的庭院产生既分隔又联系的流动性,运用室外台阶强化内外过渡,营造了互动交流及开放共享的场所感。

2.2 蕴含自然情怀"树的记忆"——参数化设计与轻质空间格网生成的新旧结合

《回根——厂房的新生与建筑系馆的扩建》是在相同的基地采用不同设计策略方案生成,设计中引导学生发现和感悟场地,提炼现存环境的景观要素。《回根》抓住了以"树枝"为概念建造"人工林"的切入点,以保留场地中的植物作为环境记忆点,思索如何重新梳理扩建后新与旧的空间流线,如何整合建筑表皮与内部结构,让空间结构丰富且灵活,如何用不同透明度的材质和构造模糊建筑与环境的边界,让空间组织营造融入自然的使用氛围,让使用者在场所中产生漫步的自由状态[3]。

方案构思阶段进行理性分析,原有港航实验中心厂房具有桁架式大跨空间特征:形式规整,边界明确且内部空间性质单一;为了营造一种"树枝与森林"的意象,运用参数化设计模拟加建部分的空间生成了"折叠空间",这一蕴含自然情怀的非线性设计形态为联结体,与以结构理性为核心的大跨厂房空间形成鲜明对比。设计利用新的屋顶形态及肌理,同时结合模块化的雨水收集构建形成了一套绿色技术单元,水循环和光伏发电概念蕴含着可持续理念。

参数化建筑设计作为一种设计观念和思维形式,带来了新的形态生成逻辑,通过"褶子"自组织实现了校园环境重塑,并创造了联通内外世界的空间感(图3),但仍面临如地方性、材料与建造及使用等方面的挑战,尤其要规避从形式到形式的误区。

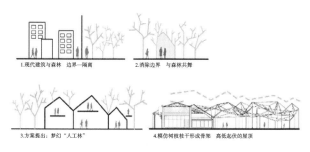

图3 《回根——厂房的新生与建筑系馆的扩建》运用参数化设计的折叠空间

2.3 记忆提取与生态织补——打造青年建筑师创新创业园区

设计地段位于湖南省长沙市新开铺线材厂区内,废弃的厂房凝结了几代湖南工业人的心血,学生面对着曾经有着辉煌历史的厂区,了解随着城市的发展,原来位于城市边缘的厂区现已是城市的中心区。正是这种特殊背景和当下社会发展需求激发着学生去探寻问题的突破口。

设计前期开展了充分的调研和现场测绘,注重启发式教育,以"记忆、生态、人群"主题为出发点,重塑设计价值观[4]:文化发展、文化记忆唤醒社会人群情感诉求;城市生态织补是健康社会的需求;选择青年建筑师这类人群作为代表,在满足人群居住、交流、办公、游憩、交通等基础需求上探索未来新的生活方式。

《启·容园》设计使线材厂通过有机更新,具有了街区边界开放性特征。将厂房原有的部分主体空间架构保留、复制平移及抬升,构建了集展览区、创业中心、公寓商业区于一体的具有工业记忆符号的场所。设立下沉广场、屋顶平台等不同标高和围合层次的开敞空间,虚实体量纵横交错,桁架结构的部分裸露,室内空间流线清晰,空间组织以公共活动及交流为重点,激发与城市生活的对话,被动式节能技术及水循环和碳循环的平衡被引入设计中,打造了属于未来社区新的记忆点(图4)。

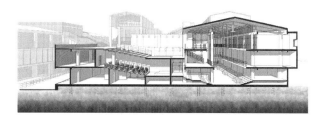

图4 《启·容园》设计剖面示意图

2.4 模块化的住宅单元装配式空间的生成与厂房功能重置

《蕊＋Club——厂房"微住宅"装配式空间演变与新生》的选址是与《启·容园》地块相邻的新开铺线材厂内的双跨车间。学生从社区活力、记忆传承、建筑工业化等方向着手进行全面分析,如西侧主干道为天心大道、北侧支路为竹塘西路、周边大学数量较多、附近医疗配置齐全、基地西北500 m处的南郊公园是附近居民主要的休闲活动场地。受共享理论的影响,团队成员经过头脑风暴后,形成了以居住单元为模块的装配式社区的设计概念。

如何创造"微住宅"空间及聚落形态,如何满足初创群体及低收入人群的低成本工作与生活规划,如何为具有不同特质与类别的居民提供多种类型的住房单元,使其成为城市中融合居住、工作、交往的"极小住宅"社群,即厂房更新设计的关键[5]。设计意象来源于旧厂砖瓦中营造出的一片社群"候鸟"栖息地,受集装箱再利用启发,设计了多种模块化的单元体,通过大台阶布局连接不同标高的住房单元,经三层空间的排列组合形成多个聚落组团。

《蕊+Club》创造了富有吸引力的生活环境共同体,鼓励社区居民相互合作。聚落间采取创意走廊连接并与垂直交通相连,引入共享生活咖啡厅、社区厨房和展览阅读区,充当即兴对话和知识分享的催化剂以促进交往;采用中心位置的多层圆形交通环岛串联周边聚落,空间错落有致;通过不同开放程度的阳台、廊道连接室内与室外,使得房屋使用者的生活状态具有持续发展性,尤其是对低收入和创业群体而言,组合单元可以扩容增长,面向未来此种模式的复制与迭代可容纳更多的居民生活。模块化与装配式的住宅单元实现了厂房空间的演变与新生,达成了设计共享建筑的意义[6](图5)。

【苑】右下角置入社区服务中心功能,斜插的单元体连接场地与服务中心,新居民会先从这里办理好入住手续,再住进自己的小家。

【赏】位于建筑中心的圆形平台,层层向上叠升,内置绿植景观形成错落有致的观赏效果,对住户来说,就是天然的一个聚集场所。

【憩】建筑左侧连接廊道的是一个集休闲、娱乐、景观为一体的大阶梯,我们试图打破小尺度单体所带来的空间局促,为住户在这一方小天地中创造更加舒适的空间体验。

【游】贯穿整个建筑的弧形长廊形成一种漫游体验,定期开展书法及画作等展出,可营造出浓厚的社区气息。

【眺】将交通与娱乐性坡道结合起来,人们还可在此凭栏远眺,以览周边风光,同时这里也是建筑的一个出入口,巧妙地隐于坡道之下。

【戏】将建筑的另一个出入口与螺旋向上的跑道结合,人们可在此嬉戏玩闹,从上面奔跑而下,不失为年轻人的一种运动解压方式。

图5 《蕊+Club——厂房"微住宅"装配式空间演变与新生》的设计场景植入

2.5 延续日常、更新活力——运用数字技术模拟场所环境的地段更新

《开合——后信息时代网红集市空间整合转型的更新与设计》基地位于老城区的厦门第八市场,是城区极具历史传统和人员物流繁忙的老旧市场。随着时光更迭,街区内无序加建情况严重,居住区内部环境恶化,公共空间严重缺乏,当地人口外迁,该区域已沦为生活品质恶劣的"低端城区"。第八市场面临逐步萎缩的境地并急需破题。设计首先对地段环境展开全方位调研,采用开放式命题,要求学生自主选择更新方式、明确用地红线范围。

在教学中设置现状分析环节,引导学生发现问题,寻找实证数据和策略,思考如何以"建筑与日常"的生活维度、"场地与建筑"的环境维度、"产业与销售"的经济维度为切入点,对传统集市空间进行整合与转型,更新产业销售模式,构建复合型功能空间。教学中让学

生学习空间句法分析,尝试运用 Depthmap 软件模拟人流,通过对路径、可达性、视域、空间轴网等方面的理性

分析,明确集市空间选址,为后续方案设计构思提供了场地更新依据(图 6)。

空间句法分析

1.对原有场地建模后,在Depthmap软件中设置人群的兴趣点,如社区服务中心、竹林堂、公交车站等。　　2.设置兴趣点后加人模拟人流进行分析,通过人流在场地内随机走动来测算不同道路的可达性。　　3.经过人流模拟之后,我们发现在开禾路后侧区域人流汇聚较多,且在此地视域可达性足够通畅,所以我们选择在此地设置一个集市空间以满足住区范围内人群的需求。　　4.空间轴线分析。

图 6 《开合——后信息时代网红集市空间整合转型的更新与设计》场地分析

3 结语

城市更新视角下,伴随着移动互联网时代的到来,智能社会的雏形初现,让根植于过去的未来充满了不确定性,需要培养学生善于观察社会、发现问题、勤于思考、善于交流、敏于行动的素质和能力。建筑设计教学训练内涵应更加关注如何营造氛围感、保留记忆、延续日常、更新活力;应不断改进教学手段,增加如空间营造、行为分析、数字模拟及融入绿色、诗意、创意的情境式教学;教学过程应启发敏感性、创新性思维,促进城市更新视角下"绿色及数字技术渗透"的建筑设计教育内涵多元化发展。

参考文献

[1] 夏大为,赵阳,庞玥,等.问题或主题,聚焦式毕业设计教学研究[J].华中建筑,2021,39(5):5.

[2] 范文兵.从增量到存量,从单一(职业化)到多元(多面手)[J].时代建筑,2020(2):3.

[3] 黄杨,张婷.重建网络:犬吠工作室的设计实践与教学[J].时代建筑,2022(5):158-163.

[4] 王辉.谁的城市更新[J].建筑师,2023(12):8.

[5] 王建国,李晓江,王富海,等.城市设计与城市双修[J].建筑学报,2018(4):21-24.

[6] 许蓁,赵娜冬.立足新工科人才培养的研究型专题设计——天津大学建筑学本科四年级建筑设计教学改革十年回顾(2011—2021)[J].中国建筑教育,2021(1):9.

郭斯凡[1]

1. 中国矿业大学建筑与设计学院；sifan. guo@cumt. edu. cn

Guo Sifan[1]

1. School of Architecture and Design, China University of Mining and Technology；sifan. guo@cumt. edu. cn

中央高校基本科研业务费专项资金项目(**2023QN1088**)

基于深度学习的城镇老龄化住区积极空间识别的教学实践

Teaching Practice of Active Spatial Recognition in Rural Aging Communities Based on Deep Learning

摘　要：本课题以新型城镇化进程中老龄化住区为对象，引导学生通过学科交叉，借助人工智能理论筛选出可激发老年居民活力的积极空间，以促进老龄化住区的健康活力发展。学生基于理论研究，对住区积极空间的图像数据进行采集，在深度学习框架上构建积极空间智能识别模型，开展空间要素的识别、分类、测度和量化，实现积极空间的形式提炼与定量描述、学生在实践中开拓设计思路，丰富对空间设计实现路径的认知。

关键词：老龄化住区；深度学习；空间识别；交叉学科教学

Abstract：This project takes aging settlements in China's new urbanization process as the research object. Through the cross-discipline, students are guided to identify the active spaces that can stimulate the vitality of elderly residents with the help of artificial intelligence theory. Based on the theoretical research, students collect image data of the active spaces in the settlements, and build an intelligent recognition model of active spaces on a deep learning framework to carry out the identification, classification, measurement and quantification of spatial elements. students develop design ideas in practice and enrich knowledge of the achievement path of spatial design.

Keywords：Ageing Settlements；Deep Learning；Spatial Identification；Cross-Disciplinary Teaching

1　前言

人工智能技术的迅速崛起推动了当今教育与技术深度融合的发展趋势，引发了国内外关于教育改革的广泛讨论。其中深度学习的发展丰富了图像处理技术，使图像的语义信息被更好地发掘与表达。随着新城镇建设的大力推进，大量农村居民面临着村庄搬迁与社区重组问题，如合院式乡村住宅集约化为城镇的楼房小区导致私有外部空间缺失、部分居民的劳作方式发生改变等。这些变化若处理不当将引发老年居民对故土的情感波动，对未来生活产生自我怀疑与焦虑等消极情绪，进而影响地区的未来发展。目前，我国社会主要矛盾已经转化为人民日益增长的美好生活需求和不平衡、不充分发展之间的矛盾，人民生活观念也发生了变化，从只注重物质生活转向物质、精神生活并重，进而追求高质量的人居环境[1]。公共空间是人们日常进行公共活动场所的总和，直接关系城镇居民的切身利益与人民幸福感的营造。这些公共空间广泛存在于重组、新建与老旧住区之中，分布零散，在集约化设计过程中，难以针对居民特点定向设计，使得公共空间没有得到广泛关注及高效利用。截至 2021 年末，全国 60 周岁及以上老年居民口达 26736 万人，占总人口的 18.9%[2]。城镇发展的过程中年轻劳动力向城市的外流，使得我国农村地区人口老龄化的速度不断加快，农村地区 60 岁以上的老年人比重甚至达到了 23.81%，养老问题愈发突显。而农村老年人因其生活习惯，普遍对公共空间有着较强的依赖，因此，住区公共空间的合理开发将对老年居民的活力提升与社区的可持续发展产生积极的影响。可见，在住区公共空间中识别可激发老年居民活力的积极空间十分重要。

为了解决传统空间研究耗费大量人力、效率较低且受研究者主观干预较大的问题，本课题鼓励学生积极利用现有人工智能技术,针对不同现场图像的色彩分布与要素构成,进行图像目标检测识别和图像语义分割,以揭示基于深度学习的城镇老龄化住区积极空间的识别方法,对于新城镇建设下的住区发展具有参考价值与指导意义,同时,也是建筑学与计算机科学的学科融合的一种探索。

2 将深度学习引入建筑学实践教学的意义

《江苏省老龄事业发展报告(2022年)》中提到,江苏省人口老龄化程度较高且老龄化地区差异明显,苏中、苏北地区老龄化程度明显高于苏南地区,截至2021年末,江苏农村人口平均老龄化程度高于城市5个百分点以上。《江苏省居家社区养老服务能力提升三年行动工作方案(2022—2024)》中明确提出要提升农村居家社区养老服务水平。目前,新型农村社区建设已成为新时代乡村振兴发展的重要推动力。然而,新型农村社区中的居民面临着生活环境变迁、居住空间分异等社会问题,尤其是老年人普遍存在生计困境、身份认同模糊、人际关系断裂等方面的问题,是农村养老服务亟须解决的问题。2023年5月,国务院办公厅《关于推进基本养老服务体系建设的意见》指出:优先推进与老年居民日常生活密切相关的公共服务设施改造,为老年人提供安全、便利和舒适的环境[3]。基于此,本课题在积极应对人口老龄化的国家战略下,立足江苏北部经济洼地区域现状,从新型城镇社区公共环境入手,引导学生探究可激发老年人活力的苏北新型城镇社区积极空间设计策略,为城镇养老服务的环境体系提供支持。

目前建筑类设计实践课程多沿用传统的教育体系,注重设计理念的构成脉络与最终的设计效果,对于新技术的引入和辅助设计虽已有关注,但应用程度不够深入。实践教学的目的是通过参与实际课题,拓展学生的认知,通过学习使用新技术,感悟认识空间和时间的新视角。人工智能的崛起,使建筑设计领域也因机器学习、深度学习技术的革新不断发展。传统研究中,往往需要花费大量时间进行调研与人工统计分析来判断公共空间是否满足人民需求。机器学习的关键是使用算法分析海量数据,挖掘其中存在的潜在联系,训练出一个有效的模型进行未来类似项目的决定或预测[4]。特别是在大量图像处理问题上,机器学习中的深度学习能够从数据中自动学习到有效的特征表示,从而进行快速的识别与评价,如城市街道空间品质的评估与风景园林的平面识别等[5-6]。

老龄化住区积极空间的识别本质是研究老年居民的需求与住区公共空间环境供给的协调关系。"协调关系"的核心意思指研究对象之间互相适应与配合的

过程,体现的是两种要素间相互和谐的平衡关系。在计算机深度学习与迁移学习领域多有关于两客体之间协调关系的研究。从老年居民需求体验与空间环境的关系来看,客体行为对环境存在主观性和目的性的需求,环境的客观条件也会对行为产生制约或促进作用,二者具有双向交互作用[7]。当这种交互作用处于相互适应与彼此配合的阶段时,即达到了居民需求与环境供给的平衡状态,即积极空间。因此,本课题从老年居民的需求体验出发,考虑新型城镇社区公共空间的物理供给与使用效益,进行空间的合理化营造,培养学生在前期调研的基础上,通过深度学习对调研数据进行快速处理,辅助建筑设计。

2.1 塑造学习新语境,鼓励学生自主钻研精神

教学以实际课题展开,由传统的讲课、阅读文献等被动式、静态的学习语境转化为以实践为核心的主动式、动态学习新语境:引导学生采用公共空间-公共生活调研法(PSPL调研法)收集常住人口生活状态、主要生计方式和周边产业发展等老龄化社区整体情况的基础数据;通过地面摄影方式对老龄化社区公共空间与建筑、社区内建筑风貌、景观小品等节点与老年居民活动路径进行拍摄,获取可视化影像资料;调查时记录时间、天气与季节等因素,同时记录在所选地点上研究对象的活动行为与精神状态(不可忽视气候因素将对老年居民的户外活动行为与心情产生的影响);将调研数据转换为易懂的图表并结合文字进行说明;采用NVivo质性分析软件对视音频数据进行分析和编码,整理统计老龄化社区公共空间现状、老年居民生计方式、周边产业发展和公共空间配置满意度等相关数据资料,建立老年居民的公共空间使用现状与需求清单。

教学在遵照课程时间节点的前提下,让学生在开放的学习环境中自主安排课外学习时间,根据课题内容自主决定学习内容。通过对空间的反复认知、体验、设计,学生从被动地吸收知识转为主动探索。教师负责任务书的制定、解读与督导工作,学生在实践过程中根据自己的理解可参与任务书的修订、课题的实施,充分发挥了自主学习的能力。上一年级参与实践课程的学生为本年级学生进行指导,传授经验,实现年级间的交叉学习,激发学生对自我成果的肯定与成就感。

2.2 促进多学科交叉教学,加强实践课程设计深度

建筑学是一门综合了工程技术与人文艺术的学科,建筑实践同样涉及众多相关领域,而这些领域往往会超越传统意义建筑从业者的知识能力范围与职业经验。因此,建筑学需要积极结合不同的学科,利用其他

学科的策略和技巧来提高设计水平与深度,帮助学生跳出传统的思维模式,在交叉专业知识的碰撞中,寻求新的设计思路与方法。

建筑实践教学的深度将直接影响学生的课程成果以及其对建筑设计欣赏的认知程度。老龄化住区积极空间的研究涉及行为心理学、人类文化学、环境科学、老年社会学、决策学等多学科,通过提取其中的综合知识点进行教学,能有效提高学生对实践设计成果存在价值的认知度。老年人群体有着特有的活动行为规律与心理认知过程,因而其对公共空间也有着不同的要求。实践教学引导学生从建筑空间的高频使用者入手,通过探索使用者的实际需求进行科学合理的设计,真正走入农村与城镇,深入了解与体验中国新型城镇化的建设过程以及基层居民的真切想法;帮助学生屏蔽以设计者为中心的建筑设计思维,结合实际调研研究满足老年人公共空间需求的途径。对于最终的成果,学生不是片面地考虑空间设计视觉表面上的美丑,而是注重公共空间设计本身存在的意义与可发展的价值,从而形成一种可持续发展的健康设计观。学生在自主学习、方案讨论、完成设计的过程中不断进行头脑风暴,随着其对课题的不断深入研究,发掘建筑设计的存在意义与价值。

2.3 认知多元辅助设计方法,培养学生持续学习的习惯

以往的教学实践中,许多学生过度关注设计作品美学和形式的表达,如执着效果图的表现,反复推敲设计作品的比例、尺度等。这类设计作品往往第一印象很好,但易缺乏设计思路的生成逻辑与功能的实际用途,因而易导致设计缺乏内涵,禁不住推敲。实践课程需要学生深入乡野,认识到城镇老龄化住区与城市中普通住区的差别,分析城镇历史、演变与建筑空间设计的关系,考虑针对居民的不同需求使用多样化的设计手法;尽量就地取材,利用本土材料,营造当地特有的场所精神;通过调研,对当地自然环境、风土人情、社会发展特点进行综合考虑。

教学实践鼓励学生分小组自主学习跨学科知识与技能,使用 NVivo 质性分析、社会网络分析、SPSS 等多种数据分析方法对调研数据进行科学分析,着重培养学生以客观事实数据为依据撰写调研报告的能力;通过分析结果,总结不同组织关系中空间处理手法的特点,建立老龄化住区积极空间的评价标准;引入人工智能中深度学习的理念,在深度学习框架上构建经典语义分割卷积神经网络的快速识别模型,综合分析图像数据集和人工标注图像训练集信息,以实现积极空间

的快速识别;制定与老年居民需求体验相匹配的评价指标体系,探索满足老年居民需求的积极空间的设计方案。学生自主选择学习自己感兴趣的数据分析方法,通过实践课题,实现了理论学习的直接应用,加深了对新技能的理解与掌握。该阶段的教学旨在打破学科壁垒,鼓励学生以发展的眼光看待问题,积极了解、不断学习其他学科的研究方法与技术,并将其转化为可促进建筑设计发展的良性工具。

3 教学探索

3.1 实地走访,了解新型城镇

国家发展改革委印发《2022 年新型城镇化和城乡融合发展重点任务》的通知,鼓励推进以县城为重要载体的城镇化建设。本课题摆脱了将城市作为研究主体的常规课题,将研究主体转向县城,特别是由农村演进形成的新型县城,旨在让学生关注城市之外的乡镇建设,在设计中理解并响应国家政策。因此,实地考察是本课题的必备步骤。学生自由分组,就近选择相关乡镇为调研地点,围绕"老龄化住区公共空间的使用情况"制定考察计划与调研内容。教学实践引导学生关注当地环境特色与居民习惯偏好,通过拍照、注记、路径跟随与访谈等方式进行调研;提醒学生须考虑县城调研与以往城市调研的差异,特别是与当地居民交流时有效信息的获取方式,如考虑受访者的文化程度与理解能力,降低问卷使用频率,多以聊天访谈形式替代等。学生以小组为单位完成前期调研报告,内容应包括所调研县城的周围环境与地理特征、住区建筑风貌与特色符号、民俗文化等现状。学生举办前期调研成果沙龙活动,小组间可就调研过程中遇到的困难、发现的问题与创新想法进行交流讨论。

3.2 发现问题,认识公共空间

基于前期调研的基础,学生分析当地居民习惯偏好的成因,以及周边环境现存的问题。环境心理学揭示了人的心理与行为会受到环境的影响,同时也会反过来影响环境。居民的心理与行为与其生活的公共空间的质量有着密不可分的关系,在人与公共空间互动的过程中,依然遵循以人为本的设计原则,需要在调研中与居民保持密切的交流,了解他们的真正需求,注重公共空间的功能与形式。须考虑公共空间应如何为百姓提供更好的体验,激发他们对美好生活的积极态度,从而实现真正的安居乐业。学生在前期调研报告中提取 3 至 5 个对住区公共空间体验至关重要的影响因子,即关键词。各组围绕自己选出的影响因子,进一步结合公共空间的特征进行理论分析。收集相关主题的

优秀设计案例进行学习,解读住区公共空间对于老年居民的存在意义与发展潜力。经过各组间的讨论分析,最终确定识别积极空间的限定条件。

3.3　技术拓展,辅助设计新空间

实践课程的最终目的是通过现场问题的发现,鼓励建筑学学生积极开展技术拓展,学习新领域知识,以实现高效、科学的设计。人工智能是机器,即计算机系统对人类智能过程的模拟。而深度学习是机器学习的子集,主要特点是使用多层非线性处理单元进行特征提取和转换。每个连续的图层使用前一层的输出作为输入[8]。在其原理阐述和公式推导的过程中,学生需要具备高等数学、线性代数、概率与统计等相关课程的知识,同时还需要对机器学习中的一些专业术语有初步了解[9-10]。然而,目前建筑学专业的相关课程对这部分知识缺少介绍或者只是简单提及,这无疑提升了深度学习算法学习与应用的难度,甚至会打击学生学习的积极性,极易使学生产生畏难情绪。因此,学生学习兴趣的保持问题不容忽视,应避免大量的理论灌输。需要注意的是,深度学习之于实践课程只是一种辅助设计方法,其使用目的在于帮助学生快速筛选与识别有价值的公共空间。因此,针对建筑学专业学生在这部分内容的学习,须注重培养学生利用深度学习算法编程去实现建筑优化设计的能力,适当减少对深度学习技术理论知识与算法的关注,通过结合实际案例,使学生在调研工作中实际运用深度学习这项技术。指导过程中应重点讲解深度学习框架和算法实现的知识,以使学生可以基于深度学习编程建立简单的识别模型,并对城镇的老龄化住区公共空间进行分析与识别。

时代发展瞬息万变,仅仅掌握本专业的知识不足以在未来社会中凸显自己。实践课程对深度学习的应用仅仅是让学生体会深度学习如何影响建筑设计,而建筑设计基于实践现状又将不断对深度学习模型进行调整优化。应鼓励学生跳出本学科的范畴,主动涉猎其他学科,在多元交叉中领悟建筑设计的意义。

4　结论

建筑类实践课程的教学内容应密切响应国家政策,结合当前社会发展需求,积极探索多学科综合交叉,以促进课程的深入研究。在乡村振兴与美丽乡村建设的时代背景下,我国正处在新型城镇公共空间建设的高峰时期,关注老龄化住区公共空间设计,重视人居环境的整体提升是新型城镇发展的切实需要。引导学生作为未来城镇的建设者,应积极将老年人对传统乡村的生态景观、历史文脉与健康生活方式等需求体现在新型城镇社区的公共空间中,体现人文关怀和文化传承,建设宜居社区。因此,建立积极的公共空间场所环境对居民精神文明的建设有着积极的促进作用。

如今,人工智能的迅速发展已渗透各行各业,形成了全民了解、学习人工智能的新趋势。面对新技术的变革,传统的建筑设计与研究方法也受到了巨大的挑战。如何为今后的社会、市场培养能快速适应信息技术发展浪潮的人才是当今建筑学教育亟须思考的问题。在以传统建筑设计理论为基础的前提下,应鼓励学生打破专业壁垒,主动探索当今前沿技术,通过在实践中的多学科交叉学习,为未来以人为本的建筑设计道路探索更多的思路与方法。

参考文献

[1]　沈山,马跃,胡庭浩.基于多源数据的城市人居环境质量评价研究[J].西部人居环境学刊,2022,37(3):48-54.

[2]　中华人民共和国中央人民政府.2021年度国家老龄事业发展公报[EB/OL].(2022-10-26)[2023-06-20]. http://www. gov. cn/xinwen/2022-10/26/content_5721786. htm.

[3]　央广网.中办国办印发《关于推进基本养老服务体系建设的意见》[EB/OL].(2023-05-22)[2023-06-20]. https://china. cnr. cn/news/20230522/t20230522_526260087. shtml.

[4]　赵潇羽,万达.基于VOSviewer的建筑学科机器学习研究热点及趋势分析综述[J].天津城建大学学报,2022,28(1):71-76.

[5]　周怀宇,刘海龙.人工智能辅助设计:基于深度学习的风景园林平面识别与渲染[J].中国园林,2021,37(1):56-61.

[6]　李政霖,陈冠舟,杨孝增,等.基于深度学习技术的城市街道空间品质大规模评估分析——以贵阳市为例[C]//面向高质量发展的空间治理——2020中国城市规划年会论文集.北京:中国建筑工业出版社,2021:524-537.

[7]　张娅薇,宋佳,李军,等.轨交站点地区出行行为与空间环境适配性评价研究——以武汉市居住型站点为例[J].城市问题,2020(11):23-35.

[8]　王艳,李昂,王晟全.基于深度学习的细粒度图像推荐算法研究[J].兵器装备工程学报,2021,42(2):162-167.

[9]　白双,梁晨."深度学习算法与实现"研究生课程的教学探索与实践[J].工业和信息化教育,2023(5):21-25.

[10]　李红,林珊,欧阳勇.基于深度学习的自然语言处理课程教学探索与实践[J].计算机教育,2021(11):147-151.

王昳昀[1]*　谷雨[1]　姜北荣[1]

1. 河北工程技术学院；1529138429@qq.com

Wang Yiyun[1]*　Gu Yu[1]　Jiang Beirong[1]

1. Hebei Polytechnic Institute；1529138429@qq.com

2022年度河北省高等学校人文社会科学研究自筹经费项目(SZ2022113)；2023年度河北省文化艺术科学规划和旅游研究项目
(HB23-QN038)

探索计算性建筑设计在建筑学专业教育中的应用与发展
Exploring the Application and Development of Computational Architectural Design in Architectural Education.

摘　要：本文旨在探讨计算性建筑设计与建筑学教育的关系，针对计算性建筑设计在建筑学专业教育中应用现状，提出计算性建筑设计在课程设置与教学方法、数字化模型应用、实验室建设、跨学科合作等的发展和创新；详细阐述因教育体系不完善、人才培养模式不足、技术创新速度过快等问题导致的专业教育发展受限情况，总结了计算性建筑设计对建筑学专业教育的影响和未来发展方向：助力于专业教育走向更为成熟和完善的数字化时代。

关键词：建筑学；计算性建筑设计；人才培养模式

Abstract：This paper aims to explore the relationship between computational architectural design and architectural education. It proposes improvement strategies for the application of computational architecture design in architectural education, including the development and innovation of curricula, teaching methods, digital model applications, laboratory construction, and interdisciplinary collaboration based on qualitative and quantitative data analysis. The paper also discusses problems that hinder the development of professional education, such as an outdated education system, inadequate talent cultivation models, and insufficient faculty strength. Core elements required for architectural education to embrace computational architectural design and future development directions are summarized to inspire the maturity and perfection of professional education in the digital era.

Keywords：Architecture；Computational Architectural Design；Talent Cultivation Model

在当今数字化和智能化不断推动各个领域向高效、精准、可持续的方向转型的背景下，计算性建筑设计成为建筑设计领域的一大趋势。计算性建筑设计是将数学、计算机科学、建筑学等领域相结合，利用数字化技术和算法，以优化、自动化和智能化的方式进行建筑设计，从而实现更高效、精准、可持续的建筑设计。然而，当前在我国的建筑学教育中，对于计算性建筑设计的应用仍存在诸多问题，如课程设置与教学方法、数字化模型应用、实验室建设、跨学科合作等方面的问题，这些问题不仅制约了计算性建筑设计在建筑设计领域的应用，也对建筑学专业教育的质量和水平带来了挑战。本文希望探索出更加成熟和完善的计算性建筑设计应用方案，在建筑学专业教育中推广和应用，推动我国建筑设计领域向数字化、智能化、可持续化转型，为我国建设智慧城市、创建美丽中国做出贡献。

1　计算性建筑设计的背景和意义

计算性建筑设计是指利用计算机技术进行建筑设计、模拟和分析的一种新型设计方法。它能够协助建筑师快速、准确地完成建筑设计的各个环节，提高建筑设计的效率和质量。计算性建筑设计主要依托于计算机软件和硬件的快速发展，在建筑设计领域得以广泛应用[1]。

1.1　计算性建筑设计的背景

随着计算机技术的快速发展和普及，计算性建筑设计逐渐成了建筑学界的热门话题。计算机技术和信息技术的迅速发展以及人们对数字化时代的不断追求,让计算性建筑设计得到了大力支持和推广。

然而,在建筑设计领域,传统的手工设计和绘图已经无法满足当代建筑设计的需求。传统的建筑设计方法难以解决复杂的设计问题和提高效率。因此,计算性建筑设计作为一种新兴的设计方式,正在逐渐地引起建筑学界的重视。当前在我国的建筑学教育中,如何将计算性建筑设计应用于实际的教学实践中仍然存在诸多问题和挑战,例如在教学体系和课程设置等方面,都需要继续探索和完善。同时,在建筑学专业中融合计算性建筑设计,需要进行跨学科的合作,同时还要考虑到计算性建筑设计的实际应用和落地问题等方面,可谓是一项拥有很多难点的工作。

1.2 计算性建筑设计的意义

通过计算机技术的应用,建筑师们可以更加准确地分析建筑结构、材料、光线、声音等因素,使设计更加符合人们的需求和实际情况。同时,计算性建筑设计也能够促进建筑设计与其他学科的交叉融合,推动建筑学科的发展和进步。

1.2.1 促进建筑行业数字化转型

计算性建筑设计为建筑行业的数字化转型提供了技术支持和方法论。通过数字化技术和算法,可以提高建筑设计精度和效率,同时降低成本与风险。

1.2.2 推动建筑设计可持续发展

计算性建筑设计可以有效地实现建筑设计的可持续性发展。通过数字化技术的支持,可以利用模拟与优化算法进行储能、节能、环保等方面的设计,促进建筑设计的可持续发展,降低建筑的资源消耗和环境污染。

1.2.3 提高建筑设计效率和精度

计算性建筑设计可以提高建筑设计效率和精度,减少错误的发生。它可以自动化地完成大量设计工作,同时实现快速的模拟与优化,从而实现更加精细、智能的设计。

1.2.4 推动建筑学专业教育改革

分析当前的问题和挑战,提出相应的应对策略,能够为流行于未来的计算性建筑设计在建筑学专业教育中的应用和发展提供新的思路和方向,为建筑学专业教育改革提供宝贵的经验和思想资源。

2 计算性建筑设计在建筑学专业教育中的应用现状

在建筑学专业教育中,计算性建筑设计已经得到了广泛的应用。越来越多的大学和研究机构将计算性建筑设计作为必修或选修课程,并通过计算机软件模拟和实际建造等方式,提高学生的建筑设计水平和实践能力,但教育体系不完善、人才培养模式不足、技术创新速度过快等问题,限制了专业教育的发展。

2.1 教育体系不完善

目前,建筑学专业教育仍存在注重"单一专业"的倾向,缺乏对跨领域人才的培养,许多学校缺乏适当的计算性建筑师资及技术设施和平台,也缺乏计算性建筑与其他相关领域的交叉教学等。

2.2 人才培养模式不足

传统的建筑学专业教育注重纸笔绘图技能的培养,而在数字技术的应用上存在狭隘的观念和认识,这阻碍了人才的培养。尽管计算性建筑设计有巨大的潜力,但它并不是所有学生都适合学习或有兴趣掌握的技能。因此,建筑学专业教育需要多样化的课程设置,以满足不同学生的需求。学生需要通过实践运用才能更好地理解计算性建筑的理论知识并学会使用对应的数字化工具和技巧,但目前许多学校并未提供充分的综合实践机会,导致学生在应用计算性建筑设计方面缺乏经验和自信。

2.3 技术创新速度过快

随着计算性建筑技术的不断创新和发展,建筑学专业教育需要随之调整和更新教学体系和课程设置,以保持与时俱进。然而,这种频繁的更新也加大了教育管理的难度和成本,需要投入大量的教师、课程和设备。

3 计算性建筑设计对建筑学专业教育的影响

计算性建筑设计对建筑学专业教育产生了深远的影响。计算性建筑设计有助于提高学生的计算机和数学能力,并让他们更好地掌握现代科技手段;有助于培养学生的创新思维,让学生更加注重设计的科学性和实用性;提供了一种新的视角和思路,让学生更加深入地理解建筑设计领域中的各种问题和挑战。

3.1 课程的设置

学校可以增加计算性建筑设计相关的选修课程或者专业核心课程。这些课程应该包括基础理论及实践技能的讲解(图1),在课程中引入建造、环境、物流等方面的情景模拟,并通过各种方式检验学生掌握的知识和技能。

为了不断推进计算性建筑设计的发展,学校可以邀请行业专家、学者及相关从业人员,进行课程分享,了解最新科技和前沿应用,同时鼓励学生参加相关研讨会、工作坊等活动,促进学生和行业交流互动。

3.2 教学方法创新

计算性建筑设计为建筑学专业带来了全新的教学

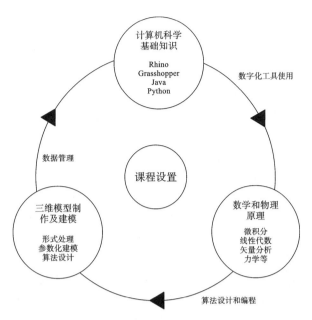

图1 计算性建筑设计课程设置

（图片来源：作者自绘）

方法(表1)，使得学生可以通过数字化技术和算法进行建筑设计、分析和优化，提高建筑设计的精度和效率。同时，通过计算性建筑设计的实践探索，学生也能够加深对于建筑设计过程的理解和把握。

表1 计算性建筑设计课程教学方法

课程性质	课程内容	教学方法	教学目的
基础理论与技术	数据结构、算法设计与分析、计算机图形学、数字逻辑与计算机组成原理、操作系统	算法设计、数据结构、建筑模拟、VR技术、数值模拟	训练创新思维
实践环节	建筑模拟设计、数据分析、建筑环境的优化、计算性建筑设计与数字媒体艺术、城市规划和土地利用、可持续发展与环境保护合作设计	项目实训、工作坊、竞赛、发表论文、设计比赛、组织展览、导师制度、师生合作、项目合作	创新实践评价方式的改变

（来源：作者自绘）

3.2.1 算法设计

计算性建筑设计强调算法的应用，使得建筑设计变得更加科学化和精确化[2]。在教学中，老师可以将算法作为一种教学方式，引导学生掌握算法实现的基本思想，并在建筑设计实践中运用算法进行分析和优化。

3.2.2 人工智能技术

计算性建筑设计推广了人工智能技术在建筑设计中的应用。通过学习AI算法，学生可以在建筑设计中应用基于数据驱动的技术，提高设计效率和精度。

3.2.3 数字建模

通过使用数字化模型进行探索和测试，学生可以更好地理解设计方案的潜在问题并提出解决方案。它使得建筑设计变得更加精细、直观和高效。教育者可以教授学生使用现代建模软件，让他们熟悉建立准确模型的流程并了解其中的细节。

3.2.4 多样化的表达

计算性建筑设计拓展了建筑设计表达的形式。在传统的手绘表达之外，教育者可以引导学生掌握数字化表达技巧，将数字化模型转化为渲染图像、动画和VR等多种表达方式，实现对设计方案的直观展示和交流。

3.3 跨学科融合

计算性建筑设计涉及建筑学、计算机科学、数学等多个学科的应用和交叉，因此推动了建筑学科与其他学科之间的融合和合作。这种跨学科融合不仅拓宽了建筑学专业的知识领域，而且也丰富了学生的学科背景和综合素质。

3.3.1 数字化建筑设计能力提升

计算性建筑设计强调数字化建筑设计的应用和发展，为学生提供了更多的数字化工具和资源，促进其数字化建筑设计能力的提升。学生可以在数字化模型、数据分析、优化算法等方面进行实践探索，提高自己的建筑设计能力和创新意识。

3.3.2 建筑设计可持续性提高

计算性建筑设计也强调建筑设计的可持续性，通过数字化技术和算法优化能源消耗、环境污染等问题，降低建筑对环境的影响，实现建筑设计的可持续发展。这对于建筑学专业教育意味着需要更加注重培养学生的可持续意识和技能，为未来建筑设计的可持续发展奠定基础。

4 计算性建筑设计在建筑学专业教育中的发展趋势及未来展望

计算性建筑设计在建筑学专业教育中的发展趋势以数据驱动设计、新材料应用、软硬结合和社交媒体运用等为主要特征，注重人类需求、智能化建筑实现和协同设计的开放式多元化发展，并与其他领域的技术相结合，利用云计算、人工智能等先进技术推动建筑学与科技的跨学科交流，最终塑造出更加高效、环保、可持续发展并贴近人的智能化建筑空间。

4.1 数据驱动的设计

数据驱动和人工智能技术将成为计算性建筑设计的两个重要方面。计算性建筑设计将与人工智能技术相结合,建筑师可以通过机器学习、深度学习等算法进行实时优化和决策,在设计过程中利用大数据进行更加精确的预测和分析。通过利用大数据和 AI 算法,建筑师可以更加客观、高效地进行建筑设计,进行相应的建筑形态探索和功能分析。建筑师将致力于创造高效、环保并贴近人的智能化建筑。同时,利用物联网技术和大数据分析,可以让建筑成为一个能够学习和自我调节的系统。

4.2 新材料的应用

随着新型建筑材料的不断涌现,计算性建筑设计将会根据这些材料的特性和优势进行相应的建筑设计。这些新型材料不仅具有良好的韧性和耐久性,而且具有更佳的可塑性和透光性,能够为建筑设计提供更多元的可能性。

4.3 软硬结合

软件和网络技术的发展将进一步推动计算性建筑设计的创新。计算性建筑设计将从以往的单一、封闭的学科体系内向全球进行传播。同时,通过社交媒体等网络平台,建筑师和学生可以更好地讨论和分享他们对计算性建筑设计的见解和看法。学生需要掌握与计算性建筑设计相关的软件和工具,例如 CAD、Rhino、Grasshopper 等,并使用虚拟现实和云计算等技术打破时间和空间的限制,将计算性建筑设计方法带到全球范围内。

4.4 设计协同的实现

计算性建筑设计将更注重人类需求,以用户为中心进行设计。建筑师可以利用仿真场景、虚拟现实等技术实现对用户体验的模拟和评估,改进或优化建筑设计,更好地满足人们的需求。通过利用云计算、互联网和其他先进技术,计算性建筑设计可以实现全球范围内的协同设计。建筑师可以与其他领域的专家、学者和学生进行合作,推动建筑学和科技发展跨学科交流。

计算性建筑设计作为一种前沿而富有发展潜力的设计方法,在建筑学专业教育中的重要性日益凸显。探索计算性建筑设计在建筑学专业教育中的应用与发展,不仅意味着对于新型建筑技术的全面理解和掌握,更是对于未来建筑学发展的重要思考。

5 结束语

在教育领域,计算性建筑设计可以解决建筑师在人工设计中所面临的复杂性、低效性和通常的主观偏见等问题。通过计算性建筑设计,学生将能够更快、更轻松地实际实现他们的设计想法,同时也更加全面、深入地了解建筑设计本质及其与其他非建筑学科领域的关联和互动。未来,计算性建筑设计的教育目标将会越来越注重于能够灵活运用数字化工具,以有效应对日益增长的建筑需求和建筑材料的不断更新,进一步提高建筑学专业教育的质量和水平,不断创新和突破,开创建筑学教育的新局面。

参考文献

[1] 贺娇.基于交互体验的建筑场景空间设计理论与方法研究[D].北京:北京交通大学,2022.

[2] 徐丹丹,冯锐.技术赋能高等教育制度发展的内在逻辑、现实困境及其路径选择[J].中国电化教育,2023(5):34-42.

杨琳[1]* 曾辉[1] 李仇[2]

1. 沈阳城市学院;625698485@qq.com

2. 大连民族大学

YangLin[1] ZengHui[1] LiLe[2]

1. Shenyang City University;625698485@qq.com

2. Dalian Minzu University

基于"地理信息分析+参数化设计"的建筑学课程改革探索

——以沈阳城市学院"建筑数字技术"课程为例

Exploration of Architecture Curriculum Reform Based on "Geographic Information Analysis + Parametric Design": Taking the Course of "Building Digital Technology" at Shenyang City University as an Example

摘　要:数字时代,现代信息技术与建筑专业正不断交叉融合,行业对新型数字化建筑设计人才的需求逐步提高,建筑学专业教育也在不断适应行业数字化转变,结合建筑方案从分析到规划再到建筑设计的全生命周期进行全流程的数字技术培养。本文基于沈阳城市学院"建筑数字技术"的课程构建思路与教学实践经验。该课程以地理信息分析和参数化设计为重点,旨在提高学生方案设计的计算性和科学性,并为高校建筑设计课程的数字化改革提供实践性参考。

关键词:数字技术;建筑学教育;地理信息;参数化设计

Abstract: In the digital era, modern information technology and architecture are constantly intersecting and integrating, and the demand for new digital architectural design talents in the industry is gradually increasing. Architectural education is also constantly adapting to the digital transformation of the industry, combining the entire lifecycle of architectural solutions from analysis and planning to architectural design to cultivate digital technology throughout the entire process. This article is based on the curriculum construction ideas and teaching practical experience of "Building Digital Technology" at Shenyang City University. The courses focus on geographic information analysis and parametric design, aid to improve the computational and scientific nature of student scheme design, and provide practical reference for the digital reform of architectural design courses in universities.

Keywords: Digital Technology; Architecture Education; Geographic Information; Parametric Design

数字化发展的洪流下,建筑行业迎来新的科技革命的历史机遇,我国也不断支持建筑数字化发展的持续推进,如《"十四五"建筑业发展规划》提出要加快推广建筑信息模型技术等举措,促进建筑设计向计算性、科学性迈进。因此这场行业与教育的变革,既是机遇也是挑战。各大高校相继探索建筑数字技术相关课程的建设,对课程建设的把握与思考尤为重要。本文立足建筑学本科生专业课程建筑数字技术的教学,为各大高校提供思路借鉴。

1　国内外建筑数字技术教学发展现状

对建筑数字技术的教育探索最早始于20世纪90年代的美国哥伦比亚大学,其开拓的无纸化教学模式被国内外各大高校发展延续;我国的数字建筑设计教育开始于 2003 年清华大学建筑学院的"非线性建筑设计课程",将 Rhino、MAYA 等软件作为教学工具用于建筑找形;随后许多机构(如甲乙丙设计学堂、NCFZ 参数化设计联盟等)组织的多种训练营为很多建筑师打开了数字设计之门,极大地推进了数字建筑设计的推广与普及[1]。

近年来东南大学、同济大学、大连理工大学等诸多院校也相继开设了相关数字设计课程,探索数字技术与传统设计的融合。但同时探索的过程中也存在一定的问题,如北京建筑大学杨振[2]调研国内 30 余所高校建筑学专业的课程体系发现,目前国内高校数字技术相关课程中针对理论、方法和技术应用的讲授类课程较多,设计软件操作方法及软件应用、理论和实操相结合的课程较少。

2 课程建设背景及策略

行业的发展和"新工科"教育的发展对新历史方位下的高校工程人才培养提出了更高内涵要求[3]。沈阳城市学院建筑学专业在构建以岗位能力的形成为核心的职业情境化人才培养模式下,以数字技术为新的培养核心,贯穿于建筑学课程体系之中。图 1 展示了 2023 版培养计划的课程体系,将课程分为技术性学习和设计类实践两个部分。

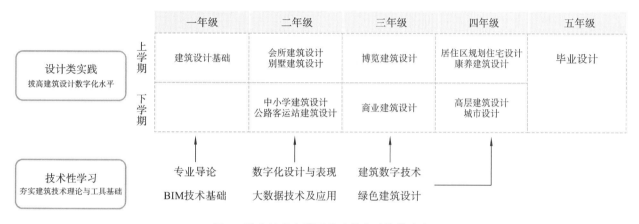

图 1　数字技术支撑下的建筑人才培养方案
(图片来源:作者自绘)

本科一年级学生通过专业导论和 BIM 技术基础课程,认知专业先进技术、熟悉 BIM 软件基本操作,支撑建筑设计基础课程教学;二年级学生通过数字化设计与表现、大数据技术及应用课程,实现完成数据收集和设计表现软件(如 SketchUp、Lumion)运用的进阶,支撑会所、别墅、中小学、客运站建筑设计课程;三年级通过建筑数字技术、绿色建筑设计课程,掌握前沿数字技术(地理信息分析＋参数化设计)的理论与软件应用,以及绿色建筑设计原则及能效模拟,支撑博览、商业建筑设计及四年级的设计课程与毕业设计。

基于技术性学习支撑设计类实践的原则,建筑数字技术课程将建筑设计与数字技术相融合,涵盖理论—软件教程—项目设计,形成理论—实训—实践完整的数字技术课程体系,使学生全过程接受数字技术训练和思维训练,培养符合建筑行业发展需求的创新型、复合型建筑师。

3 教学思路及内容

3.1 教学模式

建筑数字技术课程是一门 64 学时的专业必修课

(图 2),通过课堂讲授(24 课时)、小组任务(8 课时)和课堂实训(32 课时)三阶段的教学模式,包括理论学习、自主探索、设计实践能更好地引导学生完成数字思维的转换和应用技能的掌握。

其中课堂讲授包含两部分:地理信息分析和参数化设计,使学生从应用理论、设计构思到操作实践,逐步掌握设计技术。

小组任务是通过学生分组调研汇报的形式,结合"数字技术在城市空间分析中的应用调研"及"数字技术在体育类建筑中的应用分析"两个命题,激发学生自主对新技术进行材料搜集、消化吸收、整理汇报的热情。情景化的汇报模式,也更符合应用型高校的人才培养模式。

课堂实训是将技术与设计融合的项目设计实践考核。本课程以沈阳市火车头体育馆的更新为课堂实训任务,训练并检验学生对数字技术的掌握,避免传统教学形式中技术与设计课程分设产生的教学效果难以保障的问题。

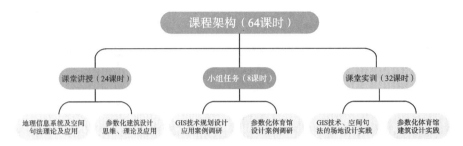

图2 建筑数字技术教学模式

（图片来源：作者自绘）

3.2 教学内容

3.2.1 地理信息分析技术下的规划及场地设计

（1）地理信息系统技术。

地理信息系统（以下简称GIS）是1966年由Roger Tomlinson提出的全方位分析和操作地理数据的数字系统[4]。GIS技术对于城乡规划和建筑设计是一项重要的技术，可在规划制图、空间分析等方面发挥重要作用，一定程度上填补传统规划及建筑设计方法对分类统计及量化研究的缺失。

本课程本着由浅入深、循序渐进的原则，基于建筑学对GIS技术的应用范围，讲授Arcgis软件的基础操作和空间叠加分析，使学生能掌握对城市空间的统计分析和选址分析操作。针对沈阳市火车头体育馆项目设计用地，将其周边的现状容积率统计及可视化表达作为实训任务，培养学生在方案前期的宏观分析阶段，以量化的、科学性的视角审视城市环境，提升研究性思维。

（2）空间句法。

空间句法（Space syntax）是20世纪70年代末形成的一种用于描述城市、建筑空间结构的量化分析方法，用于探究空间构型与人的相互关系。对于城市设计与场地设计来说，空间句法是一种量化的、强有力的设计依据，能使设计者从计算性的角度理性思考空间的合理性。

本课程将空间构型的图解、定量描述、分析方法作为了解空间句法的理论基础，通过对案例的剖析讲解空间句法的具体应用，以Depthmap作为工具软件讲解其分析的基本操作和分析结果，并以沈阳火车头体育馆为分析对象，使学生通过空间句法剖析场地周边的交通、人流等情况，进行方案的场地设计（图3）。

3.2.2 参数化建模下的建筑设计

参数化建模是建筑信息由碎片化到被整合的过程。这种借助计算机运算解决设计问题的工作模式，近年来在建筑设计领域受到越来越广泛的应用[5]，该技术能拓展建筑创作中的更多可能，通过更精确的运算模式实现非线性的复杂建筑空间形式（图4）。

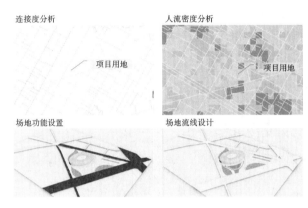

图3 基于空间句法的场地设计

（图片来源：学生作品）

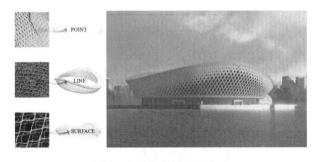

图4 参数化建模逻辑生成

（图片来源：学生作品）

本课程从大量的实际案例（如扎哈哈迪德、库哈斯等设计大师的参数化代表作品）入手，解析参数化设计的图解理论和逻辑思维；同时融入课程思政，如马岩松等在参数化设计领域的成就，使学生了解建筑数字技术在中国新锐设计师突破下的迅速发展与应用，激发学生的学习热情。

教学重点围绕参数化应用最为广泛的设计平台Grasshopper展开，结合清华大学相关课程建设[6]和NCFZ等校外参数化训练营，基于沈阳城市学院的应用型人才培养特点，以大班授课、小班辅导的模式，将软件教学分为基础认识、数据结构讲解和非线性建模三个部分集中突破，最后通过沈阳火车头体育馆重建的课程设计，考核检验学生从方案构思到形体推导直至输出表达的参数化建筑设计的能力(图5)。

图5 参数化体育馆建筑设计
(图片来源:学生作品)

4 小结

数字时代对建筑学教育提出新的要求。沈阳城市学院以建筑数字技术课程为突破口,搭建新技术与建筑设计间的纽带与桥梁,以课堂讲授、小组任务、课堂实训构建多元化的教学模式,通过地理信息分析(GIS技术+空间句法)及参数化建模教学内容的进阶融合,从规划及建筑设计的全生命周期培养学生理解并掌握量化的、科学的设计方法,成为专业的新时代应用型技术人才。

参考文献

[1] 徐卫国.数字建筑设计理论与方法[M].北京:中国建筑工业出版社,2021:20-24.

[2] 杨振,邹越.基于知识关联的建筑学专业数字化设计教学平台的建设和思考——以北京建筑大学数字化设计系列课程教学实践为例[C]//全国高等学校建筑类专业教学指导委员会建筑学专业教学指导分委员会建筑数字技术教学工作委员会.智筑未来——2021年全国建筑院系建筑数字技术教学与研究学术研讨会论文集.武汉:华中科技大学出版社,2021:176-182.

[3] 张燕来,石峰,王绍森,等.新工科理念下的多元化建筑学教学体系改革探索——以厦门大学建筑学专业为例[C]//教育部高等学校建筑学专业教学指导分委员会.2022中国高等学校建筑教育学术研讨会论文集.北京:中国建筑工业出版社,2023:37-40.

[4] 牛强.城乡规划GIS技术应用指南.GIS方法与经典分析[M].北京:中国建筑工业出版社,2022.

[5] 孙澄.建筑参数化设计[M].北京:中国建筑工业出版社,2021:41-42.

[6] 徐卫国,黄蔚欣,于雷.清华大学数字建筑设计教学[J].城市建筑,2015(28):5.

李娴[1] 卢峰[1] 曾旭东[1*] 赵子意[1]

1. 重庆大学建筑城规学院；L1X1AN@163.com；zengxudong@126.com

Li Xian [1] Lu Feng [1] Zeng Xudong [1*] Zhao Ziyi [1]

1. School of Architecture and Urban Planning, Chongqing University

重庆市高等教育教学改革研究项目(234003)；重庆大学第三批专业学位教学案例项目(20210325)；重庆大学国家级大学生创新训练项目(202310611052)

BIM 与行人仿真技术在建筑流线设计中的教学实践
——以某地铁站优化设计为例

Teaching Practice of BIM and Pedestrian Simulation Technology in Architectural Streamline Design: Taking the Optimized Design of a Subway Station as an Example

摘　要: 本文基于数字时代、行人交通学、TOD等背景，运用行人仿真技术进行复杂地形下的重庆某地铁站优化设计，运用文献整理、实地调研、案例仿真、实践验证等研究方法，构建该站体系结构并模拟乘客流线，发现其平面设计、流线组织、行人分布上的问题，提出建筑流线优化方案并模拟验证，以期改善地铁站内行人效率和安全性、提高计算性建筑设计教学实践水平，引导学生探索基于BIM与行人仿真技术的建筑优化设计方法。

关键词: 数字化技术；行人仿真；建筑流线；优化设计；教学实践

Abstract: Based on the background of digital age, pedestrian traffic science and TOD (transit-oriented development), this paper applies pedestrian simulation technology to optimize the design of a subway station in Chongqing under complex terrain. By using research methods such as literature review, field research, case simulation and practice verification, the system structure of the station was constructed and passenger flow line was simulated, problems in its graphic design, flow line organization and pedestrian distribution were found, and the optimization scheme of building flow line was proposed and simulated for verification, in order to improve the efficiency and safety of pedestrians in subway stations, and improve the teaching practice level of computational architectural design. Students were guided to explore building optimization design methods based on BIM and pedestrian simulation technology.

Keywords: Digital Technology; Pedestrian Simulation; Architectural Flow Line; Optimal Design; Teaching Practice

1 引言

随着我国经济的快速发展和城市化进程的逐步推进，城市规模迅速扩大，轨道交通乘坐率大幅上升，大型城市的多线地铁站内建筑空间聚集现象严重。某地铁站作为重庆一座三线换乘站，是轨道交通线网中重要的枢纽节点，提高其建筑空间舒适性和安全性，对促进社会经济发展和数智化城市建设等方面起着积极作用。

本文对某地铁站进行前期文献研究和实地调查后，构建站内建筑体系结构并模拟乘客行进流线，分析该站平面设计、建筑流线、行人分布等方面现存的问题，从而针对性地提出优化设计策略，改善建筑流线，并通过进一步仿真模拟分析，对优化前后的结果进行对比验证，探讨该站流线优化设计的实践方法。

本文通过 BIM 技术、行人仿真技术、建筑流线设计相结合的设计机制，探索基于数字化技术的建筑设计方法，为智慧城市建设和建筑设计教学实践中的实践应用提供理论参考,以期提升地铁站效率与安全性,同时培养学生利用数字化技术进行建筑设计的科研意识和实践应用的综合能力,对于提高建筑设计教学实践水平和探索创新应用方法等具有重要意义。

2 某地铁站建筑流线现状概述

2.1 某地铁站概况

2.1.1 站点区位规模现状

重庆市某地铁站换乘枢纽位于两座大型立交之间,是江北区最重要的一个轨道交通站点,北至重庆北站,东至黄泥磅、观音桥,南至解放碑、江北CBD,西接朝天门大桥,共设有八个出入口,一个换乘通道[1]。

2.1.2 三线换乘大型枢纽站

重庆轨道9号线某地铁站沿规划道路南北向敷设。该站为地下三层的岛式站台车站[2],站厅层位于地下二层,站台层位于地下三层,换乘通道位于站厅层,9号线与6号线、环线在此交汇,形成三线换乘的山地特征下的复杂大型地铁枢纽站(图1、图2)。

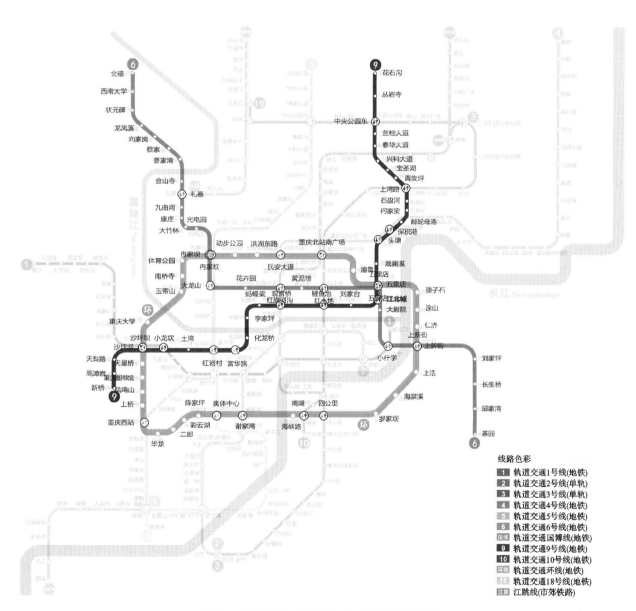

图1 重庆轨道交通6号线、9号线、环线线网图

2.2 研究方法概述

2.2.1 研究对象

本文以实地调研为主要研究方法,现场采集所需数据用于BIM建筑模型构建和行人仿真模型参数设置。调查对象为重庆某地铁站站内建筑空间与行人流线,包含各层建筑平面尺度、基础设施(障碍物)尺度(B1~B3层)、出入口闸机数目及尺度、楼扶梯数目和尺度及上下行方向,以及行人构成,不同人群的行走半

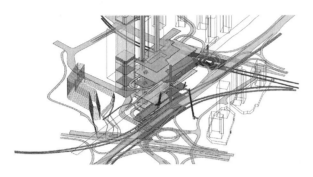

图2 某地铁站 BIM 模型图
（图片来源：作者自绘）

径、速率及方向，平高峰两时段内各向的上下车、进出站及换乘人数。

2.2.2 研究时段

本次研究时段选择某地铁站工作日的两个等长时段，在 15:00—15:30（平峰）和 18:00—18:30（高峰）不同时刻对行人流线情况进行数据统计与对比分析。

2.2.3 研究方法

本研究将某地铁站内现有流线上的楼扶梯口均设为关键计数点，总计 26 个，分别统计通过计数点的行人数目及反向换乘的行人数目。

在两时段内分别统计各楼层（B1、B2、B3）、各方向的换乘、上下车、进出站的行人数目 x，取 5 次数据的有效平均值，由此得出该时段内的所有人流权重数据。

2.2.4 问卷调查

本文在平峰、高峰两个不同时段内，对某地铁站行人进行了分类分区的问卷调查，总计发放 180 份问卷，收回有效数据 158 份，统计分析调查结果，发现问题点。

3 建筑流线模型建立与行人仿真模拟

3.1 建立 BIM＋MassMotion 模型

归纳调研所得数据后，本文将 BIM 数字技术引入该站建筑模型建立，主要搭建建筑楼板、墙体、柱子，协同 MassMotion 构建仿真模型，只需设定模拟所需的建筑构件类别及功能属性，最终得到该站建筑流线数字化模型，依次设置车辆、行人等具体参数后，对车站建筑流线进行三维仿真模拟（图3）。

3.2 设定行人仿真参数

3.2.1 设施设定

设定 MassMotion 仿真参数（表1），分别设置各向流线上的车辆、闸机口、楼扶梯等设施。本文根据重庆地铁时刻表，输入列车发车时刻，设置同列闸口作为车门，在同列出入口设定人流来源等，由此逐一完成所有方向的设施设定。

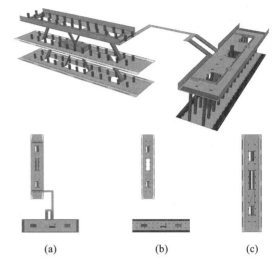

图3 某地铁站 BIM＋行人仿真模型图
（图片来源：作者自绘）
(a)B1 平面图；(b)B2 平面图；(c)B3 平面图

表1 行人仿真参数设置表

设置部位	截取模型示意图	
楼扶梯		
上下车		
闸机口		

（来源：作者自绘）

3.2.2 行人设定

归纳调研数据，将该站行人结构分为三类：成年人、老年人、成年人携带幼童。分别设置其行人属性、行走半径及速率（其中成年人的行走速率：高峰时段＝平峰时段恒定值＋0.35）；输入行人权重并完成三种人物属性组合（图4）。

3.2.3 权重设定

结合以上数据研究，统计得出该站三条线路的行人平均数目，进一步得到人流权重有效值（表2～表5）。手动将统计数据输入设施属性中，完成上下车行人目的地等权重设定。至此，完成行人仿真的全部设定。

平峰时间段: 15% | 20% | 65%
高峰时间段: 7% | 11% | 82%

■老年人 ■成年人 ■成年人携带幼童　　■老年人 ■成年人 ■成年人携带幼童

图 4　平、高峰时段乘客人群构成图

（图片来源：作者自绘）

表 2　平峰时段 9 号线人流权重统计表

9 号线（15：00—15：30）			1	2	3	4	5	平均	有效均值
站厅	换乘进出站口	6/环方向	42	30	27	33	53	37	37
		9 方向	34	22	40	32	37	33	33
		8A 进站	33	47	25	15	39	31.8	32
		8A 出站	27	38	12	20	32	25.8	26
		6 进站	10	2	22	9	14	11.4	11
		6 出站	4	6	10	4	2	5.2	5
站台	花石沟方向	上车	4	6	14	3	2	5.8	6
		下车	24	18	26	32	28	25.6	26
		反向	1	0	0	2	0	0.6	1
	高滩岩方向	上车	2	4	18	16	27	13.8	14
		下车	22	10	38	9	28	21.4	21
		反向	2	0	3	0	1	1.2	1

注：站厅原始数据按照 x 人/分钟统计；站台原始数据按照两班车统计；高峰期换算系数根据抽样统计获得的平均系数推算得到

（来源：作者自绘）

表 3　平峰时段 6 号线、环线人流权重统计表

6 号线、环线（15：00—15：30）			1	2	3	4	5	平均	有效均值
站厅	换乘	6→环	52	48	42	58	64	52.8	53
		环→6	74	51	89	78	72	72.8	73
		6，环→9	48	59	36	62	45	50	50
		9→6、环	45	56	37	44	36	43.6	44
	进出站口	6 进站	16	26	37	29	10	23.6	24
		6 出站	60	48	39	55	64	53.2	53
		4 进站	3	6	2	15	3	6.8	7
		4 出站	9	16	8	6	8	9.4	9

续表

6 号线、环线（15：00—15：30）			1	2	3	4	5	平均	有效均值
6 号线站台	北碚方向	上车	2	8	15	26	4	11	11
		下车	33	15	28	38	24	27.6	28
		反向	1	0	0	2	1	0.8	1
	茶园方向	上车	1	5	6	3	8	4.6	5
		下车	21	14	9	36	26	21.2	21
		反向	2	0	0	1	1	0.8	1
	直接换乘环线（不经过大厅）		10	7	13	24	18	14.4	14
环线站台	重庆图书馆方向	上车	50	68	27	49	56	50	50
		下车	25	14	36	24	29	25.6	26
		反向	1	0	1	2	0	0.8	1
	二郎方向	上车	27	16	36	42	20	28.2	28
		下车	35	17	26	23	13	22.8	23
		反向	1	2	0	0	3	1.2	1
直接换乘 6 号线（不经过大厅）			不被允许						

（来源：作者自绘）

表 4　高峰时段 9 号线人流权重统计表

平峰→高峰	9 号线（18：00—18：30）			推算数据
换算系数 10	换乘	6/环方向		370
		9 方向		330
	站厅进出站	8A 进站		320
			8A 出站	260
		6 进站		110
		6 出站		50
换算系数 3	站台	花石沟方向	上车	18
			下车	78
			反向	3
		高滩岩方向	上车	42
			下车	63
			反向	3

注：站厅原始数据按照 x 人/分钟统计；站台原始数据按照两班车统计；高峰期换算系数根据抽样统计获得的平均系数推算得到

（来源：作者自绘）

表5 高峰时段6号线、环线人流权重统计表

平峰→高峰	9号线(18:00—18:30)			推算数据
换算系数10	站厅	换乘	6→环	530
			环→6	730
			6、环→9	500
			9→6、环	440
		进出站	2/3 进站	240
			2/3 出站	530
			4 进站	70
			4 出站	90
换算系数3	6号线站台	北碚方向	上车	33
			下车	84
			反向	3
		茶园方向	上车	15
			下车	63
			反向	3
		直接换乘环线（不经过大厅）		42
	环线站台	重庆图书馆方向	上车	150
			下车	78
			反向	3
		二郎方向	上车	84
			下车	69
			反向	3
		直接换乘6号线（不经过大厅）		不被允许

（来源：作者自绘）

3.3 模拟建筑流线现状

利用 MassMotion 模拟平、高峰时段内该站流线现状,生成行人仿真现状图表(表6)。

表6 行人仿真现状图表

模拟时间段	分析图名称	示意图
平峰时段	动画轴测图	

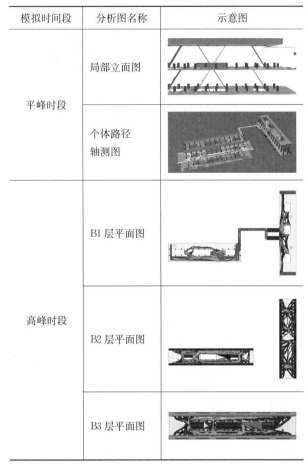

模拟时间段	分析图名称	示意图
平峰时段	局部立面图	
	个体路径轴测图	
高峰时段	B1 层平面图	
	B2 层平面图	
	B3 层平面图	

（来源：作者自绘）

4 流线优化设计策略与结果对比验证

4.1 优化策略的探讨

4.1.1 基于现状模拟情况

综合分析上述现状模拟结果,初步得出以下结论:

(1)B1、B3 层的行人分布相对密集;

(2)人流拥堵主要存在于站内对称的垂直交通附近;

(3)B1 层整体通行阻碍较为严重。

4.1.2 基于问卷调查结果

分析调查问卷,归纳得出以下结论:

(1)站内缺乏指示牌及导乘指引;

(2)楼扶梯数目不足,垂直交通拥堵;

(3)流线拥堵主要原因为建筑通道长且复杂。

4.1.3 基于发现问题研究

基于上述研究结论,针对性地提出优化策略:

(1)现状模拟结果导向侧重于拥堵点的位置与行人密度等特征;

(2)调查问卷结果导向侧重于行人主观认为楼扶梯数目不足等问题;

(3)综合以上结果,探讨优化方向。

本次优化设计实践主要改善楼扶梯数目不足这一问题点,并在后续研究中模拟验证,进而提出有效的优化策略。

4.2 优化结果的检验

本文基于现状模拟结果分析,为解决 B1 层整体通行阻碍较为严重的问题,提出优化策略在 B1~B2 层、B2~B3 层之间,对称地在两侧各增设一部下行扶梯,以此提高行人通过 B1 层的行走速率,减轻楼扶梯口附近的流线压力(表 7)。

表 7 行人仿真优化图表

模拟时间段	分析图名称	示意图
高峰时段	优化轴测图	
	优化局部立面图	
	优化个体路径轴测图	
	优化扶梯图	
	优化各层平面图	

(来源:作者自绘)

(1)实验过程。

模拟优化后高峰时段并与现状结果进行对比验证(表 8)。

表 8 行人流线分析图优化对比

分析图名	地铁站层	优化前	优化后
个体路径图	B1 层		

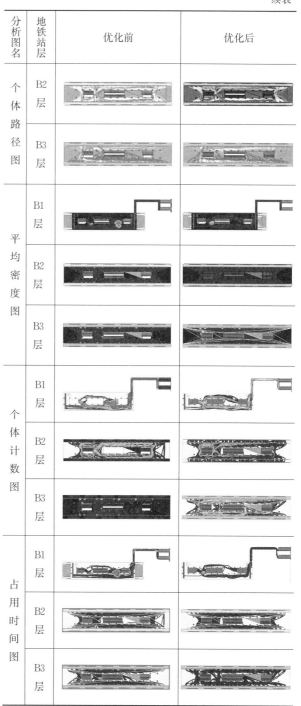

续表

分析图名	地铁站层	优化前	优化后
个体路径图	B2 层		
	B3 层		
平均密度图	B1 层		
	B2 层		
	B3 层		
个体计数图	B1 层		
	B2 层		
	B3 层		
占用时间图	B1 层		
	B2 层		
	B3 层		

(来源:作者自绘)

(2)结果分析。

综上,增加扶梯数目的优化策略,使 B1 层行人在楼扶梯口的拥堵情况有所缓解,且其他区域的拥堵也得到显著缓解,收益人数大于失益人数,由此可见,该策略对提升站内整体效率和安全性有显著作用(图 5)。

5 总结与展望

重庆某地铁站作为江北区重要的三线换乘交通枢

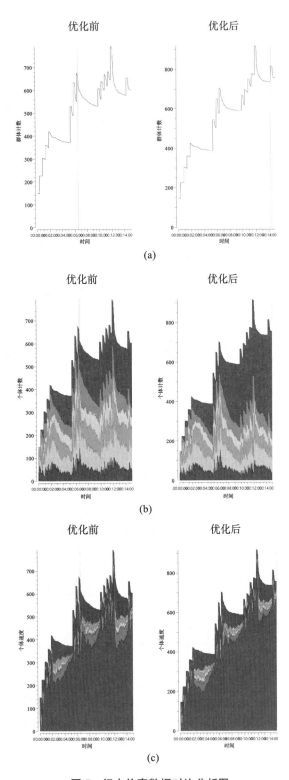

图5 行人仿真数据对比分析图
(a)群体计数图;(b)个体计数图;(c)个体速度图
(图片来源:作者自绘)

纽,经由东西两座立交连接周边各个方向,连通重庆北站、江北城 CBD 等人员密集的热门城市空间,在重庆轨道交通系统中占据重要区域位置[3][4][5]。由此,面对城市高峰时间段庞杂的流线网络和各向乘客换乘的压力,站内建筑空间存在行人拥堵的现象。本文基于对该地铁站的现状调研和实地测绘,结合文献研究和问卷调查的研究方法,分析研究其行人流线和站内布置等,运用 BIM+MassMotion 技术进行建筑流线的数字化行人仿真,针对该站建筑流线及行人分布等存在的问题,提出优化设计策略并模拟验证,对进一步改善站内换乘流线的效率和秩序进行教学实践探索,推动走向计算性建筑设计的建筑学专业教育发展。

教学实践中,本文提出增加扶梯数目的优化策略并对结果进行模拟检验,发现其对垂直交通拥堵的改善效果显著,且对其他区域拥堵也有缓解作用。尽管该策略能在此次实验时段内减少楼扶梯口的拥堵状况,但仍期望在后续实验过程中,通过变换楼扶梯方向进一步检验流线组织优化的有效性。本文对某地铁站内建筑流线优化设计提出可能性参考,同时培养学生利用数字化技术进行建筑设计的科研意识及实践应用的综合能力,以期提高建筑设计教学实践水平及探索数字技术创新应用方法等。

参考文献

[1] 杨赓.轨道换乘枢纽在城市公共交通的作用[J].中华民居(下旬刊),2012(11):327-328.

[2] 高菲.基于公众参与的五里店街道社区边界优化方法研究[D].哈尔滨:哈尔滨工业大学,2014.

[3] 闫怡然.城市更新中的公共服务设施社区化配置方法——以重庆市江北区五里店街道为例[J].建筑与文化,2017(2):206-208.

[4] 邓楠.缝合断裂——以重庆五里店立交桥地块为例试论城市大型立交桥周边的景观修复途径[J].城市建设理论研究(电子版),2018(34):23-24.

[5] 张恒,李朝旭,魏东,等.超大断面地铁车站暗挖施工优化设计研究——以重庆地铁 9 号线五里店车站工程为例[J].隧道建设(中英文),2021,41(S2):574-581.

Ⅱ　数字化建筑设计理论与方法

李煦[1]　王靖婷[1]*

1. 湖南大学建筑与规划学院；417362601@qq.com，870635208@qq.com*

Li Xu[1]　Wang Jingting[1]*

1. School of Architecture，Hunan University；417362601@qq.com，870635208@qq.com*

基于多目标优化的长租公寓立面生成式算法
Multi-objective Optimization Based Long-term Rental Apartment Facade Generative Design Algorithm

摘　要: 本文以湖南长沙某地长租公寓为实例,探索利用基于多目标优化的长租公寓立面生成式算法优化设计工作流的可行性。本文建立五种长租公寓立面的数字模型,并将多个优化目标及设计参数作为变量嵌套进参数化平台 Grasshopper 中(下文简称 GH),利用搭载在平台上的多目标遗传算法插件 Wallacei 对立面模型迭代循环优化得出最优解。结果表明:设计初期应用该方法能在多个优化目标导向下选择出最佳立面。但此方法需要进行楼型和平立面预设计,还存在优化目标算法拟合准确性不足等问题,仍有改进与发展空间。

关键词: 多目标优化;生成式算法;遗传算法;长租公寓;立面设计

Abstract: This article explores the feasibility of using a multi-objective optimization-based algorithm to optimize the design workflow of long-term rental apartment facade, using a specific location in Changsha, Hunan as an example. The article establishes digital models for five types of long-term rental apartment facade and embeds multiple fitness criteria and genes as variables into the Grasshopper. The multi-objective genetic algorithm plugin, Wallacei, integrated into the platform is used to optimize the facade models and obtain the optimal solution. The results show that this method can select the best facade design, but this method requires pre-designed building types and flat facades. To conclude, there are still points such as lack of accuracy of generative and quantitative algorithm for further improvements.

Keywords: Multi-objective Optimization; Generative Design; Genetic Algorithm; Long-term Rental Apartment; Facade Design

1　前言

随着城市化进程不断推进,人口流动性增加,人们对于便捷灵活的住房需求不断增长。长租公寓这种以租赁方式提供长期住宿的房源,近年来在中国房地产市场逐渐兴起。与此同时,长租公寓的发展也面临着诸多挑战,例如如何树立品牌形象、提升品牌竞争力、优化住户体验等。大多数长租公寓的户型标准且单一,每户室内环境品质的好坏与外部立面的设计直接挂钩。因此,在设计长租公寓的立面造型时既要保证美观,又要提供良好的居住环境。

基于此现状及挑战,本文通过在长租公寓立面设计中引入遗传算法、参数化设计等技术,对多个立面目标进行优化,探讨为住户提供优质的住房环境和居住体验的可行性,并对传统立面设计工作流进行优化。

2　多目标优化与遗传算法的原理与应用

多目标优化是涉及多个目标函数同时优化的数学问题,属于多准则决策的领域。它已经广泛应用于工程、经济和物理等科学领域,用于需要在相互冲突的多个目标之间进行权衡时作出最优决策。比如,在设计过程中可以对多个不同指标进行量化(如成本、能耗、空间可达性等),并将其设置为优化目标,同时使用基因表示某些设计参数(如柱间距、走廊宽度等)。通过遍历所有基因组合及其对应的量化指标,理论上可以寻求最优解。

遗传算法是一种受生物界进化规律启发而发展的随机化的搜索方法。它采用概率化的优化方式,能够自动地探索和引导搜索空间,并且自适应地调整搜索方向,无需确定的规则。

本文基于以上两大算法理论,运用 GH 平台多目标遗传算法插件 Wallacei 对给定造型立面制定多个优化目标(fitness criteria),解构立面提取设计参数(gene),进行遍历迭代,找到最优解。

3 实验设置

3.1 实验对象

本文以湖南长沙市某长租公寓为实验对象(图 1),进行实验模拟,该公寓具体参数如下:柱跨 8 m,开间 4 m,进深 8 m,立面宽度 40 m,底层层高 5 m,标准层层高 3.6 m,共计 8 层,楼高 32 m(不考虑楼梯间等对立面的影响)。

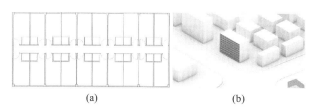

图 1 实验对象
(a)平面图;(b)轴测图

3.2 设计参数设置

本文通过参数化设计,设置了五种公寓标准立面形式作为实验基础,每种立面造型都具有相应的设计参数可供调整(表 1),具有很强的灵活性。实验开始,由第一个设计参数控制,随机选择一种立面形式,对应立面的设计参数则被触发,在给定范围内随机生成数值,根据算法向优化目标进行遍历迭代与筛选,保证后续实验的顺利进行。

表 1 五种公寓标准立面形式及设计参数设置

	出挑阳台	随机格栅窗	挑出斜向渐变窗	曲线干扰立面	随机格栅立面
立面种类					
设计参数	①阳台出挑宽度:1.2~2 m; ②窗间墙宽度:0.3~1.3 m	①格栅窗/普通窗数量比值:0.1~0.9; ②随机组合种子值:10~50; ③普通窗窗框宽度:0.2~1.2 m; ④格栅窗格栅数量:4~10 个	①窗户倾斜角度:8°~54°; ②挑出窗户距离渐变幅度:0.05~0.1 m	①控制曲线形态:直线、曲线	①每个柱跨内格栅数量:2~5 个; ②格栅随机分布种子值:10~50
总计	立面形式选择控制基因+各个立面造型相应基因=12 个				

3.3 优化目标设置

本文综合考虑公寓立面造型合理性、室内热环境、室内居住体验等多方面影响,设置了四个优化目标(下文简称 FC):

FC1:夏季室内太阳辐射得热尽量小。本文选取夏至日 6 时~18 时公寓南向立面进行分析,以各楼层面作为参照面对公寓室内在立面影响下的辐射得热进行计算。

FC2:冬季室内日照时长尽量长。本文选取冬至日 6 时~18 时公寓南向立面进行分析,对公寓室内在立面影响下的日照时长进行计算。

FC3:室内景观视野尽量好。本文假设公寓南向前方有一片景观,同时前方两侧有两栋遮挡建筑,通过射线法对公寓室内在立面影响下的主要视野点的景观可见性进行计算。

FC4:立面窗墙比尽量接近最佳值。根据相关规范标准、建筑节能等因素,本文将立面窗墙比最佳值设定为 0.35,对每个公寓立面窗墙比进行计算(图 2)。

FC 之间往往相互冲突和制衡,需要遍历迭代后在目标之间制定合适的选择策略进行权衡,选取最优解。

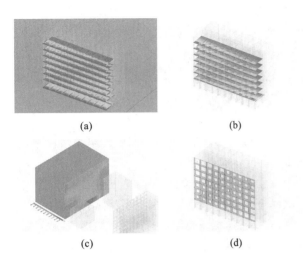

图 2 优化目标(以立面 4:曲线干扰立面为例)
(a)FC1:夏季室内辐射得热;(b)FC2:冬季室内照射时长;
(c)FC3:视野开阔系数;(d)FC4:窗墙比

3.4 实验参数设置

本文设置每代解的数量为 20 个,遗传代数为 30 代,基于以上 4 个优化方向进行模拟,即每代生成 20 个立面方案,选取 4 个 FC 下表现较好的解,随机交叉它们的基因组合,进行再一次迭代,继而又生成 20 个立面方案,以此类推共循环 30 次,模拟结束后共遍历 600 个立面方案。

4 实验过程分析

本文共进行五轮 20×30 的实验,每轮实验时间约 6 h,最终选取了其中最具代表性的一轮进行分析(图 3)。如图 3 所示,从左到右依次为标准偏差图表、FC 平行坐标图标、FC 方差值变化曲线和 FC 平均值变化曲线。

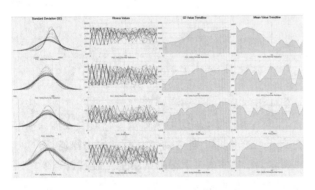

图 3 Wallacei 分析面板

重点对标准偏差图表进行分析,其中 4 张图分别对应 4 个 FC 的优化趋势。每完成一代 20 个解的运算,实验便计算所有解在该项 FC 上的数值,绘制出一条正态分布曲线:曲线的中线横坐标 μ(期望值)表示该代所有解对该项 FC 的平均表现,越接近 0 说明表现越

好;曲线的幅度 σ(方差)表示该代所有解在期望值周围的出现概率。每个解的数值差距越小越稳定,故方差越小、曲线幅度越集中越好。所以,一个良好的优化曲线应逐渐向左移动且纵坐标方向有逐渐向上变尖的趋势。

实验共进行 30 轮迭代,故每项 FC 有 30 条曲线,由该标准可判断在实验中 FC1 和 FC2 优化效果较好,曲线有向左移动的趋势,而 FC3 和 FC4 优化效果较不明显,这是各个 FC 相互冲突和制衡的结果。

5 实验结果

实验结束共生成 600 个立面。实验根据相应图表以线性、体块等形式将优化结果进行可视化分析(图 4),制定适宜的选择策略。

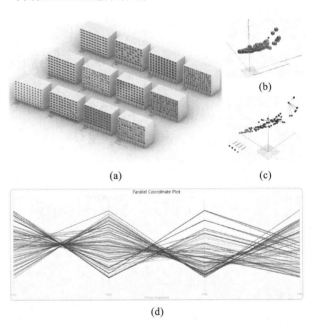

图 4 实验结果
(a)12 个最优解立面模型;(b)结果走势图;
(c)聚类分布图;(d)平行坐标图

其中,平行坐标图可以根据曲线差异判断种群中是否存在较大差异。横坐标为 4 个 FC,纵坐标为 FC 值,当某解对应曲线越趋近于中间水平线则代表该解的各项 FC 值较平均,优化效果较好。当某解对应曲线变化差异较大,证明该解在优化过程中向某个优化目标极端优化而忽视其他目标,则应排除。

最后对模拟结束后生成的 600 个结果,对比 K 值聚类算法各聚类代表性解(4×2 个)、各单项评判标准各自最优解(3 个,其中重复 1 个),以及各项评判标准平均最优解(1 个)进行筛选,选取平均最优解(average of fitness ranks)作为实验优化最终结果。

表 2 所示的是筛选的 12 个最优解及其对应的各

项 FC 在所有解相应 FC 中的排名表以及 FC 值雷达图。在排名表中,假设某一解的 FC1 为 0/599,则表示该解的第一个 FC 是 600 个解中优化得最好的。FC 值雷达图代表此解的各个 FC 相互之间的制衡效果,若某解的四项 FC 值同时向中点集中,则代表该解表现好。

表 2　12 个最优解以及其对应的各项 FC

各聚类最优解			
Gen:9|Ind:12	Gen11|Ind:15	Gen14|Ind:15	Gen19|Ind:19
各聚类最优解			
Gen27|Ind:4	Gen7|Ind:13	Gen4|Ind:17	Gen6|Ind:14
单项评判标准最优解			平均最优解
Gen14|Ind:3	Gen18|Ind:6	Gen27|Ind:0	Gen12|Ind:17

本文综合比较筛选出的 12 个解以及考虑了 4 种优化方向,挑选出平均最优解 Gen12//Ind17(第 12 代第 17 个方案)作为综合的优化结果,即仿真模拟得到的各个方向平衡下的最佳立面方案,该立面方案如图 5 所示。

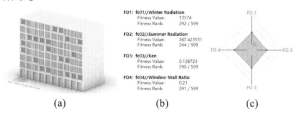

图 5　最佳立面方案
(a)轴测图;(b)FC 值排名表;(c)FC 值雷达图

通过反推可知该立面方案在夏季室内太阳辐射得热、冬季室内日照时长、视野范围可见性、立面窗墙比 4 个指标下均表现良好,达到综合"最优",该方案也可以被认为是 600 个方案中的最终优化结果。

6　实验局限性和后续发展

6.1　实验局限性分析

6.1.1　优化目标算法拟合准确性

受限于计算机算法,本文 FC1 夏季室内太阳辐射得热与 FC2 冬季室内日照时长只分别选取了具有代表性的夏至日与冬至日 6 时~18 时,实验结果的普适性和精度未能达到最佳。

6.1.2　生成式设计的局限性

本文只探讨了公寓户型开间相同的情况,未将楼梯间等纳入立面一起考虑。立面造型只用算法选取了 5 个常见形式进行模拟实验,实验结果只针对给定的立面及相似立面,对于非规则化的立面可借鉴性不强。

6.2　研究后续发展

多目标优化和生成式设计的结合不仅可以运用在长租公寓立面设计上,还可以运用在不同类型建筑的不同部位中。后续研究拟发展长租公寓平面生成算法,对长租公寓的户型、功能布局、空间配置等进行自动生成,并重新制定相应优化目标与基因,进一步应用多目标优化遗传算法来生成与之相匹配的立面设计方案,该算法可根据不同的设计风格和品牌形象要求生成多个立面形式,提供更多的选择和设计灵感。

同时研究还将继续尝试将其他类型(如办公、学校教学楼)的建筑生成式设计与多目标优化相结合,不断进行传统设计工作流的数字化探索与革新。

参考文献

[1]　肖敏,李洲.基于多目标优化的高校校园建筑朝向研究[J].中外建筑,2023(5):111-115.

[2]　张泽,吴正旺.日照时长导向的高层住区形态多目标优化研究[C]//中国建筑学会.2022—2023 中国建筑学会论文集.北京:中国建筑工业出版社,2023.

曾旭东[1,2]　韩运宽[1*]

1. 重庆大学建筑城规学院；202115131135@cqu. edu. cn
2. 山地城镇建设与新技术教育部重点实验室

Zeng Xudong[1,2]　Han Yunkua[1*]

1. College of Architecture and Urban Planning, Chongqing University；202115131135@cqu. edu. cn
2. Key Laboratory of Mountain Town Construction and New Technology, Ministry of Education

重庆市高等教育教学改革研究项目(234003)；重庆大学第三批专业学位教学案例项目(20210325)

基于 CiteSpace 的 AR 技术在建筑中应用的演化及发展趋势分析

Analysis of the Evolution and Development Trend of the Application of AR Technology in Architecture Based on CiteSpace

摘　要：随着数字技术的发展和不同学科之间的交叉融合，AR技术凭借着它直观、可交互、便于体验与交流的优势为传统建筑设计行业带来了新的可能。近年来AR技术与建筑的相关研究内容与研究立足点呈现复杂多样的趋势。本文基于2000—2023年的中国知网数据库和2000—2023年的Web of Science核心合集数据库，利用动态网络分析软件CiteSpace进行可视化分析，建立AR技术在建筑设计中应用的知识图谱。研究表明，国内外将AR运用于建筑的时间与研究热点略有不同，AR应用于建筑的发展趋势由最初在教育层面的运用逐渐转向多元化的运用。除此之外，更多的前沿技术，如无人机倾斜摄影与三维激光扫描技术等以及各种算法的结合，将会为AR与建筑结合的交互式设计带来更大的发展潜力。

关键词：增强现实；建筑设计；CiteSpace

Abstract： With the development of digital technology and the cross-integration between different disciplines, AR technology has brought new possibilities to the traditional architectural design industry by virtue of its advantages of intuitive and interactive, convenient experience and communication. However, in recent years, the research content and research foothold of AR technology and architecture have shown a complex and diverse trend. This paper uses CNKI database from 2000 to 2023 and the Web of Science core collection database from 2000 to 2023, with the dynamic network analysis software CiteSpace for visual analysis to establish a knowledge graph of AR technology application in architectural design. The results show that the time and research hotspots of AR application in architecture at home and abroad are slightly different, and the development trend of AR in architecture has gradually shifted from the initial educational application to diversified applications. In addition, more cutting-edge technologies, such as drone oblique photography and 3D laser scanning technology, as well as the combination of various algorithms, will bring greater development potential for interactive design combining AR and architecture.

Keywords： Augmented Reality；Architectural Design；CiteSpace

1　引言

建筑行业作为社会和经济发展的重要组成部分，在满足人们对住房、商业、公共设施的需求等方面扮演着重要角色，在城市发展和居民生活质量提高方面发挥着关键作用。传统的建筑业从前期建筑设计到后期施工与运维，出现错误与进行调整是常见的情况：在前期设计阶段，设计师与客户由于专业背景与知识体系等多方面的差异，在沟通的阶段可能会产生一些理解上的偏差，从而导致客户对设计方案产生误解；在后期，可能因为客户的新需求或者相关的技术限制、规范变更等因素，出现设计变更和图纸修改的情况，影响项目进度,增加投入成本。

随着科技的发展,许多新技术开始运用到建筑行业中来。数字化设计工具、建筑信息模型、参数化设计等技术与建筑业的结合,对原有的建筑行业生态造成了不小的影响。而 AR 技术的运用,使上述问题得到了较好的改善。AR 技术是一种基于实时计算的、将虚拟的三维模型与真实世界拼接起来并通过相应设备为人们所感知的技术。"它的基本特征可以概括为三点:融合虚拟信息与现实环境,时间上实时交互和空间上的三维立体。"[1]

在建筑中运用 AR 技术,有诸多好处。①可以做到全方位实时可视化和多角色沟通。AR 技术较好地实现了建筑方案的沟通和评估,能促进更准确的沟通和决策。②可以加强空间感知和评估。建筑设计涉及功能布局和空间感知,感性认知很难用语言来进行描述,通过设备来直观地观察与感受可以很好弥补这方面的不足。③可以为施工和装配工作进行指导。通过 AR 眼镜或者移动设备,施工人员可以在现场查看建筑模型、工艺流程和安装说明,在很大程度上提高了施工效率,缩短了项目周期。

随着技术的不断更新与迭代,AR 技术有望在建筑设计、施工和运维中发挥更大的作用。

本文主要通过 CiteSpace 软件对中国知网(CNKI)数据库和 Web of Science 数据库中 2000—2023 年的 AR 技术在建筑中应用的相关文献进行可视化分析,通过知识图谱的方式对研究热点以及演变过程进行揭示,通过多方面的研究与分析来预测研究趋势,以期为我国在该领域的后续研究提供参考依据。

2 文献来源与研究方法

2.1 文献来源

本文以文献收录相对较为齐全的 CNKI 数据库和 Web of Science 数据库为样本数据来源。在 CNKI 上以"建筑+增强现实"为检索条目进行筛选,得到 322 篇相关文献,去掉报纸等非研究文献,保留有效数据 318 条。在 Web of Science 上以"Augmented Reality+Architecture design"为限定条件进行检索,一共得到相关文献 1092 篇,选择"Web of Science 核心合集"并去除报纸、书籍等,一共得到有效样本 988 条。文章相关性可以反映研究内容与本文主题的贴合程度,相关性越高,主题贴合程度越高。因此本文根据相关性从高到低进行排序,选取有代表性的前 500 篇文献进行导出分析,选择"全记录与引用的参考文献"为记录内容,并以纯文本格式下载保存。

2.2 研究方法

CiteSpace 是美国德雷赛尔大学(Drexel University)陈超美教授开发的一款作为文献计量分析工具的信息可视化软件[2,3,4],可以用来分析学术文献,主要用于发现和理解研究领域中的知识结构、学术趋势和关键节点。它可以通过构建引文网络图来展示文献之间的引用关系,并使用聚类、时序和地理信息等多种方式进行可视化分析。CiteSpace 可以帮助研究人员在大规模文献数据库中发现关键主题、关键作者、热点领域以及研究的发展趋势,通过分析引文网络和文献聚类,还可以揭示学术领域中的知识演化、合作关系和创新方向等重要信息。它还提供了一些统计指标和图表,帮助用户定量评估文献影响力和研究成果。因其在文献分析领域的突出作用,CiteSpace 被研究人员广泛运用。

本文采用 CiteSpace 6.2.R4 版本进行分析,分别将来自 CNKI 的 318 篇文献数据和来自 Web of Science 的 500 篇文献数据导入软件,进行去重和转化等,设置研究时间跨度为 2000—2023 年,设置时间切片为 1 年,选择标准设置为 TopN%。TopN 代表的是选取被引次数最高的 N 个引文,TopN% 则是引文所选取的百分比,将每个时间切片中的被引文献按被引次数排序后,保留最高的 N% 作为节点。因此我们可以用这个设定来找出重要的文献,通过这样的一个文献可计量的方式去进行分析。我们设置 TopN% 系数为 8%,即选择每个时间切片最高的前 8% 的数据,分析 AR 技术在建筑领域应用的研究历程,推演发展趋势,帮助研究人员了解相关热点和领域前沿,为后续的研究工作以及行业发展提供参考依据。

3 结果与分析

3.1 文献时间分布分析

发文量可以直观反映学术界对某一领域的重视程度,一般来说发文量越多,则该领域受关注程度越高,越热门。通过对该领域的文献数量的分布情况进行分析,我们从图 1 中可以看到:在中文文献中,AR 技术最早出现在建筑领域是在 2006 年,2006—2010 年文献数量增长较为缓慢,说明这一阶段是 AR 在国内该领域应用的起始阶段,研究人员对该领域缺乏了解;2010—2013 年,文献数量开始增长,说明已经有部分学者开始关注 AR 技术。从 2013 年开始研究人数总体增多,2014—2018 年发文量快速增长,说明该领域逐渐引起广大研究人员的研究兴趣,发文量总体上持续上升。从 2018 年至今增速放缓,发文量总体上起伏不大,其中 2020 年发文量最多,达到 52 篇。

对比来看,如图 2 所示,外文文献中从 1999 年就

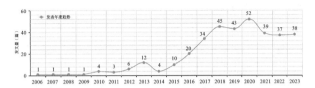

图 1　2006—2023 年 CNKI 中 AR 在建筑领域应用的发文量趋势图

（图片来源：中国知网）

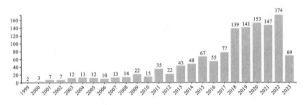

图 2　1999—2023 年 Web of Science 中 AR 在建筑领域应用的发文量趋势图

（图片来源：Web of Science）

已经出现了相关的研究，1999—2008 年增长速度较为缓慢，是发展初始期。从 2009 年到 2017 年，发文数量总体上较快增长，说明 AR 在建筑领域的应用得到了广大研究人员的关注，2017 年发文量达到了 77 篇。从 2018 年开始直到 2022 年，相关研究爆发式增长，发文量更是从 77 篇飞速增长到 174 篇，说明该领域仍为国外建筑学界的研究热点。

3.2　文献发文机构分析

某个机构在该领域的发文量，可以比较方便地反映出该机构对本领域的关注程度。本文以 CiteSpace 软件选择机构为条件，并保持其他条件不变，得到发文机构共现图谱。以 CNKI 为数据源，选择节点类型为机构，得到 231 个节点、51 个连接，网络密度为 0.0019，这表明中文文献中的相关研究机构之间的交流合作程度不够高。对 Web of Science 的数据进行分析，得到 239 个节点、201 个连接，网络密度为 0.0071，这表明外文文献中的相关研究机构之间的交流合作相对更加紧密。本文选取发文量前 12 名的机构进行统计，根据表 1 可知中文文献中的相关研究机构发文最多的是重庆大学，篇数为 11 篇。其次为山东建筑大学、西安建筑科技大学、哈尔滨工业大学等知名建筑院校。而从表 2 可看出，外文文献中的相关研究机构发文量最高的为加泰罗尼亚理工大学，发文次数达到 18 次。其次为乌迪策法国研究型大学、拉曼鲁尔大学、慕尼黑工业大学等知名研究院所。以上机构均在该领域研究中占据了较为核心的位置，具有较大影响力，在很大程度上引领了相关研究的发展。

如图 3 所示，AR 在建筑领域的应用相关研究发文机构多为高等院校和科研院所，中文文献中大多数机构为"建筑老八校"和"新四军"等建筑学科强校；外文文献中的机构也大都为学科排名较为靠前的著名研究机构和大学，而设计院和施工单位则成果较少，这说明 AR 在建筑领域仍属于前沿技术，以理论研究为主，在实际工程应用上则较少。

表 1　2000—2023 年中文期刊中 AR 在建筑领域应用发刊文量排名前 12 的机构

序号	1	2	3	4	5	6	7	8	9	10	11	12
发文机构	重庆大学	山东建筑大学	西安建筑科技大学	哈尔滨工业大学	华中科技大学	湖南大学	浙江大学	清华大学	长春广播电视大学	吉林建筑大学	东南大学	天津大学
发文次数	11	10	9	8	7	6	5	5	5	5	5	4

（来源：作者自绘）

表 2　2000—2023 年外文期刊中 AR 在建筑领域应用发刊文量排名前 12 的机构

序号	1	2	3	4	5	6	7	8	9	10	11	12
发文机构	加泰罗尼亚理工大学	乌迪策法国研究型大学	拉曼鲁尔大学	慕尼黑工业大学	法国国家科学研究中心	新加坡国立大学	佛罗里达州立大学系统	加州大学系统	中国科学院	弗劳恩霍夫协会	南澳大学	悉尼大学
发文次数	18	15	12	12	11	11	11	11	10	10	10	10

（来源：作者自绘）

Top 12 Institutions with the Strongest Citation Bursts

Institutions	Year	Strength	Begin	End	2000—2023
西安建筑科技大学	2009	2.21	2009	2014	
哈尔滨工业大学	2012	1.1	2012	2014	
山东建筑大学	2013	1.34	2013	2015	
北京建筑大学	2013	0.98	2013	2016	
重庆大学	2014	1.26	2014	2015	
重庆大学建设管理与房地产学院	2015	1.68	2015	2016	
北京工业大学建筑工程学院	2016	1	2016	2017	
哈尔滨工程大学航天与建筑工程学院	2016	1	2016	2017	
兰州交通大学	2016	1	2016	2017	
天津大学	2017	1.15	2017	2019	
同济大学建筑与城市规划学院	2018	0.97	2018	2019	
东南大学	2019	1.44	2019	2021	

Top 12 Institutions with the Strongest Citation Bursts

Institutions	Year	Strength	Begin	End	2000—2023
University of Sydney	2006	9.43	2006	2010	
Universitat Ram on Llull	2011	1.96	2011	2014	
Universitat Politecnica de Catalunya	2011	1.88	2011	2016	
Kyung Hee University	2011	1.65	2011	2013	
National Yang Ming Chiao Tung University	2013	2.01	2013	2017	
Technical University of Munich	2001	1.93	2014	2016	
Istanbul Technical University	2013	2.84	2013	2016	
Osaka University	2016	1.78	2016	2017	
Arizona State University	2018	2.3	2018	2020	
Arizona State University-Tempe	2018	2.3	2018	2020	
California State University System	2019	1.96	2019	2021	
Queensl and University of Technology(QUT)	2020	1.9	2020	2023	

图3 2000—2023年CNKI和Web of Science中AR在建筑领域应用发文机构共现图谱

（图片来源：作者自绘）

3.3 刊文期刊分析

刊文期刊及其刊登相关文献的数量，以及期刊的知名度和行业影响力，可以反映出该领域的发文质量和研究深度，以及研究的发展趋势等。本文对CNKI导出的322个数据进行筛选，去除硕博学位论文和会议论文148篇以及报纸、成果等其他部分4篇，剩下期刊论文一共161篇，对Web of Science的文献数据进行同样操作之后，分别使用CiteSpace进行分析，选取排名前12的期刊进行统计。从表3可以看出，相关研究涉及的中文期刊领域较为分散，种类众多，建筑类的仅有《建筑学报》和《城市规划学刊》等高水平期刊，其余大部分为普刊，而且刊登的文献数量也较少。这说明目前我国相关研究范围较为宽泛，要素较多且发散，相对缺乏深入集中、专业性更强的研究。图4是Web of Science的期刊共现图谱，节点越大说明出现的频率越高，连线越多表示两个关键词共现次数越多，连线越粗表明联系程度越强。图4中出现较多的是 *IEEE* 、*AUTOMATION IN CONSTRUCTION*、*LECTURE NOTES IN COMPUTER SCIENCE* 等期刊，统计后可以在表4看出，外文期刊中的相关文献集中在 *AUTOMATION IN CONSTRUCTION* 等SPIE、SCI、EI类高水平期刊上，文献数量相较于中文文献更多，研究领域也较为集中深入。

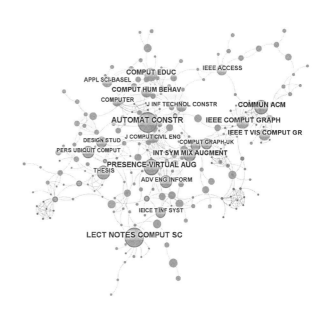

图4 2000—2023年Web of Science中AR在建筑领域应用刊文期刊共现图谱

（图片来源：作者自绘）

表3 2000—2023年中文期刊中AR在建筑领域应用刊文量排名前12的期刊

序号	1	2	3	4	5	6	7	8	9	10	11	12
期刊名称	系统仿真学报	建筑学报	中国科技期刊研究	图书情报工作	城市规划学刊	测绘学报	吉林大学学报	计算机工程	科技导报	包装工程	计算机应用	武汉大学学报
文献数量	3	3	2	1	1	1	1	1	1	1	1	1

（来源：作者自绘）

表 4　2000—2023 年外文期刊中 AR 在建筑领域应用刊文量排名前 12 的期刊

序号	1	2	3	4	5	6	7	8	9	10	11	12
期刊名称	ROCEEDINGS OF SPIE	IEEE ACCESS	AUTOMATION IN CONSTRUCTION	APPLIED SCIENCES BASEL	APPLIED SCIENCES	SENSORS	SENSORS BASEL SWITZERLAND	PROCEEDINGS OF THE SPIE	MULTIMEDIA TOOLS AND APPLICATIONS	JOURNAL OF CONSTRUCTION ENGINEERING AND MANAGEMENT	VIRTUAL REALITY	ADVANCES IN INTELLIGENT SYSTEMS AND COMPUTING
文献数量	27	21	18	17	16	15	15	11	10	8	8	7

（来源：作者自绘）

4　研究热点与发展趋势分析

4.1　研究热点

关键词是对一篇论文研究主题的高度概括，能够准确地描述论文的内容和研究领域。本文通过 CiteSpace 将关键词作为网络节点，进行关键词共现图谱生成。图 5(a)展现了 2000—2023 年在 CNKI 范围内 AR 在建筑领域的关键词共现图谱，节点越大则说明出现频次越多。如图所示，关键词"增强现实""AR 技术""虚拟现实"等出现次数最多。"建筑施工""古建筑""勘察设计"等反映出其在工程实践中的应用。而"物联网""云计算""智能设计""三维扫描"等则说明 AR 与其他技术之间的结合与创新应用。总体上 AR 技术与建筑的结合不仅在理论研究和工程实践上有所建树，而且随着技术的不断发展与迭代，探索性地融入新的技术来做出新的突破。图 5(b)则展现了 2000—2023 年在 Web of Science 中相关的关键词共现图谱，出现次数最多的是"augmented reality""virtual reality""mixed reality"等。而"design""education""BIM"等则反映出 AR 在建筑领域的应用比较广，不仅在设计层面，而且在建筑数字化、信息化和教育方面都有较多的实践。

关键词组团中，每个关键词的大小表征着概念的中心性(degree centrality)，即它与多少其他概念直接相连。度(degree)越高，代表其在网络中越重要[2,5]。图 5(a)中共有 9 个聚类，说明中文文献中 AR 在建筑

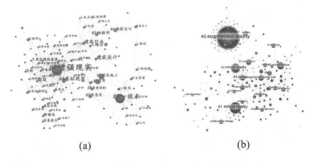

(a)　　　　　　　　(b)

图 5　中外文文献中 AR 在建筑领域应用关键词共现图谱

(a)2000—2023 年 CNKI 中 AR 在建筑
领域应用关键词共现图谱；
(b)2000—2023 年 Web of Science 中 AR
在建筑领域应用关键词共现图谱
（图片来源：作者自绘）

方面的应用主要体现在这 9 个方面的内容上。而图 5(b)中共有 8 个聚类，说明主要研究集中在这 8 个方面。两者的研究侧重点也有所不同，前者在相关可视化研究以外，更多体现在工程实践和新技术的结合上，说明我国目前相对更注重技术的实用性以及创新性。而后者除可视化的深入研究，更注重在教育方面的结合与技术的开发研究。

4.2　发展趋势分析

共现时间线图谱用于显示文献中关键词的共现模式和时间分布，可以用来揭示关键词之间的关联和演化趋势。通过观察图谱中的时间区域，研究者可以了解关键词的发展和演化趋势。图 6 显示在 2013 年之

前,我国在该领域的研究就已经出现萌芽,但 AR 还处于前期数据挖掘和姿态追踪等浅显的应用阶段。2013年之后 AR 较多地应用于建筑领域,并开始不断发展,与信息化、应用模块、质量控制等有所结合。2013—2020 年 AR 得到了多维度的蓬勃发展,应用于"安全管理""建筑施工""古建筑"等工程实践领域,说明该领域从最初的探索逐渐过渡到现实应用。而随着与"三维扫描""智能设计""全景拼接"等技术的结合,AR 在建筑领域的发展得到较大突破,由单一的可视化逐渐走向多元的智能化。除此之外,"开放教育""教学"等应用,说明 AR 在教育领域也得到了较大发展。2020 年至今,AR 更多地应用在导航路网、传统建筑保护等实际问题上。从由 Web of Science 的数据生成的共现时间线图谱(图 7)中,可以看出在外文文献中,2002 年已

经出现了 AR 相关的研究,研究集中在协作设计、有形界面上,研究热点较少,且程度较浅,说明研究还在探索阶段。2005—2010 年,VR、MR 也开始获得较多的研究,说明可视化的研究开始得到较大的发展,并从最初的沉浸式阶段过渡到真实体验感阶段再发展到可交互阶段,形式不断多元化。2010—2015 年研究要点集中在可视化和教育领域,并且开始与建筑信息模型结合,逐渐走向建筑信息可视化。2015 年至今,相关研究热点较为多样,开始发散到更细微的领域,前期多分布在环境模拟、数字环境搭建、3D 模型、翻转课堂等;后期则发展到沉浸式设计、3D 交互式学习环境等。AR技术开始应用于现实生活,与人的交互性应用逐渐增多,较大程度上改变了传统的工作与教育模式,使日常的工作、学习效率得到不断提高。

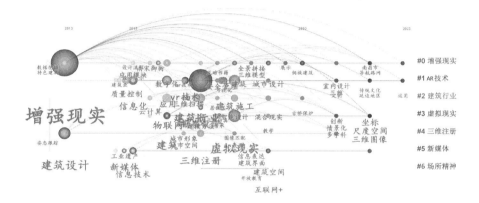

图 6　2000—2023 年 CNKI 中 AR 在建筑领域应用共现时间线图谱
(图片来源:作者自绘)

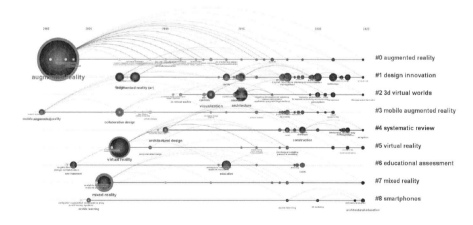

图 7　2000—2023 年 Web of Science 中 AR 在建筑领域应用共现时间线图谱
(图片来源:作者自绘)

从宏观层面来看,AR 在建筑领域的发展是一个在应用实践和技术更新上不断循环往复、螺旋上升的过程。新的阶段的实践问题需要技术上的不断突破,而经过技术革命的迭代和优化,新的方法需要在具体的实践中得到验证与反馈。正是这个不断更新与优化的过程,推动 AR 技术在建筑领域持续创新和进步并不断走向智能化,为建筑行业带来新的可能性与机遇。

5 总结与展望

本文通过借助 CiteSpace 软件,分别对来自 CNKI 和 Web of Science 的文献数据进行分析,建立 AR 技术在建筑中应用的知识图谱。本文通过研究和分析,得出以下结论。

(1)在文献时间分布上,中文期刊中 AR 在建筑领域应用的研究最早出现在 2006 年,相较于外文期刊的出现时间略晚。中外相关学术研究到 2010 年前后开始快速增长,到 2018 年左右中文相关文献数量保持稳定,而外文相关文献数量则大幅度增长,研究热度保持至今。

(2)在发文机构上,中外文献中相关领域的发文机构均以高等院校和科研院所为主,中文期刊以"建筑老八校"和"新四军"等建筑学科强校为主,外文期刊则以学科排名较为靠前的大学和著名研究机构为主。这说明该领域相对来说仍属于前沿领域,以理论研究为主,工程实践则较少。在刊文期刊上,外文期刊相对来说领域较集中,研究内容更有深度。

(3)在研究的热点上,中文文献集中在 AR 技术和建筑施工等领域,同时不断在物联网、云计算等领域进行探索。外文文献则更多地专注于可视化领域,同时注重数字化、信息化和教育层面的研究。

(4)在发展趋势上,AR 在建筑领域的应用由最初的探索,到与工程实践结合,再到如今与新技术不断结合与创新,总体上朝着信息化、智能化、可交互式发展,由最初的理论模拟等发展到逐渐贴近日常生活,如应用于导航路网、传统建筑保护、3D 交互式课堂等。

综上所述,AR 技术在建筑领域的应用丰富多样,逐渐贴近我们的日常生活。通过在设计、施工、用户体验、教育等方面的应用,AR 技术将为建筑行业带来更创新、高效和可持续的解决方案。随着技术的不断进步和应用的深入,AR 技术在建筑中的应用前景将更加广阔。

参考文献

[1] 曾旭东,周鑫,罗锋,等. AR 可视化交互技术在建筑 BIM 正向设计中的应用探索[C]//高等学校建筑学专业教学指导分委员会建筑数字技术教学工作委员会.数智营造:2020 年全国建筑院系建筑数字技术教学与研究学术研讨会论文集.北京:中国建筑工业出版社,2020:243-248.

[2] 罗国力,曾旭东.面壁到破茧——基于文献计量学析中国近 10 年 BIM 技术在建筑设计中的演变与趋势[J].建筑技艺,2020(S2):92-95.

[3] CHEN C. Searching for intellectural turning points: Progressive knowledge domain visualization[J]. Proceedings of the National Academy of Sciences of the United States of America,2004,101:5303-5310.

[4] CHEN C, SONG M. Visualizing a field of research: A methodology of systematic scientometric reviews[J]. PloS one, 2019, 14(10): e0223994.

[5] 黄蔚欣,林雨铭.数字建筑研究的热点与趋势——CAADRIA2018 论文关键词网络分析[J].建筑技艺,2018(8):16-21.

[6] 李娜,张姗姗.基于 CiteSpace 的传统村落建筑风貌数字化保护研究知识图谱分析[C]//全国高等学校建筑类专业教学指导委员会,建筑学专业教学指导分委员会,建筑数字技术教学工作委员会.数智赋能:2022 全国建筑院系建筑数字技术教学与研究学术研讨会论文集.武汉:华中科技大学出版社,2022:531-535.

王瑞姝[1]　彭宇菲[1]　连国梁[1]　许心慧[1]　高天轶[1]　闫超[1*]　袁烽[1]

1. 同济大学建筑与城市规划学院；yanchao@tongji.edu.cn

Wang Ruishu[1]　Peng Yufei[1]　Lian Guoliang[1]　Xu Xinhui[1]　Gao Tianyi[1]　Yan Chao[1*]　YuanFeng[1]

1. College of Architecture and Urban Planning，Tongji University；yanchao@tongji.edu.cn

动物之家
——面向生物行为的建筑智能设计方法探索
Animal Shelter：Exploring Architectural Intelligence Design Methods for Biologic Behavior

摘　要：本文基于"动物之家"设计课教学，探索了面向生物多样性的建筑智能设计方法。针对从人的行为转向生物行为时的设计决策问题，教学引入了智能生形和建造工具进行创作辅助和原型验证，首先根据城市动物行为分析提出关键词，然后通过提示词图解进行 AI 生成图像，进一步经参数化手段进行三维重建和优化，最后通过原型建造对设计目标进行验证。教学结果呈现一系列共栖理念下的空间原型范本，为未来城市生物多样性探索了智能化的设计流程。

关键词：建筑设计教学；动物行为学研究；AIGC 工具；生态友好设计

Abstract：Based on the "Animal Home" design studio, this essay explores the intelligent design method of architecture facing biodiversity. Aiming at the design decision-making problem when changing from human behavior to biological behavior, the teaching introduces intelligent shaping and construction tools for creation assistance and prototype verification. Firstly, keywords are proposed based on the analysis of urban animal behavior, and then the images are generated by AI through the illustration of prompt words, and then 3D reconstruction and optimization are carried out by means of parameterization, and finally the design goal is verified through prototype construction. The teaching results present a series of spatial prototypes under the concept of symbiosis, exploring an intelligent design process for future urban biodiversity.

Keywords：Architectural Design Education；Animal Behavior Research；AIGC Tools；Eco-friendly Design

1　背景：面向生物行为的空间设计

在城市面积不断扩张的当下，人类活动对野生动物产生的影响日益突出。尽管城市化进程带来了区域经济的发展和基础设施的提升，但随之而来的土地利用方式的改变和植被覆盖面积的减少，使得野生动物原生的栖息地遭到严重破坏，从而导致相应区域自然生态系统的功能退化[1]。

在以上海为代表的超大型城市中，野生动物的栖息地往往面积较小，且处于城市环境的包围中，与城市关系紧密。因此，如何实现野生动物与城市居民的和谐共生，已成为现代城市面临的一大挑战[2]。然而，当前建筑设计普遍没有为这些野生动物的繁衍生息做出考量。因此，在本次设计课程中，学生们选择不同的城市野生动物作为研究对象，并借助数字化工具，根据动物行为的"需求"进行设计[3]。我们期望通过此次课题，探索如何通过空间设计建立市民与野生动物之间互利共生的关系纽带，构建面向生物行为的建筑智能设计方法。

在设计流程中，我们融入了人工智能工具和机器人技术。学生从对动物行为的分析中提取关键词图解，并利用生成式 AI 工具对形态进行启发性设计，以弥补传统建筑学在动物福利方面的认知不足；之后，利用参数化工具对设计进行三维重建和优化，并通过原型建造来验证设计的实际效果(图 1)。

2　"动物之家"的智能设计与建造

2.1　面向生物行为的设计流程建构

本课程以"动物之家"为设计对象，因使用主体不同，因此需要进行与一般构筑物不同的生物学考量。

长久以来,基于人本主义(human-centered or anthropocentric)设计观念,建筑学大多从人类的行为需求出发,考虑人类在空间中的活动体验[4]。即便部分项目考虑了家畜饲养或动物捕食行为以及排泄物利用等方面,也主要体现了一种"偏利共生"的模式。然而,在"动物之家"的设计过程中,我们将设计主体从人类转向城市动物,即空间使用者为动物。因此,设计必须在深入研究和理解生物行为的基础上进行,需要从动物自然习性出发,构建出既能满足动物需求,又能适度与人类互动的空间(图2)。

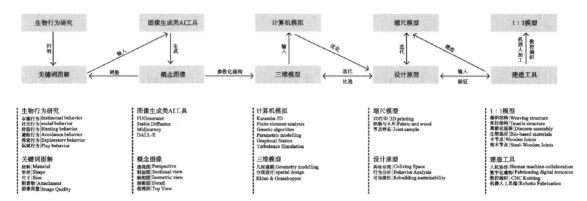

图1 设计方法图解

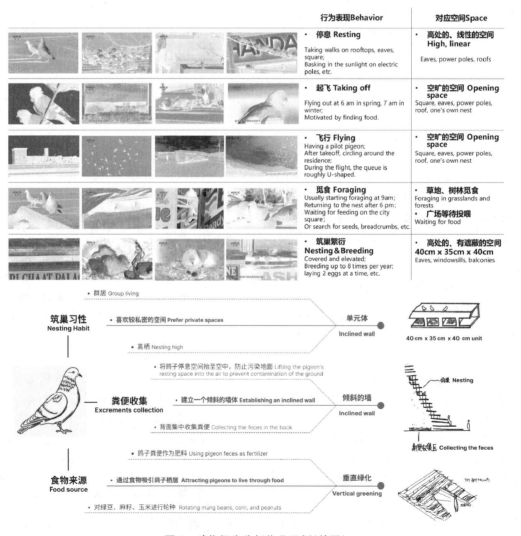

图2 动物行为分析作业示例(鸽子)

然而,由于这种认知差异化,且涉及跨学科的知识架构,如何充分理解动物行为对空间的需求并在此基础上完成相应的空间设计,成为亟待解决的问题。在课程中,学生们通过使用人工智能生成内容(AIGC)工具,利用动物行为分析得出的关键词生成图像,探索可行的空间形态。尽管人工智能的生成逻辑与人类思维不同,可能无法考虑空间的功能组织,但它却能在探索空间形态的过程中,打破现有的思维定式,从动物的视角塑造空间。另外,在设计师将基本形态确定后,"图像生成图像"的功能也可以帮助设计师快速将草图转变为更成熟的空间概念图。

整个设计流程分为以下阶段:

(1)针对城市野生动物进行行为分析;

(2)根据行为研究,总结出用于人工智能生成的提示词,并将其图解化;

(3)运用FUGenerator等人工智能工具生成图像;

(4)将人工智能生成的概念图示与设计逻辑相结合,转译为三维草模;

(5)使用参数化工具对形态进行优化;

(6)确定设计原型,并进行实体建造,以验证其可行性。

2.2 基于人工智能的设计生成

2.2.1 归纳:从生物行为学研究到AI提示词总结

在"动物之家"的设计过程中,鉴于每种动物具有独特的身体特征和行为习性,设计师必须依据这些具体特性来选择适当的空间尺度、材料和结构。同时,他们还要考虑动物在食物链中的地位,以确保"动物之家"真正能在生态层面上成为动物的庇护所。

经过对场地的调研,六位学生分别选定了鸽子、白条鱼、蜘蛛、赤腹松鼠、水鸭和白头鹎作为研究对象。然而,怎样获取这些"用户"的实际需求是设计过程中的关键问题。专业的宏观统计数据在用于某一特定地区的设计时,常常显得不够充足。此外,通常的问卷调查、访谈等方式也显然不适用于"动物之家"的设计。

因此,除了传统的文献调研,设计还采用了基于视频素材的生物行为特征分析方法。这些行为特征要素主要包括外形、习性、行为这三方面。通过观察实地拍摄的场景视频和纪录片,设计师可以总结出动物对环境的感知,反推出环境中的空间要素如何影响动物的行为。在此过程中,设计师不仅需要考量空间如何契合动物的生理习性,同时也需要权衡人与动物之间的关系,思考人类行为对动物居所的干预程度,明确设计师期望装置如何影响动物的生活。

根据这些影响因素,设计师提取出各自的关键词列表,用于描述环境的各个方面,并根据关键词的性质、权重、层级关系绘制关键词图解(图3)。关键词图解通常包括功能、形态、结构、材料、附属物。这种分析方式为动物环境行为的概念模型提供了可视化支持,用自然语言和流程图描述要素之间的关联,将各相关要素抽象为一种信息结构,为人工智能生形铺垫基础。

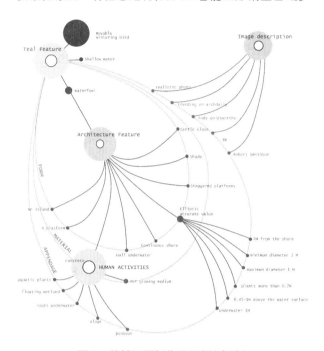

图3 关键词图解作业示例(水鸭)

2.2.2 探索:基于AIGC工具的形态生成

这一阶段,设计师借助已有的提示词图解,与人工智能工具进行协作设计,创作满足动物行为需求的空间意向。当前常用的图像生成类人工智能工具有Stable Diffusion、Midjourney和DALL-E等[5],其训练数据集具有综合性,而并非专注于建筑学。鉴于本次设计的特性,我们选用了更契合建筑语义和设计流程的图像生成工具——FUGenerator平台。该平台将建筑设计构思过程与生成式人工智能群模型(GAI)相连接,将多种生成式算法和模型融入建筑设计构思的各个环节,实现人的直觉、文本信息与图像信息的交互设计生成。在该平台中,设计师能通过文字、图像、点云等多种形式的抽象化表达方式,实现在建筑方案设计过程中不同概念的拼接、重组与杂糅,以更好地契合设计需要。

在面对"动物"这一复杂且涉足较少的领域时,设计师不能将这一复杂系统视为简单的关键词集合。因此,为了强化与AI工具协作时的设计理性,设计师需要结构化和规则化地提取提示词,并根据图像结果不断调整各个提示词的权重和出现频率,实现对生成结果的优化。这是一个循环往复的过程,设计师需要重复一连串的提示词测试,并将大目标分解成不同的方面,逐个进行有序的启发性生成。另外,由于 AI 决策过程的不透明性,试图在同一张图中获取所有我们所需的灵感是低效的。设计师可以选择用数组图像来表示同一构筑物的不同方面,如剖面、材质、不同视角的轴测图等(图 4)。

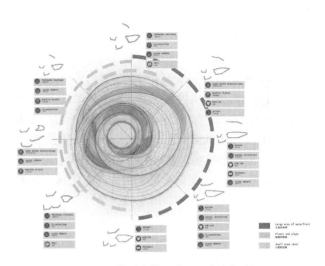

图 5　三维形态转译作业示例(水鸭)

于几何面分割单元的 Lunchbox 等工具,都有助于减少设计师的重复性劳动,使设计过程更为可控。这避免了缺乏逻辑的异形建构、不稳定的结构系统以及不适宜的材料选择,确保了"动物之家"的形态性能。下面以某同学设计的"鸣巢"为例进行说明。

该设计所面向的城市使用者为白头鸭,设计目标在于为鸟类构建适宜且安全的栖息地,同时利用整个装置作为一个自然之声的扩大器,提醒人们关注身边的自然之声,构建人类与鸟类之间的沟通桥梁。经过前期的 AI 图像生成并总结出基础形态后,设计师首先将整个装置简化为一系列的曲线,在保证人可以进入装置内部聆听自然之声的同时,确保不会对鸟类的生活造成干扰。接着,根据调整好的曲线生成喇叭口状的曲面。考虑到装置本身的形态以及自支撑的要求,设计师采用了力学模拟,生成了内部的骨架结构,并附上反射声音的板材,为装置提供优良的声学效果。最后,在装置顶部生成树枝状凸起,模仿鸟类原有的栖息地的形态。

此过程为一个多目标优化过程,需在保证上部的枝杈能够契合鸟类的行为习惯的同时,尽可能取得更好的声学效果。因此,通过参数化设计,设计师在众多生成的形态中进行优化迭代,最终收敛到在综合条件下对目标契合度最高的一个版本(图 6)。

图 4　AI 生成作业示例(水鸭)

2.2.3　转译:从生成图像到三维形态

在此阶段,设计师需将这一系列的概念图像转译为三维形态。鉴于图像生成类 AI 的产出结果并不能全面反映复杂系统的整体设计逻辑,因此从意向图至具体空间形态的转变必须经历一个规则化的过程。这不仅仅是形态上的转换,更是从 AI 的"思维"到建筑师思维的转译。

由于动物习性及其原本栖息地的自然属性,从 AI 生成的图像推导出的原型往往为有机形态。另外,直接由 AI 生成的图像常常缺乏几何秩序或过于复杂,这也需要设计师在转译过程中进行概括和提炼,将形态简化为更清晰、可描述的几何形态。因此,在此过程中,运用参数化设计的手段,有利于将模糊的 AI 设计目标转译为明确的计算性几何。这样做的好处是可以使用参数和计算机指令以精确且高效地控制三维模型的形态,建立变量和输出结果之间的逻辑关联。这种直接利用参变量控制形态的设计方式,不仅使设计过程更具客观性和严谨性,同时也便于后期调整和修改(图 5)。

2.3　设计成果的原型建造与验证

2.3.1　优化:模拟优化提升形式性能

在完成三维形态的参数化建构之后,设计师能够在计算机中进行模型的力学性能及实际应用中的温湿度、日照及声学效果的模拟,从而进一步优化设计的形态和材料。例如,基于结构动力学模拟的 Kangaroo、用

2.3.2　实践:从虚拟设计到物质建造

在原型验证过程中,设计师首先运用 3D 打印方式,对缩尺模型的力学、声学等性能进行物理验证,通过多次实验,探索了不同形态方案的可行性。例如,在对木龙骨承重能力的验证中,设计师使用多个 3D 打印小样,通过控制变量的方式来确定龙骨在不同条件下的抗倾覆性能和稳定性;在声学设计验证中,为了平衡承重能力与声学性能,设计师使用织物和木片测试反射板的声学性能和自支撑可能性。在反复对模型的各

方面进行实际验证后,设计师在校园中对方案进行了1:1的搭建(图7),其中包括木结构机器人加工、数控编织等技术的探索。搭建完成的原型放在校园中进行一段时间的观测和验证,并根据验证结果和问题对设计进行新一轮的优化调整。

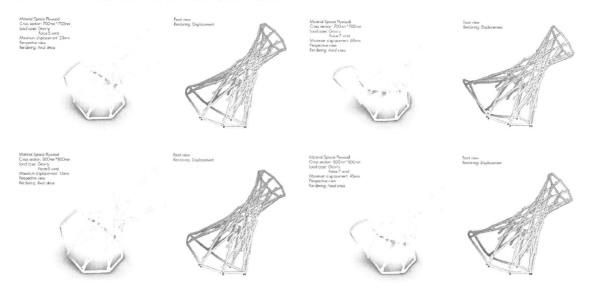

图6　Karamba形变分析作业示例(白头鹎)

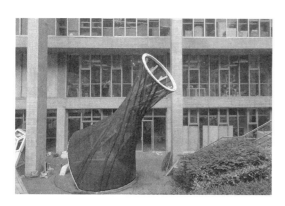

图7　原型建造作业示例(白头鹎)

3　结语

在全球城市化进程中,建造物作为人类和野生动物共同的居所,为建筑学的设计领域提供了独特的机遇和挑战。虽然人的主体地位至今仍具有重要的意义,然而,随着对可持续发展理念的深入理解,历史和现实一再证明了人本主义可能会将人类本身置于危险境地。在此背景下,基于人工智能的设计工具带来了打破思维定式的全新可能性。设计师通过与新工具充分协作,可以发散自身的思考边界。同时,设计过程中的人工反馈也有助于AI模型更好地理解和优化面向动物的设计需求。

本课程正是在这种人机协作的背景下探讨了面向未来生态城市的空间装置设计与建造:通过借助智能化的设计与建造工具,探索人类建造行为与自然运转系统共融的议题,展示人与动物共栖的城市空间范本及人类居住行为与动物生存行为之间的互利共生可能性,为未来城市生物多样性问题提供了智能化的建筑设计解决方案。

参考文献

[1]　郑曦.城市生物多样性[J].风景园林,2022,29(1):8-9.

[2]　张秩通,张恩迪.城市野生动物栖息地保护模式探讨——以上海市为例[J].野生动物学报,2015(4):447-452.

[3]　潘璐梦.共生建筑人与动物的差异化空间并置类型探索[D].南京:南京大学,2020:20-24.

[4]　闫超.袁烽.后人文建构 论数字建造中的技术与文化映射[J].时代建筑,2020(3):6-11.

[5]　鲁涵岳,张望.浅析建筑学科中的人工智能生成内容技术[J].时代建筑,2023(1):4-5.

王哲[1]　周颖[1*]

1. 东南大学建筑学院；zhouying@seu.edu.cn

Wang Zhe [1]　Zhou Ying [1*]

1. School of Architecture，Southeast University；zhouying@seu.edu.cn

国家重点研发计划课题(2022YFF0607003)

基于多目标优化的传统街巷空间形态优化研究
——以宜兴月城街历史文化街区为例

Research on Spatial Form Optimization of Traditional Street Based on Multi-objective Optimization：A Case Study of Yixing Yuecheng Street Historical and Cultural District

摘　要：随着我国城市化进程的不断发展，城市热环境问题日益明显，城市微气候与城市空间形态之间密不可分的关系已经确立。然而当下有关城市形态与微气候关系的研究主要集中于现代街区，传统街巷空间的良好气候适应性经验未得到有效传递。本文以宜兴月城街历史文化街区为例，对传统街巷空间形态参数进行多目标寻优计算，最终获取具有良好气候适应性的传统街巷空间形态设计策略，为当前城市修复与更新设计中历史街区的微气候优化提供科学的思路与方法。

关键词：历史街区；传统街巷空间形态；微气候模拟；多目标优化；城市更新

Abstract：Along with the continuous development of urbanization in our country, the urban thermal environment problem has become increasingly prominent. The inseparable relationship between urban microclimate and urban spatial form has been established. However, current researches on the relationships between urban form and microclimate are predominantly focused on modern blocks. Moreover, the valuable climate adaptation experiences of traditional street opening spaces have not been effectively utilized. This paper focuses on Yixing Yuecheng Street Historical and Cultural District, conducts multi-objective optimization calculations on the parameters of traditional street space forms. As a consequence, we obtained design strategies for traditional street space forms with good climate adaptability. The result provides scientific approaches and methods for the microclimate optimization of historical street districts in the current urban restoration and renovation.

Keywords：Historic District；Space Form of Traditional Streets；Microclimate Simulation；Multi-objective Optimization；City Renovation

1　概论

随着我国城市化进程的不断推进，城市人口的急速增长、建筑密度和高度的增加，以及城市表面的改变，使得城市热环境问题日益明显。近年来，人们对城市化进程导致的城市微气候问题愈加关注，城市微气候与城市空间形态之间密不可分的关系已经确立。但是当前关于城市空间形态优化设计的分析大多集中于现代街区，传统街巷空间的良好气候适应性经验未得

到有效传递[1]。与现代城市自上而下的规划模式不同，传统街巷通常采用自下而上的生长模式，在当地的地域环境与气候特征影响下，最终形成具有良好气候适应性的传统街巷空间形态。深入研究传统街巷的空间形态与城市微气候的关系，挖掘可复制的气候适应性营建策略，对改善城市热环境问题、推动历史街区的微气候优化有着积极作用。

近年来，计算机模拟技术快速发展并广泛应用于城市规划与设计领域。早期通过计算机技术模拟城市

微气候的研究主要是运用物理原理的数值模型和地理信息系统(geographic information system,GIS)来模拟分析城市微气候的变化;后期出现了 ENVI-met、urban heat island(UHI)model、Fluent 等专门用于城市微气候模拟的软件工具。张瀚文(2023)采用 ENVI-met 软件模拟和实际测量相结合的方式对郑州德化街进行微气候模拟,量化分析了夏季郑州市德化街空间形态的变化对微气候和室外人体热舒适的影响,探索出相对舒适的街道空间形态特征[2]。既有研究方法大多是依靠规划师或建筑师的成熟经验对单一变量进行人工耦合,无法得出精确的变量值。近来参数化设计与优化算法在城市设计与建筑设计中得到普遍应用。

　　本文选取宜兴市月城街历史文化街区作为研究对象,针对宜兴市的北亚热带季风气候且夏热冬冷的气候特征,以夏季极热周与冬季极冷周人体室外舒适度指标为优化目标,运用 Grasshopper(GH)平台插件 Octopus 对传统街巷空间形态参数进行多目标寻优计算,以获取具有良好气候适应性的传统街巷空间形态设计策略,为该地区城市规划与更新的微气候优化提供科学的思路与方法。

2　研究对象

　　1962 年,美国气象学家、城市气象学先驱乔治·H. 萨顿在 *Urban Climate* 中为更好地描述城市内部的气候变化和特征,将城市大气层分为三个层级:城市边界层、城市冠层和城市街道层。从建筑学视角来看,城市冠层对应的是城市的肌理形态,而城市街道层对应的是城市的街道空间,所以针对城市街道层面的微气候环境研究尤为重要[3]。梳理宜兴月城街历史文化街区的街巷肌理可看出,现存街区肌理保留完好且特征明显,但整体风貌老旧且室外热舒适性环境较差。本文选择该街巷空间形态保留较为完整的扁担巷和东风巷作为主要研究对象。

　　宜兴市 2022 年全年平均气温 17.1 ℃,较常年偏高 0.8 ℃,年极端最高气温 37.6 ℃,年极端最低气温 −11.2 ℃,为典型的湿热气候特征:夏季炎热,冬季寒冷,四季分明,雨量充沛。从宜兴市邻临城市上海的夏季和冬季的焓湿图(图 1)中可看出,在典型着装和站立姿态条件下,夏季自然环境舒适时间占比仅为23.07%,而冬季自然环境舒适时间占比几乎为 0。因此,本文选择宜兴夏季极热周和冬季极冷周两个最为极端的气候时间段进行研究。

3　研究方法

　　本研究选取 Ladybug 提供的气象站实测数据,基

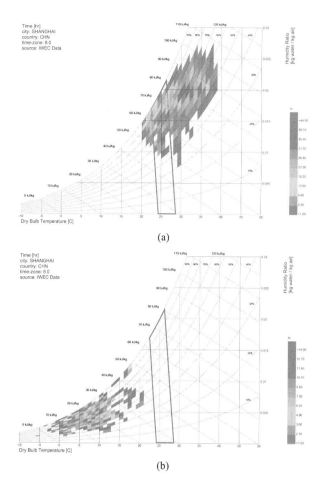

图 1　宜兴夏季与冬季时段焓湿图
(a)夏季焓湿图(7 月 1 日 8:00～9 月 1 日 18:00);
(b)冬季焓湿图(12 月 1 日 8:00～2 月 1 日 18:00)
(图片来源:作者自绘)

于 Rhino 和 GH 平台,根据前期调研与数字技术分析,综合考虑并选择影响室外舒适环境的三种传统街巷空间形态参数(街巷高宽比、街巷朝向和建筑物的悬挑形式)作为自变量进行参数化模拟研究;然后将 Ladybug 模拟的极热周和极冷周人体室外热舒适度指标作为优化目标,运用 GH 平台的多目标优化插件 Octopus 进行自动寻优计算,求出冬夏室外热舒适度较优的街巷空间形态设计参数值,最终实现使传统街巷空间形态具备良好气候适应性的优化设计目标。本文研究框架如图 2 所示。由于 Octopus 对多目标优化是以最小值为优化目标,如果想获得目标值的最大值,就需要对其目标值取负数,因此本文在计算冬季热舒适值最大值时设定其为负数。

3.1　街巷原型的选取与参数变量的确定

　　宜兴月城街历史文化街区按主巷宽度可分为两种:扁担巷宽 6～8 m;东风巷宽 2～3 m。其余支巷宽度过小,不宜作为主要研究对象。因此,本研究根据街巷类型及其高宽比建立宜兴月城街历史文化街区传统

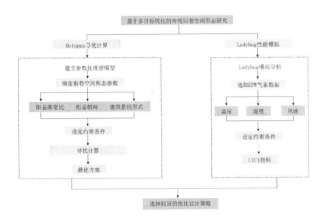

图2 研究框架

（图片来源：作者自绘）

街巷空间形态的理想模型，即：扁担巷宽度为 7 m，两侧建筑物高度为 6 m；东风巷宽度为 2 m，两侧建筑物高度为 5 m。

根据前期调研分析可知，传统街巷的宽度和朝向、建筑物的高度和悬挑形式等城市街道层级的参数对于城市微气候环境的影响较为突出。因此，本研究选择影响室外热舒适环境的三种传统街巷空间形态参数（街巷高宽比、街巷朝向和建筑物的悬挑形式）作为自变量进行模拟研究。

3.2 室外人体热舒适评价指标的确定

20 世纪 70 年代初，德国气象学家 Peter Bröde 和 Peter Fiala 等在研究热应激对人体的影响时提出通用

热气候指标（universal thermal climate index，UTCI）的概念。UTCI 综合考虑了温度、湿度、辐射、风速和代谢热等多个因素，可适用于不同气候条件和环境中，且能够更准确地评估人体在不同热环境条件下的舒适性。因此，本研究选择 UTCI 作为室外人体热舒适评价的指标。

基于 UTCI 等效温度的热应力及舒适度等级划分可知，当温度位于 $-13 \sim 32$ ℃时，人体整体感觉良好；当温度低于 -13 ℃或高于 32 ℃时，人体会出现强烈的冷应激或热应激，引起不适感。因此，本研究中的热舒适范围初步确定为 $-13 \sim 32$ ℃，但是考虑到研究区域当地的气候特征，后期模拟分析时进行了适当调整。

4 实验过程

4.1 基于 Ladybug 室外热舒适度模拟

在 Ladybug 软件中输入气象数据，以极热周（7 月 1 日—8 月 31 日）中的 8：00—18：00 时间段和极冷周（12 月 1 日—1 月 31 日）中的 8：00—18：00 时间段为模拟时间，通过 Ladybug 计算得出极热周时间段的平均干球温度为 29.79 ℃，平均风速为 4.00 m/s，平均相对湿度为 70.46%；极冷周时间段的平均干球温度为 7.17 ℃，平均风速为 3.12 m/s，平均相对湿度为 65.05%，并将此数据作为实验模拟的初始条件。基于 UTCI 指标计算出扁担巷街巷理想模型的极热周等效温度为 36.08 ℃，极冷周等效温度为 -6.15 ℃（图 3）；东风巷街巷理想模型的极热周等效温度为 38.21 ℃，极冷周等效温度为 -5.86 ℃。

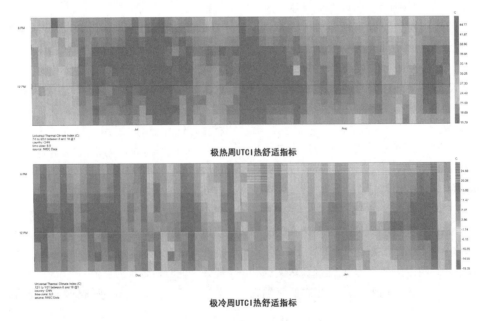

图3 扁担巷 UTCI 热舒适评价指标

（图片来源：作者自绘）

4.2 基于 Octopus 多目标寻优计算模拟

本研究以街巷理想模型为载体,通过 Octopus 插件对街巷微气候模拟过程中的街巷空间形态参数进行寻优计算,最终得出室外热舒适较好的街巷空间形态参数取值范围。由于文章篇幅限制,这里仅展示扁担巷街巷空间形态模拟优化的计算过程,如图 4 所示。选取街巷高宽比、街巷朝向和建筑物的悬挑形式作为参数变量,其中街巷宽度范围设定为 6~8 m,街巷高度设定为 4~6 m,街巷朝向设定为东西南北区间自动取值计算,建筑物的悬挑形式按高度分为上悬挑和下突出两种形式自动排列计算。将极热周和极冷周室外热舒适值设定为优化目标进行多目标寻优计算。Octopus 计算结果默认为最小值求解,因此将极冷周热舒适值设定为负值。

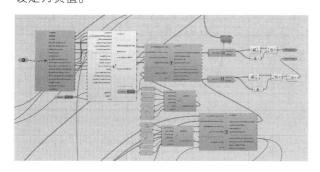

图 4 扁担巷街巷空间形态模拟优化的计算过程
(图片来源:作者自绘)

5 结果分析

Octopus 多目标寻优计算结果如图 5 所示。从计算结果可以看出,经过 99 次迭代,种群状态趋于稳定。综合分析各项数据结果可知,当街巷宽度为 6.0~6.5 m、两侧建筑物高度为 4.5~5.0 m、街巷朝向旋转角度为 105°~133°(西北—东南方向)、两侧建筑物均采用上悬挑方式且高度差在 0.5 m 以内时,人体的室外热舒适感受较好。街巷理想模型下,夏季街道平均温度为 30.21 ℃,相较于极热周同时段等效温度 36.08 ℃而言,下降了 5.87 ℃;冬季街道平均温度为 4.31 ℃(在计算冬季热舒适最大值时进行了负数设定,所以计算结果须删去负号),相较于极冷周同时段等效温度 −6.15 ℃而言,上升了 10.46 ℃。极热周和极冷周室外热舒适度均得到显著改善。

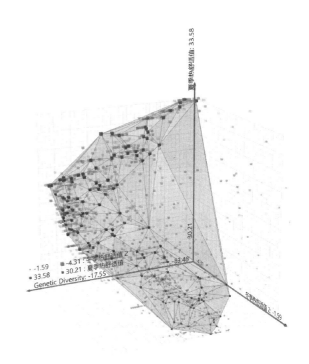

图 5 Octopus 多目标寻优计算结果
(图片来源:作者自绘)

6 结语

在进行传统街巷的更新与活化再生设计时,应该对街巷的宽度、朝向、建筑物高度及悬挑形式等进行多变量影响分析,运用 Octopus 多目标优化工具进行精确地指标量化分析,为优化传统街巷的空间形态、改善城市微气候提供有效的设计方法与策略。

鉴于本研究以宜兴市月城街历史文化街区为研究对象的局限性,后续研究将进一步扩大地域范围,同时考虑街巷节点空间、下垫面材质等影响因素,进一步完善传统街巷空间形态优化设计的技术路径。

参考文献

[1] 李涛,陈兆哲,王怀斌,等.基于遗传算法的传统街区空间形态优化研究——以喀什老城为例[J].城市规划,2023(7):1-11.

[2] 张瀚文.基于 ENVI-met 的街道空间形态对微气候的影响——以郑州市德化街为例[J].建筑与文化,2023(6):131-133.

[3] 丁沃沃,胡友培,窦平平.城市形态与城市微气候的关联性研究[J].建筑学报,2012(7):16-21.

张磊[1] 周颖[1*]

1. 东南大学建筑学院；zhouying@seu.edu.cn

Zhang Lei[1] Zhou Ying[1*]

1. Southeast University；zhouying@seu.edu.cn

国家重点研发计划课题(2022YFF0607003)

基于人因工效学和主客观评价的生活性街道改造策略研究

A Study of Living Street Reconstruction Strategy Based on Human Ergonomics and Subjective and Objective Evaluation

摘 要：城市化加速发展使居民的生理、心理压力与日俱增，存量发展背景下的生活性街道也日益面临基础设施缺失、道路管理混乱、文化认同低等问题。而生活性街道又是城市居民开展群体生活的重要场所，故以使用者为主体视角的街道改造策略的研究不可或缺。本文以南京南湖二期路段为研究对象，借助生理数据采集及分析技术与主客观视角相结合的方法，对街道改造要素进行价值判断，总结有针对性的生活性街道改造策略。

关键词：人因工效学；主客观评价；街道改造；设计策略

Abstract：The accelerated development of urbanization increases the physiological and psychological pressure of residents, and the living streets under the background of stock development are increasingly facing the problems of lack of infrastructure, chaotic road management and low cultural identity. The living street is an important place for the group life with urban residents, so it is indispensable to study the street reconstruction strategy from the perspective of users. This paper takes Nanjing Nanhu Phase Ⅱ Road section as the research object, uses the method of physiological data collection and analysis technology combined with subjective and objective perspectives to evaluate the value of the street reconstruction elements, and summarizes the targeted life street reconstruction strategies.

Keywords：Human Ergonomics；Subjective and Objective Evaluation；Street Reconstruction；Design Strategy

在城市"增量"建设转为"存量"更新的背景下，交通拥堵、建筑老化、立面混乱、社区文化缺失、基础设施不完善等问题日益受到关注。而在城市建成环境中，生活性街道空间更是居民群体生活的重要场所，对居民感受产生直接影响。为此，以使用者为主体、多视角相结合的生活性街道改造策略研究十分重要。

关于人因视角下的街道改造策略研究，陈筝等在校园内选择典型路线进行实验，通过整合情感数据和空间数据的情感制图技术，实现对建成环境体验的实景视觉体验评价，识别激发负面体验的环境因素并进行改进设计[1]。关于生活性街道的改造策略，徐磊青等通过 VR 实验和案例调研指出街道的界面和管理情况与街道的安全感的营造直接相关[2]；李海铭结合实际案例提出要完善街道智能、整治沿街立面、提升街道景观的街道改造策略[3]。

本文以使用者视角为切入点研究生活性街道的改造策略，借助人因工效学的技术手段采集被试者生理数据，并借鉴扎根理论研究的编码方法，主客观视角相结合，使研究更具科学性和针对性，提高街道改造策略的可信度与可行性。

1 研究方法

1.1 研究技术路线

本文的研究按以下技术路线进行。

首先，整理南湖二期的场景改造策略，使用扎根理论中的开放式编码对其进行范畴化梳理，客观地总结该场地的改造要素。其次，从人因工效学实验出发，运用生理数据采集技术，采集被试者的心电、脉搏和肌电数据,结合现场实录视频分析被试者在两次实验中所产生的兴趣点变化。最后对被试者进行问卷回访,通过对比分析主观行为偏好和客观生理反馈数据,对场地的改造要素进行价值判断,基于此总结有针对性的街道改造策略。研究技术路线如图1所示。

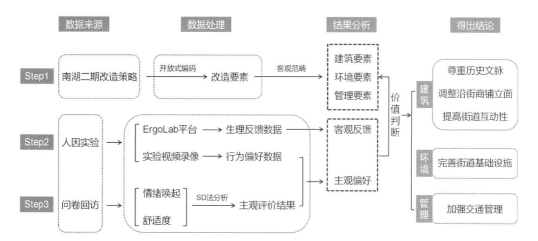

图1 研究技术路线

1.2 基于扎根理论的开放式编码分析

开放式编码是扎根理论的第一步,过程中需要一直保持完全开放、客观的态度,对研究事件没有预设的偏向与观点。本文对场地改造的设计策略在进行标签化、概念化和范畴化梳理后,总结得到要素范畴,并以此作为实验与问卷访谈的价值判断对象。

1.3 人因工效学实验

本文选择南湖东路这个典型的生活性街道作为实验地点,使用可穿戴生理设备对15位被试者在现场的肌电(EMG)、心电(ECG)、脉搏(PPG)等生理数据进行监测,并进行实验实时录像,以便对照分析。

1.3.1 实验地点与被试人员

实验在南京南湖东路改造路段进行,场地区位如图2(a)所示。20世纪80年代,南湖片区是当时江苏规模最大、配套最齐全的住宅片区,改造展示区尽可能还原了当时的生活风貌。实验选择的被试者均为在校大学生,专业背景包括建筑、规划、景观及人文管理学科,被试者具有对景观事物、建筑空间的识别能力,且近期无其他影响生理测量的症状。实验现场如图2(b)所示。

1.3.2 实验任务设定

佩戴生理设备的被试者必须在南湖东路二期步行道上完成一次往返,行进过程中保持相对匀速,可与场地环境产生互动,对所见场景产生兴趣时握拳示意,肌电设备会对此行为进行数据记录。

1.3.3 实验设备及数据分析指标

实验选用生理检测仪器和Ergo Lab人机交互同步测试平台,所涉及的生理指标的类型主要包括肌电

图2 实验地点
(a)实验路段区位示意图;(b)实验现场照片
(图片来源:图2(a)底图源自百度地图,其余自绘)

(EMG)和心率变异性(HRV),其中HRV可以作为分析心电(ECG)和脉搏(PPG)的数据。

1.3.4 实验流程

2022年8月至2023年5月,被试人员前往南京市建邺区的南湖东路二期改造路段进行现场实验。实验共分为以下4步:

(1)向被试者出示知情同意书,阐释实验仪器使用方法及注意事项,介绍实验流程并协助佩戴实验设备;

(2)连接信号接收器,开始静止测试,待信号稳定后开始进行预实验;被试者接受相应指令并作出反应,观察信号接收是否正常,如未出现异常则正式开始实验;

(3)被试者佩戴设备沿既定路线行走,Ergo Lab数据收集平台记录被试者全程的生理反馈数据;当遇到兴趣点时,被试者握紧右拳留下肌电信号,实验助手全程协助拍摄记录被试者的行为;

(4)结束数据记录与拍摄,对被试者进行回访,集中导出实验数据并进行处理分析。

1.4 问卷回访

实验结束后,我们对 15 位被试者进行问卷回访,让他们从情绪唤醒度和舒适度两方面对南湖东路二期改造进行评价,并对问卷结果进行 SD 法分析,结合客观的生理反馈数据和视频记录的行为数据,对南湖东路二期的改造要素进行总体的价值判断。

2 结果与分析

2.1 开放式编码分析

本文首先对南湖东路二期改造的 12 个场景进行编号(图 3),总结出 24 条有针对性的改造策略,对这些改造策略进行标签化整理,用编码 ooN 表示,部分内容如表 1 所示;标签整理完毕后,对其进行概念化梳理,用编码 oN 表示,部分内容如表 2 所示;最后对概念进行进一步归类,可以得到南湖东路二期改造策略所属的要素范畴,用 ON 表示(表 3)。

图 3 改造场景编号示意图

表 1 开放式编码——标签化

编码	概念	标签
oo1	银行墙面清杂	清理康福村入口墙面,调整配色为绿白
oo8	建筑功能优化	增加露天小剧场和室内文化活动空间
oo10	增设城市家具	"母女情"广场清杂铺装,增设城市家具
oo22	优化停车区位置	调整沿街机动车停车区位置

本文经过开放式编码的梳理,将南湖东路二期改造的设计策略侧重点总结为建筑要素、环境要素和管理要素三个方面。

表 2 开放式编码——概念化

编码	概念	标签
o1	墙面翻新	oo2 银行墙面绘画和标语
o4	建筑功能优化	oo6 建筑灰空间
		oo8 建筑功能优化
o6	公共基础设施完善	oo18 增设城市家具和地面铺装
		oo16 增设流动商业

表 3 开放式编码——范畴化

编码	概念	标签
O1	建筑要素	o3 建筑外观改造
		o4 建筑功能优化
O2	环境要素	o1 墙面翻新
		o6 公共基础设施完善
		o7 景观优化
O3	管理要素	o5 交通管理优化

2.2 实验结果与分析

实验分析分为两个部分,一是基于心电和脉搏反馈的心率变异性数据,客观地描述被试人员在各个场景的情绪觉醒程度;二是基于肌电反馈与实验视频的主观行为偏好分析,可以对生理数据进行验证和补充。

2.2.1 基于心率变异性的客观生理反馈数据分析

HRV 信号可以反映被试者的情绪觉醒程度。在对数据进行正式分析前,需要对原始数据进行一系列的信号处理以去除数据中的噪音和干扰因素,得到有效数据。本文结合实验录像,分别绘制 15 位被试者在 12 个场景改造前后的 HRV 数据的箱状图,如图 4(a)所示。有研究发现,在感到压力和情绪紧张时,HRV 整体下降,而积极情绪会诱发副交感神经活性的激活。从图 4(a)中可以看出,被试者在改造前普遍感受到紧张和压力,在场景 4 和场景 9 时尤甚,主要原因是场景混乱程度较高,同时易受到行人、车流干扰。

而在图 4(b)中可见,被试者在改造后的几乎所有场景中,其情绪觉醒程度都有所提升。通过叠加两次实验的 HRV 数据可以发现,场景 4 和场景 9 的改造效果尤为显著,场景 2 和场景 11 次之,如图 4(c)所示。主要原因是建筑立面统一和谐,环境整洁舒适,且交通得到有效改善。

2.2.2 基于肌电反馈和实验视频的主观行为偏好分析

结合肌电反馈与实验视频分析,场景 2、场景 4、场

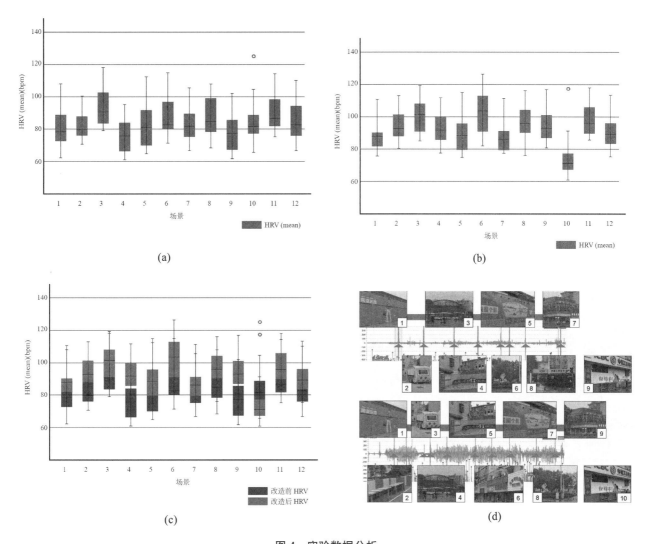

图 4 实验数据分析
(a)改造前 HRV 数据箱线图;(b)改造后 HRV 数据箱线图;
(c)改造前后 HRV 数据叠加图;(d)肌电反馈及实验视频分析图

景 5、场景 6、场景 9、场景 12 为新增的兴趣点,部分分析结果如图 4(d)所示。场景 2 改造后的墙绘中,醒目的红色背景、白色字体和有年代感的人物形象使该场景受到关注的可能性提升。场景 5 改造后的深绿色框架式入口标识及外围的统一配色,使可识别度增加。场景 6 由绿植景观改造为街角公园,新增座椅、老式电话亭及南湖卡通形象雕塑,互动性与识别度均得到提升。场景 12 由混乱的墙面改造为主题墙绘,趣味性和识别度增强。

2.3 回访问卷分析

15 位被试者在问卷回访中,分别就改造前后的 12 个场景回答了情绪唤醒程度和舒适度两个方面的问题,结果如图 5 所示。问卷结果总体趋势为改造后的情绪唤醒程度和舒适度远高于改造前,仅场景 10 结果出现异常,结合现场情况分析,该处原"爷孙情"主题雕像被拆除,正在进行围挡施工,故使被试者产生"不适""厌恶"的感受。

通过比较改造前后情绪唤醒度和舒适度的情况可以看出,场景 2、场景 4 和场景 9 在改造后均得到了极高的正向反馈,被试人员反映,在经过这 3 处场景时,改造前的紧张和压力感极大地缓解,其中建筑要素占据了较高的关注度,环境要素其次。在超市外立面处,场地停车区得到了调整和梳理,也提升了被试者的愉悦感和舒适度,故管理层面的策略也发挥了辅助的作用。

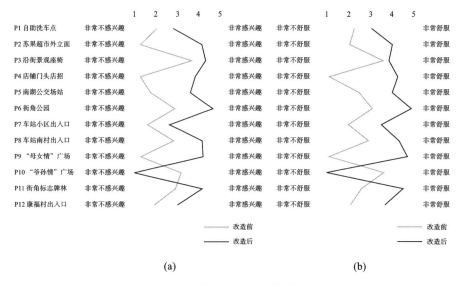

图 5　问卷结果 SD 法分析图

(a)情绪唤醒程度 SD 法分析；(b)舒适度 SD 法分析

3　讨论

3.1　对南湖东路二期改造要素的价值判断

结合主观的行为偏好、问卷回访结果以及客观的生理反馈数据进行分析，可以发现被试者对于场地改造后的建筑要素产生的关注度较高，街角咖啡店和"梧桐语"的开敞空间、功能更新都使被试者产生浓厚的兴趣，且极大缓解了改造前经过该场景时的紧张情绪。同时，建筑的外观及功能的更新对于居民生活而言也具有积极的意义。可见建筑要素的合理利用可以提供较高的情绪价值和社会价值。而环境要素与行走行为关系紧密，良好的景观可以使路人心情愉悦，可休憩的场所也缓解了路人的焦虑不安的情绪。有场地记忆的墙绘能够唤醒居民的社区归属感与文化认同感，对场地社会、文化价值的塑造有积极意义。管理要素在本文中涉及较少，但也有一定的价值体现，如重新规划的停车区减少了街道上人车混杂的乱象，使街道的安全性提升，也缓解了实验过程中被试者的紧张情绪，对社会价值的提升有所助力。

3.2　研究局限性和展望

本研究尚存一些局限性。首先，室外环境下的生理数据采集虽然可以带来真实的场景体验，但由于户外变量要素过多，被试人员会受到各种声音、行人、车流、气味的影响，导致部分数据采样率偏低，实验数据的分析量较大。其次，本研究的被试者涵盖了建筑、规划、景观、人文管理等不同专业的学生，但非建筑类专业的样本仍占据少数，若能加以补充则使研究结果更具有普适性。

4　结语

本研究的数据表明，南湖东路二期改造的结果主要受建筑、环境和管理三个要素的影响。其中建筑要素的改造价值最高，其次是环境要素，管理要素因不易受到关注，产生的改造价值相对较小。

本文经过多角度分析，归纳得到以下几点生活性街道改造策略。首先，在建筑层面，尊重场地历史，在修葺、还原的基础上做出创新；调整沿街商铺立面，使其整体和谐统一但各有特色；根据道路宽度因地制宜增设流动商业，提高街道互动性，带动游客经济。其次，在环境层面，完善街道基础设施，增设景观良好的可休憩的场所，提高场所的安全感和舒适度。最后，在管理层面，加强道路管理与停车管理，做好人车分流工作，维持街道秩序。

参考文献

[1] 陈筝,何晓帆,杨汶,等.实景实时感受支持的城市街道景观视觉评价及设计[J].中国城市林业,2017,15(4):35-40.

[2] 李海铭.老城区生活性街道空间改造研究[J].城市建筑,2021,18(31):91-93.

[3] 徐磊青,孟若希,黄舒晴,等.疗愈导向的街道设计:基于 VR 实验的探索[J].国际城市规划,2019,34(1):38-45.

邹心怡[1]　周颖[1*]

1. 东南大学建筑学院;zhouying@seu.edu.cn

Zou Xinyi[1]　Zhou Ying[1*]

1. School of Architecture, Southeast University;zhouying@seu.edu.cn

国家自然科学基金项目(51978143)

基于空间句法的视障者行走步速与空间特征相关性研究
A Study of Correlation Between Walking Speed and Spatial Characteristics of the Visually Impaired Based on Spatial Syntax

摘　要:本文旨在探讨视障者在熟悉的建筑环境中行走速度与空间特征的相关性。研究使用空间句法等空间特征分析方法,在北京一家视障者集中就业的按摩医院进行现场行走实验,使用 SPSS 26.0 进行数据统计分析。结果表明,视障者在熟悉的环境中的行走步速与路线长度、空间面积、行走路线的界面宽度、空间中的开口数量、空间连接值等特征不存在相关关系,与空间集成度指标存在较强的负相关性。研究结果为视障者使用的建筑空间设计和改造提供了新的思路。

关键词:空间句法;视障;行走步速;空间特征;相关性研究

Abstract: This article aims to explore the correlation between walking speed of visually impaired individuals and spatial characteristics in familiar environments. The study utilized spatial analysis methods such as spatial syntax to conduct on-site walking experiments at a massage hospital in Beijing, which employs a concentration of visually impaired individuals. Data statistical analysis was performed using SPSS 26.0. The results indicate that there is no correlation between the walking speed of visually impaired individuals in familiar environments and spatial characteristics such as route length, spatial area, interface width of walking routes, number of openings in the space, and spatial connectivity value. However, there is a strong negative correlation between the indicator of spatial integration and the walking speed of visually impaired individuals. The research findings provide new insights for the design and renovation of architectural spaces used by visually impaired individuals.

Keywords: Spatial Syntax; Visually Impaired; Walking Speed; Spatial Characteristics; Correlation Study

1　背景

2021 年 11 月,我国国家发展和改革委员会发布《"十四五"残疾人保障和发展规划》,提出"城市道路、公共交通、社区服务设施、公共服务设施和残疾人服务设施、残疾人集中就业单位等加快开展无障碍设施建设和改造"的目标[1]。残疾种类包括肢体残疾、视力残疾、听力残疾、言语残疾和智力残疾等,本文主要讨论包含视力残疾的视力障碍群体(简称"视障者")。对于视障者来说,无障碍设施十分重要。既往研究主要是针对视障者在陌生环境中的行为活动进行讨论,而《"十四五"残疾人保障和发展规划》中提到的社区服务设施和残疾人集中就业单位等是日常生活的场景,属

于熟悉环境的范畴。尽管是熟悉环境,对于视障者来说仍存在很多行动不便之处。目前视障者的集中就业环境还没有被研究过,因此具有研究的必要性。

本文重点关注视障者在建筑空间中的行走速度与空间特征的关系。有关视力正常者的行走速度与空间特征的研究已相对成熟。而对于视力正常者来说,空间尺度与人群密度是影响行走速度的关键因素[2]。总体来说,视障者的行走速度比视力正常者慢。视力正常者与视障者在熟悉环境中行走的根本差异在于,视障者需要根据记忆中的空间形态与空间特征信号去执行相对应的行走任务,他们无法提前规避可能发生的随机情况,如临时障碍物或人群的干扰。当随机情况突然出现在原有的空间中,视障者需要处理好与随机

情况的相互关系,使行为活动不受干扰。目前影响视障者在熟悉环境中行走步速的空间特征尚不明确。在熟悉环境中,可能造成视障者行走步速变化的相关空间因素有很多。根据既往研究经验,笔者认为主要有两个方面,一是该单一空间的内在特征属性,即空间的长、宽、面积等空间自身的特点;二是该空间的外在特征属性,即与建筑整体或其他空间之间的关联性。

因此,为了研究视障者行走步速与建筑空间特征之间的关系,本文采用了空间特征分析与现场行走实验结合的研究方法,对视障者在熟悉建筑环境中的行走步速与若干主要空间特征指标进行了相关性研究。本研究的应用价值在于提升视障者使用空间的行走便捷性,为视障者使用的建筑空间的设计或改造提供新的理论方法,为更多视障者使用场所的建设提供有效信息,辅助相关部门加快开展城市无障碍设施的建设和改造。

2 研究方法

2.1 研究总览

本研究旨在探索视障者在熟悉环境中的步行速度与空间特征之间的相关性,研究框架如图1所示。实验选择在一家视障者集中就业的按摩医院进行。该医院位于北京市西城区,是传统四合院建筑形式,占地面积约 4000 m^2。图1中列举了可能影响视障者行走速度的空间特征指标,包括路线长度(m)、空间面积(m^2)、行走路线的界面宽度(m)、空间中的开口数量(个)、空间连接值以及集成度。其中,前四项空间特征变量均可以从 CAD 中直接测量得出,而空间的连接值与集成度则需要在空间句法软件 Depthmap 中计算得出。视障者的行走速度需要通过现场实验测量得出。本研究首先选定若干特征差异较大的空间作为研究对象,然后从医院的医生中挑选出符合要求的视障者作为实验对象,让视障者在空间中行走并记录每位视障者在各空间路线上的行走时间,分别计算每位视障者在各路线上的行走速度,最后以空间为单位求得所有视障者的平均步行速度。

本研究根据该医院的建筑空间特征及本研究中拟定的 6 个空间特征变量,共挑选出 7 个典型空间作为研究对象(图 2)。

2.2 空间特征分析与空间句法

笔者将空间特征进一步分解成内在属性和外在属性,一方面,对空间的内在属性即空间的基本形态特征,包括长、宽、面积、空间的开口数量等方面进行量化,这些都可以从现场或 CAD 平面图中直接测量得

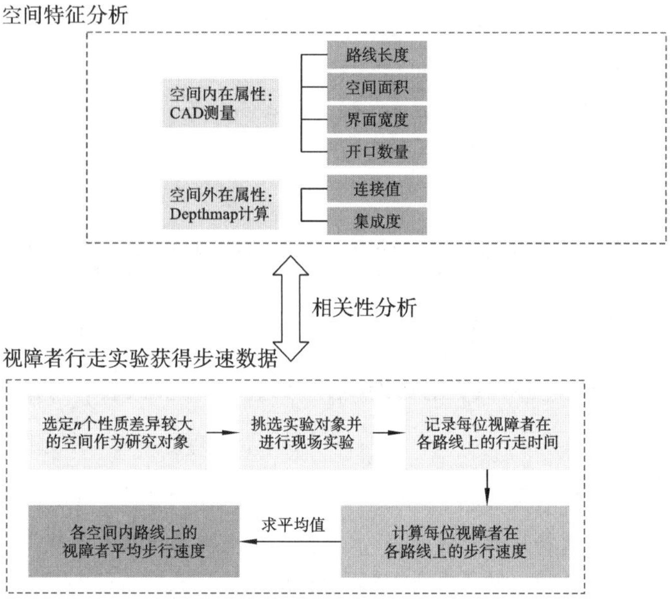

图 1 研究框架

图 2 研究对象

出;另一方面,从整体空间结构的角度客观分析空间层次和空间可达性,某一空间与其他空间或整体之间的关联是空间的外在属性,这种外在属性是根据不同的计算法则对空间进行的定量描述。而空间句法的发展正是建立在这种关系图解基础之上,形成一系列基于拓扑计算的形态变量[3]。其中,最基本的变量包括连接值(connectivity value)、控制值、深度值、集成度(integration index)和可理解度。由于本文研究对象及研究内容的特殊属性,控制值、深度值和可理解度对本文的研究目标影响较小,因此不对上述变量进行计算分析。连接值表示系统中与某单元空间相交的其他单元空间的数量,在轴线图上反映的是与指定路径相交

的其他路径的总数;集成度反映了一个单元空间与系统中所有其他空间的集聚或离散程度,整体集成度表示节点与整个系统内所有节点联系的紧密程度[4]。在本研究中,空间集成度越高,说明该空间的便捷度与可达性越高,则该空间的人流量越大、人群密度越高,视障者在该路线上行走时受人群干扰的可能性或许越大。在对建筑空间进行连接值和集成度计算前,需要绘制空间轴线图(axis map),如图 3(a)所示,然后导入 Depthmap 软件中进行分析。

根据轴线图计算该医院建筑中各路径的连接值与集成度,分别如图 3(b)和图 3(c)所示。图中标出了 7 个空间的连接值与集成度数值计算结果。

(c)

续图 3

2.3 视障者的步行速度测量

共有 8 名视障者(P1—P8)参与了此项寻路实验。本实验经各被调查者同意,并经该医院的医学伦理委员会(No:2022-02)批准,在实验前均与调查对象签署了实验知情同意书。实验对象的人口统计学信息如表 1 所示。实验对象年龄在 21 岁至 28 岁之间,视力特征从低视力到全盲,覆盖了各等级的视力情况,有先天性视力障碍和后天性视力障碍,不同实验对象导致视障的病因也不同,视障类型的多样性能够保证实验结果的可靠性。然而,尽管每位实验对象具有自身的独特性,但是还必须保证他们都在医院工作三个月以上,以确保他们对该建筑环境是熟悉的,达到本研究中对熟悉环境进行研究的目的。

行走实验开始前,视障者被告知使用平时在医院正常行走时的步速即可。一名实验人员在不干扰实验的情况下陪伴在视障者旁边以保证视障者的行走安全。视障者行走过程中,实验人员记录每位视障者在每个空间中行走的总时长,以供后期进行行走速度的计算。所有视障者均完成了在 7 个空间中的行走任务。

2.4 相关性分析

使用 SPSS 26.0 对所有空间特征指标和视障者在每个空间中的平均行走速度进行推断性统计。首先,检验所有数据组是否符合正态分布。然后,采用相关性分析法评估每个空间特征指标是否与视障者的行走速度具有相关性。具有相关性特征的解释变量与被解释变量须满足显著性 $p \leqslant 0.05$,当 $p > 0.05$ 时,说明两个变量间没有显著的相关关系。

3 结果

7 个典型空间的路线长度、空间面积、行走路线的

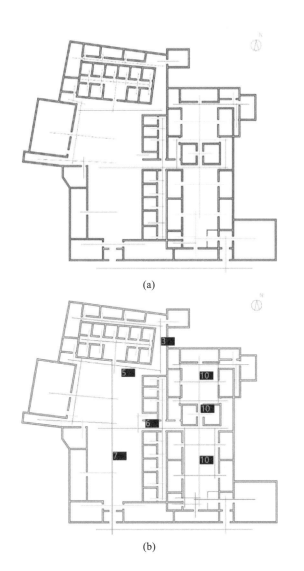

(a)

(b)

图 3 空间句法分析图
(a)空间轴线图;(b)连接值;(c)集成度

界面宽度、空间中的开口数量、连接值和集成度以及每个空间对应的视障者行走平均速度如表2所示。

表1 实验对象的人口统计学信息

实验编号	性别	年龄	视力特征	视障类型	导致视障的病因	熟悉空间时长
P1	男	23	低视力	先天	不详	6个月
P2	男	22	低视力	先天	不详	6个月
P3	男	27	有光感	先天	视网膜色素变性	2年
P4	女	26	低视力	先天	不详	6个月
P5	男	24	低视力	先天	白内障	6个月
P6	男	21	低视力	后天	视网膜色素变性	3个月
P7	男	21	全盲	先天	视网膜色素变性	3个月
P8	女	28	有光感	后天	基因相关	3年

表2 各空间特征与平均步行速度统计结果

空间编号	路线长度/m	空间面积/m²	界面宽度/m	开口数量/个	连接值	集成度	平均速度/(m/s)
空间1	23.20	259.84	11.20	11	10	1.54	1.01
空间2	6.70	11.39	1.70	4	10	1.54	1.02
空间3	12.20	139.08	11.40	8	10	1.54	1.08
空间4	12.40	37.20	3.00	5	6	1.91	0.98
空间5	25.60	87.04	3.40	4	5	1.55	1.04
空间6	13.90	58.38	4.20	2	3	1.13	1.11
空间7	22.60	164.98	7.30	3	7	1.85	0.91

经过检验,所有数据组均符合正态分布,因此本研究采用了皮尔逊相关性分析空间特征与视障者步行速度的关系,统计结果如表3所示。从表3中可以看出,路线长度、空间面积、界面宽度、开口数量和空间连接值这五个空间指标与视障者的平均步速显著性概率值 $p>0.05$,不具有相关关系。因此,视障者在熟悉环境中的行走速度受到空间内在属性特征的影响较小。而集成度与视障者的平均步速显著性概率值 $p<0.05$,相关系数 R^2 为 -0.851,说明具有较强的负相关关系。分析结果表明,该空间的集成度越高,则空间可达性越强,人流量越大,人群密度越高,视障者的行走速度越慢,即视障者在熟悉环境中的行走速度受到空间中人群密度的影响较大,视障者在空间中的行走速度随着人群密度的增加而变慢。

表3 空间特征与步行速度的相关性统计结果

解释变量	被解释变量	Sig(p值)	R^2
路线长度/m		0.477	-0.325
空间面积/m²		0.574	-0.260
界面宽度/m	平均速度/(m/s)	0.991	-0.050
开口数量/个		0.968	0.019
连接值		0.644	-0.215
集成度		0.015*	-0.851

* $p \leqslant 0.05$ 为相关关系显著。

4 讨论与结论

本文通过空间特征分析与实际场景行为实验相结合的研究方法,探究了视障者在熟悉的建筑空间中行走步速与空间特征的关系。结果证明,视障者在熟悉环境中的行走步速与空间的内在特征属性不存在相关关系,而与空间中的人群密度相关性较强,即视障者的行走步速主要受到空间中其他行人密度的干扰。在实际的建筑设计中,为了保证视障者行走的安全性与便捷性,应充分考虑到流线的分开设置。

研究的局限在于没有对空间特征指标进行变量控制,导致研究结果存在一定的误差,未来将针对人群密度与视障者的行走步速之间的关系通过严格的控制变量法进行更加深入的研究。

参考文献

[1] 中华人民共和国中央人民政府. 国务院印发《"十四五"残疾人保障和发展规划》[EB/OL]. [2021-07-23]. https://www. gov. cn/xinwen/2021-07/23/content_5626896. htm.

[2] 谢信亮,季经纬,王增辉,等. 人群密度对行走速度及步长影响的试验研究[J]. 安全与环境学报,2016,16(4):232-235.

[3] 张愚,王建国. 再论"空间句法"[J]. 建筑师,2004(3):33-44.

[4] HILLIER B,TZORTZI K. Space syntax [M]. Hoboken:Blackwell Publishing Ltd,2007.

宋越居[1]　周颖[1*]

1. 东南大学建筑学院;zhouying@seu.edu.cn

Song Yueju[1]　Zhou Ying[1*]

1. School of Architecture, Southeast University

国家重点研发计划课题(2022YFF0607003)

基于精细化 Kano 模型的老年人社区服务设施需求研究
Study on Community Service Facilities Needs for the Elderly Based on the Refined Kano Model

摘　要:社区服务设施是提升老年人居家养老生活品质的重要支撑与保障。其配置难点在于社区的物质空间资源有限,难以覆盖老年人复杂多样的社区服务需求。因此,本研究通过 Kano 模型问卷对老年人社区服务需求属性进行分类。结果显示,47 项社区服务设施功能模块需求可以划分为 11 项关键属性、5 项高附加值属性、7 项高魅力属性、9 项低魅力属性、3 项潜力属性和 12 项不必费心属性,且不同老年人群信息条件下需求存在差异。该成果可为确定社区服务设施适老化配置的重点、亮点、取舍点和优先级次序提供依据。

关键词:社区服务设施;老年人;需求属性;精细化 Kano 模型

Abstract: Community service facilities are an important support and guarantee to improve the quality of life of the elderly at home. The difficulty of its allocation lies in the limited space resources of the community, which is difficult to cover the complex and diverse needs of the elderly. Therefore, this study used the Kano model questionnaire. The results show that 47 needs can be divided into 11 critical qualities, 5 high-value-added qualities, 7 highly attractive qualities, 9 less attractive qualities, 3 potential qualities and 12 care-free qualities, and there are differences in the needs of different elderly population conditions, which can provide a basis for determining the key points, highlights, choice points and priority order of community service facilities suitable for the elderly.

Keywords: Community Service Facility; Elderly; Demand Attributes; Refined Kano Model

我国正面临空前的人口老龄化问题。联合国《世界人口展望 2022》预测,中国的人口老龄化率在未来 30 年内将达到 30% 以上。《中国城市养老服务需求报告》指出:"城市居民养老意愿中,居家养老是基础且目前占据主要地位。"而社区是老年人居家养老的主要空间载体,社区服务设施适老化配置是居家养老服务体系建设的重要环节。

社区服务设施的配置难点在于社区的物质空间资源有限,难以覆盖老年人复杂多样的需求。实地调研发现,社区服务设施存在功能缺失与用房使用率低下、空置浪费的矛盾。造成该现状的原因在于社区服务设施的建设依赖多年前单一化、笼统化的标准,不能满足当前社会老年群体的社区服务需求。

因此,本研究建立一套社区服务设施适老化功能模块配置的指标体系,并基于精细化 Kano 模型识别居家养老老年人群的需求属性、优先级次序与差异性特征,为资源有限前提下的社区服务设施适老化合理配置提供科学依据。

1　对象与方法

1.1　研究对象

本研究采用便利抽样法,于 2022 年 11 月抽取南京市玄武区四种不同类型社区中,年龄 60 周岁及以上、居家养老、有听说读写能力、知情并同意参加的老年人作为调查对象,共收集 31 份问卷,其中有效问卷 20 份。调研社区周边基本情况如图 1 所示。

1.2　研究方法

1.2.1　确定社区服务设施功能模块需求指标

本研究基于文献研究、标准研究与实地调研三种方法,初步建立了一套社区服务设施适老化功能模块

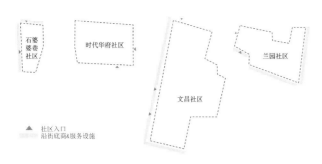

图1 调研社区周边基本情况

需求指标。在文献研究中,通过 CNKI 数据库交叉搜索"社区/居家养老服务设施""老年人服务需求""住区公共服务设施"等关键词,从相关核心文献中整理归纳

需求指标 26 个。在标准研究中,从国家标准、各地居家养老服务规范等十余项现行标准中,筛选出需求指标 16 项。在实地调研过程中,我们先后调研了南京普斯康健居家养老服务中心、无锡耘林生命公寓、上海陆家嘴崂山社区服务中心,归纳出需求指标 49 项。

通过对以上三方面功能模块需求指标进行合并、归纳与补充,本文最终构建出"生活必备""医疗保健""介护服务""文体乐享""教育"五个一级需求指标、上门与到店两类二级需求指标、共计 47 项三级需求指标的社区服务设施适老化功能模块需求指标框架,如表 1 所示。

表1 社区服务设施适老化功能模块需求指标

一级需求指标	二级需求指标	三级需求指标
生活必备类社区服务功能	到店功能模块(A)	A1 流动销售点(菜品、生活用品);A2 社区食堂;A3 日间照料中心;A4 理发店;A5 信息咨询点;A6 代办服务点;A7 存取款、缴费网点;A8 公共厕所;A9 公共交通候车点;A10 儿童托管点
	上门功能模块(a)	a11 代购上门;a12 配餐上门;a13 家政清洁;a14 上门维修;a15 上门理发;a16 上门日常提醒;a17 助行
医疗保健类社区服务功能	到店功能模块(B)	B1 社区诊室(诊疗、开药、体检、慢病管理);B2 康复理疗室;B3 药店;B4 精神慰藉室;B5 临终关怀病房;B6 救护车停车位
	上门功能模块(b)	b7 上门诊疗、开药、体检、慢病管理;b8 上门康复理疗;b9 辅具租赁上门;b10 送药上门;b11 上门精神慰藉
介护服务类社区服务功能	到店功能模块(C)	C1 助浴间;C2 专业医疗照护室(鼻饲、换药、人工取便等)
	上门功能模块(c)	c3 上门老年病综合护理;c4 上门专业医疗照护
文体乐享类社区服务功能	到店功能模块(D)	D1 阅览室;D2 书画室;D3 手工活动室;D4 烘焙间、共享厨房;D5 运动、健身室;D6 棋牌室、麻将室;D7 舞蹈房;D8 合唱、乐器、朗诵活动室;D9 聚会、集会场所;D10 室外广场舞场所;D11 疗愈花园
教育类社区服务功能	到店功能模块(E)	E1 科普讲座;E2 智能手机、网络技能培训;E3 再就业指导;E4 学龄儿童教育培训

1.2.2 精细化 Kano 模型问卷

Kano 模型由质量管理专家狩野纪昭提出,是对功能进行定性与优先级排序的科学分析模型。该模型已逐渐拓展应用至空间设计领域,但传统的 Kano 模型忽视对功能重要性的考量(表 2)。因此,本研究采用改进后的精细化 Kano 模型,引入功能重要性评价要素,建立"空间功能提供—空间使用者满意度—空间功能重要性"的完善分析视角。

本研究问卷分为两部分:第一部分基本信息,包括调研对象的居住小区、性别、年龄、身体状况、居住状况、婚姻状况。第二部分为精细化 Kano 模型问卷,共

设置表 1 中 47 个需求项的正反两类问题和重要性量表。

1.2.3 精细化 Kano 模型需求属性分类方法

精细化 Kano 模型以传统 Kano 模型的属性分类为基础,在引入重要性评价后,将原先的需求属性拓展为 8 种需求属性,如表 3 所示。首先,将问卷中正反问题的答案代入表 2 即可统计初步需求属性。接着,根据 Better-Worse 系数值绘制矩阵图,如图 2 所示,确定传统 Kano 需求属性。最后,计算 47 项功能模块需求的重要性平均值。若某功能的重要性值高于平均值,则该功能的需求属性会由原来的 X 属性细化为高 X 属

性,如表3所示。

表2　传统 Kano 模型需求属性表

正向问题	反向问题				
	喜欢	理应不提供	无所谓	可以接受	无法忍受
喜欢	Q	A	A	A	O
理应提供	R	I	I	I	M
无所谓	R	I	I	I	M
可以接受	R	I	I	I	M
无法忍受	R	R	R	R	Q

表3　精细化 Kano 模型需求属性含义

传统 Kano 分类	精细化 Kano 分类	含义
魅力属性（A）	高魅力属性	提供此功能可以增加满意度
	低魅力属性	该功能不太能提高满意度,若资源有限可以不提供
期望属性（O）	高附加值属性	该功能可以引起高度满意,应当提高该功能的质量
	低附加值属性	该功能引起的满意度较低,但不提供会导致不满
必备属性（M）	关键属性	必须提供该功能
	需要属性	应致力于提供该功能,避免引起不满

传统 Kano 分类	精细化 Kano 分类	含义
无差别属性（I）	潜力属性	该功能可能演变为魅力属性,可考虑提供
	不必费心属性	若资源有限可以不提供该功能

1.2.4　功能需求优先级排序方法

本研究需求优先级排序依据 Better-Worse 数值。总体而言,功能优先级由高到低排列依次为关键属性＞需要属性＞高附加值属性＞低附加值属性＞高魅力属性＞低魅力属性＞潜力属性＞不必费心属性。

2　研究结果

2.1　信度检验

本研究利用 SPSS 27.0 进行信度分析。问卷的总

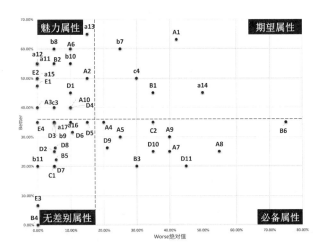

图2　矩阵图

体 Cronbach's α 值为 0.816,其中正向问题为 0.906,反向问题为 0.804,重要性评价部分为 0.907,均大于 0.8。

2.2　调查对象基本信息

研究样本中,男女比例接近(55%∶45%),大多为 60~80 岁之间(90%)、已婚且未丧偶(75%)、与配偶居住(33%)和有慢病但能自理的老人(60%)。

2.3　社区服务设施适老化功能模块需求属性划分与优先级次序

根据上文研究方法和表3中的需求属性类别含义,47项功能需求项的属性划分结果如表4所示。其中,第一列关键属性栏中的功能模块是无论社区的空间资源有限与否都必须提供的,且如果空间品质低下将会引起老年人强烈不满;第二列高附加值属性栏中的功能模块对老年人满意度提升有重要作用,且如果缺失或空间品质低下将会引起不满;第三列高魅力属性栏中的功能模块是老年人意料之外的惊喜配置,一旦具备会使社区服务设施极具吸引力;第四列低魅力属性栏中的功能模块虽能够吸引老年人,但效果并不显著,配置资源有限时可以不提供;第五列潜力属性栏中的功能模块有可能在今后产生吸引力,可以考虑提供;其余功能模块均为不必费心属性,资源有限时均可以不提供。

总体而言,从一级需求指标来看,必须配置的功能模块中生活必备类需求占比最高;医疗保健和介护类功能较能提升老年人满意度;新兴教育类功能(如智能手机与网络技能培训)有利于提升满意度;文体乐享类功能中,室外部分均属于必须配置的功能模块,而多数常见的室内空间(如棋牌室、麻将室、书画室、手工活动室等)在资源有限时可以不提供。从二级需求指标来

看,上门服务功能比到店服务功能更能提升老年人满意度。

表 4 中单元格从上至下、从左至右的排列顺序即为功能需求从高到低的优先级次序。社区空间资源有限时可参考此优先级进行配置。

表 4 社区服务设施适老化功能模块需求分类

M-关键属性	O-高附加值属性	A-高魅力属性	A-低魅力属性	I-潜力属性	I-不必费心属性
B3 药店	A1 流动销售点	A6 代办服务点	a13 家政清洁	D5 运动、健身室	D3 手工活动室
D9 聚会、集会场所	a14 上门维修	b8 上门康复理疗	A10 儿童托管点	a16 上门日常提醒	b9 辅具租赁上门
B6 救护车停车位	b7 上门诊疗、开药、体检、慢性病管理	b10 送药上门	B2 康复理疗室	a17 助行	E4 学龄儿童教育培训
A8 公共厕所	c4 上门专业医疗照护	a11 代购上门	a12 配餐上门		D6 棋牌室、麻将室
A9 公共交通候车点	B1 社区诊室	A2 社区食堂	a15 上门理发		D8 合唱、乐器、朗诵活动室
C2 专业医疗照护室		E2 智能手机、网络技能培训	D1 阅览室		D2 书画室
D11 疗愈花园		E1 科普讲座	D4 烘焙间、共享厨房		B5 临终关怀病房
A7 存取款、缴费网点			c3 上门老年病综合护理		C1 助浴间
D10 室外广场舞场所			A3 日间照料中心		D7 舞蹈房
A4 理发店					b11 上门精神慰藉
A5 信息咨询点					E3 再就业指导
					B4 精神慰藉室

2.4　不同老年人口属性下差异化需求特征

本研究对比总结了受访者人口维度变量与功能模块需求偏好之间的关联与差异,如表 5 所示。健康状况上,有慢性病但能自理的老年人对上门医疗保健类功能需求更高,而健康无疾病的老年人则对文体乐享类功能需求更高。居住状况上,医疗类服务、上门日常提醒功能可以提高仅与配偶居住的老年人的满意度,三代同堂老年人的关键属性需求较多,仅与配偶居住的老年人高附加值属性需求较多,与配偶和子女共同居住的老年人则对服务设施的整体需求较低。婚姻状况上,丧偶老年人对医疗类和生活必备类功能需求较高,已婚未丧偶老年人对文体乐享类功能需求较高。年龄上,高龄老人对医疗类、上门类功能需求较高。就居住社区而言,时代华府社区的服务设施功能模块的关键属性较多,与其他社区相反。疗愈花园是兰园社区的服务设施功能模块的唯一关键属性。性别上,生活必备类与教育类功能对女性具有较高吸引力;上门医疗保健类与文体乐享类功能对男性具有较高吸引力。

3　讨论

本研究结果与既往研究和社区服务设施适老化配置现状相比较,有相似和不同之处可供讨论。在既往研究中,医疗保健和介护类功能配置备受重视,本研究结果在支持这一结论的同时,补充发现在该类功能配置中,上门服务比到店服功能更具有吸引力,未来可继续探讨上门与到店功能的具体配比度。常见文体乐享功能被很多研究认为是必要的,然而本研究发现,麻将室、书画室、舞蹈房、手工活动室等乐享功能吸引力较

表 5　不同老年人口属性下的社区服务设施功能模块需求分类

图例：高魅力属性 ○　高附加值属性 □　关键属性 ▲

一级	二级	三级需求指标	有慢性病但能自理	健康无疾病	与配偶居住	与配偶及子女同居	三代同堂	丧偶	已婚	60—70岁	70—80岁	石婆婆巷	时代华府	文昌	兰园	男性	女性
生活必备类	到店	流动销售点	□	□	□	□	□	□	□	□	□	○	□	□			□
		社区食堂	○	□	□	○	○		○	○	□		○	□	□		○
		日间照料中心			□		▲								○		
		理发店	○		□	▲					□		▲	○		▲	○
		信息咨询点	▲	□				▲	▲	▲			▲			▲	
		代办服务点	○	○	○	□		○		○	□	○		○	○	○	○
		存取款、缴费网点	▲	▲	□		▲	▲	▲	▲	▲	▲	▲	▲	□	▲	
		公共厕所			▲	▲	▲	▲	▲	▲	▲	▲	▲	▲	□	▲	▲
		公共交通候车点		▲	□		▲	▲	▲	▲	▲	▲	▲	▲	□	▲	□
		儿童托管点	○	□	○	○		○	○	○	○	○			○	□	
	上门	代购上门	○				▲		○		○			○		□	○
		配餐上门	○		□			○				○		○			○
		家政清洁	○								○		○	○			
		上门维修	▲	□	□			▲			□	○		□			▲
		上门理发						□				○				□	
		上门日常提醒	○	▲	□			○			□			□			▲
		助行														○	

92

图例：高魅力属性○ 高附加值属性□ 关键属性▲

一级	二级	人口信息变量/三级需求指标	有慢性病但能自理	健康无疾病	与配偶居住	与配偶及子女同居	三代同堂	丧偶	已婚	60—70岁	70—80岁	石婆婆巷	时代华府	文昌	兰园	男性	女性
医疗保健类	到店	社区诊室		□	□		▲	□	□	□	□		□	○	□	□	▲
		康复理疗室	▲		○				○	○					○		
		药店			▲		▲	▲	▲		▲	▲	▲	▲		▲	▲
		精神慰藉室															
		临终关怀病房															
		救护车停车位	▲	□	□	▲	▲	▲	▲	□	▲	□	▲	□	□	□	▲
	上门	上门诊疗	○	□	□		○	□	□	□	○	□	□	○	□	□	○
		上门康复理疗		○	○				○	○		○			○	○	
		辅具租赁上门						▲				○					
		送药上门	○		○		○	▲	○	○	○	□	○	○		○	○
		上门精神慰藉															
介护服务类	到店	助浴间															
		专业医疗照护室	▲	□	□		□	○	□		▲	▲	▲		□	▲	□
	上门	上门老年病综合护理	○					○									
		上门专业医疗照护	○	□	□		□	□		□	□	□	▲	○		□	□

图例：高魅力属性 ○　高附加值属性 □　关键属性 ▲

一级	二级	人口信息变量/三级需求指标	健康		与配偶居住	与配偶及子女同居	三代同堂	丧偶	已婚	60—70岁	70—80岁	石婆婆巷	时代华府	文昌	兰园	男性	女性
			有慢性病但能自理	无疾病													
文体乐享类	到店	阅览室	□						○							□	
		书画室															
		手工活动室															
		烘焙间,共享厨房		○													
		运动、健身室		▲		▲				▲			▲			□	
		棋牌室、麻将室															
		舞蹈房														○	
		合唱,乐器、朗诵活动室		○	▲												
		聚会、集会场所	▲	○			▲	▲	▲		▲		▲	○		□	▲
		室外广场舞场所	▲	○			▲	▲	▲	▲	▲		▲	□		□	▲
		疗愈花园	▲	▲			▲		▲		▲	○	▲	□	▲	▲	▲
教育类	到店	科普讲座	○			○	○	○	○		○	○	○				○
		智能手机、网络技能培训	○				○		○		○	○					○
		再就业指导															
		学龄儿童教育培训															

低,这与设施中该类空间使用率低下、空置浪费率高的使用现状相符,但室外文体乐享功能模块如疗愈花园、室外广场舞场所、聚会场所等被认为是必备的,功能配置中应注重室外文体乐享功能的配置。与既往研究不同的是,与老年人同住的人数对其设施需求度影响较小,而同住人的类别影响较大:当与孙辈同住时需求度会显著增加;与子女同住时需求度最低;仅与配偶同住时,对医疗需求度增加。值得关注的是,心理咨询、临终关怀、上门提醒与助行陪伴就医常被认为是必要的,但在研究中发现该类功能实际需求较低。原因可能是老年人在实际生活中对该类功能接触较少,缺乏了解,羞于暴露真实的心理需求;其次,调查对象中缺乏该类功能的受众人群。

此外,社区间的需求差异较大,对当前统一标准下的设施建设提出差异化要求。在本研究结果中,时代华府和兰园社区老年人在必备功能需求上存在较大差异。经分析社区周边环境(图1)发现,当社区周边的道路及社区入口附近缺乏丰富的底商和服务设施时,社区内的必备功能需求将大幅增加。当社区周边道路停车较多且缺乏绿化时,老人对社区内疗愈花园的需求度将显著增高。

此次研究成果能否应用到实际的社区服务设施配置中,还有待在未来研究中继续扩大样本量进行验证,并进一步明确需求差异的主导影响因素,减少研究结果的局限性。

4 结论

本研究通过精细化 Kano 模型问卷对老年人社区服务需求属性进行分类,从而确定资源有限前提下社区服务设施适老化配置的重点、亮点、取舍点和优先级次序。结果表明:应优先确保 11 项关键属性的功能模块配置;提高上门类功能模块配置比例;明确社区老年人口组成与周边环境特征,进行差异化配置。本研究结果为实际功能配置与相关标准的制定提供了参考依据。

参考文献

[1] YANG C C. The refined Kano's model and its application [J]. Total Quality Management&Business Excellence,2005,16(10):1127-1137.

[2] 何静,周典,戴靓华.基于需求理论的城市养老生活关联设施评价体系研究[J].建筑学报,2020,22(S2):37-44.

[3] 李斌,黄力.养老设施类型体系及设计标准研究[J].建筑学报,2011(12):81-86.

支敬涛¹ 邹贻权¹* 左颂玟¹ 黄姝颖¹ 董星瑶¹ 汤宇尘¹
1. 湖北工业大学土木建筑与环境学院；102100768@hbut. edu. cn
Zhi Jingtao¹ Zou Yiquan¹* Cho Chung Man¹ Huang Shuying¹ Dong Xingyao¹ Tang Yuchen¹
1. School of Civil Engineering，Architecture and Environment，Hubei University of Technology；102100768@hbut. edu. cn

基于 Omniverse 的演进式数字设计方法
——以新加坡某装饰工程数字化设计为例

An Evolutionary Digital Design Approach Based on Omniverse：A Case of Digital Design for a Decoration Project in Singapore

摘　要：本研究针对当前装饰工程数字化设计中的各种问题开展了理论和工具上的探索与创新，提出演进式 BIM 与 Omniverse 数字设计协同平台结合的解决方案，并通过新加坡某装饰工程项目进行实践。该方法解决了多源数字模型的转换问题，大幅节省了建模时间，构建了可拓展的演进式正向创意设计流程，实现了多人异地的实时协同操作与审查和数字模型的全流程应用。

关键词：BIM；Omniverse；协同设计；正向设计；装饰工程

Abstract：This study carries out theoretical and tool exploration and innovation for various problems in the current digital design of decorative engineering, proposes a solution combining evolutionary BIM and Omniverse digital design collaboration platform, and puts it into practice through a decorative engineering project in Singapore. This approach solves the problem of converting multi-source digital models, significantly saves the modeling time, and builds an extensible evolutionary positive Creative design process, realizing real-time collaborative operation and review of multi-person off-site and full-process application of digital models.

Keywords：BIM；Omniverse；Collaborative Design；Positive Design；Decoration Engineering

《"十四五"建筑业发展规划》明确提出，要大力发展智能建造与新型建筑工业化，推进新型智慧城市建设和探索数字孪生城市，为建筑行业数字化发展指明了方向。BIM 技术是建筑工业化的重要技术，在装饰工程中有着广阔的应用前景。建筑企业只有从管理信息化和建造数字化出发，才能在快速变革中立于不败之地[1]。目前，装饰工程中应用 BIM 技术还处在一个探索阶段。装饰工程的分部、分项工程较多，工序复杂，各专业交叉作业多，各个项目参与主体在各施工过程中的信息管理困难[2]。

本研究总结了当前 BIM 技术在装饰工程数字化设计应用实施中的突出问题，提出演进式 BIM 结合 Omniverse 协同设计工具的解决方案，并将该方法应用于新加坡某装饰工程数字化设计项目实践中，通过理论和工具的革新，为 BIM 技术在装饰工程数字化转型和应用提供了新的思路。

1　演进式 BIM 解决方案

1.1　装饰工程数字化过程中的突出问题

当前装饰行业在数字化方面的基础较为薄弱，信息化水平难以应对复杂的设计与生产流程。BIM 技术在建筑数字化设计流程中的应用存在数据格式不兼容、相关标准缺失、项目工程资料管理信息化程度低、缺乏高效的协同平台和方法、信息传递和共享困难等问题，导致数字化转型成本高且进展缓慢。

当前装饰工程行业的数字化转型迫在眉睫，但转型的方式方法不应是全面的转向与完全的替代，而应是基于一套良好的设计流程与协同方法，结合现有的数字化设计流程和工具，探索组合创新模式，降低学习成本，提高生产效率。

1.2　演进式 BIM 解决方案

本研究结合正向与伴随式的 BIM 正向设计流程，采用演进式的 BIM 解决方案[3]，为建筑设计的数字化转型提供一种新思路(图 1)。演进式指在项目推进的过程中，数字模型成果与应用随着各个阶段同步演化推进，演进方法分为动态演进与混合演进两种。

动态演进即随着设计阶段推进的数字模型演化推进，模型单元构件从基础的方案几何体块逐渐替换为产品模型，构件模型细节与属性信息将随着设计阶段

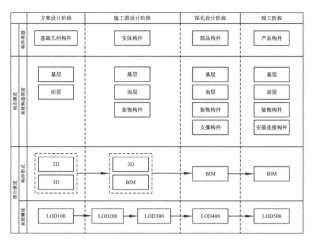

图 1　演进式 BIM 解决方案
（图片来源：参考文献[3]）

的推进逐步细化，由基本模型单元组成的系统构造也会随着设计阶段的推进同步增加属性信息，如补充构造层、搭建高精度模型、增加构造节点和细节、细化内部构造等。

混合演进是 2D 图纸、3D 模型与 BIM 模型的混合演进。由于正向设计处于起步阶段，市面上的族库和三维软件应用模式还不够完善，且现阶段图纸审查仍然以二维为主，BIM 正向设计全部三维出图，深度上没有相关标准，为了实现高效应用，在图纸的应用上应当采用 2D、3D 和 BIM 混合的模式[4]，伴随着设计阶段的推进，逐步从二维图纸到三维模型再到 BIM 模型，在三维阶段也可以通过二维图纸补充一部分图纸内容。该方法在现阶段不会影响数字化模型的应用，同时可以在方案设计和施工图设计阶段缩短建模周期，提高设计和实施效率。

演进式的 BIM 模型可以在每个阶段对数字模型进行迭代，该方法保证了全流程中模型精度的双向转换，随着设计流程的推进，数字模型的构建从二维到三维再到 BIM 模型逐级递进，满足数字化模型搭建和应用要求。

在演进式 BIM 解决方案中，深化设计师兼顾部分 BIM 工程师的职责，负责设计与关键部分的建模，将设计方案模型逐步迭代为 BIM 模型，加深设计师对建模表现和生产应用的了解，辅助项目创效（图 2），BIM 工程师则辅助其他部分的 BIM 信息录入。不同于以往的设计师与 BIM 工程师接近一比一的人员配置，一个 BIM 工程师可以负责多个部分的 BIM 信息录入。为了避免工作量大、投入高、人才培养困难的问题，可以通过保留原有工作流来降低转型成本，基于演进式 BIM 可逆的特性，选择性地深化 BIM 构件，减少工作

量。二维图纸、三维模型、BIM 模型结合的表达方法，既保障了模型迭代过程中的模型契合度，也减少了人员投入和项目成本。

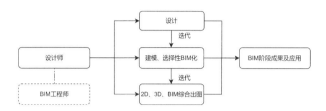

图 2　演进式 BIM 解决方案中的设计师职责
（图片来源：作者自绘）

2　基于 Omniverse 的演进式设计协同

演进式的 BIM 解决方案提出的目的是为了解决装饰工程行业数字化转型困难的问题。3D 互联网理念下的多学科协同模式需要构建虚拟世界和真实世界的映射，项目各方可以在虚拟环境中共同工作，实现规划审查、设计活动和综合管理[5]。这对协同方法和平台提出了较高的要求。

2.1　Omniverse 数字设计协同平台

Omniverse 是 NVIDIA 公司于 2020 年推出的 3D 协作和仿真模拟的开放平台，被用于影视、游戏、机械、建筑等行业的设计分析表达任务[6]。Omniverse 协同设计平台，解决了当前多源异构模型数据格式互通问题（图 3），可以灵活构建自定义的 3D 协同工作流，搭建大规模虚拟场景[7]。Omniverse 具备产品级的应用能力，有助于数字孪生、智能设计和机器人建造等建筑行业应用的实施。

图 3　Omniverse 集成多专业软件
（图片来源：作者自绘）

在建筑设计领域，Kohn Pedersen Fox 建筑事务所使用 Omniverse 进行了实时协作和交互式审查的探索，KPF 团队在共享的虚拟环境中工作，集成多专业模型构建大型虚拟场景，对 Omniverse 在建筑领域的应用进行了尝试和初步验证，对异地协同和审查方法做出了初步探索[8]。

国内研究方面，魏英洪等在铁路客站工程中尝试

了基于 Omniverse 的三维可视化 BIM 协同设计,在 Omniverse 中集成了各专业的数字模型,大幅提升了设计协同效率[9]。

2.2 基于 Omniverse 的数字设计工作流

装饰行业各细分专业的数字化设计工具与流程都已十分成熟,但缺乏全流程衔接良好的综合应用流程。因此,本研究提出在保留现有设计流程与工作方法的前提下,将各专业数字化成果与工作流高效整合,实现可拓展的正向创意流程、开放的建筑数字模型搭建方式、协作式的设计与审查和产品级的表达和应用。

协同设计最常用的协同模式是中心文件+链接文件协同,在以往的设计模式中,由于装饰专业介入时间较晚,前面环节出现调整后,传导到装饰专业的修改工作量就会大幅增加,无法保证按时出图。因此,本方法不同于以往的装饰工程数字设计及应用方式,基于演进式设计方法,在土建模型框架完成的基础上同步开展装饰专业和场地环境的细化工作,在方案设计阶段、施工图设计阶段、深化设计阶段和竣工阶段,模型单元的构件和系统也随着装饰工程阶段而演进,模型单元的构件从基础几何构件逐步完善为成品构件,根据项目阶段与实际需求灵活选择数字化设计软件和数字化程度,大幅节省建模时间,并将现有工作流通过 USD格式和 Omniverse 协同平台连接,进行多软件的实时异地协同(图4)。

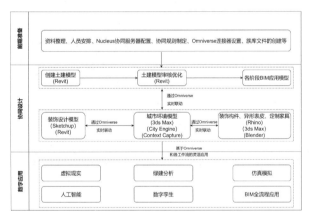

图4 基于 Omniverse 的数字设计工作流
(图片来源:作者自绘)

3 基于 Omniverse 的数字设计实践

3.1 项目概况

Stacked Homes 地产数字平台是由新加坡 VMW Stacked 推出的地产数字化平台(图5),面向用户提供轻量化数字模型应用服务。该项目具有多专业参与、跨国合作和基于数字模型应用等特点,面临数字模型体量大、异地协同审查困难和模型应用要求高等难题。

图5 Stacked Homes 地产数字平台
(图片来源:https://www.stackedhomes.com/)

3.2 项目实施

在装饰工程的设计上,本项目将常用的软件工作流导入 Omniverse 平台,保留 Revit 工作流、Sketchup + Layout 室内方案设计工作流、Rhino + Grasshopper 参数化设计工作流和 Blender 模型快速生成工作流,在前期土建模型基础上建立装饰专业模型。

基于 Omniverse 平台的特性,本项目在多专业的数字模型构建上采用多种软件结合的形式,多专业软件实时同步对接,清晰直观,分工明确(图6)。将各自软件模块灵活结合,进行审查和修改工作,在方案设计阶段、施工图设计阶段、深化设计阶段和竣工阶段,模型单元的构件和系统也随着装饰工程阶段逐步演进。

图6 基于 Omniverse 的多专业实时协作
(图片来源:作者自绘)

3.3 基于 Omniverse 的数字模型应用

在该流程下,各专业软件原有工作流程的应用得以保留,同时,基于 Omniverse 的平台特性和拓展功能,伴随着数字模型的演进,围绕各阶段模型应用数字模型进行绿建分析、虚拟现实体验、物理仿真模拟等协同分析与应用(图7)。

Omniverse 强大的扩展功能可以实现人工智能与数字孪生技术的接入,该项目在 Omniverse 中接入 ChatGPT,通过自然语言驱动模型生成修改,实现智能

(a) (b)

图 7　基于 Omniverse 的应用示意

(a)光照分析；(b)虚拟现实

（图片来源：作者自绘）

设计时代的新技术工具融合探索。

4　结论

本研究采用演进式的 BIM 解决方案，通过设计过程中三维模型及成果的迭代，减少了建筑装饰行业转型过程中的人才培养和项目管理成本，保证了数字模型构建的高效和应用轻量化。

Omniverse 作为新兴的数字内容创作协同工具，在建筑业的应用仍在探索中。本研究首次将装饰工程涉及的多个工作流融入 Omniverse 中，并进行了应用尝试。该方法解决了多源数字模型的转换问题，大幅节省建模时间，构建可拓展的演进式正向创意设计流程，实现城市数字模型、建筑场地模型与室内装饰模型的实时联动，实现多人异地的实时协同操作与审查和数字模型的全流程综合应用。

通过对 Omniverse 协同设计平台相关的理论研究和实践探索，能够进一步发挥新兴技术产业对建筑数字化转型的驱动作用，基于 Omniverse 的演进式装饰工程数字设计协同方法，在不改变当前设计与实施的常用工具和工作流的情况下，通过设计方法与协同工具的革新，为装饰工程的数字化设计提供了新的解决思路。

参考文献

［1］黄从治，肖磊.建筑企业数字化转型面临的挑战和应对策略［J］.铁道工程学报，2022，39(9)：79-84＋118.

［2］麻倬领.BIM 技术在装饰工程中的应用研究［D］.郑州：河南工业大学，2018.

［3］邹贻权，杨双田，陈汉成.装饰工程数字化设计与应用［M］.武汉：华中科技大学出版社，2022.

［4］李德贤，任晓东，朱力俊，等.BIM 正向设计提效探究［J］.建筑科学，2023，39(2)：225-234.

［5］何展，刘春晖.浅谈"注入 AI、物理准确"的元宇宙数字世界创建底层技术［J］.人工智能，2022(5)：71-77.

［6］NVIDIA. Omniverse Documentation［EB/OL］.（2023-07-17）［2023-7-18］. https：//docs. omniverse. nvidia. com/.

［7］LIU L, SONG X, ZHANG C, et al. GAN-MDF：An enabling method for multifidelity data fusion［J］. IEEE Internet of Things Journal，2022，9(15)：13405-13415.

［8］MATOS G. Architecture Firm Brings New Structure to Design Workflows With Real-Time Rendering and Virtual Collaboration［EB/OL］.（2021-09-20）［2023-07-18］ https：//blogs. nvidia. com/blog/2021/09/20/kpf-omniverse/.

［9］魏英洪，邱世超，赵腾亚.铁路客站工程三维可视化协同平台技术［J］.铁路技术创新，2023(1)：53-59.

闻健[1]　唐芃[1*]　刘扬[2]　李力[1]

1. 东南大学建筑学院；tangpeng@seu. edu. cn
2. 南京门东历史街区管理有限公司

Wen Jian [1]　Tang Peng [1*]　Liu Yang [2]　Li Li [1]

1. School of Architecture, Southeast University；tangpeng@seu. edu. cn
2. Nanjing Mendong Historical District Management Co. , Ltd.

国家自然科学基金项目(52178008)

历史文化街区空间环境要素与游客停驻行为相关性研究
——以南京老门东历史文化街区为例

Research on the Correlation Between Space Environment Elements and Tourist Behavior in Historical and Cultural Block：Taking Nanjing Laomendong Historical and Cultural Block as an Example

摘　要：本研究以南京老门东历史文化街区为例，研究既有街区空间环境要素与游客停驻行为的量化关系，旨在为历史文化街区的街道环境品质的提升和街区的运营管理提供参考依据和数据支撑。研究主要分为三部分：利用 Wi-Fi 探针设备获取游客时空轨迹的数据并进行数据清洗；对空间环境要素进行量化描述；通过主成分分析、多元线性回归分析等方法探究街区空间环境要素量化指标与游客停驻行为相关关系，并以此为依据得到传统建筑材质及立面要素的组合、底层过渡空间的设置、现代建筑要素的新旧对比是影响游客停驻行为的重要影响因素的研究结果。

关键词：Wi-Fi 探针；空间环境要素；行为数据；多元线性回归

Abstract：The research object of this article is the historical district of Laomendong in Nanjing. This article studies the quantitative relationship between the spatial environmental elements of existing neighborhoods and tourist parking behavior. The research objective is to provide reference and data support for the improvement of street environmental quality and the operation and management of historical district. The research is mainly divided into three parts：Use Wi-Fi probe equipment to obtain the data of tourists' spatio-temporal trajectory and conduct Data cleansing, quantitative description of spatial environmental elements, and exploring the correlation between quantitative indicators of block spatial environmental factors and tourist stopping behavior through methods such as principal component analysis and multiple linear regression analysis. Based on the correlation results, the following conclusions can be drawn：the combination of traditional building materials and facade elements, the setting of transition spaces on the ground floor, and the comparison of new and old modern building elements are important influencing factors on tourist stopping behavior.

Keywords：Wi-Fi Probe；Spatial Environment Elements；Behavioral Data；Multiple Linear Rgression

1 引言

历史文化街区是传承和发展城市历史文脉的特殊场所，研究其中的游客停驻行为对历史文化街区的智慧规划、精细管理和精准服务有着重要意义。街区研究的尺度介于城市和建筑之间，相比城市研究需要更高的精度，相比建筑内部研究需要更复杂的观测范围及监测对象。近年来，Wi-Fi 探针的定位技术提供了研究特定环境中人的行为规律的全新方式，能够同时满足研究精度和规模的需求。

在公共空间中的人群行为研究方面，扬·盖尔在《交往与空间》中指出，街道的尺度、长度、界面的多样性、高差和机动车流量对步行感受有不同程度的影响[1]，并形成了 PSPL 调研法（公共空间-公共生活调研法）[2]。但在实际调研中，依靠人工进行的地图标记法、现场计数法、实地观察法和访谈法不仅工作量庞大，无法 24 小时实时监测，而且观测者的行为也会影响被观测人员的行为模式。Wi-Fi 探针技术能够独立性高、侵入性低并且全天候合法地监测环境行为数据[3]，且已在旅游景区[4]等地用于辅助研究人员获取人群数据，其可靠性也得到检验。

本文以南京老门东历史文化街区为例进行研究。老门东历史文化街区位于江苏省南京市秦淮区，北起长乐路、南抵明城墙、东起江宁路、西到中华门城堡段的内秦淮河，占地面积约 15 万 m²。由于西侧区域开发较为完整，街区丰富性较高，活力较强，因此选取老门东街区西侧部分共 16 段街道(图 1)为本次研究对象。

2 研究方法与评价指标

本研究主要建立了两大评价指标，分别为以 Wi-Fi 探针数据建立的游客停驻行为评价指标和以空间要素量化数据建立的街区空间环境要素评价指标，通过主成分分析、因子旋转、多元线性回归等模型分析，解析二者的内在相关性和影响机制。研究技术路线如图 2 所示。

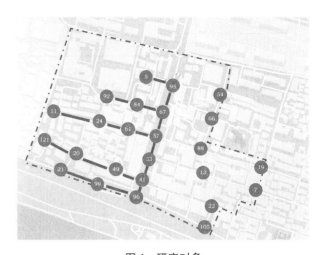

图 1 研究对象

(点画线内为街区核心范围，数字为探针序号，深色线段为本次研究街道位置，图片来源：作者自绘)

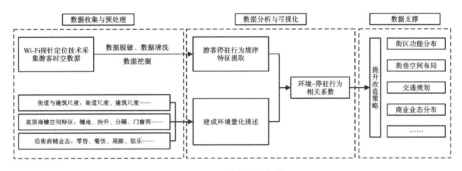

图 2 研究技术路线

(图片来源：作者自绘)

2.1 Wi-Fi 探针定位技术

本研究使用由东南大学李力开发的 Wi-Fi 探针设备采集人群行为数据。该设备包含 4G 通信模块、信号接收器、锂电池等。设备通过 Wi-Fi 探针接收发射信号的终端信息，并将其上传到云端数据库，研究人员可以从数据库下载 json 数据。数据库管理软件每天新增一个数据库来存放当天所有探针探测到的 MAC 地址数据。单条数据包含了数据时间戳、探针 ID 号、MAC 地址 ID 号、RSSI 强度四项信息[3]。

本研究于 2023 年 4 月 27 日开始安装设备，共计 25 个 Wi-Fi 探针。布置地点经过前期研究以及现场勘查，均匀设置在 25 个街巷节点，隐蔽性较好。本研究共采集 2023 年 4 月 28 日至 5 月 18 日共计 21 天的游客数据，总计 1.05 亿条，数据样本大，具有客观代表性。

2.2 游客停驻行为评价指标

Wi-Fi 探针数据记录了在该探针约 10 m 范围内经过的终端设备信息，约 13 s 探测一次。为了衡量游客在某段街道的停驻行为，引入街道平均时间线密度 T，具体计算公式见式(1)：

$$T = \Sigma t / (n \times L) \tag{1}$$

式中，Σt 为一天当中所有经过该街道的游客的通过时间之和，单位为"s"；n 为总人数，单位为"名"；L 为街道长度，单位为"m"，通过街道平均时间线密度的值衡量游客在该段街道单位长度停驻时间。街道平均时间线密度可以回避人流大小不同的差异性，从而可以看出单纯街区空间环境要素对游客停驻行为的影响。

2.3 历史文化街区空间环境要素评价指标

本研究选择在光线充足的白天展开，对所研究区域街道两侧立面进行图像提取，得到如图 3 所示的各段街道立面图像。

图 3 街道立面图像(局部)

(图片来源：作者自摄)

为量化空间环境要素，研究借鉴张章等对微观建成环境要素指标体系构建方法[5]，结合老门东历史文化街区的建筑和街道特点，去除和新增了部分评价指标，并对评价赋值方式进行优化，由对建筑单体进行要素提取改进为对各个街道单元进行总体要素提取，得到如表 1 的描述性统计(部分)。

表 1　街道单元总体要素提取描述性统计（部分）

一级指标	二级指标	三级指标	评价方法	95-67	67-57	57-33	33-41	41-96	95-5
临街过渡空间特征	过渡空间感知度	地面铺装	过渡空间与街道地面铺装区分否/是明显	7	9	5	7	1	6
		地面抬升	过渡空间与街道地面高差否/是显著	0	0	0	1	1	0
		空间分隔	否/是通过护栏、矮墙、花池等分隔过渡空间与街道	9	8	4	4	1	0
		立面后退	建筑底层否/是立面后退，扩充过渡空间	2	2	4	4	1	2
		顶面外延	过渡空间上方否/是设有遮阳顶棚	2	2	3	0	0	1
	街道家具	灯柱	无/有	2	2	0	3	1	1
		长椅	无/有	6	6	2	4	2	3
		餐桌	无/有	0	1	1	1	1	0
		遮阳伞	无/有	2	1	4	1	0	
		绿植	无/有	11	8	5	5	2	6
沿街底层特征	渗透性	纵深底面	底层开口否/是向内部延伸，如开敞院落	0	2	2	0	0	0
		纵向交叉道路	底层否/是为与干道垂直的巷道入口	2	4	2	1	2	5
	透明度	普通窗	无/有	0	1	0	1	0	2
		商业橱窗	无/有	8	6	3	3	1	2
		凸窗	无/有	1	1	0	1	0	0
		落地窗	无/有	5	7	3	4	0	0
		玻璃门	无/有	9	6	3	3	1	0
	曲折度	平直底层立面	底层立面垂直投影否/是为直线	9	9	5	6	3	6
		曲折底层立面	底层立面无/有明显折角、凸出或凹进	2	5	4	3	2	2

一级指标	二级指标	三级指标	评价方法	95-67	67-57	57-33	33-41	41-96	95-5
建筑立面构成特征	中式建筑要素	中式木窗	无/有	6	8	3	5	2	1
		石鼓/石柱/石狮/石敢当	无/有	0	2	1	1	2	0
		灯笼	无/有	8	9	2	5	2	0
		雕花	无/有	7	8	4	6	2	0
		彩绘	无/有	0	0	0	0	0	0
		门钉/门环	无/有	0	0	1	0	1	0
	现代建筑要素	通高门窗	门窗上下沿否/是与楼板/地面齐平	6	8	4	6	2	2
		平直檐口	建筑立面与屋顶面否/是平直交接	0	0	0	0	0	2
		不可开启窗扇	无/有	8	8	3	3	0	1
		无高差出入口	建筑内外部否/是无高差、台阶或门槛	1	0	1	0	0	0
		光滑建筑表皮	否/是	1	1	0	0	0	1
		简洁立面线脚	否/是	0	1	2	0	0	2
	其他建筑细部	屋面露台	无/有	0	0	0	0	0	1
		阳台	无/有	3	5	1	3	1	1
		店铺招牌	无/有	9	7	5	6	1	2
建筑材质		玻璃材质	无/有	9	10	4	6	1	4
		砖材质	无/有	9	4	5	5	1	5
		木材质	无/有	8	8	5	6	3	0
		混凝土材质	无/有	0	1	0	0	0	0
		金属材质	无/有	4	7	4	5	0	4
		石材	无/有	6	9	6	6	3	3

续表

一级指标	二级指标	三级指标	评价方法	95-67	67-57	57-33	33-41	41-96	95-5
建筑材质	涂料材质	无/有	0	5	2	1	0	3
	材质对比度	弱/强	8	6	4	3	0	1
	材质多样性	建筑立面包含材质种类求和	43	48	26	29	8	19
商品陈设内容	艺术品	无/有	5	6	1	3	0	0
	服饰	无/有	3	0	0	0	0	0
	食物	无/有	3	3	4	4	1	2

（来源：作者自绘）

3 数据处理与分析

3.1 数据清洗与处理

由于 Wi-Fi 探针的自身特性，其记录的数据中有很多无效信息，因此首先需要对数据进行清洗。数据清洗主要针对三部分无效信息：伪 MAC 地址（只出现一次的数据）；街区内智能设备（在某一探针连续出现次数超过 35 次的数据）；街区内工作人员（总计出现 3 天以上的数据）。这三部分无效信息占据了采集信息的大部分。以 2023 年 4 月 28 日数据为例，28 个探针总计探测到 5165309 条数据，去除伪 MAC 地址后剩余 1280321 条，去除街区内智能设备和工作人员数据后，剩余 223298 条数据。

数据清理后，我们按照街道两端 Wi-Fi 探针的编号对该街道的街道平均时间线密度进行计算。每一个游客的数据处理方法：在 MAC 地址相同的情况下，按照时间戳对其经过的探针进行排序，选取经过该段街道两端探针编号的相邻数据，对其时间戳作差，即为该游客通过该段街道的时间。经过计算，得到 4 月 28 日至 5 月 18 日每日各段街道的街道平均时间线密度。

3.2 数据分析

在得到 16 段街道空间环境要素评价指标和对应的街道平均时间线密度后，我们利用"统计产品与服务解决方案"（statistical product service solutions，SPSS）软件，对二者的内在相关性进行分析。

我们首先对空间环境要素进行主成分分析（principal components analysis，PCA）。使用 SPSS 软件检验相关性，再结合人工判断去除与其他空间环境要素相关性较低的要素变量，最终得到 12 个要素变量：石材、木材质、地面铺装、中式木门、中式木窗、雕花、商业橱窗、材质多样性、纵深底面、地面抬升、落地窗、平直檐口。经过筛选的 12 个变量通过了 KMO 和巴特利特检验，KMO 值为 0.723，巴特利特球形度检验

的显著性为 0.000，分析结果如表 2 所示，最终得到了 3 个特征值大于 1 的主成分，其累计贡献度达到 88.358%。

表 2 总方差解释

成分	初始特征值			提取载荷平方和		
	总计	方差百分比	累积/（%）	总计	方差百分比	累积/（%）
1	7.753	64.611	64.611	7.753	64.611	64.611
2	1.797	14.978	79.588	1.797	14.978	79.588
3	1.052	8.77	88.358	1.052	8.77	88.358
4	0.731	6.094	94.452			
5	0.267	2.226	96.678			
6	0.14	1.17	97.848	旋转载荷平方和		
7	0.123	1.027	98.875	总计	方差百分比	累积/（%）
8	0.062	0.52	99.395	6.483	54.024	54.024
9	0.035	0.29	99.686	2.481	20.679	74.702
10	0.02	0.165	99.851	1.639	13.656	88.358
11	0.012	0.099	99.949			
12	0.006	0.051	100			

提取方法：主成分分析法
（来源：作者自绘）

其次，通过因子旋转，得到 3 个主成分中起主导作用的具体要素变量（表 3），将数据转译为空间环境要素判断依据。

表 3 因子旋转后的成分矩阵

变量	成分		
	1	2	3
石材	**0.861**	0.297	0.36
地面铺装	**0.83**	0.347	0.318
中式木门	**0.902**	0.123	0.189
材质多样性	**0.91**	0.305	0.178
木材质	**0.904**	0.354	−0.079
雕花	**0.873**	0.438	−0.09
商业橱窗	**0.882**	0.205	0.089
中式木窗	**0.911**	0.046	−0.337
纵深底面	0.28	**0.862**	0.123
落地窗	0.362	**0.72**	−0.113
地面抬升	0.076	**0.731**	0.519
平直檐口	0.088	0.077	**0.952**

提取方法：主成分分析法
旋转方法：恺撒正态化最大方差法
a5 次迭代后已收敛

（来源：作者自绘）

最后，将3个主成分作为自变量、16段街道平均时间线密度作为因变量，建立多元线性回归方程 $Z=b_0+b_1X_1+b_2X_2+b_3X_3$，确定各主成分对于游客停驻行为的影响权重，得到如表4所示的权重值，$Z=b_0+0.548X_1+0.443X_2+0.412X_3$，主成分的权重分别为39.1%、31.6%、29.3%。

表4 多元线性回归权重值

模型	常数	未标准化系数		标准化系数	t检验过程值	显著性
		B	标准误差	Beta	t	
1	（常量）	781.938	76.767	—	10.186	0
	主成分1	259.906	79.284	0.548	3.278	0.007
	主成分2	210.258	79.284	0.443	2.652	0.021
	主成分3	195.349	79.284	0.412	2.464	0.03

因变量：街道平均时间线密度

模型摘要

模型	R	R^2	调整后 R^2	估算标准误差
1	0.816	0.665	0.582	307.0669

（来源：作者自绘）

4 基于空间环境要素的分析

通过多元线性回归方程 $Z=b_0+0.548X_1+0.443X_2+0.412X_3$，可以对空间环境要素与游客停驻行为的相关性做出以下判断。

4.1 传统建筑材质及立面要素是吸引游客停驻的重要因素

受中式木门、木材质、材质多样性等空间要素影响较大的主成分1对于游客停驻行为影响较大，这些空间环境要素可以总结为传统建筑材质及立面要素。结合在场地中的观察记录可知，人们往往倾向于在具有传统特色的建筑前拍照打卡留念，尤其是高大树木遮挡较少的、传统建筑立面要素较为丰富的建筑常吸引游客合照。例如位于33~41号探针之间街巷的南京德云社虽未在营业时间，但门口常吸引大量游客驻足［图4（a）］。

4.2 底层过渡空间是停驻活动发生的重要场所

以纵深底面、地面抬升为主要影响因素的主成分2代表了商铺的底层过渡空间处理方法。在建筑底层设置小型内院，或者借用街道树坛形成半围合纵深底面，以及通过设置地面抬升、摆放街道家具形成外部空间，都容纳了较多的游客停驻活动。底层商铺的过渡空间不仅是吸引游客进入商铺的无形招牌，也是承载例如茶歇、甜品品尝等餐饮消费活动的重要场所［图4（b）］。

4.3 现代建筑要素的新旧对比是停驻行为的引发点

以平直檐口为代表的现代建筑要素常常会激发历史文化街区对人们的视觉冲击，从而使游客驻足观望。现代玻璃、金属材质以及简洁的几何线条往往会吸引年轻人进店活动或在建筑前拍照驻足［图4（c）］。

（a）　　　　　（b）　　　　　（c）

图4 典型空间环境要素

(a)传统建筑材质及立面要素；(b)底层过渡空间；
(c)现代建筑要素的新旧对比
（图片来源：作者自摄）

5 总结与展望

本研究结合公共空间的量化分析和Wi-Fi探针技术对游客停驻行为与建成环境进行相关性解析，更加精确描述游客停驻行为及其影响因素。研究发现：传统建筑材质及立面要素的组合、底层过渡空间的设置、现代建筑要素的新旧对比，是游客停驻行为的重要影响因素。

在数据收集方面，下一步的研究将进一步提高探针设备的稳定性，以减少数据丢失带来的偏差；在数据处理方面，对于Wi-Fi探针数据的挖掘可以更进一步，以建立更加综合完整的游客行为量化方法。

参考文献

[1] 盖尔.交往与空间[M].何人可,译.北京:中国建筑工业出版社,2002.

[2] 盖尔,吉姆松.公共生活·公共空间[M].汤羽扬,译.北京:中国建筑工业出版社,2003.

[3] 李力,张婧,方立新.低精度WiFi探针数据采集分析方法研究——以街区尺度环境行为研究为例[C]//建筑数字技术教学工作委员会.智筑未来——2021年全国建筑院系建筑数字技术教学与研究学术研讨会论文集.武汉:华中科技大学出版社,2021:6.

[4] 黄蔚欣,张宇,吴明柏,等.基于WiFi定位的智慧景区游客行为研究——以黄山风景名胜区为例[J].中国园林,2018,34(3):25-31.

[5] 张章,徐高峰,李文越,等.历史街道微观建成环境对游客步行停驻行为的影响——以北京五道营胡同为例[J].建筑学报,2019(3):96-102.

邹涵[1*] 张国良[1] 邹贻权[1]

1. 湖北工业大学土木建筑与环境学院;zouhangogo@qq.com

Zou Han[1*] Zhang Guoliang[1] Zou Yiquan[1]

1. School of Civil Architecture and Environment，Hubei University of Technology;zouhangogo@qq.com

基于空间句法与图像分割的大李文创村街道空间活力度评价方法研究

Research on the Evaluation Method of Street Spatial Vitality in Da Li Cultural and Creative Village Based on Spatial Syntax and Image Segmentation

摘　要：文创村作为景中村发展的一种特殊模式,依托周围优美的自然环境,不断聚集手工艺者,产出丰富的文化资源与创业形式。但随着村庄的不断发展,文创村目前也面临着诸多问题。因此,本文综合运用空间句法、图像分割等方法,以武汉东湖大李村为研究对象,对村庄的街道空间活力度进行深入量化分析。本文的方法也具有一定的可迁移性,能够为国内其他文创村落的街道空间活力度评价提供一定的参考借鉴。

关键词：文创村;街道空间活力度;空间句法;图像分割;大李村

Abstract：As a special mode of the development of scenic village, the cultural and creative village relies on the beautiful natural environment around it, constantly gathers craftsmen, and produces rich cultural resource management and entrepreneurial forms. But with the continuous development of the village, it is currently facing many problems. Therefore, this paper comprehensively uses space syntax, image segmentation and other methods, taking Dali Village of East Lake in Wuhan as the research object, to conduct in-depth quantitative analysis of the street space vitality of the village. The method proposed in this article also has certain transferability and can provide reference for the evaluation of street spatial vitality in other cultural and creative villages in China.

Keywords：Cultural and Creative Village; Street Spatial Vitality; Spatial Syntax; Image Segmentation; Da Li Village

文创村是一种近年来新兴的乡村振兴模式,能够为村庄居民带来大量的额外收入,也在一定程度上促进了区域文旅经济的发展。但随着相关工作的不断推进,一些文创村的发展陷入瓶颈,产生了种种问题,例如文创产业活力不断降低、商业类型固化导致的同业竞争激烈、功能区定位不明显、基础设施水平不足等。

对于文创村来说,街道空间是游客对于村落的第一印象,如果村庄内部的街道空间引导性不足、选择度不高、空间界面质量不佳,那么对于文创村落街道空间的活力度会产生明显的负面影响,目前很多从传统农业村落转变而来的文创村都有着类似问题。因此,在文创村落的活力度提升的研究过程中,我们需要运用相关的数字化工具和方法,对街道活力进行客观的、量化的评价。在评价后,基于文创村落的现状情况,进行进一步的深化设计工作,以系统性、整体性地提升文创村落的街道空间活力。

1　研究设计

1.1　研究对象

研究对象大李村位于武汉市武昌区鲁磨路,是东湖景区内的景中村(图1),总面积约36 hm²,风景优美,气候宜人。通过多年的文创宣传,目前东湖大李村已经成为武汉有名的文创村落打卡地。

2006 年至今,不断涌入大李村的草根艺术家与手工艺者带动大李村形成了独特的文创生态,每年开办的"大李市集"吸引着大量游客前来大李村游玩,使得大

图1 大李村整体平面图

李村的文化特征产生了质的转变。但目前大李村的街道空间与功能区缺乏科学的规划管理，基础配套设施建设进度缓慢，商业业态丰富度持续下降，导致客流量不断降低，文创产业环境呈现衰落趋势。

1.2 研究框架

本文采用的研究方法主要有两个，其一是运用Depthmap软件对大李村路网进行分析，深入探究其内部关系；其二是基于全卷积神经网络模型（FCN）与ADE20K数据集处理大李村内部街道的街景图像，得出大李村街道空间活力度的量化评价结果。本文的研究框架示意图如图2所示。

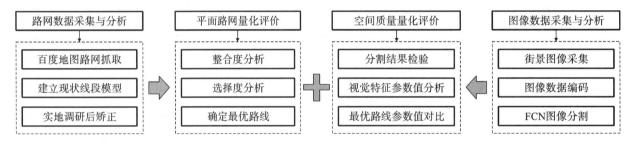

图2 研究框架示意图

1.3 大李村街道空间活力度评价指标的选取

1.3.1 平面维度

在平面维度上，内部路网是首要的考察对象。游客游览大李村的行为模式是通过村口进入村庄内部，在街道铺装与两侧建筑的引导下进行游览，欣赏景观的同时进入村民家中进行购物和娱乐，因此道路是游客在文创村中进行消费的重要载体。因此，本文基于百度地图中的大李村平面图，首先用CAD软件绘制大李村内部道路轴线图，并将建模后的道路轴线数据输入Depthmap软件进行空间句法分析，得到以下主要指标。

（1）整合度。

整合度表示轴线与轴线之间的关联程度，一条轴线与其他轴线的关联程度越高，即表示其整合度越高，空间结构的可达性就越高。

（2）选择度。

选择度表示村庄内一个空间被行人在步行时选择的可能性。在选择度的参考单位选择上，有米制距离选择度与角度距离选择度，考虑到游客在大李村内进行步行的最佳距离，将参考单位设置为米制距离300 m。

（3）可理解度。

可理解度表示村庄内部的整体秩序性，可理解度越高，则在大李村内游览的游客更容易通过局部道路认知大李村内的整体空间。

1.3.2 空间维度

在街道空间中，因为游客的游览模式以步行为主，因此在空间的评价维度上考虑得最多的也应是步行者的步行行为与视线范围内的真实环境。有研究指出，在街道与建筑之间存在着3类要素，即街道空间、建筑围合形成的界面以及街道与建筑之间的过渡空间[1]。

研究发现，围合度是游客在街道上行走时考虑的重要因素，如果街道围合度较高，则游客可能会有压抑的感受，反之，游客可能会产生过于空旷单调之感；街道两侧的立面也是影响街道活力的重要指标，能够影响游客对于街道空间的整体感受，比如有趣的墙绘涂鸦、琳琅满目的玻璃橱窗，以及五颜六色、有创意的店铺招牌等，这些景物能够给游客带来丰富的文化创意体验；街道与建筑之间的过渡空间内的雨棚、路标、座椅、鲜花盆栽、景观雕塑等设施或景物，它们可以反映街道空间的趣味性、多样性，也是文创街道活力度的重要体现。基于以上分析，本文梳理出以下5个指标作为文创村街道空间活力度的评价指标。

（1）绿视率。

绿视率 G_i 为表示街道空间绿化程度的指标，能够反映游客行走在村庄街道上时所观察到的绿化环境。

(2)围合度。

围合度 E_i 是街道空间内非天空像素与道路像素数量之间的比例,其量化结果能够在一定程度上反映游客行走在村庄道路上对于街道空间两侧围合界面尺度的直观感受。该项指标值越大,则街道带给游客的压抑感会越强烈。

(3)文创富集度。

文创富集度 C_i 可以在一定程度上反映游客在村庄街道上行走的过程中对于街道两侧文创元素富集程度的感受情况,文创富集度越高,则游客在文创村落中所感受到的文创氛围越浓厚。

(4)多样性。

多样性 V_i 能够反映游客在村庄道路上行走过程中对于路面与建筑之间过渡空间内的景观小品多样性的感受情况,是提升街道空间活力度的重要指标。

(5)拥挤度。

拥挤度 P_i 反映了游客在村庄街道上行走过程中对于拥挤程度的感受。拥挤度越高,游客步行体验感越差。最后,将大李村街道空间活力度的评价指标进行整理,具体内容如表 1 所示。

表 1　大李村街道空间活力度评价指标

指标编号	评价维度	指标名称	计算公式	相关性
A1	平面维度	整合度	$I = \dfrac{2(MD-1)}{n-2}$	正相关
A2		选择度	/	正相关
A3		可理解度	$R^2 = \dfrac{\sum (I_{(3)} - I'_{(3)})(I_{(n)} - I'_{(n)})}{\sum (I_{(3)} - I'_{(3)})^2 \sum (I_{(n)} - I'_{(n)})^2}$	正相关
B1	空间维度	绿视率	$G_i = \dfrac{1}{n} \sum_{i=1}^{n} T_n (i \in N^*)$	正相关
B2		围合度	$E_i = \dfrac{\frac{1}{n}\sum_{i=1}^{n} A_n + \frac{1}{n}\sum_{i=1}^{n} T_n}{\frac{1}{n}\sum_{i=1}^{n} R_n} (i \in N^*)$	负相关
B3		文创富集度	$C_i = \dfrac{1}{n}\sum_{i=1}^{n} D_n + \dfrac{1}{n}\sum_{i=1}^{n} We_n (i \in N^*)$	正相关
B4		多样性	$V_i = \dfrac{1}{n}\sum_{i=1}^{n} B_n + \dfrac{1}{n}\sum_{i=1}^{n} Fe_n (i \in N^*)$	正相关
B5		拥挤度	$P_i = \dfrac{1}{n}\sum_{i=1}^{n} H_n (i \in N^*)$	负相关

注:A1 指标中,n 表示村落空间结构之中轴线总数,MD 代表村落空间结构之中的某个空间到达其他所有空间的最小步数。A3 指标中,$I_{(3)}$ 为 $n=3$(n 为步数)时的局部整合度;$I'_{(3)}$ 为 $n=3$ 时整合度的平均值;$I_{(n)}$ 为 $n=3$ 时全局整合度值;$I'_{(n)}$ 为 $n=3$ 时全局整合度平均值。B1 指标中,T_n 为图像中绿色植物(灌木轮廓、乔木轮廓、草地铺装等)像素所占比例,而其总和即为一副图像中可以观察到的绿色植物像素总量。B2 指标中,A_n 表示图像中围挡界面(建筑+墙面)像素的比例;R_n 表示图像中识别出的道路像素所占比例,公式结果可以反映出一幅图像中围挡界面、绿植界面与道路界面的比例结果,即表征围合度;B3 指标中,D_n 与 We_n 表示图像中识别出的涂鸦墙绘、玻璃橱窗和店铺招牌像素所占的比例,公式结果可以在一定程度上表示一幅图像中文创元素的丰富程度;B4 指标中,B_n 与 Fe_n 表示图像中识别出的雨棚、路标、座椅、盆栽、雕塑所占的比例,公式结果可以在一定程度上表示一幅图像中道路两侧景观小品的多样性程度;B5 指标中,H_n 表示图形中所识别出的人像素数量比例,公式结果可以表示一幅图像中人的像素的数量总和。

2　数据采集与处理

2.1　数据采集

首先,我们抓取百度地图中的路网数据,并运用 CAD 软件绘制目前村落道路现状的线段模型。考虑到村庄内部真实的道路情况与百度地图路网数据可能存在出入,因此在实地调研之后对于绘制的现状线段模型进行调整,最后将完成的基础平面模型导入 Depthmap 软件之中进行进一步分析。

接着,在大李村内部进行街景图像的采集工作,在照片的拍摄过程中,考虑到游客的步行速度与视线角度,在村落道路上每隔 20 m 拍摄一张照片,拍摄角度尽量接近游客的真实视野。拍摄工作结束后,将照片输入基于全卷积神经网络的 FCN 图像处理模型中,以量化指标数据[2]。

为保证数据来源的客观性,拍摄视角应尽量接近于村庄中游客步行时的视角:拍摄相机高度固定为 1.7 m,拍摄角度为基于视觉水平线上下俯仰角度 ±40°左右,拍摄位置固定为道路中心位置(图3)。在拍摄完成后,筛选出质量不佳、位置重合与角度有偏差的图片,按实际情况进行补拍,最后对符合要求的图像进行数据编码、图像分割与参数计算。

图3　大李村街道空间图像采集工作

2.2　数据处理

首先,将绘制好的 CAD 线段模型导入 Depthmap 软件,得出大李村内部街道的整合度、选择度与可理解度数据;结合目前村庄内部商业业态,特别是文创业态情况,结合整合度与选择度指标下的量化数据结果分析其过高或者过低的原因,并指出哪些部分需要进行完善与提升;得出大李村整体的可理解度评价,以辅助大李村内部进行路线规划与调整。

接下来,基于所拍摄的大李村内部街景图片对规划道路进行活力度分析。本研究选用 Yao[3] 等采用 ADE20K 开放图像数据集进行训练的 FCN 模型框架。ADE20K 是一个广泛用于语义分割任务的开放数据集,其中包含丰富多样的场景和物体类别。FCN 是一种深度学习模型,用于像素级别的语义分割,即将图像中的每个像素标记为特定的语义类别。该模型框架最多可以从街景图像中识别出 150 类要素。FCN 模型的框架如图4所示。

然后,为了减少无关因素的影响,提高模型的鲁棒性,通过缩放和标准化等预处理步骤,尽量减少环境中的光线、色差等无关因素对图像识别产生的影响,这样有助于提高图像识别的准确性。

最后,将图像输入专业软件中以获得基础数据并进行进一步处理。

3　研究结论

使用空间句法与图像分割方法,基于活力度指标

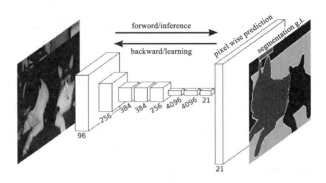

图4　FCN 模型结构示意图

(图片来源:https://blog. csdn. net)

对大李村内部街道空间进行分析后,得出以下研究结论。

(1)总体来看,大李村目前主要的游览路线整合度和选择度均较高,但文创景点不够丰富,且分布较为零散,在游览中旅客无法完全沉浸在环境之中。

(2)随着近年来(2006 年后)的逐步开发,大李村内部道路宽度逐渐增大,并且空间环境有了大幅提升。但其路网深层结构依然延续农业村落的传统路网布局,中心区域整合度不足,难以形成人群聚集效应。

(3)目前大李村中心区域还有部分道路整合度低且街道空间环境尚未整治,对游客的游览感受并不友好。部分可达性较好的区域却没有得到合理的规划,功能混杂,布局较为凌乱。

(4)目前大李村部分内部道路环境较差,围合度过高,人车混行情况严重,且相关的配套设施极不完善,这些情况阻碍了大李村内部街道空间的活力度提升。

参考文献

[1] 张章,徐高峰,李文越,等.历史街道微观建成环境对游客步行停驻行为的影响——以北京五道营胡同为例[J].建筑学报,2019(3):96-102.

[2] 黄竞雄,梁嘉祺,杨盟盛,等.基于街景图像的旅游地街道空间视觉品质评价方法[J/OL].地球信息科学学报,2022:1-15[2023-07-18]. http://kns. cnki. net/kcms/detail/11. 5809. p. 20221219. 0958. 002. html.

[3] YAO Y, LIANG Z T, YUAN Z H, et al. A human-machine adversarial scoring framework for urban perception assessment using street-view images [J]. International Journal of Geographical Information Science,2019,33(12):2363-2384.

黄正杰[1]　胡骉[1,2,3]*

1. 湖南大学建筑与规划学院；hosen@hnu. edu. cn
2. 丘陵地区城乡人居环境科学湖南省重点实验室
3. 湖南省地方建筑科学与技术国际科技创新合作基地

Huang Zhengjie[1]　Hu Biao[1,2,3]*

1. School of Architecture and Planning, Hunan University; hosen@hnu. edu. cn
2. Hunan Key Laboratory of Sciences of Urban and Rural Human Settlements in Hilly Areas
3. Hunan International Innovation Cooperation Base on Science and Technology of Local Architecture

浅析数字化建筑设计的思潮嬗变

A Brief Analysis of the Evolution of Thought Trends in Digital Architectural Design

摘　要：随着数字技术的飞速发展，数字化建筑设计的工具与方法应用越来越广泛。早期的建筑数字化手段——例如 AutoCAD，被认为是替代图板和图纸的工具，并不能提高建筑师解决设计问题的能力。但近二十年来，"数字化"这个概念在建筑学领域的认识层面上发生了变化，出现了从"工具"到"形式"再到"方法"三个层面的转变。本文从上述三个层面对数字化建筑设计的思潮予以梳理，并以清华大学、同济大学、东南大学当前的数字化建筑设计的教学为例，将数字化建筑设计的主要方法归纳为"量化"与"自动化"。

关键词：数字化建筑设计；建筑思潮；价值观；方法论

Abstract：With the rapid advancement of digital technology, the tools and methods of digital architectural design are being widely applied. Early digital means of architecture, such as AutoCAD, were regarded as tools to replace drafting boards and paper drawings, without necessarily enhancing architects' ability to tackle complex design problems. However, in the past two decades, the concept of "digitalization" has undergone a shift in the realm of architectural discourse, evolving from being seen merely as a "tool" to a "form," and further into a "method." This article aims to explore the trends in digital architectural design from these three perspectives and uses the current digital design education at Tsinghua University, Tongji University and Southeast University as examples, and categorizes the main methods of digital architectural design into "quantification" and "automation".

Keywords：Digital Architectural Design; Architectural Trends of Thought; Values; Methodology

1　绪论

当我们说到"数字化"时，我们谈论的是什么？

随着计算机的普及和数字技术的迅猛发展，数字技术深刻地影响了建筑设计的认识与方法。在早期，建筑学所指的"数字化"可以看作"运用数字技术"，将数字技术等同于一般的工具并运用在建筑设计中。但近二十年来，"数字化"这个概念在建筑学的认识层面上发生了变化，出现了从"工具"到"形式"再到"方法"的转变。

2　数字化建筑设计的概念与背景

2000 年前后，数字技术的蓬勃发展带来了席卷全球的数字化浪潮，建筑学领域也深受影响，"数字化建筑设计""数字建筑"等概念因此出现并逐渐普及。

数字技术有着具体的内涵与宽广的外延。从外在表现或存在形式来看，数字技术涵盖了以计算机软硬件和通信技术为基础的各种衍生技术，如计算机辅助设计（CAD）、网络技术、集成技术、虚拟现实技术等。就本质特征而言，数字技术是一种以数字信号为基本单位和媒介形式的技术，对信息进行表达、传播、控制、反馈等处理[1]。

形成全球性数字化浪潮的根本原因，是数字技术极大地推动了人类社会的进步发展。"数字……"是关于某领域数字化的问题，则"数字建筑"是建筑学数字化的问题。"……化"一般表示针对某个领域而非个体的全局性改变,"数字化"则表示特定领域或系统向数字技术发展的一种全局性改变。

数字化与计算机的普及应用是不同的概念。数字化建筑涉及建筑学的学科目标、理论、方法、技术、实践等不同层面的课题,以及建筑项目的设计、建造、全过程管理等子领域的复杂系统问题。"数字建筑"研究的三大方向因此可划分为设计数字化、建造数字化与全生命周期管理数字化[1]。虽然数字技术与计算机应用已经在建筑设计工作中得到普及,但建筑学领域对于数字技术的看法普遍还停留在"工具"的认识层面,在方法上尚未有足够的提升。

3 数字化作为设计工具

建筑学领域中的"数字化"最早是指计算机辅助设计(CAD),具体表现为使用计算机软件制图,从而更便捷地完成建筑图纸。计算机的应用将建筑师从使用图板、丁字尺、针管笔的手工制图中解放出来,提高了建筑设计的速度和精度。同时,建筑师的表达不再受到手工制图与建模的约束——建筑师能利用计算机建模,推敲复杂的形状和空间,使形式的想象和处理不再困难。原先表达和建造都存在困难的复杂形体,逐渐被建筑师使用[2]。

在 2010 年前后,随着扎哈·哈迪德、马岩松、蓝天组等因复杂形式而著名的建筑师和建筑事务所参与设计的众多设计项目落成,建筑设计领域掀起了一股"参数化"的热潮。有着宛如液体或生物体般丰富曲面形态的建筑成了许多设计效仿的对象。

"参数化"主要指参数化建模,是数字化建筑设计的一种工具与方法,它使用数据作为变量并通过编写算法生成三维模型。在"参数化"的热潮中,以 Nurbs 曲面为基础的建模软件 Rhino 及其可视化编程插件 Grasshopper 受到追捧,成为热门的学习对象。前者可以建立包含曲面的复杂形体;后者可以通过图形用户界面编写算法,从而建立参数化模型。二者的结合使复杂建筑形体的快速建模、修改与推敲成为可能。

4 数字化作为形式语言

重表现的数字设计先锋建筑可以分为两类——以弗兰克·盖里(Frank Owen Gehry)的设计为代表的碎片化解构主义美学风格建筑和以扎哈·哈迪德(Zaha Hadid)的设计为代表的连续流动的非欧几何的形式语言风格建筑[3]。这两类建筑都运用了参数化的设计方法,而扎哈·哈迪德建筑事务所现任总裁帕特里克·舒马赫(Patrik Schumacher)是参数化理论的奠基人。

4.1 参数化主义的提出

帕特里克·舒马赫在 1988 年加入扎哈·哈迪德事务所,他与扎哈·哈迪德本人一同参与了事务所的

许多重要设计项目,并将参数化设计理论化与系统化,提出了"参数化主义"的风格流派。在 2008 年威尼斯建筑双年展中,帕特里克·舒马赫提出了《参数化主义的建筑风格——参数化主义者的宣言》(Parametricism as Style - Parametricist Manifesto)。该宣言认为,参数化主义是现代主义之后的一个时代性的风格,是建筑对于信息时代的技术、社会、经济的回应[4]。他还在 2010 年至 2012 年间出版了建筑理论专著《建筑学的自创生系统论》(The Autopoiesis of Architecture)。

帕特里克·舒马赫认为,参数化主义基于数字技术,以参数设计体系和脚本编程方法为基础,其基本要素是动态的、适应性的。在参数化设计中,每个要素之间都可以相互作用,通过程序脚本相互影响。而参数化主义建筑如同自然现象的外观形态,是自我组织和进化过程的结果。

4.2 对数字建筑形式的反思

不论是以弗兰克·盖里为代表的碎片化解构主义美学风格建筑,还是以扎哈·哈迪德为代表的连续流动的非欧几何的形式语言风格建筑,重表现的先锋建筑师的实践作品通常在形式上刻意突破传统建筑所遵循的牛顿经典力学和欧几里得几何学,常表现出与地心引力相对抗的视觉特征,常以曲线、曲面、锐角、轻薄材质等构成要素和扭曲、随流、外翻、超大悬挑等设计手法,塑造动态、流动、不规则或无秩序的形式与空间[2]。

这些不稳定的形式与空间,有些是突破既有建筑形态的尝试,而有些则是刻意塑造浮夸夺目的造型以满足商业化建筑设计的利益需求与舆论关注。面对大部分数字建筑中"不和谐"的形式,西方学者在著述中予以了关注,例如美国南加州大学建筑学院彼得·泽尔纳(Peter Zellner)教授将其描述为"不可思议的美"但"令人心神不宁"[5]。

5 数字化作为设计方法

对数字建筑的形式的反思,同样出现在中国学者中。东南大学建筑学院李飚教授对近年来国内大量出现的建造困难、造价高昂、空间比例尺度失衡的曲面建筑表达了关注。他认为,曲面建筑需要有严谨的数理逻辑,需要建筑师对形式与功能的协调有着深刻的认识,还需要建筑师对数字建造的流程有着充分了解与严格把控[6]。

5.1 当今中国高校数字化建筑设计及教学的方法——以清华、同济、东南大学为例

近年来,中国高校的数字建筑教育越来越重视"数字化"背后的方法与原理。清华、同济、东南三所大学作为我国数字建筑科研与教学的代表,对于数字化建筑设计及教学有着不尽相同的价值观和方法论(表1)。

表1 清华、同济、东南三校数字化建筑设计教学的价值观与方法论

学校	代表人物	人物简介	主要研究问题	价值观	方法论	具体设计方法
清华大学	徐卫国	清华大学建筑学院教授,博士生导师	人口老龄化和建筑业人力短缺	重视数字化与自动化,减少人力成本和建造过程中的问题	智能建造——房屋建造或环境建设的全过程及各专业充分利用数字技术实现建造目标	虚拟建造与实物建造相结合
同济大学	袁烽	同济大学建筑与城市规划学院副院长,长聘教授	数字化技术迅猛发展,建筑学既有培养体系难以满足教育需求	包豪斯的核心思想——"艺术与技术,新统一"	数字包豪斯——秉承以物质空间设计为核心的教育思想,从数字工艺、建构性以及产业化的视角,进行教学、研究与实践	低技数字化实践;参数化地域主义;建造算法;机器人建造工艺;数字工匠;性能化建构
东南大学	李飚	东南大学建筑学院教授,建筑运算与应用研究所所长	国内较多的曲面建筑出现建造困难、造价过高、空间比例失衡等问题	重视数理逻辑,强调探索编程与算法	数字链——以程序、规则或公式模板为输入原料,操控特定的建筑原型,其结果保持与特定预设之间的逻辑关联	建筑生成设计;数控建造;互动设计

(来源:作者自绘)

面对人口老龄化和建筑业劳动力短缺等社会问题[7],清华大学建筑学院的徐卫国教授近期主要关注智能建造,强调在建造过程中充分利用数字技术,使虚拟建造技术与实物建造相结合。他认为3D打印等智能建造技术具有"生产速度快、材料环保、建设成本低、节省劳动力、造型个性化等优势"[8]。

包豪斯思想对于同济大学建筑教育具有重要的启蒙作用,其核心思想"艺术与技术,新统一"深刻影响了同济大学建筑的教育思想。面对数字技术的迅猛发展,建筑学既有培养体系已经难以满足教育需求。2017年5月,同济大学建筑与城市规划学院袁烽教授在中国建筑学会数字建造学术委员会成立大会上提出关于"数字包豪斯"的倡议。在过去十年多的时间里,袁烽教授带领同济数字建筑教育先后探索了低技数字化实践、参数化地域主义、建造算法、机器人建造工艺、数字工匠、性能化建构的诸多方向[9]。

基于重视数字建筑背后的数理逻辑的价值观,李飚教授所在的东南大学建筑学院建筑运算与应用研究所主要研究"数字链"的设计。"'数字链'系统以程序、规则或公式模板为输入原料,操控特定的建筑原型,其结果保持与特定预设之间的逻辑关联"[10]。同时,李飚教授及其团队在教学与科研中还强调探索编程与算法,教研方向主要围绕建筑生成设计、数控建造和互动设计三个方面。

5.2 数字化建筑设计两种主要的方法——量化与自动化

在上述的方法中,性能化建构、建筑生成设计等以数据作为变量、通过编写算法输出设计结果的研究可归纳为"量化";机器人建造、3D打印、互动设计等使用设备和控制系统减少人为干预并提高工作精度的技术可归纳为"自动化"。

5.2.1 量化

量化,主要指定量研究,是采用数学统计、计算技术等方法来对研究对象进行系统性的经验考察。在计算机发明之前,建筑师使用悬链线的物理模型为建筑物找形,以期建筑物的结构与形式相统一,这种方法被称为垂吊找形法。英国自然科学家罗伯特·胡克(Robert Hooke)在1675年就已经发现了拱顶找形法,并描述:"拱的合理形式与倒过来的悬索一致"——因为稳定的悬索没有压力,所以反过来拱的截面上也不应该有拉力。

在19世纪末至20世纪初,西班牙建筑师安东尼·高迪采用垂吊找形法设计了有着丰富曲面形态的科洛尼亚桂尔教堂(Cripta de la Colònia Güell,图1)和圣家堂(Sagrada Família,图2)。圣家堂的悬链线物理模型是在细线上垂挂着数百个小沙包,沙包中装有等比例重量的铁砂,将细绳下拉形成悬链线,以表现建筑复杂的形态[11][12][13]。

图1 科洛尼亚桂尔教堂的悬链线物理模型

（图片来源：https://commons.wikimedia.org/
wiki/File：Maqueta_polifunicular.jpg）

图2 圣家堂的悬链线物理模型

（图片来源：https://commons.wikimedia.org/
wiki/File：Maqueta_funicular.jpg）

安东尼·高迪的模拟方法已经具有参数化设计和定量研究的特征，通过调整沙包的重量、位置或悬链线的长度，可以改变每个拱的形状，并观察对相连的拱的影响。如今，数字化建筑设计常用的定量研究方法是生成式建筑设计和建筑信息模型（BIM）。前者通过分析设计需求构建理性的设计模型，通过编写算法与程序，以计算结果推演得到设计结果[14]；后者将建筑各专

业信息集成到一个统一模型中，关联处理。

5.2.2 自动化

自动化，主要是指在无人参与的情况下，利用控制装置使控制对象或过程自动地按预定规律运行。其最为明显的好处是可以节省劳动力，有利于节约能源和材料，改善质量和精度。对于建筑学领域而言，自动化主要源于数字技术的发展。自20世纪末CAD逐渐普及，使建筑师摆脱手工作图（图3）后，建筑设计的自动化程度便日益提高（图4）。而机器人建造、3D打印技术的成熟，使得房屋建造的自动化已经接近现实。

图3 手工作图的建筑师，1893 年

（图片来源：https://commons.wikimedia.
org/wiki/File：Architect.png）

图4 电脑作图的建筑师，1987 年

（图片来源：https://commons.wikimedia.org/wiki/
File：Man_using_AutoCAD_(1987).jpg）

近年来，数字化的发展使得人工智能生成建筑布局成为可能，这或许会使建筑设计的自动化进一步提高。基于Pix2Pix模型，已经能做到通过深度学习识别和生成住宅室内平面图[15]，甚至针对不同的限制条件，

如建筑轮廓、外墙开口、指定房间在平面图中的位置、承重墙位置,生成不同的建筑布局。

6 结论

"数字化"这个概念,在建筑学中不仅仅指建模和制图的设计工具、参数化的形式语言,更是一种设计方法。

早期的建筑数字化手段,例如 AutoCAD,被认为是图板和图纸的替代工具,并不能提高建筑师解决设计问题的能力。但随着计算机图形学的发展,计算机对图形的操作的便捷使得数字化工具成为解决复杂建筑形态的必然选择[3]。数字化工具的应用带来了曲面建筑的热潮,塑造了"参数化主义"。而这些新设计工具与新形式语言又对建筑师的数理逻辑提出了更高的要求。

清华、同济、东南三所大学作为我国数字建筑科研与教学的代表,当前的数字化建筑设计的教学多围绕建筑生成设计、性能化建构、智能建造、互动设计等内容展开——前两者可以归纳为"量化",即定量研究;后两者可以归纳为"自动化",即自动化技术。

参考文献

[1] 黄涛.解析"数字建筑"[J].新建筑,2008(3):13-16.

[2] 赵继龙,刘建军,赵鹏飞.数字建筑的形式、美学与伦理[J].建筑师,2009(2):27-30.

[3] 冷天翔.复杂性理论视角下的建筑数字化设计[D].广州:华南理工大学,2011.

[4] 段雪昕.帕特里克·舒马赫和他的《建筑学的自创生系统论》[J].建筑学报,2018(1):80-83.

[5] ZELLER P. Hybrid Space:New forms in digital architecture[M]. New York:Rizzoli, 1999.

[6] 李飚,唐芃,李鸿渐.数字链——生成设计与精确建造的桥梁[J].建筑技艺,2021,27(4):46-51.

[7] 徐卫国.从数字建筑设计到智能建造实践[J].建筑技术,2022,53(10):1418-1420.

[8] 赵夏瑀,徐卫国.3D打印建造技术的研究进展及其应用现状[J].中外建筑,2021(10):7-13.

[9] 袁烽,孙童悦.数字包豪斯 同济建筑的建构教育与实践探索[J].时代建筑,2022(3):40-49.

[10] 李飚.东南大学"数字链"建筑数字技术十年探索[J].城市建筑,2015(28):39-42.

[11] 袁中伟.找形研究——从高迪到矶崎新对合理形式的探索[J].建筑师,2008(5):27-30.

[12] 沈佳,丁丽嘉,黄骁然.力与艺——以高迪设计手法为切入点的创新装置实践[J].建筑与文化,2022(6):255-259.

[13] 镇列评.解读高迪[J].世界建筑,2000(12):65-71.

[14] 李飚,季云竹.图解建筑数字生成设计[J].时代建筑,2016(5):40-43.

[15] HUANG W X, ZHENG H. Architectural drawings recognition and generation through machine learning[C]//Proceedings of the 38th Annual Conference of the Association for Computer Aided Design in Architecture,ACADIA,2018.

Ⅲ 低碳目标下绿色建筑设计的数字技术

吕瑶[1,2]　蔡家瑞[1,2]　肖毅强[1,2]*
1. 华南理工大学建筑学院；luyao@scut.edu.cn
2. 亚热带建筑科学国家重点实验室；yqxiao@scut.edu.cn*
Lü Yao[1,2]　Cai Jiarui[1,2]　Xiao Yiqiang[1,2]*
1. School of Architecture, South China University of Technology; luyao@scut.edu.cn
2. State Key Laboratory of Subtropical Building Science; yqxiao@scut.edu.cn*

广东省自然科学基金面上项目(2022A1515011539)；中央高校基本科研业务费专项资金(2022ZYGXZRO41)；国家自然科学基金面上项目(52378017)；粤海置地创新研究院开放课题

湿热环境下生土砌筑建筑墙体热湿性能研究
Research on Heat and Moisture Characteristics in Earthen Masonry Walls under Hot and Humid Environments

摘　要：湿热地区的生土砌筑建筑作为独特的乡土建筑类型，具备文化风貌保护与更新利用的重要价值。然而，这类建筑易受湿热地区的雨水侵蚀，对其墙体进行性能提升的更新利用措施可能会改变墙体整体的热湿传递过程，造成墙体开裂等问题。因此，本研究在 WUFI Pro 热湿模拟软件中构建了 4 种生土砌筑建筑性能提升墙体，进行了时间周期为 1 年的热湿模拟，以研究其热湿性能，探讨湿热地区生土砌筑建筑墙体的稳定性及耐久性，促进其可持续发展。

关键词：生土建筑；生土砌筑墙体；热湿模拟

Abstract: In hot and humid regions, earthen masonry architecture embodies a distinct vernacular architectural typology that holds substantial value in terms of cultural heritage preservation and adaptive reuse. Nevertheless, these structures are susceptible to degradation caused by rainwater infiltration in such climatic conditions. Implementing performance-enhancing measures to improve their capabilities may modify the overall thermal and moisture transfer mechanisms within the walls, potentially resulting in problems such as wall cracking. Therefore, this study developed four wall systems for enhancing the performance of earthen masonry architecture using the WUFI Pro software. A one-year simulation was conducted to investigate their thermal and moisture behavior. This research aims to investigate the stability and durability of earthen masonry architecture walls in hot and humid regions, thereby promoting their sustainable development.

Keywords: Earthen Architecture; Earthen Masonry Wall; Hydrothermal Simulation

1　研究背景及现状

生土砌筑建筑作为一种独特的乡土建筑类型，在我国历史悠久，分布广泛，承载着居民的情感和营建智慧。在我国追求碳中和目标的背景下，生土砌筑建筑绿色节能、经济环保与可循环利用的特点对节约资源、减少能源消耗及可持续发展有着积极影响，保护和再利用生土砌筑建筑具有重要意义。

1.1　保存现状

统计数据显示，广东省乡村地区的生土砌筑建筑占乡村建筑总量的 14.5%，而其中危房的比例仅为 14.0%。这些数据表明广东省作为我国南方湿热地区的代表省份，其生土砌筑建筑具有丰富的存量且保存状况良好。此外，广东省的生土砌筑建筑类型多样，做法丰富，常采用就地取材的方式，充分展现了地域特色。因此，湿热地区的生土砌筑建筑具备一定的保护价值与活化利用价值。

1.2　环境挑战

我国湿热地区降雨量充沛，环境湿度高，以广东省为例，其年降水量可达 1366~2343 mm。在这样的自然环境中，水是导致生土砌筑建筑损坏的主要因素。生土砌筑建筑容易受到风雨侵蚀和潮湿环境的影响，高湿度和高降水量增加了土坯吸湿膨胀和墙体渗透的风险。此外,高温和高湿度条件下土坯的长期暴露可能导致墙体的腐蚀和霉菌附着,进一步引起墙体软化、剥落及开裂等现象。

1.3 更新利用

面对湿热环境对生土砌筑建筑的挑战,增设新的结构层来提升建筑性能成为一种被广泛探索的策略。现有针对传统建筑的更新利用措施多为在墙体内部增设结构来提升墙体性能,以保护传统建筑风貌。然而,此方式可能会改变整体生土砌筑建筑墙体的热湿传递过程,使得既有生土砌筑建筑墙体的含水量产生变化,而墙体构件湿度的增高可能会导致构件损伤,破坏墙体。

因此,对我国湿热地区的生土砌筑建筑增设性能提升措施后的墙体进行热湿性能研究,能够为这些建筑性能提升措施的选取提供科学依据。这不仅有助于保持生土砌筑建筑的稳定性和耐久性,还有助于保护和活化利用具有地域特色的生土砌筑建筑,促进乡土建筑的文化多样性和协调发展,为其适应气候变化和可持续发展作出贡献。

2 研究方法

2.1 模拟方法

本研究使用由德国弗劳恩霍夫建筑物理研究所(IBP)研发的热湿非稳态计算软件 WUFI,对生土砌筑建筑性能提升墙体进行热湿模拟。WUFI 系列软件包括以下 4 类:WUFI Pro、WUFI 2D、WUFI Plus 与 WUFI Passive,不同的软件针对不同的应用需求。其计算方法经世界各地露天实验和实验室数据验证,实现了对自然气候条件下建筑以及构件非稳态热湿性能的真实计算。

本研究使用的 WUFI Pro 是评估建筑围护结构防潮特性的标准工具,能在真实气候参数下对建筑构件进行动态热湿性能模拟。通过对湿热地区的生土砌筑建筑性能提升墙体进行热湿模拟,得出墙体材料在一定时间周期内含水量、温度与湿度等参数随时间变化的曲线,以评估生土砌筑建筑性能提升墙体的热湿性能。

2.2 模拟流程

在 WUFI Pro 中,对建筑墙体进行热湿计算需要建立建筑墙体横截面模型,设置计算方法和边界条件。墙体模型是由各层组成的复合结构,其左侧表示室外,右侧表示室内。建立墙体模型需要依次选择合适的墙体材料和确定各层的厚度。在 WUFI Pro 软件材料数据库中包含大量研究机构发表的各类材料参数。

不同地区的生土砌筑建筑墙体由于材料表观密度、孔隙率、水蒸气扩散阻力因子、湿分储存函数、液相水传递系数等基本参数及热湿物性参数的不同,呈现不同的热湿性能。以广东省为例,该省处于湿热地区,气候潮湿,降水丰沛,位于中国红壤地区,形成了以红壤土为主的土质。土壤的土质会在很大程度上影响生土砌筑建筑墙体的材料性能。

因此,本研究在 WUFI Pro 的材料数据库中选取 Red Matt Clay Adobe 作为湿热地区的既有生土砌筑建筑墙体材料。随后,基于典型构造做法,构建既有生土墙体性能提升措施,生成以下 4 种墙体构造:墙体 a,生土砌筑墙体—加气混凝土墙体;墙体 b,生土砌筑墙体—空腔层—加气混凝土墙体;墙体 c,生土砌筑墙体—保温层—隔气层—饰面层墙体;墙体 d,生土砌筑墙体—空腔层—保温层—隔气层—饰面层墙体。4 种墙体构造如图 1 所示。

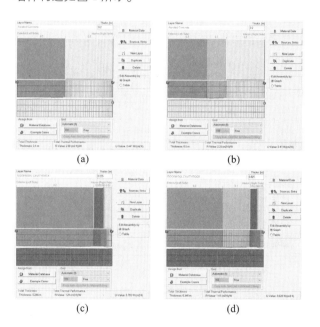

图 1 4 种墙体构造模型横截面

(a)墙体 a;(b)墙体 b;(c)墙体 c;(d)墙体 d

(图片来源:作者自绘)

在确立各层墙体构造后,需要细分计算网格,本研究采用细分级别。此外,在现实环境中,墙体受太阳辐射和降雨影响。为估算不同方位和角度下墙体的受雨量,需设定墙体的朝向、倾斜度。本研究将墙体朝向设为北向,倾斜度为 0°,对应垂直墙体,并设定建筑高度,系统依据公式计算出墙体的雨水负荷。

在使用 WUFI Pro 进行模拟时,为了确保准确性,还需要设置合理的室内外气候条件,其中室外气候条件包括环境空气温度和相对湿度、太阳辐射以及风驱雨系数等。而 WUFI Pro 软件中提供的气象数据文件主要集中在北美、欧洲和日本地区，并不包含中国的气象数据文件。该软件中，北美地区拥有丰富多样的典型气候类型，其中北美城市迈阿密与中国南方湿热地区气候条件类似，均呈现夏季炎热潮湿、冬季相对温暖、年降雨量较高的特征，并且迈阿密与我国广东湿热地区的太阳辐射强度和辐射角度相近。因此，在模拟中选择迈阿密的气象数据作为室外气候边界条件进行模拟，具有较好的代表性。墙体的室内气候条件在系统中根据 EN 15026、ISO 13788 和 ASHRAE 160 等标准生成。在本研究中，我们依据 ASHRAE 160 生成了墙体的室内边界条件。

3 模拟结果

在构建和设置好墙体模型、计算方法和边界条件后，我们对 4 种墙体进行时间周期为 1 年的热湿模拟，模拟周期为 2024 年 1 月 1 日至 2025 年 1 月 1 日，得出墙体含水量、温度与湿度等参数随时间变化的曲线。4种墙体中既有生土砌筑墙体含水量模拟数据如表 1、图 2 所示。

表 1　4 种墙体中既有生土砌筑墙体含水量变化

墙体类型	初始含水量/(kg/m³)	最终含水量/(kg/m³)	含水量变化范围/(kg/m³)
墙体 a	2.30	1.72	1.65～2.55
墙体 b	2.30	1.72	1.66～2.71
墙体 c	2.30	1.73	1.68～2.71
墙体 d	2.30	1.74	1.68～2.79

（来源：作者自绘）

3.1　既有生土砌筑墙体含水量变化

由表 1 和图 2 模拟结果可知，湿热环境下 4 种生土砌筑建筑性能提升墙体中既有生土砌筑墙体含水量变化如下。

（1）在一年的时间周期内，4 种墙体中的既有生土砌筑墙体材料的含水量均呈现下降的趋势，墙体 a、墙体 b、墙体 c、墙体 d 中的既有生土砌筑墙体最终含水量分别为 1.72 kg/m³、1.72 kg/m³、1.73 kg/m³ 与 1.74 kg/m³，墙体 a、墙体 b 中的既有生土砌筑墙体的含水量在前期下降幅度较墙体 c、墙体 d 更为缓和，而在后期则更为明显，且在夏季呈现更显著的季节性波动。

（2）墙体 b、墙体 c、墙体 d 中的既有生土砌筑墙体含水量变化范围分别为 1.66～2.71 kg/m³、1.68～2.71 kg/m³ 与 1.68～2.79 kg/m³，相较于墙体 a 的

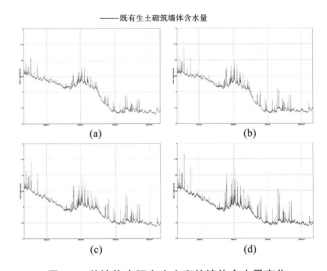

既有生土砌筑墙体含水量

图 2　4 种墙体中既有生土砌筑墙体含水量变化
(a)墙体 a；(b)墙体 b；(c)墙体 c；(d)墙体 d
（图片来源：作者自绘）

1.65～2.55 kg/m³ 更大，更容易受到湿热环境的影响，从而导致墙体内部湿度增加，进而增加墙体软化、剥落及开裂等问题的潜在风险。

（3）在相同的墙体构造基础上，空腔层的增设对既有生土砌筑墙体最终含水量影响较小。然而，空腔层的增设会提升既有生土砌筑墙体含水量的峰值，并增大其含水量的变化范围。

3.2　室内墙面温度变化

在湿热环境下，4 种生土砌筑性能提升墙体的室内墙面温度模拟结果，呈现如图 3 所示的变化。

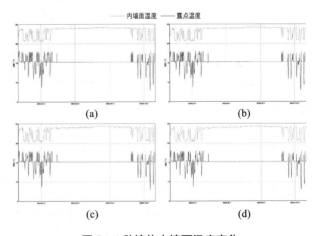

内墙面温度　露点温度

图 3　4 种墙体内墙面温度变化
(a)墙体 a；(b)墙体 b；(c)墙体 c；(d)墙体 d
（图片来源：作者自绘）

4 种墙体在室内环境中的温度变化幅度明显低于室外环境，表明这些墙体具有良好的温度调节作用。它们能够减缓外部温度变化对室内环境的影响，提供相对稳定的室内温度。

4种墙体的性能提升措施使得室内墙面温度全年均高于露点温度。这意味着墙体内部表面的温度不会降至露点温度以下,从而减少了冷凝现象的发生。这种特性适用于湿热地区的气候条件,可以有效避免墙体内部的潮湿问题,提高墙体的耐久性和使用寿命。

4 结语

本研究采用热湿传递模拟软件 WUFI Pro 对我国湿热地区环境下增设性能提升措施后的生土砌筑建筑墙体进行热湿传递模拟;通过模拟结果,分析 4 种生土砌筑建筑在增设性能提升墙体后既有生土砌筑墙体材料含水量的变化,并探讨 4 种墙体内墙面温度和露点温度的关系,以研究其在热湿特性方面的表现,从而对其稳定性与耐久性进行评估。

结果表明,WUFI Pro 软件在湿热地区的生土砌筑建筑墙体性能提升措施的稳定性与耐久性评估方面具备优势,这为我国湿热地区的生土砌筑建筑的保护与再利用提供了有力支撑,为其性能改善提供了决策依据与实践指导,有效促进了生土砌筑建筑的可持续发展。

参考文献

[1] WU F, LI G, LI H N, et al. Strength and stress - strain characteristics of traditional adobe block and masonry[J]. Materials and structures, 2013, 46: 1449-1457.

[2] 周铁钢,徐向凯,穆钧. 中国农村生土结构农房安全现状调查[J]. 工业建筑,2013,43(S1):1-4+86.

[3] 廖义善,李定强,卓慕宁,等. 近50年广东省降雨时空变化及趋势研究[J]. 生态环境学报,2014,23(2):223-228.

[4] MOREL J C, CHAREF R, HAMARD E, et al. Earth as construction material in the circular economy context: practitioner perspectives on barriers to overcome[J]. Philosophical Transactions of the Royal Society B, 2021, 376(1834): 20200182.

[5] PAN C, CHEN K, CHEN D, et al. Research progress on in-situ protection status and technology of earthen sites in moisty environment[J]. Construction and Building Materials, 2020, 253: 119219.

[6] POSANI M, VEIGA M D R, ED FREITAS V P. Towards resilience and sustainability for historic buildings: A review of envelope retrofit possibilities and a discussion on hygric compatibility of thermal insulations[J]. International Journal of Architectural Heritage, 2021, 15(5): 807-823.

[7] 甘海华,吴顺辉,范秀丹. 广东土壤有机碳储量及空间分布特征[J]. 应用生态学报,2003(9):1499-1502.

曾旭东[1,2]　黄洁[1]

1. 重庆大学建筑城规学院；zengxudong@126.com
2. 山地城镇建设与新技术教育部重点实验室

Zeng Xudong [1,2]　Huang Jie [1]

1. College of Architecture and Urban Planning,Chongqing University
2. Key Laboratory of Urban Construction and New Technology in Mountain Areas,Ministry of Education

重庆市高等教育教学改革研究项目(234003)；重庆大学第三批专业学位教学案例项目(20210325)

基于 BIM 技术的建筑低碳优化设计在教学上的探索

The Exploration of Building Low-carbon Optimization Design Based on BIM in Teaching

摘　要： 向零碳建筑转型是我国建筑行业未来发展的重点与趋势,但由于碳排放理论复杂、计算难度大,在建筑设计前期难以对其进行设计及优化。本文基于 BIM 技术对建筑设计要素类型进行整理与总结,通过改变要素条件,对低碳设计的有效性进行验证,以判断建筑低碳设计优化手段的有效性。此方法计算速率快,能快速反馈优化结果,有利于学生在建筑设计初期对低碳建筑设计方法形成基本认识,在方案设计阶段引入低碳目标,并促进低碳建筑设计手段探究。

关键词： BIM 技术应用；低碳建筑；方案设计阶段

Abstract： Zero-carbon building is the focus and trend of the future development of China's construction industry. However, due to the complexity of carbon emission theory and the difficulty of calculation, it is difficult to design and optimize it in the early stage of building design. Based on BIM technology, this paper sorts out and summarizes the types of architectural design elements, and verifies the effectiveness of low-carbon design by changing the element conditions, so as to judge the effectiveness of low-carbon design optimization methods for buildings. This method has a fast calculation speed and can quickly feedback optimization results, which helps students to form a basic understanding of low-carbon building design methods in the early stage of architectural design, introduce low-carbon objectives in the scheme design stage, and promote the exploration of low-carbon building design means.

Keywords： BIM Technology Application; Low-carbon Building; Scheme Design Stage

1　低碳建筑设计方法

1.1　设计初期对减碳的意义

随着我国碳达峰与碳中和目标的明确提出,减少建筑碳排放量、以绿色低碳观念建造建筑并向零碳建筑转型是我国建筑行业未来发展的重点与趋势。

我国《建筑碳排放计算标准》(GB/ T 51366—2019)中规定,建筑碳排放的计算边界为与建材生产及运输、建造及拆除和运行等活动相关的温室气体排放的计算范围。其中材料和施工相关的隐含碳排放时间短、强度高,占建筑全生命周期碳排放量的 10% ～ 20%；建筑运行阶段碳排放时间长、强度低,占建筑全生命周期碳排放量的 80% ～ 90%。在建筑设计阶段,建筑师通常会经历任务解读、概念草图、体块模型、方案设计、细部设计这几个阶段。其中,体块模型、方案设计阶段所涉及的设计要素如朝向、体块布置、体块长宽比、窗墙比、材料选择等,都对建筑全生命周期内碳排放量有较大影响。因此在低碳为导向的设计中就要求设计师在设计前期对建筑碳排放量进行大致估算。

1.2　低碳建筑设计的难点

传统建筑教学中,学生应对建筑布局、建筑形态、空间丰富性等空间要素进行思考。但在低碳为导向的设计中,则需要补充考虑建筑运行中的建筑能耗及碳排放量。其设计思路类似于绿色建筑设计,但在绿色建筑设计中所涉及的性能能够较好被感知并做出相应设计调整。如风环境的调整中更改开窗位置使室内空气较好流通;光环境的调整中对开窗大小及遮阳进行调整;声环境的调整中通过设置隔声绿化带、设计动静分区等方式优化建筑声环境等。而建筑碳排放的概念更为抽象,涉及要素更多、综合性更强,其分析与理解较为困难,仅依靠经验难以支撑低碳建筑的设计及方案优化。因此建筑师在设计过程中需要利用设计工具将较为抽象的低碳设计理念转化为量化标准,并实现快速可视化,使建筑师能够直观感知"碳"的存在及其变化。

1.3 基于 BIM 技术的低碳建筑设计

我国现阶段建筑碳排放测算方法主要采用实测法、物料衡算法和排放因子法,其中排放因子法广泛应用于建筑碳排放量计算,我国现行《建筑碳排放计算标准》(GB/T 51366-2019)中就对此方法进行了详细说明。其中涉及各个阶段的能源来源、建材清单以及运行期间建筑能耗等。该标准中指出,排放因子法适用于建筑设计阶段对碳排放量进行计算。

我国在绿色建筑分析方面已有所建树,但针对低碳性能的建筑分析软件尚处于发展阶段,可用软件较少,主要应用软件为广联达、斯维尔 CEEB、东禾建筑碳排放计算分析软件、PKPM-CES 等。现阶段大部分分析软件都是通过在计算软件中导入 CAD 平面和建材清单,再对房间类型、墙体做法等参数进行重新设置,此类计算方式较为复杂,且需要系统学习相关专业知识,上手难度较高。其中计算复杂、计算难度高的部分是建材清单的统计计算和建筑能耗计算两部分。

BIM 模型由具体的建筑元素所搭接建造,其模型承载建筑构建数据,存储建筑信息,通过引入 BIM 技术能够快速解决涉及设计信息的建筑建材统计困难的问题。部分计算软件虽通过导入 BIM 模型能够直接生成建筑平面,但仍然需要导入材料清单,并设置窗面积、分区面积等精确数据,此类计算方法虽然通过引入 BIM 模型强大的数据信息,简化了建筑材料统计与导入,但仍然需要对其他具体参数进行设置。建筑设计初期,各项参数都较为模糊,此类方法更适用于设计初具雏形后的深入阶段。

为继续对建筑运行阶段能耗产生的碳排放量进行快速计算,引入内置碳排放量计算的 BIM 软件 ArchiCAD。由于软件内内置碳排放量计算功能,因此无需对文件进行格式转换,能在软件内完成多方案碳

排放量对比,利用此方法能够使使用者快速对碳排放量产生直观理解,在理解碳排放概念下对低碳建筑进行设计。

2 低碳建筑设计的要素影响分析

2.1 低碳建筑设计要素

气候条件在很大程度上会影响建筑各方面性能,因此对低碳建筑进行设计时,需要基于气候条件进行研究。在设计初期,设计师会先对建筑体块、功能划分进行研究,而由于建筑的形状和比例以及布局会直接影响对太阳辐射的利用,因此需要合理地设置建筑形状,更好地利用太阳辐射热量,减少使用人工照明和供暖、冷却系统的需求。在体块基本确定后,需要对建筑立面开窗进行设计,窗户作为建筑热能流失的主要途径之一,较大的窗墙比会增加热传导的表面积,导致建筑在供暖或冷却时能量的流失增加。为降低碳排放,需要较好地考虑建筑功能与建筑开窗的关系。

基于以上的建筑设计要素分析,本研究对设计阶段涉及的气候条件、建筑体块、建筑窗墙比以及建筑体块组合形式进行多方案比较,以此计算出各要素对建筑碳排放的影响。

2.2 计算分析

2.2.1 气候分区、体块比例对建筑年碳排放量的影响

首先对各气候分区条件下,建筑体块对年碳排放量的影响进行研究。本研究选取我国五类气候分区中的代表城市进行计算(表 1),控制建筑面积为 100 m²,调整比例由 4∶1 到 1∶4 的共 7 类体块进行年碳排放量的计算。为研究不同气候分区对年碳排放量的影响,在模型中统一定义加热系统为电力供暖装置,冷却系统为屋顶冷水机组。

表 1　选取计算地点信息

地区	经纬度
严寒地区—哈尔滨	45°37′33″北,126°15′4″东
寒冷地区—北京	39°55′59″北,116°23′0″东
夏热冬冷地区—上海	31°8′35″北,121°48′18″东
温和地区—昆明	25°0′4″北,102°44′47″东
夏热冬暖地区—广州	23°8′4″北,113°19′57″东

如表 2 所示,不同比例建筑体块对年碳排放量有不同影响,各比例的年碳排放变化量较小,波动量为 2.881～5.91 kg/m²,波动比例为 8.53%～16.28%。

表 2　不同比例建筑体块的年碳排放量

地区	比例 4∶1 /(kg/m²)	比例 3∶1 /(kg/m²)	比例 2∶1 /(kg/m²)	比例 1∶1 /(kg/m²)	比例 1∶2 /(kg/m²)	比例 1∶3 /(kg/m²)	比例 1∶4 /(kg/m²)	波动量 /(kg/m²)	波动比例/(%)
哈尔滨	44.29	43.07	42.66	41.58	43.27	43.99	45.46	3.88	8.53
北京	35.82	34.42	33.55	32.93	35.19	36.9	38.84	5.91	15.22
上海	26.9	25.71	24.84	24.23	25.75	27.23	28.94	4.71	16.28
昆明	20.23	19.66	19.32	19.07	20.11	20.97	21.95	2.88	13.12
广州	25.3	24.27	23.51	22.82	23.79	24.73	25.92	3.10	11.96

在加热冷却系统一致的情况下,各热工分区的年碳排放量出现较大差异,以比例 4∶1 为例,对哈尔滨与另外四个城市的年碳排放量进行比较,与北京的差值为 8.47 kg/m²,上海的为 17.39 kg/m²,昆明的为 24.06 kg/m²,广州的为 18.99 kg/m²。其中差值最大的为昆明。在进行设计时,各气候地区建筑的年碳排放量差距较大,应参考相同地区建筑进行设计与计算比较。如图 1 所示,对相同地区的建筑体块进行对比,比例为 1∶1 时的年碳排放量最低,其次为 2∶1,且南北向布置的体块碳排放量低于东西向布置,与我国遵循坐北朝南的建筑布局相匹配。

2.2.2　窗墙比对建筑年碳排放量的影响

窗墙比是指建筑外立面中窗户面积和墙面面积的比例。建筑外窗是建筑围护结构中较为重要的一部分,由于外墙能够进行内外保温的设置,因此外窗与外墙的保温性能差距较大,建筑外窗部分容易产生能量损失。分别对严寒地区的哈尔滨及夏热冬暖地区的广州进行多类窗墙比的计算。我国《公共建筑节能设计标准》(GB 50189—2015)中 3.4.1 条规定,严寒地区窗墙比需控制在 0.4～0.6 之间,夏热冬暖地区需控制在 0.4～0.7 之间,因此本研究仅对规定范围内窗墙比对建筑年碳排放量的影响进行研究。

如表 3 所示,夏热冬暖地区与严寒地区相同,加热年碳排放量与窗墙比呈反比,冷却年碳排放量则呈正比。在夏热冬暖地区,冷却产生的年碳排放量是加热产生的年碳排放量的 5～12 倍,因此冷却年碳排放量是影响总碳排放量的主要因素。在严寒地区则相反,加热年碳排放量是冷却年碳排放量的 3～6 倍,总碳排放量主要受加热年碳排放量影响,但受其影响的程度小于夏热冬暖地区。总体来看,在夏热冬暖地区应首要考虑夏季得热对建筑的影响,窗墙比对年碳排放量的影响最大达到 23.96%。严寒地区加热与冷却年碳排放量均受窗墙比影响,分别占总体的 13.61%、

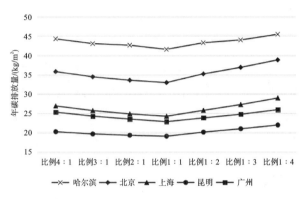

图 1　不同比例建筑体块的年碳排放量

7.47%,应首先考虑建筑外围护结构的冬季保温能力,窗墙比对年碳排放量的影响最大可达到 6.66%(图 2)。

表 3　不同窗墙比下建筑年碳排放量

窗墙比	加热年碳排放量/kg		冷却年碳排放量/kg		冷热年碳排放量/kg	
	广州	哈尔滨	广州	哈尔滨	广州	哈尔滨
0.4	186	2390	988	395	1174	2785
0.45	173	2299	1061	445	1234	2744
0.5	160	2210	1134	497	1294	2707
0.55	148	2115	1208	550	1356	2665
0.6	137	2011	1281	603	1418	2614
0.65	126	—	1355	—	1481	—
0.7	116	—	1428	—	1544	—

2.2.3　建筑布局对建筑年碳排放量的影响

建筑设计前期会对同一地块做出若干种建筑布局设计,选取 8 种较为常见的建筑布局进行计算(表 4),有效面积设计为 200 m²。以北京为建筑基地,选取四面围合体块作为基准建筑,将其余各类体块与其进行对比,计算结果见表 5。

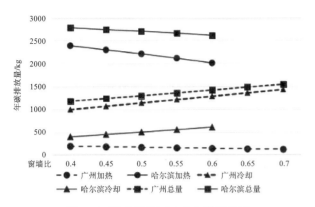

图 2　不同窗墙比下建筑年碳排放量

表 4　建筑布局模型

类型 1	类型 2	类型 3	类型 4
四面围合型	二层复合型	二层 L 形	三面围合型
类型 5	类型 6	类型 7	类型 8
二层一字形	二字形	回字形	正方形

表 5　不同建筑布局下年碳排放量

类型编号	外围护结构面积/m²	年碳排放量/(kg/m²)	加热年碳排放量/kg	冷却年碳排放量/kg	年碳排放量/kg
类型 1	336	27.5	2118	1267	5500
类型 2	354	27.53	2191	1200	5506
类型 3	280	26.61	1995	1211	5321
类型 4	280	26.41	1956	1209	5281
类型 5	280	26.12	1912	1195	5223
类型 6	280	26.08	1900	1200	5215
类型 7	224	25.65	1854	1159	5129
类型 8	158	23.3	1512	1032	4659

由于建筑位于寒冷地区的北京,因此建筑加热年碳排放量远高于冷却年碳排放量,总体年碳排放量曲线与加热年碳排放量趋势基本一致。且经过各类数据对比发现,建筑外围护面积与建筑年碳排放量相关性

较强,建筑外围护面积越大,冬季保温效果越差,加热年碳排放量对应增加,单位面积碳排放量越大。各类型建筑中以建筑形态最简洁的类型的年碳排放量最低,与形式最复杂、年碳排放量最高的类型 2 相比,年碳排放量差距达到 847 kg,对建筑年碳排放量的影响达 15.37%(图 3)。

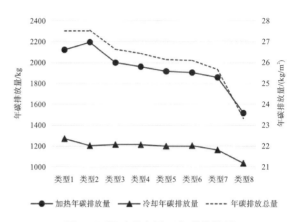

图 3　不同建筑布局下年碳排放量

在进行建筑设计时,需要考虑场地的气候条件,气候条件在很大程度上会影响建筑各方面性能,因此对低碳建筑进行设计时,需要基于气候条件进行研究。在设计初期,设计师会先对建筑体块、功能划分进行研究,而由于建筑的形状和比例以及布局会直接影响对太阳辐射的利用,因此需要合理地设置建筑形状,更好地利用太阳辐射热量,减少使用人工照明和供暖。

2.2.4　综合影响分析

以上探讨了建筑设计阶段各要素对碳排放量的影响。首先要考虑地理因素,建筑热工分区不同则碳排放量变化量差别较大,需要对地区进行针对性研究。其次在设计时尽量保持建筑比例在 1∶1 至 1∶2,不同体块长宽比对年碳排放量影响在 10%~15%。窗墙比受热工分区影响较大,对建筑年碳排放量的影响最大可达到 23.96%。建筑布局对建筑年碳排放量的影响最高可达到 15.37%。

3　总结

建筑低碳设计是较为复杂与烦琐的过程,本研究利用 BIM 平台进行碳排放量的快速比对,总结了气候、不同比例建筑体块、窗墙比和建筑布局对建筑年碳排放量的影响,通过数据分析证明设计方案阶段各要素对建筑的低碳设计的重要性。在教学中运用此方法能使学生在设计早期对建筑碳排放有较好认识,能够通过可视化形式对方案的低碳性能进行评估。在设计初期引入低碳目标,可加强学生对建筑低碳设计的重视,促进学生对低碳建筑设计手段进行探究。

参考文献

［1］ RAMESH，T PRAKASH，R SHUKLA K K. Life cycle energy analysis of buildings：An overview ［J］. Energy and Buildings. 2010,42(10)：1592-1600.

［2］ 钟丽雯,于江,祝侃,等.建筑全生命周期碳排放计算分析及软件应用比较［J］.绿色建筑,2023,15(2)：70-75.

［3］ 李浩.基于 BIM 的低碳建筑设计碳排放预测与评价研究［D］.北京：北京建筑大学,2022.

张军学[1*]　王荷池[2]

1. 江苏科技大学建筑学系；wydg2018@126.com
2. 湖北工业大学土木建筑与环境学院

Zhang Junxue[1*]　Wang Hechi[2]

1. Department of architecture，Jiangsu University of Science and Technology；wydg2018@126.com
2. School of Civil Engineering，Architecture，and Environment，Hubei University of Technology

江苏省产学研课题（NSG066031101）；国家重点实验室基金项目（SYSJJ2022-16）；江苏高校哲学社会科学研究重大课题（2023SJZD131）；国家自然科学基金项目（52008157）；西交利物浦大学城市与环境校级研究中心课题（UES-RSF-23030601）

基于深度神经网络预测框架下的建筑系统可持续设计研究

Study on Sustainable Design of Building Systems Based on Deep Neural Network Prediction Framework

摘　要：人工智能对建筑系统的低碳设计产生了深远的影响。因此，结合人工智能方法、研究建筑系统的生态可持续设计已成为热点。本文采用了全生命周期评估方法来确保建筑系统可持续设计的输入完整性；为了预测建筑系统的长期可持续性能，选择了深度神经网络来分析综合可持续性状态。结果表明，根据能值指标群的计算，建筑系统的可持续性有待提高。为改善这种现状，本文提出两项措施，即增加可再生能源投入比例和提高建筑系统中人工服务的投入。

关键词：建筑系统；可持续性；深度神经网络；设计研究

Abstract：Artificial intelligence has had a profound impact on the low-carbon design of building systems. Therefore, combining artificial intelligence methods, researching the ecological sustainable design of building systems has become a hot topic. This study used the whole life cycle assessment method to ensure the integrity of inputs for sustainable design of building systems. To predict the long-term sustainability performance of building systems, deep neural networks were selected to analyze the comprehensive sustainability status. The results showed that the sustainability of the building system needs to be improved according to the calculations of the energy index group. To improve this situation, two measures were proposed and verified, including increasing the proportion of renewable energy inputs and improving the input of artificial services in the building system.

Keywords：Building Systems；Sustainability；Deep Neural Networks；Design Research

1　研究背景

受到环境破坏的影响，作为人类聚集地的建筑系统可持续性研究备受关注[1-2]。从生态学领域的讨论来看，生态建筑是一个专业术语，它定义了建筑系统可以可持续的方式长期发展[3-4]。然而，为了保持建筑系统的生态可持续状态，需要不断投入资源、能源和服务系统，这在客观上导致建筑系统压力的增加。与此同时，由过多碳排放引起的全球变暖也对人类生存环境构成了威胁[5-6]。因此，学者们应关注建筑系统的生态可持续性研究。

2　方法介绍

2.1　建筑系统

全生命周期的建筑系统是指从设计、建造、运营到拆除的整个建筑过程中所涉及的各个阶段和环节。它强调了建筑项目中的整体性和长期性，并将重点放在可持续性、资源利用和环境影响上。（图1）

全生命周期的建筑系统包括以下几个主要阶段。

设计阶段：在设计阶段，建筑师和设计团队确定建

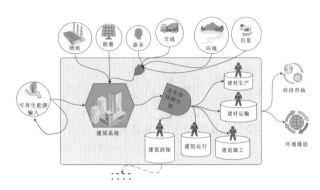

图 1　全生命周期的建筑系统边界图
（图片来源：作者自绘）

筑的功能需求、空间布局、材料选择和结构设计等。此阶段应该考虑到建筑的能源效率、可持续性和环境影响。

建造阶段：建造阶段涉及使用选定的材料和技术来实际建造建筑物。它包括施工活动、安装活动和进行质量控制活动等。

运营阶段：在建筑物建造完成后，进入运营阶段。在此期间，建筑所有者或管理团队负责管理和维护建筑物，确保其正常运行并满足使用者的需求。它包括能源管理、设备维护、室内环境质量监测等。

拆除/再利用阶段：当建筑物不再可用或需要进行改建时，进入拆除或再利用阶段。在此阶段，应考虑资源回收、废弃物处理和环境影响等因素。

通过全生命周期的视角，可以更好地理解建筑系统在整个生命周期中的综合效益、环境影响和可持续性。这有助于指导建筑设计和运营决策，以减少资源浪费、降低环境影响，并提高建筑系统的可持续性性能。

2.2　生态能值理论

生态能值理论是一种生态学和环境经济学中的概念，用于评估和量化自然生态系统的价值和重要性。该理论对于制定环境政策、自然资源管理和可持续发展非常重要。可持续性指标包括环境负载率（ELR）、能值产生率（EYR）以及能值可持续性参数（ESI）等三类指标。通过识别和量化生态系统的价值，我们可以更好地保护和管理自然资源，确保其可持续利用，并在决策过程中考虑生态系统的健康与人类福祉之间的关系[7]。生态能值的计算公式见式（1）：

$$E_{能值} = \sum_{i=1}^{n} Q_i \times T_{U1} \tag{1}$$

式中，$E_{能值}$ 表示能值量；Q_i 表示基础数据；T_{U1} 表示能值转换率。

2.3　深度神经网络研究框架

具体执行步骤如下。

（1）数据收集和建模：通过 BIM 技术获取建筑系统的几何、材料和能源数据，并整理相关建模参数。同时，收集相关的生命周期评价数据，如能值等指标。

（2）人工神经网络训练和预测：利用收集到的数据，使用人工神经网络进行训练，以建立碳排放和能值之间的关联模型。通过该模型，可以对建筑系统在不同设计方案下的能值进行预测（图2）。

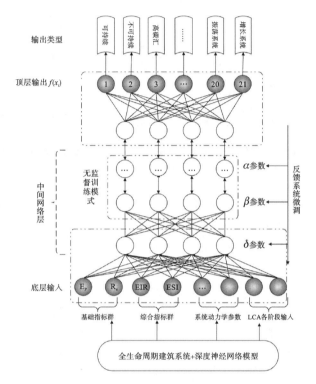

图 2　深度神经网络预测模型设计图
（图片来源：作者自绘）

（3）可持续性评估和优化：将建模结果与可持续性指标进行比较，评估建筑系统在碳排放和能值方面的表现。根据评估结果，提出相应的设计优化策略，以实现更高的能值效率。

（4）结果分析和决策支持：对优化方案进行综合分析，评估其在可持续性、经济性和实施可行性等方面的影响。为决策者提供科学的设计建议，以促进建筑系统的可持续发展。

通过这一研究框架，我们将能够更全面地评估建筑系统的可持续性，并提供基于数据驱动的设计决策支持，以实现高能值的目标。

3　结果分析

图3显示了可持续性指标的变化，其中环境负载率（ELR）变化最大，其次是能值产生率（EYR），最后是能值可持续性参数（ESI）。图4为指标差异范畴展示，

可以清晰看到三类指标的变动范围。图 5 为基于深度网络模型的三类参数预测变化趋势,其中能值产生率(EYR)和能值可持续性参数(ESI)变化趋势平稳,环境负载率(ELR)变化波动较大,最大波动范围超过了20%,需要重点关注和分析。

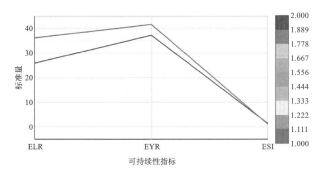

图 3　可持续性指标分析

(图片来源:作者自绘)

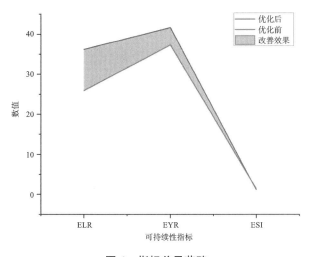

图 4　指标差异范畴

(图片来源:作者自绘)

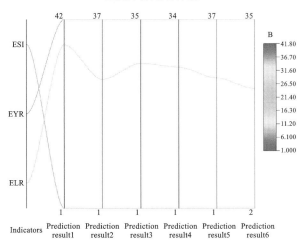

图 5　建筑系统可持续性变化趋势

(图片来源:作者自绘)

不过,本文的结果也有以下尚需完善的地方。

(1)数据需求量大:构建一个准确且可靠的深度神经网络模型通常需要大量的数据。对于可持续建筑系统来说,获取足够的数据可能会有一定的挑战性。

(2)计算资源需求高:深度神经网络模型通常需要大量的计算资源来进行训练和优化。这包括处理大规模数据集、调整超参数和训练多层隐藏层等操作。

(3)模型解释性差:深度神经网络模型的一个挑战是其黑盒性质,即难以解释模型的决策过程和内部机制。这对可持续建筑系统来说可能不利于理解和解释结果。

(4)过拟合风险:由于深度神经网络模型的复杂性和参数数量,存在过拟合的风险。当模型在训练数据上表现很好但在测试数据上表现较差时,就可能发生过拟合现象。

4　改善策略

太阳能的使用对可持续建筑的发展有着显著的效果。以下是太阳能使用对可持续建筑的几个方面的影响。

(1)能源效率:利用太阳能可将太阳辐射转化为可再生能源,实现建筑能源的自给自足或部分自给。通过使用太阳能光伏板发电与太阳热能系统供暖和提供热水,建筑可以减少对传统能源的依赖,降低碳排放,并节约能源成本。

(2)碳排放:太阳能是一种清洁、无碳排放的能源形式。通过使用太阳能,建筑可以减少对化石燃料的需求,从而降低碳排放量,减缓对气候变化的影响。

(3)资源管理:太阳能的使用减少了对有限资源(如煤炭、石油和天然气)的依赖。这有助于保护环境,减少能源资源的消耗,延长资源的可持续利用期限。

(4)室内舒适性:在建筑设计中合理利用太阳能的热量和光线,可以改善室内舒适性并降低能源消耗。这包括优化建筑朝向、设计遮阳设施、使用适配的窗户和高效的隔热材料等。

(5)可持续发展:太阳能的使用符合可持续发展原则,有助于减少环境影响、提高建筑系统的可持续性,并为未来提供可再生能源解决方案。

总之,太阳能的使用对可持续建筑有着积极的影响。它提供了一种可再生的、清洁的能源选择,降低了碳排放,减少了对传统能源的依赖,同时改善了室内舒适性和资源利用效率,推动了可持续建筑的发展。

5　结论

本文采用了全生命周期评估方法来确保建筑系统

可持续设计的输入完整性;为了预测建筑系统的长期可持续性能,选择了深度神经网络来分析综合可持续性状态。虽然可持续建筑系统的深度神经网络有高度自适应性、高准确性、强大的泛化能力、处理大规模数据的能力等优点,但是其数据需求量大、计算资源需求高、模型解释性差、过拟合风险等问题依然需要深入研究和解决。

参考文献

[1] GOUBRAN S, WALKER T, CUCUZZELLA C, et al. Green building standards and the United Nations' Sustainable Development Goals [J]. Journal of Environmental Management, 2023, 326:116552.

[2] GUIDETTI E, FERRARA M. Embodied energy in existing buildings as a tool for sustainable intervention on urban heritage[J]. Sustainable Cities and Society, 2023, 88:104284.

[3] TANG Z W, NG S T, SKITMORE M. Influence of procurement systems to the success of sustainable buildings[J] Journal of Cleaner Production, 2019, 1:213.

[4] SHUKLA A, SUDHAKAR K, BAREDARP, et al. BIPV based sustainable building in South Asian countries[J]. Solar Energy, 2018, 170:1162-1170.

[5] NOYCE G, ALEXANDER J S, KIRWAN M et al. Oxygen priming induced by elevated CO_2 reduces carbon accumulation and methane emissions in coastal wetlands [J]. Nature Geoscience, 2023, 16:63-68.

[6] JIANG P, SONNE C, YOU S. Dynamic carbon-neutrality assessment needed to tackle the impacts of global crises[J]. Environmental Science and Technology, 2022, 56:9851-9853.

[7] ODUM H T. Environmental accounting: energy and environmental decision making [M]. Hoboken Wiley, 1996:32-34.

刘乐遥[1*]　王桂芹[1]

1. 湖南科技大学建筑与艺术设计学院;2375522306@qq.com

Liu Leyao[1*]　Wang Guiqin[1]

1. School of Architecture and Art Design,Hunan University of Science and Technology;2375522306@qq.com

湖南省教育厅科学研究重点项目(22A0352)

基于风热环境优化的开敞空间围合关系研究
Research on the Enclosure Relationship of Open Space Based on Wind-heat Environment Optimization

摘　要:城市形态与城市微气候的相互关系是当前城市设计方面的热门议题。本文希望通过探讨风热环境相关数值与建筑空间围合度及开敞空间周边围合式建筑的空间形态的相互作用关系,为基于微气候效应的城市形态设计提供思路。本文选取湘潭市50处开敞空间作为研究对象,基于城市设计基本要素的提取,抽象出6类街区理想空间模型,运用ENVI-met模拟夏季典型日、典型时间的室外风热环境,再进行围合度与其相关性分析。结果显示:在围合度相似的基础上,开口位置决定气流在空间内部流动的方向轨迹;开口大小决定开口处气流流速,越大的开口越易引导气流流入,但小开口可增加开口处风速;气流在空间内部的流动路径和复杂性与空间开口的数量密切相关,开口数量越多,对开敞空间内部的规划有更高的要求。最后,本文对基于微气候改善的城市开敞空间形态提出规划建议。

关键词:开敞空间;风热环境;围合度;优化方案

Abstract: The relationship between urban form and urban microclimate is a hot topic in urban design. It is hoped that by discussing the interaction between the relevant values of wind and thermal environment and the enclosure degree of building space and the spatial form of enclosed buildings around open space, it will provide ideas for urban form design based on microclimate effect. In this paper, 50 open spaces in Xiangtan City are selected as the research object. Based on the extraction of basic elements of urban design, the ideal space model of 6 types of blocks is abstracted. ENVI-met is used to simulate the outdoor wind and heat environment of typical days in summer, and then the enclosure degree and its correlation are analyzed. The results show that on the basis of similar enclosure degree, the opening position determines the direction trajectory of the air flow in the space ; the size of the opening determines the airflow velocity at the opening. The larger the opening, the easier it is to guide the airflow into the opening, but the small opening can increase the wind speed at the opening. The flow path and complexity of the airflow inside the space are closely related to the number of space openings. The more the number of openings, the higher the requirements for the planning of the open space. Finally, planning suggestions are put forward for the urban open space form based on microclimate improvement.

Keywords: Open Space; Wind-heat Environment; Enclosing Degree;Optimization Scheme

1　引言

随着城市化进程的加快,关于城市设计要素对局地风热环境影响的研究如火如荼。城市室外风热环境是城市微气候的重要组成部分,包括空气温度、风速、湿度、太阳辐射等因子[1]。2021年,国务院颁布的《"十四五"生态环境保护规划》指出,要着力全面提升城乡环境质量,改善城乡人居环境,满足人们对美好生态环境的需要。城市空间发展要将提高环境质量作为发展重点。2022年党的二十大报告中指出,要广泛形成绿色生产生活方式,碳排放达峰后稳中有降,生态环境根本好转。

针对室外风热环境的研究主要有两大类：一是对重要历史文化街区，针对其空间形态对城市风热环境产生的影响进行分析和评估，在此基础上，对建筑空间组合进行优化设计；二是基于多种量变因子简化城市形态[2][3]，探讨天空可视度、建筑密度、相对褶皱率和绿化率等指标，并建立评价体系。在研究对象选择方面，此前研究多集中在居住区及老旧城区，针对开敞空间的研究较少。开敞空间微气候对城市室外空间品质与活力有影响，周边建筑空间布局与人们活动舒适度密切相关。在指标选取方面，城市设计指标与风热环境的耦合性研究已取得重大成果，但仍存在设计指标与空间形态联系不够深刻的问题。

本文选取湘潭市中心城区的开敞空间作为研究对象，采用开敞空间围合度作为研究指标，通过 ENVI-met 软件进行模型建立及数值模拟，分析湘潭中心城区围合式开敞空间的围合度与风热环境的关系(图 1)，可以为开敞空间周边建筑形态的设计提供相关建议。

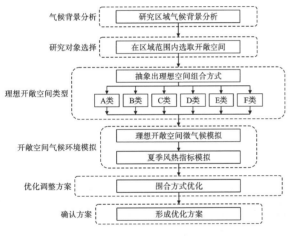

图 1　论文框架

2　研究材料

2.1　研究对象

湘潭市位于湖南省中东部，地处长江中下游，属于热带季风湿润气候区，是我国典型的寒暑过渡带[4]。选取湘潭市中心城区规划范围内的 50 处围合式开敞空间(图 2)，提取其空间要素，根据建筑类型学知识将其简化成 7 类空间组合方式(图 3)。A 类为四周围合，B 类为南北两面围合，C 类为四周点状围合，D 类为东南北三面围合，E 类为东西两面围合，F 类为东西北三面围合。在此基础上，7 类平面布局形式的围合方式逐渐演变，形成了共 42 种开敞空间的围合方式。在每类开敞空间围合的四角及中间绿地设施监测点，分别命名为 1'、2'、3'、4'、5'。

图 2　湘潭市中心城区开敞空间分布图

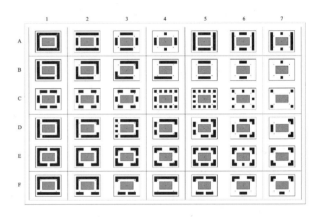

图 3　开敞空间布局简化模拟

2.2　ENVI-met 参数设定

ENVI-met 数值模拟流程分为构建计算模型、设置边界条件、模拟运算、结果输出等步骤[5]。构建计算模型是为了对建筑物、地形、下垫面以及植物等属性进行定义。本研究基于现场调研设置 200×150×15 的网格，每个方案的网格设置为 25×20×15，水平分辨率设置为 1.0 m。边界条件中，气候数据设置基于实地勘测及气象站观测数据，从中国气象局数据网下载 2022 年 6 月 21 日至 2022 年 8 月 7 日(夏至至立秋)的气象数据，计算其平均数与众数，择出 7 月 10 日为夏季典型日，夏季盛行风向为东南风，冬季盛行风向为西北风，输入风向为 131.2°。根据场地尺寸，围合建筑的高度设置为 3 m[6]。场地内部开敞空间在理想情况下设置为 10 m×6 m×0.25 m 的草地，其他下垫面为水泥地面，采用混凝土墙面作为墙体表面。

2.3　空间围合度计算

街区围合度通常用以描述实体的闭合程度，即对风的阻碍能力。本研究所提的开敞空间围合度从城市设计的视角出发，表现出街区的空间围合、封闭特征，表征为围合度等于建筑物外立面周长总和与街区建筑界面控制线总周长的比值[7]。其计算公式为 $C = (L_1 + L_2 + L_3 + \cdots)/L$（图4）。

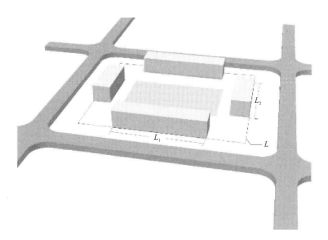

图4　围合度计算原理示意

3　开敞空间风热环境模拟

3.1　风环境模拟

由风环境模拟得出夏季各种空间组合方式的理想空间16:00时的风速图（图5），图像色度越深，风速越大。由图可知，理想空间整体风速在 0~3 m/s 区间范围内，高风速区主要出现在场内南部、东南部，A类、D类、E类空间由于四周均受阻挡，气流的通行受阻，导致风速衰减形成静风区；在高围合度的情况下，D类与E类空间仅在空间形态上存在差异，E类空间的通风能力强于D类，因为D类空间东南部无通风口，导致盛行风受阻，形成大面积静风区；E类空间内部与东南部缺口形成小型通风廊道，故通风能力整体强于D类。在同等高围合度的情况下，B类空间的通风能力强于F类，因为B类空间东南处与西北处的缺口与内部开敞空间形成了盛行风方向的通风廊道，故B类空间1'、2'监测点的风速整体高于F类；F类空间建筑对南北向气流的遮挡力较弱，故空间内风速较高。C类空间建筑密度低，日间大部分区域受到太阳直射，太阳辐射使得场内温度上升，同时C类空间开口多，导致空间内部气流复杂，导致风速降低。

3.2　热环境模拟

由热环境模拟得到理想空间16:00时的温度图（图6），图像色度越深，温度越高，理想空间整体温度在 28~32 ℃ 的区间范围内。低温区主要存在于西北角，主要因为建筑物的遮挡效果，16:00阳光从东南角照入，太阳辐射在建筑物上被遮挡吸收或反射，在建筑西北处形成阴影。A类、B类建筑布局相似，可进行对比

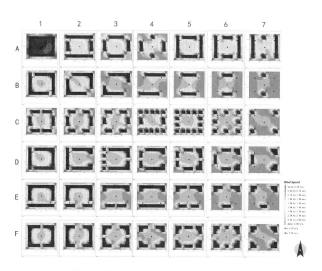

图5　夏季理想空间16:00时风速图

实验，A5与B5、A6与B6、A7与B7南北侧建筑相同，A类较B类空间多了东西侧的建筑，由模拟结果可知：B5、B6类空间的场地温度要低于A5、A6，这是因为B类空间南北两侧东西向建筑的遮挡效果及东西侧的留白引导风流叠加的降温效果；A7东西两侧建筑增大了围合度，故其降温效果要优于只有南北方向围合的B7。F类空间随围合度的减少场地内温度降低，由于场地空旷无遮挡，同时绿地局部发挥了冷岛作用，与周边高温区域形成的温度差造成了较高的风速；C类空间围合度较低且建筑分布较零散，内部气流路线较复杂，没有主要的通风廊道，故场地内温度高于F类空间。D类与E类空间仅在空间形态组合上有差异，D类空间的降温能力弱于E类空间，E类空间形成了南北向的通风廊道，使热风进入模拟区域场地通风良好，故降温能力强于D类。

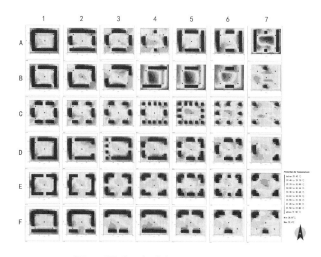

图6　夏季理想空间16:00时温度图

3.3　数值分析

将各类方案的围合度设为 X 值，将5个监测点的

风速、温度设为 Y 值,分别得到围合度与风速、温度的耦合关系散点图(图 7)。

由图 7(a)可知,场地内 5 处监测点风速随着围合度的增加而下降,整体来讲建筑围合度越高,风速会越小。其中,处于场地西北角、东南角及中部的 1′、4′、5′观测点的风速随围合度增加而降低的趋势较缓,由于这 3 处监测点处于盛行风向的位置,故围合度的变化使得 3 处的风速变化较小。

由图 7(b)可知,场地内监测点温度随着围合度的

增加整体上呈现下降趋势。大体上建筑围合度越高,温度越低,这是因为空间围合度越高,建筑面积越大,建筑遮挡更大,阴影面积增加。西南处的监测点 3′ 的温度随着围合度的上升而增加,这是因为西南处监测点的风速很高,其风速随围合度的变化是场地内 5 个监测点减少最多的,随围合度增高,建筑面积和阴影面积会增大,温度会减小,但同时其风速减少导致的升温效果大于建筑遮挡带来的降温效果。

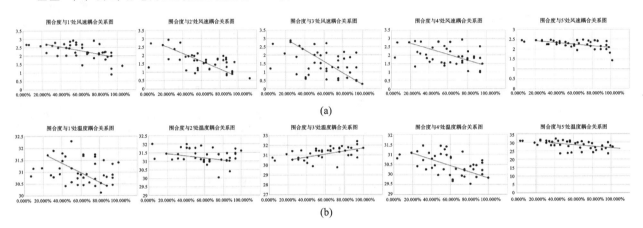

图 7 围合度与各监测点指标耦合关系散点图
(a)围合度与各监测点风速耦合关系散点图;(b)围合度与各监测点温度耦合关系散点图

3.4 模拟结果分析

(1)开口位置:以场地围合度相似为前提,开口的位置对空间内气流流动方向和轨迹有决定性作用。例如:B3 类空间的开口处在迎风面,人体舒适度较差。因此,在开敞空间的风口出入位置宜增设短暂停留场所;如 A2、D4,当开口设置在迎风面一侧,会有部分未受阻碍进入空间的气流,但总体静风面积仍较大,如 A2、D4。

(2)开口大小:开口大小决定开口处气流流速,越大的开口越易引导气流流入,但小开口可增加开口处风速。如 E2 静风面积明显大于 C1,C1 入口的风速高于 E2。

(3)开口数量:开口数量决定空间内部气流流动路线与流线复杂程度,开口数量越多,C4、D3 类空间综合活动明显复杂,对开敞空间内部的规划有更高的要求。

4 空间规划策略

在围合度相近的情况下,可通过控制围合形态以优化空间舒适性。基于以上模拟结果对城市开敞空间微气候的优化提出以下设计策略。

(1)在围合空间的夏季盛行风向上营建通风廊道,扩大现有通风廊道的宽度,或在原有基础上增设少量

通风廊道,以增强场地内夏季通风,同时利用整体建筑界面遮挡冬季盛行的西北风,降低场地内冬季风速。

(2)优化开口的位置、大小及数量。就开口位置而言,仅单侧开口将使通风效率降低,若在主要风向的两侧设置开口则可以辅助通风,有助于空气流通;对于开口大小,在夏季迎风向设置尺度较小的开口,可以增加空气流通速度,改善空间内空气质量;在开口数量上,需尽可能避免过多开口,否则会打断空间界面的完整性,造成空间内风环境复杂多变,迎风面转角处风压、风速过大。

(3)对开敞空间的风热环境进行多项措施的综合调控。湘潭地区夏季日照时间较长,空气的湿度与温度较高,大多数开敞空间内部以硬质土地为主。从理想空间的模拟发现,不同下垫面对环境的作用有较大差异,开敞空间的热环境可以通过改变下垫面形式进行优化。首先,改变开敞空间内部下垫面材质,选择渗透性地面代替沥青路面、混凝土等硬质铺地;其次,在植被方面,可以选择乔木类植物增加绿化阴影从而减少夏季的天空可视度;最后,可通过地面植被的蒸腾作用改变开敞空间内的热湿平衡。

参考文献

[1] 高雯雯.北京中心城区街区尺度微气候环境

评价与优化研究[D].北京:北方工业大学,2022.

[2] 胡兴,魏迪,李保峰,等.城市空间形态指标与街区风环境相关性研究[J].新建筑,2020(5):139-143.

[3] KANDA M, KAWAI T, KANEGA M, et al. A Simple Energy Balance Model for Regular Building Arrays[J]. Boundary Layer Meteorology, 2005,116(3):423-443.

[4] 陶聪,李佳芯,赖达祎.城市公共活动空间质量评价与优化策略研究[J].规划师,2021,37(21):75-83.

[5] 胡燕安.基于ENVI-met的严寒地区大学校园道路空间微气候环境研究[D].大庆:东北石油大学,2020.

[6] 张晓猛.城市开敞空间景观微气候设计[D].杭州:浙江农林大学,2012.

[7] 司睿,任绍斌,王振.基于风热环境的开敞空间周边建筑围合研究[J].南方建筑,2022(1):48-53.

郑斐[1]　秦浩之[1]　王月涛[1*]　陶然[2]

1. 山东建筑大学；zf1667@163.com
2. 济南市城乡规划编制研究中心

Zheng Fei[1]　Qin Haozhi[1]　Wang Yuetao[1*]　Tao Ran[2]

1. Shandong Jianzhu University；zf1667@163.com
2. Jinan Urban Rural Planning Compilation Research Center

山东省自然科学基金项目(ZR2020 ME213)；山东建筑大学博士科研基金项目(X22055Z)

基于建筑热性能模拟的老旧小区光伏系统低碳化设计研究

——以寒冷地区济南典型老旧小区为例

Research on Low Carbon Design of Photovoltaic Systems in Old Residential Areas Based on Building Thermal Performance Simulation: Taking a Typical Old Residential Area in Jinan, a Cold Region as an Example

摘　要：寒冷地区老旧小区整体性能退化存在高碳排等问题，光伏设计考虑空间关系提升小区整体减碳潜力。本研究以济南市典型老旧小区为研究对象，基于参数化平台利用数值模拟与多目标优化插件，通过调整调整屋顶与立面光伏间距和角度等，对建筑室内热舒适、终端能耗和光伏发电量综合寻优。结果表明，最优方案提高 2.37% 的热舒适度，降低 2.97 kWh/m² 的建筑能耗和 29.28 % 的碳排放。研究提出一套多目标优化流程，为我国不同气候区的老旧小区光伏减碳改造提供思路与参考。

关键词：老旧小区更新；光伏建筑一体化；节能减碳；多目标优化

Abstract：The overall performance degradation of old residential areas in cold regions has problems such as high carbon emissions. The photovoltaic design considers spatial relationships to enhance the overall carbon reduction potential of the community. This study takes typical old residential areas in Jinan City as the research object. Based on a parameterized platform, numerical simulation and multi-objective optimization plugins are used to comprehensively optimize the indoor thermal comfort, terminal energy consumption, and photovoltaic power generation of buildings by adjusting the distance and angle between the roof and facade photovoltaics. The results show that the optimal solution improves thermal comfort by 2.37%, reduces building energy consumption by 2.97 kWh/m², and reduces carbon emissions by 29.28%. A multi-objective optimization process is proposed to provide ideas and references for the photovoltaic carbon reduction renovation of old residential areas in different climate regions of China.

Keywords：Old Residential Area Renewal；BIPV；Energy Saving and Carbon Reduction；Multi-objective Optimization

1　概述

化石能源的过度使用排放了大量二氧化碳，导致全球气候变化。《中华人民共和国气候变化第二次两年更新报告》显示，能源活动是我国温室气体的主要排放源，约占我国全部二氧化碳排放的 86.8%。在"双碳"目标指引下的能源革命，意味着要将传统的化石能源为主的能源体系转变为以可再生能源为主导、多能互补的能源体系,加快推进我国可再生能源的布局,助力能源可持续化发展。

改革开放以来,我国城市快速发展,截至 2005 年底,我国既有城镇建筑面积 164.88 亿 m^2,其中居住建筑面积 107.69 亿 m^2,老旧小区建筑量大面广,其使用年限较久、围护结构老化等问题造成建筑能耗与能源碳排放较高。据《2022 中国建筑节能年度发展报告》统计,2020 年中国城镇居住面积已达 320 m^2,占全国建筑总面积的 46%,建筑终端运行能耗占总建筑运营能耗的 39%,运营阶段碳排放占建筑运营总碳排放的 42%[1]。因此,老旧小区的低碳更新对于我国实现碳中和目标具有积极的推动作用。

太阳能是目前城市环境中应用最成熟的可再生能源。BIPV 可作为屋顶材料或遮阳装置,充分利用现有建筑空间产生电力,还可提供降温、遮阳和隔热等功能,进一步降低建筑能耗。在我国政府的政策支持下,光伏技术在城市应用的规模上呈现出明显增长的趋势,将 BIPV 应用到老旧小区改造中,针对建筑的合理需求安装适宜的光伏系统,有效解决了老旧建筑高能耗问题。随着光伏组件技术的发展及成本的降低,安装光伏组件已成为降低建筑能耗的有效方法。

2 文献综述

近年来许多研究对现有建筑的光伏利用方式及其利用潜力进行研究。王亮等基于 BIM 和 Ecotect 软件综合考虑当地气象、建筑材料等数据,通过数值模拟估算光伏发电量,提出一种确定建筑光伏阵列的新方法[2]。MAINZER 等通过使用机器学习分析地理建筑数据和航空影像,评估建筑屋顶光伏发电潜力[3]。霍玉佼等利用 PVSYST 软件分析屋顶光伏的不同角度对发电量以及顶楼能耗的影响[4]。刘嘉懿等基于 EnergyPlus 软件对 BIPV 遮阳百叶系统的关键参数进行寻优,降低建筑使用净能耗[5]。武威分析了 BIPV 在老旧小区改造中的气候适应性、经济性、美学性和安全性 4 种应用策略[6]。

居住建筑运营产生的能耗大部分是由于室内温度不合理造成的,室内热舒适与建筑能耗和碳排放密切相关。因此,本文将以济南市老旧小区作为研究对象,通过设置屋顶以及立面光伏系统,对立面光伏的发电量、建筑能耗以及室内热舒适度进行综合研究。

3 研究对象与研究方法

3.1 研究框架

为研究老旧小区光伏集成系统设计的优化效果,

本文使用 Rhino 和 Grasshopper 参数化平台中的 Ladybug 插件集中集成的 PVwatts、Radiance 和 EnergyPlus 软件,自主定义建筑维护结构及周边环境参数。同时采用 Wallacei X 多目标优化引擎,通过遗传算法调整屋顶光伏板的角度、间距与朝向,对建筑能耗、室内热舒适度和光伏发电量进行多目标优化设计,寻找最优设计方案,研究框架如图 1 所示。

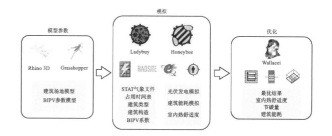

图 1 研究框架

(图片来源:作者自绘)

3.2 研究区域概况

济南市位于我国寒冷地区,全市平均干球温度 14.9 ℃,最冷月平均气温−0.4 ℃,最热月平均气温为 27.3 ℃。因此,该地区在建筑采暖和制冷方面对能源的需求较为突出。济南市年太阳辐射 1376 kWh/m^2,年日照时数 2542.7 小时,太阳能资源较为丰富。

3.3 参数设置

3.3.1 场地与建筑模型

研究对象选取济南市历下区建成于 20 世纪 80 年代的甸柳新村(八区)小区,如图 2 所示。场地东接吉祥街,西邻山东大学甸柳宿舍,南抵文化东路,北靠燕柳小学。该小区共有 6 栋 6 层平屋顶砖混居住建筑,小区形式为济南老旧小区较多的行列式布局,总建筑面积为 45390 m^2,场地面积 30324.25 m^2,容积率1.50,建筑密度30%,整体朝向为正南向。在小区建筑外墙及屋顶布置光伏组件,同时考虑周边建筑的遮挡影响。场地东与南侧为紧邻建筑高度为 3 m 的沿街商业裙房;场地东侧与东南侧间隔公路有多栋高层建筑,对研究对象接受太阳辐射存在遮挡影响。

图 2 研究对象

(图片来源:作者自绘)

通过 Google Map、Open-StreetMap 等软件获取建筑高分辨率卫星图与 2D 建筑足迹,经实地调研确定建筑层数、建筑立面以及周边环境,分配平均楼层高度(3 m)估算建筑高度,提取建筑数据导入 Rhino 中搭建老旧小区 3D 几何模型。小区单体建筑高度为 18 m。建筑主要通过围护结构与外界进行热交换,建筑与外界接触的部分主要为外墙、屋顶、窗户和地面,故根据相关规范设置建筑围护结构热工性能参数,具体如表 1 所示。

表 1 建筑围护结构热工性能参数

围护结构	构造结构	传热系数 W/(m²·K)
外墙	20 mm 水泥砂浆+ 370 mm 黏土砖墙 +20 mm 水泥砂浆	2.02
屋面	20 mm 水泥砂浆+ 100 mm 钢筋混凝土+ 110 mm 平铺炉渣	1.85
外窗	6 mm 透明玻璃+ 12 mm 空气+ 6 mm 透明玻璃	2.8

(来源:作者自绘)

3.3.2 光伏模型

本研究使用 Radiance 和 PVWatts 引擎进行辐射量与光伏发电量模拟。由于近年来光伏发电成本不断下降,且在国内大规模推广应用,本文将光伏板年发电量的阈值设定为 500 kW·h/m²。光伏元件采用单晶硅材质,光伏组件模块效率 18%,DC-AC 系数为 85%,温度系数为±0.5%,即光伏电池温度在 25 ℃左右时,每升高或降低 1 ℃,光伏模块的直流输出功率会下降或增加 0.47%。光伏组件有效面积比为 95%。具体参数如表 2 所示。

表 2 光伏组件具体参数

材料	单晶硅
峰值功率/Wp	230
尺寸/mm	1650×1000×42
电池面积/m²	1.64
有效面积比/(%)	95

(来源:作者自绘)

在立面安装面积计算中,S_{fr} 为立面面积减去门窗面积后的面积;C_{sf} 为立面设备系数,是指立面未被空调设施所占用的面积与 S_{fr} 的比值,设定为 0.9。立面光伏可利用面积计算公式见式(1):

$$S_f = S_{fr} \times C_{sf} = S_{fr} \times 0.9 \qquad (1)$$

3.3.3 能耗模型

建筑供暖、人员活动率、设备使用率等因素会影响建筑运营阶段的建筑能耗。对于老旧居住建筑的能耗水平模拟,采用 EnergyPlus 软件计算建筑墙体传热和空间负荷。根据相关规定设定各项影响能耗的参数。在冬夏两季,暖通空调的制冷供热构成了运行阶段的主要能耗,空调 COP 设置为 3.5,制冷设定为温度高于 26 ℃开启,供暖设定为低于 18 ℃开启。人员室内活动时间表如图 3 所示。

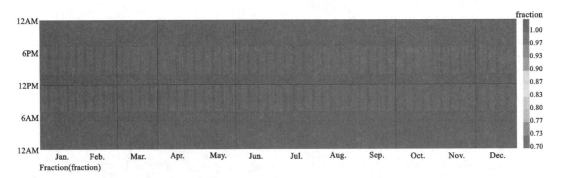

图 3 人员室内活动时间表
(图片来源:作者自绘)

3.3.4 热舒适度模型

室内热舒适度是人体对室内环境质量的综合结果,影响因素通常受温度、相对湿度、辐射温度、空气速度以及新陈代谢率等方面的影响。本研究选取 EnergyPlus 引擎中的 PMV-PDD 模型进行热舒适模拟。具体目标设置为全年工作时间中 PMV 绝对值≤1 的小时数与全年>1 的工作小时数最高,即热舒适时间百分比最高(表 3)。

表 3　PMV 模型参数设置

设置目标	参数
适应舒适度	−1～1
衣着程度	1.0
室内风速/(m/s)	0.05
满意度设定/(%)	80

(来源:作者自绘)

3.4　优化设置

　　光伏优化需要兼顾最佳室内热舒适度、最低能耗、光伏组件最大输出功率三个目标的平衡。为保证屋顶 BIPV 获取太阳辐射最大化,光伏组件须旋转至最佳角度并设定一定间距以避免相互遮挡。光伏组件水平旋转角度 z 和组件阵列间距 d 的具体参数变量如图 4 所示。在模拟过程中,增大屋顶光伏阵列间距会导致光伏组件的总面积减小。

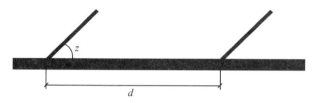

图 4　屋顶光伏阵列间距示意
(图片来源:作者自绘)

　　具体自变量约束条件如表 4 所示。

表 4　变量信息

变量名称	初始值	取值范围	步长
旋转角度 z	0	[0,45]	5
阵列间距 d	1.2	[1.2,2.0]	0.1

(来源:作者自绘)

4　结果与讨论

4.1　太阳能潜力评估

　　本研究通过 Radiance 对案例小区建筑屋顶及各个立面进行太阳辐射模拟,结果如图 5 所示。可以看出,小区建筑屋顶逐时太阳辐射量最大,为 $1233.52\sim1916.90$ kW·h/m²,6 栋建筑南立面 3 层以上可接收到的太阳辐射量为 $1066.76\sim1208.45$ kW·h/m²;而 3 层以下受到周边遮挡影响,接受太阳辐射量为 $783.38\sim1066.76$ kW·h/m²。东西立面由于建筑间距较小,接受的太阳辐射普遍在 $500\sim783$ kW·h/m²,建筑北立面的太阳辐射普遍在 500 kW·h/m² 以下。

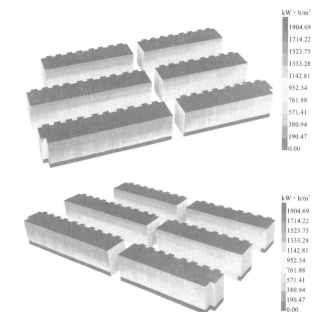

图 5　模拟太阳能潜力
(图片来源:作者自绘)

4.2　优化结果

　　模拟初始阶段,案例小区全年舒适小时数占全年时间的比例为 79.48%,建筑终端能耗为 110.14 kW·h/m²。通过遗传算法多次迭代优化后得到若干优化方案,研究发现当屋顶光伏阵列角度为 30°、间距为 1.2 m 时,BIPV 发电量与室内热舒适度获得最优形式,如图 6 所示。相较于初始阶段时,室内全年热舒适度提高了 2.37%,建筑能耗降低了 2.97 kW·h/m²,光伏发电量为 1464243.93 kW·h,按照 2019 年华北地区电网碳排放因子 0.9419 kg/kW·h 换算,全年减碳量为 1379.17 t,相当于 30.38 kg/m²。结果表明,遗传算法能够有效地与 BIPV 综合能效优化相结合,并具有较高的实践价值。

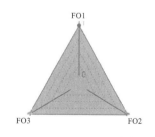

FO1: **Maximise Power generation**
Fitness Value: 229345.663638
Fitness Rank: 399/399

FO2: **Maximise Thermal comfort**
Fitness Value: 81.85407
Fitness Rank: 399/399

FO3: **Minimise Energy consumption**
Fitness Value: −104.165
Fitness Rank: 397/399

图 6　最优方案
(图片来源:作者自绘)

5　结论

　　本研究根据建筑光伏设计过程中需要考虑的多方面因素,提出了一种可推广的居住建筑屋顶以及立面光伏设计多目标优化流程，并以寒冷地区老旧小区为例进行验证，得到以下结论：老旧小区安装 BIPV 系统应优先考虑安装在屋顶、南向及东西向立面较高无遮挡的位置。建筑朝向、建筑间距以及周边环境要素对 BIPV 系统发电量均有显著影响。案例小区通过安装 BIPV 系统，相比于未安装时有效降低了运行阶段碳排放量的 29.28 ％。

本研究采用遗传算法对光伏发电量、建筑能耗和室内热舒适进行耦合分析。上述流程可以结合不同地域的气候特点，为当地的老旧小区光伏减碳改造提供思路与参考，在其他类似地区的建筑改造中得到推广应用，促进城乡建设可持续发展。

参考文献

［1］ 中国建筑节能协会. 中国建筑能耗研究报告2020［J］. 建筑节能，2021，49（2）：1-6.

［2］ 王亮，袁世博，林群聪，等. 一种基于BIM和 Ecotect 的 BIPV 系统光伏阵列的设计新方法［J］. 建筑电气，2023，42（2）：17-21.

［3］ MAINZER K, KILLINGER S, MCKENNA R, et al. Assessment of rooftop photovoltaic potentials at the urban level using publicly available geodata and image recognition techniques［J］. Solar Energy，2017，155：561-573.

［4］ 霍玉佼，朱丽，孙勇. 屋顶光伏阵列优化及其对既有建筑能耗的影响研究［J］. 建筑节能，2015，43（6）：36-39.

［5］ 刘嘉懿，毕广宏，赵立华. 广州办公建筑光伏建筑一体化遮阳百叶系统模拟研究［J］. 建筑节能（中英文），2022，50（9）：57-61.

［6］ 武威，关通，王正罡，等. 光伏建筑一体化技术在小区旧改中的应用研究——以沈阳市铁西区工人村光伏改造项目为例［J］. 建筑学报，2019（S2）：11.

李觐[1]　詹峤圣[2*]　肖毅强[2]　林瀚坤[3]　高培[2,4]

1. 广州市设计院集团有限公司,广州建筑股份有限公司,广州市建筑集团有限公司
2. 华南理工大学建筑学院,亚热带建筑与城市科学全国重点实验室;zhanqsh@foxmail.com
3. 广东工业大学建筑与城市规划学院
4. 贵州民族大学建筑工程学院

Jin Li[1]　　Qiaosheng Zhan[2*]　　Yiqiang Xiao[2]　　Hankun Lin[3]　　Pei Gao[2,4]

1. Guangzhou Design Institute Group Co., Ltd., Guangzhou Construction Co., Ltd., Guangzhou Construction Group Co., Ltd.
2. State Key Laboratory of Subtropical Building and Urban Science, School of Architecture, South China University of Technology;zhanqsh@foxmail.com
3. School of Architecture and Urban Planning, Guangdong University of Technology
4. Architectural Engineering College of Guizhou Minzu University

广州市建筑集团有限公司科技计划项目([2020]-KJ014);广东省自然科学基金面上项目(2023A1515012131)

面向湿热气候适应性设计的装配式超低能耗建筑热湿模拟研究

Hygrothermal Simulation Study of Assembled Ultra-low Energy Buildings for Adaptive Designin Hot-humid Climate

摘　要:发展装配式超低能耗建筑是提高建筑品质,促进节能、降碳,实现行业可持续发展的重要途径。但在岭南地区湿热气候条件下,复合轻型工业化材料的建筑围护构造容易受潮,会出现耐久性与节能性差等问题。本文基于热湿耦合传递理论,结合实测实验与数字模拟方法,研究发现热湿耦合传递对建筑的热湿耐久性风险、热环境及空调能耗具有显著影响。由此提出湿热气候适应性设计方法与策略,为岭南地区的装配式超低能耗建筑设计应用提供借鉴。

关键词:热湿耦合传递;围护构造;耐久性风险;建筑能耗

Abstract: The development of assembled ultra-low energy buildings is an important way to improve building quality, promote energy conservation and carbon reduction, and achieve sustainable development of the industry. However, under the hot-humid climate conditions in Lingnan region, the building envelope structure of composite lightweight industrialized materials is prone to moisture absorption, resulting in poor durability and energy efficiency. Based on the theory of coupled heat and moisture transfer, combined with experimental measurement and numerical simulation methods, this paper finds that coupled heat and moisture transfer has a significant impact on the hygrothermal durability risk of buildings, thermal environment and air conditioning energy consumption. Therefore, this paper proposes a method and strategy for adaptive design under hot-humid climate conditions, which provides reference for the design and application of assembled ultra-low energy buildings in Lingnan region.

Keywords: Coupled Heat and Moisture Transfer; Envelope Construction; Durability Risk; Building Energy Consumption

1　引言

岭南位于湿热气候地区,常年气温高、湿度大、降雨多,且太阳辐射强烈,具有雨热同期的特点[1]。在湿热气候条件下,建筑围护结构内部的热量和水分会同时迁移,并且两者之间有相互影响和制约的关系,即热

湿耦合传递现象。水分对室内热舒适度、能源需求和围护构造耐久性有很大影响。传统建筑根据长期的经验智慧实现了建造系统与气候环境的适应关系[2]。与传统建筑使用厚重材料不同，新型建筑系统多采用轻型工业化建材，不合理的构造组合容易使围护结构内部受潮，导致设计的节能性与耐久性失效，从而使其可持续性无法有效发挥。在建筑性能分析中，墙体组合内部的热湿耦合传递作用效应往往被忽视，导致建筑围护结构的热工性能和耐久性降低，增加建筑能耗和维护成本，影响室内热环境和空气质量，降低人体舒适度和健康水平。

装配式超低能耗建筑的围护构造多采用多孔建材，并复合采用轻质工业化材料，有施工简便、工期短、环境影响低、人力少等优势，但也易存在围护构造热工性能差，建筑能耗高，材料受潮、发霉和锈蚀等问题。如何有效地调节建筑的热湿性能，提高建筑的节能性和耐久性，是在岭南地区开展建筑气候适应性设计的重要内容。基于热湿耦合传递理论的围护构造的热湿性能分析及气候适应性设计，可对装配式超低能耗建筑典型节点的热湿传递进行分析，提出相应的影响因素并运用计算机仿真软件进行验证，从而为装配式超低能耗建筑的节能设计与标准制定提供依据[3]，如选择最适合湿热气候条件下的保温形式、优化的连接方式，以及设计最佳的材料构造组合等。然而，现有研究缺少湿热地区装配式超低能耗建筑围护构造的热湿性能的影响研究，对于湿热气候条件下建筑围护构造的保温性能及耐久性影响机制尚不明确，从而限制了本地区装配式低能耗建筑围护构造的气候适应性设计工作的开展。

2 研究方法

建筑围护构造的热湿性能研究方法主要包括测试实验和数值模拟等方法：测试实验法对建筑围护构造进行稳态或动态的热湿测试，测量温度、湿度和热流等参数，然后计算或拟合出围护构造的热湿特性[4]，此方法可以直接获得围护构造的动态响应，但是需要考虑实验误差、边界条件、湿度影响等因素；数值模拟法使用有限元或其他数学模型对建筑围护构造进行热湿传递模拟，考虑材料的多孔性、非线性、非均匀性等特性，以及气象条件、风雨效应、太阳辐射等影响因素[5]，此方法可分析复杂围护构造和多种情况下的热湿性能，但需要准确的材料参数和验证数据。

自 2019 年起，笔者团队在广州对建筑外墙构造与室内环境开展长期实测，利用实测结果验证热湿数值模型在湿热地区的应用可行性[6,7]，基于已验证模型，利用热湿模拟软件 WUFI 对建筑室内空调能耗、围护构造热湿耐久性风险进行仿真计算，通过改变热湿数

值模型的设置参数及围护构造组合，获得不同的数值模拟结果，再通过差异分析研究其影响机制。

本文以复合保温层的建筑围护构造案例为研究对象，通过实测与模拟结合的方式，对岭南地区的装配式低能耗建筑的围护构造的热湿性能进行分析，梳理围护构造参数对于建筑节能性及耐久性的影响机制，确定影响围护构造综合性能的关键材料与构造参数，从而总结出适应湿热气候条件的围护构造设计要点(图 1)。

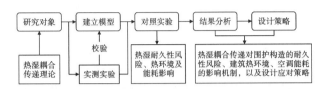

图 1 研究框架

3 热湿耦合传递影响机制

3.1 热湿耐久性风险影响

在真实的气候环境下，对四种典型的复合外墙构造试件(WA 采用通风空腔与外保温、WB 采用抹灰饰面外保温、WC 采用通风空腔但无外保温、WD 采用抹灰饰面但无外保温)中的外结构/保温层外侧的 Exte 界面、内侧的 Exti 界面，以及内结构面板外侧的 Inti 界面的相对湿度进行一年的实验监测。各复合墙体构造内部可能出现不同程度的受潮风险($>80\%$RH)时长，为全年时间的 $30\%\sim60\%$。其中，抹灰层下界面层，WB 的 Exte 界面和 WD 的 Exti 界面出现了较长时间的受潮情况，耐久性风险较大；而采用通风空腔及外保温层构造后，墙体内部的 Exti 与 Inti 界面均较少出现受潮(图 2)。

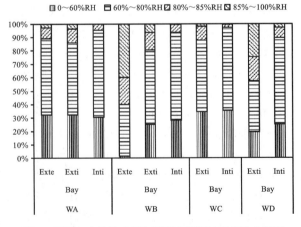

图 2 不同复合外墙内部各界面实测平均湿度分布频率

为研究材料构造组合对热湿耐久性的影响，本文选取岭南地区常用的轻质复合外墙材料构造做法(表 1)，由正交实验表制定 27 个材料构造变化组合方案(N01—27)，分别建立热湿耦合传递模型，模拟得到每

表 1　轻质复合外墙材料构造做法选用表

构造层	材料 1	材料 2	材料 3
A. 外饰面层 (1% 风驱雨渗入)	29 mm 抹灰 + 3 mm 涂料 (强吸湿性)	16 mm 水泥纤维板 (中等吸湿性)	3 mm 金属板 (无吸湿性)
B. 空腔层	无空腔	15 mm 密封空气层	15 mm 通风空腔
C. 薄膜层	无薄膜	透气膜 $S_d = 0.05$ m	隔汽层 $S_d = 30$ m
D. 外结构/保温板	9 mm 硅钙板	40 mm 模塑保温板	40 mm 挤塑保温板
E. 填充保温层	100 mm 空腔	100 mm 岩棉	100 mm 发泡聚氨酯
F. 内结构板及饰面层	10 mm 石膏板 + 乳胶漆	10 mm 石膏板 + 瓷砖	10 mm 欧松板 + PVC 墙纸

个围护构造组合全年不同月份的受潮时间,再利用极差分析确定各构造层的影响程度和对应的最佳材料,并提出最优材料构造组合方案(Optimized)[8]。由图 3 可见,不同材料构造组合中各界面的受潮时间最长可

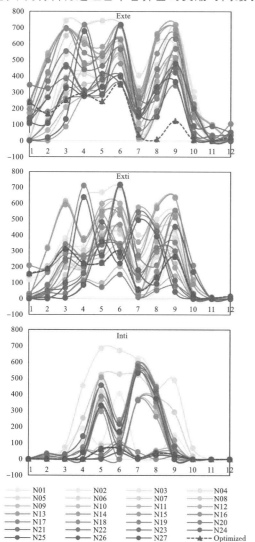

图 3　不同外墙构造组合全年不同月份受潮时间对比

达约 700 h,优化组合方案在各界面、全年不同月份均可取得较低的受潮时间,为 0~300 h。因此,材料构造组合对于围护构造内热湿耐久性风险有明显影响,通过材料构造变化可获得综合风险较低的组合。

3.2　建筑热环境及能耗影响

热湿耦合传递过程将引起建筑室内环境的变化。本研究[7]基于热湿气候近十年(2010—2019 年)气象数据,在考虑气候不确定性、风雨影响和不同外墙表面太阳辐射吸收率的情景下,对广州某公寓的热环境和能源需求进行模拟评估,结果表明:在自然通风条件下,忽略墙体中的热湿耦合传递效应会导致夏季室内操作温度被高估 1.2 ℃,冬季被低估 1.7 ℃,且与考虑热湿耦合传递效应的模拟结果偏差在中午到午夜时分非常明显(图 4)。如果不考虑热湿耦合传递效应,制冷和除湿能源需求可以分别被低估 8.4% 和 12.4%,而热湿耦合传递效应也会增加制冷和除湿的能源需求的概率。因此,岭南地区建筑外墙构造中的热湿耦合传递效应极大影响了建筑室内热环境及空调能耗。

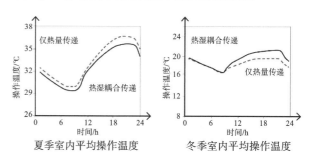

图 4　考虑热湿耦合传递效应与仅热量
传递模型模拟结果对比

4　气候适应性设计方法及策略

由热湿耦合传递对建筑围护构造的热湿耐久性、建筑热环境及能耗的影响机制研究可以发现:①岭南湿热气候条件下,装配式超低能耗建筑围护构造内部

受潮风险大,易发生耐久性问题;②热湿耐久性风险程度与材料构造组合有关;③围护构造中热湿耦合传递对室内热环境有影响,若忽视湿传递作用,将引起热环境与能耗水平的显著差异,不利于建筑的舒适与节能。基于热湿耦合传递理论及上述研究结果,可利用热湿耦合传递模拟方法提出适应岭南地区湿热气候的设计方法及策略,辅助设计优化决策,增强装配式超低能耗建筑的耐久性、舒适性与节能性。

4.1 围护构造的耐久性设计

典型围护构造做法反映了本地气候、建筑材料供应与建造技术水平等客观限制条件,故围护构造的耐久性设计主要是在典型围护构造基础上进行材料构造的组合优化。在进行围护构造设计时,应采取动态的全局热湿耐久性影响析因研究,分析本地典型材料构造的要素对于热湿耐久性风险的影响幅度,确定最佳材料构造要素组合,从而实现基于本地典型围护构造做法的热湿耐久性设计优化,降低耐久性风险,延长建筑的使用寿命。

4.2 热舒适与空调节能

受环境与围护构造中湿分传递与扩散影响,建筑室内的实际操作温度波动较仅考虑热量传递的情形小,且对夏季和冬季的影响作用效果不同(图4),主要表现为制冷和除湿的负荷增加。因此,有必要开展热湿耦合影响分析,确定更为准确的热舒适时长及需进行空调控制的时段。同时,积极通过自然通风控制、空间和围护构造防潮设计等手段,避免不利的湿分侵入建筑,降低空调制冷与除湿负荷,从而实现空调系统的有效节能。

5 结论

本文基于热湿耦合传递理论,采用实验与模拟相结合的方法,对采用新型工业化建材的装配式超低能耗岭南建筑开展了气候适应性设计研究,明确了在岭南湿热地区,装配式超低能耗设计应考虑热湿耦合传递影响,可基于模拟计算开展气候适应性设计优化:①在进行围护构造设计时,通过动态热湿传递分析,评估长期的热湿耐久性风险,指导适宜的材料构造组合设计优化,降低耐久性风险,延长建筑的使用寿命;②在开展建筑热工计算时,应充分评估湿分传递对于室内热环境与空调负荷的影响,以精准预测建筑的舒适性及能耗水平;③利用热湿耦合传递理论模型与数字技术,可辅助围护构造及空间气候适应性设计,实现装配式超低能耗建筑设计目标,促进建筑行业降碳与可持续性发展。

参考文献

[1] HUANG Z. Application of Bamboo in Building Envelope[M]. Cham: Springer International Publishing, 2019.

[2] 肖毅强. 亚热带绿色建筑气候适应性设计的关键问题思考[J]. 世界建筑, 2016(6):34-37. DOI: 10.16414/j. wa. 2016.06.007.

[3] KUNZEL H, DEWSBURY M. Moisture control design has to respond to all relevant hygrothermal loads[J]. UCL Open Environment, 2022(4):e037.

[4] BISHARA N, PERNIGOTTO G, PRADA A, et al. Experimental determination of the building envelope's dynamic thermal characteristics in consideration of hygrothermal modelling-Assessment of methods and sources of uncertainty[J]. Energy and Buildings, 2021(236):110798. DOI: 10.1016/j. enbuild. 2021.110798.

[5] FANG A, CHEN Y, WU L. Modeling and numerical investigation for hygrothermal behavior of porous building envelope subjected to the wind driven rain[J]. Energy and Buildings, 2021(231):110572. DOI: 10.1016/j. enbuild. 2020.110572.

[6] ZHAN Q, PUNGERCAR V, MUSSO F, et al. Hygrothermal investigation of lightweight steel-framed wall assemblies in hot-humid climates: Measurement and simulation validation[J]. Journal of Building Engineering, 2021(42):1-20. DOI: 10.1016/j. jobe. 2021.103044.

[7] XIA D, ZHONG Z, HUANG Y, et al. Impact of coupled heat and moisture transfer on indoor comfort and energy demand for residential buildings in hot-humid regions[J]. Energy and Buildings, 2023(288):113029. https://www. sciencedirect. com/science/article/pii/S0378778823002591.DOI:10.1016/j. enbuild. 2023.113029.

[8] ZHAN Q, XIAO Y, ZHANG L, et al. Hygrothermal performance optimization of lightweight steel-framed wall assemblies in hot–humid regions using orthogonal experimental design and a validated simulation model[J]. Building and environment, 2023(236):110262. DOI: 10.1016/j. buildenv. 2023.110262.

雷震[1]　房玥[2]

1. 宾夕法尼亚大学；Zhen_Lei@outlook.com
2. 美国东北大学

Lei Zhen[1]　Fang Yue[2]

1. University of Pennsylvania；Zhen_Lei@outlook.com
2. Northeastern University

亚热带高层公寓被动式设计适应气候变化的有效性及优化策略

Effectiveness and Optimization Strategies of Passive Design Adapting to Climate Change for High-rise Apartments in Subtropical Areas

摘　要： 在建筑设计中实现建筑节能以及被动式生存能力对气候适应性至关重要。然而，关于炎热潮湿气候的建筑改造的有效性和热舒适研究十分有限，并且建筑能耗模拟与优化（BESO）存在计算时间长、缺乏统一标准问题。本文旨在探讨亚热带住宅的被动设计对能耗、舒适度和未来气候的动态影响。本研究使用了开发天气数据以绘制 Givoni 生物气候图（GBC），并通过 EnergyPlus 模型建构数据集。同时，基于敏感性分析（SA）和遗传算法 NSGA-Ⅱ 多目标优化实现最优解。本研究以一栋典型高层公寓改造提供被动式设计方法。结果表明，当前开窗通风对降低冷负荷、提高热舒适仍有效；未来高湿热气候下，遮阳和围护结构将成为节能和被动式生存能力的重要因素。针对不同气候的模拟优化，将全年能耗减少 40%，冷热负荷均降低 50% 以上，并将热舒适度提高 30% 以上。

关键词： 被动式设计；能源效率；热舒适度；敏感性分析；多目标优化

Abstract： For architectural design to actualize climate adaptation, it is essential to optimize building energy efficiency and passive survivability. However, the effectiveness and thermal comfort of passive design strategies in hot and humid climates are limited in literature research. Moreover, building energy simulation and optimization (BESO) has a long calculation time and lacks a unified standard. This paper aims to explore the passive design for residential buildings in subtropical areas, considering the dynamic effects of energy, comfort, and climate. In this study, the developed weather data was used to plot the Givoni bioclimatic chart (GBC), and the dataset was constructed based on the EnergyPlus model. The solutions are realized based on the sensitivity analysis (SA) method and the NSGA-Ⅱ algorithm. It provides passive methods for a typical high-rise apartment retrofit in Philadelphia. The results indicate that in the current environment, window ventilation remains effective in reducing cooling loads and improving thermal comfort. In future high-humidity and high-temperature climates, solar protection and envelope structures will become important factors in achieving energy efficiency and ensuring the threshold for passive survivability. Through simulation optimization, the combination of parameters can reduce annual energy consumption by up to 40%, decrease both cooling and heating loads by over 50%, and improve thermal comfort by over 30%.

Keywords： Passive Design；Energy Efficiency；Thermal Comfort；Sensitivity Analysis；Multi-objective Optimization

　　全球变暖的趋势和极端天气的频发，让建筑设计着眼于全球区域层面的生态系统和人类居住的社区。在欧美发达国家，建筑能耗约占总能耗的 40%。气候适应性被引入建筑脆弱性和城市韧性的话题中[1]。美国费城位于亚热带气候区，具有典型夏热冬冷气候（HSCW）特征[2]，本次选取该地一栋高层公寓进行被动式设计对建筑节能和热舒适性的有效性探究。同时,现有的绿色建筑体系中被动式设计标准主要以最大限度改善室内环境和建筑能耗为目标,建筑布局、围护结构、几何形状、材料属性以及渗透率和气密性被确定为关键的湿热气候下被动式设计的重要参数。本文旨在尝试一种基于适应气候变化背景下的被动式设计方法的有效性和优化策略的研究,为亚热带地区提供参考意义。

1 被动式设计研究方法

1.1 研究的框架

本研究基于 BESO 程序以三阶段模拟优化结合敏感性分析,为湿热地区的高层公寓提出适应气候变化的被动式策略。第一步,通过生成未来气候数据集绘制和计算动态 GBC,以选择被动式策略;第二步,设置建筑性能模拟,引入能源模型和舒适模型准则;第三步,利用敏感性分析(sensitivity analysis,SA)中的 Morris 筛选法,识别多个参数与多个目标之间的重要性和关联性;第四步,验证本文决策过程和解决方案的可行性,采用 NSGA-Ⅱ 模型,为 BESO 提供 Pareto 最优解。综上所述,本文的研究方法的整体框架如图 1 所示。

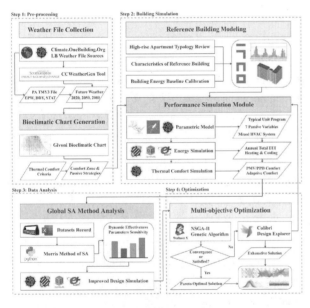

图 1 研究方法的整体框架

1.2 参照建筑的特征及模型基准

1.2.1 建筑模型的基线设置

本研究筛选了费城大学城区内三个代表性高层公寓,并以 Sansom Place West(SPW)作为模拟、分析和优化的研究对象。其中 3 座建筑样本的基本信息如图 2 所示,建筑总体呈现出三种空间布局的原型。本研究利用基于 EenergyPlus 的仿真引擎 Openstudio 跨平台插件来校准和设置基准模型的参数,在不同气候情景下模拟建筑性能和热舒适性。热力模型主要关注中间典型楼层的平面布局,并根据不同单元类型分区(图 3)。理想模型的数据结果基本符合实际情况,年能耗(EUI)为 261 kW·h/m²,舒适度(PMV)为 40.88%。

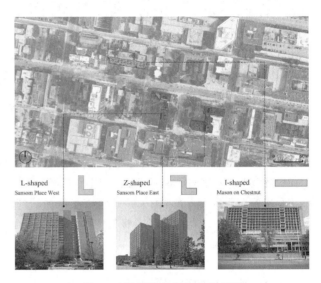

图 2 建筑样本位置和布局原型

1.2.2 被动生存能力的热舒适标准

本研究采用湿球温度分析方法,参考美国 ASHRAE 55 热舒适标准,考虑 WBGT 指数和热指数来确定温度阈值。具体而言,夏季室内条件不应超过热指数的极值,即干球温度(DBT)低于 32 ℃,并且 WBGT 低于 28℃;在冬季,干球温度应大于 10℃。

1.3 气候适应性的分析方法

1.3.1 生物气候分析

生物气候图在当代建筑实践和研究中已被广泛使用。它将不同地区按气候划分并提出特定的被动式策略以改善室内热舒适度[3]。基于被动式策略的改造能有效应对气候变化,增强气候适应力,提高节能效果。本研究基于生物气候图的发展(图 4),设置了冷却和加热策略,为亚热带气候设计特定图解。本研究利用未来气候数据文件将比较被动设计策略的动态效果。

1.3.2 被动式策略参数

本研究针对 SPW 的重要建筑参数通过 SA 评估变量的重要性和影响程度。被动式设计变量包括建筑的不透明围护结构、窗户和玻璃材料、遮阳设备以及密闭性[5],表 1 总结了重要参数的单位和具体范围。

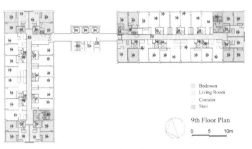

Typical Floor Plan

Bedroom
Living Room
Corridor
Stair

9th Floor Plan
0   5   10m

Simulation Thermal Model

图 3   SPW 的平面图和模拟热舒适模型

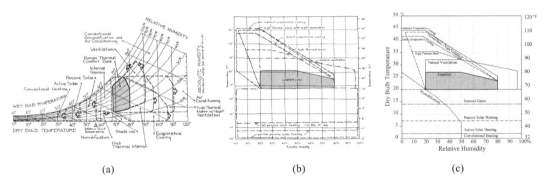

(a)   (b)   (c)

图 4   生物气候图的发展

(a)Givoni 的图示；(b)Dekay-Brown 的图示；(c)Roshan 的图示

（图片来源：参考文献[4]）

表 1   被动式设计参数变量及其范围

序号	参数	缩写	单位	范围
1	窗 U 值	WinU	W/m²-K	0.30～5.90
2	窗太阳能热增益系数	SHGC	—	0.20～0.69
3	墙 R 值	WallR	m²-K/W	1.68～4.48
4	开窗面积比	WOAR	%	10～80
5	卧室窗墙比	WWRB	%	20～55
6	起居室窗墙比	WWRL	%	34～90
7	墙太阳能吸收率	WSA	—	0.10～0.73

1.3.3   全局敏感性分析

本研究采用 Morris SA 方法进行全局筛选,高效评估设计参数并排名影响程度。使用 Python 进行数据处理、建模分析和结果的可视化。图 5 显示了 Morris SA 的采样逻辑方法以及对应的输出结果原理图。

SA 结果用散点图以 σ 与 μ^* 比值为参考依据,参数的影响在 $0.1 < \sigma/\mu^* < 0.5$ 单调。本研究基于 4 种天气情境将每个参数设置为 8 个基本效果,总变化路径设置为 40[6],总模拟次数为 1280 次。本研究共有 4 个输出值,分别为 EUI、冷热负荷、PMV 和 Adaptive 舒

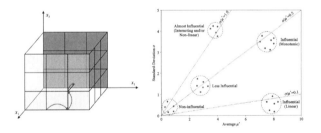

图 5   Morris SA 分析轨迹和 σ/μ^* 散点原理图

适度。

1.3.4   多目标优化算法

本研究采用遗传算法 NSGA-Ⅱ,在遵循约束条件的同时增加解决方案的多样性[7]。用 WallaceiX 插件在 Grasshopper 中通过代理模型进行快速评估和可视化优化结果,有助于选择被动设计策略的最佳参数组合。此外,本研究采用 Colibri 插件中的 Design Explorer,考虑非线性设计参数影响,从而获得最优解决方案。

2   被动式设计策略的评估

2.1   GBC 被动式策略的动态趋势

绘制典型气象年(typical meteorological year, TMY)至 2080 年气候情境下的 GBC(图 6),并计算不同区域中色块所代表的被动式策略的动态小时数和重要性。

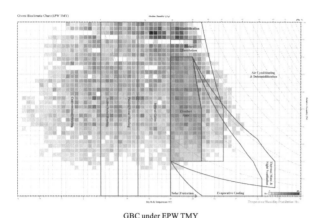

GBC under EPW TMY

GBC under EPW 2080

图6　TMY 至 2080 年气候情境下的 GBC

整个 21 世纪舒适区变化浮动较小,从 TMY 的 1035h 减少到 2080 年的 937h。这可能是因为亚热带气候变暖导致冬季所需的供暖策略被削弱。

从冷却策略来看不同气候情境下时间变化,如图 7 所示,大多数被动式冷却有效性无明显上升趋势,尤其是自然通风和除湿的利用,在高湿热环境中并不能有效解决人体热舒适性问题。研究结果显示,只有遮阳装置比较直接地反映出未来对防辐射的强烈动态需求,在未来使用中的有效性几乎翻倍。因此,开窗和墙体等建筑的外立面属性仍将对人体舒适性具有相对有效的动态影响。

2.2　被动设计参数的敏感度评估

通过 SA,本研究以建筑能耗和热舒适度作为总敏感目标绘制了雷达图(图 8)。以 EUI 的输出结果为例,随着年份推移,WSA、SHGC 的灵敏度显著增长,这表明建筑外围太阳热增益的系数对于未来建筑能耗的影响越来越大。此外,WWRB、WinU、WallR 的 μ^* 这三个系数的敏感度一直较大。

基于 SA 数据的被动式设计综合排序,用热力图评估各参数的时效性和重要性趋势(图 9)。其中,SHGC 和 WWRB 具有很大的动态影响性,将成为未来重要的设计考虑因素;WSA 在炎热情况下较为重要,WinU 和

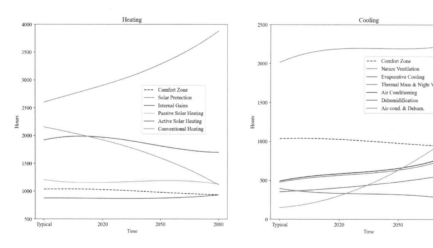

图7　21 世纪的供暖与冷却策略时长趋势

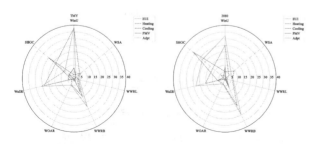

图8　TMY 和 2080 年气候情境下参数 μ^* 雷达图

WallR 在其他情况下较为重要,都呈现稳定的趋势。同时,针对热舒适度模型,WallR 和 WinU 在未来的重要性也显著上升。而 WOAR 在多个目标值中都具有明显下降趋势,这表明通过开窗的自然通风的动态有效性随时间而衰退。

更为重要的是,根据 SA 的图解范围定义(图 10),在散点图中当参数的 σ/μ^* 在 0.1～0.5 之间时,它既有单调性又有一定的影响性。本研究主要选取 TMY 和 2080 年来识别各目标对应参数的 σ/μ^* 值分布。一方

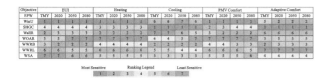

图 9　四种气候情境下参数 μ^* 热力图

面,在 TMY 散点图[图 10(a)]中,WinU、WallR 和 SHGC 的 σ/μ^* 基本在 $0.1\sim0.5$ 之间,对建筑能耗呈现线性趋势具有重要影响。针对冷却的 WinU 和 WallR 的 σ/μ^* 值出现 >1 的特殊情况,这说明炎热情况下拥有高隔热性能窗墙的建筑物的表现可能不太良好,但是 WOAR 的 σ/μ^* 在 $0.1\sim0.5$ 之间,印证了通风在当下条件仍有效。另一方面,在 2080 年散点图[图 10(b)]中,WinU、SHGC、WallR、WWRB 和 WSA 的 σ/μ^* 基本都在 $0.1\sim0.5$ 之间,尤其针对冷却策略,逐渐出现统一的单调性。这表明窗墙的热属性在未来气候变化中对建筑性能的优化更有成效。同时,基于热舒适度模型,WinU 几乎呈单调性,其 σ/μ^* 值接近 0.5,这表明未来的窗户性能和面积对舒适度具有重要影响。

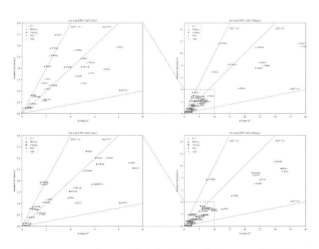

图 10　TMY 和 2080 年气候情景下参数 μ^* -σ 散点图

2.3　基于遗传算法的优化决策

本研究根据上述图表的参数动态分析将敏感度排名靠前或变化幅度大且具单调性的参数设置为优化模型中的主变量。针对 TMY,本研究选取 WinU、WallR、SHGC、WOAR 作为优化参数;而在 2080 年,选取 WinU、WallR、SHGC、WSA 和 WWRB 作为未来优化参数,以此适应高湿热气候变化的趋势。NSGA-II 的多目标优化结果是基于 Pareto 的最优解空间。本研究设置了定量的基因数量和族群进行交叉和变异,优化后的 EUI 和 PMV 结果如图 11 所示,两种气候情境下的正态分布函数都向左移动并收敛,在平行坐标图中的适应度线段较为集中,表明本次遗传算法结果符

合优化预期。

基于图 11 筛选出的平均适应度排名较高的参数组合在 Design Explorer 中进行穷举法优化。本次变量增加了遮阳的深度与数量,并考虑到房间气密性的影响,以最大化减少高湿热气候对建筑隔热保温的影响。在 TMY 情境下,通过 SA 可知 WWRB 具有非线性,因此也列入此优化中。综上,具体改造措施和模拟优化结果的对比见表 2。

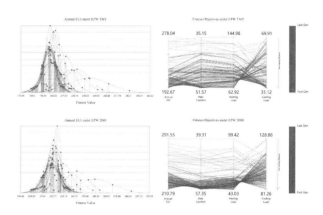

图 11　TMY 和 2080 年气候情景下适应度标准偏差

表 2　TMY 和 2080 年气候情景下改造策略的被动设计方法

气候情境	建筑外墙	窗户和玻璃	遮阳与开窗	气密性
TMY	外墙隔热板(WallR=4.4)	Low-e 玻璃(WinU=0.3;SHGC=0.25)	0.5 m 悬挑遮阳;开窗面积提高 78%	平均渗透气流强度 0.00003
2080	外墙隔热板(WallR=4.4;WSA=0.14)	Low-e 玻璃(WinU=0.31;SHGC=0.2)	0.5 m 悬挑遮阳;卧室窗墙比为 0.25	平均渗透气流强度 0.00003
结果	年能耗	热负荷	冷负荷	舒适度
TMY	153.6	42.25	31.08	50.37
2080	171.62	31.46	67.69	58.54

3　被动式参数的优化效果

3.1　优化结果在高层公寓中的应用

经过多目标优化,模拟结果对比基线模型均有显著变化。在 TMY 情境中,EUI 降低 41.4%,其中 Heating 降低 60.4%、cooling 降低 52.9%,而 PMV 提高 30.1%;在 2080 年情境中,EUI 降低 40.5%,其中 Heating 降低 56.6%、cooling 降低 49.5%,而 PMV 提高 40.5%。在未来气候高湿热的趋势下,建筑的性能

需求增大,但经过被动式设计的优化改造能够大幅减缓能耗,并提高建筑的被动式生存能力。具体而言,在停电离网下的模拟与温度统计中,室内 DBT 的阈值(10～32 ℃)在 TMY 情境下提升了 431 小时(从 5745～6176 h),在 2080 年情境下提升了 561 小时(从 5221～5782 h)。

3.2 研究的创新点与局限性

本研究基于 NSGA-Ⅱ算法设置的基因量远少于常规的 5000 个标准值。但根据 SA 分析获取参数 σ/μ^*,将呈单调性的参数组合,即能在有限的簇群内最快寻找最优解空间,提高模拟效率,缩短计算时长。适应度函数的结果最终呈现有规律的变化而非上下的波动,因此通过敏感性参数筛选组合可以在较少的模拟迭代中获得更有效的结果,再针对特定参数细化最优解。

本研究仅从模拟优化中寻找最优解,容易忽略当地微气候下风环境、城市热岛、灾难、植被分布以及建筑造型对于建筑能耗和热舒适度的影响。尽管如此,通过目前对典型高湿热气候变化的趋势分析,以及对现有真实建筑的全面数据化的热力建模,可以总结出利用动态被动式设计适应亚热带区 HSCW 的具体方法。

4 结论

未来高湿热气候下的住宅建筑将面临过热问题,冷负荷的显著增加意味着建筑需要通过被动式设计寻找最大化隔热保温、热舒适性的综合应用策略。针对不同气候情境,仅对窗墙热阻属性的提升,可以大幅提高热舒适度,全年从 38.7% 提升至 50% 以上,EUI 降低了 109 kW·h/m²。所以当前建筑立面材料的改造可以高效实现优化效果。在 21 世纪末,开窗通风作用将失效,通过大面积可操作的遮阳装置以及隔热灵敏度高的围护结构,将极端气候下的被动式生存能力阈值提高了 561 小时。但是,即使全年冷负荷降低 67 kW·h/m²,未来高温(>32 ℃)下的建筑热舒适性也无法通过被动式改造得到有效缓解。此外,综合考量城市形态的弹性和建筑物的气候适应性,对亚热带区的高层公寓改造能起到范式性作用。

参考文献

[1] RAJKOVICH N B, HOLMES S H. Climate Adaptation and Resilience Across Scales: From Buildings to Cities[M]. New York: Routledge, 2021.

[2] KOTTEK M, GRIESER J, Beck C, et al. World Map of the Köppen-Geiger Climate Classification Updated[J]. Meteorologische Zeitschrift, 2006, 15(3): 259-263.

[3] MORILLÓN-GÁLVEZ D, SALDAÑA-FLORES R, TEJEDA-Martínez A. Human Bioclimatic Atlas for Mexico[J]. Solar Energy, 2004, 76(6): 781-792.

[4] ROSHAN G R, FARROKHZAD M, ATTIA S. Defining Thermal Comfort Boundaries for Heating and Cooling Demand Estimation in Iran's Urban Settlements[J]. Building and Environment, 2017(121):168-189.

[5] FERRARA M, FABRIZIO E, VIRGONE J, et al. A Simulation-Based Optimization Method for Cost-Optimal Analysis of Nearly Zero Energy Buildings[J]. Energy and Buildings, 2014(84):442-457.

[6] CAMPOLONGO F, CARIBONI J, SALTELLI A. An Effective Screening Design for Sensitivity Analysis of Large Models[J]. Environmental Modelling & Software, 2007, 22(10): 1509-1518.

[7] WANG, S S, YI Y K, LIU N X. Multi-objective Optimization (MOO) for High-Rise Residential Buildings' Layout Centered on Daylight, Visual, and Outdoor Thermal Metrics in China[J]. Building and Environment, 2021(205):108263.

纪硕[1] 王一粟[1] 冯刚[1]*

1. 天津大学建筑学院;fenggangarch@tju.edu.cn

Ji Shuo[1] Wang Yisu[1] Feng Gang[1]*

1. School of Architecture, Tianjin University;fenggangarch@tju.edu.cn

形状记忆合金驱动的动态建筑表皮:应用研究与采光性能优化

Shape Memory Alloy-driven Kinetic Building Facade: Application Research and Daylight Optimization

摘　要:动态建筑表皮能够有效降低建筑运行能耗,提高室内舒适度,但其运动通常依赖复杂机械系统的驱动,容易损坏且维护成本较高。由形状记忆合金驱动的动态建筑表皮可以有效解决此类问题。本文总结了形状记忆合金驱动的动态建筑表皮的应用现状,探析其运动原理与达成的运动效果,通过光环境模拟对其采光性能优化进行评价,探讨形状记忆合金驱动的动态建筑表皮在审美与物理性能上的特点,以期为动态建筑表皮设计提供新思路。

关键词:动态建筑表皮;形状记忆合金;采光性能优化

Abstract:Kinetic building façade can effectively reduce the energy consumption of building operation and improve indoor comfort, but their movement usually relies on the drive of complex mechanical systems, which are easily damaged and costly to maintain. Kinetic building façade driven by shape memory alloys can effectively solve such problems. This paper summarizes the current status of the application of shape memory alloy-driven kinetic building façade, analyzes their movement principles and the types of movements achieved, evaluates their performance through daylight simulation, and explores the characteristics of shape memory alloy-driven kinetic building façade in terms of aesthetics and physical properties, with a view to providing new ideas for the design of kinetic building façade.

Keywords:Kinetic Building Façade; Shape Memory Alloy; Daylight Optimization

1 引言

清华大学于 2023 年发表的《中国建筑节能年度发展研究报告》指出[1],2021 年建筑运行的总商品能耗为 11.1 亿 tce(吨标准煤当量),约占全国能源消耗总量的 21%。如图 1 所示,从 2010 年到 2021 年,建筑能耗总量及其中电力消耗量均大幅增长。在建筑运行阶段,空调照明等用能需求的增长是导致能耗强度及总量增长的主要原因。因此合理调控室内光热环境,减少空调和照明的能源消耗是促进建筑节能的重要途径。

建筑表皮作为室内外能量交换的媒介,对室内光热环境调控起着重要作用。动态建筑表皮能够在建筑外部环境或内部功能需求变化时改变表皮形态,和静态的围护结构相比,更利于降低建筑运行能耗、提升室内光热舒适度。绝大部分动态建筑表皮的运动依靠机

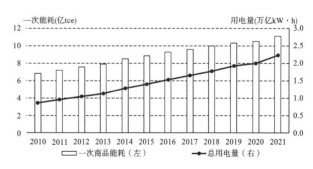

图 1　中国建筑运行折合的一次能耗总量和用电总量
(2010—2021 年)

(图片来源:参考文献[1])

械系统的驱动,虽然可控性较强,控制精度较高,但是运动过程中零件易磨损,任意元件的损坏都可能导致整个系统无法运行,这也很大程度上制约了动态建筑

表皮的广泛应用。近年来,形状记忆合金在动态建筑表皮上的应用得到了广泛关注,它可以感知温度变化并随之产生可逆的形变,集传感器、信息处理器和驱动器为一体,降低了动态建筑表皮对外部能源供应和机械系统控制的依赖。

虽然目前基于形状记忆合金驱动的动态建筑表皮研究日益增多,但因为形状记忆合金作为一种新型材料,出现时间较晚,在建筑上的应用较少,所以由形状记忆合金驱动的动态建筑表皮普及程度不及由机械系统驱动的传统动态建筑表皮。因此有必要对此类动态建筑表皮应用现状进行解读,通过实验模拟对其性能进行测评,提高建筑师对形状记忆合金驱动的动态建筑表皮的了解,促进其推广应用。

2 应用现状解读

形状记忆合金(shape memory alloy, SMA)是在施加特定刺激时能够从类似塑形且显著的变形中恢复其原始形状,由两种及以上金属元素所构成的材料[2]。形状记忆合金是形状记忆材料中形状记忆性能最好的材料,如图2所示,其形状变化可以通过温度、应力或磁场等外界刺激来触发和控制。应用于动态建筑表皮中的形状记忆合金一般为热响应材料,具有双程形状记忆的形状记忆合金可以在温度升高和降低过程中在奥氏体和马氏体状态之间发生相变,材料形状产生交替变化,驱动表皮运动。

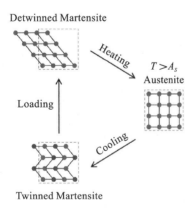

图2 形状记忆合金相变示意图
(图片来源:参考文献[3])

形状记忆合金多作为表皮运动的"驱动器",通过自身形状的改变带动表皮主体运动,可呈现弯曲、旋转等运动效果。Air Flow(er)在温度升高至150华氏度时,形状记忆合金收缩,面板打开,当温度降低时形状记忆合金恢复原状,弹性绳索将面板拉回至关闭位置[4]。该原型可以作为自然通风的双层立面系统的遮阳百叶,夏季时面板打开有利于热风的排出,减少太阳

辐射,降低建筑机械设备的冷却负荷,冬季时关闭的面板可以作为被动式太阳能加热器,利用吸收的辐射减少外墙的热量损失。

形状记忆合金可以取代机械系统进行自我驱动或驱动其他表皮材料运动,不仅避免了因机械系统零件损坏造成的维护与更换[5],也避免了机械系统运行时的噪音,因此更适用于多雨雪、多风沙的恶劣气候,以及对声环境有更高要求的建筑类型。此外,表皮驱动摆脱了对外部能源供应的依赖,可用于电力资源不丰富、经常断电的地区。但设计时也需综合考虑形状记忆合金的材料疲劳与造价。动态建筑表皮中使用形状记忆合金的案例如表1所示。

表1　动态建筑表皮中使用形状记忆合金的案例

项目名称	图片	运动类型	环境目标
Air Flow(er)		旋转	通风
The Soft Façade for Architects		旋转	遮阳
Ventilated Façades		弯曲	通风
Bistable Kinetic Shades		弯曲	遮阳
Origami Panel		折叠	遮阳
The Façade of the Piraeus Tower		弯曲	通风

3 采光性能优化

光环境水平是衡量室内环境质量的重要指标,良好的光环境可以对人的生理和心理产生积极影响。自然采光量过高时会导致不舒适情况的产生,如室内眩光、光照度过高等,而自然采光过低时则需要人工照明辅助,不利于绿色节能。现今高层办公建筑由于大面积玻璃幕墙的使用,存在室内光照分布不均、极易引起眩光等问题[6]。因此本文以海口地区办公建筑为例,以平均照度、照度均匀度和眩光水平为依据探讨基于热响应智能材料的动态建筑表皮对室内光环境的影响[7][8]。《建筑采光设计标准》(GB 50033—2013)规定办公室室内天然光照度标准值为 450 lx,结合国内实际情况与相关资料,本文将使人舒适的照度数值设定为 450～3000 lx。平均照度是规定表面上各点的照度平均值。照度均匀度是指规定表面上的最小照度与平均照度之比。眩光采用 DGP(不舒适眩光概率)来衡量。室内光环境质量评价指标量化方法如表 2 所示。

表 2　室内光环境质量评价指标量化方法

评价指标	原区间	映射函数
平均照度	$(0,+\infty)$	$x\in(0,450),y=0$ $x\in[450,3000]$, $y=(x-450)/2550$ $x\in(3000,+\infty)$, $y=2550/(x-450)$
照度均匀度	$(0,1]$	$y=x$
眩光	$(0,1)$	$y=1-x$

图 3 所示的办公室模型开间为 4000 mm,进深 5000 mm,层高 3500 mm,窗台高度 900 mm,开窗面积 8.64 m²,窗墙比 0.617。办公建筑模型各界面选用 honeybee_radiance 材质库中广泛使用的内置材料,如表 3 所示。对现有由形状记忆合金驱动的动态建筑表皮运动类型进行分类,可分为水平旋转、竖直旋转、水平弯曲、竖直弯曲和折叠,运动类型与形状记忆合金长度变化见表 4。设计前期模拟的目的是在短时间内进行多种方案的比选,所以通常将曲面处理成平面以加快模拟速度,因此在本模拟中也将弯曲型表皮进行简化,得到的结果类似于旋转型表皮,所以模拟时仅选择水平旋转、竖直旋转和折叠三种运动类型,百叶尺寸为 400 mm×400 mm。

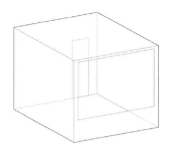

图 3　办公空间模型

表 3　模型内部材质

界面	材质
内墙	GenericInteriorWall_0.5
地面	GenericFloor_0.2
天花板	GenericCeiling_0.8

表 4　模拟选用形状记忆合金驱动的动态建筑表皮

运动类型	初始状态	运动模式	SMA 长度变化
水平弯曲		虚线为简化模型	0(初始状态),−0.04(缩短 0.04 米),−0.08,−0.12,−0.16
竖直弯曲		虚线为简化模型	0,−0.04,−0.08,−0.12,−0.16
水平旋转			0,−0.04,−0.08,−0.12,−0.16
竖直旋转			0,−0.04,−0.08,−0.12,−0.16
折叠			0,−0.04,−0.08,−0.12

光环境量化得分计算时应根据实际项目赋予评价指标不同的权重,本模拟中将各指标权重设置为1,将量化得分可视化,散点的直径大小表示光环境量化得分的高低(图4)。由图5～图7可见,由形状记忆合金驱动折叠的动态建筑表皮对室内光环境优化能力最强,且不同的变形长度和变形温度对光环境的调控能力差距较大。水平旋转的动态建筑表皮光环境调控能力略优于竖直旋转的动态建筑表皮,且不同的变形长度和变形温度对光环境的调控能力差距较小。在水平旋转(图5)、竖直旋转(图6)和折叠(图7)运动模拟的225种、225种和136种形状记忆合金形变类型中,分别有100%、81.6%和93.4%的形变得分高于无遮阳百叶的情况。

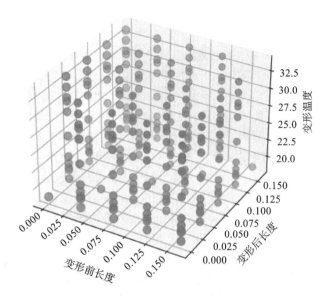

图6 形状记忆合金驱动的竖直旋转建筑表皮光环境量化

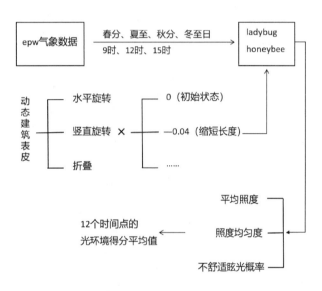

图4 模拟流程示意图

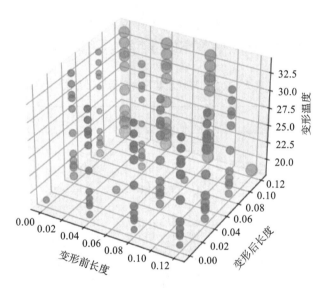

图7 形状记忆合金驱动的折叠建筑表皮光环境量化

4 总结与展望

科技的进步不断促进着动态建筑表皮的发展与改革,形状记忆合金在动态建筑表皮上的应用受到了国内外学界的广泛关注。本文对形状记忆合金驱动的动态建筑表皮应用现状进行了梳理分析,并以光环境优化为例对其性能进行了评价,得到以下结论。

(1)形状记忆合金驱动的动态建筑表皮通过材料形变驱动建筑表皮运动,避免了机械驱动时的零件摩擦与损耗,降低了维护成本,也避免了表皮运动对外部供能的依赖,传动更加高效。

(2)形状记忆合金可以通过和不同表皮材料结合实现旋转、弯曲和折叠等多种运动类型,和热双金属、热致变色材料等智能材料相比,由形状记忆合金驱动

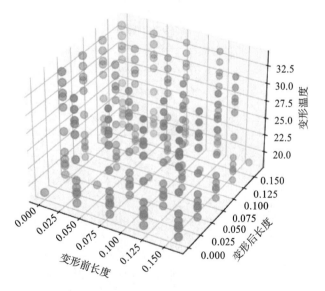

图5 形状记忆合金驱动的水平旋转建筑表皮光环境量化

的动态建筑表皮给设计师提供了更多的立面造型选择。

（3）由形状记忆合金驱动的动态建筑表皮可以提高室内光舒适度，有效减少人工辅助照明。其中由形状记忆合金驱动进行折叠运动的动态建筑表皮对光环境优化性能优于水平旋转、竖直旋转、水平弯曲和竖直弯曲的动态建筑表皮。

（4）由形状记忆合金驱动的动态建筑表皮在审美和物理性能方面都具有出色表现，且能够有效解决当前主流驱动模式——机械系统驱动导致的多种问题，为动态建筑表皮设计提供了新思路，将具有广阔的发展空间。

参考文献

［1］ 清华大学建筑节能研究中心.中国建筑节能年度发展研究报告［M］.北京：中国建筑工业出版社，2023.

［2］ 张苇.形状记忆合金及其应用［J］.材料导报，1995，9（4）：5.

［3］ YI H，KIM Y. Self-shaping building skin：Comparative environmental performance investigation of shape-memory-alloy（SMA）response and artificial-intelligence（AI）kinetic control［J］. Journal of Building Engineering，2021（35）：102113.

［4］ PAYNE A O，JOHNSON J K. Firefly：Interactive prototypes for architectural design［J］. Architectural Design，2013，83（2）：144-147.

［5］ 韩昀松，王加彪.人工智能语境下的寒地建筑表皮智能化演进［J］.西部人居环境学刊，2020，35（2）：8.

［6］ 动态表皮类型对采光和能耗影响的比较研究——以折叠和旋转表皮为例［J］.建筑节能，2020（3）：40-44＋50.

［7］ 周晓琳.基于光环境优化的可变建筑表皮参数化设计方法研究［D］.厦门：厦门大学，2019：74-77.

［8］ 王晓飞.可变光环境下建筑动态表皮的参数化设计研究［D］.合肥：合肥工业大学，2021：17-20，64-67.

马钰婵[1,2]　詹峤圣[1,2]　肖毅强[1,2]*
1. 华南理工大学建筑学院；mych555555@163.com
2. 亚热带建筑科学国家重点实验室；yqxiao@scut.edu.cn*
Ma Yuchan[1,2]　Zhan Qiaosheng[1,2]　Xiao Yiqiang[1,2]*
1. School of Architecture, South China University of Technology
2. State Key Laboratory of Subtropical Building Science

国家自然科学面上项目（52078214）；粤穗联合基金青年基金项目（2022A1515110664）；广州市基础研究计划项目（2023A04J1591）

湿热地区光伏绿化复合屋面系统减碳效益评估方法研究
Carbon Reduction Benefits Evaluation of PV-GR Roof in Humid Subtropical Areas

摘　要：光伏绿化复合屋面是一种创新型屋面形式，但在湿热地区的应用缺乏综合量化评估。本研究以广州典型办公单元为研究对象，经相互作用机制分析，选取室内制冷能耗碳减排、光伏发电碳收益与植物固碳量为评价指标，基于 Grasshopper 平台，选用 Openstudio、Ladybug-Renewables 模拟分析室内制冷能耗与光伏发电量，通过 Radiance 与 GH-python 计算植物光合固碳量。结果显示复合屋面综合减碳表现最佳，有效验证其组合互益性与节能有效性。本研究方法可完善光伏绿化复合屋面减碳量化评估，为构造设计优化提供参考。

关键词：光伏绿化复合屋面；减碳效益；植物固碳；光伏发电

Abstract：PV-GR roof is an innovative roof form, but its application lacks comprehensive and quantitative assessment in humid subtropical areas. This study takes a typical office unit in Guangzhou as the research object. After analyzing the interaction mechanism, the energy consumption of indoor cooling, carbon gain from PV power generation and carbon sequestration of plants were used as the evaluation indicators. Based on Grasshopper, we use Openstudio and Ladybug-Renewables to simulate indoor cooling energy consumption and PV power generation. Carbon sequestration of plants was calculated through Radiance and GH-python. The result shows that the composite roof has the best performance of integrated carbon reduction, effectively verifying its combined mutual benefit and energy-saving effectiveness. This research method can improve the quantitative assessment of carbon reduction of PV-GR roof, and provide reference for structural design optimization.

Keywords：PV-GR Roof；Carbon Reduction Benefits；Plant Carbon Fixation；Photovoltaic Power Generation

1　研究背景

在双碳被纳入生态文明建设整体布局的背景下，建筑减碳研究逐步深化。屋面作为受太阳辐射显著影响的建筑界面，其构造措施对提升建筑性能具有关键作用。其中绿化屋面与光伏屋面是湿热地区应用较广的建筑节能降碳措施，二者在有限的屋面面积上存在空间竞争。近年来，有研究指出二者层叠排布组合的复合系统间存在互益性[1]，但由于缺少综合量化评估，其在湿热地区屋面上的复合应用存在空缺。

本研究选取广州地区典型办公单元为研究对象，分析单一光伏绿化及复合屋面构造下减碳效益的变化，通过对相互作用机制的分析与总结，确定室内制冷能耗碳减排、光伏发电碳收益及植物固碳量为复合屋面系统减碳效益评估三项指标。通过模拟分析多种屋面工况，验证复合屋面系统综合减碳效益优势。本研究构建的减碳效益综合评估方法及分析结果可为屋面减碳量化评估与优化设计提供参考。

2 研究对象

2.1 光伏绿化屋面相互作用机制

一方面,光伏板具有显著的温度效应,发电温度升高会引起转换效率的下降[1],而绿化植物的生态效益可增强蒸散并降低屋面温度,进而冷却光伏板表面,提升其发电效率[2]。另一方面,光伏板对植物表面获取的太阳辐射造成遮挡,使植物免于暴晒[3],进而影响植物光合固碳效益。同时,光伏屋面的遮蔽作用以及绿化屋面的植被层与种植层会显著影响屋顶传热性能[1],对于湿热地区而言,突出作用于室内制冷能耗变化。

为探索光伏绿化复合屋面减碳效益的相互影响机制,本研究结合生物学领域相关研究[4,5]和能量平衡公式换算[6],构建基于太阳辐射强度—光合有效辐射的光合速率理论模型和基于屋面温度—光伏板转换效率的光伏发电碳收益模型,得到由建筑物理环境参数量化复合屋面系统综合减碳效益的评估方法。光伏绿化屋面相互作用机制如图1所示。

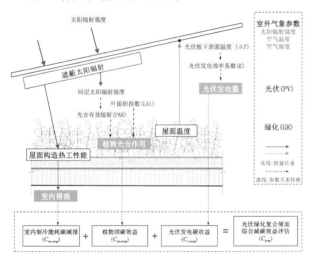

图1 光伏绿化屋面相互作用机制

2.2 研究指标选取与技术路线

本研究通过减碳效益理论分析,确定植物固碳效益、光伏发电碳收益和室内制冷能耗碳减排为光伏绿化复合屋面综合减碳效益评估的三个主要部分。技术路线与模拟计算引擎的选择如图2所示:选用Openstudio模拟计算室内制冷能耗,选用Ladybug-Renewables模拟计算光伏发电量,选用Honeybee-Radiance和GH-python进行植物固碳效益的量化。

3 研究方法

3.1 模型建立与参数设置

3.1.1 建筑模型

本研究选取湿热地区广州市的典型办公单元为模

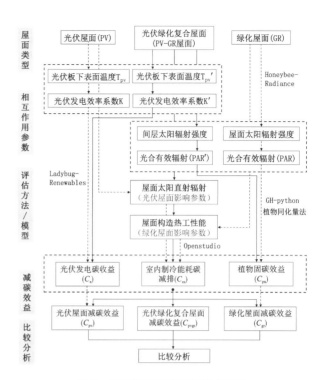

图2 研究指标的选取与技术路线

拟对象,基本分析单元体量为开间4 m、进深6 m、层高3 m。由于探究要素为屋面构造,因此房间基本模型工况设置为顶层,朝向为正南方向。南向外墙设置开窗,窗台高度0.9 m,窗高1.5 m,窗墙比40%(图3)。场地气象信息选取广州地区典型气象年数据,通过Ladybug在Energyplus官网调取,模拟时间选取典型夏季日。

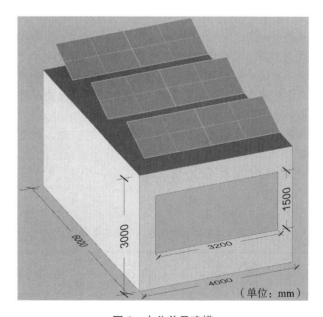

图3 办公单元建模

3.1.2 复合屋面参数设置

根据广州市《屋顶绿化技术规范》,绿化屋面选配常见灌木类植物金脉爵床(Sanchezia nobilis)。

光伏板构件大小为 1.78 m×1.18 m,根据《光伏发电站设计规范》选取广州地区最佳倾角参考值 22° 为本模拟分析工况,方位角为正南方向。光伏板最低点距离屋面植被高度为 0.6 m,经间距计算设定光伏阵列,分析模型的屋顶共排布三排六块光伏板。

3.2 研究方法

3.2.1 基于复合屋面构造的能耗模拟方法

本研究以 Ladybug Tools 为工具,调用 Energyplus 中的 Openstudio 引擎完成办公单元的制冷能耗计算。模拟设置办公单元模型材质:内墙、地面绝热,屋面、外墙和外窗的围护结构热工参数依据广州地区常见构造形式与相关规范进行设定(表1)。

表1 围护结构的构造形式

围护结构	构造形式
绿化屋顶	100 厚钢筋混凝土+40 厚挤塑聚苯板+20 厚水泥砂浆+阻根防水层+25 厚水泥砂浆保护层+平式种植容器+土工布过滤层+400 厚基质层+250 厚植被层
普通屋顶	100 厚钢筋混凝土+40 厚挤塑聚苯板+20 厚水泥砂浆+防水层+25 厚水泥砂浆+10 厚多孔砖
墙体	乳胶漆+20 厚水泥砂浆+200 厚加气混凝土+20 厚水泥砂浆+乳胶漆
地板	20 厚水泥砂浆+100 厚钢筋混凝土+20 厚水泥砂浆+10 厚地砖

依据《公共建筑节能设计标准》设定办公空间的人员数量与活动时间,工作时间为 8:00—18:00,在该时段内设置制冷温度为 26 ℃,空调能效比 COP 取 3.6。

光伏绿化复合屋面构造在模拟中的植物热工参数设定如表2所示。绿化方面,将植物参数与种植基质参数输入 HB-Vegetation material 中完成材质构建,再依据屋面组合层次建立起绿化屋面的构造,输入构造集中;光伏方面,本研究仅考虑光伏板的遮挡作用,拾取光伏板构件作为遮挡(HB-Shade)接入 HB-Model 中。

表2 植物参数设定 A - 热工参数

植物热工参数	取值
植被高度/mm	250
叶片反射率/(%)	0.22
叶片发射率/(%)	0.9
土壤层厚度/mm	400
植物冠幅/mm	200
叶面积指数 LAI	0.2

3.2.2 基于下垫面温度的光伏发电潜力评估方法

光伏发电性能由 Ladybug 中的 Renewables 工具组进行模拟计算。选用嘉盛光电的双玻单晶硅太阳能光伏组件(JS360DG-54e),板材尺寸大小为 1780 mm×1180 mm,其转换效率为 17.1%,温度系数为 ±0.36%/℃。通过模拟计算可得到下垫面为普通屋面时光伏组件逐时温度及发电量。

依据能量平衡公式对光伏绿化屋面进行基于下垫面温度的光伏发电修正,从能耗计算模型结果读取屋顶表面逐时温度,得到不同屋面构造下的表面温度,通过 GH-python 编写公式,获取温度效应下光伏板转换效率的逐时修正,从而获取绿化屋面条件下的逐时光伏发电量。

3.2.3 基于植物光合的固碳效益预测方法

经文献研究得知,针对绿化屋面构造尺度的植物固碳效益研究中,同化量法具有很好的适配能力与很强的操作优势,基于此,本文采用基于典型气象年数据预测方法,建立光合速率光响应模型进行预测分析。

模拟将植物冠幅 0.2 m 设定为分析网格大小,计算平面高度选取植被叶片层中心高度 0.2 m,以 1 小时为步长设置序列,利用 Honeybee-Radiance 获取逐时逐点的间层太阳辐射量,通过数据处理将获取的能量参数转换为植物光合有效辐射值 PAR。

光合速率模型选用直角双曲线修正模型[4],其光合参数设定如表3所示。利用 GH-python 编写其光合速率曲线模型,获取逐时光合速率值,经过时间累积与公式换算得到逐时植物固碳量。模拟将光伏板作为遮挡条件,设定双玻组件透光率为 15%。

表3 植物参数设定 B - 光合参数[7]

植物光合参数	取值
光饱和点 LSP/[μmol/(m²·s)]	1129.50±1.19
光补偿点 LCP/[μmol/(m²·s)]	7.50±2.12
最大表观量子产额 α/(μmol/mol)	0.07±0.03
最大净光合速率 P_{max}/[μmol/(m²·s)]	10.94±1.36
暗呼吸速率 R_d/[μmol/(m²·s)]	0.525
修正系数 β	0.000128382
修正系数 γ	0.004549029

4 结果与讨论

对典型夏季日(6 月 22 日)进行模拟分析的结果如图4、表4所示,可以得出以下结论。

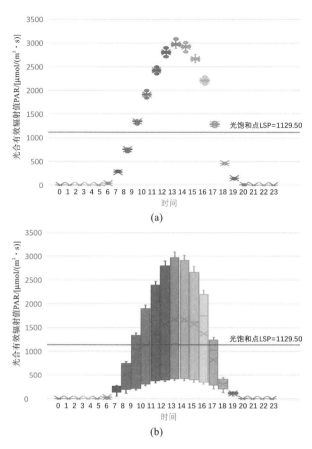

图4　屋面植物光合有效辐射逐时变化图
(a)绿化屋面;(b)光伏绿化复合屋面

室内制冷能耗减碳量方面:光伏屋面、绿化屋面与光伏绿化复合屋面均可有效降低室内制冷能耗,单日制冷能耗可分别降低 358.61 g、587.07 g、673.25 g,复合屋面减碳效益优势明显。

光伏发电碳减排方面:光伏屋面与光伏绿化屋面日发电量分别为 8.56 kW·h 与 8.61 kW·h,日减碳量增加 30.04 g,屋面绿化对光伏板存在一定降温效果,但从模拟结果来看对发电量的影响幅度较小。

植物固碳量方面:绿化屋面与光伏绿化屋面日固碳量为 861.76 g 和 884.89 g,光伏对绿化屋面的遮挡效果在合理的构造设计中可提升植物固碳量。这是由于遮挡显著降低植物所接收的光合有效辐射,使其在太阳能量很高时部分低于光饱和点,减少了光抑制现象损伤植物叶片结构的情况,一定程度上有利于植物的生长。

综合三项指标的综合减碳效益:光伏发电碳减排具有的减碳效果最强,显著高于室内制冷能耗碳收益与植物固碳收益。从综合减碳来看,光伏绿化屋面具有最强的减碳优势。

表4　不同屋面构造形式下减碳效益比较

	指标	普通屋面 C_{con}	光伏屋面 C_{pv}	绿化屋面 C_{gr}	光伏绿化屋面 C_{pvgr}
C_{es}	室内制冷能耗/kW·h	8.97	8.34	7.94	7.79
	制冷碳排量/gCO₂	5116.86	4758.25	4529.79	4443.61
	节能量/kW·h	—	0.63	1.03	1.18
	节能碳减排/gCO₂	—	358.61	587.07	673.25
C_e	光伏发电量/kW·h	—	8.56	—	8.61
	清洁能源发电碳减排/gCO₂	—	4879.64	—	4909.68
C_{pn}	植物固碳效益/gCO₂	—	—	861.76	884.89

5　总结与展望

本研究通过能量平衡公式计算与模拟预测结合的方式,提出光伏绿化复合屋面的减碳效益评估方法,并选取广州市办公空间单元进行模拟比较分析。综合来看,光伏绿化屋面具备良好的综合减碳效益优势和应用前景,在实际应用中,可通过实测获取数据进一步进行验证和校准。

本研究成果可完善光伏绿化复合屋面减碳量化评估方法,为复合屋面系统的减碳效益量化方法提供理论指导,为复合屋面构造设计提供参考。

参考文献

[1] ABDALAZEEM M E, HASSAN H, ASAWA T, et al. Review on integrated photovoltaic-green roof solutions on urban and energy-efficient buildings in hot climate [J]. Sustainable Cities and Society,2022(82):103919.

［2］ DIMOND K，WEBB A. Sustainable roof selection：Environmental and contextual factors to be considered in choosing a vegetated roof or rooftop solar photovoltaic system［J］. Sustainable Cities and Society，2017(35)：241-249.

［3］ SCHINDLER B Y， BLAUSTEIN L， LOTAN R，et al. Green roof and photovoltaic panel integration：Effects on plant and arthropod diversity and electricity production［J］. Journal of environmental management，2018(225)：288-299.

［4］ YE Z P，SUGGETT D J，ROBAKOWSKI P，et al. A mechanistic model for the photosynthesis - light response based on the photosynthetic electron transport of photosystem II in C3 and C4 species［J］. New Phytologist，2013，199(1)：110-120.

［5］ 郭新想. 居住区绿化植物固碳能力评价方法研究［D］. 重庆：重庆大学，2010.

［6］ CAVADINI G B，COOK L M. Green and cool roof choices integrated into rooftop solar energy modelling［J］. Applied Energy，2021(296)：117082.

［7］ 尹婷辉，戴耀良，何国强，等. 16 种地被植物的光响应特性及园林应用［J］. 湖南农业大学学报，2019,45（4）：355-361. DOI：10. 13331/j. cnki. jhau. 2019. 04. 004.

宣欣玥[1]　胡悦[1]　王祥[1*]　邓丰[1*]

1. 同济大学建筑与城市规划学院；1850428@tongji. edu. cn，21022@tongji. edu. cn，18016@tongji. edu. cn

Xuan Xinyue[1]　Hu yue[1]　Wang Xiang[1*]　Deng Feng[1*]

1. College of Architecture and Urban Planning，Tongji University；1850428@tongji. edu. cn，21022@tongji. edu. cn，18016@tongji. edu. cn

实验·实践
——非线性空间曲面竹建造
Experiment · Practice：Nonlinear Space Curved Bamboo Construction

摘　要：在设计和建造曲线构件较多的建筑时，原竹材料具有较多可能性，其材料特性在非线性曲面的构建上具有先天的优势。本文以东·中·西部高校联合设计建造竞赛的一个设计作品为例，围绕云南当地自然环境、材料在地性、功能实用性，以及在无大型设备进场的实际施工条件下，依靠人力完成低成本快速建造的可行性。从数字化形体生成、结构节点定位设计和模拟、现场建造模拟三个阶段阐述过程中发现的难点和解决思路。在全过程中，通过计算机模拟和比例模型实验，验证方法的有效性和可行性。

关键词：竹构建造；非线性空间曲面；建造实验

Abstract：When designing and constructing buildings with many curved elements, raw bamboo materials have more possibilities. Their material characteristics have inherent advantages in constructing nonlinear surfaces. In this essay, we take one of the design works of the East-Central-West University Joint Design-Build Competition as an example and focus on the Yunnan local natural environment, local material, functional practicality, and the feasibility of relying on human resources to complete the low-cost and rapid construction under the actual construction conditions without large equipment. In the whole process, the validity and feasibility of the method are verified through computer simulation and scale model testing.

Keywords：Bamboo Structure Construction；Nonlinear Spatial Surfaces；Construction Experiment

1 数字化形体生成

　　开始方案设计之前，结合东·中·西部高校联合设计建造竞赛的任务书要求，我们明确本次设计实践的目的，是设计一个环境友好，建造可实践、可参与、可落地，材料具有在地性的项目。经过调研，我们最终选择了云南当地可获取的竹子来作为整个设计采用的主要材料。世界竹亚科植物有70～80属、1000多种，中国约有37属、500多种。由于云南省具有独特的地理位置和复杂多变的环境条件，竹类资源非常丰富，约28属，至少250种，属数占世界40%，占中国75%[1]。竹材是一种传统的建筑材料，它在中国的建造史上历史悠久。竹材具有强度高、刚度大等特点，有"植物钢筋"的美名，竹构建筑大多有着质量轻、抗震性能好的优点。另外，竹子的生长周期短，容易成材，是获取成本较低的可持续资源。但另一方面，竹材作为天然植物材料，用于建造时要注意防腐、防潮、防虫蛀等问题，需要对其进行一定的处理来提高其耐久性，且竹材的材料强度是有限的，在现代建筑应用场景中有一定的局限性，需要着重考虑如何将其强度最大化利用。本次建造设计是做一个对环境影响小、使用目标时间较短的临时建筑，故在耐久性方面竹材已经能够满足需要，但在强度要求方面还是需要经过校验的。

　　传统竹构建筑的建造多由经验丰富的工匠凭借其精湛的技艺完成，但我们本次想要完成一个控制更加精细，更数字化、现代化，让设计者本身也能参与建造过程的设计项目。因此我们在设计前期学习了大量国内外已建成落地的现代竹构建筑项目，包括越南著名竹构建筑师武重义的许多案例与国内近年来举办过的竹构建筑建造竞赛的相关成果，来学习竹材在现代建筑中的使用方式以及建造方法。

　　通过对现代竹构建筑案例的鉴赏以及中国传统文

化语境下竹这一意象的理解，我们想要强调竹材韧而不屈的特点，结合对场地的分析与功能的考虑，我们将原竹生长在自然环境中历经风雨时弯而不断的情态进行提取并抽象刻画。建筑功能设置成山坡自行车道旁面向下方溪谷的一个自行车驿站或者说是景观亭，顶部横向的覆盖为使用者遮蔽云南强烈的阳光，檐下的空间则考虑到停靠自行车、布置座椅的需求，设置纵向的脚部。我们将横向与纵向两个平面混接，得到了如图1所示的形态母体，将此形态通过镜像组合的处理来抵消造型产生的大部分的扭转作用，之后再将组合单元线性重复得到方案的基本形体。

图1　基本形态生成概念图
（图片来源：作者自绘）

2　结构节点设计

确定完方案的基本形体后，我们对结构形式进行设计与选型。我们想要将"两个垂直平面混接得到三维曲面"这一形体生成过程在最终的形态表现上得以体现，所以整体结构的厚度不宜太大，以更好地契合面状的形象特点。在结构老师的帮助下，我们对方案的具体结构形式设计进行了一系列的迭代优化。

最终设计方案的主要结构构件有原竹边梁、原竹结构横杆、原竹辅助横杆三个层次（图2），材料均为云南当地可以获取的原竹。双层的竹边梁中间夹竹横杆来构成面状的亭子形体。其余构件还有原竹边梁与地面基础相接处的金属连接基座、原竹边梁顶端连接拉索的金属构件和夹在两层边梁中间的透明防水层。

图2　原竹边梁与地面基础连接节点细部图
（图片来源：作者自绘）

竹边梁选用直径约为60 mm的原竹组团构成，勾勒出空间曲面的两条三维曲线轮廓的同时起到主要的结构承力作用。为了在凸显整体形态的片状风格的同时保证结构强度，构成边梁的原竹的数量不宜过多，组团也不宜过大。在我们的方案中，两条三维曲线轮廓各由八根原竹组团构成，在三维曲线底部以两个四方形的截面通过连接件与地面基础相接，保证接地端的稳定性以及足够的抗侧向力强度，端部则为两层原竹排开构成一字形截面，使端部结构更薄，整体形态更显轻盈。

双层竹边梁中间夹若干直径为40 mm的原竹作结构横杆，连接两根三维曲线，作为空间曲面的结构线，传力的同时也起到定位的作用。

结构横杆之间的间隔处同样插入直径为40 mm的原竹辅助横杆，夹在双层竹边梁中间，编织出完整的空间曲面，曲面底部至扭转较大处横杆密排，保证强度。曲面延伸至上方较为平缓处则间隔一定距离设置辅助横杆，横杆之间的间距逐渐变大，使曲面在端部更加轻薄，有利于稳定结构的同时以渐变营造出光影的韵律感。

原竹边梁与钢索连接点以定制的金属构件相连接（图3）。金属底座上有钢板插入原竹筒中，以螺栓固定原竹与钢板，再将竹筒灌浆，可极大地提高脚部的结构强度。边梁端部原竹与拉索连接件的连接也做同样处理。

图3　原竹边梁与钢索连接节点细部图
（图片来源：作者自绘）

结构横杆与边梁直接以竹钉固定相连。边梁组团中的原竹也以竹钉互相固定，但竹钉布置在相邻两个结构横杆连接处中间，尽量使竹钉打孔位置更远、打孔数量更少，避免过分破坏材料的结构强度。透明防水层绕在结构横杆上下铺开，在竹钉连接处也一同以竹钉连接（图4）。竹钉连接处理完成后以麻绳绑扎边梁与结构横杆的各个连接节点，强化固定，再用麻绳缠绕绑扎辅助横杆固定位置，使其在发挥装饰作用之余也能带来一定的结构强度。

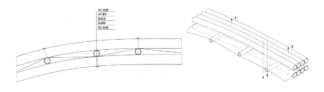

图4　防水构造与节点关系细部图
（图片来源：作者自绘）

3 建造过程设计与模拟

3.1 实际建造难点分析与解决

3.1.1 三维曲线的降维拟合

考虑到施工工艺和造价,尤其是受施工过程无大型设备进场的制约,我们采用了现场手工热弯原竹的工艺。如何将三维曲线的竹边梁简化为可以被现场加工的平面曲线,同时控制构件的偏离在后续建造中被消化,成为衡量项目可行性的关键问题。

第一步,通过计算机对边梁曲线的曲率分析,可以确定曲率最大的区间段,这个区间也是热弯工艺最容易产生较大误差的位置,所以应尽可能确保这个区间的实际值和计算值更贴近。第二步,提取这个区间的曲线,以端点、中点(或曲率最大点)和终点建立二维平面。以垂直平面方向,将完整的边梁曲线投影至平面上。理论上,边梁两端(即接地端和拉索端)附近接近直线,不需要热弯处理。因此投影线与原空间曲线产生的长度误差可以通过这个区段进行矫正。通过延伸投影曲线两端,使得投影曲线和原曲线的长度达到一致。以此方法,可以得到每个边梁的降维拟合曲线,定制钢构件作为现场热弯的模具。实际上,我们通过这种方法制作了挖槽机刻木板,将 abs 棍卡进刻槽后用热风加热,等待其自然冷却。取出后,由于 abs 材料存在一定密度差异,热弯定型程度略有不同,但总体上基本一致。

3.1.2 利用胎架准确定位构件

处理后的杆件已释放曲率较大处的大部分内力,下一步若想将其定位到设计位置,则需使用模具。在这个阶段,我们提出两种处理方式。方案一是在竹边梁内侧夹一钢骨架,借钢架强度捆绑竹边梁。但是,一方面该设计体量小,需要的钢架数量不能通过批量生产降低成本,不够经济;另一方面,如果使用了钢结构,我们取材的在地性和低碳性便失去意义。所以我们选择了第二种方式,使用木质胎架定位各个节点,用拉索绷紧定位后拆除胎架。为使胎架的成本进一步降低,我们尽量确保多榀竹架是模块化的、可复制的。

在模型推演中,我们尝试通过调整水平混接面的角度,使得每一榀竹架可以搭上上一品上,但是效果显得比较呆板,缺乏变化。于是我们提取出天然竹丛"疏密有致,高低错落"的特点,设计出高低不同的 AB 单元:两者最高点的差值为上侧边梁+结构横杆的厚度,使得相邻两榀可以通过同一根结构横杆绑定,增强整体的稳定性;较低的一榀底部前移,使得整个驿站有前后错动的变化。同时,每个单元不是中轴对称的,但是

基座和顶部的定位点是中轴对称布置的,所以可以使用同一个胎架和相同的边梁建造出镜像的两个单元。利用这个特点,我们可以通过 2 个胎架模具、4 个边梁热弯模具,得到共四种不同单元,以高低相邻的形式复制下去。这样还有一个好处,就是可以根据场地需求延伸驿站的长度,如覆盖更长距离的滨江景观步道。

为便于后续建造过程的阐述,将各模具和构件进行命名。高胎架为 F-T(Framework-Tall),低胎架为 F-S(Framework-Short),高榀的边梁为 A、B,低榀的边梁为 C、D。以第一榀为例,上侧四根边梁依次为 A-1,2,3,4,下侧边梁则为 5～8 号(图 5)。

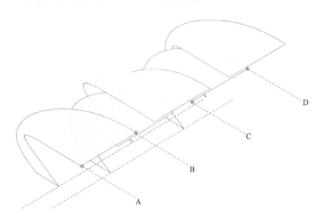

图5 单元关系及节点编号示意
(图片来源:作者自绘)

确定了以上策略体量关系后,进入深化设计,构造示意如图 6 所示。

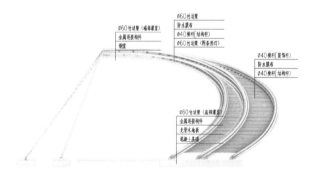

图6 构造示意
(图片来源:作者自绘)

3.2 实体模型制作实践

为了提高实际建造的可能,我们通过制作 1:10 大比例模型的方式模拟了制造过程。

第一阶段是基础施工和景观施工。按照定位图打地螺栓、铺设独立砼基并进行基地下挖(包括主体基础和拉索基础),然后在砼基上架设方钢基座,在钢砼节点处用膨胀螺栓连接。与此同时,预留出种植景观植

被的区域和深度。

第二阶段对主体构件进行预处理。在对边梁热弯加工的模拟实验中，受手工处理的限制，热弯曲率与设计值存在一定偏差，但在后续建造过程中被验证可以用连接件固定矫正。另外需要对角部连接钢构件的一段作灌浆处理，保证接地的强度。

第三阶段进入主体施工阶段。

模拟过程发现，应优先建造较矮单元，这样可以降低施工难度，提高效率。因此先安装脚手架 F-S，然后将底层边梁(C-5,6,7,8 和 D-5,6,7,8)的基础和端部分别固定到地面钢节点和脚手架的临时卡扣上，立即在两端安装横杆，以减少杆件横向位移趋势产生的内力对脚手架的压力。之后再进行中段结构横杆的连接，遵循先下部后上部的原则，连接处使用对穿螺栓。接着将防水膜覆于结构杆上方，贴合即可。之后进行非结构横杆的安装，防水膜夹于结构和非结构横杆之间得到固定，受非结构横杆的拉伸，膜材张紧。然后固定上层边梁的基础、中段和端部(图7)。最后安装拉环钢构件至端头，并张紧拉索，拆除脚手架。过程中可以通过脚手架 F-T 得到较高的主体。

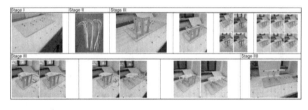

图7 实体模型制作过程照片

(图片来源:作者自摄)

待主体部分施工全部完成后，安装架空防腐木地板，并栽种景观植物。施工完成后的立面图如图8所示。

图8 立面图

(图片来源:作者自绘)

在模型建成后(图9)，我们发现在施加外力的情况下，水平向的位移可以被拉索控制，而垂直方向上存在弹性形变，即应对风压和雨雪压力时，结构会在小范围间有一定位移。一方面，竹材本身具有韧性，可以应对这种变形，另一方面，考虑在拉索节点上进一步深化设计，加入滑轨，减少金属疲劳带来的钢构件损坏的可能性。

图9 效果图

(图片来源:作者自绘)

参考文献

[1] 辉朝茂,杨宇明.中国竹子培育和利用手册[M].北京:中国林业出版社,2002.

彭舟浩[1]　柴凝[1]

1. 湖南科技大学建筑与艺术设计学院；15771514@qq.com

Peng Zhouhao[1]　Chai Ning[1]

1. School of Architecture and Art Design，Hunan University of Science and Technology；15771514@qq.com

双碳目标下数字技术助推社区建筑更新研究

Research on Community Building Renewal Aided by Digital Technology under Dual Carbon Goal

摘　要：本研究旨在探讨基于数字技术的绿色建筑设计在社区建筑空间有机更新中的应用，为实现双碳目标下减源增汇提供有效途径。本研究采用 Revit 软件构建建筑信息化模型，优化建筑能源效率和材料可持续性。Ecotech Analysis 软件可用于可视化能源性能模拟，以确定最优设计方案，采取措施减少碳排放。本文选取代表性建筑进行碳排放特征与减排潜力分析，结果显示社区建筑空间有机更新显著减少碳排放，提高能源效率和可持续性，对城市社区的可持续发展具有重要意义。本文提出了数字技术的绿色建筑设计方法，为未来城市社区建筑更新提供理论依据和方法支持，为实现我国双碳目标提供重要支持。

关键词：双碳；社区；数字技术；建筑更新

Abstract：This study aims to explore the application of green building design based on digital technology in the organic renewal of community building space, so as to provide an effective way to reduce source and increase sink under the dual-carbon goal. Revit software was used to construct a building information model to optimize building energy efficiency and material sustainability. Ecotech Analysis software can be used to visualize energy performance simulations to determine optimal design options, and take measures to reduce carbon emissions. This paper selects representative buildings for carbon emission characteristics and emission reduction potential analysis. The results show that the organic renewal of community building space significantly reduces carbon emissions, improves energy efficiency and sustainability, and is of great significance for the sustainable development of urban communities. This paper proposes the green building design method of digital technology, which provides theoretical basis and method support for the renewal of urban community buildings in the future, and provides important support for the realization of China's double carbon goal.

Keywords：Double Carbon；The Community；Digital Technology；Architectural Renewal

习近平总书记在第七十五届联合国大会上宣布，我国力争在 2030 年前实现碳达峰，并且在 2060 年前实现碳中和。而建筑的碳排放分为三个部分：建筑直接碳排放、建筑间接碳排放、建筑隐含碳排放。《2022中国建筑能耗与碳排放研究报告》指出，在 2022 年全国建筑全过程的碳排放总量达到了 50.8 亿吨，占到全国碳排总量的 50.9%，单建筑运行阶段的碳排总量就有 21.6 亿吨。运行阶段的建筑又分为城镇居住建筑、公共建筑、农村居住建筑，其中城镇居住建筑的碳排总量是三者中最高的，达到了 9 亿吨[1]。从上述数据中可以看出，建筑在运行过程中，包括采暖、照明、制冷等能源消耗所带来的碳排放量在建筑全生命周期中相对其他阶段来说是比较大的，所以如何降低建筑使用过程中的碳排放量是本次研究的主要内容。

在"双碳"这个大背景下，既有建筑在绿色节能的改造上会有不同的解决方式。湖南省住房和城乡建设厅等 12 部门印发的《湖南省绿色建筑创建行动实施方案》中指出，对于城镇既有建筑绿色改造，应推广节能、节地、节材和保护环境的适宜技术，推进公共建筑能耗统计、能源审计及能效公示，完善公共建筑能耗监管体系。结合城市更新、老旧小区改造、海绵城市建设等工作，推进既有建筑绿色化改造，开展标识评价工作。

同时,社区建筑的改造应在信息化的基础上,利用Revit软件构建建筑信息化模型,以优化建筑能源效率、减少碳足迹、提高建筑材料可持续性为目标;同时将Ecotech Analysis软件用于可视化建筑能源性能模拟,并评估建筑设计的能源效率,以确定能够最大化降低能源消耗的设计方案。

1 项目背景

1.1 社区基本概况

本次改造的建筑位于湖南省长沙市岳麓区沿江地段,属于望月湖社区中的民居建筑。望月湖社区始建于20世纪80年代初,社区共占地0.6 km²,共有建筑188栋、居民5万人[2]。在当时该社区在长沙市算得上是设施比较齐全、功能配套较为完善,具有一定规模的住宅小区。

20世纪70年代左右长沙主城区进行扩建,一部分拆迁户被分配到望月湖社区中。也是在这个经济转型期,社区部分楼房用作安置房,另一部分被分给了一些单位进行代建或者是机关单位自建,再分配给机关人员用作福利房。只有极少一部分的房源用于对外销售[3]。

该社区的建筑基本采用行列式布局,整个社区又划分为荣龙、湖东、湖中和岳龙4个小社区,每个小社区大约有650户[4]。本次研究的住宅就位于社区北边的荣龙社区,紧靠潇湘北路和龙王港—梅溪湖绿道。社区内部道路成网格状,主出入口道路与潇湘中路相连接。社区内部设有教育、商业、服务等公共建筑,生活形态呈现内聚式,居民的生活需求基本在社区内能够得到满足。

1.2 单体建筑基本概况

根据我国在1981年发布的《对职工住宅设计标准的几项补充规定》,基于住宅使用者的职位或者职称的不同,将职工住宅设计标准按照面积分为四大类。第一类为42~45 m²,用于偏远地区的新建厂矿职工的住宅;第二类为45~50 m²,用于厂矿或者机关的一般干部的住宅;第三类为60~70 m²,用于工程师、主治医生等或相等于这些职称的知识分子的住宅;第四类为80~90 m²,用于教授、高级工程师等高级知识分子或者机关单位的领导干部的住宅等。

本次研究的住宅建筑按照分类,属于第三类住宅。望月湖社区的建筑基本为6层建筑,朝向为坐北朝南。社区住宅的基础基本为混凝土条形基础,墙体结构为砖砌墙体,本次研究的住宅建筑屋面采用的是钢屋架的坡屋顶并用铁瓦片进行覆盖。建筑外立面运用干黏石墙面和浅黄色装饰涂料。

对于住宅建筑的水电燃气管道的布置,在社区建筑建成时期家用电器正慢慢普及,每家每户也逐渐装上了独户电表,同时也开始装上了独户水表,进出水管基本采用铸铁水管。在建筑使用初期,每家每户会通过烧蜂窝煤来满足供暖、做饭、烧水等生活需求,但随着社会的发展,瓶装液化气逐渐成为主要的供热形式。到了现在,天然气成了主要的供热形式。由于建筑改造局限,后期加装的天然气管道被直接安装到了建筑的外立面上(图1)。

图1 本次改造的建筑
(图片来源:作者自摄)

2 社区建筑中的问题及改造目的

2.1 望月湖社区建筑存在的问题

由于住宅于20世纪70—80年代建造,整体建筑户型都不大,户内面积较小,尤其是厨房、客厅、卫生间已经无法满足现在生活的需求,再加上生活物品的堆积,导致房间的使用变得更加不便。

在建筑结构上,由于设计的年代较早,建筑物理性能也有缺陷。比如门窗的设计会使用到木结构,多年的风吹日晒就会导致其密闭性能、隔音性能、保温隔热性能衰减。在建筑的外立面上,有许多管道是后来新改的,无法通过内部进行布管,只能加装在外立面上,这样会显得外立面更加杂乱,而在外立面上开设的新管道孔会影响到内部的保温隔热。同时建筑墙体也是单一墙体,并没有设置保温层。

整栋建筑的楼道是半开敞的,一楼没有单元门,每一层的平台层也是镂空式的立面,夏季会感觉整个楼道的温度偏高,在冬季,楼道立面抵挡不住寒风的入侵而导致楼道温度偏低。每一户住宅的入户门直接接触楼梯通道内部,在这样的环境下,住宅内部温度无法控制。

2.2 建筑改造目的及意义

从前面所提及的数据来看,建筑运行周期内的碳排放量是较高的,因此在国家的"双碳"目标下社区既有建筑呈现出减源增汇的新趋势[5]。在 2021 年发布的《湖南省绿色建筑发展条例》中,政府鼓励住房改造升级,并将既有建筑绿色改造纳入城镇老旧小区改造的范围之中。

既有建筑的绿色改造通过提高建筑可持续性减少建筑的碳排放量,以实现低碳、环保和可持续发展[6]。建筑的绿色改造的目的及意义有以下几点。

(1)减少碳排放:既有建筑通常是高能耗和高碳排放的主要来源之一。通过绿色改造,可以采用能源效率改进措施,减少能源消耗和碳排放。

(2)提高资源利用效益:既有建筑绿色改造通过采用节能设备、改进绝缘材料、优化水资源管理等措施,提高资源利用效率,有助于降低对能源和水资源的需求,减少浪费,并在长期内实现成本节约。

(3)提升室内环境质量:既有建筑绿色改造关注改善室内空气质量、增加自然采光和改善声学环境,可以提供更健康、舒适的室内环境,有助于提高居民生活质量。

(4)推动技术创新:既有建筑绿色改造促进了绿色技术和创新的应用,能更多地使用新的节能设备、可再生能源系统等,推动建筑行业对既有建筑的可持续发展和技术进步。

3 基于数字技术助力既有建筑更新

数字技术可以在建筑更新上提供多种帮助,通过构建虚拟建筑模型,可以模拟不同的建筑结构、材料形状等建筑参数来分析建筑性能,还可以进行建筑的能源模拟和优化,使数据分析更加精确和高效。通过建筑能源模拟软件,可以模拟不同的改造方案,预测其在能源效率方面的影响,并优化设计以达到最佳性能,有助于减少能源消耗和碳排放。

3.1 利用 Revit 构建信息化模型

利用 Revit 的空间规划分析功能,对建筑内部空间进行全面的评估和优化。通过 Revit 的空间分析工具,可以评估不同功能区域的占用面积、人员流动性等因素,以确保空间规划满足功能需求并具备良好的使用体验。利用 Revit 的模型布局分析功能,我们可以针对特定需求进行空间布局的优化。

Revit 的能源分析工具使我们能够进行建筑能耗模拟和分析。该工具可以评估建筑的能源效率,并提供改进设计的建议。我们可以调整建筑材料、照明系统、暖通空调等参数,通过能耗分析来降低能耗、提高建筑的环境友好性。这种分析有助于优化建筑能源系

统设计,减少对环境的影响,并节约能源成本。

此外,Revit 的可视化功能为我们提供了一个直观的方式来理解和沟通设计意图。通过创建建筑模型的渲染图像、动画或虚拟现实场景,我们可以呈现设计方案的外观。同时,利用 Revit 的分析插件,如 Enscape、Lumion 等,我们可以导出建筑模型,进行高质量的渲染和动画效果展示,可以更加直观地看出我们所改造住宅建筑的最终效果(图 2)。

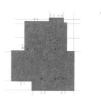

图 2 改造住宅的 Revit 模型
(图片来源:作者自绘)

3.2 构建 Ecotech 建筑模型

为了分析住宅建筑的能源,我们选取了所选建筑体中第三层的建筑用于分析实验。先将在 Revit 中建好的模型放入 Ecotech,再从中国国家气象科学数据中心下载长沙地区的气象资料载入其中,最后分析建筑内部自然采光照度和系数、建筑内部风环境、建筑外部墙体围护结构得热、建筑日照辐射等。

(1)建筑内部自然采光照度和系数。

将长沙市全年天气数值载入 Ecotech 软件中,根据建筑实际的开窗布局,通过指定建筑内部的窗户位置和大小,模拟出全年自然光进入情况,可以根据光线追踪的结果,计算室内各个区域的照度水平。我们将数值最大设置为 3000,阶段数值设置为 300,按整个建筑内部网格面积计算,得出数值为 0~300 的室内面积采光照度达到了 71.34%,从网格图中也可以看出,除开窗位置的自然采光照度数值较高之外,建筑内部基本上没有过多的采光区,而最亮的区域(数值为 900~1200)的室内面积采光照度只有 2.06%(图 3)。

图 3 自然采光照度
(图片来源:作者自绘)

同时我们可以在软件中算出自然采光系数,将数值最大设置为 20,阶段数值设置为 2,也是按整个建筑内部网格面积计算,得出最低值为 0~2 的室内面积采

光照度为 66.03%，最高值也只有 8～10，占比为 0.24%（图 4）。

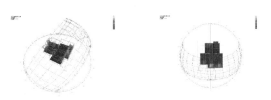

图 4　自然采光系数
（图片来源：作者自绘）

（2）建筑内部风环境。

通过软件模拟，按长沙市全年风量计算，将相关数据载入 Ecotech，得出如图 5 所示的分析图。

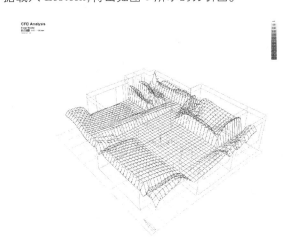

图 5　内部风环境
（图片来源：作者自绘）

从图 5 中可以看出，建筑室内的空气流动比较不均匀，在有开窗的房间内空气流动较大，甚至在其中一个卧室中出现了明显的死角和旋涡现象，而在建筑中间的部分则没有出现流动的风。测试结果表明整个建筑空间无法得到有效的空气循环，并且会影响到室内空气质量和室内的热传递。

（3）建筑外部墙体围护结构得热。

Ecotech 软件可以模拟建筑外部墙体围护结构的热传导过程。通过模拟可了解不同墙体材料的热阻和传热性能，从而评估围护结构对室内热量的影响。通过模拟不同隔热材料和墙体结构，从而评估外墙隔热性能的优劣。良好的隔热性能可以有效减少热量传输，降低能耗，提高建筑的节能性能（图 6）。

本次模拟建筑墙体的材料是实心砖，对一月到十二月的 0 点至 24 点进行得热分析，可以发现六月、七月、十月、十二月的数值比较高，达到了 300Watts，而时间段都集中在 17:00—18:00。大部分的墙体得热的数值在 ±0，少数冬季时间段的数值为负值。

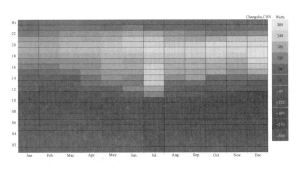

图 6　外部墙体围护结构得热
（图片来源：作者自绘）

（4）建筑日照辐射。

通过载入长沙市气象数据并进行光线追踪和太阳轨迹模拟，我们可以观察到日照在不同时间和季节的变化情况，在模拟结果中，可以明显看到阳光直射的区域，这些区域可以得到更强烈的日照辐射（图 7）。这些区域通常会在特定时间段内获得更高的光照强度。日照辐射的模拟结果对于室内采光设计、太阳能利用以及户外空间的规划都非常重要。日照辐射模拟还可以帮助我们评估建筑周围环境的影响，附近高大建筑或树木可能会阻挡日照。

图 7　日照辐射
（图片来源：作者自绘）

通过结果可以看出在西面的墙的日照辐射强度是最高的，达到了 1500 W·h/m²；其次是东面的墙，有 1300 W·h/m² 左右；最低的是南面的墙，数值比东西面墙的数值低将近一半，只有 800 W·h/m² 左右。

3.3　建筑改造方案

以上结果为我们厘清了既有社区住宅建筑所存在的问题，提供了既有社区建筑改造思路，我们可以通过建筑内部自然采光照度和系数、建筑内部风环境、建筑外部墙体围护结构得热、建筑日照辐射等数据从以下几点进行住宅建筑的改造。

（1）改善自然采光：对于住宅建筑来说，室内自然采光通常不足。我们建议增加或扩大现有窗户，以便更多的自然光进入室内。同时，可以考虑在建筑侧墙增加天窗,提供更多的采光源,增加室内照度。

(2)优化窗帘与遮阳设施:在改造中,应考虑选用适合的窗帘和遮阳设施,以便在太阳直射时避免过多的热量和光线进入室内,从而降低室内温度,减轻空调负担,提高室内舒适度。

(3)增强通风:住宅建筑存在通风不畅的问题,导致室内空气质量不佳。改造时可以增加通风口、安装新的通风系统或使用风扇等,以增加新鲜空气的进入和室内空气的循环。

(4)进行隔热改造:住宅建筑可能存在墙体围护结构的隔热性能较差的问题,导致热能大量散失。在改造中,可以采用隔热材料对外墙进行绝缘处理,提高围护结构的隔热性能。

(5)利用太阳能:在改造中,可以考虑在建筑的西侧或东侧安装太阳能光伏板,利用太阳能来发电,以减少对传统电力的依赖,降低能源消耗。

(6)优化建筑朝向和布局:如果条件允许,可以考虑对老旧住宅建筑进行重新布局,优化建筑朝向,以增加阳光的照射时间和范围,提高室内自然采光效果。

(7)增加绿化和遮阴:在建筑周围增加绿化植被,种植树木,可以提供更多的遮阴和凉爽空间,减少室内热量,改善室内空气质量。

(8)使用智能控制系统:引入智能控制系统,如智能照明和智能窗帘,可以根据不同时间和条件自动调节采光和通风,提高能源利用效率。

4 结语

在现代社会中,节能减碳已成为一项迫切的挑战。社区建筑作为能源消耗的主要来源之一,有着巨大的节能和减碳潜力。本研究旨在探讨数字技术在推动双碳目标下社区建筑更新方面的作用,并提出相应的解决方案。

通过建筑模拟和建筑能源分析可以更加直观地看出既有建筑所存在的问题,能高效地帮助社区住宅建筑进行绿色节能更新设计,并且通过数字模拟,可以评估建筑设计的能效表现,包括自然采光、通风效果和隔热性能等,这些都能为双碳目标下社区建筑更新提供科学依据。

综上所述,数字技术在推动双碳目标下社区建筑更新方面发挥了应有的作用,可以实现社区建筑的高效能耗和低碳排放,为可持续城市发展贡献力量。然而,数字技术的应用还面临一些挑战,包括技术成本、数据安全等。因此,我们需要持续不断地推动数字技术的创新和发展,加强政策支持,促进数字技术在社区建筑更新中的广泛应用,共同实现双碳目标。

参考文献

[1] 中国建筑节能协会建筑能耗与碳排放数据专委会. 2022 中国建筑能耗与碳排放研究报告[R/OL]. (2022-12-28)[2023-08-31]. http://www.cabee.org/upload/file/20230104/1672820934145324.pdf.

[2] 言雨桓. 夏热冬冷地区住宅热环境适老化设计研究[D]. 深圳:深圳大学,2018.

[3] 王超君. 长沙 20 世纪 70—80 年代住区更新研究[D]. 长沙:湖南大学,2014.

[4] 石凯弟. 长沙旧居住社区公共空间活力重塑设计研究[D]. 长沙:湖南大学,2019.

[5] 张志杰,李颜颐,狄海燕,等."双碳"目标下既有建筑绿色化改造新趋势[J]. 建筑,2022(3):48-51.

[6] 张晓然. 双碳目标下的老旧社区改造设计研究[J]. 中国民族博览,2022(8):167-169.

王月涛[1*] 朱瑞东[1] 郑斐[1] 杨策[2]

1. 山东建筑大学;wyeto@163.com

2. 中国城市发展规划设计咨询有限公司

Wang Yuetao[1*] Zhu Ruidong[1] Zheng Fei[1] Yang Ce[2]

1. Shandong jianzhu university

2. China Urban Development Planning & Design Consulting Co. . Ltd.

山东省自然科学基金项目(ZR2020ME213)

低碳导向下老旧住区微气候响应式改造方法研究
Research on Microclimate Responsive Transformation Methods of Old Residential Areas under the Guidance of Low Carbon

摘　要:微气候对住区节能减碳和室外热舒适度有很大的影响。在严寒地区,老旧住区性能退化,有必要改变老旧住区微气候现状,提高宜居性,减少碳排放和能源消耗。本研究以微气候为起点,将改造方法集成于参数化平台中,实现系统交互,并考虑与住区微气候相关的关键性能指标,为改造方案的调整提供依据。最后,结合实际案例,系统性地探讨参数化改造流程在低碳导向下的城市老旧住区微气候响应改造中的应用效果,并提出相应的建议。

关键词:低碳导向;老旧住区;微气候响应;数字化流程;室外热舒适度

Abstract: Microclimate has a great impact on energy conservation, carbon reduction and outdoor thermal comfort of residential areas. In severe cold areas, the performance of old residential areas is degraded. It is necessary to change the status of Microclimate in old residential areas, improve livability, reduce carbon emissions and energy consumption. Starting from Microclimate, this study integrates the transformation method into the parametric platform to achieve system interaction, and considers the key performance indicators related to the Microclimate of residential areas, providing a basis for the adjustment of the transformation scheme. Finally, Combined with actual cases, this paper systematically discusses the application effect of parametric transformation process in the Microclimate response transformation of old urban residential areas under low-carbon guidance, and puts forward corresponding suggestions.

Keywords: Low Carbon Oriented; Old Residential Areas; Microclimate Response; Digital Processes; Outdoor Thermal Comfort

1 引言

城市地区的热岛效应和空气质量恶化对人居环境造成了严重影响,人们的公共健康正受到严重威胁。如今城市发展逐步转变为存量发展,但依旧有大批人口进入城市,据联合国人居署统计,世界上约55%的人口居住在城市,预计到2050年,城市人口数量占比将增长到68%。人口密度和建筑密度高的城市地区将继续成为全球温室气体排放的重要源头,减少温室气体的排放和优化人居环境已成为一个紧迫的问题。目前,大约20亿人生活在不健康的城市环境中,这主要是气候变化产生的影响,如夏季平均温度升高以及热岛效应等产生的负面影响。我们必须重新思考城市应对新的、不可预测的现象的方式。老旧住区作为构成城市的基本单位,包含了人们的生产生活,我们应通过改善人类、建筑和自然环境之间的关系来完善住区的人居环境,将气候和能源、生态和碳、人居环境等指标融入新的设计方法与流程中。

气候,特别是微气候,影响了住区的各项性能指标。Oke.[1]指出了城市微气候变化的三个主要原因:①建筑物对短波和长波辐射的拦截;②由于天空能见度降低,长波热辐射减少;③建筑物中显热储存增加。

从另一部分研究中可以发现,住区内的空间形式也对微气候产生了较大的影响,例如绿化和道路布局,以及建筑的围合方式等。赵晓峰等[2]探讨了社区绿色化改造的策略和方法,包括建筑节能、环境保护、景观绿化等方面的措施,提出了多方面的可持续发展的绿色化改造模式。这些方式已较为成熟,并且有实际的案例存在,但其对住区的微气候环境并未做深入的思考,对碳活动本质的思考较少。

建筑物节能减排的认证和标准(例如欧盟的近零能耗建筑标准)的通常做法是孤立地进行能源的优化使用,没有考虑城市环境或与周围环境的相互作用。因此,本研究旨在为低碳导向下的老旧住区的微气候响应改造提供一个系统的、可操作的数字化改造方法流程。本研究包含以下目标:①确定影响老旧住区微气候的目标要素,论述相关改造方法模型;②创建一个参数化流程,系统性地整合性能指标,用于城市老旧住区的改造,使它可以达到气候变化背景下的低碳要求。

2 方法路线

在本研究中,气候是住区改造的基础。具体步骤如图1所示:①建立参数化改造模型;②生成未来城市天气数据与住区微气候数据;③模拟室外环境(包括热、风环境);④计算碳排放和能源消耗。

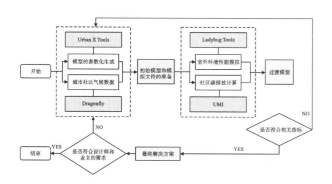

图1 微气候响应式的改造方法流程

2.1 参数化模型与气候数据

参数化模型生成是指在 GIS 和现场调研数据的基础上,通过参数控制面板调整,考虑影响微气候的要素,通过定义地块、景观、交通、现有建筑等元素,使用 Urban X Tools 插件构建 Rhino 与 Grasshopper 的数字模型。这种生成方式可以与其他软件交互结合,形成易于反复修改的可调最优模型。

常用的气候数据通过最近的气象站历史记录的典型天气样本获取,这些气象站通常位于城郊、农村或机场等易于观察的空旷地区,但最近的几项研究表明,仅

使用历史记录作为设计基础是不合适的[3]。本研究中使用的未来天气文件是基于城市未来天气算法(因陀罗)生成的,该算法将历史天气数据与气候变化模型(全球和区域气候模型)输出相结合,创建具有接近现实的未来天气文件[4]。之后使用平均分布的历史天气数据样本生成基础文件,并使用该算法生成更稳定的未来天气 EnergyPlus/ESP-r(.epw)文件。在此文件的基础上,使用 Urban Weather Generator (UWG) 生成住区微气候数据,通过几个关键的几何和物理变量(建筑高度、道路、屋顶、墙壁和窗户结构等)估算城市地区的热条件,生成精确的微气候数据[5](图2)。

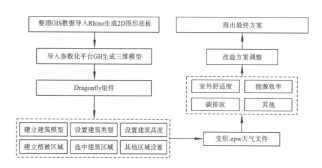

图2 微气候数据文件生成及其影响

2.2 舒适度模拟与碳排放测算模块

城市老旧住区改造的一个重点是室外舒适度的模拟。合适的舒适度模型可以通过解决以下三个方面的问题来确定:气候条件、城市环境以及行人的身体特征。在本研究中,使用基于 EnergyPlus、Daysim、Radiance 和 CFD 等引擎搭建的 Ladybug Tools 插件进行风、热等环境的模拟,并使用 UTCI 度量整体的舒适度。此部分可以为住区整体的改造建立完整的舒适度模型,为早期改造设计提供严谨、完整的设计优化条件。

减少碳排放和能源消耗是老旧住区改造流程的关键部分,这一步使用麻省理工学院实验室开发的 UMI 插件来评估住区的环境质量和性能。微气候会影响建筑的室内外热交换,进而导致不必要的能源消耗与碳排放。在评价过程中,应考虑建筑形式、围护材料、窗墙比等因素对碳排放和能源消耗的影响,这些要素也是微气候的影响要素。

3 住区综合性能的案例验证

3.1 模拟单元模型建立

本研究的验证以严寒地区的长春一汽住宅小区为案例(图3),严寒地区气候环境恶劣,对住区的影响效果大,尤其体现在采暖与室外热气候方面,对这种气候条件下的住区改造进行研究有典型意义。

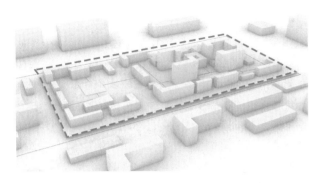

图3 长春一汽住宅小区

通过对平均分布的历史天气数据进行采样,使用未来天气算法得到 2050 年的典型未来天气文件。典型年份的天气数据样本来自处理过后的 2000—2015 年的历史天气数据,将随机种子设置为 30,并适当调整 ±3 以应对未来的不确定性。

在改造过程中,为了以最小的成本得到合适的改造方案,应避免对住区进行大规模的加建和拆除。根据气候条件、低碳需求、人居环境的要求等要素,确定住区的容积率为 1.5~2.1,建筑层数为 3~7 层,路网密度为 4.16%~4.50%,绿地率为 20%~35%,建筑高度为 6~27 m,布局形式以围合式为主,避免过度影响整体城市风貌[6]。

根据当地气候条件、绿色建筑设计标准和改造限制,对住区进行能耗强度、碳排放的模拟,建筑几何模型设置东西方向窗墙比均为 20%,南北方向窗墙比分别为 50% 和 40%[6],楼层高 3 m。能源模拟的输入参数基于中国关于碳排放和能源使用的规定,假设外墙的年辐射照率为 600 kW·h/m²,屋顶为 800 kW·h/m²,供暖时间为 10 月至次年 3 月。外墙的传热系数为 $U=0.95$ W/(m²·K),屋顶为 $U=0.5$ W/(m²·K),窗户为 $U=5.5$ W/(m²·K)。

室外舒适度方面,风环境对住区的性能有较大的影响。根据现有条件,风环境的初步模拟要素设置如下:计算环境为夏季,根据未来天气数据设置风速为 4.0 m/s,风向西偏西南,室外温度设置为 27 ℃。在风场模拟中,风场边界范围为改造范围,并在目标区域内,建立一个大的 1×1 单元网格,周围同时有一个更稀疏的小网格,以减少误差,进而获得精确的模拟结果。然后使用基于未来天气数据的限定区域平均值的色谱图形表示室外热环境。

3.2 模拟结果分析

微气候模拟的基本原理是利用 Dragonfly 对常规的气象天气文件进行解码,将其作为建立和调整模型的基础条件。该模拟通过考虑不同的建筑类型、形式、高度、密度、透明围护结构参数获得微气候数据文件,并同时考虑动态要素产生的热量以及路面和植被的影响,之后生成 uwg. json 文件,并将其转换为. epw 天气文件。不同天气文件下的干球温度对比如图 4 所示。

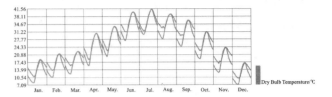

图4 不同天气文件下的干球温度对比图

Urban X Tools 用于参数化生成住区改造基本方案(图 5)。在改造的范围内,一部分保留了其作为日常娱乐和休闲的公共空间的原始功能,并部分进行了翻新,另一部分作为住区功能的补充,并且采用双围合的形式,以改善舒适性等性能。在主要住宅部分,由于外来人口的增长以及前文确定的指标,改造方案增加了四个住宅单元,将原有住宅改造为 7 层住宅和其他公共建筑,以满足舒适、功能和形式的要求。

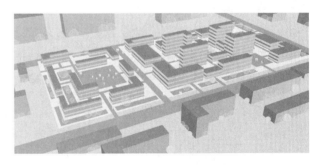

图5 改造基本方案

对于改造后的风环境,以住区行人高度(1.5 m)的西南风向为例,如图 6 所示。由于建筑布局形式等的变化,场地内的风环境也发生了显著的变化。改造场地的内部无剧烈的空气运动和狭窄的通风廊道等不适区域。可以看出,建筑长立面加速了边缘水平涡气流,从而提高了低空热空气和高空冷空气对流交换效率,获得了宜人的风环境和行人水平热舒适。此外,从上述模拟可以看出,围合式的布局方式可以将开放的室外空间暴露于平稳的风环境中,从而更好地提高空气交换效率和热舒适质量,达到满足风舒适的要求。

在热环境的模拟中,使用平均值和标准差来测量,使用四个极端环境下的户外舒适示意图来表示:有风和有光、有光和无风、有风和无日光、无风和无日光。从图 7 中可以看出,改造后住区的极端冷热环境明显减少,舒适度显著提高,宜居性提高。根据色谱萃取比较分析,与改造前相比,极端冷热环境全年占比降低了 5.3%。原因之一是建筑布局和建筑高度等影响了场

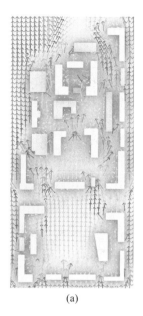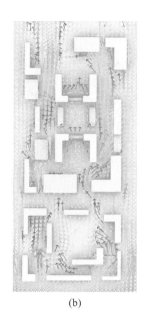

图6　改造前后的风环境对比

（a）改造前；（b）改造后

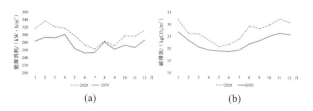

图8　能源消耗与碳排放对比图

地内的风环境，加快了冷热空气的交换效率，也使场地获得了更合理的太阳辐射。同时，场地内硬质铺装的减少和绿化量的增加也影响了室外热环境的变化。

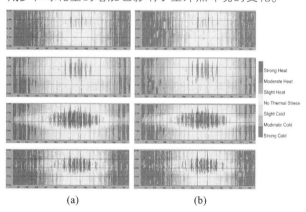

Strong Heat
Moderate Heat
Slight Heat
No Thermal Stress
Slight Cold
Moderate Cold
Strong Cold

图7　改造前后的舒适度对比图

（a）改造前；（b）改造后

本研究考虑了城市设计水平上的能源性能和碳排放。图8（a）和图8（b）显示了通过比较2022年（改造前）和2050年（改造后）微气候天气文件下全年的能源消耗和碳排放的结果。根据数据，与改造前相比，能源消耗减少了16.1%，碳排放量减少了约29.9%。产生这种现象的原因主要是建筑的布局形式由半围合变为了交错围合的形式，大大减少了不稳定的气流所造成的热量损失。绿地面积的增加和硬铺道路面积的减少也大大改善了热环境，从而降低了能源消耗和碳排放。

4　结论

城市老旧住区的改造应为人们提供健康、舒适、低

能耗和接近净零碳排放的环境。通过运用微气候响应方式改造方法，住区的室外舒适度得到了明显改善，极端冷热环境全年小时数降低了5.3%。在能源与碳方面，改造后2050年的每平方米能耗为3309.01 kW·h，减少了16.1%，碳排放量为269.38 kg，减少了29.9%，符合设计者对各类指标的要求。

本研究考虑了城市住区环境中人居环境和碳排放的关键性能指标，并在气候变化和微气候适宜的条件下对其进行了评估。同时本研究强调了连接几个关键性能指标的重要性，以使住区适应气候变化，同时增强人类、建筑、微气候的适应性发展。

参考文献

[1] OKE T R. Boundary Layer Climates[M]. London：Routledge，2002.

[2] 赵晓峰，邱爽，孙洁洋. 工业遗产社区绿色化改造策略研究——以天津市棉三宿舍为例[J]. 建筑节能，2019，47（2）：77-80.

[3] MAUREE D，COCCOLO S，PERERA A，et al. A new framework to evaluate urban design using urban microclimatic modeling in future climatic conditions[J]. Sustainability 2018；10：1134.

[4] RASTOGI P， ANDERSEN M. Embedding stochasticity in building simulation through synthetic weather files ［C］//Building Simulation Conference Proceedings. IBPSA，2015.

[5] MACKEY C，GALANOS T，NORFORD L. Wind， sun， surface temperature， and heat island： Critical variables for high-resolution outdoor thermal comfort ［C］// Proceedings of the 15th international conference of building performance simulation association. San Francisco，USA. 2017.

[6] OH M，JANG K M，KIM Y. Empirical analysis of building energy consumption and urban form in a large city：A case of Seoul[J]. Energy and Buildings，2021，245：111046.

黄海静[1,2] 张缤月[1*] 孙玥[1] 夏青[1]
1. 重庆大学建筑城规学院；1104331954@qq.com
2. 山地城镇建设与新技术教育部重点实验室
Huang Haijing[1,2] Zhang Binyue[1*] Sun Yue[1] Xia Qing[1]
1. School of Architecture and Urban Planning, Chongqing University；1104331954@qq.com
2. Key Laboratory of Mountain Town Construction and New Technology of the Ministry of Education

国家自然科学基金项目(52078071)；重庆市研究生教育教学改革研究重点项目(yjg222001)

基于 BIM 技术的重庆老旧住宅窗口采光与能耗协同优化
Synergistic Optimization of Lighting and Energy Consumption in Old Residential Windows in Chongqing Based on BIM Technology

摘 要：窗口大小、方位等影响住宅采光性能及能耗水平。针对重庆老旧住宅窗口过小、居住空间采光不足、舒适性低且能耗高的问题，采用类型学方法分析住宅形态与能耗关系并确定原型建筑，利用 ArchiCAD 和 PKPM 技术搭建 BIM 模型，以窗墙比为研究变量，针对 4 个朝向各设置 6 种窗墙比参数进行模拟分析及协同优化，得出各朝向提高采光性能、降低能耗的最佳窗墙比建议值。本研究为基于数字技术的城市老旧住宅节能改造设计提供思路。

关键词：BIM 技术；老旧住宅；采光与能耗优化；窗墙比

Abstract：The size and orientation of windows affect the lighting performance and energy consumption of a house. To address the problems of small windows, insufficient lighting in living spaces, low comfort and high energy consumption in Chongqing's old residences, a typological approach is used to analyse the relationship between residential morphology and energy consumption and to identify the prototypical buildings. The BIM model is built using ArchiCAD and PKPM technology. Using the window-to-wall ratio as the research variable, six window-to-wall parameters are set for each of the four orientations for simulation analysis and collaborative optimisation, and the optimal window-to-wall ratio for each orientation is derived. The optimal window-to-wall ratio for each orientation is recommended to improve light performance and reduce energy consumption. This study provides ideas for the design of energy-efficient retrofitting of old urban houses based on digital technology.

Keywords：BIM Technology；Older Housing；Optimization of Light and Energy Consumption；Window-to-wall Ratio

外窗作为建筑围护结构中的重要组成部分，与墙体和屋顶共同起着保温和隔热的作用；同时作为采光口，也是满足室内采光和视觉需求的重要因素[1]。已有学者利用软件模拟针对住宅窗洞口的光热性能及能耗问题开展研究。Gan 等[2]通过运用 CFD 模拟软件测算多层外窗传热系数及热阻，发现多层外窗传热系数及玻璃外表面对流换热系数，与内表面温度差呈线性变化。Hassouneh 等[3]运用 SDS 分析住宅外窗不同朝向和材质对建筑能耗的影响，分析成本和收益问题，发现北侧开窗不利于节能，设计中应尽可能控制北向开

窗的大小。苏媛等[4]利用 DesignBuilder 软件对大连既有住宅墙体、屋顶、外窗的构造及材料进行模拟分析，发现建筑外围护结构的改造可明显降低能耗，但节能效率与保温层厚度呈非线性相关。季贵斌等[5]运用 PKPM 软件对晋中地区老旧住宅进行采光与能耗模拟，对比分析建筑外墙材料、外窗尺寸和开合方式等改造前后的光、热量变化，解决老旧住宅中夏季采光过量、室内温度过高，冬季热量散失过多、实际需热量大的问题。肖敏等[6]运用 BIM 技术对长沙老旧小区进行实地调研和测绘，模拟计算外窗更换不同玻璃和窗框

的节能效果,探究外窗材料的最优组合方案。

外窗是建筑围护结构中热工性能最薄弱的构件,其热损失可达 50% 左右。窗口大小、朝向、材料、构造等对室内采光性能和能耗水平有直接影响。老旧住宅常由于窗口面积较小、墙比不合理及建筑结构老化等问题,导致采光不足、室内温度难以调节、能耗极大。因此,以老旧住宅各朝向外窗的窗墙比为研究变量,分析采光性能与能耗水平的协同优化方案,对于提升既有住宅自然采光的同时降低建筑能耗至关重要。

1 BIM 技术协同优化流程

近年来,BIM 数字技术在绿色建筑研究赋能方面应用广泛,主要运用 ArchiCAD、PKPM、Revit、Bentley等软件搭建 BIM 平台[7],结合相关绿色建筑软件分析建筑形态与性能的相关性,解决建筑性能与能耗协同优化问题。其中,ArchiCAD 具备实时直观地进行建筑能耗分析的功能,PKPM 在高效的采光模拟方面优势

显著。BIM 技术的应用,有利于直观把握建筑尺度、空间布局、形态特征等物理信息,实时评估不同设计方案对建筑性能和能耗水平的影响,并获取相关的定量数据和视觉反馈。同时,BIM 技术支持多个设计团队的协同工作,有利于促进信息共享和交流,确保建筑性能和能耗的耦合设计在全流程中得到综合考虑及实施,具有可视化、模拟性、可优化性、协同设计等显著优势。

本研究针对重庆老旧住宅外窗的节能改造,调研、采集建筑形态数据及住宅能耗信息;采用类型学方法分析住宅形态与能耗关系,确立原型建筑;利用 ArchiCAD 和 PKPM 软件搭建 BIM 协同优化平台,设置各朝向外窗的窗墙比参数,对原型建筑进行采光性能及能耗模拟分析;研究不同窗墙比参数条件下住宅采光与能耗的变化规律,得出满足采光且能耗最低的住宅窗墙比建议值。基于 BIM 技术的采光与能耗的研究思路及协同优化流程如图 1 所示。

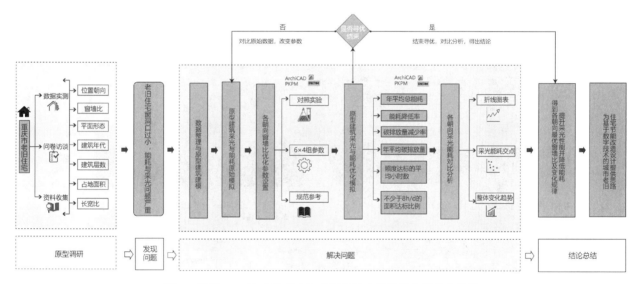

图 1　基于 BIM 技术的采光与能耗的研究思路及协同优化流程
(图片来源:作者自绘)

2 实地调研与原型建筑建模

重庆市位于中国西南部,属于亚热带季风性湿润气候,是典型的夏热冬冷区域;且冬季太阳辐射弱,日照时间短,极大影响室内采光,对老旧住宅节能改造提出更加迫切的需求。本次调研对象为重庆市沙坪坝区老旧住宅,包括建工东村、重大花园等 385 个 2010 年以前的既有住宅(图 2)。我们采集了各住宅楼栋的建造年代、占地面积、窗墙比、平面形式、长宽比、体形系数等建筑物理信息及能耗数据,对住宅形态参数与能耗进行相关性分析,筛选出窗墙比为与住宅能耗相关性较高的住宅形式参数。调研以夏热冬冷地区《建筑节能与可再生能源利用通用规范》(GB 55015—2021)为依据:南向窗墙比应≤0.45,北向窗墙比应≤0.40,

东向和西向窗墙比应≤0.35。对老旧住宅进行问卷访谈及数据实测发现,既有住宅样本中南向窗墙比≤0.45 的占 83.2%,>0.45 的占 16.8%;北向窗墙比≤0.40 的占81.8%,>0.40 的占 18.2%;东向和西向窗墙比≤0.35 的分别占67.2%和 72.5%,>0.35 的分别占 32.8%和 27.5%。并且,大量住宅窗洞口过小,尤其是卧室和起居室,采光严重不足,过度依赖人工照明,导致住宅用电能耗高等问题。

本文梳理样本住宅的平面形式及各朝向窗洞口尺寸,采用类型学方法确定一梯三户的点式住宅典型平面;将各朝向窗墙比取平均值,得到南侧窗墙比为0.32,北侧为 0.29,东侧为 0.23,西侧为 0.18,确立原型建筑。利用 ArchiCAD 及 PKPM 建立 BIM 模型,分析显示原型建筑每户年总能耗为 73.406 MW·h,年碳

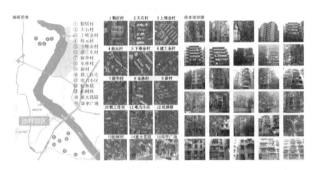

图2 重庆市部分老旧住宅调研区域及样本现状图
（图片来源：工作团队绘制）

排放量为 630 kg，冬季采暖与夏季降温能耗需求量大，室内温度随室外温度波动明显；照度达标的平均小时数为 2.4 h/d，不少于 8 h/d 的面积达标比例为 21.3%，近 80% 以上房间不满足日照采光照度 8 小时的达标要求，亟须增大窗墙比以提高老旧建筑采光性能（图3）。

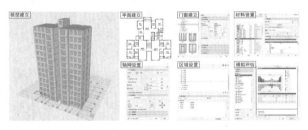

图3 原型建筑模型建立及能耗采光分析
（图片来源：作者自绘）

3 采光与能耗模拟及优化

3.1 窗墙比参数设置

考虑老旧住宅改造时不破坏梁板结构，实验参数设置保持窗台高（900 mm）及窗高（起居室 1000 mm，卧室 1500 mm）不变，仅改变二者窗宽。各朝向设置 6 组对照组（图4），南、北、东、西向卧室窗宽变化区间分别为 1100～1800 mm、1100～1500 mm、900～1500 mm、600～1800 mm，南、北向起居室落地窗宽变化区间为 2200～2600 mm、2100～2700 mm。得到南向窗墙比设置为 0.34～0.45，北向为 0.30～0.40，东向为 0.25～0.35，西向为 0.21～0.35。

基础参数设置		南向			北向			东向		西向	
方案	起居室落地窗高/mm	卧室窗高/mm	起居室落地窗宽/mm	卧室窗宽/mm	窗墙比/(%)	起居室落地窗宽/mm	卧室窗宽/mm	窗墙比/(%)	卧室窗宽/mm	窗墙比/(%)	卧室窗宽/mm	窗墙比/(%)
一			2200	1100	0.32	2100	1100	0.30	900	0.23	600	0.18
二			2400	1100	0.34	2300	1100	0.32	1000	0.25	800	0.21
三	1800	1500	2600	1100	0.36	2500	1100	0.34	1100	0.27	1000	0.24
四			2200	1500	0.38	2300	1300	0.36	1200	0.29	1200	0.27
五			2800	1500	0.40	2700	1300	0.38	1300	0.31	1400	0.33
六			2600	1600	0.42	2500	1400	0.40	1400	0.33	1600	0.30

图4 原型建筑窗墙比实验参数设置
（图片来源：作者自绘）

3.2 基于 ArchiCAD 原型建筑能耗优化模拟

根据 ArchiCAD 能耗模拟结果（图5、图6）可知，南向房间随着窗墙比增大，能耗和碳排放量降低，当窗墙比为 0.45 时，能耗与碳排放量最低，每户年平均总能耗由 73.406 MW·h 下降到 72.848 MW·h，降低率为 0.76%；年平均碳排放量由 630 kg 减少到 345 kg，减少率为 45.2%。北向房间相对南向房间能耗变化较小，随着窗墙比增大，能耗与碳排放量先降低，当窗墙比为 0.38 时，总能耗下降到 73.157 MW·h，减低率为 0.34%；年平均碳排放量减少到 552 kg，减少率为 12.4%。当窗墙比＞0.38 时，碳排放量随着窗墙比逐渐增大，能耗与碳排放量逐渐升高，但仍低于初始值。

	南向			北向			东向			西向		
方案	窗墙比	年平均总能耗/MW·h	能耗降低率/(%)	年平均碳排放量/kg	碳排放量减少率/(%)	窗墙比	年平均总能耗/MW·h	能耗降低率/(%)	年平均碳排放量/kg	碳排放量减少率/(%)	窗墙比	年平均总能耗/MW·h
一	0.34	73.189	0.30	572	9.2	0.30	73.205	0.27	603	4.2	0.25	73.200
二	0.36	73.181	0.30	554	12.0	0.32	73.199	0.28	593	5.9	0.27	73.198
三	0.38	72.968	0.60	462	26.7	0.34	73.184	0.30	572	9.2	0.29	73.195
四	0.40	72.950	0.62	432	31.4	0.36	73.170	0.32	562	10.9	0.31	73.173
五	0.42	72.922	0.66	409	35.1	0.38	73.157	0.34	552	12.4	0.33	73.173
六	0.45	72.848	0.76	345	45.2	0.40	73.163	0.33	564	10.5	0.35	73.206

东向		西向			
能耗降低率/(%)	年平均碳排放量/kg	碳排放量减少率/(%)	窗墙比	年平均总能耗/MW·h	能耗降低率/(%)	年平均碳排放量/kg	碳排放量减少率/(%)

图5 原型建筑各朝向窗墙比能耗模拟结果
（图片来源：作者自绘）

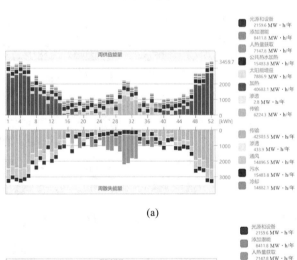

(a)

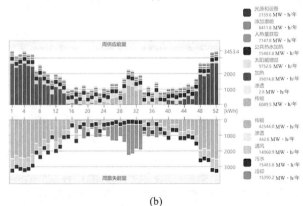

(b)

图6 优化前后最优结果对比图
(a)优化前项目能量平衡图；(b)优化后南向最优窗墙比：0.45；
(c)优化后北向最优窗墙比：0.38；(d)优化后东向最优窗墙比：0.31；(e)优化后西向最优窗墙比：0.21
（图片来源：作者自绘）

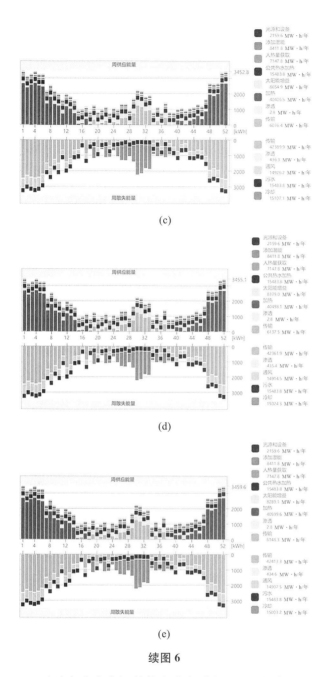

(c)

(d)

(e)

续图 6

东向与北向房间整体变化规律相似,当窗墙比达到 0.31 时,能耗达到最低的 73.166 MW·h,降低率为 0.33%;碳排放量达到最低的 562 kg,减少率为 10.79%。西向房间与其他朝向不同,由于西晒会造成过热问题,随着窗墙比增大,能耗与碳排放量虽然持续下降,但降低率和减少率逐渐减小。当窗墙比达 0.21 时,能耗为 73.246 MW·h,降低率为 3.97%,达到最优。当窗墙比≥0.30 时,能耗和碳排放量均高于原型建筑能耗值且持续增加。

综合优化结果可知,最优窗墙比下各朝向房间的总能耗均低于原始值并得到显著改善。

3.3 基于 PKPM 原型建筑采光优化模拟

本文依据《绿色建筑评价标准》(GB/T 50378—

2019)中提出的动态采光评价法,运用 PKPM 对主要功能房间满足采光照度要求的时长进行采光效果评估[8]。根据动态采光模拟结果(图 7、图 8)可知,优化后南北向采光均呈波动式上升的趋势,当南向窗墙比为 0.45 时,北向为 0.40 时,其照度达标的平均小时数分别为 4.5 h/d 和 4.132 h/d,相较优化前时长达标提升率分别为 87.5% 和 72.2%,不少于 8 h/d 的面积达标比例为 47.36% 和 37.99%,面积达标提升率为 122.3% 和 78.4%,均达到最大值;东西向窗墙比设置为 0.35 时,其照度达标的平均小时数分别为 3.548 h/d 和 3.563 h/d,时长达标提升率为 30.5% 和 48.5%,不少于 8 h/d 的面积达标比例为 32.36% 和 26.47%,面积达标提升率为 51.9% 和 24.3%,均达到最大值。因此,南向窗墙比为 0.45、北向 0.40、东西向 0.35 时,采光性能较好。

方案	南向			北向			东向			西向		
	窗墙比/(%)	照度达标的平均小时数/(h/d)	不少于8h/d的面积达标比例/(%)	窗墙比/(%)	照度达标的平均小时数/(h/d)	不少于8h/d的面积达标比例/(%)	窗墙比/(%)	照度达标的平均小时数/(h/d)	不少于8h/d的面积达标比例/(%)	窗墙比/(%)	照度达标的平均小时数/(h/d)	不少于8h/d的面积达标比例/(%)
一	0.34	4.313	43.33	0.30	4.475	36.24	0.25	3.375	31.66	0.21	3.313	25.76
二	0.36	4.062	45.56	0.32	4.532	36.47	0.27	3.421	31.67	0.24	3.438	25.96
三	0.38	4.438	46.66	0.34	4.641	37.42	0.29	3.463	31.77	0.27	3.438	26.15
四	0.40	4.500	45.66	0.36	4.832	37.32	0.31	3.532	31.84	0.30	3.500	26.04
五	0.42	4.500	45.94	0.38	4.950	37.55	0.33	3.546	32.12	0.33	3.500	26.45
六	0.45	4.500	47.36	0.40	4.132	37.99	0.35	3.548	32.36	0.35	3.563	26.47

图 7 原型建筑各朝向窗墙比采光模拟结果
(图片来源:作者自绘)

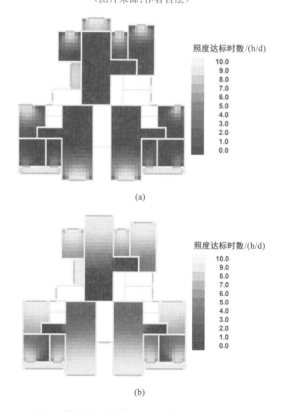

图 8 优化前后各朝向采光最优结果对比图
(a)优化前照度达标小时图;(b)优化后南向最优窗墙比:0.45;
(c)优化后北向最优窗墙比:0.40;(d)优化后东向最优窗墙比:0.35;(e)优化后西向最优窗墙比:0.35
(图片来源:作者自绘)

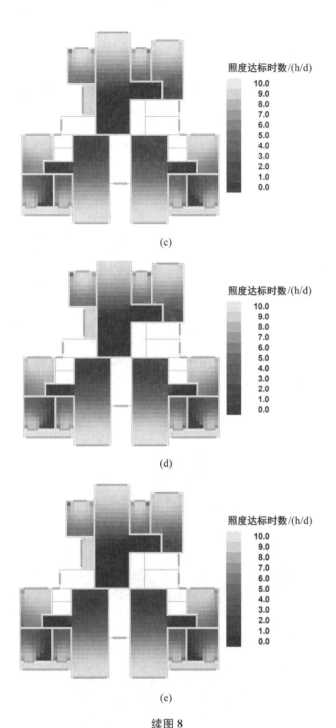

(c)

(d)

(e)

续图 8

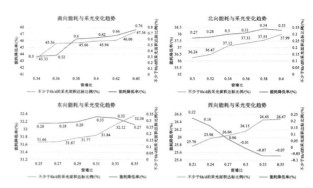

图 9 各朝向能耗与采光变化趋势图
（图片来源：作者自绘）

此外，根据折线图可知最优窗墙比：南向窗墙比为0.45时，采光达标比例为47.36％，能耗降低率为0.76％；北向窗墙比为0.40时，采光达标率为37.99％，能耗降低率为0.33％；东向窗墙比为0.33时，采光达标率为32.12％，能耗降低率为0.32％；西向窗墙比为0.26时，采光达标率为26.04％，能耗降低率为0.06％。当达到最优窗墙比时，可在最大限度地提升采光性能的同时降低住宅能耗。

4 小结

外窗大小与朝向对老旧住宅采光与能耗产生重要影响。以窗墙比为研究变量，设置各朝向6组对照实验，利用 ArchiCAD 和 PKPM 软件分别对原型建筑进行能耗与采光分析可知，南、北、东、西向最优能耗窗墙比分别为0.45、0.38、0.31、0.21，最优采光窗墙比分别为0.45、0.40、0.35、0.35。对能耗和采光的耦合分析显示，南、西向二者趋势分别呈现正、负相关，北、东向先呈现正相关、后呈现负相关；各朝向最佳窗墙比建议值分别为南向0.45、北向0.40、东向0.33、西向0.26，此时可保证最大限度地降低能耗并提升采光性能。本研究结论可为老旧住宅节能改造提供一定参考。

3.4 最终优化结论

本文结合采光与能耗结果，探究出改变各朝向窗墙比时二者的变化规律（图9）：对南向房间，能耗降低率与采光面积达标率呈现正相关趋势；对北向房间，当窗墙比<0.38时，二者呈现正相关趋势，当窗墙比>0.38时，二者呈现负相关趋势；对东向房间，当窗墙比<0.31时，二者呈现正相关趋势，当窗墙比>0.31时，二者呈现负相关趋势；对西向房间，能耗降低率与采光面积达标率一直呈现负相关趋势。

参考文献

［1］ 黄海静，林犀. 既有建筑节能改造中的类型学方法——欧洲经验及对我国的启示［J］. 建筑学报，2020（Z1）：164-170.

［2］ GAN G. Thermal transmittance of multiple glazing：computational fluiddynamics prediction［J］. Applied Thermal Engineering，2001，21（15）：1583-1592.

［3］ HASSOUNEH K，ALSHBOUL A，AL-SALAYMEH A. Influence of windows on the energy balance of apartment buildings in Amman［J］. Energy

Convers Manag，2010(15):83-91.

[4] 苏媛,宫阿如汗,蒲萌萌,等. 既有居住建筑外围护结构热工性能提升研究——以大连市为例[J]. 建筑节能(中英文),2022,50(12):87-92,105.

[5] 季贵斌,朱文亮. 基于PKPM软件模拟的外立面节能改造——以晋中地区某城中村自建住宅为例[J]. 住宅科技,2023,43(4):56-60.

[6] 肖敏,张云艳,李翰宇,等. 基于BIM的长沙市城镇老旧小区既有住宅外墙和外窗节能改造研究[J]. 建筑节能(中英文),2022,50(5):111-117.

[7] 黄海静,隋蕴仪,谢星杰,等. 基于ArchiCAD+的数字化低碳建筑协同设计研究——以江苏溧阳某科创中心为例[C]//全国高等学校建筑类专业教学指导委员会. 数智赋能:2022全国建筑院系建筑数字技术教学与研究学术研讨会论文集. 武汉:华中科技大学出版社,2022:108-112.

[8] 曾旭东,耿艺曼,冯川. 基于PKPM-BIM的智能审查在建筑设计中的应用[J]. 建筑节能(中英文),2022,50(1):114-119.

Ⅳ 参数化设计、生成设计与算法研究

曾旭东[1]　杨锐[1]　项星玮[2]
1. 重庆大学建筑城规学院；857184392@qq.com
2. 华中科技大学建筑与城市规划学院
Zeng Xudong[1]　Yang Rui[1]　Xiang Xingwei[2]
1. School of Architecture and Urban Planning, Chongqing University；857184392@qq.com
2. School of Architecture and Urban Planning, Huazhong University of Science and Technology

重庆市高等教育教学改革研究项目(234003)；重庆大学第三批专业学位教学案例项目(20210325)

参数化视角下国内外建筑表皮研究综述
A Review of Architectural Skin Research from the Perspective of Parameterization at Home and Abroad

摘　要：随着数字时代的快速发展，建筑设计面临着信息化、数字化、数智化等多方面的突破和挑战。参数化视角下的建筑表皮研究一直是数字时代下建筑学领域的热门研究方向。本文以 Web of Science(WOS)数据库和 CNKI 数据库作为数据来源，整理 2006—2022 年期间国内外发表的参数化视角下的建筑表皮研究学术论文，通过 CiteSpace 软件建立知识图谱，并从研究热点、演进趋势两个方面进行对比分析，最终为我国该研究领域未来发展提出建议。

关键词：参数化设计；建筑表皮；CiteSpace；知识图谱

Abstract：With the rapid development of the digital age, architectural design is facing breakthroughs and challenges in various aspects such as informatization, digitization, and digital intelligence. The study of architectural skin from a parametric perspective has always been a popular research direction in the field of architecture in the digital age. This paper takes the Web of Science (WOS) database and CNKI database as the data source, sorts out the academic papers on building skin research from the parametric perspective published at home and abroad during 2006—2022, establishes a Knowledge graph through CiteSpace software, and makes a comparative analysis from two aspects of research hotspots and evolution trends. Finally, suggestions are proposed for the future development of this research field in China.

Keywords：Parametric Design；Building Skin；CiteSpace；Knowledge Graph

1　引言

自人类社会步入信息时代以来，科学技术的不断发展促进着各行各业发生变革[1]。作为数字时代的前沿技术，参数化技术在建筑学领域内的研究与应用越来越广泛。其核心内容是对各项影响因素进行参数化转译，并通过规则或数学公式实现进一步的结果转换[2]。作为建筑物的重要组成部分，建筑表皮在结构围护、形态塑造、适应环境、安全防护等方面发挥作用，是建筑设计的重点，同样需要对其进行参数化转译。

参数化设计视角下的建筑表皮研究作为较前沿的研究领域，近年来已获得国内外不少学者和专业人士的关注。然而，由于该项研究领域形成时间较短、研究方向多样、研究主题和内容覆盖面广泛等原因，缺乏对该研究领域近年来研究热点及其发展变化趋势的深入分析和系统梳理。本文通过可视化软件 CiteSpace 对 2006—2022 年国内和国际在参数化视角下的建筑表皮相关研究文献进行分析整理，对该研究领域在我国未来的发展做出展望。

2　研究方法和数据来源

2.1　研究方法

CiteSpace 软件是一款可以对学术文献进行统计、计量、整合、分析的可视化数据分析软件，由美国 Drexel 大学信息科学与技术学院的陈超美(Chaomei Chen)学者在 2004 年开发。通过利用科学文献的主题、关键词、作者、参考文献等数据,进行空间形态转化表达以可视化方式直观生动的展示某一研究领域的研究热点、发展方向、知识结构以及学术脉络[3]。

本文使用 CiteSpace 软件对 2006—2022 年间参数化方向上建筑表皮研究领域内的相关学术文献进行科学知识图谱绘制,形成可视化图表,并在此基础上进行了定性和定量分析:①梳理文献内容及研究核心进行分类定性总结;②对研究领域内的关键词频次、时间线、关联度进行量化统计分析。

2.2 数据来源

本文的研究对象是国内外在参数化视角下建筑表皮研究领域内的相关学术论文,以 CNKI(中国知网)和 Web of Science(WOS)数据库为数据来源。采用主题检索方式对 2006—2022 年间的内域内相关文献进行收集。为保证收集文献数据的准确性,对相关性较弱的文献、会议记录、期刊征稿通知、新闻记录等进行人工筛除。最终得到 193 篇来自 CNKI 数据库的国内学术文献和 162 篇来自 Web of Science(WOS)数据库的国际文献。

3 研究热点分析

关键词作为一篇学术文章的核心要点能够准确地反映出文章的主要研究方向和研究重点,因此可以通过定量统计相关文献中不同关键词出现的频次来确定该领域内的研究热点。运用 CiteSpace 软件中的关键词共现分析功能,分别绘制国内外研究的关键词共现知识图谱,以此为基础展开研究热点分析和对比。

3.1 国内研究热点

知识图谱中的每一个圆形节点代表一个关键词,其大小反映了该关键词所出现的频次,出现频次越多则该节点越大;两个圆形节点之间的连线表示其代表的关键词存在共现关系,连线的粗细表示共现强度的大小。根据 CNKI 文献数据库绘制基于参数化技术的建筑表皮研究领域的知识图谱,如图 1 所示。剔除部分无意义关键词,合并部分同义关键词。最终按照频次和中心度(表示该关键词与中心关键词节点的相关程度)筛选出重要关键词。

据生成的知识图谱可以看出:以关键词"参数化"和"建筑表皮"为中心的其他的关键词节点有"建筑节能""建构""建筑设计""动态表皮""建筑形态"等。总体来说,国内在参数化方向上建筑表皮研究领域的关键词分布频次较为均衡,研究方向比较多样,并未出现集中某一方向的研究重点,各个热点之间的交叉研究较多。进一步总结来看,在 2006—2022 年这个时间

段,国内参数化方向上建筑表皮研究领域内的主要研究方向可分为以下几个方面。

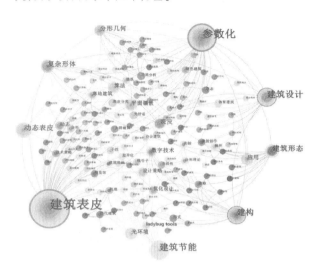

图 1　国内研究领域关键词共现图

(1)节能减排:以参数化数字技术为手段、以降低建筑能耗减少建筑碳排放为目的,展开对建筑表皮物理性能的研究。其研究重点包括:建筑表皮的节能减排性能参数化模拟方法研究[4]、探讨建筑表皮生成参数与建筑生态潜力之间的联系、更加节能的建筑表皮生成算法集和逻辑研究[5]。

(2)可变建筑表皮:可变建筑表皮作为一种较为前沿、创新、智能化的建筑表皮类型与参数化技术研究十分契合。通过对相关文献内容分析其研究重点包括:以建筑空间光环境品质为导向总结动态建筑表皮的参数化生成算法[6]、多目标优化视角下的可变建筑表皮参数化设计研究及性能模拟分析。

(3)建构及施工:复杂建筑表皮的实地建造与施工一直是学术难点。国内学者致力于参数化技术的数据处理与交换、信息传递、实时更新、可视化表达等能力在建筑表皮施工建造过程中的应用探索[7]。

(4)参数化算法生成:参数化建筑表皮生成算法与逻辑一直是国内学者关注的重要领域之一,其内容包括以二维切分、网格细分、拓扑表皮为主的几何图形表皮生成逻辑;复杂建筑表皮的几何控制优化算法[8];基于 Grasshopper、犀牛等软件的参数化表皮生成过程研究[9]。

3.2 国际研究热点

以相同方式绘制国际研究领域知识图谱,对比国内研究情况,进行研究热点分析,如图 2 所示。

通过对国际研究领域的知识图谱及关键词频次分析可得出:个别关键词出现频次较高,但总体上研究方向较为分散,这一点与国内研究领域现状存在相似情

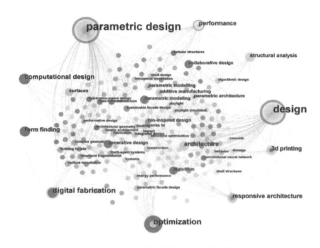

图2 国际领域关键词共现图

况。除去 optimization、digital fabrication、computational design、responsive architecture 几个出现频次较高的关键词外，其余方向上的研究关注度比较均衡。在研究层次上对比国内研究情况来说国际研究领域更加深入，所涉及的学科领域交叉合作更多。综合分析得出国际研究领域的主要研究热点分为以下几个方面。

(1)性能模拟和优化：以建筑表皮的热工性能、采光性能、可视性能等各项性能为研究对象。以参数化技术模拟建筑表皮性能表现，数据化表示建筑表皮性能优劣，以此选定最优设计方案[10]。基于 Grasshopper 开发的各类算法优化工具是该方向上的研究重点。国内关于建筑节能的研究与此相近。

(2)参数化建模及生成方式：参数建模、参数化生成算法以及可视化表现一直是国际领域的研究热点。主要集中在复杂建筑表皮的结构形态优化、模块化建筑表皮的参数化生成算法研究[11]、建筑表皮信息模型研究等几个方面。

(3)响应式建筑表皮：与国内的可变建筑表皮研究有所区分的是，国际领域更加侧重建筑表皮对环境因素改变所做出的响应式变化研究[12]，与环境学、仿生学[13]等领域均有交叉研究。仿生建筑表皮、热响应建筑表皮模块、参数化集成传感系统都是该方向上的研究重点。

4 演进趋势剖析

通过 CiteSpace 软件中关键词突现检测功能，可以检测不同时间段内出现频次突然增加或使用频率明显提高的关键词及主题。根据关键词的突现情况以及共现关系可以对该研究领域内的发展情况和演进趋势做出分析。

4.1 国内研究领域演进趋势

以关键词作为分析节点，使用"timeline"显示功能和关键词突现筛选，得到国内参数化建筑表皮研究领域关键词突现时序图和突现图，如图3所示。

总体看来，我国在参数化方向的建筑表皮研究可大致划分为三个阶段。2006—2013 年是初步探索阶段。该时期国内参数化领域内建筑表皮研究热点主要集中于建筑表皮本身的形态设计，对参数化技术应用研究较浅。2013—2017 年是深入研究和应用阶段。该时期对参数化技术在建筑表皮研究上的应用进一步深入，建筑表皮性能优化、参数化性能模拟、参数化节能计算等研究纷纷兴起。2017—2022 年是多学科交叉合作阶段。该阶段的研究范围更加广泛，涉及数学、化学、材料学、环境学、机械工程等学科的交叉研究。

4.2 国际研究领域演进趋势

根据收集的国际研究领域的文献资料，以相同方式绘制关键词时序图和关键词突现图如图4所示。

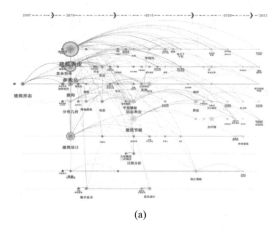

(a)

Top 12 Keywords with the Strongest Citation Bursts

Keywords	Year	Strength	Begin	End	2006 - 2022
建筑形态	2007	2.53	2007	2011	
表皮	2012	1.29	2012	2015	
形态	2012	1.12	2012	2013	
形式	2013	1.05	2013	2014	
大跨建筑	2013	1.05	2013	2014	
优化设计	2015	0.98	2015	2019	
绿色建筑	2015	0.97	2015	2017	
算法	2018	1.47	2018	2019	
动态表皮	2018	1.18	2018	2020	
应用	2018	1.17	2018	2020	
光环境	2019	1.74	2019	2022	
ladybug tools	2019	1.07	2019	2020	

(b)

图3 国内领域关键词演进分析图

(a)国内领域关键词时序图；(b)国内领域关键词突现图

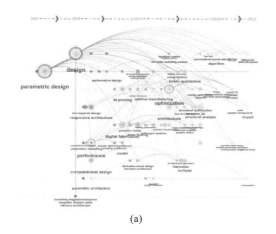

Top 12 Keywords with the Strongest Citation Bursts

Keywords	Year	Strength	Begin	End	2007 - 2022
computational design	2012	1.57	2012	2018	
digital fabrication	2014	1.43	2014	2018	
form finding	2015	1.84	2015	2018	
generative design	2015	1.62	2015	2016	
cellular structures	2015	1.08	2015	2018	
free-form architecture	2015	0.73	2015	2018	
collaborative design	2017	1.02	2017	2019	
parametric modeling	2018	1.27	2018	2019	
architectural geometry	2018	0.84	2018	2019	
optimization	2020	1.91	2020	2022	
algorithm	2020	1.66	2020	2022	
convolutional neural network	2020	0.89	2020	2022	

(a) (b)

图 4　国际领域关键词演进分析图
(a)国际领域关键词时序图；(b)国际领域关键词突现图

由分析结果可以看出,相较于国内来说国际领域对参数化视角下的建筑表皮研究起步更早,在 2007 年之前已出现一定数量的学术文章,其侧重点主要在理论研究。2007—2015 年是相关研究兴起的阶段,国际上不少业内学者开始探索参数化技术在建筑表皮设计中的不同应用方式,例如响应式表皮设计、仿生建筑表皮、参数化建筑表皮模型生成、随机生成式建筑表皮等。但这些研究并未形成相对集中的研究热点。2015—2018 年参数化数字模型建立方法的研究是该时间段的研究热点。2018—2022 年,建筑表皮的性能模拟优化成为该领域内的研究主流。

5　结论与展望

运用 CiteSpace 进行可视化知识图谱绘制,以 Web of Science 和中国知网(CNKI)数据库中 2006—2022 年间国内与国际参数化视角下的建筑表皮研究领域相关文献为数据基础,分别展开研究热点剖析和演进趋势探究,最终得出如下结论。

(1)在研究热点方面,建筑表皮的热工性能是国内外学者共同的研究热点。国内更加侧重于节能相关计算和参数化模拟,而国际领域则对建筑表皮的得各项性能表现均有涉及。其次国际领域的研究热点联系更加紧密,形成的交叉研究领域更多,研究层次更加深入和复杂。

(2)从演进趋势来看,国际学者对参数化技术在建筑表皮方面的应用研究起步更早,早期形成多方向的探索研究,近年来则集中于建筑性能模拟优化和数字计算的研究。国内的发展趋势从早期的建筑形态入手探索参数化建筑表皮的研究方向,不断丰富研究领域同时加强与不同学科的交叉研究,但发展至今仍然未

能形成足够深入的研究方向和成果。

针对上述分析得出的结论,为促进我国在参数化方向上建筑表皮研究的发展提出以下建议。一方面应当时刻关注国际上该研究领域发展动向,加强跨学科领域的交叉研究、探索新的研究热点,并在此基础上进行深层次研究。另一方面应结合我国国情和建筑行业发展情况,加强学术研究和行业发展的结合,加强学术研究成果的实用性。

参考文献

[1] 徐卫国,徐丰,《城市建筑》编辑部.参数化设计在中国的建筑创作与思考——清华大学建筑学院徐卫国教授、徐丰先生访谈[J].城市建筑,2010(6):108-113.

[2] 徐卫国.参数化设计与算法生形[J].世界建筑,2011(6):110-111.

[3] 潘婷,汪霄.国内外 BIM 标准研究综述[J].工程管理学报,2017,31(1):1-5.

[4] 王振宇.基于参数化性能模拟的高层办公建筑体量与表皮优化设计研究[D].南京:东南大学,2018.

[5] 姜全成.面向建筑节能的建筑表皮生成设计研究[D].北京:北方工业大学,2021.

[6] 王晓飞.可变光环境下建筑动态表皮的参数化设计研究[D].合肥:合肥工业大学,2021.

[7] 赵默超.参数化逻辑下的复杂形态建筑设计与营造[D].长沙:湖南大学,2011.

[8] 奥京.基于几何逻辑的复杂建筑形态控制[D].北京:清华大学,2016.

[9] 崔丽.基于 Grasshopper 的参数化表皮的生

成研究[D]. 天津:天津大学,2014.

[10] SHAHBAZJ Y, HEYDARI M, HAGHPARAST F. An early-stage design optimization for office buildings' facade providing high-energy performance and daylight [J]. Indoor and Built Environment, 2019, 28 (10): 1350-1367.

[11] GURCAN C G, HEYIK M A, TASTAN H, et al. A computational design strategy for integrated facades [J]. MEGARON, Istanbul: Yildiz Technical Univ, Fac Architecture, 2023, 18(1): 72-87.

[12] CAPONE M, LANZARA E, MARSILLO L, et al. Responsive complex surfaces manufacturing using origami [C]//SOUSA J P, HENRIQUES G C, XAVIER J P. Ecaade Sigradi 2019: Architecture in the age of the 4th Industrial Revolution, Vol 2. Brussels: Ecaade-Education & Research Computer Aided Architectural Design Europe, 2019: 715-724.

[13] PARK J J, DAVE B. Bio-inspired responsive facades[C]//. MAHDAVI A, MARTENS B, Contributions to Building Physics. Vienna: Okk-Editions, 2013: 537-544.

刘宇波[1*]　陈恺凡[1]　邓巧明[1]

1. 华南理工大学建筑学院;liuyubo@scut. edu. cn

Liu Yubo[1*]　Chen Kaifan[1]　Deng Qiaoming[1]

1. School of Architecture, South China University of Technology;liuyubo@scut. edu. cn

基于 MADRL 以天光为导向的高密度露天教室剖面探索
Exploring Daylighting-oriented High-density Open-air Classroom Sections Based on MADRL

摘　要:为改善后疫情时代下中小学教室的天然光环境舒适性,本文从历史上的"露天学校运动"中获得启发。基于广州地区的气候条件,利用多智能体深度强化学习(MADRL)的方法探索了各层教室的剖面以及天窗形式以适应高密度环境下的露天教室设计。优化过程中基于 sDA、ASE、采光均匀度、PMV 分别拟合了 ANN 预测模型,相比传统的仿真引擎优化速度提升百倍。最终得到符合预期的高密度露天教室剖面。经检验,与传统的教学楼相比,各项采光指标均得到显著提升。

关键词:中小学教室;多智能体强化学习;ANN;天然采光;露天学校

Abstract:This study takes inspiration from the historical "Open-air School Movement" to enhance the daylighting in primary and middle school classrooms in the post-epidemic era. Utilizing a MADRL method, the cross-section and skylight of classrooms on each floor were investigated, considering the climate conditions in the Guangzhou area. During the optimization process, an ANN prediction model was developed, incorporating sDA, ASE, Uniformity of Daylighting, and PMV. This model achieves a simulation speed, hundreds of times faster than traditional engines. As a result, a new open-air classroom profile was successfully derived.

Keywords:Primary and Secondary School Classrooms; Multi-agents Reinforcement Learning; ANN; Daylighting;Open-air Schools

1 引言

随着新冠后疫情时代的到来,人们越发关注建筑环境对健康的影响。有研究表明[1],天然光会影响中小学生体内激素的分泌,对于其生理和心理的健康成长以及学习效率的提升都具有重要的促进作用。

早在 19 世纪末 20 世纪初期,由于肺结核等大规模流行疾病的传播,欧美曾兴起过一段长达半个世纪的"露天学校"运动。它主张教室应该拥有通风良好的大面积采光窗,并且教室外面拥有近似于教室面积的空间,保证学生们可以在天气条件允许的情况下携带轻便桌椅到室外开展露天教学,以便让学生更多接触阳光和新鲜空气,从而提升自身免疫力。但这种模式仅适用于低密度教室布局中,随着城市化的加速,城市学校的建设往往面临土地紧缺和建筑密度高的情况,传统的露天学校模式难以适应这种情况,因此需要探索一种新的教学楼形式以适应这种模式。

已有的与教室优化相关的研究中大多数都是基于单一教室的光热指标进行优化。例如 Khaoula[2] 等基于热干地区中小学教室的采光、热舒适等性能,实现了单间教室性能的最优设计。而在多层教室的优化设计研究中,较为成熟的如 Liu[3] 等提出的一种可以为每个教室引入顶部采光的退台式教学楼设计,产生了多种兼具适应性和形式特点的多层顶部采光教学楼方案。

因此为解决上文提出的问题,本文提出了一种可适用于广州地区的复合式教室布局方式:即以一栋四层的教学楼作为研究对象,优化目标为最大化光热收益、室外平台面积以及空间利用率,利用 MADRL(Multi-agents Reinforcement Learning)配合 ANN(Artificial Neural Network)对目标函数快速预测的方法对教学楼剖面上的四间教室进行优化探索。

2 方法

2.1 参数化模型设计

本文共选择了两种南向单廊的教室房间类型,一种是包含天窗的参数化教室单元,另一种是侧窗参数化教室单元。将二者在垂直方向上以退台的方式进行组合,通过控制后退的距离以及每间教室的相关参数即可得到不同的教学楼剖面单元,在此基础上配合性能模拟可以作为后续 ANN 预测模型的训练样本。实验流程如图 1 所示。基本单元的设定如图 2 所示。

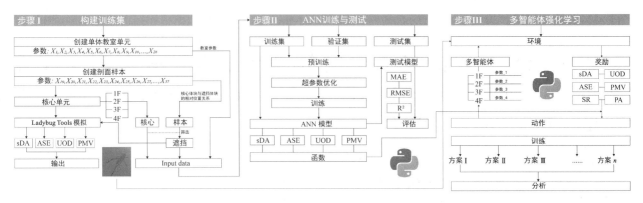

图 1　实验流程

(图片来源:作者自绘)

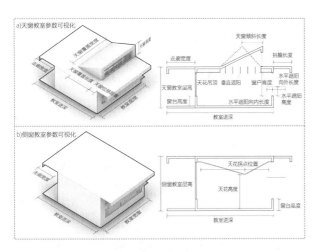

图 2　可视化参数化单元

(图片来源:作者自绘)

2.2　多智能体深度强化学习系统(MADRL)

　　MADRL (Multi-Agent Deep Reinforcement Learning)是指在强化学习框架下,多个智能体相互作用并学习如何通过与环境的交互来实现共同的目标。在建筑学领域的应用中,Han Zhen 等提出了将深度强化学习(DRL)和计算机视觉城市规划结合,通过阳光直射实践,太阳辐射收益以及美学布局标准来生成一个城市街区[4]。

2.2.1　智能体状态空间设计

　　在多智能体环境的条件下,状态空间通常是所有智能体在同一时刻下所有状态的集合。在本文中每个智能体的状态由性能表现和其他状态两部分构成,最终被整合为一个如表 1 所示的 20 维向量。

表 1　智能体的状态空间(s)

States space$(X_1, X_2, X_3, X_4, X_5, \ldots, X_{20})$, shape $=(20)$	
性能表现$(X_1 \sim X_4)$	sDA,UOD,ASE,PMV
状态$(X_5 \sim X_6)$	空间利用率(SR),室外平台面积(OPA)
状态$(X_7 \sim X_{10})$	各层教室后退距离
状态$(X_{11} \sim X_{14})$	当前智能体的天窗参数
状态$(X_{15} \sim X_{20})$	与其他智能体的相对位置关系

2.2.2　智能体动作空间设计

　　动作空间(actions space)通常是指智能体在状态 s 下所采取的动作。本次实验的环境中,每个智能体的动作空间设定为在指定区间范围内的 21 维连续型动作,如表 2 所示。

表 2　智能体的动作空间 a(s)

States space$(X_1, X_2, X_3, X_4, X_5, \ldots, X_{21})$, shape $=(21)$	
动作$(X_1 \sim X_3)$	房间类型;天窗宽度;天窗长度
动作$(X_4 \sim X_6)$	天窗位移;天窗倾斜;天窗高度
动作$(X_7 \sim X_9)$	天窗玻璃宽度;天窗遮阳;房间进深
动作$(X_{10} \sim X_{12})$	房间面宽;黑板墙宽度;房间高度
动作$(X_{13} \sim X_{15})$	走廊宽度;窗台高度;南侧遮阳高度
动作$(X_{16} \sim X_{18})$	内遮阳宽度;外遮阳宽度;屋檐长度
动作$(X_{19} \sim X_{21})$	天花高度;天花位置;房间后退距离

2.2.3　智能体奖励设计

　　奖励设计是智能体能否取得良好表现的关键,实验的奖励主要结合采光和热舒适性能以及形态评价指标进行设计[5]。其中采光评价指标选择空间日光自治（$sDA_{750\,lx\setminus50\%}$）、采光均匀度（$UOD_{0.5}$）、年日照时间（$ASE_{1000\,lux,250\,h}$）三项指标；室内热舒适选择预测平均评价（PMV），该指标选择了包含夏至日在内的整个 6 月的平均值；形态评价指标是最大化每间教室（智能体）所拥有的室外平台面积以及整个教学楼剖面上所有教室面积与占地投影面积比值，即空间利用率（SR），同时最大化每间教室所配备的室外平台面积（OPA）。详细的奖励设置详见表 3。

表 3　智能体奖励规则

内容	＞	中间值	＜	奖励
sDA	0.95	0.7	0.5	$(6,2,1,-3)$
UOD	0.6	0.5	0.4	$(8,2,-2,-5)$
ASE(％)	10	5	2	$(-3,1,2,6)$
PMV	1.2	0.85	0.65	$(-3,1,2,6)$
OPA(m²)	60	30	10	$(6,2,1,-3)$
SR	2	1.5	1	$(6,2,1,-3)$
Non-move	/	/	/	-25

（注：以 sDA 为例：$6,2,1,-3$ 四个值分别对应 $sDA\geqslant0.95$，$0.7\leqslant sDA<0.95$，$0.5<sDA<0.7$，$sDA\leqslant0.5$ 四种情况下的奖励数值）

2.3　人工神经网络

人工神经网络（ANN）是一种由输入层、隐藏层、输出层以及神经元节点构成的网络预测模型。近年来人工神经网络在预测建筑性能方面取得了良好的效果。例如 Han[6] 等基于 UDI 和 DA300 利用 ANN 开发了一套针对单一矩形办公单元的采光预测模型，速度提高 250 倍。此外，为了避免在 MADRL 训练过程中因跨平台的环境交互而降低求解效率。本文将训练好的 ANN 模型内置到强化学习的训练模块中，从而摆脱了跨平台的环境交互，提升了优化效率。

3　实验结果与分析

3.1　ANN 预测结果与评价

从图 3 所示的 ANN 训练结果来看 sDA、UOD、ASE、PMV 四项指标在 3200 个训练集和 800 个测试集中均达到较好的线性拟合效果。对训练好的模型结果采用 R^2、MAE、RMSE 三个指标进行评价，结果如表 4 所示，由此可见，训练后的四个模型具备较好的泛化能力，可以用于相应数值的预测。

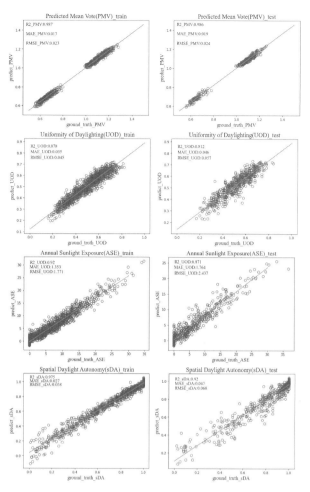

图 3　ANN 预测模型训练结果
（图片来源：作者自绘）

表 4　R^2、MAE、RMSE 测试集评价

指标	R^2	MAE	RMSE
sDA	0.92	0.047	0.068
UOD	0.812	0.046	0.057
ASE	0.871	1.746	2.437
PMV	0.986	0.019	0.024

3.2　多智能体强化学习优化结果评价与分析

3.2.1　超参数组合筛选

超参数在 MADRL 训练中起着重要的作用。不同的超参数可以对训练的效果和性能产生显著影响。本文对不同的超参数组合进行了训练验证，结果如图 4 所示。图（a）、图（e）两组超参数展示的训练曲线随着训练的进行奖励发生下降；图（b）曲线的奖励整体呈上升趋势且最后奖励趋于平稳；图（c）曲线整体奖励呈现先下降后提高的趋势，但曲线平稳后的奖励与最开始的第一代奖励基本相等；图（d）曲线在开始后经过较长

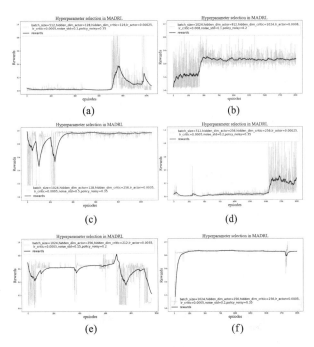

图 4　不同超参数下的训练过程
（图片来源：作者自绘）

的经验累积后奖励出现上升趋势，所得奖励较低；图（f）曲线虽然整体奖励呈上升趋势，但在训练后期的整体波动较小，可能陷入智能体不动或局部最优的情况。因此最终选择图（b）曲线中的超参数进行正式训练。

3.2.2　训练结果分析

经过 1000 代的正式训练后，模型逐渐稳定且趋于收敛，结果如图 5 所示。实验将常规的板楼式侧窗采光教室设定为每一代的初始化形体，这种形式教室室内 sDA750$_{lux}$ 最高仅有 0.42，采光均匀度多在 0.3～0.4之间。此外，由于没有增加遮阳的缘故 ASE 均大于10%，同时也伴随着较高的 PMV。这种形式仅在屋顶存在活动平台，其他各层均不具备室外活动与天窗采光的条件，但这种形式的空间利用率相对较高。

优化后产生了三个结果，其中结果 1 呈现出一级的退台形式，结果 3 呈现出二级退台形式，结果 2 呈现出三级退台形式，并且在南侧产生了屋面的挑檐以及窗户上的遮阳。这种退台式剖面除了增加每层的室外平台面积，还在各层 sDA、采光均匀度、ASE 的表现上带来巨大提升。PMV 的提升主要体现在首层，其他层虽有改善但提高不显著。虽然空间利用率降低，但是考虑到性能的提升以及高使用频率，由此带来的问题可以通过平衡学校内的其他空间来解决。

4　结论

本文基于广州的气候条件，利用 MADRL 的方法综合室内光热性能以及相关外部形态指标探索了高密度城市中的"露天学校"教学楼剖面设计。文中提出了一套将 ANN 性能预测与 MADRL 相结合的模型优化方法，经验证，该方法可以取得较高的准确性并得到理

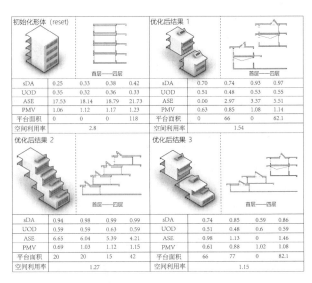

初始化形体（reset）	首层——四层				优化后结果 1	首层——四层			
sDA	0.25	0.33	0.38	0.42	sDA	0.70	0.74	0.93	0.97
UOD	0.35	0.32	0.36	0.33	UOD	0.51	0.48	0.53	0.55
ASE	17.53	18.14	18.79	21.73	ASE	0.00	2.97	3.37	5.51
PMV	1.06	1.12	1.17	1.23	PMV	0.63	0.85	1.08	1.14
平台面积	0	0	0	118	平台面积	0	66	0	62.1
空间利用率	2.8				空间利用率	1.54			

优化后结果 2	首层——四层				优化后结果 3	首层——四层			
sDA	0.94	0.98	0.99	0.99	sDA	0.74	0.85	0.59	0.86
UOD	0.55	0.50	0.63	0.59	UOD	0.51	0.48	0.6	0.59
ASE	6.65	6.04	5.39	4.21	ASE	0.98	1.13		1.46
PMV	0.69	1.03	1.12	1.15	PMV	0.61	0.88	1.02	1.08
平台面积	20	20	15	42	平台面积	66	77	0	82.1
空间利用率	1.27				空间利用率	1.15			

图 5　MADRL 生成结果
（图片来源：作者自绘）

想的优化结果。sDA、采光均匀度、ASE、PMV、室外平台面积均得到显著提升并且在剖面形式上呈现出多样化特征，实现了有趣的形式与性能之间的平衡。

参考文献

［1］ ARIES M B，AARTS M P，VAN HOOF J，Daylight and health：A review of the evidence and consequences for the built environment［J］. Lighting Research & Technology，2015，47（1）：6-27.

［2］ LAKHDARI K，SRITI L，PAINTER B. Parametric optimization of daylight，thermal and energy performance of middle school classrooms，case of hot and dry regions［J］. Building and Environment，2021，204：108173.

［3］ 刘宇波，何晏泽，邓巧明.基于多目标优化的退台式教学楼顶部采光系统形式探索［C］//全国高等学校建筑类专业教学指导委员会，建筑学专业教学指导分委员会，建筑数字技术教学工作委员会.数智赋能：2022全国建筑院系建筑数字技术教学与研究学术研讨会论文集.武汉：华中科技大学出版社，2022：363-368.

［4］ HAN Z，YAN W，LIU G. A Performance-Based Urban Block Generative Design Using Deep Reinforcement Learning and Computer Vision［C］//YUAN P F，YAO J，YAN C. Proceedings of the 2020 DigitalFUTURES. Singapore：Springer，2021：134-143.

［5］ 中华人民共和国住房和城乡建设部，国家市场监督管理总局.建筑环境通用规范：GB 55016—2021［S］.北京：中国建筑工业出版社，2012.

［6］ HAN Y，SHEN L，SUN C. Developing a parametric morphable annual daylight prediction model with improved generalization capability for the early stages of office building design［J］. Building and Environment，2021，200：107932.

徐铭声[1]　周颖[1]

1. 东南大学建筑学院；zhouying@seu. edu. cn

Xu Mingsheng[1]　Zhou Ying [1]

1. Southeast University；zhouying@seu. edu. cn

国家重点研发计划课题(2022YFFO607003)

基于聚类算法的城市住宅小区分布规律及特征研究
——以南京、苏州、无锡为例

Investigating the Distribution Law and Characteristics of Urban Residential Communities Using Machine Learning： A Case Study of Nanjing，Suzhou and Wuxi

摘　要：城市住宅小区种类多样且差异明显，对其进行分类研究有助于定制小区差异化发展策略并构建复合型社区生活圈。本文通过 python 爬虫获取南京、苏州、无锡三个城市的房天下小区数据，并进一步提取内部信息作为度量指标，利用 K-means 算法进行聚类分析，对比总结三个城市住宅小区分布以及特征规律。全套流程利用大数据手段及科学算法构建住宅小区聚类模型，此方法与建立相关指标分级打分及小样本调研的传统方法相比，更加省时且具有推广性。

关键词：住宅小区分类；K-means 算法；聚类算法；Python 爬虫

Abstract：Cites have a diverse range of residential communities that exhibit significant differences. Classifying and studying these communities can help develop customized strategies for their differentiated development and create a composite community living circle. This study aims to classify and compare residential areas in three cities (Nanjing, Suzhou, and Wuxi) using a Python crawler to collect data from Fangtianxia. Internal metrics were extracted, and a clustering analysis was performed using the k-means algorithm to compare and summarize the distribution and characteristic patterns of residential communities. Additionally, category prediction was conducted on the prediction set. The use of big data and scientific algorithms in this process allowed for the creation of a residential cluster model that is more time-saving and accessible than the traditional approach of establishing grading and scoring based on related indicators.

Keywords：Classification of Residential Communities； K-means Algorithm； Clustering Algorithm； Python Crawler

1 引言

住宅小区是现代城市居住生活的主要空间载体，也是社区生活圈组成的基本单元。目前，针对城市资源配置不均衡的问题，社区生活圈规划旨在通过组合不同住宅小区，整合优化调配各类资源。基于城市住宅小区数量众多、复杂性高的特点，对其进行聚类研究有助于归类同质小区并提炼其特质，掌握其分布规律，进而提出更加科学合理的社区治理策略，引导高效便捷生活圈规划方案。

另外，大数据时代的到来为相关研究提供了有力的数据源。机器学习算法结合了统计学和计算机科学的优势，其监督学习(supervised learning) 与无监督学习(unsupervised learning)算法已被广泛应用于时空大数据特征挖掘分析[1]。属于无监督学习的聚类算法也逐步被应用于城市大数据的分析中。例如，基于 POI-K-means 地铁车站聚类方法研究[2]，作者利用 K-means 聚类算法对上海地铁站进行聚类研究。

本文选取聚类算法建立城市住宅小区聚类模型，对南京、苏州、无锡三个城市的住宅小区进行聚类分析并总结不同种类住宅小区的特征及分布规律,并结合南京市数据集实现住宅小区类别预测。此方法与建立相关指标分级打分及小样本调研的传统方法相比,更加省时且具有推广性。

2 方法路线

2.1 实验思路

本文实验方法与数据挖掘充分结合,包含数据采集、数据清洗、数据分析、数据可视化,最终得出实验结论。其中,数据采集部分采取 Python 爬虫技术;数据清洗主要依赖于 Excel 操作及 Pandas 模块;数据分析主要借助 Sklearn 库中的 K-means 聚类算法;数据可视化借助 MatplotLib 绘图工具及 POI 在线可视化网站。基于以上步骤得出最终不同城市聚类小区的特征规律。聚类实验流程如图 1 所示。

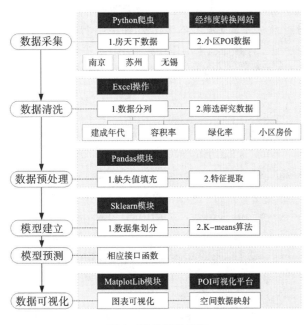

图 1　聚类实验流程

2.2 实验创新点

本实验的创新点可总结为技术难点高,聚类维度新颖,算法可解释性强以及增加了对比实验。

首先,本文采用 Python 爬虫技术获取房天下网站的数据并引入 K-means 算法展开聚类实验,与当前数据挖掘相关工作流程较为贴合。其次,本实验的聚类指标选取建成年代、容积率等数据指标,与传统意义上的空间聚类有明显区别。再次,由于 K-means 算法在聚类时需要自定类别个数,因此需引入"肘部法则"来确定最终的聚类个数。最后,选取三个城市来进行对比实验,以总结较为普遍的规律。

3 实验流程

3.1 数据采集

本文作者通过编写 Python 代码,利用 Requests 库以及 Parsel 库解析 json 数据,爬取房天下网站中南京、苏州及无锡三个城市的小区信息共 19597 条,其中南京市数据 8969 条,苏州市数据 7209 条,无锡市数据 3419 条。采集到的指标包括建成年代、容积率、绿化率、小区房价等信息,样例信息如图 2 所示。

图 2　Python 爬虫获取源数据样例

此外,后续需要获取南京、苏州、无锡三个城市的经纬度以用作可视化展示。

3.2 数据预处理

在数据挖掘与分析过程中,数据清洗有助于提炼有效指标以便后续建模,因此数据处理部分至关重要。首先,需要在 Excel 中对本文获取到的各项建模指标的源数据进行提取并通过筛选功能选取住宅类型的数据并删除部分信息缺失严重的数据。

本文选取建成年代、容积率、绿化率、小区房价四项指标作为建模指标。对于其中缺失值的处理采用直接删除的方法。最终数据预处理结果样例如图 3 所示。

<mull>	name	year	price_x	hushu	dongshu	CFA
0	融创熙园	2014	28586.0	849	59	1.97
1	玉兰花园	2012	38756.0	748	25	2.05
2	中海凤凰熙岸	2016	28493.0	734	66	2.6
3	新加坡尚锦城	2016	25853.0	1627	48	1.9
4	周新苑	2007	14627.0	2422	17	1.5
5	仙河苑	2006	12851.0	1055	9	1.7
6	中成誉品	2016	25047.0	2542	30	3.1

图 3　数据预处理结果样例

3.3 模型训练

3.3.1 K-means 聚类算法原理

K-means 聚类算法会将数据集划分为 K 个簇,使得每个数据点都属于最近的簇,并且簇的中心是所有数据点的平均值[3]。K-means 算法效率高,但是其中 K 值需自行拟定,容易使得聚类结果具有不确定性。然而,可以通过"肘部法则"计算不同 K 值下聚类结果类内误差平方和,最终确定最合适的 K 值。

3.3.2 训练集与预测集划分

本文训练集与预测集的划分依托于 Sklearn 中的

model_selection 模块,以年代为标签按照 8:2 的比例对数据集进行划分,即训练集数据占 80%,测试集数据占 20%。

3.3.3 K-means 聚类实验

通过数据清洗及数据预处理,利用"肘部法则"对南京、苏州、无锡三个城市的住宅小区数据分别进行计算,将其划分为不同个数的类别时对应的类内误差平方和,找到折线图中的拐点即为合适的 K 值,如图 4 所示。

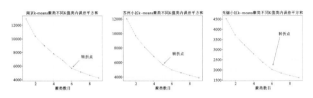

图 4 利用"肘部法则"确定三个城市聚类个数

经过"肘部法则"判定,南京、苏州、无锡的聚类类别个数分别为 6、5、6。

接下来,利用 Sklearn 库接口函数对训练集数据进行 K-means 聚类分析,得到训练集数据类别标签,与训练集合并输出,效果如图 5 所示。

index	name	year	price	hushu	dongshu	CFA	label
428	河路道小区	1995	27094	195	5	1.52	0
2863	凤凰南苑	2001	11355	223	8	3.9	0
1896	北晨雅居	2010	21864	521	6	1.8	4
79	港宁园小区	2000	29390	532	8	2.4	0
748	白鹭新村	1989	38819	241	5	6.58	0
370	电建中储泛悦城市	2018	43698	979	5	1.2	4

图 5 聚类结果表格样例

3.4 模型预测

Sklearn 库中的 K-means 算法提供了预测函数接口,即 cluster.fit_predict( )函数,将南京的测试集数据输入该接口可获得预测集的聚类预测结果值。

4 实验结果分析

4.1 训练集数据特征可视化

经过上述模型训练与预测的步骤后,在经纬度查询网站输入小区地址获取各小区经纬度,并结合南京、苏州、无锡三个城市的行政区矢量边界导入 ArcGIS 平台,对聚类结果进行可视化展示。

另外,利用 MatplotLib 库对三个城市的各聚类类别进行指标图表分析,实验结果如图 6 所示。

4.2 各城市聚类类别特征总结

通过对三个城市聚类类别空间维度及信息维度的可视化分析,结合城市规划视角,现总结三个城市不同类别住宅小区特征,如表 1 至表 3 所示(苏州、无锡两个城市的规律均根据上述步骤得到结论,因篇幅原因不展开介绍)。

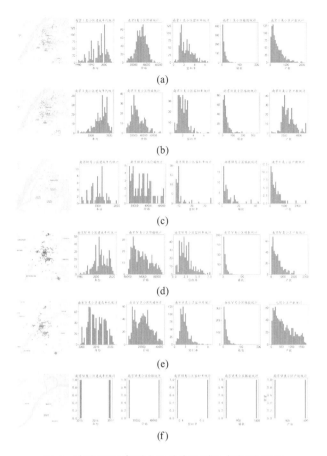

图 6 南京不同类别小区分布区域及数据特征图

(a)南京Ⅰ类小区分布区域及数据特征可视化;
(b)南京Ⅱ类小区分布区域及数据特征可视化;
(c)南京Ⅲ类小区分布区域及数据特征可视化;
(d)南京Ⅳ类小区分布区域及数据特征可视化;
(e)南京Ⅴ类小区分布区域及数据特征可视化;
(f)南京Ⅵ类小区分布区域及数据特征可视化

表 1 南京居住小区聚类特征总结

类别	区位	年代	价格	容积率	栋数	户数
Ⅰ类	全城分布	1980~2000	20000~60000	1.5~4	<100	<1000
Ⅱ类	全城分布	2000~2020	20000~60000	0.5~4	<100	2000~4000
Ⅲ类	全城分布	1995~2015	20000~60000	10~20	0~20	<1000
Ⅳ类	长江两岸发散	2000~2020	40000~80000	1.5~3	0~50	<1000
Ⅴ类	长江两岸发散	2000~2020	<40000	1.5~4	0~50	<1500

191

由于南京住宅小区类别Ⅵ数量过少且特征不明显，因此最终将聚类结果简化为五类。具体特征可总结如下：Ⅰ类小区以老旧小型小区为主，价格适中，在南京均匀分布；Ⅱ类小区为新型高容积率大型小区，价格相对较高，在南京均匀分布；Ⅲ类小区为超高容积率的大型小区，在南京均匀分布；Ⅳ类小区为较高容积率的舒适型新小区，从长江两岸发散；Ⅴ类小区为经济舒适型小区，从长江两岸发散。

表2 无锡居住小区聚类特征总结

类别	区位	年代	价格	容积率	栋数	户数
Ⅰ类	市中心	1995~2020	10000~25000	1.5~3	20~60	1500~2500
Ⅱ类	市中心	1985~2020	<20000	>4	0~5	0~1000
Ⅲ类	距离市中心较近	1985~2015	10000~15000	0.5~2	75~150	0~1200
Ⅳ类	市中心、滨湖区居多	1980~2020	10000~12000	0.5~2	0~20	0~1000
Ⅴ类	市中心、滨湖区居多	1980~2020	>30000	2~3	0~20	0~250
Ⅵ类	城市外围	2005~2020	10000~25000	1.5~2.5	0~40	<1500

表3 苏州居住小区聚类特征总结

类别	区位	年代	价格	容积率	栋数	户数
Ⅰ类	全城分布	2000~2020	15000~40000	1.5~2.5	<100	<1000
Ⅱ类	市中心	2000~2020	40000~80000	1~10	<50	<2000
Ⅲ类	距离市中心较近	1980~2010	20000~40000	1~4	<50	<1000

续表

类别	区位	年代	价格	容积率	栋数	户数
Ⅳ类	市中心、滨湖区居多	2010~2020	10000~30000	<5	<50	<2000

无锡住宅小区可以归为以下六类：Ⅰ类位于市中心，人口密度较大；Ⅱ类以位于市中心的独栋高容积率住宅为代表；Ⅲ类为距市中心较近，人口密度适中的住宅小区；Ⅳ类可总结为新区经济型住区；Ⅴ类为新区高档小区；Ⅵ类可总结为城市外围居住小区。

苏州住宅小区类别Ⅴ数量过少且特征不明显，因此最终将聚类结果简化为四类。其中，Ⅰ类小区为建成年代较新的经济型住宅；Ⅱ类小区为年代较新的高档小区，价格较高且距离市中心较近；Ⅲ类小区以老旧小区为代表，价格适中，部分容积率较高，且集中分布在城市中心；Ⅳ类小区为城市外围新型小区，价格适中。

根据聚类结果可知：第一，不同城市的住宅小区分布存在差异。例如，无锡同种类别的小区呈现聚集的特征，而南京同种类别的小区呈现分散的特征，其背后的原因与城市土地规划等多种因素有着密不可分的联系。第二，根据"肘部法则"得出的聚类种类数目需要根据聚类结果进行微调，在总结具体类别特征规律时，需要根据现实情况总结其特征。

4.3 实现类别预测功能

以南京数据集为例，将其划分出的训练集输入聚类模型预测接口，聚类模型会基于训练集的数据特征输出预测集聚类结果，如图7所示。

index	name	year	price	hushu	dongshu	CFA	label
3045	凤麟府	2017	13477	820	15	2	2
895	大光路38号	1983	30999	168	5	2.8	3
1760	武夷商城	2003	25057	324	12	2.6	0
2088	葵花社	2014	12399	302	7	1.7	2
709	冶山道院	1995	34408	1126	16	1.9	3
2048	鸿裕华庭	2012	16072	516	17	3	2
584	桃清苑	2011	56114	105	3	3.63	4
3039	财贸新村	1989	9857	1100	44	1.6	2
2356	赞成住邻美	2010	23966	500	13	1.67	0
854	城开家园	2003	39737	856	11	0.6	5

图7 南京预测集结果样例

4.4 研究局限分析

本文聚类模型具有高效的特点，但仍然存在一些研究局限。第一，对于缺失值的处理，本文采用直接删除的方法，应考虑数据挖掘领域中更加科学的处理方法。第二，在特征提取方面，本文选取的指标为小区内部特征，没有考虑小区配套设施维度与小区区位，如需增加外部配套维度，可考虑增加对小区周边设施POI的统计。第三，对于总数较少的聚类类别的处理方式有待进一步探讨。

5　结论

　　本文利用 Python 爬虫技术以及机器学习聚类模型在短时间内完成了对庞大的城市住宅小区数据集的聚类工作,与传统的小样本调研方法相比更为高效便捷;并且借鉴基于机器学习的数据挖掘与的整体流程,对三个城市的住宅小区进行聚类实验,描述了南京、苏州、无锡的住宅小区分布规律。

　　该方法为处理城市大数据提供了完整科学的流程和思路,具有推广意义。针对本研究的不足,后续实验可思考如何更加科学地将数据挖掘领域的知识运用到城市大数据的处理与分析中。

参考文献

　　[1]　张文佳,李春江,罗雪瑶,等.机器学习与社区生活圈规划:应用框架与议题[J].上海城市规划,2021(4):59-65.

　　[2]　赵源,王越,胡华.基于 POI-K-means 地铁车站聚类方法研究[J].智能计算机与应用,2022,12(5):114-118.

　　[3]　小白脸 cty. k-means 聚类算法的原理[EB/OL].(2023-05-09)[2023-08-30]. https://blog. csdn. net/m0_62865498/article/details/130497106. html.

史季[1]　李飚[1]*

1. 东南大学建筑学院建筑运算与应用研究所;jz. generator@gmail. com
Shi Ji[1]　Li Biao[1]*

1. Institute of Architectural Algorithm Application，School of Architecture, Southeast University；jz. generator@gmail. com

国家自然科学基金面上项目(51978139)

从房间配置到空间布局的数字运算方法
——以中小学校建筑为例

Digital Computational Approach from Room Configuration Requirements to Architectural Space Layout：A Case Study of Primary and Secondary School Buildings

摘　要：本文提出了一种从解析房间配置到生成空间布局的数字运算方法,可快速求解满足功能需求与形体限定的多样空间布局方案。一方面,基于中小学校类型建筑体量的线性特征来建立建筑形体的量化描述方式;另一方面,以建筑规范和设计惯例为参照,以形体尺寸为限制,计算房间配置要求中各功能房间的平面形态,然后使用数学规划算法将功能房间分配至形体空间,实现了建筑空间布局对"形"与"量"的有效转化。

关键词：空间布局;数学规划;生成设计;中小学校建筑

Abstract：This paper proposes a digital computational approach for translating architectural room configuration requirements into generated architectural space layouts, enabling the rapid generation of diverse spatial layout solutions that satisfy functional needs and form constraints. On one hand, a quantifiable description method is established for small and medium-sized school buildings, which possess linear features. On the other hand, referring to architectural standards and design conventions, and using form dimensions as constraints, the planar forms of various functional rooms in the room configuration requirements are calculated. Subsequently, mathematical optimization algorithms are employed to allocate the functional rooms within the architectural space, achieving an effective response of architectural space layouts to both "form" and "quantity".

Keywords：Spatial Layout；Mathematical Optimization；Generative Design；Primary and Secondary School Buildings

1　研究背景

建筑空间布局来源于建筑师在满足规范与美学的基本要求的前提下,对功能房间配置要求(如房间面积、数量、朝向等)和建筑体量形式的综合考量[1]。对于功能复杂、房间数量大的建筑类型,如学校、酒店、公寓等,由房间配置要求向空间布局的转化尤为复杂,由此产生了对这一转化工作建立数字化设计方法的需求。

既往研究中的空间布局生成方法可总结为对三维或二维空间形态信息建立描述性模型,将一系列给定条件、设计原则和指标转译为可量化的属性、约束或目标,建立功能房间与建筑形体间的关系,求得布局结果。郭梓峰[2]以三维格网模型为基础,通过进化算法实现功能拓扑关系限定下的住宅与小型办公类建筑的三维布局生成。吴文明[3]以房间矩形作为基本单元,通过混合整数二次规划和多层次算法计算给定边界的二维建筑平面布局图,适用于商场、办公楼等建筑类型。吴佳倩等[4]以对功能房间尺寸、面积、长宽比等"量"的配置定义作为输入条件,使用层级式计算性框架,生成模糊功能拓扑关系约束下的多层空间布局。

本文以中小学校建筑为例,针对其以线性为主的

194

形态特征(本文称为"走道—房间"式)[5],建立前述研究未有涉及的建筑形体描述性程序模型。设计以建筑规范、行业标准、设计惯例等为依据生成功能房间属性计算流程[6],将数学规划作为算法工具,将功能房间分配至形体空间,形成了可高效生成多样建筑空间布局方案的数字运算方法,最终测试与验证了该方法与设计任务结合的有效性和在大型任务要求下的可靠性。

2 方法建构

本文对建筑形体和功能房间两个空间层级的建筑要素分布开展计算性转译,依据排布要求生成具体空间布局方案。对于建筑形体层级,在保留建筑师设计形体的主观创意的前提下,提取其容量、跨度等对功能房间产生限制的空间属性,将量化后的空间属性纳入运算流程;对于功能房间层级,根据建筑类型,结合相应规范和标准,将功能、面积、数量等房间配置指标转换为每一房间的平面形态和排布要求,而再次以数量属性和数学不等式进行量化描述,而后通过建立评价矩阵、添加约束限定等计算方法,完成从功能房间到建筑形体的分配。

2.1 以"量"述"形":基于图的建筑形体的结构性描述模型

本文立足中小学校"走道—房间"的基本平面布局形式,提出建立一种在结构上与数学中的半边数据结构图模型类似的计算性建筑数理模型(图1)。以节点(Node)记录转角始末位置,以边(Edge)表示走道,以半边(Half-edge)表示走道旁侧可用空间。

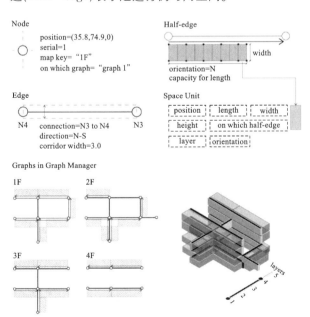

图1 计算性建筑数理模型

每一图(Graph)间相互连通,流线不间断。设立图管理器(Graph Manager)以建立不同图间的联系,图管理器中每层可储存不同建筑或同一建筑的多个图。节点有其位置属性,边连接两个节点而有其朝向属性和宽度属性,对应于走道走向和走廊宽度。半边附着于边的两侧,由其对边的附着性而具有朝向信息和与边长度相关的容量。跨度信息则被赋予边,而传递给半边,半边的容量由跨度和可容面宽等变量控制计算得出。以固定模数(本实验使用半跨)划分半边容量,得到每一可分配给功能房间的最小空间单元(Space Unit),由此,每一最小空间单元的位置、朝向、高度、面宽、进深信息可经由图管理器进行访问,为功能房间向建筑形体的分配提供了重要基础。

2.2 由"量"塑"形":从房间配置要求到房间形态的解析流程

以房间配置指标(房间功能、数量、面积)和形体基本限定(跨距、进深)作为输入条件,推导房间配置要求中各功能房间的具体形态,总结各功能房间的排布要求,以备由后续实验将其向形体中分配。

基本流程(图2):①提取《中小学校设计规范》(GB 50099—2011)和《江苏省义务教育学校办学标准》中的条文要点,参照江苏省内同类建筑设计案例,将上述参考对象转译为程序读取的设计标准解析表(表1);②设计尺寸计算程序,将房间配置指标中对每一房间的文字要求转化为房间尺寸,生成相应的建筑图示,并为各房间赋予排布属性。

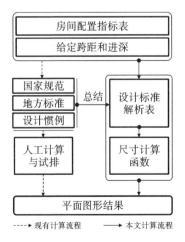

图2 房间形态解析流程

具体方法:以功能和尺寸要求完全相同的房间组作为房间平面形态的计算的最小单元,以半跨作为平面尺寸计算的基本单位,以输入的目标面积作为首选面积,取设计规范对房间面积的建议值作为面积下限,计算房间可使用的半跨倍数,然后以输入的形体进深和走道宽度的差值作为房间进深而计算房间长宽比，记录符合要求的房间尺寸。对于可发生转向，而突出于形体的房间类型，如各类专业教室等，根据其突出时一般以一跨为面宽的特点，计算满足面积要求的进深，检验并存入列表。表2为小学科学教室平面解析的程序测试结果，包含对满足相应面积要求的辅助用房分割程序的设计。

表1　小学科学教室设计标准解析表

功能序号	功能大类	功能名称	功能构成	间数要求	面积要求	面宽（跨距数）下限	面宽（跨距数）上限	进深（跨距数）下限	进深（跨距数）上限	开间进深比	可悬挑	常用朝向 S	常用朝向 N	常用朝向 W	常用朝向 E	常用楼层	排布优先级
3	专业教室	科学教室	教室	1（12班）～3（36班）	≥95	1	2	1	2	0.75≤a≤1.11	是	0	0	0	0	—	2
			辅房	—	≥48	0.2	0.5	1	2		否	0	0	0	0	—	

表2　小学科学教室平面解析测试表

项目	测试房间1		测试房间2	
主要输入条件	span＝10 m，width＝9.6 m，area$_{object}$＝96 m²，canSketchOut＝false		span＝9 m，width＝9 m，area$_{object}$＝110 m²，canSketchOut＝true	
面积检验	96 m²≥95 m²，48.0 m²≥48 m²	115.2 m²≥95 m²，57.6 m²≥48 m²	110.7 m²≥95 m²，51.3 m²≥48 m²	110 m²≥95 m²，51.3 m²≥48 m²
计算结果	halfSpanNum＝3，width＝9.6 m，length＝15 m　solution 1	halfSpanNum＝4，width＝9.6 m，length＝20 m　solution 2	halfSpanNum＝4，width＝9 m，length＝18 m　solution 1	halfSpanNum＝3，width＝9 m，length＝13.5 m　solution 2

2.3　从功能房间到建筑空间布局：执行排布要求的求解器

第三部分试图模仿设计师在有限的建筑形体内尽量满足各个房间的功能要求的空间排布方式，设计将确定尺寸的功能房间分配到建筑形体的求解器，以得到建筑空间布局。

使用两次数学规划求解最佳排布的若干可行方案。第一次计算以功能房间的常用朝向、常用楼层和排布优先级计算房间到半边的一一对应的综合评分矩阵，以最高评分作为目标值，求解房间到半边上的若干分配方案。第二次计算则基于建筑形体描述模型中设定的柱跨，以最多柱点被房间占据作为求解目标，确定各房间的具体位置的同时，令房间布置尽量与柱网相协调，相应实验过程见表3、图3～图6。

表3　实验3-1房间配置指标表

No.	Name	Num	Area
1	classroom	2	95
2	drawing room	2	140
3	office	1	200
4	administration	1	95
		1	95

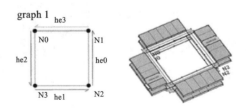

图3　实验3-1输入形体图模型

he \ Room	CR	DR	O	AR
he0	-0.09	0	0	+0.01
he1	+0.90	+0.01	0	+0.21
he2	-0.10	0	+0.01	+0.01
he3	0	+0.79	+0.01	+0.01
he4	-0.02	+0.03	0	-0.21
he5	+0.96	+0.02	0	-0.01
he6	-0.08	+0.03	+0.03	-0.21
he7	0	+0.87	+0.03	-0.21

图 4 实验 3-1 形体 1 评分矩阵

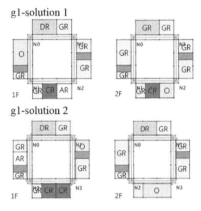

图 5 实验 3-1 形体 1 布局结果

为建立对"尽量"一词的程序表述,将房间排布要求区分为硬性排布要求与非硬性排布要求两类。对硬性排布要求(如普通班级教室须在南向或北向半边上),以第一次计算中的强约束不等式描述;而将非硬性排布要求,对应于从房间到半边一一对应的分值的变化,如朝向为北的半边相对于美术教室分值较高。

综上所述,本研究形成了以房间配置要求作为初始输入条件,通过可由设计师创作的"走道—房间"类建筑形体的计算性模型,快速计算建筑布局的设计方法。

3 测试实验

3.1 实际任务测试

测试场地为江苏省宜兴市丁蜀镇古南街旁的面积

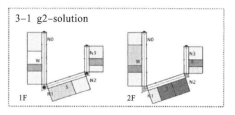

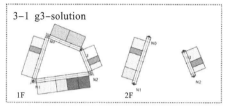

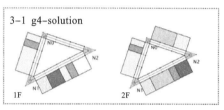

■ classroom	office
■ staircase	green space
■ drawing room	adminisration

图 6 实验 3-1 其他形体布局结果

约为 70000 平方米的地块,生成目标为 10 轨 60 班小学,总建筑面积约为 52000 平方米。

首先对学校建筑中的独立大空间(体育馆、报告厅等)和上下贯通房间做处理,再对一般房间(各类专业教室、办公用房等)进行分配布置。设计师直接指定独立大空间的位置及尺寸,不令其进入分配流程。需与一般房间混合布局的楼梯和卫生间等贯通房间,由设计师操作程序在半边的待排布区域中去除。而后针对学校建筑中功能房间的排布特点,以"普通教室—专业教室—公共教室—办公用房—其他用房"的顺序设置递减的排布优先级系数,按各"房间—半边"的匹配性建立评分矩阵,通过程序运算获得建筑空间布局程序求解结果[图 7(a)]和人工深化设计方案[图 7(b)]。由此验证了本文程序方法在解决实际建筑设计问题方面的可行性。

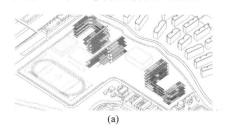 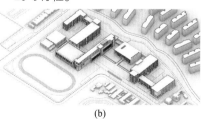

(a)   (b)

图 7 实际任务实验结果
(a)空间布局程序求解结果;(b)人工深化设计方案

3.2 程序效率测试

本研究亦通过改变输入房间的种类和数量,测试其空间布局效率,部分测试结果与效率测试表见图8、图9、表4。

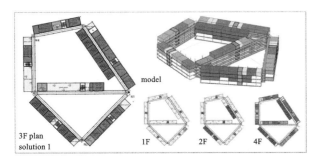

图8 效率测试实验4-1-1解决方案1

图9 效率测试实验4-1-1解决方案2~方案4

表4 空间布局效率测试表

序号	待排布房间数	待排布房间种类	目标方案数	求解时间/s
4-1-1	76	11	2	0.18
4-1-2	76	11	20	0.29
4-1-3	76	11	100	1.09
4-1-4	76	19	100	1.19
4-2-1	300	19	2	20.43
4-3-1	1000	19	2	90.29

4 小结

本文形成了从房间配置到空间布局的数字运算方法,优势在于:①以建筑类型对应的规范与标准解析房间配置要求,进而计算功能房间平面形态,可减少设计师在不同来源处搜寻参考信息的时间;②以中小学校建筑类型的形体特征为依据,建立具有数据结构的计算性建筑程序模型,可在保留形体设计的创意性的同时,完成形态量化数据的收集;③借助数学规划算法在求解资源分配问题上的固有优势,可快速生成满足排布要求的多种建筑空间布局,有利于设计师对房间配置要求之"量"与所创作形体之"形"的认知,以程序运算结果形成对设计师想法的快速反馈。

本方法由以图为基础的计算性程序模型形成了连通的、可查询的建筑流线结构,后续研究将以此为基础,以数字方法探索建筑空间生成性布局中的流线设计。

参考文献

[1] 彭一刚.建筑空间组合论[M].三版.北京:中国建筑工业出版社,2008:1-6.

[2] 郭梓峰.功能拓扑关系限定下的建筑生成方法研究[D].南京:东南大学,2017.

[3] 吴文明.室内空间布局的自动设计与优化[D].合肥:中国科学技术大学,2020.

[4] 吴佳倩,李飚.结构性与进程性策略的算法探索——以低层高密度住区生成设计为例[J].城市建筑,2018(16):113-116.

[5] 梁世奇.中小学校建筑体量设计的计算性生成研究[D].哈尔滨:哈尔滨工业大学,2020.

[6] 李飚.建筑生成设计:基于复杂系统的建筑设计计算机生成方法研究[M].南京:东南大学出版社,2012.

李晗[1*]　刘宇波[1]　邓巧明[2]　胡凯[2]

1. 华南理工大学建筑学院，亚热带建筑科学国家重点实验室；202121005863@mail.scut.edu.cn

Li Han[1*]　Liu Yubo[1]　Deng Qiaoming[2]　Hu Kai[2]

1. School of architecture，South China University of Technology，State Key Laboratory of Subtropical Building Science；
202121005863@mail.scut.edu.cn

国家自然科学基金项目(51978268,51978269)

三维点云扩散模型启发下的找形实验
——以太湖石元素在建筑空间中的转译为例

Form-finding Experiment Inspired by Diffusion Probabilistic Models: A Case Study of Translating Taihu-stone Morphological Elements into Architectural Space

摘　要：将不同的元素进行创新性的融合以营造"陌生感"，是创意产生的重要途径。建筑设计中常通过融合不同风格来产生全新的形态或流派。然而，由于人类设计师的经验和信息检索能力有限，这种方法更适用于能够快速检索大量数据库并且没有偏好的人工智能。本文以具有复杂性和文化底蕴的太湖石元素在现代建筑形态中的转译为例，探索以扩散模型为例的深度学习模型潜空间辅助三维找形的潜力，并探讨三维到三维的生成式设计在建筑找形中的应用方法。

关键词：扩散模型；建筑形态找形；机器学习；太湖石

Abstract：Innovatively blending different elements to evoke a sense of unfamiliarity is a crucial approach to generating creativity. In architectural design, the fusion of various styles is often employed to create new forms or genres. However, due to the limited experiences of human designers, this method is better suited for an artificial intelligence with the ability to rapidly access vast databases without preferences. This article takes the example of the translation of the complex and culturally rich elements of Taihu-stone into modern architectural forms to explore the potential of using deep learning models, specifically diffusion models, to assist in the three-dimensional form-finding process. Furthermore, it investigates the application of 3D-to-3D generative design in architectural form-finding. This research aims to be concise and academically oriented.

Keywords：Diffusion Probabilistic Models；Form-finding；Machine Learning；Taihu-stone

1　研究背景

1.1　人工智能：启发设计创新的工具

人工智能生成内容(artificial intelligence generated content，AIGC)，可以借助复杂学科知识和机器学习工具进一步拓展人类设计师和计算机进行合作的边界[1-2]。当设计方案中美学和文化倾向成为首要的考虑因素时，基于传统方法或参数化方法进行分析能够提供给设计师的启发是有限的[3]。本文结合扩散模型，提出一种三维数据驱动的方法来扩大设计前期方案筛选范围，帮助和启发设计师进行设计。

目前数据驱动的生成式设计研究主要集中在二维图像生成领域，三维生成领域还不成熟，多数已有研究针对从更低维度的输入生成三维信息。例如，Zheng等通过建筑体量的平面二维像素和三维体素之间的转化，用NST工具进行三维体量的找形[4]。生成的二维图像通常通过平面或剖面堆栈的方法转化为三维数据，进一步启发三维建筑空间的设计。从低维度到三维生成往往会导致信息的流失[5]，因此有研究尝试直接从三维信息出发生成三维数据，例如，用控制点进行三维找形[5][6]，或通过灰度图[7]和RGB信息[8]进行三维重建。

本文选取具有复杂表皮和内部空间的太湖石作为实验对象,为最大限度地拟合太湖石的内部空间和外表皮,采用三维点云作为数据格式,进行数据驱动的形态生成实验。

1.2 设计创新中的关联思维

在设计中,关联和重组旧的知识是创新的重要途径,将不同的元素进行创新性的融合以营造"陌生感",是创造力的重要来源[9]。设计创新的过程可以理解为人脑中的生活场景、艺术符号、建筑意象等高维度的知识在大脑中被处理成低维度之后,又通过各类强弱不一的关联方式复现在设计中[10]。

在数据驱动的生成式设计中,通过融合或关联两组数据集来促进创新的研究往往通过建立两组数据间的映射或插值的方法来实现。GAN模型由于其结构特性往往用于映射生成,结合PointNet可以用于学习成对的三维数据,从而通过一个三维点云格式的输入条件生成指定的三维形态[11]。而自编码器模型则通常用于插值生成,其中表示数据的格式可以是矢量[12]也可以是点云格式[13]。

1.3 太湖石在建筑形态中的转译

建筑形态中对于文化的探索和表达是中国建筑师不断进行理论研究和实践探索的课题。在此背景下,王澍、李兴钢等在建筑实践中引入具有深厚文化含义的"太湖石"作为形态原型,将其与现代建筑的功能和环境需求相结合,进行了一系列具有革新意义的建筑实践,试图在现代的建筑空间中营造出具有园林体验感的空间[14](图1)。

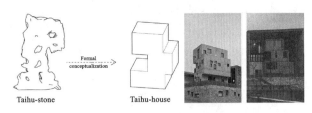

图 1 王澍太湖房系列实践中的太湖石原型分析
(图片来源:参考文献[14])

太湖石的形态复杂多变,人脑对其特征进行理解和转化时,往往需要对其形态进行高度地抽象。例如,在王澍的太湖房系列中,太湖石形态被高度抽象和几何化。然而,设计过程往往是一个思维"黑箱",难以被精确地转述和研究。将太湖石以及类似的形态抽象地转化到建筑形态中,缺乏一种易于普及的范式。而最近涌现的神经网络和深度学习工具,可以成为将抽象形态转化为复杂形态的有效工具。本文采用最新的概率扩散模型,提取和抽象转化太湖石设计意向的形态特征,辅助设计师在概念设计初期进行形态设计探索。

2 研究方法

2.1 实验目标

本文的研究目标是探索扩散模型在三维找形方面的生成潜力,并以太湖石在建筑空间中的转译为例,进行实验设计和验证。本文主要的实验对象为太湖石三维数据和几何化的建筑体块三维数据,通过插值生成和映射生成两种方式,寻找标准形态到太湖石形态的操作方法。

2.2 算法模型

本实验选取概率扩散模型(diffusion probabilistic models)作为找形的辅助算法。扩散模型的概念最早由 Ho 等提出,最初用于重建高质量图片[15]。一个标准的扩散模型包括前向过程和反向过程两个部分。在训练过程中,一系列随机高斯噪声在前向过程中被添加到原始数据中直至成为纯噪声;而反向过程则使用神经网络对噪声进行解码,恢复原始数据。经过前向过程和反向过程的反复循环迭代,训练完成的扩散模型具备提取目标数据的特征并进行重建的能力。Luo 等在原始的扩散模型的自编码器上增加了 PointNet 结构,构建了可以直接学习和生成三维点云数据的三维扩散模型[16]。

根据实验目标设置,本文在 Luo 等构建的三维点云扩散模型的基础上进行模型结构的微调以完成三维形态到形态的映射生成。模型中的 PointNet 编码器将不同的输入域投影为不同的高维潜代码 Z1 和 Z2,并在解码过程中将 Z1、Z2 作为标签分别进行迭代训练(图2)。这样使模型可以实现从输入 A 到生成 B,或者输入 B 到生成 A 的能力,具备初步的监督生成效果。

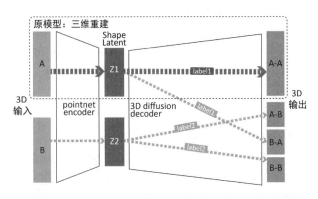

图 2 算法框架调整
(图片来源:作者自绘)

2.3 生成式设计工作流程构建

2.3.1 数据集制作

本文旨在建立一套基于三维扩散模型的找形工作流程。选取具有丰富的文化含义和复杂空间的太湖石作为载体进行实验。目标三维数据构建过程模拟了太湖石在自然界中的形成过程:石灰岩在自然环境中经过数千年的风化和水蚀,形成太湖石及其多孔和复杂的形态。因此,模拟一个太湖石的生成过程主要分为三个步骤(图3)。

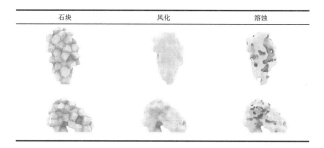

图3 通过模拟太湖石的自然形成过程合成训练数据
(图片来源:作者自绘)

2.3.2 数据处理

数据集中的数据以三角面网格的格式输入模型,模型自动将网格数据采样为点云格式,并进行归一化,避免尺度差异影响模型对特征的提取。

2.3.3 模型训练与测试

将处理完成的数据输入扩散模型,进行迭代训练。训练过程中,模型的 loss 函数为重建点云与输入点云的 CD 值(chamfer distance,即两组点云数据间的平均最短距离)。通过网页实时监控观察 loss 曲线的趋势实时跟踪生成效果。从图4可以看出,扩散模型的收敛速度较快,在前50步基本可以达到稳定。

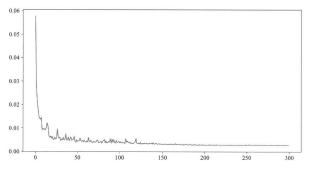

图4 loss 函数收敛情况
(图片来源:程序导出)

值得注意的是,相对于传统的生成式模型,受益于扩散模型本身可以通过训练时间控制生成质量的特点,训练和测试的试错成本被大大降低(图5)。

2.3.4 结果重建和评估

实验将对生成的点云进行曲面重建,并用体素化工具将用于对结果的降采样和几何化,以更直观的方式展示生成结果在建筑形态找形方面的实用价值。

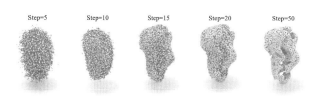

图5 扩散模型训练过程
(图片来源:程序导出)

3 实验结果

3.1 映射生成

两个形态之间的映射实验建立在对模型框架调整的基础上。本文进行了两组映射实验(图6):①从体块到太湖石形态,其中体块限定了太湖石中实体空间和主要开洞的空间结构;②未开洞的太湖石表皮到开洞的太湖石形态。

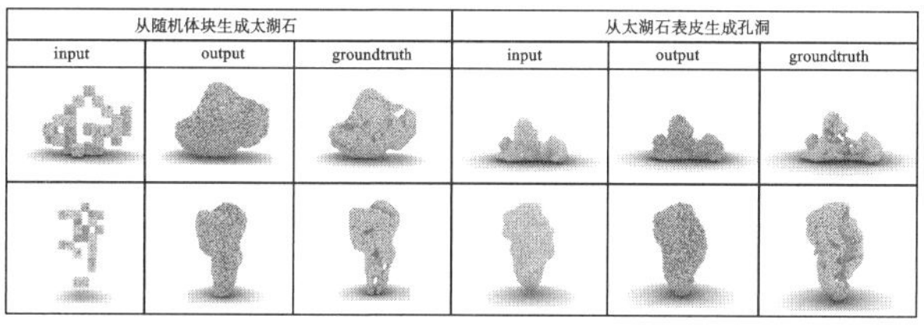

图6 映射实验
(图片来源:程序导出)

从实验结果可得,通过微调模型框架,三维点云扩散模型可以实现初步由 A 到 B 映射的监督生成。

3.2 插值生成

训练过后的模型可以生成两个形态之间的插值形态(图7)。从对照组可以看出,生成的插值形态兼具两个形态的特征,而不是仅仅生成两个点云之间的平均值。太湖石和标准形态之间的插值可以作为建筑设计抽象意象进一步优化。两块太湖石之间的插值为合成数据训练的三维点云模型的数据增强提供了一种新的思路。

进一步对比输入太湖石开洞和不开洞的生成结果可以发现,插值生成可以初步模拟太湖石内部的孔洞结构(图8)。

4 结果重建和评估

4.1 曲面重建

为了方便设计师进行观察和操作,对生成的点云数据进行曲面重建(图9)。

4.2 几何化

用体素化方法对生成的点云进行降采样和几何化,结果与王澍等的建筑实践在外形上有相似的特征,

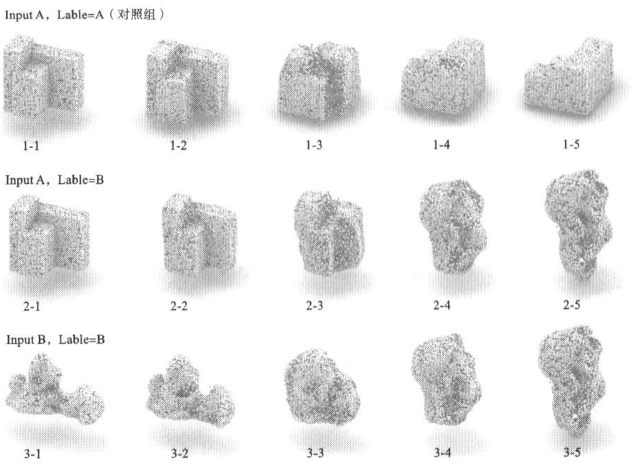

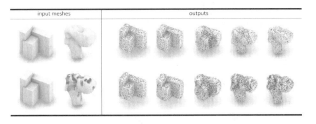

Input A，Lable=A（对照组）

1-1　1-2　1-3　1-4　1-5

Input A，Lable=B

2-1　2-2　2-3　2-4　2-5

Input B，Lable=B

3-1　3-2　3-3　3-4　3-5

图7　插值生成形态实验

（图片来源：程序导出）

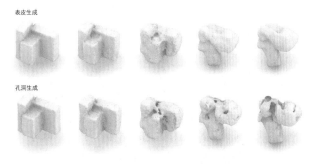

input meshes　outputs

图8　插值生成形成太湖石内部孔洞实验

（图片来源：程序导出）

表皮生成

孔洞生成

图9　曲面重建以便于观察生成效果

（图片来源：程序导出）

表明三维点云扩散模型具有在数字化世界中重构特定的设计操作手法的潜力（图10）。

图10　几何化

（图片来源：程序导出）

5　总结与展望

实验训练了一个三维点云概率扩散模型，实现了太湖石和标准形态之间的映射和插值生成。实验结果表明，充分训练的扩散模型能够生成目标形态的三维点云，并生成它们之间的插值。设计师可以操作潜向量生成不同特征的形态以满足不同需求。生成的点云可以重建成三角网格或几何化，作为进一步设计的形态原型，为设计师提供灵感和参考。

实验初步验证了三维点云概率扩散模型在学习和生成指定的形态方面的潜力，虽然受限于数据量和硬件设施，实验结果在精确性方面有所欠缺，但为设计师在方案初期的找形工作提供了一种基于三维点云的新思路。在未来可以通过更精细化的训练数据（例如通过三维扫描获取真实的太湖石点云数据）和特征工程来进一步优化实验。

参考文献

［1］　VERMEULEN D, AYOUBI M E. Using generative design in construction applications［EB/OL］(2022-09-27)［2023－08－30］. https：//static. au-uw2-prd. autodesk. com/Class_Handout_CS323296_Dieter_Vermeulen. pdf.

［2］　孙澄，曲大刚，黄茜. 人工智能与建筑师的协同方案创作模式研究：以建筑形态的智能化设计为例［J］. 建筑学报，2020(2)：74-78. DOI：10. 19819/j. cnki. ISSN0529-1399. 202002012.

［3］　SöNMEZ N O . A review of the use of examples for automating architectural design tasks［J］. Computer-aided Design，2018(96)：13-30.

［4］　REN Y, ZHENG H. The Spire of AI：Voxel-based 3D Neural Style Transfer［C］//25th International Conference on Computer-Aided Architectural Design Research in Asia, CAADRIA 2020. The Association for Computer-Aided Architectural Design Research in Asia (CAADRIA)，2020：619-628.

［5］　DEL Campo M , CARLSON A, MANNINGER S. 3D Graph Convolutional Neural Networks in Architecture Design［J］ACADIA2020. 2020(1)：688-696.

［6］　ZHENG H, YUAN P F. A generative architectural and urban design method through artificial neural networks［J］. Building and Environment，2021(205)：108178.

［7］　DI CARLO R, MITTAL D, VESELY O. Generating 3D Building Volumes for a Given Urban Context Using Pix2Pix GAN［C］//. Proceedings of the 40th International Conference on Education and Research in Computer Aided Architectural Design in Europe (eCAADe). 2022(2)：287-296.

［8］ DEL CAMPO M,CARLSON A,MANNINGER S. Towards Hallucinating Machines-Designing with Computational Vision［J］. International Journal of Architectural Computing, 2020(19)88-103.

［9］ DEL CAMPO M. Deep house-datasets, estrangement, and the problem of the new ［J］. Architectural Intelligence, 2022, 1(1): 12.

［10］ 魏力恺. 建筑降维：建筑生成的基础性问题和建筑降维概念［J］. 建筑学报, 2021(6):48-55.

［11］ ÇAKMAK V. Extending design cognition with computer vision and generative deep learning［D］. Ankara:Middle East Technical University,2022.

［12］ DE Miguel J, VILLAFAñE M E, PISKOREC L, et al. Deep form finding using variational autoencoders for deep form finding of structural typologies ［C］//37th Conference on Education and Research in Computer Aided Architectural Design in Europe (eCAADe) & 23rd Conference of the Iberoamerican Society Digital Graphics (SIGraDi). eCAADe-European Association for Education and Research in CAAD in Europe, 2019: 71-80.

［13］ BIDGOLI A, VELCOSO P. DeepCloud: The Application of a Data-driven, Generative Model in Design［C］//. 38th ACADIA proceedings. 2018. DOI: http://dx. doi. org/10. 52842/conf. acadia. 2018. 176.

［14］ ZHANG M Y, BAEK J. Appropriation of Taihu stone and its formal evolution in Wang Shu's architecture［J］. Journal of Asian Architecture and Building Engineering, 2023, 22(3): 1051-1067.

［15］ HO J, JAIN A, ABBEEL P. Denoising diffusion probabilistic models［J］. Advances in Neural Information Processing Systems,2020(33):6840-6851.

［16］ LUO S, HU W. Diffusion Probabilistic Models for 3D Point Cloud Generation［C］//. 2021 IEEE/CVF Conference on Computer Vision and Pattern Recognition (CVPR),2021(1):2836-2844.

林涛[1,2] 殷实[1,2] 肖毅强[1,2]*

1. 亚热带建筑与城市科学全国重点实验室

2. 华南理工大学建筑学院；m13950230716@163.com

Lin Tao[1,2] Yin Shi[1,2] Xiao Yiqiang[1,2]*

1. State Key Laboratory of Subtropical Building and Urban Science

2. School of Architecture, South China University of Technology；m13950230716@163.com

国家自然科学基金项目（52078214）；广东省基础与应用基础研究基金自然科学基金项目（2021A1515012376，2022A1515010412）

高密度城市街区尺度室外风环境快速预测方法综述研究
Review on Rapid Prediction Methods of Outdoor Wind Environment at the Scale of High-density Urban Blocks

摘　要：在当前的城市风环境快速预测方法研究中，尚未有研究系统性地讨论如何针对不同设计阶段和设计目标，选择合适的快速预测方法。对此，本文回顾了近年来城市风环境快速预测的相关研究，总结了两条技术路线：基于数值模拟的方法、基于数据驱动模型的方法，分析了不同方法的应用场景和预测性能，比较了各技术路线的优势与不足。结果表明，数值模拟最为可靠但效率较低；数据驱动模型具有取代数值模拟的潜力，是未来的主要应用方向。

关键词：城市街区；风场预测；数值模拟；数据驱动模型

Abstract：In current researches on rapid prediction methods of urban wind environment, there is no systematic discussion on how to select suitable rapid prediction methods according to different design stages and design objectives. Therefore, this article reviewed recent studies on rapid prediction methods of outdoor wind environment, and summarized two technical routes：method based on numerical simulation, and method based on data-driven model. Then we analyzed the application scenarios and prediction performance of different methods and compared the advantages and disadvantages of each technical routes. The result showed that the numerical simulation is the most reliable method but the efficiency is low. Data-driven model has the potential to replace numerical simulation and is the main application direction in the future.

Keywords：City Blocks；Wind Filed Prediction；Numerical Simulation；Data-driven Model

1 引言

高密度城市街区由于通风不畅造成室外热舒适性下降，需要基于气候适应性的自然通风设计来改善风环境。计算流体力学（Computational Fluid Dynamics，CFD）是常用的城市街区风场模拟预测方法，但需要极强的计算资源和较长的模拟周期，不利于街区通风优化设计的推进。为提高城市街区室外风环境预测效率，此前已有相关综述总结了 CFD 数值模拟经验[1]、简化数值模拟方法[2]以及机器学习[3]和深度学习[4][5]方法在城市风场预测方面的应用，但尚未对不同风环境快速预测方法进行横向比较，也未讨论如何针对不同设计阶段和设计目标，选择合适的快速预测方法，导致CFD以外的方法难以有效进入实际应用。对此，本文回顾了街区风环境快速预测方法相关研究，总结了风环境快速预测方法的技术路线，分析了不同方法的应用场景和预测性能，比较了各技术路线的优势与不足，为城市街区风环境气候适应性设计提供指导。

2 综述方法

在 Web of Science 中对"城市（city/urban）""通风（ventilation/wind）""模拟（simulation）""预测（prediction）""模型（model）""方法（method）"等关键词组合进行检索，共有文献 337 篇。筛选相关文献的标准如下。

(1) 发表年限为 2013—2023 年的期刊和会议文章。

(2)以街区尺度真实城市环境或设计方案为对象。

(3)针对 CFD 模拟的局限性提出适应于城市风环境预测的新方法。

(4)对所提出的新方法进行验证或评价。

根据标准筛选相关性强的文献共 31 篇。文献综述结果分为以下四个部分讨论：①城市街区风环境快速预测方法分类；②城市街区风环境快速预测方法应用框架；③城市街区风环境快速预测方法性能评价；④分析与讨论。

3 结果

3.1 城市街区风环境快速预测方法分类

依据不同方法的应用原理，对文献中采用的城市风环境预测方法进行分类，将当前应用的风环境快速预测方法总结为两条技术路径：①基于数值模拟的方法；②基于数据驱动模型的方法。图 1 建立了城市街区风环境快速预测方法研究框架。

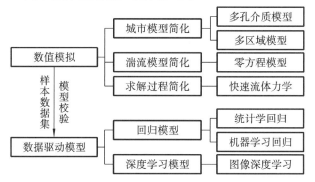

图 1 城市街区风环境快速预测方法研究框架

3.1.1 基于数值模拟的方法

基于数值模拟的方法分为：①基于城市模型简化的方法；②基于湍流模型简化的方法；③基于求解过程简化的方法。多区域模型（Multizone Model，MM）和多孔介质模型（Porous Media Model，PMM）是典型的城市模型简化方法。多区域模型假设了高密度城市冠层内气流处于半封闭环境中，将模拟模型区域划分成为若干简单连续的几何形状，通过求解质能平衡方程进行风环境预测[6]。多孔介质模型将城市区域视为具有不同孔隙率的建筑群，通过对模拟区域进行手动划分，计算每块区域的建筑密度进而计算孔隙率，设置对应的边界条件和湍流模型后执行计算[7]。零方程模型（Zero-equation Model，ZEQ）是简化的湍流模型，主要用于模拟相对简单的流动[8]。快速流体力学（Fast Fluid Dynamics，FFD）简化了求解过程，将无量纲的 NS 方程分为三个子方程，然后采用分数阶方法求解[9]。

3.1.2 基于数据驱动模型的方法

数据驱动模型的建立使研究者可通过城市形态数据直接预测风环境。基于数据驱动模型的方法分为基于回归模型的方法和基于深度学习模型的方法。

基于回归模型的方法包括统计学回归和机器学习回归。统计学回归方法通过城市形态参数与风速数据的多元线性回归分析建立风速预测模型。机器学习回归方法将城市形态特征与风环境预测结果联系起来，以数值模拟的输出作为训练数据集创建代理模型。机器学习包括多元线性回归（Multiple Linear Regression，MLR）、人工神经网络（Artificial Neural Network，ANN）[10]、随机森林（Random Forest，RF）[11]、梯度提升（Gradient Boosting，GB）[12]、K 最近邻（K-nearest Neighbor，KNN）[13]等多种算法，可处理不同类型的任务。近年来，越来越多的研究已经开始将使用深度学习作为图像到图像翻译问题的有效解决方案，通过图形样本数据的学习建立深度学习代理模型来代替复杂的数据处理与计算流程，实现风环境快速预测。当前使用的深度学习模型主要有卷积神经网络（Convolutional Neural Network，CNN）、生成对抗网络（Generative Adversarial Network，GAN）以及图形神经网络（Graph Neural Network，GNN），可以实现从图像到图像的输入输出，对城市风场进行实时预测。数值模拟可为数据驱动模型提供样本数据集，并验证其可靠性。

3.2 城市街区风环境快速预测方法应用框架

风环境快速预测方法的应用分为数值模拟和数据驱动模型两条技术路线以及数据准备、模型创建和模拟预测三个流程，如图 2 所示。

在数据准备中，数值模拟的城市模型可通过开源城市数据获取，机器学习和深度学习可采用参数化方法快速生成城市建筑布局方案。在模型创建中，通过城市模型简化和模型区域划分创建 PMM 和 MM 模拟模型；通过形态参数计算与回归分析创建统计学回归方法的预测模型；采用 FFD 或标准 CFD 模拟结果为机器学习和深度学习提供样本数据集进行模型训练。在模拟预测中，PMM、MM 和统计学回归的方法适用于城市规划设计初期城市通风通道的宏观分析，快速识别城市通风不畅的区域。ZEQ、FFD、机器学习与深度学习可对城市开放空间风环境进行更加精细的预测，适用于微观尺度的分析。此外，开发集成应用工具可进一步提高风环境预测效率，如基于 CityFFD 开发的集成整个模拟过程的 3D City Web Portal 网站[14]以及集成深度学习 CNN 架构的 Grasshopper 平台[15][16]。

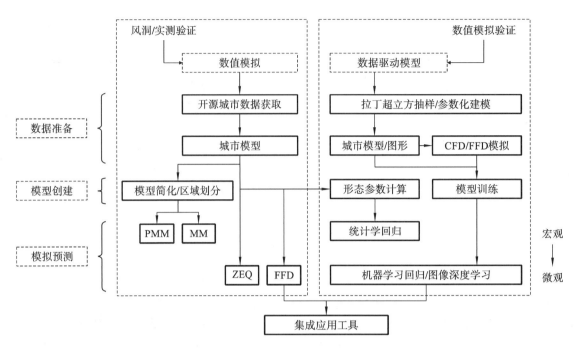

图2 城市街区风环境快速预测方法应用框架

3.3 城市街区风环境快速预测方法性能评价

在数值模拟方法中,城市模型简化方法PMM比标准CFD快3倍[7],但模型简化操作增加了预测结果的不确定性,且降低了预测精度。湍流模型简化方法ZEQ在理想化的城市空间或几何简单的真实城市街区中可以实现与标准K-ε模型(Standard K-epsilon Model, SKE)相同的精度,同时将模拟效率提高5倍以上,但在更加复杂的街区环境中精度不佳[8]。求解过程简化方法FFD可以保持与CFD相同的精度,同时将模拟效率提高20倍以上[9]。

数据驱动模型整体的风环境预测效率相比数值模拟至少高2个数量级,甚至实现实时预测。但不同模型的预测精度有较大差别。基于统计学回归方法创建的预测性能良好的模型,风洞数据验证的R^2可超过0.8[17],但由于输入参数有限,在形态参数不均匀的地区预测性能尤其不稳定[18]。基于机器学习回归方法创建的代理模型可以简化传统回归分析的复杂流程,进一步挖掘城市形态数据与风数据的非线性关系。传统线性模型MLR往往拟合不足,SKE模拟验证的R^2普遍低于0.75,不能准确预测数据行为;而非线性模型如ANN则表现更好,R^2可超过0.9[10]。创建基于深度学习的代理模型可实时输出城市风场图像。基于CNN创建的风速预测模型随着训练数据集的增加,CFD模拟验证的误差可降低至0.01 m/s[19],但相关研究发现局部预测结果仍存在较大误差,主要出现在内部区域弱风区和尾流区域[16]。在GAN模型中,基于CycleGAN算法创建的风预测模型,SKE模拟验证的R^2小于0.6,性能不如Pix2pix算法($R^2 = 0.7$),且模型训练时间要长2~3倍[20],但其模型输入不需要成对数据集,数据准备阶段效率更高[21]。

3.4 分析与讨论

基于数值模拟的快速预测方法相比于SKE计算效率显著提升。由于其过程在物理上是可解释的,因此,针对不同的研究对象和边界条件造成的计算偏差,研究者可以及时修正以提升模拟效率和精度。但在大尺度城市街区风环境预测中,数值模拟仍需数小时的计算时间,不适应大量的模型输入和输出,难以实现多个建筑设计方案的快速评估。

数据驱动模型的建立消除了数值模拟的重复操作流程,且可实现大尺度的城市风环境实时预测。回归模型方法可根据实际问题选用合适的回归分析算法,模型具有较强的可解释性,但其通常只能输出风场的均值或特征值,难以得到具有完整空间分布的风场信息。基于图像数据的深度学习模型可输出有完整风场信息的高质量风图,将深度学习架构集成到参数化建模软件中可实现风场实时预测与可视化,具有代替CFD模拟的潜力。图像生成的优势还在于可通过图层叠加,像素提取来识别模型预测与CFD模拟结果的差异或识别风舒适区域。当前,深度学习虽可以实现与CFD模拟相似的结果,但还无法达到较高的精确度。由于数据驱动模型的创建需要消耗极高的计算资源,如何平衡模型创建成本和模型性能也是需要解决的问题,若数据集数量不足则会导致预测性能不足,而随机生成的城市样本又可能会造成训练数据的冗余。此外,数据驱动模型在不同城市结构和气候区的预测性能仍有待验证。

4 总结与展望

当前基于数值模拟的城市街区风环境预测方法已经较为完善,研究者可根据需求选择合适的模拟模型和工具来提高预测效率。为突破传统数值模拟方法的局限性,开发数据驱动模型、实现城市风环境实时预测,将是今后主要的研究和应用方向。但使用数据驱动模型预测风环境仍需要充足的研究来提高预测精度和适用性。未来,还需要针对城市风环境模拟,开发集成参数化设计与风环境预测的实用工具,服务于城市街区设计优化的实际应用。

参考文献

[1] JU P, LI M, WANG J. Review of Research Advances in CFD Techniques for the Simulation of Urban Wind Environments[J]. Fluid Dynamicsand Materials Processing, 2022, 18(2): 449-462.

[2] XU X, GAO Z, ZHANG M. A review of simplified numerical approaches for fast urban airflow simulation[J]. Building and Environment, 2023(234):110200.

[3] MASOUMI-VERKI S, HAGHIGHAT F, EICKER U. A review of advances towards efficient reduced-order models(ROM)for predicting urban airflow and pollutant dispersion[J]. Building and environment, 2022(3):216.

[4] CALZOLARI G, LIU W. Deep learning to replace, improve, or aid CFD analysis in built environment applications: A review[J]. Building and environment, 2021(206):108315.

[5] ZHONG J, LIU J, ZHAO Y, et al. Recent advances in modeling turbulent wind flow at pedestrian-level in the built environment[J]. Architectural Intelligence, 2022,1(1):5.

[6] HUANG J, ZHANG A, PENG R. Evaluating the multizone model for street canyon airflow in high density cities[C]//The 14th International Conference of the International Building Performance Simulation Association(IBPSA 2015),2015:1032-1039.

[7] WANG H, PENG C, LI W, et al. Porous media: A faster numerical simulation method applicable to real urban communities[J]. Urban Climate, 2021, 38(13):100865.

[8] LIU J, HEIDARINEJAD M, PITCHUROV G, et al. An extensive comparison of modified zero-equation, standard k-ε, and LES models in predicting urban airflow[J]. Sustainable Cities and Society, 2018(40)28-43.

[9] DAI T, LIU S, LIU J, et al. Evaluation of fast fluid dynamics with different turbulence models for predicting outdoor airflow and pollutant dispersion[J]. Sustainable Cities and Society, 2021(77):103583.

[10] CHOCKALINGAM G, AFSHARI A, VOGEL J. Characterization of Non-Neutral Urban Canopy Wind Profile Using CFD Simulations—A Data-Driven Approach[J]. Atmosphere(Basel), 2023, 14(3): 429.

[11] MORTEZAZADEH M, Zou J, HOSSEINI M, et al. Estimating Urban Wind Speeds and Wind Power Potentials Based on Machine Learning with City Fast Fluid Dynamics Training Data[J]. Atmosphere(Basel),2022,13(2):214.

[12] XIANG S, ZHOU J, FU X, et al. Fast simulation of high resolution urban wind fields at city scale[J]. Urban Climate, 2021, 39(4):100941.

[13] BENMOSHE N, FATTAL E, LEITL B, et al. Using Machine Learning to Predict Wind Flow in Urban Areas[J]. Atmosphere(Basel), 2023, 14(6):990.

[14] MORTEZAZADEH M, Wang L L, ALBETTAR M, et al. CityFFD - City fast fluid dynamics for urban microclimate simulations on graphics processing units[J]. Urban Climate, 2022(41):101063.

[15] MUSIL J, KNIR J, VITSAS A,et al. Towards Sustainable Architecture: 3D Convolutional Neural Networks for Computational Fluid Dynamics Simulation and Reverse Design Workflow[C]//NeurIPS Workshop on Machine Learning for Creativity and Design 3.0, 33rd Conference on Neural Information Processing Systems, Vancouver, Canada:2019.

[16] TANAKA H, MATSUOKA Y, KAWAKAMI T, et al. Optimization Calculations and Machine Learning Aimed at Reduction of Wind Forces Acting on Tall Buildings and Mitigation of Wind Environment[J]. International Journal of High-Rise Buildings, 2019, 8(4):291-302.

[17] HE Y, LIU Z, Ng E. Parametrization of irregularity of urban morphologies for designing better pedestrian wind environment in high-density cities - A wind tunnel study[J]. Building and Environment, 2022

(226):109692.

[18] WANG J W, YANG H J, KIM J J. Wind speed estimation in urban areas based on the relationships between background wind speeds and morphological parameters [J]. Journal of Wind Engineering and Industrial Aerodynamics, 2020 (205):104324.

[19] LOW S J, RAGHAVAN V S G, GOPALAN H, et. al. FastFlow: AI for Fast Urban Wind Velocity Prediction[C]//IEEE International Conference on Data Mining Workshops (ICDMW), 2022.

[20] HUANG C, ZHANG G, YAO J, et al. Accelerated environmental performance-driven urban design with generative adversarial network [J]. Building and Environment, 2022(224):109692.

[21] TAN C, ZHONG X. A Rapid Wind Velocity Prediction Method in Built Environment Based on CycleGAN Model[C]//Hybrid Intelligence: Proceedings of the 4th International Conference on Computational Design and Robotic Fabrication (CDRF 2022), 2023: 253-262.

张露[1*]　刘启波[1]

1. 长安大学建筑学院；1021341979@qq.com

Zhang Lu[1*]　Liu Qibo[1]

1. Department of Architecture，Chang'an University；1021341979@qq.com

基于遗传算法的高校教室自然采光优化设计研究
——以西安地区为例

Research on the Optimization Design of Natural Lighting in University Classrooms Based on Genetic Algorithm：A Case Study of Xi'an Region

摘　要：随着计算机技术的发展，遗传算法被逐步应用在建筑自然采光优化设计中。本文以西安地区高校典型教室为研究对象，选用 Rhino-Grasshopper 平台中的光环境模拟软件 Honeybee 和遗传算法优化工具 Galapagos，以提高教室有效采光照度为目标，结合遗传算法改变教室窗户高度、窗户宽度、窗户数量以及窗台高度四个变量，对影响高校教室自然采光的变量进行量化分析，得出了最优采光效果的变量参数。该研究结果可以为今后高校教室自然采光优化设计提供依据。

关键词：遗传算法；高校教室；自然采光

Abstract：With the development of computer technology, genetic algorithms have been gradually applied to the optimization design of natural lighting in buildings. This article takes the typical classrooms of universities in Xi'an as the research object, selects the light environment simulation software Honeybee and the genetic algorithm optimization tool Galapagos in the Rhino-Grasshopper platform, aims to improve the useful daylight illuminance of the classroom, combines the genetic algorithm to change the four variables of classroom window height, window width, number of windows and window sill height, quantitatively analyzes the variables affecting the natural lighting of college classrooms, and obtains the variable parameters of the optimal lighting effect. The research results can provide a basis for optimizing the design of natural lighting in university classrooms in the future.

Keywords：Genetic Algorithm；College Classrooms；Natural Lighting

1 引言

自然采光在高校教室设计中占有重要地位。研究表明，良好的光环境一方面可以支持教室内视觉与行为活动的进行，另一方面可以缓解师生学习和工作时的疲劳感[1]，而优化建筑自然采光是提升室内光环境质量的重要方法。西安地区位于我国五个光气候分区的Ⅳ类地区，天然光年平均总照度在 30～35 klx 之间，自然光相对较为充足，同时西安地区作为高等教育资源较密集的地区之一，在进行高校教室设计时，有必要对自然采光进行充分利用，创造良好的室内光环境质量。

在早期，建筑采光设计往往需要凭借设计师的经验，或依据相关技术规范进行。随着计算机技术的不断发展，建筑性能模拟技术和参数化设计工具得到了广泛的应用。近年来，Rhino-Grasshopper 参数化建模平台已逐渐成为公认的建筑光环境设计和验证方法[2]的平台，而以 Honeybee 和 Ladybug 为代表的参数化设计工具，能够基于 Grasshopper 平台较好地将方案设计与性能计算进行整合协同，保证方案设计阶段的高效性和性能模拟层面的准确度，逐渐成为研究建筑采光设计的新思路。

遗传算法（Genetic Algorithm）作为一种自适应搜索技术，借鉴了生物界自然选择和遗传机制的随机搜索算法，可以在全局中探寻出最优解的变量。随着该技术的发展，基于遗传算法理论的建筑参数化设计已更为准确高效[3]。目前在建筑采光设计研究领域，该方法通常与 Grasshopper 参数化平台结合运用[4]。

本研究选用西安高校典型教室为研究对象，使用 Rhino-Grasshopper、Honeybee 动态光环境模拟软件以及 Galapagos 遗传算法优化工具，以提高教室有效采光照度为目标，对教室窗户高度、窗户宽度、窗户数量以及窗台高度进行寻优实验，计算得出教室自然采光最优结果，希望在设计前期为高校教室立面设计提供方法思路。

2 动态评价指标及软件选择

2.1 采光评价指标

采光评价指标作为室内采光质量的重要评判标准，可以分成静态评价指标和动态评价指标两种。目前在我国采光规范中常用的就是静态评价指标——采光系数 DF（Daylight Factor），其定义是室内给定水平面上某一点的由全阴天天空漫射光所产生的光照度和同一时间同一地点，在室外无遮挡水平面上，由全阴天天空漫射光所产生的照度的比值[5]。其计算难度较小，但忽略了全年不同时刻太阳的运行变化，不能全面地反映真实天然采光情况。

而动态评价指标计算更加准确，可以对室内采光进行全面综合评价。近些年，国际上发展了一些新的动态采光指标，其中以自主采光阈（Daylight Autonomy，DA）和有效采光照度（Useful Daylight Illuminance，UDI）较为常用。DA 是指计算工作面上的达到最小照度值的时间占全年时间的比重。可以看出 DA 的值由最小照度值所决定，并没有考虑室内自然采光效果太亮的情况。而 UDI 是指计算工作面上的天然光处于给定有效照度区间的时间占全年时间的比重[6]，给定有效照度区间可以确保房间内的照度是有效和舒适的，既不能过暗也不能过亮。Nabil 和 Mardaljevic 将 UDI 设置了 100 lx 和 2000 lx 两个照度分界值，照度在 100～2000 lx 范围内对于视觉工作来说是较为舒适的[7]。而我国《建筑采光设计标准》（GB 50033—2013）中规定了教育建筑普通教室的侧面采光的采光系数不应低于 3.0%，室内天然光照度不应低于 450 lx[8]。结合我国规范与具体情况，本研究选用有效采光照度 UDI 作为室内采光的评价指标，并设置 UDI 的有效照度区间为 450～1000 lx。

2.2 相关软件选择

随着计算机技术的发展，天然光模拟软件成为研究采光的重要工具，目前可以实现采光模拟的软件有很多，与其他软件相比 Daysim 具有明显优势，Daysim 是一款以 Radiance 的蒙特卡洛反向光线追踪算法为基础的动态采光模拟分析软件，可以提供更为精确且运算速度快的结果，在国际上被广泛应用[9]。但 Daysim 软件没有建模功能，因此本研究采用 Rhino-Grasshopper 参数化工具建立典型高校教室模型并设置采光口变量参数，使用以 Radiance、Daysim 为核心算法的动态光环境模拟软件 Honeybee 对高校教室室内采光进行模拟计算。

关于优化软件的选择，本研究选用 Grasshopper 插件中的 Galapagos 运算器。Galapagos 运算器设置有基因组 Genome 和适应度 Fitness 两个数据端口，界面简单，交互方便，运算速度也相对较快。Galapagos 运算器中包含遗传算法和退火算法两种算法，两者的都是用于求得最优解的算法，但遗传算法对数据的搜索范围更全面，计算结果也更加精确。因此，本研究选用 Galapagos 运算器中的遗传算法来进行优化计算。

3 模型构建与参数设置

3.1 基础模型构建

本研究通过调研西安多所高校教室，统计提取南北向采光教室的空间参数，选用 Rhino-Grasshopper 建立高校教室典型模型。教室平面尺寸为 12 m×6.4 m，层高为 3.6 m，建筑面积为 76.8 m²，如图 1 所示。教室采用南面侧墙开窗，设置初始窗户高度为 1.5 m，窗户宽度为 1.8 m，窗户个数为 3 个，窗台高度为 0.9 m。

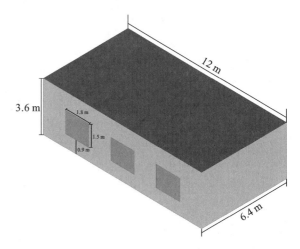

图 1　教室模型图

根据《建筑采光设计标准》（GB 50033—2013）设置教室室内各表面材料反射比[8]，如图 2 所示。地面反射比为 0.2，天花反射比为 0.7，内墙反射比为 0.7，窗户玻璃透射比为 0.65。根据《学校课桌椅功能尺寸及技术要求》（GB/T 3976—2014）中对高等院校课桌高度的要求[10]，设定采光分析面的高度距离室内地面 0.75 m，并以 0.5 m×0.5 m 设置网格进行分析。本研究采光模拟气象数据来源为 CSWD，其中包含西安地区的室外气象参数和典型年逐时气象参数。

3.2 变量参数设置

本研究使用参数化工具 Grasshopper 对高校教室

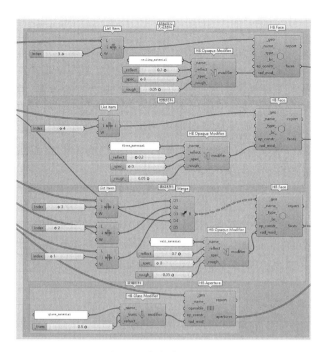

图2 教室室内各表面材料反射比

南侧采光口形状进行定义,高校教室采光口的变量设置主要包括窗户高度、窗户宽度、窗户数量以及窗台高度四个方面,南侧外墙尺寸为 12 m×3.6 m,南侧采光口变量设置范围为:窗户高度 1.2～2.1 m,窗户宽度 0.9～3.0 m,窗户数量1～6个,窗台高度 0.8～1.2 m。

4 模拟结果及最优解分析

4.1 初始模拟

初始对西安高校典型教室进行自然采光模拟,目的是得出有效采光照度 UDI 的数值,与采光口优化后的结果进行比较。根据教室实际使用情况将采光模拟时间设置为上午 8:00—12:00,下午 14:00—17:00。通过载入西安地区全年光气候气象数据,构建 Perez 全天候天空亮度模型,使用 Honeybee 软件计算得出在有效照度 450～1000 lx 范围内的时间占全年时间的比重,模拟结果显示教室有效照度 $UDI_{avg(450～1000 lx)}$ 为 17.02%。

4.2 单一变量模拟

为探究高校教室窗户高度、窗户宽度、窗户数量以及窗台高度对教室采光的影响,笔者以典型教室采光口参数为基础进行了四次模拟实验,将四个变量依次接入 Galapagos 运算器,利用遗传算法对教室采光口参数进行寻优计算。

在第一次实验中,在保证教室窗户高度、窗台高度、窗户宽度不变的情况下,仅改变窗户数量,探究窗户数量对采光的影响。教室窗户原始值为 3 个,变化范围为1～6个。经过 12 分钟的寻优计算发现窗户数量为 4 个时,$UDI_{avg(450～1000 lx)}$ 取得最大值 17.86%,其次

是窗户数量为 5 个时,$UDI_{avg(450～1000 lx)}$ 为 17.63%。由图3可知,窗户数量的变化对教室采光的影响较小,且当立面窗户个数达到合适值时,增加窗户数量会提升不舒适采光区间的时间比重。

在第二次实验中改变教室窗台高度,且保持窗户高度、窗户宽度、窗户数量不变。教室窗台高度原始值为 0.9 m,变化范围为 0.8～1.2 m。经过 14 分钟的寻优计算发现窗台高度为 1.2 m 时,$UDI_{avg(450～1000 lx)}$ 取得最大值 20.34%,相比初始状态仅提升了 3.32%,对教室采光的影响效果一般。由图3可知,随着窗台高度的增大,$UDI_{avg(450～1000 lx)}$ 的数值不断增大,$UDI_{avg(小于450 lx)}$ 和 $UDI_{avg(大于1000 lx)}$ 的数值持续减小。

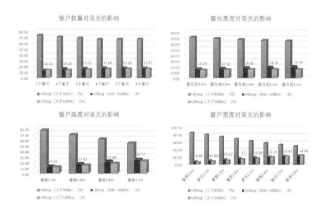

图3 单一变量对采光的影响

在第三次实验中仅改变教室窗户高度,教室窗户高度原始值为 1.5 m,变化范围为 1.2～2.1 m。经过 16 分钟的寻优计算,发现窗台高度为 2.1 m 时,$UDI_{avg(450～1000 lx)}$ 取得最大值 24.77%,相比初始状态提升了 7.75%,说明窗户高度对教室采光有较大影响。

第四次实验中仅改变教室窗户宽度,教室窗户宽度原始值为 1.8 m,变化范围为 0.9～3 m。经过 42 分钟的寻优计算,发现窗户宽度为 3 m 时,$UDI_{avg(450～1000 lx)}$ 取得最大值 24.90%。其次是窗户宽度为 2.7 m 时,$UDI_{avg(450～1000 lx)}$ 达到 23.95%。与初始状态相比,在改变教室窗户宽度后 $UDI_{avg(450～1000 lx)}$ 提升了 7.88%,表明窗户宽度对教室采光的影响最为明显。

4.3 多变量模拟

为探究高校教室窗户高度、窗户宽度、窗户数量以及窗台高度四个量对室内采光的影响,实验将四个变量参数同时接入 Galapagos 运算器的 Genome 端口,并将 Honeybee 中计算 UDI 的评价参数接入 Fitness 端,进行遗传算法寻优计算,以求解目标 $UDI_{avg(450～1000 lx)}$ 最大值。由于多变量计算较为复杂,实验经历了 8 小时 14 分钟,完成了 39 次迭代计算得到最优解,如图4所示。

实验发现,当遗传算法迭代到第 6 代,即教室南侧窗户高度为 1.5 m、窗户宽度为 2.2 m、窗户个数为 4

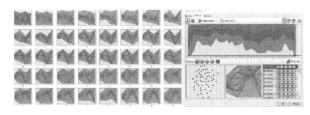

图 4 遗传算法迭代计算

个、窗台高度为 1.2 m 时，$UDI_{avg(450～1000 lx)}$ 已经到达26.17％，相比原始教室的有效照度值增加9.15％，采光效果得到了有效提升，并逐渐趋于稳定状态。随后，遗传算法在第 6 代采光口参数的基础上不断优化，迭代到第 29 代，即窗户高度为 1.8 m、窗户宽度为 1.8 m，窗户个数为 4 个、窗台高度为 1.2 m 时，$UDI_{avg(450～1000 lx)}$ 达到26.37％。遗传算法又在迭代到第 29 代，即窗户高度和窗台高度不变的情况下，对窗户数量和窗户宽度继续优化，最终在迭代到第 39 代时获得 $UDI_{avg(450～1000 lx)}$ 最大值 26.41％，相比原始教室有效照度值增加9.39％，这时窗户高度为 1.8 m、窗户宽度为1.4 m，窗户个数为 5 个、窗台高度为 1.2 m，窗墙比为0.29，各项参数符合实际情况，窗墙比也符合公共建筑节能设计标准要求。多变量对教室采光的影响如表 1所示。

表 1 多变量对教室采光的影响

	南立面图	轴测模型图	有效照度图	UDI/(%)
第0代				17.02
第6代				26.17
第20代				26.25
第29代				26.37
第39代				26.41

5 结论

本研究聚焦于室内光环境优化，选取西安高校典型教室为研究对象，利用遗传算法对影响高校教室采光的单一变量和多变量因素进行了五次实验计算，并利用 $UDI_{avg(450～1000 lx)}$ 评价指标，对实验结果进行分析对比，在单一变量实验中得出了各变量对自然采光的影响占比由大到小依次为：窗户宽度、窗户高度、窗台高度、窗户数量。在多变量实验中，经过 39 次迭代计算，通过遗传算法综合改变窗户高度、窗户宽度、窗户数量以及窗台高度，最终将 $UDI_{avg(450～1000 lx)}$ 从原始值17.02％优化至26.41％，室内自然采光效果得到了明显提升，该研究方法可以应用在今后西安地区高校教学楼设计中，提高教室自然采光效果。

参考文献

[1] 李伟，严永红.教室光环境对学生情绪的影响研究[J].照明工程学报，2020,31(3):157-164.

[2] LIU Q B, HAN X, YAN Y, et al. A Parametric Design Method for the Lighting Environment of a Library Building Based on Building Performance Evaluation[J]. Energies,2023,16(2):832.

[3] 山如黛,刘冠男,夏晓东,等.基于遗传算法的围护结构优化设计研究[J].建筑技术,2018,49(2):145-148.

[4] NADIRI, P, MAHDAVINEJAD M, PILECHIHA P. Optimization of Building Faade to Control Daylight Excessiveness and View to Outside[J]. Sciendo,2019(9)161-168.

[5] 卢清仪.基于光舒适的严寒地区办公空间自然采光优化研究[D].沈阳:沈阳建筑大学,2015.

[6] 张少飞.基于 Galapagos 和 Octopus 的自然采光优化设计方法论证——以机构养老建筑居室侧向采光口为例[D].天津:天津大学,2017.

[7] NABIL A, MARDALJEVIC J. Useful daylight illuminance: A new paradigm for assigning daylight in buildings[J]. Lighting Research and Technology,2005(37):41-59.

[8] 中华人民共和国住房和城乡建设部.建筑采光设计标准:GB 50033—2013[S].北京:中国建筑工业出版社,2013.

[9] 吴蔚,刘坤鹏.全年动态天然采光模拟软件DAYSIM[J].照明工程学报,2012,23(3):30-34＋85.

[10] 国家卫生健康委员会.学校课桌椅功能尺寸及技术要求:GB/T 3976—2014[S].北京:中国建筑工业出版社,2014.

吕晨茜[1]　王振[2,3*]

1. 华中科技大学中欧清洁与可再生能源学院；371768324@qq.com
2. 华中科技大学建筑与城市规划学院；wangz@hust.eud.cn
3. 湖北省城镇化工程技术研究中心

Lü Chenxi[1]　Wang Zhen[2,3*]

1. School of Clean and Renewable Energy，Huazhong University of Science and Technology
2. School of Architecture and Urban Planning，Huazhong University of Science and Technology
3. Hubei Engineering and Technology Research Center of Urbanization

国家自然科学基金项目(51978296,52078229)

基于 NSGA-Ⅱ算法的太阳能—空气源热泵供热系统多目标优化
——以武汉住区建筑为例

Multi-objective Optimization of Solar-air Source Heat Pump Heating System Based on NSGA-Ⅱ Algorithm：A Case Study of Residential Buildings in Wuhan

摘　要：为了实现绿色发展，促进可再生能源与建筑的融合，研究将太阳能—空气源热泵系统引入住区，提出基于动态能耗模拟和多阶段目标优化的联合求解方法，以提高系统的经济与节能效益。研究以武汉某住区建筑为例，首先建立 TRNSYS 仿真模型并基于 Hooke-Jeeves 算法完成第一阶段单目标优化，然后基于 NSGA-Ⅱ算法进行关键的第二阶段多目标优化，最后利用 TOPSIS 法对 Pareto 最优解集进行评估，得到综合效果最优的设计组合，为武汉住区建筑能源系统优化提供了可行性参考。

关键词：住区建筑；太阳能—空气源热泵；TRNSYS 模拟；NSGA-Ⅱ算法；参数优化

Abstract：In order to realize green development and promote the integration of renewable energy into buildings，the study introduces the solar-air source heat pump system into the settlements. A joint solution method based on dynamic energy simulation and multi-stage objective optimization is proposed to improve the economic and energy efficiency of the system. Taking a residential building in Wuhan as an example，the study first establishes a TRNSYS simulation model and completes the first stage of single-objective optimization based on the Hooke-Jeeves algorithm. The critical second stage multi-objective optimization is then performed based on the NSGA-Ⅱ algorithm. Finally the Pareto optimal solution set is evaluated using TOPSIS method. The design combination with optimal comprehensive effect is obtained，which provides a feasible reference for the optimization of building energy systems in Wuhan settlements.

Keywords：Settlement Construction；Solar-air Source Heat Pumps；TRNSYS Simulation；NSGA-Ⅱ Algorithm；Parameter Optimization

1　引言

随着环境问题的日益严重，为了追求资源与环境效益的最大化，国内部分地区就分布式能源引入住区做出了探索和尝试，如宁波市出台《宁波市绿色建筑创建行动实施计划(2021—2025)》。太阳能—空气源热泵虽然弥补了太阳能供能存在间歇性的不足[1]，但仍存在投资成本较高的问题，因此本研究在建立仿真平台并得到系统运行特性的基础上，利用多阶段多目标算法进行优化研究，以武汉市住区建筑为例，验证该方法的可行性。

2 优化方法

2.1 优化算法

2.1.1 Hooke-Jeeves 算法

Hooke-Jeeves 算法由 Hooke 和 Jeeves 提出,又被称作模式搜索法[2]。该算法无须求解目标函数的导数,较为简单有效[3]。优化过程由"探测探索"和"模式移动"两部分交替进行,直到得到一组最优参数组合[4]。

2.1.2 NSGA-Ⅱ算法

NSGA-Ⅱ是一种受自然启发的进化算法[5],首先初始化一个包含多个个体的种群,对其进行非支配排序以确定每个个体是否支配其他个体,通过交叉、变异等操作产生下一代种群[6],然后将父子代种群合并后进行快速非支配排序,对每个非支配层中的个体进行拥挤度计算,选取合适个体组成新的父代种群,最后得到新一代种群,循环执行直到收敛。

2.2 优化框架

基于 DeST 模型得到的建筑负荷特性,研究内容的优化框架(图1)分为三个步骤,首先在 TRNSYS 中建立能源系统仿真模型并运行,然后通过 TESS 部件库的接口性部件 TRNOPT 与 GenOpt 结合,利用 GenOpt 程序完成对系统的单目标优化,最后在 MATLAB 中使用 NSGA-Ⅱ算法进行多目标优化。

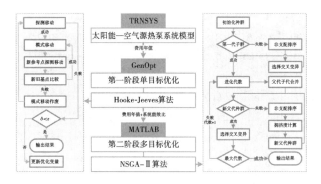

图 1 优化框架

2.2.1 第一阶段优化

第一阶段为单目标优化,使用 GenOpt 优化程序,选用 Hooke-Jeeves 优化算法,以集热器面积、集热器倾角、集热器方位角、空气源热泵额定制热量及单位集热面积对应的水箱体积为优化变量,以费用年值最低为目标进行单目标优化。

2.2.2 第二阶段优化

针对第一阶段存在优化目标单一的问题进行第二阶段的优化,该阶段使用 NSGA-Ⅱ算法,以集热器面

积、空气源热泵额定制热量及单位集热面积对应的水箱体积为决策变量,以费用年值最低、系统能效比最高为目标函数进行多目标优化。

2.3 最优决策解

根据 NSGA-Ⅱ算法可以得到一组非支配的 Pareto front 解,采用 TOPSIS 法对 Pareto 最优解集的每个解进行评估并排序,提供一种客观最优解,具体决策计算过程如下。

(1)建立归一化矩阵,将数据按式①进行标准化处理[7]。

$$Z_{ij} = \frac{X_{ij}}{\sqrt{\sum_{i=1}^{m} X_{ij}^{2}}}(i=1,2,\cdots,m;j=1,2,\cdots,n) \quad ①$$

(2)使用熵权法确认各指标权重。

首先,将数据标准化。假设给定 k 个指标 $X_1, X_2, \cdots, X_k$,其中 $X_i = \{X_1, X_2, \cdots, X_n\}$,对各指标数据标准化后的值为 $Y_1, Y_2, \cdots, Y_k$,可按式②得出:

$$Y_{ij} = \frac{X_{ij} - \min(X_i)}{\max(X_i) - \min(X_i)} \quad ②$$

然后,按式③求出各指标的信息熵 E_j。

$$E_j = -\ln(n)^{(-1\sum_{i=1}^{n}\ln P_i)} \quad ③$$

其中

$$P_{ij} = \frac{Y_{ij}}{\sum_{i=1}^{n} Y_{ij}} \quad ④$$

最后,按式⑤确定各指标权重 w_i。

$$w_i = \frac{1-E_i}{k-\sum E_i}(i=1,2,\cdots,k) \quad ⑤$$

(3)按式⑥找出最优矩阵向量 Z_j^+,最劣矩阵向量 Z_j^-。

$$\begin{cases} Z_j^+ = \max\limits_{1 \leqslant i \leqslant m} x \mid Z_{ij} \mid \\ Z_j^- = \min\limits_{1 \leqslant i \leqslant m} x \mid Z_{ij} \mid \end{cases} \quad ⑥$$

(4)按式⑦分别计算评价指标与最优解的距离 D^+,评价对象与最劣解的距离 D^-。D^+ 值越大,说明与最优解距离越远,D^- 值越大,说明与最劣解距离越远。

$$\begin{cases} D_i^+ = \sqrt{\sum_{i=1}^{n}(Z_{ij} - Z_j^+)^2} \\ D_i^- = \sqrt{\sum_{i=1}^{n}(Z_{ij} - Z_j^-)^2} \end{cases} \quad ⑦$$

(5)结合距离值,按式⑧计算得出综合度得分 C_i,并进行排序,得出结论。

$$C_i = \frac{D_i^-}{D_i^+ + D_i^-} \quad ⑧$$

3 案例研究

3.1 负荷计算及TRNSYS仿真模型

案例为武汉市某住区三期工程,共包含住宅建筑面积 103187 m²,总户数 830 户,总人数(户均 3.3 人) 2739 人,一层高度为 5.8 m,二层到三十二层高度为 2.9 m。外墙传热系数 0.75 W/(m²·K),屋面传热系数 0.4 W/(m²·K),外窗传热系数 2.5 W/(m²·K)。冬季供暖时间为 12 月 1 日至第二年 3 月 1 日[8]。利用 DeST-h 建模并输入参数,计算空调面积为 65287.8 m²,得到累计热负荷 48.63 kWh/m²。人均用水量 60 L/(cap·d),总用水量 33.48 m³/d,得到热水供应热负荷 420.27 kW。

案例选用短期蓄热直接式太阳能集热系统,集热器设计负荷取采暖季日平均采暖负荷 89.24 kW,采光面上的平均日太阳辐照量根据标准[9]取 11.87 MJ/(m²·d),平均集热效率为 40%,太阳能保证率基于武汉市Ⅳ类太阳能资源区域取 10%,管路及蓄水水箱热损失率为 15%,得到集热器面积为 1705.07 m²。集热器安装倾角基于武汉市的纬度设置为 40.6°[10]。蓄热水箱应满足系统供水的需求,容量范围为 50~150 L/m²[11](表 1),取 50 L/m²,单位面积集热器平均产温升 30 ℃热水量的体积取 0.2 m³/(m²·d),得到蓄热水箱体积为 341.01 m³。空气源热泵的设计制热量 1522.68 kW,为采暖和热水的设计制热量之和。使用 TRNSYS 搭建太阳能—空气源热泵系统仿真平台,运行后得到采暖季逐月能耗及热量见表 2。

表 1 蓄热水箱容积范围取值

系统类型	单位面积太阳能集热器水箱容积/(L/m²)
太阳能热水系统	40~100
短期蓄热太阳能采暖系统	50~150
季节蓄热太阳能采暖系统	1400~2100

表 2 采暖季逐月能耗及热量统计

逐月数据	12 月	1 月	2 月
水泵能耗/kW	1265.71	1163.07	1772.57
热泵能耗/(kW·h)	45805.11	36959.38	34565.97
太阳能集热量/kW	31383.56	28919.66	48486.79
机组供热/(kW·h)	183862.31	153446.86	148630.98
水箱供热/(kW·h)	200262.73	180863.03	192688.35
辐照量/[MJ/(m²·d)]	331691.33	291893.56	444615.14

3.2 单目标优化结果分析

分别设置五个优化变量的参数(表 3),各变量随着迭代过程的进行逐渐趋于最优值(图 2),得到使目标函数值最小的迭代次数为 115,此时集热器面积保持 1705.07 m² 不变,倾角从 40.6° 增加至 44.35°,方位角从 0° 到 4.12°,热泵制热量保持 1522.68 kW 不变,单位集热面积对应的水箱体积从 0.19 m³ 减少至 0.185 m³。

表 3 优化参数设置

优化参数	初始值	最小值	最大值	迭代步长
集热器面积/m²	1705.07	10	10000	5
集热器倾角/(°)	40.6	10	80	5
集热器方位角/(°)	0	−15	15	2
热泵额定制热量/kW	1522.68	10	10000	5
单位集热面积对应的水箱体积/ m³	0.19	0.01	0.6	0.02

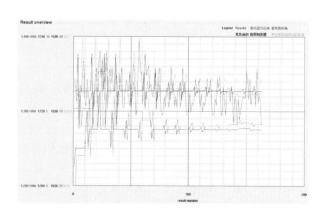

图 2 优化过程各变量和目标函数趋势及结果

3.3 多目标优化及决策结果分析

设定初始种群数量 200,迭代代数 500,交叉比例 0.8,变异概率 0.05,得到 Pareto 最优解集(图 3)。使用熵权法进行权重计算,系统能效比的权重为 50.259%、费用年值的权重为 49.741%,采用 TOPSIS 法对每个解进行评估并排序(表 4),得到综合得分指数最高的配置方案:集热器面积 1719 m²,热泵制热量 1476 kW,单位集热面积对应的水箱体积 0.22 m³,此时费用年值为 522589.45 元,系统能效比为 3.86。

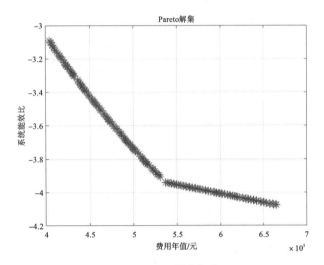

图 3　Pareto 最优解集

表 4　Pareto 最优解集中排序前 3 的解

设计变量及目标	排序 1	排序 2	排序 3
集热器面积/m²	1719	1719	1785
单位集热面积对应的水箱体积/m³	0.22	0.185	0.25
热泵制热量/kW	1476	1514	1518
费用年值/元	522589.45	528079.11	542289.83
系统能效比	3.86	3.88	3.94

4　结论

根据系统运行数据及两个阶段的优化结果,得到以下结论。

(1)从系统采暖季能耗数据来看,热泵总能耗为 117330.46 kW·h,为主要的能耗来源。从热量数据来看,机组供热量为 485940.16 kW·h,水箱供热量为 573814.11 kW·h,因此,来自太阳能的水箱供热量大于来自空气源热泵的机组供热量。

(2)根据第一阶段优化结果,集热器倾角增加 9.24%,集热器方位角从 0° 调整到 4.12°,使其略微偏离正南方向以达到最佳安装角度,可以更加充分利用太阳能资源。

(3)通过第二阶段的优化,集热器面积增加 0.82%,空气源热泵制热量减少 3.07%,单位集热面积对应的水箱体积增加 15.79%,优化后的系统运行成本降低,经济性提升,同时系统节能性也得到提升。

(4)利用 TOPSIS 法得到的最佳方案,该解的正理想距离为 0.3591,负理想距离为 0.6742,综合得分指数为 0.6525,排序第一。在本研究中,利用该方法可以同时考虑以系统能效比最大的正向指标和以费用年值最低的负向指标,通过每个方案的综合得分指数来确定最佳方案。

参考文献

[1]　谭心,刁力,孙国鑫,等.太阳能与热泵复合供暖系统流量优化研究[J].机械设计与制造,2023(5):94-98.

[2]　武振东,马广兴,孙煜光,等.太阳能联合生物质能供暖系统的优化研究[J].建筑热能通风空调,2022,41(9):16-21.

[3]　曾乃晖,袁艳平,孙亮亮,等.基于 TRNSYS 的空气源热泵辅助太阳能热水系统优化研究[J].太阳能学报,2018,39(5):1245-1254.

[4]　唐雨菲.基于 TRNSYS 的太阳能-空气源热泵供热系统地区和负荷适应性研究[D].广州:广东工业大学,2022.

[5]　CHATURVEDI S, RAJASEKAR E, NATARAJAN S. Multi-objective Building Design Optimization under Operational Uncertainties Using the NSGA Ⅱ Algorithm [J]. Buildings, 2020, 10(5):88.

[6]　VUKADINOVIC A, RADOSAVLJEVIC J, DORDEVIC A, et al. Multi-objective optimization of energy performance for a detached residential building with a sunspace using the NSGA-II genetic algorithm [J]. Solar Energy, 2021, 224:1426-1444.

[7]　赵爽,刘文亮.基于熵权 TOPSIS 模型的脱贫村治理效果评价——以 T 县为例[J].农业与技术,2023,43(8):139-142.

[8]　张边.武汉地区居住建筑供冷供暖方式研究[D].武汉:华中科技大学,2009.

[9]　中华人民共和国住房和城乡建设部,国家市场监督管理总局.太阳能供热采暖工程技术标准:GB 50495—2019[S].北京:中国建筑工业出版社,2019.

[10]　鄂闯,刘馨,梁传志,等.严寒地区太阳能-空气源热泵耦合供热系统控制策略优化研究[J].建筑技术,2023,54(2):187-192.

[11]　张梓蕴.模块化太阳能与空气源热泵耦合供热热源研究[D].沈阳:沈阳建筑大学,2022.

李嘉熹[1]　王嘉城[2]　唐芃[1]
1. 东南大学建筑学院；714719343@qq.com
2. 东南大学建筑设计研究院有限公司
Li Jiaxi[1]　Wang Jiacheng[2]　Tang Peng[1]
1. School of Architecture，Southeast University；714719343@qq.com
2. Architects & Engineers Co.，Ltd. of Southeast University
国家自然科学基金项目(52178008)

基于 Revit 的传统建筑大木作参数化生成研究
——以宋式单层殿阁式建筑为例

Parametric Generation of The Carpentry Work：Taking Song Palatial Hall as an Example

摘　要：中国传统木构建筑的营造体系极具科学性，然而长久以来，以文字或匠人间口口相传为主的传统知识传递形式却造成了信息的流失，为优秀传统文化的传承与研究工作带来不便。本文旨在探索一种与大木作建构逻辑相适应的数字方法来生成中国传统木构建筑大木作。利用 Revit 二次开发工具快速生成大木作的整体模型。除了可以精确地整合现有信息，还可以提高传统建筑大木作模型的搭建效率，帮助建筑师高效地推进设计实践，精确地记录传统建筑木构营造技艺并为其传承创新探索新的可能。

关键词：Revit 二次开发；参数化；传统建筑；大木作

Abstract：The construction of traditional Chinese wooden buildings is scientifical and logical. However, the traditional knowledge transfer form, which has long been based on text or oral transmission among craftsmen, has caused the loss of information and brought inconvenience to the inheritance and research of excellent traditional culture. The purpose of this paper is to explore a parametric method, which is compatible with the logic of the carpentry work, to generate the carpentry work of ancient Chinese wooden buildings. It can not only integrate the existing information efficiently and accurately, but also greatly improve the construction efficiency of the carpentry work model of wooden buildings so it can help architects to promote the design practice efficiently. Besides, it can accurately record the traditional wooden building construction techniques and explore new possibilities for their inheritance and innovation.

Keywords：Revit Secondary Development；Parameterization；Traditional Architecture；The Carpentry Work

1 引言

个性鲜明的传统建筑，是中国最重要的文化遗产之一，也是中国传统文化的重要物质载体，凝结着千百年来中国的艺术、宗教、民俗等诸多方面的智慧，极具研究价值。在类型丰富的中国传统建筑中，木构建筑是传统建筑中适用范围最广泛、变化最多样、数量最多的一种类型，也是中国建筑史学界的一大研究重点。

1.1 研究背景

我国传统木构建筑，具有构件种类繁多、细部做法精巧、构件组合多元的特点。这些特点虽然为木构建筑单体带来了变化丰富、精致巧妙的形态，但同时也为我们的研究和实践带来了很大困难。从研究角度看，过去的知识往往以文字、图纸等方式进行记载和传递，这种信息储存方式不仅无法准确地传递相关的营造理论，还极易造成信息的流失[1]。从设计实践角度看，"图纸到模型"的设计工作流意味着当设计的任何一个部分发生变动，整个建筑的各个部分都会产生关联的变化，而设计师需要对全部图纸进行修改，因此产生大量的重复劳动。

建立一个便捷的集传统建筑研究与设计于一体的平台，让三维模型作为一种建筑表现方法的同时，还能成为建筑信息的载体,整合与研究对象有关的各类信息;为复杂的传统建筑构件建立标准化信息数据库。这是当代传统建筑保护与研究领域对数字技术提出的新诉求。

1.2 既往研究综述

1.2.1 《营造法式》的相关研究

自 1919 年初朱启钤在江南图书馆发现《营造法式》(下文简称《法式》)抄本以来,几代学者持续地开展有关《法式》的研究。关于单体建筑构件之间可能存在的比例关系,王贵祥教授分析了唐、宋、辽、金五百年间所建造的单檐木构建筑实例,提出檐高与柱高、面阔与进深之间存在 $1:1$ 或 $\sqrt{2}:1$ 的比例关系的观点[2]。

前人的研究告诉我们:以"宋式"建筑为代表的木构营建不仅极具艺术性,还建立在严谨数学计算的基础上。在数字技术与建筑学科交叉融合的今天,将数字技术与《法式》及"宋式"建筑架构研究相结合,运用数学思维解读"宋式"建筑,成为新的研究方向。

1.2.2 传统建筑数字化相关研究

近年来已有许多学者对传统建筑的数字化方法进行了探索。罗翔、吉国华基于 Revit 平台,以"清式攒尖亭"为研究对象,梳理了参数化建模的构件分级逻辑与参数设置,实现了亭子主体结构的参数化建模[3]。杨静、孙建刚以贵州苗族传统建筑为例,利用 Revit 软件创建可调节的构件,结合 Dynamo 可视化编程平台生成参数化的构件定位点的建模,为提高建模效率提供了一种新的解决思路[4]。

可以看出,目前在以 Revit 平台实现的传统建筑单体参数化的相关研究中,研究对象多以地方民居或做法并不严格的小体量建筑类型为主,对做法更为复杂规范的官式木构建筑的研究较少。

1.3 研究内容

本文将利用 Revit 的二次开发接口和 Revit 的族模型功能,尝试参数化生成传统建筑的大木作。以标准"宋式"单层殿堂式木构建筑大木作生成设计为例,以《法式》中的规定为基础,参考现存"宋式"建筑实例,利用 Revit 平台,实现数字驱动传统建筑大木作的快速生成与修改。

2 理论基础

2.1 木构建筑的营造逻辑

中国传统木构建筑有明确的建造顺序:于选址之上立台基,在台基之上建立大木作,最后铺望板椽子、泥瓦,筑墙及安装门窗。其中,大木作起主要的结构作用,也是比例尺度与外观形体的重要决定因素。

《法式》中明确阐述了大木作的建造逻辑[5],即自下而上依次建造柱网层、铺作层和屋架层。先根据建筑物的等级、体量确定开间、间广、材等,然后根据开间数确定进深方向步架数,再根据分槽形式确定内柱的布置。确定了柱网层之后,再选定铺作的形制、出跳、补间铺作数量,然后施加铺作,铺作层随即完成。最后是屋架层:铺作之上放置梁架,层叠向上至最上层立叉手、蜀柱以承托脊槫,如此形成一榀屋架,各榀之间再自下而上安装各层槫。屋角处,角梁放置在下平槫与撩檐枋交点上。这些关键的构件依照这样的顺序进行搭接,就生成了大木作的整体形态(图 1)。

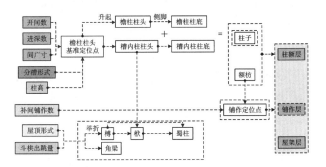

图 1 大木作建造逻辑示意图

(图片来源:作者自绘)

2.2 材分制

材分制包含着比例运算。《法式》中总结了八个等级的材,每个等级规定了一个标准材的具体长宽值[6]。材分制明确地对木构构件细部的尺寸进行了定量规定,同时也间接地控制大木作的整体规模。

3 生成实验

木构建筑的构件包含着一定比例关系。大木作的建造主要是自下而上的三个层次:柱网层、铺作层、屋架层。本研究仅涉及柱网层和屋架层的生成,铺作层的生成另有专门研究。

3.1 族库建立

构件尺寸由一个基准参数——材决定,这一特点符合 Revit 中"族"模型的建构逻辑。为传统建筑构件建立"族"模型,设置驱动参数,即可实现通过参数控制构件的尺寸(图 2)。

以最简单的素覆盆柱础为例[5],柱础各部分的尺寸是由柱径经由一定的计算得到的(图 3)。转换关系见表 1。

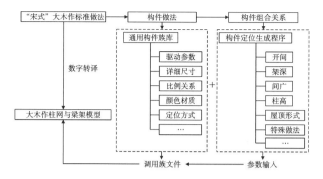

图 2 开发逻辑图

（图片来源：作者自绘）

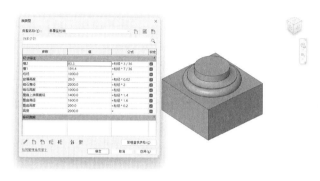

图 3 素覆盆柱础族及其参数

（图片来源：程序截图）

表 1 素覆盆柱础的数字转译

参数	参数计算方式
槏2	柱径/12
槏1	柱径 * 7/36
盆唇高	柱径 * 0.02
覆盆高	柱径 * 0.2
覆盆上表面直径	柱径 * 1.4
覆盆下表面直径	柱径 * 1.6
础石高	柱径
础石宽	柱径 * 2

（来源：根据参考文献[5]自绘）

3.2 构件位置关系模型

3.2.1 柱网层

柱网层主要包含檐柱、内柱及柱与柱之间的额枋。

檐柱的生成过程可以概括为：根据开间数架深数确定檐柱基准位置；而后由基准位置，加之侧脚、升起，得到檐柱最终的位置。

首先是柱高。《法式》中对柱高没有明确的规定。在现存实物中，唐宋时代木构建筑的檐柱柱径与柱高之比大多在 1∶7～1∶10 之间[5]。本研究将柱高设做可调整的参数。

其次是升起。《法式》原文写道："自平柱叠进向角渐次生起，令势圜和；如逐间大小不同，即随宜加减"[7]，对升起没有明确规定。本文以《梁思成全集（第七卷）》中的论述为参考，具体见表 2。

表 2 常见开间角柱升起的关系

开间	升起
三间	2 寸
五间	4 寸
七间	6 寸
九间	8 寸
十一间	10 寸
十三间	12 寸

（来源：根据参考文献[6]自绘）

最后是侧脚，即柱脚微微向外，以加强建筑整体的稳定性，是一个和柱高产生比例关系的参数。《法式》规定，面阔方向偏移千分之十，进深方向偏移千分之八，角柱同时向两个方向偏移。

内柱可以看作檐柱根据不同的分槽方式，遵照不同的规则向殿身内偏移；额枋可以简化为柱头之间的连线。关于这两部分的计算不再赘述。至此，柱网层各构件的位置就确定了。

3.2.2 铺作层

本文的重点在于大木作整体的生成，因此对铺作层进行了简化。不生成具体完整的铺作模型，仅保留影响后续屋架层生成的参数，即铺作出跳距离和铺作抬高距离。由此可以得到撩檐枋的位置，这是屋架层生成的起点。

3.2.3 屋架层

屋架层主要包括槫、栿、蜀柱与角梁。栿是承托槫的构件，各层栿之间又由蜀柱来联系。槫、栿、蜀柱之间的搭接关系说明：栿的定位点可根据槫的定位点计算；蜀柱在每层栿上的水平位置，也与上一层槫是一致的。仔角梁和隐角梁等构件依附于大角梁，因此屋架层形态的关键是槫和大角梁。角梁下端落在撩檐枋交点上，后尾位于下平槫上，在此简化为撩檐枋交点与下平槫端点的连线。以下仅讨论槫的定位（图4）。

槫以上皮位置定位，举折做法在《法式》中有详细的阐述。以下简要述之：首先是确定脊槫上皮的位置，然后再根据折屋之法依次向下确定每层槫的位置[6]。折屋是一个经典的递归函数。假设步架数为 a，求第 i

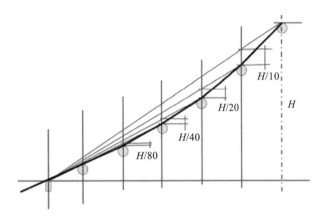

图 4　举折做法示意

（图片来源：作者自绘）

层槫的定位点的函数如下。

$$h_i = \frac{a-i}{a-i+1} \times h_{i-1} - \left(\frac{1}{2}\right)^{i-1} \times \frac{1}{10} \times H \quad (0 \leqslant i \leqslant a)$$

经由这一公式就可以计算得到各层槫子的位置，枊的位置随之确定。蜀柱自上层槫子起，高度为上下两层槫的 z 坐标差值，蜀柱的位置也得以确定。

由此，屋架层各构件位置也确定了（图5、图6）。

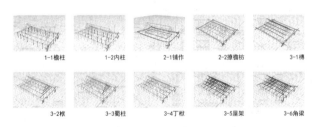

| 1-1檐柱 | 1-2内柱 | 2-1铺作 | 2-2撩檐枋 | 3-1槫 |
| 3-2枊 | 3-3蜀柱 | 3-4丁栿 | 3-5屋架 | 3-6角梁 |

图 5　生成过程

（图片来源：作者自绘）

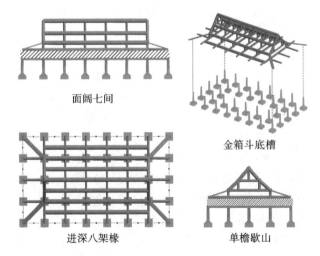

面阔七间　　　　金箱斗底槽

进深八架椽　　　　单檐歇山

图 6　生成实验

4　结语

本研究试图探索用一种更贴近木构建筑建构逻辑的数字化方法。以《法式》为蓝本，基于 Revit 平台，将中国古建大木作的生成逻辑转译为计算机语言。通过这种方式，化解文字记载形式在精确性方面的劣势，将木构建筑复杂的设计原则转化为计算机语言，避免复杂抽象的建造逻辑、晦涩难懂的古文叙述带来的理解难度，更易于相关学者、学生、传统建筑爱好者的学习。快速生成大木作模型，还可以将建筑师从修改的重复劳动中解放出来，从而为传统木构建筑实践提供新路径。

本研究还存在许多不足。首先是简化了建筑转角部分的做法。实际上角梁后尾的位置是灵活的，仔角梁、隐角梁等构件的组合也是多变的，翼角优美的冲出曲线没有实现。其次是简化了开间的计算。单体建筑每个开间的尺寸并不相同，应当心间最宽，次间稍间依次递减，且递减量没有明确规定。最终的开间尺寸还受到铺作的影响（需保证尽间也足够容纳铺作）。最后，本研究的大木作模型，是依据《法式》标准做法生成的，而现存实例中有更多灵活的做法，如朔州崇福寺观音殿的双重人字叉手等。传统木构建筑饱含科学性和逻辑性，本研究初步尝试将木构建筑的一部分转译，后续还需继续深化，以期能在现代科学和木构艺术之间建立一座桥梁。

参考文献

[1] 韩婷婷.基于BIM的明清古建筑构件库参数化设计与实现技术研究[D].西安：西安建筑科技大学，2016.

[2] 王贵祥.唐宋单檐木构建筑比例探析[C]//.第一届中国建筑史学国际研讨会论文集，1998：262-283.

[3] 罗翔，吉国华.基于Revit Architecture族模型的古建参数化建模初探[J].中外建筑，2009（8）：42-44.

[4] 杨静，孙建刚.基于Dynamo的贵州苗族传统建筑模型建造方法研究[J].大连民族大学学报，2022（1）：43-47.

[5] 潘谷西.营造法式解读[M].南京：东南大学出版社，2005.

[6] 梁思成.梁思成全集（第七卷）[M].北京：中国建筑工业出版社，2001.

[7] 李诫.营造法式[M].北京：人民出版社，2006.

王炎钰[1]　李飚[1]

1. 东南大学建筑学院；1259648468@qq.com

Wang Yanyu [1]　Li Biao [1]

1. School of Architecture，Southeast University

国家自然科学基金面上项目(51978139)

基于规则的体育馆观众席动态生成方法初探
Research on the Dynamic Generation Method of Spectator Seats in Gymnasium Based on Rules

摘　要：体育馆观众席视线设计是体育馆建筑设计的重要因素，本文针对体育馆观众席多功能布局与视线设计的问题，基于程序语言开发面向建筑师的生成设计工具，根据约束规则和目标建立数理模型，综合建筑师的个性化要求生成观众席排布方案。同时以视觉质量为评价标准，即时反馈并优化排布方式，确保获得高效舒适的观众席排布模型。本研究提出的体育馆视线设计控制下的观众席排布优化算法功能适应性较强，为体育馆形体的设计与优化提供重要参考。

关键词：动态生成设计；多功能体育馆；规则系统；视觉质量

Abstract：Stadium auditorium visual design is an important factor in the design of stadium buildings. This paper focuses on the problem of multifunctional layout and visual design of stadium auditoriums. It develops generative design tools, based on programming language, that are oriented towards architects. Mathematical and theoretical models are established according to constraint rules and objectives, generating personalized auditorium layout schemes. Visual quality is used as the evaluation criterion, providing instant feedback and optimizing the arrangement method to ensure an efficient and comfortable auditorium arrangement model. The proposed optimization algorithm for auditorium seating arrangement, under the control of stadium visual design, is functionally adaptable and provides a basis for stadium form design and optimization.

Keywords：Dynamic Generative Design；Multifunctional Stadium；Rule System；Visual Quality

1　引言

1.1　研究背景

体育馆是城市或地区的主体建筑之一，是群众参加场馆体育锻炼或现场观赛等文体活动的重要场地。体育馆建筑一方面受到体育建筑设计规范的多重制约，设计过程中需要使用规范制定的公式进行大量的计算与反复对比，以获取较为合理的观众席布局模式；另一方面，其视线设计制约着体育馆建筑的空间构思，调整各项数值会导致不同的场馆形态的出现。

基于体育建筑的设计需求与规则约束，经验丰富的设计师可以依据实践经验选择合适的坐席形式与数据标准，可以在一定程度上确保设计方案的有效性和可行性。然而，随着项目数量的增加，该设计方法仍需要大量的人力和时间成本。设计方案的比选涉及容量、疏散、视线、看台高度等数据的大量、重复计算，效率和准确性亟待提高。

事实上，在体育馆建筑设计过程中，计算和生成观众席排布模型的逻辑往往是相似甚至相同的。此过程可视为一个编码问题，并通过算法设计来实现观众席排布模型的生成。通过引入数字技术，依托规则逻辑开发观众席三维模型生成工具，建筑师可以在规范的限制下实时调整设计方案，并获取相关的数据反馈。由此可进行方案间的评估和比选，从而提高体育馆建筑设计的效率。

1.2　既有研究与问题导向

参数化设计逐渐被用以进行体育馆建筑观众席设计方面的探索。张文涛[1]基于Rhino空间中的grasshopper平台进行体育馆观众席的剖面视线设计与评估。刘冰、刘德明[2]整合视线设计、平面设计和疏散设计,通过 grasshopper 进行参变量统计、输入输出与模型修改,帮助设计师进行高效的体育馆坐席设计。王嘉城从体育场馆分区结构入手,将看台拆分为模块组合,实现了拼合式建模,并对整体视线质量进行了评估。

上述研究表明,参数化设计在体育馆观众席方面具有拆分、组合和编写设计规则以避免反复计算的优势。本文使用 Java 语言编程,基于建筑设计规范设定规则,创新性地依据输入平面面宽、进深来计算观众席排布形式与容量规模。同时,引入疏散计算模块、视线设计模块和建筑师个性化调控模块进行生成,并在设计过程中进行即时评估、数据反馈和优化,并创造性地实现了坐席单元的优化调整与视觉质量评价。由此辅助建筑师进行方案比对,为体育馆造型与结构选择提供重要参考。

2 生成框架与设计参数说明

2.1 生成框架与流程

体育馆观众席依据平面图生成,本研究的平面排布与计算基于输入矩形的四个控制点,并由此获取建筑平面的面宽与进深。将《体育建筑设计规范(JGJ 31—2003)》中的规范要求与体育建筑的设计惯例进行程序转译,作为规则用以观众席的三维排布模型生成。同时,建立体育馆观众席视觉质量的评价与优化规则,对生成的模型进行评估与修正。在同一平面尺寸限定下,建筑师调整各项参数,重新生成并再次评估,以进行个性化调控与方案比选(图 1)。

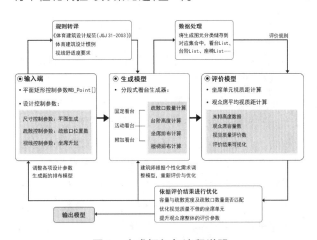

图 1　生成框架与流程说明

2.2 设计参数说明

由于体育建筑的设计技术和功能的复杂性,多种设计规范和惯例规则相互影响,相互制约,故而体育馆观众席的生成是协调各种矛盾的过程。本研究设计过程中参与计算的主要参数分为三类:尺寸控制参数、疏散控制参数与视线控制参数(表 1)。

表 1　设计参数说明解析表

参数类型	参数名称	调整范围
尺寸控制	面宽(length)	30 m<length<60 m
	进深(width)	30 m<width<60 m
疏散控制	疏散宽度(w)	$w \geq 0.6$ m/100 人
	边走道宽度(p)	$p > 0.8$ m
	最大排布数(nMax)	nMax≤26
视线控制	首排至视点水平距离 X_1	$X_1 > 3$ m
	首排眼高值 Y_1	$Y_1 > 2$ m
	排深 d	0.75 m<d<1 m
	视线升高值 c	60 mm<c<120 mm

3 三维模型生成工具开发

3.1 观众席模型生成实验

本研究将体育场馆观众席的生成问题分为三个组成部分:固定看台、活动看台与附加看台,根据输入控制参数进行计算并快速布局实验(图 2)。

```
算法 1:看台座椅与楼梯排布位置计算函数
Input: 看台边"lineToPut",当前获取类型"type",函数调用次数"keyCount"
Output: 可布置楼梯的依赖边集合"stairBases" and 可布置座椅的依赖边集合"seatBases"
1:  lineVec ← lineToPut.getVec
2:  edgeLength ← lineToPut.getLength
3:  if edgeLength ≤ (maxSeatCount×centerDis) then
4:  |   blockCount ← edgeLength/centerDis
5:  |   if blockCount ≤ maxSeatCount/2 and keyCount= 0 then
6:  |   |   startPoint ← lineToPut.getStartPt
7:  |   |   endPoint ← startPoint.add(stairWidth)
8:  |   |   if type = "stairBases" then
9:  |   |   |   stairBases.add (new line(startPoint, endPoint))
10: |   |   |   type = "seatBases" then
11: |   |   |   seatBases.add (new line)
12: |   |   end if
13: |   end if
14: else
15: |   sp ← lineToPut.getStartPoint
16: |   ep ← lineToPut.getEndPoint
17: |   if keyCount= 0 then
18: |   |   sp ← sp.add (stairWidth
19: |   |   ep ← ep.sub (stairWidth
20: |   |   if type = "stairBases" then
21: |   |   |   stairBases.add (new line)
22: |   |   end if
23: |   end if
24: |   edgeCenter ← lineToPut.getMiddlePoint
25: |   stairStart ← edgeCenter.sub(stairWidth/2)
26: |   stairEnd ← edgeCenter.add(stairWidth/2)
27: |   if type = "stairBases" then
28: |   |   stairBases.add (new line(stairStart, stairEnd))
29: |   end if
30: |   leftEdge ← new line(sp, stairStart)
31: |   rightEdge ← new line(stairEnd, ep)
32: |   arrangeBlocks(leftEdge, type, keyCount +1)
33: |   arrangeBlocks(rightEdge, type, keyCount +1)
34: end if
```

图 2　看台座椅与楼梯排布计算方法伪代码

3.1.1 固定看台生成实验

固定看台为体育馆观众席的主体部分,其转角处通常会有折角的形态变化。固定看台的生成和坐席排布受到尺寸、疏散规则和视线规则的控制,呈现一定的规律性变化。固定看台生成器以起始框架、排布距离、转角尺寸和视线控制作为输入参数,通过判断输入尺寸(面宽、进深)进行模式选择,若大于默认活动看台的排布尺寸(即比赛场地四周各排布五阶基于初始参数生成的活动看台后的平面尺寸),则生成固定看台。同时记录内场框架,根据当前排布距离和控制参数计算固定看台的初始容量和相应所需的疏散口数量,并将它们分配到起始框架的边上,获得用于生成看台的起始边集合。

观众席看台升起高度受视线设计影响,本研究以篮球场馆为例,故视点设定在球场边界线的地面上。视线设计的计算可视作一个函数关系,设视线设计整体应变量为 n 排座位眼高 Y_n 和 n 排至视点水平距离 X_n,则有 $Y_n = f(X_1, Y_1, d, c)$,$X_n = f(X_1, Y_1, d, c)$[3]。本研究采用常见于看台设计的逐排计算法进行各阶高度求解,所得的阶高连线为通视曲线:

$$Y_n = (Y_{n-1} + c) \times \frac{X_n}{X_{n-1}}$$

然后,将计算所得的各阶高度集合与各看台起始边输入固定看台单边排布器,进行看台的三维模型生成与看台上坐椅及楼梯的排布计算,使用递归算法求解并生成符合疏散规范的坐席排布方式(图3)。

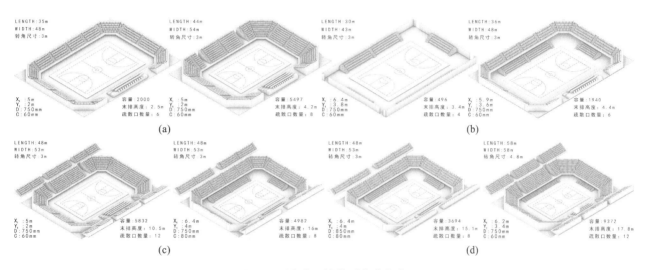

图3 观众席三维模型生成实验
(a)固定看台生成实验;(b)活动看台生成实验;(c)附加看台生成实验;(d)个性化参数调控生成实验

3.1.2 活动看台生成实验

体育馆活动看台根据现有参数计算内场高度与排布距离是否满足最小排布(双阶活动看台)尺寸。内场首先依据设计惯例划分四个满足比赛场地疏散要求的出入口,再以去除疏散口宽度后的新框架为起始边,当前设置的 Y_1 减去人的坐视高度(115 cm)为首层固定看台高度,进行活动看台排布。活动看台升高值不受视线设计函数控制,而是基于可排布的距离和高度,生成阶数合理、缓冲区适度的活动看台。

3.1.3 附加看台生成实验

考虑四周型平面布局的设计惯例,固定看台往往在面宽与进深方向等距布置,依据输入平面尺寸进行最大化地环形排布后,若仍在面宽或进深方向有剩余面积,则进行附加看台的生成,此时,双侧附加看台的排布依旧遵循固定看台的视线与疏散计算规则。

3.2 观众席视觉质量评估实验

体育馆观众席视觉质量是设计和评价体育馆建筑的重要标准。本研究选用以视质距为评价指标的数学模式,通过比较不同席位单元的视质,可以分析和比较不同体育馆观众席设计方案的视觉质量[4]。基于视质距的视觉质量评价模型以比赛场中心为原点,比赛场长轴为 x 轴,短轴为 y 轴重新建立直角坐标系。传入生成的坐席单元集合,并更新其相对位置。根据视质距同心椭圆的假定推导的数学公式将观众席进行分区(图4),以进行全局座椅单元的视质距计算。

由此,可进行观众席视觉质量评估实验,其结果以灰度图的形式直观地反馈给建筑师(颜色越深,视质距越短)。同时可以求得整个比赛厅观众席的最大视质距、最小视质距与平均视质距。建筑师在同一尺寸限定下,通过调整设计控制参数可尝试多种观众席布局模式,并定性定量地对其视觉质量进行评估。在获取

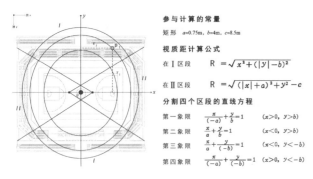

参与计算的常量

矩形 $a=0.75m$, $b=4m$, $c=8.5m$

视质距计算公式

在 I 区段 $R=\sqrt{x^2+(|y|-b)^2}$

在 II 区段 $R=\sqrt{(|x|+a)^2+y^2}-c$

分割四个区段的直线方程

第一象限 $\dfrac{x}{(-a)}+\dfrac{y}{b}=1$ $(x>0,\ y>b)$

第二象限 $\dfrac{x}{a}+\dfrac{y}{b}=1$ $(x<0,\ y>b)$

第三象限 $\dfrac{x}{a}+\dfrac{y}{b}=1$ $(x<0,\ y<-b)$

第四象限 $\dfrac{x}{(-a)}+\dfrac{y}{(-b)}=1$ $(x>0,\ y<-b)$

图 4　分区示意图及视质距计算方法说明

结果后,可对观众席排布结果进行优化,本研究的优化规则为去掉视觉质量不佳(视质距过大)的座椅单元,以缩短其再次评价的平均视质距(图 5)。

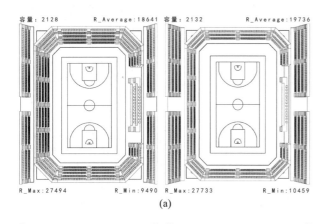

容量:2128　R_Average:18641　　容量:2132　R_Average:19736

R_Max:27494　　R_Min:9490　　R_Max:27733　　R_Min:10459

(a)

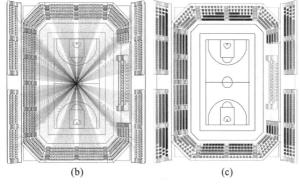

(b)　　　　　(c)

图 5　观众席视觉质量评价实验与优化实验

(a)相似容量观众席视觉质量评价实验;

(b)模拟观众视线示意图;

(c)不良视线坐席优化实验

4　结语

4.1　研究成果

本文探索了基于规则的体育馆观众席三维模型动态生成方法,并在方案设计阶段对观众席视觉质量进行实时评价与优化,辅助建筑师进行高效快速的方案比选。本研究的成果一方面在于通过程序建模的方式对设计规范进行了规则转译,实现了不同平面尺寸下的体育馆三维模型快速生成。另一方面则是即时对生成结果的视觉质量进行定性定量的评价,实现了观众席整体与坐席单元的同步优化,使设计过程更加高效。

4.2　研究展望

为顺应现代体育馆的多功能趋势,应建立多种类型的赛场模块供建筑师选择,同时赛场类型的转变将导致规则的改变[6]。下一步的研究将尝试进行适应多种赛场类型的体育馆观众席三维模型的生成。此外,后续研究将完善观众席排布模型优化方法,除了去掉视觉质量不佳的坐席之外,还应使优化后的观众席座距均匀化、局部看台阶数减少等,同时加深与造型选择的关联,如长短轴排布、三面排布的模式选择与比对,为后续的造型设计与结构选型提供更多参考。

参考文献

[1]　张文涛.体育馆比赛厅剖面视线设计及观众席视觉质量评估的数字化技术研究[D].南京:东南大学,2013.

[2]　刘冰,刘德明.体育馆坐席参数化模型的应用研究[C]//全国高等学校建筑学学科专业指导委员会.模拟·编码·协同——2012年全国建筑院系建筑数字技术教学研讨会论文集.北京:中国建筑工业出版社,2012:6.

[3]　陆志瑛.体育馆剖面视线设计与造型关联研究[D].上海:同济大学,2008.

[4]　卫兆骥.体育馆比赛厅观众席位视觉质量的综合评价指标:视质距[J].南京工学院报,1980(S1):52-60.

[5]　李飚.建筑生成设计:基于复杂系统的建筑设计计算机生成方法研究[M].南京:东南大学出版社,2012.

章周宇[1]　李力[1]　刘一歌[1*]

1. 东南大学建筑学院;101300015@seu.edu.cn

Zhang Zhouyu[1]　Li Li[1]　Liu Yige[1]

1. School of Architecture,Southeast University;101300015@seu.edu.cn

江苏省自然科学基金青年项目(BK20220857)

基于叶子生物变形仿生的建筑数字化生成与建造方法
Digital Generation and Construction Method of Bionic Architecture Based on Leafage Deformation

摘　要:仿生建筑虽然具有众多优点,但与之相伴的挑战是如何构建一个无法用常规的解析函数表达的建筑仿生模型。本文的主要贡献是从自然界以叶子为代表的形变规律中提取了一套可行的仿生建筑数字生成与建造方法。本文以叶子作为生物原型代表,首先,研究了叶子的枯萎变形过程及其原理;其次,通过基于质点—弹簧系统的数字化方法模拟了叶子由二维平面向三维立体的形态转变过程,建立了仿生建筑的生成模型,最后,通过平面织物与弹性框架构成的混合材料系统,构建了基于叶片变形过程的仿生建筑建造模型。上述方法为新时代的智能建筑设计提供了前提基础,为"以数赋智,建构未来"美好愿景提供了技术支撑。

关键词:叶片形变;仿生建筑;质点—弹簧系统;设计方法;建造方式

Abstract:Although bionic architecture has many advantages, the accompanying challenge is constructing models that conventional analytical functions cannot express. The main contribution of this paper is to extract a set of feasible bionics architectural digital generation and construction methods adhering to the central idea of people-oriented from the deformation law represented by leaves in nature. This paper, take the leafage as the biological prototype. The withering and deformation process of the leafage and its principle are studied firstly. Secondly, through the digital method based on the mass-spring system, the shape transformation process of the leaf from the two-dimensional plane to the three-dimensional solid is simulated, and the generative model of the bionic building is established. Thirdly, a bionic building construction model based on the blade deformation process is constructed through the hybrid material system composed of planar fabric and elastic frames. This method provides a foundation for the design of intelligent buildings in the new era, and supports for the beautiful vision of "empowering intelligence with numbers and building the future".

Keywords:Leafage Deformation; Bionic Architecture; Mass-spring System; Design Method; Construction Method

1　引言

仿生学是一门古老又年轻的学科。自古以来,人类通过研究生物体的结构功能与工作原理,创造出适用于人类生产生活的先进技术。随着仿生学的不断发展,仿生学在建筑行业的应用也十分广泛。例如著名的悉尼歌剧院[1],就是从形态手段出发、按照蛋壳特性建造的薄壳建筑。事实上,早在二十世纪二三十年代[2],在苏俄前卫建筑师和意大利未来主义建筑师的创作中就已表现出了一些仿生学的倾向。到了1940年代末,意大利建筑工程师奈尔维通过他的作品有力地证明了在建筑中利用生物界的某些构成法则的巨大潜力。随着科技的发展,仿生建筑的设计不再停留于对生物界某些形态及其构成的简单模仿,而是在综合建筑学与生物学某些共同规律的基础上,通过建筑仿生综合模型来指导设计与建造。

仿生建筑虽然具有众多优点,但与之相伴的挑战是如何构建一个真实有效的建筑仿生模型。一方面,相较于可以用函数进行解析的曲面形式[3],生物形态具有突出的特点,如植物的茎干、根部、树冠乃至叶子,常以不规则曲面构成,在建模和制造上具有一定的难度。另一方面,仿生建筑设计不应仅仅停留在对生物

225

形态的简单再现上,还需要对生物形态背后的发生规律、力学模型进行有效提取和简化,以真正实现结构、材料的高效配置。

针对上文中提及的问题,本文以叶子为代表的生物原型,通过构建建筑仿生学综合模型,提出了一套基于叶子形变仿生的建筑生成与建造方法。本文首先研究了叶子的枯萎变形过程及其原理;其次,通过基于质点—弹簧系统的数字方法模拟了叶子由二维平面向三维立体的形态转变,建立了仿生建筑的生成模型;最后,通过平面织物与弹性框架构建的混合材料系统,构建了仿生建筑的建造模型。本文的主要贡献是从建筑仿生学原理出发,探索以叶子为代表的自然生物形态形变规律,由此构建一套可行的仿生建筑数字生成与建造方法。

2 自然界中叶子枯萎的生物学研究

叶子作为典型的植物器官之一[4],在受到水分供应不足、虫病灾害等影响时会发生枯萎现象。具体而言,该现象与植物叶子的生物结构有关。植物叶子大体上可分为叶肉和叶脉两大部分。植物的叶肉细胞多水而富有弹性,叶脉因木质化而坚硬、不易收缩,而且叶脉多位于叶片的背面,这种特殊的结构导致上层叶肉细胞在秋天失水时显著收缩,而下层叶脉的长度则变化不大,叶片最终发生向上卷曲的现象。

叶子因枯萎而发生形变的过程,可以近似地看作一个自由的二维曲面向三维曲面转变的过程。目前生物学上主要有基于物理的枯萎变形虚拟方法[5]和基于叶脉骨架驱动的枯萎变形方法两类模拟叶子枯萎的方法。基于物理的枯萎变形虚拟方法主要是构建相应的质点—弹簧模型。质点—弹簧模型是一种线性系统,它把物体简化为由一系列相互连接的弹簧组成的系统,利用弹簧质点的运动规律来描述物体的弹性变形过程。陆声链等[6]提出的基于叶脉骨架驱动的变形方法,对叶子枯萎进行模拟。这种方法首先通过交互式地生成叶脉骨架,然后控制叶脉骨架进行运动变形,最后将叶片网格"黏"到变形后的骨架上,实现叶子的枯萎变形模拟。

结合建筑设计与建造的特点,本文选择了第一种生物学模拟方法进行研究,观察真实的叶子样本以初步探索影响叶子枯萎变形的因素。如图1所示,本文共选取了4类叶子,记录了放置于室内第0、1、2、5天的叶子面积和克重,并于同一角度拍摄了叶子正投影的照片用以计算叶子面积。结果表明,法国梧桐的叶子叶脉属于掌状脉序,直观上看叶子枯萎后的形态与其他三种直行脉序叶脉的树叶枯萎后的形态差异较

大。在其他三种树叶中,山茶树的叶肉最厚且叶脉最硬,干枯后叶子明显向主叶脉卷曲变形。而柚子树的叶脉最软,干枯后卷曲程度较小。爬山虎的叶脉软硬适中,叶肉较厚,叶边缘呈锯齿状,叶边缘卷曲变形较为明显。综上,植物叶子枯萎形变主要受叶子的整体形状和叶脉的软硬程度的影响。此外,从枯萎时间横向观察结果来看,同一片叶子枯萎形变状态也受叶肉失水程度影响。

	法国梧桐树叶	山茶树叶	柚子树叶	爬山虎叶
0天	投影面积:169.64cm²(100%) 质量:3.58g(100%)	投影面积:53.98cm²(100%) 质量:1.51g(100%)	投影面积:81.59cm²(100%) 质量:2.83g(100%)	投影面积:75.11cm²(100%) 质量:2.19g(100%)
1天	投影面积:166.62cm²(98%) 质量:2.89g(81%)	投影面积:52.48cm²(97%) 质量:1.04g(69%)	投影面积:72.16cm²(88%) 质量:2.11g(75%)	投影面积:66.18cm²(88%) 质量:1.67g(76%)
2天	投影面积:151.14cm²(89%) 质量:2.03g(57%)	投影面积:40.21cm²(75%) 质量:0.84g(56%)	投影面积:67.87cm²(65%) 质量:1.36g(48%)	投影面积:64.55cm²(86%) 质量:1.03g(47%)
5天	投影面积:119.66cm²(71%) 质量:1.39g(39%)	投影面积:34.50cm²(64%) 质量:0.39g(26%)	投影面积:53.48cm²(66%) 质量:0.43g(15%)	投影面积:57.48cm²(86%) 质量:0.62g(47%)

图1 叶子枯萎形变观测结果

3 仿生建筑的生成模型

3.1 模型构建环境基础

结合上述叶子枯萎变形的生物学研究,本文选择基于质点—弹簧系统变形的叶子生物模型作为建筑仿生模型的基础,去解决无法直接构建自由曲面建筑模型的问题。本文主要使用 Kangroo2 插件(Rhino/Grasshopper 平台)来构建建筑仿生理论模型。Kangroo2 插件是 Grasshopper 平台下的一套基于质子系统的物理模拟插件,用简单的方式来模拟现实世界物理运动,便于我们了解现实物理现象的作业原理,因此可逼真模拟叶子基于质点—弹簧系统发生的枯萎变形过程。与此同时,Rhino 平台也是建筑设计师常用的建筑建模平台之一,用它来构建建筑仿生理论模型相对而言更易操作和调节。

3.2 模型构建流程

整个叶子形态的仿生建筑生成模型的构建流程(图2)可分为如下几个步骤。

第一,根据建筑设计师的设计理念确定 XY 平面框架线。叶子在发生枯萎形变之前可以近乎看作一个

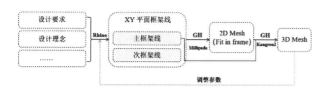

图2　生成模型的构建流程

平面,而任一平面在空间坐标系中一般可用函数 $Ax+By+Cz+D=0$ 表示,建模相对容易可控。本文选用在 Rhino 中构建 XY 平面框架线,该曲线需包含主框架线和次框架线。主框架线为叶子的叶缘和主叶脉,用以进行变形模拟。次框架线为叶子的次叶脉,用以细化生成 2D Mesh(图3)。

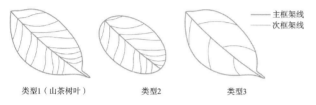

图3　XY 平面框架线示例

第二,根据 XY 平面线生成 2D Mesh。如图4所示,以山茶树叶为例,利用 Grasshopper 的 Millipede 插件,根据输入的 XY 平面线生成极小曲面,模拟叶子叶肉部分的网格划分形式,并可调节网格划分单元的大小。

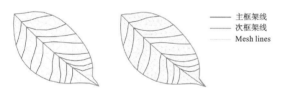

图4　用不同网格密度生成的 2D Mesh

第三,模拟叶子枯萎变形并生成 3D Mesh。如图5所示,利用 Grasshopper 的 Kangaroo2 插件,将输入的 2D Mesh 与 2D 的主框架线构建质点—弹簧联系,并分别设置主框架线(叶脉)和 2D Mesh(叶肉)弹簧收缩的程度,运行 BouncySolver 解算器。此外,可设置迭代次数参数,迭代次数不同,最终模拟的形态也不同。

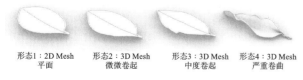

图5　树叶枯萎形变的四种形态

综上所述,根据生成的结果,结合设计师的设计理念,可以适当调节有关参数,重复上述三个步骤,以达到理想的模型形态。

3.3　模型构建参数调节

根据自然界中的叶子样本枯萎变形的生物影响因素,可找寻对应的仿生建筑生成模型形变影响参数。

如图6所示,首先,生物学中叶子的整体形态对应着输入 Rhino 的 XY 平面框架线,是影响整个仿生模型最终形态的关键参数。其次,主叶脉的软硬程度影响的是叶子枯萎变形收缩的方向和变形程度,对应的生成模型是主框架线的弹簧收缩程度参数,参数越大,代表主叶脉失水程度越大,仿生模型形变程度越大。另外,生物学中叶肉细胞失水程度对应着由 XY 平面框架线生成的 2D Mesh 的弹簧收缩程度参数,该参数越大代表模拟的叶肉细胞失水越严重,生成模型收缩变形的程度就越大。需要注意的一个参数是 2D Mesh 预拉伸比例参数,为了向真实叶子靠拢,通过施加预拉伸应力的反向操作,来模拟叶肉细胞不同失水程度,预拉伸比例参数越大,生成模型为回归静定状态而发生的变形程度越大。此外,时间参数对应的是模拟变形中的迭代次数参数,失水时间越长,迭代次数越大,变形的程度也各不相同。

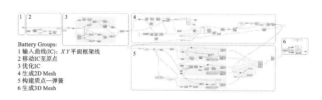

图6　一种原型的 Grasshopper 电池组示例

4　仿生建筑的建造模型

4.1　模型构建流程

为了真实地再现仿生建筑,构建现实的物质建造模型是十分必要的。基于生物界与建筑所共同遵循的构成规律,本文选用织物结构来模拟构建小比例的仿生建筑建造模型。本文选用了黑色的氨纶布料作为建造模型的膜面,基于氨纶富有弹性的材料特性,通过不同比例的预拉伸程度,来反向模拟叶子生物的叶肉失水程度。另外,本文一共选用了 1.2 mm TPU、2.0 mm TPU、2.0 mm PTFE、2.0 mm PU 四种弹性框架材料,来模拟不同粗细和不同软硬程度的叶脉。基于控制变量的实验原则,本文主要以圆形作为基础平面框架轮廓。如图7所示,小比例的建造模型构建流程主要分为以下五个步骤。

(1)材料准备。统一裁剪 n 片 100 mm×100 mm 的正方形黑色氨纶布片,并制作 n 片刻有 120 mm 和 130 mm 标注的空心正方形硬质纸板(固定预拉伸的布片)。

(2)预拉伸布片。利用热熔胶枪,根据预拉伸比例,选定相应位置的锚点固定布片。

（3）绘制框架定位线。可预先裁剪需要形状的纸样，如图7所示，以圆形为示例，用粉笔沿着圆形纸样外轮廓在氨纶布片上画出建造模型的框架轮廓定位线。

（4）黏合框架材料。取下纸样，沿着框架定位线涂满胶状黏合剂，并将弹性框架材料与氨纶布片结合。

（5）裁剪布片并记录变形结果。沿着弹性框架材料外边缘将圆形布片裁剪下来，等待建造模型发生形变，待状态稳定后，记录实验结果。

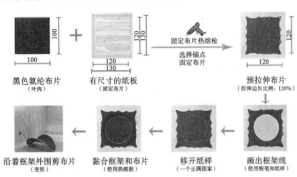

黑色氨纶布片（叶肉） ＋ 有尺寸的纸板（固定布片） → 固定布片热熔枪 选择锚点 固定布片 → 预拉伸布片（拉伸边长比例：120%）

沿着框架外围剪布片（变形） ← 黏合框架和布片（使用热熔胶） ← 移开纸样（一个正圆图案） ← 画出框架线（使用粉笔和纸样）

图7　小比例建造模型实验流程

4.2　建造模型与生成模型实验结果对比

如图8所示，对以圆为基础的平面框架轮廓制作的小比例建造模型进行单一变量控制的实验结果各有不同。

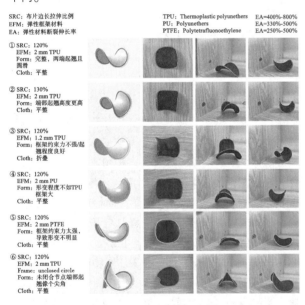

SRC：布片边长拉伸比例
EFM：弹性框架材料
EA：弹性材料断裂伸长率

TPU：Thermoplastic polyunethers　EA＝400%-800%
PU：Polyunethers　EA＝330%-500%
PTFE：Polytetrafluonoethylene　EA＝250%-500%

① SRC：120%　EFM：2 mm TPU　Form：完整，两端起翘且圆滑　Cloth：平整

② SRC：130%　EFM：2 mm TPU　Form：端部起翘高度更高　Cloth：平整

③ SRC：120%　EFM：1.2 mm TPU　Form：框架约束力不强/起翘程度良好　Cloth：折皱

④ SRC：120%　EFM：2 mm PU　Form：形变程度不如TPU框架大　Cloth：平整

⑤ SRC：120%　EFM：2 mm PTFE　Form：框架约束力太强，导致形变不明显　Cloth：平整

⑥ SRC：120%　EFM：2 mm TPU　Frame：unclosed circle　Form：不闭合节点端部起翘像个尖角　Cloth：平整

图8　生成模型与建造模型实验结果对比

第一组实验的单一变量为氨纶布片边长预拉伸比例，模型①整体起翘变形程度更大，端部起拱高度高于模型②。第二组实验的单一变量为弹性框架材料的直径，模型③整体起翘变形程度更大，端部起拱高度高于模型①，但变形后的布面起褶皱处较多，呈软榻形态。

此外，第二组建造模型实验结果与生成模型计算机模拟结果有差异，初步考虑可能是1.2 mm的弹性框架材料较细，对布片的约束力较小，布片变形结果不够理想。第三组实验的单一变量为弹性框架材料的种类，分别选用了直径均为2.0 mm的TPU、PU、PTFE材料，三种材料的断裂伸长率依次递减，建造模型结果表明，TPU材料（模型①）的布片变形结果最佳，PU材料（模型④）其次，PTFE（模型⑤）由于材料最硬，对布片约束力太强，布片变形程度不大，起拱高度最小。第四组实验的单一变量为平面框架轮廓形状，不闭合的圆形框架（模型⑥）在断口处呈尖角状起翘。

5　讨论与展望

本文探索了以叶子形态作为生物原型的建筑仿生学综合模型的构建工作流程与数字生成方法。本文的研究结果表明，该方法具有一定的理论与实践可行性。本文通过研究叶子基于质点—弹簧系统的枯萎变形过程及原理，数字模拟了叶子由二维平面向三维立体的形态转变，以此构建了相应的仿生建筑生成模型。此外，本文还用平面织物与弹性框架等综合材料构建了仿生建筑建造模型，真实再现以叶子等原型为代表的二维平面向三维自由曲面转化的形变过程。虽然建造模型是小比例的织物结构模型，且建造模型与计算机模拟的生成模型存在一定的差异，但基于叶子枯萎变形的生物特性提出的建筑仿生学综合模型，对于自由形态的仿生建筑方案设计与实际构造都具有一定的参考价值。

参考文献

[1]　REY-REY J. Nature as a Source of Inspiration for the Structure of the Sydney Opera House [J]. Biomimetics，2022，7(1)：24.

[2]　吕富珣.走向21世纪——建筑仿生学的过去和未来[J].建筑学报，1995(6)：14-17.

[3]　张浩.空间结构曲面造型算法及程序实现[D].杭州：浙江大学，2005.

[4]　邢方山.植物叶子枯萎虚拟关键技术研究[D].咸阳：西北农林科技大学，2010.

[5]　迟小羽，盛斌，陈彦云，等.基于物理的植物叶子形态变化过程仿真造型[J].计算机学报，2009，32(2)：221-230.

[6]　LU S, ZHAO C, GUO X. Venation skeleton-based modeling plant leaf wilting[J]. International Journal of Computer Games Technology，2009：890917.

张超[1] 李飚[1]

1. 东南大学建筑学院；2818268638@qq.com

Zhang Chao[1] Li Biao[1]

1. School of Architecture，Southeast University；2818268638@qq.com

国家自然科学基金面上项目(51978139)

功能拓扑关系定义下的平面功能布局动态生成的方法研究

Research on Dynamic Generation Modeling Method of Layout Plan Based on Functional Topological Relationship

摘　要：平面功能布局设计是建筑设计的核心内容之一。本文借鉴多智能体的拓扑关系优化方法，尝试平面功能布局动态生成，旨在构建一种抽象的普适性模型方法以解决平面功能布局问题。首先根据房间功能拓扑关系确定子房间在房间中的平面位置，然后进行房间形状的优化以满足子房间面积与形状的要求，最后在子房间内进行家具的动态布置。本研究为设计者构建了一种便利的生成设计方法，以此实现提高平面功能布局设计的质量与效率。

关键词：功能拓扑关系；平面布局；多智能体；动态生成设计

Abstract： Planar functional layout design is one of the core contents of architectural design. In this paper, the topological relationship optimization method of multi-intelligences is used to realize the dynamic generation of planar functional layout, aiming at constructing an abstract universal model method to solve the planar functional layout problem. Firstly, the planar position of the sub-room in the room is determined according to the room functional topological relationship, then the optimization of the room shape is carried out to meet the requirements of the area and shape of the sub-room, and finally the dynamic arrangement of furniture is carried out in the sub-room. This study constructs a convenient generative design method for designers as a way to realize the improvement of the quality and efficiency of the planar functional layout design.

Keywords： Functional Topological Relationships；Floor Plan Layout；Multi-agent；Dynamic Generated Design

1 引言

1.1 研究背景

平面功能布局是建筑设计的核心内容之一，在传统设计模式中设计者需要通过反复计算调整平面布局模式来满足不同功能、尺度的房间设计要求，随着平面布局项目数量的增多，这一过程会消耗大量的时间和人工成本，且布局方案的丰富性有待提高，故有必要对平面功能布局进行深入探索。数字技术的发展使生成设计方法的优势愈加凸显，生成设计方法可以使设计者不再依赖于设计经验就可以快速地在前期进行多种方案的生成和筛选，降低设计成本的同时提升设计效率与质量，因此，构建平面功能布局的生成设计模型方法具有重要意义。

1.2 算法选择

规则系统、多智能体系统、进化算法和数学规划是建筑功能布局设计中常用的四种算法。规则系统和数学规划倾向于寻求一个问题的最优解，经常由于规则的严苛而导致无法求解，而多智能体系统和进化算法则倾向于关注较优解，往往可以获得多种可行解。

平面功能布局设计中，房间功能拓扑关系是其动态生成的根本条件，而面积、形状等约束条件则相对宽松，满足相应功能拓扑关系的房间平面功能布局方式也并不唯一。本文尝试借鉴多智能体的拓扑关系优化方法，构建一种普适性的生成设计模型方法以实现给定房间边界的平面功能布局，并通过实例应用——卫生间平面功能布局的动态生成来验证该模型方法的有效性和合理性。

1.3 既有研究与问题导向

多智能体系统在建筑学领域主要应用于平面功能布局和空间体量布局排布,本文主要聚焦于平面功能布局。

"gen_house2007"(李飚,2007)的程序实验中建立了参数化模型,将子房间预设为矩形多智能体(图1),基于用户输入的房间功能拓扑关系,通过吸引和排斥两种位置移动更新的策略完成各智能体的位置确定,之后对各智能体的长度、宽度、位置和形状继续优化,完成对房间间隙部分的整合处理,从而得到趋于合理的平面功能布局。

图1 矩形智能体平面布局生成过程
(图片来源:参考文献[1])

《功能拓扑关系限定下的建筑生成方法研究》(郭梓峰,2017)中以球形与胶囊形智能体组成的智能体集合 V 和连接关系集合 E 构建多智能体系统 $G = (V, E)$。智能体通过预定义的规则相互作用完成位置拓扑关系的确定,之后通过基于评价函数的进化算法进行房间形状优化来得到理想的平面布局方案(图2)。

(a)   (b)

图2 球形与胶囊形智能体及优化后的房间平面布局
(a)球形与胶囊形智能体;(b)进化算法优化后的房间平面布局
(图片来源:参考文献[2])

上述研究均在程序算法上实现了创新与发展,但仍然具有一定局限:尚未针对确定边界的平面功能布局划分和适应平面功能布局的内部家具生成进行探索。因此,对给定边界的房间实现平面功能布局划分的同时进行适应平面功能布局的内部家具生成排布,是本文的主要研究目标。

2 房间平面布局模型的构建

2.1 多智能体系统的建立

功能拓扑关系是房间平面功能布局生成的核心条件,设计者可使用外部输入文件定义房间功能拓扑关系来实现对生成设计的根本控制。表1所示为设计者预定义的子房间功能类型、目标面积比例系数及功能拓扑关系,其中1代表直接相连,0反之。

表1 预定义子房间功能类型、目标面积比例系数及功能拓扑关系

Itam	Room_A	Room_B	Room_C	Room_D
TargetAreaRate	0.1	0.1	0.4	0.4
Room_A	0	1	1	1
Room_B	1	0	0	0
Room_C	1	0	0	0
Room_D	1	0	0	0

房间平面的多智能体系统 $G = (V, E)$ 由智能体集合 V 与智能体之间的作用规则 E 组成[3]。每个子房间被抽象为一个圆形智能体 $v \in V$,每个智能体的功能类型、目标面积比例系数及功能拓扑关系预先设定,内部可变属性有两项:平面位置与半径。图3所示为圆形智能体与多智能体系统的初始化,即随机生成每个智能体的初始平面位置和半径。

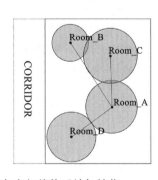

图3 圆形智能体与多智能体系统初始化

智能体的平面位置与半径都随着基于功能拓扑关系、当下面积与目标面积的关系制定的规则进行变化,以得到在房间内的最佳平面位置和半径。其动态演化过程如下:每个智能体完成初始化后,依次调用每条变化规则,根据各条变化规则计算智能体的位置和半径的变化,变化的结果相互叠加,得到其最终的位移变化 d_v,半径变化 r_v。智能体根据变化值更新自身平面位置和半径的属性,最终达到稳态(图4)。

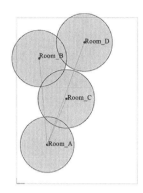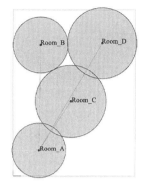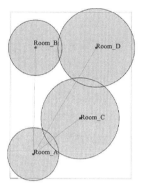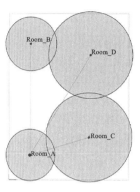

图4 多智能体系统演化

2.2 平面布局生成

多智能体系统完成演化后,确定了每个子房间在房间内的大致位置,在此基础上进行房间形状的优化以满足各子房间对形状与面积的要求。

2.2.1 建立房间网格模型(Mesh)

图5(a)为二维平面上的泰森多边形(Voronoi)图形的示意,其中基点 Site$_i$ 代表平面上具有几何意义的点,细胞 Cell$_i$ 代表基点 Site$_i$ 与其他 $n-1$ 个基点所对应的垂直平分线所确定的那个离它更近的半平面的交集。每个 Cell 都是凸的,且一定会有一些 Cell 是无界的。

图5(b)为设计者得到的完成演化后稳态的多智能体系统,能够获得每个子房间的平面位置。图5(c)表示在给定的房间边界内基于每个子房间的几何位置进行平面的 Voronoi 剖分,以此完成房间平面布局的初始剖分。图5(d)表示对 Voronoi 剖分后的子房间几何信息的处理和存储,以便后续对子房间的形状和面积进行优化。网格模型是一种常用的平面模型,网格模型中多边形的一个顶点被相邻的多个多边形所共享,其中一个多边形的顶点发生移动,共享该顶点的其他多边形也同时发生改变,因此构建房间网格模型便于后续房间的整体优化。建立房间网格模型基于半边数据结构 $G = (V, E, F)$[4]。其中,顶点被若干条半边所共享,每条半边 $e_i \in E$ 记录其两个端点、对边 e_{i_pair}、前后 e_{i_pre} 和 e_{i_next} 以及所在的面 f_i,每个面对应于功能拓扑关系中的每个子房间。

2.2.2 房间网格模型(Mesh)正交优化

出于房间平面功能布局的合理性和普适性考虑,将 Voronoi 剖分结果优化为正交的平面布局,并且在该过程中加入对子房间形状和面积的优化。将 Voronoi 剖分后建立的房间网格模型的每个顶点设置为单独的智能体。如图6(a)所示,每个智能体能够访问到自身角度、所连接的两条半边的长度、所在面的面积属性,其可变属性为几何位置,智能体根据各种规则进行几

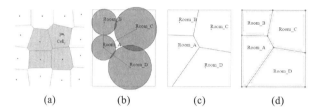

图5 Voronoi 剖分及房间网格模型(Mesh)的建立
(a)Voronoi 图形;(b)稳态的多智能体系统;
(c)Voronoi 剖分;(d)房间的网格模型

何位置的调整更新。

图6(b)、(c)表示房间网格模型顶点与各子房间顶点的相互关系。图6(d)表示依次遍历每个子房间的每个顶点,计算该智能体的位移量 d_v,并将该值累加到该点所对应的房间网格模型顶点的位移量 d_{sum_v} 中,以此进行房间网格模型整体的正交优化。

基于上述过程的优化,可以得到正交化的房间布局模式,从建筑设计模数的角度出发,对房间进行网格划分,并将各子房间的顶点吸附到与之相距最近的网格顶点上,最终完成房间网格模型的正交化(图7)。

2.2.3 房间墙体和门洞的计算

房间网格模型完成正交优化后,进行房间墙体和门洞的计算。基于功能拓扑关系,每个子房间都与 Room_A 直接相连,因此与 Room_A 相连的半边需要开敞或通过门洞相连。对于门洞生成位置的选择过程如下:如图8所示筛选出生成门洞的半边 e_{door},遍历该子房间的每个半边 $e_i \in E$,找出与该半边垂直且距离最近的半边 $e_{ver\_nearest}$,门洞即在 e_{door} 上靠近 $e_{ver\_nearest}$ 的端点处布置,并以其他任意一种完成正交优化的房间网格模型的平面功能布局进行墙体和门洞的计算及生成来验证该计算方法的普适性。

2.2.4 子房间内部家具的生成排布

通过程序读取 DXF 外部文件来构建房间内部平面功能布局的家具库,并在完成墙体和门洞计算的各子房间内部进行相应功能的家具生成排布。图9所示为各子房间内高度抽象的家具生成排布试验结果。

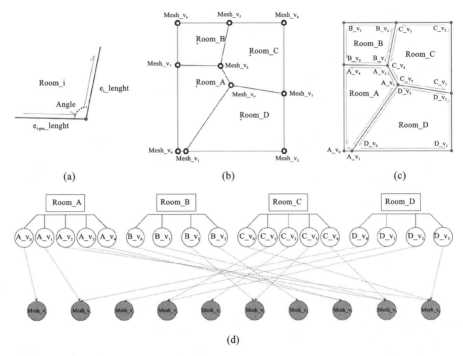

图6　房间网格模型(Mesh)顶点智能体系统

(a)顶点智能体;(b)Mesh模型顶点;(c)各子房间顶点;(d)Mesh模型顶点位移变化的叠加图解

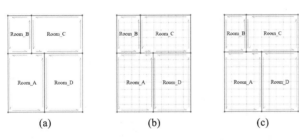

图7　房间网格模型(Mesh)正交化

(a)Mesh网格模型正交化;(b)房间网格划分;

(c)子房间顶点吸附

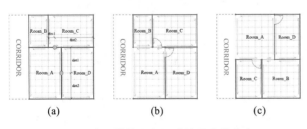

图8　房间墙体和门洞计算及生成试验

(a)门洞位置的计算规划;(b)墙体和门洞的生成;

(c)其他布局的生成验证

3　实例应用——卫生间平面布局生成

图10、图11所示为部分中小尺度和大尺度的卫生间平面布局动态生成结果,实现了多样的房间平面功能布局划分,并为设计者预留了部分可以根据自身设计需要进行二次设计的未定义空间,充分展示了该生

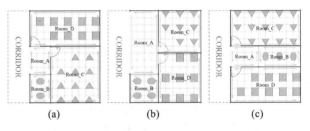

图9　子房间内部家具生成排布试验

(a)家具生成排布实验Ⅰ;(b)家具生成排布实验Ⅱ;

(c)家具生成排布实验Ⅲ

成设计方法模型在各种尺度模式下的普适性和有效性。

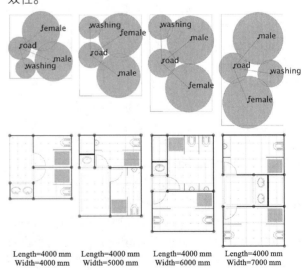

| Length=4000 mm
Width=4000 mm | Length=4000 mm
Width=5000 mm | Length=4000 mm
Width=6000 mm | Length=4000 mm
Width=7000 mm |

图10　中小尺度卫生间平面布局生成

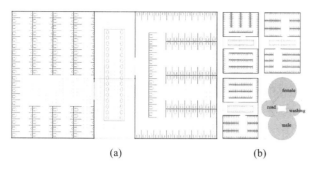

(a)   (b)

图 11　大尺度卫生间平面布局生成
(a)卫生间平面功能布局模式；
(b)同一功能拓扑关系下的其他平面布局模式

4　总结展望

本研究构建了一种给定房间边界的平面功能布局生成设计模型方法，设计者借此可以通过一种功能拓扑关系高效而合理地产生多种设计方案，整体上解决了人工反复计算调整的平面功能布局问题，同时为设计方案带来了更多的可能性。

然而，平面功能布局设计的影响因子具有多维度的复杂特征，包含日照、景观、通风等诸多因素。本研究所构建的方法简化了布局划分的多智能体演化规则，围绕走廊与房间交通空间和房间的连通性进行编写，许多影响因子尚未纳入算法模型。此外，功能拓扑关系的定义是其核心要素之一，当房间功能复杂时，功能拓扑关系的定义将变得尤为耗时。因此下一步的研究中，可以探索利用数据驱动的方式，尝试运用机器学习来高效合理地获取不同功能的房间的功能拓扑关系作为该模型方法的输入，以适应更为复杂和庞大的应用场景。

参考文献

［1］李飚.建筑生成设计——基于复杂系统的建筑设计计算机生成方法研究［M］.南京：东南大学出版社，2012：226-237.

［2］郭梓峰.功能拓扑关系限定下的建筑生成方法研究［D］.南京：东南大学，2017.

［3］张佳石.基于多智能体系统与整数规划算法的建筑形体与空间生成探索［D］.南京：东南大学，2018.

［4］HOVESTADT L. Beyond the grid—Architecture and information technology［M］. Basel：Birkhäuser，2010：12.

刘晓俊[1]　崔灿一辰[1]　林依洁[1]　赵兵[1]　杨茜如[1]　张埂[1]*

1. 西南民族大学建筑学院；cdzhangyin@163.com

Liu Xiaojun[1]　Cui Canyichen[1]　Lin Yijie[1]　Zhao Bin[1]　Yang Qianru[1]　Zhang Yin[1]*

1. School of Architecture，Southwest Minzu University；cdzhangyin@163.com

成都市社科规划项目(2021BS132)

基于回归算法的川西城镇太阳能建筑关键设计参数优化
Regression Optimization for Design Parameters of Solar Collectors in Western Sichuan Counties

摘　要：川西高原气候寒冷，生态脆弱，且化石能源匮乏。但该地区太阳能资源丰富，太阳年总辐射量高达1500 kW/m²，具有极大开发潜力。本文以川西高原典型城镇为例，根据红原、甘孜、理塘、马尔康、松潘5个地区的气象数据，采用回归分析算法，优化太阳能建筑的关键涉及参数，分析了太阳能集热器方位角、倾角对全年单位面积太阳能捕获量的影响规律，进而求得太阳能集热器的最佳安装角度，可为川西城镇太阳能建筑设计提供理论支撑与应用参考。

关键词：川西高原；太阳能集热器；安装倾角；能源效率；回归优化

Abstract：Western Sichuan Plateau is an alpine region of high altitude, low atmosphere pressure and ambient air temperature, lacking of fuels resources. However, local solar energy resources are relatively rich (1500 kW/m²), compared to other places of similar latitudes in China, so the region has great potential of exploration. This paper takes the meteorological data of Hongyuan, Ganzi, Litang, Maerkang and Songpan as illustrative examples to analyze the influence of different azimuths and tilts on the solar energy capture per unit area throughout the year. Then the optimal installation angles of solar flat-plate collectors are deduced out through regression optimization, leading to overall solar energy collecting and exploration efficiency improvement. This work can provide guidance and application reference for solar building system design optimization.

Keywords：Western Sichuan Plateau；Solar Collector；Installation Tilt；Energy Efficiency；Regression Optimization

1　绪论

川西高原太阳能资源丰富，该地区也隶属全国太阳能资源三级分布区之一。同时，因川西高原云量较少，大部分地区总辐射在4500～6400 MJ/m²之间，大部分地区年日照时数在1800 h以上[1]。太阳能资源最丰富的地区年总辐射量超过6000 MJ/m²，年日照时数在2400～2600 h，主要包括石渠、德格、甘孜、理塘、稻城、盐源、木里、阿坝、红原等地；太阳能较丰富的地区年总辐射量基本在5000 MJ/m²以上，大部分地区年日照时数在1800 h以上，全区覆盖面较大，主要地区包括炉霍、色达、康定、雅江、若尔盖、西昌、攀枝花等，太阳能开发利用前景广阔[2]。

如何在现有技术基础上更好地利用太阳能满足城镇能源需求对地区可持续发展有着重大的意义[3]。李婷以红原机场太阳能供暖系统为基础，研究太阳能供暖系统在高海拔寒冷地区的运行性能(蓄热装置的体积、安装倾角等)，发现集热器的有效集热量在倾角为55°时达到最大值。此外，若考虑冬季的太阳能供暖利用需求，红原地区集热器系统的安装倾角的最优值应在当地纬度加＋23°左右[4]。杨涵宇等选取川西6个典型城镇(甘孜、红原、九龙、理塘、马尔康、松潘)的气象数据为背景，研究了平板太阳能集热器逐日、逐月、冬季和全年的最佳安装倾角[5]。

本文以川西高原城镇为例，选取了5个典型地区的气象数据为参考，分析不同方位角、倾角对全年单位面积太阳能捕获量的影响规律，得出太阳能平板集热器的最佳安装角度，可提高当地太阳能的整体采集效率,对川西高寒地区太阳能利用与推广发展有着较为深远的影响。

2 研究对象及研究方法

2.1 研究对象

为排除研究的特殊性,使结论更加科学,本文选定了5个川西地区代表城镇进行模拟计算研究。基本信息如表1所示。

表1 川西5个代表城镇基础信息

地区	经度/(°E)	纬度/(°N)	平均海拔/m	年平均气温/℃
红原	102.33	32.48	3507	2.9
甘孜	99.98	31.62	3410	5.6
理塘	100.27	29.99	4014	3.0
马尔康	102.20	31.90	2600	8.5
松潘	103.59	32.63	2900	7.0

表1给出了川西红原、甘孜、理塘、马尔康、松潘5个城镇的经度、纬度、平均海拔及年平均气温。可以看出其经度在东经99°～104°之间,纬度在北纬29.0°～32.7°之间,基本覆盖甘孜、阿坝两州大部分地区,平均海拔在3000 m以上,年平均气温较低,冬季温度因受海拔影响随高度增加而降低。5个城镇的太阳辐射情况见表2。

表2 川西5个代表城镇太阳辐射情况

地区	年总太阳直射辐射/(kW/m²)	年总太阳辐射/(kW/m²)	全年直射占比/(%)
红原	1189.06	1700.47	69.93
甘孜	1082.65	1823.01	59.39
理塘	621.12	1412.42	43.98
马尔康	484.48	1294.82	37.42
松潘	426.36	1219.07	34.97

由表2可知,川西作为高原地区拥有丰富的太阳能资源,其年总太阳辐射量可达1500 kW/m²左右,其中直射所占比例约为50%,具有较大的应用潜力。

2.2 计算模型

要计算最佳安装角度,首先需要计算固定安装角度上的太阳辐射的热量,再反推解得最佳安装角度。其中,在任意时刻、任意安装角度上的单位面积平面可得到的太阳辐射量:

$$H_T = H_{bT} + H_{dT} + H_{rT} \qquad (1)$$

式中,H_T为总辐射量,W/m^2;H_{bT}为直射辐射量,W/m^2;H_{dT}为天空散射辐射量,W/m^2;H_{rT}为地面反射辐射量,W/m^2。可以看出总太阳辐射量由三部分组成:直射辐射量、天空散射辐射量以及地面反射辐射量。其中直射辐射量:

$$H_{bT} = H_{DN} \cdot [\cos\varepsilon \cdot \sin\beta + \sin\varepsilon \cdot \cos(A - \alpha)] \qquad (2)$$

式中,H_{DN}为法向辐射强度,W/m^2;ε为太阳能平板集热器倾角,°;β为太阳高度角,°;α为太阳方位角,°;A为太阳能平板集热器方位角,°。天空散射辐射量:

$$H_{dT} = H_d \cdot (1 + \cos\varepsilon)/2 \qquad (3)$$

式中,H_d为天空散射辐射强度,W/m^2,可见当平板为水平状态时天空散射辐射量最大。地面反射辐射量:

$$H_{rT} = \rho \cdot H \cdot (1 - \cos^2\varepsilon)/2 \qquad (4)$$

式中,ρ为地面反射系数,草地取$0.17 \sim 0.22$,水泥地取$0.30 \sim 0.37$,雪地取0.7;H为水平总辐射强度,W/m^2。

从上述主要公式中,可以将任意时刻单位面积平面上可收集太阳辐射量主要影响因素总结为以下几点:①当地的太阳水平总辐射、太阳直射辐射量,受当地的经纬度、海拔等地域因素影响;②当地的太阳散射辐射量,以参考气象数据库为主;③日期序列,决定了计算过程中所需的赤纬、时差等参数;④接收太阳辐射平面的倾角以及方位角。在实际工程中,可控因素仅为平面的倾角和方位角,故研究太阳能平板集热器的安装角度十分有必要。

3 计算结构及分析

在前文所述的计算模型以及现行规范基础上,本文选择方位角范围为$-65° \sim 65°$,其中0°表示正南向,正东负西,除0°外以每10°为间隔,共计15个方位点来进行计算。另外倾角方面取$0° \sim 90°$(即从水平到垂直),每10°为间隔共计10个倾角点来进行组合计算。最后根据不同倾角、方位角组合下得出的太阳能收集情况来研究其安装角度对辐射量的影响规律。

3.1 不同方位角影响情况及分析

以红原县、理塘县为例,本节主要研究在几个固定倾角下不同方位角对太阳辐射收集量的影响曲线。倾角方面参照规范建议值(当地纬度±25°)取10°、30°、50°,另取0°、90°两极端,共计五类倾角,在上述倾角下的不同安装方位角变化对太阳辐射捕获量的影响情况如图1、图2所示。

当平面存在一定倾角时,太阳能捕获量随着方位角从$-65°$向0°变化而呈现出明显的上升趋势且在0°附

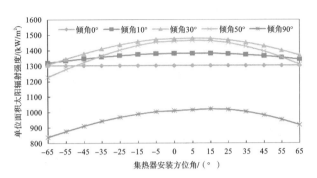

图1 红原县几种倾角条件下不同方位角对太阳辐射捕获量影响

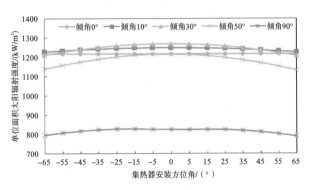

图2 理塘县几种倾角条件下不同方位角对太阳辐射捕获量影响

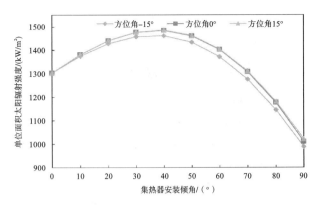

图3 红原县几种方位角条件下不同倾角对太阳辐射捕获量影响

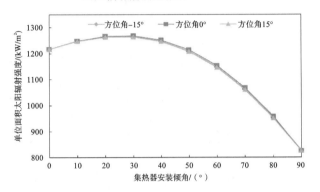

图4 理塘县几种方位角条件下不同倾角对太阳辐射捕获量影响

近达到峰值,随后方位角从0°向65°变化时,太阳能捕获量开始由峰值缓慢下降。由于0°倾角等同于水平面,故并未有变化趋势;当倾角靠近当地纬度时变化趋势较大且太阳能捕获量相较于其余几个倾角为最大;当倾角为90°时,其最佳方位角偏离0°最大且太阳能捕获量最少。根据图中结果可得,在方位角设定范围(−65°~65°)内,红原县太阳能捕获量随方位角变化最大衰减可达17.92%,理塘县太阳能捕获量随方位角变化最大衰减可达6.70%,故方位角的变化对太阳能捕获量有一定影响。

3.2 不同倾角影响情况及分析

同样以红原县、理塘县为例,本节主要研究在几个方位角下不同倾角对太阳辐射收集量的影响曲线。方位角参照规范建议值(0°±20°)取0°、−15°、15°共三类方位角,在上述倾角下的不同安装方位角变化对太阳辐射捕获量的影响情况如图3、图4所示。

可以看出当方位角一定时,单位面积太阳能捕获量随倾角变化而呈现出一条抛物线的趋势,捕获量伴随倾角从0°增大开始缓慢上升,当倾角为30°时理塘县太阳能捕获量达到其峰值,当倾角为40°时红原县太阳能捕获量达到其峰值,而后随着倾角的增大太阳能捕获量呈下降走势,且下降幅度较上升幅度更大。同一

倾角下−15°~15°方位角对其影响较小,最大不超过3.27%。根据图中结果可得若倾角在设定范围(0°~90°)内,红原县太阳能捕获量随倾角变化最大衰减可达32.36%,理塘县太阳能捕获量随倾角变化最大衰减可达34.97%,因而相比方位角,倾角的变化对太阳能捕获量有着更为重要的影响。

3.3 回归优化结果及对比分析

仍选取红原县、理塘县为例,通过不同倾角以及方位角的组合计算,可得出其太阳能捕获量随安装角度变化的规律见图5、图6。图中x轴为太阳能板方位角的不同取值;y轴为倾角的不同取值;z轴为在不同倾角及方位角的基础上的单位面积太阳能捕获能力。根据图5、图6所示,两地最大太阳捕获能力可达1486.85 kW/m²;最佳安装倾角红原县约为40°,理塘县约为30°;最佳安装方位角红原县约为5°,理塘县约为0°(即正南向),见图5、图6中★点,两者总体变化趋势非常接近。另外,从图中还可更明显地看出,其太阳能捕获能力随倾角变化波动较大,随方位角变化波动较小。

在上述计算模型基础上,参考各地区的逐时太阳辐射量,可算出当地一定安装角度平面全年的单位面积太阳辐射量。经规划求解可得各地区最佳太阳能平板集热器安装角度,如表3所示。

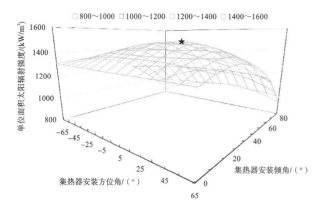

图 5　红原县全年太阳能捕获能力随倾角和
方位角的变化规律

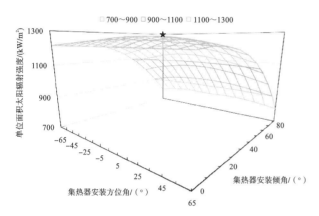

图 6　理塘县全年太阳能捕获能力随倾角和
方位角的变化规律

表 3　各地区太阳能平板集热器最佳安装角度

城镇	经度/ (°E)	纬度/ (°N)	平均 海拔 /m	最佳 方位 角/(°)	最佳 倾角/(°)
红原	102.33	32.48	3507	8.469	38.047
甘孜	99.98	31.62	3410	0.434	33.609
理塘	100.27	29.99	4014	−1.430	26.243
马尔康	102.20	31.90	2600	−1.209	24.249
松潘	103.59	32.63	2900	−0.276	22.379

从表 3 中可以看出,对于川西不同城镇,其最佳安

装倾角平均在 30°左右,与纬度差值最大不超过 11°,属于现行规范标准"当地纬度±25°"的推荐范围以内,但若盲目地在规范中进行倾角取值,其太阳能捕获能力最大衰减可达 11.47%。安装方位角除红原县外均在 0°左右,所有城镇的计算结果也属于现行规范"0±20°"的推荐范围以内,但若盲目地根据规范进行取值,最大衰减可达 8.89%。

4　结论

本文通过对川西 5 个代表城镇进行不同安装角度下太阳能捕获能力的模拟计算,最终得到以下结论。①对于同一地区,基于全年的太阳能辐射捕获量人为可控因素主要为太阳能平板集热器的安装角度(倾角、方位角),其中,倾角变化对捕获量的影响程度远大于方位角变化对其的影响。②对于不同地区,太阳能平板集热器最佳安装方位角、倾角差异不大,且均在现行规范建议范围内。③若在现行规范内盲目确定其安装倾角,太阳能平板集热器捕获能力最大衰减可达 11.47%,若盲目地根据规范选取方位角,其捕获能力衰减率可达 8.89%。可见根据项目地区的气象、地域等情况因地制宜,参数化设计太阳能设备安装角度,对提高太阳能利用效率,进而减少系统初投资以及后期维护费用等极具重要性。本文研究方法与初步结果可为川西城镇太阳能建筑设计提供理论支撑与应用参考。

参考文献

[1]　路绍琰,吴丹,马来波,等.中国太阳能利用技术发展概况及趋势[J].科技导报,2021,39(19):66-73.

[2]　韦玉臻.自然要素对四川藏区河谷型城镇空间结构影响研究[D].成都:西南交通大学,2017.

[3]　刘加平,杨柳,刘艳峰,等.西藏高原低能耗建筑设计关键技术研究与应用[J].中国工程科学,2011,13(10):40-46.

[4]　李婷.太阳能供暖在红原机场的应用研究[D].重庆:重庆大学,2014.

[5]　杨涵宇,金正浩,龙恩深.川西高寒城镇太阳能集热器最佳安装倾角的精准预测研究[J].四川建筑科学研究,2019,45(2):100-110.

V　建筑信息模型的应用与发展

张皓雷[1]　王嘉城[2]　唐芃[1*]

1. 东南大学建筑学院；549744983@qq.com
2. 东南大学建筑设计研究院有限公司

Zhang Haolei[1]　Wang Jiacheng[2]　Tang Peng[1*]

1. School of Architecture,Southeast University;549744983@qq.com
2. Architects & Engineers Co.,Ltd. of Southeast University

国家自然科学基金项目(52178008)

基于 Revit 二次开发的中国传统建筑大木作研究
——宋营造法式标准斗拱的数字化生成

Research on Chinese Traditional Architectural Woodwork Based on Revit Secondary Development：Digital Generation of French Standard Dougong in Song Dynasty

摘　要：本研究基于 Revit 族库系统的独特优势，通过 Revit 二次开发对中国传统木构建筑构件斗拱实现数字化生成，基于 Revit 平台，使用 c# 语言进行插件开发，该插件能够根据设计师对斗拱的形制要求快速生成数字模型并能直接导出斗拱各构件和整体的施工图详图。本研究在传统木构建筑保护方面做出一定探索和贡献；在数字化转译方面，对传统木构建筑构件之间的组合关系进行数字化转译，为未来的研究奠定基础，保护传统营造技艺；在工程意义上，在实际项目中，有效地减少重复劳动，提高工程效率。

关键词：传统木构建筑；营造法式；斗拱；数字化；Revit 二次开发

Abstract：This study is based on the unique advantages of the Revit family library system, and uses Revit secondary development to achieve digital generation of traditional Chinese architectural components such as dougong. Based on the Revit platform and using C# language for plugin development, this plugin can quickly generate a digital model according to the designer's requirements for the shape of the dougong and directly export the detailed construction drawings of each component and the entire dougong. This study has made certain explorations and contributions in the protection of traditional wooden buildings; In terms of digital translation, the combination relationship between ancient Chinese architectural components is digitized to lay the foundation for future research and protect traditional construction techniques; In terms of engineering, in practical projects, it effectively reduces repetitive labor and improves engineering efficiency.

Keywords：Traditional Wooden Architecture；Yingzao Fashi；Dougong；Digitization；Revit Secondary Development

1　引言

中国传统木构建筑是中国古代社会、文化的重要载体，是中国人民智慧的集中体现，蕴含着巨大的保护和发展价值。近年来，随着中国人民文化自信的增强和对传统文化的提倡，在建筑领域，传统样式的项目越来越多。同时，中国建筑行业正面临着数字化转型。其中，传统木构建筑的数字化尤为重要，并得到了社会各界的广泛重视。但在实际项目中，面对复杂的传统建筑构件，无论是数字化模型的建立还是施工图纸的绘制，都会消耗设计师大量时间且效果和准确性也无法保障。尤其是古建筑中最为复杂的构件——斗拱，在实际项目的设计和施工中，都会产生大量重复性劳动和难以避免的绘图错误。这一切都说明，在传统建筑样式的实际项目中，设计师亟须获得能够辅助建模、绘图和设计推敲的工具。

1.1　对于《营造法式》的相关解读和研究

宋代官式建筑是传统建筑中的典型代表和优秀案

例,具有较高的研究价值。同时,宋代诞生了中国古建领域的权威著作《营造法式》,其中详细规定了官式建筑各构件的等级、尺度、比例、用材,可以为本研究提供足够的数据支持。但《营造法式》也有一些设计参数的规定较为模糊,大量专家学者对其做出了研究和解读,如张十庆在《〈营造法式〉栱长构成及其意义的再探讨》中提出了唐宋斗栱立面构成上的材栔格线与栱心格线这两个基本格线关系,是此后所有斗栱立面尺度关系组织和筹划的起点与基石[1]。喻梦哲和惠盛健在《〈营造法式〉上、下昂斜率取值方法探析》中,对宋官式建筑斗栱中昂的斜率的计算进行了详细地研究[2]。本研究对于斗栱的建模数据则主要来源于潘德华和田永复的相关研究[3][4]。

1.2 传统木构建筑数字化研究方法

在传统木构建筑数字化研究上,近年来也有很多学者进行了探索。韩婷婷在《基于 BIM 的明清古建筑构件库参数化设计与实现技术研究》中,建立了中国传统建筑构件库的设计方法、包括构件库的信息分类体系、参数化设计和信息化管理[5]。张嘉航、林阅春、李永红在《关于 BIM 技术在中国传统建筑设计中的一些研究——以富阳天钟山项目为例》中,利用 Revit 平台在实际项目中进行了图纸—模型—施工图的全流程实践[6]。但目前为止,还没有对宋代官式建筑中的斗栱进行基于 Revit 平台并使用 c♯ 语言进行二次开发的,通过族库系统实现不同类型、尺度的斗栱模型的快速生成的详细研究。本研究将对这一空白进行填补。

2 宋营造法式标准斗栱的数字化生成

2.1 传统木构建筑构成关系数字化转译

《营造法式》中明确规定了建筑构件的模数制度,即"材份制",其中,"枓栱"(即斗栱)中栱的截面尺寸为一"材",栱与栱之间所填木料的截面尺寸为一"栔",一"材"加一"栔"为一个"足材"。而"材""栔"和份值之间有着简单的数学关系[7],即:

$$一"材" = 份值×15,一"栔" = 份值×6$$

根据材份制,斗栱中的所有构件尺寸均可使用份值的倍数进行表示,各构件之间的位置关系也同样可以用份值的倍数确定。在本研究中,笔者将《营造法式》中对宋式斗栱中构件及构件间组合关系的规定进行了整理和数字化转译,并用数学公式进行表达。例如,栌枓尺寸的数字化转译见表1,四铺作插昂补间铺作中各构件之间的组合关系转译见表2。

表 1 栌枓尺寸的数字化转译(部分)

参数	参数值
枓长	份值×32
枓宽	份值×32
枓高	份值×20
槽口宽	份值×10
歆凹半径	歆短边长×2.625
歆短边长	份值×4
歆高	份值×8
耳高	份值×8

(来源:作者自绘)

表 2 四铺作插昂补间铺作中各构件之间的
组合关系转译(部分)

构件名称	相关构件	位置关系
华栱连插昂	栌枓	栌枓定位点 z 坐标+份值×12
要头	华栱连插昂	华栱连插昂定位点 z 坐标+份值×21
橑枋头	要头	要头定位点 z 坐标+份值×21

(来源:作者自绘)

2.2 基于 c♯ 语言的 Revit 插件开发

以对《营造法式》中规定数字化转译后的数学公式为基础,在 Revit 软件中开发快速生成斗栱模型的插件。需要建立斗栱所有构件的族库,再使用 c♯ 语言编写斗栱构件之间的组合关系,完成 Revit 插件的开发。该插件主要实现的功能是根据设计师对于斗栱的形制要求快速生成斗栱的数字模型,借助 Revit 平台直接导出斗栱各构件和整体的详细图纸,快速得到斗栱中所有构件的统计表。该插件可以充分利用 Revit 族库系统的优势,程序的运行只需调用创建好的族并组合,大大简化了模型生成的运算过程,提高了程序的运行速度。综上所述,项目整体研究逻辑如图1所示。

3 基于 Revit 的插件开发

3.1 斗栱构件族库的建立

Revit"族"是建模体系中的重要组成部分。在 Revit 中,可以通过在对应位置载入多个族组合成最终

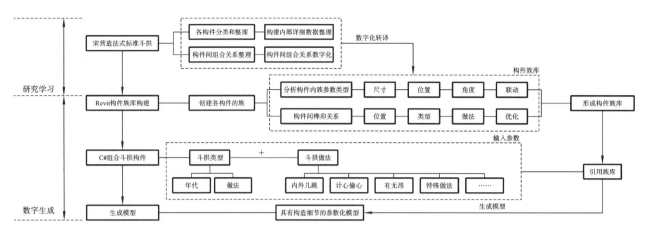

图1 项目开发逻辑图

(图片来源:作者自绘)

的模型。Revit 自建族可以自由地设置参数公式,通过改变参数的数值来控制实际模型的尺寸。简单来说,Revit 模型的建立本质上是"族"的建立和"族"之间的组合。

在本研究中,笔者将所有构件族细化到榫卯层次。一方面更加贴近实际项目的需要;另一方面,榫卯结构是中国传统木构建筑体系中非常有价值的一部分,对榫卯结构创建数字化模型,有助于保护传统的营造技艺。

3.2 斗拱创建及部分代码

创建好斗拱中的所有构件族后,需要在 Revit 中用 c♯ 语言编写函数将各构件组合起来,最终形成完整的斗拱模型。这一步首先需要将《营造法式》中规定的构件之间的组合关系进行数字化转译。因为栌枓是整个斗拱位置最靠下的构件,所以笔者选择以栌枓的定位点为基础计算其他构件的定位点。如六铺作重栱单抄双下昂、里转五铺作重栱出两抄、并计心补间铺作中华栱与栌枓之间的位置关系可以转译为数学公式:HG_pt = new XYZ(LD_pt. X, LD_pt. Y, LD_pt. Z + fenzhi_convert×12),其中 HG_pt 为华栱的定位点,LD_pt 为栌枓的定位点,fenzhi 为份值。同样的方法可以计算出所有构件的定位点,部分公式如表3所示。

表3 六铺作重栱单抄双下昂、里转五铺作重栱出两抄、并计心补间铺作部分构件定位点计算(部分构件)

层数	构件名称	构件位置	定位点	定位点公式
第一层	栌枓		LD_pt	
	泥道栱	栌枓上的泥道栱	NDG_pt	XYZ NDG_pt=new XYZ(LD_pt. X, LD_pt. Y, LD_pt. Z+fenzhi×12)
	泥道栱间楔		NDGJX_pt	XYZ NDGJX_pt=new XYZ(NDG_pt. X, NDG_pt. Y, NDG_pt. Z+fenzhi×15)
第二层	慢栱	泥道栱上的慢栱	MG_pt	XYZ MG_pt=new XYZ(NDG_pt. X, NDG_pt. Y, NDG_pt. Z+fenzhi×21)
	瓜子栱	华栱上的瓜子栱	GZG_pt1	XYZ GZG_pt1=new XYZ(HG_pt. X, HG_pt. Y+fenzhi $*$ 30, HG_pt. Z+fenzhi×21)
			GZG_pt2	XYZ GZG_pt2=new XYZ(HG_pt. X, HG_pt. Y-fenzhi $*$ 30, HG_pt. Z+fenzhi×21)

(来源:作者自绘)

计算出各构件的定位点后,定义生成函数,再以确定族构件定位点——使用生成函数创建族实例为生成逻辑编写程序,为每个构件重复该过程即可生成完整的斗拱模型。

3.3 UI 界面设置

为保证使用时的方便快捷,整体 UI 界面较为简洁(图2)。图2中左上部两个选择框可以选择准备生成的构造部件和参考做法,为之后的扩充开发留下空间。

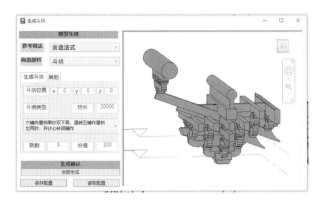

图 2　UI 界面

（图片来源：自行开发程序界面）

斗拱的模型生成中需要设计师输入的数据有五个，

分别为：①斗拱位置（以坐标的形式输入）；②斗拱类型，共有 15 种，即：单拱，重拱，把头绞项造，料口跳，四铺作壁内用重拱，四铺作插昂补间铺作（图 3），四铺作插昂柱头铺作，四铺作插昂转角铺作，五铺作补间铺作，五铺作柱头铺作，五铺作计心转角铺作，五铺作偷心转角铺作，六铺作重拱单抄双下昂、里转五铺作重拱出两抄、并计心补间铺作（图 4），六铺作重拱单抄双下昂、里转五铺作重拱出单抄、外计心柱头铺作，六铺作重拱单抄双下昂、里转五铺作重拱出两抄、并计心转角铺作；③枋长（单位为毫米）；④跳数；⑤份值（单位为毫米）。输入这些数据后，程序就可以直接生成对应形式斗拱的数字化模型并支持后续的编辑处理。

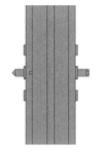  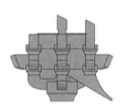 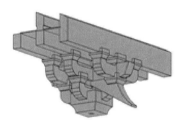

图 3　四铺作插昂补间铺作模型生成

（图片来源：程序生成）

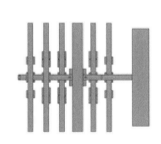  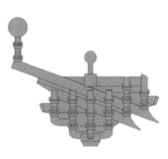 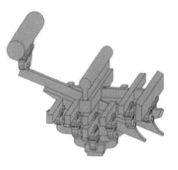

图 4　六铺作重拱单抄双下昂、里转五铺作重拱出两抄、并计心补间铺作模型生成

（图片来源：程序生成）

4　结论

在中国建筑行业开始数字化转型的背景下，传统木构建筑的数字化模型生成、数字化保护、数字化施工愈发重要。但是，传统木构建筑的设计、施工和保护中还存在着大量的重复性劳动和低效的数据创建和检索。这些都亟待传统木构建筑加快数字化的脚步[8]。

本研究就是对传统木构建筑数字模型快速生成的一次尝试，实际效果也证明本研究开发的设计工具能

够大幅度减少设计师的工作量，也能帮助设计师推敲设计方案。另外，本研究对中国传统木构建筑的构件和构件之间的组合关系进行了数字化转译，为未来的研究奠定基础的同时也能保护珍贵的传统营造技艺[9]。

最后，本研究还存在以下几个问题：①本研究的模型生成并没有与实际项目中的施工联系起来，还须继续深化；②目前学界对于《营造法式》的解读还存在一些争议，本研究中的数据可能会有错误；③在设计师的

设计推敲过程中,如果程序中的斗拱组合方式更自由则会有更大的作用。

中国传统木构建筑是一个极为复杂的体系,本研究只涉及很小的一部分,对于更多的传统建筑形式和构件的数字化,还需要之后的研究者继续完善。

参考文献

[1] 张十庆.《营造法式》栱长构成及其意义的再探讨[J].建筑史学刊,2022,3(1):4-10.

[2] 喻梦哲,惠盛健.《营造法式》上、下昂斜率取值方法探析[J].建筑师,2020,206(4):35-45.

[3] 潘德华.斗栱[M].南京:东南大学出版社,2004.

[4] 田永复.中国仿古建筑设计[M].北京:化学工业出版社,2008.

[5] 韩婷婷.基于BIM的明清古建筑构件库参数化设计与实现技术研究[D].西安:西安建筑科技大学,2016.

[6] 张嘉航,林阅春,李永红.关于BIM技术在中国传统建筑设计中的一些研究——以富阳天钟山项目为例[J].建筑设计管理,2020,37(2):73-78.

[7] 李诫.营造法式[M].北京:人民出版社,2006.

[8] 方林娜.古建筑构件数字化保护及其应用[J].中国建筑装饰装修,2021,219(3):44-45.

[9] 吴佳波,张露芳,刘肖健.中国古建筑数字化设计研究——以斗栱为例[J].大众文艺,2018,430(4):152-153.

赵光颖[1] 孟庆林[1*]

1. 华南理工大学建筑学院，亚热带建筑与城市科学全国重点实验室；arqlmeng@scut.edu.cn

Zhao Guangying[1] Meng Qinglin[1*]

1. State Key Laboratory of Subtropical Building and Urban Science, School of Architecture, South China University of Technology; arqlmeng@scut.edu.cn

国家重点研发计划(2021YFC2009400)

基于 BIM-IoT 的室内物理环境辅助设计方法研究
Study on Indoor Physical Environment Aided Design Method Based on BIM-IoT

摘　要：温湿度和空气质量是影响身体健康的重要因素，对室内物理环境进行实时监控，可有效避免环境问题导致的人体不适。本文利用 Arduino 微控制器集成了一套监测系统，协同 BIM 软件建立了环境数据与建筑模型的联系，实现了室内环境数据的实时可视化。该方法分为数据接收、反馈与显示，通过集成传感器获取五类环境参数，利用可视化编程软件 Dynamo 对数据进行接收、处理及分析，实现 BIM 与 IoT 的联动应用，并通过色彩提示辅助建筑师做出设计决策。

关键词：室内环境监测；BIM-IoT；辅助设计；Arduino；Dynamo

Abstract: Temperature, humidity and air quality are important factors affecting health. Real-time monitoring of the indoor physical environment can effectively avoid human discomfort caused by environmental problems. This paper integrates a monitoring system with Arduino microcontroller and establishes the connection between environmental data and building model in collaboration with BIM software to realize real-time visualization of indoor environmental data. This method is divided into data receiving, feedback and display. Five types of environmental parameters are obtained through integrated sensors. Visualization programming software Dynamo is used to receive, process and analyze the data, and the results are visualized to realize the linkage application of BIM and IoT, so as to assist architects to make design decisions through color prompts.

Keywords: Indoor Environmental Monitoring; BIM-IoT; Aided Design; Arduino; Dynamo

1 引言

1.1 研究背景

温湿度、空气质量是影响身体健康的重要因素，采用室内环境监测系统监测环境参数并实时反馈，可有效避免环境问题导致的人体不适。室内环境监测通常涉及复杂的电路和诸多的仪器设备，并辅以专业精密的操作。监测结果存在反馈不及时，操作不便，测试成本高，测试后数据处理过程繁杂，无法达到数据可视化目标的问题，且自动化数据采集大多数现有的技术不允许使用者访问相关算法并进行个性化修改，数据难以获取[1]。

研究拟按照个性化需求定制环境监测内容，并将数据传输至建筑信息模型中，实现虚拟环境与物理环境的信息联动。

1.2 研究现状

目前，国外已有许多环境数据与建筑信息模型联动的应用研究，其中，Hamza 等[2]设计"动态 PMV"方法，将 BIM 模型与 IoT 传感器收集的温湿度数据联动，对建筑物内部热舒适实时三维可视化。W. T. Sung[3, 4]等利用 IoT 传感器与 BIM 模型联动，并控制环境调节设备，实测验证了基于舒适、通用和节能三种模式的热舒适和节能效果，以达到热舒适与节能的平衡。I-Chen Wu[5]开发了 COZyBIM 系统，利用 IoT 技术最大限度地减少建筑信息建模中真实情况与模拟情况之间的差异。

以上研究说明了 BIM-IoT 在室内环境监测与调节方面应用的可行性，在设计、运营和维护阶段均有研究前景。但由于 BIM 模型与 IoT 传感器的实时数据集成方面的研究还在起步阶段[6]，尚需要一套辅助设计流程来解决不同使用场景和需求的应用问题。本文基于 BIM-IoT 建立环境数据与建筑模型的联系，实现室内环境数据的实时可视化，辅助建筑师做出设计决策。

2 研究方法与流程

2.1 总体架构设计

环境参数集成主要由三个部分组成：物联网传感器系统、关系数据库、BIM(图 1)。

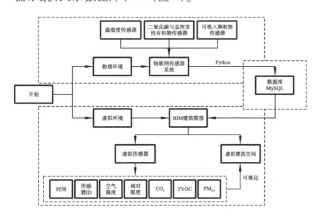

图 1 基于 BIM-IoT 的室内物理环境辅助设计系统原理图

第一部分物联网传感器系统由单片机微控制器来集成各类传感器，按照指定时间间隔获取房间的环境数据。第二部分关系数据库在 MySQL 环境中建立，用于储存和更新传感器实时数据。第三部分基于 BIM 建筑模型，利用可视化编程软件 Dynamo 编写模块，读取数据库中储存的环境值，并用最新数据更新模型中虚拟传感器参数，并可视化在建筑空间中。

2.2 传感器系统建立

本研究主要对空气温度、相对湿度、可吸入颗粒物 $PM_{2.5}$、CO_2、TVOC 共 5 类环境参数进行监测。

在以集成传感器和计算机技术为主的环境监测方式中，以单片机为核心的控制系统体积小、操作简单、量程宽、性能稳定、测量精度高，在生产生活的各个方面发挥重要作用[7]。其中，Arduino 是一款使用 Atmel AVR 的开源单片机，它基于开放源代码的软硬件平台，可按照需求编译程序并获取数据，本研究将数据读取间隔时间设定为 1 分钟。

常用温湿度传感器 DHT22 是有已校准数字信号输出的温度与湿度复合传感器，测量精度较高、成本低、硬件电路简单、抗干扰能力强、响应时间短。SGP30 是一种用于测量室内空气质量参数如 CO_2 与 TVOC 的传感器，稳定性强，测试范围广，易于集成到空气净化器、通风系统和物联网中。夏普光学粉尘传感器 (GP2Y1014AU)是常用的空气净化系统原件，可有效检测空气中细密颗粒，通过检测空气中的灰尘反射光来判断灰尘的含量，测试得到的值可代表空气质量，0～75 为非常好，75～150 为很好，150～300 为好，300～1050 为一般，1050～3000 为差，大于 3000 为很差。所用模块具体参数见表 1。

表 1 环境监测传感器参数

图片	型号	检测指标	量程	尺寸/mm	使用环境条件
	DHT22	空气温度 相对湿度	-40～125 ℃/($\pm$0.5 ℃)；0～100%/($\pm$2～5)%	28×12×10	—
	GP2Y1014AU	可吸入颗粒物 $PM_{2.5}$	最小粒子检出值：0.8 μm	46×30×17.6	-10～65 ℃
	SGP30	TVOC CO_2	TVOC:0～60000 ppb CO_2:400～60000 ppm	12×12×1.6	-40～85 ℃ 10%～95%

(来源：产品资料)

Arduino 微控制器用于接收物理环境数据信号，输入端分别与环境监测传感器的输出端连接，输出端与电脑连接并发送数据。传感器模块硬件连线图如图 2 所示，温湿度监测采用 DHT22 传感器，如图 2(a)和图 2(b)所示；CO_2 与 TVOC 监测采用 SGP30 传感器，如图 2(a)和图 2(c)所示；可吸入颗粒物监测采用 GP2Y1014AU 传感器，如图 2(a)和图 2(d)所示。传感器系统实物图见图 3。

2.3 建筑信息模型建立

系统实验地点为广州市某医院病房，采用

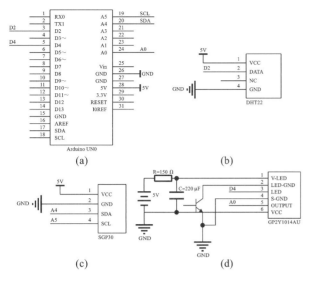

(a)

(b)

(c)

(d)

图 2 传感器模块硬件连线图

(a)Arduino 微控制器接口图;

(b)DHT22 与 Arduino 硬件连线图;

(c)SGP30 与 Arduino 硬件连线图;

(d)GP2Y1014AU 与 Arduino 硬件连线图

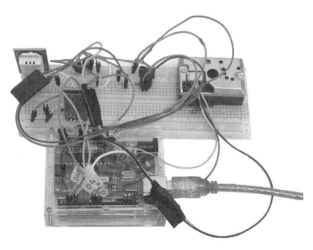

图 3 传感器系统实物图

Autodesk Revit 建虚拟建筑模型,见图 4 。在建立 BIM 房间模型后,在模型中嵌入虚拟传感器模块,在建模过程中为传感器嵌入与 MySQL 储存数据相对应的参数: "LatestDateTimeText" "SensorID" "Temperature" "Humidity" "$PM_{2.5}$" "CO_2" "TVOC"。 其中, "LatestDateTimeText"表示数据测量的日期和时间, "SensorID"用于将物理传感器与虚拟传感器对应,以满足房间内有多套传感器的测试情况。其余参数对应物理传感器传输至 BIM 平台中的数据。

病房卧室尺寸为 4.8 m×3.4 m,将虚拟传感器模块置于靠近病床的床头处,距离地面 1.2 m 左右,重点监测患者长时间停留的病床区域。

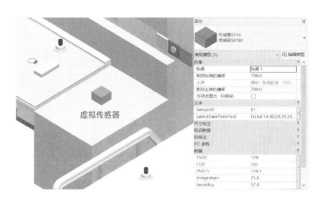

图 4 病房 BIM 模型及虚拟传感器模型

2.4 环境信息传输及收集

研究基于前文传感器系统,设置 Arduino 微控制器每分钟将传感器的测量时间及测量值数据传输至电脑,通过 Python 编程将数据存入 MySQL 数据库,以便留有历史数据(图 5)。需要在数据库中定义表格及所有基本参数,表头信息与 BIM 模型虚拟传感器参数对应,"log_id"为从串口获取数据的条数,其余参数分别对应建筑虚拟模型中"LatestDateTimeText" "Temperature" "Humidity" "$PM_{2.5}$" "CO_2" "TVOC"。

log_id	time	temperature	humidity	pm25	co2	tvoc
7	Fri Jul 14 00:07:26 2023	24.9	52.2	1445.99	400	0
12	Fri Jul 14 00:07:26 2023	24.9	51.7	215.52	400	0
17	Fri Jul 14 00:08:27 2023	25	53.2	231.93	667	95
22	Fri Jul 14 00:09:27 2023	25.2	57.4	629.78	625	129
27	Fri Jul 14 00:10:27 2023	25.5	58.3	732.32	718	179
32	Fri Jul 14 00:11:27 2023	25.8	60.2	674.89	721	181
37	Fri Jul 14 00:12:27 2023	26	61.6	272.94	661	158
42	Fri Jul 14 00:13:27 2023	26	59.6	186.81	595	117
47	Fri Jul 14 00:14:27 2023	25.9	57.8	178.61	552	97

图 5 MySQL 数据收集

2.5 环境信息实时展示

利用 Autodesk Revit 中可视化编程平台 Dynamo 作为连接虚拟建筑模型与真实环境数据的桥梁,读取 MySQL 数据库储存和更新捕获的传感器数据,并设置传感器图例。当"Temperature>26 ℃""Humidity>80%""$PM_{2.5}$>1050 $\mu g/m^3$""CO_2>1000 ppm""TVOC>154 ppb"[8]时,虚拟传感器为红色,否则绿色。判断程序如图 6 所示。

将房间内空调打开,测试时间段内结果显示,平均温度为 25.89 ℃,湿度为 58.72%,$PM_{2.5}$ 测试值为 320.43 $\mu g/m^3$,CO_2 为 623 ppm,TVOC 为 119 ppb,均在健康舒适限值范围内,传感器虚拟模型保持颜色为绿色。

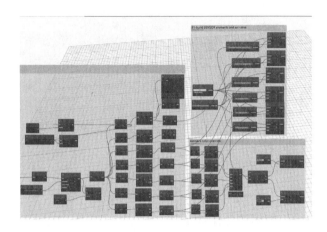

图 6 环境判断程序

3 结语与展望

本研究集成了一套监测系统，协同 BIM 软件建立了环境数据与建筑模型的联系，实现了室内环境数据的实时可视化，并收集历史数据，减少了传统测试方法中的数据处理时间。操作简单，测试便捷，测试成本低。避免模型使用第三方软件的格式转换，减少了建筑信息模型中信息丢失的可能性，可帮助建筑设计人员在前期设计环境实测阶段了解情况，做出设计决策。

本文传感器数据尚为有线传输，后续可在数据无线传输方面进一步研究，同时，可结合热舒适模型进行整体空间环境可视化。

参考文献

［1］ VALINEJADSHOUBI M，MOSELHI O，BAGCHI A，et al. Development of an IoT and BIM-based automated alert system for thermal comfort monitoring in buildings［J］. Sustainable Cities and Society，2021(66)：102602.

［2］ ZAHID H，ELMANSOURY O，YAAGOUBI R. Dynamic Predicted Mean Vote：An IoT-BIM integrated approach for indoor thermal comfort optimization［J］. Automation in Construction，2021(129)：103805.

［3］ SUNG W T，HSIAO S J，SHIH J A. Construction of Indoor Thermal Comfort Environmental Monitoring System Based on the IoT Architecture［J］. Journal of Sensors，2019(2019)：2639787.

［4］ SUNG W T，SHIH J A. Indoor Thermal Comfort Environment Monitoring System Based on Architecture of IoT［C］//2018 International Symposium on Computer，Consumer and Control（IS3C 2018）. 2018：165-168.

［5］ WU I C，LIU C C. A Visual and Persuasive Energy Conservation System Based on BIM and IoT Technology［J］. Sensors，2020，20(1)：139.

［6］ TANG S，SHELDEN D R，EASTMAN C M，et al. A review of building information modeling（BIM）and the internet of things（IoT）devices integration：Present status and future trends［J］. Automation in Construction，2019(101)127-39.

［7］李明亮. Arduino 开发从入门到实战［M］. 北京：清华大学出版社，2018.

［8］中华人民共和国住房和城乡建设部，国家市场监督管理总局. 民用建筑工程室内环境污染控制标准：GB 50325-2020［S］. 北京：中国计划出版社，2020.

陈慧琳[1]　郭俊明[1,2]　周红[1]

1. 湖南科技大学建筑与艺术设计学院；2212977035@qq.com
2. 地域建筑与人居环境研究所

Chen Huilin[1]　Guo Junming[1,2]　Zhou Hong[1]

1. School of Architecture and Art Design, Hunan University of Science and Technology; 2212977035@qq.com
2. Institute of Regional Architecture and Human Settlements

教育部人文社科项目(19YJAZH027)；湖南省自然科学基金项目(2022JJ30250)

基于 BIM 技术的山地旅馆建筑公共空间生成研究
——以"织苑"旅馆设计为例

Research on the Generation of Public Space in Mountain Hotel Buildings Based on BIM Technology : Taking the Design of "ZhiYuan" Hotel as an Example

摘　要：本文针对旅馆设计中公共空间布局与视线互动的关键问题，以空间互动性为切入点，明确"人因自然而生，人与自然共生"的思路，从确定公共空间与自然的位置关系，到增进人与自然的视线交互，进而丰富空间体验。设计中运用BIM技术建立视觉模型，联合Massmotion对旅馆人流进行分析，结合插件Dynamo的可视化编程，通过视线分析加强人与自然的联系，进一步优化公共空间，实现山地旅馆建筑公共空间的生成。通过研究，探索如何增加公共空间与自然的互动性，并加强建筑的趣味性和自然性，为山地旅馆的公共空间生成设计提供思路。

关键词：BIM技术；山地旅馆；空间生成；自然需求；空间体验

Abstract：Aiming at the key issues of public space layout and eye interaction in hotel design, this paper takes spatial interactivity as the starting point to clarify the idea of "man is born from nature and coexistence between man and nature", from determining the position relationship between public space and nature to enhancing the eye interaction between man and nature, thereby enriching the spatial experience. In the design, BIM technology is used to establish a visual model, and Massmotion is used to analyze the flow of people in the hotel, combined with the visual programming of the plug-in Dynamo, strengthen the connection between man and nature through line-of-sight analysis, further optimize the public space, and realize the generation of public space in mountain hotel buildings. Through research, explore how to increase the interaction between public space and nature, and enhance the interest and naturalness of architecture, so as to provide ideas for the public space generative design of mountain inns.

Keywords：BIM Technology；Mountain Lodges；Spatial Generation；Natural Needs；Space Experience

1　引言

山地旅馆随着旅游业的发展备受关注，且随着我国"旅游强国"战略的提出[1]，旅游行业在我国发展过程中扮演着越来越重要的角色，带动了经济发展，促进了人们的出行和旅游。旅游的蓬勃发展促进了旅馆建筑的快速发展，而结合山地地形的休闲度假旅馆因广

受欢迎而成为社会各界尤其是建筑师的关注，如何创造互动性、趣味性、自然性的公共空间已成为旅馆建筑的创作方向，特别是山地旅馆建筑设计中如何提高公共空间与自然景观互动性，更是山地旅馆设计关注的重点。传统的建筑设计和规划往往局限于二维平面，无法全面考虑各种因素对空间布局和效果的影响。BIM(建筑信息模型)在建筑空间优化方面的运用是当

今建筑行业的一个重要趋势,BIM 技术通过将建筑的各个组成部分以三维模型的形式整合在一起,可以更好地模拟和分析建筑空间,并在设计和规划阶段进行空间优化。因此,BIM 在建筑设计中应用较为广泛[2]。本文对 BIM 技术的运用主要体现在两个方面:①通过 BIM 技术,创建仿真场地模型,并确定植被、水域等要素的位置。在场地模型的基础上建立可视化建筑模型,运用三维建模工具来规划和布局山地旅馆的公共空间;②使用 BIM 插件 Dynamo,创建自定义脚本来执行复杂性任务,提供更灵活、更高级的数据,并通过对人与自然的视线交互分析来优化公共空间。由于传统 BIM 在分析人流密集度方面存在局限性,因此,在整合 BIM 功能的基础上,融入 Massmotion 进行人流仿真模拟。

本文结合课程设计——"织苑"旅馆设计,探索 BIM、Massmotion 软件在旅馆公共空间生成设计中的运用,设计更加合理有趣、互动性强、亲近自然的山地旅馆公共空间。

2 研究问题和方法

2.1 研究问题

随着山地旅馆建筑的快速发展,人们对山地旅馆的质量提出更高要求。山地旅馆公共空间逐渐向空间与自然融合、空间多样化、多感官体验等方面发展。本设计主要研究公共空间与自然融合,着重思考以下两个问题:①场地内自然景观无序:本设计的场地属于山地地形,地势复杂,虽然自然元素丰富,绿植种类繁多,却呈现出自然景观无序的现象,如何对场地自然景观进行梳理和筛选是需要着重考虑的问题。②公共空间与自然景观联系较弱:自然景观作为山地旅馆的重要组成部分,在本次旅馆设计中,为了达到旅客在公共空间内具有良好的观景体验、与自然景观互动性强的目的,笔者对公共空间与景观设计进行了综合考虑,特别是公共空间与自然景观的位置关系以及旅客与自然景观的视线互动问题。

2.2 研究方法

本文主要通过运用软件研究山地旅馆公共空间的生成:①BIM 技术在建模中的运用:BIM 有不同类型的工具可供选择,本方案选用 Revit 软件创建建筑信息模型。②Dynamo 数据可视化:Dynamo 是内置于 Revit 中的一种可视化编程工具,采用节点(Node)和线(Wire)的形式来表示程序逻辑。通过连接节点来创建工作流程图,实现数据的操作和转换。通过编写自定义脚本,自动生成或修改 Revit 模型中的元素、参数和属性。以 Dynamo 读取和写入 Revit 模型中的数据,实现与 Revit 之间的双向通信。Dynamo 使用数据流的方式传递和处理数据,使用节点来读取、转换和操作所需要的数据,将数据运用到不同的设计阶段。③Revit 与 Massmotion 联动:以 Massmotion 与 Revit 的集成实现数据的直接传输和共享,将 Revit 中的建筑模型导入 Massmotion 中,用于人流仿真和分析。集成后,Massmotion 的仿真结果在 Revit 中可视化展示,在 Revit 的 3D 模型中看到人流的动态效果,从而更好地评估设计的实际效果。

3 实践应用

3.1 场地模拟

3.1.1 场地现状分析

场地位于湖南省长沙市马头村,场地南、东、西南三面环水,场地中含有丰富的绿植(图1)。本文对场地的绿植种类、密集程度、生长年限、绿植现状等进行调研,分别选择五处植物进行范围划分,对其进行保留和景观设计,作为本设计的五个主要景观节点,以此推演建筑整体布局并生成形体(图2)。

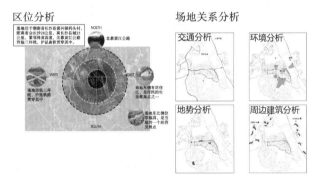

图1 场地分析图
(图片来源:作者自绘)

3.1.2 BIM 建立场地信息模型

本文基于 Revit2022 建立建筑场地模型(图3)。将现有的地形图数据导入 Revit,在工具栏中选择"质量和造型"选项卡下的"基于模型的建筑部件",选择"地形"生成基本的地形模型。使用修改工具进行调整,在属性编辑器中修改高度、宽度、长度等参数,构建较为精准的场地模型。选择 Revit 的族库内容,在场地中添加水体、植物等景观节点要素(图4)。

3.2 公共空间的生成

3.2.1 借助 Massmotion 人流模拟确定公共空间的位置

(1)创建 BIM 模型。

在 Revit 建好的场地模型基础上进行建筑基本结

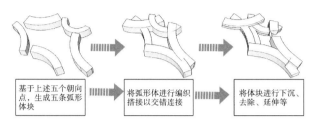

图2　主要景观节点及形体生成

（图片来源：作者自绘）

图3　Revit建立场地模型

（图片来源：作者自绘）

图4　总平面图

（图片来源：作者自绘）

构模型的搭建，其内容主要包含了建筑主体平面、连接各平面间的楼梯、主要围护结构与可通行的门洞等，将不同功能区域用不同楼板进行区别，确保Revit模型包含准确的几何形状。除此之外，在Revit创建模型的过程中，准确设置每个楼层的高度、建筑物的进出口位置，以及设置通道和路径的位置和尺寸等。

（2）对Revit模型进行定义和配置。

在Massmotion中，以Filter模块提取Revit模型中的几何体，在Revit模型中导入Massmotion后，设置楼板、连接、楼梯、人群和障碍物。在该软件中，旅客路径的层级关系为"楼板≥障碍物≥连接≥楼梯"，因此，在模拟运行时，"楼板"是第一要素，它限定了旅客的模拟范围；建筑物、墙、栏杆、构筑物等均为不可跨越的空间，可以简化为"障碍物"，各不同功能区域之间的联系可以简化为"连接"；最后，垂直交通工具用"楼梯"进行表达（图5）。

（3）设置旅客路径模式。

在Massmotion中进一步深化模型参数设置，将方案出入口设置为人流的主要来源，其他功能区域设置为人流的次要来源，将自然景观点根据其状态设置不同的吸引力。在Massmotion的编辑模式下，直接在建筑模型中点击选择或手动输入坐标来确定旅客起点和

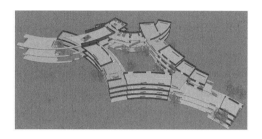

图5　定义后的结构模型

（图片来源：作者自绘）

终点的位置。为简化计算，本文主要设置了"门厅—餐厅—住房"三者之间的路径联系来进行人流模拟。将门厅、住房、餐厅分为三大区域，每两个区域彼此相连（门厅—住房，餐厅—门厅，住房—餐厅）形成六条路径方向，然后根据可能经过的景观点丰富路径。六条路径方向确认后，将旅客的路径设置为"出行矩阵"和"循环游走"两种模式。在"出行矩阵"模式下，旅客只能从指定路线起点出发，走最常规路线到达指定终点；在"循环游走"模式下，旅客可以在指定路线起点到指定路线终点的过程中被建筑周边不同景观点吸引驻留，到达指定终点后又重新开始一轮游走。另外，对于每个路径点，设置速度、停留时间以及其他相关属性，通过设置人员在特定路径点的行走速度或停留时间，以模拟现实世界中的行为（图6）。本文假定旅馆人流量为200人，设置"出行矩阵"模式为100人，"循环游走"模式为100人，对旅客属性进行设置，进行旅客流线仿真模拟，最终可直观地看到人流聚集的区域，根据人流密集度可以初步确定本方案设计中公共空间的基本位置（图7）。

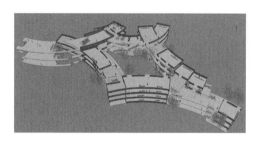

图6　仿真模拟过程图

（图片来源：作者自绘）

3.2.2　利用Dynamo视线分析确定公共空间的范围

（1）空间识别与划分。

根据人流密集度已知公共空间的基本位置，在Revit模型中将公共空间定义成房间（图8）。在Dynamo中，将模型连接到空间步骤节点的输入端口，使用节点识别和提取模型的房间信息，同时提取景观的边界线。以一个公共空间为例，识别公共空间的房

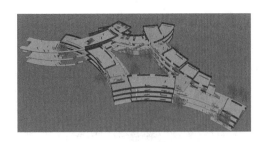

图 7　仿真模拟结果图

（图片来源：作者自绘）

间边界，根据边界建立曲线平面，使用 Surface. PointAtParameter 网格划分的节点，根据需要配置网格划分节点的参数，将曲线平面进行 UV 网格划分，网格相交处形成点，通过调整节点参数设置网格的大小和密度，网格划分越小、点越密集则越准确（图9）。

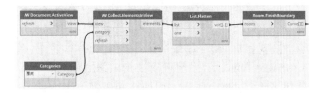

图 8　房间识别

（图片来源：作者自绘）

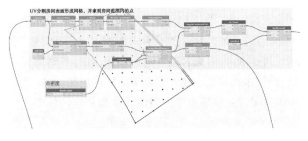

图 9　空间网格点划分

（图片来源：作者自绘）

（2）将网格点定义为视点。

为了测量公共空间不同位置与景观的视线交互情况，将公共空间网格内的点定义为视点，运用 Geometry. Translate 平移节点将网格中的点在垂直方向上进行 1700 mm 的平移，以模拟人的视点高度（图 10）。现代技术测定人的双眼合同视野达到最佳时的水平视域一般在 60°夹角左右[3]。由于人的视线垂直于景观点的视野范围较侧向面对景观点的视线范围要好，所以为简化计算，根据人为筛选与判定，设定视点与景观角度垂直，且视线水平视域夹角设定为 60°。使用 Vector. ByTwoPoints 向量节点，在已知的所有视点位置创建 60°水平视域夹角，视线方向垂直景观的向量。放射的视线射线向量与模型中设置的景观障碍进行视线碰撞模拟，形成碰撞点。最终得到网格中的所有点的向量发射情况，以此来表示公共空间中不同位置的视线情况（图 11）。

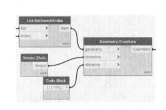

图 10　视点偏移　　　　**图 11　公共空间视线**

（图片来源：作者自绘）　　　（图片来源：作者自绘）

（3）结论判定。

将步骤（1）中提取的景观范围线，转化为景观障碍面（图 12）。使用节点 Geometry. Intersect 连接多个视线射线向量与景观障碍面，进行视线碰撞模拟，通过判断两者是否相交，得出碰撞情况。

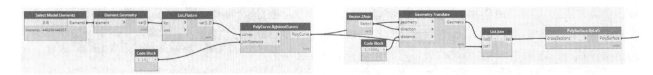

图 12　节点景观成面

（图片来源：作者自绘）

经过系列几何计算得出，射线与景观障碍发生碰撞＝视线与景观发生交互，射线与景观障碍未发生碰撞＝视线与景观不发生交互（图13）。最终可以统计得出完全被遮挡的视线、部分被遮挡的视线、完全未被遮挡的视线（图14）。视线全部与景观碰撞定义为视线最佳，视线部分与景观碰撞定义为视线良好，视线完全未

与景观碰撞则定义为视线不佳。对视点进行统计，视线最佳的视点保留，视线不佳的视点去除，部分遮挡的视点根据需求适当去除或保留，保留下来的视点范围即为最终的公共空间范围。

山地旅馆往往相较于其他类型旅馆具备自然景观更好的特点，为使旅客能有更多的视觉体验，本文在部

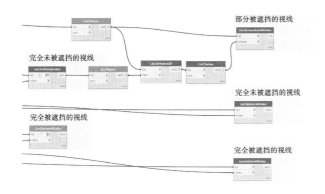

部分被遮挡的视线

完全未被遮挡的视线

完全未被遮挡的视线

完全被遮挡的视线

完全被遮挡的视线

图13　视线分类图

（图片来源：作者自绘）

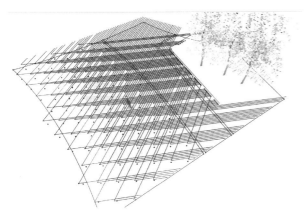

图14 视线展示

（图片来源：作者自绘）

分公共空间内布置了观景台以确保在观景台能够最大限度地眺望周围景观，并创造良好的视野效果。本文将观景台的位置布置在公共空间中视线最佳范围内，并根据楼层和景观点的大小确定观景台的大小以及出挑范围，为旅客创造更多与自然景观互动的机会。

4　结语

本文通过旅馆设计公共空间生成研究，结合数据，得到以下结论：①可以通过 BIM 对场地、建筑进行精准化建模，让人更直观地了解相关信息数据，同时可以将二维平面与三维模型结合起来对设计进行修改；②利用 Massmotion 对建筑中的人流进行密集度分析，得到人流在景观处聚集的结果，顺应高密集人流的区域增加公共空间，确保公共空间布局的合理性，提高公共空间的利用率；③利用 Dynamo 可视化编程对公共空间范围进行视线分析，保留视野范围好的空间、淘汰视线范围不好的空间，进一步的确定公共空间。本文以空间互动性为切入点，从确定公共空间与自然的位置关系着手，强调人与自然的视线交互，创造丰富公共空间，加强人与自然的联系，达到优化公共空间的设计目标，从而实现了山地旅馆建筑公共空间的生成体验。

参考文献

［1］　魏礼群.全面建设世界旅游强国［J］.全球化,2016,55(2):8-29,132.

［2］　刘芳.BIM 技术在建筑工程项目中的应用研究［D］.大连:大连海事大学,2020.

［3］　游昊星.基于视线分析的商业中心区塔式高层建筑形体控制研究［D］.重庆:重庆大学,2013.

张司懿[1,2,3]　邓广[1,2,3*]　黄青[4]

1. 湖南大学建筑与规划学院;dengguang@hnu.edu.cn
2. 丘陵地区城乡人居环境科学湖南省重点实验室
3. 湖南省地方建筑科学与技术国际科技创新合作基地
4. 湖南长大建设集团股份有限公司

Zhang Siyi[1,2,3]　Deng Guang[1,2,3*]　Huang Qing[4]

1. School of Architecture and Planning, Hunan University;dengguang@hnu.edu.cn
2. Hunan Key Laboratory of Sciences of Urban and Rural Human Settlements in Hilly Areas
3. Hunan International Innovation Cooperation Base on Science and Technology of Local Architecture
4. Hunan Changda Construction Group Stock Co., Ltd.

装配式竹结构 BIM 建模与分类编码研究
Research on BIM Modeling and Classification Coding of Prefabricated Bamboo Structure

摘　要:国家绿色减碳的需求为发展装配式竹结构提供了良好机遇。建筑信息模型(Building Information Model,BIM)技术作为新兴计算机技术,在建筑领域应用广泛。文章从应用特点、构件特征、构件信息方面对装配式竹结构的 BIM 建模技术进行分析。基于 Revit 软件,新建项目样板和构件族库,作为 BIM 的实现前提。根据竹结构构件属性和特征进行分类编码,实现数据库协同管理。

关键词:BIM 技术;装配式竹结构;建模;分类编码

Abstract: The national demand for green carbon reduction provides a suitable opportunity for the development of bamboo structure. BIM (Building Information Model) technology, as an emerging computer technology, which has been widely promoted in the construction field. The paper analyzed the BIM modeling technology for prefabricated bamboo structure from the aspects of application characteristics, component features, and component information. Based on Revit software, a new project template and component family library were created as the premise for the implementation of the BIM. Classification coding were carried out according to the properties and characteristics of bamboo structural components to realize collaborative database management.

Keywords: BIM Technology;Prefabricated Bamboo Structure;Modeling;Classification and Coding

　　我国竹材资源丰富,被称为"竹子王国"。科学现代化的管理、培育和加工技术大大提高了竹材的利用率,使其成为可永续利用的建筑材料。建筑信息模型(Building Information Model,BIM)技术是建筑领域近年来的热门词汇,如果预制和模块化建筑是建筑生产的革命,那么 BIM 将成为重要的技术手段[1]。本文通过分析研究 BIM 技术在装配式竹结构的应用,落实生态可持续理念,推动绿色发展。

1　装配式竹结构 BIM 建模技术

1.1　应用特点

　　BIM 技术是以三维数字为基础,将工程项目全生命周期的各个阶段的技术、软件、信息等整合于一个信息模型中,模型作为信息的载体,与信息同时生成[2]。运用 BIM 技术建立的装配式竹结构模型包含很多种竹构件,每一类竹构件都具有自身属性以及特定编号。竹构件的参数统称为竹构件的属性,模型是所有构件参数信息的集合体。通过竹构件的组合,如墙体、屋盖、楼盖、门窗、梁、柱等,共同形成整个模型,且互相关联。BIM 技术在信息完善性上具有明显优势,包括材料名称、结构参数、使用性能以及项目设计的信息。此外,质量评估、成本使用、材料明细及清单等也能在 BIM 技术中体现。

1.2 构件特征

装配式竹结构所使用的材料规格尺寸通常为 40 mm×90 mm、40 mm×140 mm;结构覆面板有竹胶合板、石膏板、竹挂板等,通用尺寸为 1220 mm×2440 mm,厚度有 9 mm、12 mm、15 mm、18 mm 和 24 mm 等[3]。这些具有统一规格的构件为装配式竹结构信息化模型设计奠定了基础。

1.3 构件信息

基于 BIM 建模软件 Revit 所建立的信息模型具有可视化、实时协同性、数据共享等优势。可对设计创建的竹结构"族"赋予参数,包括材质信息、尺寸信息、文本信息、结构强度、防火等级、标识数据、热工参数、物理参数等。通过对构件信息的约束,实现以"族"的形式载入项目。

1.4 项目样板的建立

1.4.1 设计项目样板的必要性

在 Revit 软件平台,项目样板是一个全面系统的文件,相当于一个模板,为项目设计提供初始设定。包含了已定义的设置,如单位、填充样式、图案、材质参数、视图比例、视图样板以及已载入的"族"等。项目样板中的内容主要源于设计过程中的积累,因此所使用的样板文件是不断完善的。在项目样板文件的作用下,每进入一个新的项目不需要重复修改参数设置,且能满足特定设计领域的需要和习惯,这种方式有效提高了设计人员的建模效率。竹结构基于 Revit 的建模存在材质、构件规格等特殊性,需要重新创建"族"并载入。故有必要针对竹结构的需求设计一套专用的项目样板。

1.4.2 单位设置

单位设置主要参考《木结构设计标准》(GB 50005—2017)[4]以及我国建筑行业通用单位。竹结构建模需要有一套完整的单位体系,在针对竹结构的项目样板中设置符合该建筑体系需求的单位,可避免因单位换算造成的一系列问题。Revit 软件中项目单位设置的规程包含公共、结构、电气、管道、能量和 HAVC 六个大类,可用于建筑、结构、机电、暖通等领域。本研究主要针对竹结构用单位进行逐一设置。由于是建筑模型的建立,因此样板文件应选择建筑样板。以修改应力单位为例(图 1),规程为结构,修改格式为 N/mm²,舍为一个小数位,完成应力单位的设置。其余单位修改方式可参考应力单位的设置。

1.4.3 建立材质库

Revit 软件中内置的材质库不含有竹结构通常使用的围护结构材料,如竹胶合板、重组竹、竹层积材等。

图 1 应力单位设置

(a)项目单位;(b)格式设置

因此,基于材质管理,应创建材质新库以储存竹结构的系列材质,并命名为竹结构材质库。以建立"竹挂板"材质为例:新建材质,命名为竹挂板,并对材质进行着色与表面图案的选取,颜色赋予是为了在后续建模中对不同模块或材质类型进行区分(图 2)。

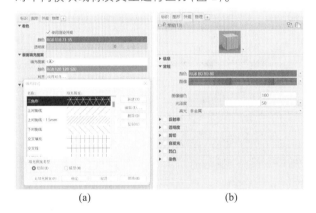

图 2 材质设置

(a)材质着色与图案填充;(b)材质外观

1.5 系统族的设计创建

1.5.1 层次分析

层次分析是系统族创建的关键。以墙体为例,不同层级定义不同,对应的材料也不同(表 1)。层级数量可根据建模需要进行增添或减少。层规则是数字越小,优先级越高,优先级高的放中间,优先级低的靠外层。在墙体的多层次构造中,包括包络属性,选择墙属性,分为"在插入点包络"以及"在端点包络"。若需要单独设置每层构造的包络,可在墙体复合材质设置框选项栏中进行包络命令的勾选。

表 1 墙体层次分析

层次名称	定义
结构[1]	必须在核心边界内
衬底[2]	其他材质基础的材料,如胶合板或石膏板

层次名称	定义
保温层/空气层[3]	保温材料/隔音材料
涂膜层	防止水蒸气渗透的薄膜,厚度为0
面层1[4]	通常是外层,如外墙的外部
面层2[5]	通常是内层,如外墙的内部

注:1.核心层厚度必须>0,所以涂膜层必须在核心边界外,非涂膜层的厚度须≥4 mm;2.层次的编号与名称均源于软件系统。

1.5.2 系统族

系统族是建筑模型的重要构成部分,可进行复制与修改,不能载入。系统族主要分为墙体族、楼盖族和屋盖族。图3所示为常规的墙体、楼板和屋盖设计的工程做法示意,和轻型木结构做法类似,一般以竹胶板作为面层,以石膏板作为内部饰面。

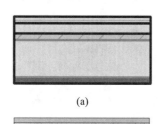

功能材质	厚度
竹挂板	16 mm
空气层	25 mm
竹胶合板	16 mm
竹间柱内设保温棉	90 mm
石膏板	12 mm

(a)

功能材质	厚度
木地板	12 mm
细石砂浆	20 mm
竹胶合板	16 mm
竹搁栅内设保温棉	90 mm
石膏板	15 mm
竹胶合板	12 mm

(b)

功能材质	厚度
玻纤瓦	12 mm
竹胶合板	16 mm
竹椽条内设保温棉	90 mm
石膏板	12 mm

(c)

图3 系统族做法示意
(a)墙体族;(b)楼盖族;(c)屋盖族

墙体的创建流程为:①选择建筑选项卡,点击"墙",选择"结构墙";②选中墙体后,点击属性面板栏的编辑类型,再复制当前墙体,对其重命名后进行确认,命名原则为名称方位+厚度;③对墙体构造菜单栏下结构一栏进行参数编辑,包括插入设置好的各层结构以及对其功能、材质、厚度及包络等信息进行添加。

1.6 构件族的设计创建

1.6.1 竹柱族

族的创建实现了对模型数据的储存。以竹柱族为例(图4),对创建竹柱族的方法步骤进行说明:①选择"公制结构柱"族样板文件;②在族类型中,依照竹柱参数进行编辑;③使用拉伸工具,以低于参考标高为基

础,创建竹柱轮廓;④在项目浏览器的前立面,对竹柱长度方向上的起点和终点设置锁定,将柱子最高点拉伸至与"高于参照标高"平齐,同样将柱子最低点与"低于参照标高"保持平齐;⑤在注释选项卡中使用对齐尺寸进行标注,沿着前立面两个参考平面进行长度标注的注释;⑥在新标注的木柱长度参数中,对新参数命名为"长度"。另存为族,命名为"竹柱",在族编辑类型中可对参数进行修改调整。

图4 竹柱族的创建

1.6.2 文本创建方式

通过对导出族类型文本格式内容的修改,可快速创建族。以竹梁为例[图5(a)],在文本格式中输入信息,第一列是族类型的名称,第二列4000表示梁的长度,第三列、第四列代表竹梁截面的高度和宽度。对文本格式的修改要保证内容格式与初始格式一致,依次为长、宽、高,修改完成后进行导入,Revit会对文本格式中竹梁参数信息自动识别和更新[图5(b)]。这种方式适用于一次载入多个族文件。

图5 文本创建方式
(a)文本格式修改;(b)导入Revit,自动更新参数

1.7 设计流程

在建筑设计阶段,依照在竹结构项目样板中建立好的轴网与标高,选择相应的系统族、构件族进行建模,共同构建完整的建筑信息模型。这种建模方式核心在于构件的参数数据库,包含了物理参数、几何参数、性能参数等,可实现不同阶段的联动以及协同管理,提高建筑模型的设计效率。

2 装配式竹结构构件分类与编码

构件是整个BIM的组成部分,要实现构件标准化,

分类和编码是关键[5]。随着项目复杂程度的增加,构件的检索、追踪、定位、管理以及重复使用等发挥的作用就越大。因此,对构件进行分类和编码就尤为重要。

2.1 构件分类

在 BIM 中,含有不同类型的构件。依据构件法,对装配式竹结构构件进行分类,可以分为竖向构件和水平构件两类(表2)。

表 2 装配式竹结构构件分类

装配式构件类型		构件名称
竹结构构件	竖向构件	竹柱
		竹支撑
		竹墙体
	横向构件	竹梁
		竹楼板
		竹屋盖
		竹楼梯

2.2 构件编码

模型中构件数量多,相互之间不易区分。因此对构件进行命名和编码,有助于精确识别每个构件,以完成在项目不同阶段的信息处理与交互。编码要符合唯一性和完整性原则。一般构件的编码为复合形式的编码,需要同时考虑项目编号、楼号、构件类别、标高、位置等信息。操作人员可依据涵盖上述信息的编码迅速识别构件位置,提高运维效率。以一栋竹结构房屋为例,图 6(a)所示为平面图,图 6(b)所示为所对应的结构三维视图,对图中所圈竹柱、竹梁进行编码。设定项目编号为 01;楼栋编号为 01。构件类型的编码依照类别—材质—构件名称命名,分别为结构—竹—柱(JG-Z-Z)、结构—竹—梁(JG-Z-L)。位置编码需要综合考虑层高和所处平面位置,依照层/标高—横轴/纵轴命名,需要注意的是构件可能位于轴线交点,也可能位于轴线之间的区间内。图 6 中竹柱竹梁均位于一层,标高为 0.000,竹柱在横轴 B 与纵轴 4 的交点处,表示为(1/0.000-B/4),竹梁在纵轴 4 与横轴 D 和 E 之间,表示为(1/0.000-D-E/4)。综上,竹柱的编码表示为 01-01-JG-Z-Z-1/0.000-B/4、竹梁的编码表示为 01-01-JG-Z-Z-1/0.000-D-E/4。

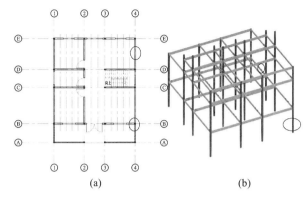

图 6 柱梁示意
(a)平面图;(b)三维图

3 结语

竹构件质轻,适合装配式建造。BIM 技术为满足装配式竹结构高质量、高效率建造提供了新思路,助力工业化发展。基于 BIM 技术创建的装配式竹结构"族"是构件与参数的组合,既能对构件进行三维可视化表达,又能对参数信息实现储存和集合。分类和编码技术规范了构件在整个项目生命周期的管理,实现了数据的协同。在未来研究工作中,应深化拓宽竹结构族库,丰富构件种类,以满足实践案例的建模需要,以及优化编码系统对装配式竹结构的适用性。

参考文献

[1] KAMEL E, MEMARI A M. Review of BIM's application in energy simulation:Tools, issues, and solutions [J]. Automation in Construction, 2019 (97):164-180.

[2] 樊则森.从设计到建成:装配式建筑 20 讲 [M].北京:机械工业出版社,2019.

[3] 肖岩,单波.现代竹结构[M].北京:中国建筑工业出版社,2013.

[4] 中华人民共和国住房和城乡建设部.木结构设计规范:GB 50005—2017[S].北京:中国建筑工业出版社,2018.

[5] 姚刚.基于 BIM 的工业化住宅协同设计 [M].南京:东南大学出版社,2018.

VI 计算性建筑设计实践

黄昱钧[1] 柴华[1] 周鑫杰[1] 袁烽[1*]

1. 同济大学建筑与城市规划学院;philipyuan007@tongji.edu.cn

Huang Yujun[1] Chai Hua[1] Zhou Xinjie[1] Yuan Feng[1*]

1. College of Architecture and Urban Planning, Tongji University; philipyuan007@tongji.edu.cn

基于可重构体系的应县木塔现代演绎
——以碳达峰指标塔设计为例

Modern Interpretation of Yingxian Wood Tower Based on Reconfigurable System：Taking the Design of Carbon Peaking Tower as an Example

摘　要：木结构建筑在拆卸阶段,会产生大量废弃木料,废弃木料的工业回收会产生大量的碳排放。在木构架设计阶段引入可重构体系,将拆卸阶段的木构架直接拆解为若干结构单元并重构成城市家具,可以大大减少材料的碳排放。本文选取可重构体系的典范——中国传统木构建筑为研究对象,探索一种基于形式语法的可重构体系设计方法,并将该方法应用在碳达峰指标塔设计中。该方法为可重构建筑体系设计提供了兼具现代减碳意义与历史维度的新范式。

关键词：可重构体系;中国传统木构;应县木塔;形式语法;参数化设计

Abstract：During the dismantling stage of wooden structures, a large amount of waste wood will be generated, and the industrial recycling of waste wood will generate a large amount of carbon emissions. In the design phase of the wooden frame, a reconfigurable system is introduced, and in the disassembly phase, the wooden frame can be directly disassembled into several structural units and reconstructed into urban furniture, greatly reducing the carbon emissions of materials. This article selects the example of reconfigurable system - traditional Chinese wooden architecture as the research object, explores a reconfigurable system design method based on shape grammar, and applies this method to the design of carbon peaking tower. This method provides a new paradigm for the design of reconfigurable building systems that combines modern carbon reduction significance and historical dimensions.

Keywords：Reconfigurable System; Traditional Chinese Wooden Architecture; Yingxian Wood Tower; Shape Grammar; Parametric Design

1　研究背景

在全国大力开展节能减碳背景下,建筑行业作为排碳"大户",转型绿色建筑发展、进行建筑全过程降碳势在必行[1],如原材料方面的碳中和建材研究,施工阶段的组织优化研究以及运营阶段的建筑零能耗研究等。在建筑生命周期的尾声——拆卸阶段,其结构拆除会消耗大量能源且产生大量废弃材料。对于木结构建筑而言,废弃木料的工业回收及处理(主要为焚烧、制造板材或纸材)会产生大量的碳排放。如果在木构

架设计阶段引入可重构建筑体系,拆卸阶段的木构架则可直接拆解为若干结构单元并重构成城市家具,无须二次加工和长距离运输,从而实现碳的零排放。

目前,建筑学界对于废弃木料的回收及再利用有一定研究,国内外废旧木材处理主要分为废旧物资源化处理及废旧物废弃处理两种方式[2],尚未有研究从可重构角度探讨建筑设计与回收利用。本研究采用形式语法挖掘传统木结构建筑的可重构潜力,尝试建立基于传统木构建筑演绎的可重构建筑体系设计方法(图1)。

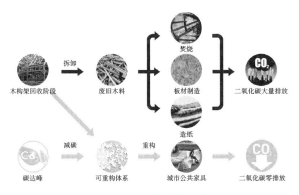

图1 可重构建筑理念

2 研究对象

2.1 可重构体系的典范——中国传统木构建筑

中国传统木构建筑是可重构体系的典范,通过对其深入研究,能够为现代可重构体系设计提供科学而高效的策略。

中国传统木构建筑采用"小料大作"的方式节约木材,其典例为拼合柱做法。即用若干直径较细的木材进行切削,拼成一根木柱,以应对粗大木材的短缺。

中国传统木构建筑以材分模数系统来控制和权衡房屋规模以及整体和局部构材的尺度比例外观形象等等[3]。不同规模的建筑依靠"材分制"实现了系统的归类,构件的尺寸也得到了标准化。中国传统木构建筑中,相同或相近朝代的官式建筑中构件适配,旧的建筑拆除后,其构件可以回收于新建筑中,实现了构件的重复利用(图2)。

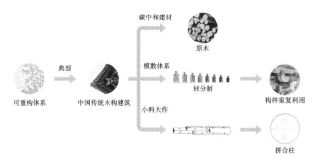

图2 中国传统木构建筑的可重构设计理念

2.2 传统木构塔式建筑原型——应县木塔

应县木塔是世界上最高最古老的木构塔式建筑,也是中国传统木构建筑的杰作。本研究即选取应县木塔为历史原型,针对其"斗拱""叉柱造"和"明五暗四"的梁柱木构架进行现代演绎。

应县木塔所使用的斗拱构件兼具功能与形式,其承担了出挑、承载和拉结的作用,也通过缓冲大大增加了塔身的抗震性,此外,繁复的斗拱层层叠叠,使得塔

身呈现重复而精巧的肌理。

应县木塔高约67 m,塔身层间交接方式采用叉柱造做法,即上层檐柱柱脚十字开口,叉落在下层平座铺作中心,此做法使得层与层间自下而上半径逐渐内收,使塔身形态富于变化。

应县木塔整体结构为分层的梁柱木构架,分为五个明层和四个暗层,全塔呈现明暗交替的形式语言(图3)。

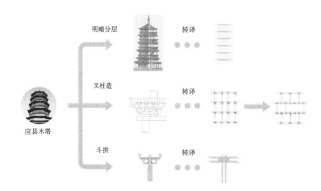

图3 应县木塔的现代演绎思路

3 可重构体系设计

本研究基于对应县木塔的分析,提出了一种可重构建筑体系,主要包括三点关键要素,即构件的单元化、节点的标准化和组合的多样化。

3.1 单元设计

3.1.1 构件单元设计

构件单元的设计源于斗拱的功能,其继承了斗拱水平连接和垂直出挑的作用,在水平面的横向和纵向都保留了连接端口。整体由直木杆件相互咬合而成,在形式上保留斗拱交错层叠的形式,同时缓冲抗震(图4)。

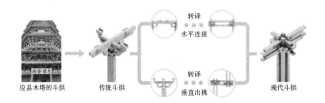

图4 "斗拱"构件单元设计

3.1.2 杆件数量及尺寸

每个可重构单元由截面尺寸不大的六种木杆件构成,每种杆件数目为4根,共计24根,外加8个木销钉,即为单元分解后全部的杆件数量(图5)。

3.1.3 构件单元组装

单个构件的组装过程简洁,具体过程如图6所示。

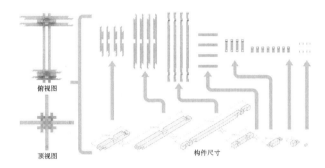

图5 可重构单元构件分解

图6 可重构单元的组装

3.2 标准化节点

单个重构单元的节点设计共有两种,均来源于中国传统木构建筑的楔钉榫。一种是单元间相互连接的节点,两杆件间的榫舌和榫槽相互插接后,打入方形木楔,即可完成连接。另一种为箍住单个重构单元的木环部分所使用的节点,榫槽中插入对向的两个榫舌后,再插入方形木楔,即可完成固定(图7)。

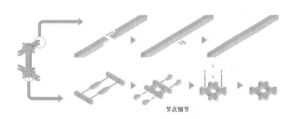

图7 榫卯节点

3.3 组合语法

单个重构单元的分为上下两端(箍接木环的木楔洞口方向为上),每一端均有四个接口,两个长接口,两个短接口,整体重构单元共八个接口。值得注意的是,每一端的两个长接口(2、3或5、7)不是完全相同的,一种是榫舌在上方,榫槽在下方,如3和7,简称为"上出榫",另一种是榫舌在下方,榫槽在上方,如2或5,简称为"下出榫"。对于每一端的两个短接口,也是分为"上出榫"与"下出榫"两种。单元组合规则如图8所示。

在一定空间范围内,依据多样化组合规则,利用标准榫卯节点连接进行单元构件的随机组合,即可得到整体建筑物。

4 碳达峰指标塔设计

本研究以同济大学本科四年级专题设计主题"碳

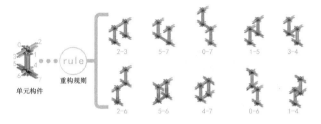

图8 单元组合规则

达峰指标塔"课程为契机,利用上述可重构体系设计方法开展了木结构建筑设计尝试。

碳达峰指标塔设计在垂直方向上利用若干细柱代替粗柱,水平方向利用短梁的连接代替长梁,节约木材以回应过度砍伐的环境问题。同时,受"叉柱造"取代塔心柱的启示,塔身高度的叠加不是通过高大的整木来实现的,而是"化整为零",利用各层木料的组合抬升来实现。图9所示做法均为"小料大作"的体现。

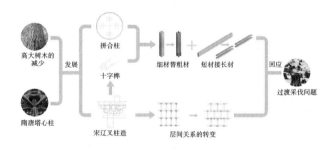

图9 小料大作

4.1 整体设计流程

碳达峰指标塔的整体设计流程可概括为利用可重构体系设计方法,由中国传统建筑构件斗拱出发设计单元构件,并使其兼具横向连接和竖向抬升的功能。本文在多样化的重构规则下,利用 Wasp 和 Grasshopper 对其进行有体量限制的随机组合(图10)。

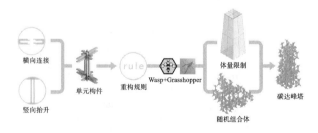

图10 整体设计过程

4.2 重构设计

碳达峰指标塔拆解后可得到若干基本重构单元,可根据重构规则组合成两种基本组合体,再由这两种基本组合体重构成城市家具。景观棚、廊架和景观亭三种结构可单独重构而成,也可相互组合搭配,实现更加多样化的重构(图11)。

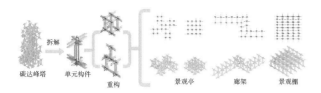

图 11 重构城市家具

4.3 设计分析

碳达峰指标塔自下而上呈现出繁复的肌理,如同"木结构"的海洋。由塔中心自下而上仰视可以看到木结构交织形成的筒状空间(图12)。

仰视看到的肌理   内部仰视

图 12 碳达峰指标塔参数模型效果

碳达峰指标塔的结构逻辑与应县木塔一致,塔身立面明显分层,均为柔性层与刚性层交替叠加,对于应县木塔,其斗拱和木柱组成柔性层,而斜撑和梁架组成刚性层。对于碳达峰指标塔,横向连接的杆件相互拉结,形成双层的刚性层。而竖向抬升的木柱,上下错层,组合成缓冲柔性层。从塔的立面构成角度出发,二者都具有自下而上明暗交替的节奏感(图13)。

碳达峰指标塔具有一定碳储存效益。整个木塔的碳固存量计算过程详见图14。

5 总结

本文提出了一种基于传统木构建筑演绎与形式语法的可重构建筑体系设计方法,在演绎传统木构建筑的同时,为建筑废弃木料回收及再利用开辟了新路径。未来拟对该方法进行进一步拓展,演绎不同规模及类型的中国传统木构建筑,同时应用于更复杂的建筑设计并探索更多的重构组合。

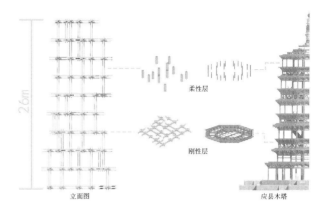

立面图   应县木塔

图 13 立面分析

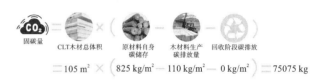

图 14 整体固碳分析

6 致谢

本研究受国家重点研发计划"政府间国际科技创新合作"重点专项项目(2022YFE0141400)、上海市级科技重大专项——人工智能基础理论与关键核心技术(2021SHZDZX0100)和中央高校基本科研业务费专项资金、教育部第二批产学合作协同育人项目(202102560007)资助。

参考文献

[1] 郭婷婷.从"碳达峰、碳中和"的视角谈绿色建筑的发展创新[J].经济师,2023,413(7):29-31.

[2] 楚杰,段新芳,虞华强.基于低碳经济的废旧木材资源回收利用研究进展[J].林产工业,2014,41(4):7-10+18.

[3] 王其亨.《营造法式》材分制度的数理涵义及审美观照探析[J].建筑学报,1990(3):50-54.

杨学舟[1]   袁烽[1*]

1. 同济大学建筑与城市规划学院;812768422@qq.com,philipyuan007@tongji.edu.cn*

Yang Xuezhou[1]   Yuan Feng[1*]

1. CAUP, Tongji University;812768422@qq.com,philipyuan007@tongji.edu.cn*

国家自然科学基金委员会联合资助基金重点项目(U1913603);上海市科学技术委员会 2021 年度科技创新行动计划社会发展科技攻关项目(21DZ1204500)

基于空间句法的行为性能化城市微更新设计方法研究
——以同济绿园 22 号楼为例

Research on Design Method of Behavioral Performance-based Urban Micro-renewal Based on Space Syntax: Taking Building 22 of Tongji Green Park as an Example

摘 要:当前,在社会主义新时代和国家新型城镇化的背景下,城市社区迎来了大量微更新需求。本文以位于上海市杨浦区的同济绿园 22 号楼为例,基于空间句法的基本原理,结合针对社区居民的问卷调查与数据记录,完成居民的行为性能化建模。此后,结合居民行为模型进行性能化计算,完成动态视域分割,为社区微更新设计提供分析依据,并场地进行功能重组,满足居民的新诉求。至此,形成完整的设计流程。

关键词:城市微更新;空间句法;行为性能化;视域分割

Abstract: At present, under the background of the new era of socialism and the country's new urbanization, urban communities have ushered in a large number of micro-renewal needs. This paper takes Building No. 22 of Tongji Green Park in Yangpu District, Shanghai as an example. Based on the basic principles of space syntax, combined with questionnaire surveys and data records for community residents, the behavioral modeling of residents is completed. Afterwards, combined with the resident behavior model for performance-based calculations, the dynamic visual domain segmentation was completed to provide an analysis basis for the community micro-renewal design, and the site was reorganized to meet the new demands of residents. So far, a complete design process has been formed.

Keywords: Urban Micro-renewal; Space Syntax; Behavior Performance; View Segmentation

1 介绍

随着城市化进程的不断推进,《上海市城市总体规划(2017－2035)》明确提出积极探索渐进的、可持续的有机更新模式,以存量优化来满足未来发展的空间需求。上海市规划和自然资源局立足城市微更新的角度,发布《上海市 15 分钟社区生活圈规划导则》,提出让市民在以家为中心的 15 分钟步行可达范围内,享有较为完善的养老、医疗、教育、商业、交通、文体等基本的公共服务设施。

为响应政府,上海市基层党组织以社区为主体,积极推进城市微更新项目,改善社区生活环境,同济绿园小区正是其中具有代表性的一例。该小区位于上海市杨浦区控江路本溪路口,于 2001 年竣工,占地面积 30000 平方米,建筑面积 90000 平方米。本次更新选取同济绿园的 22 号楼门厅为样板间(图1),计划新增社区居民会客厅、绿植共享屋等功能。

城市微更新具有场地条件复杂、居民构成丰富、功能诉求多样等特点。针对这些特点,本项目拟采用空间句法的基本原理,通过对居民和建筑进行基本信息的采集,建立居民行为模型,用以分析记录项目的现状条件和居民的行为特征。在此基础上,通过视域分析对场地进行功能重组,满足社区更新中居民的新诉求。最终通过轴线分割和凸状分割,评估功能重组的效能。

本项目的设计从数据采集开始,建立分析—设计—评估的基本流程,具体包括三个步骤。

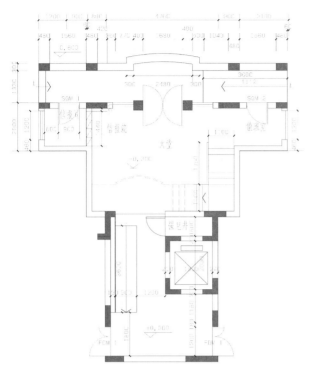

图1 同济绿园22号楼门厅历史图纸
（图片来源：同济绿园居委会）

第一步：针对更新楼栋的住户进行问卷调查，收集初始数据信息，并在此基础上进行用户行为建模，将其整理为后续分析的输入条件。

第二步：根据空间句法的相关理论，运用视域分割的方法，对用户的行为模型进一步计算分析，作为平面更新的依据。

第三步：运用轴线分割和凸状分割的方法，将更新前后的平面做空间句法的分析与比较，评估更新的效果。

总的来说，本设计主要关注如何运用空间句法的基本理论指引城市的社区微更新，以及如何将这一过程固定成相对稳定的设计流程，其中主要研究问题是怎样通过居民的基本信息建立行为模型，怎样针对居民的行为模型做动态空间句法分析，以及怎样通过空间句法的基本方法评估微更新的设计方案。

2 相关研究

2.1 社区微更新

《上海市城市总体规划（2017—2035）》和《上海市15分钟社区生活圈规划导则》等政府政策出台以来，学界针对如何做好社区微更新开展了广泛的讨论。Liu和Kou结合实践，梳理了社区花园的发展脉络、实施机制、参与路径、发展模式和价值判断[1]。Liu和Xu结合"参与阶梯理论"，并在切实考虑我国国情的基础上，提出行动主义策略下的"社区规划师工作框架"[2]。Chen结合实践，梳理了上海微更新的发展历程、工作机制、成效与问题[3]。Ma和Ying则提出相对于城市建设，社区微更新更需要关注的问题[4]。Hou讨论了基于社区营造的城市公共空间微更新途径[5]。

现有研究一般关注于社区微更新中工作推进、设计师与社区的关系、社区微更新的途径以及需要注意的问题等，涵盖面广，但对于社区微更新中定量分析的内容讨论甚少，本研究则主要关注如何通过空间句法的理论，为社区微更新引入定量分析的理论支持，建立居民行为与设计的联系，以及相应的设计工作流程。

2.2 空间句法

空间句法并不局限于某一学科中的空间理论，相反，它是一个既有确定的核心范围，同时又对外开放的理论体系，从空间组构的方向上提供了对建筑和社会的重新思考[6]。Bill指出，建筑学理论存在的最普遍的错误倾向就是"重规范而轻分析"，建筑学理论要寻求创造一种技术，以帮助系统论述难以言说的空间形态的构形[7]。他明确了空间句法理论和方法的四个步骤：再现、分析与结构、模型、理论[8]。Ruth则从根本上论述了如何将在空间句法理论与实践中使用的空间表示法（即轴线、凸空间、视域、边面隔断、可见性分析）理解为"情景感知图示"[9]。

在相关理论的指导下，大量研究围绕轴线、凸空间、视域三个具体方向展开。Chen采用轴线模型分析方法，关注三坊七巷历史街区不同尺度的空间形态构成特征[10]。Li和Guo以武汉市交通轴线为例，对不同尺度空间范围的句法变量进行对比分析[11]。Mo等建立东溪古镇街道空间轴线模型，对街道的可达性、穿行度与可理解度进行定量分析[12]。Wang等通过分析空间拓扑关系得到的可达性、空间视域关系得到的可视性以及实测获取空间距离得到的步行距离三项评价指标为地下轨道站点提出优化策略[13]。Chen和Fei借助问卷调查、行为注记、空间句法等研究方法，在空间布局层面对老幼交互行为进行定性与定量相结合的分析[14]。空间句法相关应用软件主要基于轴线图模型开发，常用的有Axman、Confeego、Depthmap和Axwoman分析软件[15]（表1）。

当前基于空间句法的设计分析一般停留在空间的物质层面，不关注人在空间中动态的行为及其与空间的交互关系，同时缺乏对城市社区微更新中的复杂功能需求的关注，本研究尝试基于居民行为数据，建立动态行为模型，并将之与空间句法的相关理论结合，为社区微更新提供参考建议。

表1 空间句法相关软件优劣势对比

	Axman	Confeego	Depthmap	Axwoman
IC	√	√	—	—
AP	Mapinfo	Mapinfo	Mapinfo	ArcGIS
Field	城市和市中心空间	空间配置研究	不同尺度的空间结构	轴线和自然街道
DT	Nick Dalton (University College London)	Jorge Gil (Chalmers University of Technology)	Alasdair Turner (University College London)	Jiang Bin (University of Gävle)

IC:国际认证;AP:适用平台;DT:开发团队

3 研究方法

3.1 居民行为建模

22号楼位于同济绿园小区的北部,共11层22户,入户门厅朝北,门厅内二层通高,设有折跑楼梯,通过顶部天窗采光。原门厅两侧耳房为固定垃圾存放房,现小区整改,将垃圾统一管理,故两侧耳房闲置。22号楼居民的构成以青年和中老年为主,各占近一半。当前,门厅主要承载日常生活中居民出入楼栋、临时会客、暂存快递、接收信件等功能。对于本研究而言,需要重点关注居民通过门厅出入楼宇的详细信息以及居民对于微更新前后门厅的功能需求。因此,研究通过调查问卷,详细记录用户使用门厅的相关数据。

在开始设计前,首先需要根据问卷调查记录的居民数据进行用户行为建模,包括三个步骤:一是分别记录不同居民出入22号楼的运动轨迹,二是记录每个运动轨迹对应的居民人数,三是记录不同居民按相应轨迹出入22号楼的频次。在此基础上,用运动轨迹粗细表示相应的人次,明度表示相应的频次,即可完成现状居民行为建模(图2)。

居民行为建模反映当前居民出入门厅主要包括三条路线。首先占比最高的是一楼电梯口和门厅主入口间两点一线式运动;其次是较少居民通过折跑楼梯上下楼,完成二楼电梯口和门厅主入口间的运动;最后是有少量居民在经由一楼电梯口和门厅主入口之间时在门厅右侧转弯逗留,逗留原因为查看小区公告、收取暂存快递、临时会客和收取信件。

(a) (b)

图2 居民行为建模

(a)现状居民行为建模;(b)改造后居民行为模拟

3.2 视域分割

本研究通过视域分割为微更新设计提供定量分析依据,主要包括四个步骤。

第一步:在居民行为建模的基础上,选取三条主要的居民出入门厅的运动轨迹,作为动态视域分割分析的基本路线。

第二步:将基本路线编辑为动态运动过程,并在每条运动轨迹上选取6个节点,作为视域分割的分析节点。

第三步:设定视域范围(本研究定为6 m),并设置距离影响因子,即随着距离增大,视域范围内的行为密集度影响系数降低。

第四步:将基本路线上分析节点的视域范围叠加,得出各区域的行为密集度,以此筛选出适宜的功能整改区。

不同于传统的视域分析方法,本研究创造性地通过关键点位序列的视域分割来反映居民不同运动轨迹对空间行为密集度施加的影响,并在视域范围内,引入距离影响因子,使得某处空间点位的行为密集度与用户运动轨迹间的距离相关联,当该距离超过一定限值(本研究定为6 m)后,即失去对该点行为密集度的影响作用。

通过计算分析,门厅内共有三处适宜的功能整改区:一是电梯右侧的长形区域,适宜改造为公告展示区;二是折跑楼梯的围合区域,适宜改造为楼栋的形象展示区;三是折跑楼梯对侧的墙体转角区,适宜改造为临时会客区。而原有门厅承载的临时存放快递、收取信件等辅助功能,可以结合两侧闲置耳房处理。在本项目中,经过与居委会和居民的共同商议,决定将左侧耳房与门厅整体打通,新增绿植房,右侧耳房保持不变,承载原有辅助功能。由此,本研究结合改造后的平面布局,制定动态视域分割(图3),用于改造前后对比,并新增一条经由绿植房至电梯的运动轨迹。

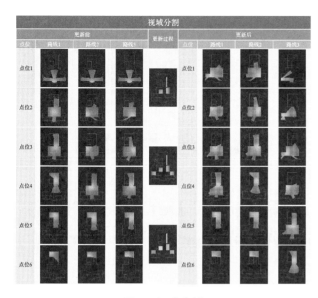

図3 视域分割

4 研究结论

此次同济绿园的社区微更新项目中,设计者的工作涵盖了居民信息采集、问卷设计与数据处理、行为模型搭建、空间句法理论运用、设计师工具包开发等多方面、多领域的内容,设计者通过分析—设计—评估的基本框架将空间句法理论与社区微更新实践相结合,在实际工程项目图纸和居民问卷调查的数据基础上展开研究。

总的来说,本次研究基于空间句法的相关理论,在城市社区微更新的项目实践中探索设计流程,其中创新点如下。

(1)将空间句法的相关理论应用于社区微更新设计,而不是局限于现状分析。

(2)结合用户的行为模型建立动态空间句法分析框架。

(3)在视域分割的理论中引入距离因子。

在本次研究中,仍然存在不足和有待进一步论证的内容。一是用户的行为建模没有针对使用人群的年龄、职业、出入时间等变量进行更细致的反映。二是仅仅创新性运用空间句法的相关理论,并没有对理论本身进行突破。三是仅针对微更新场景下的平面二维的空间句法,没有进一步考虑三维的空间句法。四是应用场景有限,仅针对城市社区微更新中的室内部分进行研究讨论,而不涉及社区的外部环境。笔者将在后续研究中不断进行完善。

参考文献

[1] 刘悦来,寇怀云.上海社区花园参与式空间微更新微治理策略探索[J].中国园林,2019,35(12):5-11.

[2] 刘思思,徐磊青.社区规划师推进下的社区更新及工作框架[J].上海城市规划,2018,141(4):28-36.

[3] 陈敏.城市空间微更新之上海实践[J].建筑学报,2020,624(10):29-33.

[4] 马宏,应孔晋.社区空间微更新 上海城市有机更新背景下社区营造路径的探索[J].时代建筑,2016(4):10-17.

[5] 侯晓蕾.基于社区营造的城市公共空间微更新探讨[J].风景园林,2019,26(6):8-12.

[6] 伍端.空间句法相关理论导读[J].世界建筑,2005(11):10-15.

[7] 张愚,王建国.再论"空间句法"[J].建筑师,2004(3):33-44.

[8] 比尔·希列尔,盛强.空间句法的发展现状与未来[J].建筑学报,2014,552(8):60-65.

[9] 茹斯·康罗伊·戴尔顿,窦强.空间句法与空间认知[J].世界建筑,2005(11):33-37.

[10] 陈仲光,徐建刚,蒋海兵.基于空间句法的历史街区多尺度空间分析研究——以福州三坊七巷历史街区为例[J].城市规划,2009,33(8):92-96.

[11] 李江,郭庆胜.基于句法分析的城市空间形态定量研究[J].武汉大学学报(工学版),2003(2):69-73.

[12] 莫小雨,杨峻懿,冯莹雪.基于空间句法的古镇街道空间网络更新——以东溪古镇为例[J].建筑与文化,2023,228(3):155-157.

[13] 王琳杰,邵继中,孙镇郢,等.基于空间句法的多层地下轨道站点步行感知度研究[J/OL].工业建筑:1-11[2023-04-09].https://doi.org/10.13204/j.gyjzG21090704.

[14] 陈浩宇,费腾.基于空间句法的住区老幼共享空间研究[J].低温建筑技术,2023,45(1):19-23.

[15] 张晓瑞,程志刚,白艳.空间句法研究进展与展望[J].地理与地理信息科学,2014,30(3):82-87.

张依柔[1]　周颖[1]

1. 东南大学；1634985497@qq.com

Zhang Yirou[1]　Zhou Ying[1]

Southeast University；1634985497@qq.com

2023 年江苏省 SRTP 项目(202310286001Z)

基于人因工程学的国内老年人互助型养老社区适老化改造设计的研究

Research on the Aging Adaptation Design of Domestic Elderly Mutual Support Community Based on Human Factor Engineering

摘　要：本次研究针对国内老年群体进行意愿调查，探究影响互助型养老社区在中国城市社区内顺利推行的因素。研究融合人因工程学等交叉学科理论及方法，将 KANO 模型移用到社区适老化的研究系统中，分别从运营模式、社区服务、空间分布以及家具配备四个维度解析老年受访者对设计策略的意愿。通过研究发现，老年群体特殊的心理及情感需求是影响设计策略偏好的主要因素，国内老年人互助型养老社区适老化改造需要针对其心理需求展开更贴切的设计。

关键词：互助型养老社区；社区适老化设计；KANO 模型；设计策略偏好；Better-Worse 系数分析

Abstract：This study conducted a willingness survey on domestic elderly groups to explore the factors that affect the smooth implementation of mutual-aid elderly care communities in urban communities in China. By integrating interdisciplinary theories and methods such as human factors engineering, the KANO model was applied to the research system of age-appropriate communities, and the willingness of elderly respondents to design strategies was analyzed from four dimensions, namely, operation mode, community service, spatial distribution and furniture installation. Through the research, it is found that the special psychological and emotional needs of the elderly group are the main factors affecting the design strategy preference, and the domestic elderly mutual support community needs to carry out a more appropriate design according to their psychological needs.

Keywords：Elderly Mutual Support Community；Aging Adaptation Design；KANO Model；Design Strategy Preference；Better-worse Coefficient Analysis

1　研究背景

1.1　"积极的老龄化"政策方针

据联合国第二届世界老龄问题大会预测，2030 年中国老龄人口将达到总人口的 22.6%。老龄人口持续高速增长引发的一系列社会问题集中爆发，这意味着应对人口老龄化问题已迫在眉睫。然而，年龄的增高并不必然带来能力的衰退，在某种意义上甚至代表经验的成熟。因此，老年人在进入退休阶段后，依然可以继续在社会活动中保持活跃，以志愿者或再就业的形象从事产出服务活动。对此世界卫生组织提出"积极的老龄化"策略，通过"实施积极应对人口老龄化国家战略"，将尽可能帮助老年人在退休后依然保持良好的精神面貌与心理状态，帮助老年人更加健康积极地老去。

1.2　互助型养老社区运营模式

综合参考相关文献，本文将互助型养老社区主要归纳为代际养老和共享养老两种运营模式。以居家为基础、社区为依托、机构为补充，充分发挥老年人"余热"，通过这两种养老方式保障老年人活动机会，提升老年人的社会参与度以及心理认同感。

代际养老源自传统的家庭养老，已经退休的老人及其子女共同居住在同一住宅内。老年人作为照料家庭成员的主要人力资源，代替双职工家庭工作任务繁重的子女承担抚育孙辈的重担。代际养老型家庭通过双向良性循环互助,形成可靠的经济、生活与精神层面的相互支撑,在降低养老成本的同时提高老年人的物质精神生活质量。代际养老随着养老政策的完善,将不再拘泥于小家庭单位。即使没有亲缘关系作为纽带,老年群体与青年群体之间也能通过双向选择协作来建构联系。

共享养老在运营中以老年人为主体,由社区和养老组织作为辅助出面引导。身心健康的低龄老年人通过结对和结组互助的形式参与到养老服务中,协助自理能力较差的高龄老人。老年活动群体根据自己的身体健康状况和需要,自主决定是否参加助老年人志愿活动。老年人作为社会的弱势群体,通过此类交换志愿服务获得"内在性报酬"和"外在性报酬",有效分配现有社会养老资源。

随着全球范围内老龄化的加剧,养老费用居高不下。降低养老成本,改善老年人的物质精神生活,缓和社会矛盾刻不容缓。互助型养老社区运营模式在国外已有成型的优秀应用案例,而该模式能否在中国城市社区内顺利推行,还需要针对国内老年活动人群进行意愿调查。

2 研究方法

2.1 研究对象及策略

互助型养老社区适老化改造的主要受益对象是已退休和即将退休的老年群体,老年群体的意愿将成为建设互助性养老社区的首要参考。由于长期生活在城市社区中的老年群体已经习惯于现有社区环境,是否接受将社区更新成为养老互助的新型社区仍有待商榷。因此,本次研究选择以老年人群体为主要研究对象,对被研究人群发放问卷调查。

本课题以"适老化""互助型养老社区"为关键词在知网、万方、Web of Science等学术网站上进行检索,共得到文献20篇,通过对一系列设计元素进行提取归纳,按照社区设计指标需求和住宅设计指标需求分类,总结形成的条目主要涵盖了空间、服务以及家具的改造,以便进一步探究如何在现有中国城市社区的基础上增添老年人活动场所组群。

2.2 KANO模型的建立

本次研究的KANO模型按照整体到局部的原则,分别从运营模式、社区服务、空间分布以及家具配备四个维度解析了34条设计策略,通过调查老年受访者的感知度和满意度,按照老年活动群体关于社区整体环境规划、养老住宅细部设施配备的意愿确定社区更新策略,共同建设互助型养老社区。

2.3 数据收集与处理

本次数据调研采用问卷星线上平台进行问卷分发,共回收问卷206份,其中有效问卷119份。问卷主要由四部分组成:①受访者的基本信息;②受访者的互助养老意愿;③社区内设计指标需求;④住宅内设计指标需求。受访者主要为中国城市住宅区中已经退休或者即将退休的老年人群体,其中男性占比37.82%,女性占比62.18%。受访者覆盖了包括初中及以下、高中/中专、大专、本科及以上各个文化程度范围,以此探究老年活动群体的满意度,具有一定的普遍性。本次问卷的数据主要采用分类统计以及在线SPSS分析。基于调查结果的分析,我们对部分老年群体进行线下采访,对所得结果进行进一步确认和校正。

3 调查结果与讨论

3.1 老年群体基本信息分析

通过统计基本信息,初步感知老年群体对于互助型养老社区可能产生的意愿倾向。例如,老年群体选择的养老模式大多集中在家庭养老以及居家社区养老,这表明实现代际养老以及共享养老具有一定的可行性。但是,老年群体对互助型养老社区设计改造具体策略的接纳程度还需要进一步地分析统计(表1)。

表1 问卷人口统计

基本信息	类别	统计人数	所占百分比
性别	男	45	37.82%
	女	74	62.18%
年龄	50~60岁	86	72.27%
	61~70岁	22	18.49%
	71~80岁	9	7.56%
	81岁及以上	2	1.68%
文化程度	初中及以下	24	20.17%
	高中/中专	34	28.57%
	大专	23	19.33%
	本科及以上	38	31.93%
是否患有老年常见疾病	是	42	35.29%
	否	77	64.71%
生活自理情况	完全自理	106	89.08%
	轻度依赖	10	8.40%
	中度依赖	2	1.68%
	不能自理	1	0.84%

基本信息	类别	统计人数	所占百分比
倾向选择的养老模式	家庭养老(由具有血缘关系的子女或姻亲提供基本的养老服务)	54	45.38%
	居家社区养老(由社区提供基本的养老服务)	54	45.38%
	机构养老(由敬老院、养老中心等养老机构提供基本的养老服务)	11	9.24%

3.2 KANO 模型分析

根据 KANO 模型的判断规则和定义类别,对 34 个设计策略按照 KANO 属性分类。此次调查数据如表 2、图 1 所示,34 条设计策略中既没有反向属性也没有魅力属性。期望属性、必备属性以及无差异属性分别占比 2.94%、29.41%、67.65%。这也就意味着大部分的设计策略对于被调查的老年群体来说是积极有效的,但是大量的无差异属性分布,拉低了部分设计策略的改造必要性。

表 2　KANO 模型分析结果汇总

功能/服务	A	O	M	I	R	Q	分类结果	Better	Worse
1&1	5.88%	13.45%	36.13%	43.70%	0.84%	0.00%	无差异属性	19.49%	−50.00%
2&2	9.24%	8.40%	24.37%	52.10%	5.88%	0.00%	无差异属性	18.75%	−34.82%
3&3	3.36%	9.24%	26.89%	59.66%	0.84%	0.00%	无差异属性	12.71%	−36.44%
4&4	7.56%	9.24%	23.53%	58.82%	0.84%	0.00%	无差异属性	16.95%	−33.05%
5&5	7.56%	6.72%	21.01%	61.34%	3.36%	0.00%	无差异属性	14.78%	−28.70%
6&6	9.24%	31.93%	27.73%	31.09%	0.00%	0.00%	期望属性	41.18%	−59.66%
7&7	9.24%	30.25%	29.41%	31.09%	0.00%	0.00%	无差异属性	39.50%	−59.66%
8&8	6.72%	32.77%	26.05%	34.45%	0.00%	0.00%	无差异属性	39.50%	−58.82%
9&9	8.40%	31.93%	26.89%	32.77%	0.00%	0.00%	无差异属性	40.34%	−58.82%
10&10	10.92%	26.89%	28.57%	31.93%	1.68%	0.00%	无差异属性	38.46%	−56.41%
11&11	10.08%	21.85%	35.29%	31.09%	1.68%	0.00%	必备属性	33.48%	−58.12%
12&12	7.56%	19.33%	34.45%	36.97%	1.68%	0.00%	无差异属性	27.35%	−54.70%
13&13	8.40%	18.49%	36.97%	35.29%	0.84%	0.00%	必备属性	27.12%	−55.93%
14&14	3.36%	21.01%	39.50%	34.45%	1.68%	0.00%	必备属性	24.79%	−61.54%
15&15	8.40%	22.69%	35.29%	31.93%	1.68%	0.00%	必备属性	31.62%	−58.97%
16&16	3.36%	14.29%	36.13%	43.70%	2.52%	0.00%	无差异属性	18.10%	−51.72%
17&17	5.04%	19.33%	38.66%	36.13%	0.84%	0.00%	必备属性	24.58%	−58.47%
18&18	10.08%	20.17%	34.45%	35.29%	0.00%	0.00%	无差异属性	30.25%	−54.62%
19&19	2.52%	15.97%	36.97%	44.54%	0.00%	0.00%	无差异属性	18.49%	−52.94%
20&20	4.20%	17.65%	35.29%	41.18%	1.68%	0.00%	无差异属性	22.22%	−53.85%
21&21	9.24%	21.01%	37.82%	31.93%	0.00%	0.00%	必备属性	30.25%	−58.82%
22&22	7.56%	26.05%	33.61%	32.77%	0.00%	0.00%	必备属性	33.61%	−59.66%
23&23	6.72%	24.37%	35.29%	33.61%	0.00%	0.00%	必备属性	31.09%	−59.66%
24&24	5.04%	15.13%	37.82%	41.18%	0.84%	0.00%	无差异属性	20.34%	−53.39%
25&25	3.36%	20.17%	37.82%	38.66%	0.00%	0.00%	无差异属性	23.53%	−57.98%
26&26	5.04%	26.05%	32.77%	36.13%	0.00%	0.00%	无差异属性	31.09%	−58.82%
27&27	4.20%	21.01%	37.82%	36.97%	0.00%	0.00%	必备属性	25.21%	−58.82%
28&28	6.72%	20.17%	38.66%	33.61%	0.84%	0.00%	必备属性	27.12%	−59.32%
29&29	5.88%	31.09%	27.73%	34.45%	0.84%	0.00%	无差异属性	37.29%	−59.32%
30&30	8.40%	26.89%	31.09%	33.61%	0.00%	0.00%	无差异属性	35.29%	−57.98%
31&31	6.72%	21.01%	35.29%	35.29%	1.68%	0.00%	无差异属性	28.21%	−57.26%
32&32	7.56%	21.01%	28.57%	42.02%	0.84%	0.00%	无差异属性	28.81%	−50.00%
33&33	6.72%	21.85%	35.29%	35.29%	0.84%	0.00%	无差异属性	28.81%	−57.63%
34&34	3.36%	22.69%	36.97%	36.97%	0.00%	0.00%	无差异属性	26.05%	−59.66%

A:魅力属性;O:期望属性;M:必备属性;I 无差异属性;R:反向属性;Q:可疑结果

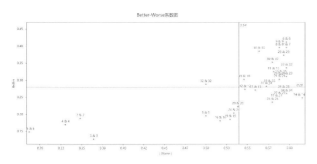

图1 Better-Worse 系数分析

基于表2中的调查数据,我们进一步将34条设计策略按照KANO属性以及设计类型进行详细的分类统计,得到KANO模型质量属性分类统计表(表3),通过比对各项设计策略,探索老年群体的偏好。

通过表3的详细条目对比,我们可以直观地归纳出被调查老年群体的意愿倾向。我们针对老年群体的问卷反馈,从运营模式、社区服务、空间分布和家具配备四个维度进行分析,思考影响适老化改造设计策略的潜在因素。

表3 KANO模型质量属性分类统计

KANO属性	序号	设计策略	设计类型
期望属性	6	设置人车分流的道路系统,防止老年人被行车撞倒	
魅力属性	11	设置专门为老年人使用的棋牌室、图书馆等老年人社团活动空间	空间
	13	设置多功能厅提供老年人集体活动的场所,举办社区活动,如趣味运动会、交谊舞、养生讲座、邻里音乐会等,丰富日常生活	
	17	设置由老年人和儿童两代人共同参与的活动场地,保证老年人带孩子时拥有特定的丰富的活动空间	
	21	居室的朝向以南向为宜;保证老人房可以得到充足日照	
	33	保证居室内各空间的空间可达性,方便老年人做家务时在居室内安全移动	
	34	保证居室内各空间的视线可达性,满足老年人照顾孩子的需要,使老年人在家务劳动时也可关注幼儿活动	
	14	设置社区食堂。专业膳食团队根据老年人身体情况设计营养菜单,为老年人群定期提供可口家常菜	服务
	15	设置社区健康管理中心,为老年人提供常见身体检查、心理咨询、简单治疗保健等服务	
	22	卧室区根据老年人的身体状况选择设置普通床或护理床,床边设置安全抓杆,床头设置紧急呼叫器,并安装起夜地灯和应急灯	
	23	家具设计为圆角;墙体转角、凸出物做防撞处理,以减少碰撞伤害	家具
	27	阳台设置洗衣机和水池,使老年人洗衣晾晒更为方便,同时方便浇花用水	
	28	照明设计明亮无死角、无眩光、晚上有夜间照明	
	31	在玄关处放置储物柜,方便老年人取用钥匙,帮助识别与记忆	
无差异属性	1	老年人根据自己的身体健康状况和需要,自主决定是否参加助老志愿活动	运营模式
	2	适龄老人组建互助小组,自理能力较强的低龄老人照顾自理能力较弱的高龄老人,共同生活在同一养老住宅内	
	3	适龄老人组建互助小组,自理能力较强的低龄老人照顾自理能力较弱的高龄老人,生活在不同住宅内,只在有需要时给予帮助	
	4	社区内表现突出的老年志愿者担任各项设施活动的负责人,定期参加在老年福利中心举行的培训课程,成为负责人可以得到一定的补助	
	5	已经退休的老人和子代共同居住在同一住宅内,作为照料家庭成员的主要人力资源,代替双职工家庭工作任务繁重的子代承担抚育孙辈的重担	

KANO属性	序号	设计策略	设计类型
无差异属性	7	设置完整的老年人景观步行路线,并放置可供休息的座椅,为使用轮椅的老年人和腿脚不便的老年人提供绿色通道,使得老年人更容易彼此碰面和交流	空间
	8	给予老年人更多的活动场地,增加老年人户外活动的乐趣,使得老年人更愿意下楼活动	
	12	设置部分时间为老年人使用的舞蹈教室、书画院专用教室等老年人进修教室,按照灵活的时间管理制度严格划拨老年人使用的时间	
	16	设置集中种植花园,将社区内的花园划分成多块苗圃,由老人和小孩认领、种植,将花园转变成一个多代际空间	
	18	居室面宽和进深尺寸充分考虑轮椅和护理床的通行与回转要求,例如门的位置适当加宽,适合轮椅通行	
	19	室内环境色彩以鲜艳明快为主要基调,以便营造出轻松愉快的室内环境	
	20	倚老型家庭(主要由老人照料家庭生活)考虑家庭成员属性进行空间配置,对面积配比进行调整,增大主要家务空间(厨房、卫生间)的面积,保证老年人家务行为空间的尺度	
	9	老年人活动场地附近设置救助呼叫装置和公共急救箱,确保老年人活动安全	服务
	10	设置醒目的指示牌、色彩差,加强环境的可识别性,提高老年人识别空间环境的能力,帮助老年人找路	
	24	厨房尽量不设明火,使用电磁炉增加老年人使用的安全性	
	25	厨房橱柜做成下拉式,方便老年人伸手够取;橱柜下方增加照明射灯,增强操作台面光线	家具
	26	阳台设计低位晾衣架或升降晾衣竿,以满足老年人衣物晾晒的需求	
	29	室内地面进行防滑处理,且不要有高差;铺装有一定的弹性、便于清洁的材料,防止老年人摔倒	
	30	在卫生间、客厅、卧室、厨房等地方尽可能地多加扶手,尤其是在卫生间内大小便器、浴盆附近安装老人能方便触及的扶手	
	32	两人以上的居室围绕床位设置分隔措施,以保证私密性	

3.2.1 运营模式维度

表3中设计策略1、2、3、4、5均属于无差异属性。接受调查的老年群体无论是对志愿活动还是互助共享活动表现都非常消极,设计的互助养老策略运营模式未能引起较大兴趣。我们猜测问题主要源于以下两方面:一方面,受到长期的生活习惯的影响,老年人群已经适应了传统的养老模式,而对于新式的互助型养老运营模式仍旧缺乏了解,安于现状的老年群体并不愿意打破现有生活状态,更倾向于选择自己熟悉和适应的养老模式;另一方面,老年人的自我意识已经固化,他们不愿意介入他人的生活,也不希望他人过多干涉自己的选择,这种心理倾向让他们本能地拒绝进行志愿互助或者代际扶持。这也导致互助型养老模式在被调查的老年群体中遇冷。这个猜想在我们随机抽取的部分老年群体进行线下面对面采访中得到了验证。

3.2.2 社区服务维度

表3中设计策略14、15属于魅力属性,而设计策略9、10属于无差异属性。其主要区别在于社区食堂、社区健康管理中心等可以直接给予老年人便利的服务,而呼救装置、指示路牌等设施只能间接性地产生作用。两相比较而言,直接的、可视的服务更能得到老年人的正向反馈。

3.2.3 空间分布维度

表3中设计策略11、13、17属于魅力属性,而设计策略7、8属于无差异属性。设计策略的对比表明,老年群体更加倾向于集中在社团活动中心、集体活动场所等多人共同参与的活动场地,而非我们想象的更加广阔、更加完善的活动场地。由于身体机能的下降,他们不再愿意被条条框框的规则束缚,严格的管理制度和烦冗的活动强度只会大幅削弱他们前往活动场所的积极性,因此12、16成为不受欢迎的设计策略。

3.2.4 家具配备维度

表3中设计策略22、23、27、28、31属于魅力属性,而与之相仿的设计策略24、25、26、29、30、32却属于无差异属性。这一细微的结果差别,流露出了该阶段大部分老年群体矛盾的情绪和心理状态:在家具的布置

上希望尽可能保证安全和便利，但又拒绝明显的适老化设施。例如，在采访中，老年群体表示想要在卫浴部分增加支撑物以便行动，但比起专用的适老扶手，他们更希望此类家具以板凳、柜子等"隐形的扶手"的形式出现。

3.3 老年群体偏好分析以及偏好调查对设计策略的影响

本研究总结了受访者的性别、年龄、文化程度、身体健康状况、生活自理情况和他们对设计策略的偏好之间的关系。从 KANO 模型的概念来看，必备属性、期望属性、魅力属性和无差异属性的策略可以定义为

差异化策略。从表 4 可以明显看出，不同变量和造成的偏好差异相当明显，不同类别人群针对互助性养老社区的看法反映了不同的设计策略偏好。

本次研究可以为国内老年人互助型养老社区适老化改造设计提供一定的参考和启示：相比于其他年龄阶段人群，老年群体特殊的心理因素影响巨大，必须有针对性地进行考虑。就现阶段而言，互助型养老社区的设计策略尚不能完全覆盖老年人群需求。如果想要得出更加贴切的设计策略，需要更加庞大的调查数据以及更加系统的采访调查。

表 4　设计策略的不同变量和偏好之间的关系

变量		必备属性	期望属性	魅力属性	无差异属性
性别	男			27	1,2,3,4,5,6,7,8,9,10,11,12,13,14,15,16,17,18,19,20,21,22,23,24,25,26,28,29,30,31,32,33,34
	女		6,7,8,9,10,29,30	11,12,13,14,15,16,17,18,19,20,21,22,23,24,25,26,27,28,31,33,34	1,2,3,4,5,32
年龄	50—60 岁		6,7,8,9	11,13,14,15,17,18,21,22,23,28,31,33,34	1,2,3,4,5,10,12,16,19,20,24,25,26,27,29,30,32
	61—70 岁			25	1,2,3,4,5,6,7,8,9,10,11,12,13,14,15,16,17,18,19,20,21,22,23,24,26,27,28,29,30,31,32,33,34
	71—80 岁	2	14,15,17,21,22,23,24,25,26,28,29,30,31,32,33,34	1,5,6,7,8,9,10,11,12,13,16,18,20,27	3,4,19
	81 岁及以上		6,8,18,19,25,26,27,28,29,30,34	1,2,3,4,5,7,9,10,11,12,13,14,15,16,17,20,21,22,23,24,31,32,33	
文化程度	初中及以下			6,7,9,10,11,12,13,14,15,17,18,20,21,22,23,24,25,26,27,28,29,30,31,33,34	1,2,3,4,5,8,16,19,32
	高中/中专			10,11,14,17,21,22,23,27,28,31	1,2,3,4,5,6,7,8,9,12,13,15,16,18,19,20,24,25,26,29,30,32,33,34
	大专				1,2,3,4,5,6,7,8,9,10,11,12,13,14,15,16,17,18,19,20,21,22,23,24,25,26,27,28,29,30,31,32,33,34
	本科及以上		6,7,8,9,10,18,22,26,27,29,30	11,12,13,14,15,16,17,19,21,23,24,25,28,31,33,34	1,2,3,4,5,20,32

变量		必备属性	期望属性	魅力属性	无差异属性
是否患有老年常见疾病	有		7,8,9,10,22,29,30	6,11,12,13,14,15,17,18,20,21,23,25,26,27,28,31,33,34	1,2,3,4,5,16,19,24,32
	无		6	14,17,21,22,28,34	1,2,3,4,5,7,8,9,10,11,12,13,15,16,18,19,20,23,24,25,26,27,29,30,31,32,33
生活自理情况	完全自理		6,7,8,9,29	10,11,12,13,14,15,17,18,21,22,23,24,25,26,27,28,30,31,33,34	1,2,3,4,5,16,19,20,32
	轻度依赖				1,2,3,4,5,6,7,8,9,10,11,12,13,14,15,16,17,18,19,20,21,22,23,24,25,26,27,28,29,30,31,32,33,34
	中度依赖	1,2	9,10,14,17,20,22,23,26,29,30,31,32,33	3,5,6,7,8,11,12,13,15,16,18,19,21,24,25,27,28,34	4
	不能自理				1,2,3,4,5,6,7,8,9,10,11,12,13,14,15,16,17,18,19,20,21,22,23,24,25,26,27,28,29,30,31,32,33,34

4 结论

本研究融合了人因工程学等交叉学科理论及方法,基于广泛的文献阅读和 KANO 模型问卷调查,得出了一系列针对国内互助型养老社区适老化的设计策略。本文建立在 KANO 模型分析的基础上,分别从运营模式、社区服务、空间分布以及家具配备四个维度解析老年受访者对设计策略的意愿,通过列表的方式统计这些策略的优先级,为进一步开展互助型养老社区适老化改造设计研究提供了有效的指引和参考。

本次针对国内老年群体进行的研究调查显示,目前老年人群对于互助型养老社区建设的意愿并不强烈,其中老年群体特殊的心理及情感需求是影响互助型养老社区适老化改造设计的主要因素。由于中国国内互助型养老社区的优秀案例有限,我们所能得到的经验并不多。想要使互助型养老社区在中国城市社区内顺利推行,还需要面向老年群体的特殊需求展开更有针对性的设计。总体而言,中国适老化改造设计依然任重道远。

参考文献

[1] 赵小康.代际互助模式下倚老型家庭居住特征及空间策略研究[D].西安:西安建筑科技大学,2017.

[2] 樊莉.互助养老社区居住空间设计研究[D].太原:山西大学,2021.

[3] 董若瑛.多元共治视角下单位型社区互助养老的社会工作介入研究[D].哈尔滨:黑龙江大学,2021.

唐源[1*] 郭俊明[1,2] 陈金瓯[1] 张燕[1]
1. 湖南科技大学建筑与艺术设计学院;1456312283@qq.com
2. 地域建筑与人居环境研究所
Tang Yuan[1] Guo Junming[1,2] Chen Jinou[1] Zhang Yan[1]
1. Hunan University of Science and Technology;1456312283@qq.com
2. Research Institute of Regional Architecture and Human Settlements

教育部人文社科项目(19YJAZH027);湖南省自然科学基金(2022JJ30250)

基于全年动态模拟的幼儿园班单元天然光环境设计
Optimization Design of Natural Light Environment for Kindergarten Class Units Based on Year-round Dynamic Simulation

摘 要:班单元的天然光环境对幼儿眼部的发育有重要的作用,从而对其身心发育有着重要的影响。本研究以湘潭市典型幼儿园班单元为研究对象,使用参数化建模软件 Rhino 和 Grasshopper 构建班单元建筑三维模型,结合 Ladybug 与 Honeybee 插件进行班单元天然光环境模拟,以满足空间自主采光域、有效采光度、全年日照累计数三种动态采光指标的合格率为筛选标准,对其空间尺度、采光方式、遮阳与眩光处理进行优化,为幼儿园班单元光环境的优化提供参考。

关键词:动态模拟;天然光环境;班单元;采光域;采光度

Abstract: The natural light environment of the class unit make significant impacts on the development of children's eyes, and thus has an important effect on their physical and mental growth process. This study makes the typical kindergarten unit in Xiangtan City as the research object, uses the parametric modeling software Rhino and Grasshopper to build the three-dimensional building model of the class unit, and uses Ladybug and Honeybee plug-in to simulate the natural lighting environment of the class unit. Based on the qualified rate of three dynamic lighting indicators, namely spatial autonomous lighting domain, effective lighting degree and annual sunshine cumulative count, the spatial scale, lighting mode, shading and glare treatment were optimized to provide reference for the optimization of the light environment of kindergarten class unit.

Keywords: Dynamic Simulation; Natural Light Environment; Class Unit; Daylighting Area; Daylighting Degree

1 引言

1.1 研究背景

天然光环境对人的身心健康有重要影响。2020 年国家卫健委疾控局发布,我国儿童青少年总体近视率为52.7%。当下,近视现象已在幼儿中大量出现。儿童的视力神经与眼部肌肉正处于生长发育阶段,如果长期处于不健康的建筑光环境中,眼部肌肉处于长期紧张状态,必然导致视力下降。天然光环境是人们习以为常的工作环境。大量关于光源的视觉试验结果证明,在提供相同照度条件下,天然光源的辨认力好于人工光源,有利于保护视力和提高劳动生产率。班单元活动室是学龄前儿童大部分室内活动的空间场所,相较于其他功能模块,需要给予幼儿更长时间的室内自然光环境,因此是幼儿园采光设计的最为重要的空间。

1.2 采光评价指标相关研究

当下,天然采光指标分为动态和静态两种指标。当前国内官方的建筑采光设计的评价指标是以采光系数(DF)为主的静态指标,包含:采光系数标准值、室内天然光照度标准值,对于采光质量由窗的不适度眩光(DGI)与采光均匀度衡量。但二者仅针对全阴天漫射光条件下的室内采光状况,仅考虑单一时间节点室内外照度比值的简单量化方式,既无法体现光气候的动态变化,又忽略了地理位置、采光口朝向等因素对室内采光状况的影响。因此国内目前已有越来越多的学者开始对动态采光指标进行研究。

对于天然光动态变化和缺少相应有效的天然采光评价指标的现状,国外学者开始尝试结合天气状况及自然光环境动态衍变的采光要求提出并制定了相关指标：如空间自主采光域(sDA)、有效照度(UDI)、天然光眩光概率(DGP)、连续采光量(cDA)等。现阶段动态采光指标评价体系还有待深入探索，但建筑采光领域动态指标的发展方向却是十分明确的。本文选取的采光指标为：空间自主采光域(sDA)、有效照度(UDI)、天然光眩光概率(DGP)。

sDA与UDI从所需照度的角度来要求满足基本室内活动的采光量，sDA规定了采光量需求的下限，UDI则补充了其上限，DGP作用是定量描绘眩光。

《美国照明指导手册》中提出，UDI评估分为三个部分：在自然光照射下照度低于100lx的时间百分比、照度在100 lx到2000 lx的时间百分比，以及照度高于2000 lx的时间百分比。它们相应地用来评价空间各点自然采光过低、可以接受、容易眩光的情况。

天然光眩光概率(DGP)：被检测房间DGP值低于0.35时无法察觉到眩光，0.35—0.4时可感知到眩光，超过0.4则对师生学习生活有影响，因此需要将DGP值控制在0.35以下，减少眩光对幼教活动的影响。

1.3 研究内容与目的

本研究采用湘潭典型气象年气象数据，引用动态采光评价指标与参数化光环境模拟插件 Ladybug 与 Honeybee 对幼儿园班单元的空间尺度、采光方式、遮阳与眩光处理进行筛选设计，以达到保证室内照度充足满足幼儿教学采光需求，有效降低室内眩光的影响，减轻幼儿的视觉刺激的目的。具体做法如下：①使用 SketchUp 与 Rhino 完成幼儿园班单元与场地周边建筑模型构建；②使用参数化软件 Grasshopper 的 Ladybug 平台导入湘潭典型气象年气象数据得出场地全年日照数据与最佳朝向；③以选定最佳日照朝向为基础，将不同尺寸的班单元模型置入其中，使用 Ladybug 平台以 sDA、UDI 为标准，筛选出符合相关照度要求的班单元平面尺度与采光方式；④使用 Honeybee 的眩光测试模块对班单元遮阳手段进行对照实验，观察 DGP 值是否下降，以验证遮阳手段的效果。研究框架见图1。

2 幼儿园班单元光环境模拟

2.1 项目区位与整体布局

本文研究项目位于湖南湘潭市雨湖区，基地东南侧为铭鸿翰林居，北侧为天元御城一期工程，西侧为恒大书香门第。整个幼儿园项目用地面积为8963.72平方米，规划为周边居民区提供幼儿教育场所。场地周边地势平坦，用地西侧规划有城市支路，交通限制少。基地现场为矩形，南北长约108 m，东西宽约为83 m，在南侧

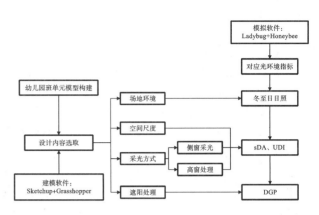

图1 研究框架

(图片来源：作者自绘)

56 m 处有一栋18层的住宅，加上东侧25层的住宅，西侧40 m 处的城市辅道和33层的住宅，对场地的日照条件带来约束，因此需要进行模拟日照分析，得出场地中符合幼儿生活的区域。根据3～5岁幼儿的坐姿尺度增加一个距地0.46 m 的基准面，以当地冬至日为气候条件对幼儿园周边住宅日照遮挡进行分析(图2)。经由日照分析可以得出距离场地南边边缘21 m 间距时，其建筑满足冬至日3小时日照的标准要求，其中班单元主要受照面为南向采光。虽然建筑日照得以解决但场地采光受到限制，在完成总平面设计(图3)后需要对幼儿园班单元采光进行设计。

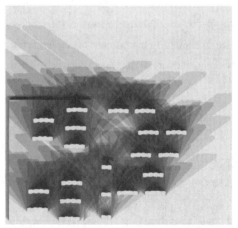

图2 冬至日场地日照图

(图片来源：作者自绘)

该幼儿园为院落式布局，服务空间和交通空间布置在北侧，幼儿专业教室置于建筑形体中央，再将南侧建筑进行降层，避免对北侧建筑进行遮挡，以便自然光进入幼儿园班单元，为班单元空间提供基本的日照需求。本文所展现的为一层南侧其中一个班单元采光设计。

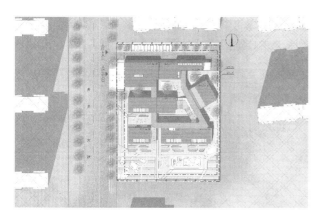

图3　幼儿园布局总平面

（图片来源：作者自绘）

2.2　幼儿园班单元采光环境模拟

2.2.1　班单元模型构建

本研究以上述整体规划为基础，对建筑空间平面进行设计，总共做了3组平面作为对照进行模拟实验。结合对湘潭幼儿园调研的成果，本文提出面宽15.0 m×进深12.3 m，面宽14.1 m×进深9.6 m，面宽11.1 m×进深12.0 m的三种班单元原型（图4），采光口为南侧与西侧长条开窗，分别模拟室内采光系数分布和自然采光照度的情况（图5）。

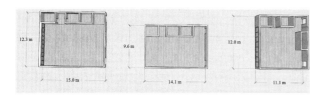

图4　不同平面尺寸的班单元模型

（图片来源：作者自绘）

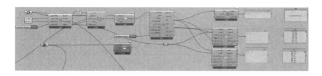

图5　全年照度模拟

（图片来源：作者自绘）

三者的共同之处在于，主要活动空间的采光口附近UDI值一般会偏离正常范围，而远离采光口的区域如房间右上角与右下角区域sDA值会低于正常范围。由表1可见三者UDI进深方向差异不大，离采光口近的区域南向外墙开窗面积越大，UDI超过正常范围的面积越大，这一部分方案一略大于其他两个方案。通过比较三者的sDA值可知，方案一大于方案三，方案三略大于方案二，意味着方案一有更多的空间仅靠天然采光就有超

过50%的时间达到300lx的最低照度，因此选择15.0 m×12.3 m的空间尺寸组合。

表1　不同尺度班单元全年光照度模拟结果

方案	sDA/（%）	UDI	sDA
方案一： 15.0 m× 12.3 m			0.7391
方案二： 14.1 m× 9.6 m			0.5977
方案三： 11.1 m× 12.0 m			0.5978

2.2.2　采光方式的选择

（1）侧向开窗采光模拟。

在目前所调研的采光分析中，一般分析幼儿园班单元满窗日照时间，以此判定其是否达到日照标准要求。但是幼儿园班单元满足3小时冬至日满窗日照时间，并不能保证其室内能拥有良好的自然采光环境。选择15.0 m×12.3 m的空间尺度，采光口为南向长条窗，探究侧向开窗与室内采光环境的关系，确定模拟窗高1.5 m、窗台高1 m与窗高2.1 m、窗上梁高1 m侧窗的采光情况。

通过对二者的sDA比较可知，方案一大于方案二，从UDI的分布上看，在采光口附近方案二有小部分区域不在正常值范围内，更易产生眩光，方案一就没有出现该情况。可见窗下墙太低容易出现采光不均的情况，影响室内采光体验（表2）。

表2　不同窗宽班单元全年光照度模拟结果

方案	sDA/（%）	UDI	sDA
方案一： 窗高1.5 m、 窗台高1 m			0.5122
方案二： 窗高2.1 m、 窗上梁 高1 m			0.4936

(2)天窗采光模拟。

屋顶在建筑中扮演着至关重要的角色,又被称为建筑的第五立面,同时天窗采光能一定程度上缓解室内照度不足等采光问题。因此采用4组不同的屋顶设计,分别是单坡屋顶、双坡屋顶、扇形屋顶、V形屋顶,这些设计既能够体现出建筑的独特风貌,也能改善室内光环境。(图6)

图6 不同形式班单元屋顶剖面
(图片来源:作者自绘)

通过天窗与不同坡屋面对天光的引入,相较于之前的仅依靠侧窗采光的平屋面,sDA值有了很大提升,都在0.9以上,证明了天窗对室内照度改善的有效性。其中,V形屋顶的sDA值最高,为0.9625;其次是双坡屋顶;然后是扇形屋顶;最次是单坡屋顶,为0.9127。此外天窗正下方的工作面虽然UDI值也在正常范围内,但是和周边区域相比是有所降低,可能是天窗采光口未做遮阳与眩光处理而导致的(表3)。

表3 不同天窗单元全年光照度模拟结果

方案	sDA/(%)	UDI	sDA
方案一:单坡屋顶			0.9127
方案二:双坡屋顶			0.9306
方案三:V形屋顶			0.9625
方案四:扇形屋顶			0.9239

2.2.3 遮阳与眩光处理

结合天窗进行采光时,会出现采光系数过高、室内过亮,甚至出现眩光的情况,在此情况下,窗口增加挑檐以及天花上增加均光板,可降低光的照度并防止眩光,从而满足儿童在班单元内正常开展学习活动的需要。

以双坡屋顶为例进行遮阳与眩光处理的展示,选择典型气象年夏至日正午12点为测试时间进行模拟(图7)。在房间内选择A、B、C三个有典型代表的采样点(图8)。A点是进入班单元站在窗边看向室内的位置;B点是位于班单元中心,双坡屋面天窗下的位置;C点是南向窗边的位置。

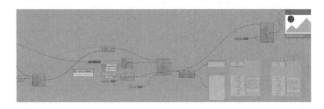

图7 夏至日12时眩光DGP模拟电池组
(图片来源:作者自绘)

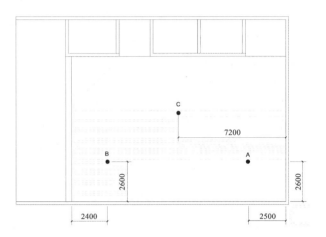

图8 选点位置图
(图片来源:作者自绘)

通过对比实验可见,在天窗加设老虎窗、侧窗上伸出挑檐、室内做均光板的综合遮阳措施(图9),有效地降低了A、B、C三点的DGP值,其中位于室内中心的B点效果最显著(表4)。但是位于南向窗边的A、C两点的效果稍逊,所以可以考虑使用综合遮阳的措施去进一步减少侧窗带来的眩光影响。

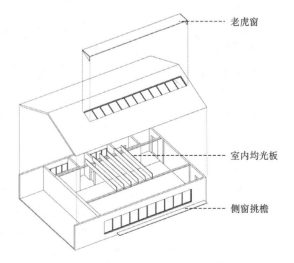

图9 遮阳与眩光处理措施一览
(图片来源:作者自绘)

表 4　夏至日正午 12 点遮阳处理前后眩光 DGP 对比模拟结果

采样点	已处理	未处理
A 点 DGP	0.32	0.33
A 位置模拟效果图		
B 点 DGP	0.19	0.25
B 位置模拟效果图		
C 点 DGP	0.36	0.38
C 位置模拟效果图		

3　结语

本研究以湘潭地区典型的幼儿园班单元为研究对象，以动态采光指标为标准，使用 Ladybug 与 Honeybee 软件模拟其光环境，以此来筛选出合格的班单元空间尺度、采光口形式、遮阳与眩光处理手段。由这次动态光环境模拟结果得出如下经验。①针对空间自主采光域的提升：选取合适的房间尺寸，避免房间进深过长，使采光均匀；控制好侧窗窗下墙高度，过矮的窗下墙并不利于室内照度的平均分布；可以考虑天窗与坡屋面改善室内照度整体水平。②对于有效采光度：面对超过 2000lx 的区域应当考虑侧窗和天窗的遮阳处理并选择合适的采光口大小，减少照度的聚集。③眩光处理：可通过综合遮阳措施减少采光口光通量的引入。在今后的研究中可以结合师生对于采光环境的主观评价问卷，辅以此次量化模拟的成果，深化幼儿园班单元光环境设计。

参考文献

［1］李兆兴.基于时空均匀的中小学教室反光构件模拟研究［D］.北京：北京建筑大学，2022.

［2］冯雪飞.基于采光舒适度的典型养老设施阅读空间采光优化设计研究［D］.天津：天津大学，2020.

［3］孔哲，刘琦琳.基于全年动态模拟的高校教室采光品质评价及改善研究［J］.室内设计与装修，2022(8)：104-105.

［4］肖毅强，李凯璇，吕瑶，等.多侧开窗幼儿园活动室天然采光及能耗多目标优化方法研究［C］//全国高等学校建筑类专业教学指导委员会，建筑学专业教学指导分委员会，建筑数字技术教学工作委员会.数智赋能：2022 全国建筑院系建筑数字技术教学与研究学术研讨会论文集.武汉：华中科技大学出版社，2022：314-319.

魏大森[1]　吕嘉怡[1]　刘伟[1]

1. 长安大学建筑学院;2016539850@qq.com

Wei Dasen[1]　Lü Jiayi[1]　Liu Wei[1]

1. School of Architecture,Chang'an University;2016539850@qq.com

基于遗传算法的建筑屋面光伏表皮优化设计策略研究
Research on the Optimal Design Strategy of Building Roof Photovoltaic Skin Based on Genetic Algorithm

摘　要:优化光伏板倾角能够有效提升建筑光伏系统的发电效率,实现节能减排的目的。本研究以榆林地区某展览馆屋面光伏表皮为研究对象,对其进行光伏矩阵设计并建立参数化模型,而后分别以季度与月度为时段间隔,使用 Galapagos、Wallcei 等单、多目标优化插件,以太阳辐射量为优化目标计算其各时段内最优倾角,并使用 PVsyst 光伏系统仿真软件模拟计算其对应发电量数值,并根据倾角优化结果得出该光伏矩阵在全年内最优倾角的函数曲线,以期对建筑光伏表皮的参数化设计方法起到参考与借鉴的作用。

关键词:遗传算法;光伏建筑一体化;参数化设计;仿真模拟

Abstract:Optimizing the tilt angle of PV panels can effectively improve the power generation efficiency of building PV system and achieve the purpose of energy saving and emission reduction. In this study, the PV matrix is designed and parametrically modeled for a PV roof skin of an exhibition hall in Yulin area, and the optimal tilt angle is calculated for each time period using single and multi-objective optimization plug-ins such as Galapagos and Wallcei with solar radiation as the optimization target and Pvsyst PV system simulation software. The corresponding power generation values are simulated and calculated, and the optimal tilt angle of the PV matrix is obtained as a function of the tilt angle throughout the year according to the tilt angle optimization results, in order to play a reference and reference role for the parametric design method of building PV skin.

Keywords:Genetic Algorithm;Photovoltaic Building Integration;Parametric Design;Simulation

1　引言

随着我国双碳目标的提出,光伏建筑一体化逐步成为建筑设计领域重要的研究内容,其能够使拥有光伏系统的房屋由耗能建筑转化为产能建筑,减少建筑对外部能源的依赖,降低能耗与碳排放。光伏建筑一体化是指将光伏矩阵与建筑外围护面相结合,通过光伏板将建筑相应区域所接收到的太阳能转换为电能,因此光伏矩阵通常与建筑屋面或南侧立面进行结合以提高其发电量与转化效率[1]。本文以某展览馆的屋面表皮为基础,在其表皮单元上增设光伏矩阵系统,并且使光伏板可沿表皮单元南侧边缘为轴进行旋转,并且基于参数化设计方法与遗传算法,分析得出不同时段条件下光伏系统具有最高发电效率的倾角数值,以期实现对光伏矩阵系统的优化设计。

2　方案设计

2.1　环境分析

本文研究的建筑项目位于陕西省榆林市榆阳区郊区,榆林市位于陕西省最北部,介于北纬 $36°57'$ ~ $39°35'$,东经 $107°28'$ ~ $111°15'$ 之间,全年日照时间为 2600 ~ 3000 小时之间,属于中国日照高值区,该地区全年太阳总辐射量为 5000 ~ 5850 MJ/m^2,日均辐射量为 4.5 ~ 5.1 kW·h/m^2,其在我国太阳能分布区域内属于二类地区,具有较为丰富的太阳能资源,因此在榆林市地区建设光伏建筑一体化项目具有实际意义与可利用价值[2]。建筑场地周边环境较为空旷开阔,无多、高层建筑对其产生遮挡,因此所设计屋面表皮可充分接收太阳辐射以进行光电转化。

2.2 屋面表皮设计

建筑主体为多个不规则体块进行穿插叠合而成的复杂形体,由于建筑南侧屋面形态较为规则且具有良好的日照朝向(图1),所接收太阳辐射量较高,因此选择在该侧屋面表皮铺设光伏矩阵系统,以对其进行设计与优化。

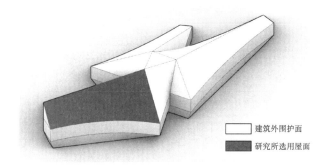

图1 选择建筑南侧屋面进行研究

本文所研究屋面为具有曲面形态特征的坡屋面,其坡度为9.6°,对其基于Grasshopper平台建立参数化模型,并选择网架结构作为屋面结构形式,并基于结构网格单元实现对屋面表皮单元的细分[3],每个表皮单元尺寸为2.4 m×1.2 m。而后根据建筑室内对屋面采光的需求,对表皮单元进行二次细分,使每个表皮单元不同区域分别用于光伏板铺设与屋面采光(图2)。

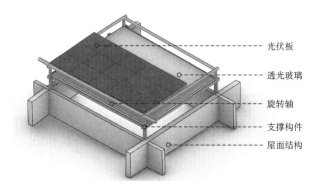

图2 屋面光伏表皮单元设计

本研究主要分析光伏板不同时段具有最高发电量的倾角数值[4],因此在参数化模型中将表皮单元底部边缘作为光伏板的转轴,并将光伏板旋转角度作为参变量,其可变区间为0~80°,最小倾角变化单位为0.1°,使得光伏矩阵模型实现数形联动的目的。

同时,根据光伏系统的发电量计算公式:

$$E_p = H_A \times \frac{P_{AZ}}{E_S} \times K$$

式中:E_p为总发电量(kW·h),H_A为所接收太阳年总辐射量(kW·h/m²),P_{AZ}为系统安装容量(kW),E_S为

标准条件辐照度常数(1 kW·h/m²),K为综合效率系数。

可知当光伏设备不产生变化且光伏系统安装容量固定时,光伏系统的发电量与其所接收太阳辐射量呈正相关的线性关系,即当光伏板接收太阳辐射量最大时,光伏系统具有最高发电量[5]。因此本研究使用Ladybug插件读取并计算光伏矩阵模型所接收的太阳辐射量(图3),并将其作为优化目标以进行各时段最优倾角的优化计算。

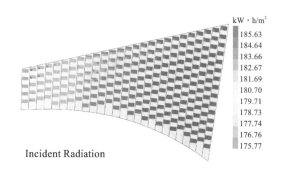

图3 不同角度下光伏矩阵所接收的总太阳辐射量

2.3 光伏矩阵系统设计

本文在光伏表皮形态参数化模型的基础上进行光伏矩阵系统的设计,光伏矩阵系统主要由光伏板组件与逆变器两类主要设备构成。通过Pvsyst软件初步计算该光伏系统装机容量,而后进行设备选型,本研究综合考虑建筑屋面形态、屋面可铺设光伏板区域面积、组件安装形式等因素,选择使用隆基LR5-72HIH-550MG2型号光伏板建构光伏系统(表1)。

表1 单晶硅光伏板具体参数

指标	参数
最大功率/W	550
开路电压 U/V	51.61
短路电流 I/A	13.94
最大工作电压 U/V	43.46
尺寸规格/mm	2278×1134×35

本文根据光伏系统的装机容量与功率明确光伏板的串并联方式,将光伏板沿横向进行串联组划分(图4),并根据不同区域光伏板的数量确认逆变器具体参数;根据光伏板的电压等级和串并联方式确定并网式逆变器的输入电压范围,综合以上选择华为科技SUN2000-6KTL-L1型号逆变器(表2)。

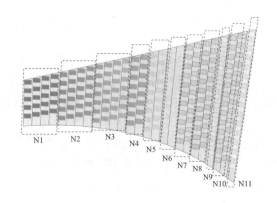

图 4 光伏矩阵系统串联组区域划分方式

表 2 逆变器具体参数

指标	参数
型号	SUN2000-6KTL-L1
最大直流输入功率/kW	6.75
MPPT 电压输入范围/V	90~560
最大效率/(%)	97.29

3 优化过程

3.1 季度最优倾角计算

在光伏矩阵参数化模型与光伏板所接收辐射量的计算两者联动基础上进行倾角优化。在以一年中四个季度为时间段的情况下,分析得出每个季度接收最大太阳辐射的光伏板倾角。在该过程中,本研究协同考虑每个季度中光伏系统在不同月份的太阳辐射接收量,即当季最优倾角应使光伏系统在各月份均保持较好的发电量,避免不同月份出现差距较大的情况,因此选择使用 Wallcei 多目标优化工具对参数化模型进行优化计算[6]。

在优化过程中,以春季最优倾角计算为例,将光伏系统的倾角数值接入运算器的 Genes 端,将三月、四月、五月三个典型春季月内光伏系统接收的月总辐射量分别作为优化目标接入运算器的 Objectives 端,设定优化参数后进行最优解运算(表3、图5)。

表 3 多目标优化参数设置

参数	数值
优化变量	倾角度数
优化目标	当季各月份接收的月总辐射量
运算代数	30
运算规模	50

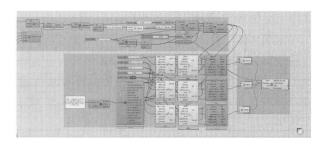

图 5 多目标优化求最优解运算过程

由于多目标优化不存在唯一最优解,因此运算完成后选择帕累托最优解集的前十个优化倾角计算值进行导出,并将其平均值作为各季度最优倾角[7]。分别对四个季度进行优化求解后可得出以下结论:在屋面倾角为 9.6° 的基础上,该光伏系统春季最优倾角为 11.3°,夏季最优倾角为 2.8°,秋季最优倾角为 35.2°,冬季最优倾角为 40.3°。

3.2 月度最优倾角计算

在以每个月作为时间段的情况下,应计算得出每个月光伏系统接收最大太阳辐射量的倾角数值。在该过程中,本研究以当月月总太阳辐射接收量为单一目标值,因此选择 Galapagos 单目标优化工具并使用遗传算法进行优化计算[8]。

在优化过程中,将光伏系统的倾角数值作为自变量接入运算器的 Genome 端,将每个月的月总太阳辐射量数值接入运算器的 Fitness 端,设定优化参数后进行最优解运算(表4、图6)。

表 4 单目标优化参数设置

参数	数值
优化变量	倾角度数
优化目标	当月接收的月总辐射量

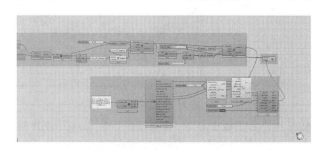

图 6 单目标优化求最优解

由于单目标优化存在最优解计算结果,因此选择每个月优化计算的最优解进行导出可得出以下结论,在屋面倾角为 9.6° 的基础上,该光伏系统 1—12 月各月份最优倾角分别为 56.1°、46.5°、35.6°、18.4°、2.9°、0°、0°、10.1°、30.0°、43.8°、55.4°、54.6°。

4 优化结果分析

4.1 发电量计算

基于以上优化结果,使用 Pvsyst 光伏系统仿真软件进行光伏表皮原始倾角及优化倾角的发电量计算[9]。在原始光伏矩阵倾角为 9.6°的条件下进行计算,并且在后续发电量计算过程中除倾角数值外所有参数保持不变,通过仿真模拟计算后可知,原始方案的光伏表皮全年发电总量为 167.9 MW·h。

当以季度最优倾角优化结果进行发电量计算时,使用各季度优化得出的倾角数据,可得出各季度的对应发电总量分别为 47.7 MW·h、46.6 MW·h、44.3 MW·h、41.5 MW·h,全年发电总量为 180.1 MW·h,即在使用所得出的各季度最优倾角后,该光伏系统发电总量较原始倾角提高了 7.3%。

当以月度最优倾角优化结果进行发电量计算时,使用各月份优化得出的倾角数据,可得出各月份的对应发电总量分别为 15.4 MW·h、12.5 MW·h、15.0 MW·h、16.4 MW·h、17.5 MW·h、16.4 MW·h、16.8 MW·h、17.6 MW·h、14.9 MW·h、16.9 MW·h、15.5 MW·h、14.8 MW·h,全年发电总量为 189.7 MW·h,即在使用所得出的各月度最优倾角后,该光伏系统发电总量较原始倾角提高了 12.9 %。(图 7)

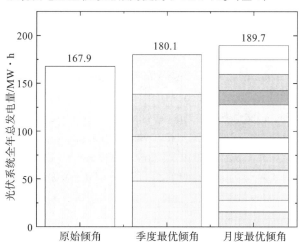

图 7 不同倾角条件下光伏系统全年总发电量

4.2 全年最优倾角函数计算

通过原始倾角、季度最优倾角、月度最优倾角对应发电量计算可知,该优化方法对于光伏系统的发电量有显著提高,因此在此基础上以月度最优倾角为自变量建立数学模型(图 8),可拟合得出该光伏系统全年最优倾角曲线方程应为:

$$E_t = 93.3 - \frac{1988.4}{pi} \times \left[\frac{7.2}{4 \times [T_d - 6.2]^2 + 51.8} \right]$$

式中,E_t 为该光伏系统当日最优倾角角度,T_d 为当前日期在 1—12 月区间的映射值。

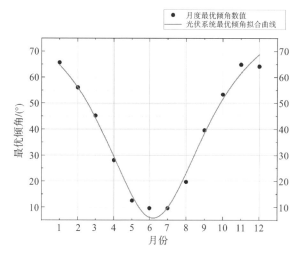

图 8 光伏系统全年最优倾角变化曲线拟合

5 结论

基于本文所使用的优化过程与得出的结果分析可知,对于建筑屋面光伏系统参数化模型与其所接收太阳辐射计算两者结合的数形联动过程,使用遗传算法对其以所设定优化目标进行优化具有高效性与实用性,对于光伏建筑一体化的优化设计过程有实际意义。

参考文献

[1] 赵家敏. 光伏建筑一体化(BIPV)的设计与应用[J]. 工业建筑,2023,53(1):259.

[2] 马涛. 光伏建筑一体化的应用与发展[J]. 建筑技术,2022,53(12):1754-1756.

[3] 岂凡. 基于 Grasshopper 的参数化方法在结构设计中的应用[J]. 土木建筑工程信息技术,2018,10(1):105-110.

[4] 王宗林,樊亚东,王建国,等. 倾角与方位角对张北地区光伏发电特性的影响[J]. 太阳能学报,2022,43(10):73-79.

[5] 朱丹丹,燕达. 太阳能板放置最佳倾角研究[J]. 建筑科学,2012,28(S2):277-281.

[6] 史立刚,杨朝静,闫洪哲. 风环境响应的寒地专业足球场界面形态多目标优化设计[J]. 世界建筑,2023(6):97-102.

[7] AZARI R, GARSHASBI S, AMINI P, et al. Multi-objective optimization of building envelope design for life cycle environmental performance [J]. Energy & Buildings, 2016(126): 524-534.

[8] 瞿燕,宋德萱. 基于参数化设计的夏热冬冷地区办公建筑多目标优化研究[J]. 建设科技,2022(17):15-18.

[9] 潘巧波,何梓瑜,李昂. 基于 PVsyst 的"跟踪支架+双面组件"光伏发电系统的发电量评估方法研究[J]. 太阳能,2023(4):30-35.

李弘颖[1]　于汉学[1]

1. 长安大学建筑学院；870991811@qq.com

Li Hongying [1]　Yu Hanxue [1]

1. School of Architecture，Chang'an University；870991811@qq.com

基于风环境模拟的旧工业厂房立面窗洞优化改造设计研究

Research on Optimization and Retrofit Design of Window Openings on the Facade of Old Industrial Buildings Based on Wind Environment Simulation

摘　要：本研究基于 Grasshopper 平台对西安市某旧工业建筑改造的酒店建立参数化模型，并使用 Edddy3d 风环境模拟工具在夏季自然通风条件下对其外部风环境进行模拟，选取底层空间南侧立面进行研究，并在三种不同窗洞形态下对房间内部风环境进行仿真模拟与优化筛选。而后根据窗洞在纵向不同位置下的室内风环境模拟结果建立数学模型，得出窗洞纵向位置与室内平均风速的函数关系，并在此基础上将室内夏季风环境与冬季太阳辐射量协同考虑，使用 Wallcei 多目标优化工具以其对应数值为优化目标，分析得出窗洞最优纵向位置，以期对立面窗洞优化改造设计提供参考。

关键词：参数化设计；风环境模拟；窗洞形态；多目标优化；遗传算法

Abstract： This study establishes a parametric model based on the Grasshopper platform for a hotel converted from an old industrial building in Xi'an, and uses the Edddy3d wind environment simulation tool to simulate the external wind environment under the natural ventilation conditions in the summer, selects the south façade of the ground-floor space for the study, and simulates the internal wind environment of the room under three different window openings patterns, and selects the most suitable window opening pattern for the room. The most suitable window opening pattern is selected. Afterwards, a mathematical model is established according to the simulation results of the indoor wind environment under different positions of window openings in the longitudinal direction, and the functional relationship between the longitudinal position of window openings and the average indoor wind speed is obtained. Finally, the indoor summer wind environment and the winter solar radiation are considered together, and the Wallcei multi-objective optimization tool is used to take the corresponding values as the optimization objectives to analyze and obtain the optimal longitudinal position of window openings in order to provide a reference for the optimization of the design of the façade window openings. In order to provide reference for the design of optimization of façade window openings.

Keywords： Parametric Design；Wind Environment Simulation；Window Opening Patterns；Multi-objective Optimization；Genetic Algorithm

1　引言

随着我国城市化进程的加快，大量老旧工业建筑通过更新改造被赋予了新的使用功能与空间形态，工业建筑如厂房等具有的大跨度结构体系使得其在更新改造过程中能够满足优化设计的需要，促进使用空间品质提升[1]。本文针对西安市某工业厂房所改造的酒店立面窗洞形态进行优化分析，基于参数化模型的可分析性与可优化性，通过对自然通风条件下夏季室内风环境进行模拟，实现窗洞形态与空间位置的优化研究，并结合模拟结果建立数学模型，分析窗洞位置与室内风环境间的线性关系，同时在此基础上，协同考虑窗洞对室内夏季风环境与冬季热环境的影响,使用多目标优化工具计算出符合各自优化目标的窗洞位置。本研究通过建立参数化模型形态生成与环境性能分析之间的联动过程,并使用以遗传算法为基础的多目标优化工具,实现了以性能为导向的形态优化,以期对未来的建筑立面更新改造设计起到参考与借鉴作用。

2 外部风环境模拟

2.1 建筑形体分析

本文研究的建筑原为20世纪50年代建成的特种钢生产厂房,现于2016年更新改造为酒店,改造主要方式为将原有大空间细分为居住单元,并通过外立面改造满足现有客房内的采光需求。建筑形体主要分为上下两个矩形体块,屋面约为10°的坡屋面,上层体块长约40 m,宽约22 m,高约7.2 m,下层体块长约40 m,宽约32 m,高约7.6 m,上下两侧体块叠合布置(图1),当前酒店共四层,上下体块各两层,其中客房主要分布在二、三层的北、南、西侧,本文主要以建筑二、三层南侧客房的立面窗洞形式为对象进行优化研究,同时建筑周边环境较为开敞,无明显遮挡物。

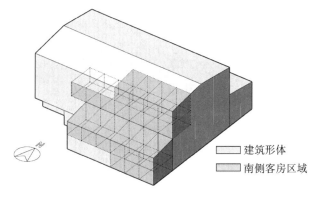

图1　建筑形体与建筑南侧客房区域

2.2 夏季室外风环境分析

由于建筑上下两部分形体存在差异性,因此对上下层体块房间的外部风环境进行模拟与对比分析,以此选择自然通风条件更优区域的房间窗洞形态进行深入研究。

由于房间主要位于建筑二、三层,考虑窗洞通风对室内人体感受的影响,选择距离各层地平面1.5 m处的外部空间风环境进行模拟,风环境模拟工具为基于Grasshopper平台的Eddy3d插件,其中外部风环境数据通过Ladybug插件进行读取[2],本研究主要分析夏季窗洞对室内空间通风情况的影响,因此在模拟中采用典型夏季月6月的月平均风速与风向环境数据(图2)。

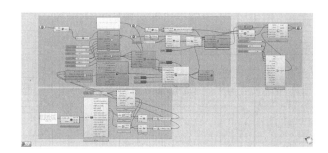

图2　基于Grasshopper平台的建筑风环境模拟过程

在模拟过程中建立窗洞模型,使其完全覆盖建筑模型,而后以建筑为中心并分别按照所设定标高在90 m×90 m的区域内以0.6 m为间距布置风速探测器,设定探测器的模拟参数(表1),并且在后续室内风环境模拟中除探测器布置区域外所有参数保持一致,最后分别进行模拟并根据探测器所读取风速结果以热力图的形式绘制室外风场图像。

表1　风环境模拟参数

参数	数值
探测器布置区域尺寸/m	90×90
探测器布置间距/m	0.6
风洞细分值/m	1
模拟网格尺寸/m	0.2
运算迭代次数/次	20

通过模拟结果可知(图3),建筑三层南侧客房的室外风环境强度相较二层更高,其对应的房间窗洞具有更显著的研究价值,因此在后续窗洞形态优化过程中选择建筑三层南侧中间位置房间的外立面窗洞进行研究。

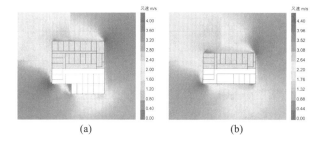

图3　建筑外部空间风环境模拟
(a)建筑下层外部风环境;(b)建筑上层外部风环境

3 立面窗洞形态优化

3.1 不同窗洞形态下室内风环境模拟

针对建筑三层南侧中间位置房间的外立面,选择采用由三个相同窗洞共同组成的开窗形式[3],窗洞尺寸均为 0.6 m×2.1 m,使得该侧建筑立面窗墙比总体保持为 0.3。三个窗洞在纵向位置保持一致,窗洞底边距离房间地面为 0.3 m,横向窗间距分别设定为 0.1 m、0.3 m、0.5 m,即三个窗洞布置方式为由紧凑到宽松从而产生差异性,由此设置三种开窗方案(图4),而后对其分别进行模拟并根据结果分析、筛选更适宜的开窗方案。

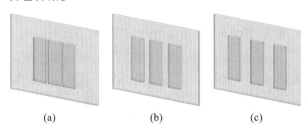

图4 以横向窗间距为变量的三种开窗方案
(a)方案一;(b)方案二;(c)方案三

在模拟过程中,在建筑房间室内布置探测器,探测器间距为 0.15 m,布置范围为房间离地 1.5 m 处的完整平面,其他模拟参数保持不变,而后进行模拟并得出风环境热力图(图5)。

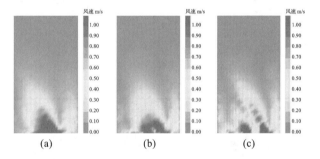

图5 不同形式窗洞方案对应室内风环境热力图
(a)方案一室内风环境;(b)方案二室内风环境;
(c)方案三室内风环境

分析三种开窗方案对应的室内风环境模拟结果,并选择房间前 1/3 处受通风影响较明显区域的探测器结果进行读取,可知方案一至方案三对应的平均风速分别为 0.427 m/s、0.412 m/s、0.406 m/s,即风环境差异性较小,而后计算区域内均布的探测器点位风速方差,分别为 0.155、0.128、0.102,即随着窗洞间距增大,室内风环境的稳定性趋于提高,因此选择窗洞间距较大的方案三进行纵向位置的优化。

3.2 窗洞位置对室内平均风速影响分析

在明确窗洞横向布置方式后,针对窗洞纵向位置变化对室内风环境产生的影响进行研究[4]。将窗洞的初始位置设定于窗洞底部距房间地面 0.1 m 处,而后保持窗洞横向间距与窗洞形状不变,以 0.1 m 为间距,逐次模拟窗洞底部距地面 0.1~1.4 m 时对应的室内风环境,每次模拟结果均通过在室内距地面 1.5 m 处平面以 0.15 m 为间距均等布置的探测器进行读取,部分结果如图6所示。

通过 14 次窗洞纵向位置变化后对应室内风环境的模拟,选择房间前 1/3 处受通风影响较明显区域的探测器结果计算其区域内风速平均值[5],可知当窗洞底部以 0.1 m 为间隔由 0.1 m 抬升至 1.4 m,对应平均风速分别为 0.312 m/s、0.322 m/s、0.339 m/s、0.357 m/s、0.381 m/s、0.396 m/s、0.413 m/s、0.424 m/s、0.429 m/s、0.437 m/s、0.417 m/s、0.388 m/s、0.372 m/s、0.339 m/s。

在此模拟数据基础上建立数学模型,将窗洞底部距房间地面的距离作为自变量,分析其与室内主要受影响区域平均风速间的线性关系(图7),通过拟合可得到如式(1)所示的函数关系式。

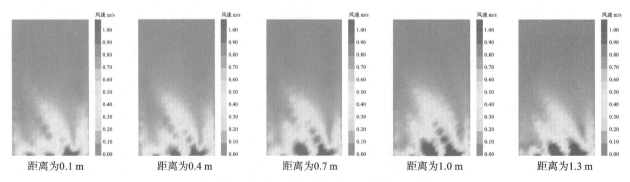

图6 窗洞底部距室内地面不同高度时室内风环境(部分)

距离为0.1 m　距离为0.4 m　距离为0.7 m　距离为1.0 m　距离为1.3 m

$$W_s = 0.37 + 0.06 \times \sin\left(\frac{pi \times (H_d - 0.48)}{0.81}\right) \quad (1)$$

式中,W_s 为室内主要受影响区域平均风速;H_d 为窗洞底部距房间地面的距离。

通过以上线性关系可知,随着距离增加,平均风速

呈现出先增高后下降的趋势,并在距离为 0.87 m 时达到变化范围内的最大值,即此时室内 1.5 m 标高平面内通风量最大。

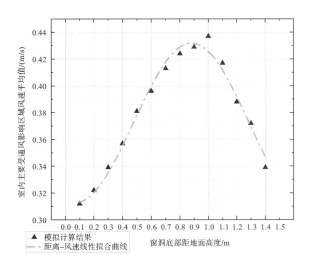

图 7 窗洞底部距离与平均风速关系曲线拟合

4 多目标优化

基于以上对夏季自然通风条件下窗洞纵向位置与室内风环境影响关系研究的基础,本文将窗洞位置与冬季室内热辐射进行协同研究[6]。

本文在原有建筑参数化模型的基础上,通过Ladybug插件建立太阳日照模型[7],选择典型冬季月份12月作为研究时段,而后计算同一客房室内地面在12月内通过窗洞所接收的累计太阳辐射量,探究以上参数化模型及辐射量计算数形联动的特征,通过调整窗洞纵向位移量即可计算其对应的月累计太阳辐射量(图8)。

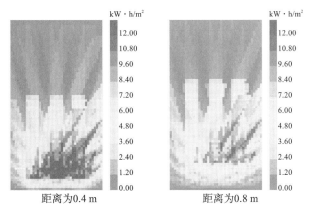

图 8 不同窗洞纵向位移量对应的月累计太阳辐射量

本文通过窗洞纵向位置与夏季室内风环境和冬季太阳辐射量的关系研究及计算过程的构建,使用基于遗传算法的Wallcei多目标优化工具实现对两者的协同优化[8]。本文所建立的参数化模型可通过调整参数实现窗洞位置的调整以及其辐射量实时计算,但由于风环境模拟的复杂性以及遗传算法寻优过程中大量的

计算过程,难以实现风环境的同步模拟,因此在该多目标优化过程中,使用得出的窗洞纵向位置与室内平均风速函数关系代替模拟过程,以满足多目标优化算法中对最优解的运算过程(图9)。

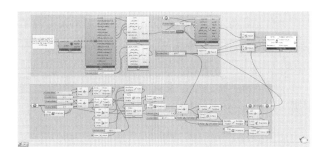

图 9 多目标协同优化运算过程

在多目标优化运算中设定优化参数(表2),经计算后导出帕累托最优解集的前十个优化结果,计算其平均值为0.57,即当窗洞底部距离室内地面高度为0.57m时,房间可同时满足夏季自然通风量与冬季太阳辐射量的需求,此时该房间室内在6月前1/3受通风影响较显著区域的月平均风速为0.392 m/s,12月累计太阳辐射量为107.5 kW·h。

表 2 多目标优化参数设定

参数	数值
优化目标1	室内受风区平均风速
优化目标2	室内太阳辐射量
计算代数	30
计算规模	50

5 结论

综合本文研究内容分析可知,参数化设计方法可将模型生成过程与建筑性能模拟过程高效结合,实现以环境性能为目标导向的形态优化塑造过程。同时,在使用遗传算法对复杂仿真模拟过程的优化筛选时,可通过将离散模拟结果拟合为函数曲线的方式以提高寻优过程的效率。

参考文献

[1] 陈伟莹,李以翔,曹笛,等.大跨度旧工业建筑改造室内采光优化策略研究[J].工业建筑,2022,52(10):139-145.

[2] 咸亮亮,闫增峰,倪平安,等.基于Ladybug+Honeybee的建筑物理环境模拟分析研究[J].建筑节能(中英文),2022,50(9):68-75.

[3] 胡映东,姜忆南,梁鑫慧.北京地区既有建筑

立面改造中垂直百叶外遮阳设计研究[J].建筑科学,
2023,39(6):183-188.

[4] 李林,李宁,彭哲晨,等.外窗位置对室内风
环境的影响及其设计策略研究[J].建筑技术,2023,54
(7):812-815.

[5] 宋宇辉,曲冠华,原野,等.高层办公建筑风
环境性能优化设计研究与实践[J].建筑节能,2020,48
(10):39-45.

[6] 田一辛,黄琼,王韬.窗面积影响室内热舒适

的实测与模拟对比研究[J].建筑科学,2022,38(10):
84-91.

[7] 袁宸章,李念平,何颖东,等.建筑室内人体
太阳辐射得热特性及数值模拟[J].太阳能学报,2022,
43(2):296-302.

[8] 史立刚,杨朝静,闫洪哲.风环境响应的寒地
专业足球场界面形态多目标优化设计[J].世界建筑,
2023(6):97-102.

成功[1]　叶俊良[1]　李友波[2]　曾旭东[3]

1. 重构引力(重庆)工程咨询有限责任公司；272795567@qq.com，13356906@qq.com
2. 中煤科工重庆设计研究院(集团)有限公司
3. 重庆大学建筑城规学院

Cheng Gong[1]　Ye Junliang[1]　Li Youbo[2]　Zeng Xudong[3]

1. Refactor Gravity (Chongqing) Engineering Consulting Co.,Ltd.；272795567@qq.com，13356906@qq.com
2. CCTEQ Chongqing Research Institute
3. School of Architecture and Urban Planning,Chongqing University

三维环境下建筑结构一体化仿真设计工作模式探索
——以悦来设计公园创新基地7#楼项目为例

Exploration of Integrated Simulation Design Workflow for Architectural Structures in a 3D Environment：Taking the Building 7 Project of Yuelai Design Park Innovation Base as an Example

摘　要：随着经济进步，建筑设计已突破传统，向多元化发展。本文探索在行业迭代的背景下，建筑设计由传统模式向数字化体系转型，工作方法从计算机辅助绘图变为计算机辅助设计，以及以数字化工具为基础的多专业协同设计的可行性。数字化设计体系可融合 BIM 软件、参数化工具、仿真分析等软件的数据信息，可以实现建筑设计全专业工作一体化。这种以数据为媒介的全专业融合设计工作模式，将为建筑设计行业的高质量发展奠定了坚实的技术基础。

关键词：设计一体化；数字化；BIM；建筑；结构

Abstract：With economic progress, architectural design has surpassed tradition and embarked on a path of diversity. This article explores the transformation of architectural design from traditional modes to a digital system in the context of industry iteration. The work method has transitioned from computer-aided drafting to computer-aided design, and the feasibility of multidisciplinary collaborative design based on digital tools is examined. The digital design system integrates data and information from software such as BIM, parametric tools, and simulation analysis, enabling a holistic approach to architectural design across all disciplines. This data-driven integration of multiple disciplines establishes a solid technological foundation for the high-quality development of the architectural design industry.

Keywords：Integrated Design；Digitalization；BIM；Architecture；Structure

1　研究背景

1.1　传统行业的数字化转型

2021 年 12 月 12 日，国务院印发《"十四五"数字经济发展规划》提出："发展数字经济是把握新一轮科技革命和产业变革新机遇的战略选择"，政府应大力推进产业数字化转型[1]。建筑行业向数字化转型也得到了业内的广泛认同，建筑行业应充分利用数字技术的优势，推动行业可持续性和良性发展。

1.2　建筑设计需要数字化的基因

市场需求推动建筑设计技术的升级(图 1)。以传统的计算机辅助建筑设计(computer aided architectural drawing,CAAD)为技术层面的工作平台和项目推进模式已无法满足未来的创新需求。通过 AI、遗传算法等综合手段进行仿真设计的 CAAD 工作模式越来越多地被用于建筑设计实践当中[2]。在数字三维环境下通过生成—分析—再生成的机制，设计师以跨学科、跨专业的姿态实现建筑与数字化融合和持续创新[3]。

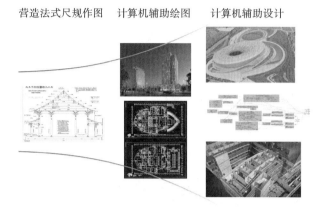

营造法式尺规作图　计算机辅助绘图　计算机辅助设计

图1　建筑设计技术的衍变

（图片来源：互联网）

2　数字化转型是面向未来的开拓性策略

2.1　建筑的空间属性需要三维工作平台作为技术支撑

建筑行业有着漫长的历史，以至于CAAD成为现今建筑设计的主要工作方式。此方法依靠设计师的主观策略和经验积累，推动设计和成果落地[4]。由于二维制图只能针对平面空间进行描述，成果均以二维图形的方式呈现，以至于设计师的思维模型被限制在二维空间中，无法准确描述高维度的建筑空间。

以BIM数字三维工作平台为基础的设计工作和传统的二维绘图模式有较大的区别（图2）。数字三维工作流程以创建数字仿真模型为核心，利用生成的仿真模型进行成果交付和数据输出[5]。三维工作环境解决了二维空间的技术困扰，并利用数字技术把复杂的需求和抽象的创意加以糅合，采用可视化的方式准确地展现出来。

2.2　设计创新模糊了建筑与结构之间的界限

建筑设计的理念和技术手段在不断创新，建筑形态也呈现出多元的发展趋势。设计创意使专业之间的界限更加模糊。以结构专业为例，支撑体系从传统的内置梁柱板支撑（图3），发展到外覆式支撑体系（图4）（结构表现主义，High-Tech）[6]。梁柱板从单一的承重功能转变为承重功能结合建筑表现的复合功能（图5）。由于结构是建筑空间的组成部分，建筑空间也因此从静止的栅栏式平面空间关系衍变出流动的非一致性的空间结构[7]。

随着计算机的普及应用，数字技术被工程师学习并引入工程实践，涌现出更多创新的作品。在数字技术的助推下，利用程序生成的结构构件同时又作为建筑维护结构和表皮，使建筑与结构从功能到形式实现

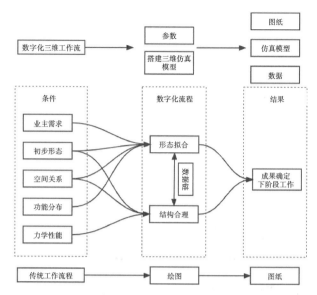

图2　传统工作流程和数字化工作流程对比

融合。在数字技术的支持下，建筑与结构专业在共同的创新过程中实现了相互的影响和深度融合，进而创作完成了更多高质量的设计作品[8]。

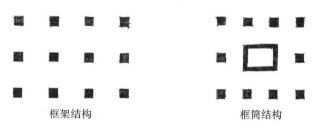

框架结构　　　　　　　框筒结构

图3　传统的结构支撑体系

图4　坎德拉：霍奇米洛克餐厅

（图片来源：互联网）

图5　水立方

（图片来源：互联网）

3 悦来设计公园创新基地7♯楼,混凝土壳体建筑与结构一体化设计

3.1 项目概况

本项目地上建筑面积为 8451.26 m²。建筑师通过双曲面壳体展现山水交融的设计概念(图6),壳体最大跨度 46.7 m,最大高度 31.8 m,壳体材料选用钢筋混凝土。由于混凝土材料的特性为抗拉性弱、抗压性能强,而壳体的形态又决定结构拉压应力的分布,因此在设计深化阶段,需要建筑与结构专业在数字三维环境下共同进行壳体找型。

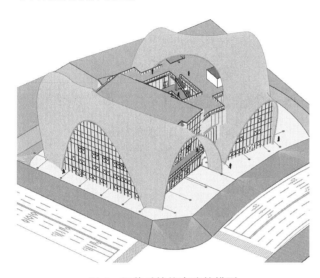

图6 组装后的仿真建筑模型

3.2 曲面数字一体化生成式设计与数值找型

3.2.1 壳体曲面生成原理

壳体曲面的拟合生成由建筑与结构共同完成。建筑专业根据概念方案的初步形态,提取檐口和肩部的曲线(图7)并生成初始曲面。为使曲面在自重力作用下有合理的结构形式,充分发挥混凝土抗压强的特性,通常使用"逆吊实验法"确定壳体结构形式[9],再通过对结构模型进行固化翻转,获得在重力作用下的纯压结构,本质是实现零弯矩结构[10]。本次曲面生成利用了 Grasshopper 平台中的 Kangaroo 插件进行参数化的逆吊法模拟(图8)[11],模拟曲面粒子系统(partical system)的质量、位置及速度,以及对各种力做出的反应。通过对粒子加载不同方向的荷载、设置点与点之间的引力或斥力、设定固定点等方式,模拟真实环境中的材料及物理的力学表现。

3.2.2 建筑与结构协同数值模拟找型

初次模拟生成的壳体曲面,虽然能够满足力学性能,但形态无法满足建筑师的要求,需要进一步处理。建筑师根据建筑形态在曲面上添加控制曲线,再把曲

图7 壳体初步外轮廓线

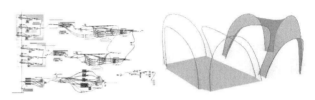

图8 用 Kangaroo 进行逆吊法模拟

线输入到 Kangaroo 中,同时结构工程师根据拟定的算法进行逆吊法模拟。这样经过多次往返配合(图9),经建筑师确定的壳体形态控制线数量逐步递增,结构形态也会逐渐稳定,最终得到一个建筑与结构都相对满意的曲面形态(图10、图11)。当然此形态并非为结构最优形态,而是在综合了建筑美学、空间形态、混凝土材料的极限性能范围得出的相对最优解。此形态既能满足建筑师的要求,同时又能满足结构及材料的性能。

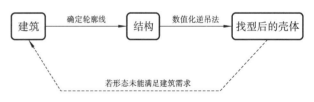

图9 建筑结构一体化找型流程

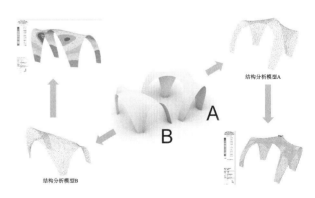

图10 结构找形及有限元仿真分析

3.3 建筑与结构三维一体化正向设计

3.3.1 多专业协同设计的平台选择

常用的三维设计软件中,主要用于建筑领域的有

291

图 11 曲面最终形态

ArchiCAD、Revit 、Bentley、AutoCAD 等[11][12]。其中 ArchiCAD 属于建筑师友好型软件,契合设计的工作逻辑,本次设计后续深化工作在 ArchiCAD 三维设计平台上完成[13]。

3.3.2 一体化设计的管理

由于壳体的特殊形态,导致建筑与结构的边界比较模糊。所以在深入设计阶段,需拟定一套协同规则,保证设计工作的顺利推进。在 ArchiCAD 中使用"楼层"对仿真模型的数据和参数进行管理(图12),并用"图层"来区分不同专业之间的工作界面(图13)。使用软件内置的 BIMcloud 协同管理模块,使设计师可以在同一个平台下进行实时的数据交换和协同工作(图14、图15)。

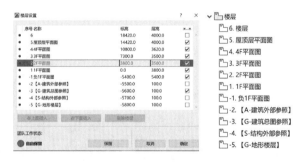

图 12 楼层的设置和外部文件管理

图 13 图层管理

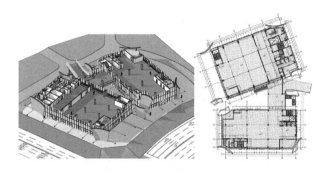

图 14 用户权限分配 图 15 服务器资料管理

3.3.3 图模一体可视化交互

建筑与结构工程师在同一个仿真模型下进行设计,能及时处理构件的碰撞关系。ArchiCAD 平台特有的图模一体的交互模式,打破了二维表达沟通的局限(图16),让设计师在三维模型和二维图纸之间无缝切换,可以准确直观地查看构建关系以及跨专业的顺畅沟通,在数字三维环境下实现人与人、人与模型、模型与模型的多通道交互[14]。

图 16 二维结合三维的视图能更清晰地表达建筑内部的关系

4 总结与展望

本次设计在数字三维环境下以建筑与结构专业融合协同的方式完成了壳体生成、结构仿真分析、建筑仿真模型的设计整合组装。这种从初始设计条件—模型—数据(图纸)的工作流程可以称为 BIM 正向设计工作流程。

需求和技术在共同推动建筑设计方法的转变。工程师把数字化的思维融入工作中,用创新的方法满足了复杂的设计需求,实现了跨学科、跨专业的共生融合共同创新。

参考文献

[1] 国务院.关于印发"十四五"数字经济发展规划的通知:国发〔2021〕29 号[A/OL].(2021-12-12)[2023-07-30].https://www.gov.cn/gongbao/content/2022/content_5671108.html.

[2] 李飚.建筑生成设计:基于复杂系统的建筑设计计算机生成方法研究[M].南京:东南大学出版社.2012.

[3] 李煜茜,徐卫国.基于深度学习算法的建筑生成设计方法初探[C]//全国高等学校建筑学专业指导委员会.2020 全国建筑院系建筑数字技术教学与研究学术研讨会论文集.北京:中国建筑工业出版社,2020.

[4] 孙澄,袁烽,陈自明,等.计算性设计赋能人

居环境营造.当代建筑,2022(30):6-13.

[5] 丁洁民,张峥,尹武先,等.数字技术下的建筑与结构一体化设计[J].建筑技艺,2018(7):20-25.

[6] iStructure.结构工程师看结构表现主义[EB/OL].[2023-06-30]. http://zhuanlan. zhihu. com/p/51190759. html.

[7] 巴尔蒙德.异规[M].李寒松,译.北京:中国建筑工业出版社,2008.

[8] 郭屹民.作为结构的建筑表层:结构与建筑一体化设计策略[J].建筑学报,2019(6):90.

[9] 张鹤.柔性悬挂接触网的找形与静态性能研究[D].天津:天津大学,2008.

[10] RAMM E, BLETZINGER K U, REITINGER R. Shape optimization of shell structures [J]. Revue européenne des éléments finis, 1993, 2(3): 377-398.

[11] PIKER D. Kangaroo: Form finding with computational physics[J]. Architectural Design, 2013, 83(2): 136-137.

[12] 孙晓峰,魏力恺,季宏.从 CAAD 沿革看 BIM 与参数化设计[J].建筑学报,2014(8):41-45.

[13] 王佳晖,刘学贤.BIM 主流建筑设计软件平台的应用对比[J].城市建筑,2022,19(17):138-141,158.

[14] 曾旭东,周鑫,罗锋,等.AR 可视化交互技术在建筑 BIM 正向设计中的应用探索[C]//全国高等学校建筑学专业指导委员会.2020 全国建筑院系建筑数字技术教学与研究学术研讨会论文集.北京:中国建筑工业出版社,2020.

Ⅶ　数字化建造与机器人

尹佳文[1]   华好[1]

1. 东南大学建筑学院；220210256@seu. edu. cn

Yin Jiawen [1]   Hua Hao [1]

1. School of Architecture，Southeast University；220210256@seu. cn

单壳分叉曲面的机器人非平面 3D 打印路径规划
Robotic Non-planar 3D Printing Toolpath Planning for Single-shell Bifurcated Surfaces

摘　要：机器人 3D 打印技术快速发展，推动了对 3D 模型非平面切片与打印路径规划的研究。本文研究在无支撑条件下使用连续平滑曲线 3D 打印单壳分叉曲面，提出了一种通过测地距离函数对模型非平面切片，生成打印路径并进行优化的方法。该方法旨在对打印层间受力进行调控与优化，提高建造曲面构件或复杂形体构筑物时的力学性能。本文采用机器人非平面 3D 打印工艺，深入研究单壳分叉曲面的拓扑结构特征与打印层间受力情况，探讨了非平面打印路径优化方法的合理性，拓展了大型 3D 打印技术在建筑上的应用。

关键词：非平面 3D 打印；路径规划；测地距离函数；单壳分叉曲面

Abstract：With the rapid development of robot 3D printing technology, the technical methods of non-planar model slicing and path planning at home and abroad have been newly developed. In order to solve the problem of using continuous smooth curves to print bifurcated surfaces of single shells under unsupported conditions, this research proposes a technical method to slice the model non-planarly through the geodesic distance function, generate printing paths and optimize them. The purpose is to effectively control and optimize the force between printing layers, and solve the mechanical problems when building curved surface components or complex structures. Based on the robot non-planar 3D printing process, this research studies the topological structure characteristics of the bifurcated surface of the single shell and the force between the printing layers, discusses the rationality of the non-planar printing path optimization method, and expands the application of this method in architecture possibility.

Keywords：Non-planar 3D Printing；Toolath Planning；Geodesic Distance Function；Single Shell Bifurcated Surface

1　引言

材料挤出层叠打印是全世界范围内应用最广泛的 3D 打印工艺之一，包括熔融沉积成型（FDM）、混凝土挤出 3D 打印等。模型平面切片和非平面切片[1]代表了两大类技术方法。机械臂驱动的大尺寸熔融颗粒 3D 打印（Fused Granulate Fabrication, FGF）在建造大尺寸单壳分叉曲面时，往往存在打印路径规划困难、悬挑角度受限以及打印品质不佳等问题。

针对 FGF 打印的非平面切片，本研究以测地距离[2]等距线为基础生成非平面打印路径并进行优化，旨在对打印层间受力进行有效的调控与优化，提升建造曲面构件或复杂形体构筑物的力学性能。

本研究为解决无支撑条件下使用连续平滑曲线打印单壳分叉曲面的问题，提出了一种通过距离函数对模型进行非平面切片，生成打印路径并优化的方式。该方式包含方法、编码和建造三部分：方法部分以曲面上点的测地距离为基础，对单壳分叉曲面的细分网格进行划分，控制曲面鞍点的数量、路径生成的方向以及可变层高的范围，应用向量归一化与欧拉公式，优化打印路径，减少噪点干扰，为非平面打印路径生成与优化提供理论依据；编码部分在 Rhino 建模平台中使用 Grasshopper 插件与 Python 编程语言，将模型进行非平面切片，生成打印路径并优化。最后使用 Robim 插件进行机械臂非平面打印的路径模拟，形成非平面 3D 打印一体化工作流；建造部分以多智能体互动装置"漪涟青脉"为例,将模型分为 21 个大尺度单壳分叉曲面并建造,展示这种路径生成与优化方式的可行性与优势。

2 曲面分析与打印路径规划

生成 3D 打印路径的方式一般有两种:①由形体生成打印路径,通常采用切片软件来生成打印路径;②直接生成打印路径。针对非平面打印,本文主要通过 Grasshopper 插件与 Python 编程将模型曲面转化为打印路径,最终生成机器人系统可执行的源文件。

数字模拟包括非平面切片以及路径规划,围绕互动装置"漪涟青脉"的单壳分叉曲面模型,模拟机器人非平面 3D 打印过程。

2.1 单壳分叉曲面的非平面切片

对单壳分叉曲面进行非平面切片,需要将模型从曲面转换为三角细分网格,通过调节参数控制网格精度,再提取网格面的顶部和底部的边界条件。可以通过热力图表现距离场的均匀变化以及分叉曲面鞍点的所处位置,如图 1 所示,还可以通过微调顶部边界的测地距离来调整鞍点的位置。

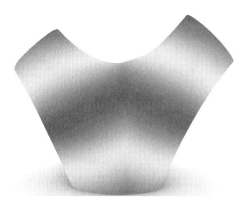

图 1 单壳分叉曲面测地距离热力图
(图片来源:作者自绘)

获得三角形网格模型与网格面的顶部、底部边界条件后,运行 Python 代码,对三角形网格面上的点进行测地距离分析。一个分叉曲面模型有三个边界,两个边界位于顶部,一个边界位于底部,将顶部两个边界计算出的距离场整合为一个进行计算。如果分别有 n 个底部边界和 m 个顶部边界,测地距离根据每条曲线进行计算,产生两个距离集 $D1 = \{d1, \cdots, dn\}$ 以及 $D2 = \{d1, \cdots, dm\}$,不同的距离场整合方式会生成不同特性的打印路径。

使用并集对测地距离进行组合,距离场的最小值并集是由每个距离集合的最小值组成的。用于生成 K 条等值线的距离函数遵循公式:$Dj = (1-tj)\bigcup(D1)$

$-tj\bigcup(D2)$, $tj = j/k, j = 1, \cdots, K$。其中 $\bigcup(D1)$ 是与距离集 $D1$ 取并集,$\bigcup(D2)$ 是与距离集 $D2$ 取并集,这种方式的缺点是在鞍点附近会产生明显的不光滑转折点,如图 2 所示。这会导致方向和层高的突变,给打印造成困难并且产品表面质量较差,如图 3 所示。这种方式生成的等值线在鞍点附近层高过高,且层间接触面积过小,在鞍点处打印容易失败。

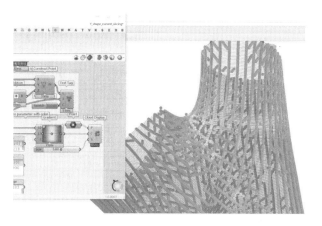

图 2 最小值并集方式在鞍点附近产生的不光滑转折点
(图片来源:作者自绘)

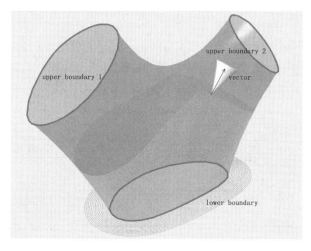

图 3 最小值并集方式产生的等值线
(图片来源:作者自绘)

改用幂函数二次平滑最小值取并集,调整并集的方式可以使这些不连续的地方平滑。对于 n 个距离场,由递归关系定义,遵循如下公式:$\bigcup n = \min(dn, \bigcup n-1) - h^2/4r$, $n = 1, \cdots, N$。r 是确定平滑范围的半径,并且 $h = \max(r - |dn - \bigcup n-1|, 0)$。与平滑整个距离函数相反,该并集方式仅影响从一个距离场到另一个距离场的过渡区域,解决了该区域中的方向和层高突变问题,生成了鞍点附近平滑过渡的等值线。

2.2 单壳分叉曲面的路径规划

根据符合曲面拓扑结构特征的等值线,确定等值线上所有控制点的三维坐标及其对应的向量,用于控制机械臂打印头的位置与姿态。调整每条等值线上点的顺序,生成连续的 3D 打印路径,先对相邻点对应的打印头向量进行归一化,再用欧拉公式调节系数以缩小向量与 z 轴之间的夹角:$x\times\{1-e^{\hat{}}[(-2\times z\times y)/x]\}/\{1+e^{\hat{}}[(-2\times z\times y)/x]\}$。这使相邻两点间的打印头姿态平滑过渡,确保打印路径平滑。

路径规划对打印层间的接缝进行了处理,对接缝处 $n(n<10)$ 个点按照递增数列均匀增加 z 坐标高度,实现层与层间的平滑相接。为防止非平面打印过程中模型重心发生偏移,在首层偏移出约 10 cm 宽的额外附着。通过 Python 编程,根据反比例(速度与层高成反比)控制打印路径上线段间的运行速度,使非平面打印挤出量更精准。最后使用 Robim 软件对非平面 3D 打印路径进行模拟,确保打印文件在空间内位置、速度无差错,得到模拟打印时间的结果,并输出机器人源文件。

3 建造实验

3.1 非平面打印

机械臂可以使用多种口径的打印枪的挤出头来进行 3D 打印,打印层的宽度由挤出头的口径和材料挤出速率共同控制。本研究以"漪涟青脉"构筑物为例,整体设计被分为 21 个单壳分叉曲面,非平面 3D 打印方式使每个分叉曲面的层间受力都符合其应力方向,并有效提高了最终的打印品质。非平面 3D 打印剖面如图 4 所示。

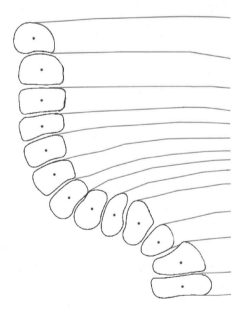

图 4 非平面 3D 打印剖面
(图片来源:作者自绘)

数字建造过程中,为防止被打印模型产生移位,在 80 ℃ 的热床上进行打印,并且在约 10 cm 宽的附着打印完成后使用重物进行加固。使用 3 mm 口径的挤出头进行打印,挤出速度为 220 r/min,机械臂运行线速度为 75 mm/s。打印的线条宽度约为 6 mm,最终单个单壳分叉曲面重量在 10~15 kg 范围内。建造过程如图 5 所示。

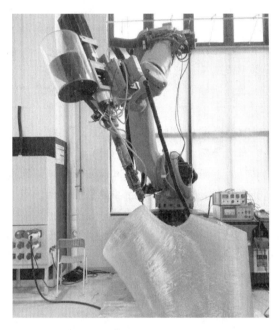

图 5 单壳分叉曲面建造过程
(图片来源:作者自摄)

3.2 组装

构筑物的 21 个单壳分叉曲面在非平面 3D 打印完成后,分为上、中、下三层进行安装,构筑物层高 3 m,单个分叉曲面高度约为 1 m。安装过程使用电钻打孔,用 L 形铁片将不同分块进行固定,并在内部安装具有互动效果的传感器与灯带,安装完成后夜间灯光效果如图 6 所示。在构筑物 1.5 m 处安装有传感器,当有人在传感器附近挥手,白色灯光会从传感器处向构筑物顶部和底部蔓延,逐渐覆盖原有蓝色灯光。白天效果如图 7 所示。

4 结语

本文从方法、编码、建造三个层面探讨了非平面 3D 打印从模型切片到路径规划中的问题与解决方式。通过 Grasshopper、Robim 等软件与 Python 编程进行非平面打印路径规划来解决打印层间受力问题,探讨了数字模拟与数字建造两方面提高打印品质的方法。

本研究的不足之处是单壳分叉曲面的路径规划精度只由前期设定的网格精度控制,生成打印路径后如

图 6　夜间灯光效果　　　　图 7　白天效果
（图片来源：作者自摄）　　　（图片来源：作者自摄）

果精度较低，需要调整网格精度后重新计算，路径规划的精度不能在后期进行调整，存在不合理之处。在数字建造过程中，没有充分考虑单壳分叉曲面分块间的连接方式与路径规划结合的可能性，以及缺少该方法对多分叉模型适用性的探索。

本研究基于机器人非平面 3D 打印工艺，研究了单壳分叉曲面的拓扑结构特征与打印层间受力情况，提高了建造效率与准确性，能帮助建筑师更好地使用 3D 打印技术建造几何曲面建筑构件。

参考文献

［1］　MITROPOULOU I，BERNHARD M，DILLENBURGER B. Nonplanar 3D printing of bifurcating forms［J］. 3D Printing and Additive Manufacturing，2022，9(3)：189-202.

［2］　MITCHELL J S B，MOUNT D M，PAPADIMITRIOU C H. The discrete geodesic problem［J］. SIAM Journal on Computing，1987，16（4）：647-668.

［3］　MITROPOULOU I，BERNHARD M，DILLENBURGER B. Print Paths Key-framing：Design for Non-planar Layered Robotic FDM Printing［C］// Proceedings of the 5th annual ACM symposium on computational fabrication. 2020：1-10.

［4］　SKORATKO A，KATZER J. Harnessing 3D printing of plastics in construction-opportunities and limitations［J］. Materials，2021，14(16)：4547.

［5］　赵夏瑀，徐卫国. 3D 打印建造技术的研究进展及其应用现状［J］. 中外建筑，2021(10)：7-13. DOI：10.19940/j. cnki. 1008-0422. 2021. 10. 002.

［6］　黄元境. 面向建筑自由曲面的 3D 打印路径规划与虚拟作业系统设计［D］. 武汉：华中科技大学，2022. DOI：10.27157/d. cnki. ghzku. 2022. 003385.

黄思然¹ 周文清¹ 邓丰¹* 王祥¹*
1. 同济大学建筑与城市规划学院;huang_s@tongji. edu. cn,18016@tongji. edu. cn,21022@tongji. edu. cn
Huang Siran¹ Zhou Wenqing¹ Deng Feng¹* Wang Xiang¹*
1. College of Architecture and Urban Planning, Tongji University; huang_s@ tongji. edu. cn,18016@tongji. edu. cn,21022@ tongji. edu. cn

有限在地条件下的数字化木构建造研究
Digital Design of Timber Frame Construction under Limited Field Conditions

摘　要:在建造技术缺乏、手段较原始的地区,丰富形态构想难以实现。本文设计案例利用数字化设计工具简化建造流程和复杂度以克服了上述困难,利用数字化设计工具,从形态优化的角度选择便于生产加工和经济性的形态;通过结构选型与受力分析寻找最佳结构方案;最后从节点设计与建造的角度减小传统建造手段中的误差问题。案例在有限建造条件下实现形态相对自由和可行性的平衡,为有限条件下数字化木构建造提供方法层面的思考路径。

关键词:木构建造;数字化设计;有限在地条件

Abstract: In areas where construction technology is lacking and means are primitive, it is difficult to realise the idea of rich forms. The design case in this article uses digital design tools to simplify the construction process and complexity in order to overcome the above difficulties. With digital design tools, the article selects a form that is easy to produce and process and economical from the perspective of form optimisation; then it searches for the best structural solution through structural selection and force analysis; finally, to reduce the accumulating error problem of the traditional construction methods from the perspective of node design and construction. The case achieves a balance between relative freedom of form and feasibility under limited construction conditions, and provides a methodological path for digital wood construction under limited conditions.

Keywords: Timber Construction; Digital Design; Limited Field Conditions

世界技术的不断进步给建筑设计和建造带来了极大变革,利用数字化的手段进行形态与结构优化成为新的热点,数字化成为建筑业转型升级和提高工作效率的重要手段[1]。目前的数字化建造已经可以通过计算机数控设备(CNC)进行木构建筑构件的批量化生产[2]。目前已有一些利用数字建造技术进行结构和外形优化的有关研究[3],但仍旧缺乏具有场地限制条件的优化探讨。本文基于基地条件有限的建造案例,通过利用数字化设计工具——Grasshopper 进行形态优化、确定最佳结构方案以及节点构造形式,力求平衡形态的美观性与生产加工的可行性和经济性,并最终通过手工建造的手段制作1∶1节点模型,验证了其结构和节点在建造上的可行性以及利用 CNC 技术批量生产的可实现性,为有限在地条件下的数字化木构建造研究提供了新的思考方向。

1　设计背景与形态设想

1.1　场地情况简介

本案例基地位于云南省怒江州泸水市郊六库镇粒述咖啡庄园内。从地形上看,案例基地位于高黎贡山东麓、怒江西岸,海拔 1000~1500 米。本文案例基地所处海拔气候干热,平均温度 19~21 ℃,较为适合木构建造。

1.2　形态设想与优化

1.2.1　建造场地选址与设计设想

小组成员结合云南省泸水市当地少数民族傈僳族具有篝火习俗传统的文化特征,希望构筑物在日间具有休憩与观景的功能而在夜间具有篝火和聚会的使用方式,因而选择了粒述咖啡庄园内营地帐篷区附近的一处山坡。一方面山坡上视野极好,可以俯瞰下方的怒江和江对岸的景色,符合日间观景和休憩的目标,另一方面该处临近帐篷区,可以更好地展开篝火聚会活动(图1)。

图1　选址示意图

(图片来源:Google Earth)

1.2.2　形态走向与姿态

基于观景休憩和篝火聚会两大活动设想,小组成员采用具有一定集聚向心性的半围合形式作为构筑物的基本形态走向,并采用弧线的形式,以"叶子"形态为基础进行形态设计,使其能够更好地融入周围自然环境(图2)。

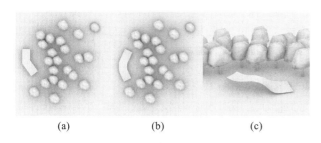

图2　形态走向推演

(a)平面围合方案;(b)曲线调整;(c)最终形态

2　结构选型与优化

2.1　结构形态的演变

设计案例中构筑物的结构形态主要经历了层叠结构、泰森多边形网壳结构、六边形网壳互承结构三个主要推演阶段(图3)。

2.1.1　层叠结构

为了更好地和场地周围的自然环境形成呼应,最初构筑物的结构采用了从篝火中提取出的用长木构件横纵层叠的形式。但由于构筑物的基本形态为一端落地一端通过钢柱支撑架起,横向跨度较大,造成层叠结构的横向侧推力较大;同时层叠的结构构件节点庞杂,造成整体结构刚度不足,且建造较为困难,故放弃

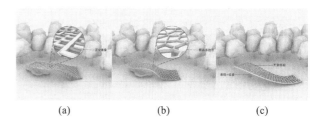

图3　结构形态演变的三个主要过程

(a)层叠结构;(b)泰森多边形网壳结构;(c)六边形网壳互承结构

此种结构形式。

2.1.2　泰森多边形网壳结构

在放弃层叠结构形式后,小组成员转而尝试在结构上整体性更好的网壳结构,将壳体结构输入到Karamba中进行简略计算后得出壳体结构能够将形变控制在安全范围以内,证明了壳体结构的稳定性和可行性。为了增强构筑物的趣味性,小组成员将壳体结构的网格划分为各单元均不相同的泰森多边形。

2.1.3　六边形网壳互承结构

确定壳体结构的可行性后,为达到更加便于建造的目的,对于原有更具趣味性的泰森多边形网壳结构进行了适当的取舍,将壳体网格的形式优化为规则的六边形,使各边长度控制在一定的范围内。随后,小组成员将六边形边的木构件进行了相应的错动,形成互承结构,使结构整体刚度更强,同时构筑物整体的美观度也有了一定的提升。

2.2　形状优化

由于自由形态没有规律性,为数字化建造的过程带来极大困难,因此在基本形态"叶子"的基础上,使用规则的几何曲线优化构筑物的空间形态。首先在平面上,小组成员截取了正圆曲线的一段圆弧,以实现半围合形态走向的构想;其次在竖直方向上,小组成员截取了正弦函数曲线的一部分,同平面的圆弧共同构成双曲,在实现了"叶子"空间形态美观性的同时也简化了空间形态,创造了规律性,为后续的构件设计和建造过程提供了便利(图4)。

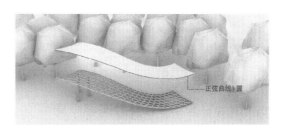

图4　规则形状的曲线优化

2.3　支撑点优化

考虑到结构受力和构筑物的整体形态特点,最终

确定采用一侧接地、另一侧用单柱和拉索相结合的结构形式支撑整个构筑物。将壳体结构输入 Grasshopper 插件 Karamba 中,规定壳体结构受拉索支撑点数目为 4,结合 Biomorpher 进行迭代运算(图 5),将各种受拉情况下壳体结构的受力分布可视化,并最终以壳体最大形变迭代的最小值选定最优的支撑方案(图 6)。

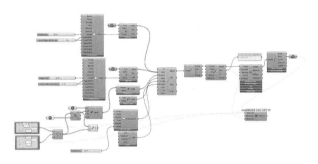

图 5   结构计算与支撑点优化电池组

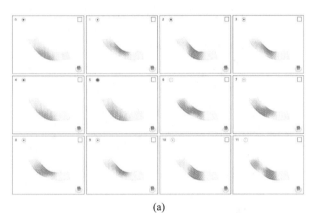

(a)

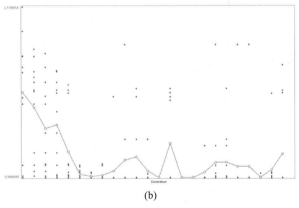

(b)

图 6   支撑点迭代优化

(a)不同支撑点应力变化;(b)形变最大值迭代

3   节点设计与优化

3.1   杆件尺寸与组装

3.1.1   杆件尺寸与结构计算

在确定形态与结构选型后,为了方便建造和加工,初步估算结构的尺度和承载能力,小组成员选择了截面为 60 mm×200 mm,长 700 mm 的长方体木料作为

杆件基本初始加工单元,以此控制整个亭子的网格尺寸。包络网格边框的曲线梁则使用截面 120 mm×240mm 的胶合板,分段连接成整体的外框。

依照六边形网格杆件的最大长度,小组成员对六边形网格进行了微调和重新分割,并将带有杆件尺寸信息的数据输入 Karamba 计算。在不考虑构件之间因连接造成的整体刚度削弱,将网格视为整体的情况下,附加重力条件和前文计算出的适宜支撑点位置条件后,得出整体最大位移为 0.3 mm 左右,在可接受的形变范围内,遂将其作为最终设计尺寸(图 7)。

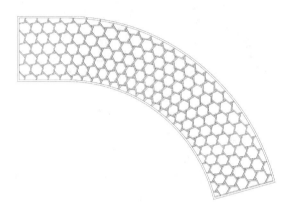

图 7   最终网格形态

3.1.2   杆件的生产与组装

确定网格形状和杆件分布后,小组成员得到了一个最终由 426 个杆件单元构成的网格。上文提到控制网格的曲面由正弦曲线与圆弧复合而成,因此生成的杆件都具有一定的相似性,便于生产。但由于双曲面的存在,每根杆件的尺寸都存在微差,小组成员选择了工厂预制加工、实地组装的方式,使用 CNC 切割以精确控制每根杆件的形态,减少实地组装时的误差累计,提高整体刚度,减小实际形态的偏差。

同时为了进一步简化组装流程,提高组装的效率,小组成员对每根杆件进行编号定位。首先将整个壳体按对称性分为 A、B、C 三块分开组装,每块内各互承节点按行列编号为 x-y(x 排 y 列),再对每个节点的三根不同方向的杆件编号为 a/b/c,最终确定每根杆件的编号(图 8,如 A 区 2 排 3 列 a 方向的杆件命名为 A-2-3-a)。在最终组装时,以每个节点为单位分别组装成三个片段,最后再整体拼接。

3.2   互承节点

3.2.1   榫卯结构

由于曲面形态的影响,每根杆件相接的位置和角度不尽相同,因此采用榫卯的方式,将每根杆件向两端延长 4 mm,插入相接的杆件上,使得每个节点杆件之间的位置和角度都相对固定,减少后期组装定位的工作复杂程度,控制造型误差。

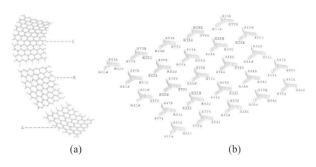

图 8　编号逻辑图

(a)分段示意图;(b)杆件编号示意图

3.2.2　螺孔定位

每两根杆件之间使用四颗 M5×75 自攻螺丝固定,

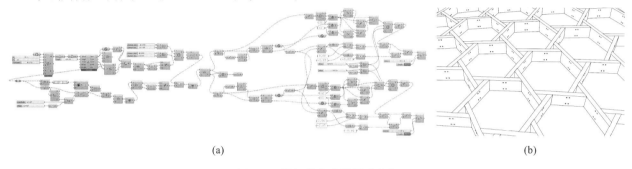

(a)

图 9　互承杆件生成及螺孔定位

(a)互承杆件生成及螺孔定位电池组;(b)生成模型效果

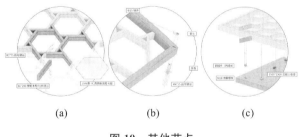

(a)　　　　(b)　　　　(c)

图 10　其他节点

(a)蜂窝板及互承节点;(b)拉索节点;(c)接地混凝土基座节点

4　可行性实践

　　小组成员选取互承结构片段进行了 1∶1 的构造模型制作和验证。由于杆件数量较少,采用了手工加工的方式进行制作,总耗时约 8 小时,验证了节点设计和组装的可行性(图 11)。若后期采用工厂 CNC 预制加工,构件的加工时间将进一步减少,尺寸能够更精确,将有效减少组装时间和难度。

5　结论

　　(1)在建造手段和条件有限的地区实现丰富形态的构想时,应充分考虑实地施工条件,将大部分施工流程提前到预制过程中完成,构建在实地只需进行简单的组装工序即可。

　　(2)利用数字化设计工具,采用单元构件的重复和变异实现丰富的形态效果。同时将每个构件的具体形

螺丝孔位也采用工厂 CNC 预制的方式,在对应杆件侧面沿螺丝打入方向提前预留好直径 15 mm、深 10 mm 的孔位(图 9),后期实地组装只需按照提前打好的孔的位置使用螺丝固定即可。

3.3　其他节点

　　其他节点主要包括拉索的固定节点、混凝土基座与木件的连接节点、六边形蜂窝阳光板的插接节点等(图 10)。其中拉索和混凝土基座的连接节点都采用钢插件的形式固定;蜂窝阳光板则在杆件预制加工时预留宽和深为 10 mm 的槽口,在组装时进行插接。

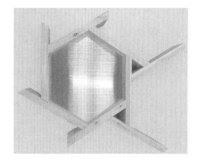

图 11　1∶1 构造模型图

态和构造设计提前预制,以控制整体形态,减少组装累计误差和整体刚度削弱。

　　(3)利用结构分析工具进行分析,选取美观且材料利用效率高的有效结构形式和支撑方式,同时还能达到减材的目的,降低成本。

参考文献

　　[1]　丁烈云.数字建造推动产业变革[J].施工企业管理,2022(4):79-83.

　　[2]　袁烽,柴华.面向批量定制的装配建筑数字建造技术体系——以装配式木构建筑创新为例[J].新建筑,2022,203(4):9-14.

　　[3]　肖莹莹.基于数字建造的复杂曲面建构优化策略研究[D].大连:大连理工大学,2022. DOI:10.26991/d. cnki. gdllu. 2022.002546.

薛子涵¹ 狄一卓¹ 王祥¹*

1. 同济大学；suben_architects@163.com

Xue Zihan¹   Di Yizhuo¹   Wang Xiang¹*

1. TongJi University；suben_architects@163.com

基于链式构造的可编程曲率木构研究
——以三维可展曲面木构的数字化设计建造为例

Programmable Curvature Wood Structures Study Based on Zip-bending Construction：Taking the Digital Design and Construction of 3D Developable Curved Wood Structures as an Example

摘　要：近年来，随着减碳趋势的发展，木结构在建筑领域中的应用越来越多。同时，参数化技术的快速发展使得建筑不可避免地出现大量曲面构造。目前曲面木材的加工主要为直接对木材三维铣削得到目标曲率结构，这类加工方式材料浪费较大、技术复杂。本文的研究将曲面构件通过自编程序转换为由两层平面木材组成的链式构件，以互相咬合的方式达到预先计算曲率的弯曲形态。最终利用数字化加工的方式借助 CNC 机床完成构件的预制化加工，实现了利用数字化设计建造技术完成三维可展曲面木构建造的全流程。

关键词：楔形切口；可编程曲率；木材弯曲；木结构

Abstract：In recent years, with the development of the trend of carbon reduction, wood structures have been increasingly used in the field of architecture. At the same time, the rapid development of parametric technology makes a large number of curved structures inevitably appear in buildings. At present, the processing of curved wood is mainly to directly mill the wood in three dimensions to obtain the target curvature structure, which is a large material waste and complex technology. The research in this paper converts curved components into zip components composed of two layers of plane wood through self-programming to achieve pre-calculated curvature bending forms by biting each other, and completes the prefabrication of the components with the help of CNC machine tools by using digital processing. Finally, the whole process of building three-dimensional spreadable curved wooden structures using digital design and construction technology is realized.

Keywords：Zip-bending；Programmed Curvature；Wood Bending；Wood Construction

1　研究背景

近年来，木材因其可持续性在建筑领域中的应用日渐增多，加之参数化设计与数字化建造技术发展的影响，针对曲面木结构的研究层出不穷。现阶段建筑结构中的木材弯曲大多基于大型工业设备与复杂的加工过程，对以柔性、灵活和可持续的方法来形成弯曲木材元件的需求日益增长[1]。

2　研究方法

本文基于一种"原理—算法—实验"集成的研究路径。首先，对链式弯曲结构的几何原理进行研究；其次，以研究结果出发借助 Grasshopper 平台进行核心算法编写；最终借助算法支持完成不同材料、不同槽口形状的实验，并对结果进行计算对比，逆向调整算法，最终完成一次从实验到设计建造的全流程工作。

3　相关原理

3.1　链式结构

链式结构是指可以通过将两部分相互对应的平面槽口结构依次以拉链互锁的形式胶合形成目标曲率的弯曲结构[2]。在链式结构中，每一条单链包含提供结构性能的槽口构造与提供连续性与柔性的薄底面构造，两条单链通过胶合层连接为整体(图1)。链式结构可以将弯曲结构的三维加工转化为平面加工，大大降低了加工难度并拓展了加工方式，利用机械臂、CNC机床等基础数字化设备即可完成全部加工，具有易加工、易组装的优点[3]。

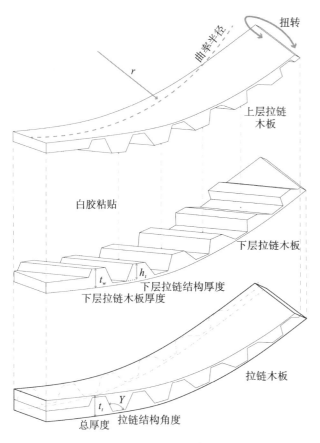

图1　链式结构示意图

（图中标注：扭转、曲率半径 r、上层拉链木板、白胶粘贴、下层拉链木板、下层拉链结构厚度 t_w、下层拉链木板厚度 h_t、拉链木板、总厚度 t_t、拉链结构角度 γ）

3.2　曲面展平

曲面从可展性上分为可展曲面与不可展曲面，可展曲面指在其上每一点处高斯曲率为零的曲面，包含圆柱面、圆锥面及曲线的切线面[4]。

由于链式结构在理想状态下需要将空间曲面转化为长边为平行直线的平面进行加工，因此空间曲面的边线应该为可展曲面展开面上的直线；并且木材受自身特性限制，弯曲的曲率不宜过大。综上，圆柱面与圆锥面为理想的研究对象。然而在实际设计过程中，难以直接用绝对的圆柱面与圆锥面进行设计，并且严格的曲面要求限制了设计对造型的需求[5]。

4　算法设计

4.1　几何算法

4.1.1　可展曲面自由构形算法

本文为实现满足原理要求且自由度较高的曲面造

型生成方式，以带状弯曲这一基本构形方式入手，将自定义的平面作为初始输入，借助 Grasshopper 平台为设计者提供操作初始平面进行空间曲面构形的程序设计(图2)。同时，实时生成的分割线则作为后续槽口的定位线。

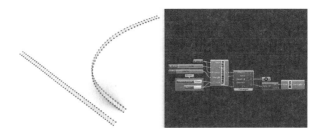

图2　可展曲面自由构形算法

在此程序当中，只需通过提前定义带状平面尺度、锚点数量与受力约束等数值，即可用鼠标拖拽带状平面进行空间曲面构形，确保生成造型均为可展曲面。同时，在生成曲面中，由于角 α 为曲面的空间弯曲角度，角 β 为曲面类型的控制角度，二者共同影响曲面的属性，仅当 α 与 β 为常数时，曲面边线为圆柱面上的测地线(图3)。因此通过遗传算法调整角 α 与角 β 的数值使曲面边线无限接近相应的(多)圆柱或(多)圆锥面测地线，最终可以得到误差最小的曲面生成结果。

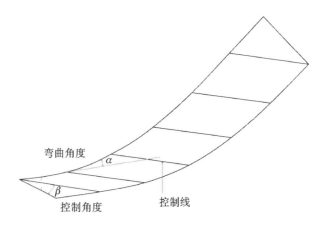

图3　生成曲面的几何描述

（图中标注：弯曲角度 α、控制角度 β、控制线）

4.1.2　链式结构生成算法

链式结构以构形算法中生成的网格面为输入端，通过对槽口定位线在相邻平面的切向偏移与法向偏移得到两组槽口边线(图4)。此方法保证了每个槽口单元上下底面均为平面的几何要求，最后通过展平底面与槽口的定位映射得到两条底面为矩形平面的单链结构(图5)。

4.2　加工算法

由于槽口铣削为本次研究的主要加工需求，因此采用精度较高的五轴 CNC 机床进行加工(图6)，并结

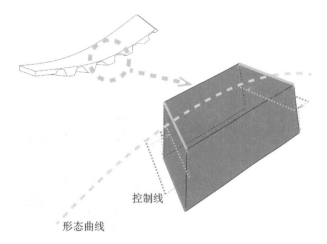

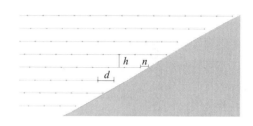

图7 以局部曲面槽口为例的粗铣刀路设计过程

4.2.2 精铣打磨算法

槽口精铣打磨按照直面槽口与曲面槽口的类型，分为平刀刀侧铣削与球刀刀头铣削，此时采用CNC机床的5轴模式将粗铣留下的锯齿形余量铣削为光滑的斜面或曲面。

若槽为波浪形截面，则直接将被铣削面进行等距划分并进行间隔反向串联即可得到精铣刀路。此时应使用球刀进行加工，将球刀的刀头端点与等分曲线进行映射，并通过计算保证球刀的方向向量与被铣削面上对应点处的切向向量垂直。

若槽口为梯形截面，则将平刀外侧母线沿槽口斜面切向扫掠即可。以局部曲面槽口为例的粗铣、精铣刀路程序如图8所示。

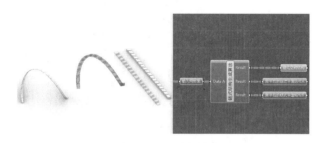

图5 链式结构生成算法

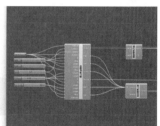

图8 以局部曲面槽口为例的粗铣、精铣刀路程序

5 实验

5.1 槽口形式实验

本文主要针对梯形截面槽口与波浪形截面槽口两种典型直面、曲面槽口进行实验，研究以不同槽口作为基本型时的链式结构的成型效果。

在加工前利用自编算法生成两种槽口模型与铣削刀路，之后将其分别导入刀路模拟软件中确保铣削过程正确。加工时利用夹爪与螺钉对加工木料进行固定，并将其所在实际坐标与CNC机床相对应，通过粗铣、精铣两部分加工后得到最终成果。

波浪形截面槽口木料的组装实验如图9所示。在测试阶段，发现波浪形槽口初始端较为容易咬合，然而由于其自身互相束缚的能力较弱，导致后续槽口错位明显难以正常咬合，并且整体存在轴向抗拉压能力不

图6 利用五轴CNC机床进行斜面铣削

合Grasshopper平台自主编写铣削路径。

4.2.1 开粗铣削算法

槽口粗铣削采用CNC机床的3轴模式进行等高线铣削，刀身始终沿z轴方向运动。在刀路编程中，首先根据每层切深h生成一组垂直于z轴的平面并将其投影在长边一侧得到一组投影直线l，而后利用直线l的长度对刀身直径d进行整除得到整数m与余数n，其中再将直线l按照直径d等分m份后首尾相接即可得到每层的粗铣刀路，n则作为余量留作精铣加工（图7）。最终将每层刀路连接并设置抬刀高度与出入刀距离即可得到完整的粗铣刀路。

足的问题,存在显著弊端。

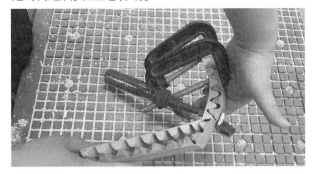

图9　波浪形截面槽口木料的组装实验

5.2　材料实验

在材料实验当中,本次研究选取了实木板、密度板与LVL胶合板三种材料。综合实验结果对比得出易弯曲程度:密度板＞LVL胶合板＞实木板,而密度板加工后自身刚度过低,因此LVL胶合板为较为适宜的加工材料。

6　误差对比

本次研究在前期实验加工成果的基础上,通过三维扫描链式结构的实体得到点云文件,并将其处理转换成较为清晰的网格面形式,最终与电子模型进行对比,可以看出形体的大致相符关系(图10)。

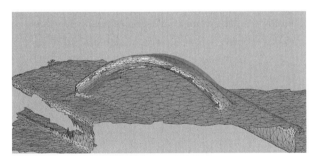

图10　扫描后的网格面与电子模型对比图

7　结语

在前文研究基础上,笔者最终采用LVL胶合板与梯形截面槽口作为建造的材料与槽口形式,通过分段式拆分与错位搭接,完成了一根展平长度为10.5 m的空间环绕型链式曲面结构搭建(图11)。

图11　组装前的部件和最终搭建过程

参考文献

[1]　CHAI H，GUO Z，YUAN P F. Developing a mold-free approach for complex glulam production with the assist of computer vision technologies[J]. Automation in Construction，2021(127)：103710.

[2]　NABONI R，KUNIC A，MARINO D，et al. Robotic zip-bending of wood structures with programmable curvature[J]. Architecture，Structures and Construction，2022，2(1)：63-82.

[3]　SATTERFIELD B，PREISS A，MAVIS D，et al. Twisted logic：Thinking outside and inside the box[C]//Proceedings of the 107th Annual Meeting Black Box：Articulating Architecture's Core in the Post-digital Era，Pittsburg，2019：333-340.

[4]　赵启明.沿空间曲线的单参数可展曲面的微分几何[D].长春:东北师范大学,2020.

[5]　GRAY A，ABBENA E，SALAMON S. Modern Differential Geometry of Curves and Surfaces with Mathematica[M]. NewYork：Chapman and Hall CRC,2006.

邹雨菲[1]　蔡杰鹏[1]　华好[1]

1. 东南大学建筑学院；zouyufei@seu. edu. cn

Zou Yufei[1]　Cai jiepeng[1]　Hua Hao[1]

1. School of Architecture，Southeast University；zouyufei@seu. edu. cn

Webone：3D 打印模板现浇骨架状钢筋混凝土楼盖
Webone：Skeleton Floor Slab of Cast-in-place Reinforced Concrete Using 3D-printed Formwork

摘　要：采用 3D 打印模板现浇的钢筋混凝土建造打破了传统建筑结构中的几何对称性，释放了混凝土材料分布的自由度，从而提升结构性能与材料效率，达到省材低碳的目标。本文提出的 Webone 系统将楼板主应力迹线作为结构形式的雏形，通过有限元分析针对最大形变与弹性势能对结构进行优化，同时布局了设备管道所需的空腔。利用 FDM3D 打印工艺制造复杂异型模板，通过定制化的定位器来固定钢筋位置，用传统现浇钢筋混凝土工艺完成楼盖建造。相较于传统梁板结构，webone 系统可减少约 30％混凝土用量。

关键词：3D 打印模板；钢筋混凝土楼盖；主应力迹线；有限元分析

Abstract：The reinforced concrete construction method based on 3D-printed formwork disrupts the geometric symmetry found in traditional building structures，allowing for increased freedom in the distribution of concrete materials. This approach can optimize structural performance and material efficiency，thereby achieving the goals of material conservation and low-carbon construction. The Webone system takes the principal stress trajectories of floor slabs as a prototype for the structural form. It employs finite element analysis to optimize the structure based on maximum deformation and elastic potential energy，while also considering the voids required for equipment and pipelines. Complex and customized templates are manufactured using FDM (Fused Deposition Modeling) technology. Reinforcement bars are positioned using customized locators，and the construction of the floor slabs is completed using traditional cast-in-place reinforced concrete. Compared to traditional beam-slab structures，the Webone system can reduce concrete usage by approximately 30％.

Keywords：3D-printed Formwork；Reinforced Concrete Floor Slab；Principal Stress Lines；Finite Element Analysis

1 引言

随着数字化"设计—优化—建造"链条日益成熟，建筑师也正在利用数字技术探索材料新的组织方式并创造更高效且低碳的设计[1]。

混凝土具有良好的抗压、耐久、防火性能，可塑性强且经济性好，是目前应用最广泛的建筑材料之一。但其几乎不具备抗拉性，通常需要钢筋辅助。而传统的现浇钢筋混凝土结构，由于模板限制通常以平直形式呈现，混凝土用量巨大但材料利用效率低，造成了大量隐含碳排放。本文旨在探索一个基于 3D 打印模板的现浇骨架状钢筋混凝土楼盖系统，以数字建造模式打破传统建筑设计中的几何对称性，并极大地释放几何自由度，而由此产生的巨大参数空间可用来提升结构性能与材料利用率，达到省材、低碳的目标。

1.1 应力线和弯矩线在建筑结构设计中的应用

早在 1953 年罗马迦蒂羊毛厂（Gatti Wool Factory）项目中，奈尔维（Pier Luigi Nervi）就依靠理论计算确定出楼板的主弯矩线（principal bending moments），并将其作为楼板肋梁的形状[2]。近年来，数字技术的进步使得复杂几何形式的快速制造成为可能，这也重新引发了建筑领域对应力线和弯矩线等力学特征的关注。主应力和主弯矩越来越多被应用在混凝土楼板和壳体结构的设计当中，如利用主应力和主弯矩控制楼板肋的密度与厚度[3]，或是将主弯矩线设置为楼板肋的生成依据，结合数字建造技术实现"设计建造一体化"[4]。

1.2 采用3D打印模板的现浇混凝土结构

为精确建造形式复杂的混凝土结构,目前有两类数字建造策略:其一是以混凝土3D打印为代表的直接数字混凝土建造;其二是数字模板建造。其中数字模板建造具有更高的几何自由度。根据采用的制造技术,数字模板又可分为砂型打印模板、熔融沉积成型(FDM)3D打印模板、泡沫模板和黏土模板等[5]。Jipa等在Smart Slab项目中,就运用砂型打印的方法制作了大尺度异形模板[6]。

2 结构设计与优化

本研究提出的Webone是一种基于3D打印模板的骨架状现浇钢筋混凝土楼盖系统,虽然形态上类似于桁架结构,但管件与结点可承受弯矩和剪力。以10 m×7 m作为一个楼盖单元的框架尺寸,将结构设计与优化工作流分为以下六个步骤(图1)。

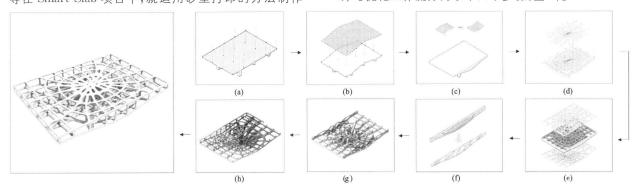

图1 楼盖设计流程
(a)有限元分析主次梁楼板;(b)提取变形曲面;(c)曲面翻转;(d)提取主应力线;(e)平面形状优化;(f)纵向形状优比;
(g)删除低效率管件;(h)加粗主要受力管件

①利用有限元法分析施加均布荷载的主次梁楼板单元,观察其变形情况;②提取变形曲面;③将曲面翻转,作为初步优化结果;④重新对其进行有限元分析,提取楼板主应力线;⑤赋予其适宜管件,完成平面形状优化;⑥通过比选不同应变能,完成纵向(截面)形状优化;⑦根据受力情况以及相邻距离等条件删除结构效率较低管件;⑧加粗主要受力管件,得到最终的优化楼板形态。

2.1 应力线提取与生形

有限元法是建筑设计中基于结构力学性能的重要的方法。如今各种结构设计优化软件Abaqus、Ansys、Karamba3D、Millipede等,其原理大都是基于有限元分析(finite element analysis),通过将分析对象分割为有限数量的单元进行受力分析,得到贴近于物体真实受力状态的分析结果。主应力的方向用于构建引导线,大小可以作为特征值,两者共同影响后续楼盖结构的设计生成。

本研究利用Rhino-Grasshopper平台中的Karamba3D插件对10 m×7 m的矩形板进行应力线分析与受力模拟,参考Kam等均匀剔除的迭代算法挑选应力线作为结构雏形,再通过multipipe命令生成管径参数调控楼盖结构。

2.2 结构优化策略

在建筑学中,结构优化需要灵活回应建筑需求(如形式语言、材料特性、生产技艺、建造方法等),从整合的高度服务建筑创作[7]。本研究从混凝土和钢筋材料特性出发,同时结合楼盖有机的骨架状结构形式,分别在形状、尺寸方面对楼盖系统的结构进行优化。

运用Abaqus软件对楼盖结构进行有限元分析,软件中自定义量纲设置如表1所示。采用C60强度混凝土,根据《混凝土结构设计规范(GB50010-2010)》,楼盖结构设计参数如表2所示。

表1 Abaqus软件中量纲设置

S33(壳单元法线方向应力)	U(位移)	ELSE(弹性应变能)
Pa(N/m²)	m	N/m²

表2 骨架状钢筋混凝土楼盖结构设计参数

fcu(强度等级)	E_c(弹性模量)/MPa	fck 标准值/(N/mm²)	ftk 标准值/(N/mm³)	fck 设计值/(N/mm²)	ftk 设计值/(N/mm²)	ζc 强度变异系数
60	36005	38.5	2.85	27.5	2.03	0.1729

2.2.1 整体形状优化

为提升结构优化效果,本研究从平面和竖向两个角度进行结构形状优化,过程中以弹性应变能作为衡量结构传力效率的指标。弹性应变能是指在变形过程中,外力所做的功转变为储存于固体内的能量。在相同荷载下,弹性应变能越小表示该结构刚度越大;应力比水平一定的情况下,弹性应变能越小,表示材料用量越少[8]。

利用 Abaqus 软件分析了四种不同形式的竖向支撑的弹性应变能(图2),其中 A2 型支撑弹性应变能最小。首先使结构双层节点之间布满 A2 型竖向支撑,筛选其中受力较小的管件以及距离较近的管件,将其删除;为确保结构稳定性,跨度较大处替换上耗材最小的 A4 型竖向支撑。

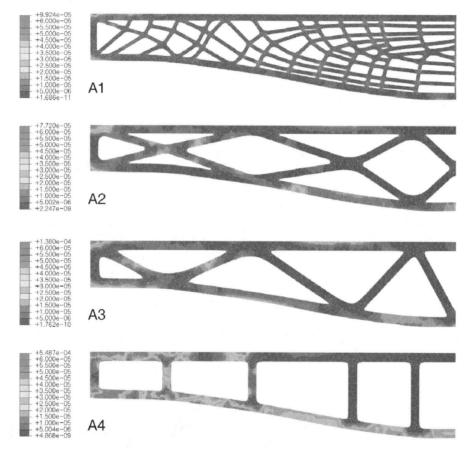

图2 四种竖向支撑应变能比较

2.2.2 管径尺寸优化

以输入管径作为变量,通过有限元模拟分别计算管径从 60 mm 至 80 mm 楼板最大位移与最大拉应力值,分析得出:各组最大压应力均在规定的标准值以内。最大拉应力整体呈现下降趋势,管径小于 60 mm,最大拉应力就会超出混凝土抗拉标准值;管径大于 80 mm,楼板整体体积和用料就会超过主次梁楼板。

根据模拟结果,管径为 75 mm 时楼盖结构性能最佳。受力小的管件的管径减少至 55 mm,再根据受力情况加粗了受力较大的管件。

2.3 结构性能优化结果

利用 Abaqus 软件模拟了 Webone 系统在 4.5 kN/m² 的面荷载下,在垂直方向上的应力情况。模拟结果显示,楼盖结构所受最大拉应力为 1.64 MPa,在抗拉强度设计值 2.03 MPa 以内;最大压应力为 11.05 MPa,也小于设计值 27.5 MPa。新型楼板最大位移值为 0.59 mm,小于主次梁楼板的位移值 0.63 mm,最大位移点都在离柱最远的边缘上。该楼盖与传统主次梁楼盖相比,新型楼板体积 10.07 m³,主次梁楼板体积 14.5 m³,优化了 30.55%。

3 建造流程

完整的数控建造项目追求从设计到建造的一体化[1],本研究在设计阶段就对材料特性和建造流程进行了探索,并通过小比例原型建造实验模拟真实建造流程,验证上述楼盖设计方法的可行性。

3.1 模板制造

为实现这种新型楼盖的精确建造,采取 FDM 技术进行模板打印。Joris Burger 等实验证明,PLA 材料在进行大尺寸构件打印时变形程度较小,同时环境因素

(湿度和温度)对其影响较小[2]，故将其作为模板打印材料。FDM打印也具有一定局限性：①悬挑角度有限；②打印机工作范围不足以整体打印；③打印速率较慢。

基于以上问题，本文提出以下解决方案：①通过切片软件对超过一定悬挑角度的部分设置支撑；②将模板进行相应的切分，实现离散化处理；③调整壁厚及打印流量。其中，模板切分位置选取每个管件的轴向的垂直面，并尽量靠近中点，同时确保每个模板单元最长边不超过 1.2 m。这样的离散化处理有利于后处理和装配过程中的运输和操作。最后共生成 80 个模板单元，但由于楼盖平面对称性，实际上只有 20 种模板单元形态[图 3(a)]。

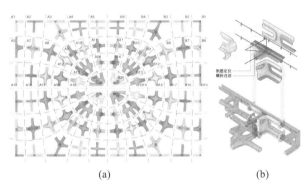

图 3 模板制造
(a)模块分块与组装；(b)钢筋定位方式

本研究选取 1：15 的比例进行实验模拟。为保证实验结果的可靠性，模型的打印方式、打印材料均按照实际建造流程，根据打印设备工作范围(30 cm×30 cm×30 cm)调整切分位置，共分为 10 个模板单元。

3.2 钢筋布置与混凝土浇筑

模板被分成上、中、下三层，每层都布置了钢筋，以保证整体结构的刚度与稳定性。采用定制化的定位器，将直径为 12 mm 的钢筋固定在管件中心轴线位置，增强楼盖的抗拉能力[图 3(b)]。

由于混凝土具有一定流动性，如果在模板组装时每个单元之间留有缝隙则很可能发生泄漏的情况，故而本研究采取了两种方法组装模板。其一，在每个模板单元相接处设置螺丝锚固点，确保每个单元之间的相对牢固。其二，由于打印工艺限制，单元切片方向的不同可能导致单元间产生细微的缝隙，故而需要再用热熔胶枪对其进行加固。

3.3 结构空腔容纳设备管道

这种全新的混凝土楼盖兼顾结构美学和建造的精确性的同时，也可以为空调管道、灯具、消防喷头和其他建筑部件的连接提供非常合适的功能空间(图 4)。每个 10 m×7 m 的楼盖单元可以提供超过 1 m² 的管道通过面积，实现"设备-结构一体化"设计。

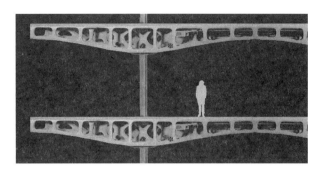

图 4 楼盖结构中的空腔用来容纳设备管道

4 结语

勒·杜克(Viollet-le-Duc)曾提出"寻找特定材料的理想形式，并利用这些形式来建造建筑物"。如今，得益于数字建造技术的进步，基于材料利用效率和结构力学性能的建筑结构设计能够整合结构、建造和设备等多个建筑问题，展现结构的内在逻辑。

Webone 系统是一种基于 3D 打印模板的骨架状现浇混凝土楼盖(图 5)，利用楼板主应力迹线作为结构形式雏形，采用有限元分析优化结构，进而使用 FDM3D 打印制造异型模板，并通过现浇钢筋混凝土工艺建造楼板，将"设计—优化—建造"融为一体。该方法拥有极高的几何自由度，为拥有复杂几何形体的设计提供了一种可行的建造思路。本文仍有很多可以改进之处，未来需要进一步研究。从设计层面上来说，可尝试不同单元尺寸的应力线骨架式楼盖，并探索设备管道与楼盖空腔形式的适应性设计；从建造角度来说，可采取更加贴近设计形态的打印方式，如 PET 层叠打印等。未来随着 3D 打印技术和基于结构力学性能设计方法的发展，可以设计并建造出几何形状更加复杂，材料利用效率更高的钢筋混凝土楼盖结构，不断趋近材料与结构的理想形式。

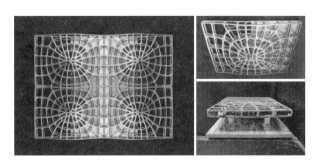

图 5 基于 3D 打印模板的骨架状现浇混凝土楼盖

参考文献

[1] 华好.数控建造——数字建筑的物质化[J].建筑学报,2017,587(8):72-76.

[2] BURGER J, HUBER T, LLURET-FRITSCHI E,et al. Design and fabrication of optimised ribbed concrete floor slabs using large scale 3D printed formwork[J]. Automation in Construction,2022(144):104599.

[3] HALPERN A B,BILLINGTON D P,ADRIAENS-SENS S. The ribbed floor slab systems of Pier Luigi Nervi[J]. International Association for Shell and Spatial Structures,2016(54):127-136.

[4] XIE Y M, BURRY J, LEE T U, et al. Generative design of isostatic ribbed slabs using anisotropic Reaction-Diffusion[C]// Proceedings of the IASS Annual Symposium 2023 Integration of Design and Fabrication. Melbourne, Australia,2023:766-777.

[5] JIPA A, DILLENBURGER B. 3D printed formwork for concrete: State-of-the-art, opportunities, challenges, and applications[J]. 3D Printing and Additive Manufacturing,2022,9(2):84-107.

[6] MEIBODI M A, JIPA A, GIESECKE R, et al. Smart slab: Computational design and digital fabrication of a lightweight concrete slab[C]// Proceedings of the 38th Annual Conference of the Association for Computer Aided Design in Architecture,Mexico,2018:434-443.

[7] 孟宪川.面向建筑设计的结构优化策略[J]. 建筑学报,2020(6):100-105. DOI:10. 19819/j. cnki. ISSN0529-1399. 202006019.

[8] 彭子轩,华好.钢筋混凝土梁的拓扑优化设计与3D打印模具[C]//全国高等学校建筑类专业教学指导委员会,建筑学专业教学指导分委员会,建筑数字技术教学工作委员会.数智赋能:2022全国建筑院系建筑数字技术教学与研究学术研讨会论文集.武汉:华中科技大学出版社,2022:5.

马嘉[1,2]　孔黎明[1,2]*　王东[1]

1. 西安建筑科技大学；foxi@163.com
2. 绿色建筑全国重点实验室
Ma Jia[1,2]　Kong Liming[1,2]*　Wang Dong[1]
1. Xi'an University of Architecture and Technology；foxi@163.com
2. State Key Laboratory of Green Building

陕西省教育厅重点科学研究计划项目(22JY033)

景观构筑物的晶格空间打印建造及其路径优化
Lattice Space Printing Construction of Landscape Structures and Their Path Optimization

摘　要：近年来，日渐成熟的机器人建造技术促进了3D打印建筑的快速发展。其中，晶格空间打印所展现出的高效、环保、节材等诸多优势，使其在3D打印建造中具备独特优势。但现阶段晶格空间打印存在部分技术性问题：打印中机械臂与打印件碰撞，累积误差大，以及材料特性与路径参数不匹配等。本文旨在解决晶格空间打印中遇到的工程技术问题，以某建成晶格空间打印景观构筑物实践项目为例，探索3D晶格空间打印建造潜力。

关键词：机器人建造；改性塑料打印；景观构筑物

Abstract：In recent years, the increasingly mature robotic construction technology has promoted the rapid development of 3D printed buildings. Among them, lattice space printing shows many advantages such as high efficiency, environmental protection and material saving, which gives it a unique advantage in 3D printing construction. However, there are some technical problems in lattice space printing at this stage：the collision between the robotic arm and the printed parts in printing, the large cumulative error, and the mismatch between the material properties and the path parameters. This paper aims to solve the engineering and technical problems encountered in lattice space printing, and to explore the potential of 3D lattice space printing construction by taking a completed lattice space printing landscape structure practice project as an example.

Keywords：Robotic Construction；Modified Plastic Printing；Landscape Structures

1　引言

3D打印主要分为层积打印和空间打印两种方式。传统的层积3D打印机通过沉积材料逐层建立模型来制造物体。但是如果仅打印线框（即空间打印）就可以减少打印时间和材料成本，同时产生有效的形状外观[1]。空间打印比层积打印效率更高，但是需要设计师对于路径规划有全面的认识，要求打印机进行任意方向的三维运动，而不是按切片方向运动，这可能导致与已经打印的部分发生碰撞[2]。

2　研究现状

2.1　机器人在晶格空间打印中的应用

苏黎世联邦理工大学Norman Hack等在2014年将晶格空间打印结构用作网状模具（图1），希望开发出一种用于复杂、非标准混凝土结构的新型机器人制造系统[3]；维也纳应用艺术大学的Aksz教授在2020年开发了一种分布式设计和优化策略，使用机器学习对异形悬挑梁晶格结构优化后进行晶格空间打印[4]；我国袁烽教授团队过去几年设计的"云亭"，完成了从"连续式"空间打印到"离散式"打印的突破，并进行了结构的拓扑优化[5]。

2.2　晶格空间打印的局限性

晶格空间打印的局限性主要体现在三个方面，首先是由于塑料材料热胀冷缩的物理特性，打印物件在恢复室温过程中产生形变，打印的精度很难得到保证；其次，由于"一笔画"打印路径的特殊性，晶格空间打印对于图形建模的要求非常高（图2）；另外，由于机械臂工作空间的限制,曲率过大的曲面很难采用这种打印方式。

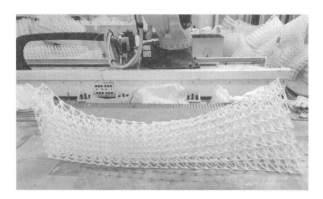

图 1 晶格空间打印构件
(图片来源:作者自摄)

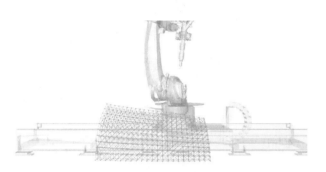

图 2 复杂的路径规划建模
(图片来源:作者自绘)

3 晶格空间打印工作流

本文所涉及的构筑物的构件均为自由曲面,其打印工作流如下:①生成网格,包括将网格划分成若干小于机械臂工作空间的小块;②生成可打印的空间网格;③判断网格的打印顺序和处理数据结构;④规划打印路径;⑤将路径代码输入机械臂系统进行打印。其中,判断网格的打印顺序和处理数据结构,以及规划打印路径是核心内容。

3.1 判断网格的打印顺序和处理数据结构

打印顺序是基于网格面的角点形成的,这些点位首先需要符合 3D 打印的数据结构。因此必须先对杂乱的网格面进行排序,其难点在于网格面的空间位置坐标并没有明显的规律。

本研究开发了一种基于空间向量的排序方法,其原理是利用第一个点和第二个点(如图 3 所示网格面中心点)相减形成的向量与第二个点和剩下所有网格中心点分别相减所形成的向量点乘,求得其夹角,计算出第二个点和剩下所有网格中心点分别相减所形成的向量的长度,选出其中长度最小的几个点,比如图 3 中的第 3、4、5 点,其中 z 坐标最小且向量夹角小于 90°的点即为第三个点(向量夹角小于 90°为必要条件),依此

类推,找到第四个点、第五个点直到最后一个点。这种方法利用距离和夹角同时做筛选来判断顺序,因此其适应性更强。

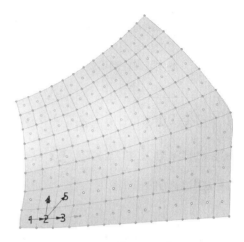

图 3 网格面中心点
(图片来源:作者自摄)

网格的排序完成后,可以利用网格面角点生成打印点阵,这些点阵的数据结构与 Grasshopper 平台中 Surface 曲面的控制点阵的数据结构类似。

3.2 规划打印路径

打印路径是基于有一定数据结构的点阵生成的。打印路径的形式受很多因素影响,首先是美观方面的需求,其次是力学性能的要求,在主要受力方向上应该布置更多的斜杆,最后,由于材料自身重力和机械臂工作空间限制等原因,可能只有经过反复优化后的打印路径才可以打印成功。本文重点研究材料特性与机械臂工作空间限制下的晶格空间打印优化方法。

4 路径优化解决打印问题

在实际打印过程中,由于材料和工作空间的约束,依然会遇到很多问题,比如机械臂运动过程中与打印件发生碰撞、打印精度差、建造效率低,以及由于材料特性引起的问题等。本研究不断优化打印路径并调整打印参数,最终找到最合适的打印方式。

4.1 空间向量方法解决晶格空间打印中的碰撞问题

通过 Grasshopper 平台创建 Target 输入机器人程序,机器人末端工具头会按照指定的 Target 移动,Target 包含位置信息和参数设置。位置信息的一种形式表达为 Grasshopper 平台中的 Plane,可以由一个平面上的点和经过这个点的平面法向量确定。因此本研究可以通过调整该法向量来直接控制机械臂末端打印枪的姿态,以解决打印过程中遇到的实际问题。

不同于传统的层叠打印,在晶格空间打印时,竖直抬升后下降可能会导致打印喷嘴碰撞到已经打印的部

分(图4),需要留出足够的空间避免机械臂末端工具头与已经挤出的材料发生碰撞导致整体变形。本研究开发了一种自动计算打印工具头姿态的算法,即在每个即将下降的点让打印工具头倾斜一定的角度,使其避免发生碰撞,该角度的水平分向量由当前点指向下一个点的向量得出,这会使每个下降点自适应地避开已经挤出的材料。同时,这种方法计算出的打印工具头姿态会使工具头末端旋转(图5),通过这种旋转能够让已经打印出的竖直杆件与斜向杆件之间的联系减弱,让竖直杆件受到更少的牵拉,从而使其保持竖直的姿态,提高了打印的精度和结构的强度。

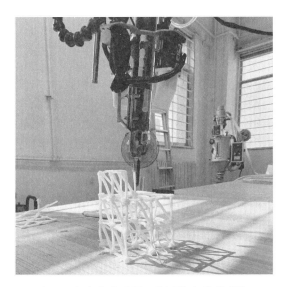

图4 竖直上升后再下降可能会造成碰撞
(图片来源:作者自摄)

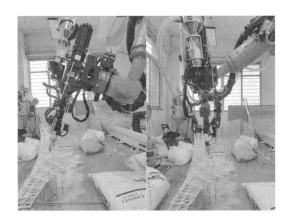

图5 机械臂末端旋转以减弱材料拉扯造成的变形
(从左到右依次为旋转前和旋转后)
(图片来源:作者自摄)

由于打印的构筑物所有构件皆为曲面,所以如果所有的 Plane 都是水平面的话,那么机械臂末端工具头竖直姿态(图6)打印会造成碰撞,而且层间的接触面积会因此而减少。尤其当曲率过大时,平面式的打印已经无法满足复杂曲面的打印。这时候需要根据曲面的

曲率来改变 Plane 的法向量,使 3D 打印枪沿着曲面增长的方向打印。这样既能避免发生碰撞,又能让层间接触面积增大,从而让打印件的强度更大。

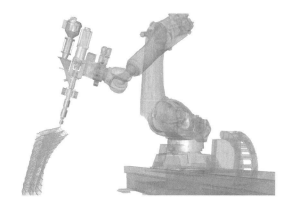

图6 垂直于打印平面的机械臂末端姿态
(图片来源:作者自绘)

4.2 打印参数实验以及打印质量与效率的提升

虽然晶格空间的打印效率相比于层叠打印的效率高出不少,但是其打印参数的控制难度更大。不合适的打印参数不仅会导致打印效率低下,而且会导致打印质量差。

晶格空间打印与层叠打印同样需要挤出速度和打印工具头末端运动速度匹配,使打印枪均匀地挤出热熔材料。因此,如果要提升打印速度,不仅需要提高机械臂末端运动速度,还需要进行打印参数实验,测试出当前机械臂末端运动速度下最合适的挤出材料的速度。挤出速度也受到温度的影响,不同室温或者熔融温度下的挤出速度也会发生轻微波动。

如表1所示,本实验分别以水平路径挤出速度30、70、90、100(本文实验数据仅限于本研究所用型号挤出机)进行测试,最终找到各个挤出速度下的对应参数。竖直路径处的机械臂末端运动速度由于冷却时间限制无法提升,所以整体打印速度在提升到每小时打印48个晶格后陷入瓶颈,再提升水平路径处的机械臂末端速度对于整体打印速度提升并不明显。实验在打印竖直路径时,在30的挤出速度下以 0.010 m/s 的机械臂末端速度进行打印,并且在竖直路径上端点等待冷却13~15 s,才能获得较好的打印质量。

实验发现,在打印竖直杆件时,节点与点间杆件在打印过程中的外部温度与打印构件的整体结构强度密切相关。为了使节点粘接牢固,同时让点间杆件拥有较高强度,实验设计了节点与点间杆件对于外部温度的差异性要求。本研究在程序中增加了对冷却管的启停信号控制,在打印路径规划、材料控制、冷却管的启停信号协同作用下满足了节点与点间杆件对于外部温度的差异性要求,充分挖掘了改性塑料的结构强度。打印参数调整过程如图7所示。

表 1　挤出速度与机械臂末端运动速度参数实验表

水平路径 挤出速度	水平路径处的 机械臂末端 运动速度/(m/s)	竖直路径 挤出速度	竖直路径处的 机械臂末端 运动速度/(m/s)	打印速度/ (晶格数/h)	最高融化 温度/℃
30	0.010	30	0.010	33	230
70	0.030	30	0.010	48	240
90	0.045	30	0.010	54	250
100	0.060	30	0.010	56	260

（来源：作者自绘）

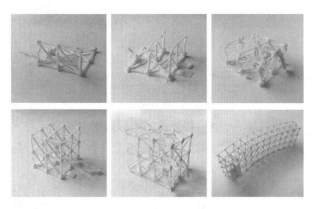

图 7　打印参数调整过程

（图片来源：作者自摄）

4.3　建造结果

整个景观构筑物分为 5 大块，每一个大块分成若干个小块进行打印。这些预制构件全部打印并标号之后，运输到现场施工，整个搭建过程只用了半天时间。从图 8 可以看出本研究建成的构筑物建造质量很高，结构强度超出预期，这也验证本研究的优化方法对晶格空间打印的优化效果显著。

图 8　建成照片

（图片来源：作者自摄）

5　结语

与层积打印相比较，晶格空间打印的路径规划受材料性能和机械臂工作空间的约束更大。晶格空间打印时机械臂运行过程中更容易发生碰撞，产生累积误差，以及存在材料融化和凝固失控等问题。本研究通过优化打印路径并调整打印参数，采用自行开发的向量排序算法降低了晶格空间打印对建模的要求，同时，用空间向量的方法解决了机械臂碰撞问题，并通过反复进行材料与路径参数匹配实验提升了打印质量与效率。

虽然晶格空间打印还存在塑料材料强度较低、受热胀冷缩限制等局限性，导致其无法被广泛应用，但作为一种大尺度 3D 打印技术，晶格空间打印在建筑行业的潜力可能只展现出了冰山一角，相信在材料的突破和机器人软硬件技术的发展下，这种技术的潜力将被不断发掘，从而拥有更多的应用场景。

参考文献

［1］HUANG Y，ZHANG J，XIN H，et al. FrameFab：Robotic fabrication of frame shapes［J］. AcmTransactions on Graphics，2016，35(6)：224.

［2］WU R，PENG H，GUIMBRETIÈREF，et al. Printing arbitrary meshes with a 5DOF wireframe printer［J］. ACM Transactions on Graphics，2016，35(4)：1-9.

［3］HACK N，KOHLER M. Mesh Mould：Differentiation for Enhanced Performance［C］//Rethinking Comprehensive Design. Kyoto：CAADRIA，2014：139-148.

［4］AKSZ Z，WILKINSON S，NIKAS G. Optimisation of Robotic Printing Paths for Structural Stiffness Using Machine Learning［M］//BURRY J，SABIN J，SHEIL B，et al. Fabricate. London：UCL Press，2020：218-225.

［5］陈哲文.基于拓扑优化算法的机器人改性塑料空间打印方法研究［D］.上海：同济大学.2019.

张帆[1]　刘小凯[1*]　段滨[1]

1. 上海交通大学设计学院建筑系；zfhd@sjtu.edu.cn

Zhang Fan[1]　Liu Xiaokai[1*]　Duan Bin[1]

1. Department of Architecture，School of Design，Shanghai Jiaotong University；zfhd@sjtu.edu.cn

基于数控泡沫切割机的建造几何学形态研究
Research on Constructive Geometry Based on Numerical Control Foam Cutting Machine

摘　要：本文基于数控泡沫切割机的两种主要工作模式：三轴加工和四轴加工进行了可建造的几何学形态研究，分析了这类曲面的特点和可建造性，运用了 Grasshopper 工具，对数控泡沫切割机的工作原理进行了参数化建模，并生成复杂的直纹曲面形态，用于校验模型加工中可能的错误。研究还对数控泡沫切割机软件生成的 GCode 代码编程，完成了形态多维度的加工操作叠加，并介绍了这项技术与建筑设计的联系。

关键词：数控泡沫切割机；热线加工；建造几何学；直纹曲面

Abstract：This study investigates the two main working principles of CNC foam cutting machines：three-axis processing and four-axis processing. Utilizing these principles, we conducted research on constructible geometric forms, analyzed the characteristics and constructability of these surfaces, and used the Grasshopper tool for parametric modeling of the working principles of CNC foam cutting machines. This led to the generation of complex ruled surfaces to verify possible errors in model processing. The study also programmed the GCode codes generated by the CNC foam cutting machine software, completing the superposition of multi-dimensional form processing operations. Finally, the relationship between this technology and architectural design was discussed.

Keywords：CNC Foam Cutting Machine；Hotwire Cutting； Constructive Geometry；Ruled Surface

1 泡沫切割机的简介

1.1 主要技术

在建筑设计中，泡沫切割机常被用于创造复杂的三维形状。这种设备主要采用热线切割技术，该技术能够以极高的精度切割出复杂的形状。

在建筑设计的学习和实践过程中，泡沫切割机是常用的模型加工工具，在处理地形和建筑体块等方面具有速度快和操作便利的优点。

1.2 常见泡沫切割工具

常用的泡沫切割工具有：手持式泡沫切割机、小型可移动泡沫切割机、桌式中型泡沫切割机、数控泡沫切割机、机械臂泡沫切割组件、激光切割机等。从操作角度可以分为：手动式和数控式。

1.3 手动式泡沫切割机

手动式泡沫切割机的工作模式为热线与手工结合，通常用于 2D 面的切割，如长方体块；通过角度的变化，可以切割斜体、圆柱、圆锥；通过自制加工模具，也可以加工更为复杂的形态，如圆台、二维曲面等。从手动式的加工模式看，进行加工模具的设计增加了加工的维度，从而提高了加工形态的复杂性。

1.4 数控式泡沫切割机

数控泡沫切割机是一种用于精确切割泡沫材料的设备。图 1 为本研究使用的数控泡沫切割机，左右两侧各有一套滚珠丝杆，可进行 X 轴和 Y 轴的移动，中间设置一个转盘，可进行圆周旋转，切割台宽度为1370 mm。

数控式泡沫切割机的工作原理和方式如下：

（1）切割工具。数控泡沫切割机使用热线作为切割工具。当电流通过热线时，它会迅速加热并融化切割路径上的泡沫，该切割方式可以实现干净、精确的切割。

（2）多轴操作。数控泡沫切割机通常可以进行多轴操作，如 2 轴（XY 平面）、3 轴（XY 平面，旋转轴）或 4

轴（X_1Y_1 平面，X_2Y_2 平面）。这使得它能够从多个角度切割，以创建复杂的三维形状。

图1　本研究使用的数控泡沫切割机

（3）切割文件。操作数控泡沫切割机通常需要GCode文件，它能够输出热线移动的坐标。GCode是可以编辑的文本文件，可以按照设计者的需求进行重写。

2　线切割的特点

2.1　数控泡沫切割机的加工模式

数控泡沫切割机需要用自带的软件进行曲线数据转GCode文件的操作，再将生成的GCode文件用U盘插入手柄进行加工。

2.1.1　两轴加工

两轴加工模式是指在输出GCode文件上仅有两轴的数据，实际上依然需要左右两个平面进行同步，结果上是两轴的效果，但仍然需要四轴进行配合。它的加工模式类似2.5D的形态，一般可以在AutoCAD或者Rhino中直接绘制加工的曲线。

2.1.2　三轴加工

三轴加工模式是在两轴加工的基础上，增加了中间转盘的旋转，将加工材料进行同步旋转，由于数控泡沫切割机并不太常见于建筑参数化加工领域，因此在三轴加工上更多是切割类似花瓶这种特定类型，这需要我们利用二轴加工输出的GCode文件进行编辑，添加旋转角度。

2.1.3　四轴加工

四轴加工模式不使用中间转盘，它依靠左右的滚珠丝杆的移动形成曲面的切割。由于左右移动的轨迹长度和幅度不完全一样，切割中热线的长度会发生变

化，热线的角度也会因此发生非正交的倾斜，这也为我们创造丰富的曲面提供了很大的空间，图2是四轴加工的泡沫。

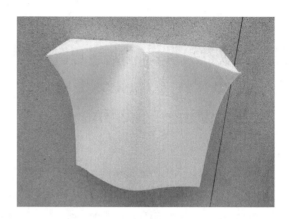

图2　四轴加工的泡沫

2.2　泡沫切割思维与形态生成逻辑

在切割泡沫的过程中，泡沫切割机需执行多次减料操作，此加工方法对曲面生成提供了反向的启示，这类曲面在实际建造中往往更具逻辑性，并且更易于实现。

2.2.1　分解思路

在产生复杂曲面的过程中，有时可能需经多次的削减材料。对于复杂的形态，可能需要将其拆分成多个较小的部分或步骤，以方便利用泡沫切割机进行处理。切割思路主要有两步：①几何分析：对设计形态进行详尽的几何分析，将其拆解成泡沫切割机能够加工的基础几何形状。②路径规划：针对复杂的几何形态，制定适当的切割路径，以便优化泡沫模型的切割效率。

2.2.2　布尔思路

在泡沫切割中，布尔思路源自建模软件中的布尔运算，包括并集（Union）、交集（Intersection）、差集（Subtraction）、切割（Slice）。这种思路是通过对几何体进行基本的布尔运算，达到创建或修改复杂形状的目的。

2.2.3　多维度叠加思维

多维度叠加需要设计师具有良好的空间思维能力，以及对切割机工作方式和切割过程的深入理解，在多个维度上进行叠加加工，可以增强设计的可建造性。对于一些只能在特定的维度上切割的形状，可以通过在多个维度上进行叠加操作来实现。

2.3　热线切割与可建造性

热线切割从原理上讲是一根直线的运动，或者是多根直线成面，相对于曲线而言，可建造的原理相对简单。热线切割能够精确地切割出各种复杂形状，这种

精确性是基于可建造几何理论。也就是说,一个符合可建造几何的形体才可以直接转换为热线切割的路径,而从反过来的角度,使用可建造几何理论来优化切割路径,可以减少材料浪费,提高效率,或创建出无法用传统方法达到的形状。

2.4 数控泡沫切割机与机械臂热线切割的差异

总体而言,数控泡沫切割机和机械臂热线切割都是依照设计好的路径进行热线切割,机械臂适合更加复杂的形态,但它的热线切割件尺度固定、机械臂的工作臂长和范围对形态有所限制,数控泡沫切割机可以在更自由的范围内切割各种尺度的形态,对形态生成有一定的启发性。

3 曲面的生成方式与可建造的几何学形态

建造几何学作为数学、工程学和设计等领域的基础知识,是以基本的几何原理为核心,解析和构造复杂形状和结构的手段。

在几何中,如果通过曲面上的每个点都有一条直线位于曲面上,则该曲面被称为直纹曲面(Ruled Surface)。直纹曲面包括平面、圆柱体、圆锥体、螺旋面等常见曲面。泡沫切割的曲面就是标准的直纹曲面。除了基本的直纹曲面外,双直纹曲面也是很多建筑常用的曲面类型。

3.1 泡沫切割的曲面生成方式

3.1.1 两条线间的直纹曲面

以 AutoCAD 的 Rulesurf 命令为例,在两条直线或曲线之间创建曲面网格。曲面的边可以是直线、圆弧、样条曲线、圆或多段线。如果有一条边是闭合的,那么另一条边必须也是闭合的。

3.1.2 直线的放样

以 Rhino 的 Loft 为例,依次选择若干直线作为放样的曲线,生成曲面,并将曲面与加工的泡沫块进行布尔运算。如果这个生成方式中的直线为平行关系,则符合两轴加工的特点。如果这个生成方式中的直线之间不平行,则可以根据直线旋转的角度进行第三轴的设定,符合三轴加工的特点。

3.1.3 直线的扫掠

以 Rhino 的 Sweep2 为例子,设定两个路径,挑选直线作为扫掠形状,以此生成曲面,并将所生成的曲面与加工中的泡沫块进行布尔运算。这种生成方式可以与四轴加工方式完全对应,这是因为在扫掠的过程中,扫掠形状会发生变化,这也是数控泡沫切割机与机械臂加工方式的一个显著区别,即热线可以改变长度。

3.2 软件的线切割模拟

利用参数化软件 Grasshopper 进行相应的建模会更有利于切割模型的调整。两轴加工比较单一,只需要绘制 2D 平面的曲线即可,不再展开赘述。

3.2.1 三轴加工的模拟

图 3 为三轴加工的泡沫模型,模拟程序将曲线定义为左右两侧的丝杆在平面内的轨迹,并对曲线进行 N 等分,在等分点上绘制热线,并将每根热线绕着固定点 N 等分旋转角度,最后将所有的热线进行 LOFT 成面,由于热线的长度和切割的泡沫块大小对最终的生成的曲面有影响,因为合适的旋转角度和热线长度成为曲面切割的重要参数,值得注意的是,这两个参数并不能适应任意的曲线,往往需要对曲线进行节点的调整来控制生成的效果。所以从这个角度看,数控泡沫切割机并不是一台单纯用来加工的机器。利用 Grasshopper 可以较好地解决这个曲面问题。最后对生成的 GCode 坐标进行重新编辑。具体程序和电子模型如图 4 所示。

图 3 三轴加工的泡沫模型

3.2.2 四轴加工的模拟

图 5 的程序为四轴加工的模拟,和三轴加工不同的是,四轴的曲面生成相对简单,它的原理类似于 Sweep2,只要把两根曲线进行 LOFT,即可完成切割曲面的生成。

在完成四轴加工之后,我们向制造商咨询是否可以执行五轴的加工,也就是 X_1Y_1 平面、X_2Y_2 平面和旋转轴的联合运动。然而,遗憾的是,目前的设备尚不支持此功能。尽管如此,我们尝试使用参数化方法进行体块的旋转,并采取二次切割的方式,完成了更为复杂的五轴加工模拟。如图 5 所示,四轴加工的模型与程序,两次曲面切割产生了曲面交线的"脊"。如果进行多次切割,甚至可能产生更加复杂的曲面形态。

3.2.3 GCode 文件的编程

三轴加工文件的标准程序语句:

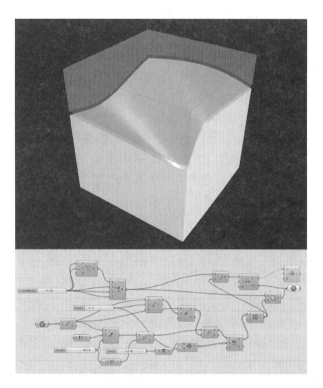

图4　三轴加工的模型与程序

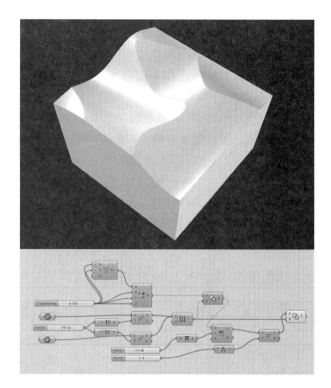

图5　四轴加工的模型与程序

"G1　X22.8559　Y20.1266　A15.5778"

其中,X 和 Y 后面的数据为曲线移动坐标,A 后面的数据为转盘旋转的角度,由于机器自带的软件没有三轴加工文件的输出,因此需要手工对旋转角度进行均分,这时候可以利用 Excel 对数据表格进行编辑,也可以直接使用 ChatGPT 对数据进行人工智能的编辑。

四轴加工文件的标准程序语句:

"G1　X22.8559　Y20.1266　A15.5778　Z42.2256"

其中,X 和 Y 后面的数据为曲线 1 移动坐标,A 和 Z 后面的数据为曲线 2 移动坐标,它需要使用两个二轴加工的文件进行组合。

4　数控泡沫切割与建筑设计

4.1　曲面体块加工与建筑设计

从研究的实践看,数控泡沫切割机并不是一台简单的加工设备,因为它对于可加工的体块(曲面)是有很高的可建造性要求的,一般的曲面并不能直接使用数控泡沫切割机进行加工。但数控泡沫切割机在模拟加工轨迹的过程中,我们反而更容易进行形体的推敲和修正,这种严谨的可建造性几何特征会给我们建筑设计带来很多形态上的灵感和更严谨的生成逻辑。

4.2　泡沫切割思路生成的建筑实例

在建筑实例中,很多案例用了较为复杂的双直纹曲面,比如双曲抛物面、莫比乌斯带等。

在盖里的建筑创作中,广泛运用了可展曲面技术。古根海姆博物馆与迪斯尼音乐厅的建筑外立面都显露出直纹曲面的独特之处。对于波兰华沙的奥乔塔火车站,其标志性的马鞍形状屋顶采用了独特的双曲抛物面设计。2011 年落成的李谷自行车公园,作为英国伦敦斯特拉特福伊丽莎白女王奥林匹克公园的重要自行车活动中心,其屋顶设计充分呼应了自行车的几何美学。

陆毅涵[1]　尹佳文[1]　华好[1]　李力[1*]
1. 东南大学建筑学院；101012053@seu.edu.cn
Lu Yihan[1]　Yin Jiawen[1]　Hua Hao[1]　Li Li[1*]
1. School of Architecture, Southeast University；101012053@seu.edu.cn

机械臂 3D 打印与互动灯光：创新大尺度装置的艺术交融

Robotic Arm 3D Printing and Interactive Lighting: The Artistic Fusion of Innovative Large-scale Installations

摘　要：本研究旨在设计互动装置，以实现大尺度装置结合灯光与人互动。本研究关注互动装置的设计与人际交流、场地特性之间的关系，而非平面打印则作为实现互动装置的具体技术手段，结合 LED 等待编程技术使人和装置形成有机互动。在研究中，我们探索了基于机械臂的 3D 打印技术在大尺度复杂形体装置的组装方案。通过采用菱形线段和羊毛算法来寻找适应场地尺度的形体，并使用细分曲面圆管的流程进行设计。使用 PETG 塑料进行 3D 打印，并实现了非平面打印路径规划。最终，搭建了 1∶1 的实物模型，结合互动灯光将装置设计与灯光效果相结合，以增强人与装置之间的互动体验。通过验证羊毛算法找形、非平面生成路径和机械臂 3D 打印技术的有效性，我们为回收塑料材料的应用提供了参考，并为设计更具互动性和可持续性的公共艺术装置提供了新的方法。

关键词：互动装置设计；非平面 3D 打印；羊毛算法；互动灯光；数控建造

Abstract: This study aims to design interactive installations to meet the need to promote communication and interaction in public spaces. We focus on the relationship between the design of interactive installations and interpersonal communication and site characteristics, while non-flat printing is used as a specific technical means to realize interactive installations. In this study, we explore the assembly scheme of 3D printing technology based on robotic arm in large-scale complex shape devices. Diamond-shaped segments and wool algorithms were used to find a shape that fit the site scale, and the design was carried out using the process of subdividing curved round tubes. We use recycled plastic for 3D printing and enable non-planar printing path planning. Ultimately, we combine installation design with lighting effects to enhance the interactive experience between people and installations. By verifying the effectiveness of wool algorithmic form-finding, non-planar generation paths, and robotic arm 3D printing technologies, we provide a reference for the application of recycled plastic materials and new ways to design more interactive and sustainable public art installations.

Keywords: Interactive Installation Design; Non-flat 3D Printing; Wool Algorithm; Interactive Lighting

1　前言

1.1　装置的互动需求

公共艺术装置（图 1）在城市环境中扮演着重要的角色，它们不仅能够为人们提供美感和视觉享受，还能够成为人们交流和互动的媒介。然而，传统的公共艺术装置往往缺乏互动性，仅仅是静态的展示，难以吸引观众的注意，提高观众的参与度。

随着科技的进步和数字化建造技术的发展，非平面 3D 打印技术作为一种创新的数字化制造方法，为公共艺术装置的设计带来了新的可能性。它可以打破传统平面限制，创造出更有机、更动态的形体，从而激发观众的兴趣和增强观众的互动参与。本论文旨在探讨非平面 3D 打印技术在公共艺术装置中的应用，并提出一种有机互动的设计方法，以促进人与人之间的交流与互动。

图1 公共艺术装置

1.2 非平面3D打印技术

非平面3D打印技术作为一种创新的数字化制造技术,引起了研究者们的广泛关注。传统的3D打印技术通常只能制造平面或简单的立体形体,对于物体的肌理不能够顺应非平面方向,而非平面3D打印技术可以打破这一限制,创造出更加复杂、有机的形体。非平面3D打印技术将设计与制造相结合,通过自适应路径规划和高精度打印技术,实现非平面形体的制造。

然而,在公共艺术装置领域,非平面3D打印技术的应用还相对较少。

1.3 传统公共艺术装置的限制与互动性需求

现有关于非平面3D打印技术的研究往往集中在建筑和工业设计领域,对于公共艺术装置的特殊需求和互动性要求尚未得到充分的关注。因此,本研究旨在探索非平面3D打印技术在公共艺术装置中的应用,并提出一种有机互动的设计方法,以丰富公共空间的艺术性和互动性。

随着本论文的深入研究和分析,我们将详细介绍非平面3D打印技术的原理和应用,设计方法和具体实施过程,以及实验结果的分析和讨论。通过这些内容的探索,我们希望为公共艺术装置的设计提供新的思路和方法,同时推动数字化建造与机器人技术在艺术领域的应用。

2 项目简介

2.1 方案概念

在后疫情时代,曾经空荡的公共空间也重新需要人们更多的关注,如何吸引人们走出封闭空间,参与到丰富的互动中,是方案设计的出发点之一。

项目场地位于东南大学无锡国际校区的两江院的中庭,在室内空间中结合场地,与行人流线结合不阻碍上下楼的流线同时,起到引导人与装置营造的空间互

动的作用。而中庭本身是一个通高的采光空间。

"挥挥手,激起层层涟漪,唤醒青脉"作品通过传感器实现多种互动效果,似是魔力的涌动,似是大树的脉搏,又似是人们举行团结向上的仪式。

方案通过多根菱形线段结合羊毛算法找形,获得力学性能优秀的形态,用细分曲面圆管找到合适的管径形体,截取适合场地尺度的造型,满足行人能够走入其中。

本研究采用了非平面3D打印技术,以实现有机互动的公共艺术装置。下面将详细介绍我们采用的具体方法。为了体现非平面技术的难点,在设计形体时需要将节点分割成为尽可能多的Y型分叉。

2.2 多工具组合的找形方式——设计环节

首先,我们使用了羊毛算法进行形体设计。羊毛算法是一种基于物理模拟的形态生成方法,可以模拟自然界中的力学行为和形态演化过程。我们通过在Rhino软件中的Grasshopper里的kangaroo建立模型并设置各种力学约束和参数,利用羊毛算法生成了多根菱形线段,作为公共艺术装置的主要结构。这种非线性形态的生成方法能够创造出有机、动态的形体,增加观众的兴趣和参与度。

其次,为了实现非平面3D打印,我们采用了细分曲面圆管来生成合适的管径形体(图2)。通过控制细分曲面的参数,我们能够实现形体的细节控制和曲线流畅性。这种方法能够在保持形体整体性的同时,增加形体表面的变化和丰富性,进一步提升艺术装置的视觉效果。

图2 找形模拟生成过程

2.3 非平面打印的路径规划设计

接下来,装置的最终尺寸设计为高3.3米,因为需要在工厂打印装置并搬运到拼装的场地,所以将装置在建模软件中拆分切块。于是将装置分为上中下三层,并尽可能多地切分成Y型单体(图3)。

开发插件采用ETH Ioanna Mitropoulou的非平面打印研究成果,结合Compas库进行反复测试。

在Grasshopper中,运用Compas库的插件能够对打印路径进行可视化模拟(图4),可以发现非平面3D打印是从下到上检测出两个分叉点,将物体切分成3

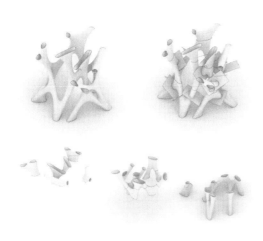

图 3 分段切割

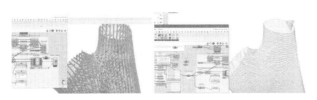

图 4 运用 Compas 库的插件对打印路径进行可视化模拟

部分,先打印下边的主体和一边的分叉,再打印另一部分的分叉(图 5)。与传统平面 3D 打印不同的是,它能够顺应几个开口的曲率,有效实现平滑过渡。

图 5 Y 型分叉打印路径规划

2.4 打印材料选择

我们使用 PETG 回收塑料作为 3D 打印材料(图 6)。PETG 是一种具有良好可塑性和耐久性的材料,适合用于制造公共艺术装置。同时,采用回收塑料材料也符合可持续性的要求,有利于环境保护。我们在 3D 打印过程中优化了打印参数和打印路径规划,以确保打印质量和形体的一致性。并且在打印的过程中,我们发现添加玻璃纤维能够很好地提升打印的强度。

2.5 打印方式选择

最后,在装置的制作过程中,我们采用了机械臂 3D 打印技术(图 7)。机械臂具有灵活性和高精度的特点,能够在空间中自由移动并进行复杂的操作。通过编写程序,我们实现了装置的自动打印和装配过程。

图 6 PETG 材料

机械臂的运动路径与打印路径紧密结合,确保了装置的一致性和稳定性。

图 7 机械臂打印现场

3 现场拼装与搭建实验

为了验证我们设计方法的可行性和效果,我们进行了一系列实验。

首先,我们制作了 1∶1 的装置模型进行安装(图 8),以验证物体拼接效果。通过与实际装置进行比对,我们评估了羊毛算法生成的形体与设计意图的一致性。实验结果显示,羊毛算法能够生成具有生命感和有机感的形体,与我们的设计目标相符合。

图 8 现场安装过程

其次,我们探索了大尺度面向复杂形体的 3D 打印装置方案。通过调整细分曲面的参数和管径形体的生成规则,我们制作了多个不同形状和尺寸的装置样本。在实际打印过程中,优化了打印参数,提高了打印质量和效率。实验发现,非平面 3D 打印要求机械臂倾角不能过大,如果过大会导致打印的 Y 型交点处中间跨度过大,从而无法形成有效的闭合。

最后,我们在现场进行了装置的拼接和展示。在切割后的单元块拼接过程中,因为3D打印的热胀冷缩以及塌陷,每个单元体上存在一定的误差,非平面3D打印的三维平面在空间上难以拼合在一起,所以我们采用了用金属构件打螺栓的方式加固。

在拼接的过程中,我们还需要将可编程控制灯带预埋在单元体中,并且需要按照每个分支树杈从下往上固定。灯带需要用半透明的套管套住,以达到柔化光线的效果。灯带需要悬空在树杈的管径内,所以采用钢丝缠绕,加热打印材料顶端后使其达到熔点,插入管壁后以自然冷却的方式固定(图9)。

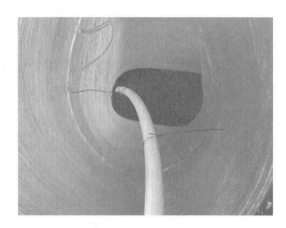

图9　灯带固定方式

通过以上实验,我们验证了非平面3D打印技术在公共艺术装置中的应用的可行性和有效性。我们的设计方法和制造流程能够实现复杂形体的制作,并增加观众的参与度和互动性。这为设计更具互动性和可持续性的公共艺术装置提供了新的思路和方法。接下来,我们将对项目进行详细的分析和讨论,以进一步探索非平面3D打印技术在公共艺术装置中的应用潜力。

4　结果和分析

本文研究方案的优点在于,能够通过机械臂实现3D打印,实现大尺度的装置打印,能够将原本难以实现的复杂曲面形体通过数控加工的方式精确打印(图10)。

由于现阶段3D打印的局限性,打印效果会受到多方面的因素影响,如打印环境的温度、湿度,打印材料配比,打印机机床底座温度等。此装置在打印过程中,遇到了许多问题,这些也为后续类似装置设计提供了宝贵的经验。

5　讨论

通过本研究,我们成功地设计了一套互动艺术装

图10　打印纹理细节实拍

置设计的流程,实现了有机互动的设计(图11)。实践表明,借助机械臂能够实现非平面的3D打印技术路径,打印出满足设计者意图、顺应纹理方向的单元体。3D打印借助透明材料的特性,结合灯带和传感器能够实现丰富的互动效果。未来的研究可以进一步探索互动装置的设计,采集互动数据,探索人群与装置的互动关系。

图11　与人互动实景拍摄

参考文献

[1] MITROPOULOU I, BERNHARD M, DILLENBURGER B. Nonplanar 3D Printing of Bifurcating Forms [J]. 3D Printing and Additive Manufacturing, 2022, 9(3): 189-201. DOI: 10.1089/3dp.2021.0023.

[2] MITROPOULOU I, BERNHARD M, DILLENBURGER B. Print paths key-framing design for non-planar layered robotic FDM printing [C]// SCF'20, ACM, 2020: 1-10.

[3] SARAKINIOTI M, KONSTANTINOU T, TURRIN M, et al. Development and prototyping of an integrated 3D-printed facade for thermal regulation in complex geometries[J]. Journd of Facade Design and Engineering, 2018(6): 29-40.

[4] BURGER J, LLORET-FRITSCHI E, SCOTTO F, et al. Eggshell: Ultrathin three-dimensional printed formwork for concrete structures [J]. 3D Printing and Additive Manufacturing, 2020(7): 48-59.

汤宇尘[1] 邹贻权[1]* 严兆翌[1] 贾雪莺[1] 马在林[1] 李纵苇[1] 支敬涛[1]
1. 湖北工业大学土木建筑与环境学院；102200786@hbut.edu.cn
Tang Yuchen[1] Zou Yiquan[1]* Yan Zhaoyi[1] Jia Xueying[1] Ma Zailin[1] Li Zongwei[1] Zhi Jingtao[1]
1. School of Civil Architecture and Environment, Hubei University of Technology; 102200786@hbut.edu.cn

3D 打印技术在文创型乡村公共空间中的应用
The Application of 3D Printing Technology in Cultural and Creative Rural Public Space

摘 要：文创型乡村公共空间是一种融合了文化创意和乡村发展的新型公共场所。本文基于 3D 打印技术，在文创型乡村公共空间的建筑设计中探索应用的可能性。通过实践案例的分析，探讨了在使用 3D 打印技术进行建筑设计时所面临的挑战，并提出了相应的设计策略，以期为乡村振兴助力。

关键词：3D 打印；文创型乡村；乡村公共空间；设计策略

Abstract: Cultural and creative rural public space is a new type of public place that integrates cultural creativity and rural development. Based on 3D printing technology, this paper explores the possibility of application in the architectural design of cultural and creative rural public space. Through the analysis of practical cases, this paper discusses the challenges faced in the use of 3D printing technology for architectural design, and puts forward the corresponding design strategies, in order to help rural revitalization.

Keywords: 3D printing; Cultural and Creative Countryside; Rural Public Space; Design Strategy

1 引言

近年来，乡村振兴战略得到了广泛关注，乡村公共空间的建设成为了一个重要的议题。与此同时，文化创意产业的崛起为乡村公共空间的规划和设计提供了新的思路。3D 打印技术作为一种先进的制造技术，具有快速、灵活和可定制的特点[1]，可以为文创型乡村公共空间的建筑设计提供创新的解决方案。本文旨在探讨 3D 打印技术在文创型乡村公共空间中的应用，并提出相应的设计与技术层面的策略。

2 相关概念的界定

2.1 3D 打印技术

3D 打印技术是一种快速成型技术，它可以将数字模型转化为实体模型。该技术最早于 20 世纪 80 年代出现，当时主要用于制造原型。随着技术的不断发展，3D 打印技术已经被广泛应用于各个领域，如汽车、医疗、建筑等。

相对乡村建设中常用的传统建造工艺，3D 打印建造具有以下优势[2]：提升了产业水平，降低了复杂建造的难度，简化了工艺流程，提高了建造效率，减少了材料浪费，提高了建筑的精度。需要强调的是，3D 打印技术并不会取代传统建筑技术，而是作为其有益的补充延续了传统建造的优势[3]。

2.2 文创型乡村

文创型乡村是指在传统乡村基础上，通过文化创意产业的发展，实现乡村经济的转型升级。文创型乡村具有以下几个特点：

(1)传承性：文创型乡村注重传承和弘扬传统文化，通过文化创意产业的发展，实现传统文化的保护和传承。

(2)创新性：文创型乡村注重创新和发展，通过引进新技术、新产品和新服务等方式，推动乡村经济转型升级。

(3)互动性：文创型乡村注重与游客和居民的互动，通过举办各种活动和展览等方式，增强游客和居民对乡村的认知和体验。

2.3 乡村公共空间

乡村公共空间是乡村的重要组成部分，也是乡村问题的集聚点。各个学科对乡村公共空间展开研究并取得了丰厚的研究成果[4]。其中，建筑学和城乡规划学等相关学科研究人员认为乡村公共空间是人们组织公共活动和人际交往的场所。他们主要关注乡村公共空间的物质属性，但在文化属性方面仍需要深入探索，特别是非物质文化在公共空间中的呈现形式和保护利用模式。

随着后乡土社会的来临，乡村公共空间的发展面临着各种问题，这些问题也成为重振乡村所需面临的难题[5]。而乡村公共空间在美丽乡村建设中具有重要的功能与价值。有学者认为，乡村公共空间具有生活、经济、政治、文化和生态等多元价值[6]，也有学者认为，乡村公共空间的价值可以从历史和社会等多个维度来体现[7]。因此，对乡村公共空间进行再造将对乡村振兴产生积极而有益的影响。

3 探索大李村

3.1 大李村概况

大李村位于湖北省武汉洪山区东湖生态旅游风景区内，半小时生活圈内有东湖磨山景区、武汉植物园、衫美术馆和东湖音乐公园等大量景区。其靠近东湖隧道口，外部交通可达性和便捷度高，如图1(a)所示。大李村隶属武汉市洪山区桥梁社区，村内人口组成主要分为四类：原著村民、外来务工人员、外来创客、游客。

3.2 文创产业的发展与挑战

大李村的文创发展历经了多个阶段。在产业发展初期，对于文创的改造方式多不涉及建筑本身，采用彩绘墙面、植物种植和家居添置等手法进行改造，起到一定的文创风格塑造效果。随着产业发展进入成长期，有专业建筑设计和装修公司参与，开始出现对建筑本身的文创改造，包括建筑外立面、结构和庭院的改造。这些方式更加专业，使得建筑更具现代风格，提升了消费者的体验舒适度[8]。而受疫情的冲击，村内文创产业也大幅减少，"文创村"的招牌不如往昔。

3.3 3D打印技术驱动的文创复兴

团队采用多种方式获取了大李村各方面的数据和利益相关人群的意见，包括文献资料分析、实地调研、问卷调查、分类访谈和行为定点调查法。在整理数据的基础上，结合大李村的土地性质、村民意愿等因素，得出结论，可以尝试从点-线-面状公共空间的顺序来激活大李村并恢复其文创招牌。确定了需要再造的村内"主轴"街巷空间，与线状空间上的关键点状空间，即大李村的村中广场，亦是大李村文创基地。如图1(b)所示。

基于此，团队将3D打印技术引入村中广场的建筑设计中。在深入调查和设计的过程中遇到多种挑战，并尝试用3D打印技术去缓解或解决，探讨了将3D打印技术应用于文创型乡村公共空间的潜力。

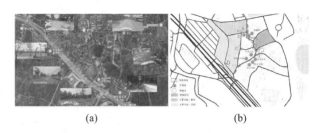

图1 大李村周边与内部分析
(a)大李村周边环境；(b)大李村文创主轴与其关键点

4 文创型乡村公共空间的建筑设计挑战

4.1 文创场所需求与土地权属之间的矛盾

大李村利益相关者希望发展村内的文创产业，广场的权属问题就成为一个挑战。大李村村中广场用地为集体所有，现由大李村文创协会负责管理。广场所在地经过拆迁后，曾被用于农业生产、停车场、篮球场、核酸检测点等集体用途。而想要在广场上建造永久性的文创相关建筑，则会面临以下困难。

一方面，根据土地管理法规定，集体用地必须经过手续方可开展建设活动，而政府审批程序烦琐、时间长。为了合规地进行建设，村中广场也需要进行规划设计、环境评估和施工许可等一系列的手续。这些手续齐全化、规范化的要求，增加了建设的流程和成本，导致项目推进变得更加困难。另一方面，用地转换后可能会影响到其他传统的集体活动的开展以及某些人群的利益。困境导致广场无法被有效利用，村民、创客以及游客等没有一个固定的场所进行文化创意活动，这极大限制了大李文创村的发展。

4.2 多种功能需求与单一场地之间的矛盾

通过问卷调查和访谈，研究者了解到大李村村中广场需要满足多种不同的功能需求，而这些需求可能与单一场地及其有限的用地面积产生矛盾。大李文创协会提出将广场作为文创基地可以包括但不限于如创客工作室、书店、饮品店和展览等功能需求。这些功能需求具有不同的空间要求、布局和设施要求。例如，展览可能需要相对较大的展示空间和储存空间，而创客工作室可能需要一定的私密性和安静的环境。东湖管委会则提出需要广场举办更多的公众活动。在满足这些多样化功能需求时，需要考虑每种功能的特点，并在有限的场地内进行合理的规划和安排，单个建筑的整体设计难以对当下使用空间人群的需求面面俱到。

并且，单一场地的有限面积和地形限制可能导致无法满足所有功能的最佳布局。不同功能之间可能存在空间上的冲突,例如需要为展览留出足够的空间,但可能会对其他功能的布局和互动造成限制。

不仅在空间上需要考虑,乡村公共空间的功能需求在不同时期也可能发生变化,但是时间和资源往往是有限的。在某一时期可能需要投入大量资源来建设,使其适合某种功能,但随着时间的推移,广场的需求可能转变,需要进行重新规划和改造。然而,这可能需要投入更多的时间和资源,这就存在时间和资源的浪费。

如何在有限的场地内满足这些不同的功能需求,同时保持空间的美观和协调性,是一个极大的挑战。

4.3 建筑造型需求和乡村文脉之间的矛盾

通过问卷调查和访谈法,研究者得出大李村利益相关者希望村中广场的建设不缺乏创新元素而又保留其乡村文脉特点的结论。因此,乡村公共空间中的建筑造型需求和乡村文脉之间存在一定的矛盾。

一方面,建筑造型需求是为了吸引游客等而进行的设计选择,更加注重创新、个性化和艺术性的设计元素,希望通过引人注目的外观和吸引人的设计来吸引更多的人前来参观和体验。这可能需要采用现代的设计风格,运用新兴的材料和技术,以创造出与传统乡村形象有所不同的视觉效果。但过于追求独特性,可能会与传统的乡村文脉产生冲突,难以融入乡村环境。

另一方面,乡村文脉强调传统、历史和地方特色。这些传统和文化元素是乡村地区独特的魅力所在。然而,在设计大李村乡村公共空间时,如果过于保守地坚持乡村文脉,可能无法满足吸引游客的需求,从而限制了文创型乡村的发展。

如何加大文创型乡村对外的吸引力的同时,也尊重和保护乡村的特色,是在设计时需要考虑的问题。

5 基于 3D 打印技术的设计策略

针对大李文创村公共空间建筑设计实践中遇到的挑战,本节提出了基于 3D 打印技术的设计策略,包括方案与技术两个层面。通过合理运用这些策略,可以实现 3D 打印技术在文创型乡村公共空间中的有效应用。

5.1 方案层面策略

5.1.1 模块化设计

利用 3D 打印技术,设计和制造可拆卸的建筑模块。这种设计策略不仅使得建筑产品被视为可移动的临时建筑而不需要土地转让和长期建设许可,解决了大李村土地权属和审批手续的挑战。而且可以在需要时快速拆卸和重新配置,根据具体需求选择并组合适当的模块,以实现广场有限空间内的多种功能需求与最佳布局。研究者尝试对模块组合形成展览空间模

块、工作室模块、商店模块等,如图 2 所示。以提高建筑产品的灵活性和适应性,也可以提高施工效率和降低成本。

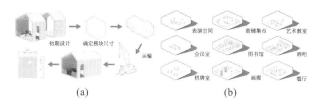

图 2　大李村广场空间模块化设计
(a)某方案模块示意;(b)某方案模块组合

5.1.2 开放产品设计

在开放建筑理论中,支撑体和填充体是两个相关的概念,用于描述建筑物的结构和空间组织。支撑体是指建筑中用于承担重力和荷载的结构元素。基于 3D 打印技术的支撑体不仅起着支撑和稳定建筑物的作用,同时也定义了空间的边界和结构形式。而填充体是指填充在支撑体之间的非结构性元素,例如墙壁、隔墙、玻璃幕墙等。可以根据需要进行重新布置或拆卸,以实现空间的灵活性和可变性。根据大李村广场中功能、文化和创意等需求,在填充支撑体的过程中鼓励村民、创客和其他利益相关者的参与,以确保设计方案符合他们的需求和期望,如图 3 所示。基于 3D 打印技术的开放建筑产品设计不仅强调了参与性和共享性,更是对文创需求、功能多样、乡村文脉等需求的有效回应。

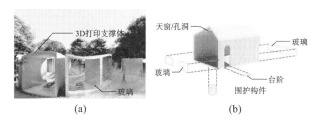

图 3　大李村广场空间开放产品设计
(a)某方案效果图;(b)某方案分解图

5.1.3 文化融合设计

通过将大李村的文化、文俗和审美因素融入 3D 打印建筑产品设计中,结合传统与现代元素,可以实现 3D 产品与当地环境和文脉的和谐统一。3D 打印技术不仅能够在局部制造个性化的设计元素,以体现乡村文脉的特色,例如在建筑物外立面上融入当地特色的图案或纹理,也可以在建筑的外观中保留传统的乡村元素,如屋顶形状或建筑比例等,如图 4 所示。而无论哪种都可以确保设计方案既具有吸引力和创新性,又尊重和保护乡村的特色,并获得利益相关者的支持和认可。

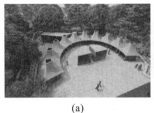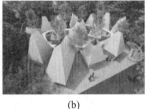

(a)   (b)

图4　大李村广场空间文化融合设计

(a)某方案效果图1;(b)某方案效果图2

5.2　技术层面策略

5.2.1　轻量化设计

3D打印技术在大李村村中广场的建造中拟用轻量化的结构和材料,以减少建筑的重量和能源消耗,降低建设成本,减少对土地的负荷。3D打印技术不仅使建筑物更容易移动和搬迁,以应对土地权属问题,还可以减少建筑的占地面积,提供更多的空间来满足各种功能需求。

5.2.2　可持续性设计

3D打印技术可以使用可持续材料,如可再生材料或回收材料,进行建筑设计,以降低对自然资源的依赖,减少环境影响,符合大李村可持续发展的目标。

5.2.3　快速原型设计

3D打印技术可以快速制作建筑模型,帮助设计者和利益相关者可视化和验证设计概念,以满足大李村广场建设过程中不断变化的需求,如图5所示。这种灵活性可以提高项目的推进效率,减少时间和成本的浪费。

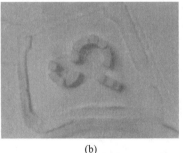

(a)   (b)

图5　大李村广场空间建筑产品快速原型打印

(a)场地机械臂铣切;(b)某方案3D打印模型

6　结语

乡村建设行动正在蓬勃展开,通过文创植入的方式打造大众集聚的场所是重振乡村的有效方法之一。本文总结了文创型乡村公共空间建筑设计中的挑战,同时引入3D打印技术,用创新加持文创型乡村,提出了基于3D打印技术的设计策略,应对文创型乡村公共空间3D打印建筑设计实践中遇到的问题,以期为乡村振兴助力。需要指出的是,3D打印的技术层面是理论设计能否应用于实践的关键因素之一,应引起业界的足够重视。

参考文献

[1]　朱彬荣,潘金龙,周震鑫,等.3D打印技术应用于大尺度建筑的研究进展[J].材料导报,2018,32(23):4150-4159.

[2]　肖绪文,马荣全,田伟.3D打印建造研发现状及发展战略[J].施工技术,2017,46(1):5-8.

[3]　章屹.3D打印技术在建筑行业应用中的问题与对策[J].建筑经济,2018,39(2):10-13.

[4]　罗苓,许泽港,陈犟.基于CiteSpace的国内乡村公共空间研究综述[J].南方建筑,2022(2):11-21.

[5]　张诚,刘祖云.失落与再造:后乡土社会乡村公共空间的构建[J].学习与实践,2018(4):108-115.

[6]　张诚.乡村振兴视域下乡村公共空间的多元价值[J].农林经济管理学报,2019(1):120-126.

[7]　周凌,王竹,丁沃沃,等."乡村营建"主题沙龙[J].城市建筑,2018(5):6-10.

[8]　张立凡.利益相关者视角下武汉市大李村文创型乡村旅游研究[D].武汉:武汉大学,2019.

VIII 数字化建筑遗产保护更新

郭宁[1*]　李雨薇[2]　金熙[1]　王泽林[1]

1. 湖南科技大学；allanguon@hotmail.com

2. 湖南大学；23571971@qq.com

Guo Ning[1*]　Li Yuwei[2]　Jin Xi[1]　WangZelin[1]

1. Hunan University of Science & Technology；allanguon@hotmail.com

2. Hunan University；23571971@qq.com

湖南省社会科学成果评审委员会课题（XSP22YBC368）；湖南省社会科学成果评审委员会项目（XSP2023YSZ021）

数字技术在侗族营造技艺传承与保护中的应用研究
Research on the Application of Digital Technology in the Inheritance and Protection of Dong Architecture Craftsmanship

摘　要：基于数字技术，可以构建侗族营造技艺的数字知识体系。通过访谈侗族掌墨师收集营造技艺的资料，形成侗族营造技艺知识图谱。构建侗族营造技艺数字资源平台，整理与共享研究成果。开发侗族营造技艺数字培训系统，面向不同人群，实现工匠技艺的科学传承。探索数字技术与实体古建筑深度融合的新路径，实现"实体＋虚拟"的体验。本文初步探讨了数字技术在侗族营造技艺传承与保护中的应用与发展方向，为文化遗产的活化发展提供可能性。

关键词：数字化；侗族；营造技艺

Abstract：Based on digital technologies, a digital knowledge system of Dong architectural craftsmanship can be constructed. By interviewing Dong master builders to collect data on architectural craftsmanship, a knowledge graph of Dong architectural craftsmanship can be formed. A digital resource platform for Dong architectural craftsmanship can be built to organize and share research results. A digital training system for Dong architectural craftsmanship can be developed, targeting different groups, to scientifically inherit the skills of master builders. New paths for deep integration of digital technologies and physical ancient architectures can be explored, to achieve an "offline ＋ online" experience. This article preliminarily discusses the application of digital technologies and development directions in the inheritance and protection of Dong architectural craftsmanship, providing possibilities for the revitalization of cultural heritage.

Keywords：Digital Technology；Dong Ethnic Group；Architectural Technology

1　侗族营造技艺现状

1.1　侗族营造技艺保护现状

侗族主要分布在广西、贵州、湖南，2006 年广西三江"侗族木构建筑营造技艺"入选国家级第一批非物质文化遗产项目，2008 年贵州从江"侗族木构建筑营造技艺"入选国家级第二批非物质文化遗产项目，2021 年湖南通道县"侗族木构建筑营造技艺"入选国家级第五批非物质文化遗产扩展项目。国家级非物质文化遗产代表性项目代表性传承人目前有 3 人，其中广西三江县 2 人（杨似玉、杨求诗），贵州从江县 1 人（杨光锦），湖南通道县目前没有国家级传承人。专家学者虽然对侗族营造技艺做了大量研究，但大多停留在理论上，很少与现代数字化技术相结合。开展侗族鼓楼营造技艺传承的数字化、专业化、科学化和整合化，可为弘扬地域民族建筑特色、深化地域建筑做出贡献。

1.2　侗族营造技艺面临的困境

随着社会发展和生活方式的转变，受到现代建筑产业的冲击，侗族木构建筑营造技艺的传承面临着前所未有的困境。一方面，现代建筑材料和建造方式逐渐代替传统木构建筑，大量传统村落逐渐失去传统风貌。另一方面，侗族掌墨师人才日渐凋敝，传统的营造技艺陷入失传的境地。侗族木构建筑营造技艺的保护和传承，迫切需要积极有效的保护策略。

1.3 保护与传承的迫切性

侗族木构建筑及其营造技艺蕴含着侗族深厚的文化底蕴,其保护与传承须真正融入侗族生活,使之生生不息、代代相传。否则,面临强势的现代建筑浪潮,侗族独特的建筑文化极有可能迅速消亡,同时侗族文化将因此衰落。对非物质文化遗产传承性和流变性的保护是相比物质文化遗产保护的特别之处[1]。因此,运用数字技术手段对其进行保护与传承,势在必行。

2 非遗数字化研究

2.1 非遗数字化保护的研究焦点

非物质文化遗产数字化保护的研究主要集中在以下几个方面:

(1)构建非遗信息库。运用文字、图片、音频、视频等传统手段,对非遗进行数据采集、整理、存储,构建信息资源库,为保护研究提供基础资料。如由中华人民共和国文化和旅游部主管,中国艺术研究院(中国非物质文化遗产保护中心)主办的"中国非物质文化遗产资源网",收录各类国际、国家级非遗条目。

(2)运用3D技术展示非遗成果。采用3D建模、VR、AR等虚拟仿真技术,实现非遗的数字化再现和虚拟展示。

(3)交互式非物质文化遗产传播。开发非遗相关移动端App,实现非遗知识的交互传播。如故宫博物院官网推出一系列文创App,提供丰富的非遗体验活动。

这些研究为运用数字技术保护侗族营造技艺提供了重要借鉴。

2.2 虚拟仿真技术的应用

虚拟仿真技术应用广泛,在传统技艺保护方面发挥着重要作用:

(1)忠实记录和再现传统技艺。避免传统技艺因时代变迁而丧失,如用数字化方式记录建筑营造过程,上梁仪式等内容。

(2)营造技艺的传承教育。通过虚拟仿真场景,学习者可以身临其境地学习营造技艺,提供逼真的临场感。

(3)营造技艺的艺术创新。在虚拟空间中对营造技艺进行再创造,优化营造技艺、营建建筑的艺术表达深度。

(4)实现营造技艺的交互体验。结合虚拟现实和人机交互技术,实现对营造技艺的多维交互体验。

虚拟仿真技术为侗族营造技艺的数字化保护、传承提供了可能性。

2.3 数字资源平台的搭建

建立数字资源平台,对保护和传承侗族营造技艺具有重要作用:

(1)制定数字化采集标准。实现侗族营造技艺数字资源的规范收集和组织管理,为深入研究提供资料基础。

(2)构建专题知识库。支持侗族营造技艺的查询、分析和挖掘。

(3)开发在线学习平台。将侗族营造技艺数字资源运用于非遗传承人的教学培训中。

(4)展示数字化侗族建筑模型。提高侗族建筑的社会关注和认同感,促进侗族自身文化的继承与传播。

(5)开发多终端访问。除利用网页浏览外,开发相应移动端App,扩大侗族建筑、营造技艺的传播范围,使侗族文化惠及更多群体。

3 知识图谱的构建

3.1 构建侗族营造技艺知识体系

知识图谱的构建,需要明确侗族营造技艺的知识体系和结构框架(图1),主要从建筑材料、加工工具、地基选址、设计、结构、墨理常识、营造仪式等方面进行构建。

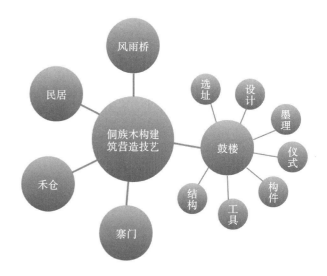

图1 知识图谱构建
(图片来源:作者自绘)

3.2 采集、整理文字、图片、音视频等资料

在知识图谱总体框架指导下,完善侗族营造技艺的各类资料:

(1)文字资料。整理侗族掌墨师谱系传承关系,侗族建筑历史发展、命名规范等文字文献。

(2)图片资料。收集建筑外观、内部结构、木质构件、工具使用等图像资料。

(3)音频、视频资料。录制掌墨师讲解技艺的音频,拍摄施工过程的视频。

文字、图片、音频、视频资料要分类建库,并添加相关说明,方便构建知识图谱(图2)。

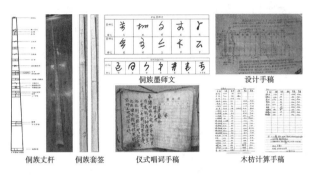

图 2 侗族营造工具及手稿

(图片来源:作者自摄)

侗族丈杆　侗族套签　仪式唱词手稿　木枋计算手稿

3.3 录制口述访谈

重点对侗族掌墨师进行采访,访谈他们的成长历程和对各自流派传承技艺的独特理解。采用录音、摄像等方式对访谈过程进行完整记录。访谈开端采取固定问题提问,过程中穿插开放式提问,根据受访者的讲述进行深入挖掘。

3.4 构建标准化知识图谱

在收集到的资料的基础上,提炼营造技艺要点,构建标准化的知识图谱。图谱采用节点—关系的网络形式,呈现侗族营造技艺知识体系中的重要概念和逻辑关系。内容既包含文字描述,也内嵌图片、音频、视频,可直观展示核心知识点及其内在脉络。简而言之,收集整理多源异构资料,科学设计知识体系,构建易理解、信息丰富、可扩展的知识图谱,是侗族营造技艺数字化保护的基础。

4 营造技艺数字资源平台的搭建

4.1 侗族营造技艺数据库的搭建

结合数据库管理系统,构建木构建筑数字资源库,对各类资料进行标准化数字化处理,形成结构化数据进行收录。数据库主要收录:①矢量图形格式的二维图纸,如CAD图纸;②三维建筑信息BIM模型;③建筑透视图等图像资料;④掌墨师访谈文字记录、古籍善本等文献资料;⑤实际建造过程的视频资料。

数据库还需要存储技术元数据和描述性元数据,以确保数字资源可检索。

4.2 三维建筑模型

运用三维扫描仪,捕捉侗族木构建筑的点云模型,利用点云构建高精度的三维建筑模型。构建好的模型,用户可以自由选择视角进行浏览,放大观察构件细

部,获得身临其境的体验。

4.3 搭建网络平台分类整理资源

在侗族营造技艺数据库基础上,搭建侗族木构建筑数字资源网络平台。按分类构建数字资源,建立查询检索机制,分别对文献、图片、模型等资源进行说明,实现资源的实时浏览、利用与管理,不同类别用户可以按需下载相关文献资料(图3)。

图 3 按传承人检索资料

(图片来源:作者自摄)

李奉安与岩寨寨门　屯里鼓楼外观　岩寨风雨桥　四合鼓楼

岩寨风雨桥中的聚会　屯里鼓楼内部结构　岩寨风雨桥内部结构　四合鼓楼内部结构

4.4 开发移动App支持浏览应用

开发Android和IOS移动应用程序,支持用户通过移动设备远程访问平台资源。实现侗族木构建筑3D模型的浏览,以及对建筑内部构件的识别。用户使用手机扫描侗族建筑实物,可以查阅到相关部位的名称、用途等资料。利用移动App扩大数字资源的应用场景,提高数字资源的利用效率。

综上,通过侗族营造技艺数据库建设、网络平台搭建和移动App开发,整合侗族营造技艺数字资源平台,对资源进行深度开发与全面应用,促进侗族建筑文化的继承与传播。

5 营造技艺的科学传承

5.1 开发虚拟仿真培训系统

(1)系统开发。

依托前期构建的知识图谱,开发面向不同人群的虚拟仿真培训系统。整合知识图谱资料,根据教学需求再组织,加入互动课件、视频示范等内容,构建系统化、规范化的培训课程体系。

(2)课程设置。

针对游客、营造技艺传承人、研究人员等不同目标群体,设计适合其知识结构和认知水平的课程内容,分基础示范课程、技术研习课程、高级研讨课程等。课程耦合理论知识、实操演示和互动练习。

5.2 沉浸式虚拟仿真

应用AR、VR技术,配合实际环境构建虚拟仿真场景和情境,使学习者在虚拟空间中亲自动手操作,身临

其境地学习木工制作技艺。虚拟场景可以设置不同难度的工序,供学习者反复演习。

5.3 营造技艺示范

对高水平传承人的施工技术、构件加工过程拍摄录制,制作为标准化技艺教学视频。示范内容包括木工制图、加工构件、搭建框架等每个营造工序,并加入解说诠释技艺要点。这些教学视频既保留了侗族营造技艺,也成为虚拟培训中不可替代的教学资源。数字化传承中,除了传承人外,数字技术手段是我国非遗数字化的重要支撑手段,是一种特殊的传承途径[2]。

通过数字技术手段开发专业化培训系统,结合虚拟仿真和示范视频,实现对侗族营造技艺的规范化传授。使其得以科学传承和创新发展,这对振兴和传播侗族建筑文化具有重要意义。

6 结论

6.1 数字技术应用效果

通过构建数字知识图谱、数字资源平台和虚拟仿真培训系统,数字技术可以在传承保护侗族营造技艺中发挥重要作用:

(1)系统整理分散难以系统学习的木工技艺知识。

(2)记录和展示建筑实物资料,具有永久保存价值。

(3)构建知识图谱和数据库为深入研究提供了丰富基础数据。

(4)虚拟仿真培训使更多人能便捷、直观地掌握木工技能,拓展传承途径。

(5)促进侗族建筑文化走向社会,提升其影响力。

(6)为侗族木构建筑的保护与创新发展提供了现代化手段。

6.2 未来发展方向

未来可继续从以下方面拓展数字技术的应用:

(1)进一步完善知识图谱,实现知识图谱展示的智能化。

(2)开发数据库的语义联动功能,实现知识挖掘的深度化。

(3)加强虚拟仿真场景的物理效果,提高沉浸感的真实化。

(4)推进与实体建筑的"数字孪生"建模,实现侗族木构建筑营造技艺保护的精细化。

6.3 数字技术的不足

数字技术在侗族营造技艺传承与保护中还有以下不足:

(1)数字化仅是侗族营造技艺保护与传承的手段,须与实体建筑保护和侗族文化相结合。

(2)应关注侗族掌墨师知识产权保护,防止数字资源被滥用。

(3)数字系统须持续更新,适应技术发展。

(4)应加强对侗族传统文化的理解,避免数字化带来反传统的负面影响。

(5)数字技术的应用须尊重民族文化,不能盲目现代化。

综上所述,数字技术为传承和保护侗族营造技艺提供了新思路。在继承、发扬侗族营造技艺的同时,应发挥数字技术的优势,使非物质文化遗产保护走上科学化、规范化的新路径。今后还须持续研究,不断优化和深化数字技术在侗族营造技艺保护中的应用。

参考文献

[1] 马全宝.中国传统建筑营造技艺遗产的数字化保护方法探析[C]//全国高等院校建筑学学科专业指导委员会,建筑数字技术教学工作委员会.数字技术与建筑——2014年全国建筑院系建筑数字技术教学研讨会论文集.北京:中国建筑工业出版社,2014:4.

[2] 王诗旭.江西乐平传统戏台木作营造技艺数字化传承研究[D].武汉:华中科技大学,2021.

刘志宏[1]

1. 苏州大学建筑学院，中国-葡萄牙文化遗产保护科学"一带一路"联合实验室

Liu Zhihong[1]

1. College of Architecture, Soochow University, China-Portugal Joint Laboratory of Cultural Heritage Conservation Science Supported by Belt and Road Initiative；261607194@qq.com

国家社会科学基金项目（22BSH086）；2022 年度江苏高校哲学社会科学研究一般项目（2022SJYB1437）

绿色智能理念下传统村落智慧民居营建技术研究
Research on the Construction Technology of Smart Residential Buildings in Traditional Villages under the Concept of Green Intelligence

摘　要：生态文明建设是引领乡村建设的重要途径，智慧民居营建已成为乡村建筑发展的趋势。本文通过分析智慧民居及绿色智能建筑的发展进程，研讨数字化时代智能新技术对民居建筑营建技术的影响与作用，探究未来民居建筑的功能、空间形态、特征以及智慧民居的发展未来。本文提出民居建筑的高能耗和低效率问题，在生态文明建设的实践中，探索生态环境和传统智慧协同创新的关键技术研究，为构建乡村智慧民居营建提供新思路。建立智慧民居营建机制与生态环境治理效应的关联分析研究框架，提炼出智慧民居的营建机制和关键技术要素。建设新时代智慧乡村，构建智慧民居营建技术平台，是解决当前乡村振兴发展的重要方案之一。本文以期为智慧乡村建设提供新方法与新构思，并推动新时代绿色智能理念下的智慧民居营建技术的发展，为未来民居的可持续发展提供科学的参考依据。

关键词：绿色智能；传统村落；智慧民居；传统智慧；智能设计；营建技术

Abstract：The construction of ecological civilization is an important way to lead rural construction. The construction of smart residential buildings has become the trend of rural architecture development. By analyzing the development process of smart residential buildings and green intelligent buildings, this paper discusses the impact and role of new intelligent technology on residential building construction technology in the digital era, and explores the function, spatial form, characteristics and development future of smart residential buildings in the future. This paper puts forward the problems of high energy consumption and low efficiency of residential buildings. In the practice of ecological civilization construction, it explores the key technology research of collaborative innovation of ecological environment and traditional wisdom, so as to provide new ideas for the construction of rural smart residential buildings. This paper researches on the key elements of residential construction and environmental governance mechanism, and establishes a framework for analyzing the wisdom of residential construction and environmental governance. Building a smart village in the new era and a smart residential construction technology platform is one of the important solutions to the current rural revitalization and development. It is expected to provide new methods and ideas for the construction of smart countryside, promote the realization path of smart residential construction technology under the concept of green intelligence in the new era, and provide a scientific reference for the sustainable development of residential buildings in the future.

Keywords：Green Intelligence；Traditional Villages；Wisdom Dwellings；Traditional Wisdom；Intelligent Design；Construction Technology

　　随着乡村经济的不断发展，传统村落住宅的改扩建、新住宅的建设等，在实施过程中不但出现了大量的能源浪费，而且引发了不少环境污染问题。这使得乡村住宅向低能耗绿色建筑发展成为一种趋势[1]。绿色

智能是人类绿色生活中一项最重要的指标,体现出现代人的一种生活品质的追求。因此,绿色智能住宅的建设,就是对绿色生态环保问题做出的正面回应。党的十九大提出"推进绿色发展,建设美丽中国"的重大历史任务。中共中央、国务院印发《乡村振兴战略规划(2018—2022年)》,提出农村人居环境显著改善,生态宜居的美丽乡村建设扎实推进,乡村优秀传统文化得以传承和发展的目标。住房和城乡建设部、文化部(现文化和旅游部)、国家文物局、财政部以建村[2014]61号印发《关于切实加强中国传统村落保护的指导意见》,提出加强传统村落保护,改善人居环境,建设美丽乡村,实现传统村落的可持续发展。住房和城乡建设部发布《建筑节能与绿色建筑发展"十三五"规划》,推进可再生能源建筑应用规模逐步扩大、农村建筑节能实现新突破等重大举措。传统村落的可持续发展最好的途径之一是与绿色建筑技术相结合,通过绿色技术来完善我国传统村落民居建筑低能耗技术体系,解决传统村落科技落后、技术人才匮乏和区域文化差异等难题,延续传统文化血脉,完善村落绿色智能的民居设计方法体系的架构。应重点发展传统村落绿色科技与特色乡村技术产业来促进乡村振兴。习近平主席在第75届联合国大会上提出我国在"2030年前碳达峰、2060年前碳中和"的目标,绿色智能的传统民居发展理念正契合了这一新目标。

1 国内外研究现状和发展趋势

1.1 国内外研究现状

党的第十九次全国代表大会提出推进绿色发展,着力解决突出的环境问题,坚持人与自然和谐共生,必须树立和践行绿水青山就是金山银山的理念,坚持节约资源和保护环境的基本国策,实行最严格的生态环境保护制度。

(1)绿色智能理念下传统村落的生态环境研究。

1987年,联合国世界环境与发展委员会发表《我们共同的未来》报告,确立了可持续发展的理念。2010年4月,习近平总书记在博鳌亚洲论坛上指出:"绿色发展和可持续发展是当今世界的时代潮流"。美国联邦政府提出了绿色新政。欧盟制定了"欧盟2020发展战略"。韩国提出了《国家绿色增长战略(至2050年)》[2]。国内学者认为绿色发展和生态文明建设的关键是绿色技术创新和生态文明制度建设,关键科学问题是开发出可利用的清洁能源(卢风,2017)[3]。刘保国、张小娟(2018)主张建立生态环境和经济发展的平衡模式,使人与自然和谐共存[4]。吴良镛(2018)提出

了建设健康城市是提高城市宜居性的关键问题[5]。孙澄、林国海、刘京(2019)对寒地人居环境绿色性能优化设计关键技术进行研究与应用[6]。围绕生态环境和人类健康的互馈机制等关键科学问题,我国乡村振兴必须着眼长远的可持续发展,实行科学的政策,构建绿色智能的传统村落民居设计方法及关键技术体系。

(2)传统村落智慧民居营建技术研究。

余俊骅、刘煜、唐权(2010)提出适宜性绿色生态技术在关中地区农宅中的设计应用[7]。燕军委(2012)运用层次分析法、灰色系统评价方法建立评价模型,构建出我国住宅的绿色评价体系[8]。刘戈、黄明强(2015)提出模糊综合评价在村镇住宅建筑节能适宜技术中的实效性[9]。杨维菊等(2015)提出江南水乡村镇住宅低能耗技术要从生态、节能、环境三个指标来评价[10]。宋波(2016)提出农村节能建筑的建设指南,倡导宜居村镇模式[11]。余洪(2017)提出绿色技术在农宅建设中的应用方法[12]。江亿(2018)提出中国传统的建筑节能应以实际用能量为导向目标[13]。吕红医(2018)提出传统农房绿色改良技术体系和节能改造技术研究[14]。阮仪三(2018)提出传统村落可持续发展必须做到"天人合一",回归自然[15]。刘超(2019)分析了在绿色建筑设计理念下的生态宜居住宅设计的原则和要点,提出生态宜居住宅的发展方向[16]。赵芳兰、尹稚(2019)借鉴英国特色小镇规划质量评估模型和部分指标内容,提出中国云南特色小镇指标体系优化方法[17]。朱良文、程海帆(2022)提出"民居宜居性层级评价参考图",并对我国农村传统民居及新民居的宜居性能做了评价[18]。以上学者的研究成果为绿色智能的传统村落民居设计方法的进一步改善和实施提供了科学的依据与经验。

1.2 发展趋势

前期相关研究的特征主要体现为:①对绿色智能的生态环境的相关研究已经具备一定的系统性,总体表现为自然资源与生态环境问题的现状、影响及其技术层面的原因与治标性控制对策;②随着社会经济的发展和进步,研究绿色能源、绿色技术等的文章逐渐增多,呈现研究脉络差异性较大的特征;③充分认识到绿色建筑技术对乡村振兴的作用及人与自然和谐共生的要求;④绿色建筑的相关研究对象主要集中在城市建筑和示范性传统民居上,研究内容比较集中在民居的设备、设施能耗上,对具有特色价值的传统村落民居设计方法的研究成果较少。

综上所述,目前专门针对传统村落民居设计与绿色建筑相结合的研究还比较少,对具体的绿色智能的传统村落民居设计方法的研究还不充分,特别是对如

何有效利用传统村落自然资源建设生态宜居的美丽乡村的研究很缺少。本文将在以上研究的基础上进行完善和深化，突出传统村落人与自然的和谐共生。以乡村振兴战略为契机，探讨绿色智能的传统村落民居设计方法具有重要的意义。

2 绿色智能的传统村落民居设计方法及关键技术的地域性理论

2.1 传统地域与中华智慧

中国传统村落民居的营建可追溯到远古人类形成时期，在长期的由动物向人的进化过程中，由最初的在大自然中寻找天然栖息庇护之所到独自营建居所的实践是民居逐渐形成的过程[19]。随着传统村落民居营造观念的传承和演进，在营建中体现出人类的卓越智慧和处理人与自然和谐共生的态度及方法。绿色智能的传统村落民居营建经验是人类在不断应对自然限制因素的实践中逐渐形成的。

我国改革开放以来，经济发展迅速，人民生活水平明显提高，但生态环境却出现了严重的问题。如何实现绿色发展，加快生态文明建设成为当代亟待破解的难题[20]。随着乡村振兴战略的实施，传统村落的可持续发展面临着新的挑战与机遇。可持续发展的观念越来越深入，维系人类自身健康和持续繁衍，是人类最基本的权利与义务[21]，绿色是可持续发展的前提条件，也是引领人类迈向幸福健康生活的重要体现。创新发展是村落文化发展的理念基点，协调发展是村落文化健康发展的内在要求，绿色发展是村落文化延续的必要条件，开放发展是村落面向时代的必由之路，共享发展是村落可持续发展的本质要求[22]。绿色智能是实现传统村落可持续的有效途径与趋势，对改善村落生态环境等方面有着重要的作用。

2.2 地域特色与民族特点

传统民居是一种原生态的住宅体系，与该地区的自然环境、民族特点以及人文特征有着密切的关系。传统村落民居的形成既与生活习俗、历史文化、社会经济等有关，又受到地理环境、气候条件等自然条件的影响。目前，我国遗存的传统村落及民居建筑在不断消失，绿色智能的传统村落民居设计方法研究同时面临机遇与挑战。因此，本文以绿色智能的传统村落民居作为研究对象具有代表性和研究价值。

2.3 地域环境与文化特色

传统村落民居在选址上不仅要注重布局与朝向、地形的变化及与地域环境的关系，还要考虑传统民居建造的自然形态因素[23]。与自然地理环境的和谐共存是传统民居设计的宗旨，必须根据其地域环境、民族文

化特色和自然环境的发展规律，使传统民居最大限度地与自然保持一种和谐关系。传统民居之所以能长期遗存并发展至今，主要是因为它在结合地域环境、地理条件和适应地域气候上做到了与自然环境和谐共生[24]。因此，传统村落民居的最大特点就是依据其地域环境，人与自然和谐共生存，赋予其独特的地域文化特色。

2.4 地域特征与民族特色

在地域气候适应性条件下，为使民居发挥出最大的原始生态技术优势，应结合地域生态环境的特点来推进绿色智能的传统村落民居低能耗关键技术的实现，尤其是针对传统村落民居建筑，运用绿色技术来进行设计优化和方案更新。

3 绿色智能理念下传统村落智慧民居营建技术

3.1 传统村落民居的文化传承

文化研究是一种跨越学科界限的研究趋势，与分散在人文学科中的诸多理论倾向共生（托比·米勒，2009）。柏贵喜（2017）从传统文化的理论研究出发，提出了中华优秀传统文化传承体系的建构方法与策略。陈玉斌等（2019）对中国传统文化的百年变革与复兴之路做了详细的分析研究，提出了优秀传统文化创造性传承与创新性发展策略。管宁（2020）通过对中华文化基因与当代中国话语建构，提出将创新理论融入现实创造，进行跨界融合的多元化新实践，创造新时代的中国精神文化与造物文化。许烨（2020）基于中华优秀传统文化继承与创新的关系问题，提出了中华优秀传统文化创造与发展的方法路径。冯贤亮（2021）针对徽州的地方文化、政治文化、精英文化、生活文化与家庭文化等的多样化特质，提出了徽州及其社会文化的核心表现为包容性、创新性、引领性与时代性。

3.2 传统村落民居的绿色智慧营建

"绿色智慧"已经成为人类生活和文化传承的崭新尺度（赵群，2004）。传统民居设计的根本逻辑就是如何处理"天人合一"的和谐关系，这一逻辑蕴藏着丰富的绿色智慧，对新时代民居建筑设计具有指导意义。在传承民居建筑文化时，应该挖掘民居中的绿色智慧，传承传统民居的精髓，从而兼顾绿色智慧与文化传承（马如月，2018）。现有的民居建筑研究大多基于形式符号等美学层面，而忽略了民居建筑的内涵："人与自然的和谐共存、协同发展"。促进传统民居与绿色智慧的协同发展，应类提炼传统村落民居文化的地域特征，揭示其传统与现代转译的科学机理与应用途径；建立民居建筑类型划分方法和文化特征的价值指标，明确

价值指标具有的测评效应；研究不同类型的民居特征、表现形式、文化价值提升的关键技术（图1）和科学机理，建立民居建筑与绿色智慧的协同发展关系，以及企业和政府资金的投入对二者耦合的影响，为提出针对性的政策建议提供科学的参考依据。

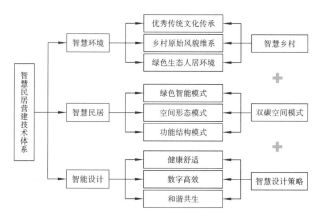

图1   传统村落智慧民居营建技术框架

（图片来源：作者绘制）

3.3   绿色智能的民居设计方法

（1）传统村落民居的自然利用方法。

传统村落民居在尊重自然环境的基础上，强调传统村落民居与自然和谐共存。生态性不仅体现在适应地域气候上，同时也体现在自然资源的有效利用等方面。传统民居选取和利用当地自然资源是体现地域文化特色的一种方式方法，诸多地方材料具有节能效果，低能耗性能也特别突出。就地取材，在充分节约成本的基础上做到了节约资源和降低能耗，而且运用到传统民居上具有美化装饰功能。传统民居原生态理念还体现在绿色技术上，如自然通风、保温和遮阳等方面实现了最大化的节能效果[25]。生态建筑学倡导追求自然环境与人的和谐关系；在实践中认识和利用环境，并为建筑服务，达到"天人合一"的最佳居住环境；对建筑材料要求可再生和可循环，对地域气候环境充分利用及在地文化充分挖掘，为气候适应性的研究奠定了理论基础。对自然资源的充分利用，可以做到健康舒适、生态宜居、经济实用，减少对自然环境破坏和污染。

（2）传统村落民居的布局分析法。

传统民居的空间布局、建筑形式、结构材料和朝向等深受环境特征的影响。传统民居在布局上因地制宜，生态宜居。传统民居注重利用自然环境条件，结合地势，与自然和谐共生，这与当今绿色住宅技术体系中的传统智慧和生态自然观是吻合的。利用自然环境的地形优势，顺势而建，减少场地用材等，也是一种节能形式。传统民居中许多优秀的建造技术都体现出了自然生态节能技术，这方面资源的有效利用和绿色住宅

关键技术的突破，值得大力推广与借鉴[26]。传统村落民居建筑基本上以点的形式分散布置，其空间布局反映出传统村落民居空间布局特点。

3.4   绿色智能关键技术

传统民居包含有农房和乡土建筑，其建造过程具有生态技术和绿色建筑思想，主要注重民居全生命周期和自然环境属性，节约自然资源，保护生态环境，突显出低能耗绿色关键技术研究与实践，确立"以人为本、环境宜居、资源节约、性能质量"等的绿色建筑发展新模式，同时也为适应目前全球性气候恶化带来的自然环境破坏，提供了一种新的低能耗绿色技术路径。

民族地区传统村落民居有着不同的地域特点，自然环境、经济和文化也会存在一定的差异，应根据地域村落的基础条件，构建适合本地域的绿色智能的民居设计原则，如维系传统民居的特色风貌、科学构建民居设计模式、就地取材控制成本等。与自然地理环境的和谐共存是绿色智能的传统村落民居设计的宗旨，必须根据地域文化的特点和自然环境的发展规律，使传统村落民居最大限度地与自然保持一种整体关系。

3.5   绿色智能的传统村落智慧民居营建技术方法

绿色住宅技术方法是按照现有《绿色建筑评价体系》对近零能耗绿色评价的适应性分析，以及对传统民居绿色元素的提取、定性和定量的评价分析。绿色技术具有的地域特色，是与民居建筑所在的地域紧密联系的，也是探寻利用自然条件和生态资源，使传统村落的生态宜居，并以消耗最小自然资源为前提的绿色技术法则。根据传统民居的选址、自然资源的利用、绿色技法以及微气候环境的塑造等因素，民居类别可分为自然型、生态型和科技型三类。传统民居与绿色性能的关联主要体现在"安全耐久、健康舒适、生活便利、资源节约、环境宜居"五个方面。可结合传统民居自身的特点，采用绿色民居设计要素的定性与定量相结合的绿色评价方式。具体可按五个相应的主题展开：自然型、生态型、文化型、智慧型、科技型。以绿色发展观作为指导思想，构建科学的传统村落智慧民居营建技术路径方法，如图2所示。

4   结语

本文以如何优化传统村落智慧民居设计和解决绿色关键技术为研究目标，提出了适合中国传统村落民居气候适应性的绿色设计方法，总结出绿色智能的传统村落民居设计方法与实施路径，为传统村落可持续发展的科学化和规范化奠定了基础，并为我国传统村落实现绿色智能的愿景，起到积极的借鉴意义。

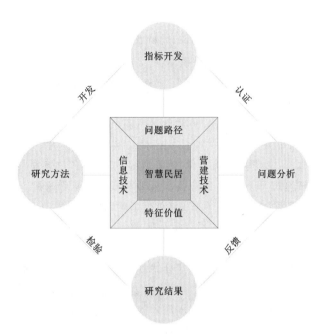

图 2　传统村落智慧民居营建技术路径方法
(图片来源:作者绘制)

参考文献:

[1]　王琳.传统民居与绿色技术的结合[J].建筑工程技术与设计,2014(13):124.

[2]　童成帅.新时代视域下的绿色发展观[J].学理论,2018(11):13-14.

[3]　卢风.绿色发展与生态文明建设的关键和根本[J].中国地质大学学报(社会科学版),2017(1):1-8.

[4]　刘保国,张小娟.习近平绿色发展观的方法论探析[J].中共山西省委党校学报,2018(6):58-62.

[5]　吴良镛.规划建设健康城市是提高城市宜居性的关键[J].科学通报,2018,63(11):985.

[6]　孙澄,林国海,刘京.寒地人居环境绿色性能优化设计关键技术研究与应用[J].建设科技,2019(1):32-37.

[7]　余俊骅,刘煜,唐权.关中地区农村住宅的绿色生态设计策略及适宜技术浅析[J].华中建筑,2010(8):86-89.

[8]　燕军委.我国住宅的绿色评价体系研究[D].西安:西安建筑科技大学,2012.

[9]　刘戈,黄明强.村镇住宅建筑节能适宜技术评价[J].建筑技术,2015,46(2):113-115.

[10]　杨维菊,高青,徐斌,等.江南水乡传统临水民居低能耗技术的传承与改造[J].建筑学报,2015(2):66-69.

[11]　宋波.农村节能建筑建设指南[M].北京:中国建筑工业出版社,2016.

[12]　余洪.绿色技术在农宅建设中的应用——以北京市七王坟村为例[D].天津:天津大学,2017.

[13]　江亿.建筑节能应以实际用能量为导向目标[J].绿色建筑,2018(2):4-5.

[14]　吕红医.传统农房建造技术改良与案例[M].北京:中国建筑工业出版社,2018.

[15]　阮仪三.要继承"天人合一"的优秀传统[J].城市规划学刊,2018(1):9.

[16]　刘超.基于绿色建筑理念的生态宜居住宅设计[J].建材与装饰,2019(2):74-75.

[17]　赵芳兰,尹稚.特色小城镇考评指标体系优化—基于云南实践[J].小城镇建设,2019(1):80-85.

[18]　朱良文,程海帆.乡村振兴的民居宜居性问题研讨[J].南方建筑,2022(6):1-9.

[19]　李建斌.传统民居生态经验及应用研究[D].天津:天津大学,2008.

[20]　孙静茹.践行生态文明观 实现绿色发展[J].人民论坛,2018(16):150-151.

[21]　刘玉波.城市绿色建筑与可持续发展探析[J].环境保护与循环经济,2013(6):53-55.

[22]　丁智才.五大发展理念下传统村落文化发展探析——以球美村为例[J].宁夏社会科学,2017(6):231-236.

[23]　刘志宏,陈强,林莹莹.气候适应性背景下传统民居绿色设计方法研究[C]//中国城市科学研究会.2020国际绿色建筑与建筑节能大会论文集.北京:中国城市出版社,2020,8:120-124.

[24]　刘加平.绿色建筑——西部践行[M].北京:中国建筑工业出版社,2015.

[25]　王秀萍,陈伟志.浙江新农村生态住宅设计研究[J].小城镇建设,2012(6):86-89.

[26]　孙杰.传统民居与现代绿色建筑体系[J].建筑学报,2001(3):61-62.

王荷池[1]*　陈鑫鑫[1]　黄月[2]　黄琳发[2]　陈俐超[2]　葛建伟[1]　胡占芳[3]　张军学[4]

1. 湖北工业大学土木建筑与环境学院；wanghechi@163.com

2. 南京正邦建筑技术发展有限公司

3. 南京工业大学

4. 江苏科技大学

Wang Hechi[1]*　Chen Xinxin[1]　Huang Yue[2]　Huang Linfa[2]　Chen Lichao[2]　Ge Jianwei[1]　Hu Zhanfang[3]　Zhang Junxue[4]

1. School of Civil Engineering, Architecture and Environment, Hubei University of Technology；wanghechi@163.com

2. Nanjing Zhengbang Construction Technology Development Co., Ltd.

3. Nanjing Tech University

4. Jiangsu University of Science and Technology

国家自然科学基金青年基金项目(52008157)；湖北工业大学博士启动基金项目(BSQD2019044)；江苏高校哲学社会科学研究项目(2019SJA0193)

基于数字化病害管理的建筑遗产预防性保护研究
Research on the Preventive Protection of Building Heritage Based on Digital Disease Management

摘　要：目前我国建筑遗产多属于"救火式"的被动性保护，存在建筑遗产维护不足、病害严重等现象。而现存的建筑遗产多为被动性保护，缺乏成体系的预防性保护系统。基于数字化技术在遗产保护方面的推广，本文提出了一套病害预警的预防性保护系统，以求达到对建筑遗产的实时监测和主动性保护。本文基于GIS和大数据平台做建筑环境灾害的预警，利用传感技术作为建筑检测手段对建筑病害数据进行收集，再利用三维扫描仪获取建筑遗产数据模型，将病害数据和病害模型上传病害管理系统，病害管理系统对病害模型进行损伤识别，形成历史数据档案，病害识别达到一定等级触发预警报系统，进行病害防治可消除警报，并留下操作数据存入建筑遗产的数字化档案。这个系统的建立既可以构建历史建筑的"电子病例"，又可以方便对历史建筑的保护管理，为未来历史建筑修复和复原工作提供强大的数据支撑和经验借鉴。

关键词：建筑遗产保护；病害管理；预防性保护；数字化档案

Abstract：According to the statistics of the State Administration of Cultural Heritage, most of China's architectural heritage belongs to the "fire-fighting" passive protection, and there are insufficient maintenance of architectural heritage and serious defects and diseases. Many existing architectural heritage protections are mostly passive protection because of the lack of a systematic preventive protection system. As the application of digital technology in heritage protection becomes more and more mature, this paper proposes a set of early warning disease management system in order to achieve real-time monitoring and active protection of architectural heritage. The working principle of the whole system is to use GIS and big data platform for early warning of building environmental disasters, use sensing technology, infrared thermal imaging technology and other building detection technologies to collect building disease data, and then use 3D scanners to obtain architectural heritage point cloud models, upload the disease data and disease model to the disease management system, then the disease management system will identify the damage of the disease model to form a historical data file. When the disease identification reaches a certain level, the pre-alarm system will be triggered, and the disease prevention and control can eliminate the alarm, and leave operational data in the digitized archives of architectural heritage. The establishment of this system can not only construct the "electronic case" of historical buildings, but also facilitate the protection and management of historical buildings, and provide strong data support and experience reference for future restoration and restoration of historical buildings.

Keywords：Architectural Heritage Protection；Disease Management；Preventive Protection；Digital Archives

建筑遗产承载着人类文明演进的历史,具有不可估量的价值。目前,许多建筑遗产正面临着诸多威胁,如气候变化、环境灾害、城市发展和人为活动等,使建筑遗产遭到不同程度的破坏。虽然国家通过各种技术和手段积极修复这些建筑遗产,然而修复及保护工作耗费巨大的人力物力,给地方政府带来极大压力,传统的"救火式"遗产保护方式缺陷日益突出。随着数字化技术在遗产保护上的推广,对于建筑病害监控,开发一套预警式的保护系统成为迫切需求。不同于历史建筑数据博物馆对外展示历史建筑的风貌形态,这套系统获取的历史建筑数字档案用于对内,展示给专业的文物保护工作人员,以便可持续性协助文保工作,以实现历史建筑的周期监察。

1 我国建筑遗产预防性保护研究

作为文化大国,我国存有丰富的建筑遗产资源。2007 年 4 月我国开展了全国文物普查。历时近 5 年,全国共调查、立案的不可移动文物超过 76 万处,其中古遗址 193282 处,古墓葬 139458 处、古建筑 263885 处、石窟寺及石刻 24422 处、近现代重要史迹和代表性建筑 141449 处,其他类型 4226 处。所有登记在册的建筑遗产,均受《文物保护法》及相关法律体系的保护,但根据普查资料,我国不可移动文物的保护情况并不乐观,其中保护状况较差的占到 17.77%,保存状况差的占到 8.43%,简而言之约有 1/4 的不可移动文物保存面临重大难题。可见传统的保护模式缺乏主动性,保护成效不佳。而建筑遗产作为不可移动文物的重要部分,如何预防性保护这些优秀的建筑遗产是一项十分重要的研究,其研究的结果可为其他类型遗产预防性保护提供借鉴和思路。

预防性保护是 1970 年出现在博物馆领域的专业名词,译为"preventive conservation",20 世纪 90 年代被考古遗址学科引用,21 世纪初又在建筑遗产领域引发讨论。目前,建筑遗产的预防性保护多采用东南大学朱光亚先生在其著作《建筑遗产保护学》中的释义,即为延缓建筑遗产劣化、受损和预防突发灾害,对建筑遗产保存状态及风险因素进行识别、调查、评估、追踪、防范、处置和控制,尽可能避免在损毁发生后才对建筑遗产本体进行大规模干预,从而最大限度保存建筑遗产价值和历史信息的一种保护思路及一系列具体措施。我们可以将它理解为采取积极预防措施,预防尚未发生的建筑病害或其他潜在不利因素,对破坏建筑

遗产的风险进行检测和控制,阻止遗产病害进一步恶化,以保持建筑遗产的健康。该理论旨在借助技术工具干预遗产潜在风险,以保护建筑遗产本体避免侵害。这对我国的建筑遗产保护具有启示意义,已成为国内建筑遗产保护的重要发展趋势(图 1)。

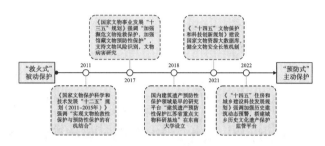

图 1　我国文物保护由抢救性到预防性的转化
(图片来源:作者自绘)

2011 年实施的《国家文物保护科学和技术发展"十二五"规划(2011—2015 年)》强调 "实现文物抢救性保护与预防性保护的有机结合",要求进行文物日常保养、监测保护,改善文物保存环境。以此为起点,我国文保工作由抢救性开始向预防性转入。

2017 年发布的《国家文物事业发展"十三五"规划》提出"加强濒危文物抢救保护,加强馆藏文物预防性保护",指出研究重点在于开展文物领域技术预测、预防的方法。同时开展对文物价值综合研究、文物本体材料及制作工艺、文物病害、保护材料与文物本体作用机制等应用基础研究。支持文物风险识别、评估预警和解决的理论、方法和模型前沿研究。2018 年底,国内建筑遗产预防性保护领域最早的研究平台"建筑遗产预防性保护江苏省重点文物科研基地"在东南大学设立。

2021 年国务院印发的《"十四五"文物保护和科技创新规划》提出建设国家文物资源大数据库,健全文物安全长效机制,到 2025 年,基本实现全国重点文物保护单位从抢救性保护到预防性保护的转变。2022 年 3 月,住房和城乡建设部在《"十四五"住房和城乡建设科技发展规划》中明确,要以构建多级多要素的城乡历史文化保护传承体系为目标,加强历史建筑动态预警,研究城乡历史文化资源数据采集与可视化展示技术,搭建城乡历史文化遗产保护监管平台。

我国文物保护工作具有进步性、科学性,自"十二五"开始,由开始的抢救性保护转入到预防性保护,我们不仅重视遗产保护的广泛性,更重视遗产保护的质量性,因此建立一个预防性保护的建筑遗产预警系统

成为趋势。

2 建筑遗产常见病害研究

在研究建筑遗产预防性保护时，我们发现对遗产的病害情况即时监测具有重要意义，可以说要构建建筑遗产预防性保护的预警系统，监测遗产病害是其中最重要的一环。基于以往研究，本文将威胁建筑遗产的病害分为三大类：一是环境因素促成的遗产病害，二是建筑遗产本体潜在的病害因素，三是人为因素造成的伤害病害。这三大类病害基本可以概括建筑遗产常见的病害(图2)。

图2 建筑遗产病害三大源头
(图片来源：作者自绘)

(1)环境诱因的病害常与地区气候、自然灾害等联系在一起。建筑遗产所处的环境条件对其影响重大，地震、泥石流、旱涝等容易诱发建筑遗产裂缝贯穿、倒塌、断裂、渗水等病害灾害，给建筑遗产带来毁灭性创伤。这类病害很难通过抢救措施弥补，需要根据遗产所处地理位置，联合大数据平台提供的气象预报、地理风险预警，提前采取抵抗措施。

(2)建筑遗产本体潜在的病害因素是病害预警的重要部分，是建筑材料和建筑结构脆弱性的体现。常见的建筑遗产多为木结构、砖石结构和砖混结构等，使用的材料也多是木材、石材、砌块等。建筑材料根据其属性会发展成为常见的病害类型。木材根据其内部自由水与结合水比率，表现为不同的强度和耐久性，常出现朽烂、霉变、虫蛀、变形、开裂等病害现象。我国的石材资源丰富，经开采加工，用作建筑材料，因其坚固，多用于宫殿、牌坊以及墙体、柱子、柱础等构件，常出现病害现象为裂损、倾倒、生藓、泛盐、溶蚀等。砖材料多为黏土、沙土等烧制而成，作为建筑遗产中常见的砌体材料，容易出现裂纹、松动、剥落、风化等病害现象，影响建筑遗产整体性。此外，还有油漆、抹灰、玻璃、陶瓷、金属等材料具有各自病害现象。对于起结构支撑作用的构件材料，其病害产生将直接影响建筑遗产安全性能，因此病害诊断情况会更为棘手，不仅要重视目前的病害整治管理，还要考虑病害发展动向、评估风险，是预防性保护的重点环节；而装饰部件的材料病害防治则较为简单，可以通过及时维护和修补进行改善，日常

中加以观察和保养。

(3)人为活动催生的建筑遗产病害是指特定的背景下，人为活动直接或间接破坏建筑遗产。如目前提倡建筑遗产保护性再利用，但由于技术水平受限，在改造再利用建筑遗产时，未能表达其历史价值，破坏毁灭遗产原真性；而一些建筑遗产开发旅游价值，在使用中，由于监管不当，受到人为涂鸦、毁坏等。

本文研究的预警性病害管理系统就是在上述三大类型的病害预防管理基础上建立的。第一，获取地区环境风险数据，提前做好预防措施，为建筑遗产做好防风防暴防灾工作，提高建筑遗产韧性；第二，实时监测建筑遗产本体，记录病害防治全过程档案库；第三，记录建筑遗产使用情况，对峰值数据分析记录。

3 基于病害预警的预防性保护系统

3.1 建筑遗产病害数字化档案

构建建筑遗产预防性保护系统需要各个环节的基础数据作为支撑，本文提出的预防性保护系统中最关键的一环就是病害监测和预防，因此建立建筑遗产病害数字化档案库尤其重要，数据信息需覆盖地理环境、遗产本体材料、结构、病害情况、既往修缮记录、勘察监测数据等。在进行实时监测和数据收集中，确保采集数据的标准化和精确性，主要用到的技术手段如下(图3)。

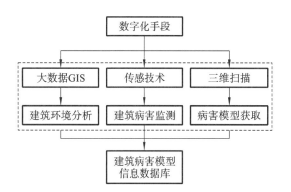

图3 构建病害信息库主要用到的技术手段
(图片来源：作者自绘)

(1)大数据GIS技术：作为一项数字化技术，GIS在建筑遗产保护领域的建筑信息空间化、历史资料档案化、勘探信息标准化等方面，具有极大的优势。GIS能够协助发现潜在的区位风险，通过数据平台检测到的自然环境变化带来的灾害，及时指导保护管理及干预工作。

(2)传感技术：传感器技术趋于成熟，已有各类传感器设备应用于建筑遗产的监测保护工作中，它可以将建筑遗产病害部位进行智能化的定位、监控、跟踪、识别，可以达到长效监测的效果。如浙江大学王宗荣

及团队提出的一种质轻、无损安装及实时连续监测的裂隙传感器及物联网系统,由高灵敏度的柔性压阻传感器和低劲度系数微型弹簧构筑而成,原理在于将裂隙演变转化为压力进而接触电阻的变化从而达到监测效果。

(3)三维激光扫描技术:以激光测距为原理的三维激光扫描是一项精密测绘技术,利用建筑遗产表面密布的点的三维坐标、纹理、反射率等信息,快速建立出建筑遗产的三维模型及线、面、体等各种图件数据,在建筑遗产预防性保护系统中主要应用于建筑遗产本体表面破损和几何形变的监测,以及建筑遗产病害模型的获取。

3.2 基于病害监测的预警性系统

针对上文总结的建筑遗产三大病害诱因,联合数字化技术手段,整个预警系统监控环节分为三部分(图4)。

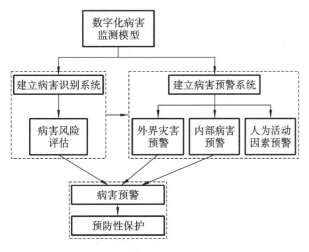

图4 针对病害风险预警的预防性保护系统
(图片来源:作者自绘)

(1)自然灾害的风险:自然灾害、微气候等是人力难以控制的病害诱因,伤害性较大且难以避免。需要联合大数据和GIS技术,对建筑遗产地区风险进行评估,结合气象数据,规划预防方案,针对性采取措施。

(2)建筑遗产自身的风险:遗产本体是预防系统中最重要的监测对象,需要应用传感技术、三维激光扫描技术等,精密的记录遗产病害情况,生成数据库。监测主要针对建筑遗产材质损坏风险、结构损坏风险。以

建筑安全性的判定标准,及时判断建筑遗产的伤害风险等级,然后在此基础上,采用预防措施。

(3)人为破坏的风险:这类风险基本可控,可以通过日常管控得到遏制。例如加强工作人员培训、加大游客保护知识宣传,在维护工作中,更科学地把控风险。

监测到的风险数据需要进一步的评估。识别到建筑遗产病害损伤,需要将相关数据和病害模型打包传递到评估系统,由该系统评估风险并判断风险类型,病害识别达到一定等级触发预警报系统,进行病害防治可消除警报,并留下操作数据存入建筑遗产的数字化档案。

4 结语

基于上述研究,结合数字化和国家政策,本文提出了基于数字化病害管理的预防性保护系统,为历史建筑遗产的保护工作提供了新思路。该预防性保护体系以病害监测为切入点,搭建建筑遗产数字化病害信息库,联合多平台数据,进行病害风险预测,可以实现跟踪病害数据、提前预警风险等功能,为我国建筑遗产预防性保护提供有效的方法。

参考文献

[1] 苏文.建筑遗产预防性保护理论与框架体系简述[J].中国文物科学研究,2022(1):26-35.

[2] 朱光亚,李新建,胡石等.建筑遗产保护学[M].南京:东南大学出版社.2019.

[3] 吴美萍,朱光亚.建筑遗产的预防性保护研究初探[J].建筑学报,2010(6):37-39.

[4] 洪丽,庞松龄,耿美云.GIS技术在城市历史遗产保护管理中的应用研究进展[J].中国农学通报,2021,37(8):145-150.

[5] 高超,王国利,王晏民,等.建筑遗产数字化表型监测技术现状及发展趋势[J].测绘科学,2019,44(5):85-92.

[6] 刘孟涵.北京20世纪近现代建筑遗产健康诊断评价体系及保护策略研究[D].北京:北京工业大学,2016.

姚凌涵[1]　张智敏[1*]

1. 华南理工大学;214227590@qq.com,zhangzhimin@fyworkshop.com*

Yao Linghan[1]　Zhang Zhimin[1*]

1. South China University of Technology;214227590@qq.com,zhangzhimin@fyworkshop.com*

基于历史文化名村保护的 CIM 构建技术研究
Research on CIM Construction Technology Based on the Protection of Historical and Cultural Villages

摘　要:近年来,CIM 技术快速发展,其发展为解决历史文化名村相关问题提供了新思路。文章从历史文化名村保护方法和 CIM 构建技术两条线索展开研究,既探究村落保护策略,又探索 CIM 技术在历史文化名村方向的特殊应用。历史文化名村 CIM 平台构建需要以现有理论为指导,在现有 CIM 构建技术的基础上进行适应调整,以期实现现状数字化转译、规划策略制定、日常监督管理全流程的数字化和智能化。

关键词:CIM;历史文化名村;保护与更新;村落保护

Abstract: In recent years, CIM technology has developed rapidly, which provides a new method for solving problems related to historical and cultural villages. In this paper, historical and cultural village protection methods and CIM construction technology are two clues to study, not only to explore the village protection strategy, but also to explore special and unique applications of CIM technology in the direction of historical and cultural villages. Historical and cultural village CIM platform construction needs to be guided by existing theories and adapted on the basis of existing CIM construction technology, so as to realize the digitalization and intelligence of the whole process of current digital translation, planning strategy formulation, and daily supervision and management.

Keywords: CIM; Famous Historical and Cultural Villages; Protection and Renewal; Village Protection

近年来,中国保护历史文化名村的意识得到了显著增强,政府高度重视,专业研究深入,公众意识提升,媒体宣传增强。但历史文化名村依然面临诸多困境,存在着城市化和现代化负面影响;公共服务缺失和基础设施匮乏;建构筑物老化;文化传承流失;过度商业化和特性缺失风险等问题。

党中央站在全局的高度,提出数字中国的建设战略。为贯彻落实数字中国战略部署,需进一步深化城市智能模型(CIM)有关研究。CIM 的发展为解决历史文化名村相关问题提供了新思路。通过全面的数据信息整合,多角度的模拟预测,提升决策的科学公正性,帮助规划者、管理者和使用者更好地理解和解决历史文化名村问题。

1　研究现状

1.1　历史文化名村

历史文化名村(historical and cultural villages)是指经国家有关部门或省、自治区、直辖市人民政府公布的,保存文物和历史建筑特别丰富并且具有重大历史价值或纪念意义,能较完整地反映一定历史时期的传统风貌和地方民族特色的村落。

基于 CNKI 平台,检索"历史文化名村"关键词,共计发现文献 369 篇,其中建筑科学与工程学科 210 篇。利用 Citespace 软件对检索到的 210 篇文献进行综合网络分析,根据 LSI 浅语义索引、LLR 对数极大似然率、互信息等聚类分析原理绘制知识图谱。此领域国内研究主要以保护规划、保护、古村落、乡村振兴、保护策略、传统村落等关键词展开。历史文化名村保护研究属于村落保护研究领域,中国的村落保护研究大约始于 20 世纪 30 年代,至今已形成了多学科共融研究、多视角全面介入、多理论融通应用的繁荣局面[1][2]。

1997 年,建设部(已撤销)组织申报第一批中国历史文化名村;2001 年,完成第一批中国历史文化名村评选工作(未公布);2002 年,我国正式提出了"历史文化镇(村)"概念;2003 年,建设部和国家文物局公布了第一批中国历史文化名村(总计 12 个),至今已完成七批国家级评选认定,全国共有 487 个村庄入选中国历史文化名村[3]。

综合研究现状和保护历程,总体来说,我国对"历史文化名村"的保护经历了从非官方保护到官方保护;从建筑单体保护到区域整体保护;从单一学科角度到融合多学科角度的变化过程。

1.2 城市智能模型(CIM)

2005 年,吴志强院士提出上海世博园区智能模型(campus intelligent model)研制计划,这是城市智能模型(city intelligent model ,CIM)成型的基础;2010 年,上海世博会园区智能模型平台的总体构架扩展到上海城市范围,成为城市智能模型的雏形;2011 年,吴志强院士正式提出了城市智能模型概念[4]。城市智能模型即能对城市数据进行收集、储存和处理,又能基于多维模型主动解决城市发展问题,时空一体的数字化城市智能平台。目前 CIM 平台已经可以基本实现全流程管理、智能判断和智能预演。数字化和智能化,是建设数字中国的战略需求,也是发展进步的趋势,但现阶段历史文化名村的数字化保护还较为片面,智能化保护进展也较为滞后。

2 历史文化名村 CIM 构建思路

CIM 作为辅助管理的工具,需要以需求为指导,以解决问题为宗旨,全面的、系统的统筹管理数据信息。CIM 平台的搭建需要优先实现对管理对象需求与问题的精准挖掘。

2.1 历史文化名村保护面临的问题

历史文化名村保护面临的问题涵盖多个维度。从村落现状角度来看,存在人口空心化、建筑荒废化、过度商业化、特色同质化、环境消极化、文脉衰弱化、生活忽视化等问题;从保护工作角度来看,存在效率有待提升、精度有待升级、准度有待加强等问题;从思想意识角度来看,存在群众意识有待提升、理论研究有待深化、管理逻辑有待完善等问题[5]。

2.2 CIM 解决问题的思路

针对历史文化名村保护需求,CIM 的构建需要以意识思想统领保护工作,以工作落实解决现状问题。以文化人类学、人文地理学、形态类型学、文化遗产学等村落保护相关的理论为思想基础,理论基础指导贯穿了 CIM 搭建初始阶段的顶层构架设计、中间阶段的数据处理分析、最终阶段的应用呈现。数据分析处理的数据主要来源于用户输入数据、BIM 数据、GIS 数据

和物联网数据,在数据来源层的基础上集合数据,形成数据储存及检索层,再将数据格式进行标准化转换,形成数据分析层,应用分析函数导向多元化应用层[6]。

历史文化名村 CIM 搭建和城市中枢系统 CIM 的搭建有较大的区别。在历史文化名村 CIM 平台搭建的过程中,对其价值的保护应是重点关注内容。包括了物质文化遗产与非物质文化遗产两大板块,其携带的历史、文化、精神、科学、经济、社会价值,需要根据文化遗产价值论科学合理地记录、转译和显示在历史文化名村 CIM 系统中[7]。与城市中枢系统常规 CIM 相比,历史文化名村 CIM 应该更加侧重数字化文化遗产转译、制定保护策略、制定更新策略和日常监督管理等方面。

2.3 CIM 总体架构

历史文化名村的概念定义中指明了"政府公布"和"价值丰富"两大特征。历史文化名村是传统村落范畴中受国家强制保护的特殊类别[8]。故而对其 CIM 构建思路可以从价值保护体系和行政保护体系两方面为主体展开(图1)。价值保护体系包括单体保护对象、村落整体格局、非物质文化遗产三个层面[2]。单体保护对象的价值的数字化转换,应落实到各级文物保护单位、历史建筑、推荐历史建筑线索、传统风貌建筑、推荐传统风貌建筑线索、传统巷道以及其他历史环境要素。行政保护体系需以现有相关法律法规为依据,补充完善现有城市信息模型各级平台中忽视的历史文化名城、名镇、名村板块,建立层次分明、信息协同、权责清晰的行政保护体系。

图1 历史文化名村 CIM 平台总体架构

(图片来源:作者自绘)

3 历史文化名村 CIM 构建策略

3.1 虚拟数字平台

实现实体城市全面数据化是 CIM 的基本功能,是CIM 各项功能可视化的基础。三维激光扫描技术和无人机倾斜摄影测量是现今在文化遗产保护领域常用的技术。由于 CIM 底板数据范围较大,故以倾斜摄影测量技术为主,搭建大范围模型,实现村落选址和格局价值的再现;以三维激光扫描技术为辅,搭建单体建构筑

物精细模型,实现村落传统建构筑物价值再现。

在佛山市南海区丹灶镇棋盘村的三维实景模型搭建过程中,采用 Phantom 4 Pro V2.0 型号无人机,在天气晴好、低空(1000 m 以下)无云雾、风速小于 8m/s、太阳高度角大于 45°、能见度大于 5 km 时摄影。航摄地面分辨率应保证在 0.1—0.2 m 之间,以符合制作高精度三维模型的需求。根据式(1),以镜头主距、地面分辨率、像元尺寸为依据设计飞行航高[9]。对航片进行筛选,然后重建三维模型,并上传到 ALTIZURE 平台。将三维模型作为构建 CIM 平台的三维底板,搭建虚拟数字平台(图2)。

$$h = \frac{f \cdot GSD}{a} \tag{1}$$

式中,h 为无人机飞行高度;f 为镜头主距;GSD 为地面分辨率、空间分辨率、能区分最小地物的尺寸;a 为像元尺寸。

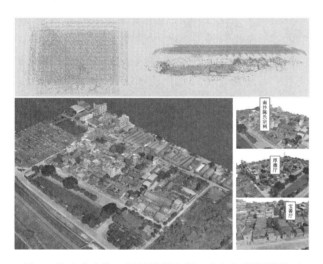

图2 佛山市南海区丹灶镇棋盘村无人机倾斜摄影模型

(图片来源:作者自绘;数据来源:广州方舆科技有限公司)

3.2 数据体系

CIM 平台涵盖大量的数据,建立完善统一的数据库体系是搭建 CIM 平台的基本任务。《城市信息模型(CIM)基础平台技术导则》以及《城市信息模型基础平台技术标准》等技术规范中规定了城市信息模型基础模型的总体构架,规定国家级、省级、市级三级平台之间需要实现网络互通、数据共享、业务协作的机制[10]。历史文化名村实质上是由市级平台监督指导的下级平台,也是原管理体系中的特殊功能分支。

数据层应该遵循标准规范,包括:规划管理数据、CIM 成品数据、时空基础数据、资源调研数据、工程项目数据、物联网感知数据、公共专项数据[11]。其中规划管理数据应包括:城乡总体规划、控制性详细规划、土地利用规划、经济社会发展规划等,避免各类规划相互

矛盾的问题,促进其相互衔接共融一体。资源调查数据需要逐层细化至保护对象单体,达到控制性详细规划深度,并建立保护图则,涵盖:保护类型、建筑编号、建筑类型、建成年代、建筑名称、建筑地址、建筑层数、用地面积、建筑面积、结构材料、使用功能、简介、现状概述、保护措施以及利用措施等信息。

3.3 通用计算模块设计

通用计算模块设计,是数据分析辅助决策的重要板块。依据分析计算的范围分类可分为:单体层面、村落层面和区域层面。区域层面以多个村落为研究对象,将其放置到更大的范围视角进行分析,比如市、省、流域等等,通过对其地理分布、空间形态、空间可达性等分析辅助村落历史研究、形成机制研究、区域范围资源梳理;村落层面以单个村落为研究对象,进行空间格局分析、适宜性分析等分析,辅助文化遗产、景观、生态的有效保护与适当开发规划;单体层面以单个保护对象为研究对象,通过价值评定分析、核密度分析等分析,辅助保护范围的划定与保护措施的制定[11](图3)。但需要注意的是,历史文化名村是一个复杂自适应系统,主体间为非线性无序多元联系[10]。世上无分析结果与决策的绝对科学对应关系,也无绝对科学的决策,通用计算模块设计只能起到辅助决策优化提升的作用。

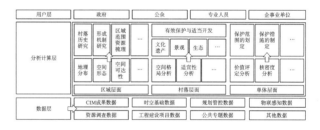

图3 历史文化名村 CIM 平台总体框架

(图片来源:作者自绘)

3.4 用户层设计

广州市 CIM 平台的用户层包括:政府、企事业单位、公众,但想要实现在数据库的基础上,利用通用计算模块实现辅助规划决策这一智能流程需要专业人员的参与,专业人员包括:城乡规划师、建筑师、环境规划师、地理信息系统(GIS)专家、经济学家、社会学家等,需增设专业人员专属用户平台。政府用户层应以现有政务服务平台为基础,以大局管理功能为主;企事业单位用户层应以工程管理功能为主;专业人员用户层应以规划与设计功能为主;公众用户层应以反馈功能为主。各个用户层之间信息互通、功能互融,并实现数据录入—决策录入—公众反馈的数据循环。

4　结论与展望

在数字化、智能化的趋势下,历史文化名村相关工作将面对新的机遇与挑战。历史文化名村CIM平台的构建需要以文化人类学、人文地理学、形态类型学、文化遗产学等现有基础研究理论为指导,进行顶层架构设计;需要完善数据层,构建大数据库(CBDB);需要不断扩大分析计算层的范围,并不断优化分析结果与决策制定之间的影响关系;需要在现有用户层的基础上再进行细分优化,从而实现现状数字化转译、规划策略制定、日常监督管理全流程的数字化和智能化。

参考文献

[1]　何峰.湘南汉族传统村落空间形态演变机制与适应性研究[D].长沙:湖南大学,2012.

[2]　赵伟伟.汾河谷地传统村落空间模式与动力机制研究[D].西安:西安建筑科技大学,2022.DOI:10.27393/d.cnki.gxazu.2022.000016.

[3]　赵勇,唐渭荣,龙丽民,等.我国历史文化名城名镇名村保护的回顾和展望[J].建筑学报,2012(6):12-17.

[4]　吴志强,甘惟,臧伟,等.城市智能模型(CIM)的概念及发展[J].城市规划,2021,45(4):106-113+118.

[5]　赵勇,梅静.我国历史文化名城名镇名村保护的现状、问题及对策研究[J].小城镇建设,2010(4):26-33.

[6]　胡睿博,陈珂,骆汉宾,等.城市信息模型应用综述和总体框架构建[J].土木工程与管理学报,2021,38(4):168-175.DOI:10.13579/j.cnki.2095-0985.2021.04.025.

[7]　赵蔚峡.非物质文化遗产价值论[D].北京:中国艺术研究院,2013.

[8]　胡燕,陈晟,曹玮,等.传统村落的概念和文化内涵[J].城市发展研究,2014,21(1):10-13.

[9]　张春明,荣幸.无人机倾斜摄影测量在历史建筑测绘中的应用[J].经纬天地,2020(4):44-49.

[10]　马旭泽.基于CIM的智慧城市综合管理平台应用研究[D].北京:北京化工大学,2022.DOI:10.26939/d.cnki.gbhgu.2022.001878.

[11]　朱佳丽,余压芳,熊坚.GIS在传统村落保护发展中的应用分析[J].中国水运(下半月),2021,21(12):37-39.

刘许纯¹ 张家浩¹ 朱威廉¹ 肖琪¹

1. 华侨大学建筑学院，福建省城乡建筑遗产保护技术重点实验室；liuxuchun0525@stu. hqu. edu. cn，zhangjh@hqu. edu. cn

Liu Xuchun¹ Zhang Jiahao¹ Zhu Weilian¹ Xiao Qi¹

1. School of Architecture Huaqiao University，Urban and Rural Architectural Heritage Protection Technology Key Laboratory of Fujian Province；liuxuchun0525@stu. hqu. edu. cn，zhangjh@hqu. edu. cn

基于 HBIM 技术的闽南传统大厝门窗构件库建设研究
Research on the Construction of Traditional Dacuo Doors and Windows Component Library in Southern Fujian Based on HBIM Technology

摘　要：HBIM 技术在建筑遗产保护中广泛运用，极大推动了历史建筑的数字化保护。闽南传统大厝作为一种重要的地域性建筑遗产，在数字化保护进程中，没有系统地建立属于闽南传统大厝的建筑信息模型库。本文将以构件为最小单元，以构件库为研究对象，通过相关文献整理和实地调查，运用信息化测绘技术和 BIM 技术，建立闽南传统大厝门窗构件库。在文中提出了闽南传统大厝门窗构件信息分类及编码的实现方法，依据构件参数的特点，完成构件库的参数化设计，记录门窗构件的材料、工艺等属性信息。

关键词：闽南传统大厝；HBIM；构件库；参数化；信息管理

Abstract：HBIM technology is widely used in the protection of architectural heritage，which greatly promotes the digital protection of historical buildings. Traditional Dacuo in southern Fujian is an important regional architectural heritage. In the process of digital protection，there is no systematic building information model database of traditional Dacuo in southern Fujian. This paper will take component as the minimum unit，component library as the research object，through the relevant literature collation and field investigation，the use of information surveying and mapping technology and BIM technology，the establishment of southern Fujian traditional Dacuo door and window component library. In this paper，the realization method of information classification and coding of traditional Dacuo door and window components in southern Fujian is proposed. According to the characteristics of component parameters，the parametric design of component library is completed，and the corresponding materials and manufacturing processes of door and window components are recorded.

Keywords：Southern Fujian Traditional Big House；HBIM；Component Repository；Information Management

1　研究背景

1.1　HBIM 概况

伴随建筑信息模型（building information modelling，BIM）技术的发展，2009 年，Murphy 首次提出 HBIM（historic building information model）的概念[1]。随后，清华大学研究院将 BIM 技术与建筑遗产相结合，提出将 HBIM（historic/ heritage building information model）技术运用于建筑遗产之中，实现建筑遗产三维模型全生命周期的信息管理。但在闽南传统民居领域中 HBIM 技术应用起步较晚，相关研究不

足，很大一部分工作还在沿用原来的传统技术方法，距离实现三维数字化保护的目标还有很长的一段路需要探索。

1.2　闽南传统大厝概况

本文研究对象，闽南传统大厝，作为闽南沿海常见的民居样式（图 1），体现了闽南传统建筑的营造智慧。这类建筑普遍以木构架为主体，外墙使用闽南红砖，红瓦覆盖屋顶，屋顶上架燕尾脊。装饰上结合闽南沿海地区地域文化，展现了闽南沿海地区的独特价值。

闽南传统建筑有着较强的地域特征，木做门窗同样也是其特色的主要体现内容[2]。门窗构件自身不仅

347

图1　泉州南安蔡氏古民居

具有实用性,满足居住者的日常需要,同时也具有强烈的装饰性,门窗上精美的装饰与彩绘雕刻体现了当地特色文化,为闽南传统大厝增添了重要的建筑氛围。以门窗构件作为研究闽南传统大厝的切入点,为地域性建筑遗产保护工作提供了借鉴与参考。

2　闽南传统大厝门窗族库设计

本文将以建筑遗产构件为最小单元,结合 HBIM 技术,以构件库为研究对象,建立闽南传统大厝门窗族库。为了对门窗族库进行有效管理,将对族库进行相应的设计,实现门窗族库规范化、标准化。

2.1　信息化测绘技术

本文在门窗构件数据的获得上,除了使用传统的测量工具进行人工数据测量,同时将使用三维激光扫描仪、高清摄影测量等技术手段,对难以测量的门窗进行测量,获得完整而精细的构件三维数字模型、纹理影像,经过相关软件处理,作为构件模型建立的参考。现代激光三维扫描技术在文化建筑遗产测绘过程中节省人力和时间,点云数据具有易携带易储存的优点,不仅能达到测绘中建筑需保存完好的要求,也能保证测量的精确度[3]。

2.2　门窗构件族库分类规划设计

古建筑构件信息分类是实现古建筑构件库信息化管理的关键,它包括构件模型信息和文档信息[4]。之前的闽南传统大厝门窗族库的分类研究,基本沿用官式建筑分类标准,但在 BIM 模型中,信息分类标准不同。因此,在建设门窗构件库前,需要对门窗族库进行分类规划设计。

本文分类参考了考古学中的"类型学",结合 HBIM"语言"体系,对闽南传统大厝门窗进行重新分类,如表1所示。在分类体系中,除去常规的门窗样式分类,还将分类细化至组成门窗的通用构件,使得构件族库在后续使用中通用性更强。以类别为初始分类对象,按照自身属性逐级细分,形成同一级之间相互平行独立,上位级包含下位级的隶属关系。

表1　门窗构件分类表

类别	族	类型	细部构件
门	板门	单扇板门 双扇板门 四扇板门	门楣
			门竖
			门槛
			……
	笼扇	三堵笼扇 四堵笼扇	顶堵
			身堵
			……

注:该表只是为说明门窗构件分类的示例,并非所有门窗构件的分类设计。

2.3　门窗构件族库命名与编码设计

为了便于后期的构件信息统计、族信息检索和族库归档,应对各族进行科学命名和编号[5]。门窗族库信息命名将会以信息分类为参考,遵循国家代码原则,基于原有信息采用柔性代码架构来实现对构件编码的总体设计[6]。

所参考的柔性代码架构,将代码与模型本身的信息相结合,每一个命名编码都分为四段,作为决定构件基础形式及属性的编码为刚性码段,不同类别的构件将采取柔性码段划分,通常以一级编码、二级编码、三级编码及四级编码的组合形式表达。流水编码作为最后的编码,将同一分类中不同尺寸、材质的构件进行区分。

该编码体系能将整个族库进行明确的区分及命名,有助于后续建模的信息分类及族库管理等工作。本文中一级编码、二级编码以分类的开头大写英文字母表示,三级编码、四级编码以阿拉伯数字表示[7],如表2所示。该编码体系使得每一个构件都有对应的唯一编码,具体编码分类原则将如图2所示方式编码。

表2　门窗构件编码表

一级编码	二级编码	三级编码	四级编码
门 M	板门 B	单扇板门 01 双扇板门 02 四扇板门 03	门楣 001
			门竖 002
			门槛 003
			……
	笼扇 L	三堵笼扇 01 四堵笼扇 02	顶堵 001
			身堵 002
			……

续表

一级编码	二级编码	三级编码	四级编码
窗 C	直棂窗 Z	对开窗 01 推拉式素平窗 02 推拉素平条窗 03	窗框 001
			窗扇 002
			条枳 003
			……

注:该表只是为说明柔性码段的编码设计所做的示例,并非所有门窗构件的编码设计。

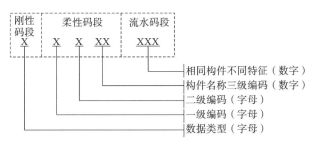

图 2　古建筑参数化构件的编码

（图片来源:王茹,韩婷婷.基于 BIM 的古建筑构件信息分类编码标准化管理研究[J].施工技术,2015,44(24):105-109.）

2.4　门窗构件族库参数化设计

参数作为组成构件的基础和关键,在构建族库之时需要对大量的参数进行参数化设计。闽南传统大厝门窗构件库的参数化建立是实现参数化信息模型的基础和关键[8]。

在 Revit 平台中,任何参数的更改都将使得相关参数发生关联变化,进而使构件发生改变。因此通过参数化,将构件复杂的信息数字化表达,同时也确保了构件族库在后续的使用时方便调整修改,实现了族库的通用和共享。

根据闽南大厝构件的特点,以及构件的尺寸规则,将设计参数设置来驱动构件模型的约束,改变构件模型。本文的族库中依据构件尺寸特性,将参数分为三种类型:主体驱动参数、细部驱动参数以及不可变参数(表3)。主体驱动参数由构件基础参数所组成,这些基础参数决定了构件的整体,在族中设置为可变参数;细部驱动参数则分为可变参数以及关联参数,当设置为可变参数时,参数可以直接改变,设置为关联参数时,会根据主要参数的更改而变化;不可变参数则在构件之中无法更改参数,不受其他参数更改而更改(图3)。

表 3　参数类型

参数类型	参数特征
主体驱动参数	决定了构件的整体, 在族中设置为可变参数

续表

参数类型	参数特征
细部驱动参数	由可变参数及关联 参数构成,会根据主要 参数的更改而变化
不可变参数	为固定数值,不可更改数据

图 3　构件主体参数设置示例

3　闽南传统大厝门窗族库创建

3.1　门窗族库创建

通过族库分类规划设计,对闽南大厝门窗族库进行创建,其中门构件族 4 个,类型 7 个,窗构件族 6 个,门窗组合 2 个,如图 4 所示。

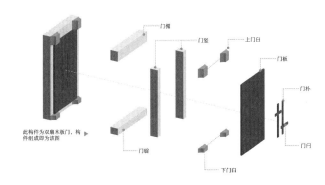

图 4　双扇木板门族构件图示例

3.2　门窗构件属性信息

建筑遗产构件中包含了大量信息,将主要信息划分为基本信息及详细信息[9]。基本信息包含了自身构造尺寸等信息,详细信息则包含了构件的做法、时间等多维度的信息。构件族库建设过程中,致力于建立一个完整的涵盖项目全寿命周期全部信息的构件库模型,可以使古建筑的保护工作由传统形式改为数字化保护[10]。本次研究中,详细信息通过创建各自构件适用的文字参数(图5),将图文信息与模型紧密结合,使得构件库能更直观地展示信息。

图5 双扇木板门族构件图示例

4 闽南传统大厝门窗族库应用

为了检验门窗构件库的通用性,本文选取了位于福建省厦门市集美区潮瑶社181号的建筑为例。该建筑为典型三开间闽南大厝,为闽南传统风貌建筑,整体风貌保存较为完整,在构造与装饰上充分体现了闽南地域性建筑特色。

建筑模型搭建与实际建筑尺寸比例相同,整体结构完成后,将闽南大厝门窗族载入项目,构件通过参数数值调整,最大程度与原构件相符,依据原有定位将构件位置与实际对应,如图6所示。

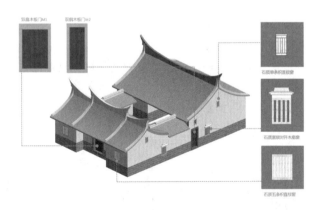

图6 门窗构件库在实例中的运用

5 总结

本文以门窗构件族库作为研究闽南传统大厝数字化保护的切入点,对门窗构件族库的分类、编码及参数化三个方面进行设计。构件库创建中将以最基础的构件作为最小单元,并附加相应的属性信息,使得门窗构件库极大程度还原真实信息,为之后的闽南传统大厝数字化保护奠定了一定基础。

闽南传统大厝形式多样,构件类型丰富,仅仅研究门窗构件族库远远不够,后期本课题组还会对各类型的闽南传统大厝构件进行深入的系统性研究,全面进行信息化测绘并创建族库,更好地推进闽南传统大厝数字化保护与展示研究工作。

参考文献

[1] MURPHY M, MCGOVERN E, PAViA S. Historic Building Information Modelling (HBIM) [J]. Structural Survey, 2009(27): 311-27. B.

[2] 邱梦妍. 闽南沿海地区传统建筑木作门窗研究[D]. 泉州: 华侨大学, 2017.

[3] 李进军, 蔡忠祥, 张其林, 等. 基于BIM的三维激光扫描技术在复杂山地基础协同设计中的应用[J]. 建筑结构, 2020, 50(18): 122-125.

[4] 韩婷婷. 基于BIM的明清古建筑构件库参数化设计与实现技术研究[D]. 西安: 西安建筑科技大学, 2016.

[5] 王珺. BIM理念及BIM软件在建设项目中的应用研究[D]. 成都: 西南交通大学, 2011.

[6] 古发辉, 赖路燕, 李雯. 面向信息共享的信息分类编码及其管理系统研究[J]. 情报杂志, 2008(11): 74-77.

[7] 王茹, 韩婷婷. 基于BIM的古建筑构件信息分类编码标准化管理研究[J]. 施工技术, 2015, 44(24): 105-109.

[8] 芦原义信. 外部空间设计[M]. 北京: 中国建筑工业出版社, 1985.

[9] 朱旭. 基于BIM的明清古建筑全生命周期信息模型的研究[D]. 西安: 西安建筑科技大学, 2016.

[10] 王英华, 苏永玲. BIM技术在古建筑保护中的应用研究[J]. 沈阳建筑大学学报(社会科学版), 2019, 21(6): 610-615.

王月涛[1*]　田昭源[1]　郑斐[1]　任莹[2]

1. 山东建筑大学；wyeto@163.com
2. 山东省建筑设计研究院有限公司

Wang Yuetao [1*]　Tian Zhaoyuan [1]　Zheng Fei [1]　Ren Ying [2]

1. Shandong Jianzhu University；wyeto@163.com
2. Shandong Architectural Design and Research Institute Co.，Ltd.

山东省自然科学基金项目(ZR2020ME213)

基于空间网络模型的乡土聚落医疗韧性研究
——以荣成市乡土聚落为例

Research on Medical Resilience of Rural Settlements Based on Spatial Network Model：Take Rongcheng Local Settlement as an Example

摘　要：医疗设施作为乡土聚落公共服务设施的重要组成部分，其韧性对乡土聚落保护与发展具有重要影响。本文以荣成市乡土聚落为研究对象，以提高聚落医疗韧性为目标，基于 GIS 平台，综合人口密度、地势、交通、医院 POI、村落 POI 等空间大数据，模拟分析医疗现状与需求的空间匹配关系，提出乡土聚落医疗韧性的改善措施。研究表明：荣成市乡土聚落医疗韧性空间布局较为合理。合理改善交通、医疗布局、医疗规模能够改善医疗韧性较低的地区。

关键词：空间大数据；GIS；乡土聚落；医疗韧性

Abstract：As an important part of public service facilities in vernacular settlements, the resilience of medical facilities has an important impact on the protection and development of vernacular settlements. This paper takes Rongcheng City's vernacular settlement as the research object, and aims to improve the settlement's medical resilience. Based on the GIS platform, it synthesizes the spatial data such as population density, topography, transportation, hospital POI, village POI, etc.，simulates and analyzes the spatial matching relationship between the current situation of medical care and demand, and proposes the improvement measures for the medical resilience of the vernacular settlements. The study shows that the spatial layout of medical resilience in Rongcheng City's vernacular cluster is more reasonable. Reasonable improvement of transportation, improvement of medical grade, and increase of medical resources can improve the areas with lower medical resilience.

Keywords：Spatial Big Data；GIS；Rural Settlement；Medical Resilience

1　引言

乡土聚落医疗韧性关系着乡镇发展的社会公平、人民生活质量、经济效率等方面。在保护与发展乡土聚落的过程中，应充分考虑医疗设施在空间中的合理布局，这对乡土聚落发展的可持续性、社会的稳定性、乡村振兴政策的落实以及乡村社区生活圈的建设都将产生重要影响。

国内外学者对乡土聚落医疗韧性的研究主要包括资源配置、空间可达性[1]、相关规范和标准体系[2]，以及规划布局的选址、优化[3]等方面。研究的空间尺度包括区域[4]、城镇[5]及社区[6]等层面。这些研究主要集中在可达性、公平性、人口分布等单一目标的优化上，而把医疗体系视为一个复杂系统，运用空间网络模型，综合交通、人口、地形、社区分布等多种要素现状，分析乡土聚落医疗空间韧性的研究相对较少。

本研究基于 GIS 平台，以荣成市乡土聚落为研究对象,将其医疗、人口、道路、地势、社区等与医疗韧性相关的数据定位在空间中,搭建医疗韧性空间网络模型体系。本研究通过地图叠加分析的方法将乡土聚落医疗适应性可视化,以提升乡土聚落医疗空间韧性为目标,提出乡土聚落医疗设施的改善措施。

2 研究区域概况

2.1 荣成市乡土聚落概况

荣成市有常住人口 71 万,户籍人口城镇化率为 57%,相比国家城镇化率(65.22%)还远远不够,其乡村具有较多的人口基础。荣成市地貌多样,包含山地、丘陵、平原、沿海四种地貌,涵盖了多种村落类型。荣成市历史悠久,包含多个国家历史名村,需要综合考虑遗产保护与城乡建设。荣成市政府正在推行城乡基本医疗设施均等化建设,规划要求加强乡村公共卫生网络建设。总的来说,荣成市乡村人口基数大,乡村类型多,历史文化名村分布广泛,政府正积极推进乡村医疗体系建设。因此选取荣成市乡村医疗体系作为研究对象具有典型性和普适性。优化现有的荣成市乡村医疗韧性,可为荣成市医疗设施规划调整提供参考,为其他地区乡村医疗空间韧性优化提供研究方法和参考案例。

2.2 荣成市医疗概况

根据威海市信息管理中心 2022 年公布的数据,荣成市 2022 年末有在册医疗机构 768 处,其中三级甲等中医院 1 处、二级综合医院 2 处、三级妇幼保健院 1 处、二级专科医院 2 处、一级医院 16 处、乡镇卫生院 23 处、社区卫生服务机构 19 处,拥有床位 4107 张,卫生技术人员 5248 人,其中医生 2003 人。

3 研究方法

乡土聚落医疗空间韧性优化流程(图 1)主要包括空间数据处理与模型建构、地图叠加分析两个部分。

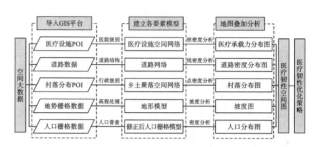

图 1 乡土聚落医疗空间韧性优化流程图
(图片来源:作者自绘)

3.1 空间数据处理与模型建构

首先,研究将与医疗韧性相关的空间大数据导入GIS 平台,建立各要素空间模型,分别用医疗承载力代表各地医疗设施分布,道路密度代表交通便捷性,村落点密度代表 15 分钟社区生活圈建设要求,坡度代表医疗空间安全性,人口密度分布代表各地医疗需求量。具体数据获取与模型建构方法见表 1。

表 1 数据获取与模型建构

数据类型	数据含义	数据来源	模型建构	结果
医疗设施	医疗承载力	威海市信息管理中心	按照医院-卫生院-卫生室的级别联系建构空间网络	医疗承载力分布图
道路	交通便捷性	复杂与可持续城市网络(CSUN)实验室	道路网络	道路线密度分布图
乡土聚落	15分钟生活圈可达性	威海市信息管理中心	根据县-街道、镇-社区、村的行政联系建构空间网络	村落点密度分布图
地形	医疗空间安全性	谷歌地图	坡度分析	坡度图
人口	医疗需求量	https://www.worldpop.org	根据第七次人口普查数据修正	人口密度栅格图

(来源:作者自绘)

3.2 地图叠加分析

20 世纪 60 年代,伊恩·麦克哈格首次将不同颜色、灰度和透明度的地图叠加后综合判断景观价值,揭示出景观因素的相互作用模式,称为"千层饼模式"。

与此同时,保罗·奥利弗也开始以地图叠加的方式研究各类自然人文现象[7]。

研究选取多层地图叠加分析法,将医疗承载力分布图与其他要素分布图耦合分析,得到乡土聚落医疗空间韧性分布图,将乡土聚落医疗空间韧性可视化。最后,根据乡土聚落分布密度不同提出对应的医疗空间韧性优化策略。

4 结果分析

4.1 医疗设施网络空间分布特征

荣成市乡土聚落医疗设施空间网络模型如图2(左)所示,其中大点代表二三级医院,中点代表乡镇卫生院,小点代表村卫生室或者社区卫生室。目前,二三级医院主要集中在东部和东南部,西部部分地区和北部部分地区未覆盖二三级医院,其他地区至少有一个二三级医院。

荣成市医疗设施承载力分布模型如图2(右)所示,颜色越深医疗承载力越高,崖头街道医疗承载力最高,峰值高达238床/km²,其次为港湾街道、虎山镇、人和镇、赤山街道,其余地区医疗承载力相对较低。

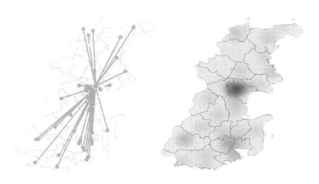

图2 荣成市医疗设施空间网络图(左)与荣成市医疗承载力图(右)
(图片来源:作者自绘)

4.2 医疗韧性影响要素空间分布特征

4.2.1 道路网络分布特征

荣成市道路网络分布模型与道路线密度模型如图3所示,颜色越深代表交通便捷程度越高。其中,东北部颜色最深,道路网络线密度最高,交通便捷性最好;中部和南部颜色相对较深,交通相对便利;西部和西北部颜色最浅,代表交通便捷性最低,多处地区道路未覆盖。道路线密度越高,交通越发达,能够更好地联系患者和医院,减少通勤时间与交通成本。

4.2.2 乡土聚落网络分布特征

荣成市乡土聚落分布图如图4所示,村庄节点越多颜色越深,代表在该地建设医疗设施能服务更多的村落,更加经济高效。荣成市中部和东部聚落密度较大,医疗需求较大。

4.2.3 地形及坡度分布特征

荣成市地势如图5(左)所示,坡度图如图5(右)所示,坡度超过10度用橙色或者红色表示。坡地建立医

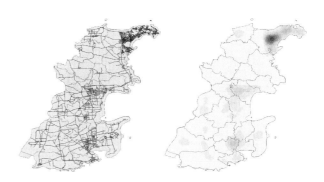

图3 荣成市道路网络图(左)与荣成市道路线密度图(右)
(图片来源:作者自绘)

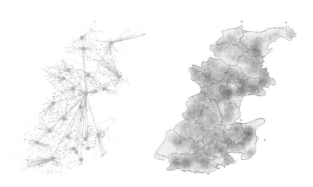

图4 荣成市乡土聚落空间网络图(左)与荣成市村落点密度图(右)
(图片来源:作者自绘)

院经济成本增加,安全隐患相应增大;地势越平坦的地区,医院建设成本越低,安全系数越高。由图可知西北部与东南部及部分东北部坡度较大,沿海地区坡度小。

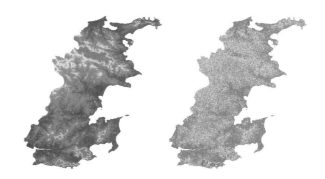

图5 荣成市地势图(左)与荣成市坡度图(右)
(图片来源:作者自绘)

4.2.4 人口密度及其分布特征

人口数量分布图如图6(左)所示,人口密度分布图如图6(右)所示。荣成市人口密度较大区域主要集中在荣成市的中部和东部沿海地区,峰值为198.85人/km²。

4.3 医疗韧性空间分布特征

将上述人口、交通、社区、地形四个模型进行叠加处理得出理想医疗设施综合需求,与现有医疗承载力进行比较,将匹配关系分为5档,得到荣成市乡土聚落

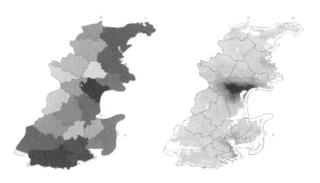

图6　荣成市人口数量分布图(左)与
荣成市人口密度分布图(右)
（图片来源：作者自绘）

医疗韧性空间分布图(图7)。蓝色代表医疗韧性高,红色代表医疗韧性不足。分析结果显示,中部城区医疗设施冗余,其医院数量和规模已经远超现实需求,需要减少医院设施数量并降低医院规模。西北部、西南部、东北部医疗设施与现实需求的匹配性较好,不需要做进一步调整。西部、南部、东部地区医疗设施较为欠缺,需要增加医疗设施数量并提升医疗设施规模。

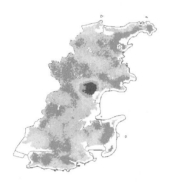

图7　荣成市乡土聚落医疗韧性空间分布图
（图片来源：作者自绘）

4.4　医疗设施利用率分析

根据荣成市医疗匹配差额图,将各级医疗设施按照供需关系进行标记,得到荣成市医疗设施利用率分布图(图8),图中从左到右依次为卫生室、卫生院、医院。不同地区的医疗设施使用效率差异较大,其中服务人口较多的医疗设施主要集中于东北部、西北部和西南部地区。服务人数较少的医疗设施主要集中于中部地区。总体来说,荣成市医疗体系与现实需求较为匹

图8　荣成市医疗设施利用率分布图
（图片来源：作者自绘）

配,但部分地区需要进一步优化调整。

5　结论

医疗韧性与人口、社区、地形、道路的相关性使得盲目套用规范无法有针对性地解决现有矛盾,因此本研究以荣成市乡土聚落医疗设施为例,基于空间大数据分析,采用地图叠加分析法,模拟医疗设施与现实的匹配关系并构建了理论模型。分析结果表明:荣成市中部乡土聚落医疗设施韧性较好,人口稀少地区的医疗韧性还有较大的提升空间,需在加强设施建设改造、增强设施可达性、提高服务水平、保障规划实施等方面分别做出相应的优化调整。

参考文献

[1]　LWASA S. Geospatial analysis and decision support for health services planning in Uganda. [J] Geospatial Health,2007,2(1)：29.

[2]　陈阳,宋晶晶,林小虎.南京市城乡医疗卫生设施规划研究[J].规划师,2013,29(9)：83-88.

[3]　林伟鹏,闫整.医疗卫生体系改革与城市医疗卫生设施规划[J].城市规划,2006(4)：47-50.

[4]　俞卫.医疗卫生服务均等化与地区经济发展[J].中国卫生政策研究,2009,2(6)：1-7.

[5]　申一帆.广州市医疗资源配置研究[D].上海:复旦大学,2004.

[6]　肖飞宇.上海市杨浦区单位公房社区配套公共服务设施整合策略研究[D].上海:同济大学,2007.

[7]　MCHARG. Design with Nature [M]. 25th edition. Hoboken:Wiley,1995.

潘梦瑶[1*]　谢江涛[2]　郭华瑜[3]

1. 东南大学建筑学院；230198007@seu. edu. cn

2. 扬州市建筑设计研究院有限公司；jiangtao. xie@connect. polyu. hk

3. 南京工业大学建筑学院；ghy812@njtech. edu. cn

Pan Mengyao[1*]　Xie Jiangtao [2]　Guo Huayu [3]

1. School of Architecture，Southeast University；230198007@seu. edu. cn

2. Yangzhou Architecture Design & Research Institute Co.，Ltd. ；jiangtao. xie@connect. polyu. hk

3. School of Architecture，Nanjing Tech University；ghy812@njtech. edu. cn

国家自然科学基金项目(51878341)

建筑彩画遗产信息的识别、记录与整合
Digital Information Identification and Recording of Decorative Color Paintings of Building Heritage

摘　要：建筑文化遗产的本体价值是遗产保护的基础，重点在于原真性的保护。目前针对建筑文化遗产全周期保护的研究较少，作为价值判断和保护策略的前期步骤，建筑文化遗产信息收集方式也亟待构建，将数字信息技术运用于建筑文化遗产动态信息收集，可达到保护建筑文化遗产原真性的目的。本文以南京正气亭彩画为例，采集彩画图像数据，结合图像处理技术，获得可体现彩画价值的全方位信息，并通过彩画本体数字模型与价值信息结合的 IFC 格式数字模型实现了重新整合的动态信息记录，可满足彩画遗产保护全周期的基本需求，为今后的文化遗产信息记录和未来的修复保护工作奠定基础。

关键词：建筑文化遗产；原真性；图像处理；BIM

Abstract：The ontological value of architectural cultural heritage is the foundation of heritage protection, and the focus is on the protection of authenticity. At present, there are fewer researches on the full-cycle protection of architectural cultural heritage, and as the preliminary step of value judgement and protection strategy, the information collection method of architectural cultural heritage also needs to be constructed urgently, and the application of digital information technology in the dynamic information collection of architectural cultural heritage can achieve the purpose of protecting the originality of architectural cultural heritage. This paper takes Nanjing Zhengqi Pavilion color painting as an example, collects the image data of color painting, combines the image processing technology, obtains the all-around information that can reflect the value of color painting, and realizes the dynamic information record of reintegration through the digital model of IFC format that combines the digital model of the color painting ontology and the value information, which can satisfy the basic needs of the whole cycle of the protection of the color painting heritage and lay the foundation of the future record of the information of the cultural heritage and the restoration and protection of the future work. Laying the foundation for future cultural heritage information recording and future restoration and conservation work.

Keywords：Architectural Culture Heritage；Authenticity；Image Processing；BIM

1　研究背景

建筑文化遗产作为历史的切片可以反映当时的社会特征、文化习俗以及礼仪礼制。随着居民旅游出行的次数增加，建筑文化遗产逐渐融入日常生活之中，但它们往往远离城市地区，难以维护。根据联合国教科文官方网站统计，来自 148 个国家的 869 个世界文化遗产已被列入《世界遗产名录》，其中 36 个已不再处于乐观状态。因此,对建筑文化遗产状态的监测、诊断和记录是亟待解决的问题。

建筑遗产保护须重点关注遗产的价值,通常表现为遗产本体的材料和形式的原真性,现阶段相关研究的重点都在于保护遗产本体的原真性,以期使用最小干预的方式保存遗产[1]。对建筑彩画而言同样如此,近期的研究较多关注建筑彩画及饰面材料的病害记录、衰退劣化、修缮措施等。为了更科学地保护建筑彩画的原真性,首要的任务便是进行彩画记录、病害勘察,鉴于建筑彩画大多依附于木构建筑,随着时间推移,彩画的病害程度会逐步加深,应进行全周期记录保护。

本研究以南京正气亭为例,探讨基于建筑文化遗产原真性保护的,建筑彩画信息记录的全周期过程。本研究结合数字图像信息技术对建筑彩画的整体特征进行记录与关联,最终获得一种能表达原真性的数字模型,为彩画修复奠定基础,并进行持续记录。

2 文献综述

2.1 建筑遗产保护的价值取向

首先,建筑遗产指过去的时间点建立并留存,并被赋予过去时间点的社会、政治和文化背景的意义的事物[2]。对待建筑遗产的价值判断,应围绕其本体所表达的时代特征。

建筑遗产以及其所在环境共同传达出创作者的创造力与时代的文化、社会特征的真实性。真实性与当前时间点人们的社会、文化认同感有关,根据文化背景进行评估,通过语言进行调解和表达,最终随着时间的推移呈现动态性特征[3]。因此,遗产保护的重点在于保护遗产的原真性,同时对于遗产的信息记录应当具有动态特征,反映代理人在特定情况下与遗产的特定方面相关的多种方式。

建筑彩画的原真性研究重点在于形制、工艺、材料和色彩。中国传统的建筑彩画根植于国画,有很强的色彩理论与用色实践。不同历史时期的彩画所使用的色彩色调体系,均由该时期的宇宙观与无机颜料的局限性决定,表明了色彩、形式、材质对于当时时代的社会等级与权力的反应。因而建筑彩画的主要价值的原真性意义在于彩画构建的所处时代的行为与交流的驱动力,信息的记录应围绕原真性意义整合物质信息(色彩、形式、材料)与社会文化信息。

2.2 建筑彩画的信息收集和记录方法

在建筑彩画数据采集中,多使用光谱仪与 X 光检测。王丽琴等[4]利用 X 射线荧光分析(XRF)、X 射线衍射分析(XRD)、扫描电镜-能谱(SEM-EDX)分析技术分析中国北方建筑彩画中的绿色颜料,其中样品均使用人工合成颜料或有机物,未检测出矿物颜料的存在。马燕莹等[5]使用三维视频显微镜(3D Video Microscope)、偏光显微镜(PLM)、拉曼光谱(Raman)、扫描电子显微镜与能谱(SEM-EDX)等方法分析了太原纯阳宫彩塑脱落样品,研究彩塑重绘层次及颜料成分。

除色彩与颜料外,光学检测设备还可以获取颜料与色彩的退化特征。Zheng[6]采用三维激光扫描技术通过对壁画进行数字化测绘获得全面的壁画遗存数据,其高精度测绘详细地记录了壁画颜料的纹理以及破损情况。柴勃隆等[7]对壁画光谱图像中的目标颜料通过 RGB 色彩空间模型向 HSV 色彩空间模型数值的转换,自动查询、匹配颜料多光谱图像数据库中不同颜料 HSV 色彩数值的最近相似度,以达到自动识别颜料类别的目标。

此外彩画的信息记录与保存也引起部分学者的关注。Li 等[8]拟定壁画的数字化修复系统,通过计算机算法设计结合相关传感器记录彩画的当前状态并对彩画进行数字色彩还原以此建立莫高窟色彩数据库。

3 研究方法

3.1 案例研究:南京正气亭

正气亭位于江苏省南京市紫金山中山风景名胜区内,为南京市重点文物保护单位。由建筑大师杨廷宝设计(图1),亭为方亭,重檐攒尖顶,蓝琉璃瓦,花岗石基础,大红立柱,彩绘顶梁,虽历经多年风吹雨打,仍可见当年的金碧辉煌。

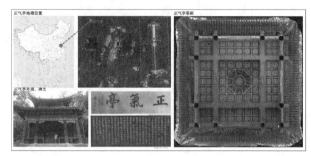

图 1　正气亭地理位置、信息、彩画图片

1947 年 11 月 29 日,正气亭破土动工,建成后,国父陵园管理委员会园林处处长沈鹏飞专题报告,蒋介石亲自命名正气亭,其意为"养天地正气,法古今完人",并亲笔书写"正气亭"三字以及楹联一副:"浩气远连忠烈塔,紫霞笼罩宝珠峰"。1986 年,南京市人民政府拨款整修正气亭,修筑了登亭道路。

正气亭的内、外檐梁枋彩画构图遵从清式彩画特点,式样仿清官式烟琢墨石碾玉旋子彩画,天花彩画为清式井口团鹤天花,中部设置藻井,藻井顶部八边形内绘国民政府青天白日国旗图案,天花的构图、设色沿用承袭于清官式,同时融入民国特有的青天白日题材,是这一时期的文化审美和社会意识形态的映射。

目前正气亭彩画随着时间推移破损增加,出现大面积的起卷、脱落、褪色和裂纹。我们将以正气亭彩画为例探讨建筑遗产信息记录的方法和过程。

建筑彩画遗产的原真性信息检测识别与记录的实践过程共分为三个阶段。

第一阶段,根据正气亭的彩画的历史价值、艺术价值以及它的原真性意义构建信息筛选要素。

第二阶段,针对筛选出的要素选择合适的技术手段检测并获取信息。

第三阶段,选取适合的数字技术手段对彩画信息进行保存,以此实现建筑彩画的信息全周期追踪。

3.2 正气亭彩画信息获取

根据正气亭彩画信息复原及现场扫描图片,可将需要获取的信息列出:材料、病害、形状、分布、颜色。

3.2.1 正气亭彩画的绘制内容

对于正气亭彩画的绘制内容的信息,我们使用Rhino搭载的 Grasshopper 及其插件 Rooster 进行图像处理提取正气亭彩画的形状,分布与颜色的信息。Rooster 是在 ShapeDiver 平台支持下将 Bitmap 按照色彩进行区分并转换为 Nurbs curve 的插件。

以彩画的重绘样张为例进行了尝试,如图2所示。以彩画设计的6个色系为 HSV 色彩阈值划分标准,进行彩画绘制内容识别。

通常对于图像识别的做法是将图像降采样后的色彩阈值进行聚类(常用如 K-means)根据聚类生成彩绘图案的形状与边界线。而 Rooster 基于 Potrace 算法将图片视为二值图像先进行轮廓的多边形追踪,再识别轮廓内的色彩阈值。识别效果优于图2中基于 K-means 的传统识别效果。获得的正气亭彩画的 Nurbs 曲线与几何体效果较好且能区分出不同色彩的图层,便于进行记录。

3.2.2 正气亭彩画的病害

正气亭彩画中,出现最多的病害特征是由于时间引起的材料老化与脱落,其次是物理层面的破损与裂纹。由于病害所呈现的外部特征是颜色的差异,因此图像处理流程增加棕色(彩画所依附的构筑物的颜色)作为色彩阈值进行图像分类。

分割的结果如图3所示,总体上病害信息的提取较好,但如脱落、起翘、金属脱落等情况,由于彩画基底颜色较浅,与彩画颜色中混合的色彩相似,使用该方法

较难完全区分。而诸如积尘、破损这种颜色有明显饱和度或灰度变化的则较为容易识别。

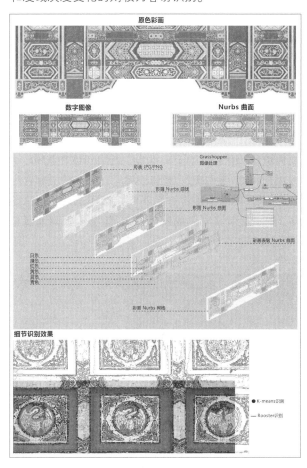

**图2 正气亭彩画在 Rhino 中从数字图像
重建为 Nurbs 3D 模型**

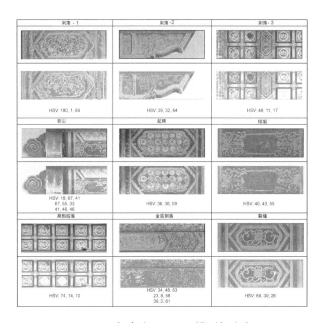

**图3 正气亭彩画 Nurbs 模型与病害
信息的分布、形状、色彩特征**

3.2.3 正气亭彩画信息记录

至此，已获取正气亭彩画的形状、色彩、分布特征。最终选择通用的 IFC 格式作为载体对所有信息进行记录与储存。所使用的工具为 Grasshopper 的插件 Visualarq，Visualarq 作为轻量级 BIM 插件可以快速为几何形体添加构件信息。

使用 Visualarq 将彩画病害识别出的几何信息转化成天花板、梁、墙等 IFC 格式的标准构件。同时，将色彩、颜料、年份、形制信息作为文本信息添加进 IFC 文件中，具体如图 4 所示。数据的记录可以在 Rhino 中以 3D Nurbs 模型表达，也可以将导出的 IFC 文件在任意的 BIM 类软件中打开且不会遗漏所记录的信息细节。至此正气亭彩画的价值确定、信息识别与信息记录完成实现了文化遗产信息的重新整合。

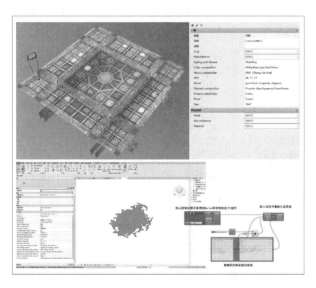

图 4　正气亭彩画的 IFC 格式信息记录

4　总结

本文对建筑文化遗产的价值进行深入讨论，基于建筑彩画的原真性意义筛选要素以获得所需记录的信息类别，通过选择合适的设备与技术对信息细节进行捕捉，最终结合 IFC 文件记录全部语义信息，对琐碎、复杂的建筑文化遗产信息进行了整合。未来，将通过本次研究的方法论对建筑彩画进行大量记录，并且对其颜色、材质、形态等特征进行全周期动态追踪。

研究中所使用的方法在特定情况下不尽如人意，如彩画基底颜色较浅，与彩画颜料中混合的色彩相似干扰了图像分割、矢量化的准确率。但总体来说整个流程能够满足信息识别与记录的要求。同时相较于传统 2D 绘图记录，能获得更详细的建筑彩画的现状信息。

参考文献

［1］　阮仪三，李红艳. 原真性视角下的中国建筑遗产保护［J］. 华中建筑，2008（4）：144-148.

［2］　DE LA TORRE M. Values and Heritage Conservation［J］. Herit. Soc.，2013，6（2）：155-166. DOI：10.1179/2159032X13Z.00000000011.

［3］　WILLIAMS, Authenticity in Culture, Self, and Society［M］. London：Routledge，2016. DOI：10.4324/9781315261973.

［4］　王丽琴，严静，樊晓蕾，等. 中国北方古建油饰彩画中绿色颜料的光谱分析［J］. 光谱学与光谱分析，2010，30（2）：453-457.

［5］　马燕莹，张建华，胡东波. 山西太原纯阳宫所藏明代一尊星宿彩塑颜料分析［J］. 文物保护与考古科学，2015，27（4）：50-60. DOI：10.16334/j.cnki.cn31-1652/k.2015.04.010.

［6］　ZHENG Y. Digital Technology in the protection of cultural heritage Bao Fan Temple mural digital mapping survey［J］. The International Archives of the Photogrammetry, Remote Sensing and Spatial Information Sciences，2015，XL-5/W7：495-501. DOI：10.5194/isprsarchives-XL-5-W7-495-2015.

［7］　柴勃隆，肖冬瑞，苏伯民，等. 莫高窟壁画颜料多光谱数字化识别系统的研发与应用［J］. 敦煌研究，2018（3）：123-130. DOI：10.13584/j.cnki.issn1000-4106.2018.03.016.

［8］　LI M, WANG Y, XU Y-Q. Computing for Chinese Cultural Heritage［J］. Visual Informatics，2022，6（1）：1-13. DOI：10.1016/j.visinf.2021.12.006.

王津红[1*]　王子蔚[1]　康梦慧[1]　吴丁萌[1]

1. 大连理工大学建筑与艺术学院；1170521570@qq.com

Wang Jinhong [1*]　Wang Ziwei [1]　Kang Menghui [1]　Wu Dingmeng[1]

1. School of Architecture and Art，Dalian University of Technology；1170521570@qq.com

基于 Dynamo 的中国古建筑参数化建模
——以清式廊庑为例

Parametric Modeling of Ancient Chinese Buildings Based on Dynamo：Taking Qing Style Veranda as an Example

摘　要：BIM 技术的应用越来越广泛，基于 Revit 的参数化设计插件 Dynamo 也更频繁地被应用到实际工程领域。在古建筑设计领域，一直存在设计费时、模型表达费力、绘制施工图烦琐的情况。而古建筑构件间具有较为严谨的位置及参数联系，故选用合适的参数化设计工具将古建筑快速设计表达并指导施工图绘制成为较为急切的需求。本文以清式廊庑为例，编写了一套参数化设计工具，通过拾取样条曲线得以快速生成古建筑模型并可生成平、立、剖等图纸方便后期修改、施工。该方案首先通过在 Dynamo 中拾取在 Revit 中绘制的廊庑走势线条，通过输入柱距、柱跨等信息便可快速生成模型并可对建筑样式、结构类型进行选取（三架、四架卷棚等）。可在后期根据需求生成瓦片并进行算量。在确定好方案后，通过 Revit 与 Dynamo 结合进行施工图生成。结果表明：本方法能够根据需求快速生成古建筑信息模型并可辅助施工图绘制，使设计和绘图效率及准确度得到很大提升，为古建筑参数化设计提供了一种可行性方案。

关键词：BIM；古建筑；廊庑；Revit；Dynamo

Abstract：The application of BIM technology is more and more extensive, and Dynamo, a parametric design plug-in based on Revit, is also more frequently applied to the practical engineering field. In the field of ancient architectural design, there have always been many problems such as time-consuming design, laborious model expression and cumbersome construction drawing. There is a strict relation between the positions and parameters of the ancient building components, so it is urgent to select appropriate parametric design tools to express the rapid design of ancient buildings and guide the drawing of construction drawings. In this paper, a set of parametric design tools is written to take the Qing style verandas as an example. By collecting and sampling curves, the model of ancient architecture can be quickly generated, and the drawings such as horizontal, vertical and section can be generated for later modification and construction. First of all, the scheme picks up the verandae trend lines drawn in Revit in Dynamo, and the model can be quickly generated by inputting column spacing, column span and other information, and the architectural style and structure type can be selected (three, four winding shed, etc.). The tile can be generated and calculated according to the demand in the later stage. After the scheme is determined, the construction drawing is generated through the combination of Revit and Dynamo. The results show that this method can quickly generate the information model of ancient buildings according to the requirements and assist the drawing of construction drawings, which greatly improves the efficiency and accuracy of design and drawing, and provides a feasible scheme for the parametric design of ancient buildings.

Keywords：BIM；Ancient Architecture；Veranda；Revit；Dynamo

1　引言

随着传统文化的复兴以及城市经济的多元发展，仿古建筑需求增加，对其设计与施工等的研究也需要跟进。仿古建筑一方面能使当地传统建筑风貌得以科学保存与延续，另一方面也能带动当地旅游业良性发展。

仿古建筑广义上是指借助一些现代建筑材料或传

统建筑材料,来对古建筑形式进行再创造,使古建筑具有传统文化特征[1]。廊庑作为仿古建筑中的重要组成部分,在建筑单体、建筑群以及园林中均有较大建设需求,但在廊庑设计及建设过程中通常存在模型表达和绘制施工图烦琐的情况,这导致效率低下和错误增多。古建筑构件之间具有较为严谨的参数化逻辑,而传统的设计方法难以准确地捕捉和表达这些逻辑。

本文采用参数化设计工具 Dynamo,拟达到快速生成古建筑模型并辅助施工图绘制,从而提高设计效率、准确性和可修改性的目的。此外,本次研究成果对于古建筑保护、文化遗产管理和工程实践等方面也具有较大意义。

2 中国古建筑的参数化设计适宜性

2.1 中国古建筑的模数化

中国木构古建筑遵循一定的模数化特征,这种模数化的尺寸特征可以使用计算机语言转译为建筑生成的控制变量,实现各项参数与结果模型之间的控制与生成。如唐代的"以材为祖"及清代的"斗口制",如《营造法式》中最早将斗拱的断面定名为"材",又定义"分"为"材"的尺寸计量单位。中国古建筑的模数化特征,使其能够使用计算机进行数学语言描述与转译。

2.2 中国古建筑的特征化

古建筑的构件繁杂,斗拱、柱子、装修、栏杆等的样式及大小各异。斗拱是古建筑中最复杂的构件,拱分为泥道拱、华拱、瓜子拱、厢拱、令拱等,斗的大小及形式也根据分布的位置存在差异。但古建筑的构件间存在强烈的相似性及比例关系[2]。在同样的构件间,往往保持相同的比例关系,只根据材分的不同显示出差异。这种特征化使得古建筑构件的重复使用存在可能。

2.3 参数化设计的意义

古建筑的参数化设计是指在建筑设计过程中,将影响建筑设计的因素设置为控制变量,通过转译参数化逻辑建立相应函数模型,通过更改控制变量获得不同建筑方案模型。参数化设计可以通过简单调整变量与参数,生成多种不同的建筑项目,加快设计进程,提高设计效率。

目前已有不少利用参数化技术对古建筑设计及施工管理等进行提质增效的研究。毕京恺等将 Dynamo 生成模型与 Revit 生成族模型联动,实现古建筑模型的建立与造价计算[3];王钟菁等利用 Dynamo 进行可视化编程,通过调控体量比例、构件参数等生成自适应的攒尖顶[4]。本文以清式做法为依据,通过梳理廊庑的形制特征,基于可视化编程建模工具 Dynamo,形成参数化建模逻辑,为仿古建筑中廊庑的自适应模型生成方法与相关数据分析提供研究基础。

3 廊庑的参数化设计

3.1 生成思路

廊庑的设计包括结构形式的选择及平面形态的设计,结构如四檩卷棚、三檩无廊等,平面上的形式则可为形态多样的长条形。本方法为在 Revit 中绘制好平面上的中心线后,在 Dynamo 程序中拾取线条,自动生成所选结构形式的模型。程序根据廊庑的结构位置及尺寸生成模型。

3.2 生成逻辑

3.2.1 廊庑平面设计

廊庑的形态多为线型,如直线、折线或弧线。这也决定了廊庑的形态可通过拾取其模型在平面的中心线来确定(图1)。在廊庑设计中,其往往围绕山水、娱乐场地、休息区所布置,形态受场地影响较大。通过在场地中绘制走势线条来进行平面设计,效率无疑大大提高。同理,在进行平面为矩形的古建筑参数化设计中,可通过绘制矩形框快速确定其平面形态。

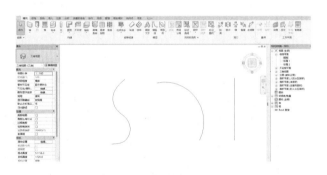

图 1 绘制廊庑平面中心线

(图片来源:作者自绘)

3.2.2 柱、梁、檩的生成

绘制好廊庑平面走势线条后,在 Dynamo 中通过 Select Model Element 节点拾取线,输入柱距、柱跨、柱径、柱高等数值,通过如下程序生成柱(图2)。

生成柱后,同侧柱头中心点两两相连,输入檩径及偏移距离,生成两侧檩。异侧柱头中心点相连生成梁,梁中心点向上偏移,生成脊檩。屋面坡度由脊檩偏移高度决定(图3)。

3.2.3 椽子及屋面生成

椽子在檩上搭接,输入椽径、数量,便可生成椽子。屋面将望板及抹灰厚度合并表达,后期根据施工要求进行图纸绘制即可,生成程序如图4所示。

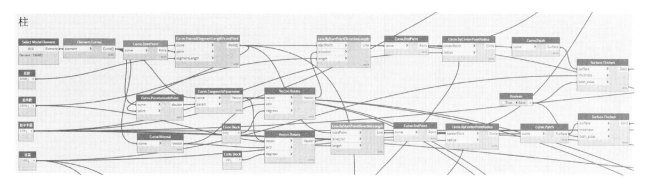

图2　柱生成程序

（图片来源：作者自绘）

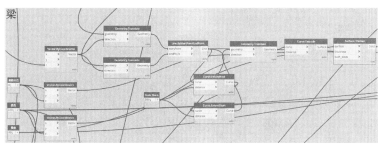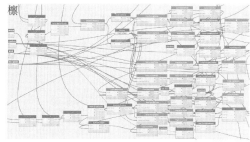

图3　梁、檩生成程序

（图片来源：作者自绘）

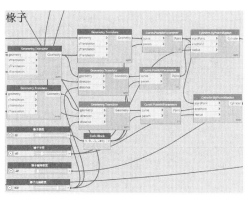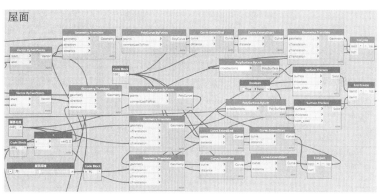

图4　椽子及屋面生成程序

（图片来源：作者自绘）

3.2.4　楣子的生成

楣子分为倒挂楣子及坐凳楣子，为装饰构件，样式繁多，本文以步步锦样式为例进行程序编写，主要依据Curve.PointAtParameter节点求得线条固定比例位置处的点，两点相连，挤出面及加厚成实体。

3.2.5　瓦片生成

本方法采用Revit与Dynamo结合的方式生成。将板瓦、筒瓦、瓦当及滴水（图5）等不同样式的瓦片族库链接到Dynamo程序中，通过程序调整瓦片数量、间距、自旋转角度以适应屋面的坡度，如图6所示。

3.2.6　其他构件生成

其他构件例如瓜柱、枋、坐凳、柱础等构件，参照同样方式生成。至于雀替、斗拱等构件，利用Revit族库生成优于Dynamo生成，具体做法已有研究成果可参照[5]。

3.3　图纸前期准备

基于以上程序可快速根据拾取线条生成廊庑模型，廊庑结构形式可进行选取，模型可根据拾取线条即时表达，真正实现设计可视化。将Dynamo中生成的模型导出到Revit中，平面、立面图纸可正常生成。在处

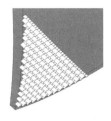

图 5　瓦片及端头族库、瓦片放置
（图片来源：作者自绘）

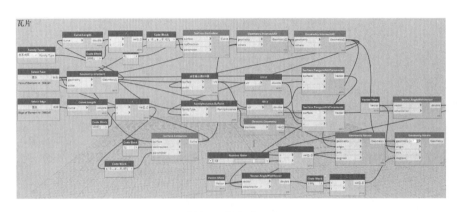

图 6　瓦片生成程序
（图片来源：作者自绘）

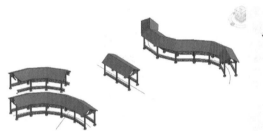

图 7　快速生成廊庑及剖切模型
（图片来源：作者自绘）

理剖面时，Revit 中自带的剖切工具并不能很好地生成剖面图纸，存在出错的情况。故本文基于生成的模型继续编写生成剖切体块程序，同样绘制剖切线进行拾取即可。只需在 Revit 页面的"剖切位置"创建新视图即可获得准确剖面图，如需切换剖切方向，将节点 true 改为 false 即可，剖切效果如图 7 所示。

4　结语与展望

　　本文通过清式廊庑参数化建模工具的研究，展示出了参数化设计在提高古建筑设计效率方面的优越性。同时为更多结构形式、更多样式的古建筑提供参数化设计思路。Dynamo 在表达即时性、准确性方面有了较大提升。但古建筑类型纷繁，构件复杂，还应有更多快速、准确的参数化设计工具等待被开发。

参考文献

　　[1]　赵侃.仿古建筑兴起的文化因素[J].艺术评论,2009(3):72-75,71.

　　[2]　陈越.中国古建筑参数化设计[D].重庆:重庆大学,2002.

　　[3]　毕京恺,金铭,李静.基于 Revit 的古建筑参数化建模与造价管理[J].中外建筑,2018(8):210-211.

　　[4]　王钟箐,胡强,路峻.基于 Dynamo 可视化编程的攒尖亭参数化设计[J].西安建筑科技大学学报（自然科学版）,2021,53(2):247-253.

　　[5]　郭正可.基于 BIM 的唐代建筑大木作参数化建模研究[D].太原:太原理工大学,2018.

朱莹[1,2]* 李心怡[1,2] 刘洋[1,2]

1. 哈尔滨工业大学建筑学院;duttdoing@163.com
2. 寒地城乡人居环境科学与技术工业和信息化部重点实验室

Zhu Ying [1,2]* Li Xinyi [1,2] Liu Yang[1,2]

1. School of Architecture, Harbin Institute of Technology;duttdoing@163.com
2. Key Laboratory of Cold Region Urban and Rural Human Settlement Environment Science and Technology, Ministry of Industry and Information Technology

2023 年度黑龙江省高校智库开放课题(ZKKF2022021);2020 年度黑龙江省高等教育改革研究项目(SJGY20200226)

黑龙江流域鄂伦春族非物质文化遗产数字技术还原路径研究

Research on Digital Technology Restoration of the Intangible Cultural Heritage of the Oroqen Ethnic Group in the Heilongjiang River Basin

摘 要:黑龙江流域非物质文化遗产丰富且各具民族特色,但其保护存在诸多技术限制,亟待突破。本文以鄂伦春族为例,将其无形的非物质文化遗产视为有形的文化空间,在三重维度上解读其空间属性,在三种尺度上解读其空间特征,数字技术下还原其时空数据模型;交叉复杂系统演化理论,以活态传承为目标,结合数字技术,提出遗产场景复原的四维找形方法,以点成线、以线构面、以面成域,为黑龙江流域少数民族非物质文化空间保护提供新技术路径。

关键词:数字技术;鄂伦春族;非物质文化遗产;文化空间

Abstract: The intangible cultural heritage in the Heilongjiang River Basin is rich and has its own ethnic characteristics, but its protection has many technical limitations and needs to be updated and studied. Taking the Oroqen ethnic group as an example, this paper regards its intangible cultural heritage as a tangible cultural space, interprets its spatial characteristics on three scales, and restores its spatiotemporal data model under digital technology. In addition, this paper crosses the theory of complex system evolution and aims at living inheritance, and proposes a four-dimensional form-finding method for heritage scene restoration, which provides a new way for the protection and research of ethnic minority local cultural space in the Heilongjiang River Basin.

Keywords: Digital Technologies; Oroqen Ethnic Group; Intangible Cultural Heritage; Cultural Space

黑龙江,古称"黑水""黑河",古人常将黑龙江下游与松花江及嫩江混淆,故也称其为"粟末河""混同江"等。黑龙江流域指黑龙江支流、干流地面集水区边界线围合而成的地表范围,流域面积 185.6 万平方千米。

地处中国东北边缘地区的黑龙江流域,因远离中原地域的文化中心,其历史沿革和民族演变呈现出相当的独立性:自旧石器时代黑龙江流域出现早期人类活动遗址,到汉魏时期聚落逐渐聚集并持续演化,发展至现代,黑龙江流域的诸多原始部族经过漫长的繁衍

和变迁绵延至今,始终保持了文明的延续,几乎未有断绝。今日,黑龙江流域除汉族外仍然有满、赫哲、鄂伦春等少数民族世居于此,承载了近千座民族村落,流域内非物质文化遗产资源丰厚,显现出丰富的民族特色及多元的非物质文化属性。但当前的民族非物质文化保护存在诸多问题:遗产保护碎片化,各个民族的文化元素被分散,缺乏整体性保存;传统的非物质文化遗产在代际传承中出现断层,文化延续出现断裂;在全球化的冲击下,不同民族的文化特色逐渐模糊,出现同质化

的趋势;保护措施过于依赖政府和专业机构,出现缺乏广泛参与的单极化等现象。这些瓶颈问题都说明着文化遗产保护技术更新的紧迫性与必要性。

鄂伦春族是东北渔猎民族的一个分支,在二十世纪五十年代以前,鄂伦春族世代在大兴安岭、小兴安岭、黑龙江流域一带游居,因生活在北国边疆、林海雪原之间,其对抗严苛的自然条件而衍生出个性鲜明的民族文化,创造了丰富的非物质文化空间。2021年中国统计年鉴数据显示,鄂伦春族现有人口9168人,是我国人口较少民族之一,目前鄂伦春族共有五个村落入选中国传统村落,而这些村落正面临着汉化严重、聚落风貌消失、建造工艺失传、居住文化同化、非物质文化濒危等问题,且鄂伦春族有民族语言而无文字,因此文化遗产的传承越发困难[1]。可以说,鄂伦春族聚落已经成为亟待抢救性研究的重要对象,民族非物质文化遗产的活态保护已经是设计策略研究的重点和难点。

随着数字乡村逐渐成为国家发展的重点,黑龙江流域聚落保护的数字化转型也正显现越发迫切的需求。数字技术的介入,不仅仅是实现信息采集与储存的单极保护,而且为非物质文化遗产在数字化保护、监测、决策等应用中提供新方法和新工具。

1 鄂伦春族聚落演化的原空间

复杂系统演化理论认为一个系统的演化由五种功能决定(即核心、动力、骨架、自复制、边界),五个功能的协同匹配和联动进化,构成一个系统演化的稳定态。

本文将演进原理嵌套鄂伦春族聚落空间结构,复原鄂伦春族聚落演化原空间,作为文化空间特征提取

的技术思路(图1)。针对鄂伦春族游居特质,可将民族非物质文化遗产理解为在自然地理、社会经济、文化宗教等因素,以及人与家庭、人与社会、人与自然三种维度作用下,个体、群体、族体三种活动层级所塑造的非物质文化空间,模型的核心是以宗教民俗和宗教动力为主体的人的需求,软骨架为行为模式,硬骨架为民族传统,自复制为血缘、人缘、地缘、史缘的绵延,软性边界为民族文化认同,硬性边界为自然防御界限;由此鄂伦春族呈现出源于自然崇拜、祖先崇拜、图腾崇拜的宏观、中观、微观嵌套、互生的多种非物质文化空间形态。

本文引入科学理论,依据群落—集群—基因—遗传—图谱理论架构,引入虚拟现实、混合现实等先进技术,将无形的机能具象化,以"核心点、关联线、功能面、元胞体、拓扑型、表征态、涡流场、活性脉、活态境"提炼聚落文化传承机能。场是精神力内聚而形成的文化空间或文化体系,鄂伦春族赞达仁、摩苏昆等丰富的非物质文化遗产,隐含着心理层级的解读与认同,因活动而带来协同力的涡流,依据视觉、听觉等唤起心理的感知和集体参与,无形的边界因文化事件而激发空间上的限定力,形成一种从感知到精神最终活态的场所精神;脉是一种承载和传承,历史因信息和内涵的承载而演变为模式的延续,通过涡流场的影响形成或深或浅的历史习性,活性脉需要涡点时间上的活性,需要血缘、族群、家庭的空间场所的承载,更需要精神、宗教、文化上的深层意义的行为认同;境是承载无形文脉的物质空间容器,是一种情景、一种生存的活态境,是民族精神最深层的反映,与民族生存、生活、生产息息相关的行为而产生的原始情节,蕴含了祖先的原始情境,转化为活态境中最深层的精神支撑(图2)。

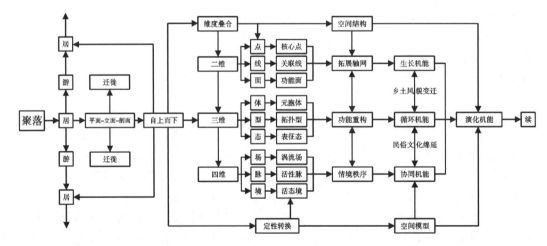

图1 鄂伦春族文化空间理论还原
(图片来源:作者自绘)

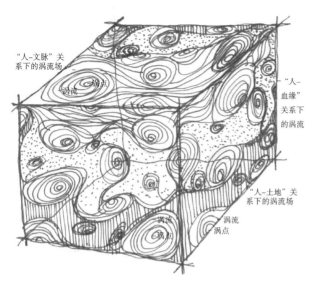

图2 场、脉、境协同原理示意图
（图片来源：作者自绘）

2 非物质文化空间时空数据模型还原

民族物质遗存如同容器，通过多种多样的"空间"承载着民族的口头传统、表现形式、表演艺术、社会实践、仪式、节庆活动及有关自然界和宇宙的知识、传统手工艺等非物质文化遗产，凝练为黑龙江流域独特的"文化空间"。以族群聚落原空间为基点，辅以多维循证构建数据库，利用虚拟技术复原场景，依据智能算法精准映射，提炼时空特征，建立数据模型以显示其时空信息，以利于进一步地剖析文化空间，总结其演变规律，是传承民族核心的文化内涵和价值的关键所在。

"文化空间"是非物质文化遗产术语，既具有时间性又具有空间性，是在特定的时间或特定的空间表现文化习俗的特殊场所，其中的时间和空间依附于文化活动的特殊意义。民族的文化空间受其生活地域、社会生产与人类活动等因素影响，其演进模式往往在时空演化过程中呈现为特定的规律形式。

2.1 鄂伦春族文化空间的时空特性

时间和空间是搭建鄂伦春族文化空间模型的两条坐标轴。

就时间维度而言，鄂伦春族作为一个历史悠久、一脉相传的民族，其非物质文化空间是在漫长的历史轴线下形成、发展的，随着族人生产实践活动的逐渐成形，这样的根源奠定了其时间属性，周期性的典礼、仪式和特定时期的节日、民俗等，都体现了典型的时间特征。

就空间特征而言，非物质形态的文化需借由空间而实现，空间是物质实体，也是精神的象征。文化空间作为承载遗产精神和活动的场所，其对象可以是特定

的人、物或群体；在空间形态上以"点"状空间形成核心，以民族文化中的事件和传统为凝聚点，形成向心空间的内聚力，民族的民俗、风土、传统和制度等非物质文化作为点空间的深层内核，通过活动和行为赋予场所精神，核心点空间作为场所精神的辐射源，通过街巷、水系等线性空间的连接，强化空间体系的通达。

2.2 三重尺度的文化空间解析

根据既有信息整合分析，将鄂伦春族面临濒危的非物质遗产看作有形的空间，从主体角度出发，将人的行为作为基本关联尺度，可以提取人与文化尺度下的"人—民族""人—群体""人—家庭"三重文化空间原型[2]。

立足于宏观的民族视野，鄂伦春族在认识自然、利用自然的过程中，通过劳作形成聚族而居的大地景观，民族文化的初始形态受物质环境制约，形成民族的内在信仰，其外在行为表现为宗教仪式性文化空间。其中以鄂伦春族萨满仪式最具凝聚性和代表性，萨满祭神仪式对于场所（图3）、布局、活动流程等都有着严格的要求，是鄂伦春族独具特色的文化标识，显示了鄂伦春族天、地、人共生的族群信念。在中观的群体层级，鄂伦春族聚落为适应生产、生活，以抒发生活情感为载体，形成了世代相传的节庆艺术性空间，这些民族特有的民俗民风是在鄂伦春族与外界抗衡过程中情感的外现。其中鄂伦春族氏族大会是聚落群体内最重要的活动仪式，氏族大会是鄂伦春族最高权力机关，因而最具崇高性和严肃性；进一步细化至个体家庭维度，在以人的身体需求为尺度的生活空间内，以生活功能和伦理结构为参照，鄂伦春族形成以家庭为单元的生活性文化空间，以婚丧嫁娶习俗为主要代表。其中，鄂伦春族

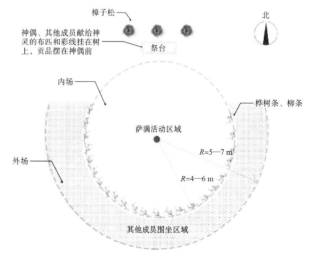

图3 萨满祭神仪式场所的空间图解
（图片来源：作者自绘）

最为隆重的、民族最古老的一类丧葬仪式是周年祭,这一仪式也是祖先崇拜的遗留[3]。

本文将每种类型的文化空间从时间性、空间性的

角度数据化,从空间的活力点、参与对象、举行场所、空间氛围、仪式要素及空间氛围等方面进行解析,得到如表1所示的数据信息。

表1 鄂伦春族文化空间解析

层级尺度	人—民族	人—群体		人—家庭	
项目	萨满仪式	氏族大会		周年祭仪式	
仪式类型	祭神仪式	选举"穆昆达"大会	续族谱、排辈分大会	安葬前的仪式	安葬时的仪式
活力点	萨满	"穆昆达"	全体部落成员	—	篝火+萨满
参与对象	萨满、氏族成员	全体部落成员	全体部落成员	亲属和氏族成员	亲属和氏族成员
活动频率	2—3年一次,一次1—2天	十年一次	三年一次	—	—
举行场所	"斜仁柱"外整洁的广场	氏族广场	空旷整洁的场所	"斜仁柱"内、外场所	墓地周围空旷场地
仪式要素	周围环境的布置、萨满的行为、声音	穆昆达	依和纳仁舞	"斜仁柱"的布置、参与者行为	环境的渲染
空间气氛	严肃、隆重	严肃、虔诚	隆重、严肃	沉重、隆重、虔诚	沉重、隆重、虔诚

2.3 文化空间时空模型构建

将鄂伦春族三重尺度的文化空间加以整合,可以还原出鄂伦春族非物质文化空间模型(图4):以鄂伦春族非物质文化空间为研究对象,以人—行为尺度为线索,基于不同维度,在特定的时间点与空间点进行切面,依据各要素的特点与人的行为关系,抽象成不同性质的空间原型,与层级尺度一一嵌套,并将精神层面的

文化内涵与其物质承载相互对应,二者一隐一显,共同作为鄂伦春族民族聚落存续繁衍的催动性因素。

本文借助数字化技术分析民族的时空属性、空间分布等特点[4],实现非物质形态的文化空间的可视化,更直观地显示文化空间的演变进程及未来发展趋势,从而实现理论框架与空间模型、图解分析与模型模拟的互生,为非物质文化的保护和更新提供参考。

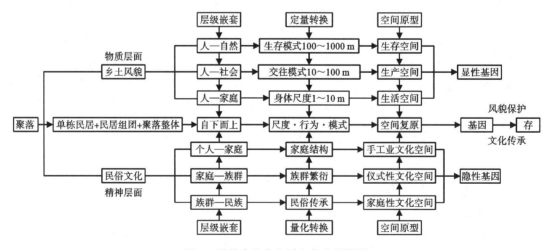

图4 鄂伦春族非物质文化空间模型
(图片来源:作者自绘)

3 文化空间情境还原

民族聚落空间的图底关系为二维空间,在此基础上沿纵轴线展开,形成视觉中的三维功能组构,而主体的情感、记忆等认知带来深层的情境认同,形成聚落的

四维感知。

鉴于此,本文参照考古类型学中的情境还原法,提出黑龙江流域非物质文化遗产数字还原与保护的"情境找形"新方法:基于多种软件的复原、分析、模拟、校验,从四维研究流域聚落的民族风貌,以基因观念理解

传承,利用GIS、空间句法技术提取空间原型、提炼空间结构,复原非物质文化在行为轴线下的演化,涡流场变现为协同力下,以人连续时段的行为作为不同场景展开的线索,依其所串联的功能和流线,绘制出的基本行为地图。人群中以年龄、性别、职业等多角度划分进行调研,多个主体的多种行为构成不同的"涡流场",地图的覆盖、叠加构成交叠共生的场景和领域。通过多主体调研和口述史、多行为在固定场所中的发生轨迹和行为时间表等,还原主体行为模式与场所空间之间隐藏的情境秩序。

本文通过轨迹性图解、轨迹溯源数字技术,提纯从行为模式最终到范式的量化秩序,实现四维找形;通过理论还原、场景还原、情境还原三重还原过程,建构全方位更新视野,以点带面,形成融合艺术设计、景观设计、规划设计、建筑设计的全景式更新模式,为黑龙江流域少数民族乡土文化空间保护研究提供一种新的途径。

参考文献

[1] 朱莹,屈芳竹,刘松茯.东北边域鄂伦春族传统聚落空间结构研究[J].建筑学报,2020(S2):23-30.

[2] 朱莹,武帅航,张向宁.东北边域达斡尔族传统聚落空间结构研究[J].建筑学报,2021(S2):144-150.

[3] 屈芳竹.文化人类学视域下鄂伦春族传统聚居空间研究[D].哈尔滨:哈尔滨工业大学,2019.

[4] 谈国新,张立龙.非物质文化遗产文化空间的时空数据模型构建[J].图书情报工作,2018,62(15):102-111.

韩晓娟[1,2] 谢珉[1] 陈萌[1] 唐航[1]

1.湖南大学建筑与规划学院;25495230@qq.com

2.湖南城市学院建筑与城市规划学院

Han Xiaojuan [1,2] Xie Min[1] Chen Meng[1] Tang Hang[1]

1. School of Architechure and Planning, Hunan University;25495230@qq.com

2. College of Architecture & Urban Planning, Hunan City University

湖南省社科课题(XSP2023YSC065);益阳市社科课题(2023YS159)

基于参数化设计的湖南侗族鼓楼数字化传承保护研究
Research on Digital Inheritance and Protection of Hunan Dong Drum Tower Based on Parametric Design

摘　要:鼓楼作为侗族文化的载体和精华,其存续在城市化进程中受到猛烈冲击。为更好传承湖南侗族鼓楼的传统文化与建造技艺,基于参数化设计的传统建筑数字化传承保护刻不容缓。通过对鼓楼建筑进行参数信息提取,完成参数化信息平台设计;同时基于帕累托二代增强算法进行鼓楼参数化目标寻优和分析,为鼓楼的营造建设及更新保护提供新的技术手段和思路,最终助力湖南侗族鼓楼的数字化传承与保护。

关键词:参数化;侗族鼓楼;帕累托二代增强算法;目标寻优

Abstract: As the carrier and essence of Dong culture, the survival of Drum Tower has been violently impacted in the process of urbanization. In order to better inherit the traditional culture and construction skills of Dong Drum Tower in Hunan, it is urgent to protect the digital inheritance of traditional architecture based on parametric design. By extracting the parametric information of the Drum Tower building and completing the design of the parametric information platform; at the same time, the parametric target search and analysis of the Drum Tower based on the Pareto Ⅱ enhancement algorithm provide new technical means and ideas for the construction and renewal protection of the Drum Tower, and finally help the digital inheritance and protection of the Dong Drum Tower in Hunan.

Keywords: Parametric; Dong Drum Tower; Pareto Ⅱ Enhancement Algorithm; Targeted Excellence Search

侗族鼓楼多分布于我国湖南、贵州等地,是侗族节日聚集、议事以及社交娱乐的主要场所,与侗族文化密不可分。作为侗族村落建筑的象征,其复杂多样的结构形式以及巍峨壮观的外观形式,具有重要的文化价值和建筑价值[1]。同时侗族鼓楼也在一定程度上表现和传承着独特的民族传统文化[2]。乡村振兴背景以及经济全球化发展浪潮使得传统房屋的营造方式呈现出多种表达形式,在一定程度上对传统营造技艺方式造成了冲击,故而使得传统村寨风貌的保留和更新陷入了发展困境。

中共中央、国务院于2023年2月印发的《数字中国建设整体布局规划》文件指出:加快推进数字化建设是构筑国家竞争优势的重要支撑。故加强传统建筑对现代技术的依托来延续发展脚步,是应对现实危机挑战的重要方法,也是加快推进其信息化传承保护的必要内容。基于侗族鼓楼发展现状以及文化数字化建设发展需要,研究提出基于参数化设计的湖南侗族鼓楼信息化建设,并从模型数据信息收集、参数指标性能提取等方面进行信息数据库构建,以期更好实现鼓楼的信息化营造和更新保护研究。

1　侗族鼓楼木构建筑现状

侗族鼓楼木构建筑承载着较为丰富的少数民族文化,且其所蕴含的营造技艺以及美学结构具有重要的研究价值。侗族鼓楼形似宝塔,内有四根通天大柱,其可达到二十多层,底部宽度多为两三米,且中间是敞开的[3],如图1所示。侗族鼓楼均为木质结构,且以杉木凿榫卯衔接,顶梁柱拔地凌空,排枋交错,由下而上层层支撑而起,结构紧密,具有较好的稳定性。

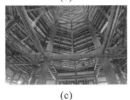

图 1 侗族鼓楼形态
(a)外部立面图 1;(b)外部立面图 2;(c)内部形态
(图片来源:https://baijiahao.baidu.com/s? id
=16554534522797773474&wfr=spider&for=pc)

而对于侗族鼓楼的研究现多集中在空间分布特征与保护发展研究,以及其文化渊源与价值方面[4][5],对于其数字化保护的研究仅在广西三江的鼓楼中有所表现。

2 传统建筑数字化保护的可行性分析

针对传统木构建筑的保护,其修复与保护的工作难度较大,整体耗时长,工作效率和质量难以得到较好的保证;且外在干扰因素还会对建筑的稳定性和安全性造成影响[6]。借助数字化技术对建筑物基础信息地采集,可以降低人工信息采集对建筑物的损坏风险,且该技术对数据的实时记录能有效防止记录数据的丢失,也具有较好的数据安全性。

数字化技术在古建筑保护工作中的应用能有效打破时空限制对保护工作的开展,掌握其对建筑物整体构造的建模信息能制定出有效的修复工作计划。同时数字化技术在评估建筑保护工作中能制定出符合实际情况和预测未来场景的方案。数字化技术在我国传统建筑中的应用研究较为广泛,且主要体现在对建筑信息建模以及构建数字化平台设计来实现信息的录入修改、管理统计等[7]。

3 侗族鼓楼的参数化设计

3.1 基于点线架构的鼓楼形制分析及参数信息提取

本文以湖南侗族鼓楼为例,选取历史性强且具有典型代表特色的 55 栋侗族鼓楼进行参数化信息提取,将建筑高度、楼顶类型、楼基及层檐数作为其基础建筑信息。对该信息进行矩阵交替分析能确保参数间的关联性,进而为鼓楼形制分析及参数设计提供样本数据支撑。

由样本数据分析可知,研究选用的鼓楼高度基本在 5~20 m 之间,层檐数多为 5~17 层的单数层,且以四根主承重柱为主。基于鼓楼基本形态选取平面边数、主柱数及间距、主副柱及非檐角主副柱间距、多边形内外接圆半径等参数进行平面设计;同时将鼓楼相关参数导入到一定的算法规则中实现点线模型的构建,从而得到形体生成规则和架构模型以及构件模型;随后将两种模型导入到信息数据库中进行信息模型设计,并以其是否满足生成需求为条件来重复运行程序,参数信息化生成效果示意图如图 2 所示。

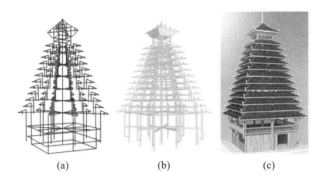

图 2 参数信息化生成效果示意图
(a)点线模型;(b)架构模型;(c)成品模型

从图 2 中可以看出,点线模型主要需要考虑的建构逻辑包括轴线基点、参考基点、控制点和预设点。在参数化生成过程中需要注意点线模型的结构化生成。随后建立起对应的建筑模型和构件模型两类数据库,进而实现对三维模型及参数信息的数字化存储,为其进行可视化程序运行设计提供基础。

3.2 参数化信息平台设计

基于软件开发的兼容性与拓展性、自动化与信息化的要求进行软件选取,同时考虑到研究是基于目标性能优化的鼓楼参数化生成,要求其开发平台具有较好的功能性,故选择基于 Rhino 搭载的 Grasshopper 参数化软件平台。

Rhino&Grasshopper 三维模型下的鼓楼架构及成品示意图如图 3 所示,该软件平台能实现可视化模型编码、图形算法编辑器以及三维程序建模。

参数化开发平台能在可视化的程序接口和图形算法编辑工具下实现海量资料的结构化处理;同时在模型生成模块部分进行场地寻优、构架生成、构件生成以及建筑生成。其中鼓楼主、副两根柱子之间的距离与平面形状的外接圆之间的距离可表示为式(1)。

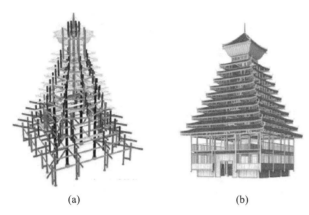

图3 Rhino&Grasshopper 三维模型下的鼓楼架构及成品示意图

(a)Rhino & Grasshopper 下的架构模型；

(b)Rhino & Grasshopper 下的成品模型

$$R = D / \left[2\sin(\prod / N) \right] + d \tag{1}$$

式中，R 为鼓楼平面外接圆半径；D 为主柱间距；N 为形状的边数量；d 为主副柱之间的距离。

在进行鼓楼主柱参数化转译过程，研究基于原有构架轴线生成点线模型，以其形体差异实现体块编程工作。并以构件轴线的定位坐标实现体块生成，调节不同参数集，生成立面图、仰视图以及透视图。在信息模型数据库部分，对生成程序进行打包，并依据不同建筑类型构成对应的运算器。以 Ghuser 文件格式输出并生成数据库，以模型和构件生成不同的管理模组。将设计的模型显示在软件平台的可视化界面中，并可依据参数调整来实现对鼓楼建筑形态的调节。

3.3 基于帕累托二代增强算法的鼓楼参数化目标优化

研究基于鼓楼参数化生成方法，从构件模数化、标准化以及建造经济性角度对鼓楼设计生成的关键性指标（构件模数化率与构架用材）进行确定，并基于帕累托二代增强算法（Strength Pareto Evolutionary Algorithm，SPEA2）对参数优化影响因子在目标性能中的方法进行分析，即对侗族鼓楼木构建筑中的关联参数和函数规则进行形态建模分析，以构件模数化和构架用材生成优化目标，通过选取两者之间的平衡点来保证其实用性、经济性和美观性的统一，进而提升营建效能。

在构件模数化部分，以清工部建筑技术书籍《工程做法》规定作为衡量建筑尺度的标准。当基本模数在进行由寸（传统营造单位）到毫米（公制单位）转换时，其会表现出 0.5 的整数倍来符合模数化特征。故在进行参数化平台信息开发时，研究以整数毫米为参数规格设置。同时借助瓜柱直径作为基本模数单元，预设

不同的层檐数对应不同瓜柱直径。依据不同的模数倍数关系可计算出鼓楼的主柱间距、主副柱间距、构件高度和长度，当符合模数倍数数量越多，则其所表现出的模数化率越高。在模数化率计算过程中，采用式（2）进行计算。

$$\begin{cases} n' = \mathrm{card}\{N'_1, N'_2, N'_3, \cdots, N'_n\} \\ C = \dfrac{n'}{n} \times 100\% \end{cases} \tag{2}$$

式中，C 为模数化率；N'，n' 为符合 C 的外接半径和数量；n 为总的符合 C 的半径数量。

依据不同构件种类对鼓楼数据特征进行提取，圆形截面构件以及长方形截面构件借助圆柱体体积和长方体体积公式进行求解，所有构件种类的体积求和如式（3）所示。

$$V = \sum_{i=1}^{n} V_i + V_i' \tag{3}$$

式中，i 为构件种类序号；V_i 为横向构件体积；V_i' 为竖向构件体积。

选取平立面尺寸、层檐数量、轮廓曲线以及顶坡度等影响因子进行目标优化。在参数化软件平台中，借助贝兹尔曲线来实现外轮廓曲线的生成，控制外轮廓曲线数学表达如式（4）所示。

$$f(t) = (1-t)^2 P_0 + 2t(1-t)P_1 + t^2 P_2, t \in [0,1] \tag{4}$$

式中，P_0 为外轮廓曲线的起始点；P_1 为鼓楼内外环副柱层檐延长线与中轴的交叉点；P_2 为曲线终点；t 为过程点在线段一维区间中的具体位置。

鼓楼参数化问题就是通过寻找最优极值的方法来实现目标优化，故设计得到优化目标函数，如式（5）所示。

$$\begin{cases} \mathrm{Min}Z = F(x) = \{f_1(x), f_2(x)\} \\ f_1(x) = C = \dfrac{n'}{n} \times 100\% \\ f_2(x) = \sum_{i=1}^{n} V_i + V_i' \end{cases} \tag{5}$$

式中，Z 为所有目标解集；$f_1(x)$ 为构件模数化率倒数计算函数；$f_2(x)$ 为构架用材计算函数。同时以优化率来评估鼓楼优化方案效果，其计算公式如式（6）所示。

$$o_r = \frac{x_{ki} - x_0}{x_0} \times 100\% \tag{6}$$

式中，x_{ki} 为第 k 代优化解集中的解值；x_0 为初值。该优化率越高则表示其优化程度越好，更加趋近于目标最优解。

4 侗族鼓楼建筑的参数化寻优结果分析

以湖南侗族独柱鼓楼为研究对象进行测绘，收集

得到其建筑高度 19.490 m,层檐数量 13 层,楼身层檐高度 990 mm,平面边数 4 条,主副间距 5600 mm,主副柱及瓜柱分别为 420 mm、330 mm、200 mm。

借助参数化信息平台设计生成模型效果图,并得到各参数的构件用材方量。其中主副柱为 1.6568 m³和 2.7084 m³。模拟结果表现出的构件模数化率较高,多集中在柱类竖向构件。因材料限制、结构约束,为保证参数集的设置在合理的数值范围内,故设定情形:保持主柱的高度、平面形状、楼基层数,以及出吊吊柱的形状不变,借助程序对主副柱间距、层檐个数、楼底高度、鼓楼外部轮廓、框架类型、宝顶檐坡度、层数、屋檐间距、屋颈、屋盖高度进行自动调整,寻找在原设计地块下鼓楼中心主柱高度的更多设计方案。在构建函数适应度值后,设计精英比例、变异概率、交叉概率、种群大小分别为 0.5、0.1、0.8、50。参数结果显示,该情形下在优化 47 次后生成了有效方案 11305 套,平均每套之间用时小于 1 s。且方案在第 47 次迭代下的模数化率均值为 67.23%,优化率大于 7%,用材平均值为 23.54 m³,整体优化情况呈上升趋势。

优化方案中具有代表性的三个最优解方案在用材方量上均至少节约了 10 m³。最后可借助软件平台进行结果输出展示、实体比例模型制作。

5 结论

研究以湖南侗族鼓楼为研究对象,借助参数化手段进行方案设计优化处理,进而实现对其信息模型的生成;而后,依据其 36 项设计参数以及函数计算公式,在智能寻优设计中迭代计算出方案模数化率均值和用材均值,提升整体优化程度。同时依托该信息技术平台实现对鼓楼的自动参数生成以及三维信息表达,输出结果也可依据实际需要进行效果展示和模型制作,实现了参数转译以及最优目标优化,具有较高的运行效率。加强对数据库选择的丰富性以及对传统木构建筑的全周期技术分析是今后研究需要关注的重要内容之一。

参考文献

[1] 杨炜竹.现代性语境下侗族鼓楼的"失真"及其保护[J].凯里学院学报,2022,40(1):34-39.

[2] 张迪.古代建筑历史凝聚的文化底蕴及数字化保护研究[J].工业建筑,2022,52(6):3.

[3] 马庚,彭蕾,王东.湖南通道地区侗族百年鼓楼平面布局演变探析[J].华中建筑,2019,37(1):109-112.

[4] 吴秀吉,罗永超.侗族风雨桥建筑艺术中的数学文化[J].数学通报,2019,58(5):10-13.

[5] 阳永亮,康明田,李丹,等.侗族营建技艺的传承与保护研究——基于侗族高步村寨门及如意斗拱结构的传承发展[J].建筑技术研究,2019,2(2):145-146.

[6] 江丽,周碧静.数字信息化技术在常德桃源木雕工艺保护中的应用[J].产业与科技论坛,2021,20(13):36-37.

[7] 姚子杰,许可,王焕.基于增强现实技术的侗族鼓楼数字化保护与推广研究[J].中国新通信,2021,23(19):100.

浦孟辉[1]　谭刚毅[1,2]

1. 华中科技大学建筑与城市规划学院；1974255416@qq.com
2. 湖北省村镇建设发展研究中心，华中科技大学建筑遗产研究中心；tan_gangyi@163.com
Pu Menghui[1]　　Tan Gangyi[1,2]
1. School of Architecture and Urban Planning, Huazhong University of Science and Technology；1974255416@qq.com
2. Village Construction Development Research Center of Hubei Province；Architectural Heritage Research Center, Huazhong University of Science and Technology；tan_gangyi@163.com

国家自然科学基金项目(52278018)

基于深度学习的建筑遗产虚拟修复原则探讨
——以三线建设时期工人俱乐部为例

Discussion on Principles of Virtual Restoration of Architectural Heritage Based on Deep Learning：Taking the Workers' Club During the Third-front Construction as an Example

摘　要：图像资料缺损为建筑遗产保护修复工作带来困难。相较于以经验为基础的传统修复方法，虚拟修复技术展现出修复迅速、准确率高等优势。然而虚拟修复过程中普遍使用的数据增强方法与遗产保护理念中"材料原真"原则存在冲突。聚焦于三线建设时期工人俱乐部，本研究探讨真实性原则在虚拟修复中的价值，并提出一种基于 LoRA 模型的虚拟修复思路。训练完成后与使用普遍数据增强方法训练的模型进行效果对比。结果表明，遵循"材料原真"原则的模型修复效果更好。

关键词：虚拟修复；真实性原则；深度学习；建筑遗产；工人俱乐部

Abstract：The defect of drawing file brings difficulties to the protection and restoration of architectural heritage. Compared with the traditional repair method based on experience, virtual repair technology shows the advantages of rapid repair and high accuracy. However, the data enhancement method commonly used in the process of virtual restoration conflicts with the principle of "material authenticity" in the concept of heritage protection. Focusing on the workers' club during the Third-Front Construction period, this study explores the value of authenticity principle in virtual restoration, and proposes a virtual repair idea based on LoRA model. After the training, the results of the model were compared with those trained by the general data enhancement method. The results show that the model following the principle of "material authenticity" has better repair effect.

Keywords：Virtual Restoration；Authenticity Principle；Deep Learning；Architectural Heritage；Workers' Club

在建筑遗产保护修复工作中，图像资料具有提供修复参考、记录对象历史演变过程等作用。然而实践中常出现图像资料存在模糊、损坏与遗失等问题，这些问题为进一步修复工作带来困难。探索该困难的解决方法，有助于推动我国建筑遗产保护进程，也符合国家文化发展战略需求。

随着人工智能技术发展，虚拟修复技术有助于解决上述问题。有研究将 AI 生成（AI-Generated Content，AIGC）技术应用于文化遗产虚拟修复或图像生成，发现其具有特征识别准确、图像修复效率高等优势，并拥有可视化与智能化特点[1,2]。以上研究表明 AI 生成等虚拟修复技术在建筑遗产保护修复工作中发挥着重要作用。

然而真实性原则中"材料原真"原则与 AI 生成技术中普遍使用的数据增强方法之间存在冲突。"材料原真"原则对于文化遗产保护具有现实意义。在色相、明度、纯度等属性上，图像内材料应尽量与实物统一。这是"材料原真"原则在图像处理中的体现。

矛盾在于,数据增强方法常对遗产图像的几何与色彩属性进行改变,以达到成倍增加图像数量的目的。上述操作无疑违背"材料原真"原则。虽然有研究表明,使用数据增强方法在文物保护领域具有优势,可改善虚拟修复模型效果[3]。然而在建筑遗产虚拟修复中,学界目前缺乏对于"材料原真"原则的重要性研究。

本研究承接课题组内三线建设建筑遗产调查成果,选择工人俱乐部为研究对象。从现有图像中选取60幅作为训练集,并训练实验组低秩自适应(Low-Rank Adaptation,LoRA)模型。训练过程中分别使用RealisticVisionV3.0(以下简称 ReaV3.0)模型[①]与Architecture Real Mix(以下简称 ARM)模型[②]作为基底模型,对比分析生成结果。根据结果确定更契合本次实验的基底模型。在此基础上,采用普遍数据增强方法训练对照组 LoRA 模型,并进行第二次对比分析。

1 三线建设时期工人俱乐部概况

作为三线建设环境中重要的公共建筑类型,工人俱乐部是"整个厂区生活类建筑中占地面积最大、规格最高、最有特色的建筑","围绕俱乐部布局相关功能,构成整个厂区唯一的公共活动中心"[4]。建筑形式上受到多种建筑思潮影响,体现出各时代设计特色。现存实例中既包含反映苏联社会主义设计思想的案例,又具体体现经济困难时期设计与施工中"低标准"理念的案例[5]。建筑立面构图强调竖向线条,通过柱式或壁柱与竖向长窗配合表现设计。主立面构图偏爱采用三段式,中间段突出辅以大台阶,营造庄严气势并强调入口[4]。

在"企业办社会"背景下,工人俱乐部也代表一种集体生活空间。通过"在时间上对集体形制的饮食起居和生产劳作等日常行为的组织和'规制',还有节庆以及各种环境、'场面'的组织"[6],工人俱乐部具有精神上的象征,成为集体形式的实体符号。

因此,工人俱乐部具有历史、美学及社会等多种文化遗产价值[7],综合反映时代背景、设计水平及集体记忆,适合作为虚拟修复尝试对象。

2 实验组 LoRA 模型训练及结果分析

2.1 数据集标签标注

本研究承接课题组以往对豫西、鄂西北等 5 个地区现存三线建设时期工人俱乐部建筑图像资料,从中选取部分图像作为训练集。为降低过拟合概率,图像应在建筑形式、立面材料、拍摄角度等方面足够丰富。在 LoRA 模型训练工作中,标签内容精细程度与模型

效果直接相关。因此在本研究中,图像标签可分为:视角标签、材质标签、完整性标签、立面类型标签、开间数标签、特殊构造标签、檐口高度标签、建筑类型标签、建筑位置标签。其中立面类型标签需要特殊解释。

对于立面类型标签,有研究将工人俱乐部正立面形式总结为 6 种[7]。但训练集中出现的建筑形式超出该范围。因此,本研究将建筑立面构成总结为 7 种(图 1)。

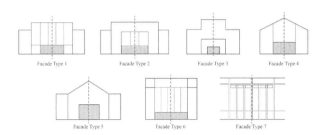

图 1 三线建设时期工人俱乐部 7 种立面典型构图

2.2 模型训练及结果分析

基于上述训练集,分别以 ReaV3.0 模型与 ARM 模型为基底模型进行同参数训练,训练结束时损失分别为 0.0836、0.0824,初步证明训练参数设置合理。训练结束时分别得到 5 个模型。

为确定两种基底模型以及训练得到的 10 个模型在不同权重下的虚拟修复效果,利用 x/y/z plot 脚本,在不提供 ControlNet 的前提下,进行同关键词、同随机种子生成实验(表 1、表 2)。

由表 3 结果分析可知,以恰当权重区间总数作为评判标准,使用 ARM 基底效果略好于 ReaV3.0 基底。以 ReaV3.0 为基底得到的 5 个模型中,④和⑤具有最佳权重区间,发生欠拟合及过拟合现象的概率最低。它们的优点是:正立面模拟结果较好,在构图高宽比例、对称性及材料构成等方面较为还原。缺点有两处:一是正立面开间数量与输入要求不一致,且有概率出现偶数开间现象;二是侧立面窗墙比系数较真实场景偏高。

以 ARM 为基底得到的 5 个模型中,②具有最佳权重区间,发生欠拟合及过拟合现象的概率最低。该模型优点是:在镂空雕花等装饰细节上,模拟表现好于ReaV3.0 基底。缺点有两处:一是正立面开间数量受控性较差,有概率出现偶数开间或开间宽度不一致等现象;二是训练后期过拟合权重区间反常扩大,表明学习率参数较最佳值偏大,应进行调整。

综上所述,进一步采取常规数据增强方式进行对照组 LoRA 模型训练时,宜采用 ARM 作为基底模型。

表 1　底模使用 ReaV3.0 时虚拟修复效果

模型名称	权重值									
	0.1	0.2	0.3	0.4	0.5	0.6	0.7	0.8	0.9	1.0
①GR_Rea3-000002										
②GR_Rea3-000004										
③GR_Rea3-000006										
④GR_Rea3-000008										
⑤GR_Rea3										

表 2　底模使用 ARM 时虚拟修复效果

模型名称	权重值									
	0.1	0.2	0.3	0.4	0.5	0.6	0.7	0.8	0.9	1.0
①GR_ARM-000002										
②GR_ARM-000004										
③GR_ARM-000006										
④GR_ARM-000008										
⑤GR_ARM										

表 3　实验组 LoRA 模型修复效果统计

基底模型	模型序号	欠拟合权重区间	恰当权重区间	过拟合权重区间	恰当权重区间总数
ReaV3.0	①GR_Rea3-000002	0.1—0.6	0.7—0.8	0.9—1.0	15
	②GR_Rea3-000004	0.1—0.6	0.7—0.8	0.9—1.0	
	③GR_Rea3-000006	0.1—0.4	0.5—0.7	0.8—1.0	
	④GR_Rea3-000008	0.1—0.4	0.5—0.8	0.9—1.0	
	⑤GR_Rea3	0.1—0.4	0.5—0.8	0.9—1.0	
ARM	①GR_ARM-000002	0.1—0.4	0.5—0.7	0.8—1.0	18
	②GR_ARM-000004	0.1—0.4	0.5—0.9	1.0	
	③GR_ARM-000006	0.1—0.4	0.5—0.8	0.9—1.0	
	④GR_ARM-000008	0.1—0.5	0.6—0.8	0.9—1.0	
	⑤GR_ARM	0.1—0.5	0.6—0.8	0.9—1.0	

3 对照组 LoRA 模型训练及结果分析

3.1 数据增强方法简介

数据增强方法是一种根据现有数据样本按照规则生成增量数据的方法,其目的是"使现有数据样本产生等价于更大数据量的价值"[8]。数据增强方法可分为两类:基于传统图像处理方法的数据增强方法,以及基于机器学习技术的数据增强方法。有研究较为全面地总结两类方法及其所包含多种具体操作的优势与不足[9]。结合实际需求,本研究使用几何变换方法进行数据增强。

3.2 模型训练及结果分析

基于完成普遍数据增强的训练集,以 ARM 为基底模型进行训练。训练结束时损失为 0.0818,初步证明训练参数设置合理。训练结束时得到 5 个模型。为测试使用普遍数据增强方法及本研究所述方法训练得到的 10 个模型在不同权重下的虚拟修复效果,使用 x/y/z plot 脚本,在不提供 ControlNet 的前提下,进行同关键词、同随机种子生成实验(表 2、表 4)。

由表 5 结果分析可知,以恰当权重区间总数为评价标准而言,使用数据增强方法得到的模型效果较差。训练得到的 5 个模型中,③具有最佳权重区间,发生欠拟合及过拟合现象的概率最低。该模型优点是:过拟合现象概率显著降低。缺点有三处:一是欠拟合权重区间相较未使用普遍数据增强方法扩大;二是正立面开间数量与输入要求不一致,有概率出现偶数开间现象;三是对于雕花镂空等装饰部位,虽然表现效果较好,但存在修复错位的情况。

表 4 使用普遍数据增强方法时虚拟修复效果

模型名称	权重值									
	0.1	0.2	0.3	0.4	0.5	0.6	0.7	0.8	0.9	1.0
①CT_ARM-000002										
②CT_ARM-000004										
③CT_ARM-000006										
④CT_ARM-000008										
⑤CT_ARM										

表 5 对照组 LoRA 模型修复效果统计

数据集	基底模型	模型序号	欠拟合权重区间	恰当权重区间	过拟合权重区间	恰当权重区间总数
普遍数据增强方法数据集	ARM	①CT_ARM-000002	0.1—0.7	0.8—0.9	1.0	11
		②CT_ARM-000004	0.1—0.7	0.8—0.9	1.0	
		③CT_ARM-000006	0.1—0.6	0.7—0.9	1.0	
		④CT_ARM-000008	0.1—0.5	0.7—0.8	0.9—1.0	
		⑤CT_ARM	0.1—0.5	0.7—0.8	0.9—1.0	

4 结论与不足

综上所述,开展虚拟修复工作时,遵循遗产保护中的各项原则与方法仍是有必要的。针对三线建设时期工人俱乐部建筑而言,在违背"材料原真"原则下,使用

普遍数据增强方法修复效果较差。使用本研究思路训练的模型更具优势,主要有三点体现:一是恰当权重区间范围最广;二是正立面模拟效果较好,具体表现为立面类型合理、高宽比例恰当、材料构成合理。当前阶段模型存在两点共性问题:一是 3 个虚拟修复模型在控

制建筑开间数量上表现不佳,生成结果与输入预期不符的概率较大;二是对特殊装饰的修复效果不佳,在修复图像中表现效果较差,且存在错位等现象。

本研究不足之处在于,对于使用机器学习的数据增强方法探究较少。该方法对于提升修复准确性及特殊部位精确程度是否有效,有待进一步研究。

参考文献

[1] 王晨月.基于深度学习和计算机辅助技术的非遗纹样生成与设计研究[D].上海:华东理工大学,2020.DOI:10.27148/d.cnki.ghagu.2020.000649.

[2] 符伟.基于 Python 与 Grasshopper 的鄂东北地区乡村住宅立面生成研究[D].武汉:华中科技大学,2021.DOI:10.27157/d.cnki.ghzku.2021.006422.

[3] 董佳纬.基于深度学习的文物图像增强和三维重建方法研究与实现[D].银川:宁夏大学,2022.DOI:10.27257/d.cnki.gnxhc.2022.000922.

[4] 袁磊,万涛,徐利权.三线建设遗存建筑的类型与空间特征研究[J].华中建筑,2020,38(11):23-28.DOI:10.13942/j.cnki.hzjz.2020.11.005.

[5] 谭刚毅,高亦卓,徐利权.基于工业考古学的三线建设遗产研究[J].时代建筑,2019(6):44-51.DOI:10.13717/j.cnki.ta.2019.06.011.

[6] 谭刚毅.中国集体形制及其建成环境与空间意志探隐[J].新建筑,2018,180(5):12-18.

[7] 黄丽妍.三线建设时期工人俱乐部空间形态研究[D].武汉:华中科技大学,2021.DOI:10.27157/d.cnki.ghzku.2021.000619.

[8] 冯晓硕,樾沈,王冬琦.基于图像的数据增强方法发展现状综述[J].计算机科学与应用,2021,11(2):370-382.

[9] 范黎.基于生成对抗网络的图像数据增强技术研究及应用[D].杭州:浙江大学,2022.DOI:10.27461/d.cnki.gzjdx.2022.001690.

注释

①RealisticVisionV3.0 主要应用于半写实场景、摄影风格场景及人像生成,是目前 AI 生成领域应用范围较广的基底模型之一。

②Architecture Real Mix 主要应用于多背景条件下建筑及景观场景图像的生成,是目前建筑设计类中应用范围较广的基底模型。

Ⅸ 智慧城市与建成环境的仿真分析

肖奕均[1,2] 苑思楠[1,2]*

1. 天津大学建筑学院；yuansinan@tju.edu.cn
2. 建筑文化遗产传承信息技术文化和旅游部重点实验室

Xiao Yijun[1,2] Yuan Sinan[1,2]*

1. School of Architecture，Tianjin University；yuansinan@tju.edu.cn
2. Key Laboratory of Information Technology for Architectural Cultural Inheritance，Ministry of Culture and Tourism

国家自然科学基金项目(51978441)

新消费时期城市商业设施空间布局演变特征及驱动机制研究
——以天津市中心城区为例

Urban Commercial Facilities Spatial Layout Evolution During New Consumption Phase：A Tianjin Downtown Case Study

摘 要：商业是城市功能的重要组成部分，研究城市商业设施对满足居民消费需求和优化城市空间布局具有重要意义。本研究探究了天津市商业设施空间布局的动态演变过程，并分析了其驱动因素；基于2015年、2018年、2021年的POI数据，通过核密度分析，研究描述了餐饮、购物、住宿、休闲娱乐和生活服务等方面商业设施的空间分布和城市整体商业设施空间聚集。结果表明，天津市商业设施空间布局多核心发展趋势不断增强，在空间形态上逐渐由点轴向块状形态演化；各要素对商业设施聚集的驱动作用呈现较大差异，其中宏观经济条件、城市建成环境影响显著。这些研究结果为优化天津市的城市规划和资源配置提供了有益参考。

关键词：城市商业设施；空间演变；驱动机制

Abstract：This study explores the dynamic evolution of commercial facilities' spatial arrangement in Tianjin and identifies key driving factors. Using POI data from 2015，2018，and 2021，we examine their distribution in various sectors. The findings reveal a strengthening multi-core development trend，transitioning from point-like and axis-like structures to block-like formations. Notably，macroeconomic conditions and the urban built environment significantly influence the agglomeration of commercial facilities. These insights have crucial implications for optimizing Tianjin's urban planning and resource allocation.

Keywords：Urban Consumption Vitality；Spatial Evolution；Driving Mechanism

商业是城市功能的重要组成部分之一，研究其空间布局对于满足居民多样化的消费需求和促进城市经济发展具有重要意义[1]。2015年11月，国务院印发《关于积极发挥新消费引领作用加快培育形成新供给新动力的指导意见》，首次提出"新消费"概念，不断推进消费升级，为城市商业发展提供了新的机遇[2]。城市商业设施的布局一直是城市地理学和城市规划学领域的重要研究课题。国外学者早已开始对此进行研究，对商业中心等级划分[3]、商业布局影响因素[4]等方面进行了实证研究。改革开放以来，我国学者对城市商业设施的空间集聚和布局理论进行了广泛的实证研究。其中，对商业设施的空间布局现状和机理的研究较为广泛[5]。随着大数据时代的到来，许多学者开始利用城市商业设施相关的大数据展开一系列研究。这些研究主要集中在利用手机信令数据[6]、POI数据[1]等，进行城市商业中心和商业网点的识别，有研究对商业网点布局所受的因素影响进行了定量分析[7]。同时，也有学者关注到新消费时期城市商业设施的变化，对虚拟消费空间及实体消费空间在新消费时期的发展做出了研究[8-9]。

然而,目前关于城市商业设施布局的动态演变特征的研究相对较少,从其演变特征探讨驱动机制的研究较为有限。2021年,国务院批准了包括天津在内的5个城市率先开展国际消费中心城市的培育建设,为天津市商业发展带来了新的契机。因此,研究天津市2015年至2021年的商业设施布局演变机制,对于新消费时期的政府决策和城市规划具有重要意义。本研究以天津市区为研究对象,通过三个时间点的POI数据,探究新消费概念提出以来天津市区商业设施布局的动态演变与驱动因素。旨在为城市规划和管理决策提供科学依据,促进城市经济活力和社会可持续发展的实现。

1 研究区域及数据

1.1 研究区域

天津市是我国的直辖市和重要的经济中心之一,其由16个市辖区组成,包括6个中心城区(和平区、河西区、南开区、河东区、河北区、红桥区),总面积为301.9平方千米。天津市中心城区作为天津市城市核心地带,聚集了大量商业、文化、休闲和生活服务设施,拥有丰富的消费场所和活动。2020年天津市主城区常住人口约为405.72万,占天津市总人口的29.26%。本文以天津市中心城区(图1)为研究对象,具有典型性和代表性。

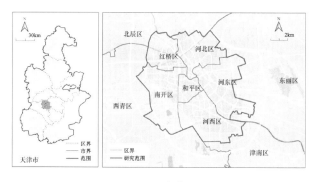

图1 研究范围

1.2 研究数据

本研究使用的数据主要分为两类:第一类是POI数据,研究使用Python工具获取了高德地图的POI数据,并对原始数据进行清洗和重分类,最终筛选出2015年113263条、2018年137252条和2021年152345条有效数据,这些数据包括店铺所属类别信息及基本地理位置信息。第二类是社会经济数据,其中研究区域人口数据来自WorldPop人口栅格数据、房价数据获取至安居客网站(Anjuke.com)、道路矢量图数据来自OpenStreetMap(OSM)网站。为了便于数据处理和变

量汇总,研究构建了覆盖研究区域为边长300 m的网格,并通过空间叠加分析赋予数值,以更好地反映商业设施的分布异质性。

2 研究思路与方法

2.1 研究思路

本研究主要从城市商业设施的空间格局和影响因素两方面探讨天津市城市商业设施空间的演化。通过获取2015年、2018年、2021年三年的POI截面数据,利用地理信息系统(GIS),研究从餐饮、购物、生活服务、休闲娱乐、住宿服务五个方面详细分析了不同年份城市不同区域的商业设施布局变化,并综合计算了城市商业设施密度。在此基础上,研究利用地理探测器方法,从宏观经济条件、建成环境条件、交通服务能力、公共服务能力四个侧面选取了对影响城市商业设施演变的10个驱动因素进行了探究,探讨它们在不同年份对城市商业设施的影响程度和方式。

2.2 研究方法

2.2.1 核密度分析

核密度分析是一种常见的空间统计方法,用于测量点数据在连续表面上的密度分布。它将每个观测点视为一个核心,并通过核函数对各个核心周围的空间进行平滑处理,得到连续的密度表面显示不同区域的事件密度分布情况,核密度分析提供了有关现象的空间集中和分散性的洞察[10]。本研究采用核密度分析法,探究了天津市中心城区商业设施的空间分布和聚集特征。

2.2.2 地理探测器

地理探测器是一种强大的空间统计分析工具,其基于空间叠加和获取地理信息的原理,通过测量不同影响因素对地理现象的影响程度,揭示多因素驱动差异背后的综合交互特征。地理探测器能更加准确地解释地理现象的空间分布和异质性,在研究地理现象的差异化和因子探测方面具有广泛应用[11]。本研究采用地理探测器方法,探讨不同影响因素在不同年份对天津市中心城区城市商业设施分布的影响程度和方式。

3 城市商业设施空间布局演变过程

研究采用ArcGIS 10.6对天津市中心城区的商业设施进行了核密度分析。研究对2015年、2018年和2021年五类服务设施类别进行核密度分析,并将五类服务设施加总计算了相应年份的商业设施空间密度分布图(图2~图4)。对比不同年份的核密度分布图,可以观察到天津市中心城区商业设施空间布局的演变过程。

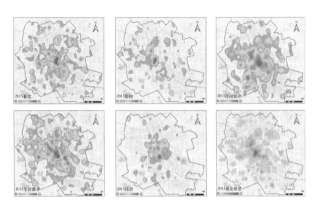

图 2　2015 年天津市中心城区商业设施空间格局

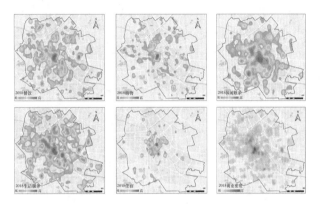

图 3　2018 年天津市中心城区商业设施格局

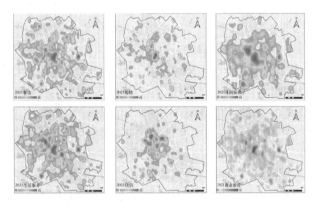

图 4　2021 年天津市中心城区商业设施格局

在 2015 年,城市商业设施主要集中在以和平区为代表的城市核心区域,并围绕其向外扩散。至 2018 年,城市商业设施空间分布开始跳出单中心模式,鼓楼商圈的聚集程度显著增强,同时河东区也形成了新的商业中心,初步形成了多点聚集的特征。到 2021 年,天津市中心城区的商业设施空间呈现出"多核心连面"的格局。和平区仍是最核心的商业设施区域,次级核心区域包括鼓楼、河东万达和体育中心附近区域。

从空间形态上看,天津市中心城区的商业设施空间分布初始阶段主要呈现点轴空间模式,以海河为轴线,形成西北—东南的空间聚集形态。随着时间的推

移,空间形态逐渐由点轴模式演化为块状模式,分散的块状通过交通联系逐渐合并成面状。城市商业设施布局的扩张趋势主要依赖于商业综合体、轨道交通站点和街道社区等的集聚,并逐渐向外扩散。

4　城市商业设施空间布局演变驱动因素

4.1　指标选择

通过文献研究结合天津市实际发展情况,研究确定了宏观经济条件、建成环境条件、交通服务能力和公共服务能力四个主要影响方面。宏观经济条件使用房价和人口密度来表征,形成环境条件(包括建筑覆盖率和建筑容积率),交通服务能力通过道路路网密度和交通服务设施密度来表示,公共服务水平则通过科教文化设施密度、医疗卫生服务设施密度和景点密度来表示。本研究以 2018 年为例,使用 ArcGIS 10.6 对选取的指标数据进行离散化处理,具体见图 5。然后,利用地理探测器软件计算离散数据的各影响因子在不同年份对天津市中心城区商业设施布局的解释力(q 值),如表 1 所示,以揭示不同指标因素对商业设施空间布局的影响程度。

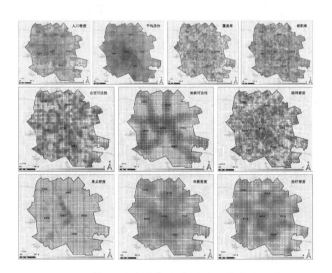

图 5　2018 年天津市城市消费驱动因素离散分布图

4.2　驱动因子探测结果

宏观经济条件上,人口和房价对于区域商业设施空间布局的影响一直处于较高水平,人口始终是第一影响要素,且随着时间的推移,其影响程度呈现加强趋势;房价一定程度上代表了区域消费能力,房价的持续攀升意味着房产(资产)的增值。房价对于商业设施聚集的影响力增加也说明天津市区房产拥有者的财富效应增强。

建成环境方面,建筑覆盖率和容积率对于城市商业设施布局的影响也有显著提升,建筑覆盖率的影响

力增加可反映出城市发展和建设的进展。区域建筑容积率至2021年变化最为重要的影响因素之一,侧面反映出商业设施的增长显著依赖高密度居住和商业环境。

交通服务能力方面,公交可达性对于区域商业密度的影响保持稳定,地铁可达性对区域商业密度的影响程度有所减弱,这可能与天津市市区地铁建设速度较慢、既有线路对于商业设施新增的刺激已达饱和有关,而其对于道路密度的依赖度则有所增加。

公共服务水平方面,医疗卫生设施密度、科教文化设施密度和风景名胜密度对城市商业设施的影响程度均有所下降。侧面说明城市商业设施空间不再聚集于大学、大型文化设施、大型医院附近区域,城市发展以及资源配置更加均衡,这也与天津市商业设施空间的多核心格局的形成相一致。

表1 天津市中心城区商业设施空间布局的影响因子解释力(q值)

年份	人口	房价	建筑覆盖率	容积率	公交可达性	地铁可达性	道路密度	医疗密度	景点密度	科教密度
2015	0.3086**	0.2857**	0.1534**	0.2431**	0.1988**	0.2117**	0.1709**	0.2976**	0.2774**	0.2821**
2018	0.3341**	0.3155**	0.2014**	0.2850**	0.1992**	0.1553**	0.1735**	0.2957**	0.2340**	0.2727**
2021	0.4010**	0.3213**	0.2158**	0.3263**	0.2191**	0.1750**	0.1975**	0.2660**	0.2096**	0.2446**

5 结论

本研究旨在探究天津市中心城区商业设施的空间演变格局和驱动因素。通过对2015年、2018年、2021年三年截面POI数据的ArcGIS分析和地理探测器分析方法应用,得到以下主要结论:①2015年至2021年,天津市中心城区的商业设施分布从单一中心点转变为多核心连面,聚集区域范围扩大,形成多点分布格局。②影响商业设施布局的主要驱动因素包括人口增长、房价上涨、高密度建筑环境、便捷的交通和公共服务设施。公共服务水平对商业设施布局的影响逐渐下降,城市商业设施不再集中于特定区域。本研究也存在局限性,未来应引入更多维度的指标,以全面揭示城市商业设施布局的演变规律。总体而言,本研究为深入理解城市商业设施布局的空间演变提供了有益信息,使城市规划和资源配置决策具有意义。

参考文献

[1] 李伟,黄正东.基于POI的厦门城市商业空间结构与业态演变分析[J].现代城市研究,2018(4),56-65.

[2] 毛中根,谢迟,叶胥.新时代中国新消费:理论内涵、发展特点与政策取向[J].经济学家,2020(9),64-74.

[3] HUFF D L. A probability analysis of shopping center trade areas[J]. Land Economics,1963,39(1):81-90.

[4] POTTER R B. Correlates of the functional structure of urban retail areas: An approach employing multivariate ordination.[J]. Professional Geographer. 1981,33(2):208-215.

[5] 王德,王灿,谢栋灿,等.基于手机信令数据的上海市不同等级商业中心商圈的比较——以南京东路、五角场、鞍山路为例[J].城市规划学刊,2015(3):50-60.

[6] 于伟,王恩儒,宋金平.1984年以来北京零售业空间发展趋势与特征[J].地理学报,2012,67(8):1098-1108.

[7] 高岩辉,杨晴青,梁璐,等.基于POI数据的西安市零售业空间格局及影响因素研究[J].地理科学,2020,40(5):710-719.

[8] 梁怡欣,叶强,赵垚,等.互联网时代城市隐形消费空间格局与影响因子——以长沙市为例[J].热带地理,2023,43(4):707-719.

[9] 王晓丽.新消费趋势下中小型零售业态升级研究[J].商业经济研究,2020(15):28-31.

[10] XIE Z, YAN J. Kernel Density Estimation of traffic accidents in a network space[J]. Computers, Environment and Urban Systems, 2008,32(5):396-406.

[11] 王劲峰,徐成东.地理探测器:原理与展望[J].地理学报,2017(1):116-134.

李宇彤[1]　孙洪涛[1*]

1. 沈阳建筑大学;545451043@qq.com,263459218@qq.com*

Li Yutong[1]　Sun Hongtao[1*]

1. Shenyang Jianzhu University;545451043@qq.com,263459218@qq.com*

基于"智慧城市"的老工业区更新设计
——以沈阳市大东区沈海热力厂更新设计为例

Thinking on the Renewal Design of Old Industrial Areas Based on "Smart City Theory": Taking the renewal design of Shenhai Thermal Power Plant in Dadong District, Shenyang City as an Example

摘　要:城市快速发展使得老工业区演变为失落空间,其搬迁与改造逐渐纳入城市总体规划。本文针对老工业区给城市带来的问题及其更新难点,将"智慧城市"理论应用于更新设计。基于"智慧城市"的技术与创新内涵,提出"生态——空间"智慧更新策略,促进工业结构转型。最终,以中观视角下的沈阳市大东区沈海热力厂片区更新设计为例,结合建成环境的仿真分析,具体阐述了智慧城市理论对老工业区更新设计的建设作用。

关键词:智慧城市;绿色低碳;城市更新;空间转型;仿真分析

Abstract: The rapid development of the city has transformed the old industrial area into a lost space, and its relocation and transformation are gradually incorporated into the overall urban planning. Aiming at the problems brought by old industrial areas to cities and their renewal difficulties, this paper applies the theory of "smart city" to renewal design. Based on the technology and innovation connotation of "smart city", this paper puts forward the "ecology-space" smart renewal strategy to promote the transformation of industrial structure. Finally, taking the renewal design of Shenhai Thermal Power Plant Area in Dadong District, Shenyang City from a meso perspective as an example, combined with the simulation analysis of the built environment, the construction role of smart city theory on the renewal design of old industrial areas is specifically expounded.

Keywords: Smart City; Low Carbon; Urban Renewal; Spatial Transformation; Simulation Analysis

工业遗产一词兴起于《下塔吉尔宪章》,重点阐述了"建筑结构所处城镇与景观""物质与非物质表现"等。这也引导着城市决策者和规划者将工业遗址区的更新问题视为一个城市综合性问题去对待,而非单纯的厂区内部物质转变之思路能予解决[1]。因此,推进城区老工业区搬迁改造工程,成为城市总体规划重点;如何发挥工业遗址与城市空间、环境的相互作用力,增加内部联系,成为重中之重。

1　国内老工业区更新问题及相关研究

受历史因素制约,我国工业遗址更新始于20世纪90年代,快速扩张的城市建设使得更新行动起步较晚。进入21世纪,工业区更新的研究范畴延伸到多学科多角度,更注重工业区广义的物质更新,另外后工业景观、工业遗产保护、区域经济学、生态学等范畴的研究都被囊括进来[2]。工业遗址改造被定义为城市的另一种重生。

1.1　国内老工业区更新面临的主要问题

早期的工业更新通常作为城市更新的主要内容,多以对物质功能简单化更新为主,基本做法是大规模拆除工业建筑设施、转换用地性质等。在"拆旧建新"的机械化更新模式下的"千城一面",城市的场所精神与依附感严重缺失,给社会经济、文化、生活等方面带来了种种弊端,也反映出国内老工业区更新面临的问题(表1)。

1.2 国内老工业区更新改造研究

国内老工业区更新的相关研究建立在国外相关理论的引入及国内研究理论和实践基础之上。1964年,哈普林确立了"建筑再循环"理论,提出工业遗址与活跃社会生活相融合的复兴方式。2020年,我国大中型城市逐渐进入"再城市化"阶段,工业遗存更新利用成为重要实践对象之一。基于工业区更新的相关研究,有王建国《城市产业类历史建筑及地段的改造再利用》(2001)等,我国旧工业区更新已取得颇多实践范例(如首钢工业区、上海红坊更新设计、长春水文化生态园等的更新)。

表1　国内老工业区更新面临的主要问题

方面	主要问题	解决策略
经济	自身利益与区域效益	有效利用有限城市资源实现旧工业区的经济效益的复兴
文化	价值评估过于"建筑化"	重视厂区所具备的种种非物质特性(如场所精神、工业文化等)
社会	改造方式与城市需求脱节	工业遗产需满足城市的内在需求进行功能改造,获得长期的发展和认可
环境	环境治理与土地利用问题	土壤修复、水体治理和大气污染控制等方面的技术研究

2 工业区的"智慧"更新

国内现有的老工业改造方式多聚焦于产业结构转型,很难综合解决遗留问题(表1)。"智慧城市"强调城市的智慧化理念模式,为老工业区的更新提供创新性的思路与途径。

2.1 "智慧城市"的技术与创新内涵

"智慧城市"理念在创立之初强调以物联化、互联化和智能化的信息技术为先导来改变城市,推动经济转型升级[3]。如今,"智慧城市"呈现出一种崭新的城市形态,从技术与社会发展,进行"以人为本"的可持续创新和智慧发展。国内学者骆小平在《智慧城市的内涵》一文中,将其基础特征归纳为以下四点:全面透彻的感知、宽带泛在的互联、智能融合的应用以及以人为本的可持续创新。

2.2 基于"空间—生态"的工业区智慧构成与设计

工业遗产改造是中国城市发展转型的重要阶段。从工业时代到后工业时代,建筑师的工业遗产更新改造任务不止于重现历史风采,更要解决从"工业"到"遗产"的衰退性问题。工业遗址区作为组成城市记忆的重要元素,具有诸多可智慧化特征。基于老工业区两大突出问题——大尺度空间形态以及衰败的城市环境,打造智慧空间和智慧生态,可分层进行设计(如智慧交通、智慧产业、智慧文化、智慧建筑、智慧生态环境等),最终实现整个片区的智慧运营。

3 沈阳市大东区沈海热力厂工业区更新设计

在经济快速发展条件下,老工业基地落下帷幕,其残留在市中心的问题和矛盾逐渐暴露,更新和改造成为历史必然。本文所研究的沈阳市大东区沈海热力厂,属于狭义的旧工业范畴,其更新设计技术路线如图1(a)所示。

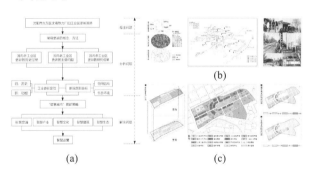

图1　沈阳市大东区沈海热力厂工业区更新设计策略
(a)大东区沈海热力厂更新设计技术路线;(b)沈海热力厂用地现状及分析;(c)沈海热力厂用地规划更新设计

3.1 现状分析

沈阳市大东区沈海热力厂片区面积约1.1535平方千米。通过中观层面大数据分析及切身实地调研,对基地现状问题进行分析及总结,主要体现在以下几个方面。

3.1.1 城市肌理杂乱无序,公共空间活力缺失

人口增加、城市边界外拓,新的建筑类型不断"嵌入"工业区空隙,导致城市肌理破碎无序、土地利用率低、建筑质量差。同时,地块内公共空间多由建筑界面围合而成,形态普遍狭小冗长,开放度低,闭塞消极。人口热力核密度与水文绿地分析图暴露出严重的空间活力缺失问题,与周边活力圈形成鲜明对比[图1(b)]。

3.1.2 空间形态脱离需求,本土生态系统薄弱

沈海热力厂迎来异地搬迁。工业冷却塔的庞大体

积对空间产生阻隔，难以建立高质量、高密度的大规模公共空间，脱离本土需求。重工业发展以生态透支为代价：工业时代的大量碳排放，需要绿地去中和；而后工业时代因绿地的稀缺，导致环境中的碳无法被吸收，两者间矛盾在发展中越演越烈(图2)，生态系统岌岌可危。

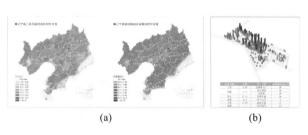

图2　2017年辽宁省及地块碳排量分析
(a)2017年辽宁省碳排放与固碳量对比分布图；
(b)场地现有碳排放量
(图片来源：作者自绘；数据来源：中国县级碳排放清单)

3.2　智慧城市设计

保证其局部用地总量不变，制定新的建设容量[图1(c)]；空间结构更新为"一心、一带、四轴、六区、一环"(图3)，分区置入"空间——生态"智慧因子，利用仿真技术建立良好风环境[图1(b)]，重现厂区活力。

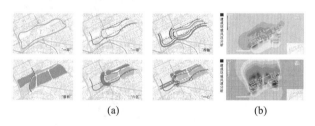

图3　沈阳市大东区沈海热力厂更新设计仿真分析
(a)基于"智慧城市"的沈海热力厂更新设计；
(b)建成环境风环境模拟仿真分析

3.2.1　智慧交通

保留原始肌理韵律，更新路网结构，提升街区可达性。智慧交通使城市街道具有时空维度的感知、互联、预测等功能，维护公共出行安全，为交通系统的可持续运转提供保障，下面主要从人行、车两大需求展开分析。

人行需求：①人车分流，保障出行安全。提倡绿色出行，步行优于骑行，骑行优于车行。②四条轴线汇聚一心，形成以绿地公园为核心的立体步行体系(架设空中慢行道及地面骑行道)。③交互设计介入城市步行广场，利用虚拟现实(VR)、虚拟增强(AR)等技术，通过5G网络实时生成运动数据报告，提升街道活力。

车行需求：①在车行道路上，定点安插新型传感器、智能交通标志、应急指示牌等对道路实时监控，利用人工智能和大数据，将物理基础设施信息实时同步至软件基础设施，形成"云出行"体系，保障驾驶人的出

行和安全。②采用智能道路。首先，通过光伏与道路材料一体化设计，打造太阳能电动优先车道，让智能电动汽车在使用道路时自动充电；其次，将道路与市政设施结合，极端天气时通过网络控制、自身发电运转系统作出相应。③工业的运转依托于物流运输。依据工业需求及交通流线，在厂区内设置独立的人工运输、自动运输流线，并保证运输中所需的技术工具可以快速地从所在地移动到所需地。④无人机监测。充分发挥无人机的机动性和高可见度优势，可机动的覆盖拥堵路面调节车流，并对周边停车区域监测，帮助车主预留未使用车位。智慧片区更新设计效果图见图4。

图4　智慧片区更新设计效果图
(a)智慧更新设计效果图；(b)智慧片区漫游路径及节点设计

3.2.2　智慧产业

基于物联网、云计算、移动互联网、大数据等新一代核心信息技术，打造高精尖智慧产业园，引入智力密集型产业、技术密集型产业以及高精尖研发总部大楼等。更新产业占比从而实现人才引进，增加片区活力。并配备商业娱乐区、商务办公区、居住示范区、教育科研区、城市绿心公园等，充分满足后疫情时代的物质生活条件与需求。应对突发情况，既可独立封闭，又能自给自足。

3.2.3　智慧文化

从工业遗址到绿色碳汇系统，将工业遗址智慧升级，打造现代化工业记忆纽带。采用可再生能源技术对工业元素进行改建，将过去高污染高能耗的烟囱和冷却塔改造成无污染可固碳的碳捕集装置，利用数字技术实时呈现固碳数据，弘扬绿色低碳文化理念；利用虚拟现实(VR)、虚拟增强(AR)，让人群交互式虚拟漫游感受工业历史文化的新旧对比。①互动式生态还原。改变冷却塔内部结构植入绿植，赋予玻璃立面，形成天然绿色温室。二氧化碳浓度通过半导体元件影响玻璃体块的夜间色彩效果，警醒人们碳排放危害。②碳捕集装置。该装置用于二氧化碳的吸收、储存与运输。二氧化碳通过可滤式外表皮靶向吸收至内部固碳装置，再通过智慧管道输送至地下，进行永久性固碳封存(原理如图5所示)。

3.2.4　智慧建筑环境

①光伏建筑一体化(BIPV)。沈海热力厂改造后，光伏发电系统的安装面积高达30000平方米，每年可产出约300万kW·h的电能，可减少同等化石能源燃

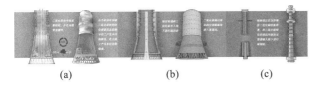

图 5　工业遗址智慧文化式改造原理示意图
(a)冷却塔改造成天然的绿色温度:吸收 CO_2、释放 O_2;
(b)冷却塔改造成碳捕集装置:吸收 CO_2＋储存＋运输;
(c)烟囱改造成碳捕集装置:吸收大气 CO_2＋储存＋运输

烧产生的约 3000 万吨碳排放量。②智能建筑表皮。将建筑固碳技术与装配式技术相结合,打造可标准化大量生产的拆卸式固碳混凝土表皮。通过表皮材质(采用高恢复力、高耐久力和低能耗的无机建筑材料)与空气中污染物(CO_2、SO_2 等有害物质)产生复合反应的,并将立面轻薄化处理从而大幅度增加自然光的投射,减少电灯能耗,打造良好的城市固碳界面,保证环境的可持续发展;拆卸下来的混凝土表皮可再次通过混凝土回收再利用技术形成再生混凝土,再一次降低建造成本、提高环境收益,大力缓解了建筑业材料生产的环境压力。③建筑内部环境舒适度。在更新改造过程中将建筑外门窗玻璃全部置换为 Low-E 玻璃,同时搭配由工厂一体化成型的活动百叶外遮阳和南向双层窗中置遮阳装置,同时实现遮阳、采光和通风的效果,构建建筑内部高效节能窗系统。④建筑外部环境舒适度。创造公共开放空间(如城市步行广场、公园绿地、滨水空间等),加入智能导视系统、智慧跑到系统、新型传感系统等,主动对城市感知分析做出响应,提升公共安全与舒适度。

3.2.5　智慧生态环境

①为改善城市片区空气质量,结合沈阳区域的风况,在片区内构建了基于生物多样性的绿化群落,结合中水、雨水系统对绿地灌溉。置入地带性物种为核心的多样化绿化植物品种;构建适宜的复层绿地群落,恢复和重建城市近自然群落[4]。管理员通过远程控制系统对其监控管理,并为每种植株配备 AR 展示,增加人与自然的交互感知。②屋顶绿化与垂直绿化。减少夏季积聚的热量,增加冬季热量保持;提高城市绿化覆盖面,创造空中景观;吸附尘埃、减少噪音,改善环境质量;减少城市热岛效应,发挥生态功效,节约能源消耗。绿植包裹建筑形成植生墙,阻隔热量效果胜于传统阴影遮盖,约降低 25% 的能耗。③场地外延的三角地带结合冷却塔形成具有时间维度的可变化性的固碳试验场。采用无机固碳材料吸收 CO_2,承载美学需求(如通过材料配比和外观设计营造混凝土独特的装饰性,如彩色混凝土或添加废玻璃骨料、酸碱指示剂等)。通过表皮颜色和质感变化直观感受混凝土碳化过程,利用智能装置监测动态反应。

3.3　智慧运营

①智慧应急。建设应急智能感知体系,提供精准的救援决策与高效的指挥协同。②智慧城管。建设智慧化感知体系,打造城管业务场景闭环,建设赋能型基础支撑。③智慧环保。在片区内建立自动化感知、预警、分析和资源调度应用体系,维护公共卫生、保护环境、监测气象等,实现全流程改造,推动环保转型升级。

最终,搭建共享信息技术,构建沈海街道云平台,囊括智慧应急、智慧城管、智慧环保、智慧交通、智慧文化、智慧产业、智能建筑、智慧环境等要素(图 6),实现智慧运营。云数据库成果可植入当下以信息电子化为特征的规划管理中,与法定城市规划工作做到实质性的有效衔接[5]。

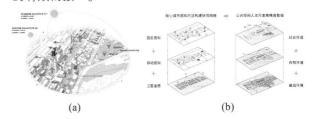

图 6　智慧建成环境与云平台搭建
(a)城市绿色生态网络构建;
(b)多元感知数据主动获取与接入云平台

4　总结

对于智慧城市的建设不应该只是技术产品的使用,而更应该以人为本,结合智慧技术,增加人群的归属感、参与感,增强城市的智慧服务,为未来生活提供载体。沈海热力厂的更新秉持"保护工业文化、打造智慧城市、焕发健康活力"的设计理念,充分展现了工业建筑可持续利用设计,让一个传统工业文明的老工业基地成功转型。基于"空间—生态"的智慧城市更新策略,诠释了智慧建筑新内涵,为老工业城市的区域更新注入新动能。

参考文献

[1]　阎波,苏锐.基于"城市触媒"的工业遗址区更新思考[J].福建建筑,2014,191(5):1-4.

[2]　岳朗.黄石市西塞山沿江旧工业区更新策略研究[D].广州:华南理工大学,2015.

[3]　于英,高宏波,王刚."微中心"激活历史文化街区——智慧城市背景下的苏州悬桥巷历史街区有机更新探析[J].城市发展研究,2017,24(10):35-40.

[4]　张恩嘉,龙瀛.空间干预、场所营造与数字创新:颠覆性技术作用下的设计转变[J].规划师,2020(21):5-13.

[5]　范丽娅,张马健,徐梦玲.探究智慧城市视角下旧城区开放空间有机更新的设计对策——以江西省核工业 260 厂区为例[J].华中建筑,2023,41(5):101-104.

张巧昀[1]　孙洪涛[1]*　李家茜[1]　文姝[1]

1. 沈阳建筑大学建筑与规划学院；sunhongtao328@126.com

Zhang Qiaoyun[1]　Sun Hongtao[1]*　Li Jiaxi[1]　Wen Shu[1]

1. School of Architecture and Planning, Shenyang Jianzhu University；sunhongtao328@126.com

2022 年度辽宁省教育厅基本科研重点攻关项目(LJKZZ20220079)

基于数字技术的城市形态雨洪韧性分析与优化策略研究
Urban Form Stormwater Resilience Analysis and Optimization Strategy Research Based on Digital Technology

摘　要：全球气候变化导致暴雨洪涝事件频发，应对雨洪灾害的韧性城市成为当下抵御和适应城市灾害风险的研究和实践热点。本文通过 CiteSpace 工具对国内外文献进行可视化分析，深入了解当前雨洪韧性及城市形态韧性的热点演进。并通过对既有文献的整理与研究，建立城市形态雨洪韧性的分析框架，从自然基底层、城市网络层以及城市占用层三方面提出城市形态优化策略，为我国城市形态的雨洪韧性提升研究与实践提供具体的参考和指导。

关键词：城市形态；雨洪韧性；优化策略；数字技术

Abstract：Global climate change leads to frequent rainstorms and floods, and resilient cities in response to rainstorms and floods have become a focus of research and practice to resist and adapt to urban disaster risks. In this paper, CiteSpace tool is used to visually analyze domestic and foreign literatures to gain an in-depth understanding of the current hotspot evolution of stormwater resilience and urban form resilience. Through the collation and research of existing literature, an analysis framework of urban form stormwater resilience is established, and urban form optimization strategies are proposed from three aspects: natural base layer, urban network layer and urban occupation layer, providing specific reference and guidance for the research and practice of stormwater resilience improvement of urban form in China.

Keywords：Stormwater Resilience；Urban Form；Optimization Strategy；Digital Technology

全球气候变化导致暴雨洪涝灾害事件频发，人口增长和快速城市化的相互作用加剧了城市系统抵御自然灾害的脆弱性，严重制约城市的健康安全与可持续发展。韧性城市成为当下抵御和适应城市灾害风险的研究和实践热点，目前缺乏在城市形态领域方面的研究。基于此，本文通过文献计量法，对国内外雨洪韧性城市研究文献进行可视化分析，揭示该领域的研究热点及趋势，并梳理城市形态雨洪韧性的评价分析框架及优化策略，以期为我国应对雨洪灾害的城市形态韧性研究提供借鉴和参考。

1　雨洪韧性城市形态研究热点演化

1.1　基于聚类的国内外研究热点分布

1.1.1　数据来源及技术手段

本研究文献来源于 2010—2023 年的中国知网数据库和 2000—2023 年的 Web of Science 核心数据库。

中文检索主题为"韧性""城市""城市形态"。英文检索主题参考 Sharifi[1] 的检索策略，检索查询与城市形态要素、灾害类型、灾害不同阶段以及韧性特征有关的搜索字符串的组合，经简化后最终使用检索式 TS＝（"urban form" AND "resilien*"）、TS＝（"urban design" AND "resilien*"）和 TS＝（"urban morphology" AND "resilien*"）。笔者对检索文献进行进一步检查，剔除相关非学术性论文，最终得到中文文献 769 篇，外文文献 581 篇。

本研究借助 CiteSpace 文献计量软件分别对中英文韧性城市研究文献进行可视化分析，通过发文量趋势、研究机构合作网络揭示该领域研究的总体规律，通过关键词网络、关键词聚类揭示韧性城市研究的热点及知识组群，以揭示韧性城市研究的发展脉络和趋势。本部分研究借助 CiteSpace 软件以关键词作为节点，每 1 年为 1 个时间片段，绘制国内外韧性城市研究关键词共现的时间分区图。

1.1.2　国内研究热点分布

图 1 展示了 2014—2023 年热点关键词的时间变化趋势。我国城市规划领域于 2014 年首次出现了对韧性的思考；2015 年，"韧性城市"的研究成为热点，并将韧性理论与城市规划相结合；2017 年，"气候变化""防灾减灾"等成为韧性城市的研究热点，当时我国的韧性城市研究在尺度上变得更加精细化。2020—2023 年，现有研究对"暴雨内涝""评价方法"等进行更深入的探索，并在防灾减灾领域引入人工智能。由图 1 可见，国内现有雨洪韧性城市研究尺度较为单一，缺乏多尺度协同下的城市雨洪灾害的韧性防控规划方法。

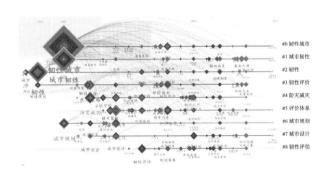

图 1　国内韧性城市关键词时区图谱

1.1.3　国外研究热点分布

图 2 展示了 2000—2021 年热点关键词的时间变化趋势，圆圈由小到大表示被引频次由低到高，颜色由浅到深表示中心性由低到高，将关键词进行聚类分析，得到 9 个聚类。2013 年，"气候变化"（climate change）成为韧性城市的研究热点，且具有高中心性，研究热度持续至今。随后到 2018 年，又爆发了具有高中心性的研究热点——"热岛"（heat island），之后减少灾害风险成为国外研究热点。由图 2 可见，国外雨洪韧性城市研究主要针对适应雨洪风险所带来的灾害，并侧重于韧性理念指导下的设计实践，与之最直接相关的就是对水系统的控制，且关注的维度较为多元（包括社会、组织等多重维度），针对城市形态要素的单一维度研究较少。

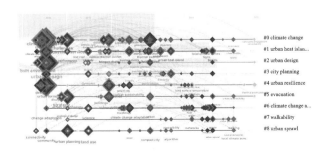

图 2　国外韧性城市关键词时区图谱

1.2　雨洪韧性热点演化

"韧性"原为物理学的概念，表示材料在塑性变形和破裂过程中吸收能量的能力。后于 1973 年被生态学家霍林（Holling）引入生态学，并逐渐发展出工程韧性、生态韧性、演进韧性等一系列韧性概念。到 20 世纪 90 年代后期，韧性概念被引入城乡规划领域，学者开始关注城市应对灾害风险和气候变化的韧性。而雨洪韧性的提出是基于单一类型的灾害源，是城市韧性实践研究的一个分支，其核心区别于传统防御型治水模式，强调应对内涝、洪涝等极端水灾害的抵抗、适应、恢复和自我学习的能力，代表城市有荷兰、巴黎等[2]。

目前，韧性城市的研究主要集中在理论框架、评价方法以及提升策略三个方面。其中，现有雨洪韧性研究偏重于提升策略，并且主要集中在规划、景观学专业领域，以及水利相关领域、灾害预测监控的电子信息领域以及提供组织管理服务的社会学领域等[3]。现有雨洪韧性的评价研究通常是结合社会、经济、人文等多维度展开，缺乏对单纯物质空间形态应对城市不确定性扰动能力的深入探究，存在一定的局限性。

1.3　城市形态韧性热点演化

21 世纪 10 年代学者埃亨（Ahern）等提出了将韧性理论应用于城市设计实践的具体框架形式，自此韧性概念开始将韧性应用于城市形态要素的具体设计中。谢里菲（Sharifi）聚焦不同城市形态要素，分别从宏观、中观和微观层面建立起韧性城市形态要素之间的关联[4]。

城市形态韧性属于城市韧性中的物理维度，主要关注不同的形态组件（如街道网络、街区、地块和建筑）的物理属性，以及如何通过设计增强其韧性潜力[5]。综合现有研究，可将城市形态韧性定义为：在社会、经济和环境不断发展变化的情况下，城市形态通过推动城市经济发展、体现公共利益、改善健康状况，提高城市吸收、恢复、适应不确定性扰动，保证城市的生存、繁荣和持续发展的能力。

城市形态韧性以韧性理论中的复杂适应理论（CAS）为基础，解释了城市系统在时空尺度上的动态运行过程（图 3）。大尺度的城市系统为小尺度的规划设计提供背景和指导，小尺度的城市系统向上推动大尺度的城市系统的适应性转变，进而影响着城市形态的演变[6]。

2　城市形态雨洪韧性分析框架构建

2.1　雨洪韧性指标选取

不同学者对韧性特征的分类方式各有不同，但查找雨洪灾害相关文献中所提及的韧性特征都包含冗余

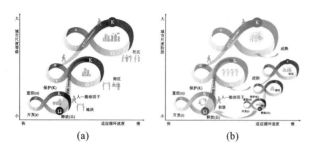

图 3　时空尺度下的韧性城市动态演进
(a)城市系统各个层次扰沌示意图;
(b)城市各个发展阶段扰沌模型示意图

性、多样性、连通性、适应性、模块化等特征。本研究选取多样性、连通性、适应性作为城市形态雨洪韧性分析中的韧性特征属性。多样性是城市韧性的核心特征,其通过增强冗余来提升城市系统的稳定性。连通性可用来描述城市系统在不同尺度上节点间相互连接的便利程度[7]。适应性强调系统通过减轻灾害威胁并抓住机会响应变化的能力。

2.2　城市形态指标选取

梅尔[8]等将城市系统的演变分解为基于空间要素流动的"多层模型"。第一层为自然基底层,由土壤、水系、生态绿地等子系统组成,可理解为生态维度。该维度下可通过高程、坡度、地表径流系数等确定城市空间形成雨洪灾害的可能性,通过绿地斑块密度、绿地率等衡量地表对雨水的下渗能力。第二层为城市网络基础层,由交通系统、市政水利等子系统组成,可理解为物理空间维度。该维度下可通过街道网络中介中心性、接近中心性、连通度等来衡量交通系统在雨洪冲击下维持正常运行的能力。第三层为城市占用层,由土地利用、产业发展等子系统组成,可理解为功能维度。该维度下可通过土地混合利用等来衡量城市系统在雨洪冲击下的服务供给能力。

2.3　评估模型构建

本文选定多样性、连通性、适应性三个韧性特征指标作为评价城市形态雨洪韧性分析的一级指标。每个一级指标下分别包含可以直接对城市形态进行分析与量化的二级指标,其中所选取的二级指标能够用函数公式表达,并能在 ARCGIS、FRAGSTATS、sDNA 等平台进行数据计算和可视化分析,如表1所示。

表 1　城市形态雨洪韧性评价指标

韧性特征	概念解析	城市形态指标	指标内涵	相关性
多样性	城市系统包含多个可使用功能的能力	土地混合利用程度(LUM)	衡量土地利用多样性的指标	+
连通性	城市系统中节点相互连接的便利程度	中介中心性(BET)	衡量街道网络中节点的重要性	−
		连通度(CON)	街道网络的连通程度	+
适应性	城市系统减轻灾害威胁并抓住机会响应变化的能力	高程(EL)	研究区域的绝对高程	+
		绿地斑块密度(PKD)	给定范围内绿地斑块的密度	+

3　城市形态雨洪韧性评价及提升策略

3.1　自然基底层

绿地系统格局优化可减小排水系统压力,缓解城市雨洪灾害风险。解决雨洪灾害所带给城市系统的问题可以靠优化绿地景观格局来实现(图 4)。绿色街道通过植草沟、雨水花园等雨洪管理设施,能够适当提升在高密度建成环境中小型绿地斑块的连通性,充分发挥街边绿地的滞蓄能力,使道路积水能快速下渗排出、降低径流量和流速,起到延缓径流洪峰的作用[9]。在城市系统开发较为完整时,可通过增加各类建筑物、构筑物、桥梁等顶层绿化来扩大城市绿色空间面积,从而提升绿地斑块密度,起到缓解城市雨洪灾害的作用[10]。

3.2　城市网络层

城市街道网络与城市系统连通性密切相关,在提升城市雨洪韧性时需通过提升公共交通连通度来实

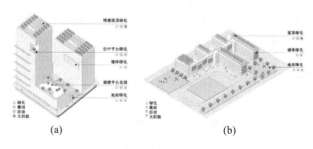

图 4　多层次景观格局优化
(a)商业建筑;(b)学校建筑
(图片来源:参考文献[12])

现。陈磐琳[11]等为解决广州琶洲中东区重点地段城市空间孤立隔离的问题,在方案设计中采用基于 TODs 步行可达空间联系的方法,采取"小街区、密路网"的组织形式,建立多层次、高密度的分散式网络连接(图5、图6)。从提升城市雨洪韧性的角度分析,多种公共交通方式的综合应用可以增加交通选择的多样性;也可以在某种交通方式失效时提供替代的其他交通方式,

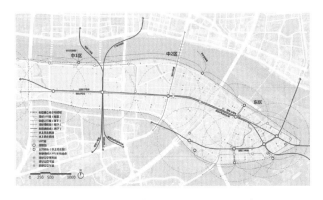

图 5 琶洲中东区立体交通网络设计
(图片来源:参考文献[11])

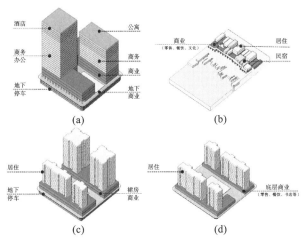

图 6 地块层面的土地综合利用
(a)商业商务地块;(b)旧村改造地块;
(c)商住混合地块;(d)居住地块
(图片来源:参考文献[12])

增加了网络的冗余性[12]。

3.3 城市占用层

城市占用层干预雨洪韧性的过程体现在优化片区内开发用地的土地混合利用程度、空间叠加的功能混合度和提升留白用地的功能灵活调整能力等方面[13]。提高土地利用混合程度可加强城市的社会互动,有效提高城市系统的灾后恢复能力。留白空间包括二维土地利用中尚未确定用途的用地和三维城市空间中的空白开敞空间,该空间允许城市设计者在一定程度上操纵城市形态,以增强城市系统对未来雨洪事件的灵活调整能力,进而提升城市韧性。

4 结论与启示

通过对国内外雨洪韧性的对比研究发现,我国在城市形态雨洪韧性领域的评价体系及设计实践研究均晚于发达国家,且研究的核心重点仍是适灾减灾。我

们在借鉴国外研究成果的同时,应结合我国自身的规划建设及管控要求,进一步探索雨洪韧性与城市形态的关联性,建立更有针对性的评价标准,并探索可操作、宜落实的更新策略。

参考文献

[1] SHARIFI A. Urban form resilience:A meso scale analysis[J]. Cities,2019(93):238-252.

[2] 马伯.雨洪韧性视角下城市建设控制指标的多层级分解研究[D].长沙:湖南大学,2019.

[3] 王扬,谢梓威.雨洪韧性视角下校园建筑空间的设计策略启发[C]//中国建筑学会.2022-2023中国建筑学会论文集.北京:中国建筑工业出版社,2023:236-243.

[4] 解文龙,孙澄.韧性导向城市设计的当代发展趋向解析[J].当代建筑,2021(12):21-24.

[5] DASTJERDI M S,LAK A,GHAFFARI A,et al. A conceptual framework for resilient place assessment based on spatial resilience approach:An integrative review[J]. Urban Climate,2021,36(3-4):100794.

[6] 赫磊,解子昂.走向韧性:城市综合防灾规划研究综述与展望[J].城乡规划,2021(3):43-54.

[7] FELICIOTTI A,ROMICE O,PORTAS,et al. Design for change:Five proxies for resilience in the urban form[J]. Open House International,2016(41):23-30.

[8] HAN M,STEFFEN N. Designing for Different Dynamics:The Search for a New Practice of Planning and Design in the Dutch Delta[J]. Urban Planning and Design. 2016(5):293-312.

[9] 何甜.浅析雨洪在城市中的生态化利用——以西南12号大街"绿色街道"景观为例[J].建筑与文化,2019(3):164-165.

[10] 卜英杰.基于滞蓄效应的沈阳内涝风险区绿地空间格局优化研究[D].沈阳:沈阳建筑大学,2020.

[11] 陈碧琳,孙一民,李颖龙.基于"策略—反馈"的琶洲中东区韧性城市设计[J].风景园林,2019,26(9):57-65.

[12] 方素.结合韧性理念的琶洲中东区城市立体化设计研究[D].广州:华南理工大学,2021.

[13] 孙澄,解文龙.气候韧性导向的严寒地区城市设计框架——以长春市总体城市设计为例[J].风景园林,2021,28(8):39-44.

郭雅萱[1] 冷嘉伟[1] 周颖[1] 邢寓[1] 刘宇轩[1]

1. 东南大学建筑学院；2027621508@qq.com

Guo Yaxuan[1] Leng Jiawei[1] Zhou Ying[1] Xing Yu[1] Liu Yuxuan[1]

1. School of Architecture, Southeast University; 2027621508@qq.com

教育部产学合作协同育人项目(202101042020)；东南大学校级重点创新训练项目(202301011)

基于人因工程学的传统村落公共空间要素量化评价
Quantitative Evaluation of Traditional Village Public Space Elements Using Ergonomics

摘　要：乡村振兴全面推进，如何评价进而提升村落公共空间品质亟待探讨。既往研究多为定性研究，主观性较强。本研究运用人因工程学进行量化分析，力求研究结果客观准确。本研究以佘村的代表性公共空间为例，通过生理实验记录受试者的生理指标，结合语义分割、调查问卷的结果，从公共空间要素和空间特质两方面，建立村落公共空间的评价体系，对村落公共空间的优化更新提出建议。

关键词：人因工程学；生理实验；传统村落；公共空间；乡村振兴

Abstract：With promotion of rural revitalization, evaluating and improving the spatial quality of villages has become an imperative issue. Most previous studies conducted qualitative research which is more subjective. We made a quantitative analysis by using ergonomics, aiming at more objective and accurate results. We took several representative public spaces in She Village as examples. By tracking physiological indicators of subjects and combining the results of questionnaires and semantic segmentation, we established an evaluation system of village public space and gave advice on optimizing and refurbishing public spaces in traditional village.

Keywords：Ergonomics；Physiology Experiment；Traditional Village；Public Space；Rural Revitalization

乡村振兴工作全面推进，保护并优化传统村落变得越发重要。当今一些传统村落公共空间的保护与改造，存在简单化、同质化的问题，不少空间丧失文化底蕴与活力。对此，建立一套科学的村落空间品质评价体系，加以灵活应用，可大大提高传统村落空间改造的效率与质量。

1　既往研究

1.1　关于传统村落空间认知的相关研究

现有关于传统村落空间认知的相关研究大多是在实地调研的基础上，运用空间句法、模糊综合法、GIS空间分析法等方法[1-2]进行。但这些研究普遍建立在研究者主观认知的基础上，基于语义分析法进行的问卷调查，便于广泛收集不同被评价者的感受，但由于不同评价者对语言尺度的认知具有差异性，对相关表述的理解具有偏差，这样的研究方法同样无法直接地反映评价者的空间感受。

1.2　人因工程学在建筑景观领域的应用

凯文·林奇(Kevin Lynch)的《城市意象》建立了以认知学为核心的环境感受分析方法[3]。随着神经生物学及计算机科学的飞速发展[4]，人因工程学中的实测法开始在建筑相关领域得到应用。通过监测并记录人的生理、行为数据，反映人的生理状态与心理变化[5]，使人描述对空间的感受与体验，更加准确地反映人的心理。但现有人因工程学在建筑领域的应用，多借助眼动追踪技术分析视觉活动，采集其他生理数据的研究较少，且多为城市空间研究，对传统村落空间的研究相对缺乏。

2　研究方法

2.1　研究框架

在实地考察后，后续研究主要沿语义分割、生理实验及问卷调查三条脉络开展(图1)。

2.2　研究对象

佘村隶属江苏省南京市江宁区，临近104国道。自然条件优越，文化底蕴深厚，拥有南京市保存最为完好的明清古建筑群之一，是南京具有代表性的传统村落。

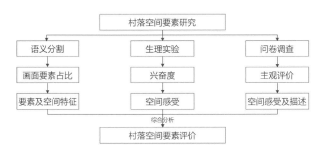

图 1　研究框架

2.3　实地调研

笔者于 2023 年 3 月 1 日对佘村进行实地调研,了解村落历史及现状后,选取三处代表性公共空间作为实验样本(图 2)。①空间 1:入口广场空间。位于村口,尺度较大,承载集会、接待游客的功能。②空间 2:文化地标空间。位于主要景点(祠堂)前,极具传统文化底蕴与特色。③空间 3:社区服务空间。位于社区卫生服务站前,尺度较小,相对内向,服务当地居民。

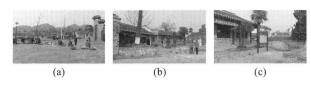

图 2　实验样本空间
(a)空间 1;(b)空间 2;(c)空间 3

受场地及实验条件等限制,笔者决定以录制视频进行实验的方式代替实地实验。将摄像机置于选定节点空间,匀速缓慢转动一周完成实验视频的拍摄。三段视频长度约为 30 秒,配有相同的乡村环境音,间隔 3 秒黑场。

2.4　语义分割

语义分割是对图像中的每个像素点按照语义类别进行分类。本研究借助 ADE20K 数据集,逐秒对视频画面进行语义分割(图 3),得到要素在画面中的占比。

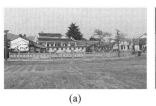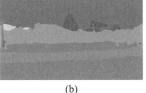

(a)　　　　　　　　(b)

图 3　语义分割示例
(a)处理前;(b)处理后

2.5　生理实验

应用人因工程学的实测法,进行生理实验,依托 ErgoLAB3.0 人机环境同步云平台,利用传感器收集 ECG、EMG、PPG 及 RESP(心电、肌电、脉搏、呼吸)数据,在一定程度上反映兴奋度,进而反映空间感受。

选取 11 名(5 名男生和 6 名女生)18～25 岁的身心健康的在校大学生为受试者。受试者均为东南大学建筑学院的本科生,具备一定建筑学科素养。

实验流程如下:①告知受试者实验流程;②帮助受试者佩戴传感器,确认信号采集是否正常;③在光线较暗且稳定的环境中,待受试者放松,且各项生理数据均稳定后,播放视频;④观看完毕,填写问卷。

2.6　问卷调查

本研究基于语义分析法(SD 法)设置问卷,分别针对空间要素(围合建筑、地面铺装、场地设施、绿化景观、天际线)与空间特质进行评价。

3　结果分析

3.1　生理实验结果分析

对比四项生理指标,可发现波动处基本一致,脉搏、呼吸波动略微延迟;男性较女性生理指标波动更明显。

综合四项生理指标,得到生理数据波动程度热力图(图 4)与受试者观察各空间时的兴奋度及兴奋时长(表 1)。

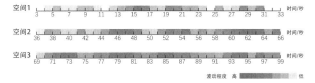

图 4　生理数据波动程度热力图

表 1　受试者观察各空间时的兴奋度及兴奋时长

	平均兴奋度/分	兴奋度大于 3 的总兴奋时长/秒
空间 1	6.00	5
空间 2	13.00	18
空间 3	14.33	22

注:兴奋度评分值由低到高分为八个等级,赋分为 0～8 分。

3.2　语义分割结果分析

对视频逐秒进行语义分割,得到主要要素在画面中的占比,绘制图像(图 5),并结合生理实验结果分析。

(1)空间 1:生理数据波动处,画面要素占比无明显变化。视频 15～17 秒,远处明清建筑物逐渐出现;19～21 秒,远处建筑物前的遮挡减少,可见村落局部形态。

(2)空间 2:视频 45～49 秒,建筑物占比迅速上升,面向潘氏住宅外立面,视距缩短;视频 52～54 秒,建筑物占比迅速下降,视距增大,视野逐渐开阔,可见潘氏

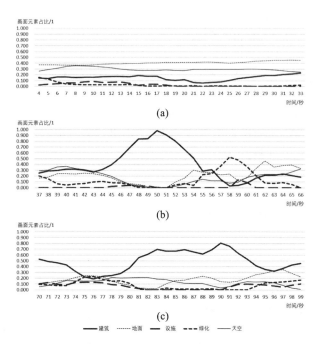

画面元素占比/1

(a)

画面元素占比/1

(b)

画面元素占比/1

(c)

— 建筑　⋯⋯ 地面　— — 设施　— ‑ — 绿化　— — — 天空

图5　各空间要素画面占比

(a)空间1画面要素占比;(b)空间2画面要素占比;

(c)空间3画面要素占比

住宅向远处延伸,视频59~64秒,各要素占比波动大,由面向祠堂一侧转为面向田地,视野最为开阔。

(3)空间3:视频72~74秒,建筑物占比下降,地面、绿化占比上升,卫生服务站离开画面,一棵较高的柏树进入画面;视频78~81秒,建筑物占比迅速上升,民居进入画面;视频84~86秒,画面要素占比变化小,房屋之间出现道路,视线可达远方;视频93~95秒,建筑占比下降,地面占比上升,画面中左右地面具有较大高差,且用矮墙隔开。

3.3　问卷调查结果分析

3.3.1　针对空间要素

受试者评价三个空间的要素,得分如表2所示。

表2　问卷结果-要素得分

	围合建筑	地面铺装	场地设施	绿化景观	天际线
空间1	1.1	1.1	0.4	0.7	1.0
空间2	1.2	0.9	0.6	1.3	1.6
空间3	1.4	1.4	0.7	0.7	0.8

注:本表设置为2-2分五度量表,0分为中介值。

对比某一空间的不同要素,空间1围合建筑、地面铺装得分较高,场地设施得分较低;空间2天际线、绿化景观得分较高;空间3围合建筑、地面铺装得分较高。

对比某一要素在不同空间中的得分,空间3的围合建筑、地面铺装、场地设施均为最优,空间2的天际线、绿化景观极为突出。

受试者按照各要素对空间体验的影响力大小,对要素进行排序,得分如表3所示。

表3　问卷结果-要素影响力

	围合建筑	地面铺装	场地设施	绿化景观	天际线
空间1	4.9	3.8	3.8	3.2	3.1
空间2	4.5	4.0	2.5	4.5	3.6
空间3	6.0	4.2	3.4	3.0	2.3

综合以上数据,得到加权得分(表4)。从要素角度评价,空间2品质较优,空间3次之,空间1较差。

表4　问卷结果-要素加权得分

	围合建筑	地面铺装	场地设施	绿化景观	天际线
空间1	5.39	4.18	1.52	2.24	3.10
空间2	5.40	4.05	2.40	4.68	4.00
空间3	6.86	5.32	2.66	2.24	2.48

空间2要素加权得分相对均衡;在三个空间中,围合建筑的评价及影响力均较高,加权得分较高;地面铺装次之;其余要素在每个空间中加权得分差异较大。

3.3.2　针对空间特质

受试者对空间特质进行评价,得分如表5所示。

表5　问卷结果-空间特质评价

	文化底蕴深厚/缺乏	有活力/沉闷	舒适/不舒适
空间1	1.6	2.8	1.8
空间2	2.3	2.0	2.6
空间3	2.1	1.2	1.6
	美观/不美观	丰富/乏味	印象深刻/不深刻
空间1	1.9	1.8	2.1
空间2	2.4	2.3	2.4
空间3	1.7	1.9	1.5

可知空间1作为入口广场,最具活力;空间2作为

主要景点、文化地标,文化底蕴最为丰富,最为舒适、美观,体验感强,令人印象深刻;空间3作为卫生服务站,不面向游客,设计改造相对欠缺,较为沉闷。

3.3.3 语义分割与问卷结果分析

语义分割与问卷结果具有关联性。

空间1要素画面占比相对均衡,且占比波动较小,其影响力评价差异同样较小。空间2建筑、绿化占比高且占比波动大,设施占比最小,影响力评价中,同样为建筑、绿化影响力最大,设施影响力最小;空间2中占比及占比波动最大的建筑以明清建筑物为主,主观评价中体现为空间2的文化底蕴最为深厚。空间3建筑物占比最大且波动大,天空占比较小,主观评价中,建筑物影响力最大,天际线影响力最小。

3.4 生理实验与调查问卷综合分析

生理实验与问卷结果具有关联性,且空间体验包含多方面,不只与兴奋度有关。

关注空间2、空间3时,生理数据波动较多、程度较大,对空间2、空间3的主观评价同样高于空间1;生理数据明显波动处,建筑物画面占比或特征有明显变化,主观评价中,同样是建筑物影响力最大;观察空间2的生理数据波动处,绿化及天空占比变化较大,主观评价中,空间2的绿化景观、天际线两项加权得分远高于空间1、空间3;观察空间3的生理数据波动处,建筑物、铺地变化较大,主观评价中,空间3同样是建筑物、铺地的影响力及加权得分最高。

4 结论

4.1 兴奋度与空间要素的关联性

对照原视频,综合分析各项结果,可以发现感知空间的兴奋度与空间要素具有一定关联性。

(1)空间要素画面占比:空间要素对兴奋度的影响与画面占比大小无直接关联,但与画面占比波动有关,波动越大,兴奋度越高。

(2)空间要素单体特征:特征越鲜明、越美观的要素,越能提高受试者兴奋度。在传统村落中多表现为具有传统村落特色的要素,能够有效提升空间体验。

(3)空间要素组合特征:空间要素对兴奋度的影响与各要素组合方式有关。其中包含不同的远近关系、遮挡关系、高低关系,等等;空间要素组合方式丰富多样、美观宜人,或组合方式出现变化,均对兴奋度影响

较大。

4.2 传统村落公共空间保护与改造建议

(1)针对不同类型空间:从功能出发,明确空间类型。在提升兴奋度后,结合村落特色符号以及整体氛围,以提升整体空间体验。

(2)针对不同空间要素:结合空间原有特点,明确空间要素主次,提升丰富度,以提升空间吸引力。

按照村庄原有的基本形态,打造肌理和谐、错落有致的整体村落建筑群;考虑绿化景观连续性,组合不同绿化类型,合理利用农田景观,提升绿化品质;利用开敞空间中构成丰富、错落有致的天际线;结合场地设施、地面铺装与高差等,提升空间品质。

4.3 研究不足与展望

受场地及实验条件等限制,以录制视频进行实验的方式代替实地实验,且受试者类型较为单一。日后研究尽量在实地开展,空间体验更加真实强烈;增加受试者数量、类型,比较不同群体对村落空间的认知差异,如从年龄、生活背景、专业背景等方面进行考量。

5 结语

本研究通过生理实验,探索人因工程学在传统村落公共空间评价中的应用;结合田野调查、语义分割、主观评价等方法,研究受试者的兴奋度及偏好,尝试建立较为全面、客观的村落公共空间要素量化评价体系,并提出建议,以期对传统村落公共空间的优化提供参考。

参考文献

[1] 陈建华,孙穗萍,林可枫,等.空间句法视角下传统村镇公共空间使用后评价[J].南方建筑,2022,210(4):99-106.

[2] 甘振坤.河北传统村落空间特征研究[D].北京:北京建筑大学,2020.

[3] 林奇.城市意象[M].北京:华夏出版社,2011.

[4] 陈筝,何晓帆,杨汶,等.实景实时感受支持的城市街道景观视觉评价及设计[J].中国城市林业,2017,15(4):35-40.

[5] MCCAULEY-BUSH. Ergonomics: Foundational Principles, Applications, and Technologies[M]. Boca Raton: CRC Press, 2011.

钱治业[1] 冷嘉伟[1] 周颖[1] 邢寓[1] 刘宇轩[1]
1. 东南大学建筑学院；2212894007@qq.com
Qian Zhiye[1] Leng Jiawei[1] Zhou Ying[1] Xing Yu[1] Liu Yuxuan[1]
1. School of Architecture，SEU；2212894007@qq.com

教育部产学合作协同育人项目(202101042020)；东南大学校级重点创新训练项目(202301011)

主观评价与生理记录相结合的传统村落路径认知偏好研究
A Study on the Cognitive Preference of Traditional Village Pathways by Combining Subjective Evaluation with Physiological Records

摘　要：多种多样的路径空间是传统村落物质形态之美的一个重要组成部分,通过主观评价和客观生理记录相结合的方式,更加科学而准确地研究人对这一内在价值认知偏好的关键因素,对于当前村落的保护更新具有重要意义。本文采用人因工程学中的实测法,对被试者的ECG心电指标等生理指标变化进行记录,结合主观评价的问卷调查结果,综合分析得出影响研究传统村落路径认知偏好的关键因素,并提出相应的更新设计建议及策略。

关键词：传统村落；路径；认知偏好；生理记录；主观评价

Abstract：The diverse path spaces are an important source of the beauty of traditional village material forms. Through a combination of subjective evaluation and objective physiological reactions，a more scientific and accurate study of the key factors of the human body's "cognitive preference" for this intrinsic value is of great significance for the current protection and updating of villages. This article adopts the measurement method in human factors engineering to record the changes in physiological indicators such as ECG and electrocardiogram of the subjects，and conducts an experiment through subjective evaluation questionnaire survey analysis. By analyzing measured data and combining subjective questionnaire results，key factors affecting the study of traditional village path "cognitive preferences" are identified.

Keywords：Traditional Villages；Path；Cognitive Preferences；Physiological Records；Subjective Evaluation

1 引言

随着乡村振兴战略的持续开展,传统村落的保护与更新工作显得越发重要。而如何对传统村落的空间品质进行科学合理的评价,更是直接影响专业设计者实践工作的成效。

各种各样、特色独具的路径空间是传统村落物质形态之美的一个重要组成部分,更是传统村落更新设计的一个重要环节。而近年来的研究多聚焦于村落建筑单体和景观空间,对路径空间关注较少,同时研究方式以定性评价为主,缺少量化分析。人因工程技术的引入,可以将原本主观的、难以描述的感受转变成客观精确的生理数据,为建筑学研究中的感知类评价提供量化判断的基础。

本文基于人因工程学前沿技术展开实验,通过多感官数据采集,使得生理记录的结果更加深入、准确。同时结合主观评价的问卷调查,由此探究影响传统村落路径认知偏好的关键因素,并提出传统村落路径更新设计的改造策略。

2 既往研究

2.1 传统村落空间认知相关研究

目前,在传统村落空间认知的相关研究中,针对路径空间这一层面的研究较少,其主要聚焦于景观空间和建筑单体上,其分析方法主要包括分析现存空间环境、结合主观问卷调研和文化人类学等。陶彦松和区智通过分析传统村落景观设计和乡村旅游之间的二元关系,提出了乡村旅游视域下传统村落景观设计的创新策略[1]；竺頔和李育菁则通过实地走访的方式调查了抚州市金溪县的传统村落,并配合案例分析总结出了传统乡村古建筑活化利用的相关建议[2]。以上研究所得的结论主要建立在研究者和被试者的主观感受上，其准确性往往无法得到保证。

2.2 人因工程技术相关研究

现有人因工程技术的研究主要集中在视觉感官上，多采用VR全景图技术和眼动技术，通过利用VR全景图技术对空间、场景进行高度仿真还原，结合主观评价赋分或客观的眼动轨迹记录与分析，从而建立研究要素的视觉偏好模型。孙漪南和赵芯利用VR全景图技术改进传统的SBE法，通过观测实验并进行主观打分，研究乡村景观要素偏好[3]；苑思楠和张寒同样采用VR技术搭建认知实验平台，对人在传统村落空间中的运动方向和视点进行跟踪与分析，进而探究其中人的空间认知与行为机制[4]。此外，在人因工程辅助建筑设计方面，张利则利用人因分析的客观测度驱动部分，为"雪飞天"大跳台方位角、环群明湖漫游节奏与视觉关注预测等重要问题提供客观数据的循证支持[5]。

3 研究方法

本文聚焦于传统村落中的路径空间，采用人因工程学中的实测法，改变既有研究中多依靠主观感受的评价方法，以客观量化数据获得更为科学的研究结果。

同时，本文基于视觉感官的研究方法，对被试者的EMG肌电指标、ECG心电指标、RESP呼吸指标等多项生理指标进行记录，更加全面准确地研究影响传统村落路径空间认知偏好的要素。

3.1 实地调研

本研究选取江苏省南京市江宁区的佘村作为研究案例。佘村是一个有着600多年历史的传统村落，并且自2016年开始，着重进行美丽乡村建设。这一传统村落也在与时俱进地进行更新和改造。

笔者于2023年2月22日第一次前往佘村开展实地调研。通过步行前进并以手持拍摄设备的方式，共采集了10余段路径空间的视频，每段视频均在40秒左右。受天气状况和设备影响，现场实验素材质量较低，且多段路径空间较为相似，不利于后续实验分析，因此，笔者于2023年3月6日再次前往佘村进行补充调研，最终选取6段路径空间视频作为最终实验素材（表1）。其中路径空间1、路径空间2、路径空间3为民居建筑组团间的路径通道，路径空间4为村口公共空间的通道，路径空间5、路径空间6为建筑组团中间公共空间的通道。

表1 最终实验素材视频截图

路径空间1	路径空间2	路径空间3	路径空间4	路径空间5	路径空间6

（来源：作者自绘）

3.2 主观问卷调查

本文采用主观赋值法设置调查问卷，通过将人的主观感受进行测定，赋以定量的评分数据对传统村落路径空间进行评价。问卷的具体内容包括：受试者的基本信息（姓名、年龄等）、空间丰富度、空间安全感、空间印象深刻程度、视线终点吸引力、传统空间氛围感六项评价指标。每一项的评价都设置8个梯度，从低到高分别赋值1到8分，从而较为全面且客观地分析人在6处不同村落路径空间的认知感受。

3.3 生理记录实验

3.3.1 实验对象

本次实验共选取了10名被试者，均为东南大学建筑学院的本科生或研究生，年龄处于20～30岁之间，其中男女各占一半，身体各项指标均正常。受试者均

接受过一定时间的建筑学科专业培训，对传统村落空间环境积累了一定的知识和经验，对传统村落空间要素具有一定的识别判断能力。

3.3.2 实验器材

本实验采用了津发科技股份有限公司研发生产的ErgoLAB智能穿戴人因生理记录仪，其搭载的可穿戴生理监测系统是一组能佩戴在人体各处的穿戴式多参数生命体征综合检测仪。可实时监测人体的SpO$_2$（血氧含量）、RESP（呼吸频率）、HR（心跳速度）、ECG（心电变化）、EDA（皮肤变化）、PPG（脉搏变化）、SKT（体温）、EMG（肌电）等生理指标。

通过预实验，本次实验监测指标选定为RESP（呼吸频率）、ECG（心电变化）、PPG（脉搏变化）和EMG（肌电）这四项指标。

3.3.3 实验流程

本次实验共包括以下 4 个步骤。

(1)帮助被试者了解实验流程,并对实验室进行布置。

(2)受试者佩戴人因生理记录仪并检查设备工作是否正常。对每一位受试者进行统一的指导,要求其在规定的时间内保持专注的状态进行实验。

(3)研究者带着 10 位受试者(编号为 00 号至 09 号)站立在同一位置,观看实验视频,同时采集受试者各项生理数据(图 1)。

图 1 正式实验时采集被试者的各项生理数据
(图片来源:作者自摄)

(4)数据采集完毕后,让受试者稍做休息,然后让受试者根据自身观看视频的主观感受填写调查问卷。

4 数据结果分析

4.1 问卷结果分析

通过整理问卷数据可以得出每个路径空间的丰富度、安全感、印象深刻程度等 5 项指标之间的对比图(图 2)。其中,在丰富度指标上,路径 1 得分最高,路径 5 次之,路径 4 得分最低;在安全感指标上,路径 1 得分最高,路径 5 次之,路径 3 得分最低;在印象深刻程度指标上,路径 1 得分最高,路径 5 次之,路径 2 得分最低;在视线终点吸引力指标上,路径 4 得分最高,路径 5 次之,路径 3 得分最低;在传统空间氛围感指标上,路径 5 得分最高,路径 2 次之,路径 3 得分最低。

将以上 5 项主观感受指标的评分分别取平均值,即可得到各路径空间的总评分(图 3)。对比发现,受试者对于各个路径空间的总体评价为路径空间 1>路径空间 5>路径空间 4>路径空间 6>路径空间 2>路径空间 3。

4.2 生理数据分析

4.2.1 各项数据变化波动幅度

综合分析 4 项生理监测数据的变化幅度发现,EMG(肌电)和 ECG(心电)两项生理指标波动更敏感且变化幅度较大,可以更清晰地反映出受试者对路径

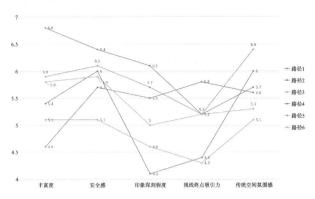

图 2 各路径空间主观感受指标评分对比图
(图片来源:作者自绘)

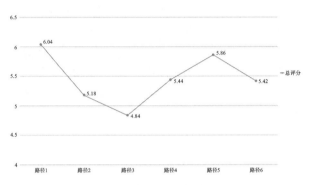

图 3 各路径空间主观感受指标总评分对比图
(图片来源:作者自绘)

空间的认知偏好差异(图 4)。

4.2.2 生理数据变化与主观感知间的联系

(1)上坡路段。

受试者各项数据变化最大的两处波动均出现在路径 2(视频内 45 秒至 1 分 25 秒片段)和路径 3(视频内 1 分 30 秒至 2 分片段)(图 5),对应视频内容皆为上坡画面。其中路径 3 片段的波动峰值更高,结合问卷分析发现,主要影响因素有以下两项,一是对应上坡路段的坡度更大,二是路段两侧缺少围合。结合主观问卷,可知生理数据波动对"安全感"评价指标的影响最大,且二者呈现明显的负相关关系,即数据波动越大,安全感越低。

(2)转弯路段。

除上坡路段外,转弯路段也容易引起受试者的生理数据波动。以 ECG(肌电)数据为例,共有 8 名受试者在观察路径 3 和路径 5 的转弯路段时,ECG(心电)数据波动值达到平均值的 3 倍以上,其余 2 名被试者的 ECG(心电)数据波动值也达到了平均值的 2 倍以上。结合主观问卷可知,生理数据波动幅度大小的主要受路段的可视性和转弯角度大小的影响,且可视性越低、转弯角度越大,数据波动幅度越大。

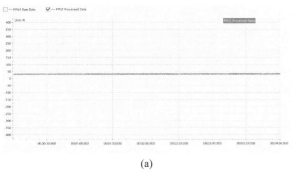

(a)

(b)

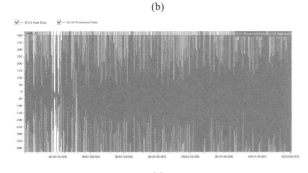

(c)

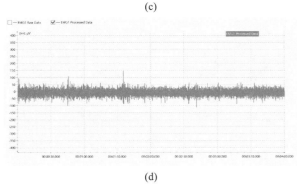

(d)

图4 4项监测数据变化对比——以03号被试者为例

(a)PPG(脉搏数据)变化图；(b)RESP(呼吸数据)变化图；
(c)ECG(心电)数据变化图；(d)EMG(肌电)数据变化图
(图片来源：作者自绘)

(3)道路宽窄程度。

综合10名被试者的数据可以发现，在路径1的最宽路段(约8 m)时，对应RESP(呼吸频率)平均值为60%，而在路径6的最窄路段(约1.5 m)时，RESP(呼吸频率)平均值为91%，约为前者的1.5倍。总体来看，RESP(呼吸频率)与道路宽度呈现明显的负相关

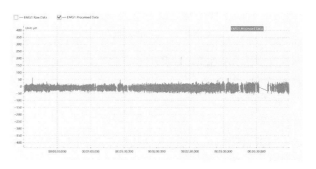

图5 路径2、路径3引起的明显波动——以05号被试者EMG(肌电)数据为例

(图片来源：作者自绘)

性，即道路越宽，呼吸频率越低。

5 结果与讨论

本研究采用了主观问卷调查和客观生理监测实验相结合的方法对传统村落路径空间的认知偏好进行研究，试图提出传统村落路径空间评价提升的策略，以期为传统村落的更新与改造提供理论依据。

5.1 传统村落路径空间认知偏好及更新建议

分析上述问卷结果，可以发现"视线终点吸引力"单项评价得分最低，路径空间2和路径空间3的总评分也最低，但在高评分段二者则不完全吻合，说明"视线终点吸引力"的优化是提升路径空间评价的基本条件。

而分析总评分最高三处路径空间可以发现，其"印象深刻程度"指标评分也分列前三且排序相同，说明如何提升路径空间的"印象深刻程度"是影响其评分更进一步的关键因素。

因此，在优化更新时，对于现状较差的路径空间，首先应该提高其路径视线终点的吸引力，再着手于其他主观评价指标的提升。而对于现状较好的路径空间，应该注重构思如何给人留下更加深刻的印象。

分析生理监测数据可以发现，转弯路段和上、下坡路段的出现更容易引起受试者生理数据的波动，进而降低安全感，且生理数据波动幅度和转角大小及坡度大小均呈正相关。因此，在传统村落路径空间的更新设计中，应当重点关注转弯路段和上、下坡路段的空间处理，提高转弯路段的可视性和上、下坡路段的围合感，提高路径空间的整体安全感。

5.2 研究的不足与展望

(1)本研究的实验方式为被试者在实验室内以较为静止的状态观看视频，与现实场景下行走状态的体验有所差异，今后研究时可以实地开展生理监测，使实验结果更加符合实际情况。

(2)采用了特定的实验仪器和选定的路径空间片段,难以避免固有误差,所得数据较为有限,在今后的研究中可扩充实验素材,增加受试者人数,提高研究结果的普遍规律性。

参考文献

［1］ 陶彦松,区智.基于乡村旅游的传统村落景观设计[J].现代园艺,2023,46(10):91-93.

［2］ 竺顿,李育菁.传统村落古建筑的活化利用研究——以抚州市金溪县传统村落为例[J].城市建筑,2021,18(28):98-101.

［3］ 孙漪南,赵芯,王宇泓,等.基于VR全景图技术的乡村景观视觉评价偏好研究[J].北京林业大学学报,2016,38(12):104-112.

［4］ 苑思楠,张寒,张琈.VR认知实验在传统村落空间形态研究中的应用[J].世界建筑导报,2018,33(1):49-51.

［5］ 张利,朱育帆,谢祺旭,等.人因分析在北京冬奥会首钢滑雪大跳台"雪飞天"设计中的应用[J].世界建筑,2022(6):38-43.

梁婉莹[1*] 姜力[1] 徐赞[1]

1. 湖南科技大学建筑与艺术设计学院;1664334104@qq.com;

Liang Wanying[*1] Jiang Li[1] Xu Zan[1]

1. School of Architecture and Art Design,Hunan University of Science & Technology;1664334104@qq.com

基于 MassMotion 行人仿真模拟的乡村公共空间营造研究
——以浙江桐庐放语空乡村文创项目为例

Research on the Creation of Rural Public Space Based on MassMotion Pedestrian Simulation Modeling:Taking the Rural Culture and Creative Project "Fangyukong" in Tonglu,Zhejiang as an Example

摘 要:随现代化进程发展,乡村振兴是我国发展必由之路,乡村公共空间营造成为突出的研究课题。本文以浙江桐庐放语空乡村文创项目为例,在实际调研基础上通过 MassMotion 软件构建场地对当地使用者行为活动进行模拟,获得空间环境与行人行为联系的一系列量化分析,同时与实际调查问卷所得的主观评价与计算所得的数据结合,对乡村公共空间场所与使用者行为联系进行综合分析。以实现对乡村公共空间的量化研究,为未来乡村建设设计提供科学可靠依据。

关键词:乡村建设;公共空间;MassMotion;行人仿真;评价方法

Abstract: With the development of modernization process, rural revitalization is a necessary road for China's development, and the creation of rural public space has become a prominent research topic. In this paper, Tonglu, Zhejiang Province, as an example, put the language empty rural cultural and creative projects, based on the actual research through the MassMotion software to build the site of the local user behavioral activities simulation, to obtain a series of quantitative analysis of the spatial environment and pedestrian behavioral linkage, at the same time, with the actual questionnaires obtained from the subjective evaluation and the calculation of the data combination of the countryside of the public space places and user behavioral linkage to a comprehensive analysis. In order to realize the quantitative research on rural public space, and to provide a scientific and reliable basis for the future design of rural construction.

Keywords: Rural Construction; Public Space MassMotion; Pedestrian Simulation; Evaluation Methods

1 绪论

随着行人模拟仿真技术的不断发展与研究,空间环境与行人行为的联系得到一定的量化分析,从而实现空间设计定量分析。但其更多应用于高铁站、火车站等交通建筑,通过模拟分析的方式来优化空间利用。

乡村空间重构是实施推进乡村振兴战略、实现城乡融合发展的重要手段。文化人类学视角下乡村公共空间营建中提到公共空间因为人的存在而具有生命,若失去"人"这个因素,公共空间只能被称之为场所并失去应有的意义。公共空间的营造不只是以使用为

主,更应被赋予丰富情感,使人们在空间活动时能感受到亲切,产生强烈的归属感。

基于行人仿真模拟基础上,本文将关注点从城市交通空间的人流优化转移到乡村公共空间的营造,结合人性化视角以人的生理特征、心理需求、行为模式、文化特质为出发点,将乡村公共空间营造分为"基础实用空间""情感空间""舒适空间""精神文化空间"四个空间,以此创造满足和体现使用者需求的空间,后文的空间研究也将基于以上四个空间去探索乡村公共社交空间营造与人的行为之间的联系。

2 研究方法

本文选取浙江桐庐放语空乡村文创项目为研究对象,以 MassMotion 人类运动模拟工具软件模拟该乡村所建设的公共空间使用的客观状态获得量化分析,以调查问卷发布者的主观评价与数据统计的回归分析获得乡村公共空间场所营造与使用者行为联系的主观结论。

首先,根据游客以及村民问卷调查与实地调研选取乡村公共空间营造中符合行人心理需求与行为活动的四大空间,即"乡村基础实用空间""乡村情感空间""乡村精神文化空间"与"乡村舒适空间"。

其次,运用 MassMotion 软件,在实际调研数据基础上进行场景搭建以及对行人活动进行参数设置。按照行人仿真流程,分析得到项目场所行人停留时间、垂直表明视觉时间与行人流线路径等数据,依据此分析来进行乡村公共空间营造与行人行为的客观联系,从而获得乡村公共空间中的量化分析。

然后,通过实地调研与调查问卷,对当地公共空间场所使用与行人行为联系进行主观分析。利用调查问卷的统计结果,运用回归方程对每一项影响场所使用与行人关系的评价指标进行计算,得到回归系数用以判断空间评价指标与场所使用与行人关系之间的相关性,从而得出当地乡村公共空间营造与行人行为关系的主观结果。

最后,通过分析对比得到乡村公共空间基于使用者行为与心理需求的客观与主观的量化分析,从而总结乡村公共空间与使用者行为之间的联系,以及为乡村公共空间更新提供新思路。

3 浙江桐庐放语空乡村文创项目空间营造概况

浙江桐庐放语空乡村文创项目是一个以传统村落为基础,融合了文化创意、旅游观光、农业体验和休闲度假等多功能于一体的综合性旅游项目。

"乡村基础实用空间"指结合景观形态、设施配套规划设计满足使用者最基本的生理需求,项目中各空间的开放性、私密性以及流线性的考虑,在吸引游客的同时不影响当地村民的日常生活。

"乡村情感空间"指融入传统文化和地域特色,创造富有情感的空间形象的空间。根据问卷调查结果本文选取"言几又胶囊书店"作为情感空间。其空间内部通过跌宕错落的平台形成内部层次丰富的视线关系,在感官上营造流动空间。

"乡村精神文化空间"指反映地域特征,蕴含乡村历史积淀与文化底蕴,强化乡村公共空间文化内涵的空间。根据问卷调查结果本文选取"云舞台"作为"精神文化空间"。云舞台空间依山势而建,保留村落原始土地(梯田式)的形态,呈梯田状。步道顺上坡而行,或高或低,形成乡村梯田艺术舞台。

"乡村舒适空间"指符合人的行为模式,使人感到舒适并乐于停留的空间。根据问卷调查结果本文选取"一庭亭"作为舒适空间。一庭亭的空间营造效果由一个庭院以及一座亭阁组合而成,项目将庭院作为整体,将自然(如植物)融入室内丰富场地,形成人与自然的和谐空间。

后文探索乡村公共社交空间营造与人的行为之间的联系将基于这四个空间进行论述。

4 基于 MassMotion 的客观评价

4.1 "乡村基础实用空间"理论评价

"基础实用空间"以项目总体布局为例,如图1、图2 所示,展示了使用者在一定时间内在该公共空间营造中的使用情况。从行人的浏览路径可以看出行人可以直接到达项目中所打造的开放性公共空间。主要村屋虽位于项目场地中间位置,但由于场地高低与围墙进行间隔,减少游客进入村民居住空间,保障当地村民生活的私密性同时又不干扰村民生活,且从游客停留时间分析,可以看出人们愿意在该场所进行停留、观赏。

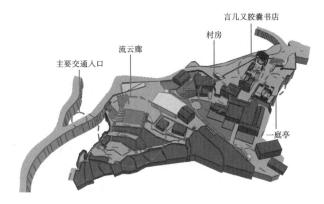

图1 浙江桐庐放语空乡村文创项目分布

因此,对于乡村公共空间的"基础实用空间"而言,基于行为模拟现象分析,需注意在满足游客参与度的同时,避免对当地村民生活产生干扰。

4.2 "乡村情感空间"理论评价

"情感空间"以项目中"言几又胶囊书店"为例,如图3 所示,展示了使用者在一定时间内在该空间营造中的使用情况。从游客的浏览路径[图3(a)]可以看出游客愿意参观且停留在具有丰富空间变化的空间,同时通过停留时间分析[图3(b)]可以看出不同楼层游客

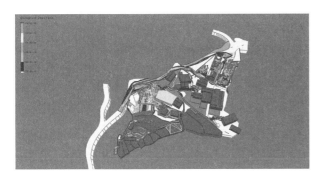

图2 浙江桐庐放语空乡村文创项目 场地行人停留时间分析

主要聚集在平台靠近空间较高一侧，来直观感受纵向空间。紧凑的楼板高度给图书馆的内部住宿功能带来一定的私密性。

从垂直表面视觉时间分析可以看出外围通高竖直空间墙壁形成热区，内围住宿空间墙壁形成冷区，表明内部空间错层切入楼板的设计方式，给游客创造更多的动态空间体验。新的多层中庭和相互连接的楼梯在视觉和空间上将建筑内部编织在一起，给游客制造出一段跌宕的感官旅程[图3(c)]。

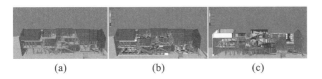

图3 "言几又胶囊书店"空间分析
(a)行人路径分布情况；(b)行人停留时间情况；
(c)垂直表面视觉停留时间及分布情况

因此，对于乡村公共空间的"情感空间"而言，基于行为模拟现象分析，通过增加空间与游客多种感官联系以及空间互动性去创造情感空间。

4.3 "乡村舒适空间"理论评价

"舒适空间"以项目中"一庭亭"为例，如图4所示，展示了使用者在一定时间内在该空间营造中的使用情况。从游客浏览路径[图4(a)]可以看出空间中游客行动分散开来，游客在室外与室内之间相互切换，模糊空间边界，庭院自然向室内延伸，同时通过停留时间分析，[图4(b)]游客在该空间具有私密性，提供游客交流和休憩的空间。各隔断使外部空间具有一定的场所感。

同理，从垂直表面视觉时间[图4(c)]分析看出室内视线与室外视线形成互动，包括人与人之间在视觉上将空间与自然融合，打造"院为亭，亭为院"的空间感受，使场地更加丰富和新鲜。

因此，对于乡村公共空间的"舒适空间"而言，基于

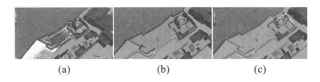

图4 "一庭亭"空间分析
(a)行人路径分布情况；(b)行人停留时间情况；
(c)垂直表面视觉停留时间及分布情况

行为模拟现象分析，在满足空间中游客私密性的同时还需考虑空间通透性，此外通过自然(如植物)向空间的融入满足行人使用空间的舒适度。

4.4 "精神文化空间"理论评价

"精神文化空间"以项目中"流云廊"为例，如图5所示，展示了使用者在一定时间内在该空间营造中的使用情况。从行人浏览路径[图5(a)]可以看出游客在不同平台之间流动参观，且从游客停留时间[图5(b)]看出行人也多集中停留在该空间的观景平台，并随着时间推移，这些平台的行人数量不断增加。该空间营造的不同高度平台不仅提供行人停留活动场所，同时与当地土地梯田形态呼应，与当地本融合，形成节点空间，吸引人群。

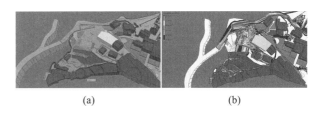

图5 "流云廊"空间分析
(a)行人路径分布情况；(b)行人停留时间情况

因此，对于乡村公共空间的"乡村精神文化空间而言"，基于行为模拟现象分析，在结合当地本土地域与文化特色结合空间是最吸引人群的乡村节点空间，成为乡村标志性空间。

5 基于调查问卷的主观评价

调查问卷根据实际调研发现(表1)，分别对当地乡村公共空间中"基础实用空间""情感空间""舒适空间""精神文化空间"进行问卷分析。每个空间针对10项内容进行评价，分别为空间可达性、空间多样性、空间开放性、空间互动性、空间原真性、空间舒适性、空间文化性、空间美观性、空间自然性、空间合理性。问卷设计主要在于对乡村公共场所中的"基础实用空间""情感空间""舒适空间"和"精神文化空间"与人的行为相关影响因素进行排序。本次问卷调查有效问卷共75份。

表1 基于实际调研的乡村公共空间与人的行为关系

空间	行人停留时间	垂直表面视觉时间	行人路径
乡村基础实用空间	对于开放性功能空间长时间停留,私密性空间短时间停留或不停留	—	可达性与便利性
乡村情感空间	在具有丰富空间感受的空间节点进行长时间停留	丰富的视觉交错效果	互动性
乡村舒适空间	长时间的小范围停留	通透的视觉互动效果	停留聚集性
乡村精神文化空间	持续有行人不间断进入空间进行停留	长时间的视觉停留效果	移动性

调查问卷采用四级分段评分法,"完全没有影响"记1分,"有很少的影响"记2分,"有较大的影响"记3分,"影响非常大"记4分。

统计数据后对数据进行计算分析,数据分析含样本数、方差、标准差和回归系数绝对值。

5.1 "基础实用空间"主观评价

如图6所示,在"基础实用空间"评价的10个项目中,"空间可达性"和"空间合理性"相关性最高,表示"基础实用空间"场所的影响值域最大的因素为空间中科学而合理的交通规划以及基础设施布局。因此,对于乡村公共空间中"基础实用空间"而言,通过结合交通和基础设施布局设计,达到使用者与被使用空间之间良好的便利性。游客能够轻松进入空间,从而满足基本的活动需要。

5.2 "情感空间"主观评价

如图7所示,在"情感空间"评价的10个项目中,"空间原真性"相关性最高,表明"情感空间"场所的影响值域最大的因素是空间感官感知性以及空间互动性。"言几又胶囊书店"通过错层空间以及挑高空间和材质的选择,引发行人情感的激荡和探索,形成丰富的情感体验。因此,对于乡村公共空间中"情感空间"而言,通过营造流动的感官体验影响游客的行为和情感,形成不同层次的对望与窥视,使游客能融入空间。

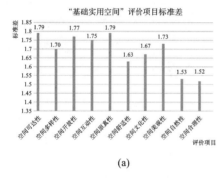
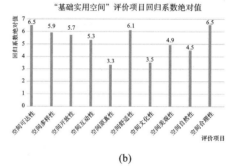

图6 浙江桐庐放语空"基础实用空间"主观评价
(a)"基础实用空间"评价项目-标准差;(b)"基础实用空间"评价项目-回归系数绝对值

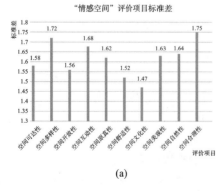
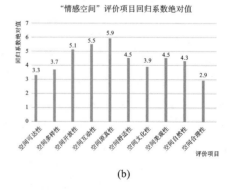

图7 浙江桐庐放语空"情感空间"主观评价
(a)"情感空间"评价项目-标准差;(b)"情感空间"评价项目-回归系数绝对值

5.3 "舒适空间"主观评价

如图8所示,在"舒适空间"评价的10个项目中,"空间舒适性"相关性最高,表明"舒适空间"场所的影响值域最大的因素是创造让人感到舒适并乐于停留的环境。因此,对于乡村公共空间中"舒适空间"而言,可通过强调空间与周围自然环境相协调来影响游客的行为,营造人与自然和谐共生的空间。

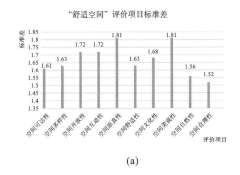 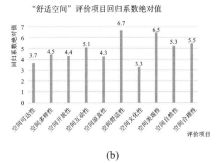

图8　浙江桐庐放语空"舒适空间"主观评价
(a)"舒适空间"评价项目-标准差;(b)"舒适空间"评价项目-回归系数绝对值

5.4 "精神文化空间"主观评价

如图9所示,在"精神文化空间"评价的10个项目中,"空间文化性"相关性最高,表明"精神文化空间"场所的影响值域最大的因素是该空间所承载的文化内涵和精神内涵。因此,对于乡村公共空间中"精神文化空间"而言,通过保留当地村落地域特色和历史文化的空间营造来影响游客的行为和情感,形成独特而具有乡村特色的标志性空间。

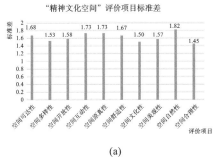 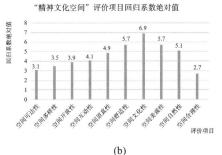

图9　浙江桐庐放语空"精神文化空间"主观评价
(a)"精神文化空间"评价项目-标准差;(b)"精神文化空间"评价项目-回归系数绝对值

6　结论

以往设计实践中,设计师对于公共空间设计往往更加关注空间形式,对使用者的活动需求和心理预期研究不足,忽视了公共空间与人的行为的影响关系的研究。

本研究从 MassMotion 人流模拟仿真客观分析获得乡村公共空间中基于行人生理特征、心理需求、行为模式、文化特质四大空间中人对空间作出的直观行为反应,以及结合实地调查问卷主观分析评价的共同角度,探讨乡村公共空间营造与人的行为之间的联系。丰富基于人的行为对空间指标进行评价的量化分析,获得多方面的综合评估评价。

研究表明基于行人仿真模拟的乡村公共空间量化研究方法具有广泛的适用性,可以为未来乡村建设设计和规划提供科学、可靠的决策依据,推动中国乡村建设发展和区域经济发展,具有重要的实践应用价值和理论意义。相信随着公共空间使用后评估研究领域的不断扩大深化,未来乡村公共空间设计将更加科学和人性化。

参考文献

[1] 孙莉钦.人性化视角下乡村公共空间规划设计研究[D].绵阳:西南科技大学,2017.

[2] 胡烨莹,张捷,周云鹏,等.乡村旅游地公共空间感知对游客地方感的影响研究[J].地域研究与开发,2019,38(4):104-110.

卢静怡[1]　毛艳[1]　黄靖淇[1]

1. 湖南科技大学建筑与艺术设计学院;2276374083@qq.com

Lu Jingyi[1]　Mao Yan[1]　Huang Jingqi[1]

1. Hunan University of Science and Technology，College of Architecture and Art Design;2276374083@qq.com

新型智慧城市理念下基于 Arc GIS 的城市绿地生态风险评价研究
——以武汉市主城区为例

Ecological Risk Assessment of Urban Green Space Based on Arc GIS under the Concept of New Smart City：Taking the Main Urban Area of Wuhan as an Example

摘　要:随着当今城市化进程加快,我国在城市高速发展中所存在的生态治理不当、空间活力缺乏等弊端也逐渐显现。本文将以武汉市主城区城市绿地为例,运用 GIS 技术对城市绿地的各项指标因子进行数据处理,然后通过搭建压力响应模型对武汉城市绿地的生态风险指标进行分析,最后对武汉市主城区城市绿地做出综合风险评价。在新型智慧城市建设的背景下,利用 GIS 在数据整合和综合分析上的精密性,探寻城市化进程中所暴露问题的解决方法,对于打造以人为本的未来城市发展格局有着深刻的研究意义。

关键词:智慧城市;GIS;城市绿地;压力响应模型

Abstract：With the acceleration of urbanization today, the drawbacks of inadequate ecological governance and lack of spatial vitality that exist in China's rapid urban development have gradually emerged. This paper will take Urban green space in the main urban area of Urban green space as an example, use GIS technology to process the data of various indicator factors of urban green space, and then analyze the ecological risk indicators of Urban green space in Wuhan by building a pressure response model, and finally make a comprehensive risk assessment of Urban green space in the main urban area of Wuhan. In the context of the construction of a new smart city, utilizing the precision of GIS in data integration and comprehensive analysis to explore solutions to the problems exposed in the urbanization process has profound research significance for creating a people-oriented future urban development pattern.

Key words：Smart City;GIS;Urban Green Space;Pressure Response Model

1　引言

　　2023 年,我国城市化率达到 65.52%,预计在 2035 年城市化进程将进入相对稳定的发展阶段,其峰值在 75%～80%。我国已经进入城市化高速发展的时代,发展过程中许多城市面临着城市环境污染、资源紧缺、生态破坏等问题。人们开始呼吁保护生态,倡导绿色生态,其中城市绿地的保护引起了社会的广泛关注。

　　城市绿地是城市自然生态系统的重要组成部分,指城市专门用以改善生态、保护环境,为居民提供游憩场所和美化景观的绿化用地。顺应信息化、高速化、智能化的城市发展趋势,本文将站在新型智慧城市理念的发展视角上对城市绿地进行更加细化的研究[1]。智

慧城市是城市发展的高级阶段,其常与数字城市、生态城市有所交叉融合。在智慧城市理念不断发展迭代的过程中,演变形成新型智慧城市的发展理念。与传统智慧城市理念单纯侧重信息高速化、智能化不同的是:新型智慧城市立足于我国基本国情,坚持以人为本,数字技术驱动的智慧城市建设和服务等过程嵌入人们的经济、生活、文化、环境等领域,以满足人们对更高品质的生产生活的需求。

　　参照国内外对城市绿地的研究,多对于各项指标在评价基础上对城市绿地进行规划,并善于运用多边形综合指标法对结果进行综合预测[2],结果较符合实际。这些成功研究的案例对论题的研究具有很大借鉴意义。但国内关于城市绿地的风险研究较多停滞在关

于不同指标对研究区的影响,从而推演综合指标的预测,缺乏用压力响应模型体系进行现状综合评价的研究讨论。本文将在先前研究的基础上,以压力响应模型对武汉市城市绿地生态风险进行弹性评价,以探寻城市绿地生态的治理体系。

2 研究数据与方法

2.1 研究区概况

武汉市是湖北省的省会城市,位于湖北省中部。地处江汉平原、长江中游,长江及其最大的支流汉水在此交汇。武汉市作为中部地区最大的中心城市,位于长江支流交汇处,武汉市在建设"山水园林城市"和"两型城市"的过程中也反映出城市绿地空间发展模式的现象与问题[3]。武汉市主城区区位图和城市绿地分布图如图 1 和图 2 所示。

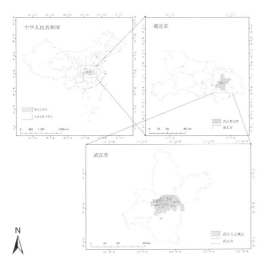

图 1 武汉市主城区区位图

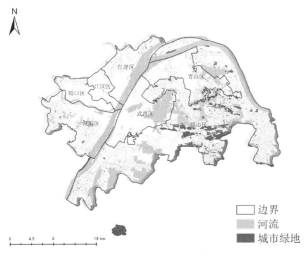

图 2 武汉市主城区城市绿地分布图

随着城市的智能化发展和智慧城市理念的兴起,诸多国家在城市建设过程对智慧城市理念进行实践,

其已经变成提升国家综合国力和国民幸福感的重要手段。2010 年,武汉市被列为国家"863 智慧城市"项目的试点城市之一,经过十余年的城市建设,武汉市在智慧城市建设多个方面已取得不错的成果。2023 年,武汉推动数字政府和智慧城市建设三年工作方案,为打造"宜居、韧性的智慧城市"指明方向。

2.2 数据来源

本文以湖北省武汉市为研究区域,其中各类城市绿地分布数据来源于 2018 年《武汉市自然资源与规划局》,土地利用现状数据与人口数据来源于第二次人口调查,依托于《湖北省国土整治局》和国土局(后更名为武汉自然资源与规划局),人口数据来源于《武汉市统计年鉴》。

2.3 研究方法

本文基于压力响应模型,分别选取四个压力指标因子(表 1)和八个响应指标因子(表 2),对指标因子进行标准化处理后,评定各指标等级,搭建城市绿地生态风险综合评价模型,获得武汉市主城区城市绿地风险评价结果(图 3~图 7)。

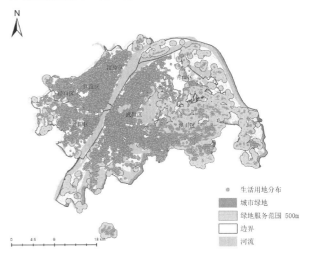

图 3 武汉市主城区生活服务影响分布图

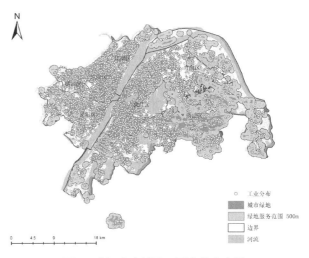

图 4 武汉市主城区工厂企业分布图

表 1　压力指标因子评价

目标层	准则层	指标层	指标因子等级				
			5(高)	4(较高)	3(中)	2(较低)	1(低)
压力	建设用地影响	生活用地影响/个	>100	50—100	50	20—50	<20
		工业用地影响/个	>100	50—100	50	20—50	<20
	人类活动影响	人口空间分布/人次	>150	150—100	100—50	20—50	<20
		人口密集程度/人次	>200	150—200	100—150	50—100	<50

(来源:作者自绘)

表 2　响应指标因子评价

目标层	准则层	指标层	指标因子等级				
			5(高)	4(较高)	3(中)	2(较低)	1(低)
响应	生态系统	斑块数量/个	>2000	1500—2000	1000—1500	500—1000	<500
		斑块面积/亩	>5000	2000—4000	1000—2000	100—1000	<100
	智慧响应	污水排放率	>1	0.8—1	0.5—0.8	0.2—0.5	<0.2
		垃圾处理率	>1	0.8—1	0.5—0.8	0.2—0.5	<0.2
		人流可达性	>2	1.5—2	1—1.5	0.5—1	<0.5
		交通便捷性	>2	1.5—2	1—1.5	0.5—1	<0.5

(来源:作者自绘)

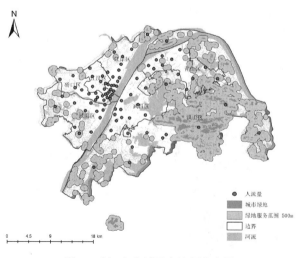

图5　武汉市主城区人流量分布图

通过上文分别对压力指标单因子和响应指标单因子进行单独分析与评定,对其单因子进行等级评价。

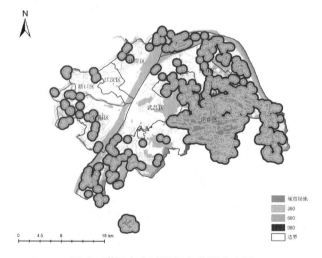

图6　武汉市主城区服务范围分布图

接下来在GIS中通过式1分别对压力与响应因子进行栅格综合测算,城市绿地综合风险分析见图8。

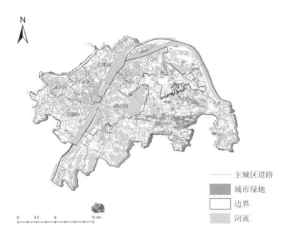

图 7　武汉市主城区道路分布图

$$LRI = \sum_{i=1}^{n} W_{pi} \times V_{pi} - \sum_{i=1}^{n} W_{ri} \times V_{ri} \quad (1)$$

式中, LRI 为城市绿地风险值; W_{pi} 为第 i 个绿地第 n 个压力权重; V_{pi} 为第 i 个绿地第 n 个压力指数; W_{ri} 为第 i 个绿地第 m 个响应权重; V_{ri} 为第 i 个绿地第 m 个响应指数。

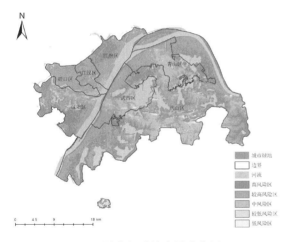

图 8　城市绿地综合风险分析

3　城市绿地研究结果

3.1　武汉市主城区城市绿地风险特点

经研究发现,武汉市主城区城市绿地的生态风险呈现以下几个特点。第一,从城市绿地的布局来看,其多分布在主城区东南面水域附近,生态风险较低,而西面、西北面绿地占比较小,人类活动较集中,对生态环境造成更大的压力,生态风险较高。整体布局上东西差异较明显,东部风险等级比西部风险等级较低。第二,从城市绿地影响因子的空间分布来看,高评级风险区多呈组团式分布在西面;中风险区主要以点状式分布在东南面;其他中低风险评级区呈带状分布在中部河流沿岸[4]。第三,从城市绿地风险评级来看,较高评级风险区分布于中部沿江处,较低评级风险区分布于东南绿地周围。武汉市主城区生态风险以中低级为主,高风险等级和低风险等级分布较少。

3.2　武汉市主城区城市绿地风险评价结论

根据压力响应模型分析,生态风险源共同影响着武汉市主城区生态风险等级。从压力角度分析,人流量密集、人造建筑污染、人类活动用地带来的污染影响以及城市土地利用变化所带来的生态压力、压力因子不断累加,形成生态高风险区。从响应角度分析,城市绿地斑块面积数量、空间聚集程度对城市绿地自身形成的生态弹性价值,城市内部污水处理、垃圾处理的污染源管理体制,以及武汉市在"智慧城市"建设过程中对车道距离、空间可达性等因子的优化,绿色生态发展因子抑制建设发展造成的污染因子所带来的危害[5]。

4　保护措施

城市绿地的服务主体是城市人群,新型智慧城市理念的核心是以人为本的可持续发展道路。基于上文对武汉市主城区的生态风险评价以及新型智慧城市建设发展的要求[6],立足武汉市的实际发展,提出武汉市主城区各风险等级城市绿地的保护措施(表3)。

表 3　城市绿地保护措施

	城市绿地保护措施				
	五级	四级	三级	二级	一级
生态保护措施[7]	保护生物多样性	扩大绿地覆盖率	绿色材料建筑建设	鼓励绿色交通	鼓励植树
智慧保护措施[8]	智能化保护系统	智能交通系统,减轻环境压力	智能化措施污染源处理系统	智能化废物处理,循环利用	智能化方式宣传绿色举措
城市管理措施	控制城市污染源	优化城市基础设施建设	经济循环,资源回收	提高公众意识,全民监管[9]	鼓励低碳出行
国家政策措施[10]	倡导多角度发展,创新驱动发展战略		出台相关管制约束政策		

(来源:作者自绘)

5 总结与展望

本文研究的创新点在于用压力响应模型阐述城市绿地生态的压力因子和响应因子的综合评价结果,科学地反映各指标与城市绿地之间的相关性,并将数据模型与GIS结合运用,从而得到相对性较为准确的综合评价结果。

本文基于前人经验的基础,对城市绿地的评价体系进行优化,但在研究过程中也存在以下不足,仍须改进。第一,评价等级的评定相对客观,对于各板块的评价结果更具相对性,在实际更加精密等级划分上存在出入。第二,对数据精确性和全面性的处理欠佳,数据来源和处理方式丰富度不足,缺少更加高质量和丰富的分析方法。

参考文献

[1] 安佑志.基于GIS的城市生态风险评价[D].上海:上海师范大学,2011.

[2] 谢禹.基于GIS和空间句法的城市公园绿地系统规划研究[D].济南:山东建筑大学,2022.

[3] 杨晶.滨江大城市绿地空间演变的历程、机制与预测研究[D].武汉:武汉大学,2014.

[4] 王旭明,黎清华,余绍文.长江中游地区地下水生态功能评价指标体系研究[J].安全与环境工程,2023,30(3):197-207.

[5] 宋会访,孙丛毅,屠正伟,等.基于多源大数据的城市绿地优化潜力评价体系建构——以武汉市为例[J].华中建筑,2023,41(2):94-98.

[6] 许晓.智慧城市背景下的城市公园景观智能化设计[J].现代园艺,2022,45(24):72-74.

[7] 圣倩倩,季亚欧,祝遵凌.城市绿地生态效益测度研究进展[J].湖南生态科学学报,2023,10(2):91-100.

[8] 范昕若.数字技术驱动的新型智慧城市:新型内涵、结构框架和优化路径[J].现代营销(上旬刊),2023(1):115-117.

[9] 孙金龙.全面学习把握落实党的二十大精神 加快建设人与自然和谐共生的美丽中国[J].环境与可持续发展,2023,48(2):8-17.

[10] 黄润秋.深入学习贯彻党的二十大精神 奋进建设人与自然和谐共生现代化新征程[J].环境与可持续发展,2023,48(2):18-37.

X 人工智能、大数据在建筑设计中的应用

刘宇波[1*] 徐珈璐[1*] 邓巧明[1] 胡凯[1]

1. 华南理工大学建筑学院，亚热带建筑与城市科学全国重点实验室；liuyubo@scut. edu. cn，202220104452@mail. scut. edu. cn

Liu Yubo[1*] Xu Jialu[1*] Deng Qiaoming[1] Hu Kai[1]

1. School of Architecture, South China University of Technology, State Key Laboratory of Subtropical Building and Urban Science；liuyubo@scut. edu. cn，202220104452@mail. scut. edu. cn

国家自然科学基金项目(51978268,51978269)

基于概率扩散模型的蚁穴仿生建筑形态的潜在空间生成与优化

Latent Space Generation and Optimization of Anthill Bionic Architectural Form Based on Diffusion Probabilistic Model

摘 要：蚁穴规模庞大复杂、结构稳定，是自然界"用最少的材料获得最大而坚固的生活空间"的经典案例。本研究基于概率扩散模型，提出了蚁穴仿生建筑形态的潜在空间生成与优化的智能工作流。通过寻找三维建筑标准形态和三维蚁穴形态对应的两种潜在空间向量的插值，获取合理的蚁穴仿生形态，并利用有限元分析和多目标优化对重建后的模型进行结构评估和优化。优化后的蚁穴仿生建筑形态兼具形式创造力和稳定的结构，适用于建筑形态和空间设计，为建筑师提供具有一定蚁穴空间结构的三维概念模型。

关键词：机器学习；概率扩散模型；蚁穴仿生建筑形态；潜在空间；结构优化

Abstract：Anthills, with their large and complex scale, along with stable structures, represent a classic example in nature of "achieving maximum and robust living space with minimal materials." This study proposes an intelligent workflow based on diffusion probabilistic model for generating and optimizing anthill bionic architectural forms in latent space. By seeking interpolation between the three-dimensional standard architectural form and the anthill form, reasonable anthill bionic forms are obtained. Additionally, finite element analysis and multi-objective optimization are employed to evaluate and optimize the reconstructed structure of model. The optimized anthill bionic architectural forms combine creative aesthetics with stable structures, making them suitable for architectural form and spatial design, providing architects with three-dimensional conceptual models featuring certain anthill spatial structures.

Keywords：Machine Learning；Diffusion Probabilistic Model；Anthill Bionic Architectural Form；Latent Space；Structural Optimization

1 引言

1.1 仿生建筑的发展概况

仿生建筑通过借鉴自然界的合理建造规律，将其应用于建筑设计，可以为建筑使用者提供与自然和谐共生的工作、生活环境[1]。

然而，传统仿生建筑设计主要依靠直觉来模仿和转译生物的形象，无法准确地体现生物体的构成规律。近年来，数字技术的发展推动了建筑设计领域的巨大变革，涌现出的算法和模型完善了仿生建筑的生成逻辑原理。通过将空间模型转化为三维坐标系，数字技术将工业时代线性设计转变为信息化时代非线性设计形式，推动了仿生设计在建筑领域的广泛应用。

1.2 蚁穴的空间结构特征

蚂蚁是动物界中优秀的建筑师，其建造的蚁穴具有复杂的空间结构特征，展现出结构合理和优秀的机械性能，能够促进信息交流和适应环境需求[2]。

Kushwaha 等在 2022 年研究了 3D 打印蚁丘结构的机械坚固性(图 1)，展示了一种新的仿生解决方案。通过计算和实验分析确定了拓扑结构和材料对于蚁穴强度和变形的贡献[3]。随着蚁群规模的扩大，蚁穴形成了较多的分支结构，自上而下呈漏斗状，随着表面积

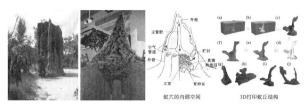

图1 蚁穴的外部形态和内部空间结构特征
(图片来源:参考文献[1]、参考文献[2])

的增加而扩大,能够承受高应力且保持结构稳定(图1)。

蚁穴独特的拓扑结构特征体现了"用最少的材料获得最大且坚固的生活空间"的规律,为建筑师创造自由灵活、经济实用的建筑空间提供了新的思路,推动建筑行业实现可持续发展。

2 研究综述

2.1 仿生建筑参数化找形的局限性

在利用参数化方法设计仿生建筑形态时,建筑师需要研究蚁穴的形态特征,设置适应度函数以寻找最优参数组合来达到理想形态。然而,这种方式受到预定义规则的限制,导致生成的仿生形态较为机械并且缺乏灵活性,呈现出具象化的特征,需要建筑师自行思考其中的关联和潜在的隐藏空间。

基于数据驱动的机器学习方法能够自动发现蚁穴数据集的形态特征规律,并在映射过程中探索潜在的特征分布空间,推动了仿生建筑在概念设计阶段方案的创造性和多样性。

2.2 利用机器学习实现潜在空间生成的研究进展

近年来,机器学习为探索建筑形态生成的潜在分布空间开创了大量可拓展的方向。近年来发展成熟的StyleGAN可以操纵深度生成模型的潜在空间,探索建筑设计的风格特征。TOMAS等[4]使用StyleGAN算法生成具有智利地区房屋风格的潜空间图像,辅助建筑师在特定环境中进行建筑创造性设计。Chen和Stouffs[5]通过操作潜在代码Z上的属性边界,验证了属性可以控制图像生成过程的多样性。Meng[6]使用GANSpace在潜在空间中可视化建筑立面图像与特征向量的相关性,解决传统生成设计的泛化问题。

在表达和探索建筑形态方面,三维空间提供了更全面和可视化的方式。然而,现有研究大多局限于二维潜在空间的提取,缺少对更高维度潜在空间的探索。

3 研究方法

本文提出了一套基于概率扩散模型的蚁穴仿生建筑形态的潜在空间生成与优化智能工作流(图2),通过寻找三维建筑标准形态和三维蚁穴形态对应的潜在空

间向量之间的插值,实现两种目标形态的连续变化和风格转换。同时,利用有限元分析和遗传算法对曲面重建后的结构进行评估和优化,以确定其网格划分的最佳模式。

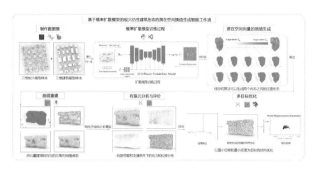

图2 蚁穴仿生建筑形态的潜在空间生成与优化的智能工作流
(图片来源:作者自绘)

3.1 概率扩散模型

概率扩散模型在前向过程中向输入数据 X_0 中逐步添加高斯噪声,直至得到纯噪声 X_t。然后通过反向扩散过程预测和去除噪声,回到最初的输入数据 X_0。与GAN相比,概率扩散模型只需要训练一个容易收敛的网络,并且生成结果具有多样性。本研究利用概率扩散模型初步生成三维点云的能力,用于提取三维仿生形态特征和实现目标形态的风格转换(图3)。

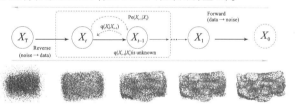

图3 三维概率扩散模型的原理
(图片来源:作者自绘)

3.2 蚁穴仿生建筑形态的潜在空间生成流程

3.2.1 制作蚁穴数据集

在生成和编码任务之前,笔者收集并制作了大量蚁穴数据模型,并将其外包围盒作为建筑标准模型。每对数据集内包含一个建筑标准形态和一个蚁穴形态,从每个形体中采样(8192个点)来构建三维点云,并对每个点云进行零均值和单位方差的归一化处理。

3.2.2 概率扩散模型训练过程

训练的目标是实现点云生成和噪声预测。输入的点云数据经过编码,生成一个512维的潜在空间向量 Z,该向量参与正向扩散的加噪过程和反向扩散的去噪过程。模型使用U-Net结构对 t 时刻的噪声进行预测,并通过30万次迭代使模型预测的噪音与真实噪音一致,以获得更好的生成效果。最后,潜在空间向量 Z 通过解码器实现目标输出(图4)。

图4 概率扩散模型训练过程和寻找潜在空间向量
（图片来源：作者自绘）

3.2.3 寻找两种目标形态的潜在空间向量

潜在空间向量 Z_A 和 Z_B 由每对数据集的两个点云数据经过自动编码得到。为了实现潜在空间的平滑过渡和探索，利用线空间算法在[0,1]范围内取不同的权重值，对 Z_A 和 Z_B 进行加权求和，生成一系列线性插值后的潜在向量 Z_i。向量 Z_i 经过解码器转化为介于两种形态特征之间连续变化的新样本（图4）。通过在两种目标形态的潜在空间向量之间寻找线性插值，为生成具有中间形态特征的点云样本提供了一种新的有效方式。

4 结构优化

4.1 曲面重建

从密集非结构化的点云数据中筛选样本点云，并对每个三维点云进行法线估计，确保局部法线适应其所在平面。通过表面重建和网格划分，保证每个三角形网格的边长、角度和面积相似，得到均匀的三角形网格曲面，以降低建造成本（图5）。曲面重建流程建立了两种目标形态之间的渐变曲面模型，用于结构分析和优化（图6）。

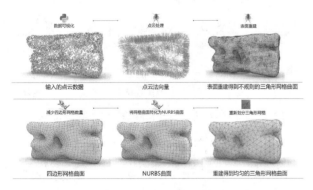

图5 曲面重建的流程
（图片来源：作者自绘）

4.2 建立结构分析模型与多目标优化

考虑到壳体受到荷载的影响，笔者对结构模型施加了不同的荷载组合。其中，风压设为 $1\ kN/m^2$，恒定荷载设为 $1\ kN/m^2$，将风荷载全局定向到 x、y 轴系统，恒定荷载和自重荷载分别全局定向到网格和杆件节点，并将模型与底平面接触的节点作为静态模型的支撑条件。选取潜在空间向量 Z_A 和 Z_B 的加权平均值对应的蚁穴仿生形态（图6），通过 Karamba3D 分析模型在给定条件下的应力分布、节点位移和质量（图7）。多

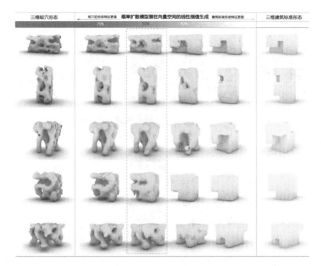

图6 两种目标形态之间的渐变曲面模型
（图片来源：作者自绘）

目标优化由 Octopus 算法通过迭代测试和自适应来接近最优解集[7]。优化过程以模型的节点位移和质量最小化作为优化准则，对结构杆件划分方式进行优化。

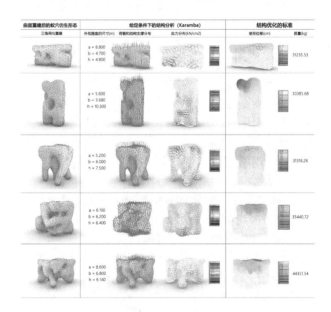

**图7 给定条件下的应力分布、节点
位移和质量（Karamba3D）**
（图片来源：作者自绘）

4.3 结果分析

优化后的网格壳体实现了均匀化的应力分布，有效地降低了局部应力集中的风险，从而显著提高了网格壳体建筑的结构强度、稳定性和耐久性。此外，节点的位移和变形程度也大大降低，进一步减少了材料的损耗（图8）。

研究发现，建筑结构的质量取决于网格的拓扑结构，而这种拓扑结构受到三角形网格划分方式和数量

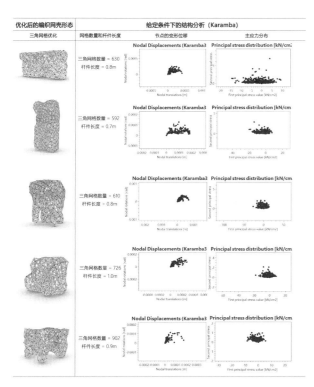

优化后的编织网壳形态	给定条件下的结构分析（Karamba）		
三角网格优化	网格数量和杆件长度	节点的变形位移	主应力分布
	三角网格数量 = 630 杆件长度 = 0.8m	Nodal Displacements (Karamba3)	Principal stress distribution [kN/cm²]
	三角网格数量 = 592 杆件长度 = 0.7m	Nodal Displacements (Karamba3)	Principal stress distribution [kN/cm]
	三角网格数量 = 610 杆件长度 = 0.8m	Nodal Displacements Karamba3	Principal stress distribution [kN/cm
	三角网格数量 = 726 杆件长度 = 1.0m	Nodal Displacements (Karamba3)	Principal stress distribution [kN/cm
	三角网格数量 = 902 杆件长度 = 0.9m	Nodal Displacements (Karamba3)	Principal stress distribution [kN/cm

图8　优化后的网壳形态和结构分析
（图片来源：作者自绘）

的影响。与四边形网格相比，采用三角形网格具有应用广泛且灵活性强的特点，能够更准确地描述曲面特征，适用于曲面变化较大的情况，对提升蚁穴仿生网格壳体建筑的结构性能具有重要意义。

5　讨论

通过探索两种目标形态的潜在空间之间的不同区域，我们可以观察到具有中间特征的样本呈现渐变变化，从而更好地理解潜在空间中的特征属性，对于深入研究样本数据的潜在特征分布空间具有重要意义。

研究发现，两个潜在空间向量的权重影响了生成的蚁穴仿生形态特征。当 Z_i 为两者的加权平均值时，生成的形态能够更好地融合两个目标的形态特征，既保留了蚁穴自由灵活的几何形态，又具有稳定合理的空间结构。这种形态还具备将复杂的空间转化为实际建造的能力，实现几何模型和结构模型之间的信息自由流动，为寻找蚁穴仿生建筑形态开放了大量可拓展的空间。

6　结论与不足

研究表明，基于概率扩散模型的智能工作流在蚁穴仿生建筑领域具有重要的应用潜力。通过学习，建筑师可以从大量的设计空间中获得具有结构稳定性的形态解决方案，生成的蚁穴仿生形态不仅保留了形式的创造性，还具备稳定的结构，极大地提高了建筑师在概念设计初期阶段仿生建筑找形的效率，推动了蚁穴

仿生建筑设计的发展与创新。

然而，工作流中的多目标优化模型尚无法实现蚁穴仿生建筑形态的迭代调整，限制了形状反馈和迭代优化的可能性。尽管目前在蚁穴仿生建筑形态的探索方面存在一定的局限性，我们将在未来的研究工作中探索其他工具和方法，以评估和优化美学标准和空间标准，为未来多样化仿生建筑设计提供更多可能性。

参考文献

［1］郭润博.源于蚁穴的"筑"作——米克·皮尔斯的仿生建筑理论及技术研究［D］.天津：河北工业大学，2010.

［2］KUSHWAHA B，KUMAR A，AMBEKAR R S，et al. Understanding the mechanics of complex topology of the 3D printed Anthill architecture［J］. Oxford Open Materials Science，2022，2(1)：itac003.

［3］YANG G，ZHOU W，QU W，et al. A review of ant nests and their implications for architecture［J］.Buildings，2022，12(12)：2225.

［4］LARRAIN T V，VALENCIA A，YUAN P F. Spatial findings on Chilean architecture StyleGAN AI graphics［C］//Proceedings of the 26th International Conference of the Association for Computer-Aided Architectural Design Research in Asia（CAADRIA）. Hong Kong：Association for Computer-Aided Architectural Design Research in Asia（CAADRIA），2021：251-260.

［5］CHEN J，STOUFFS R. From exploration to interpretation：Adopting deep representation learning models to latent space lnterpretation of architectural design alternatives［C］//Proceedings of the 26th International Conference of the Association for Computer-Aided Architectural Design Research in Asia（CAADRIA）. Hong Kong：Association for Computer-Aided Architectural Design Research in Asia（CAADRIA），2021：131-140.

［6］MENG S. Exploring in the latent space of design：A method of plausible building facades images generation，properties control and model explanation base on stylegan2［C］//Proceedings of the 2021 DigitalFUTURES：The 3rd International Conference on Computational Design and Robotic Fabrication（CDRF 2021）. Singapore：Springer，2022：55-68.

［7］DZWIERZYNSKA J，PROKOPSKA A. Pre-rationalized parametric designing of roof shells formed by repetitive modules of Catalan surfaces［J］. Symmetry，2018，10(4)：105.

刘宇波[1*] 宋昊明[1*] 邓巧明[1] 胡凯[1]

1. 华南理工大学建筑学院；亚热带建筑与城市科学全国重点实验室；arhaoming@mail. scut. edu. cn，liuyubo@scut. edu. cn

Liu Yubo[1*] Song Haoming[1*] Deng Qiaoming[1] Hu Kai[1]

1. School of Architecture，South China University of Technology；State Key Laboratory of Subtropical Building and Urban Science；arhaoming@mail. scut. edu. cn，liuyubo@scut. edu. cn

国家自然科学基金项目(51978268,51978269)

手绘草图的"跃迁"
——基于 CLIP 引导点云扩散模型的单视角建筑透视草图生成可编辑的三维模型的探索

"Leap" of Hand-drawn Sketches: Exploring the Editability of Single-view Architectural Perspective Sketches Generated as 3D Models Based on CLIP-guided Point Cloud Diffusion Model

摘　要：对于建筑师来说，执笔表达的草图是辅助其设计的重要工具，但依据手绘草图进行计算机建模推敲的过程较为耗时。随着多模态算法的发展，人工智能对多维信息的处理能力也大幅提升。现有研究主要关注二维图像之间的转译，例如自动识别草图或意向图、生成目标特征的效果图。然而，将二维透视草图映射到三维模型仍是具有挑战性的问题。本研究通过 CLIP 算法结合三维点云概率扩散模型，开发出一种由单视角的手绘透视草图生成可编辑的三维形体模型的新工作流，该方法可以借助草图提取的潜向量进行特征识别，生成高质量的三维点云空间模型，再进行程序化曲面重建及优化。建筑师只需在平板上绘制出特定视角的草图，便可得到一个符合草图预期、形体关系合理的拟合模型。经过测试生成效果良好，同时这种人机协同的工作模式在多样化生成上也蕴含着巨大的潜力。

关键词：人工智能；生成式设计；扩散模型；透视草图；图像转译

Abstract：Architects rely on sketches as crucial tools to aid their designs, but the process of translating hand-drawn sketches into computer models can be time-consuming. Now, AI has significantly improved its ability to process multidimensional information. Existing research has primarily focused on translating 2D images, but mapping 2D perspective sketches to 3D models remains a challenging problem. This study introduces a novel workflow based on point cloud probabilistic diffusion model to generate editable 3D shapes from single-view hand-drawn perspective sketches. The proposed method utilizes latent vectors extracted from sketches for feature recognition and generates high-quality 3D point cloud, followed by mesh reconstruction and optimization. Architects can create specific perspective sketches on a tablet and obtain well-fitted models that align with their sketch expectations. The generated results have shown good performance, and this human-computer collaborative approach holds immense potential for diverse model generation.

Keywords：Artificial Intelligence；Generative Design；Diffusion Model；Hand-drawn Sketch；Image Translation.

1　引言

建筑师在进行方案设计时，一般会用草图记录调研和构思的细枝末节，以展现思维过程。在创意设计中，草图启迪着建筑师的灵感；在发展和深化阶段，草图起到控制建筑总体形态、空间布局、功能流线、造型及细部推敲的作用，直到最终完成设计。

随着多模态算法的飞速发展，虽然现有的研究只停留在能让计算机自动识别草图或意向图,并转译为目标风格的效果图,但是大多数研究仅限于二维图像到二维图像之间的转译,并不能实现三维形体的生成。因此,本文试图探究一种多模态人工智能转译算法,实现以单张视角的手绘草图为数据源的三维模型重建工作。

2 研究综述

2.1 有关草图转译的研究基础

生成对抗网络的大规模应用,也冲击着生成设计领域,在现有的研究中,计算机可以自动将草图转译为指定风格,或是具有一定细部形态特征的效果图。Meng 等[1]应用 StyleGAN2 模型,在没有输入条件的情况下生成合理的建筑立面图像,阐释了生成图像与潜空间中的特征向量之间的相关性。Li 等[2]尝试使用 CycleGAN 算法实现从草图到图像的映射过程,实现草图的识别与重建,生成具有特定风格的建筑效果图。

除草图生成二维效果图外,也有研究者在找寻草图与三维模型的转译途径。Ren 等[3]将原始三维模型切割成多个平面,并利用风格迁移技术对二维像素点群进行抽象过滤,实现三维体素化建模。张航等[4]使用多角度视图的二维切片进行串行堆栈,建立了技术图纸和三维模型之间的映射生成策略,能在两种不同的建筑风格模型之间提取潜空间差值,得到期望的迁移结果。

但是,这类研究都基于切片进行序列堆栈,即分别经算法处理尽可能多的平面剖切片,再将其"积分"为三维模型。这会导致原始信息的大量丢失,其本质上仍然是同维度之间的转换。因此,实现计算机从二维透视草图直接映射到三维模型仍然是一个具有挑战的问题。

2.2 单视图升维转译的瓶颈与研究进展

目前对于单视图至三维模型的研究极为有限。Mildenhall 等[5]提出了神经辐射场(NeRF)技术,通过隐式表示实现了照片级的视角合成效果,无须进行中间的三维重建过程,仅凭借位置参数和图像即可合成新视角下的图像。然而,这需要大量的多视图视角来训练专用的神经网络,三维点云空间模型才能具有泛化能力;同时 NeRF 不具备编辑能力,无法解决单视图转译的问题。

总的来说,利用单一视角的图像合成多个新视角或三维数据模型时,需要推断物体之间的遮挡区域,并同时保持输入图像的语义和物理一致性。这是单视图升维技术面临的最重要挑战之一。

3 研究方法

本文用 CLIP (contrastive language-image pre-training)算法结合三维概率扩散模型开发出一种指定角度透视草图生成三维建筑形体的新方法(图1)。通过预训练 CLIP 模型将草图编码为潜空间向量(Z_i),再

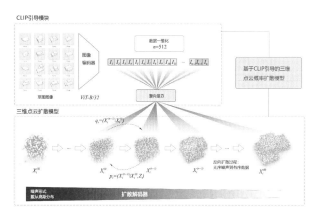

图1 CLIP 引导的三维点云扩散模型的技术流程图
(图片来源:作者自绘)

训练三维扩散模型将潜向量转换为三维点云群,进而通过滚球法将点云拟合成网格面,并做体素化重建,生成高质量的建筑形体关系和空间模型,最后由建筑师进行模型的人工修改和细化。

相比第二部分提到的神经辐射场和 Point·E 算法[6],CLIP 引导的三维点云扩散模型能够通过潜向量的映射迅速建立起两种模态的映射关系,并根据损失值修正模型,生成较高质量的形体。

3.1 算法架构

3.1.1 CLIP

CLIP 是 OpenAI 开发出的一个实现多模态映射的预训练模型,它通过在大规模图像和文本中进行自监督学习来学习视觉和语义的对应关系。它也可以将图像进行单独编码,以实现数据增强、上采样等操作。

本文尝试了 CNN(vgg16、VAE)、CLIP 两类编码器去编码草图的二维图像。如图2所示,相较于 Huang 等[7]利用传统的卷积神经网络的编码器,CLIP 中的图像编码器由于出色的降维效果,其 ViT-B/32 变体的训练计算效率要高出数倍,且测试效果发现模型效果优于其他方案,故成为本文所选的图像编码方案。

3.1.2 点云概率扩散模型

罗世通和胡玮[8]提出了一个用于点云生成的概率扩散模型,它可以被用于多种三维视觉任务的基础,相较于传统的 GAN 需要分别训练判别器和生成器,扩散模型只需要训练一个生成器,目标函数简单。这意味着扩散算法简化了模型,不需要考虑损失函数的鞍点影响,模型易于收敛。

本研究将三维点云看作是从概率分布中取样生成。类似于图像的扩散概率模型,向点云引入噪音时,类似热力学粒子做熵增扩散运动,从原始分布逐渐成为高斯分布,即正向扩散。点云的生成模型则是逆向扩散过程:根据高斯分布取样作为噪音点云,通过训练好的神经网络,用 CLIP 编码完成的二维草图的潜空间向量(Z_i)进行反向解码,直至点云恢复其本来的形状。

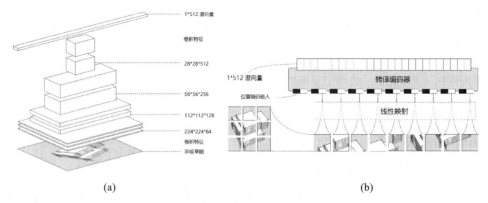

(a)   (b)

图 2　图像编码原理的差异
(a)传统的 CNN 架构;(b)CLIP 架构
(图片来源:作者自绘)

3.2　数据集制作与处理

在制作草图与模型的映射数据集时,考虑到手绘草图的模糊性和不确定性,不同人手绘风格、表达方法等均有所差异,为了让模型有较好的泛化能力,实验在画法中做出了一定的限制。

(1)体块构成逻辑:组合建筑所需的体块数量控制在 5 个以内,填充因子 0.30~0.40,层数在 18 层以下,用地不超过 100 平方米。同时需要考虑建筑空间和功能的排布,以及建筑形态和结构是否符合现行基本规范。

(2)选取对应模型的二维手绘草图的视角为 30°,透视焦距等效人眼。训练集采用多数所能掌握的两侧略微出头的抖断线,作为建筑的轮廓线和分层线。之后对获得的草图在进行归一化处理。

数据经筛除后共有 8035 个数据对。其中 6800 个

数据对作为训练集,1200 个数据对作为测试集,其余作为验证集。其中,草图数据集作为源数据域 A、模型数据集作为源数据域 B,源数据域中的模型与草图通过映射相同文件名,关系一一对应。

3.3　训练与生成测试

训练阶段如图 3(a)所示,输入建筑体块点云,随后经过一系列前向扩散过程逐渐变为噪音点云,参数经过逆向的 CLIP 引导模块映射回潜向量(Z_i),求出先验概率分布和后验概率分布之间的损失值。经过 30 万次计算机迭代后,根据验证集的回归效果去优化参数。

在测试阶段,如图 3(b)所示选取若干张草图图像作为输入条件去生成点云,从正态分布取样,经过先验 CLIP 算法映射为潜向量(Z_i),同时从正态分布取样噪音点云 $x^{(T)}$。通过逆向扩散过程,噪音点云以潜空间向量(Z_i)为条件逐渐减噪为目标三维点云 $x^{(0)}$。

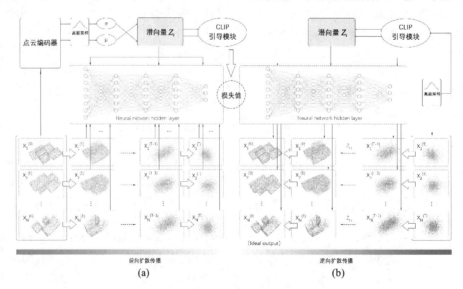

(a)   (b)

图 3　训练与测试架构示意(前向与逆向扩散进程)
(a)训练;(b)测试
(图片来源:作者自绘)

4 结果和优化

笔者随机抽取了若干测试结果,如图 4 最右侧栏的点云输出数据,初步看能较为准确地识别草图透视关系。这表明,基于这种特定视角的草图是可以较为真实地转译为符合建筑师思维的三维模型。

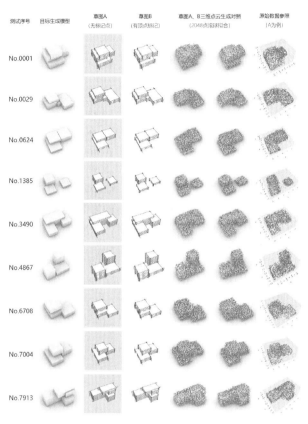

图 4 测试部分结果索引(有无标记 AB 对照)
(图片来源:作者自绘)

为了进一步降低损失值、使输出模型更细腻,将输入的草图标记了棱角几何定位点,重复进行训练和生成测试过程,可以得到更加优质的滚球输出结果。

相比之前不加定位标记点的训练模型,测试生成的点云簇的拟合棱角更加锐利,建筑模型的边缘线条更为平直,生成模型与目标模型的形体偏差度更小,更适合进行曲面重建与优化(图 5)。

从实验整体的测试结果来看,对于体块组合数量不超过 4 个的透视草图,输出的结果损失值更低、更接近于真实的目标模型;同时,体块之间的分离度越高,模型运算的复杂度越低,输出的点云簇透视更准确。由于训练的数据量不够,在更为细节的体块交接处会出现部分识别不佳的现象,生成的点云簇关系较为模糊。

为了使三维模型具有直接的操作性和编辑性,需要对点云进行曲面重建工作。如图 6 所示,首先对点云簇的边缘进行去噪处理,清洗相似点和重复点,以屏蔽无效数据。之后利用滚球法重建原则,提取每个点

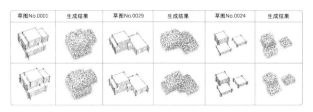

**图 5 相同情况下,有顶点标记草图
的点云生成结果更加优质**
(图片来源:作者自绘)

的法线参数,创建若干个不同半径的球在点云的不同方向滚动,并不断产生三角网格,直至遍历完所有点云。随后进行网格优化,使得表面更为平整光滑,并进行合适单位大小的体素化重建,得到边缘锐利的建筑模型。

这种重建工作流可以程序化地自动生成网格面,图 6 下方是生成点云进行重建后的多视角细节呈现,可以观察到对体块间遮挡区域进行的点云重建效果良好,体素化后达到了较高的还原度和视觉合理性。

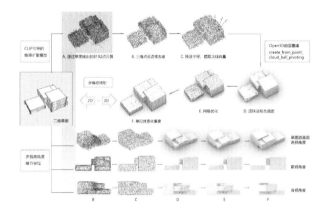

图 6 点云重建曲面与体素优化策略
(图片来源:作者自绘)

5 结论与展望

本研究使用 CLIP 引导的点云扩散模型,通过 2D—3D 编码策略基本实现了特定视角透视草图的三维化重建工作,并在较低损失下实现了训练模型的优化。有了这一工作流的应用,无论有多少个草图方案,建筑师只需遵从特定的透视画法,便可瞬间得到和草图理念相符的可视化三维模型,并能在此基础上进行网格编辑,达到快速比对多种方案的目的,符合设计过程的开发逻辑。由于草图画法的局限性,在维度转换中有着体积信息的缺失,生成结果精确性仍有较大的提升空间。

一方面,本文模型的编码策略仍然需要一些改进。由于数据量的局限性,需要探索如何标记、提取和聚类多种风格形式的草图特征向量,并进行大量的泛化训练,在复杂度高、透视不标准的草图中掌握较好的生成

式学习能力,提高模型的普适性。另一方面,需要通过分类训练来增加重建模型的细节映射,将具有建筑属性的构造表现出来,以增进对设计过程的沉浸感知。

人机协同的工作模式在多样化生成上蕴含着巨大的潜力。还需尝试优化模型来构建更强的泛化能力,将草图与模型的多模态转换能力继续延伸至设计的后期阶段,并通过人工智能赋予大家更具巧妙的创新设计。

参考文献

[1] MENG S. Exploring in the latent space of design:A method of plausible building facades images generation, properties control and model explanation base on stylegan2[C]//CDRF. Singapore:Springer, 2022:55-68.

[2] LI Y, XU W. Using cyclegan to achieve the sketch recognition process of sketch-based modeling [C]//Proceedings of the 2021 DigitalFUTURES. Singapore:Springer, 2022:26-34.

[3] REN Y, ZHENG H. The Spire of AI:Voxel based 3D Neural Style Transfer[C]// CAADRIA, 2020:619-628.

[4] ZHANG H, BLASETTI E. 3D architectural form style transfer through machine learning[C]// CAADRIA, 2020. DOI:10. 13140/RG. 2. 2. 16791. 52645.

[5] MILDENHALL B, SRINIVASAN P, TANCIK M, et al. Nerf:Representing scenes as neural radiance fields for view synthesis[J]. Communications of the ACM, 2021, 65(1):99-106.

[6] NICHOL A, JUN H, DHARIWAL P, et al. Point E:A System for Generating 3D Point Clouds from Complex Prompts[J]. arXiv preprint arXiv, 2212:08751.

[7] HUANG H, KALOGERAKIS E, YUMER E, et al. Shape synthesis from sketches via procedural models and convolutional networks [J]. IEEE transactions on visualization and computer graphics, 2016, 23(8):2003-2013.

[8] LUO S, HU W. Diffusion probabilistic models for 3d point cloud generation[C]//Proceedings of the IEEE/CVF Conference on Computer Vision and Pattern Recognition, 2021:2837-2845.

郑斐[1]　张象龙[1]　王月涛[1]*

1. 山东建筑大学；1832326338@qq.com

Zheng Fei[1]　Zhang Xianglong[1]　Wang Yuetao[1]*

1. Shandong Jianzhu University；1832326338@qq.com

山东省自然科学基金项目(ZR2020 ME213)；山东建筑大学博士科研基金项目(X22055Z)

人工智能介入建筑设计的应用模式研究
Study on Application Modes of Artificial Intelligence in Architectural Design

摘　要：近年来，人工智能快速发展并渗透到了建筑设计、建造和运营的各个阶段。在建筑领域，人工智能技术的应用既面临诸多局限与挑战，也使人们对设计模式进行了新的思考。本文以一般建筑设计流程为基础，根据人工智能介入建筑设计的程度不同，将人工智能参与建筑设计分为了人工智能辅助、人工智能协同、人工智能主导三种模式。最后文章基于对前沿建筑师设计作品与研究成果的总结，归纳各模式的主要特点并进一步提出了今后的发展趋势，为后续研究提供理论与实践参考。

关键词：人工智能；设计流程；人工智能辅助；人工智能协同；人工智能主导

Abstract：In recent years, artificial intelligence (AI) has rapidly developed and penetrated various stages of architectural design, construction, and operation. In the field of architecture, the application of AI technology faces numerous limitations and challenges, while also stimulating new thinking in design patterns. This article is based on the general process of architectural design and categorizes the involvement of AI in architectural design into three modes：AI assistance, AI collaboration, and AI dominance, depending on the degree of AI integration. Finally, the article summarizes the main characteristics of each mode based on cutting-edge architectural designs and research achievements and further proposes future development trends, providing theoretical and practical references for subsequent research.

Keywords：Artificial Intelligence；Design Process；AI-assisted；AI Collaboration；AI Dominance.

人类自古以来一直梦想着能够制造一种以某种方式模仿人类大脑功能的机器。在数理逻辑、物理学、哲学等领域的思辨以及维纳的控制论、克劳德·香农的信息论和图灵的计算逻辑等理论的提出为实现这一愿景奠定了坚实基础。此外，近几十年来，随着计算机技术的出现和快速发展，更为这一愿景的实现提供了直接条件。在 1956 年的达特茅斯会议，计算机科学家约翰·麦卡锡提出了"人工智能"一词。目前，关于人工智能的定义尚未达成一致，一般认为它是"研究、开发用于模拟、延伸和扩展人的智能的理论、方法、技术及应用系统的一门新的技术科学"[1]。人工智能历经 60多年的坎坷发展，在这期间，多学科的技术交叉应用，人工智能的技术、应用成果和场景层出不穷。1964 年波士顿建筑与计算机大会上，格罗皮乌斯与计算机学家明斯基齐聚一堂，开启了建筑设计与人工智能结合的开端，人工智能发展也逐步深入到建筑设计之中。

建筑师以引入传统计算机辅助设计工具实现自动化为开端，随着人工智能的引入，建筑设计方法与过程发生了改变，其运用的算法、模型成为设计过程的关键元素。如今，建筑师倾向于使用适合其需求的工具实现其设计目标。随着人工智能研究的深入，其不再是辅助建筑设计的工具，同时已经可以完成其中一部分工作，自主性大大提升。本文根据人工智能介入建筑设计的程度不同将其分为了人工智能辅助、人工智能协同、人工智能主导三种模式。在人工智能辅助阶段，人工智能被动地为建筑师使用，能够辅助建筑师完成建筑设计的某一部分，或较为粗略的完成建筑整体设计；在协同阶段，建筑师与人工智能相互协作，人作为评判者可以在建筑生成过程中通过改变参数与人工智能相互协作；在人工智能主导阶段，计算机拥有自主判断生成成果优与劣的能力，减少了人的参与，这三种模式时间上存在先后，但是在空间上并存，逐步过渡（图 1）。

现在的人工智能技术还需要一定的人为干预,但是人工智能在建筑上的应用正通过大量的研究和实验向前发展,人工智能自行解决问题的前景也许会在不久的将来实现。

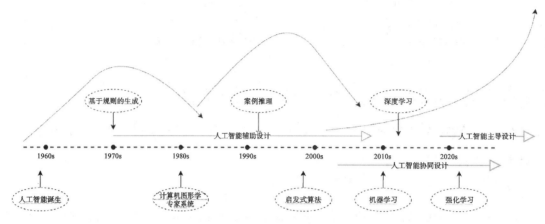

图1 人工智能发展阶段
(图片来源:作者自绘)

1 数字化迈入人工智能

随着时代发展,人类设计要求变得越来越复杂,这给建筑师带来了挑战。同时,为了支撑这些复杂设计目标的实现,越来越强的计算能力也变得必不可少。自20世纪60年代以来,人类的思想和技术迎来了一个革命的时代。在建筑设计领域,设计方法以及技术转变的周期明显被缩短,各种技术不断出现,建筑设计方式发展的快速变化,基于二维手绘图纸的设计方法逐渐演变为三维数字建模;从早期的计算机辅助设计开始,以及后来出现的参数化设计(图2)、数字化建造以及BIM,虽尚不能作为人工智能的建筑设计,但使建筑设计进入数字化时代。富兰克·盖里、扎哈·哈迪德等大师利用玛雅、犀牛、GC等软件生成非线性建筑[2]。例如,扎哈·哈迪德用参数化的手段设计的曼彻斯特美术馆的音乐厅(图3),参数化的引用使得原本需要大量重复性的劳动得以简化[3],这些都为人工智能的发展奠定了基础。随着数字化的引入,建筑设计的整体流程虽未改变但是在具体操作方面已悄然发生了变化。60年代末,受到当时"设计方法学运动"和"控制论"等学术思潮的影响,早期的人工智能开始进入人们视野,人们开发了大量用于平面布局生成的形状语法[4],美国麻省理工学院的威廉·米切尔教授的《建筑的逻辑:设计、计算和认知》展示了使用形状语法来描述建筑的方法,并通过案例详细说明了应用形状语法生成建筑的过程,证明了建筑设计可以纳入逻辑操作的范畴[5],这些初步探索对后续研究影响深远。再到后来,人们尝试将繁杂的生成程序进行集成后引入建筑设计中。这些早期的人工智能基于逻辑或事实归纳规则,然后通过编写程序完成设计任务。到了60年代末,爱德华·费根鲍姆提出首个专家系统,这也为后来的第二次人工智能浪潮埋下了伏笔。但是在那个时期,由于人工智能的产出达不到预期,于是人们对人工智能的热情逐渐褪去,人工智能的发展也进入了一个持续将近十年的"寒冬"阶段[6]。

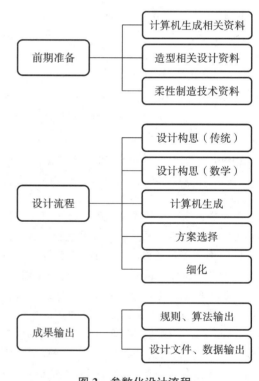

图2 参数化设计流程
(图片来源:作者改绘)

2 人工智能辅助设计与早期人工智能在设计领域的尝试

20世纪80年代初,计算能力的突然增长和资金的大量投入让人工智能研究重获新生。人工智能辅助系统的开发一直是该领域的研究热点。专家系统和推理

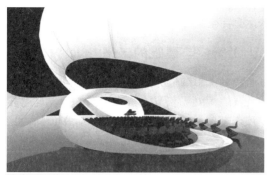

图3　曼彻斯特美术馆的音乐厅
（图片来源：百度图片）

引擎专家系统两个主要的突破使人工智能转向专门知识的实际应用。在早期的人工智能辅助阶段，建筑师通过约束条件利用人工智能进行搜索，然后对搜索结果重用修改完成设计。例如，基于案例推理的建筑设计，建筑师面对设计要求，从建立的案例库中检索出相似的方案，通过修改或参考形成新的方案，再将这一新的方案回存至案例库中（图4）。随着技术的进一步发展，建筑师可以针对某一类型工作编写算法与训练大模型完成设计要求，但此种方式对编程技术要求较高，无法在设计实践中得到广泛认可或被直接使用[7]。还有一种发展方向是重视智能算法与大模型的普适性。即使是不同项目类型与不同设计条件，人工智能都可以根据它们之间的共同点计算出有实际参考价值的结果。但是此种方法不够准确，需要建筑师进行优化。在人工智能辅助阶段，建筑师根据设计要求就已经可以完成很大一部分，但使用人工智能的意义在于其帮助建筑师完成了大量烦琐的工作，也为建筑师们提供有效的设计参考。随着专家系统的应用领域越来越广，其问题也逐渐暴露出来，人们逐渐探索更加合适的技术。经历几十年的技术发展，人工智能辅助设计应用的技术已经从低自主水平的自动化，发展到能够实现高自主水平的群体智能和神经网络。目前人工智能辅助在建筑设计、建造和运营的各个阶段都有应用（包括风格迁移，自动化生成，建筑空间优化和智能建筑模拟等）。例如，建筑师基于pix2pix生成对抗网络通过风格迁移生成建筑立面，其利用图像生成技术实现建

筑立面快速识别和生成（图5）[8]。人工智能也可以通过学习建筑设计数据与规则，然后根据给定的要求模仿或生成我们需要的方案、分析和优化建筑布局和空间利用效率、模拟建筑在不同环境条件下的性能和效果。但在人工智能辅助阶段，人工智能仅能输出结果而不能对结果加以反馈，即只能被动地为建筑师所用[9]。

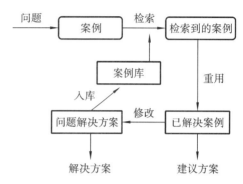

图4　案例推理流程
（图片来源：作者自绘）

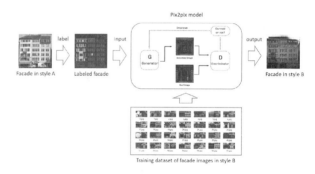

图5　立面生成的风格迁移流程
（图片来源：参考文献[8]）

3　人工智能协同建筑设计

2006年深度学习的概念被提出，之后深度神经网络和卷积神经网络开始广泛应用。深度学习通过逐层训练和反向传播进行调优，更加接近建筑师的创作方式，这些都为人工智能协同设计提供了技术基础。在1990年，阿肖克·戈埃尔等提出了下一代设计辅助系统的核心特征包括认知性、协作性和创意性[10]。在人工智能协同设计阶段，人工智能与建筑师能够以协作互动的方式共同参与到方案设计当中[7]。人工智能可以帮助建筑师生成初步设计方案，建筑师再根据自己的需求进行筛选、修改或增添参数来生成理想的结果。在这一过程中，计算机不能完全地自主生成，建筑师对生成结果的筛选、参数调整、深度优化影响了设计的方向，人工智能和建筑师形成新的合作与共存关系，这极大提升了设计和思维水平。例如，孙澄在建筑形态的人机协同模式的探索，其以深度学习模型为核心，并利

用形状文法等自动化工具进行数据转换和模型生成。其利用 BST 系统(建筑形态的智能化设计系统)对建筑师的设计意图进行特征分析和提取,并将其整合到建筑方案中,建筑师通过方案筛选、调整优化最终完成设计[7]。建筑师与 BST 系统进行互动合作,快速地进行设计尝试的同时,也为建筑师们带来新的思路和灵感。但这也只是在建筑形态上的应用,郑豪等也在人机协同绘图做出了探索,建筑师可以利用生成对抗网络,仅用简化的图像通过人机协同就可以生成复杂的建筑平面图[11]。相信通过建筑师们的不断探索,人工智能协同及其应用在不久的将来可能将应用于全过程的建筑设计。人工智能协同设计流程如图 6 所示。

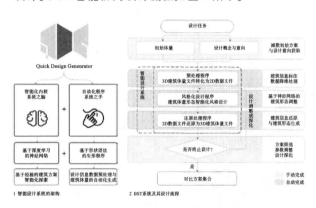

图6 人工智能协同设计流程
(图片来源:参考文献[7])

4 人工智能主导建筑设计

当下机器学习囿于相关性和关联性,无法达到真正的智能。如今人工智能的研究方向由模拟人脑转向因果推理,旨在实现反向传播无法实现的"无监督学习",这能让人工智能依靠自身变得智能。在人工智能主导的阶段,计算机运用类似于建筑师的思维方式,代替建筑师在协同阶段进行的评判与优化工作。通过这种方式,计算机可以自主进行方案筛选、参数调整、深度优化。这相当于在基于人工智能协同设计的基础上加入了一个"评估优化系统",使计算机能够具备一定的自我评判与自行调整的能力。为了确保评估与优化标准更加准确,计算机可以通过大数据进行训练,以获得普适而准确的结果。尽管在这个阶段,人工智能可以完成大部分工作,但可以明确的是,人工智能主导阶段仍然无法取代建筑师。评估系统的设计和不断优化仍然需要建筑师对功能的理解和空间体验作为指导依据[12]。由于不同的建筑师具有不同的思想,因此对于不同方向进行训练的评估系统将导致产生具有显著差异的建筑设计。当前,人工智能在许多领域都取得了显著的进展,包括图像识别、自然语言处理、语音识别和智能推荐等。然而,在建筑设计领域,尽管人工智能

已经开始在协同设计和设计评估方面发挥作用,但还远未达到完全主导的阶段。

5 人工智能与建筑的未来

目前的人工智能方法同时存在优势与局限,专家系统为代表的知识引导方法在推理方面表现优异,但在扩展新领域方面面临困难;深度学习为代表的数据驱动模型擅长预测和识别,但其黑箱开发的内部过程难以理解;强化学习为代表的策略学习方法可以在未知领域中自行探索,但受搜索策略的限制。因此,我们需要整合人工智能不同的方法和手段,建立一个综合的人工智能理论和模型,将知识、数据和反馈相互融合[13]。

随着时间的推移,人工智能在建筑设计领域的发展将持续推动行业的变革。现阶段这三种模式,在时间上存在先后,但在空间上是并存。人工智能辅助的工具与方式逐渐多元化,在此方向也已经有了大量的实践探索;建筑师与人工智能协同设计的理论研究及设计工具的开发是目前研究的重要课题。伴随人工智能技术的持续发展,建筑设计工具必将向智能化转型,建筑设计方式也逐步向人工智能主导发展。

参考文献

[1] AIVRWare. 人工智能(Artificial Intelligence)[EB/OL]. (2022-4-8)[2023-7-20]. https://baijiahao.baidu.com/s? id=17295301419032775 58&w% 20fr=spider&for=pc. html.

[2] 周祥.人工智能算法在建筑设计中的应用探索[J].中外建筑,2019(9):47-50.

[3] 皇甫亚飞.扎哈·哈迪德事务所的数字实现[D].天津:天津大学,2012.

[4] 涂文铎.建筑智能化生成设计法演化历程[D].长沙:湖南大学,2016.

[5] 谢晓晔,丁沃沃.从形状语法逻辑到建筑空间生成设计[J].建筑学报,2021(2):42-49.

[6] 唐杰.浅谈人工智能的下一个十年[J].智能系统学报,2020,15(1):187-192.

[7] 孙澄,曲大刚,黄茜.人工智能与建筑师的协同方案创作模式研究:以建筑形态的智能化设计为例[J].建筑学报,2020(2):74-78.

[8] YU Q, MALAEB J, MA W. Architectural facade recognition and generation through generative adversarial networks[C]//2020 International Conference on Big Data & Artificial Intelligence & Software Engineering (ICBASE). IEEE, 2020:310-316.

[9] 何宛余.竞争、并存与共赢——智能设计工具与人类设计师的关系[J].景观设计学,2019,7(2):

76-83.

［10］ GOEL K A，VATTAM S，WILTGEN B，et al. Cognitive，collaborative，conceptual and creative — Four characteristics of the next generation of knowledge-based CAD systems：A study in biologically inspired design ［J］. Computer-Aided Design，2012，44(10).

［11］ HUANG W，WILLIAMS M，LUO D，et al. Drawing with Bots：Human-Computer Col-Laborative Drawing Experiments ［C］//CAADRIA. Proceedings of the 23rd International Conference on Computer — Aided Architectural Design Research in Asia 2018：127-132.

［12］ 建筑学院. 智能化设计算法应用的 5 阶进化论［EB/OL］.（2020-8-18）［2023-7-20］. http：//www. archcollege. com/archcollege/2020/8/47958. html.

［13］ 吴飞，阳春华，兰旭光，等. 人工智能的回顾与展望［J］. 中国科学基金，2018,32(3)：243-250.

刘函宁[1]　吴昊[1]　谢星杰[1]　袁梦豪[1]　袁烽[1*]

1. 同济大学建筑与城市规划学院；philipyuan007@tongji.edu.cn

Liu Hanning[1]　Wu Hao[1]　Xie Xingjie[1]　Yuan Menghao[1]　Yuan Feng[1*]

1. College of Architecture and Urban Planning, Tongji University；philipyuan007@tongji.edu.cn

国家重点研发计划"政府间国际科技创新合作"项目(2022YFE0141400)；上海市级科技重大专项(2021SHZDZX0100)；教育部第二批产学合作协同育人项目(202102560007)

生成式人工智能工具辅助建筑设计中的提示词撰写方法研究
——以城市露营地设计为例

Prompt Writing Approach in GAI Tools Aided Architectural Design：Taking Urban Camp Center Design as an Example

摘　要：近期，生成式人工智能(Generative Artificial Intelligence，GAI)工具将扩散模型与提示词工程相结合，能够通过输入描述性文字或参考图片的方式，快速生成建筑方案图像，从而提高建筑师的工作效率。但是，许多建筑师在使用这类工具时通常无法得到与他们的设计意图相符的结果。所以，本研究的目的是探索这类工具如何融入建筑师的设计流程中，并提出一种系统化的提示词撰写方法，帮助使用者获得更符合他们设计意图的结果。首先，本文介绍了GAI技术的发展历程、人工智能生成内容(Artificial Intelligence Generated Content，AIGC)的概念定义以及4种图像类GAI工具。其次，本文采用了对照实验的方法，设立4个对照组，分别将相同的文字、图片作为提示词输入给四种工具，用FID的一致性评价方法分析各个工具生成的图像结果。最后，本文选定Stable Diffusion这一工具，并以城市露营地的设计为例，探索它在建筑设计流程中的作用，展示了一套提示词撰写流程，包括"收集设计意向图""结合人工智能与人工构思处理大量图像信息""参照建筑专业术语类目表完成文本提示词的撰写"3个阶段。总的来说，本文提供了一套系统化的提示词撰写方法，使得GAI工具能够输出符合建筑师设计意图的结果，极大地帮助建筑师提高工作效率。

关键词：生成式人工智能工具；扩散模型；提示词工程；人工智能辅助建筑设计；城市露营地设计

Abstract：Recently, Generative Artificial Intelligence (GAI) tools combine diffusion models with prompt engineering, which can quickly generate architectural images by inputting text or images, thereby improving the work efficiency of architects. However, many architects often do not get results that match their design intent when using such tools. Therefore, the purpose of this study is to propose a systematic method of prompt writing to help users obtain results that are more in line with their design intentions. First, this paper introduces the development history of GAI technology, the concept definition of Artificial Intelligence Generated Content (AIGC), and four image-based GAI tools. Secondly, this paper adopts the method of controlled experiment, setting up 4 control groups, inputting the same text and images as prompt into the four tools respectively, and analyzing the image results generated by each tool with the consistency evaluation method of FID. Finally, this paper selects Stable Diffusion as a tool, and takes the design of urban camp center as an example to explore its role in the architectural design process, showing a set of prompt writing process in three stages："collecting design references", "combining artificial intelligence and human conception to process a large amount of image information", and "completing the text prompt writing with reference to the architectural terminology table". In general, this paper provides a systematic prompt writing methods, so that the GAI tool can output the results that meet the architect's design intention, which greatly helps the architect to improve work efficiency.

Keywords：GAI Tools；Diffusion Model；Prompt Engineering；AI-Aided Architectural Design；Urban Camp Center Design

1 引言

人工智能(AI)在过去几年取得了突飞猛进的发展,从 2016 年 AlphaGo 战胜世界围棋冠军李世石,到 2022 年 ChatGPT 与 Stable Diffusion 等生成式人工智能(Generative Artificial Intelligence,GAI)工具的出现,再到 2023 年多模态模型 GPT-4 的发布,AI 不断向前推进着技术的边界,在各个领域展现出惊人的应用潜力。

GAI 工具让 AI 技术真正走入大众的视野,GAI 工具生成的内容被称为人工智能生成内容(Artificial Intelligence Generated Content,AIGC)。AIGC 较高的平均水准以及 GAI 工具的易用性,使得每一个渴望探索并亲手使用 AI 技术的人,都能够创造出效果惊人的内容。

1.1 GAI 技术的发展历程

在 2014 年,生成对抗网络(Generative Adversarial Networks,GANs)[1]的概念一经提出,就被视为图像生成领域的里程碑。GANs 由生成器(Generator)和判别器(Discriminator)两部分组成,其中生成器扮演艺术家的角色,不断生成新的作品,而判别器扮演艺术品鉴别员的角色,鉴别作品的优劣并给出反馈来帮助生成器生成更逼真的图像。

在 2017 年,Ashish 等发布的 *Attention Is All You Need*[2]一文中首次提到了 Transformer 模型的概念,该模型由多个编码器和解码器组成,强调了自主注意力机制在人工智能模型中的重要性。

在 2021 年出现的 CLIP(Contrastive Language-Image Pre-Training)[3]能够分别学习文本和图像的特征,将图片分类任务转换为图文匹配任务,从而实现高效的多模态识别、融合与转换,标志着人工智能在多模态领域迈出了重要的一步。

在 2022 年,扩散模型(Diffusion Model)[4]开始流行。扩散模型的运行原理与 GANs 类似,但其训练过程却更加稳定高效,通过多轮的前向过程(给图片加入噪声的过程)和逆向过程(给图片去除噪声的推断过程)快速生成图像或文字结果,再次推动了 GAI 技术的变革与创新。

1.2 AIGC 的概念定义

从内容生产者的角度来讲,AIGC 是继专业生产内容(professional-generated content,PGC)与用户生产内容(user-generated content,UGC)之后的一种新的内容生产者创作的内容,强调创作者的角色从人类转换为人工智能。从内容形式的角度来讲,AIGC 可以是文字、图像、语音、音乐、视频、代码等,强调 AI 生成的内容形式各种各样。

总的来说,AIGC 既是从内容生产者视角进行分类的一类内容,又是一种内容生产方式,还是用于内容自动化生成的一类技术集合[5]。

1.3 图像类 GAI 工具的介绍

由于建筑设计师需要借助大量图像来表达自己的设计意图和想法,所以在众多类型的 GAI 工具中,与建筑学专业相关度最高的是图像类生成工具。

以 2022 年之后发布的四种图像类 GAI 工具为例,它们都以文字或图片作为提示词(Prompt),都具备文生图、图生图的功能,各自还具备不同的专项功能与擅长的风格。关于这四种图像类 GAI 工具的简介,见下文中的表 1。

表 1　常见的几种图像类 GAI 工具简介

工具名称	Midjourney	DALL·E 2	Stable Diffusion	FUGenerator
发布时间	2022 年 3 月	2022 年 1 月	2022 年 8 月	2023 年 3 月
发布者	David Holz	OpenAI	Stability·AI	Tongji CAUP
特点	擅长艺术风格与逼真图像 有针对卡通风格优化的模型	擅长写实风格 有局部调整与补全功能	可调参数多 成果水平参差不齐	提供包含建筑专业词汇的 预训练模型与参数

(来源:作者自绘)

2 研究方法概述

2.1 研究内容

GAI 工具在生成图像时,需要使用者决定的内容包括两部分:大量的可调参数以及文本或图像形式的提示词。其中参数调整的部分对于图像自身的质量好坏影响较大,而提示词的部分对于图像是否符合建筑设计师的设计意图和想法影响较大。

所以本研究的内容重点为:分析 4 种图像类 GAI 工具生成的图像特征,对比它们在建筑设计领域的适用性,挑选出最适合用于建筑设计工作的 GAI 工具。然后,使用这个工具来完成城市露营地的设计工作,并提出一个较为系统的提示词撰写方法。

2.2 研究方法

在 GAI 工具对比阶段,采用对照实验的方法,分别将相同的文字、图像作为提示词输入给四种工具,用 FID 的评价方法分析各个工具生成的图像结果与建筑师设计意图的一致程度。

在城市露营地设计阶段,采用归纳总结的方法,将提示词的撰写方法归纳为"收集意向图""结合人工智能与人工构思处理大量图像信息""参照建筑专业术语类目表完成文本提示词的撰写"这 3 个阶段。

3 实验内容

常规的建筑设计工作流程需要建筑设计师先了解设计任务的背景,在此基础上思考建筑的材料、结构、形态,并搜集能够激发创作灵感的图像。然后,将这些繁杂的信息进一步整理,绘制初步的方案草图,再对方案草图不断调整,直到获得最终满意的结果。

借助图像类 GAI 工具来进行的建筑设计工作流程(图 1)与常规的建筑设计工作流程类似,只是由人工智能代替人工完成了图像信息的解读、草图绘制以及草图深化这几个阶段的工作。

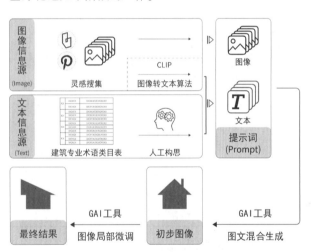

图 1 GAI 工具辅助建筑设计的典型工作流
(图片来源:作者自绘)

3.1 不同 GAI 工具的效果对比

为了让 GAI 工具生成图像,我们需要输入提示词。而提示词的来源分为图像和文本两种类型,其中图像可以直接作为提示词输入,而文本需要通过 CLIP 算法与人脑的创意构思相结合,归纳总结得到提示词。将相同的提示词输入到 4 种图像类 GAI 工具中,保持 GAI 工具内的其他参数为默认状态,观察生成的结果(图 2)。

我们可以发现 4 种 GAI 工具都能生成质量较高的图像,但是图像之间在风格上有较大差异。为了客观地评价各 GAI 工具生成的图像结果孰优孰劣,我们生成更多图像,借助 Fréchet Inception Distance(FID)算

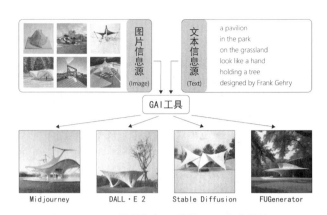

图 2 GAI 工具依据相同的提示词生成的结果
(图片来源:作者自绘)

法[6]来计算生成图像和真实图像的距离,计算公式见式(1),计算结果数据越小越好(图 3)。

$$FID = \| \mu_r - \mu_g \|^2 + Tr[\Sigma_r + \Sigma_g - 2(\Sigma_r \Sigma_g)^{1/2}] \quad (1)$$

式中,μ_r 为真实图像的特征均值;μ_g 为生成图像的特征均值;Σ_r 为真实图像的协方差矩阵;Σ_g 为生成图像的协方差矩阵;Tr 为矩阵的迹。

图 3 不同工具生成的图像结果与 FID 评分对比
(图片来源:作者自绘)

从 FID 评分的对比(图 3)中,我们能够看出 FUGenerator 的 FID 分数数值最大,由于它的预训练数据库中缺乏装置艺术类图像,暂不适用于露营地的设计;而 Stable Diffusion 的 FID 分数数值最小,生成的图像最符合建筑师的设计意图。因此,本研究选择该工具进行下一步研究提示词的系统化撰写方法。

3.2 提示词的系统化撰写方法

3.2.1 处理大量图像信息

在建筑设计的前期阶段,建筑师通常会收集大量的设计意向图。然而,由于 GAI 工具只能接受一张图像作为图像提示词,因此我们需要结合 CLIP 算法与人工构思来将其余的图像信息转化为文本信息(图 4),并根据建筑专业术语类目表进行分类,作为文本提示词。

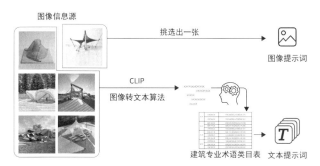

图 4　大量图像信息的处理方法
(图片来源:作者自绘)

3.2.2　参照建筑专业术语类目表

为了获得符合预期的图像结果,使用者应该尽可能清晰、详细地描述自己的意图,以帮助 GAI 工具更好地理解和生成符合要求的图像。随时查看建筑要素类目表(表 2)能够帮助我们查漏补缺,撰写出较完整的提示词。并且,类目表的前两级分类可以在我们进行其他类型的建筑设计任务时重复使用。

表 2　建筑专业术语类目表(以城市露营地设计为例)

一级分类	二级分类	具体提示词
图像的类型	图像内容的所属领域	A pavilion, A service center
主体的形态	形式	Look like a tent, Smooth shape
	面积、高度、层数	250 square meters, Height is 8m, Two floors
	特色的建筑构件	A slope towards roof
	材料与结构	Wooden structure, Membrane structure
	设计者	Designed by ZAHA
周围的环境	自然环境	Around a tree
	使用者的数量	Many people standing and eating around it
	使用者的行为	Attending a weeding party or an film festival
	所处的具体位置	In the city park, On the lawn
杂项	图像的视角	Bird view, exterior
	图像的制作方式	V-Ray render image, Photography
	发布的媒体	Archdaily, Dezeen
	分辨率/清晰度	4k, uhd

(来源:作者自绘)

4　总结

城市露营地作为一种小众的建筑类型,更偏向于装置艺术领域,各 GAI 工具的大模型数据库中的相关信息较为欠缺。但是只要我们依靠系统化的提示词撰写方法,借助 CLIP 算法与建筑专业术语类目表,就能够克服这些困难,获得与设计意图相符的成果(图 5)。

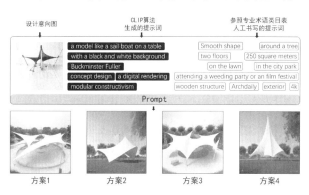

图 5　最终成果
(图片来源:作者自绘)

参考文献

[1]　GOODFELLOW I, POUGET-ABADIE J, MIRZA M, et al. Generative adversarial networks[J]. Communications of the ACM, 2020, 63(11): 139-144.

[2]　VASWANI A, SHAZEER N, PARMAR N, et al. Attention is all you need[J]. arXi, 2017, 30: 1706.

[3]　RADFORD A, KIM J W, HALLACY C, et al. Learning transferable visual models from natural language supervision[C]//International Conference on Machine Learning. PMLR, 2021: 8748-8763.

[4]　ROMBACH R, BLATTMANN A, LORENZ D, et al. High-resolution image synthesis with latent diffusion models[C]//Proceedings of the IEEE/CVF Conference on Computer Vision and Pattern Recognition, 2022: 10684-10695.

[5]　李白杨,白云,詹希旎,等.人工智能生成内容(AIGC)的技术特征与形态演进[J].图书情报知识,2023,40(1): 66-74. DOI: 10.13366/j.dik.2023.01.066.

[6]　HEUSEL M, RAMSAUER H, UNTERTHINER T, et al. Gans trained by a two time-scale update rule converge to a local nash equilibrium[J]. Advances in Neural Information Processing Systems, 2017, 12: 6629-6640.

黄支晟[1]　吴楠[1*]

1. 华侨大学建筑学院；archt_wn@qq.com

Huang Zhisheng[1]　Wu Nan[1*]

1. School of Architecture ，Huaqiao University；archt_wn@qq.com

福建省自然科学基金项目（2022J01302）；华侨大学高层次人才项目（22BS112）

基于卷积神经网络的厦门地区城市边缘带的快速判断
Rapid Judgment of Urban Fringe in Xiamen Area Based on Convolutional Neural Network

摘　要：城市边缘带的空间界定是城市形态研究中必不可少的一部分。但城市边缘带具有动态性和模糊性，使得传统的田野调查与文献查找等传统方法有其局限性。卷积神经网络在图像识别等分类性应用的潜力可以有效提高城市边缘带判断的效率。本研究尝试利用卷积神经网络对图像分类任务的高度契合性，结合卫星遥感图像数据训练一个可以快速界定城市边缘带的神经网络模型。它在保证准确的基础上还具有简单、快速、数据可重复利用等优点。研究以厦门市为研究对象，模型可以有效判断出几种不同密度的城市肌理特征分布，并准确判断城市边缘带。

关键词：人工智能；神经网络；深度学习；城市形态学；城市边缘区

Abstract：The spatial definition of urban fringe is an indispensable part in the study of urban morphology. However, the urban fringe is dynamic and fuzzy, which makes the traditional methods such as field investigation and literature search unreliable. The potential of convolutional neural network in image recognition and other classified applications can effectively improve the efficiency of urban fringe judgment. In this study, we try to train a neural network model that can quickly define the urban fringe by using convolution neural network, which is highly suitable for image classification tasks, and combining with satellite remote sensing image data. It is simple, rapid and accurate, and can effectively judge the texture characteristics of several different cities. Taking Xiamen as the research object, through comparative demonstration, the model can accurately judge the urban fringe.

Keywords：Artificial Intelligence；Neural Network；Deep Learning；Urban Morphology；Urban Fringe

1　研究背景

城市边缘带又被称为城市边缘区（Urban Fringe），它是城乡人口混居的地带，是城市社区和乡村社区混合交融的地带[1]。它的空间界定是城市形态学研究中必不可少的一部分，准确定位城市边缘带，对于统筹城乡社会经济发展、了解城市 发展状况、指导城市未来发展有着重要意义。

但是城市边缘带具有动态性与模糊性，传统的田野调查与文献查找法有其局限性。如何快速准确定位城市边缘带，国内外不同领域的学者从不同的角度给出了不同的方法：弗里德曼等根据日常通勤范围，将所研究城市周围大约 50 km 的区域判定为城市边缘带[2]；顾朝林等采用人口密度梯度法界定了上海市城市边缘带的范围[3]；陈佑启等运用断裂点法，在统计数据的基础上通过对距离衰减突变值的分析界定北京的城市边缘带[4]；李世峰等通过建立人工的模糊评价综合体系来对北京的城市边缘带进行界定[5]。

随着大数据技术的发展，近年来也出现了一些基于大数据背景下对城市边缘带判断的方法，例如，周小驰等运用突变检测法和信息熵法研判西安市城市边缘带[6]；刘星南等使用深度学习结合 POI 数据和人口数据分析了广州市的城市边缘带[7]。

以上的研究者们已经取得了大量的优秀成果，但是仍然存在一些局限性，如数据获取难度大、数据处理方法复杂、统计结果易受预设行政边界的影响等。

近年来,以卷积神经网络为代表的人工智能技术地飞速发展,为我们解决这个问题提供了新的工具和方法。

卷积神经网络(convolutional neural network)在人脸识别、图像分类等分类型任务中具有非凡的潜力,本文首先介绍了相关原理,然后尝试使用其对图像分类的高度契合性,以厦门为研究对象,构建出一套基于城市遥感图像的城市边缘带快速界定方法,最后再进行多角度的验证,为城市形态学研究者和政府决策者提供现实参考(图1)。

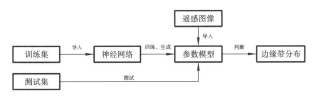

图1　技术路线

2　研究方法

2.1　卫星遥感图像与城市形态的关系

城市卫星遥感图像是一种直观反映城市结构的媒介,它不仅存在着丰富的城市形态信息,而且其获取方式相对较为简便。此外,一些经过校准之后的特殊遥感图像可以精确地获知每个像素点代表的现实距离,这对利用计算机技术分析城市形态非常重要。

本研究参考前人的方案(彭茜等在对黄浦地区的空间形态研究中,将城市空间形态分为 7 类[8]),依据卫星图片中城市建筑的密度关系,将城市分为高密度区、中密度区、低密度区三种类型,这三个分类基本能囊括城市的大多数情况。

高密度区通常是本城市的核心区,这里的建筑密度很大,人流量大,在城市中有一定的时间沉淀;低密度区则是城市扩张的边缘,未来有发展成高密度区的潜质;而中密度区则是介于高密度区与低密度区两者之间的过渡形态。除了以上三种,还应增加两个分类:城市绿化与山体、水系,以辅助神经网络判断不存在建筑的区域。

2.2　卷积神经网络原理

卷积神经网络最早由日本科学家福岛邦彦提出,是受到人脑对视觉系统的信息处理机制的启发,通过级联方式来实现的一种满足平移不变性的神经网络,它能让分析所需的资源大幅下降[9]。

在计算机世界中,大部分的图片均由像素矩阵组成,每一个像素又有 R 值、G 值、B 值三个通道,每个通道的取值均为 0—255。多个像素的排列组合构成了我们所看见的丰富的图像。卫星遥感图像的信息正是存储在这样的通道之中。卷积神经网络利用多种数组矩阵提取遥感图像特征,这些数组矩阵称为卷积核(kernel)。卷积核能够提取一定范围内城市和建筑的特征,例如,建筑的轮廓、建筑的疏密、周边自然环境的颜色变化等,再经过池化、重组等一系列操作,计算机就能把具有相同图像特征的图片进行分类识别(图2)。

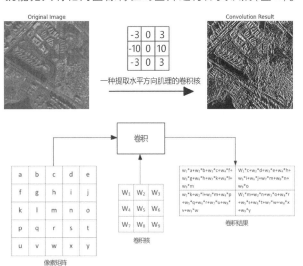

图2　卷积核对图像的计算方式示意图

准备大量拥有正确标签的相关卫星遥感图像数据供卷积神经网络学习,经过多次迭代,我们最终会得到一个充分地总结了这些特征的模型,它能帮助我们对某一个具体城市的肌理与城市边缘带进行快速判断。

3　实验流程

3.1　研究区域概况

厦门是东南沿海最早开放的特区之一,与泉州、漳州并称为闽南金三角经济区,是中国大陆沿海城市群与台湾西岸沿海城市群的过渡节点和桥头堡,具有独特的研究价值,虽然前人已经开展了不少关于厦门城市形态的研究[10],但尚未有从智能技术的角度去界定本地区的城市边缘带。厦门地区行政区划与卫星图见图3。

3.2　数据准备与处理

充足可靠的数据是研究的必要前提,以高德地图、水经注 GIS 为代表的各类地图平台是理想的城市形态数据来源。

在水经注 GIS 中选择了精度为 17 级、4 米/像素的已矫正地图数据,从来自北京、南京、苏州、太原、南昌、福州等十个不同发展程度的城市的卫星地图中制作了 3000 张切片,从中选择了信息特征明确的、不含糊的 1400 张作为训练集与测试集。每张卫星图切片

图 3　厦门地区行政区划与卫星图

(来源:水经注 GIS)

均是 400×400 像素,现实面积为 1.6 km×1.6 km 的方形地块。这些数据来源于 2020—2022 年的卫星遥感数据。

在本实验中,训练集下分为五类(高密度、中密度、低密度、城市绿化与山体、水系),每个种类卫星图切片约 200 张。测试集同样分为五类,每种卫星图切片 50 张。为了防止卷积神经网络出现过拟合而影响最终的判断结果,必须保证不存在任何一张切片既是训练集又是测试集(图 4)。

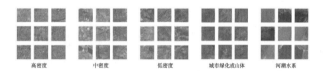

　高密度　　　　中密度　　　　低密度　　城市绿化或山体　　河潮水系

图 4　训练集内的部分遥感图像切片

3.3　实验过程

在 Python 中使用 keras 框架构建卷积神经网络,并将训练集导入神经网络中训练。观察损失函数变化,保存准确率在 70% 以上的模型参数。将厦门地区的卫星地图划分为切片导入训练好的模型,计算机会自行进行判断并填充对应颜色。笔者将厦门地区的卫星图像制成 2 种制式的切片:1.6 km×1.6 km 与 0.8 km×0.8 km 以表示不同的精度,重复以上步骤搜集数据。

3.4　实验结果

经过多次参数调整后,每次训练大约需要花费 15 分钟(笔者使用配备了 GTX1050ti 的显卡与 intel i7-7700 CPU 内存 16 G 的计算机)。训练好的模型对测试集的准确率均稳定地保持在 70%—75%。如果模型是无依据地判断,那正确率应该仅有 20%,有 70% 以上的准确率,说明此时神经网络在一定程度上已经学习了如何区分五种城市肌理特征。

需要说明的是,极高的准确率并非我们的追求,无争议的切片并不是我们关注的对象,我们更应该关注

哪些切片是计算机也认为模棱两可的,这样的切片所处的位置极有可能就是我们要寻找的城市边缘带。如图 5 所示,虽然计算机认为该切片属于低密度区的可能性最大,但属于中密度区的可能性也很高,说明此处很有可能是属于由低向中的过渡地带,是属于城市扩张的边缘地区。

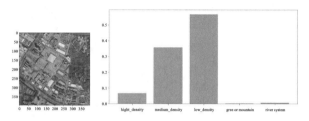

图 5　厦门某地切片的肌理及计算机判断结果

在最终的结果中,将不同参数模型的判别结果进行平均,以此获得更客观的结果(图 6、图 7)。

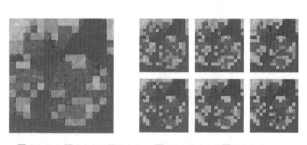

■高密度区　■中密度区　□低密度区　■城市绿化或山体　■河湖水系

图 6　1.6 km×1.6 km 级别的部分判别结果

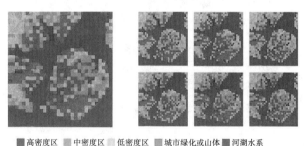

■高密度区　■中密度区　□低密度区　■城市绿化或山体　■河湖水系

图 7　0.8 km×0.8 km 级别的部分判别结果

3.5　验证结果

基于卷积神经网络与更大范围的遥感卫星地图数据,本研究最终得到了厦门市及周边地区的城市边缘带分布图。在此基础上,笔者从厦门地区的 POI 点和夜间灯光数据两个角度对其准确性进行验证。

电子地图兴趣点(point of interest,POI),是一种大数据时代下新兴的地理信息数据,可以是商店、地铁站、游客打卡点等。它分布范围广,类型丰富,本身的疏密特征在一定程度上反映城市形态。

夜间灯光数据(night lighting data)是一类反映在某地区夜晚灯光亮度分布的栅格数据。夜间灯光是夜

间活动开展的基础条件之一[11]，它的分布也在一定程度上反映着城市形态，亮度越高的地区是城市核心区的可能性就越高。

对比三类图像，可以明显观察到厦门的主要核心区是岛内的思明区、湖里区，还有与厦门岛隔海相望的集美区沿海部分，这里的 POI 点最密集、夜间的灯光亮度也最高，而卷积神经网络也正确地判断出了主要核心区。此外，神经网络也将部分同安老城区判断为核心区，这与厦门正在积极布局岛外的现实相吻合；而且相比 POI 点和夜间灯光亮度，神经网络的判断结果通过颜色变化展现了丰富的层次，它将正在发展的过渡区域也呈现在图面上（图8、图9）。

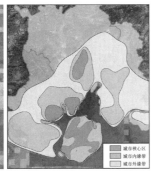

图8　神经网络对厦门城市边缘带的界定结果

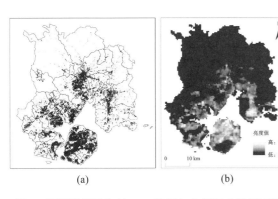

(a)　　　　　　(b)

图9　厦门地区近年的 POI 数据与夜间灯光数据可视化
(a)厦门近年 POI 点分布可视化；
(b)厦门近年夜间灯光数据可视化
（来源：参考文献[11]）

4　总结与讨论

界定城市边缘带是研究城市形态的必经之路，本文基于卷积神经网络和卫星遥感数据给出了一种能快速判断城市边缘带的方法，并且成功地判断了厦门地区的城市边缘带。这个方法具有以下几个优点：①泛化能力强、操作简单。在其他数据难以获取的城市，仅

需要当地的卫星遥感地图切片，计算机就能自动判断。②模型参数易于保存和传播。每个模型参数只有 10 MB 左右，每次使用并不需要重新训练模型，只要调用预先保存好的参数即可。③可以迭代进化。通过增加训练集的分类和切片数量，卷积神经网络可以实现更加细致的分类和更高的精度，使之能够更好地适应城市边缘带的动态性和模糊性。

当前城市边缘带的判断与界定仍是一个复杂的问题，仅依靠卫星遥感地图数据可能在一些特殊地区会导致结果比较片面，这也是本研究的不足之处。如果条件允许，在实际的工作时，使用多种方法交叉检验往往是一个正确的做法。

参考文献

[1]　周婕，谢波.中外城市边缘区相关概念辨析与学科发展趋势[J].国际城市规划，2014，29（4）：14-20.

[2]　FRIEDMAN J，MILLER J. The Urban Field[J]. Journal of the American Institute of Planners，1965：312-320.

[3]　顾朝林，陈田，丁金宏，等.中国大城市边缘区特性研究[J].地理学报，1993（4）：317-328.

[4]　陈佑启.试论城乡交错带及其特征与功能[J].经济地理，1996（3）：27-31.

[5]　李世峰，白人朴.基于模糊综合评价的大城市边缘区地域特征属性的界定[J].中国农业大学学报，2005（3）：99-104.

[6]　周小驰，刘咏梅，杨海娟.西安市城市边缘区空间识别与边界划分[J].地球信息科学学报，2017，19（10）：1327-1335.

[7]　刘星南.基于深度神经网络的城市边缘区界定研究[D].广州：广州大学，2020.

[8]　彭茜，金云峰，刘鹏坤.城市空间形态：规划体系定位与深度学习的应用可能[C]//中国风景园林学会.中国风景园林学会2019年会论文集（下册）.北京：中国建筑工业出版社，2019.

[9]　吴飞.人工智能导论：模型与算法[M].北京：高等教育出版社，2020.

[10]　边经卫.城市形态 演变与发展 厦门城市空间规划研究[M].北京：中国建筑工业出版社，2013.

[11]　曾磊鑫.多源数据支持下的夜间经济时空分布格局研究[D].兰州：兰州交通大学，2022.

顾思佳[1]　王日新[1]　武雨菲[1]　许心慧[1]　闫超[1]　高天轶[1]　袁烽[1*]

1. 同济大学建筑与城市规划学院；2230081@tongji.edu.cn

Gu Sijia[1]　Wang Rixin[1]　Wu Yufei[1]　Xu Xinhui[1]　Yan Chao[1]　Gao Tianyi[1]　Yuan Feng[1*]

1. College of Architecture and Urban Planning, Tongji University; 2230081@tongji.edu.cn

基于 FUGenerator 平台的 AI 启发式建筑生成设计流程探索

Exploration of AI-inspired Architectural Design Generation Process Based on FUGenerator Platform

摘　要：人工智能技术通过拟合大量设计数据，为建筑设计的迭代过程提供高效而精确的计算。在此背景下，人工智能生成技术与建筑迭代式设计的结合模式与方法策略成为后人文时代下人机协作的关键议题。本文从建筑学本体视角，探索了以建筑师为主导的迭代式设计流程。该工作流程体现于 FUGenerator 的交互方式，并被实际应用于同济大学的设计课程。最后的结果表明，该流程启发了既定主题下建筑设计初期方案的多重可能，为设计带来极大帮助与便利。

关键词：人工智能；建筑设计；FUGenerator

Abstract：Artificial intelligence technology provides efficient computing and precise calculations for the iterative process of architectural design by fitting a large amount of design data. In this context, the combination mode and methodological strategy of AI generation technology and iterative architectural design have become a key topic of human-computer collaboration in the post-humanities era. This paper explores an architect-led iterative design process from an architectural ontology perspective. The workflow is embodied in the interaction process of FUGenerator and is practically applied in the design course of Tongji University. The final results show that the process inspires multiple possibilities for the initial program of architectural design under the given theme, which brings great help and convenience to the design.

Keywords：AI; Architectural Design; FUGenerator

1　引言

近年来，人工智能通过数据驱动的方式实现了重大突破[1]。随着大数据、云计算等概念和技术的出现和成熟运用，人工智能已经在全球范围内掀起一场深刻的技术革命[2]。在建筑领域，结合计算机的强大内存和处理能力，人工智能可以通过定义样本内部关系的归纳方式，实现大量设计数据的拟合，从而为建筑设计的迭代过程提供高效而精确的运算。在此背景下，人工智能生成技术与建筑迭代式设计的结合模式与方法策略成为后人文时代下人机协作的关键议题。

在传统意义上，建筑设计可以分为概念设计、设计深化、施工设计三个阶段。作为建筑设计的起点，早期概念设计阶段至关重要。在此阶段，设计师需要对建筑方案中最基本和最重要的特征进行确定[3]。Caitlin

T. Mueller 和 John A. Ochsendorf 在其 2015 年的研究中指出，设计师在概念设计中必须同时考虑定量的性能目标和定性的要求[4]。但这些定量和定性的目标均不足以构成整个设计方案的确定且完整的面貌。Mary Lou Maher 等指出，在概念设计阶段，设计师对于问题通常不会形成完整的描述[5]。在此过程中，他们倾向于通过不断地思考来尝试明晰与理解问题。换言之，在建筑概念设计阶段，设计师通常所做的事情是"探索问题"而非"解决问题"。

基于上述理论，M. Luz Castro Pena 等认为，建筑概念设计是一个寻找设计问题空间和解决方案空间的迭代过程。为实现这一目标，就需要一个能够帮助设计师的计算机探索模型[6]——这恰恰是 AI 所擅长的事。

人工智能的崛起增强了设计师的感知和分析能

力。在此语境下,人如何与数字工具进行人机协作,成为另一个需要思考的问题。面对数字技术的进步,基于"数字工匠"理念,"意图—生形—模拟—迭代—优化—建造"的建筑产业新流程曾被提出[7]。这一模式擅长的是处理数字设计后期的迭代优化问题。在人工智能的介入下,数字工具可以赋能前期设计,成为一个同时具有先验性和创造性的灵感来源。基于这一理念,袁烽等在 2022 年提出了"意象—生成—优化—建造—评估"的智能增强设计与建造流程[8]。

在此基础上,本文基于该智能增强设计与建造流程,依托 FUGenerator 平台,试图探索其中"意向—生成— 优化"的阶段,对 AI 启发建筑前期概念设计的流程进行具体方法上的明确与探索,形成以建筑师为主导的 AI 迭代式设计流程。

2 FUGenerator 平台

本研究依托 FUGenerator 平台(图 1)展开,FUGenerator 平台基于 Diffusion Model、GAN、CLIP 等多种算法模型,支持语义描述、草图生成、控制生成等多种应用场景。该平台依据建筑设计工作流程建立 AI 与建筑师的交互方式,以建筑词汇库的形式生成交互界面。在此过程中,AI 与建筑师相互启发,对生成目标进行迭代渐进优化,以适配不同任务需求。

图 1 FUGenerator 功能版块示意图

2.1 算法实现

FUGenerator 平台基于扩散模型的架构实现图像生成。其中,从语义到图像的转换使用的是 Stable Diffusion 算法;对潜在空间进行建模使用的是潜 Latent Diffusion Models;处理和编码语义信息则使用了 Transformer。通过对潜在空间的向量进行表征,FUGenerator 将语义信息置入图像生成过程,从而生成具有特定语义的图像。同时,FUGenerator 通过不同图像特征的组合,实现了从图像到图像的转换。

2.2 交互方式

与 MidJourney、Stable Diffusion、Dalle 等其他平台不同,FUGenerator 面向的用户群体为建筑师。因而其旨在从建筑学本体视角,开发适应于建筑设计流程的 AI 控制流程。这在它与用户的交互方式上有所体现。

FUGenerator 在交互方式上整体采用了"训练—模型推理—生成—结果优化—训练"的循环策略(图 2)。

图 2 FUGenerator 交互设计流程示意图

用户在用 AI 进行图像生成后,根据对结果的判断指导语义的调整优化,并再次输入 AI,进行模型推导,从而完成一次迭代。这种多次迭代的方式适用于建筑设计推演过程。

此外,FUGenerator 采取节点回溯式的工作方法。平台将输入、处理到输出图像的过程细分为多个节点。把每个节点参数的定义作为输入,与输出图像建立联系。这一工作方法类似于参数化设计,通过建筑各参数大小和参数之间的关系定义来完成整体建筑的定义。由此带来的使用优势有两点:①生成过程的细分使得最终生成图像的控制更为精准;②节点可见的方式便于设计师追溯每个节点,同时可根据需要进行调整。

平台将节点分为文本(text)、图像(image)、控制(control)三个大类。三者之间可以组合形成对输入语义的定义。此外,对于文本节点,平台结合建筑师的工作习惯与 AI 生成图片的要求,在提示栏中将文本进一步细分为空间(space)、组成(composition)和描述(description)三类,并对这三类继续细分(表 1)。

表 1 文本节点分类

Space	Composition	Description
Main	Propoties	Style
Space	Laypout	Perspective
Form	Ratio	Atmosphere

通过节点回溯式的工作方式,FUGenerator 赋予用户精确定义和无限追溯的能力。用户可以记录所使用的参数,观察生成图片质量的差别,选择性地调整各节点参数,从而高效地生成大量图片作为设计参考。

3 实验开展

3.1 实验设置

基于 FUGenerator 的已有框架,该研究以同济大学本科生四年级的设计课程为平台,进行了为期两个月的 AI 辅助建筑设计实验。研究将课程中的 16 名同学分为三个设计小组，各小组主题分别为动物之家(6人)，城市营地(4 人)和碳达峰塔(6 人)，每个小组中各成员需在同一母题的基础上独立完成个人方案设计(图 3)。

图 3　实验整体情况概览

3.2　典例分析

论文选取了以动物之家为主题的小组的人工鱼礁设计作为分析对象，对 AI 辅助建筑设计的流程进行分析(图 4)。

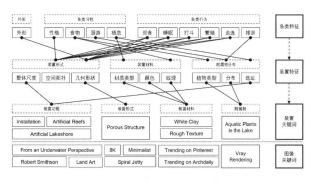

图 4　案例关键词生成示意图

在设计中，设计者首先调研鱼类习性，将其分类转化为建筑特征，并最终生成建筑和图像的关键词库(图 5)。

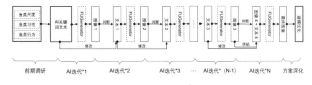

图 5　案例工作流程示意图

随后，设计者将关键词文本输入 FUGenerator 平台进行意向图产出。通过对产出的图像进行判断，设计者修改文本、输入 AI 并迭代设计。最后一次迭代后，设计者提取多张生成图片中对设计有启发的部分，在 Photoshop 中进行拼贴，并将拼合图像输入 FUGenerator，得到最终的渲染意向图。在此之后，设计者通过 Rhino 和 Grasshopper 进行建模优化，得到最终设计(图 6)。

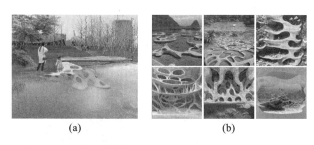

(a)　　　　　　　(b)

图 6　案例最终效果图和 AI 迭代过程渲染图
(a)案例最终效果图；(b)AI 迭代过程渲染图

3.3　结果分析
3.3.1　设计全过程分析

从整体上看，16 位设计者的设计过程基本遵循前期调研、语义总结、AI 迭代、优化建模的设计顺序(图 7)。

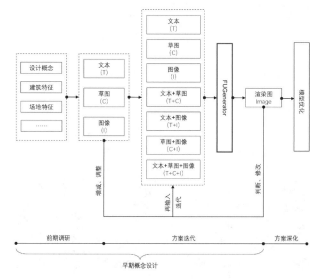

图 7　AI 辅助早期概念设计的流程

在方案设计前期，设计者通常针对任务书进行调研，转化为语义库，可以归纳为本文、草图、图像三类。随后将语义赋予 AI 生成，结合生成的结果对语义库进行修改，并反复迭代。最终在得到接近理想建筑方案的图像之后，设计者根据建造要求进行几何建模。

3.3.2　AI 迭代过程分解

16 位设计者的设计过程都体现了语义和 AI 不断交互的迭代特质，但在具体策略上表现得有所不同。研究通过语义模块的使用情况对此进行分析。

在 FUGenerator 中共有 3 种语义输入方式：文本(标记为"T")、草图(标记为"C")和图像(标记为"I")。各语义可以组合输入，由此形成 7 种类型的语义模块：T、C、I、T＋C、T＋I、C＋I、T＋C＋I。

实验对 16 位设计者的设计过程依据语义模块进行分解统计，最终得到各语义模块的使用情况如表 2 所示。

表2 AI迭代工作流程分解

编号	步骤1	步骤2	步骤3	步骤4	步骤5	步骤6	步骤7
A1	T	T+I	T+C	T+I	I		
A2	T	C	T+C	I	T+I	C+I	T+C+I
A3	T	T+C	T+I				
A4	T	T+C	C+I	T+C+I	T+I		
A5	T	T+I	T+C	C	I	T+C+I	C+I
A6	T+I						
B1	T	T+I	T+C+I				
B2	T	T+C	T+I				
B3	T	T+C	T+I	C+I			
B4	T	T+C+I					
C1	T	I					
C2	T	C	T+C	T+C+I			
C3	T	T+C	I				
C4	T	C	T+I	T+C			
C5	T+C	T+C+I	T	I			
C6	T	T+C	T+I				

根据上述统计,得到以下结论:①面对高自由度的语义选择,各设计者倾向于自由寻找符合个人习惯的设计工作流,呈现出各不相同的工作模式;②在方案设计初期,工作流往往从抽象的文本开始,让AI启发建筑形式的多重可能,避免具象化的草图和图像的额外局限;③在方案设计后期,方案已初具雏形,AI迭代往往以图像结束,便于设计者基于确定的方向深化设计。

4 结论与反思

人工智能凭借其数据处理功能,赋予建筑师前所未有的多数据整合与分析能力。在这一语境下,建筑师如何与AI进行人机协作,进行"智能增强设计与建造"流程,成为新的研究问题。本文探索了以建筑师为主导的迭代式设计流程。该工作流程体现于FUGenerator的交互方式,并被实际应用于同济大学的设计课程。

课程设计结果表明,在建筑早期概念设计阶段,前期调研、语义总结、AI迭代、优化建模的整体流程范式有利于AI辅助进行建筑设计。同时,研究认为在个人具体操作层面,AI应具有高自由度以适应不同设计师个性化需求。而FUGenerator中的多选择语义输入、可回溯式节点的交互方式较好地适应了这一要点。

此外,在设计过程中,也发现人工智能存在一定局限性。作为数据驱动的人工智能能够通过迭代优化来解决问题,但在建筑设计中,并非所有的特征和关系都能够被数据量化。在更复杂的空间关系层面,仍需建筑师的组织。因而,将复杂的建筑任务分解,利用人工智能执行片段式任务,由建筑师执行最终的整合、决策与优化,是一个可能的解决方案。

5 致谢

本研究受国家重点研发计划"政府间国际科技创新合作"项目(2022YFE0141400)、上海市级科技重大专项-人工智能基础理论与关键核心技术(2021SHZDZX0100)和中央高校基本科研业务费专项资金、教育部第二批产学合作协同育人项目"数字化设计与建造教学实验平台"(202102560007)资助。

参考文献

[1] WANG Z, ZHANG X. AI-Assisted Exploration of the Spirit of Place in Chinese Gardens from the Perspective of Spatial Sequences[C]//TURRIN M, ANDRIOTIS C, RAFIEE A. Computer-Aided Architectural Design. Interconnections:Co-computing Beyond Boundaries. Cham:Springer,2023,1819:287-301.

[2] 黄晓然,王艺丹,马库斯·怀特,等.逻辑与黑箱——人工智能与计算机辅助技术在未来建筑和城市设计中的展望[J].城市建筑,2022,19(23):1-6,18.

[3] HSU W, LIU B. Conceptual design:issues and challenges[J]. Computer-Aided Design,2000,32(14):849-850.

[4] MUELLER C T, OCHSENDORF J A. Combining structural performance and designer preferences in evolutionary design space exploration[J]. Automation in Construction,2015(52):70-82.

[5] MAHER M L, POON J, BOULANGER S. Formalising Design Exploration as Co-Evolution[C]//GERO J S, SUD-WEEKS F. Advances in Formal Design Methods for CAD. Boston:Springer, 1996:3-30.

[6] CASTRO P M L, CARBALLAL A, RODRÍGUEZ F N, et al. Artificial intelligence applied to conceptual design. A review of its use in architecture[J]. Automation in Construction, 2021, 124:103550.

[7] 袁烽,周渐佳,闫超.数字工匠:人机协作下的建筑未来[J].建筑学报,2019(4):1-8.

[8] 袁烽,许心慧,李可可.思辨人类世中的建筑数字未来[J].建筑学报,2022(9):12-18.

Zheng Huangyan[1] Fan Haojie[1] Sun Lujie[1] Lin Dandan[1] Chen Zexin[1] Wang Sining[1]*

1. School of Architecture, Soochow University; snwang@suda.edu.cn

Social Science Foundation of Jiangsu Province (21SHD001)

AI-aided Architectural Design Workflows: A Case Study of Undergraduate Projects

Abstract: Artificial intelligence (AI) and its empowered tools are now redefining the way architects approach design solutions, and enlarging architecture's formal repertoire. In this paper, the authors argue that AI is capable of expanding one's design exploration space, increasing design possibilities while effectively reducing architect's workloads compared to the conventional means. It uses undergraduate design projects to illustrate the feasibility and efficiency of involving this new agent in the early design phase, meanwhile revealing a latent paradigm shift of architectural design in academia.

Keywords: Artificial Intelligence; Computational Workflow; Parametric Design; Undergraduate Studio

1　Background

Following his two advocations of digital turn (the first digital turn of CAD-CAM and the second digital turn of parametric aesthetics), Carpo argues that the current revival interest of Artificial Intelligence (AI) is urging architects to rethink their approaches of designing and making buildings[1]. Artificial Neural Networks (ANN) and Generative Adversarial Networks (GAN) became the major machine learning methods for genetic form-findings[2]. And with the help of AI-based design tools, today's digital architects are capable of producing unprecedented non-standard forms and infinite options at no cost. This trend not only stimulates shifts in design-to-build procedures but also redefines human-machine relations.

2　AI-aided architectural design

There are several approaches to adopting AI in architectural designs. Algorithms such as the Metropolis algorithm, simulated annealing, and genetic algorithm are commonly used by architectural designers to seek optimal design solutions for building form, layout, and performance[3]. Recent diffusion-based models based on big data training also attracted attention among AI scientists and designers[4]. Generative imaging tools including Midjourney, Stable Diffusion, and DALL-E have established a close relationship between humans and machines by combining natural language prompts with neural-net bots[5]. AI-generated contents are capable of empowering architects with creative ideas and providing a larger repertoire of design selections.

This paper presents two undergraduate studio projects that adopted both text-to-image generators and GAN in generating architectural forms. It aims to demonstrate workflows transforming 2D contents from machine learning to 3D models.

3　Experimental design studios

3.1　Studio objectives

The aim of integrating AI in undergraduate design studios is not only to emphasize the increasing role of machine intelligence but also to highlight novel modes for human-machine collaborations. Therefore, the following objectives are discussed through the design of a hostel and a black box project: 1) data input: for different AI-aided design methods the authors created datasets tailor-made for the image-generating mechanisms; 2) machine training: experiments with "prompts" and the GAN generator to develop design solutions; 3) architectural representation: exploiting spatial meanings from the generated contents via NURBS and parametric modeling.

3.2　A urban hostel

This second-year design studio required students to develop hotel spaces and architecture in downtown Suzhou. The authors decided to create a non-standard heterogenous architecture contrary to the historical local context. Inspired by the natural form of mountain caves, the authors aimed to integrate such plaint and curvilinear spatial experience in a hostel program. The authors adopted the image generation tool Midjourney to allow an early-stage AI intervention for the conceptual design phase. The AI-generated images provided innovative design possibilities meanwhile setting the tone for the hostel project (Fig. 1).

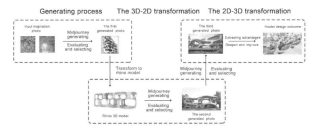

Fig. 1 AI-aided design workflow using text-to-image generator.

3.2.1 AIGC design rationale

Midjourney is capable of creating virtual renderings based on natural language prompts. The authors used hand sketches and adjective and substantival descriptions to generate mountain cave-like architectural images. Even though AI-generated images possessed a high level of randomness at the beginning, the authors were able to reduce such vibrancy by polishing the keywords and structure of prompt inputs.

To mimic the aesthetical features of nature, the authors combined photos of ant colonies and mountain caves, along with an architecture-specific description: "a modern architecture like a cave, organic form, rough skin, curved roof, opening spaces, low building", to create an initial image of the desired form (Fig. 2). The authors have intentionally controlled the complexity of prompts to allow design variations, and from which they could further develop the concept. Based on the selected AIGC image, they made a conceptual 3D model in Rhinoceros per the studio assignment and then re-uploaded a model screenshot to Midjourney for a more precise architectural representation (Fig. 3 left). After several rounds of model training the authors eventually acquired an AI-generated image that not only stratified the geometrical requirements but also met the typology of hostel architecture.

Before choosing a final visual reference for design development, they added more prompts to fine-tune details including building skin textures, curtain mullions, and spatial dimensions (Fig. 3 right). Humans still play a decisive role in such an augmented

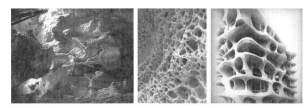

Fig. 2 Initial inputs and outputs from Midjourney (input image source: Wikimedia Commons).

Fig. 3 Building typology model (left) and the corresponding final AI-generated reference image (right).

design workflow. To feasibly adopt AIGC in architectural design, the authors considered criteria such as constructability and structural rationality when selecting from Midjourney outcomes.

3.2.2 2D—3D transformation

Based on the selected reference image, the authors used SubD geometries in Rhinoceros together with parametric modeling techniques to recreate the 3D representation. They first placed several building typology blocks to guarantee the overall building geometry fit the site condition. Then, by smoothly merging SubD geometries and correspondingly modifying their topologies, the authors were able to rebuild all building features according to the AI-generated image.

The final design outcome is consistent with the original concept, which made the most of AIGC and took into account the contextual and functional requirements of a hostel architecture (Fig. 1). The hostel uses smooth curves to create irregular flowing spaces. Besides private rooms and necessary offices, the authors designed continuous but differentiated indoor and outdoor spaces providing users unprecedented living experience (Fig 4).

Fig. 4 Model shots of the final hostel design.

3.3 A long-span blackbox theater

Different from the application of text-to-image AI-aided design workflow, the second project investigates GAN-based machine learning to transform natural substances into the form of a long-span multi-purpose blackbox architecture.

Based on the machine learning procedures of GAN[2], the authors first selected natural substances with peculiar forms, then quantitatively extracted their geometric features via pixel analysis, and finally customize parametric algorithms to transform learned information into architectural representation. a substance in the natural world, as our experimental object (Fig. 5). Here, the authors have taken coral as the experimental object and aimed to extract its spatial variation patterns.

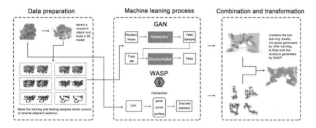

Fig. 5　AI-aided design workflow using GAN.

3.3.1　GAN-based architectural design

GAN is a method of unsupervised learning method that relies on the competition between the generation network and a discrimination network. In this case, the authors employed the GAN-based Pix2Pix model to realize the machine learning of coral geometries. This tool contains a Generator and a Discriminator, the former generates image samples based on input reference while the latter selects from the generated samples until the model achieves mutual conversion between two images in each paired dataset.

To train the Pix2Pix model, the authors first downloaded a 3D model of coral, and equidistantly sliced it into sections from two perpendicular directions (Fig 6 left). They finally collected 120 image samples including 70 sets for training and 50 sets for testing. For effective machine learning based on image pixels, the authors processed these section samples by thickening the edges. After continuous iterative training, eventually, the Pix2Pix model was capable of generating images that were visually identical to the input references (Fig. 6 right).

To convert 2D images to 3D geometries, the

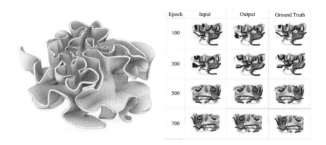

Fig. 6　The coral model (left) and the generated images from Pix2Pix training (right).

authors sequentially input outlines based on blackbox function requirements into Pix2Pix Generator until 9 continuous sections were acquired (Fig. 7 left). By tracing and lofting these sections in the Rhinoceros, they were able to recreate a primitive 3D model with the spatial characteristics of the natural coral (Fig. 7 right).

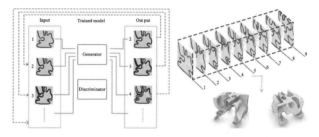

Fig. 7　Section generation rationale (left) and the transformation of 3D model (right).

3.3.2　Parametric crystallization

To further amplify the architectural meaning of an initial design, the authors adopted the Grasshopper plug-in Wasp to convert solid NURBS geometry into discrete structural elements. This combinational tool took a structural connection as the topological graph for the aggregation process. Therefore, they first designed a joint containing two discrete sticks in different dimensions as the basic unit. Their interactions were set at the one-quarter position of each stick and during the aggregation process, these sticks could be connected in different directions. Through such an iterative parametric centralization process, the authors translated the coral-like solid geometry into a discrete but connected tectonic system (Fig. 8).

Eventually, the authors successfully represented the geometry from GAN-based machine learning with discrete structural elements generated using Wasp. The final design outcome broke through the conventional perception of long-span architecture, replacing it with a

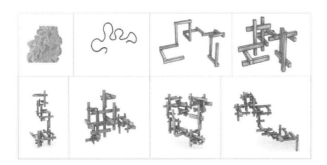

Fig. 8　Transformation of solid geometry into discrete elements.

tectonic composition that not only reveals structural rationality but also demonstrates computational aesthetics. At the same time, the building's organic form and its discrete decorations provide unprecedented visual experiences in the interiors (Fig. 9).

Fig. 9　Final design outcome of the blackbox theater.

4　Conclusion

This paper investigates the increasing agency of AI in architectural design and discusses the workflows of transforming AI-generated content into architectural spaces.

The novel building forms of the studio projects are courtesy of hybrid intelligence combining human perception, decision-making, and machine learning. However, AI-generated contents are limited to image-based perspectives or sections at this stage, future studies will focus on reducing tedious manual interpretation procedures.

References

［1］　CARPO M. A short but believable history of the digital turn in architecture［EB/OL］. ［2023-03-30］. https://www. e-flux. com/architecture/chronograms/528659/a-short-but-believable-history-of-the-digital-turn-in-architecture/.

［2］　DENG Q, LI X, LIU Y, et al. Exploration of three-dimensional spatial learning approach based on machine learning-taking Taihu stone as an example［J］. Architectural Intelligence, 2023, 2(1): 1-14.

［3］　ZHENG H, YUAN P F. A generative architectural and urban design method through artificial neural networks ［J］. Building and Environment, 2021, 205: 108178.

［4］　BORJI A. Generated faces in the wild: Quantitative comparison of stable diffusion, Midjourney and Dall-e 2 ［J］. arXiv preprint arXiv: 2210. 00586, 2022.

［5］　DOLLENS D. Stable Diffusion, DALL-E 2, Midjourney and Metabolic Architectures［J］. AutopoietiX, 2023:95050341.

史珈溪[1]　华好[1*]

1. 东南大学建筑学院；whitegreen@163. com

Shi Jiaxi[1]　Hua Hao[1*]

1. School of Architecture, Southeast University；whitegreen@163. com

基于自编码器机器学习的村镇空间肌理分析与生成
Analysis and Generation of Spatial Texture of Villages Based on Autoencoder Machine Learning

摘　要：根据村镇肌理生成空间形态设计方案对村镇的更新发展具有重要意义。本文提出一种提取并分析大量村镇肌理特征的机器学模型，能够依据待建区的既有空间肌理与建设密度设定来生成多个空间形态布局方案。该方法先用 UNET＋＋识别并标定大量卫星图中空间要素（道路、水域、建筑）经变分自编码器（Variational AutoEncoder, VAE）提取并分析空间布局特征，再根据待建区肌理特征检索与之相似的村落布局，由程序拼接生成符合建设密度要求的多种规划布局方案。该方法为村镇规划设计提供了可靠的数理依据。

关键词：村镇规划；机器学习；空间肌理；生成设计

Abstract： The technology to generate planning schemes according to the texture of villages and towns has yet to be explored. This paper introduces a design method that extracts and analyzes the texture characteristics of a large number of villages and towns, and generates multiple spatial layout schemes based on the texture of the area to be built that are similar to the texture and meet the construction density requirements. This method uses UNET＋＋ to identify and calibrate a large number of spatial elements (roads, waters, buildings) in satellite images, extracts and analyzes the spatial layout characteristics through variational autoencoder (VAE), and retrieves similar ones according to the texture characteristics of the area to be built. The layout of the village is spliced by the program to generate a variety of planning and layout schemes that meet the density requirements. This method provides a reliable mathematical basis for the planning and design of villages and towns.

Keywords： Village Planning；Deep Learning；Spatial Texture；Generative Design

村镇规划需要延续空间肌理，发掘空间基因[1]。面对我国村镇社区量大面广的建设需求，以经验判断为主的村镇社区规划设计模式无法满足量大面广的实际建设需求。本文提出基于变分自编码器的村镇空间形态肌理分析与生成方法。针对设计需求，在满足基本规划条件（如建筑密度等）的情况下，通过大量数据归纳分析马鞍山市万山村空间布局的规律并自动生成多种可供选择的空间布局方案。

1　空间肌理分析与生成方法梳理

既有技术手段多聚焦于空间肌理规则的提取和转译，通过理论分析，梳理影响空间肌理的规则参数和限制条件，编写程序算法利用计算机实现空间布局的自动生成。

其中，Benjamin Dillenburger 将描述地块与建筑关系作为一个基本数据存储单位，来适应建筑学思维方式的空间检索，并为苏黎世建立了城市空间形态检索的程序算法[2]。李飚、郭梓峰等以"赋值际村"为例，基于徽州民居空间布局特点，通过程序算法编写，实现了从形态、肌理、建筑功能和单体模式等层面的生成设计方法[3]。

基于规则的技术手段在提取参数、设定限制条件等阶段对技术人员的专业知识依赖较高，且难以充分利用卫星图等大量的数据资源。机器学习技术在村镇空间生成方面具有能够提供数据驱动、自动化、多目标优化、考虑空间关联性和交互效应等优势，可以改善规划的效率和质量,推动可持续的村镇发展[4][5][6]。

2 研究方法

本研究采用机器学习方法,以真实大数据驱动从空间肌理分析到方案生成的村镇形态规划设计全流程。借助机器学习算法模型,首先识别卫星图中的道路、水域和建筑,然后训练神经网络提取当前地区村镇的空间布局特征,进而使用 k-means 算法对上述特征进行聚类,并依据规划师的经验知识分析得到当地典型的村落空间形态种类。在此基础上,将规划范围平面图作为输入,通过算法搜索与之特征相似的村落空间肌理图像进行拼接,并根据密度对拼接结果进行筛选,从而得到多种可供选择的新的村镇空间形态布局方案(图1)。

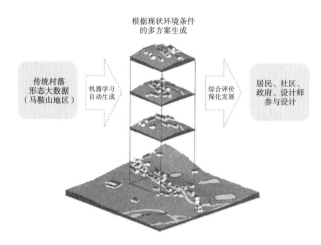

根据现状环境条件
的多方案生成

传统村落
形态大数据
(马鞍山地区) → 机器学习
自动生成 → → 综合评价
深化发展 → 居民、社区、
政府、设计师
参与设计

图1 基于大数据机器学习的村镇空间形态设计流程
(图片来源:作者自绘)

2.1 村镇空间要素语义识别

本研究采用 UNET++ 模型对大量卫星航拍图进行语义分割,识别卫星图中的道路、水域和建筑等空间要素,从而获得当地村镇空间形态资料。UNET++ 是一种常见的图像分割算法模型,它采用编码器-解码器结构,模型能够同时利用浅层的细节信息和深层的语义信息,从而提高对图像中各空间布局要素分割的准确性。

2.2 空间要素布局特征提取

本研究标记了三种空间布局要素的图像作为数据集用于训练变分自编码器(variational auto encoder,VAE)提取图像中各要素之间蕴含的空间形态布局特征。VAE 同样采用编码器-解码器结构,经过下采样,编码器将输入的数据编码为一个表示空间形态布局特征的精简向量[7]。将规划范围的卫星图输入训练后的 VAE 模型的编码器,能够显著减小原始数据维度,得

到规划范围空间布局形态的特征向量。

2.3 基于聚类算法与经验知识的空间形态分析

使用 k-means 算法可以将 VAE 提炼的特征向量数据集进行聚类分析作为初步结果,后续由规划师依据专业知识对空间形态类别进行二次分析和验证[8]。

2.4 基于空间肌理的多方案生成

以含有规划范围空间形态特征的精简向量作为搜索条件,可以搜索到数据集中与之相似的村镇空间肌理语义图,筛选符合当前密度要求的图片进行拼接,进而生成新的村镇规划方案。上述搜索过程使用退火算法优化搜索结果。

3 马鞍山市村镇空间形态肌理分析

采用 k-means 算法对标记有道路、水域和建筑等空间要素的太湖周边村镇卫星图进行聚类分析,得到太湖周边地区 32 种典型村落空间布局形态。其中部分类型在马鞍山市当涂县较为常见,除去其中的现代城镇形态,当涂县较为常见的 5 类空间原型(图2)。C18 点状:在自然环境中零星散布的点状建筑,见图2(a);C2 窄带状:多水域,路网稀疏,建筑稀疏,呈条状沿道路分布,见图2(b);C13 带状:路网交错,建筑密度适中,呈条状沿道路分布,见图2(c);C23 有机型:水、路纵横交错,中等密度,见图2(d);C17 组团集约型:村庄具有一定规模,建设较为集中,见图2(e)。

针对万山村的地理特征与建筑现状,主要采用"有机型""带状"等既符合当地传统聚落特征,又与万山村现状相契合的空间形态进行后续的村镇空间形态生成,有利于形成自然与居住相协调的空间模式。

4 马鞍山市万山村村镇空间形态生成

4.1 数据集的获取和预处理

4.1.1 马鞍山市村镇卫星图获取

使用百度地图开放平台 API 以村镇名作为关键词进行 POI 检索,最终获得 5289 张 1280×1280 像素的马鞍山市原始卫星图数据。

4.1.2 马鞍山市村镇空间要素识别及标定

训练 UNET++ 模型识别道路、水域和建筑三种村镇空间肌理中的元素,并在卫星图片将三者分别标定为红色,水域标定为蓝色,建筑标定为绿色(图3)。将经过标定的 3 通道、426×426 像素大小图片切分成 4 张 213×213 像素的图片,并缩放为 128×128 像素大小(图4)。

4.2 马鞍山市村镇空间要素布局特征提取

本研究中使用的 VAE 网络的结构为:编码器使用

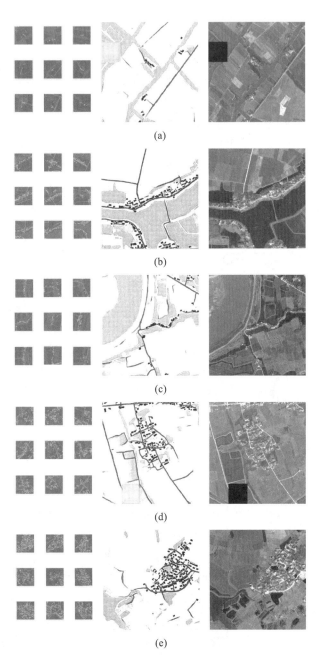

图2　当涂县常见的5类空间原型

(a)C18 点状；(b)C2 窄带状；(c)C13 带状；

(d)C23 有机型；(e)C17 组团集约型

(图片来源：作者自绘)

6层二维卷积层，每个卷积层的卷积核大小为3、步幅为2、填充为1。同理，解码器使用6层二维反卷积层。

输入数据是代表单个空间元素的单通道、128×128像素的空间要素语义图。经解码器将其降维至8通道、128×128像素大小的表示整体空间布局特征的精简向量。

4.3　万山村待建区多方案生成

4.3.1　基于待建区肌理的相似村落空间布局搜索

使用UNET＋＋模型标定马鞍山市万山村规划范

550×550米范围卫星图　　426×426像素空间要素语义图

图3　UNET＋＋空间要素识别

(图片来源：作者自绘)

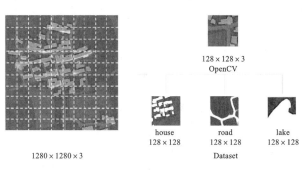

1280×1280×3

128×128×3 OpenCV

house 128×128

road 128×128

lake 128×128

Dataset

图4　空间要素分离

(图片来源：作者自绘)

围图中的道路、水域及周边建筑。使用VAE模型学习上述图像的空间要素布局特征，并用形状为(4,3,128)的特征向量表示。同时计算各空间要素在当前规划范围中的密度。

将特征向量中代表道路和水域布局的数据作为搜索条件，逐一计算其与数据集中代表村落空间布局特征的向量之间的L2距离（欧氏距离），返回L2距离最近的5个最相似的村落空间布局图像。该过程中使用退火算法对搜索结果进行优化。

4.3.2　基于待建区密度要求的多方案生成

计算道路和水域占当前规划范围的密度。以此作为条件，筛选并保留搜索结果中道路和水域占比与之相等，且建筑密度满足待建区密度要求的相似村落空间布局图像。进一步，从搜索结果中随机抽取一个图像替换当前搜索图像，从而生成满足待建区密度要求的多个可选的空间形态布局方案(图5)，并以此为依据进行规划设计。

5　结语

本文基于村镇卫星地图大数据，探索了利用深度学习技术对村镇肌理和要素布局进行分析归纳，进而基于现状肌理与建设需求自动生成多个适宜的村落空间布局方案的设计方法。以马鞍山市万山村为例，在村庄规划范围内生成与既有村落形态相符的满足建设

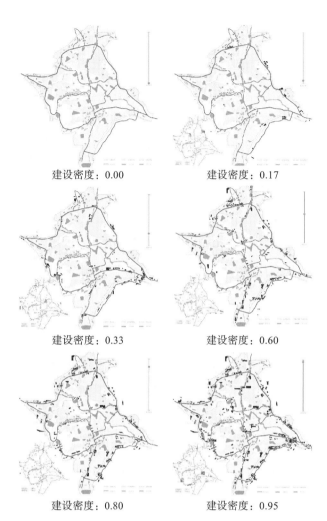

建设密度：0.00	建设密度：0.17
建设密度：0.33	建设密度：0.60
建设密度：0.80	建设密度：0.95

图5 满足不同密度要求的空间形态布局方案
(图片来源：作者自绘)

密度要求的多个村落空间形态布局方案，验证了该技术路径的可行性。

本文介绍的使用机器学习技术自动生成大量可行

建筑布局的设计方法，能够彰显当地传统村落的空间特色，适应多种建设强度的设定，为政府、村民、设计师提供多元化的参考与依据。

参考文献

［1］ 段进,李伊格,兰文龙,等.空间基因:传承中华营城理念的城市设计路径——从苏州古城到雄安新区[J].中国科学:技术科学,2023,53(5):693-703.

［2］ DILLENBURGER B. Space Index：A retrieval-system for building-plots ［C］//Proceedings of 28th eCAADe Conference, ETH Zurich （Switzerland）. September 15-18,2010:893-899.

［3］ 李飚,郭梓峰,季云竹.生成设计思维模型与实现——以"赋值际村"为例[J].建筑学报,2015,(5):94-98.

［4］ 唐芃,李鸿渐,王笑,等.基于机器学习的传统建筑聚落历史风貌保护生成设计方法——以罗马Termini 火车站周边地块城市更新设计为例 [J].建筑师,2019(1):100-105.

［5］ 张彤.基于深度学习的住宅群体排布生成实验[D].南京:南京大学,2020.

［6］ 林文强.基于深度学习的小学校园设计布局自动生成研究[D].广州:华南理工大学,2020.

［7］ Kingma D P, Welling M. Auto-encoding variational bayes ［J］. arXiv preprint arXiv:1312.6114, 2013.

［8］ HARTIGAN J A, WONG M A. Algorithm AS 136：A k-means clustering algorithm[J]. Journal of the Royal Statistical Society. Series C （applied statistics）, 1979, 28(1):100-108.

王泽林[1]　郭宁[1]*　李雨薇[2]　王顶[1]

1. 湖南科技大学；allanguon@hotmail.com

2. 湖南大学；23571971@qq.com

Wang Zelin[1]　Guo Ning[1]*　Li Yuwei[2]　Wang Ding[1]

1. Hunan University of Science & Technology；615838025@qq.com

2. Hunan University；23571971@qq.com

基于 AI 绘制建筑效果图数字模型训练的建筑类型文本库研究

Research on Architectural Type Text Library for Training Digital Models of Architectural Renderings Based on AI

摘　要：AI 程序 Stable Diffusion、ChatGPT 等的出现，对人类社会产生了深远的影响。2023 年 4 月，基于 stable diffusion 研发的 ControlNet 的出现，实现了运用基础图片对 AI 生成图像的精细控制，使得 AI 通过文字描述自动生成建筑效果图得以实现，但在生成建筑精度、特征等方面存在与预期有差异的问题。AI 绘制建筑效果图需要细化建筑类型的文本库，用于训练和优化数字模型。本文希望通过收集、归纳建筑效果图的文本描述，构建专业的建筑类型文本库。文本库涵盖建筑效果图的视角、材质、要素选择等内容，这些信息有助于训练建筑效果图数字模型。

关键词：建筑类型；文本库；建筑效果图；数字模型；深度学习

Abstract：The emergence of AI programs Stable Diffusion, ChatGPT, etc. has had a profound impact on human society. in April 2023, the emergence of ControlNet, which is based on the development of stable diffusion, realized the fine control of AI-generated images by using basic images, making it possible for AI to automatically generate architectural renderings through text descriptions. It is possible to realize, but there are problems in generating architectural accuracy, features, etc. , which are different from the expectation. AI drawing architectural renderings need to refine the text library of building types, which is used to train and optimize the digital model. In this paper, we hope to build a professional text library of building types by collecting and summarizing text descriptions of architectural renderings. The text library covers the viewpoint, material and element selection of architectural rendering, and this information is helpful for training the digital model of architectural rendering.

Keywords：Architectural Type；Text Library；Architectural Rendering；Digital Model；Deep Learning.

1　引言

　　AI 绘图在最近几年获得了深度学习技术和大规模数据库的支持，技术进步迅速。DALL-E 2、Midjourney 和 Stable Diffusion 等 AI 绘图工具展示了其无与伦比的发展潜力。AI 绘图工具能够通过文字描述生成高质量图像，实现生成图片类型多样的同时，保持图片特性的一致性、逼真性和创造性各自不同。对设计师、艺术家和业余创作者来说，非常适合用于概念生成、构思和初步视觉草图。但其在处理细节、逻辑一致性和创造性选择上仍有不足，输出结果有时会违背常理。但开源 AI 绘图工具插件的不断开发，新技术持续研发、控制能力和自定义能力的不断细化，正在不断完善 AI 绘图工具的创造能力。AI 虽然在短期内不太可能完全取代人类艺术家和设计师，但作为辅助创作工具其展现出巨大的潜力和市场前景，随着 AI 技术能力的不断发展，未来其实用价值将不可估量。

2　Stable Diffusion 软件介绍

　　自 2010 年开始，AI 绘画行业开始蓬勃发展。2015

年深度学习算法逐渐成熟,赋予 AI 更强的自主学习能力,AI 绘画进入高速发展期,从小众领域迅速走向主流,使其广泛应用在艺术,设计等行业。但 AI 绘画却因其随机性与难以调整的性质,一直无法在建筑设计领域得到广泛应用。

2022 年 11 月底,Stable Diffusion 2.0 正式上线,在原先开源的基础上,使用了一种全新的文本编码器 OpenCLIP 训练的鲁棒文生图模型,极大地提高了生成图片的质量。同时增加了超分辨率 Upscaler 扩散模型(图 1)和 depth2img 深度图像扩散模型(图 2)两种模型,分别实现了大幅提高图像分辨率与提高图像创造性。

图 1　生成图片分辨率提高 4 倍
(图片来源:互联网)

图 2　文本和深度信息生成新图像
(图片来源:互联网)

在市面上可供选择的 AI 图像生成工具并不少,但 Stable Diffusion 作为众多 AI 图像生成工具的一员,对建筑效果图的绘制具有以下优点。

Stable Diffusion 生成图片的原理较其他 AI 图像生成工具更为清晰透明,更利于使用者根据需求调整生成目标图像。相较于其他生成算法,其开发更早,生成算法更成熟、多样,更利于在垫图过程中不断调整,得到更符合目标条件的图像。

Stable Diffusion 在插件升级和不断迭代的过程中,拥有了局部重绘、大模型加权计算、语义分割、绘画分格等功能。相较其他 AI 图像生成工具,更利于对图片进行局部调整,并生成形似但具有差异的图片,可以更好地保留已经出现过的图像特征,并再次生成相似却具有差异性的图片。

Stable Diffusion 在现有开源模型无法生成符合目标图片的情况下,可以根据自己收集的图片库,将其共性提取为有效的文本库,再通过 dreambooth 方式训练出具有专属性、针对性的绘图模型,帮助使用者最大程度获取符合需求的图形。

3　AI 绘制建筑效果图的优缺点与控制方法

下文通过具体案例演示 AI 绘制建筑效果图的优缺点,以及对 AI 的控制方法。本次演示以位于武汉的长飞光纤产业大楼为范例。

对于 AI 绘制建筑效果图首先需要确定目标方案的大致体块,并进行基础的体块建模(图 3),将其导入 Stable Diffusion 中的 controlnet 插件,并在 controlnet1 的预处理器中选择 canny edge detection(边缘检测)并进行预处理。

图 3　导入建筑体块模型
(图片来源:作者自绘)

在我们已经整理的文本库中选出有关图片质量的 prompt(提示词)与 negative prompt(反向提示词)生成图片。可以看到 Sable Diffusion 依照我们上传至 controlnet,经过边缘轮廓检测叠加所生成的图片,图片在建筑形体的基础上增添了光影效果,前后深度变化,并加强了轮廓(图 4)。

在此基础上,我们在提示词与反向提示词上,添加文本库中整理的城市建筑基本词汇,再次生成图片。并附加基础图片所对应的视角描述词,在 controlnet2

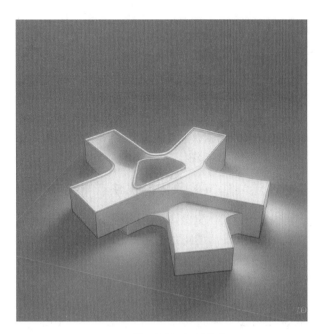

图 4　增添光影、加强轮廓
（图片来源：作者自绘）

中添加与 controlnet1 相同的基础图片，并选择 depth 深度信息估算（可用于优化生成图片的前后景深与透视）再次生成图片（图 5）。

图 5　优化前后景深与透视
（图片来源：作者自绘）

我们可以看到生成图片的透视效果，建筑体块光影已经达到了建筑效果图的要求。但是其建筑个性特征仍不明显，同时有不符合物理规律等问题。在此基础上，我们添加文本库中对各个部分的具体提示词，如 urban setting、an opaque flat roof、built on the square、

bird's-eye view、street、appropriate light and shadow、light colored roof，再辅以描述白天黑夜的提示词，生成白天（图 6）与夜间（图 7）的建筑效果图。

图 6　白天效果图
（图片来源：作者自绘）

图 7　夜间效果图
（图片来源：作者自绘）

此时生成的图片已经具备实用价值，但仍然会在高精度放大时出现不够细致的情况。如想使用 AI 绘制出更完美的建筑效果图，还可以在 controlnet 中使用语义分割处理，精确控制每一个面的具体形态，同时也

可以通过对 prompt 编写后缀,以达到区分重要性与出现顺序的作用。但无论如何精细控制,AI 绘制建筑效果图仍存在不够稳定,不能针对同一个建筑进行高效的连续产出的问题。

4　建立相应建筑类型文本库

对目前利用 AI 绘制建筑效果图来讲,想要解决上述提到的问题,可以针对具体案例训练出具有特殊需求的数字大模型。如要生成建筑手工模型,我们可以采用以手工模型图片为基础,辅以相关细致描述,训练出专用于绘制手工模型照片的数字大模型。这样的数字模型具有很强的针对性,可以满足实际的需要。但训练这样的数字模型,需要辅以特定的十分专业的建筑类型文本库。

通过细分不同建筑类型的特征,收集、归纳建筑效果图的文本描述,我们可以构建专业的建筑类型文本库。文本库涵盖建筑效果图的常用视角、构图方式、要素选择等方面内容,这些文字信息可以在对现有图片描述时节省大量人力,加快训练数字模型进程,同时也可以在生成全新建筑效果图时提供 prompt 与 negative prompt 的参考,使得 AI 绘制建筑效果图更加高效,更符合使用者的需求,推动 AI 绘画在建筑领域的发展。

5　结束语

本文简要介绍了当今 AI 绘画以及相应插件的发展史,阐述了其优缺点、调整方法以及实用价值。我们通过对不同建筑类别数据的收集与整理,创建不同的建筑类型文本库,为建筑大模型的训练与 AI 生成建筑效果图,提供了基本参考提示词,为 AI 绘制图像在建筑效果图绘制领域的实现奠定了基础。在未来,AI 绘制建筑效果图会更加专业,分类更加细化,真正在建筑设计领域得到普及,为现代建筑设计行业提供更加具备创造力的设计方案。

参考文献

[1] Robin Rombach, Andreas Blattmann, Dominik Lorenz, Patrick Esser, Björn Ommer. High - Resolution Image Synthesis with Latent Diffusion Models. [J/OL]. arXiv preprint arXiv:2112.10752,31 Dec 2021. https://arxiv.org/abs/2112.10752B

[2] 郑凯,王茵. 人工智能在图像生成领域的应用——以 Stable Diffusion 和 ERNIE-ViLG 为例[J]. 科技视界,2020(35):50-54.

郁康博[1]* 解明静[1]

1. 中南大学;2518504391@qq.com

Yu Kangbo[1]* Xie Mingjing[1]

1. Central South University;2518504391@qq.com

基于人工智能的建筑分析与建模
AI-based Building Analysis and Modeling

摘 要:建筑设计是一个综合复杂性思维推理实现过程,通过前期的分析调研,伴随想象力与可行性模型的建立,实现建筑设计的结构处理。随着计算机数据采集处理能力的提升,智能与建筑设计交互化的融合,对于建筑模型的建立有了一个更简洁,高效的处理办法。在过去的 20 年中,计算机辅助设计及建模给建筑设计带来了很大的变化,如今人工智能飞速发展也将会给建筑设计带来无限的可能性,本文旨在分析人工智能在建筑设计优化中的应用,包括概念设计、方案设计等不同阶段,通过使用优化算法来提高建筑前期场地布置,通过人工智能辅助 Grasshopper 生成的建筑模型,帮助建筑师更高效地实现创造性,提高建筑建模的智能化,从而提高建筑设计的效果。

关键词:人工智能;优化算法;Grasshopper 智能建筑建模

Abstract: Architectural design is a comprehensive complexity thinking reasoning realization process, through the preliminary analysis and research, accompanied by the establishment of imagination and feasibility model, to achieve the structural processing of architectural design. With the improvement of computer data collection and processing capabilities, the integration of intelligence and architectural design interaction has provided a more concise and efficient way to deal with the establishment of architectural models. In the past 20 years, computer-aided design and modeling have brought great changes to architectural design, and now the rapid development of artificial intelligence will also bring unlimited possibilities to architectural design, this paper aims to analyze the application of artificial intelligence in architectural design optimization, including conceptual design, scheme design and other different stages, through the use of optimization algorithms to improve the early site layout of the building, through artificial intelligence assisted grasshopper generated architectural models, to help architects more efficient to achieve creativity, Improve the intelligence of building modeling, so as to improve the effect of building design.

Keywords: Artificial Intelligence;Optimization Algorithm;Grasshopper Intelligent Building Modeling

在建筑设计领域,创新和效率是设计师不断追求的目标。在传统的建筑设计过程中,建筑设计通常依靠经验和不断试错进行设计,导致方案受限于经历和时间。而随着相关技术的发展与成熟,人工智能作为新兴技术也开始运用到建筑设计当中,为建筑设计带来了新的机遇和挑战。本文将探讨人工智能在建筑设计中的优化应用以及建模的实践。

1 人工智能优化

建筑设计前期准备是建筑设计的必备步骤,在设计前期,根据设计任务的需求进行分析是设计重要的一环。人工智能可以用于对环境数据、项目需求、建筑信息等进行数据的收集,整合,处理,帮助设计师更好地理解和分析数据。

1.1 优化算法

优化算法是一种数学和计算方法,用于在给定的约束条件下寻找函数的最优解或近似最优解。在优化问题中,通常存在一个目标函数(也称为优化目标或损失函数),该函数输入的是待优化的参数,输出的是衡量问题性能的指标。优化算法的目标是通过迭代搜索参数空间,逐步逼近使目标函数达到最大值(最大化问题)或最小值(最小化问题)的参数值。

优化算法的基本工作原理是根据目标函数的梯度信息(如果可用)或者其他启发式方法,来指导搜索方向并调整参数值。通过反复迭代优化过程,算法试图找到使目标函数取得最优值的解。优化算法的性能通常受到目标函数的性质(凸性、光滑性等)、约束条件、问题维度和算法本身的参数设置等因素的影响。

不同类型的优化问题可能会采用不同的优化算法,如模拟退火算法(simulated annealing, SA)可以用于优化建筑外形设计、建筑材料的选择等。设计师可以使用 SA 算法来寻找最优的设计方案或近似最优解。

1.2 优化算法对于建筑的应用——以羊毛算法为例

1.2.1 羊毛实验

弗雷·奥托是著名的建筑师和结构工程师,他致力于探索轻型、膜结构建筑。弗雷·奥托进行的羊毛实验是将干燥并且松弛交错的羊毛浸入到水中并且缓慢提出,从而得到湿润的羊毛,湿润的羊毛由于彼此之间张力的作用吸附在一起,形成了多种转变为单一重叠的形态变化。如图 1 所示,弗雷·奥托通过观察羊毛在湿润状态下的行为,探索其中的结构和形态变化。

 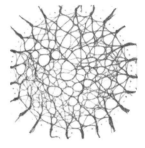

干燥的羊毛　　　　湿润的羊毛

图 1　羊毛实验

通过羊毛实验,弗雷·奥托观察到羊毛线在湿润状态下会发生自然的形态变化。由于水分的作用,羊毛线会自发地形成各种曲线和结构,形态非常优美且具有流动性。

这个实验的目的在于减少各个目的点的直接路径的总长度,同时让绕圈因素维持在一个比较低的范围。

图 1 展示了将两点之间的直线变弯曲并适当重叠,会生成新的平面组合形式,若以此为城市的单元系统,会得到更具有体验性并由最短路径组成的城市细胞。

以扎哈的纽约哈德逊城市广场的未来居住单元的设计方案为例,这个项目在设计的过程中,因为受到场地和城市要求等的限制,城区与曼哈顿哈德逊河存在一定的物理隔离,所以这个项目城市平面设计策略是通过城市礁提出一个高度相连接的三位住宅网络,通过依附必要的城市配套功能,例如商业和娱乐等功能,

去除了城市内局部地面的不连续性和规划尺度的物理隔绝问题。而该项目的设计策略利用的就是羊毛实验原理,通过对控制点张力和斥力的控制,形成新的城市肌理。

1.2.2 羊毛理论操作步骤

首先,从场地的实际问题出发,分析场地中的热点地区和潜在节点。

其次,想要使用羊毛算法就需要获得一定的控制点网络。根据上一步得到的场地信息,推演出需要的重要的控制点,并将这些控制点分类。

然后,根据上一步得到的控制点网络,通过软件在每个点之间进行力的模拟,我们可以看到通过对引力和斥力的改变,线的形状就会发生改变,从而生成新的交通网络和城市肌理。扎哈建筑设计事务所做的伊斯坦布尔城市设计中就有用羊毛算法理论生成的新的城市肌理。

羊毛实验展示了自然界中自组织行为的美妙之处,并为建筑领域提供了一种全新的设计思维。

1.2.3 羊毛算法具体应用

与传统模式相比,未来城市需要为人们提供更多的选择,需要更有活力。而未来城市的发展所代表的理性化和数据化,势必需要对一些具有理论设计基础的原理策略进行深化,羊毛算法就是其中之一。例如扎哈建筑设计事务所的伊斯坦布尔城市规划设计,可以看到该方案的出发点同样也是出自弗雷·奥托的羊毛实验,从而得到最小路径。该项目根据对城市功能、文化背景和方案的探讨,确定了城市最短交通网络的概念,体现在方案上,就是集中排布的小型功能区块。

然后,通过时间和力学参量对空间和功能的干预,生成不同的数据计算结果并应用于不同的城市规划中。

羊毛实验的结果优化了交通网络的同时,也划分出方案初步的空间肌理,可以用不同线条作为理论依据进行体块切割,在不改变空间组合形态的同时塑形,从而得出最终的平面和形体方案。

1.2.4 应用于建筑设计

弗雷·奥托受到羊毛实验中形成的自然曲线和结构的启示,将这种自然形态应用于他的建筑设计中,特别是在轻型膜结构建筑中。他通过这种自然的形态变化创造出独特而优雅的建筑形式,这些建筑设计成为轻型、自适应和自组织的典范。

2 人工智能在建筑建模中的应用——以生成式人工智能为例

在建筑设计的过程中,方案的表达、形体的推敲、

效果的呈现,都离不开建筑模型。随着技术的发展,建模软件不断更新,建筑设计也更多元化,一些存在于想象中的方案,也可以落实成模型,但有些软件操作也更加复杂化。而随着人工智能的发展,建筑建模将会更加的普适化,更加提高建筑设计者的效率。

2.1 生成式人工智能——以 ChatGPT 为例

生成式人工智能(generative artificial intelligence, GAI)是一种强大的人工智能系统,其主要目标是能够生成全新的数据、文本、图像或其他类型的内容。这种形式的人工智能利用了深度学习和自然语言处理等前沿技术,使得计算机能够学习并模拟人类创造新的内容。生成式人工智能的核心特征是能够以某种方式从学习的数据中推演出新的数据。它的工作原理主要涉及生成模型,这是一种可以从概率分布中生成数据样本的模型。这些模型能够捕捉输入数据的潜在概率分布,并根据这个分布生成新的数据样本。

生成式模型大部分是基于深度学习技术来构建的,以深度神经网络为主。深度学习模型能够学习到数据的高级抽象表示,从而更好地理解数据的结构和特征,使得生成的内容更加逼真和准确。对于自然语言处理任务,生成式人工智能通常采用自回归生成模型。这种模型根据先前生成的内容逐步预测下一个可能的单词或字符,从而逐步生成连贯文本。除此之外,对抗生成网络(GANs)也是生成式人工智能的一项重要技术。GANs 包含两个部分:生成器和判别器。生成器试图生成逼真的数据样本,而判别器则用来区分真实数据和生成的数据。通过反复对抗训练,生成器不断提高生成样本的质量。

生成式人工智能在许多领域都有广泛的应用。在自然语言处理中,它可以用于文本摘要、对话生成、机器翻译等任务。在图像领域,生成式人工智能可以生成艺术风格的图像、风景照片、人脸图像等。此外,在音乐领域,生成式人工智能也被用于创作音乐、生成音乐片段等。

ChatGPT 是基于 Transformer 架构构建的。Transformer 是一种深度学习模型,旨在处理序列数据,如文本。它引入了自注意力(self-attention)机制,允许模型同时考虑输入序列中不同位置的关系,从而在处理长文本时更加高效。ChatGPT 通过两个阶段的训练实现:预训练和微调。在预训练阶段,模型在大规模文本数据上进行自监督学习,预测文本中的下一个词。这样,模型能够学习到丰富的语言表示和语义理解。在 Transformer 架构中,注意力机制是至关重要的组成部分。自注意力机制允许模型在处理输入序列

时,根据输入中的不同位置之间的关系进行加权处理。这样,模型能够更好地理解长距离依赖关系,从而更好地理解和生成文本。在预训练完成后,ChatGPT 进入微调阶段。在微调中,模型在特定任务上进行训练,如对话生成或问题回答。这样,模型能够在特定任务上更好地适应,并生成与任务相关的文本。ChatGPT 拥有数亿个参数,这使得它能够处理大量数据。正因为如此,ChatGPT 在新代码的编译上有良好的助力,而电脑模型的建立也可以依靠它来进行实现。

2.2 人工智能在建筑建模中的应用——以 ChatGPT-Grasshopper 为例

随着技术的发展,在建筑建模的过程中,越来越多之前仅存于想象中的方案可以依赖模型来表现,但是有时候建模来满足想象中的方案,需要对于软件的使用达到一个极高的程度,甚至在建筑设计中会有专业的建模师来辅助进行模型的制作。而随着人工智能的发展,这一情况正在发生改变。本文以 ChatGPT-Grasshopper 为例探究了一种人工智能与建模相结合的方式,可以更简单地建模,极大地提高了设计效率。

2.2.1 对 Rhino、Grasshopper 的介绍

Rhino 是一个强大的三维建模软件,它使用非均匀有理 B 样条和多边形建模技术,允许用户创建、编辑和分析复杂的三维几何模型。

Grasshopper 是 Rhino 的可视化编程插件,是采用 C♯ 编程语言的插件,用于参数化建模和算法设计。它为用户提供了一种基于节点的编程环境,无须编写代码即可创建复杂的几何形状和模型。Grasshopper 使用图形化的用户界面,用户通过将各种组件连接起来构建算法和设计逻辑。这种可视化编程方式使得复杂的设计过程更直观和易于理解。

Grasshopper 允许设计师通过调整输入参数的数值来控制和调整设计,实现快速的参数化设计。这有助于快速探索不同的设计方案,并优化设计结果。

Grasshopper 允许用户创建自定义的组件,将一系列功能打包成一个组件,方便在不同的设计项目中重复使用。

Grasshopper 的组件通过数据流的方式连接在一起,这意味着每个组件都会根据输入产生相应的输出。这种数据流驱动的方式使得设计过程高度灵活和可控。

2.2.2 ChatGPT 在 Grasshopper 建模中的应用

ChatGPT 是生成式对话人工智能,具有很强的学习能力,并且可以采用多种语言进行编程操作(图 2),而 Grasshopper 是以 C♯/Python 编译的插件,两者结

合可以提升建模的效率。

图 2　代码示例

在 Grasshopper 中接入相关电池组插件，即可以加入 ChatGPT 到 Grasshopper 当中。在接入之后设计者可以依照 Rhino 的逻辑语言用文字通过 ChatGPT 给 Grasshopper 一些指令，辅助设计者进行一些复杂的建模，这种建模通过文字控制即可，不需要复杂的软件学习和熟练度。图 3 为部分实例。

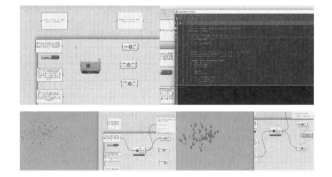

图 3　ChatGPT＋Grasshopper 建模实例

3　总结

随着时代的发展，人工智能技术不断进步。对于建筑设计而言，设计优化方面不仅是凭借经验就可以生成完美的前期规划与推敲方案，在建筑建模中也可以依赖人工智能的辅助，从而极大地节省了建筑设计的时间，提高了设计效率。

参考文献

［1］ 纳罕姆斯. 生产与运作分析［M］. 高杰, 贺竹馨, 孙林岩, 译. 北京：清华大学出版社, 2008.

［2］ 王春水. 基于动力学数据的结构刚度贝叶斯辨识方法研究［D］. 郑州：郑州大学, 2016.

［3］ 新华设计百居意. 参数化设计经典案例：扎哈的 Kartal-Pendik 设计思路［EB/OL］. （2021-01-31）［2021-01-31］. https://www. toutiao. com/article/6923544679539835403/? ＆source＝m_redirect. html.

［4］ 康石石. 清华和同济都在用的实验方法是"薅羊毛"［EB/OL］. （2021-05-17）［2021-05-17］. https://www. toutiao. com/article/6963173307910717990/? ＆source＝m_redirect. html.

［5］ 伊页. ChatGPT：一周爆红, 两周过气［EB/OL］. （2022-12-29）［2022-12-29］. https://www. cyzone. cn/article/710022. html.

［6］ 程显毅, 谢璐, 朱建新, 等. 生成对抗网络 GAN 综述［J］. 计算机科学, 2019, 46(3)：74-81.

［7］ 贾统, 李影, 吴中海. 基于日志数据的分布式软件系统故障诊断综述［J］. 软件学报, 2020, 31(7)：1997-2018. DOI：10. 13328/j. cnki. jos. 006045.

［8］ 王坤峰, 苟超, 段艳杰, 等. 生成式对抗网络 GAN 的研究进展与展望［J］. 自动化学报, 2017, 43(3)：321-332. DOI：10. 16383/j. aas. 2017. y000003.

［9］ 唐贤伦, 杜一铭, 刘雨微, 等. 基于条件深度卷积生成对抗网络的图像识别方法［J］. 自动化学报, 2018, 44 （5）：855-864. DOI：10. 16383/j. aas. 2018. c170470.

［10］ 袁小于. 基于规则的机器翻译技术综述［J］. 重庆文理学院学报(自然科学版), 2011, 30(3)：56-59. DOI：10. 15998/j. cnki. issn1673-8012. 2011. 03. 016.

［11］ 董宏亮, 杨英杰, 姜增良. 网络拓扑自动发现系统的设计与实现［J］. 计算机应用, 2007(7)：1587-1590.

赵源¹　周颖¹

1. 东南大学建筑学院；yuanz@seu.edu.cn

Zhao Yuan¹　Zhou Ying¹

1. School of Architecture，Southeast University；yuanz@seu.edu.cn

基于等时圈的北京市朝阳区院前急救设施可达性测度分析

An Accessibility Analysis of Pre-hospital Medical Emergency Facilities in Chaoyang District of Beijing Based on Isochrone

摘　要：快速、公平、有效的院前医疗急救服务对危急重病的治疗和挽救生命具有十分重要的意义，合理的院前急救设施布局直接决定了城市整体急救网络的高效性与公平性。等时圈综合考虑了时间和空间的约束情况，更加适合进行具有严格反应时间限制的院前急救设施的可达性测定。本文以北京朝阳区院前急救设施的位置点作为案例研究，在不同交通时段，以每个设施点作为起点，通过多时段的车行时间，进行院前急救设施多时段的等时圈的绘制；进而进行多角度的可达性覆盖分析，包括面积覆盖分析、覆盖时态特征分析、交通敏感度分析，并基于分析结果提出相应的规划建议。

关键词：院前急救设施；等时圈；可达性；北京市急救设施

Abstract：Rapid, fair, and effective pre-hospital medical emergency services are of great significance to the treatment of critical diseases and to save lives. Reasonable pre-hospital emergency facilities layout directly determines the efficiency and fairness of the city's overall emergency network. The isochrone comprehensively considers time and space constraints and is more suitable for the accessibility measurement of pre-hospital emergency facilities with strict response time constraints. This paper takes the location of pre-hospital medical emergency facilities in the Chaoyang District of Beijing as a case study. Each facility point is taken as a starting point in different traffic periods to draw the isochrone in multiple time periods through the traffic time in multiple periods. Then the analysis of accessible coverage, including area coverage analysis, temporal feature analysis, and traffic sensitivity analysis. Corresponding planning suggestions are made based on the analysis results.

Keywords：Pre-hospital Medical Emergency Facility；Isochrone；Accessibility；Medical Emergency Facility of Beijing

院前急救是城市基本公共服务和城市安全运行保障的重要内容，及时有效的院前急救可为院内急救赢得时间和条件，减少急危重症患者的病死率和致残率[1]。

用于衡量院前急救体系功效的一项重要指标是院前急救呼叫反应时间，指求救者拨打急救电话至救护人员到达事发现场之间的时间间隔，具体来说，包括了受理时间、信息传递时间、出车时间和道路行驶时间[2]。其中，道路行驶时间占比最大，主要受到道路交通状况以及院前急救设施布局的影响。而急救设施的合理布局是开展急救活动的前提与基础，直接决定了急救网络的高效性与公平性。

然而，中国城市的院前急救网络布局仍存在一定不合理的现象，导致急救应答时间长，影响急救效率[3]，在救援时间和质量上与国际水平存在一定的差距[4]。为改善这一现象，北京市于2020年进行了较为详尽的院前医疗急救设施的规划，作为对现状急救网络的改善和增强，并发布文件《北京市院前医疗急救设施空间布局专项规划（2020年—2022年）》（简称为《专项规划》）。其规划方式为，以行政区划为规划单位（街道/乡镇），每个规划单位内至少建立一个标准化急救工作站。这一规划选址方式也是我国绝大多数城市的急救设施的选址方式,但这一方式能否达到急救反应时间的要求,能否满足行政区划内的覆盖要求,急救医疗资源的配置是否合理,仍需进行进一步的分析和评测。

为评价这一规划方案对现有急救网络的改善效果,本文以北京市朝阳区为案例,进行急救设施的可达性测度。可达性指人所持有的能够到达其目的地的能力[5],被广泛应用于城市空间规划中,尤其是公共服务设施的空间布局研究。其中,等时圈是一种计算可达性问题的方法,其定义为从一固定起点出发,使用某种交通方式,在给定的时间阈值内可达到的位置范围[6]。其基于时间代价来进行可达性的衡量,综合考虑了时间和空间的约束情况,相较于其他常用的可达性评价方法,等时圈更加适合进行具有严格反应时间限制的院前急救设施的可达性测定。基于以上讨论,本文探讨院前急救设施在急救反应时间内的面积覆盖、可达覆盖的时态性差异,以及现状设施与规划设施的覆盖对比,并基于以上分析对急救设施规划方案进行评价,并给出规划建议。

1 研究区域与方法

1.1 研究区域

本文选取北京市朝阳区作为研究的区域范围。以《专项规划》中规划的院前医疗急救设施选址作为研究对象。设施概况如下:急救中心站 1 个,急救工作站 80 处,其中,现状保留 48 个,新规划站点 32 个,总计急救设施 81 处,其位置分布如图 1 所示。

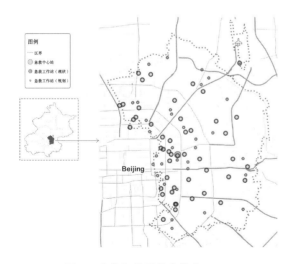

图 1　院前急救设施点分布

1.2 研究方法

本文的研究流程如图 2 所示。基于北京朝阳区的院前急救设施的位置点,以每个设施点作为起点,选定

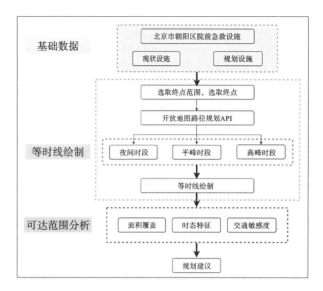

图 2　技术路线图

终点,通过开放地图路径规划 API 获取多时段的车行时间,进行等时圈的绘制;进而进行可达范围的分析,包括面积覆盖分析、时态特征分析以及交通敏感度分析;基于分析结果进行总结并提出规划建议。

急救反应时间包括了受理时间、信息传递时间、出车时间和道路行驶时间。政府文件《关于进一步完善院前医疗急救服务的指导意见》提出"到 2025 年,3 分钟出车率达 95%"的目标,同时在《专项规划》中,提出"平均急救反应时间小于 12 分钟"的规划目标。若要满足这一目标,则需急救车辆的道路行驶时间小于 10至 8 分钟。

本文以急救设施为起点,进行车程时间为 T 分钟的等时线绘制。具体绘制步骤如图 3 所示。①确定起点位置坐标;②以起点为圆心,距离 8 km 作为半径,设定终点采点范围;③在终点采点范围的圆弧上等距选取 36 个最远终点,形成以圆心为起点的等夹角方向射线(夹角为 10°);④获取一条方向射线上最远终点的位置坐标,通过开放地图路径规划 API,计算路程时间 T;⑤若路程时间超过 T 分钟,则以 100 m 为步距进行新的终点位置坐标计算,并计算新的路程时间,直至路程时间小于等于 T 分钟,则该点为这一方向上的最远可达点;⑥重复之前两个步骤,计算每条方向射线上的最远可达点;⑦将每条方向射线上最远可达点进行连线形成 T 分钟的等时线。

2 研究结果

因城市交通具有时变的特点,进一步将数据获取时间进行时段区分,分为夜间时段(22:00—次日 5:00)、高峰时段(7:00—9:00,17:00—20:00)、平峰时段(其他时

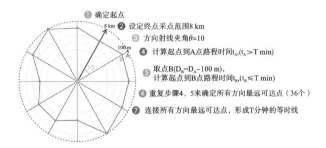

① 确定起点
② 设定终点采点范围8 km
③ 方向射线夹角θ=10
④ 计算起点到A点路程时间t_A(t_A>T min)
⑤ 取点B(D_B=D_A-100 m),
   计算起点到B点路程时间t_B(t_B≤T min)
⑥ 重复步骤4、5来确定所有方向最远可达点(36个)
⑦ 连接所有方向最远可达点,形成T分钟的等时线

图3　等时线绘制方法

间)三个时段。同时,为减少数据的随机性,同一起点终点对在同一时段的行程时间取三组数据的平均值。

2.1　等时圈覆盖结果

表1统计了在不同时段等时线的覆盖范围数据。图4展示了车程10分钟和8分钟两个时间参数的等时线绘制结果,并用颜色进行高峰时段和夜间时段的区分(9分钟的覆盖范围介于10分钟与8分钟之间,平峰时段覆盖范围介于高峰时段和夜间时段之间。因此,为更加清晰地展示数据间的差异,仅选取了10分钟和8分钟在夜间时段和高峰时段的等时线覆盖结果进行可视化展示)。

表1　不同时段等时线的覆盖范围的总面积　　　　　　　　　　　　　　　　（单位:km²）

车程	高峰时段		平峰时段		夜间时段	
	覆盖面积	覆盖占比	覆盖面积	覆盖占比	覆盖面积	覆盖占比
≤10分钟	396.21	85%	409.64	88%	440.95	95%
≤9分钟	367.17	79%	382.09	82%	424.4	92%
≤8分钟	303.99	66%	331.47	72%	389.52	84%

注:覆盖面积指朝阳区行政范围内的覆盖面积;覆盖占比指在朝阳区行政范围内的覆盖面积与六朝阳区行政总面积的比值。

2.2　等时圈覆盖时态特征

城市交通具有较强的时效性,同样起终点的车程时间在高峰时段会明显增加,进而缩小等时线的覆盖范围。本文根据数据的获取时间,将时段区分为夜间时段(22:00—次日5:00)、高峰时段(7:00—9:00,17:00—20:00)、平峰时段(其他时间)三个时段。不同时段内的等时圈覆盖面积结果如图5所示。

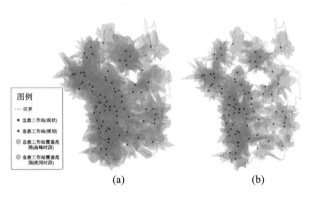

图例
- …… 区界
- ● 急救工作站(现状)
- ● 急救工作站(规划)
- ● 急救工作站覆盖范围(高峰时段)
- ● 急救工作站覆盖范围(夜间时段)

(a)　　　　　　(b)

图4　等时线绘制结果

(a)T=10 min;(b) T=8 min

可以看出,在10分钟车程时间内,急救站点可覆盖绝大多数的区内面积,在夜间时段可覆盖95%的面积,即使在高峰时段也有良好的覆盖率(85%);而8分钟车程时间内,急救站点的覆盖率则有明显的降低,夜间时段覆盖占比为84%,高峰时段仅覆盖66%,呈现出较多的未覆盖区域。

同时,急救站点在10分钟等时线覆盖范围有较高的重叠(重叠层数越多,颜色越深),覆盖重叠最为密集的地区为东部区域,与其他区的交界位置,主要为与东城区与朝阳区边界周边。而8分钟等时线覆盖重叠率则有较大程度的减弱,主要的覆盖重叠区域为与东城区边界附近区域。

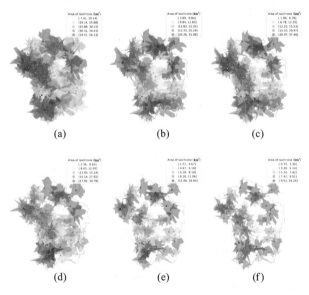

(a)　　　　(b)　　　　(c)

(d)　　　　(e)　　　　(f)

图5　等时圈覆盖面积的地理分布

(a)T=10 min,夜间时段;(b) T=8 min,夜间时段;
(c) T=10 min,平峰时段;(d) T=8 min,平峰时段;
(e) T=10 min,高峰时段;(f) T=8 min,高峰时段

图 5 展示了在不同时段内等时圈面积覆盖的地理分布,等时圈覆盖面积大小由颜色的深浅表示,越深表示面积越大。可以看出可达覆盖面积较大的设施点主要分布于两种区域:一种位于朝阳区的东北部,为行政区的边缘位置,开发程度相对较低,人口密度较小,急救站点设置密度较低,但站点的覆盖面积偏大;另外一种位于交通节点周边区域,包括西部与海淀区和丰台区交界位置,主要位于三环四环之间与高速路线相交的区域。这两种区位的急救站点在不同时段的面积覆盖相对稳定,在各个时段均保持了较高的面积覆盖,充分利用了其交通优势。

在朝阳区中部区域的设施点在各个时段覆盖面积较小,这些设施点的覆盖能力较差,且与周边设施点的覆盖范围重合,可考虑将这部分设施点与周边设施进行整合或取消,既不影响服务覆盖又可以减少运营成本。

2.3 等时圈交通敏感程度分析

进一步计算各个急救站点在高峰时段与夜间时段的可达覆盖面积变化率,可显示出各个急救站点对交通的敏感程度。计算方式为:覆盖面积变化率 =(夜间覆盖面积-高峰期覆盖面积)/夜间覆盖面积,计算结果如图 6 所示。

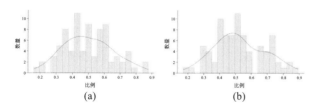

图 6 等时圈覆盖面积变化率
(a)T=10 min;(b) T=8 min

由统计结果可见,对于车程时间 10 分钟内的等时线覆盖面积变化率主要集中在 40% 左右,有 9 个面积变化率高于 70% 的设施点;而车程时间 8 分钟内的等时线覆盖面积变化率主要集中在 50% 左右,有 14 个面积变化率高于 70% 的设施点。这些面积变化率高的设施点对于交通状况的敏感度很高,其可达覆盖面积的大小更加依赖于交通的通畅程度。这些高交通敏感的设施点主要位于东城区北部交界位置、东三环与四环之间的区域和四环与五环中间东北方向的区域。

3 讨论与结论

本文以北京市朝阳区作为研究案例,进行了院前急救设施多时段的等时线绘制,进行了多角度可达性覆盖的分析,本文基于研究结果,提出了相应的规划建议。

(1)就整体可达覆盖而言,在所有时段,车程 10 分钟的覆盖率较高,可达 85% 以上,而车程 8 分钟的覆盖率偏低,在高峰时段仅达 66%,出现较多的非可达区域。说明在现有规划中,仍存在部分急救服务覆盖可达性较低的区域,建议增加这部分区域的急救站密度,从而弥补急救覆盖不足。

(2)院前急救设施的服务覆盖区域出现大量的重叠,造成服务供给超出需求,从而增加整体急救系统的运营成本,造成急救资源的不合理分配。覆盖重叠主要位于与其他行政区的管理边界位置。分析导致这一现象的原因,当规划行为以行政区划为单位进行时,每一个行政区为满足自身行政边界处的服务覆盖率,会倾向于将设施点设置在区划边界附近,并覆盖部分邻区,从而造成行政区边界处的服务覆盖重叠。针对这一现象,建议在规划时,将城市急救设施网作为整体进行规划设计和设施点的覆盖范围计算。打破行政边界的限制,更加利于资源的有效配置和效率优化。

(3)交通对于急救覆盖的影响不可忽视,通畅良好的交通对增大等时线的覆盖作用明显,但北京市城区的非夜间时段交通较为拥堵,平峰时段与高峰时段差异不明显。覆盖面积较大的设施点往往位于朝阳区的边缘位置和快速交通节点位置。因此,在未来规划时,在不同的区域节点可考虑进行不同的规划策略:在开发密度低的区域选择交通节点附近来设置急救站,充分发挥其交通优势;而在开发密度高的核心区域选择减小单个设施点的规模,但增大设施点的密度,并使其有部分覆盖重叠,来尽量减少这部分区域因交通拥堵而造成的服务反应时间过长。

(4)通过计算夜间与高峰时段的覆盖面积变化率来识别设施点对交通的敏感度,交通敏感度越高,说明设施点在高峰时段服务面积缩小越明显。计算发现,车程时间越短,对交通敏感的设施点数量越多。这一结果说明延长车程时间,不仅可有效扩大院前急救车辆的可达范围,而且可以减少高交通敏感的设施数量。因此,建议尽量减少急救系统内部的受理时间、信息传递时间以及出车时间,尽量增加车辆的道路行驶时间,可更加有效地扩大急救站点的服务范围。同时,在交通敏感的区域在高峰时段增加巡回车辆作为临时急救站点,可减少这一区域的服务反应时长。同样在规划中,尽量选择交通不敏感的位置作为新建设施的选址点。

参考文献

[1] 廖凯.我国院前急救体系现状与发展综述[J].中华灾害救援医学,2022,10(5):258-262. DOI:

10. 13919/j. issn. 2095-6274. 20 22. 05. 005.

[2] 陈辉,李航,张进军,等.北京市120急救网络呼叫反应时间的研究[J].中华急诊医学杂志,2007,16(10):4. DOI:10. 3760/j. iss n:1671-0282. 2007. 10. 030.

[3] 焦雅辉.砥砺奋进,铿锵前行——我国院前医疗急救发展与展望[J].中国急救复苏与灾害医学杂志,2017,12(9):4.

[4] 齐腾飞,景军.中国1996—2015年城市院前急救反应时间分析[J].中国公共卫生,2017,33(10):3.

[5] 艾廷华,雷英哲,谢鹏,等.等时线模型支持下的深圳市综合医院空间可达性测度分析[J].地球信息科学学报,2020,22(1):9. DOI:CNKI:SUN:DQXX. 0. 2020-01-012.

[6] XI Y L,MILLER E J,SAXE S. Exploring the Impact of Different Cut-off Times on Isochrone Measurements of Accessibility [J]. Transportation Research Record Journal of the Transportation Research Board, 2018, 2672(2):036119811878311.

刘小凯[1]　张帆[1]*　赵冬梅[1]

1. 上海交通大学设计学院建筑系；sukerliu@sjtu. edu. cn

Liu Xiaokai[1]　Zhang Fan[1]*　Zhao Dongmei[1]

1. Department of Architecture，School of Design，Shanghai Jiaotong University；sukerliu@sjtu. edu. cn

突破建筑学本体边界
——人工智能在校园候车站设计中的应用

Breaking Through the Boundary of Architectural Noumenon：Application of AI in the Design of Campus Bus Stop

摘　要：AI 以文字描述生成设计图的方式，对传统从建筑学本体出发的设计方法提出了挑战。本文介绍了人工智能在校园候车站设计中的应用的设计教学实验，尝试从建筑学本体内容之外进行设计的起点研究。课程借助 AI 软件，实现建筑方案的直接生成和方案调整，并借助 Grasshopper 对生成的效果图进行有逻辑的参数化建模，课程探索了人工智能运用于建筑设计的一种方法，展望未来建筑设计教育的新思路。

关键词：人工智能；数字化设计；文字描述；MidJourney；建筑学本体

Abstract：The way AI generates design drawings from text descriptions challenges the traditional design methods grounded in architectural ontology. This paper presents a design teaching experiment that incorporates artificial intelligence in the design of a campus bus stop. It attempts to investigate the initial point of design from perspectives outside the traditional scope of architecture itself. With the aid of AI software, the course enables the direct generation and modification of architectural plans. It utilizes Grasshopper for the logical parametric modeling of the generated renderings. This course explores a method of applying artificial intelligence to architectural design and anticipates new ideas in future architectural design education.

Keywords：Artificial Intelligence；Digital Design；Text Description；MidJourney；Architectural Ontology

1　背景

1.1　人工智能生成的原理

本文的研究基础是生成式人工智能技术，简称为 AIGC（Artificial Intelligence Generated Content）。这种技术是利用诸如大型预训练模型等先进的 AI 手段，通过对已有数据的学习和识别，具备合适的泛化能力，从而产生相关内容的一种技术手段。

1.2　课程介绍

2023 年春季学期，上海交通大学建筑学系的"数字化设计前沿"课程是 3 学分 16 周的课程，关注最新数字化技术的发展，并强调其在设计领域的运用。

1.2.1　课程特色

该学期进行了 AI 在校园候车站设计中应用的教学实验，课程先用 AI 对建筑学本体的内容进行创作，包括建筑师、建筑风格、建筑结构、材料、表皮、几何等，在此基础上，尝试从建筑学本体内容之外进行设计的起点研究，包括艺术家、艺术风格、自然具象物、情绪、电影、游戏等。课程借助 MidJourney、Stable Diffusion 和 ChatGPT 等软件，实现建筑方案的直接生成和方案调整，并借助 Grasshopper 对生成的效果图进行有逻辑的参数化建模，最后对 3D 模型进行平立剖的 2D 化生成，形成了效果图、建模、平立剖图纸的设计流程，课程探索了 AI 运用于建筑设计的一种方法，学生作品呈现出较好的教学效果。

1.2.2　设计任务书

设计内容：本次作业选取上海交通大学闵行校区现有的 18 个巴士候车站，对其进行重新设计，使之具有识别性和标志性。选择候车站为设计对象的原因是其功能简单、形态约束比较小。

教学分两部分展开：基础研究和设计研究。基础研究主要围绕 AI 对单个建筑学元素的生成展开；设计研究主要围绕具体候车站的设计展开。

2 基础研究

2.1 基于建筑学本体的 AI 生成设计研究

2.1.1 建筑学本体内容

维特鲁威《建筑十书》为建筑设计了三个主要标准:坚固、实用、美观。桑普尔提出了建筑四要素:基础、火炉、屋顶与围合。现代主义期间,建筑设计更加强调空间和建构的关系,形式与功能的统一成为主导思想。在当代,建筑设计的讨论主题常常聚焦于空间、功能、材料、结构、基地、光线、构造等多元化的建筑学本体内容,这些元素并不是孤立存在的,而是通过复杂的交互和协同作用,共同构成了我们眼前的建筑。

2.1.2 运用 AI 进行单个建筑学元素的生成

在教学的第一阶段的基础研究中,我们利用 AI 进行建筑本体内容的生成,在进行建筑学基本元素的生成中,我们使用了尽量简洁的英文描述,类似于"A campus bus stop designed by Santiago Calatrava"(卡拉特拉瓦设计的校园候车站),使用 2023 年 7 月份刚刚发布 Midjourney5.2 的 shorten 命令可以看各个关键词的占比:A campus(0.04)bus(0.65)stop(1.00)designed(0.00)by Santiago Calatrava(0.87),很显然类型和建筑师的作用是最大的。我们选择了以下几个比较有代表性的建筑学元素。

(1)建筑师。尝试了卡拉特拉瓦、扎哈、高迪、BIG、盖里、赖特、密斯、卒姆托、伊东等 40 位知名建筑师,AI 的创作带有较为明显的单个建筑模仿的痕迹,总体来看,识别的比例还是比较高的。图 1(a)为建筑师卡拉特拉瓦设计的火车站。

(2)建筑风格。尝试了哥特、拜占庭、巴洛克、新艺术风格、极简主义、伊斯兰、有机、表现主义、现代主义、后现代等 20 余种主要的建筑风格,图 1(b)为巴洛克风格的候车站。

(3)建筑结构。尝试了悬臂梁、交叉桁架、双层屋面、坡屋面、桥桁架、钢木结构、砖木结构等 30 余种建筑结构类型。

(4)材料。尝试了混凝土、木材、水晶玻璃、马赛克、清水砖、花纹大理石等 30 余种材料类型。

(5)表皮。尝试了圆洞、竹编、彩色玻璃、砖砌、不规则孔洞、钢板、Voronoi、穿孔板、泡泡等 20 余种表皮类型,图 1(c)为泡泡表皮的候车站。

(6)几何。尝试了环面体、豆形线、双角兽线、二叶曲线、蝴蝶结曲线、束腰曲线、伯恩赛德曲线、蝴蝶曲线、蔓叶线、德·斯路斯蚌线、卵形线、卡西尼卵形线、克莱线、牛角线、十字线(平面四分曲线)、魔鬼曲线、哑

铃曲线、卧八曲线等 30 余种几何类型,图 1(d)为环面体的候车站。

图 1　单个建筑学元素的生成
(a)建筑师;(b)建筑风格;(c)表皮;(d)几何

2.2 突破建筑学本体边界的 AI 生成设计研究

在传统的建筑设计中,通常较少使用一些过于文学化或者无法转化为建筑形式的词语。但是,人工智能的跨领域思维为这种创新提供了可能性。在第一阶段后半部的教学中,我们鼓励学生运用建筑设计通常不太考虑的描述词开展创造性设计。希望通过文学概念激发学生的想象力,让他们跳出建筑学的常规思维方式,创造出与传统建筑不太相同的设计方案。我们相信人工智能与建筑设计的融合为学生提供了宝贵的思维拓展与实践机会,希望学生们会基于这种跨界思考,创作出不同于今天的建筑作品。

(1)艺术家。用艺术家创作的典型手法进行建筑设计,传统平面画作相对于当代的装置艺术而言,AI 更难将它 3D 化。图 2 为学习马修班尼(Matthew Barney)风格设计的候车站,作品会更偏于雕塑感。

图 2　马修班尼风格设计的候车站

（2）艺术风格。将艺术风格和 3D 的建筑相结合，图 3 的关键描述语：Orphism，被称为奥菲兹派，是立体主义的一个分支，它的特点在于其对颜色和形状的表达，从生成的候车站看，它体现了奥菲兹派的特点。

图 3　奥菲兹派风格的候车站

（3）自然具象物。一般情况下将建筑设计为具象的自然物往往难度很大，像天子酒店这样的建筑在专业领域很难获得认可，但是 AI 在处理自然具象物方面有较强的艺术转化能力，以豪猪（porcupine）为例，见图 4，设计并没有单纯模仿动物形态，而是提取了它抽象的外观和最有特点的表皮。

图 4　模仿豪猪的候车站

（4）情绪。建筑空间具有引发个体情绪反应的能力。然而，从情绪角度出发进行建筑设计会引入大量的主观性。本研究尝试探索各种复杂的情绪，如悲伤、挫败感、温暖、焦虑、无聊和欢乐。利用 AI 设计这些情绪表达仍然是一项相当大的挑战。然而，专注于这个方面可能会揭示出氛围渲染的可能性。

（5）电影。电影的视觉风格、情节元素、空间叙事等方面都可以激发设计灵感，运用 AI 生成手法进行快速的设计迭代和探索，最终实现电影情景与建筑空间的创新融合，研究以盗梦空间（Inception）、黑客帝国

（The Matrix）等著名电影为例进行 AI 生成。

（6）游戏。利用游戏风格进行学习的结果带有很明显的动漫风格，以原神、英雄联盟、魔兽、刀塔 2 这些游戏为例，无一例外地出现了和游戏接近的画面。

2.3　AI 技术下的设计调整

在真正的设计生成中，使用单一元素进行 AI 生成的方式并不常见。相反，当进入实际创作阶段时，通常会加入更多的描述性词语。此外，也经常对生成的图像进行多次的后期处理，包括合成、局部调整和模拟学习，这可能是 AI 创作过程中最关键的阶段。

2.3.1　合成

利用 2 张或者多张图片进行合并，融合对于建筑师来说比较困难，特别是看起来不太相关的内容，但融合技术确实是 AI 的长处，比如调整各图片的影响比例等方式还可以进行精致地微调。

2.3.2　局部调整

AI 生成的设计并不能直接满足设计的预期，特别是某些局部的不理想，或者探索其他可能性。可以利用 Dalle2 和 Stable Diffusion 进行局部的描述调整，或者利用新版的 Photoshop Generative Fill 进行局部的再生成。

2.3.3　模仿学习

对现有设计进行再创作和整合，通过使用 Midjourney 的图片描述功能，我们可以解析出图片的核心关键词。利用这些关键词进行二次生成，从而将模仿过程直接转变为一种全新的设计创作。也可以为图片添加描述语，进行全新的生成。

2.3.4　AI 程序生成

在设计研究阶段，利用 ChatGPT 辅助 Grasshopper 进行 VB 或者 Python 的编程，解决初学 Grasshopper 学生的困难，并辅助复杂功能的生成。

2.4　AI 生成设计的启发

在整个使用人工智能进行教学的过程中，我们发现，如果一直想要使用人工智能去实现自己构想的形态，设计的效果往往不尽如人意。相反，在生成的过程中出现的许多分支与变化，反而常常启发了设计灵感，最终成为设计的主线。因此，我们认为人工智能的特长并不在于根据已有的设计构思代替建筑师迅速画出效果图，而在于它是一个极为出色的激发设计灵感的工具，AI 生成毫无疑问具有很大的偶然性，但这种偶然性是在于方案的选择上，而不是是否能生成优秀设计上。

3 设计研究

3.1 教学过程

设计日程安排和内容如下。

(1)基础研究(1～8周)。

第1～4周:AI软件和参数建模软件的学习。

第5～6周:基于建筑学本体的AI生成设计研究。

第7～8周:突破建筑学本体的AI生成设计研究。

(2)设计研究(9～16周)。

第9～10周:探讨AI方案的可实现性和可矢量化,并要求设计形态有一定的生成逻辑,带有可控的参数化设计特征,如表皮、细分、生长、力学模拟等。

第11～14周:依据前期人工智能生成的设计,利用Grasshopper进行形态的生成,确定明确的参数化逻辑,完成3D模型。

第15～16周:对方案进行细化,排版出图。

3.2 教学成果

以符邬佳、李婉欣小组为例,她们在AI生成部分做了7次几乎完全不同的调试,尽管在概念上来自图书馆的条纹肌理,但在形式上生成了风格差别较大的形态,这也体现了用AI做设计的一个显著特征,即方案的跳跃性会比较大,偶然性增加,由于AI效果图可以一步到位,这也改变了以前设计课不建议学生大改方案的传统,图5为她们方案调整的2个阶段。

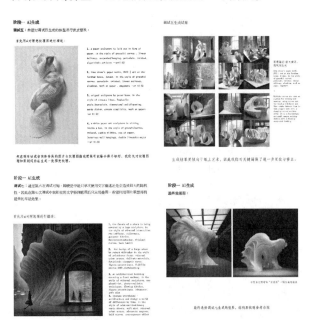

图5 基础研究的阶段5和阶段7

图6为Grasshopper阶段进行算法的研究,AI生成在后期的参数化建模上难度很大,因为生成形态有较大的偶然性和不规则特点,利用Grasshopper进行建模的时候很难完全一致,而我们的教学又强调使用参数化逻辑进行设计,这也导致了最后的建模结果与AI效果图之间还是有一定的差距,这需要等待AI在3D方面的突破。

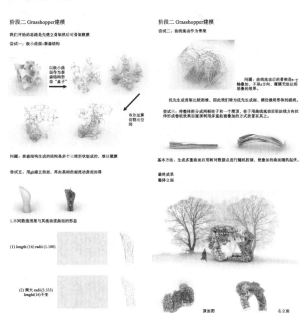

图6 Grasshopper阶段进行算法的研究

4 展望

AI在3D领域还处于起步阶段,一旦3D方面的技术成熟,对行业的冲击还会更大。最近经常有人问"建筑师会被AI替代吗?"蔡永洁曾经讲建筑学人才培养的第三类是能重新定义行业的人[1]。我们有责任将AI的思维和技术灌输给建筑学的同学,他们当中一定有人要去重新定义未来建筑学行业。

参考文献

[1] 蔡永洁.变中守不变:面向未来的建筑学教育[J].时代建筑,2020(3),126-128.

刘圣品[1]*

1. 东南大学建筑学院;1204191249@qq.com

Liu Shengpin[1]*

1. School of Architecture，Southeast University;1204191249@qq.com

多元数据下的历史街区活态化保护更新策略
——以宜兴市月城街为例

The Strategy of Dynamic Protection and Renewal of Historical Blocks Based on Multivariate Data：A Case Study of Yuecheng Street，Yixing City

摘　要:物质性老化、功能性老化和结构性老化是传统历史街区衰败的三大因素,而通过改造街区公共空间并导入社区公共生活往往有助于"催化"传统历史街区的重生。本文以宜兴市月城街历史街区为例,以"三生"(生产、生活、生态)融合发展为设计目标,并利用多元数据背景下的分析与设计策略,探讨研究了老城历史街区活态化更新改造的数字技术路径与操作方法。以期为月城街历史街区的活态化保护利用提供多种行之有效的更新策略,为当下的老城历史街区更新改造设计实践提供可参考的样本。

关键词:多元数据;历史街区;活态化保护

Abstract:Physical aging, functional aging, and structural aging are the three major factors contributing to the decline of traditional historical blocks, and transforming the public space of the block and introducing community public life often helps to"catalyze" the rebirth of traditional historical blocks. This paper takes the Yuecheng Street historical block in Yixing City as an example, takes the integrated development of production, life and ecology as the design goal, and uses the analysis and design strategy under the background of multivariate data to explore and study the digital technology path and operation method of the dynamic renewal and transformation of the historical block in the old city. To provide various effective renewal strategies for the active protection and utilization of the Yuecheng Street historical block, and to provide reference samples for the current design practice of the old city historical block renovation.

Keywords:Multivariate Data;Historic District;Active Protection

历史街区是城市文化的集中反映,也是容纳和承载城市生活的重要聚场所,对传承城市文化、塑造城市形象具有重要意义。现存的众多历史街区多数都存在空间环境品质较低、业态布置失衡、路网交通不合理等现状,难以满足现代城市生活的多维度多元化需求[1]。

1　月城街历史街区研究设计

1.1　月城街历史街区背景情况

月城街历史文化街区坐落宜兴市中心、老城区东部,是《宜兴市历史文化名城保护规划》确定的三处历史文化街区之一。街区南临解放中路,东北为东仓河,西接段家巷。月城街为明清宜城主要的水、陆入城通道和货物集散中心,是宜城历史建筑最集中的地区。街区沿东仓河西岸展开,基本保持着历史上的街巷格局和沿街沿河的传统风貌,是宜兴历史文化名城"水中有城,城中有水"的水乡风貌的代表地区。街区内保留的古代月城街平面布局,连同街巷、护城河及跨河桥梁、河埠、道路和民居等诸多特征细节,共同构成了古代宜兴城市生活的缩影(图1)。

1.2　设计研究目标

本研究旨在通过以问题为导向的多元化的数字技术作为设计前期的研究分析方法,全面挖掘和保护月城街历史文化街区的物质和非物质文化遗产,保护街

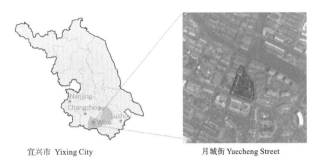

宜兴市 Yixing City   月城街 Yuecheng Street

图 1　月城街地理位置图

（图片来源：作者自绘）

区的整体格局和风貌同时整治街区环境。保持街区大部分建筑的居住功能、完善基础设施，改善居住条件。另一方面在月城街两侧、东仓河沿岸重点恢复部分老字号和传统行业店铺，并适当引入适宜的特色商业和服务业，增加其文化休闲功能。

2　多元数据下的分析路径

2.1　现状 POI 业态分析

兴趣点（Point of interest，POI）能够海量获取场地周边业态分布和周边居民服务设施分布情况，并可视化表现相关空间特征物的具体地图分布数量和点位，从而在后续设计中指导基地内产业定位及业态分布以及生活服务设施的配置，提高居民生活的便利性。

利用 POI 分析手段爬取周围 5 km 步行圈范围内的业态数据，得出包括餐饮类、购物类、住宿服务类、医疗保健服务类、科教文化服务类、金融保险服务类和公共设施等 11 种业态分类下的 4523 条 POI 数量点（图2）。在此基础上对于上述现存业态种类进行整合归纳，最终分为餐饮类、购物类和生活服务类三大类，同时总结出下列现存问题。

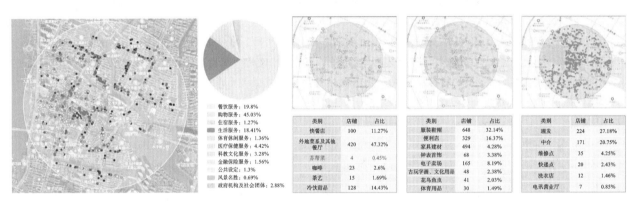

餐饮服务：19.8%	
购物服务：45.03%	
住宿服务：1.27%	
生活服务：18.41%	
体育休闲服务：1.36%	
医疗保健服务：4.42%	
科教文化服务：3.28%	
金融保险服务：1.56%	
公共设定：1.3%	
风景名胜：0.69%	
政府机构及社会团体：2.88%	

类别	店铺	占比
快餐店	100	11.27%
外地菜系及其他餐厅	420	47.32%
苏帮菜	4	0.45%
咖啡	23	2.6%
茶艺	15	1.69%
冷饮甜品	128	14.43%

类别	店铺	占比
服装鞋帽	648	32.14%
便利店	329	16.37%
家具建材	494	4.28%
钟表首饰	68	3.38%
电子卖场	165	8.19%
古玩字画、文化用品	48	2.38%
花鸟鱼虫	41	2.03%
体育用品	30	1.49%

类别	店铺	占比
理发	224	27.18%
中介	171	20.75%
维修点	35	4.25%
快递点	20	2.43%
洗衣店	12	1.46%
电讯营业厅	7	0.85%

图 2　月城街周围 5 km 步行圈 POI 点位分布

（图片来源：作者自绘）

2.1.1　餐饮类业态现状

餐饮类占据业态总数 19.8%，且较为集中布置于人民中路。同时场地外部的解放东路两侧也分布较多餐饮业态。而现存餐饮店铺与本地饮食文化相关的苏帮菜系店铺较少，仅占餐饮店铺数量的 0.45%，缺乏向游客展示本地餐饮文化的窗口。而外地菜系和其他餐厅占比达到 47.32%，周边餐饮业竞争激烈，且有同质化竞争倾向，小吃甜品等餐饮业同质化竞争严重、存活压力大。

2.1.2　购物类业态现状

月城街毗邻人民中路商圈，因此爬取 POI 点位后得出分析数据显示，购物类占据业态总数的 45.03%，并集中分布在人民中路广场地段。其中服装鞋帽售卖占比最高为 32.14%，便利店占比为 16.37%，服装饰品业态中多为普通服装店，缺乏吸引力，整体来看纯商业气息较为浓厚，但文化体验类商业缺失。

2.1.3　公共服务类业态现状

公共服务类业态中，洗衣店、快递点、维修站点三

类服务设施距离较远；缝纫店类型缺失；缺乏小型综合诊所等应急急救设施；住宿类占据业态总数 1.27%，其中大多为商务连锁酒店，缺乏休闲性居住体验，且多距离场地仍有一定距离。

2.2　空间句法分析

空间句法常用来分析研究历史文化街区中不同尺度的空间结构特征，并在此基础上为历史文化街区内公共空间更新提供参考。空间句法的本体逻辑包括空间关系的整合度、选择度、深度值三个方面，其在空间上分别对应可达性、穿行度和被穿行能力等指标，在节点空间上对应可达性、利用率和空间渗透性等指标。本研究中，笔者希望通过以上三个角度分析月城街历史文化街区的空间结构现状，并分别从整合度、选择度、深度值三个指标提炼出现存的问题。

2.2.1　整合度

整合度用来衡量一个空间的可达性和便捷性的指标，可以反映出它与周边环境的联系程度。轴线的颜

色越深,说明该空间的可达性和便捷性越高,相应体现在交通路径数量越多。当前解放东路整合度最高,沿街商业价值较高;扁担巷和东风巷整合度高,人群可以通过这些道路通往城市主干道,空间聚集效果明显;沿河道区域空间整合度较高,滨水空间开发价值潜力大(图3)。

图3　整合度分析
(图片来源:作者自绘)

2.2.2 选择度

选择度是衡量一个空间出现在最短拓扑路径上的"次数",选择度越高,就代表单位空间被选择的频率越高,因此选择度能够表示一个空间在吸引穿越交通方面的潜力[2]。月城街整体选择度不高,开放性较弱,整体街区内穿行度较差。除去外部城市干道解放东路,扁担巷和东风巷选择度最高。这说明这些道路穿行潜力较大,开放性较强。场地内除去东风巷和扁担巷外,其他巷道选择度均偏低,空间吸引力不足(图4)。

图4　选择度分析
(图片来源:作者自绘)

2.2.3 深度值

深度值是指到达某个空间需要经过的其他空间数,其中的"深"是指到达某个空间要经过多个交织的空间;"浅"则是穿过较少的空间便能到达目的地。分别计算解放东路和茶局巷、东仓桥的深度值;分析可见东风巷与扁担巷之间的空间深度值整体偏低,东风巷

东侧区域整体深度值偏大(图5)。

图5　深度值分析
(图片来源:作者自绘)

3　活态化保护策略

3.1　业态优化策略

根据前期POI业态分布和占比分析与研究,得出业态优化策略:①增加特色专卖,如旗袍、棉麻、汉服体验店等,同时引入传统饰品、手工饰品等非遗手工艺制作、增加本地特色餐饮,提高竞争力吸引力。②引入本地小吃饮品,传统小食形成差异化结合特色建筑、滨水景观设立精品民宿。③增设洗衣店、快递点、维修站点三类服务设施,结合服装定制、工艺制作等增设缝纫店等类型,增设小型综合诊所等应急急救设施,同时整合改善现有设施,建设生活服务中心,同时使其兼具社区活动中心。

3.2　空间结构梳理

通过空间句法分析月城街内的空间结构现状、街道活力和视域人流模拟,确定了场地内部大致组团划分和功能分区、主体轴线及重要节点,提出的调整优化策略如下:加强扁担巷与西侧道路茶局巷的联系,设立适当的跨河交通,增强街区整体的穿行度;梳理打通街区内小尺度街巷,提高街巷穿行度;在街巷入口及交汇处布置景观小品,吸引人流进入深度值较高的区域。东风巷西半部分为生活休闲区,深度值、整合度等最高的扁担巷为商业主轴,东风巷为文创轻商业功能。扁担巷与茶局巷交汇处形成街区内节点广场,吸引场地内外两股人流。滨河空间改造以生活休闲功能为主,设置必要生活服务设施并引入部分民宿居住类业态。

3.3　设计保护策略

本文在前期分析的基础上,首先,对基地周边业态进行梳理。研究发现东风巷西侧呈现出两个商业轴有向东延续的趋势,后续改造提升中应继续顺应该趋势,并且结合前期分析对场地内的商业业态进行重新规划。其次,梳理场地周边的人车流线,考虑到地块本身街巷尺度小,不开设车行道;通过建筑界面的围合和道路铺地设计,梳理场地内部的人行流线。最后,按照上述分析,整合街区空间结构,将场地划分为南北走向三段功能条带,从西向东分别为商业功能、文创功能和居住功能。

基地空间格局按照既有空间秩序划分为三纵两横,在每个轴线交点设置空间节点,强化空间轴线。相应的基地内建筑被五条轴线划分成解放路服务组团、东仓桥滨水组团、月城街生活组团、双眼泉休闲组团和扁担巷商业组团共五个组团,每个组团为一个设计单元,互相关联且各自独立。最后整合每个组团内部的绿化节点,梳理出四条绿廊,串联整个场地。每条街巷由于其宽高比各不相同,结合其原有的空间特点,分别从街道风貌(传统/现代/结合)、街道感受(包裹/亲切/宽阔)、街道氛围(休闲/商业/文创/生活)塑造出等各具特色的街道空间(图6)。

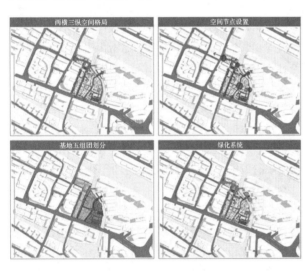

图6 空间结构梳理
(图片来源:作者自绘)

根据上述分析研究的数据资料成果和结论导则,对月城街历史街区进行相应的平面结构梳理和建筑单体修缮改造,使得原有的杂乱肌理得到了规整,初步形成了"一中心、一河岸、五组团、三纵一横"的街巷格局。并依据新形成的"空间秩序",为合理安排配置新的功能业态和优化街区空间结构提供可行的方法(图7)。

4 结语

新一轮的城市建设为历史街区更新改造和历史建

图7 改造后街区总平
(图片来源:作者自绘)

筑活态化保护利用提出了更高的要求。在此背景下,多元数据的分析方法能为研究者和城市管理部门提供量化数据支撑[3],并为历史街区的活态化保护设计过程提供客观、全面且精准的设计支持,也逐渐为我们描绘出充满更多种可能的未来生活。本研究在徐小东教授的带领和指导下,以江苏省宜兴市月城街历史街区为例,以"三生"(生产、生活、生态)融合发展为设计目标,并基于数字技术背景下的分析与设计策略,对月城街历史街区展开了为期三个月的设计研究,提出了兼具创新性和实操性的初步设想,以期通过政府主导、高校、社会、居民等多方参与设计的途径,为宜兴历史文化名城的保护与发展注入新动能。

参考文献

[1] 吴子健,蔡云楠.多源数据支撑下的空间活力规划策略研究——以广州市泮塘五约历史文化街区为例[J].城市更新,2023(3):68-72.

[2] 马昊,段磊,付晖,等.基于空间句法的海口骑楼历史文化街区更新策略[J].热带生物学报,2019(4):432-437.

[3] 郑妍彦,崔彤.基于空间句法的苏州历史文化街区公共空间设计策略研究[J].当代建筑,2022(12):122-125.

贺晓旭[1]　韩猛[2]　邓洁[3]　孙明宇[1]*

1.厦门大学建筑与土木工程学院；1362697595@qq.com

2.沈阳建筑大学建筑与规划学院

3.苏州大学金螳螂建筑学院

He Xiaoxu[1]　Han Meng[2]　Deng Jie[3]　Sun Mingyu[1]*

1. School of Architecture and Civil Engineering, Xiamen University; 1362697595@qq.com

2. School of Architecture and Planning, Shenyang Jianzhu University

3. Gold Mantis School of Architecture, Soochow University

人机共生：基于"BIM＋AI"的数字建造框架体系研究
Human-machine Symbiosis: Research on Digital Construction Framework System Based on "BIM＋AI"

摘　要：网络化、数字化、智能化的时代背景下,计算机辅助设计(CAD)和建筑信息模型(BIM)应运而生。同时,人工智能(AI)等新兴技术不断冲击,建筑师们开始思考如何将AI应用于建筑的学科领域,以实现人力和算力的最大化结合。本文以BIM平台为基本模型平台,以建筑全寿命周期(立项策划、规划设计、施工生产和运维服务)为目标体系框架,运用交替思维整合BIM和AI的信息流、建构数字建造体系下的人机共生图谱;选取中国福建省厦门市沙坡尾片区展开设计实践,进一步细化BIM与AI在数字建造领域的数据交互、深度学习、生成设计等技术,实现人机共生的多维度、网络化、融合性发展。

关键词：建筑信息模型；人工智能；数字建造；人机共生

Abstract：Under the background of networking, digitalization and intelligence, computer-aided design (CAD) and building information modeling (BIM) came into being. Merging technologies such as artificial intelligence (AI) continue to impact, and architects are beginning to think about how to apply AI to the discipline of architecture to maximize the combination of human and computing power. This paper takes the BIM platform as the basic model platform and the whole life cycle of the building (project planning, planning and design, construction production and operation and maintenance services) as the target system framework, uses alternating thinking to integrate the information flow of BIM and AI. The Shapowei area of Xiamen City, Fujian Province, China was selected to carry out design practice, and further refined the data interaction, deep learning, generative design and other technologies of BIM and AI in the field of digital construction, so as to realize the multi-dimensional, networked and integrated development of human-machine symbiosis.

Keywords：Building Information Modelling; Artificial Intelligence; Digital Construction; Human-machine Symbiosis

1　引言

人类世界是艺术与科学两条平行线在公共平行的解释。人们对于世界的初始认知源于艺术,例如后羿射日、海市蜃楼等;而后随着科学的发展,基础认知转为实践认知,"海市蜃楼"可以用光的折射与全反射的知识理论来阐释,人对工具、技术等需求进一步扩大,这一阶段人对物的观察与理解由感性走向理性(图1)。

古典时期以手工绘图为主,从投影法到透视原理,建筑制图的维度在不断拓展;18世纪末,社会步入工业1.0时代,机械发展带动建筑行业的革新,从运用双手过渡到利用机器,工具的更新代替了部分手工劳动,同时建筑制图从真实走向虚拟。如今,云计算、网络化、数字化的背景下,社会步入技术平权时代,科学资源得以平等分配与普及,数字的包容性确保了协作的无障碍性与用户友好性,最终目标是推动科技的创新和可持续发展。

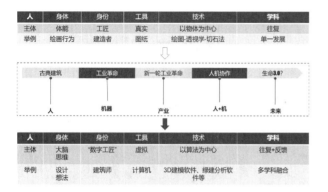

图1　人机协作发展历史

（图片来源：作者自绘）

近年来，BIM（建筑信息模型）作为主流软件在建筑行业中应用广泛，二维图纸与三维模型实现了动态对应，将参数概念贯穿设计与建造流程，达到快速可视和算量的目的，真实与虚拟在这个过程中进一步交互（图2）。但目前BIM的发展困境在于软件的可实施性和互操作性，其设计本体依然是人，其核心思维为人力。设计概念始于设计师的感性意图，需要综合考虑设计规范、环境因素和建筑属性等，所以作品常常带有浓烈的个人色彩，会导致劳动力的烦冗。此时，AI的出现与发展，为解放建筑设计师的思想带来新的转机，其核心为算力，通过机器学习和进化算法可以迭代出多种设计方案，从而实现自动化设计与优化。

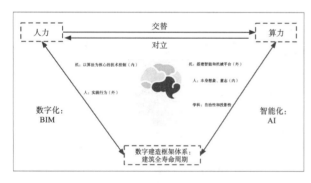

图2　人机共生图谱

（图片来源：作者自绘）

本文试图从数字建造全寿命周期出发搭建AI与BIM协同的数字化流程，进一步阐述立项策划、规划设计、施工生产、运维服务四个方面。同时，选取中国厦门沙坡尾地段设计建筑市集，以印证人机共生在规划设计的可能性。

2　数字建造系统框架

数字建造系统框架[1]是指在数字化建造过程中，将各面流程和各种技术组合在一起，以实现协同的高效性。设计师根据专业需求先从大体上梳理基础框架，再根据实际应用和反馈，进行框架的迭代与改进，

以适应不断变化的需求和技术（图3）。首先，定义研究范围和目标。其中包括应用领域、目标受众和需解决的问题；其次，确定关键组成部分与构建框架的结构层级。数字建造系统框架整体分为四个部分：立项策划、规划设计、施工生产和运维服务，明确数字建造框架中各个参与方的角色和责任，将关键组成部分整合为逻辑和有序的框架结构，确保各个部分之间的联系和协调；最后，确定所需的关键技术和工具，如前期立项策划阶段涉及使用各种传感器和测量工具来采集地理数据、结构数据、环境数据等。中期规划设计阶段将AI与BIM结合，展开深度学习、生成设计等一系列模型集成操作。后期施工运维阶段，数字建造系统将BIM模型转化为物理建筑物的制造和施工过程，建筑物的传感器和监控设备将数据反馈到数字模型中，实现实时监测和预测性维护。数字建造系统框架的目标是实现数字化建造流程、数据共享和协作，以提高建筑项目的效率和可持续性。通过整合各种技术和流程，数字建造系统可以实现建筑行业的数字化转型和创新发展。

图3　数字建造系统框架

（图片来源：作者自绘）

3　体系协同：BIM与AI

对数字建造系统框架进行层级化细分处理，可分为四个关键组成部分：立项策划、规划设计、施工生产与运维服务。

3.1　立项策划

在立项策划这一部分，核心要素是数据的处理，包括对于数据规则的掌握、数据整合、数据交互。其核心是样本的原始积累，收集大量的文献和数据，提供设计参考和最佳实践，促进知识的共享和传递：①对于界定的设计规范、甲方需求、相关案例进行相应的调查与研究；②梳理场地信息，即分析环境、地理、地势等因素，涉及使用各种传感器和测量工具来采集地理数据、结构数据、环境数据等。采集到的数据将用于创建数字化的建筑信息模型（BIM），其中包括建筑的几何形状、结构、系统和材料等信息。

3.2　规划设计

数字建造系统通过整合各种数字模型和数据源，

实现模型的协同和集成,将建筑设计模型、结构分析模型、机电模型等整合到一个综合的 BIM 模型中。主要技术为图像识别技术、风格化迁移和机器学习算法:①图像识别技术。其发展受益于深度学习和神经网络等算法的进步,根据给定的文本描述生成图像或者将不同的图像元素合成新的图像,在计算机图形学、虚拟现实和增强现实等领域有重要作用;②风格化迁移。基于图像识别技术对建筑风格进行抽象化迁移。一方面,通过将不同风格的图像应用于建筑设计中,可以帮助设计师在早期阶段探索不同的设计思路,从而提供更多创意和多样性。另一方面,风格化迁移可以用于将建筑历史和文化的元素应用于现代建筑设计中;③机器学习算法。主要应用于深度学习,生成设计与智能规划等方面。输入描述语言与迁移风格后,BIM 与 AI 结合实现自动化的设计生成,根据特定的设计要求和约束条件,生成多个设计方案并进行评估和优化[2]。随着数据的积累和技术的进步,机器学习算法将为建筑行业提供更多的智能化解决方案,从而改善建筑项目的效率。

3.3 施工生产

BIM 模型与 AI 技术结合,可以自动进行 3D 模型的协调和冲突检测。AI 算法可以分析 BIM 模型中的不同专业之间的冲突,提供冲突报告和解决方案,避免施工阶段的冲突和错误。同时,通过分析 BIM 模型和实时数据,AI 可以控制和优化机器人与自动化设备的操作,可以实现智能设备和机器人在施工生产中的应用,如运用计算机数控(CNC)机器制造构件、3D 打印建筑等设备实现自动化施工任务。AI 技术可以利用 BIM 模型中的数据进行自动化的材料识别、供应链管理和物流规划,提高材料采购和调度的效率。在施工后期,借助 BIM 模型和传感器数据,AI 算法可以检测施工过程中的缺陷,通过使用协同平台和 AI 聊天机器人等工具,建筑团队可以实时交流、共享信息、解决问题和协调工作,不断提升施工生产的安全管理效能。

3.4 运维服务

BIM 与 AI 结合在运维服务方面应用体现在以下三个方面:设备检测和故障诊断、预测性维护和保养、能源的调控和优化。首先,设备检测和故障诊断。通过连接传感器和监控设备到 BIM 模型,AI 可以分析设备的运行数据,并检测和诊断设备故障[3]。这有助于实现预测性维护和及时修复,减少停机时间和降低维修成本;其次,预测性维护和保养。通过分析历史数据和设备运行情况,AI 算法可以预测设备的维护需求和寿命,提供维护计划和建议;最后,能源的调控和优化。BIM 和 AI 技术可以用于室内环境质量的监测和调控。通过分析传感器数据和室内环境参数,AI 可以实时监测室内空气质量、温度、湿度等指标,识别能源使用的

模式和趋势,并控制室内系统进行相应调整,从而实现建筑能源的智能管理和优化。

4 设计实践:数字化市集

4.1 数据整合:信息处理

运用 BIM 与 AI 进行前期数据信息整合可以提供更准确高效的场地信息管理和决策支持。首先,场地调查和数据采集[图 4(a)]。利用 AI 技术进行信息调查,使用无人机和机器人进行场地勘测和数据采集,并通过图像处理技术提取气候、地形地貌、土壤条件等关键信息[图 4(b)]。本设计选址于中国福建省厦门市沙坡尾片区,意在核心区域避风坞一带建立连接东西两岸片区的桥梁市集。根据 AI 技术可测绘得到其位于亚热带季风气候区,以海滩、沙地为主,种植沿海的海滨植被和内陆的乔木灌木等。其次,场地分析和信息整合。将采集得场地数据与 BIM 模型结合,通过图像识别和深度学习算法,自动识别场地中的植被、地貌特征等,并将其与 BIM 模型关联起来,为后续设计和规划提供准确的场地信息,基于前期采集的数据,在建筑设计的过程中,需采取适当的隔热、通风和降温措施,合理规划排水系统,同时顺应地势起伏条件,创造人与自然协调发展的共生图谱。最后,建域可视化。BIM 与 AI 技术相结合,建立仿真准确的场地模型,达到直观的可视化效果。

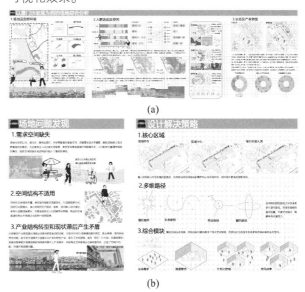

(a)

(b)

图 4 场地信息的提取与整合
(a)场地综合分析;(b)问题及策略
(图片来源:作者自绘)

4.2 生成设计:结构迭代

市集的生成设计从单体、域、群组三个层级逐步展开,以下分别进行论述:①单体部分。现存的沙坡尾避风坞片区的建筑单体存在长宽比超过 2∶1 的情况,造成室内光照不足。放眼于整个街道,售卖房屋呈一字

顺序排列，导致游览流线过于冗长。同时，沙坡尾片区被避风坞分割为东西两市，避风坞由于封坞措施长期搁置，而避风坞久置不动的情况致使东西两市长期处于割裂状态。故我们根据场地和建筑需求选择适应于本项目的 L-System 算法，L-System 算法由生物学家 Aristid Lindenmayer 在 1968 年首次提出[4]，是一种用于描述和生成自然生长模式的形式语言和算法。通过引入参数来控制生成过程，例如控制生长的角度、长度、分支规则等，从而实现对生成形态的调控和变化。将其应用于数字化市集单体，通过分支的形态塑造售卖与购买空间的环状流线，改善与优化了买与卖的交互关系[图5(a)]；②域的确定。运用 AI 算法，借助通过迭代计算和优化，生成多个路径设计方案。AI 算法根据设计参数和目标函数，在每次迭代中生成新的设计并进行评估；③群组构成。根据评估结果，选择合适的设计方案进行优化和改进，通过调整设计参数范围、修改约束条件等方式，进一步优化群体的组成与设计，形成多层次、可交流的流动空间[图5(b)]。

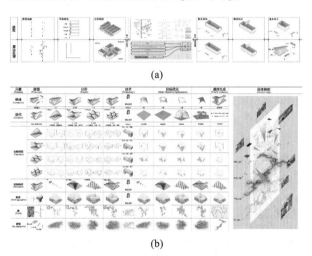

图 5　基于分形单体的群组衍生
(a)L-System 算法下的单体生成；(b)AI 算法下的生成设计
（图片来源：作者自绘）

4.3　风格迁移：方案学习

　　使用 AI 技术中的图像风格迁移算法，例如 CycleGAN、Pix2Pix 等，将不同风格的建筑外观图像进行训练。其方法主要分为语言描述和图像输入两种方式，完成从一个风格到另一个风格的转换映射，从而达到方案迭代和智能渲染的目的(图6)。方案迭代方面，设置采样方法、迭代步数、提示词引导系数、重绘幅度、随机数种子等参数[5]，模型可以学习现有方案中的风格和特征，生成新的设计方案；智能渲染方面，基于 BIM 数据(建筑的几何信息、材料属性、构造细节等)，通过 AI 技术设置与优化设计方案数据，对模型进行调整和优化，确保数据集包含多样化的样本，从而优化建筑的外观图像、材料选择和色彩方案等。

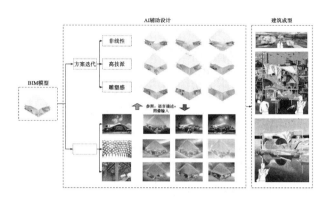

图 6　方案迭代与智能渲染
（图片来源：作者自绘）

5　总结

　　BIM 与 AI 的关联行为对于数字建造全寿命周期的营建具有创新意义，对于细分的四个关键组成部分：立项策划、规划设计、施工生产和运维服务提供了数据和技术支持。BIM 模型提供了详细的建筑数据和参数，为 AI 算法提供了丰富的信息来源。将 AI 与 BIM 结合，可以实现生成设计的自动化和高效性。一方面，智能化的技术带给建筑设计多种方案迭代与对比的可能性，使建筑设计师提高了劳动效率与设计质量；另一方面，在人机共生的同时，人力依然需要作为设计思维的核心，算力作为辅助功能，这样建筑设计师独立思考的能力才不会被机器所吞没，才能达到两相结合的最大有效阈值。

参考文献

[1] 陈珂,丁烈云.我国智能建造关键领域技术发展的战略思考[J].中国工程科学,2021,23(4)：64-70.

[2] 徐卫国,李宁.算法与图解 生物形态的数字图解[J].时代建筑,2016(5)：34-39.

[3] SOHYUN K, KWANGBOK J, TAEHOON H, et al. Deep Learning-Based Automated Generation of Material Data with Object-Space Relationships for Scan to BIM[J]. Journal of Management in Engineering, 2023,39(3)：04023004.

[4] AJAYI S O, OYEBIYI F, ALAKA H A. Facilitating compliance with BIM ISO 19650 naming convention through automation[J]. Journal of Engineering, Design and Technology,2023,21(1)：108-129.

[5] MELIHA H, PETER F, DOMINIK B, et al. Framework for the assessment of the existing building stock through BIM and GIS[J]. Developments in the Built Environment,2023,13：100110.

李嘉颖¹ 赵虹云¹ 吴佳昱¹ 戴舒怡¹ 许昊皓¹*

1. 湖南大学建筑与规划学院；xuhaohao1985@qq.com

Li Jiaying[1]　Zhao Hongyun[1]　Wu Jiayu[1]　Dai Shuyi[1]　Xu Haohao[1]*

1. School of Architecture and Planning, Hunan University; xuhaohao1985@qq.com

湖南大学 SIT 创新计划：AI 辅助工具介入建筑学生设计实践的多元化应用

基于 AI 辅助建筑设计技术的乡村小型建筑设计的讨论与探索
——以 Stable Diffusion 为例

Discussion and Exploration of Rural Small Building Design Based on AI-assisted Architectural Design Technology：Taking Stable Diffusion as an Example

摘　要：人工智能技术已被广泛应用于建筑图像生成的研究中。为响应"乡村振兴战略"的时代趋势，助力青年投身"乡村建筑振兴"行动，团队结合 Stable Diffusion 软件人工智能算法，通过 LoRA 模型训练，配合多重 ControlNet 算法模型等方式对图像进行控制，对其进行规范化模型训练和参数界定调整，以达到对乡村类型建筑外部立面和内部空间效果的控制性表达。本研究可为 AI 辅助设计乡村建筑营建项目提供理论基础和方法指导。

关键词：人工智能；乡村建筑；模型训练；计算机辅助设计

Abstract：Artificial intelligence technology has been widely used in the research of architectural image generation. In order to respond to the trend of "rural revitalization strategy" and help young people to participate in "rural architectural revitalization", the team combines the artificial intelligence algorithm of Stable Diffusion software with the LoRA model training and multiple ControlNet algorithm models to control the images. The team combines the artificial intelligence algorithm of Stable Diffusion software with LoRA model training and multiple ControlNet algorithm models to control the images, and performs standardized model training and parameter definition adjustment to achieve the controlled expression of the external façade and internal spatial effect of the rural type of buildings. This study can provide the theoretical foundation and methodological guidance for AI-assisted design of rural building construction projects.

Keywords：Artificial Intelligence；Rural Architecture；Model Training；Computer-aided Design

1　引言

近几年人工智能生成图像技术（Artificial Intelligence image generation technology）的发展日益蓬勃，在信息科学领域取得了重大突破。其成图效率高、效果优异等优势也对设计领域产生了深远影响。在中国积极实施"乡村振兴战略"的背景下，乡村建筑作为乡村产业、文化、活动等的载体，其实用、观赏、维护等方面急需改善和提升。将 AI 辅助建筑设计技术应用于乡村建筑设计，符合我国当下乡村建设所需要的低成本、高效率、多元化、批量化的集成思路，必将成为一种新兴发展趋势。

本文基于 Stable Diffusion 智能图像生成引擎，从训练与乡村建筑相关的 lora 风格模型入手，配合应用多重 ControlNet 模型等方式，对生成的乡村建筑图像进行参数界定和多重调整，以达到对乡村小型建筑外部立面和内部空间效果的控制性设计和表达；并将 AI 在乡建振兴领域的研究与应用进行梳理，提出 AI 辅助乡村建筑设计的思路和方法，探究其发展前景。

2 AI辅助建筑设计技术与乡村建筑振兴

2.1 AI辅助建筑设计技术

在过去的几年里,图像合成领域取得了巨大的进步。AI所训练出的模型能够生成高质量的图像,通过AI软件来辅助建筑设计的技术现阶段已有部分研究。AI技术可以有效地生成与城市场景相关的多个领域的图像,包括真实世界的自然场景,以及草图、建筑模型等相关领域的图像,但其在创建具有高细节水平的真实世界场景时效果较差[1]。

对于AI辅助建筑设计方法的探索也不断深入。目前已有研究者利用Stable Diffusion中LoRA模型限定和ControlNet模型控制的功能,提出了一种多网络结合的文本-建筑立面图像生成方法,能够显著增强生成图像的可控性[2]。灵活利用AI软件辅助现代建筑设计以及其中的参数规范化调试、界定图像生成品质和判定方法实用性等领域,成为我们需要攻克的重点方向之一。

2.2 乡村建筑振兴

目前乡村新型建筑的发展趋势,呈现出在保留地域文化特色的基础上更多地在功能和形式上引入现代化设计,以提升居住品质。未来的乡村应有山青水绿的生态环境,有文化传统的滋养,更有现代化的生活。目前基于乡村建筑的先进技术和理论层出不穷:BIM技术为乡村建筑信息化设计了智慧服务平台整体架构,搭建了乡村建筑建设信息库,实现智慧服务[3];"陌生化理论"和"数字化技术"结合的概念,将对乡村建筑建造水平的提升和本土性特征的表达的探究带入了更深层次[4]。

但我国乡村的基本国情,决定了乡村建筑的设计应具有低成本、高效率、多样化、整体统筹的特点,因此通过利用人工智能辅助技术进行高效设计更有现实意义,而通过AI训练乡村建筑风格模型以达意向效果表达方面目前还未有较深入的研究与实践案例。为此,我们聚焦乡村小型建筑设计上,通过AI将乡村建筑的调研数据、图片收集梳理,进行模型训练、迭代和参数调整、控制和应用,意向生成更为符合我国新时代乡村风格的意向参考图。

3 研究与应用

3.1 技术路线

3.1.1 Stable Diffusion

Stable Diffusion是一种深度学习文本到图像的生成模型,于2022年由Stability AI公司以及一些学术团体联合发布,主要应用场景是根据文本描述生成详细的图像。除此之外,Stable Diffusion相较于其他AI图像生成模块的最大区别是在"文生图"的基础上添加了"图生图"功能。

3.1.2 LoRA模型训练

LoRA是一种对大语言模型的低秩调节方法,可以在冻结原模型参数的情况下,通过往模型中加入额外的网络层,并只训练这些新增的网络层参数[5]。LoRA模型作为Stable Diffusion一种插件,可以在保持低层模型的特征提取能力的同时,基于少量数据生成特定风格的图片,节省训练模型的时间,并提高图片生成准确性。LORA模型训练流程如图1所示。

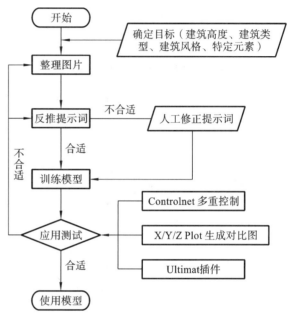

图1 LoRa模型训练流程
(图片来源:作者自绘)

训练LoRA模型首先要整理训练集,收集目标风格的图。然后要借助WD1.4标签器(Tagger)反推提示词,生成与图片对应的提示词文本文件。再借助BooruDatasetTagManager软件对提示词进行人工修正,将想要去除的特点具体化,想要保留的特点描述删除。最后,将图片和提示词描述一同投入训练脚本。

模型测试过程中,本次研究使用X/Y/Z Plot生成对比图对Lora模型的训练参数等各种参数条件进行比较。模型应用过程中,ControNet模型可以添加除了文本提示之外更多的图像条件来控制图片制作结果,如深度图(Depth)、线稿图(Lineart)等,可以达到图生图的效果。Ultimate插件可以分块渲染、放大图片(表1)。

表1 研究涉及模型/脚本及其对应用途

模型/脚本	用途
LoRA模型	生成特定风格的图像
X/Y/Z Plot	生成对比图寻找最佳参数
controlnet v1.1	添加图像条件来控制图片

模型/脚本	用途
ultimate 插件	分块渲染图片,添加图片细节

(来源:作者自绘)

3.2 数据来源

在收集图片训练集阶段,本文分别针对建筑外部立面和内部空间效果特点,收集整理了 1000 张当代乡村建筑照片,并筛选出 200 张高质量图片进行训练。

在浏览大量乡村建筑照片的过程中,本文选择更加符合中国乡村实际需求和使用习惯的室内和室外图片作为数据集,其中建筑外部立面以中国乡村常见的白墙灰瓦和坡屋顶为代表,加之中国湖南常见的内庭院和内廊特点;内部空间效果以有乡土文化气息的木质饰面和桁架、大面积采光为主要特征。为满足当代村民的文化需求、社交需求,本文赋予室内空间乡村公共文化活动空间的功能定位(图 2、图 3)。

图 2 室外 LoRA 模型训练图集示意图
(图片来源:作者自绘,素材来源于网络)

图 3 室内 LoRA 模型训练图集示意图
(图片来源:作者自绘,素材来源于网络)

本文选用 Realistic Vision V3.0 作为图片生成的大模型,此模型效果较为真实,符合本文拟定的生成图效果。

3.3 参数调试

以训练的室内场景 LoRA 模型为例,本文将训练轮数设为 30,每 2 轮保存一次。为寻找 LoRA 模型合适的训练轮数和使用权重,在提示词、迭代步数、采样方法、随机数种子等条件完全相同的情况下,对其使用 X/Y/Z Plot 进行对比,如图 4 所示。

从图中可以发现,当迭代步数较低时,图片风格仍然与原模型较为贴近,家具的线脚和装饰较为繁杂,欧式风格偏重。随着迭代步数升高,家具陈设装饰逐渐简洁。当使用权重过低时,图片风格无法展现;当使用权重过高时,图片会出现过拟合现象,与训练集图片相似度过高。因此,LoRA 模型适宜权重在 0.8 到 1.0之间。

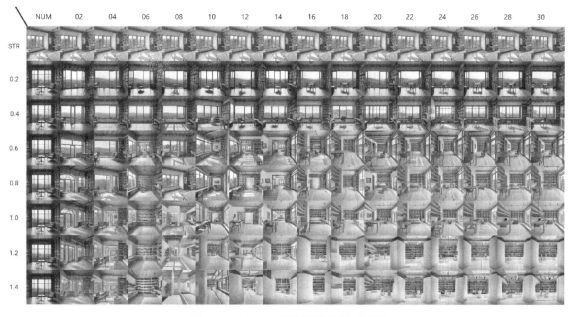

图 4 室内 LoRA 模型训练参数对比图
(图片来源:作者自绘)

3.4 应用测试

本研究将两个 LoRA 模型与真实的乡村照片结合,证明 LoRA 模型在乡村建筑意向表达上的可行性。首先,将 Lora 模型通过 ControlNet 的 depth 预处理器将实际照片处理生成深度图像,通过 ControlNet 的 seg 预处理器将实际照片处理生成语义分割图像,再通过相应的 depth 模型、seg 模型以及挑选的提示词批量生成 LoRA 模型相应风格的乡村建筑图片,将生成图像通过高分辨率修复技术进行初步的细化和图面修复,最后通过 Ultimate 插件(Ultimate SD upscale)和 ControlNet 的 tile 模型的高清放大技术进一步完善细节以及材质的表达。成果如图5、图6所示。

图5 现实照片结合室内 LoRA 模型出图流程
(图片来源:作者自绘)

图6 现实照片结合室外 LoRA 模型出图流程
(图片来源:作者自绘)

本研究训练的 LoRA 模型在内部木制桁架以及外部的现代主义的风格的学习上较为成功,depth 模型和 seg 模型的控制能力也得到了较好的体现。然而,在高分辨率修复后前面的控制可能消失,需要后期调整。

4 总结与展望

本研究团队通过 AI 技术成功生成了适用于中国乡村建筑风格的设计效果图,该设计效果图不仅与设计师的意向想法高度贴合,而且在情景化表现方面表现出超越设计普通设计师的高超效率。

本研究在乡村建筑领域同样具有重要意义。乡村建筑的现代化实践设计中,具有现代化特色、当地人文情怀以及乡村风格的建筑已经为人们所接受,具有广阔未来。人工智能介入乡建设计,不仅能够高效高质地满足村民对于乡村建筑的各类需求,还能够为乡建设计的多样化设计途径提供新的选择。

当然,本研究目前尚处于初步阶段,本研究团队下一步将致力于完善和提升 AI 训练集数据库,并不断改进算法和模型,以提高生成图在细节方面的表现,并加强对 AI 生成图的审查和验证,确保其与实际建筑设计的一致性和可行性。

参考文献

[1] SENEVIRATNE S, SENANAYAKE D, RASNYAKA S. DALLE-URBAN: Capturing the urban design expertise of large text to image transformers[C]//2022 International Conference on Digital Image Computing: Techniques and Applications (DICTA),2022:1-9.

[2] MA H. Text Semantics to Image Generation: A method of building facades design base on Stable Diffusion model[J]. arXiv preprint arXiv,2023:12755.

[3] 麻文娜,葛哲敏,裴莹.基于 BIM 技术的乡村建筑信息化智慧服务平台设计[J]. 微型电脑应用,2023,39(6):29-33.

[4] 刘萌,周忠凯.融合数字技术的中国当代乡村建筑陌生化表达[J].华中建筑,2023,41(7):11-15.

[5] HU E J, SHEN Y, WALLIS P. LoRA: Low-Rank Adaptation of Large Language Models[J]. arXiv preprint arXiv,2106:09685.

吴泽宏[1]　何川[1]　张时雨[1]　梁佑旺[1]　宋炯锋[1]

1. 长沙理工大学建筑学院;1014755194@qq.com

Wu Zehong[1]　He Chuan[1]　Zhang Shiyu[1]　Liang Youwang[1]　Song Jiongfeng[1]

1. School of Architecture,Changsha University of Science & Technology;1014755194@qq.com

基于多源数据的历史文化街区优化策略研究
——以长沙市潮宗街为例

Optimization Strategy of Historical and Cultural Districts Based on Multi-source Data: A Case Study of the Chaozong Street of Changsha City

摘　要:历史文化街区是反映城市历史痕迹和文化内涵的物质存在,作为城市发展历史中的记忆载体,历史文化街区的保护与更新对城市文化的传承和延续具有关键作用。本文以长沙市潮宗街为例,利用爬虫软件对潮宗街周边的 POI 数据、热力图数据、旅游景点推荐和评价数据等多源数据进行采集,利用 ArcGIS 等研究软件从游客的需求偏好出发对潮宗街的道路交通、街区活力、景点热度等进行分析量化,根据游客需求偏好对潮宗街的优化提出针对性策略,以提升街区的吸引力和活力,实现可持续发展。研究结果证明,利用多源数据可以在历史文化街区的研究中提供客观和理性的帮助,并为其他历史文化街区的优化、保护与更新提供启示作用。

关键词:历史文化街区;多源数据;优化策略;潮宗街

Abstract: Historical and cultural districts are the material existences that reflect the historical traces and cultural connotation of the city. As the memory carrier in the history of urban development, the protection and renewal of historical and cultural districts play a key role in the inheritance and continuation of urban culture. Taking Chaozong Street in Changsha City as an example, this paper collects multi-source datas such as POI data, thermal map data, tourist attraction recommendation and evaluation data around Chaozong Street by using crawler software, and analyzes and quantifies the road traffic, street vitality and attraction heat of Chaozong Street by using ArcGIS and other research softwares based on tourists' demand preferences. According to tourists' needs and preferences, the paper puts forward targeted strategies to optimize Chaozong Street, so as to enhance the attraction and vitality of the street and achieve sustainable development. The results show that the use of multi-source datas can provide objective and rational help in the study of historical and cultural districts and provide inspiration for the optimization, protection and renewal of other historical and cultural districts.

Keywords: Historical and Cultural Districts; Multi-source Data; Optimization Strategy; Chaozong Street

1 引言

历史文化街区是我国城市中"名城—街区—文物"3 级遗产保护体系中的中间环节,其一方面是城市时间维度源远流长的表现,另一方面也是空间维度上文物保护单位、历史建筑等城市遗产的集中地[1]。随着我国全面建成小康社会,城市化进程的进一步加快,作为城市历史记忆载体的历史文化街区面临着日趋严重的保护与更新问题。而互联网迅速发展所带来的多源数据逐渐成为历史文化街区更新与保护领域的新型技术手段,对比传统的实地调研和资料分析获取数据的手段,多源数据具有客观性、实时性、多源性、准确性等优点[2]。当前,许多学者关注到多源数据对历史文化街区研究的重要意义,并取得了丰富的研究成果。徐敏和王成晖[3]以广东省的 16 个历史文化街区为例,以多源数据为基础,建立历史文化街区更新全程评价的综合性评估体系,提出改造策略和建议;蒋鑫[4]等从空间感知和图文感知两个角度构建系统理论框架,借助多源数据提出未来运河历史文化街区保护和发展的新思路;李建华[5]等以天津五大道历史文化街区为例,通过基础数据、POI数据、GIS数据等定量与定性相结合的方式,依据街区各方面健康评估结果提出相关性策略,因此,本文以长沙市潮宗街历史文化街区为研究对象,通过多源数据的搜集与相关软件的分析,从游客的需求偏好出发对潮宗街历史文化街区的优化提出针对性策略,为将来城市中历史文化街区的更新与保护提供依据和数据支持。

2 研究区域与数据来源

2.1 研究区域

长沙市潮宗街历史文化街区位于湖南省长沙市开福区(图1),以内部保留的明清时期形成的街巷格局和历史建筑为特色。街区范围北起营盘路,南到中山路,西至湘江中路,东抵黄兴北路,总面积为24.78 hm²。

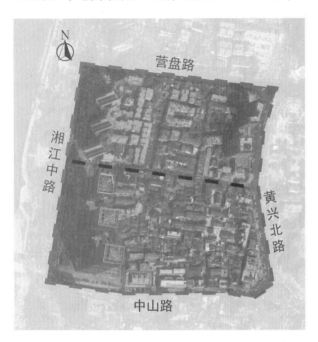

图1 研究区域
(图片来源:作者自绘)

2.2 数据来源

本文在传统调研数据的基础上,采用爬虫软件获取研究所需多源数据并建立历史文化街区优化策略模型。网络爬虫是一个自动下载网页的计算机程序或自动化脚本[6],运用爬虫软件可以选择并获取历史文化街区周边和内部所需要的信息内容。本文中公交车站点、公共停车点点位数据来源于高德地图(2023年7月),路网和街区内主要道路数据来源于OpenSteetMap(2023年7月)与实地调研;各类POI数据来源于高德地图开放平台(2023年7月);热力图数据来源于百度热力图,本研究分别选取2023年7月5日(周三)和7月9日(周日)两日的8:00、12:00、16:00、20:00的实时热力图;旅游景点推荐和评价数据来源于百度旅游景点、马蜂窝旅游攻略等平台的热力景点。

3 潮宗街历史文化街区分析研究

3.1 道路交通分析

道路交通是影响游客对历史文化街区感受的重要因素,同时也是历史文化街区优化的重要方面。历史文化街区的道路交通主要分为两类,分别是对外的公共交通和对内的步行交通,因此本文从上述两方面进行优化策略研究。当前潮宗街历史文化街区范围内拥有6个公交车站点和20个公共停车点。

3.1.1 公共交通分析

道路可达性能表达人从空间中任意一点到达目的地的便捷程度[7]。作为影响游客体验的重要因素,到达历史文化街区的难易是游客关注的重点。通过实际调研和高德地图数据采集,获取了潮宗街历史文化街区周边的公交车站点与公共停车点的位置信息。将其导入ArcGIS软件中采用多环缓冲区分析方法,得到公交车站点与公共停车点的覆盖范围。其中,公交车站点150 m半径覆盖范围中等,达到45%。公共停车点150 m半径覆盖范围较高,达到92%(图2)。通过分析得出,街区周边公共交通部分存在优化空间。

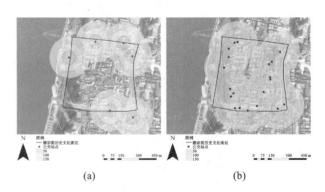

图2 公交车站点和公共停车点覆盖范围
(a)公交车站点覆盖范围;(b)公共停车点覆盖范围
(图片来源:作者自绘)

3.1.2 步行交通分析

历史文化街区大多不允许机动车进入,内部以步行交通作为主要方式,因此步行路网密度是判断游客能否拥有良好观赏体验的依据。本文通过高德地图和OpenStreetMap获取街区内部的主要道路数据,采用道路总长度L与街区总面积S的比值(L/S)的步行路网密度量化标准,得出街区内主要人行道路总长度为2863.48 m,步行路网密度为11.56 km/km²,步行路网密度较为良好。但结合实际调研,发现街区内部存在机动车进入和随意停放问题,影响交通秩序,显著降低了游客步行交通的体验。

3.2 街区活力分析

历史文化街区的游客群体在结构方面上存在差异,因此在游览过程中对于街区内的功能需求也存在不同。本文针对街区活力,从功能密度和热力分布研究游客需求偏好,提出优化策略。

3.2.1 功能密度

城市兴趣点(point of interest,POI)主要指一些与人们生活密切相关的地理实体,如学校、银行、超市等,POI数据描述了这些地理实体的空间和属性信息,如实体的名称、地址和坐标等[8]。本文将街区范围内的区域看作一整个功能单元,对其POI类型分布情况进行采集与统计(图3),发现餐饮及购物类POI类型分布较多,居住类POI类型较少,生活休闲是街区主要承担的功能。因此,本文利用ArcGIS软件对街区内生活休闲类POI数据分布情况和核密度进行可视化分析。

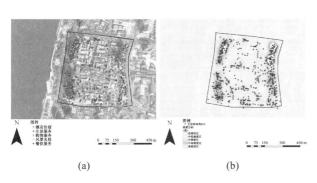

(a)   (b)

图3 生活休闲类POI分布和核密度分析图
(a)生活休闲类POI分布图;(b)生活休闲类POI核密度分析图
(图片来源:作者自绘)

通过分析得出,街区内生活休闲类POI主要集中于街区东西两侧沿街道附近,尤其是西北侧和东北侧两个高密度区域。然而,相对而言,街区的内部却呈现出较为分散的分布情况。

3.2.2 热力分布

百度热力图是基于手机信令数据,通过软件分析处理,用不同深浅的颜色向用户反映某个地区的人口集聚情况,在很大程度上能够表达城市空间被使用的情况[9]。本文获取街区范围内人群在工作日和休息日不同时间段的分布热力图(表1)。对比实际调研数据,发现人群分布情况与生活休闲类POI分布情况基本相同,生活休闲类POI集中的地区也为游客集中的地区。此外,休息日人群活动比工作日强度更大,晚间人群活动比白天强度更大。

结合核密度分析图的对比可以得出活力较高区域主要集中于街区西北、西南和东北侧,活力中等和活力较低区域集中于街区内部,整个街区中,活力中等和活力较低区域被活力较高区域沿街区周边道路包围。

表1 不同时段人群活动强度

日期	工作日	休息日
8:00		
12:00		
16:00		
20:00		

说明:

人群活动强度低   人群活动强度一般   人群活动强度高

3.3 景点热度分析

景点是街区内部的吸引游客的重点,能良好地反映出游客的游览及参观偏好。本文通过爬虫软件获取街区内景点的文本信息,根据街区景点分类进行热度分析(图4)。通过分析可以看出,景点热度内部差异比较大,其中有历史文化价值高但热度低的景点,例如时务学堂旧址、楠木厅等。此外结合实地调研发现,街区内的历史建筑和文物仅针对建筑或文物单体进行保护,缺乏作为景点的参观和体验感受,容易被游客忽视。

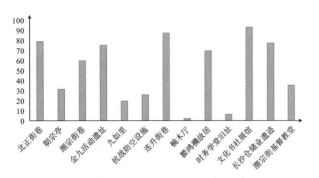

图4 潮宗街历史文化街区景点热度图
（图片来源：作者自绘）

4 潮宗街历史文化街区优化策略与建议

4.1 增设公共交通，提升可达性

在道路交通方面，当前街区周边公共交通覆盖范围较低。应根据游客需求增加合理化的公共交通路线，提高公共交通覆盖率，提升潮宗街历史文化街区的可达性。在保持原有街区风貌的同时有机串联城市商业中心、旅游景点、公交车站点等重要地点。此外，应合理规范街区内部机动车进出和随意停放问题。通过采取措施，例如设立停车位，加强执法力度以及设置明确的停车规定和引导标志，提升游客的步行交通体验。

4.2 优化功能布局，丰富兴趣点

街区内生活休闲类POI主要集中于街区东西两侧沿街道附近，而内部分布相对较为分散。可以在当前基础上增加特色文化类POI，将其分布在潮宗街以北的传统风貌区，优化街区内部功能布局，丰富街区功能；南侧的历史风貌区、活力居住区与传统居住区，可以增设街区绿地，为居民提供休闲空间，从而同时满足游客和居民的需求。

4.3 保护历史建筑，活化景点

加强对潮宗街历史文化街区的保护力度是至关重要的。对于历史建筑和文物保护单位应结合其历史背景、传统文化、周边环境进行分析，提供相应保护措施。此外，针对部分价值高但是热度低的景点，可以根据当下需求热点进行活化。例如，将其用作传统文化、非遗技艺展示或体验空间，以提升景点的吸引力，满足游客的行为及感知需求，提高街区内部景点的整体品质。

5 结语

本文以POI、热力图、旅游景点推荐评价及实地调研等多源数据为基础，选取长沙市潮宗街历史文化街区为例进行分析，从游客需求偏好出发对街区公共交通、街区活力和景点热度等方面提出优化策略，希望为

历史文化街区的优化、保护与更新提供参考依据。然而本研究也存在不足。例如，研究中仅选取了街区中较为显著且容易获取的多源数据，可能未全面覆盖街区内的所有信息；对于百度热力图数据的获取存在一些局限性，比如数据采集间隔过长以及缺乏特殊节假日的数据等。因此，本研究发现适用范围应该局限于所选取的潮宗街历史文化街区及其特定情境下。其他历史文化街区可能存在不同的情况和需求，需要在具体情境中进行调查和分析。在之后的研究中，将在此基础上增加更多数据来源和考虑更多影响因素。例如，增加更多街区内的数据来源，如移动定位数据和社交媒体数据，能更全面地了解游客的需求与偏好。同时，应该采集更频繁和准确的热力图数据，特别是在特殊节假日等重要时期，以更准确地评估街区活力和景点热度的变化。通过更多的数据支持和综合分析，提出更加科学全面的优化策略，并将其应用于实际的历史文化街区优化、保护和更新中，以提升游客体验，促进街区的可持续发展。

参考文献

[1] 张雨洋，杨昌鸣，贾子玉."历史动态"对当下历史街区空间修复的启示[J].建筑学报，2018，19(S1)：161-167.

[2] 刘颂，赖思琪.大数据支持下的城市公共空间活力测度研究[J].风景园林，2019，26(5)：24-28.

[3] 徐敏，王成晖.基于多源数据的历史文化街区更新评估体系研究——以广东省历史文化街区为例[J].城市发展研究，2019，26(2)：74-83.

[4] 蒋鑫，张希，钱行健，等.基于多源数据的运河历史文化街区（名镇）"原真性"感知评价与更新对策研究[J].现代城市研究，2021(7)：20-27，37.

[5] 李建华，张文静，肖少英，等.基于多源数据的五大道历史文化街区健康评估研究[J].现代城市研究，2020(6)：79-86.

[6] 孙立伟，何国辉，吴礼发.网络爬虫技术的研究[J].电脑知识与技术，2010，6(15)：4112-4115.

[7] 赵兵，李露露，曹林.基于GIS的城市公园绿地服务范围分析及布局优化研究——以花桥国际商务城为例[J].中国园林，2015，31(6)：95-99.

[8] 姜佳怡，戴菲，章俊华.基于POI数据的上海城市功能区识别与绿地空间评价[J].中国园林，2019，35(10)：113-118.

[9] 吴志强，叶锺楠.基于百度地图热力图的城市空间结构研究——以上海中心城区为例[J].城市规划，2016，40(4)：33-40.

支敬涛[1]　邹贻权[1*]

1. 湖北工业大学土木建筑与环境学院;102100768@hbut. edu. cn

Zhi Jingtao[1]　Zou Yiquan[1*]

1. School of Civil Engineering, Architecture and Environment, Hubei University of Technology;102100768@hbut. edu. cn

自然语言驱动的三维布局和模型生成方法
Natural Language Driven Approach to 3D Layout and Model Generation

摘　要:生成式人工智能的飞速发展引发了行业对新设计方法的思考。本文介绍了一项使用 ChatGPT 作为空间设计顾问来协助空间设计、空间修改和空间模型生成的研究,探索了 GPT 类技术在建筑设计阶段的应用。通过提示工程构建"GPT 类工具-生产工具"的映射,并对 ChatGPT 的生成结果进行统计分析。结果表明,ChatGPT 能够理解用户的设计需求,根据一定的设计逻辑和空间规则进行空间设计,通过结构化文本数据集驱动三维建模工具构建空间场景,GPT 类技术在人机交互和智能设计方面有巨大的潜力。

关键词:ChatGPT;人工智能;数字化设计;人机交互;自然语言处理

Abstract: The rapid development of generative artificial intelligence has triggered the industry to think about new design methods. This paper presents a study using ChatGPT as a spatial design consultant to assist in spatial design, spatial modification, and spatial model generation, exploring the application of GPT-like technology in the architectural design phase. A "GPT-like tool-production tool" mapping was constructed through a prompting project, and the results of ChatGPT generation were statistically analyzed. The results show that ChatGPT can understand the user's design requirements, carry out spatial design according to certain design logic and spatial rules, and construct spatial scenes by driving 3D modeling tools with structured text data sets, and GPT-like technology has great potential for human-computer interaction and intelligent design.

Keywords: ChatGPT; Artificial Intelligence; Digital Design; Human-computer Interaction; Natural Language Processing

1　引言

随着人工智能、计算机辅助建模、可视化与信息交互技术的发展,建筑设计中数字技术和工具的进步为创新注入了强大的动能。近年来,人工智能(Artificial Intelligence,AI) 技术的迅速演进,为各行业带来深层次变革。

在建筑设计与人工智能结合的当下,产生了诸多有关人在设计中的主体性的质疑和讨论,建筑设计是复杂的系统问题,不是简单的图形关系组合,常见的人工智能生成方法利用遗传算法使布局方案自动演化,或者人工神经网络利用计算机学习方案空间特征实现的方案生成方法,均将设计主动权交给了计算机,将设计师排除在方案生成活动之外[1]。

2022 年以前,受限于科技能力,智能信息处理所依赖的自然语言理解和生成、智能决策、人机互动等技术发展很不理想,智能化水平一直处于较低水平[2]。2022 年 11 月 3 日,OpenAI 公司发布了 ChatGPT,凭借更庞大的模型资源、更先进的训练方法、更快的计算速度和更强的语言任务处理能力,使得生成式人工智能逐渐成为各个行业关键的创新驱动力[3]。

GPT 类生成式人工智能催生了多领域的变革,Chao Guo 等文章探讨了 GPT 类工具基于自然语言驱动的艺术创作的方法与可行性[4]。2023 年 5 月,开发者在 NVIDIA Omniverse 中实现 ChatGPT 与三维软件的联动,对 ChatGPT 与三维软件结合的交互设计方法进行了初步尝试[5]。通过人工智能与工业生产和数字设计结合,可以用新的思维方式构建数字世界与物理世界的沟通渠道[6]。

2 自然语言驱动的对话式设计方法

2.1 对话式设计方法

随着技术的发展,人工智能在设计领域的应用进入了新的阶段。苏黎世联邦理工学院(ETH)教授施密特(Gerhard Schmitt)提出,应当将"计算机创造力"与"用户交互"相结合[7],为人工智能在设计领域的应用探索提供了新的思路。人工智能和自然语言处理是"计算机创造力"与"用户交互"相结合的重要手段,当前自然语言处理与建筑业的结合应用目前主要集中于建设项目的文档信息管理、规范性检查和用户喜好分析等文本分析工作[8],生成式的人工智能在自然语言处理和建筑业的结合上尚未有较为突出的应用方法与案例。

在 GPT 类技术蓬勃发展的当下,蒲清平等提出,可以将 GPT 类技术与生产结合,与生产工具建立映射,通过自然语言对 ChatGPT 进行设置,形成"自然语言指令发出—ChatGPT 控制—生产工具响应"的运行规程(图 1),大幅提升生产工具的智能化、自动化程度[9]。

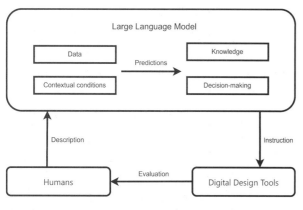

图 1 建立 GPT 类技术与生产工具的映射
(图片来源:作者自绘)

因此,本文提出一种基于自然语言的对话式设计方法。引入模块化的提示工程,通过对自然语言的解析来提取用户的意图和需求,结合大语言模型庞大的数据库和逻辑推理能力实现设计任务,使用计算机辅助设计工具根据大语言模型的输出结果生成可视化的设计方案与设计指导,设计师进一步评估优化生成效果,实现大语言模型、设计师与三维软件的高效连接,构建交互式、对话式、循环迭代的设计工作流。该方法进一步提升设计过程中的信息交流效率,通过人工智能为建筑设计过程提供帮助指导和启发性的创意。

用户在三维软件中输入设计空间的描述文本,

GPT 类人工智能根据输入的空间描述或限制条件生成物件名称、物件坐标、物件尺寸和设计说明等,并根据输出规则返回数据集,利用数据集中的物件名称对数字资源进行检索,使用数据集中的坐标生成模型。用户可以对生成的模型进行进一步的编辑处理,也可以通过模型生成空间布局数据集对人工智能进行针对性训练,头盖骨自然语言驱动的对话式设计方法,实现实时的交互式自然语言输入、布局安排和模型生成。为设计过程提供帮助指导和启发性的创意,并与数字化流程和展现形式结合(图 2)。

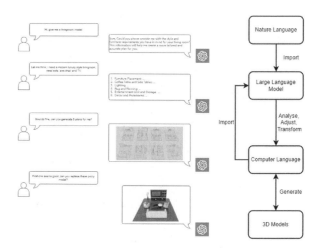

图 2 对话式设计方法示意
(图片来源:作者自绘)

该工作流整合了人工智能与三维建模软件,相较于传统的建模与设计方法具有以下优势。

简化设计过程。通过自然语言批量生成空间模型,减少了传统建模所需要的时间和精力,提高了三维设计与建模的效率,使得非专业用户也能够轻松高效地创建三维模型。

降低设计门槛。提供引导式、对话式的设计生成模式。不同于传统的模式对输入端的高要求,该方法使用自然语言的文本输入,语言模型会根据和上下文判断用户设计意图和庞大的数据库自动总结联想空间相关的元素和物件组成,可以凭借极少的输入文本生成具有启发性的设计建议,并生成对应的物件名称、物件坐标、物件尺寸和设计说明等数据,实现智能化的设计创作和高效的数字建模过程。

轻量化,兼容性好,可拓展性强。该方法是基于信息交换的建模流程,适用于常见的大语言平台和三维建模软件,且可以根据实际需求针对性地模块化修改提示工程文本。生成的数据集与数字模型还可以进一步用于主要参数的分析处理、人工智能的优化和设计内容的迭代。

该方法适用于常见的支持二次开发的三维建模软件和大语言模型平台。

2.2 提示工程

大语言模型在执行复杂任务(如复杂问答和算数推理等)的过程中,往往需要开发人员针对任务进行预先设置,通过设计合适的提示语言来约束模型的行为,使其能够更好地执行任务[10]。

提示工程,(Prompt Engineering)是一门新兴学科,本质上是对大语言模型进行"编程",面向大语言模型的开发与应用[11],提示工程涉及多个方面,例如数据处理、模型训练和模型推理等。提示工程的核心思想是提示内容包括问题描述、限制条件、实例数据、上下文信息等,这些信息可以帮助模型更好地理解任务和上下文信息,提高模型的准确性和性能。

本研究在参考官方文档、查阅资料和实践测试的基础上,将提示工程文本分为五个模块(图3)。在该模块框架下针对性地替换修改可以在实现自然语言到三维数据集转换的基本任务的基础上优化大语言模型在特定任务处理时的效率。

图 3 提示工程文本框架
(图片来源:作者自绘)

2.3 模型生成

常用的结构化文本格式均可以实现三维软件中的读取与模型生成,考虑到模型的易用性与 ChatGPT 微调的兼容性,采用 JSON 作为结构化文本的输出格式[12]。

提示工程设置后的大语言模型会解析输入的关键信息,并输出空间数据集文本,在三维建模软件中对文本进行读取,生成代理模型,根据坐标位置和尺寸在工作区生成模型(图4)。

3 空间生成分析

基于自然语言驱动的三维布局和模型生成方法,在 Blender 三维建模软件中开发对话式三维布局和模型生成插件(图5),使用单轮对话和少量的空间描述(包括空间名称和大致尺寸),对不同种类和大小的空间生成内容质量进行统计分析,基于基本的空间规则

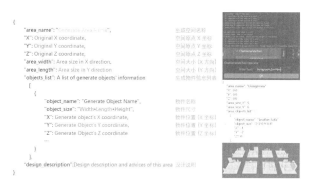

图 4 JSON 文本格式内容与模型生成
(图片来源:作者自绘)

(仅规定不越界与不重叠),随机选取客厅、教室、办公室、餐馆空间分别进行 20 次,共计 80 次对话生成空间(表1)。

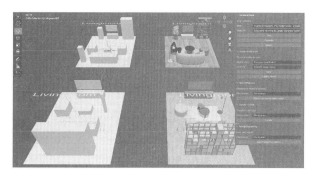

图 5 Blender 与 ChatGPT 对接
(图片来源:作者自绘)

表 1 空间生成情况

空间	数据可用性	物件数量	空间匹配度
客厅	90%	187	100%
教室	95%	252	100%
办公室	100%	232	100%
餐厅	100%	377	100%

由此可见,ChatGPT 可以理解并提取用户输入文本中的关键信息,并根据空间名称联想空间用途生成对应的空间关联物件。此外,ChatGPT 在结构化的文本生成任务上表现优异。

在空间布局的合理性上,以卧室空间为例,基于基本的提示词工程,基本的空间描述文本记录第一轮对话的生成效果,批量生成 100 个卧室空间数据集(图6)。生成的 JSON 数据集均可用,且生成的 881 个物件均符合空间用途,74% 的空间存在物件重叠或越界的问题。生成物件中存在 46.6% 的物件生成问题,其中有 0.56% 的数据格式错误,1.14% 的物件尺寸异常,23.6% 的物件越界,23.0% 的物件重叠。

图6 卧室空间生成情况
（图片来源：作者自绘）

空间的生成效果受多方面影响，如使用的大语言模型版本、输入信息完整度、提示工程和空间的复杂程度等。基于GPT类工具的特性，可以采用多轮对话进行方案迭代，多轮对话能够有效补充上下文信息，帮助ChatGPT理解设计逻辑（图7）。对生成空间数据集存在的问题进行调整优化，提升生成效果。

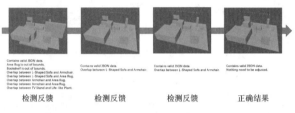

| 检测反馈 | 检测反馈 | 检测反馈 | 正确结果 |

图7 数据集自动迭代
（图片来源：作者自绘）

多数空间在初次生成的时候会存在模型异常，但继续进行几轮的对话即可修复空间问题。通过对返回的空间数据集进行检测，将生成空间存在的问题整理成报告文本，发回ChatGPT自动对话迭代数据集至正确，可以获得正确的空间数据集。由于需要的继续对话的轮次较少，并不会影响模型生成的效率。

4 小结

信息化技术迅猛发展，与人们的生活高度融合，传统的建筑设计也深受其影响而发生巨变。本文提出了自然语言驱动的对话式设计方法，将GPT类技术与设计和生产结合，针对空间设计生成任务构建了GPT类人工智能的模块化的提示工程，实现自然语言驱动的三维布局和模型生成。

对话式的模型生成方法提供了迭代式的设计流程，不断完善三维空间效果。该方法丰富了人工智能的创意生产形式，具有广阔的应用前景和拓展空间，通过人工智能海量的数据知识提供启发性创意和高效的生产流程，为自然语言驱动的三维布局和模型生成方法提供了借鉴，促进行业的智能化数字化转型。

在未来，多模态的人工智能支持各种自然的输入手段的应用，伴随人工智能的飞速发展，将会实现更自然的输入方式，更高效的生成效率和更优质的生成内容。基于生成式人工智能的应用将会拓展到数字化智能化设计的方方面面。

参考文献

[1] 魏力恺，张颀，张静远，等. C-Sign：基于遗传算法的建筑布局进化[J]. 建筑学报，2013（S1）：28-33.

[2] 王静静，叶鹰，王婉茹. GPT类技术应用开启智能信息处理之颠覆性变革[J]. 图书馆杂志，2023（5）：9-13.

[3] 刘禹良，李鸿亮，白翔，等. 浅析ChatGPT：历史沿革、应用现状及前景展望[J]. 中国图像图形学报，2023，28（4）：893-902.

[4] GUO C, LU Y, DOU Y, et al. Can ChatGPT boost artistic creation：The need of imaginative intelligence for parallel art[J]. IEEE/CAA Journal of Automatica Sinica，2023，10（4）：835-838.

[5] VIVIANI M. How ChatGPT and GPT-4 Can Be Used for 3D Content Generation：Developing custom AI tools for 3D workflows is easy in NVIDIA Omniverse［EB/OL］.（2023-03-30）［2023-04-10］. https://medium. com/@ nvidiaomniverse/chatgpt-and-gpt-4-for-3d-content-generation-9cbe5d17ec15. html.

[6] 蒲清平，向往. 元宇宙及其对人类社会的影响与变革[J]. 重庆大学学报（社会科学版），2023，29（2）：111-123.

[7] 施密特，徐蜀辰，苗彧凡. 人工智能在建筑与城市设计中的第二次机会[J]. 时代建筑，2018（1）：32-37.

[8] DING Y, MA J, LUO X. Applications of natural language processing in construction［J］. Automation in Construction，2022(136)：104169.

[9] 蒲清平，向往. 生成式人工智能——ChatGPT的变革影响、风险挑战及应对策略[J]. 重庆大学学报（社会科学版），2023，29（3）：1-13.

[10] FERGUS S, BOTHA M, OSTOVAR M. Evaluating academic answers generated using ChatGPT[J]. Journal of Chemical Education，2023，100（4）：1672-1675.

[11] OpenAI. OpenAI Documentation：Overview［EB/OL］.（2023-02-15）［2023-4-10］. https://platform. openai. com/docs/introduction/overview. html.

[12] OpenAI. OpenAI Documentation：Fine-tuning［EB/OL］.（2023-02-15）［2023-4-10］. https://platform. openai. com/docs/guides/fine-tuning. html.

XI VR、AR 和交互式可视化

朱莹[1,2]*　唐伟[1,2]　刘洋[1,2]

1. 哈尔滨工业大学建筑学院；duttdoing@163.com
2. 寒地城乡人居环境科学与技术工业和信息化部重点实验室

Zhu Ying[1,2]*　Tang Wei[1,2]　Liu Yang[1,2]

1. School of Architecture, Harbin Institute of Technology; duttdoing@163.com
2. Key Laboratory of Science and Technology for Urban and Rural Human Settlements in Cold Regions, Ministry of Industry and Information Technology

2023 年度黑龙江省高校智库开放课题(ZKKF2022021)；2020 年度黑龙江省高等教育改革研究项目(SJGY20200226)

情境复现
——东北渔猎民族非物质文化遗产的空间复原路径研究

Situational Repetition: Research on the Spatial Restoration Path of Intangible Cultural Heritage of Fishing and Hunting Nationalities in Northeast China

摘　要：针对当前东北渔猎民族的非物质文化传承所面临传承人老龄化，传统文化根脉断裂，表演形式失传等棘手问题，首先通过口述循证和影像采集对非物质文化空间进行民族记忆复现；继而，利用数字技术实现情境复现，即三重(场域、场景和情境)还原；最终提出"涡流场＋活性脉＋活态境"为东北渔猎民族非物质文化遗产数字还原与保护的"情境找形"策略方法，以期为东北渔猎民族非物质文化空间保护研究及遗产传承提供一个方法和新途径。

关键词：数字技术；技术路径；非物质文化空间；东北渔猎民族

Abstract: In view of the tough problems faced by the current inheritance of the non-material culture of the northeast fishing and hunting nationalities, such as the aging of inheritors, the rupture of traditional cultural roots, and the loss of performance forms, first of all, the national memory of the non-material culture space is reproduced through oral evidence and image collection; Then, using digital technology to achieve situational reproduction, namely triple (field, scene, and context) restoration; Finally, the "vortex field＋active vein＋active environment" is proposed as the "situational shape finding" strategy method for the digital restoration and protection of the Intangible cultural heritage of the fishing and hunting nationalities in the northeast, with a view to providing a new method and way for the research on the spatial protection and heritage inheritance of the intangible cultural heritage of the fishing and hunting nationalities in the northeast.

Keywords: Digital Technology; Technical Path; Non Material Culture Space; Northeast Fishing and Hunting Ethnic Group

渔猎民族在历史上通常世代以捕鱼、狩猎、采集为生，在地域环境和民族精神内核的双重作用下，形成了独具特色的渔猎文化，经各族人民的世代相传，为人类留下了珍贵的非物质文化遗产。东北地区的渔猎民族以赫哲、鄂伦春、鄂温克族为主要代表，少数民族物质遗存如同"容器"，通过多种多样的"空间"承载着民族口头传统和表演艺术等非物质文化遗产，凝练为独特的"文化空间"。赫哲族、鄂伦春族、鄂温克族在自然环境、历史情境和多元文化的滋养下，产生了涉及传统音乐、民间文学、传统舞蹈、手工技艺等多方面的非物质文化遗产，如各民族萨满舞、桦皮制作技艺、鄂伦春族篝火舞、赫哲族鱼皮制作技艺等。这些非物质文化遗产蕴含了中华文明的魅力，其保护的重要性不容忽视。

但随着工业化、城镇化、市场化的多元发展，东北渔猎民族文化的传承与发展也面临新的挑战。如：鄂伦春民族人口少、老龄化严重、经济滞后、游居转定居的发展历程曲折，以及与传统断裂、与现实隔绝等多重复杂境遇相互交织，致使鄂伦春族传统聚落的原始风貌、居住样态、民俗文化等，有些已消失于历史长河之中，再难见实物，这又为考古、考据等史实考证带来困难[1]，这并非孤例。在人口较少、生活方式改变和民族混居等多重因素的叠加作用下，东北渔猎民族的非物质文化遗产的传承工作面临非遗传承人老龄化、传统文化根脉断裂、表演形式失传等众多棘手问题，单纯的文字描述和记录难以从根本上解决上述问题。数字技术的出现为非物质文化遗产的传承工作提供了新视角。数字化保护技术当下广泛应用于文物保护单位和博物馆的资源管理中[2]。数字技术可对非遗资源进行抢救性纪实化、图谱化、可视化等处理，将非物质文化的无形转为空间的有形，并将其进行尺度量化，从而进行数字化存档，因此利用数字技术复现与再现非物质文化空间具有重要研究价值。

1 非物质文化空间的信息采集与要素提取

白山黑水、林海雪原之间的东北渔猎民族，以赫哲、鄂伦春、鄂温克族为主要代表，在这莽荒且严苛、质朴且原始的自然环境中，历经千年，蕴藏绵绵生机[3]。在相似的地理环境，相像的历史背景，相连的文化土壤的滋养下，使得东北渔猎民族的生产生活方式和民族文化内核都有诸多相似之处，各民族的非物质文化既具多元性又有共同之处（图1）。截至2023年，根据中国非物质文化遗产网·中国非物质文化遗产数字博物馆和各省市官网相关资料对东北渔猎民族的非物质文化遗产名录展开统计，制作了东北渔猎民族极具代表性非物质文化遗产名录（表1），通过对各项非物质文化遗产进行归类，可发现上赫哲、鄂伦春、鄂温克族的非物质文化遗产具有一定相似性，如非物质文化遗产名录中，三者都有"萨满"元素。非物质文化遗产充分彰显了民族的文化内核、心理认同与情感共鸣，它通过多种多样的"空间"承载着由民族的口头传统和表现形式、表演艺术、社会实践、仪式、节庆活动及有关自然界和宇宙的知识、传统手工艺等非物质文化遗产，凝练为东北渔猎民族独特的"文化空间"。因此，"东北渔猎民族非物质文化遗产"可理解为自然地理、社会经济、文化宗教等因素作用下，人与家庭、人与社会、人与自然三种维度下，个体、家庭、群体三种活动等级所塑造的非物质文化空间。根据上述的东北渔猎民族非物质文化遗产的关联性，将赫哲、鄂伦春、鄂温克族非物质文

化遗产转化为三种空间，即仪式性空间、艺术性空间和生活性空间。

图1 鄂伦春族生活图景

表1 东北渔猎民族代表性非物质文化遗产（不区分级别）

赫哲族	鄂伦春族	鄂温克族
鱼皮制作技艺	桦树皮制作技艺	萨满舞
萨满舞	斗熊舞	桦树皮制作技艺
天鹅舞	萨满祭祀	熟皮子技艺
桦树皮制作技艺 伊玛堪	刺绣技艺 狍皮制作技艺	民间传说 皮毛画制作技艺

2 多维循证体系下的民族集体记忆营造

非物质文化遗产的传承极具特殊性，大多采取口口相传的形式，因此通过口述循证、文献佐证和影像采集等方式对在一定的场所领域中有参与者进行并产生的活动形式以及活动发生时所具备的物质和精神要素进行提取，从多维视角充分了解非物质文化空间的精神内核和外在表征，是对非物质文化空间进行民族记忆复现的重要一环。在2017年至2019年期间，采访了多位东北渔猎民族的非遗传承人和重要代表人物，通过口述记录和影像记录的方式掌握了非物质文化空间构成的重要资料，这为后续利用数字技术对其进行情景再现提供了强有力支撑（图2）。

通过对非遗传承人的口述史资料进行分析总结，可发现：在艺术性空间方面，群体的互动性是艺术性空间的构成精神内核，自然要素是其空间构成的外在物质表征，比如篝火舞空间的构成，其场所地点不定，但会选择场地平坦地区搭建篝火台，人数不限，篝火舞空间凝聚了渔猎民族对火元素及大自然的崇拜，其表现形式往往以篝火为中心，呈辐射状空间。在生活性空间方面，东北渔猎民族保持着与自然的互动性，因此形成了具有民族特色的手工艺制品，比如桦树皮制作、鱼皮制作，在整个制作过程中，对于时间的连续性有着一定要求，手工艺品的整体制作环境是由多个小空间，小

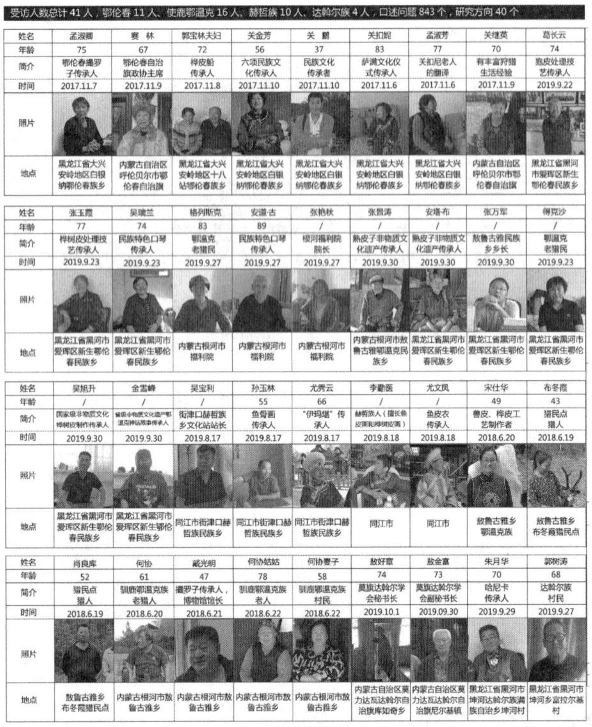

受访人数总计 41 人，鄂伦春 11 人、使鹿鄂温克 16 人、赫哲族 10 人、达斡尔族 4 人，口述问题 843 个，研究方向 40 个

姓名	孟淑卿	赛 林	郭宝林夫妇	关金芳	关 鹏	关扣妮	孟淑芳	关继英	葛长云
年龄	75	67	72	56	37	83	77	70	74
简介	鄂伦春撮罗子传承人	鄂伦春自治旗政协主席	桦皮船传承人	六项民族文化传承人	民族文化传承者	萨满文化仪式传承人	关扣尼老人的翻译	有丰富狩猎生活经验	狍皮处理技艺传承人
时间	2017.11.7	2017.11.9	2017.11.8	2017.11.10	2017.11.10	2017.11.6	2017.11.6	2017.11.9	2019.9.22
照片									
地点	黑龙江省大兴安岭地区白银纳鄂伦春族乡	内蒙古自治区呼伦贝尔市鄂伦春自治旗	黑龙江省大兴安岭地区十八站鄂伦春族乡	黑龙江省大兴安岭地区白银纳鄂伦春族乡	黑龙江省大兴安岭地区白银纳鄂伦春族乡	黑龙江省大兴安岭地区白银纳鄂伦春族乡	黑龙江省大兴安岭地区白银纳鄂伦春族乡	内蒙古自治区呼伦贝尔市鄂伦春自治旗	黑龙江省黑河市爱珲区新生鄂伦春民族乡

姓名	张玉霞	吴瑞兰	格列斯克	安道·古	张艳秋	张景涛	安塔·布	张万军	得克沙
年龄	77	74	83	89	/	/	/	/	/
简介	桦树皮处理技艺传承人	民族特色口琴传承人	鄂温克老猎民	民族特色口琴传承人	根河福利院院长	熟皮子非物质文化遗产传承人	熟皮子非物质文化遗产传承人	敖鲁古雅民族乡乡长	鄂温克老猎民
时间	2019.9.23	2019.9.23	2019.9.27	2019.9.27	2019.9.27	2019.9.30	2019.9.30	2019.9.30	2019.9.23
照片									
地点	黑龙江省黑河市爱珲区新生鄂伦春民族乡	黑龙江省黑河市爱珲区新生鄂伦春民族乡	内蒙古根河市福利院	内蒙古根河市福利院	内蒙古根河市福利院	内蒙古根河市敖鲁古雅鄂温克民族乡	黑龙江省黑河市爱珲区新生鄂伦春民族乡	黑龙江省黑河市爱珲区新生鄂伦春民族乡	黑龙江省黑河市爱珲区新生鄂伦春民族乡

姓名	吴旭升	金雪峰	吴宝利	孙玉林	尤秀云	李勤医	尤文凤	宋仕华	布冬霞
年龄	/	/	/	55	66	/	/	49	43
简介	国家级非物质文化桦树皮制作传承人	省级非物质文化遗产鄂温克神话故事传承人	街津口赫哲族乡文化站站长	鱼骨画传承人	"伊玛堪"传承人	赫哲族人（擅长鱼皮画和桦树皮画）	鱼皮衣传承人	兽皮、桦皮工艺制作者	猎民点猎人
时间	2019.9.30	2019.9.30	2019.8.17	2019.8.17	2019.8.17	2019.8.18	2019.8.18	2018.6.20	2018.6.19
照片									
地点	黑龙江省黑河市爱珲区新生鄂伦春民族乡	黑龙江省黑河市爱珲区新生鄂伦春民族乡	同江市街津口赫哲族民族乡	同江市街津口赫哲族民族乡	同江市街津口赫哲族民族乡	同江市	同江市	敖鲁古雅乡鄂温克族	敖鲁古雅乡布冬霞猎民点

姓名	肖良库	何协	戴光明	何协姑姑	何协妻子	敖好章	敖金富	朱月华	郭树涛
年龄	52	61	47	78	58	74	73	70	68
简介	猎民点猎人	驯鹿鄂温克族老猎人	撮罗子传承人，博物馆馆长	驯鹿鄂温克族老人	驯鹿鄂温克族村民	莫旗达斡尔学会秘书长	莫旗达斡尔学会副秘书长	哈尼卡传承人	达斡尔族村民
时间	2018.6.19	2018.6.20	2018.6.21	2018.6.22	2018.6.22	2019.10.1	2019.09.30	2019.9.29	2019.9.27
照片									
地点	敖鲁古雅乡布冬霞猎民点	内蒙古根河市敖鲁古雅乡	内蒙古根河市敖鲁古雅乡	内蒙古根河市敖鲁古雅乡	内蒙古根河市敖鲁古雅乡	内蒙古自治区莫力达瓦达斡尔自治旗库如奇乡	内蒙古自治区莫力达瓦达斡尔自治旗尼尔基镇	黑龙江省黑河市坤河达斡尔族满族自治乡坤河村	黑龙江省黑河市坤河乡富拉尔基村

图 2 口述史访谈名单

活动构成的，每一道程序都有特定的人数和活动范围。

仪式性的空间是基于特殊需求，在特定时间和特定场所发生的文化活动，是场所环境和文化空间共同作用的结果，它往往对场域的选择有着严格的规定并且整个仪式有着严格的行为流程。由于渔猎民族对自然是十分敬畏的，因此这种独具民族特色的仪式性文化空间，无论是场所空间的选择、文化活动的表现形式，还是空间的构成都表现了渔猎民族对自然的敬畏。比如在场所空间的选择方面，根据功能需求的不同和四时序列的变化，渔猎民族往往将举行仪式的空间分为内场和外场，夏季会在撮罗子外举行新萨满的继承领神仪式，在萨满家的撮罗子周围找一处长宽约为 20 米的场地，插上柳树条对边界进行围合，以几何形态限定仪式的场域范围。

综上，东北渔猎民族的非物质文化空间是物质空间与精神空间交叠而成的，每一种空间序列的形成都有其内在隐性秩序，因此是可以对其进行量化和数字化表达的，非物质文化遗产也可以通过这种方式在不同维度进行保护。

3 情景复现——数字技术支撑下的非物质文化空间复原

口述循证为非物质文化空间向尺度量化转变提供了有力佐证，基于对赫哲、鄂伦春、鄂温克族非遗传承人的口述访谈，利用数字技术对非物质文化空间进行再现，即三重还原：第一，利用图解形式对活动发生的场所进行记录，将空间尺度量化，对其资料进行数字化存档，即为场域还原；第二，以人连续时段的行为作为不同场景展开的线索，依其串联的功能和流线，绘制行为地图，即场景还原；第三，基于口述史进行感官模拟，构建情景记忆模型，即情境还原。

场域的还原依托于对整个活动空间的各项行为尺度的量化（图 3），口述循证使得非物质文化空间可以以图解形式进行空间尺度的数字表达，比如：冬季新萨满领神仪式的文化空间的场域为圆形，其空间构成以篝火为中心，撮罗子空间为合成最外围活动边界，与篝火的空间距离为 3.5～4.5 m，萨满的活动范围距离篝火最近，空间距离为 3～4 m，观众则处于二者中间；在祭天仪式中（图 4），整个场域的边界范围约为长 40 m，宽 15 m，需要先在山林场地中搭起一个撮罗子，在其附近再搭起一个祭台，二者的空间距离约为 4 m，萨满的活动半径为 4～6 m，观众距萨满的空间距离为 5～7 m。图形图解是对非物质文化空间进行图纸的平面化表达，后续利用 BIM 等软件将文化空间进一步尺度量化，将其构筑资料进行数字化存档，构建"时空数据模型"。BIM 技术可进一步将它们整合到一个三维模型信息数据库中，把原本平面的文件转换成三维立体模型，实现从电子化信息到可视化、智能化模型的转变[4]。综上，即场域还原。

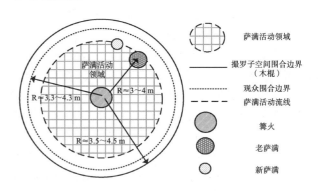

图 3 冬季新萨满领神仪式的文化空间构成示意图

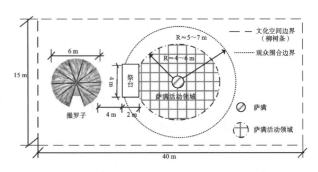

图 4 萨满祭天仪式的文化空间构成示意图

场景的还原是在场域还原的基础上，构建"遗产场景复原模型"，以渔猎民族的手工艺品的制作流程为例，可分为多个流程和工序，也可以由不同的人来完成，人数方面没有严格限定，但不代表整个过程是无序的，它的活动生产，始终是以家庭为单位，重复和围绕着它特定的组织流程来展开，在手工艺制作的文化空间中，无论外部情况如何变化，其文化空间的核心从未改变(图5)。因此以人在一定时间段内产生的行为为线索，利用数字技术复刻出空间场景，丰富在文化空间中的人的行为图景，对其活动轨迹进行空间溯源，使得非物质文化空间更加动态化，即为情景还原。

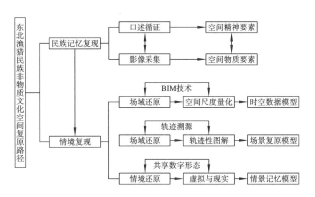

图6　东北渔猎民族非物质文化空间复原路径

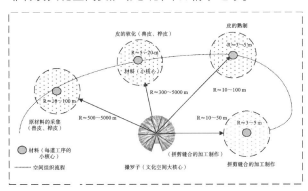

图5　手工艺制作的文化空间构成示意图

情境的还原是基于口述史对渔猎民族的情景记忆的挖掘，使得非物质文化空间不只是数字尺度，而是理性与感性、物质与文化相互交织而叠合出的独特空间。沉浸式虚拟现实交互过程中最重要的是以人的感知为核心，这是一个人与真实世界的互动过程，更多地关注人的感受[5]。可通过虚拟现实技术，增强人与空间的交互性，结合VR技术利用Unity3D等软件平台实现效果展示，通过复原和再现将非物质文化空间转换成可共享再生的数字形态，即为情境还原。纵观，东北渔猎民族非物质文化遗产的空间复原主要分为基于口述循证下的民族记忆的复现与数字技术支撑下的情境复现，前者为民族精神内核、民族文化内核与民族情感的挖掘；后者为不同视角下的场域，场景和情境的空间复原再现(图6)。

4　总结

通过利用数字技术对非物质文化空间进行尺度量

化从而利用图解剖析对其进行二维平面的情景复现，可知东北渔猎民族的非物质文化空间，依托于一定的场域中，蕴含着丰富的传统内涵，人的行为活动轨迹使得这种空间更加活化，人在无形中也成为文化的载体，而且为文化的传播和绵延生长提供了强大助力，综上，提出"涡流场＋活性脉＋活态境"为东北渔猎民族非物质文化遗产数字还原与保护的"情境找形"策略方法，活动主体在一定场域内发生的行为活动，二者综合构成了非物质文化空间的物质基底；活动主体的行为秩序性使得非物质文化空间的文化内涵得到进一步延伸；活动主体与场所空间产生互动，二者互动的内在秩序性使得非物质文化空间更加活化。

参考文献

［1］朱莹,屈芳竹,刘松茯.东北边域鄂伦春族传统聚落空间结构研究［J］.建筑学报,2020,22(S2):23-30.

［2］仁义,张馨月,张笑笑.数字化技术在历史文化街区保护中的应用——以黄山市屯溪老街为例［J］.中国名城,2022,36(5):80-87.

［3］朱莹,刘钰.东北地域渔猎民族传统聚落空间演化探析与更新策略［J］.当代建筑,2021,23(11):98-101.

［4］韦新余,崔久胜,陈广友.信息化测绘背景下基于BIM技术的建筑遗产信息采集与表达［J］.中国管理信息化,2022,25(14):212-214.

［5］马丹.关于数字技术的虚拟现实空间沉浸式体验形态［J］.数字技术与应用,2022,40(10):52-54.

曹倩[1] 李舒阳[1]* 李静怡[1] 梁维怡[1] 沈墨瑄[1] 卢开宇[1]

1. 新加坡国立大学；shuyangli@u. nus. edu

Cao Qian[1] Li Shuyang[1]* Li Jingyi[1] Liang Weiyi[1] Shen Moxuan[1] Lu Kaiyu[1]

1. Department of Architecture，National University of Singapore；shuyangli@u. nus. edu

色彩植入对空间认知的影响
——以新加坡国立大学校园建筑组团寻路研究为例

Explore the Color Inception Impact on Spatial Cognition：Taking the Wayfinding Research at the Educational Building Cluster of National University of Singapore as an Example

摘 要：空间认知研究对于建成空间的设计和优化具有重要意义。本研究采用循证设计方法，以"寻路"为主题，探究色彩如何影响使用者的空间认知。本研究选取新加坡国立大学的建筑组团作为研究案例，采用ISOVIST对建筑空间可视性和可达性进行量化分析，发现了引起使用者寻路困难的主要原因，继而设计出不同色彩组成的室内装饰方案，使用Hyve-3D虚拟现实平台开展实验，并对使用者在无色彩和色彩植入的建筑空间中的寻路效率进行比较。研究表明，将色彩作为一种重要的元素引入室内空间设计，能够有效帮助使用者建立心理地图，在不改变建筑空间的情况下提高使用者的寻路效率。

关键词：空间认知；虚拟现实；循证设计；色彩；寻路

Abstract：Research on spatial cognition informed the design and optimization of built environment. This study adopts the evidence-based design（EBD）approach to investigate the impact of color on users' spatial cognition，especially for wayfinding. The study took a building cluster of the National University of Singapore（NUS）as a study case and employed ISOVIST quantitative analysis on the visuality and accessibility of the buildings，to find the main obstacle to the users' wayfinding process. The authors designed a color pattern for the interior spaces and used the Hyve-3D virtual reality platform to conduct experiments comparing users' wayfinding efficiency in buildings with and without color inception. The study indicates that color is an important element for interior spaces design，it can effectively help users to build a mental map to improve their wayfinding efficiency without changing the space.

Keywords：Spatial Cognition；Virtual Reality；Evidence-Based Design；Color；Wayfinding

人性化设计的理论鼓励建筑师关注使用者的空间认知。循证设计作为一种科学的研究范式，它基于人本的考虑，能有效辅助空间认知研究，并为建筑师提供实现人性化空间设计的参考依据。然而，由于缺乏合适的研究范式，循证设计方法很难融入建筑师的工作流程。因此，本研究以循证设计理念为指导，以空间认知为视角，以寻路效率为佐证，验证了一种能够与建筑师工作流程兼容且可行性较高的循证设计工作流程，同时探究了色彩植入对使用者的空间认知的影响。

1 研究背景与文献综述

1.1 循证设计

循证设计（evidence-based design）强调利用科学研

究和统计数据来分析建筑环境对病人健康、认知能力等的效果和影响[1]，以改善设计决策[2]。设计理论和计算机技术的发展极大地提高了循证设计的可靠性和可行性。2010年，Ulrich等提出了医疗领域的循证设计概念框架[3]，概述了9个建筑环境变量对医疗服务设施的影响。目前，循证设计在办公建筑设计[4]、交通决策、医疗建筑规划设计[5]、室内空气质量提升、建筑遗产保护评估[6]等领域都得到了应用。

然而，循证设计需要大量的数据和研究支持[7]。数据不足和研究不够充分，在一定程度上限制了循证设计方法顺利融入设计流程[8]。此外，循证设计可能会过于依赖数据和证据，忽略了建筑师的直觉和经验，反而在一定程度上限制了建筑师的创造力。因此，如何将循证设计以恰当的方式融入建筑师的工作流程，并辅助建筑师创造更好的设计方案，仍需更为深入的探究。

1.2 空间认知与色彩

空间认知反映了建成环境如何影响人的行为和心理状态[9]。寻路作为空间认知的一个重要主题，被视作一种有效的空间认知评估方法[10]。寻路包括对建成空间和环境的认知，环境资讯的处理和转译为寻路决策和行动计划，以及行动计划的实施和动态更新[11]。通常认为，通过提高使用者在建筑内部的寻路效率，可以提高建筑的使用效率，降低使用者因迷路而产生的迟到或焦虑情绪，进而给使用者营造适宜的场所感和归属感。

已有的研究普遍聚焦于构成空间的几何要素（尺度、比例、形式），探究其与使用者空间认知之间的潜在联系[12]，进而总结空间设计的经验以反馈给建筑师作为参考依据。事实上，由于建筑的主体结构改造颇具实际难度，上述研究总结的经验很难被直接应用于建成空间的优化。在空间的"硬件"不变的情况下，通过色彩、材质、家具等"软性"的设计予以建成空间不同的特征属性，可以增强使用者的空间认知[13]。这是一种简单易行且有效的方法，但需要更多的研究作为理论支撑。

2 研究模式

2.1 研究案例与研究问题

为了克服循证设计方法与建筑师工作流程兼容性差和缺少建成空间优化设计实际应用案例的弊端，以及探究色彩这一"软性"设计元素如何影响使用者的空间认知，本研究将空间分析（spatial analysis）技术和虚拟现实（virtual reality）技术结合作为一种新的方法，展示了一个高度可行的循证设计研究过程。该研究分为三个阶段：现场调研、空间分析和虚拟现实寻路实验。考虑到空间分析只能提供基于分析计算规则的数据支撑，我们设计了一个使用 Hyve-3D 虚拟现实系统的寻路实验，以提供更丰富的实验数据和定性分析证据。

本研究以新加坡国立大学设计与工程学院建筑组团为案例，包含了 9 座具有垂直和水平交通连接的建筑（图 1）。建筑组团位于起伏的斜坡上，不同的建筑位于不同的地面标高，最大地面标高差距超过 30 m。通过对该学院的学生、教师和访客进行访谈，我们发现他们普遍反映在建筑组团中穿行时感到困惑和容易迷路，大多数人在使用该建筑组团数月后仍然无法高效地找到目的地。访谈结果表明，建筑空间和设计元素的相似度较高、建筑单体之间复杂的交通连接方式可能是导致空间辨识度低、寻路效率低下的主要原因。

图 1　新加坡国立大学设计与工程学院建筑组团

2.2 空间分析技术辅助寻找设计缺陷

2.2.1 可视性分析

可视性分析关注于空间的视觉透明性，即从一个或多个位置能够看到的范围和可见程度。本研究使用 ISOVIST 软件对建筑组团进行全局可视性分析（global visuality analysis），重点关注建筑内部走廊和交通连接部位，以辨别建筑组团中可视性相对较差的空间（图 2）。

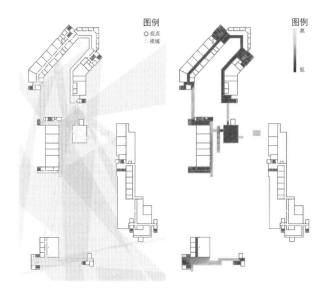

图 2　建筑组团某层的可视性分析

建筑组团内部的垂直和水平交通系统较为复杂。建筑单体之间的连廊位置远离建筑的主要入口，且没有与室内走廊直接衔接。竖向交通空间往往设置在走廊的中段，缺少足够的空间暗示和提示标志。尽管这些交通空间对于专业人士和日常使用者来说很容易找到，但是缺乏识别度和可视性的交通空间仍然是建筑组团中一个薄弱的环节，不能够有效地为初次使用者提供便利。

2.2.2 可达性分析

可达性表明了从空间中一个点到另外一个点的难易程度。我们选取整合度（integration）和聚合度（clustering coefficient）两个量化指标评估空间的可达性（图 3）。通常认为建筑组团中的交通空间节点应该具有较高的可达性，尤其是竖向交通空间。但是该建筑组团中交通空间节点位置偏僻、空间形态局促，有超过半数的交通空间可达性较差。

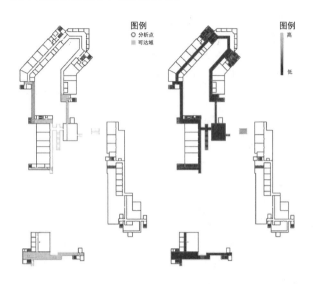

图3 建筑组团某层的可达性分析

2.3 虚拟现实技术辅助方案优化评估

2.3.1 优化方案

基于ISOVIST分析,我们观察到建筑内部交通空间的可视性和可达性较差,这可能会影响到使用者的空间认知和寻路效率。然而,受制于空间改造的实际困难,我们采用了色彩设计策略来增强空间的可辨识度:

(1)为每个建筑单体赋予不同的色相,相邻建筑的色相差别较大;

(2)建筑内部主要的交通空间节点增设色彩标识。

进而,我们设置了两个用于对比的虚拟实验场景(图4):无色彩的纯建筑空间(优化前)作为对照组,色彩植入的建筑空间(优化后)作为实验组。

图4 优化前后的建筑空间对比

2.3.2 Hyve-3D虚拟现实平台

虚拟现实技术能够呈现接近真实的空间体验,为比较多个优化方案提供了可能性。本研究采用Hyve-3D虚拟现实平台(图5),这是一个多用户的VR协同设计系统,通过球形屏幕来显示图像,并提供平板电脑用于漫游操作。与传统的头盔式虚拟现实平台相比,Hyve-3D平台更便于实验员和被试之间的交流和互动,使实验员能够准确捕捉被试的情绪变化和注意焦点。

2.3.3 虚拟寻路实验

本次实验招募了18名被试,其中男女各9名,所

图5 Hyve-3D虚拟现实平台

有被试均具有正常视力(或经过矫正后视力正常)且无色盲或色弱。6人为设计与工程学院的教职工或学生,被归类为"日常使用者";12人在参与实验前从未进入过该建筑组团,被归类为"首次使用者"。

根据建筑组团内使用者的日常行动情况,我们选择了3条使用频率较高的路径进行实验(图6),并随机分配给每位被试执行寻路任务。在实验开始前,实验员向被试展示了二维地图(图7),并告知起点和终点位置。对照组使用的二维地图是黑白的,仅展示了单体建筑的外轮廓。实验组使用的二维地图中,我们使用不同的颜色来区分单体建筑,且所选颜色与每个单体建筑中交通空间节点的装饰色彩保持一致。

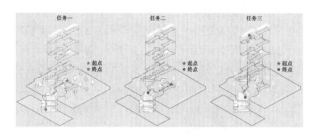

图6 三条实验任务的路径

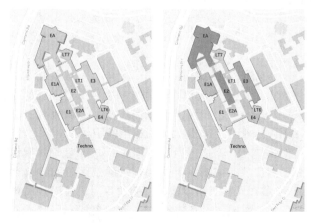

图7 二维地图

3 数据分析与讨论

3.1 可视性与可达性

建筑空间的可视性和可达性是两个重要属性,然而它们并不一定是一致的。高可达性并不意味着高可视性。本研究重点分析了建筑的入口(门厅、连廊入口)、竖向交通空间疏散厅(楼梯前室和电梯厅)以及公共走廊,尽管这些空间具有较高的可达性,但电梯、楼梯前室和连廊入口的可视性却相对较低。这种可视性和可达性之间的差异,在传统的建筑设计流程中往往被忽略,可能是导致使用者空间认知障碍的重要原因之一。

3.2 寻路效率评估

寻路效率是使用者空间认知能力的直观反映,常用指标包括路径长度(或绕路系数)和寻路时长。考虑到日常使用者对于建筑组团较为熟悉,既是路径选择最优又是寻路时长最短,因此可以将其视为比较的基准。

在对建筑进行色彩植入后,首次使用者的绕路系数显著降低,也即首次使用者的路径长度非常接近于日常使用者(表1)。寻路任务一相比于另外两个任务,其行进路径大多位于建筑内部,因此被试不可避免地会受到色彩的暗示,也体现为优化前后的明显差异(图8)。

表 1 路径长度与绕路系数

任务	日常使用者	首次使用者(优化前)		首次使用者(优化后)	
	路径长度/m	路径长度/m	绕路系数	路径长度/m	绕路系数
任务一	368.9	468.2	0.79	372.9	0.99
任务二	262.2	348.3	0.75	284.6	0.92
任务三	307.4	495.7	0.62	333.3	0.92

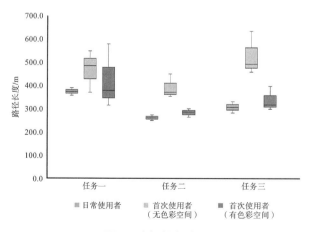

图 8 路径长度对比

寻路时长是衡量寻路效率的重要指标,包括行进过程耗时和观察决策耗时。无论优化前后,首次使用者的平均寻路时间都明显多于日常使用者(图9)。但是,在色彩植入(优化后)的建筑场景中,首次使用者所花费的时间比优化前显著减少。这进一步证明了色彩设计对寻路效率的提升起到了积极的作用。

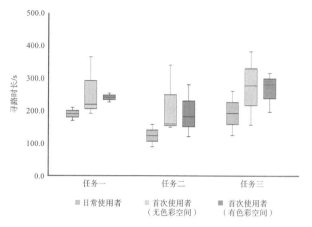

图 9 寻路时长对比

3.3 色彩与空间认知

在整个实验过程中,实验员并没有告知或提示被试需要注意色彩,然而所有的被试都接受了色彩的提示,并将其作为辅助寻路决策的线索。大部分的首次使用者会将色彩作为主要的识别目标,而不是建筑空间或者是建筑元素。有三名被试表示,色彩植入使得他们清晰地分辨出自己在建筑组团中的位置和自己与目标点的相对方位,这有助于他们做出正确的决策。

色彩植入显著增强了使用者的空间认知。设计与工程学院建筑组团采用了相同的空间设计语言,因此在空间形式和特征上没有明显的差异。这导致使用者在各个单体建筑之间穿行时很难察觉自己已经从一个建筑进入另一个建筑。然而,色彩植入建筑空间后,被试可以清楚地意识到自己所处建筑物的变化。

4 结论与展望

本研究以新加坡国立大学设计与工程学院建筑组团作为研究案例,探究了色彩植入对使用者的空间认知的影响。通过融合空间分析和虚拟现实技术,我们提出了一种能与设计师工作流程有效结合的循证设计方法。空间分析技术有助于精准定位寻路效率低下的原因,虚拟现实技术使我们能够直观地比较设计方案,为评估优化设计方案提供了低成本且有效的方法。研究证明了该种循证设计方法的可行性,同时也验证了色彩作为"软性"植入,可以增强使用者对于建成空间环境的认知。

研究中也发现了建成空间的组织结构可能从根本上影响空间认知和寻路效率。相比于外廊空间(较为

489

明亮、开放），被试会刻意回避穿过内廊空间（较为昏暗、封闭），甚至会选择穿行室外空间而非进入建筑。基于这一点的研究可以被应用于建成前设计方案的评估，从空间结构和空间组织这两方面优化设计方案，具有更高的实用价值。此外，本研究仅证明了改变后可视性和可达性的相互改善，但在不同场景中，它们之间的关系可能存在差异，这一点仍然需要做更为深入的探究。

（本文中所有图表均由作者拍摄或绘制）

参考文献

[1] LI J, WU W, JIN Y, et al. Research on environmental comfort and cognitive performance based on EEG+VR+LEC evaluation method in underground space[J]. Building and Environment, 2021(198): 107886.

[2] CODINHOTO R, AOUAD G, KAGIOGLOU M, et al. Evidence-based design of health care facilities[J]. Journal of health services research & policy, 2009, 14(4): 194-196.

[3] ULRICH R S, BERRY L L, QUAN X, et al. A conceptual framework for the domain of evidence-based design [J]. HERD: Health Environments Research & Design Journal, 2010, 4(1): 95-114.

[4] SAILER K, BUDGEN A, LONSDALE N, et al. Evidence-based design: Theoretical and practical reflections of an emerging approach in office architecture [C]//DURLING D, RUST C, CHEN L, et al. UNDISCIPLINED-DRS International Conference 2008, 16-19 July 2008, Sheffield. https://dl.designresearchsociety.org/drs-conference-papers/drs2008/researchpapers/44.

[5] RYBKOWSKI Z K. The application of root cause analysis and target value design to evidence-based design in the capital planning of healthcare facilities [D]. Berkeley: University of California, 2009.

[6] 李琦, 刘大平. 建筑遗产保护循证实践闭环中的后效评价[J]. 新建筑, 2021, 194(1): 132-135.

[7] 徐磊青, 孟若希, 黄舒晴, 等. 疗愈导向的街道设计: 基于VR实验的探索[J]. 国际城市规划, 2019, 34(1): 38-45.

[8] HAMILTON D K, WATKINS D H. Evidence-based design for multiple building types[M]. Hoboken: John Wiley & Sons, 2008.

[9] BULIUNG R N, REMMEL T K. Open source, spatial analysis, and activity-travel behaviour research: capabilities of the aspace package[J]. Journal of Geographical Systems, 2008(10): 191-216.

[10] MANLEY E, FILOMENA G, MAVROS P. A spatial model of cognitive distance in cities[J]. International Journal of Geographical Information Science, 2021, 35(11): 2316-2338.

[11] ARTHUR P, PASSINI R. Wayfinding: people, signs, and architecture [M]. New York: McGraw Hill, 1992.

[12] 徐磊青, 刘宁, 孙澄宇. 广场尺度与社会品质——广场的面积、高宽比、视角与停留活动关系的虚拟研究[J]. 建筑学报, 2013, 9(S1): 158-162.

[13] 孙良, 何方. 基于心理评价甄选建筑配色方案方法初探——以徐州矿大学府新街为例[J]. 华中建筑, 2019, 37(1): 41-44.

沈彦廷¹ 孔维康¹ 陈熙隆¹ 费凡¹ 姚佳伟¹*
1. 同济大学建筑与城市规划学院;jiawei. yao@tongji. edu. cn
Shen Yanting¹ Kong Weikang¹ Chen Xilong¹ Fei Fan¹ Yao Jiawei¹*
1. College of Architecture and Urban Planning, Tongji University;jiawei. yao@tongji. edu. cn

混合现实技术介入下的建筑全生命周期创新发展潜力研究

Research on the Potential of Innovative Development of the Full Life Cycle of Architecture with the Intervention of MR

摘　要:在工业4.0的语境下,建筑行业作为兼具复杂性和复合性的领域,迫切需要自动化和数字化方向转型,以提高效率与产能。混合现实(MR)凭借实时、交互、灵活等优势,已被尝试性应用于多个其他行业,取得不错绩效成果。本文将聚焦于其优越的沉浸式模拟、数据传输、平台交流优势,探索在 AEC(建筑、工程、建造)的多个环节:建筑设计、施工建设、运维管理的巨大潜力,对未来数字化背景下的建筑工程的全周期新模式展开探讨。

关键词:混合现实;建筑工程;AEC;数字创新

Abstract: In the context of Industry 4.0, the architecture industry, as a complicated and complex field, is in urgent need of automation and digital transformation to improve efficiency and productivity. Mixed reality (MR), with its advantages of real-time, interaction, and flexibility, has been applied experimentally in several other fields with good performance results. This paper will focus on its superior immersive simulation, data transmission, and platform communication advantages, explore the great potential in multiple aspects of AEC (architecture, engineering, and construction): architecture design, construction building, and operation and maintenance management, and explore the new model of the whole life-cycle of construction project in the context of digitalization in the future.

Keywords: Mixed Reality; Architectural Projects; AEC; Digital Innovation

1　研究背景

第四次工业革命正在寻求利用自动化、智能技术和现代通信来加强和加速传统的发展工作流程。通过物联网、人工智能和大数据,这场革命让人们关注了跨越不同行业的智能系统的必要性。工业4.0时代的到来启发了对于建筑行业领域革新的方向探索。从设计到建造再到运营,整个工作流程中无一不充斥着多元复杂性和多样矛盾性,这也是影响着行业绩效的根本原因,为此我们强烈呼唤自动化的介入以缓解重复劳动和低效的沟通交流。

随着信息技术的发展,虚拟现实(Virtual reality, VR)、增强现实(Augmented reality, AR)、混合现实(Mixed reality, MR)等技术正步入公众视野,并深入各行各业探寻结合应用的可能。伴随感知性、交互性、沉浸感等优势,这些技术开始被尝试性应用于建筑建设领域。

2　混合现实技术(MR)的发展

虚拟现实(VR)起源于二十世纪六十年代,九十年代开始流行。增强现实(AR)基于 VR 的理念创新,但不同于对物理现实环境的摒弃,而是开创了一条"现实融合虚拟"的道路。混合现实(MR)是继 VR 与 AR 提出后,又一对"虚拟+现实"领域的科技探索。作为同一领域不同方向的热点技术,逐渐产生了一个定义模糊、区分混乱的世界[1]。为此在探讨 MR 技术对于建筑工程的介入主题之前,需要对当下流行的三种"虚拟+现实"技术加以明晰。

VR 是指对实际空间或物品进行完整的、三维的虚拟呈现，以打造纯粹的数字虚拟沉浸体验为目标，但难以建立起一个包含真实环境物理信息的虚拟环境，笨重的头显设备对于使用者行动于交互操作有较大的限制。AR 技术以增强现实效果为目的，但狭义的 AR 由于需要依靠移动端（智能手机、平板电脑、电子现实器）呈现，沉浸感不足，交互体验性较差。MR 则更像是建立在虚拟与现实两端的统一连续体，即试图创造一个兼有虚拟沉浸体验和现实感知能力的技术手段，基于轻巧方便的可穿戴式设备（Magic Leap、Google glasses、Hololens）实现可操作性的交互。

3 MR 在建筑全生命周期中的应用探索

作为不同于 2D 平面化的呈现形式，MR 的全景三维展示，凭借无可比拟的虚拟性、实时性、交互性、沉浸感，对于建筑工程中所遇到的各种难题的突破具有启发：建筑设计的感知辅助、成果交付的清晰呈现、施工建造的协同优化合作、甚至建成建筑全生命周期运营维护，本文将探讨 MR 赋能下的建筑建造多环节潜力。

3.1 感知设计优势

感知能力是建筑设计能力的重要体现之一，在传统的图纸或是显示屏的二维设计操作中，由于真实环境的信息缺失，尺度的失真等都影响着设计师对建筑设计的合理判断，从而容易造成空间上的误差和尺度的误判，并且，建筑设计的过程极其复杂，建筑师虽然能够在一定程度上定性预判设计可能产生的影响，却很难通过组织决策和设计迭代在设计过程中满足众多环境物质目标的定量化要求[2]。而 MR 不仅将数字模型引入真实环境，还可以自由赋予各种位置和姿态，在保持虚拟对象和场景一致性的同时，又能深入细部，实现比例上的随意切换，辅助由大到小的全尺度设计。通过定量化实验探究，发现使用结构的二维图纸与使用同样结构的基于 BIM 的沉浸式虚拟现实（VR）模型时用户的认知表现在感知准确性和记忆方面产生了更加优异的表现。MR 所能实现的高水平的交互性和生动性更能吸引并保持使用者的注意力和洞察力。环境因素一直以来作为建筑设计的重要参考，其与建筑本身的融合程度成为评估建设合理性的重要依据。作为优秀的三维可视化工具，直观的建筑在场呈现，不仅能在设计初期的立意构思上为设计师提供全新的空间认知分析方法，还能在中后期的推衍检验过程中提供更加准确的环境信息，辅助设计决策。

3.2 优化数据管理

我们需要的不只是虚拟建筑模型，还是带有数字信息的虚拟建筑模型，MR 作为数据传递的桥梁，可以实现实时信息的双向传输，既包括建筑形象数据的可视化呈现，又包括项目管理协作中动态交互数据的呈现。

自动化趋势下对于建筑领域的要求催生 BIM 概念。BIM 技术即是以信息数字为依托的数字建筑模型技术，体现的是我们对于参数介入设计，以期提高设计品质和效率的强烈呼唤。然而当下 BIM 发展屡遭挫折，正向设计的概念被曲解，苛刻的数据管理和缺乏合适的数据交换都限制着应用。在专业人员的培养方面，高昂的时间与经济成本让人望而却步，管理沟通由于技术壁垒致使低效，法律和相关制度规定的不健全让从业者缺乏保障。MR 区别于传统用户界面的三维交互界面却能在协作、项目管理、教育等领域改善、促进和缩小项目工程中 BIM 的实现差距。MR 联动下及时的信息修改传递到后端的 BIM 模型中，经由渲染引擎实时立体化呈现，激发人当下的情绪化身和身体行为，辅佐设计师的感知设计也提供使用者的真实意见，共同成为设计的参与者，形成以用户为中心的自适应设计。此外，由 BIM 模型的复合信息向 MR 实景转化，实现建筑模型的快速比对和多情景模拟，不同专业的人员甚至工人参与其中，共享同样的可视化权力，促进基于更为深刻理解的项目管理和建造操作，更容易达成相同的建设愿景。

基于云端搭建的工程技术与"虚拟＋现实"技术的平台先已被广泛应用于实践探索，如集成式的 GPS 与分布式 AR[3]，可用于可视化协作构建任务，以增强通信和识别的问题处理，基于 BIM 协作的 MR 开发，以支持设施现场任务管理和远程交互。可见，在建造工程中，MR 将同时应用于生产线的两端，成为数据流动的桥梁，为 BIM 等在内的数字建造技术开拓新的思路。

3.3 协作信息传递

缺乏沟通被一直批评为阻碍 AEC 行业主要利益者对建筑要求和共同理解的最大障碍。在交互方面"虚拟＋现实"技术应用于建筑项目的设计、施工和设施管理的潜能被众多学者证实。尽管如此，现有的努力主要集中在改善单人的体验，而多人协作的未来图景对于建造工程中的沟通往往更为关键。

从对象上来看包括项目参与者和用户之间的沟通与参与者们团队内部的沟通，从沟通定义上面来看包括表象的沟通环境和基于认知的沟通效率。传统的建筑方案交付方式均依赖于二维平面:图纸或屏幕,由此催生的夸张效果图等严重超出了人体尺度与用户视角,甚至仅为了取悦甲方和便于媒体宣传,选定特定视角进行单向建筑设计方式,从而产生一味追求图像和影视效果的本末倒置。MR 使得方案的呈现仅依赖轻便的穿戴式设备,又因为尺度转化的自由,对设计复杂细节有着更为清晰的表现,打破了方向、比例甚至时间的局限,使得基于人体尺度的建筑空间体验在数字媒体上的呈现成为可能。从神经学的角度来看,建筑可视化的沉浸式虚拟现实表示比桌面显示器上的传统3D 可视化认知要求更低[4]。MR 的介入将是对沟通场合真实性的重塑,也是基于对复杂建筑深刻理解的有效沟通。

鉴于超过三分之二的建筑生命周期成本实际上发生在 FM(项目管理)阶段,FM 在很大程度上定义了建筑业务的成功。同时由于运营和维护是建筑生命周期中最长的阶段,其效率对于建筑的可持续性至关重要[5]。建设工程的复杂性尤其体现在参与主体的多元,建筑从设计到建设再到经营维护的全生命过程存在各行业人员反复的协商。传统建筑设计流中,方案前后的合作交流是不同频的,信息传达存在延迟性,交流存在低效性。建筑作为美学与工程科学的综合体,需要建筑师与结构师、暖通工程师等不同工种的人员一同参与。不同学科背景的差异、对建筑设计焦点的分歧、专业语汇不同加上异时异地的合作方式都可能致使理解的偏差和无法及时交流的困难。

结合 MR 的 BIM 技术就能很好地实现改善这一点。BIM 是贯穿建筑生命周期的数据信息库,在建设周期的信息交互和管理方面有重大潜力。前文提到MR 与 BIM 之间互通的协作平台中可以实现不仅包括建筑、结构、组件信息数据的修改与传递,还可以达到沟通数据及时反馈和交流环境实时模拟。MR 环境中的人际交互对于建筑项目中的有效沟通形成关键,共享的沉浸式体验,有助于项目团队在设计或是施工环节前期检查需求、中期策略探讨、后期规划共识等。

4　MR 面临的挑战

即便 MR 应用场景潜力无穷,无可否认的是技术依旧有待进一步研究和迭代。MR 面临的挑战可以总结为:空间匹配的准确性、用户界面(UI)、数据存储和传输、多用户协作[6],这既是技术无可替代的优势,又是技术在推广上面临的挑战(表 1)。

由于 MR 技术主要是在现实空间中叠加虚拟信

息,对叠加定位的准确度要求较高。在空间的追踪方式上,目前主要分为两类:基于传感器、基于计算机视觉(CV)[7] 在。基于传感器的方法如 GPS、无线局域网、惯性测量单元(IMU)[8],此类技术集成成本相对较高,对于室内应用,GPS 的覆盖率低。在基于 CV 的方法中,需要一个大型的数据库,并且这些标记的创建和校准非常费时费力。无标记的自然图像识别又有赖于人工智能计算机图像学科的发展。当下不乏学者的技术探索,但已有的定位追踪技术尚存在不足,需要持续优化。

在程序应用的用户界面上,主要指的是交互的自然性和个体差异化的考量,以期提高用户的接受度、参与度。目前越来越多的"虚拟＋现实"技术利用手势和动觉控制。例如 SixthSense 是一种可穿戴的手势界面,它通过数字信息增强我们周围的物理世界,并使用户能够使用自然的手势与数字信息进行交互[9]。未来MR 程序的可用性不仅取决于其显示稳定和品质,更在交互控制的方式探索。更加自如和直观的操作设计将极大地增强 MR 沉浸、便捷、灵活的优势。

在数据的存储于传输方面,无线网络速度还远无法达成三维模型流畅的实时预览,MR 的推广和商业应用极大地受到据传输速率、端到端延时制约、实时渲染不精细、场景信息识别能力差等问题的限制。第五代(5G)无线技术即将提供更高的带宽、速度和改进的延迟,这将为 MR 技术提供新颖的解决方案。随着二十一世纪计算机设备、智能终端计算能力越来越强,机器学习(ML)、人工智能(AI)和认知计算的不断进步将为数据处理的全过程提供更为安全可靠的技术支持。

在多用户协作的平台搭建上,尽管多数商业技术公司和研究团队都有过一些尝试,但始终无法实现共享 BIM/MR 的数据系统,格式转化、接口破译、渲染介入等都需要更加深入的探索和研究。目前最受欢迎和易于使用的系统是基于云端的操作系统,结合 5G 发展的未来趋势,"前＋后"的云端操作系统或将成为主流。在模型渲染上,游戏引擎如 unity、unreal 凭借其良好的图像性能和快速的渲染流程被视为未来集成 BIM 和MR 技术的中介平台。

此外,设备的便捷性上有待进一步改善,更为小巧和方便地显示设备和交互设备被期待出现;实体眼镜的体积和价格还是无法满足大众的需求;更为自然和丰富的多用户交互技术也有待进一步研发,这些都关系到软件的可用性和用户支付额外硬件成本的接受度,以及 MR 技术的普及与推广。

表 1 MR 应用的优势、挑战分析

应用	优势	挑战
建筑设计	在地性、全尺度感知	渲染精度、追踪准确度
	数据呈现与 BIM 集成	信息选择、平台完善
	自如的人机交互	设备改进,交互方式探索
施工建造	沟通与管理	平台搭建、数据传递
运营维护	高成效的培训	经济成本、用户接受度

(来源:作者自绘)

5 结论

在寻求自动化的潮流中,MR 以无可替代的虚拟、沉浸、交互优势为 AEC 行业的转型突破提供多种可能。MR 赋能下的建造工程全流程或将协同其他数字技术,在建筑感知设计、工程施工建设、项目运维管理等方面的优化上提供推动力。无可否认,当下 MR 技术仍旧面临巨大挑战,但建筑领域数字参数化的发展趋势下,依然可以期待未来更加稳定、智慧、友好、便捷、流畅的 MR 集成平台广泛应用于建造工程,带来更高效更智能的流程体验。

参考文献

[1] SPEICHER M, HALL B D, NEBELING M. What is mixed reality? [C]//Proceedings of the 2019 CHI Conference on Human Factors in Computing Systems. 2019:1-15.

[2] 姚佳伟,黄辰宇,袁烽. 多环境物质驱动的建筑智能生成设计方法研究[J]. 时代建筑,2021(6):38-43. DOI:10. 13717/j. cnki. ta. 2021. 06. 009.

[3] HAMMAD A, WANG H, MUDUR S P. Distributed augmented reality for visualizing collaborative construction tasks[J]. Journal of Computing in Civil Engineering, 2009,23(6):418-427.

[4] HERMUND A, KLINT L, BUNDGåRDrd T S. BIM with VR for architectural simulations: building information models in virtual reality as an architectural and urban designtool[C]//ACE 2018-GSTF, Singapore:ACE 2018.

[5] SHI Y, DU J, LAVY S, et al. A multiuser shared virtual environment for facility management[J]. Procedia Engineering, 2016(145):120-127.

[6] ALIZADEHSALEHI S, HADAVI A, HUANG J C. From BIM to extended reality in AEC industry [J]. Automation in Construction, 2020, 116:103254.

[7] AMMARI K E, Hammad A. Remote interactive collaboration in facilities management using BIM-based mixed reality [J]. Automation in Construction, 2019(107):102940.

[8] MOTAMEDI A, SOLTANI M M, HAMMAD A. Localization of RFID-equipped assets during the operation phase of facilities[J]. Advanced Engineering Informatics, 2013, 27(4):566-579.

[9] MISTRY P, MAES P. SixthSense: a wearable gestural interface [C]//ACM SIGGRAPH ASIA 2009 Art Gallery & Emerging Technologies: Adaptation. 2009:85-85.

夏之翔[1] 邱淑冰[1] 陆毅涵[1] 李力[1] 华好[1]

1. 东南大学建筑学院；zhixiang_xia@seu. edu. cn

Xia Zhixiang [1] Qiu Shubing [1] Lu Yihan [1] Li Li [1] Hua Hao [1]

1. School of Architecture，Southeast University；zhixiang_xia@seu. edu. cn

基于多智能体系统的大型互动装置设计
Interactive Large-scale Installation Based on Multi-agent System

摘　要：智能构筑物可以成为与人互动交流的"生命体"，激活公共空间，营造场所记忆。本研究通过嵌入式系统开发，创建了一个能与行人互动的多智能体系统，并植入大型 3D 打印构筑物中。各单元具有独立自主性，彼此之间交互通信，以灯光的呼吸脉动与人交流。嵌入式互动系统具有四种互动模式，以 WiFiduino 单片机作为开发平台，集成无线通信、手势传感器、可编程 LED 灯带等元器件。本研究探索了多智能体互动模式，拓展了人与建成环境的对话方式。

关键词：多智能体系统；互动装置；嵌入式系统

Abstract：The intelligent structure can become a "living organism" that interacts and communicates with people, activating public spaces and creating a sense of place. By using embedded system development, this research creates a multi-agent system capable of interacting with pedestrians and integrates it within a large-scale 3D-printed structure in an atrium. Each unit possesses individual autonomy and communicates with others, utilizing light pulsation as an interactive language with humans. The embedded interactive system has four interactive modes, using the WiFiduino microcontroller as the development platform, integrating wireless communication, gesture sensors, programmable LED strips, and other components. This study explores the interactive patterns of multi-agent systems and expands the ways humans engage in the built environment.

Keywords：Multi-agent System；Interactive Installation；Embedded System

1　多智能体互动装置

1.1　多智能体系统

多智能体系统（multi-agent system，MAS）是由环境中多个交互智能体组成的一个复杂系统。Marvin Minsky 教授在《心智社会》一书中将智能体描述为能够实现人类智能的基本模块[1]。Michael Wooldridge 教授将智能体的定义细化为"弱定义"和"强定义"两种方法：弱定义智能体具有自主性、能动性、反应性和社会性等基本特性；强定义智能体不仅包含弱定义智能体的特性，还具备理性、移动性和通信能力等特性[2]。

"涌现"（emergence）作为多智能体系统的典型特征之一，指一个系统内部的个体之间的简单局部规则和协同合作产生了整体系统上超出单智能体能力外的新复杂行为模式，体现了多智能体系统的自组织性。

1.2　互动、建筑与装置

"互动"可理解为智能体（人或物）之间的信息交流。互动装置作为互动建筑的一个分支，以传感器、执行器和建构元素作为实体介质，以智能体的行为作为"互动性"的思想内核，而"涌现"是高级互动产生的关键因素[3]。

由 Ruairi Glynn 设计的 Performative Ecologies 装置是交互式多智能体系统的重要案例。该装置由四个自主寻求关注的机器人组成，通过各自的摄像头进行面部定位，并用尾部进行舞蹈表演。各智能体独立管理自己的表演，而在无人时共享彼此的表演数据，将动作协商重组为新舞蹈。各机器人以 Arduino Nano 单片机作为执行单元，同时以一台 ARM 计算机作为信息处理中心执行遗传算法和面部识别算法[4]。

2　"漪涟青脉"项目简介

"漪涟青脉"多智能体互动装置搭建在东南大学无锡校区两江院的通高中庭平台处，整体形体长约 5 m，宽约 4 m，高约 3.5 m。该互动装置有机融入层间平台，在近处人们与之互动，在远处成为新视觉中心，激活了建筑的中庭空间（图 1）。

图1　"漪涟青脉"多智能体互动装置
（图片来源：作者自摄）

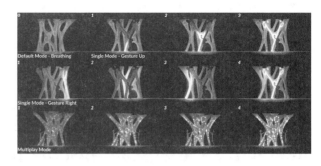

图2　多智能体互动模式
（图片来源：作者自绘）

2.1 设计概念

在数字技术高速发展的年代，万物都能被赋予生命和意义，成为具有思考和交流能力的虚拟个体，参与到交互活动中。与此同时，交互空间的介质也将从物理现实向虚拟现实扩展。若把人群看作多智能体系统，人与人之间的社交活动便是智能体之间的通信与响应。数字时代的智能体主体既可以是人，又可以是虚拟代理生命。本研究将一个3D打印互动装置转化为多智能生命体，赋予其智能体单元"呼吸"和"脉动"的生命特征，以光作为交流语言，创造了一种物与物、人与物之间无声的现实与虚拟的对话。我们希望造就人与建筑空间的对话，促进人与人之间的温情，营造独特的场所记忆。

2.2 形体生成和分析

为实现多智能体系统特征的形体可视化，构筑物被定义为由六个分支联结而成的分布式树状结构。它是通过羊毛算法对多根菱形线段进行找形，获得的具有较好力学性能的形态，并结合中庭的场地环境调整了造型，以满足行人能够穿行其中。

构筑物的六个树形分支成为六个智能体单元，各单元的节点处在人抬手可触及的高度，能够单独感知人所传递的信号进行脉动跳跃，同时智能体单元也可以在同一套规则下将感知到的信息传递给彼此，做出回应。

2.3 互动模式

构筑物互动装置作为一个多智能生命体有三个主要特征：首先，多智能体的每个智能体单元具有独立性和自主性；其次，智能体之间能够交互通信，相互协调；最后，智能体对输入信号的响应有着一致性的协议。基于这三项多智能体系统的规则，我们建立了四种人机互动模式（图2）。

（1）默认模式：当构筑物的任何一个智能体单元未检测到任何手势信号时，构筑物将呈现出各分支彼此错落的冷白色呼吸灯光，作为生命体的自由呼吸状态。

（2）单人模式（上下手势）：当构筑物的六个智能体单元仅检测到一个手势信号时，进入单人模式。在该模式中，上下挥手将使智能体单元呈现出自下而上生长的暖黄色灯光动势。

（3）单人模式（左右手势）：在单人模式中，当六个智能体单元仅检测到一个向左（右）划动的手势信号时，以检测到信号的分支为起点，多智能生命体将呈现顺（逆）时针依次点亮各个单元体暖黄色灯光后渐变熄灭的效果。

（4）多人模式：当六个智能体单元中有两个及以上的单元体识别到任意的手势信号时，将进入多人模式，此时多智能生命体呈现暖红色与暖黄色灯光交替的闪烁场景。

2.4 实体建造

该互动装置的构筑物结构形体部分采用PETG透明塑料，基于机器人3D打印技术进行数字建造。考虑到最终搭建场地的限制性、机械臂的打印便利性和实体搭建的灵活性，构筑物的整体树状形体被分割为多个尺度适宜且安装合理的Y型构件。

互动灯光的设置主要根据构筑物的管径形体中线，确定每个单元体的LED灯带长度和灯珠数量，并使用乳白色硅胶水管作为灯套，以增强灯光的漫反射效果；之后将铁丝扎紧于灯套后加热，插入PETG塑料中实现灯带和打印模块的连接；灯带间的连接则与结构形体的拼接同时进行，使用接线端子连接相邻灯带，以提高效率和便利性。搭建完成后，将导线端头引到构筑物底部，便于程序更改和设备检修。

3 嵌入式系统开发

为了实现人与智能体单元、多智能体系统之间的互动，本互动装置综合使用了传感器技术与无线通信技术。装置的整体互动设计逻辑可分为三大部分：信号感应输入、信息处理与通信、互动效果反馈输出（图3）。

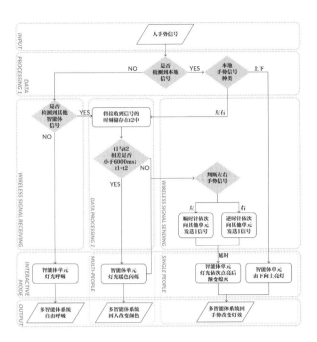

图 3　互动装置交互逻辑

(图片来源:作者自绘)

3.1　互动装置硬件

本互动装置的信息感知主要依靠 APDS 9960 手势传感器。互动过程中的信息处理与通信则由 WiFiduino 开发板完成,其近似于在 Arduino 开发板上搭载 ESP8266 通信模块,可以同时满足在开发板上的简单信息处理与板间的无线通信,以实现多智能体响应的高级互动效果。互动效果的反馈输出则依靠安装在各智能体单元内的 12V LED 灯带。

3.2　互动信息的感应输入

手势传感器设置在各分支中符合人体挥手高度范围的树状节点处,以便于收集手势信号。互动装置的每个分支作为一个智能体单元,能够单独收集人的挥手信号,进而通过开发板判断手势方向。

3.3　互动信息的处理与通信

在人的互动行为发生之后,由于挥手行为的方向性和多个智能体间互动的群体性,各分支上的开发板需处理自身有线连接传感器信息和群体无线通信信息。由于多个智能体之间相互平等,不存在服务器与客户端的概念,所以本设计使用用户数据报协议(user datagram protocol,UDP)来实现多智能体系统的交互通信。互动装置通过多个开发板搭建了一个独立局域网,不依赖其他网络设备。

3.4　互动信息的反馈输出

信息反馈输出的机制首先判断自身有线连接的手势传感器处是否有信号传入。若检测到向上或向下的手势信号,WiFiduino 将做出反应使灯带自下而上亮起。

如果互动信号为向左(右)的手势信号,则通过板间无线通信实现多智能体之间的协同互动。智能体单元接收到的有线信息如果与上一次接收到的信息时间间隔超过 6 秒,则判定为两次单人互动,从发生互动的智能体单元开始顺(逆)时针依次亮灯。为实现该单人左右模式的效果,本设计将静态 IP 地址作为智能体编号,方便按顺(逆)时针方向发送响应请求,并且保证两个信号之间的间隔时间,从而确保各智能体能依次亮起。

如果智能体单元前后两次接收到的信息时间差小于 6 秒,则判定此时环境中为多人互动,WiFiduino 则将灯带的灯效调整为暖光间隔的闪烁模式,以增加互动趣味性。

如果智能体单元未接收到任何本地手势信号,则成为无线信号的接收者,等待其他智能体发出指令。

4　总结与展望

本研究利用互动技术创造出具有主动性和互动性的建筑空间,营造了新颖动态的空间体验。本研究采用 WiFiduino 平台进行嵌入式系统的开发,探索了多种灯光互动模式,将 3D 打印互动装置转化为多智能生命体。该装置后期可通过程序修改,拓展多智能体系统的互动模式,塑造更多样化的互动空间体验。

参考文献

[1]　蒲宏宇,刘宇波.元胞自动机与多智能体系统在生成式建筑设计中的应用回顾[J].建筑技术开发,2021,48(5):23-28.

[2]　WOOLDRIDGE M, JENNINGS N R. Intelligent agents:Theory and practice [J]. The knowledge engineering review,1995,10(2):115-152.

[3]　SOLER-ADILLON J. The intangible material of interactive art:agency, behavior and emergence[J]. Artnodes,2015(16):43-52.

[4]　GLYNN R. The Irresistible Animacy of Lively Artefacts [D]. London:University College London,2019.

金艺丹[1] 包彦琨[1] 冯钰[1] 李力[1]
1. 东南大学建筑学院；220220138@seu.edu.cn
Jin Yidan[1] Bao Yankun[1] Feng Yu[1] Li Li[1]
1. School of Architecture, Southeast University；220220138@seu.edu.cn

基于 Arduino 的互动展厅设计
Interactive Exhibition Hall Design Studies Based on Arduino

摘　要：本研究旨在独立展台中构建互动系统，结合人的行为活动设计相应的互动模式，使观展人能浸入式地与展览空间互动，获得更为自由的参观体验。互动展台以 Arduino 单片机作为主控板，实现对传感器及执行器的控制，获取观展人所处的位置和使用需求，改变展台的组合形态及单体效果，以应对不同场景下人与展台之间的信息互传。本次设计研究完成了 1∶1 模型的建造实验，实现对实际效果的检测和调试。互动展台以观展人与展示空间的关系为出发点，探索了一种利用互动技术来增强空间体验的设计方式，改变传统参观方式的同时，为将来更进一步的互动建筑设计提供基础。

关键词：智能建筑；互动展示；装置设计；Arduino

Abstract：This research aims to build an interactive system in an independent exhibiting device, incorporating interactive modes based on human behavior. It can engage visitors in immersive interaction with the exhibition space and provide them with a more independent and unrestricted experience. The device utilizes Arduino as its controller to manipulate sensors and actuators, obtaining the position and requirements of visitors and facilitating the adaptation of exhibition effect to adapt the information exchange between visitors and the device in different state. This research achieved the testing and debugging of the actual effects through the construction experiment of a 1∶1 scale model. By focusing on the relationship between visitors and exhibition space, this interactive exhibiting device explores a design approach that utilizes interactive techniques to enhance spatial experience, providing a foundation for further advancements in interactive architecture design.

Keywords：Building Intelligence；Interactive Exhibition；Device Design；Arduino

1　项目背景

1.1　互动技术

　　互动技术是一种使人与计算机系统之间进行交互的技术，它允许用户通过各种输入输出设备（如触摸屏、鼠标、手势识别、显示器等）以一种自然、直观和灵活的方式与计算机进行实时有效的双向信息交流。计算机技术及传感器技术的不断进步，为互动技术的发展和实现提供了基础，使得其研究和应用范围更加广泛。其中互动装置（Interactive Installation）作为互动技术在建筑环境中的应用的一个类别，指通过赋予建筑构件、元素以互动的功能来提供新的服务，营造新的空间体验或提高建筑性能[1]。

1.2　展示空间的互动体验需求

　　展示空间作为一类重要的信息传递场所，在各种建筑类型中都扮演着不可或缺的角色。在不同的建筑环境中，展示空间设计对于有效传达信息、创造独特体验、塑造品牌形象等功能都具有重要影响。因此展示空间的核心不仅仅是展览的内容，而是观看者与展品及环境之间的信息交流与互动，人的体验应在设计过程中被更加重视。科技的迅速发展对展示空间多元化和体验性都提出更高要求，传统的"静态陈陈"[2] 在观众参与感、信息传递效率、展览的个性化和传播性等方面都存在局限。这些局限促使了展览和互动技术的结合，以提供更加丰富、更具个性化和互动性的展览体验，加深展览与观众之间的联系与纽带[3]。

1.3　相关案例

　　现存的互动展示案例大致可分两类，一类以多媒体技术为背景，主要通过运动感应、触摸、声音控制等互动方式获得声、光反馈，呈现丰富多样的内容［图 1

(a)],但这类展示案例通常在展示空间内特定展示区域中呈现,在互动灵活性方面相对有限。另一类以人机交互系统为技术背景结合机械技术,以机械运动和力学反馈,强调装置在互动过程中对物理空间的影响,观众能体验到物体的实际运动和触感,增强观众的身体感知和参与度,但在展示内容的可变性上存在局限[图1(b)]。

只能被动地接收信息并按照既定方式参观,因此信息的传递并不能即时地匹配观展人的需求。而人机互动技术为展示空间中的信息交流方式提供了更多元的可能,同时对空间的体验性提出更高的要求。因此我们提出一种设想,能否利用互动技术使展览在物理空间中动起来,在应对参观者喜好的同时调动其视觉以外的感官体验。

(a)　　　　　　　(b)

图 1　相关案例

(a)遇见敦煌光影艺术展;(b)Diffusion Choir 展示装置

(图片来源:(a)https://www.manamana.net,

(b)https://www.sosolimited.com/work/)

这两类案例从不同的技术角度验证了各种互动方式及装置的可行性和有效性,为本次研究提供了理论基础和设计思路。

2　项目简介

2.1　方案概念

在传统的展览中,展示空间由布展方预设,观展人

展台作为展示空间的一部分,具有明确的空间占据性和灵活的布置方式,对空间氛围和参观流线有着重要影响。本次设计研究希望将展台的特性与互动技术相结合,改变传统的参观方式,使人的行为与展台形式相互影响,将人从单一的参观者,变为展览的参与者和创造者,实现与展台的信息互传,从而能够浸入式地参与到与展览空间的互动中,获得更为个性、自由的参观体验。

2.2　互动方式

结合考虑互动设计的特点和方案概念,展台互动方式的设计从展览吸引力、展品可视性、空间可变性及装置适应性几个方面展开。

互动展台最终以单体的形式呈现,既可独立使用又可以由多个单体进行组合展示。通过获取人在展厅中所处的位置信息,改变展台移动方式、组合形态、灯光及外观透明度来呈现互动效果。同时为应对不同使用需求设计了三种展示模式(图 2)。

静止模式　　　　　　　　日常模式　　　　　　　　互动模式

图 2　展示模式

(图片来源:作者自绘)

(1)静止模式:当展厅内需要空旷的活动区域时,展台可依据指令停靠于一侧,起到空间围合的作用;在展示空间未开放时段,展台靠近展示窗一侧静止不动,展台透明度随机变化闪动,形成橱窗的展示效果。

(2)日常模式:在展厅开放时段且展厅无人进入时,展台在展览区内利用循迹功能随机运动,每 10 min 进行一次随机组合,形成不同的组合展示形态。

(3)互动模式:当人进入展厅空间时,展台由日常

模式转换为互动模式,每 10 s 进行一次随机的位置变化,吸引人进入展览区域;参观者进入展区后,展台位置不再变动,外壳透明度随机变化闪动,展示内部展品;当有人靠近,装置开始原地进行缓慢旋转,灯光开启,展台全部透明,以便参观者细致观看展品,直至离开。

其中日常模式及互动模式根据装置获取的参观者位置信息及展台之间的信息通信系统自动完成转换。

2.3 外观设计

考虑到装置的可组合性、移动便利性以及与人互动时的尺度需求，互动展台以最为简单抽象的立方体形式为基础，平面尺寸为 400 mm×400 mm，并以 400 mm 为模数设置 400 mm、800 mm、1200 mm 三种不同尺寸的高度，可呈现高低错落的组合形式。单体外壳由透明亚克力板组装而成，表面贴附电致变玻璃膜以改变界面通透属性，沿结构边缘布置 LED 灯带，形成丰富视觉效果。根据使用需求展台内可悬挂展示板，上方可放置展品。

装置的核心元件整合于一架自行组装的可移动小车上，固定在装置底部，控制展台进行互动。展台外壳向下延伸至距地面 1.5 cm 处，底部喷涂三角形银色漆并沿底边布置 LED 灯带，遮挡小车的同时形成悬浮效果。

2.4 实体搭建

互动展台单体由主控小车和展示主体两部分组成，在实体搭建过程中，这两部分可分别设计搭建，最终进行组装（图3）。本次设计研究完成了两台 1200 mm，一台 800 mm 高度的 1:1 互动展台模型的建造实验，实现对实际互动效果的检测和调试（图4）。

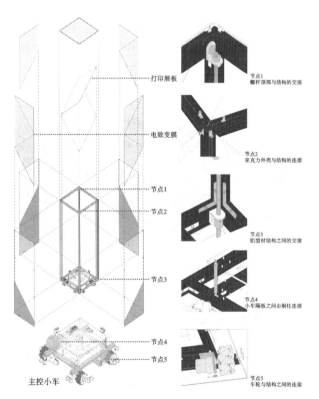

图3 展台构造
（图片来源：作者自绘）

节点1 螺杆顶部与结构的交接
节点2 亚克力外壳与结构的连接
节点3 铝型材结构之间的交接
节点4 小车隔板之间由铜柱连接
节点5 车轮与结构之间的连接

打印展板
电致变膜
节点1
节点2
节点3
节点4
节点5
主控小车

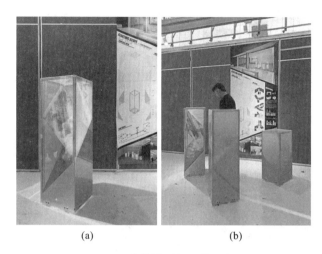

(a)　　　　　　　　(b)

图4 实体模型与互动场景
（a）实体模型；（b）互动场景
（图片来源：作者自摄）

2.4.1 主控小车

主控小车的主体结构由铝型材搭接组成，并用角码连接至四个由电机轮轴控制的麦克纳姆轮上，实现装置的全向移动。小车共设置三层亚克力隔板，用六角铜柱连接至铝型材上下两侧，上层隔板放置电压逆变器，为外壳上的电致变膜提供转换后的电压；中层隔板放置装置的核心控制元件以及电源系统；下层隔板则作为无线充电接收模块的固定板。

2.4.2 展示主体

展示主体部分为互动展台的立方体外壳，结构框架由铝型材搭接而成。型材凹槽内布置 LED 灯带，框架顶面及侧面用螺丝固定喷漆贴膜后的透明亚克力板。框架内沿四条垂直边安装螺杆及限位器，用于展示板的固定。框架底部与主控小车结构相连接，并在面板底部根据设计需求为传感器定制开口，完成互动展台的组装。

3 技术实现

3.1 总体架构

为实现人的行为与展台形式之间的联系，展台互动系统分为信息获取、信息处理与传递、反馈输出三个部分，匹配对应的传感器、控制器、执行器三类硬件设备，由电源系统供能，最终与参观者进行信息互传（图5）。装置通过红外感应模块、超声模块等传感器获取参观者的位置信息，经 Arduino 开发板对信息进行处理与传递，实现对电机、灯带、电致变膜等执行器的控制。

3.2 互动设计

3.2.1 信息获取

基于互动模式的设计，装置根据人的位置变化产生

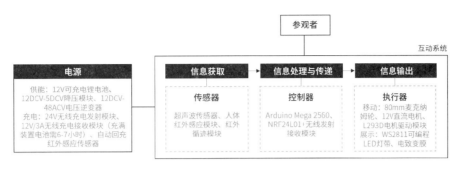

图5　总体架构及硬件设备

（图片来源：作者自绘）

相应反馈，因此，互动过程中需实时检测进入展厅及靠近展台的参观者。在展厅入口及展台外壳底部设置人体红外感应模块，当有人进入感应范围模块输出高电平，人离开后自动延时关闭高电平。传感器感应范围为120°锥角，经过计算及灵敏度调试，展厅入口处的模块可重复感应3 m内的进入者，展台四面的模块可重复感应0.6 m范围内的参观者，实现展厅中人的位置检测。

在展台自由移动的过程中，应避免展台之间相互碰撞。超声波传感器可检测感应范围内是否有障碍物，因其检测范围仅为15°锥角，故在展台各侧面底部左右侧各安装一个超声模块，扩大感应范围，可对展台周边2~450 cm内的障碍物距离进行检测，并将检测结果转为模拟信号传递给Arduino Mega，实现展台的避障功能。

3.2.2　信息处理与传递

互动展台通过程序编写依靠开源的Arduino Mega平台实现信息处理功能。在Arduino中，利用相应的函数从与传感器相连的引脚读取数据并作为变量存储，

以便后续的处理。根据处理结果，Arduino通过定义的输出引脚或其他接口控制执行器完成特定的操作。

根据需求对超声模块的距离信息进行处理，将超声波回程时间转换为距离数据并进行比较判断。互动模式下，设定装置判断移动正前方80 cm内的障碍物，移动过程中，为防止刮擦碰撞，则判断展台任意方向7 cm内的障碍物，并根据结果进行展台互动状态的转换。

此外，为满足多个展台之间的互动，装置需满足信息传递的功能。在展台的Arduino板上连接NRF24L01＋无线信息通信模块，作为信息发射和接收器，并设置相同的通信参数以确保展台之间互相识别和交换数据。当其中一个展台感应到人的靠近后，将通过该模块给其他展台以设定格式和数据发送信息，其他展台接收信息后按程序设定转换展示模式，实现展台组合内的互联。

3.2.3　反馈输出

装置的反馈输出分为移动和展示两部分（图6）。

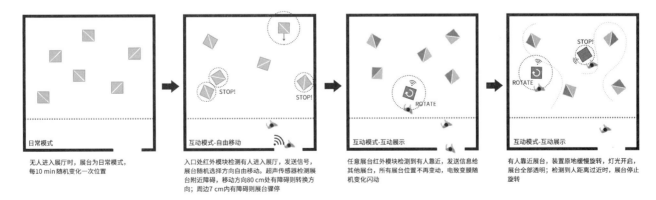

图6　互动效果示意

（图片来源：作者自绘）

无人进入展厅时，展台为日常模式，每10 min随机变化一次位置

入口处红外模块检测有人进入展厅，发送信号，展台随机选择方向自由移动。超声传感器检测展台附近障碍，移动方向80 cm处有障碍则转换方向；周边7 cm内有障碍则展台骤停

任意展台红外模块检测到有人靠近，发送信息给其他展台，所有展台位置不再变动，电致变膜随机变化闪动

有人靠近展台，装置原地缓慢旋转，灯光开启，展台全部透明；检测到人距离过近时，展台停止旋转

为保证展台的移动效率，展台使用四个由电机驱动可独立控制的麦克纳姆轮，通过控制电机转动方向

的改变，可实现展台的全向移动和原地转向的功能。由于Arduino Mega输出引脚提供的电流和功率有限，

不能电机正常运行的需求，则需要通过 L293D 电机驱动模块直接从外部电源提供更大的电流供应给电机，同时保护 Arduino 免受电机的干扰和损害。

装置的展示效果由电致变玻璃膜和可编程 LED 灯带实现。电致变膜是一种可以通过电场作用改变其光学性质的材料，表现为施加电压时，玻璃膜由不透明状态变为透明状态。展台中使用的电致变膜工作电压为 48 V 交流电，因此需通过逆变器连接装置电池转换电压进行供电。膜以 400 mm×400 mm 的直角三角形为一个单元满贴在展台外壳上，分别串联继电器由 Arduino 控制各电路开闭，实现随机闪动的展示效果。

型材凹槽内的可编程 LED 灯带实现展示部分的灯光效果。每条灯带由一系列 LED 灯珠组成，并集成 WS2811 控制芯片，可独立控制每个灯珠的颜色和亮度。展台侧边的 8 条灯带并联，由一个引脚控制灯光整体的颜色及形式，当有人靠近展台，Arduino 接受信息并控制灯带展现流水效果亮起。展台底部灯带独立控制，在装置运行过程中常亮，呈现悬浮的视觉效果。

4　总结与展望

本研究以观展人与展示空间的关系为出发点，利用 Arduino 平台与各类传感器与执行器结合，将人机交互技术融于独立展台的设计中，通过获取参观者在展厅中的位置信息，相应地改变展示效果。经过实际建造过程中的检测与调试，成功实现人与展台的互动及多个展台的互联，改变传统的模式化展陈方式，为观展人提供更丰富、个性化的展览体验。

本研究探索了一种利用互动技术来增强空间体验的设计方式。借助 Arduino 的可编程性和扩展性，可对互动展台的运行效果和交互体验更进一步优化，同时该设计方式与思路可应用于墙面、地板、家具等其他建筑构件中，为未来的互动空间设计提供基础和启示，创造更具体验性与互动性的建筑环境。

参考文献

[1]　徐卫国,唐克扬,菲利普・比斯利,等.建筑与交互[J].南方建筑,2022,214(8):1-23.

[2]　吴佳怡.互动体验在展示设计中的运用[D].武汉:武汉工程大学,2018.

[3]　刘宇飞,刘逸卓,徐友璐,等.基于 Arduino 的互动座椅装置设计[C]//全国高等学校建筑类专业教学指导委员会建筑学专业教学指导分委员会建筑数字技术教学工作委员会,中国建筑学会建筑师分会,DADA 数字建筑设计专业委员会.智筑未来——2021年全国建筑院系建筑数字技术教学与研究学术研讨会论文集.武汉:华中科技大学出版社,2021:169-175.

张燕[1] 郭俊明[1,2] 唐源[1,2] 谢松竹[1,2]
1. 湖南科技大学;184174474@qq.com
2. 地域建筑与人居环境研究所
Zhang Yan[1] Guo Junming[1,2] Tang Yuan[1,2] Xie Songzhu[1,2]
1. Hunan University of Science and Technology;184174474@qq.com
2. Research Institute of Regional Architecture and Human Settlements

数字化背景下陶瓷博物馆的展示设计研究
Research on Display Design in the Porcelain Museum in the Context of Digitalization

摘 要:在数字化技术蓬勃发展的背景下,数字文化体验给博物馆带来了阶段性的变革,但是也影响到了传统陶瓷博物馆空间的展示设计形式,本文以景德镇某陶瓷博物馆的室内设计为例,从数字化背景下博物馆展示设计原则、展品展示的数字化技术这两个方面探讨数字化背景下陶瓷博物馆的导览设计、多感官体验设计、互动装置设计的 AR 数字展示设计形式,为传统陶瓷博物馆更好地向数字化博物馆转型提供一些借鉴和参考。

关键词:数字化;陶瓷博物馆;VR 技术;AR 技术;展示设计

Abstract:In the context of the vigorous development of digital technology, digital cultural experience has brought phased changes to the museum, but also affected the display design form of the traditional porcelain museum space, this paper takes the interior design of a ceramic museum in Jingdezhen as an example, from the two aspects of museum display design principles in the digital background, the digital technology of exhibits display The guide design, multi-sensory experience design, and interactive installation design of the ceramic museum in the digital background are discussed. It provides some references for the traditional ceramic museum to better transform into a digital museum.

Keywords:Digitization; Porcelain Museum; VR Technology; AR Technology; Showcase the Design

2021 年 5 月,国家文物局发布的《关于推进博物馆改革发展的指导意见》中指出"要强化科技支撑,大力发展智慧博物馆,逐步实现智慧服务、智慧保护、智慧管理。要提高展陈质量,深入挖掘展示中华优秀传统文化中跨越时空的思想理念、价值标准、审美风范,以古鉴今、古为今用、启迪后人。"所谓数字化博物馆,即应用各种数字化技术对博物馆的藏品进行全方位的数据采集和存储,然后以虚拟现实、增强现实、互联网＋新媒体等多种数字化展示形式呈现在受众面前[1]。现今层出不穷的 AR、VR 等数字化技术广泛运用于博物馆的展呈方式当中,这些技术不仅提升了展览的观赏性和互动性,而且扩大了艺术教育的影响力,如今数字化博物馆已经成为必然趋势。

1 数字化博物馆展示设计原则

"博物馆展览设计是集视觉传播、审美品位和语境沟通于一身的、有策划的设计进程,是展示品摆列方式和观众视觉体验的一种艺术设计"[2],数字化展示形式是顺应时代的发展而出现的一种新型的展示形式,虽然这种形式更好的解决了陈列形式单调的问题,但在其发展的过程中会不可避免地面临一些难题,下面是笔者结合大量的文献调研总结出的数字化博物馆的展示设计原则,以便后续陶瓷博物馆的设计实践能更好地进行。

1.1 以参观者为中心原则

数字化背景下的博物馆展示设计更应该立足于受众群体这一角度,充分发挥数字技术的功能性,利用现代技术手段,把互联网＋新媒体互动技术、虚拟现实信息技术等更广泛地使用并与展品内容相结合,从以往的视觉逐渐扩展到嗅觉、触觉、听觉。以此来提高参观者的体验感和沉浸感以及展览的交互性,最大限度地展示文物背后的价值和内涵,给予参展者难忘的体验感和丰富的想象空间。针对受众群体,可根据群体差异配备不同的参展服务设备,如可配备移动端设备向参展者展示博物馆的大致参展流程作为参展路线引导,并配备语音解说等供高龄参展人携带游览,目前国内大多数省博物馆都已经运用了这一技术。以参观者为中心的互动设计其实就是将设计的服务对象塑造为自觉的审美主体[3]。

1.2 数字化展示的均衡性原则

均衡性原则指的是在数字化展示设计中真实与虚拟的平衡。数字化背景下许多博物馆的展示方式百花齐放,但随着时间的推移逐渐演变成了盲目的追求炫酷的灯光、新颖的视觉效果,忽视了受众群体的实际需求。例如一些数字化互动设备界面的设计过于复杂,这不仅不能提供参展的便利性,反而提高了参展的难度,导致参展效果甚至不如传统的展示形式,显然,这与设计初衷背道而驰。在数字化展示设计的初期我们就应该明确数字化技术应用的目的是更全面更精细更便利的传达文物的信息,展示的主体仍然聚焦于文物展品上,眼花缭乱的科技炫技式的展示方式过于浮夸不可取,因此在数字化的展示设计中应合理的平衡真实与虚拟的度,减少不必要的交互内容,突出文物展品的实质内容,虚拟的"数字"无论如何都无法取代真实的展品。

2 博物馆展示设计的数字化技术

博物馆的数字化技术主要运用于展品文物的数字化保护、数字化管理和数字化展览三个方面[4]。

数字化保护主要包括信息采集技术和环境监测技术,信息采集技术是对藏品进行非接触扫描,获取藏品的三维数据模型,建立数字化档案进行存储;然后利用3Dmax等三维建模软件,将采集到的数据点状图转化为高清晰度的三维图像,并生成相应的动态图,上传到线上展厅。如陶瓷博物馆中的藏品多为易碎品,在信息采集过程中利用数字化技术就能有效提升博物馆对藏品的保护能力。环境监测技术则是对藏品所在的环境进行温度和湿度的监测,以便及时制定应对措施,避免藏品因为环境问题而造成不可逆转的损害。

数字化管理主要是指藏品的信息管理系统、自动化办公系统以及票务系统等,信息管理系统是集藏品的收集、修复、研究,并对藏品进行分类的综合性管理平台;自动化办公系统主要的目的是使博物馆的工作管理电子化、网络化、统一化,有利于优化办公模式,提高办公效率;票务管理系统主要与微信公众号以及官方线上平台建立联系,以供游客进行线上购票,也可为优化数字化建设提供一定的数据研究基础。

数字化展览指的是在博物馆的展示设计中,主要的运用的数字化技术有 AR(增强现实)技术、VR(虚拟现实)技术。AR 是将虚拟信息与真实世界巧妙融合的技术,运用了多媒体、三维建模、实时跟踪及注册、智能交互、传感等多种技术手段,将计算机生成的文字、图像、三维模型、音乐、视频等虚拟信息模拟仿真后,应用到真实世界中,两种信息互为补充,从而实现对真实世界的"增强"[5]。AR 技术分为外置装置式 AR 和裸眼观看式 AR,将其应用于博物馆线下展览中,可以把展品的社会文化背景等信息以数字化形式叠加到现实的场景中,从而扩展展品展示的内容,使观众以沉浸式的方式全面了解和体会藏品的所蕴含的文化内涵。VR,即 Virtual Reality(虚拟现实技术),是通过计算机模拟环境,给用户创造出包含三维视觉、听觉、触觉等多种体验的虚拟三维空间,通过对特定环境景观进行仿真搭建,使客户能突破时空,从而使处于虚拟世界中的人有身临其境之感。VR 技术主要应用于博物馆线上展览中,可以把博物馆展览和展品的线下实体场景更加真实地展现在虚拟展馆的环境中,增加展览的互动性,使观众获得更好的沉浸式体验,增强观众对展品的印象,疫情期间该技术在博物馆领域飞速发展。两种数字技术的区别在于 AR 所看到的事物和景观有真有假,是把虚拟的信息嵌入游客的现实环境里;而 VR 所观看的事物和景观都是虚构的,是把游客的思想带入一个虚拟空间。

3 陶瓷博物馆数字化展示设计

科技与文化的融合不仅在于展览的信息化风格,更在于传播文化,提升展览的艺术特色。在实际应用过程中,多感官陶瓷博物馆紧扣以参观者为中心原则和数字化设计均衡性原则,运用 AR 技术,以实物展品为主,数字技术为辅来进行数字化展示设计。

3.1 导览设计

陶瓷博物馆的导览设计主要是指智能导览系统,

该系统是在馆内空间游览流程(图1)和博物馆馆藏展示的传统宣传图文和讲解器基础上引入 AR 技术,以实景场景为设计基础环境,依托 Unity3D 和 AR 制作平台,创造全方位沉浸式游览景区的文化体验环境,增强游客对传统文化的深层理解。

图 1　陶瓷博物馆空间流程图
(图片来源:作者自绘)

由于陶瓷博物馆的导览设计主要是线上的视觉展示形式,所以是需要外置设备来辅助展示,例如依靠手机等移动智能终端中央处理器(Central Processing Unit,CPU)的计算处理速度和智能渲染功能,当人们在参观时,用手机扫描相应的文物,就能获取虚拟场景(图2)和真实场景的互动,达到科普的效果[6]。

图 2　中庭线上虚拟模型展示
(图片来源:作者自绘)

3.2　多感官体验设计

数字化技术带来的沉浸式学习体验逐渐被大众接纳和喜爱,游客也由被动地接受策展人进行设计的知识框架变为主动地去吸收藏品所蕴含的精神文化,感受展品多层面的魅力[7]。博物馆的数字化多感官体验设计是建立在体验基础之上的,这种体验需要有游客与展品的交互作为支撑。因此,要获得良好的多感官体验,就一定要进行博物馆的数字化多感官设计。

数字化博物馆展示方式中不仅是对视觉展示形式的重塑,对听觉、嗅觉、触觉、味觉等方面也是一个很大的突破。这样的突破不仅丰富了人的参展体验,还扩大了受众群体。因此如何协同五感进行数字化展示设计,使参展效果达到最佳,这一点尤为重要。

陶瓷博物馆的瓷土、元素展示区(图3)主要基于动态手势识别的交互展示设计,运用环境监测数字技术来监测胚土的温湿度,以便参观者可以通过分别揉捏瓷土和陶土,感受他们之间的区别,构成触觉形象,通过动态手势识别在屏幕上展示不同胚土的元素含量。此外,另设了一个元素区供参观者们利用嗅觉感受不同胚土之间气味的差异性。展区的上方安装设备播放陶瓷制作初期的声音来构成听觉形象。通过数字技术的交互性设计,调动参观者的视觉、触觉、嗅觉、听觉,使参展的游客将精力聚焦于学习、质疑、沉思、放松、追求感官享受上,以此打造一个与朋友交流探讨、建立新的社会关系、创造持久的记忆和情感共鸣的理想场所[8]。

图 3　瓷土、元素展示区
(图片来源:作者自绘)

3.3　互动装置设计

数字化展示形式的设计上可以使传统博物馆的参观者向数字化博物馆的参与者这一身份进行转变,增强公众在参展中的互动性。数字化博物馆沉浸传播的信息呈现主要反映在信息的视觉形态方面,沉浸体验主要来源于"无屏"传播给用户带来的沉浸感,将 AR 技术与 VR 技术结合进行场景设计,在数字化展示设计中通过弱化"屏幕"边界的视觉效果,再结合交互设计就可以达到展区的最佳沉浸体验效果。

康德曾指出,时空是人类赖以生存的基础,是人类认知世界的基础,也是人类感性、知性、理性形式赖以生存的绝对前提[9]。陶瓷博物馆的上釉情景体验区为一个围合性较强的空间,以便游客在参展时能够更专注的体验展区空间,减少周边展区对游客的影响。上釉情景体验展区三面墙设计成一面曲面整屏,结合镜面吊顶弱化屏幕边界,给游客以极大的视觉冲击。大屏前面嵌入场景传感器,游客可在互动装置面前佩戴头戴式传感器,沉浸在虚实结合的场景中感受陶瓷在上釉时的情景。(图4)同样在进行数字化展示的同时，为了使设备更加融入环境，在进行传感器放置的装置设计时也尽可能地贴近陶瓷制作机的外形来设计，展区角落以陶罐点缀空间，使数字化展示方式与传统陶瓷的展示空间文化形象更加贴切相融。

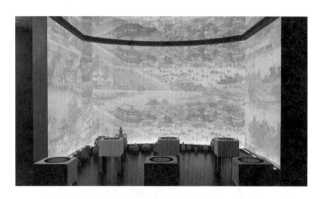

图4 上釉情景体验区
(图片来源:作者自绘)

4 总结

在数字化技术蓬勃发展的今天，虚拟博物馆打破了空间的界限，使公众可以在家参展，但未来的艺术作品一定是物质性实体的虚拟延伸，不一定是虚拟代替实体[10]，博物馆空间的展示形式必定会结合数字技术，无论是视觉的震撼还是五感的沉浸，以及碎片化的线上参展形式这些都是未来博物馆的一个趋势。在本次设计实践中，从导览设计、多感官体验设计、互动装置设计三个方面初步探讨了陶瓷博物馆的数字化展示设计，笔者也意识到数字技术是一把双刃剑，数字化的发展虽然会大大提高艺术的普及性，但同时，数字化参展方式的独特性如何达到简易性、日常性、以参观者为中心，是我们应该不断去尝试和优化的。博物馆的展示设计美学也会更加趋于展示设计的数字美学方向，并且我国文化源远流长又极具特色，将中式的意境美学延伸至数字化博物馆的展示设计中，如何实现现代数字化博物馆的传统化，本土化也是未来我国博物馆发展的趋势，而在数字美学的探讨中以人为中心才是展示设计的核心。

参考文献

[1] 兰秋雨.互联网技术在博物馆陶瓷展览中的应用研究[D].景德镇:景德镇陶瓷大学,2023.

[2] 罗方超.浅谈VR和AR在虚拟博物馆展览中的应用[J].中国民族博览,2022,222(2):198-201.

[3] 黄曦.以人为本理念在博物馆展示设计中的运用[J].文物鉴定与鉴赏,2022,241(22):78-81.

[4] 朱敏.中小型博物馆的数字化博物馆建设探析——以常州博物馆为例[J].东南文化,2020,275(3):183-188.

[5] 龚才春,杜振雷,周华,等."元宇宙"的术语定义及相关问题研究[J].中国科技语,2023,25(1):27-35.

[6] 韩肖华.AR技术在避暑山庄景区智能导览系统中的设计与运用[J].信息与电脑(理论版),2023,35(5):197-199,212.

[7] 霍慧煜.文化遗址博物馆展示中的情境共创设计研究[D].无锡:江南大学,2022.

[8] 王思怡.多感官体验在博物馆展览营造中的理论与运用——以浙江台州博物馆"海滨之民"展项为例[J].东南文化,2017,258(4):121-126.

[9] 周凯,杨婧言.数字文化消费中的沉浸式传播研究——以数字化博物馆为例[J].江苏社会科学,2021,318(5):213-220.

[10] 邱敏.物质实体与数字化:虚拟艺术博物馆中艺术与技术的博弈[J].艺术评论,2022,222(5):130-140.

曾馨仪[1]　谢菲[1,2]*　耿铭婕[1]*　王馨梓[1]　胡思可[1]　王一凝[1]

1. 湖南大学建筑与规划学院；1908969924@qq.com
2. 丘陵地区城乡人居环境科学湖南省重点实验室

Zeng Xinyi[1]　Xie Fei[1,2]*　Geng Mingjie[1]*　Wang Xinzi[1]　Hu Sike[1]　Wang Yining[1]

1. School of Architecture and Planning，Hunan University；1908969924@qq.com
2. Hunan Key Laboratory of Sciences of Urban and Rural Human Settlements in Hilly Areas

2021 年大学生创新创业训练计划国家级项目(S202110532093)；2022 年湖南大学教学改革研究项目(531120000002)；湖南省自然科学基金一般项目(2018JJ2047)

湖南博物院中新媒体交互技术展陈应用空间效能研究
Research on the Efficacy of Interactive Media Technology Exhibition Application Space in Hunan Museum

摘　要：信息智能时代下文化展览空间倡导关注参观者多维体验的交互展示方式和新媒体技术来服务于城市文化创新。本文探讨了新时期博物馆展示空间的问题和发展需求，具体结合湖南省博物馆的转型分析新技术应用的挑战和可能对策。基于人因工程学方法，本研究就观者主观感受、展陈空间布局整合度及观展前后公众认知变化等若干因素，可视化分析湖南博物院中新媒体空间与视知觉主体间的交互作用及其城市文化传播的影响效果，提出了有关优化建议。

关键词：新媒体技术；公共文化空间转型；博物馆观众研究；展示优化；空间效能

Abstract：In the era of information intelligence, cultural exhibition spaces advocate for interactive display methods and new media technologies to serve urban cultural innovation. This paper explores the issues and development needs of museum exhibition spaces in the new era, specifically analyzing the challenges and possible strategies of applying new technologies in Hunan Provincial Museum's transformation. Based on the methods of human factors engineering, this study examines various factors such as the subjective perception of the museum visitor, the integration of exhibition space layout, and changes in public awareness of the visitors before and after the exhibition. It visualizes the interaction between the new media space and the visual perception of the subject in Hunan Museum, as well as the impact of urban cultural communication. It also proposes optimization suggestions.

Keywords：New Media Technology；Transformation of Public Cultural Space；Museum Visitor Research；Display Optimization；Spatial Effectiveness

1　引言

近年涉及博物馆新媒体空间的中外研究在 WoB (Web of Science)和中国知网文献检索中呈稳增趋势。针对 2018 至今 5 年内的知网 CNKI 数据库检索(主题词为"博物馆""新媒体")，删除低相关数据后，本研究收集 1164 篇核心文献作为分析基础数据。CNKI 检索计量分析结果显示，"智慧博物馆""新媒体技术""文化传播""传播方式"等几个高频文章关键词成为近年博物馆空间研究热点。在新媒体技术介入下，信息智能化的博物馆展览空间具有了更高的传播性、更强的公众参与互动度，这对展陈空间及展馆服务提出了更高要求。

借助新媒体技术支撑，博物馆空间将传统布展方式转为对参观者体验的关注，提倡多感官、多层次、立体化的展示方式，进而促进城市文化空间公共性发展。因为展览空间视觉服务主体的转变，主客体间的信息沟通和交互活动成为博物馆新媒体技术应用的主因。比较大英博物馆与故宫博物院相关信息可以发现(表 1)新媒体展览的主要受众传播目前多为大众科普性，技术介入方式多样化，场馆线下传播类型集中在交互式展览、AI智能讲解和影像信息处理等几种模式。但随着数字博物馆技术发展，博物馆的传播方式、运营模式和展览形式都将逐渐突破传统空间局限，比如近年受到公众热捧的元宇宙展览空间。

表1 代表性博物馆新媒体空间技术应用的比照

对象	年度参观人次	线上/线下传播	典型技术应用方式	受众传播
大英博物馆	600万	线上+线下	AI导览、互动装置、裸眼3D、MR	大众式/分众式
故宫博物院	1800万	线上	影像信息处理技术、沉浸式展示、VR	大众式/分众式
湖南博物院	300万	线下	AI智能讲解技术、VR	大众式

2 湖南博物院文化服务转型挑战及应对

我国博物馆按三级评定，其社会服务的基本功能是博物馆评估及定级管理条例建设重点关注方向。如"陈列展览与社会服务"评分项占总得分值50%（参《博物馆定级评估标准》《评分细则计分表》），内容涉及"新媒体传播""展示设计""公众服务""观众调查"等方方面面。中国博物馆协会还定期进行"博物馆运行评估"，引导和监督博物馆的管理和服务。

按照二十大文化工作部署，"挖掘价值、有效利用，让文物活起来"成为新时代博物馆文化工作的新任务和新主题[1]。如何在"活"上做文章，特别是如何将新技术和新媒体应用与博物馆服务融合成为博物馆公共服务转型要面对的高层次挑战。2022年7月，依托于馆舍新建和机构整合拓展，湖南省博物馆正式更名湖南博物院[2]。湖南省博物馆属历史艺术类展馆，升级为国家一级文物工作场馆后，其设施配置及服务品质都急需提升。就文化传播和服务而言，湖南省博物馆转型的挑战和对策可初步归纳为表2所示的几个方面，本文还以视觉主体-观众体验为中心，从观众研究的心理学、社会学、环境行为学、传播学等角度总结了若干重要议题[3]。目前湖南博物院空间阐释以科普性大众传播方式为主，有关观众研究缺乏。因此本文选取湖南博物院为研究对象，依人因工程学方法，具体分析新媒体交互技术在博物馆空间中的运用，试探此类空间"文物"活用的问题和路径。

表2 湖南省博物馆转型的挑战和对策

议题	转型挑战	转型对策
展览阐释性[4]	建构博物馆阐释要素科学模型（如TORE模型）	形成建构主义博物馆学习环境，提高博物馆展览可读性
传播叙事性[5]	大众、分众细分传播形式，避免传播媒介同质化、单一化	创新传播观念、更新传播范式
具身认知与技术	打造动态化、情境化的身体-环境整体认知系统	借助新媒体手段促进博物馆内容的感性和视觉转化
博物馆疲劳	营造愉悦、非同质、激发共情的展览内容和氛围[6]	进行交互展示策划，促进互动活动

3 湖南博物院中的新媒体技术运用

湖南博物院的核心展示为"长沙马王堆汉墓陈列"（下简称"主题展览"），包括序厅、惊世发掘、生活与艺术、简帛典藏和永生之梦五个部分，分置于建筑三层空间内，面积达5243.8 m²文物展品千余件[7]。

3.1 新媒体交互展示技术运用情况简述

"长沙马王堆汉墓陈列"展以技术交融的叙事手法描绘汉初轪侯家人生前及逝后的空间想象，表现古人的生命观及宇宙观，以及在世界文明史上的科技成就及重大贡献，观展需1.5 h。但展在内容阐释方面运用的新媒体技术种类较少，只有AI智能讲解技术与影像信息处理技术运用频次较高（图1）。结合主题展览新媒体技术的数量、种类、空间分布情况，本文选取影像信息处理技术、AI智能讲解技术（微信扫码智能讲解技术、智能导览技术）来研究博物院展览空间传播特征。

如图1所示，大量新媒体技术运用于在"生活与艺术"与"锦帛典藏"两个区域。微信扫码智能讲解技术在展览空间中的分布均匀；智慧导览式讲解主要分布在各系列重点展品处的中心位置。影像信息处理技术常根据文物种类和展出位置采用，整体分布上无明显特征，空间组合方式主要分两种：一是位于系列展品的墙壁旁侧；二是与独立展品成对布置，共同形成此空间单元的视觉中心。交互式媒体技术大部分位于展览内围合感较强的区域，便于营造沉浸式的观展体验；其他交互式媒体技术位于展品空间一角，为观展提供了空

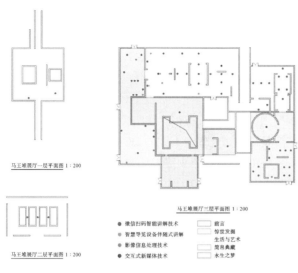

马王堆展厅一层平面图 1:200

马王堆展厅二层平面图 1:200

马王堆展厅三层平面图 1:200

- ● 微信扫码智能讲解技术
- ◎ 智慧导览设备伴随式讲解
- ● 影像信息处理技术
- ● 交互式新媒体技术

□ 前言
□ 惊世发掘
□ 生活与艺术
□ 简帛典藏
□ 永生之梦

图 1 "长沙马王堆汉墓陈列"展览新媒体技术整体空间分布示意

间体验条件。

3.2 空间整合性分析——基于空间句法

3.2.1 主题展整体认知环境与空间类型比较分析

构建观众整体认知环境是博物馆建筑空间重要议题(表2)[8]。本研究通过建立展览空间模型,依据空间句法对进行可视度、步深与集成度分析其环境整合性(表3),从而探究建筑的空间形态如何参与观众的整体游览体验并影响知识获得感。如图3所示,结合各展厅的空间类型和展厅空间句法的模拟结果,可以进一步对照分析各分主题、展览空间类型以及空间特征。

3.2.2 展厅设计现存问题与新媒体介入措施

本研究在分析数据时发现主题展叙事传播的理解度可用空间局部与整体变量之间的相关性来描述[9]。因此研究通过分析马王堆展厅的各层连接值-集成度的散点图(图略),得出一层、二层连接值与集成度的相关性较高。而三层的主展厅散点图呈面状铺开,这源自其丰富与复杂的平面,但也证实布局固定的展厅空间可利用媒介技术引导和改善观展体验。因此,为优化展厅传播效果,本文建议(表3、表4):① 在观众拍照打卡或留影需求大的序厅入口处增加打卡互动装置等服务设施;② 对观者印象最深刻的"惊世发掘""永生之梦"展区增设体验装置、扩展文物挖掘知识并延长多媒体服务时长来优化传播品质;③ 在公众反映展陈趣味性、空间可达性低的"生活与艺术""简帛典藏"单元增加触觉体验、加设更直观的全息投影并转化放映室功能为沉浸式剧场等功能丰富展厅的叙事体验。

3.3 传播效应分析——基于问卷实证的观众调研

3.3.1 问卷设计

问卷调研是博物馆观众研究的重要方式,本问卷设

表 3 可视度、步深与集成度结果

分析结果		分析结果	
可视化		集成度	
A视点步深		D视点步深	
B视点步深		E视点步深	
C视点步深		F视点步深	

表 4 展厅设计类型对照

主题空间句法结果	分析结果与布展点	主题、类型与特征
		主题:惊世发掘 类型:一中心,多节点结合墙壁 特征:流线清晰、主题明确,但空间趣味性较弱
		主题:生活与艺术 类型:客厅式展览 特征:主题空间聚合度较高,但难被注意到
		主题:简帛典藏 类型:平行序列式,其中嵌入多媒体空间 特征:主题明确,但区域可达性较低
		主题:永生之梦 类型:展览核心,通高空间 特征:核心通高高潮,给人留下深刻印象

509

计主要分为三部分：①基础信息；②展览传播效能研究，包括印象深刻展区、文物展出偏好方式、总体认知程度、宣传意愿；③新媒体技术效能探究，如AI智能讲解技术利用和影像处理技术阐释效能（其展品的视觉信息接收效果和认知效果的影响因子见表5），及使用/未使用影像技术的展品差异。调研选用四组八个展品，用五级量表对各项因子打分。

数据采集时间为2022年11月—2023年3月，采取线下博物馆结合互联网线上方式。调研发放问卷共144份，回收有效问卷131份。受访人群基本特征为：男性45人，女性86人，年龄集中在19～25岁。参与者学历大学本科为主，其次为本科以上。

表5　展品视觉信息认知效果分析框架

对象	展品视觉信息维度	因子	评分标准（1～5分）
展品信息传播效能	信息接收效果	印象深刻程度	印象越深刻评分越高
		停驻时间	停驻时间越长评分越高
	信息认知效果	趣味度	趣味度越大评分越高
		信息认知程度	认知程度越深评分越高

提出研究假设：H1，所选展品中，使用了影像信息处理技术的展品视觉信息接收效果比未使用的传播效果更好；H2，所选展品中，使用了影像信息处理技术的展品视觉信息认知效果比未使用的展品效果更好。

3.3.2　展陈空间传播效能分析

博物馆观众对不同展览区域的印象差异较大（表4）。调研发现，除了28.24%的湖湘文化分展体验者反映收获较大外，61.26%的观众对展览环境整体认知明显不足，但91.5%的观者有分享和传播展览的意愿，显然马王堆汉墓陈列展在文化感知、知识传播、展览宣传上都达到了一定的传播成效。

3.3.3　AI智能讲解技术利用效果分析

在智能导览技术利用的调查中发现超过半数的样本观众不选择智能导览工具，其主要原因是租借与携带不便，31.65%的参观者不认同租借服务及其价格。但该项服务使用者均不同程度地提升知识获得感和观展体验。

另外，调查还发现77.1%的观众能熟练掌握微信扫码智能讲解功能。其中，有43.56%的观众认为该过程提升展览空间可读性，有近半数参观者因此提升了

观展效率，感受到了展览趣味性和文化内涵。但即便如此，仍有66.67%的观者提到扫码服务频率过高，因供给信息品质和趣味性不足而产生审美疲劳。

3.3.4　影像信息处理技术阐释效能探讨

表6、表7列出主题展览中利用影像导览技术展品的观众调研数据分析和处理结果。从表7可以发现由表5提出的研究假设H1与H2皆不成立。这说明主题展场中，影像信息处理技术的运用对观众在视觉信息接收与认知效果方面的影响不显著。为进一步验证"展品视觉信息接收效果"，本研究又分别对"印象深刻程度""停驻时间""趣味度"三个因子重复上述过程，分析结论皆相同（表7）。

表6　问卷预分析

问卷预分析内容	问题	Cronbach's Alpha	项数	问卷预分析内容	组名	P值（双尾）
问卷信度分析	印象深刻程度	0.7509	8	方差齐性检验	展品视觉信息接收效果	0.374
	停驻时间	0.753	8		展品视觉信息认知效果	0.8799
	趣味度	0.808	8			

表7　差异性检验

差异性检验	组名	P值（双尾）	差异性检验	因子	方差齐性检验P值（双尾）	差异性检验P值
展品视觉信息总体认知情况	展品视觉信息接收效果差异性检验	0.374	展品视觉信息接收效果因子	印象深刻程度	0.0801	0.0969
				停驻时间	0.1484	0.7747
	展品视觉信息认知效果差异性检验	0.5769		趣味度	0.8061	0.7265

4 讨论与总结

总之,"长沙马王堆汉墓陈列"展览空间针对新时期出现的文化传播议题和挑战,在展览内容阐释、空间叙事传播和具身化视觉导览技术方面做出了努力。新媒体技术运用的整体效果可总结为:其一,新技术投放总量大、种类少,多数为微信智能扫码技术;其二,在新媒体技术的传播效能上,仅有 AI 智能讲解技术的使用率和使用效果良好。影像信息处理技术由于阐释方式单一、趣味性低引发观展"疲劳",而且观众参与度高的交互式技术在数量与提升具身认知上均不佳;其三,新媒体技术的视觉呈现内容主要围绕文物本身展开,如长沙古城文化、湖湘历史文化等观众喜闻乐见的生活叙事性分众展览欠缺,易触发展馆"疲劳"效应。本文建议湖南博物院发展以"文物观赏＋文化体验"为重点的沉浸式观展方式,优化场馆的展览阐释要素的叙事连接性、空间设计与新媒体技术运用整合性、新媒体技术传播手段多样化及展览文化大众传播与在地文化认知构建分众式服务结合,降低"博物馆疲劳"效应[10]。

本研究从博物馆"物—人关系"转型出发,定性、定量结合重点分析新媒体技术展陈应用的空间传播效能及观众观展前后认知变化,填补有关湖南博物院的观众研究不足,服务于博物馆文化空间公共服务的转型。

参考文献

[1] 李群.新时代文物工作:更好展示中华文明风采[EB/OL](2022-02-16)[2023-06-30]. http://www. qstheory. cn/dukan/qs/2022-02-16/c_1128368324. htm.

[2] 湖南省科学技术厅.关于组织开展湖南省重点实验室组建工作的通知:湘科发〔2022〕119 号[A/OL].(2022-07-15)[2023-06-30]. https://kjt. hunan. gov. cn/kjt/xxgk/tzgg/tzgg＿1/202207/t20220715_27559221. html.

[3] 中青在线.让文物活起来 国宝自己会"说话"[EB/OL].(2022-06-12)[2023-06-30]. https:/news. cyol. com/gb/articles/2022-06/12/content_B0XjnFlYQ. html.

[4] 包晗雨,傅翼.试论体验时代基于新媒体技术的博物馆交互展示[J].中国博物馆,2021(4):111-118.

[5] 郭文心,郑霞.博物馆观众多媒体技术使用意愿及影响因素研究[J].科学教育与博物馆,2023,9(2):28-37.

[6] 张晓敏.场景·视角·关系——故事理论视域下的博物馆沉浸传播[J].传播创新研究,2022(2):189-221.

[7] 段志沙.新媒体环境下博物馆文化传播的思考[J].文化产业,2022(27):85-87.

[8] 蔡祥军,章平.基于观众学习行为理论的博物馆展览模式研究[J].山东社会科学,2009(S1):185-187.

[9] 李祯晏.非遗博物馆互动体验展示设计研究[D].西安:西安理工大学,2021.

[10] 王壹钦.环境行为关系理论下的耀州窑博物馆展示空间改进研究[D].西安:陕西科技大学,2023.

潘钦鋆[1,2]　解明镜[1*]

1. 中南大学建筑与艺术学院;210027@csu.edu.cn
2. 中国市政工程西北设计研究院有限公司
Pan Qinyun [1,2]　Xie Mingjing [1*]
1. School of Architecture and Art, Central South University; 210027@csu.edu.cn
2. CSCEC AECOM Consultants Co., Ltd.

基于点云数据的芋头侗寨鼓楼三维重建与交互设计研究
Research on 3D Reconstruction and Interactive Design of Drumtowers in Ancient Taro Village of Dong Minority Based on 3D Point Cloud Data

摘　要: 文化遗产数字化浪潮下,古建筑数字化技术需与时俱进,以满足不同人群的不同交互需求。本文以点云数据为基础,湖南省芋头古侗寨田中鼓楼为研究目标,建筑学及其相关领域从业人员为交互对象,BIM＋3DGIS为交互工具,进行三维重建与交互设计,提出一套从建筑数据采集、数据处理、三维重建、目标人群需求分析、信息附着、交互展示的完整技术流程,满足特定人群交互需求,为后续面向不同人群的古建筑交互信息库的建立提供新视角。

关键词: 点云数据;三维重建;交互设计;BIM;3DGIS

Abstract: Under the background of digital protection of cultural heritage in China, and the digital technology of ancient buildings needs to keep pace with the times, it is difficult to meet the different interactive needs of different interactive people. In this paper, based on 3D point cloud data, the Drum-towers in the ancient taro village of Dong minority is taken as the research target building, the architectural practitioners are the interactive objects, and BIM＋3DGIS is used as the interactive design tool to carry out 3D reconstruction and interactive design, and a complete technical process from building data collection, data processing, 3D reconstruction, target interactive crowd demand analysis, information attachment and interactive display is proposed. The interactive design of drum-towers is completed to meet the interactive needs of specific people, providing a new perspective for the subsequent establishment of interactive information base of ancient buildings for different people.

Keywords: 3D Point Cloud Data; 3D Reconstruction; Interactive Design; BIM; 3DGIS

"十四五"时期,我国数字经济转向深化应用、规范发展、普惠共享的新阶段[1],文化遗产数字化保护也成为建筑保护领域的主要发展方向。与此同时,古建筑数据提取、处理、展示等技术日趋完善,特别是在疫情等特殊情况影响下,虚拟交互的需求增多。

目前针对古建筑这类复杂建筑的交互成果主要有二维展示、全景漫游、App交互,以二维数据提取、三维数据展示为主,是形式较为单一的展示与交互。这种单一的交互往往面向人群较多,常选取简单且浅显的信息进行交互展示,交互的方式简单,交互成果多为构件或建筑展示漫游,面向的目标人群广泛,难以满足专业人群的不同交互需求。

因此,有必要选择一种新的交互流程,发挥数字测绘技术的优势,获取精准的建筑数据,同时针对复杂建筑进行信息交互设计,针对不同目标人群,提取不同的交互需求,根据不同建筑特色,提取建筑的特征信息,进行交互设计,形成针对目标人群的定向交互设计。

本文以湖南省通道县芋头古侗寨田中鼓楼为例,以点云数据形式收集建筑数据,运用BIM＋3DGIS完成建筑交互,探索古建筑交互新流程。

1 研究现状

1.1 点云数字化研究

近年来,国内外研究中重点在点云数据与其他研究领域的融合,计算机、自动驾驶、人工智能等领域已逐渐开始运用点云技术。点云的数据采集逐渐从单一仪器获取向多源数据融合发展。根据不同设备数据采集的优势与劣势,扬长避短,进行多次的数据采集,提高数据量的同时,提高数据采集效率与数据精准度,是时下最前沿、最科学、最精准的数据采集模式。

1.2 建筑交互设计

近年来,国内外研究方向均与计算机结合,向参数化、空间化、协同化发展,打破传统二维的交互形式,向三维方向发展,同时利用参数化的优势,建立不同需求下的技术框架,进行平台建构、协同管理、三维度互动,是时下主流的建筑交互形式,但交互人群多为游客,交互成果多为网页平台,并没有基于建筑学人群的交互展示。

1.3 湘西南鼓楼研究

目前面向侗族、侗寨与鼓楼的研究成果较多,研究成果多以村落为研究对象,从村落的角度出发,进行鼓楼建筑的分析。同时,面向鼓楼单体建筑的研究成果内容较为统一,以对比分析为主,通过对比不同地域、不同文化体系、不同村寨下的鼓楼建筑,分析鼓楼建筑的平面、立面、结构等信息。但面向同一村寨的鼓楼建筑分析较少,且分析深度较浅,对鼓楼建筑的分析深度没有到达单栋鼓楼,而是对区域内鼓楼进行分类整理汇总分析。

2 研究方法

2.1 技术流程

技术流程主要采用基于点云数据的技术体系,数据采集、数据处理、数据运用均采用点云数据,主要包含点云数据获取、多源数据融合处理、三维模型重建和交互设计等步骤。三维建模重建部分以三维信息模型为主,包含点云切片与模型逆向重建。交互设计主要包括需求分析、交互工具选取、交互人群选取、信息附着、交互展示等内容,具体技术流程如图1所示。

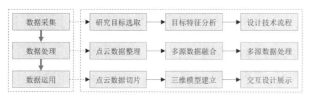

图 1 技术流程图

2.2 研究目标

本文选取湖南省通道县芋头古侗寨田中鼓楼为研究目标。该村寨设有四座鼓楼,其中田中鼓楼地处下寨田地中央,四周空间开敞,无建筑环绕形成围合封闭的中心空间,无鼓楼坪[2]。1972年重修,为村落大火后重整修建的产物。2007年列为国保,由中央出资大修(图2)。

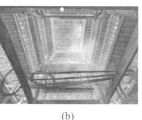

(a)   (b)

图 2 田中鼓楼现状图
(a)外部现状;(b)内部现状

2.2.1 平面特征

田中鼓楼坐南朝北,东侧中间位置开对扇门大门,东、南、北面分别装斜板式栏板,金柱顺进深方向设坐凳,中间设地火塘。正面、侧面栏板上敞空。背面明间装板,两次间下部装板,上部是方棂通窗。

台基共一层,由碎石堆砌。室内地面在台基上铺设青石板,石板的铺设沿开间方向横铺。台基建构时预留中间火塘部位的深坑,形成的凹槽空间内部和周围一圈环绕围嵌青石板,青石板上用三合土填满,上置烧火棍等可燃物,形成中心火塘。

2.2.2 结构特征

田中鼓楼为抬梁穿斗混合式结构。下部五重檐采用穿斗结构做法,上部歇山顶采用抬梁结构做法。三层重檐处,由中心柱向内侧悬挑穿枋加柱,穿枋上置瓜柱,再由该瓜柱形成三至四层重檐和上部歇山顶的承重柱,最终形成向内部层层收缩的结构形式,采用45°穿枋、滑椎、凹槽等构造,最终形成鼓楼结构体系。

2.2.3 屋顶及细部特征

屋顶为五重檐歇山顶,主结构之上布设檩条,上盖小青瓦。正脊部分由小青瓦斜砌筑脊,从中间向两边展开,脊刹由小青瓦平铺堆叠组成,两端由小青瓦平铺抬高后斜砌小青瓦,逐渐升高。歇山顶的垂、戗脊以及下层重檐博脊盖瓦形式均与正脊相同。

大门为未退让双开门,位于明间中间。门上会张贴通知、贴对联、挂灯笼,处于常年开放的状态。

除明堂设有墙板外,其余部分均为齐胸斜板式栏板,与屋顶组成凸窗。其余开窗部位设于明堂两侧的墙体及门板上部,为木制方棂通窗。

雕刻主要有两种。一种是木雕,用于木质结构构件穿插交错后凸出的部位。另一种是石雕,位于大门前东侧,设有一块与门槛同高的石碑,体量较小。

2.3 技术难点

自然环境复杂。研究范围地势起伏较大,南北两侧为高山。研究目标位于寨门前的稻田中,北、南、东三侧为稻田,西侧紧挨其他建筑,无法进行环绕式飞行。

作业对象复杂。目标建筑高度低、屋面形式复杂多样、檐下空间较多,会有较多遮挡和盲区。建筑内部空间较小、结构复杂。

测绘环境复杂。作业时间为3月,平均温度较低,村民会将鼓楼首层的四个立面用防风布包裹起来,用来防风、保暖。因此需提前联系当地政府工作人员,申请作业对象及作业范围的拍摄许可,选择在游客较少的时间段,并召集当地居民一起拆除冬季因遮风采暖所搭设的遮蔽物,在天气阳光充足之时进行数据采集。

3 研究成果

3.1 点云数据获取

无人机倾斜摄影数据采集选用 DJI Phantom 4 RTK,对目标建筑屋顶及场地进行点云数据采集。根据不同精度分别进行数据获取,分粗模采集、鼓楼精细化航线飞行、手动补拍三部分。以国家测绘局 2010 年颁布的低空数字航空摄影测量外业规范要求进行数据采集[3]。

三维激光扫描仪数据采集选用 Trimble X7 三维激光扫描仪,对目标建筑内部及周边进行点云数据采集。室外站点布设受建筑周围环境影响,避开水田等不适合放置仪器的部位,进行环绕式布置,结合场地高差,在台阶处、台基前、台基上分别进行加设站点,同时在视野狭窄的一侧进行加设站点。室内站点布设主要根据建筑结构情况,在内圈柱与外圈柱间、内圈柱内分别架设站点(图3)。

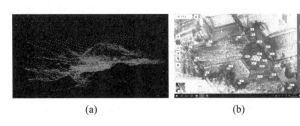

图 3 点云数据采集点
(a)无人机像控点;(b)扫描仪站点

3.2 多源数据处理

建筑内部和外部采用了不同的数据获取技术,得到两组多源数据,需将两组数据进行整合,主要包括数据整理、数据融合和数据处理,多源数据汇总融合处理流程图如图4所示。

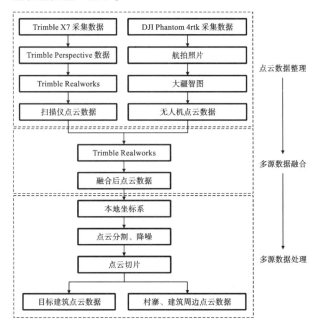

图 4 多源数据处理流程图

3.3 三维模型重建

目标鼓楼建筑点云数据切片导入 Autodesk Revit后,可根据该点云数据进行三维信息模型的建立,三维信息模型建立按照 Revit 模型建立的步骤进行。遵循"由整体到局部、由下部到上部、由结构到细节"的古建筑建模原则,从整体出发,建立 Revit 三维信息模型(图5)。

图 5 鼓楼三维信息模型
(a)鼓楼点云切片;(b)鼓楼 Revit 模型

3.4 鼓楼交互设计

本次芊头古侗寨交互设计从功能需求出发,选取交互工具和交互人群,对交互人群进行用户需求获取,再通过交互工具进行数据信息转换与展示,主要分为需求分析、信息附着、交互展示三个部分,交互设计流程如图6所示。

3.5 需求分析

交互工具选取。本次鼓楼交互设计,需要对建筑的平面、结构、屋顶等建筑细部进行信息交互展示,同

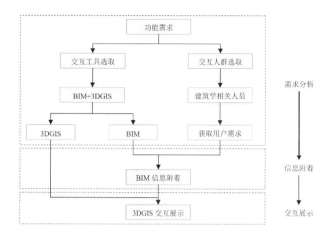

图6　交互设计流程图

时需要对鼓楼坪等场地环境进行交互展示。BIM 与 3DGIS 的结合既能进行单体建筑信息展示,同时对场地场景也能进行场地信息交互展示。

交互人群选取。目前面向对目标建筑了解较少、需要深入学习的交互成果较少,因此交互人群选取对鼓楼建筑有进行进一步深入学习需求的建筑相关从业人员。

需求调查主要以问卷的形式进行。分别从调查者基本情况、目标人群筛选、需求调查三个方面出发进行问卷设计。需求调查根据田中鼓楼特性,分别从台基地面、大木构架、屋顶及其装饰、细部装饰共四个方面出发,进行目标人群需求调查。

需求分析根据问卷结果进行,在 311 份有效问卷中,根据问卷筛选出从事建筑学相关行业的答卷,共计 253 份,对筛选后的数据进行采纳。

3.6　信息附着

根据需求分析统计结果,分别在 BIM 建筑信息平台上对台基平台、大木构架(图7)、屋顶及其装饰、细部装饰四个部分进行交互信息的提取和附着。

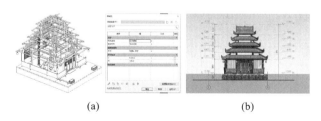

(a)　　　　　　　(b)

图7　主承重柱信息附着示意图
(a)主承重柱信息附着;(b)立面信息附着

台基地面方向选取占比 49.80% 的构成材料(例如青石板、砖)、占比 36.36% 的铺地材料(例如三合土、青石板、木板);大木构架方向选取占比 66.40% 的构件名称(例如雷公柱、瓜枋、丁头栱)、占比 59.29% 的构件材料(例如石材、木材、三合土);屋顶及装饰方向选取占比 72.33% 的屋顶材质(例如小青瓦、三合土);细部装饰方向选取为占比 43.48% 的家居布置(例如桌椅、神像、电视机)。将上述 6 项信息在 BIM 中进行信息附着。

3.7　交互展示

在 3DGIS 平台中,可通过鼠标的点选,获取附着的建筑信息。同时可利用 GIS 平台的优势,进行漫游展览,利用 GIS 平台获取空间分析、空间统计分析、交通分析等数据,进行多样的交互体验(图8)。

图8　主承重柱交互呈现

4　结论

数字化发展速度日新月异,尤其近 5 年,在多学科交叉的大环境下,各种建筑数字化技术运用而生,每种技术的更新发展也十分迅速。本研究利用多种技术手法,每一种手法在各自的领域均迅速发展且有很大的发展空间,同时不同技术手法间的数据交互也有较大提升空间。相信未来各学科会有更精准的技术运用在文化遗产保护中,为我国文化遗产保护贡献更多的思路与力量。

参考文献

[1] 国务院.关于印发"十四五"数字经济发展规划的通知:国发〔2021〕29 号[EB/OL].(2022-01-12) [2023-06-30]. http://www. gov. cn/zhengce/zhengceku/ 2022/01/12/content_5667817. htm.

[2] 李哲,周小琪.湖南通道县芋头古侗寨内部空间形态研究[J].中外建筑,2019,216(4):65-68.

[3] 国家测绘局.低空数字航空摄影测量外业规范:CH/Z 3004-2010[S].北京:测绘出版社,2010.

苑思楠[1,2]* 穆南硕[1,2]

1. 天津大学建筑学院；yuansinan@tju.edu.cn
2. 建筑文化遗产传承信息技术文化和旅游部重点实验室

Yuan Sinan[1,2]* Mu Nanshuo[1,2]

1. School of Architecture，Tianjin University；yuansinan@tju.edu.cn
2. Key Laboratory of Information Technology for the Inheritance of Architecture Cultural Heritage，Ministry of Culture and Tourism.

国家自然科学基金项目(51978441)

基于便携式 AR 技术的大遗址可视化传播研究
——以长城全线数字化成果 AR 展陈为例

Research on the Visual Communication of Large Archaeology Sites Based on Portable AR Technology：Taking the AR Exhibition of the Digital Achievements of the Great Wall as an Example

摘　要：对于大遗址研究截至当下已产生了诸多引人注目的研究成果，然而如何实现大遗址研究成果与其所蕴含传统文化的展示传播，在传统展陈模式下仍面临着诸多挑战。本研究以天津博物馆《虚实之间·发现长城》长城数字化成果增强现实（AR）展陈为佐例，讨论便携式 AR 技术在大遗址可视化传播领域的应用效果，并初步定义其应用原则。本研究旨在推动大遗址可视化传播的技术创新与方法创新，进而促进大遗址中所蕴含传统文化的创造性转化与创新性发展。

关键词：建筑遗产；大遗址；可视化传播；增强现实；长城

Abstract：As for the research on large archaeology sites, many remarkable research results have been produced up to now, however, how to achieve the display and dissemination of the research results of large archaeology sites and the traditional culture they represent still faces many challenges under the traditional exhibition mode. Taking the Tianjin Museum's "Between Virtuality and Reality - Discovering the Great Wall" augmented reality (AR) exhibition of the Great Wall's digital achievements as an example, our research discusses the application effect of portable AR technology in the field of visual communication of large archaeology sites and tries to preliminarily define the principles of its application, so as to promote the technological and methodological innovations in the visual communication of large archaeology sites and thus promote the creative transformation and innovative development of the traditional culture embedded in large archaeology sites

Keywords：Architectural Heritage；Large Archaeology Sites；Visual Communications；AR；the Great Wall

1　研究背景

大遗址概念专指文化遗产中规模大、文化价值特别突出的古代文化遗址[1]。在人类文明漫长的建筑发展史中，存留下诸多对研究人类文明发展史有着重大意义的大遗址（图 1）。截至目前，关于大遗址的研究成果为研究人类文明的发展提供了重要的材料依据，对于揭示古代社会和文化的演变过程有着重大的意义。

在持续推进大遗址研究工作之余，如何完成大遗址研究与保护成果的社会化表达，进而展现大遗址的文化内涵，以激发其社会性价值，从而实现大遗址的传形达意与活化传承也是不可忽视的一项重任。

然而，在大遗址展示与传播的过程中，又存在着不可避免的问题与挑战。例如：传统的展示方式无法全面地传达大遗址中蕴含的文化信息，将影响公众对遗址的深入理解和欣赏；由于大遗址的规模和复杂性，存

图 1　天津蓟州区黄崖关长城
（图片来源：http://www.hygcc.com/黄崖关长城主页）

在自然因素与人为破坏等多种威胁，如进行现场展示可能导致遗址本体的损坏，但集中布展又受到展陈面积的限制，难以尽数展现大遗址全貌并提供足够自由的参展选择；不同年龄或教育背景的人可能对大遗址的理解和兴趣有所不同，而传统的大遗址展示方式往往较为严肃，缺乏互动性和参与性，因此往往面临受众多样性问题的挑战。

针对以上挑战，2021 年 10 月 12 日，国家文物局印发《大遗址保护性利用"十四五"专项规划》（后称《规划》），明确将"坚持创新驱动"作为新时期大遗址保护利用工程的重要原则之一，指出要推动大遗址保护利用理论创新、技术创新、方法创新，充分发挥科技创新的支撑作用，提高科技成果转移转化成效，丰富保护利用传播技术手段，促进中华优秀传统文化创造性转化、创新性发展[2]。

随着科学技术的不断发展，及其向人文社会的广泛渗透，文化在当下已无法摆脱科学技术而独立发展。科学技术与传统文化二者彼此促进成为当下的新趋势。2020 年 12 月，文化和旅游部发布《关于推动数字文化产业高质量发展的意见》，明确提出要让优秀文化资源借助数字技术"活起来"，将所蕴含的价值内容与数字技术的新形式新要素结合好，实现创造性转化和创新性发展[3]。在大遗址研究领域不断地交叉研究与实践应用过程之中，产生了诸如三维扫描与数字化重建、拓展现实与交互式展陈等技术。

2　便携式增强现实（AR）技术概述

为提升大遗址可视化传播的传播效率并优化其传播效果，必须引入创新的展示与传播方式，如利用拓展现实技术与沉浸式体验理念等新兴领域的方式来实现展陈形式的革新与展陈体验的优化。其中，增强现实（augmented reality，AR）技术以其独有的虚实空间结合特性，引领了传统展陈形式的进步发展。

2.1　AR 技术基本介绍

AR 技术是一种将虚拟信息与真实世界进行融合的技术，通过计算机图形学、传感器、定位和显示等技

术手段，将虚拟对象叠加在真实场景中，使用户能够在真实环境中感知虚拟内容并与之进行交互[4]。

Bimber 等将增强现实显示设备分为头戴式、手持式和空间式三种[5]；若以技术部署形式为原则进行分类，可分为独立应用式 AR、快应用式 AR 与网页式 AR。以上分类能够帮助开发者分析不同场景与条件下 AR 技术最合适的应用形式，进而在技术开发与调试阶段予以指导。

2.2　遗址类展陈传播中 AR 技术应用综述

1997 年，北卡罗来纳大学的 Azuma 在发布的报告中将增强现实概括为三个基本特征：combines real and virtual（虚拟物与现实结合）；interactive in real time（实时互动）；registered in3D（三维注册）[6]。以上特征在国内外诸多基于 AR 技术的展陈传播应用实例中均有所体现。2001 年由希腊 IntroCom 公司在欧盟的支持下所开发的 Archeoguide 是一款针对希腊考古遗址奥林匹亚的移动 AR 导航系统，该系统通过 AR 界面将修复的纪念碑和文物以 3D 形式投影在头戴设备（HMD）上（图 2）[7]。2012 年 CityViewAR 以 3D 建筑增强等形式提供了新西兰基督城被地震摧毁的建筑和历史遗迹的地理信息，体现了 AR 技术在城市等大尺度区域下的应用潜力（图 3）[8]。2016 年《纯净之地：敦煌莫高窟》AR 展陈利用手持设备在一处室内空间中重现了莫高窟的景象等（图 4）。2006 年，北京理工大学的王涌天教授等开展的基于 AR 技术对圆明园西洋楼景区进行建筑遗址本体复原的项目被认为是国内首个将 AR 技术应用于建筑遗产展示的应用研究（图 5）[9]。

图 2　Archeoguide 赫拉神庙 AR 复原
（图片来源：参考文献[7]）

2.3　便携式 AR 技术在展陈传播领域的应用优势

随着 AR 技术的不断发展与革新，如今已实现以随身便携设备作为其应用硬件载体，形成了便携式 AR 技术这一大子类。结合上文应用实例可以看出，AR 技术及其便携性进步为遗产的可视化传播带来了更多元的研究与实践形式，在遗产保护领域具备独特的优势。

图3 CityViewAR 在 AR 视图中显示遗址现场虚拟建筑

(图片来源:参考文献[8])

图4 《纯净之地:敦煌莫高窟》AR 展陈

(图片来源:https://www.sohu.com/a/160103230_99958728)

图5 圆明园景观 AR 重现

(图片来源:参考文献[9])

2.3.1 信息交互性强

便携式 AR 技术在信息交互维度中有着极大的优势。在将虚拟元素与现实环境同步呈现之余,能够在不影响现实空间的情况下提供虚实交互的互动体验之外,便携式 AR 技术还可以传递更加多元化的信息,包括声音、影像和动态效果等在传统展陈形式中不易呈现的信息类型,提升信息交互的效率。

2.3.2 空间利用度高

便携式 AR 技术在大体量与空间类可视化传播领域中所展示出的空间利用度高这一优势,能够很好地解决真实展陈带来的破坏与安全问题与降维展陈所带来的细节体验问题。首先,在不提供真实展品的前提下,人们仍然可以通过 AR 技术以同样的尺度来体验

展品的原始空间尺度,这为远程参观者和研究人员提供了便利;其次,便携式 AR 技术使得以任意尺度高效呈现展品信息成为可能,这使得在有限的展陈空间内,用户可以通过不同的视角观察展品,获取尽量更多细节的前提下,并不浪费与干扰现实展陈空间。

2.3.3 个人定制性强

便携式 AR 技术在传播领域中所呈现出的个人定制性强这一优势,是针对展陈模式的一次进步。如今,在智能手机、平板电脑和智能眼镜等便携式设备已经广泛普及的情况下,便携式 AR 技术使得用户可以随时随地携带并使用这些设备来体验 AR 应用,不需要额外的专门设备,进而排除复杂的安装过程,并使得用户可以根据自己的需求,自由地选择展示内容、浏览角度和交互方式,从而获得个性化、定制化的展陈体验。

2.3.4 展示形式生动

展示形式生动是便携式 AR 技术明显优于传统展陈媒介的一大重要特征。通过 AR 应用程序,参展者可以体验虚拟展品并与之互动,并配合在现实空间中的真实展陈布置。这种融合展示的方式使得展陈在参展者眼前栩栩如生。便携式 AR 技术所提供的信息多元化和虚实结合特征给予了用户十足的沉浸式体验与科技感直给。

3 便携式 AR 技术应用原则研究

长城作为中原地区抵御北方游牧民族袭扰劫掠的重要军事防御系统,它不只是一道墙或一条线,还是一个庞大、复杂的巨系统,是一条集军事防御和民族交融于一体的秩序带。《规划》所列出的"十四五"时期国家大遗址保护利用名录,其中以第一批国家级长城重点段为主的长城大遗址保护利用在跨省、自治区、直辖市的五处大遗址中位列首位[2]。

3.1 展陈背景介绍

对于中国长城的研究一直以来广受海内外关注,其中天津大学建筑学院建筑文化遗产传承信息技术文化和旅游部重点实验室长期聚焦长城全线,致力于以明长城为代表的长城大遗址深入研究和数据化采集。在持续推进长城研究稳步收尾长城文化研究数据库搭建工作的同时,实验室同时也思考如何将长城研究成果面向公众展示与传播,进而增进大众对于长城的了解,从而建立起更深层的民族文化自尊。

3.2 展陈设计策略暨技术应用原则

本研究结合便携式 AR 技术表现出的独特优势,归纳出以下四项便携式 AR 技术在大遗址可视化传播领域的应用原则。

3.2.1 信息交互原则

便携式 AR 技术在大遗址保护性利用与可视化传

播领域的实际应用中首先需要践行的是信息交互原则。信息交互原则意味着需要在便携式 AR 技术开发过程中需要尽量弥补大遗址非原址展陈传播的信息衰减,利用多元化信息传递媒介实现信息交互内容的完整与效率的提升。

3.2.2 空间利用原则

面对大遗址展陈传播的遗址尺度把控问题,便携式 AR 技术开发需要执行空间利用原则加以应对。面对保护性利用原则下异地展陈传播的前提条件,开发过程中需关注对大遗址进行原尺度展示与便捷化多尺度展示的呈现,兼顾传播效果的真实性、高效性与全面性提升。

3.2.3 自由应用原则

技术时的不同习惯与需求,此次便携式 AR 技术开发需要各方兼顾,以自用应用原则加以应对。如合理控制便携式 AR 技术应用开发时的性能要求、版本兼容与系统兼顾,以用户自身携带手持式智能设备为部署载体;此外,应合理选择技术触发形式与触发前提条件等,满足用户如非线性观展、反复触发等个性化展陈需求。

3.2.4 生动展示原则

便携式 AR 技术生动展示原则的应用是提升大遗址可视化展陈本身针对各年龄段、非专业背景用户吸引力的关键步骤。开发过程中需要引入创新型信息形式,如动态特效与交互活动,塑造历史文化氛围并合理组织各类信息形式,使大遗址的历史与文化得以生动展现。通过提升遗址类展陈本身针对用户的吸引力,为用户创造丰富多样、令人兴奋的展陈体验。

4 长城全线数字化成果 AR 展陈实施成果

在便携式 AR 技术的诸多类别之中,兼顾应用目标、呈现效果与便捷程度,实验室最终应用独立应用式手持 AR 技术进行应用(图6)。在智能设备已能够提供充足便利性与展示性能的前提下,独立式应用开发既能够规避掉第三方平台服务器不稳定与网络条件不稳定等诸多在智能设备与网络密集使用场合的突发问题,又可以充分尊重用户个人定制提供更为自由的观展体验。

在 AR 技术触发形式设计上,实验室最终采用识图触发形式,以设定图像(image target)在现实空间中的位置对虚拟对象进行注册,最大程度利用现场图像资源的同时,将 AR 技术虚实结合特性带来的沉浸感进一步强化。

4.1 AR 视频展示

在长城研究的历程中,实验室积极参与长城相关调研与活动,留下了一定数量的视频资料。在此次展

图 6　AR 展陈软件开发过程操作界面
(图片来源:作者自绘)

陈中,借助传统多媒体将全部视频材料呈现将产生大量的资源消耗,并极大地影响用户观展行为的个人定制性。而采用便携式 AR 技术识图触发方法(图7)则在缓解展陈现场资源与人员问题的同时,强化了视频影像资料与现场展陈内容的关联性,提升了展陈传播的效率。

图 7　展陈中的 AR 视频展示
(图片来源:作者自摄于天津博物馆)

4.2 AR 三维模型展示

在实验室长城研究所产生的成果之中,"明长城全线图像与三维数据库"可依据长城相关图像与现状三维模型,逐步生成长城原貌。在此次展陈之中,便携式 AR 技术为呈现该数据库成果提供了极佳的展陈路径。此外,在若干直接以虚拟模型形式展陈的长城大遗址区段中,均配合文字注记、音频解说等形式的信息,以提升用户对于直观尺度(图8)、历时变迁(图9)与特征强调(图10)等详细信息的感知深度。

图 8　最大敌台镇北台与最小敌台密云 429 号敌台
(a)镇北台;(b)密云 429 号敌台
(图片来源:作者自摄于天津博物馆)

4.3 AR 场景氛围营造

实验室通过对长城河曲护城楼内部复原模型进行重建展示,既可以使用户通过便携式 AR 技术体验到出护城楼的尺度感,又极大地解放了展陈空间(图11)。

图9　黄崖关长城段塌损前后模型对比展示
（图片来源：作者自摄于天津博物馆）

图10　长城保平堡AR材质模型覆盖于真实模型之上
（图片来源：作者自摄于天津博物馆）

此外，通过将AR特效配合音频与互动活动引入展陈（图12），实现了在展陈体验中科技体验与沉浸感受的提升，使此次AR展陈中长城的研究成果被赋予了活力。

图11　山西省忻州市河曲县长城护城敌楼室内模型
（图片来源：作者自摄于天津博物馆）

图12　长城烽传系统烽火敌军AR特效展示
（图片来源：作者自摄于天津博物馆）

5　结语

　　本研究在传统文化与高新技术结合的大背景下，尝试引入便携式AR技术引导大遗址可视化传播方式革新。在充分辨析技术优势之后，本研究以天津博物馆长城全线数字化成果AR展陈应用开发为例，探讨得出便携式AR技术针对大遗址可视化传播领域的应用原则，并形成了一项可复制、可推广的成功案例。

　　以AR技术为代表的数字技术的应用对于形成大遗址保护性利用新格局、新理念、新方法有着不可替代的作用，相信本次研究将为大遗址保护性利用与可视化传播领域的实际应用带来积极影响。

参考文献

［1］　单霁翔.大遗址保护及策略[J].建筑创作，2009(6)：24-25.

［2］　国家文物局.关于印发《大遗址保护利用"十四五"专项规划》的通知：文物保发〔2021〕29号[A/OL].(2021-10-12)[2023-06-30].https：//www. gov. cn/zhengce/zhengceku/2021-11/19/content_5651816. htm.

［3］　文化和旅游部.关于推动数字文化产业高质量发展的意见：文旅产业发〔2020〕78号[A/OL].(2020-11-18)[2023-06-30].https：//www. gov. cn/zhengce/zhengceku/2020-11/27/content_5565316. htm.

［4］　MICHAEL B, FUCHS H, OHBUCHI R. Merging Virtual Reality with the Real World：Seeing Ultrasound Imagery Within the Patient［C］//Proceedings of SIGGRAPH，1992，153 -161.

［5］　BIMBER O，RASKAR R. Spatial Augmented Reality Merging Real and Virtual Worlds［M］. Wellesley：A K Peters Ltd，2005.

［6］　RONALD T，AZUMA. A Survey of Augmented Reality［J］. Presence：Teleoperators ＆ Virtual Environments，1997，6(4)：355-385.

［7］　DAHNE P，KARIGIANNIS J N. Archeoguide：System architecture of a mobile outdoor augmented reality system［C］//Proceedings. International Symposium on Mixed and Augmented Reality，Darmstadt，Germany，2002：263-264.

［8］　LEE G，BILLINGHURST M. CityViewAR：A mobile outdoor AR application for city visualization［C］//13th International Conference of the NZ Chapter of the ACM's Special Interest Group on Human-Computer Interaction，Dunedin，New Zealand，2012：97.

［9］　王涌天，郑伟，刘越，等.基于增强现实技术的圆明园现场数字重建[J].科技导报，2006(3)：36-40.

张俊杰[1]　胡骉[1,2,3]*

1. 湖南大学建筑与规划学院；hosen@hnu. edu. cn
2. 丘陵地区城乡人居环境科学湖南省重点实验室
3. 湖南省地方建筑科学与技术国际科技创新合作基地

Zhang Junjie[1]　Hu Biao[1,2,3]*

1. School of Architecture and Planning, Hunan University；hosen@hnu. edu. cn
2. Hunan Key Laboratory of Sciences of Urban and Rural Human Settlements in Hilly Areas
3. Hunan International Innovation Cooperation Base on Science and Technology of Local Architecture

基于体感
——视觉交互机制的建筑动态表皮设计初探

A Preliminary Study on the Kinetic Skin of Architecture Based on Somatosensory-visual Interaction Mechanism

摘　要：动态表皮打破传统建筑的静态属性，赋予建筑与人互动和交流的能力，利用体感信息将形成新的交互方式，拓展人感官体验和空间感受。本文首先通过分析了体感信息的作用以及动态表皮的视觉特征，构建起了体感信息和表皮视觉动态之间的交互机制。后对六边形动态表皮单元体原型进行了初步研究，利用数字化的技术手段，对表皮界面、运动机制、机械结构、交互逻辑等进行了设计和模拟，最后通过设计实践论证其设计流程和体感视觉交互机制的可行性，为今后更大规模的同类创新研究提供理论与实践参考。

关键词：动态表皮；体感互动；视觉信息；数字化设计

Abstract：Kinetic skin breaks the traditional static attributes of the building and gives the building the ability to interact and communicate with people, and the use of somatosensory information will form a new way of interaction, expanding the human sensory experience and spatial feeling. This paper firstly analyzes the role and significance of somatosensory information, as well as the visual characteristics of kinetic skin, and builds up the interaction mechanism between human somatosensory information and the visual dynamics of the skin. After a preliminary study of the hexagonal kinetic skin unit prototype, the use of digital technology, respectively, the skin interface, movement mechanism, mechanical structure, interaction logic and prototype design and simulation. Finally, through a small-scale interactive skin design to demonstrate the feasibility of its design process and interaction mechanism, the study provides theoretical and practical references for similar innovative research on a larger scale in the future.

Keywords：Kinetic Skin；Somatosensory Interaction；Visual Information；Digital Design

1　引言

信息化时代快速到来，互动建筑将成为未来建筑发展的重要趋势之一，建筑表皮的外在形式和内部构造也逐步从简单静态向多元动态化发展。随着数字化设计方法和建造技术在建筑设计领域的普及和延伸，建筑表皮通过融合数字化媒介和机械互动装置，使得它从单纯的空间维护、立面装饰功能结构转化为一种具有交互能力的信息化、智能化和性能化的动态媒介载体，互动表皮将重塑我们对于传统物理空间的认知和体验。

体感技术作为当下热门的交互方式，可以根据使用者的需求进行实时地动态响应，利用表皮所呈现的丰富视觉信息对使用者的行为进行实时反馈和交流，创造出一种新的建筑设计手段，构建出人、环境与建筑之间动态联结模式。

2 体感视觉互动表皮的特征

2.1 体感信息作为交互因子

体感交互建筑产生至今，已经普遍被利用各种空间形态的生成理念之中。它启示了建筑未来的发展方向，借由科技发展建筑将获得交互和适应功能，以使用者身体感受为核心塑造个性化场所空间，体感交互建筑也将会对人的心理情绪，身体活动产生积极影响[1]。

随着物联网的快速发展，微型传感设备的大量使用，建筑也将向着智能化、协同化进行转变，实现使用者与空间、环境的实时感知和互动。在互动系统的设计中，人不只是建筑的使用者，也是使表皮发生变化的参与者。由于交互方式的变革，命令式或触摸式的交互方式逐渐转向感知式、实时性的交互方式。通过人们直接使用的肢体信号，交互的环境不再被实体硬件设施所限制，使用者可以在物理空间自由活动形成多维度、多感官的交互体验，延伸参与者对环境感知与响应的能力。

互动式建筑表皮系统通常由信号感应器、微型处理器或动态执行器三大部分组成，体感信息作为交互的触发因子，主要是通过一系列的传感器进行信息的拾取。常见的有温湿度传感器、光传感器、声传感器、红外传感器、超声波传感器、雷达传感器，Kinect 动作捕捉等设备等，每种不同的传感器对人体行为模式的感知和灵敏度都存在很大的差异性，要根据不同作用场景来适配。

2.2 动态表皮作为视觉信息再现的媒介

眼睛作为人观察世界最重要的器官，无时无刻不在接收着外部环境传递地各种各样的信息。正如麦克卢汉(Marshall McLuhan)所说的那样："每一种媒介都是我们感官的延伸，他们都体现着一套不同的感官特征，每一种媒介都要求使用者以不同的方式让自己的感觉器官参与其中"[2]。表皮作为建筑最直观的展示界面，从古至今都呈现出时空、感官和场景的媒介偏向[3]，而建筑动态表皮作为一种新型的信息交互媒介，也随时调动着参与者的视觉感官和空间感受。

立面肌理的变化可极为直观地向外界传输信息，是现代媒体建筑发展的最初表现形态，甚至于成为公共艺术的载体之一[4]。而建筑立面肌理的可变主要通过两种方式实现，一是通过表皮自身在空间上运动来实现形态变化，二是附加智能化的显示设备来实现光电变化。

单一的表皮单元能通过不同的运动模式来呈现出不同的视觉动态效果；矩阵式的组合表皮能形成类似于像素矩阵效果，以此实现图案、纹样、文字等符号信息的直接传递，还能实现模拟自然的场景塑造。阿拉伯世界文化中心和 Al Bahar Towers 利用适应光线变化的动态遮阳表皮将伊斯兰传统纹样进行了动态呈现；布里斯班机场停车楼外立面通过表皮的随风摆动模拟出水面涟漪的效果，将无形的风可视化成为动态图像。LED、立面投影等技术将赋予建筑媒体的属性，实现信息的影像动态与光影交互。Galleri 百货的表皮白天随着光线角度呈现迷离反射，夜晚将作为媒体立面点亮建筑的同时传递出属于商场独有个性和品牌特点；Sensing Change 项目将垂直灯条嵌入半透明的建筑幕墙中，基于当地的实时天气数据实时生成灯光效果，拓展人们对自然的感知，享受变化的视觉体验。

利用多种技术的共同加持，建筑表皮也从依附于建筑的装饰层和划分空间的界面层，转变为实时感知使用者和周围环境状态的"机器"，结合视觉艺术和新媒体艺术将新兴技术手段和艺术形式的巧妙融合，将建筑表皮作为互动媒介来实现各种信息的传递和交换。

2.3 体感-视觉交互机制的建构

在体感交互机制中，最重要的是让使用者感知到自己的身体与物理或虚拟空间中产生关联，通过"映射物"来引导使用者的感知体验。视觉感知是人一个主动建构过程，对感觉到的色彩、形状、空间、运动等信息展开联想、比对、整合，继而做出判断、理解的动态过程。

在建筑空间的交互设计中，需要引导使用者感知到空间界面的动态和视觉元素的改变，而动态表皮能利用其位置、形态、颜色等多种属性的共同变化实现视觉信息的输出。体感信息不断被表皮界面所映射，而视觉信息又引导使用者遵从预设的交互逻辑不断地重复肢体语言，人与空间基于"体感-视觉"互动机制得以形成闭环(图 1)。

3 体感视觉互动机制的动态表皮原型设计

3.1 动态表皮界面

大量动态表皮设计利用了面的绕轴旋转，其主要探讨几何面对象在三维空间中的旋转变化。如果把表皮抽象成一个理想的几何平面，其运动模式所带来变化也可以简化成面的旋转产生的形体变化。平面旋转主要受三个因素影响：①平面形状；②旋转轴线；③旋转角度。基础平面通过不同分割方式能得到不同形状及数量的子界面，按照不同轴线进行不同角度的旋转，子界面的运动轨迹和呈现效果也大不一样(图 2)。

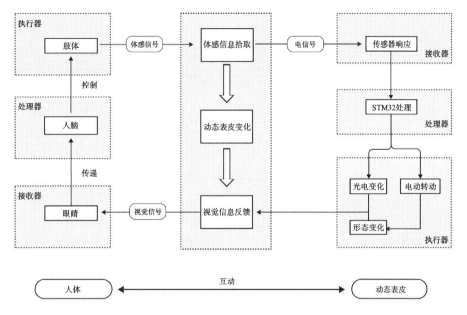

图 1　动态表皮的体感-视觉交互机制

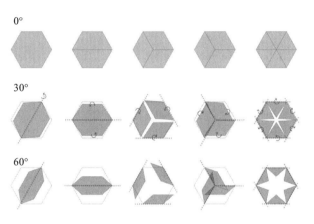

图 2　六边形单元体不同角度绕轴旋转效果

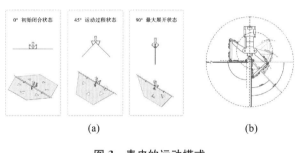

图 3　表皮的运动模式

(a)表皮运动状态；(b)表皮运动轨迹

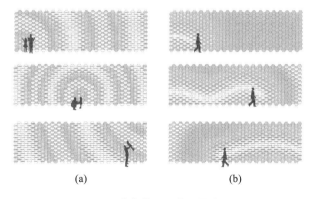

图 4　动态单元矩阵场景应用

(a)空间位置反馈\场景拟态；(b)运动路径跟随\视觉引导

　　将每个正六边形的单元按照中心轴线划分为两个对称梯形子界面，以中心轴线为转动轴进行旋转，子界面的运动轨迹呈 0°～90°反复开合，表皮的形态也像蝴蝶翅膀一样扇动(图 3)。将正六边形表皮按照周期性镶嵌形成类似于像素矩阵的效果后，将人的体感信息和运动状态转化成点状或线状的干扰因子分别控制每个六边形表皮按照不同角度旋转，形成更加丰富的动态肌理变化和互动信息传递，有利于在不同场景中适用(图 4)。

　　动态表皮的设计不仅仅要考虑到动态状态，还应考虑到静态时的空间界面和结构骨架的整体性和统一性。平面镶嵌图案可形成稳定骨架来支撑建筑表皮[5]，而动态表皮外部骨架采用的蜂巢结构是覆盖二维平面的最佳拓扑结构之一，保证材料强度的前提下很大程度降低材料重量，有利于减轻动态表皮的自重

荷载，提升对表皮形态变化所带来的动态荷载的承载力。

3.2　机械系统

　　机械系统的设计主要涉及动力系统、传动系统两大部分。动态表皮的机械传动系统采用平面四连杆机构，其特点是结构简单、容易制造，而且工作可靠，能

够实现所期望的运动规律和运动轨迹的要求。为了实现机械结构传动带动表皮开合，选用闭环步进电机作为动力源。当步进电机带动丝杠逆时针旋转，则连接套会被拖动受到往下运动的力，此力传动到滑块上使其往下运动。滑块带动齿条垂直向下移动，以此带动凸台齿轮旋转带动连臂A、B进行联动，实现表皮界面的关闭。反之，当步进电机反向运动，则滑块向上运动，表皮界面打开。

表皮单元采用模块化和装配化的设计思路，表皮界面采用半透明的PVC材料，部分异形机械构件采用3D打印，其余机械部件采用工厂预制，单元体可快速组装和拆卸，有利于整体调试和局部更换(图5)。

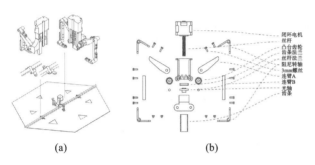

图5　动态表皮单元体机械结构图
(a)机械系统示意图；(b)机械零件分解图

3.3　交互与控制方案

笔者利用STM32平台实现整个互动系统的控制，采用外红传感器作为人体体感信息的接收器，将捕捉到距离信号输入到DAL实验室自主开发的控制芯片STM32F103C8/CB进行处理，控制闭环步进电机转动及LED开启，从而实现表皮的形态变化及界面的视觉动态。若人进入红外传感器提前设定的感应距离范围，步进电机将正转至提前设定的最大范围，带动表皮逐渐打开至90°状态后，停滞0.5 s后逆转带动表皮闭合至0°初始状态；若提前走出感应范围后，程序将提前终止，表皮恢复至初始状态。根据不同的使用情景可提前编写控制程序的代码，实现表皮开合角度、变化频率的动态调整，及LED灯源的颜色和亮度的改变，最终联动多个动态表皮单元体形成群体变化。

3.4　体感视觉互动表皮设计实践

"彩虹通道"是DAL数字工作室团队参与湖南第四届梦想空间设计节的获奖作品。DAL团队选择的改造节点为连接两栋教学楼之间的顶层连廊通道空间，长约20 m、宽约3.6 m，呈现出狭长条状公共空间。现有连廊空间两侧立面老旧，顶部界面为暴露的轻钢结构，无吊顶层其美观性及连续性均欠佳，且夜晚灯光昏暗不利于特殊学生人群的使用。

针对服务群体及现有状况，DAL团队引入了动态表皮作为互动媒介，打破静态空间的限制，当使用者进入廊道，隐藏到顶部的红外传感器接收到人体距离变化的体感信息后将控制顶部成组布置的动态表皮进行形态的往复开合，宛若蝴蝶随着使用者在空间中的移动而翩翩起舞。半透明PVC表皮界面内侧设置了条形LED灯源，随着使用者的移动逐步点亮，可以在光线不足时辅助照明，通过光亮引导使用者的移动路径，并创造出了丰富的空间动感(图6)。表皮实体形态和界面颜色光影的多重变化实现了由体感到视觉的感知转化及信息反馈，为聋哑及视力受损学生群体提供了一个具有互动性、趣味性、引导性的复合交互空间，创造出一种由互动技术主导的未来建筑空间体验。

(a)　　　　　　　　　　(b)

图6　表皮互动与空间效果
(a)白天互动效果；(b)夜间

4　结语

以人体感信息作为一种互动影响因子，将不易被察觉和捕捉的身体信息通过表皮变化所传递视觉效果呈现出来，有利于促进人与建筑空间的信息交流和实时互动。体感技术可为一些特殊人群带来更好的使用体验和感官强化。不同形态的表皮单元体可以通过周期性镶嵌更好地契合建筑空间界面，以此形成更加多变的组合方式，并可以结合表皮原有的遮阳、通风、照明等功能进行设计，形成功能复合的动态适应性表皮。体感视觉机制的互动表皮可结合新媒体或视觉艺术，将机械美学和艺术表现沉浸式融合，打破数字信息和物理实体之间的虚实界限，构筑起数字媒体时代人与建筑互动的新范式。

参考文献

［1］ 饶屹.基于体感技术的交互建筑研究[D].长沙:湖南大学,2014.

［2］ 麦克卢汉,何道宽.理解媒介:论人的延伸[M].北京:商务印书馆,2000.

［3］ 叶子新,蔡新元.论建筑表皮媒介语言偏向[J].华中建筑,2021,39(2):1-5.

［4］ 杨建华,李巧芸,林静.媒体建筑的源起及其特征探析[J].时代建筑,2019(2):36-40.

［5］ 徐跃家,郝石盟.镶嵌,折叠——一种动态响应式建筑表皮原型探索[J].建筑技艺,2018(4):114-117.